国家科学技术学术著作出版基金资助出版

# 中国古代动物学研究

◎主　编　王祖望
◎副主编　冯祚建　黄复生

科　学　出　版　社
北　京

## 内 容 简 介

本书是在《中华大典·生物学典·动物分典》编纂的基础上，从以下九个方面介绍了我国古代动物学研究的成就：①中国古代哲学思想对动物学的影响；②中国古人对动物的认知与利用；③中国古代动物的命名与物种考证；④中国古代动物学的成就与探讨；⑤中国古代对灾异的认知及其成因的分析；⑥中国古代野生动物保护思想的萌芽；⑦对“康乾盛世”标志性动物图谱的评析；⑧对中国古代某些争议议题的思考和讨论；⑨中国古代动物图腾与祥瑞动物。

本书可供动物学、保护生物学及古代动物学史、中国动物学学科史的教学和研究者及高等院校相关专业师生等参考。

**审图号：GS（2019）220 号**

**图书在版编目（CIP）数据**

中国古代动物学研究/王祖望主编. —北京：科学出版社, 2019.6

ISBN 978-7-03-061327-1

Ⅰ.①中… Ⅱ.①王… Ⅲ.①动物学–研究–中国–古代 Ⅳ.①Q95-092

中国版本图书馆 CIP 数据核字(2019)第 107560 号

责任编辑：马 俊 白 雪 / 责任校对：郑金红

责任印制：赵 博 / 封面设计：北京图阅盛世文化传媒有限公司

科学出版社 出版

北京东黄城根北街 16 号

邮政编码：100717

http://www.sciencep.com

北京建宏印刷有限公司印刷

科学出版社发行 各地新华书店经销

*

2019 年 6 月第 一 版 开本：889×1194 1/16

2020 年 6 月第二次印刷 印张：43 1/4

字数：1 430 000

**定价：498.00 元**

(如有印装质量问题，我社负责调换)

献　给

中国科学院动物研究所成立
九十周年纪念
1928—2018

# 《中国古代动物学研究》学术编委

# 序　一

二十一世纪初，我们有幸参加编写《中华大典·生物学典》，历经寒暑，前后花了近十年时间，老人看古书、识旧字、知古意、写古字，颇费精力。真正体会到中华古老文化博大精深、浩如海洋，仅就本门专业范围，略述一二。

## 一、《易经》是中华文明的宝典

我们初步摘录到《易经》中有动物35/36种，从虫鱼到鸟兽，列举名称、习性，特别对龙（鳄鱼）的特性列出六七类，马的特性列出近二十类，有些特性，现在仍广为人知。特别应该指出的是，《易经》中列举的“天、地、水、火、風、雷、山、澤”是人类（代表生物）生活环境不可缺少的生态系统，这是中国生态文明的标识，由上古伏羲氏总结成为八卦符号。这是一个了不起的成就，代表中国文化文明的一个高峰。我们将它编入《中华大典·生物学典·动物分典》（以下简称《动物分典》）里，成为“生态环境八要素论”。还有《易经》中六十四卦，有几个卦如乾卦、师卦等，综合起来解读，中国动物学大师秉志教授曾著文综述，有“达尔文进化论”的涵义，我们将它综合出来。

中国的至圣先师孔子（孔丘）整理《易经》，作“系辞”“彖”“传”等解释《易经》，将当时学者所熟知的“道”（规律、道理）分成“天道”“地道”“人道”，三者合称“三才论”，乃“天地生人（生物、万物、百物）”的最具权威的论述。孔子的自然科学的“生物生成论”：“天何言哉，四時行焉，百物生焉，天何言哉”（《论语·阳货篇》），我们已总结在《动物分典》里。

## 二、孟子（孟轲）的“采伐以时论”是生物保护的最佳学说

“采伐以时论”今后将大放异彩，它不仅适用于动物保护，也适用于植物、森林的管理和保护。

## 三、中国大型濒危动物的消失和人工饲养：沉痛的教训

中国大型动物的“命运”，兹举四例，即大熊猫、老虎、鳄鱼、白鱀豚的生死存亡。

中国是动物家化最好的国家之一，家化饲养大小动物，如马、牛、羊、鸡、犬、猪等，有八十余种，但野生大型动物更多，达一百种以上。但十九至二十世纪中期，狩猎过度，开垦过度，某些人欲望无度，取虎皮，取虎骨，食虎肉，食龙（鳄）肉，剥鼍（鳄）祭祀，食鱀肉，致使上述四大型动物数量急剧下降，成为中国濒危动物，处在灭绝边缘。

大熊猫原产四川山区森林的竹林中，爱食竹叶、竹笋、小动物等，古称食铁兽、貘等，头、眼有圆黑斑，憨态可掬，成为人们喜爱的动物，近来人工大力保护，用近代科学方法管理，进行人工繁殖等，

数量恢复到一千只以上，成为中国保护动物成功的范例。

老虎是全中国范围内各处活动的动物，是古代舜族、巴族作为图腾崇拜的圣物，体态优美、勇猛无比，分布于全国各地，形成几个大型亚种。后来成为人们狩猎围攻对象，打虎成为英雄，人们食虎肉、用虎骨做药酒等，致使中国除东北山林、中印边境有少量野生虎之外，全国各地只有动物园中饲养有虎，使之成为濒危动物。现存园养、场养数量达六千头以上，这是大型动物不幸中的一幸。

鳄鱼的命运也是这样，中国大型河流中下游沼泽地区均有龙（鳄鱼）的活动，成为太昊族的图腾，各族的主神，中华民族以龙的传人、龙的后代为荣。但鳄鱼的生存条件恶化，人们以“龙肉”为美味食品，致使其数量锐减，至 1950 年全国只有安徽宣城有少量鳄鱼个体生活。至 1980 年后，动物保护呼声高起，鳄鱼成为幸运动物，大量繁殖，同时国外品种被大量引进，其又将成为常见动物。

最不幸的是中国特有水中哺乳动物——白鳖豚。它首载于中国《诗经》中，十九世纪初期常见于长江中下游，成为江中一景。1970 年后鳖数日稀，原因多种，除水质受污染之外，轮船马力增大，鳖碰上轮机，非死即伤，白鳖豚繁殖数量减少，长江中几无白鳖豚踪影。中国科学院水生生物研究所无偿建一养殖池，可惜只捕获一头白鳖豚入内饲养，我在 1983 年参观时，它活动活泼，唯形单影只，令众人闷闷。2000 年以后，在《中华大典・生物学典・动物分典》热烈的编写过程中，我打探中国国宝白鳖豚的情况，得到的消息令人悲伤，白鳖豚十年中已不见踪迹。这是中国濒危动物消失的一例，一种可爱的大型动物在中国大地上灭绝的事实发生了，《中华大典・生物学典・动物分典》不得不记录下这一不幸消息，这是一个非常沉痛的教训。

## 四、中国有多少动物种类？

中国最具权威的古老典籍——《易经》记载动物种类 35/36 种，《诗经》《山海经》《尔雅》记录动物 108—300 种，究竟中国动物种类有多少？这是一个值得探索的问题。中国科学院动物研究所一些有志于动物学史的老同志，联合各有关单位的老专家，接受了编写《中华大典・生物学典・动物分典》的任务，从古籍中寻找、摘录动物名称，再经本门专业学科的分析、鉴别，动员中国动物科学权威专家二十余位，前后历时几近十年，阅读中国古籍如《十三经》《古今图书集成》《四库全书》以及西方科学中译本等几百部、几千册，肯定中国古籍动物种类 1500 余种，并摘录它们的生活习性、繁殖、行为、生态、经济、益害情况、地区分布等。这是一项前无古人的浩大工程，有益于中国文化、学术文明的真善美和的大作。

我年已九十有三，年老力衰，追随诸学者之后，得睹《中华大典・生物学典・动物分典》编写、印刷完成，真是与有荣焉，今为本书作序，更是心情舒畅，所谓“人生不满百，常怀千岁乐”，愿与诸同道共享共勉。

郭郛（根生）

2015 年乙未羊年正月

序于北京中关村

# 序　　二

中国科学院动物研究所作为一个建所90年的老所，自建立以来就有一个不断传承、弘扬中华民族自古以来在生物学领域的种种贡献的传统，这个传统犹如一个“火种”，燃烧不息，代代相传，永不熄灭。

万物皆有源，一切由缘起。作为生长于中国广袤大地的本土学者，很有必要了解老祖宗留下的丰富遗产，只有从博大精深的民族历史文化中汲取丰富的营养，才能让当今的科学不断发扬光大，代代相传，形成可持续发展的原动力。在这方面，动物研究所一批老前辈已为我们树立了榜样，如中国近代动物学奠基人秉志先生、中国害虫生物防治的先驱刘崇乐先生以及中国生态学的奠基人马世骏先生。他们虽然在19世纪末或20世纪初，先后赴美留学，获得博士学位，可谓饱读“洋书”，但他们回国后并不鄙薄中国传统文化，重视发掘中国传统文化中有关动物学知识，并将继承、弘扬中国传统文化中之精髓当己任。秉志先生在《科学呼声》一文中，谈及中国先哲做学问的方法时，引用《中庸》所载孔子之言：“博學之，審問之，慎思之，明辨之，篤行之”五种研究方法与西方科学所倡导的观察、实验、比较、分类、演绎、证实六种方法进行对比，指出：“中国伦理学为用思想求知识之工具。其中所述者为演绎与归纳二大法。科学所用之演绎一法，即伦理学之此法。其余所用之观察、实验、比较、分类、证实，五者皆归纳法所必需。科学所用之方法，基本于伦理学。先哲寥寥数语之中，已将科学之六种方法，包含在内，足见其思想之超越。”此外，1931年，他在商务印书馆主办的《东方杂志》上，首次发表了《国内生物科学近年来之进展》一文，全面总结并分析了在20世纪二三十年代中国近代生物学之所以能发达并取得辉煌成绩的主要原因：首先是国内之生物学家，“大都俱是纯粹学者。彼等立志从事于此学之研究，以其自身之意趣是归，初不措意于世俗之物质享受，具此坚毅卓拔之意志，但问耕耘，不计收获，筚路蓝缕，以启山林，故能不避险阻，为中国生物学界奠设元基。生物学在国内学术界独能于此短时期中有尔许成绩，则此等学者之纯洁之努力，当为其主要之原因也”；其次是国内之生物学家能传承中国先哲在动物学领域的观察和记载，在通过“一览往古典籍”，“即能体悟畴昔贤哲观察于天地造物者，实至精微。诗（经）三百篇，草木鸟兽虫鱼之名，既极繁博；而从生之生态居处，亦复详细叙述。继是而兴为文籍典则者，为屈原之离骚。美人芳草，情词悱艳，字行间生物学之名词亦极繁多。《庄子》一书，蕴义精玄，陈词华瞻。细绎引申，实涵演化之说。孔子圣者，以博物致知，为世称颂，古籍所载，于其所止，常受时人咨询，以定罕见事物之名称。外此传世名著，于生物界现象，若同栖（commensalism）、共生（symbiosis）、演化（evolution）等亦常有所称说”。晋·张华著《博物志》，遍历宇内，纵观万物，故其所著，遂意恢宏，富瞻华丽，含衍万象，凡植物学、动物学、地质学、考古学、人种学等，俱有论记。虽其观察有失粗浅，或其论断陷于谬误，但其精研坚奋，淬志于学，有足式者。况其所言，固有足以征信；即核之新说，不尽妄诞乎。而此名著之行世，盖已千年于兹，抚今忆昔，能不震惊？距张华不久而有郭璞。郭注释《山海经》描绘远海名山，动植品物，奇离诙诡，妖丽莫名，有若神话，虽其所语不经，未合事理，但足以示其人之于生物科学，且有深厚之热情也。前乎孔子亦已有动植物名汇矣。《尔雅》是已。作者不著姓氏，距世既远，征考无从。此书所记不广，大抵仅录远古庶人所识诸物之名而已。对近世最有影响的典籍，是明代中期李时珍所著《本草纲目》，记载明确，叙述详尽，较诸前人文籍，弥可珍贵。即使在“今时研究国内动植物分类，李氏此书，尚为要典焉。中国古代名著，大抵仅及植物，皆数百年前昔贤所作，若《群芳谱》《菊谱》《兰谱》等俱是。此中最有价值的不朽著作，当推清吴其濬之《植物名实图考》及其长篇。盖自来贤哲，学士文人，俱深好自然界，于生物学尤三致意焉。所以此或为国内生物学发达之第二因原欤”。

其次是中国害虫生物防治的先驱刘崇乐先生。20 世纪 50 年代初期中国科学院昆虫研究所以及 60 年代初期昆虫研究所与动物研究所合并成立动物研究所。刘崇乐先生受陈世骧所长委托，负责所图书馆的筹建，他曾亲自到一些旧书摊寻觅、选购一批古旧典籍，其中包括铜印《古今图书集成》及一些善本、刻本，为动物所图书馆初步奠定了古代动物学文献的基础。刘先生国学基础深厚，充分吸取古人在害虫生物防治方面的成功经验，如古人研究瓢虫、小蜂的捕食性，并应用于农业害虫的防治，他受古人生物防治思想的启示，在动物研究所开展生物防治研究并由此创建了生物防治课题组和国内首个资源昆虫研究室。

尤其是 20 世纪五六十年代，中国生态学奠基人马世骏先生在东亚飞蝗治理方面，十分重视中国古代在治蝗方面的宝贵经验，如他吸取北魏贾思勰《齐民要术》中“地勢有良薄，山澤有異宜，順天時，量地利，則用力少而成功多”，以及明代徐光启《农政全书》中“先事修備，既事修救”防重于治的思想。自 50 年代以来，马先生在主持东亚飞蝗种群生态学、蝗区的结构与转化等研究中，提出了“改治结合，根除蝗害”的理论，充分吸取中国古代治蝗的经验，特别是明代徐光启《农政全书》中阐述的观点，并与现代生态学的理论相结合，在根治东亚飞蝗的实践中取得了成功。此外，如昆虫学家蔡邦华及兽类学家寿振黄、夏武平等都十分重视中国古人在动物学领域的贡献，并在自己的著作中有所引用和阐述，在此，不一一赘述。

2007 年 7 月开始，以中国科学院动物研究所学者为主的一批老科学家，在吴征镒院士的带领下参与了国务院批准的国家重大出版工程，国家“十一五”时期文化发展规划纲要的重要项目《中华大典 • 生物学典》的编纂工作，历经九年的艰苦奋斗，终于完成了《中华大典 • 生物学典 • 动物分典》（以下简称《动物分典》）的编纂任务。在九年的编纂过程中，他们深深地感受到中华文化的博大精深，但受限于《中华大典》的编纂原则及体例要求，一些深藏于浩瀚典籍中的古代动物学之一些闪耀着中华民族智慧的闪光点，似乎未能充分展露于世人面前，在他们的内心总有一种意犹未尽、令人遗憾之感。因此，他们在完成《动物分典》主体任务后，站在当今科学发展的制高点，重新审视、潜心探究，挖掘那些秘藏于古籍之中我国古代动物学研究的成就，从原生动物到软体动物，从无脊椎动物到脊椎动物，从节肢动物到蛛形、两栖、爬行动物，虫、鱼、鸟、兽均有涉及，并用现代科学的思维加以表述，借以弘扬我中华文化之精髓。

从《中国古代动物学研究》这部著作中我们可以看到殷商时期（公元前 16 世纪—公元前 11 世纪）的甲骨文，并由此开启了动物名称的记录；公元前 11 世纪—公元前 5 世纪（从西周至春秋中叶），前后绵延 500 年的诗歌总集——《诗经》对众多动物的赞美；《尔雅》则是一本历时 3000 年的古籍，是一部百科全书，也是一部中国科学技术文化发展的史书，该书为动物的分类学奠定了基础；东汉时期《说文解字》中的汉字对动物偏旁的运用……，让人不得不赞叹中国古人的聪明才智。我们还可以看到，对现今濒危动物在古时候生存状态的描述及其发展过程，以及古人对动物保护提出的有效措施，为现代学者进行动物保护所敲响的警钟；对几千年来古人在蝗灾、鼠疫等灾害发生动态方面的翔实记录，以及缜密的分析，对现代动物为害的防治工作研究仍有重要的指导意义；上千年来的人类社会发展和生产力的提高对动物物种的影响，动物为害又反过来作用于朝代更替的历史原因的追根寻源，从而有力地证明共生在地球上的人类与动物不可分割的密切关系；现代的动物分类学、动物生态学、保护动物学、动物生理学、动物地理学、动物解剖学等等领域，均可在古代文献中找到源头；由此引发的中国古代是否有科学的讨论，形成了系列研究论文，与《中华大典·生物学典·动物分典》等系列著作共同为现代动物学奠定了坚实的基础。

这本《中国古代动物学研究》不仅有学术上的价值，同时，也是老一代动物学家以实际行动传承动物研究所先辈们的光荣传统：重视数千年来，中华民族在动物学领域的巨大贡献，并将这些成果一代一代地留传给后辈们。相信年轻学者们在认真研读之后，既可从中获得专业知识上的启迪，也可丰富历史和文化方面的知识，不断扩大自己的视野。

中国科学院院士、中国科学院动物研究所原所长
2017 年 4 月

# 序　三

《中国古代动物学研究》是作者在《中华大典·生物学典·动物分典》（以下简称《动物分典》）的基础上完成的。关于《动物分典》，我在《动物学杂志》上写了一个简要的书评和介绍（详见《动物学杂志》2017 年第 2 期）。《动物分典》由王祖望先生担任主编，该书编委会成员大都是《动物分典》的编纂人员。《动物分典》从 2007 年 4 月项目启动，历时九年正式出版发行，是我国乃至世界动物学界的一件大事。编纂人员查阅了中国历史上几千年来的四千多卷（册）有关动物论述的古籍资料，对记载的一万多个动物名称进行逐一考证，按照现代动物分类方法归类，并逐一介绍古人对动物的形态特征、生活习性、危害、利用、保护等的认识。对于有些类群或物种，按时间、地点汇编了动物发生的事件，这些资料对于研究该动物的历史地理分布、种群兴衰都具有十分重要的学术价值。《动物分典》还详细记述了我国古代动物分类学、动物形态学、人体大体解剖与生理学、动物解剖学、动物生殖学、动物生态学、动物遗传学、动物物候学、动物地理学、动物进化学等方面的研究成果。总之，《动物分典》对于了解我国古人对动物学的贡献、各分支学科的起源与发展以及研究我国古代社会与环境变迁、全球变化生态学等方面均具有重要的学术价值。

由于《动物分典》采取古代《永乐大典》《古今图书集成》等的风格，忠实于古籍文献的原始叙述，按照经目、纬目格式汇编相关信息，以便于读者使用，但对内容并不做任何评述，因此，非常有必要把《动物分典》中这些零散的材料加以归纳、整理和提炼。该书的编者在编撰《动物分典》的过程中，从古籍中得到很多以前鲜为人知的动物学知识，并深受启发，感悟颇深。他们认为非常有必要对古代动物学的研究加以总结。我认为该书达到了四个方面的目的：一是，探究我国古代动物学研究的重大贡献；二是，理清我国动物学研究的起源与发展；三是，对《动物分典》的使用起到一个导读的作用；四是，对部分古代记录资料进行深入的研究。我热切期望着这部著作的出版发行能够引起国内外动物研究工作者的广泛关注和兴趣。

我是应王祖望先生的一再鼓励作此序的。该书的主要作者都是我们动物学界德高望重的前辈、导师，我多次向王先生表示，由我作序实属班门弄斧。王先生请我作序，我体悟可能有几个考虑和期望：一是，希望我们年轻一代能够肩负起中华民族复兴的伟大使命，了解、研究和爱护我们的国宝、国粹，继承和发扬中华民族优秀传统，弘扬中华文化和精神。在现代科学与技术飞速发展的今天，与“古代”有关的东西常被误认为是过时的、落后的。这种看法显然是片面的、不准确的。例如，古代历史资料对了解全球变化的生态学效应、环境变迁、社会更替、物种兴衰等具有极其重要的价值。很多事实已经说明，古代的理论与现代的技术（如基因技术、数学模型等）的结合必定焕发出更加灿烂的光辉。二是，鼓励我继续开展古代动物学的研究。我的研究方向之一是全球变化种群生态学，目的是了解人类活动、气候变化如何影响动物种群的兴衰。我国拥有数千年连续不断的历史记录，包括珍稀物种时空分布、有害生物的发生、疾病流行、旱涝灾害等数据，是世界上独一无二的资料，应在世界全球变化生态学研究领域占据一席之地。王先生经常鼓励我多培养一些涉及古代动物学研究方面的学生和人才，他也毫无保留地给我提供有关资料。多年来，古代动物学的思想和资料使我本人的研究工作深受其益，从而使我更加敬佩古人和前辈的智慧和劳动，使我更加热爱古代动物学资料的研究。故此作序，作为我学习的体会和心得，向大家汇报，向该书的编者致敬，并希望大家喜欢这本书，多关注我国古代动物学的研究，多从古代动物学中汲取营养，以有益于自己的科研事业。

中国科学院动物研究所原所长、研究员

2017 年 3 月

# 前　　言

2007年春，以中国科学院昆明植物研究所前所长、中国科学院院士吴征镒为总主编的《中华大典·生物学典》终于启动了，隶属《中华大典·生物学典》的两个分典：《中华大典·生物学典·动物分典》（以下简称《动物分典》）和《中华大典·生物学典·植物分典》也随之启动。在《中华大典》办公室、中国科学院发展规划局、中国科学院生命科学与生物技术局、中国科学院动物研究所的关怀和指导下，经过九个寒暑的艰苦努力，《动物分典》于2014年完成全部文稿，并于2015年12月由云南教育出版社正式出版发行。

在此，我们可以毫不夸张地说，《动物分典》九年的编纂过程，也就是我们分典的全体编纂委员们对博大精深中华文化的学习、反思、再学习的过程。回忆在2007年刚接手此项任务时，我们当中的绝大多数人对于中华传统文化中涉及自然科学，尤其涉及动物方面的成就知之不多，甚至怀有几分疑惑。在《动物分典》编纂委员会学术顾问郭郛先生的倡议下，大家从学习东汉许慎《说文解字》等典籍开始，一边学习，一边在中国科学院图书馆系统查阅了《景印文渊阁四库全书》《续修四库全书》《万有文库》等十余种古籍经典文献，从中寻觅、探究古人有关动物学的记载与论说，并采取了每月召开一次学术研讨会的方式，交流文献阅读与编纂的心得体会。时年已近九十高龄的郭郛先生还不时为大家释疑解惑，不但提高了大家对古籍文献的理解，也提高了编纂的质量和进度。如此，经过2—3年“在战争中学习战争”的历练后，大部分编纂委员颇有感触地说：“我们现在才有了入门的感觉”。确实，“入门”是一道严峻而又无法回避的“坎”，跨过了这道“坎”，大家似乎觉得眼前一亮，对古代文献产生了浓厚的兴趣，并由此对隐藏于各类典籍中的有关动物学的记载怀有一种亲切感，从心底燃起了一股探究的愿望。这种浓厚的兴趣和探究的愿望一直伴随着、激励着我们这支年届古稀的编（纂）撰队伍，经九年的不懈努力，从浩如烟海的古籍中，收集、梳理了近4000卷（册）古代文献资料，从中考证、厘定了1界16门50纲206目622科1500多属和种古代记载的动物，按照现代动物分类体系进行编排。在此基础上，编纂了古代动物命名和分类体系、动物形态、动物解剖、动物生殖、动物生态、动物遗传、动物进化、动物物候、动物地理、动物狩猎与保护、动物为害与防治以及古代动物学人物传记。共完成逾900万字的编纂任务。

在此期间，为了丰富《动物分典》的编纂内容，我们还与故宫出版社合作，完成了具有“康乾盛世”标志性的三部动物图谱：《清宫海错图》（成书于康熙戊寅年，约公元1698年）、《清宫鸟谱》（成书于乾隆二十六年，公元1761年）和《清宫兽谱》（成书时间与《鸟谱》同），共计664种动物物种的考证，分别撰写了《考证纪要》和《物种考证表》（内容包括：画名、古名、今名、英文名和拉丁学名、备注等），为此，我们获得了丰厚的回报，即可以将上述三部动物图谱的有关内容编入《动物分典》各相关总部中。

我们在上述编纂的过程中，比较系统地了解了中国古代动物学从甲骨文、金文的象形文字记载，至东汉许慎《说文解字》及宋·司马光《类篇》、戴侗《六书故》等字书记载；从《诗经》中动植物的民间口口相传，至三国吴·陆玑针对《诗经》中提到的动植物进行注解而著《毛诗草木鸟兽虫鱼疏》；从春秋时期的《尔雅》创立中国最早的自然志（博物学），至东晋郭璞《尔雅注疏》，由此奠定了“雅学”体系，在宋代“雅学”兴起，其标志性著作有邢昺《尔雅疏》、郑樵《尔雅注》和《通志·昆虫草木略》。继之，陆佃《埤雅》、罗愿《尔雅翼》相继问世，表明“雅学”之鼎盛，并带动“鸟兽草木之学”的发展。本草学是中国古代一支异军突起的涉及动植物学的知识宝库，从东汉时期成书的《神农本草经》，南北朝时期陶弘景《本草经集注》、隋唐时期苏敬《新修本草》、北宋苏颂《图经本草》，至明朝李时珍《本草纲目》，达到本草学的最高点，该书系统总结了16世纪前中国药物学成就，并对动植物分类、生理、生态和遗传等方面都有独到的论述。除了上述重要文献外，古代还有几部受到东、西方各国关注和推崇的著作，如三国晋时期，郑缉之《永嘉郡记》记载浙江温州蚕农利用低温影响家蚕发育的方法，使二化性蚕能在一年内连续孵化多次，以实现一年养多批蚕的目的。这一事实表明，我国在魏晋时期已出现类似于近代数理实验科学的一些思路和实验技巧。这比西方在17—18世纪才出现的数理实验科学早了1200多年。南北朝时期，北魏贾思勰撰《齐民要术》，成书于公元533—544年，被誉为“世界上最早的一部农业百科全书”，该书已注意到家畜的远缘杂交后代的不育性，并注意到蚕种的优选。北宋沈括《梦溪笔谈》是一本笔记本式的百科全书，内容涉及天文、数学、物理、化学、生物等学科。书中的生物学部分是根据山石中有螺蚌化石及地下竹子化石，推测水陆变迁及气候变化。他对动植物形态的描述、对植物名实的考证，以及对生物的变异、对生物生长发育和其活动与周围环境的关系，都有深入的研究和独到的见解。该书具有世界性的影响，20世纪法、德、英、美、意等国都有学者对《梦溪笔谈》进行系统而又深入的研究，并有相关文字的译本。明代宋应星《天工开物》是世界上第一部关于农业和手工业生产的综合性著作，外国学者称之为“中国17世纪的工艺百科全书”。其中涉及不同品种蚕蛾杂交引起变异的情况，说明通过人为的努力，可以改变动植物的品种特性，得出了“土脉历时代而异，种性随水土而分”的科学见解。英国生物学家达尔文在他的《动物和植物在家养下的变异》一书中，把中国古代养蚕技术措施作为论证人工选择和人工变异的例证之一。英国科学史家李约瑟把《天工开物》称为“中国的狄德罗”[①]，是“十七世纪早期的重要工业技术著作”。此外，明朝另一位著名学者徐光启的《农政全书》，主要包括农政思想和农业技术两大方面，是“杂采众家”又“兼出独家”，其中涉及动物学方面的重大贡献是“科学地总结蝗虫虫灾的发生规律和提出的行之有效的治蝗方法”。2013年8月，中国科学院自然科学史研究所成立“中国古代重要科技发明创造”研究组，邀请所内外专家通力合作，梳理科技史和考古学等学科的研究成果，系统考量我国古代发明创造。经过持续的集体调研，推选出“中国古代重要科技发明创造”88项，其中与动物学有关的，就有“杂种优势利用”“二十四节气”“经脉学说”“本草学”“猪的驯化”“养蚕”“法医学体系”“本草纲目分类体系”等8项[②]。

总之，中国漫长的文明发展史中，蕴藏着许多我们引以为傲的闪光点，对我们这批有幸从事自然科学动物学的研究者来说，应该立志做中华民族优秀文化的传承者，因为中华文化之所以能“博大精深、源远流长”且“从未中断”，有一个十分重要的原因，就是她具有“海纳百川”的博大胸怀和气度。从中国数千年漫长的历史长河来看，曾经历过两次外来文化输入，季羡林先生称之“两次新鲜血液的输入”。第一次是公元前2世纪汉武帝至公元581—907年隋唐时期，印度佛教输入中国，其影响既深且远，可谓之空前，从哲学、宗教、文学、语言、音乐、绘画、建筑、雕塑、风俗、习惯，甚至天文、地理、科学、技术，以及鸟、兽、虫、鱼，水果、蔬菜等等，可谓无所不包，无孔不入[③]。第二次是明清时期（17—20世纪），“西学东渐”大潮，西方文化输入中国，经历了“不自觉”“被逼”“自觉自愿”三个阶段。“五四运动”后，一批先进知识分子，如胡适等提倡文学革命，陈独秀等将马克思主义输入中国，蔡元培等倡导“兼容并包”教育精神，生物学界的秉志、陈桢等一批留学欧美的学者则提倡科学救国。第二次外来文化的输入，在20世纪70年代末，中国进入改革开放时期，对外来文化的学习更自觉、更积极、更全面、更有针对性，取得了举世瞩目的巨大成果，同时也注意到将中华文化向世界反馈，努力将中华文化

① D. 狄德罗（1713—1784），18世纪法国唯物主义哲学家，美学家，文学家，百科全书派代表人物，第一部法国《百科全书》主编。著有《对自然的解释》《达朗贝和狄德罗的谈话》《关于物质和运动的原理》等。

② 中国科学院自然科学史研究所编著. 2016. 中国古代重要科学发明创造. 北京：中国科学技术出版社.

③ 季羡林. 2004. 序一. 见：钱迎倩，王亚辉. 20世纪中国学术大典（生物学）. 福州：福建教育出版社.

的精髓传播到全球。

毋庸讳言，在中国传统文化中确实存在一些糟粕和消极方面的内容，阻碍了中国自然科学的发展，也影响了西方近代动物学知识和进化论思想的传播。自 19 世纪至 20 世纪初，西方自然科学体系在“西学东渐”的大潮中，逐步在中国传播并取得了主导地位，大大推动了中国动物学在 20 世纪 50 年代前能以较快的步伐迈向近代，并在 50 年代后迅速迈向现代，在 21 世纪初已基本与国际接轨。但在学习西方自然科学过程中，又产生了鄙薄、忽视甚至抹杀中国古代自然科学（其中当然也包括动物学）对人类的贡献的现象，有鉴于此，我们在完成《动物分典》编纂工作后，认为有必要在前人工作的基础上，对古代学者在动物学研究方面的贡献，特别是对一些闪烁着中华民族智慧的领域，作进一步的阐述。对“中国古代是否有科学？”等敏感议题，我们抱着求实与讨教的态度，大胆提出自己的观点，其目的有二：一是推动我国自然科学研究者对我国古代动物学丰厚遗产的利用和研究；二是起到对《动物分典》的辅助导读作用。本着上述设想，按照“先浅后深”“由简而繁”的事物认识规律，本书分为九篇：①中国古代传统哲学思想对动物学的影响；②中国古人对动物的认知与利用；③中国古代动物名称的命名与物种考证；④中国古代动物学研究的探讨与成就；⑤中国古人对于灾异的认知及其成灾原因的分析；⑥中国古代野生动物保护思想的萌芽；⑦对“康乾盛世”代表性动物图谱的评析；⑧对中国古代某些有争议议题的思考和讨论；⑨中国古代的动物图腾和祥瑞动物。

在此，我们要特别提到郭郛先生将他晚年撰写一部尚未问世的力作：《芭楼笔谈——中国科学技术文化文明史》中的七篇论文无私奉献给本书发表，郭郛先生以其独到的见解，在《〈易经〉简读》一文中提出“八卦：人类生态环境八因子论”的观点。他在《山海经》和《尔雅》注证的基础上对我国图腾研究中最薄弱的部分“图腾制度”进行了深入的考据和归纳，这在国内还属首次；他还以翔实的史料，解释了李约瑟难题。总之，郭郛先生以其深厚的国学根基和广博的现代动物学知识，继承了古人“采拾博洽，百科荟萃”的学术精神，其作品无论从内容还是行文风格等方面都值得读者仔细研读。

在《中国古代动物学研究》出版之际，我们仅向在完成《动物分典》及本书的编纂（撰）过程中，向我们伸出无私援助之手的中国科学院发展规划局前局长田洺同志、中国科学院生命科学与生物技术局前局长张知彬研究员、中国科学院动物研究所所长康乐院士表示衷心的感谢。同时，向在《动物分典》《中国古代动物学研究》编纂（撰）过程中先后因病辞世的《动物分典》编纂委员：宋大祥、许维枢、李思忠、刘友樵、朱明生、杨思谅、刘月英、童墉昌八位专家，表达我们深切的哀思和诚挚的怀念之情。他们为《动物分典》《中国古代动物名称考》《中国蝗虫学研究》《中国古代动物学研究》等系列著作的成功出版所倾注的心血，必将留存于后世。

“我们深知，博大精深、源远流长的中华文化，是一座取之不尽的民族精神财富的宝库，是一条奔流不息的文化历史长河。中华民族用自己的劳动智慧创造了璀璨夺目的中华文化，中华文化又哺育了自强不息的中华民族。对中华文化的承前启后，继往开来，是炎黄子孙千秋万代的事业，她必将以古老而又崭新的独特姿态，置身于世界文化之林，而大放异彩。”[①]在浩瀚的中华历史长河面前，我们只不过是一群“以蠡测海”的初学者，由于学识水平所限，本书的疏漏和错误在所难免，我们祈求各位专家、学者及广大的读者们不吝指教。

编　者

2017 年 6 月 12 日于北京中关村

① 中华书局编. 1991. 前言. 见：中华文化的过去现在和未来，中华书局成立八十周年纪念论文集. 北京：中华书局.

# 目　　录

## 第四篇 中国古代动物学的成就与探讨



## 第五篇 中国古代对灾异的认知及其成因的分析

## 第六篇　中国古代野生动物保护思想的萌芽



## 第七篇　对“康乾盛世”标志性动物图谱的评析



## 第八篇　对中国古代某些争议议题的思考和讨论



## 第九篇　中国古代动物图腾与祥瑞动物

# 第一篇

# 中国古代哲学思想对动物学的影响

# 中国古人的“生命起源”观

黄复生　王祖望

“生命起源”是一个科学问题，也是一个哲学问题，所以自古以来它就是学者、哲人们争论的一个焦点。古时无论东方学者，还是西方学者，对此都展开过热烈的讨论，这些讨论与宗教的某些教义有着密切的关联。绝大多数宗教的主体教义都是好的，都是善意的，都是规劝世人“行善积德”“善待生命”，提倡“博爱”与“友善”。但有时过分强调其教义的权威性和绝对性，往往引起相反的结果。更有甚者，由于认识的错误，利用教会的无上权力，强行实施某种错误主张，严重地影响人们的思维方式和社会进步。但是在同一历史时期里，东西方宗教的权力范围和人们的信仰程度有着很大不同，它们或深或浅各自都在影响着人们对于客观世界的认识，强烈地影响着人们对于生命起源的研究与探索。

西方的欧洲，特别是中世纪以前的欧洲由于政教合一、神权统一，教廷就是政权的最高机构，主张上帝创造了人、创造了生命、创造了自然、创造了世界，并且还提出了宇宙以地球为中心的“学说”，认为日、月、星、辰围绕地球而转动，这就是教义，也就是“真理”，人不可违背，人人都得顶礼膜拜。所谓教义也就是标准，个个都得遵守，违者定会受到教廷的责罚与惩处。例如，16 世纪，欧洲实行“政教合一”，罗马教廷控制了许多国家，《圣经》被宣布为至高无上的真理，凡是违背《圣经》的学说，都被斥为“异端邪说”，凡是反对神权统治的人，全都被处以火刑。意大利思想家布鲁诺，为了维护日心说，即被教会处以火刑。因此，许多欧洲科学家只好听之任之，以顺从的态度，采取一种分析的办法，主观的意愿，不断地分析自己的思维方式和研究结果，使自己的思想和研究结果符合于教义，符合于教会的种种规定和戒律，所以认为：生命是上帝给的，万物是上帝创造的，“自然系统”是上帝安排的，这种思潮占据了统治地位，占据了整个欧洲。地球上不同地层生物化石本来就是体现了不同地层生命起源的系统关系和历史渊源。但是在神创论者的眼里，这些不同地层的生物却被认为是由于“灾异”，在不同时间里而遭到了毁灭，上帝则一次又一次地在相对应的时间里又重新创造了生命，特殊地创造了不同地层的生物。这种思想居然被称之为一种理论，也就是所谓“特创论”①。直到 19 世纪中叶，还有许多教会的大主教跳出来竭力反对达尔文物种起源的观点，企图将进化论扼杀在摇篮之中，达尔文也因为自己的思想违背了某些教义而胆战心惊，竭力回避与教会发生正面交锋、冲突。由此可见，那时欧洲宗教势力是何等强大，凝固了人们的思想，对于人的思维和科学发展的影响是何等的深沉、严重。

东方的中国，特别是古时的中国也受到宗教的影响。但是，中国的宗教是游离在政权之外的，政教是分开的。对于某些教义你可以信，也可以不信，你可以同意，也可以不同意，甚至还可以持相反的意见，不受责罚，更不会受到寺院、道观、庙宇、教会的惩处。季羡林（2004）还认为：“中华民族，特别是占人口绝大多数的汉族对宗教信仰的需要极为淡薄，正式信教者不多，即使信了某一宗教，也没有宗教偏执狂，有时甚至儒、释、道三教都信，而实际上是什么都信之不深，不陷入其中，中国历史上从来没有真正的宗教战争，就是一个最好的例证。”这一点与西方有很大的差别。虽然不少学者也主张生命是

① 特创论，亦称“神造说”，认为生物界所有物种，都是由上帝分别创造的，是一成不变的，或只能在种的范围内变化，但绝不能形成新种。这种否认生物进化的唯心学说，早为进化论所彻底粉碎（辞海编辑委员会，1979b）。

由“神明”给的，认为帝、王、将、相是龙、虎、鹏、蟒由神明的指点而化身的，神明主宰人的生老病死，神明可以让人遭受天灾，也可以使人逢凶化吉。总之，他们认为神明主宰一切，创造生命，神明是万能的。但是这种思想并不占主导地位，更没有与政权结合，一统天下，即便某些帝王吃斋念经，烧香信佛，但也只是祈求天下太平，国泰民安，多子多孙，王位长存，也不以某些教义来干预政务。因此，由于政教的分离，人们的思维不受教义的影响和约束。尤其先秦时期，是我国历史上思想最为活跃的一个时期，人们的思维不受教义的影响和约束，自由自在，十分活跃，展现出一派“百花齐放，百家争鸣”的新气象。在这种局面的推动下，涌现了一批尊重客观事实的学者，以综合的思维方式，分析自然现象，研究自然规律，产生了朴素的“宇宙观”和“生命观”，为后人深入研究“生命起源”奠定了科学的基础。

我国古人的“生命起源”观应从“八卦”说起。“八卦”相传在距今7000—6000年的原始社会时期，由伏羲氏所创建。《辞海》：“八卦，《周易》中的八种基本图形，用‘⚊’和‘⚋’符号组成；以‘⚊’为阳，以‘⚋’为阴。名称是乾（☰）坤（☷）震（☳）巽（☴）坎（☵）离（☲）艮（☶）兑（☱）。《易传》作者认为八卦主要象征天、地、雷、风、水、火、山、泽八种自然现象，并认为‘乾’、‘坤’两卦在八卦中占特别重要的地位，是自然界和人类社会一切现象的最初根源。”（辞海编辑委员会，1979a）。郭郛（2019）在《庄子时代生物进化论的探讨》一文中称之为：“人类和生物生存生态环境八种基本要素”，简称为“生态系统八因子”。“八卦”的原意：用这样一种最简洁的符号，记载过去及当时对于自然界种种现象的认识、内在联系及其发展趋势，同时各个符号的组合又涵盖了各个因子或显、或隐、或轻、或重的内在作用力和反作用力的平衡、对抗及其种种相对应的结果，从此便可得知自然界及人世间种种的变化现象。“八卦”以极其简明扼要的形式，即“阳爻”和“阴爻”的不同组合，高度概括了天地间极为复杂的生态系统的种种要素，天、地、雷、风、水、火、山、泽。这些要素在自然界中存在的状态有两种，即“静态”和“动态”。静态的八因子指的是客观存在的具体物质，是产生生命、孕育生物的物质基础；动态的八因子指的是这些物质的变化，及其变化后所产生的巨大能量。这种能量可以改变静态的物质状态，从无生命的物质变为有生命的物质，从简单的生命形式变为丰富多彩的生物世界。当然也可以使有生命的物质又回到无生命的物质，周而复始，变化无穷，阴阳协调，和谐共处。郭郛解释：“《易传（乾）》首列元、亨、利、贞”。唐朝孔颖达引《子夏传》云：“元，始也；亨，通也；利，和也；貞，正也。”“言此卦之德，有純陽之性，自然能以陽氣始生萬物，而得原始、亨通；能使物性和諧，各有其利；又能使物堅固，貞正得終。此則自然，令物有此四種，使得其所，故謂之四德。……物得生存而爲元也。又當以嘉美之事會合萬物，令使開通而爲亨也。又當以義協和萬物，使物各得其理而爲利也。又當以貞固幹事，使物各得其正而爲貞也。”唐朝李鼎祚撰《周易集解》卷一：“乾，元、亨、利、貞。案：《說卦》：‘乾，健也。’言天之體，以健爲用，運行不息，應化無窮。故聖人則之，欲使人法天之用，不法天之體，故名乾，不名天也。《子夏傳》曰：‘元，始也；亨，通也；利，和也；貞，正也。’言乾稟純陽之性，故能‘首出庶物’，各得元始、開通、和諧、貞固，不失其宜。是以君子法乾而行四德，故曰‘元、亨、利、貞’矣。”宋代大儒程颐在《程氏易传》中说：“元、亨、利、貞，謂之四德。元者，萬物之始；亨者，萬物之長；利者，萬物之遂；貞者，萬物之成。”以上就是古人对于“乾卦”的元、亨、利、贞一种卦象的解释。从生物学的观点来看，这个卦象说明：在阳性之下原始的生命诞生了，随之出现了芸芸众生，又经历了亨、利、贞等“物竞天择，生存竞争”的过程，渐渐地又走向了和谐相处，共同进化。说明生命发生与发展的整个过程，生命从无到有，从简到繁，由低等到高等，由少数到多样，由不相宜到相协和。虽然上述各点仅是“乾卦”“元、亨、利、贞”一种卦象对于生命起源静态因子转变的一种解释。但是，这种转变表明了“八卦”动态八因子对于生命起源整个过程的强烈影响，由于八因子在动态的状态下诸多微小粒子互相挤压，发生裂变，并引发巨大的能量，促使静态的八因子突然间发生强烈的碰撞、融合，向不同方位加速转化，生命得以产生，万物得以发展。所以，如果说八卦中静态的八因子是生命起源的物质基础，而动态的八因子则是生命起源的催化动力。由此，我们便可真正理解“八卦”的潜在内容和科学意义。

春秋战国之后，我国古人对于“生命起源”的论述就更多了。民国时期胡适全面系统地研究了战国时期诸家百子的论述，他在《中国古代哲学史》（1929）一书中，专门提到“庄子时代的生物进化论”一章，其中不少学者的论述均已涉及“生命起源”问题，领军人物当推庄子。《庄子·秋水篇》中说：“物之生也，若驟若馳，無動而不變，無時而不移。何爲乎，何不爲乎？夫固將自化。”这可以说是物种进化的过程，但也可以说是生命起源的过程，生命的发生或快、或慢、或紧、或松，总是在不断地变动之中，至于变成何种状态，何为乎？何不为乎？不在于其他，更无需其他力量的主宰，全在于自化。强调“自化”在生命起源和物种进化中的重要意义。《庄子·至乐篇》中说：“種有幾，得水則爲㡭，得水土之際，則爲鼃蠙之衣，生於陵屯則爲陵舄，陵舄得鬱棲則爲烏足，烏足之根爲蠐螬，其葉爲胡蝶。胡蝶，胥也，化而爲蟲，生於竈下，其狀若脫，其名爲鴝掇。鴝掇千日爲鳥，其名爲乾餘骨。乾餘骨之沫爲斯彌，斯彌爲食醯。頤輅生乎食醯，黃軦生乎九猷，瞀芮生乎腐蠸。羊奚比乎不箰，久竹生青寧，青寧生程，程生馬，馬生人，人又反入於機。萬物皆出於機，皆入於機。”末句所用的三个“机”字，经胡适考证应与前文“几”字相同，认为：“几字误作机，是常有的事”。以往学者都认为“几”是最初时期的种子，是有生命的种子。胡适认为：“此处的几字是指物种最初时代的种子。也可以叫元子。”但是，我们认为庄子在此处所说的“几”字，不应该是有生命的种子，它应该是一些无生命的、微小的有机物或无机物颗粒，由此产生了生命，产生了物种，随之由水栖渐渐过渡到半陆栖，最后过渡到陆栖。生命在陆地的各种生态环境之下得到更大发展，从简单到复杂，从低等到高等，由少数到多样。动物从单细胞动物到多细胞动物，从无脊椎动物到脊椎动物，由鞭毛纲、腹足纲逐步发展到甲壳纲、昆虫纲、蛛形纲、头索纲、鱼纲、两栖纲、爬行纲、鸟纲、哺乳纲，直到人类的出现，生命得到一步又一步地发展与进化，呈现出五彩缤纷的生物世界。这就是“万物起于简易，而演为天下之至赜”的漫长过程。所有的生物（包括人类）在其生命的终点必然要从有机物变成无机物，加入各类生态系统的物质大循环中，这一过程庄子称之为“皆入于几”，但此处的“几”应该是由有机物分解变为无机物，即无生命物质的“几”。所以“人又反入于几。万物皆出于几，皆入于几。”这个“几”字应是无生命的某些物质，人反入于“几”，人不可能再回到有生命的“种子”了。人的终了只能是慢慢地融化分解为无生命的物质，这些无生命的物质最后又慢慢地流落于大自然之中。

从以上论述的几个要点可以观测到庄子系统的生命起源观：生命是从无生命来的，生命是自然发生的，生命的发生离不开水，由水栖渐渐过渡到陆栖，陆地为生命的发展提供了广阔的天地，产生了多种多样的物种，最后产生了人。生物在生命终结时，又回归于大自然，环环相扣，生生相通。因此，各个要点表明了古人的生命起源观，我们称之为古人“生命起源”的三步曲：

（1）生命从无到有，也就是从无生命的小颗粒到有生命的有机体；

（2）生命从水栖到陆栖，陆地为生命的发展提供了更为多样的空间；

（3）生命从低等到高等，生命逐渐地发展为更加完整的自然体系。

以上是2200多年前庄子时期对于生命起源的看法，随后不同时期对此也存在种种不同见解。但是，仍以正确的“生命起源”观占据了主导地位。例如：

汉朝王充（公元27—97年）在《论衡》中：“萬物之生，……自然也。”生命“自然也”。万物的来源，生命的来源，全在于自然，全在于自生，没有任何外来力量的干预，更没有神明的感召力。

北宋理学家周敦颐构造了一幅宇宙演化的太极图（图1-1），他在解释该图时指出：“無極而太極。太極動而生陽，動極而靜，靜而生陰，靜極復動。一動一靜，互爲其根；分陰分陽，兩儀立焉。陽變陰合，而生水、火、木、金、土。五氣順布，四時行焉。五行，一陰陽也；陰陽，一太極也；太極，本無極也。”他的这段话，说明了宇宙万物由太极生出阴阳二气，随之动静结合，互为其根，阴阳结合，互动相补，演化出水、火、木、金、土五气，再由五行之气演化成芸芸众生，芸芸众生又返回五气，周而复始，不断更新。太极，本无极也。

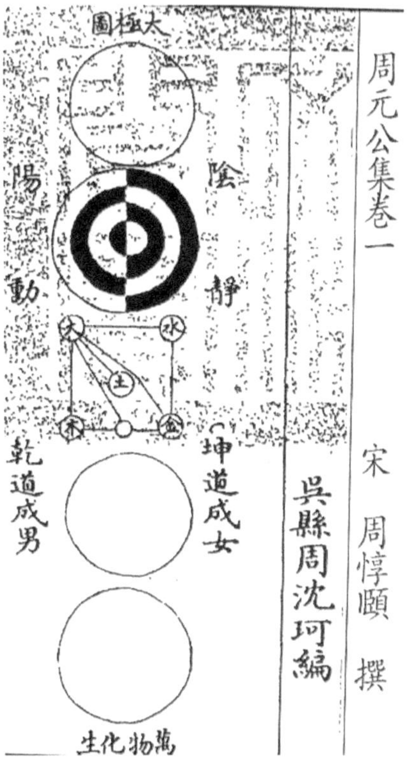


图 1-1 北宋理学家周敦颐构造的宇宙演化太极图

明代医学家张介宾说：“天地之道，以陰陽二氣而造化萬物；人生之理，以陰陽二氣長養百骸。”［转引自：胡化凯，2016（出自《医易义》）］。明代万明英也有相同的说法，“形气相感”而化为生命，“化生万物”。万明英就是以这样简洁而通俗的语言，明确地阐明了生命起源的内在因素，“生命起源”“万物形成”在于各种因素的“相感而化”，不在于外在力量的作用。

以上学者最早的距今有 6000 多年，从伏羲氏八卦开始，经过 2200 多年前战国时期庄子的生命起源观。然后还有汉朝王充对于生命起源的鲜明观点，唐朝孔颖达对于八卦“元、亨、利、贞”在生命起源中的意义进行了分析和讲解。北宋理学家周敦颐通过他构造的宇宙演化太极图，指出宇宙万物如何由太极生出阴阳二气，再由五行之气演化成万物。到了明朝万明英距今也有 500 年的历史，强调了五行的形气相感在生命起源中的巨大作用。他们在不同的时期里，以不同的形式，不同的语言，甚至不同的图形、符号来表达共同的命题——生命起源观，并得出：生命来自非生命，生命来自大自然，这样隽智的观点。这些观点如此接近，又如此超前，让我们后人受益匪浅，应该加以珍惜与弘扬。

## 参考文献

辞海编辑委员会. 1979a. 辞海・八卦. 上海：上海辞书出版社
辞海编辑委员会. 1979b. 辞海・特创论. 上海：上海辞书出版社
郭郛. 2019. 庄子时代生物进化论的探讨. 见：王祖望，冯祚建，黄复生. 中国古代动物学研究. 北京：科学出版社
胡化凯. 2016. 中国古代科学思想二十讲. 合肥：中国科学技术大学出版社
胡适. 1929. 万有文库：中国古代哲学史(二). 上海：商务印书馆：109-119
季羡林. 2004. 序一. 见：钱迎倩，王亚辉. 20 世纪中国学术大典(生物学). 福州：福建教育出版社
万明英. 2008. 三命通会. 陈明，王胜恩注释. 北京：中医古籍出版社

# 中国古代的天人合一观及其社会实践

## ——感悟钱穆先生的彻悟和季羡林先生的呼吁

王祖望　黄复生

“天人合一”观是中国古代哲学的基调。这一思想的形成至少有三四千年的历史,可以说是古代流传至今的一个古老的哲学概念。这个概念的孕育时间十分漫长，自五帝（黄帝、颛顼、帝喾、尧、舜）经夏、周、秦、汉、唐、宋、元、明、清至今。著名历史学家钱穆先生[①],以毕生之精力献身于中国文化与思想的核心理念——“天人合一”观的探究。他晚年双目失明，仍以口授夫人笔录的方式完成了《中国传统文化对人类未来可有的贡献》一文，在这篇传世之作中，钱穆两次提到中国文化对世人的贡献，他说:**“中国文化中，‘天人合一’观，虽是我早年已累次讲到，惟到最近始彻悟此一观念实是整个中国传统文化思想的归宿处。”**在文章的第二段，他指出:**“中国文化过去最伟大的贡献，在于对‘天’、‘人’关系的研究。中国人喜欢把‘天’与‘人’配合着讲。我曾说‘天人合一’论，是中国文化对人类最大贡献”**（钱穆，1991）。钱穆晚年的这一“彻悟”，得到了季羡林、费孝通、任继愈、张世英等学者的积极响应，给予了很高的评价，使得钱穆的“彻悟”在国内外得到更多人的理解和支持。一些学者认为:“钱穆的天人合一观建基于其一生持守的‘人文演进’观之上，越到晚年，其思维越趋于‘道之大原出于天’的理念，越凸显出天人合一的生态价值之思维取向。钱穆深信天人合一为中国文化的最高信仰,有了这一信仰，就有其实践之路，这就是人是可以参赞天地之‘化育’过程而促其功能实现的，而这一参赞须符合天道自然之规律。钱穆坚信，天人合一观的生态文明取向，将是中国思想对世界文化作出的最大贡献”（赖功欧，2014）。

笔者在《中华大典·生物学典·动物分典》的编纂过程中初次接触到古代“天人合一”观，但认识十分粗浅。在读了钱穆《中国传统文化对人类未来可有的贡献》、季羡林《“天人合一”新解》（季羡林，1997）、《季羡林谈人生》（季羡林，2006）、《试论“天人合一”》（任继愈，1997）、《天人之际——中西哲学的困惑与选择》（张世英， 2007）等文章和著作后，对钱穆先生的彻悟和季羡林在《季羡林谈人生》中的呼吁，有了一些粗浅的感悟，作为一名长期从事生态学研究的科技工作者，愿以“补课”的态度重新学习“天人合一”观，并尝试从生态学的角度，谈谈自己学习钱穆先生的彻悟及季羡林、任继愈等先生有关“天人合一”诠释与思考后的一些感悟。

---

① 钱穆（1895年7月30日—1990年8月30日），字宾四。笔名公沙、梁隐、与忘、孤云。江苏无锡人。中国现代历史学家。历任燕京大学、北京大学、清华大学、四川大学、齐鲁大学、西南联合大学等大学教授，也曾任无锡江南大学文学院院长，可谓桃李满天下。1949年迁居香港，创办了新亚书院；1967年移居台北，任中国文化学院历史所教授、“中央研究院”院士、台北故宫博物院特聘研究员。其学术论著宏伟浩博，荦荦大者如《国史大纲》《先秦诸子系年》《朱子新学案》《中国文化史导论》《中国近三百年学术史》《庄老通辨》《庄子纂笺》《中国思想史》《理学六家诗钞》等。晚年双目失明，以口授夫人笔录方式撰写了他最后一篇传世之作《中国传统文化对人类未来可有的贡献》一文。他说:“我从前虽讲到‘天人合一’观的重要性，我现在才**彻悟**到这是中国文化思想的总根源，我认为一切中国文化思想都可归宿到这一观念上。”

# 一、古代天人合一观的形成及其演变

中国传统文化喜欢将天与人配对，自上古先民的天神崇拜至先秦春秋时期“天人合一”观的形成，两汉时期达到其顶峰，其后经历了宋明时期的“吐故纳新”的提高与发展，至清代“天人合一”观逐渐趋于式微。天人合一观强调知天、顺天、则天，强调“道法自然”，“这是一种生存智慧，是古人处理人与自然关系的基本原则。古人做事讲究具备天时、地利、人和，这是天人合一思想的普遍体现”（胡化凯，2016）。现将天人合一观在先秦时期、西汉初年、宋明时期的三个主要发展阶段的演变情况，简述如下。

## （一）先秦时期

先秦时期“天人关系”基本上是神与人的关系。主要依据是《礼记·表记》中的一段话：“殷人尊神，率民以事神，先鬼而後禮，先罰而後賞，尊而不親。”殷人把有意志的神（“帝”或“天帝”）看成是天地万物的主宰，万事求卜，凡遇征战、田猎、疾病、行止等等，都要求卜于神，以测吉凶祸福。这种天人关系实际上是神人关系。西周继承了商代的思想，仍然重鬼神，与殷人无大异，但长期以来一直未发现周人重鬼神的甲骨文证据，故史学家对此抱有疑惑。郭沫若（1997）指出：“殷人用卜，周人也用卜，只是我们现在还没有发现周人的甲骨文字而已；谁也不能断定说：周人一定没有”。20 世纪 70 年代，陕西周原发现周人甲骨 17 000 余片，其占卜形式和内容与殷卜辞相近，初步证实了郭老的预测是准确的。虽然，殷周思想无大的差别，但绝非相同，史料证明周初思想确有很大进步，但绝未发生从“重神”到“重人”的质变。天人关系仍然是一种神人关系，但有了“敬德保民”的道德属性。人服从天命，是一种道德行为，天就会赏赐人，否则，天就会降罚于人。表明“天人合一”的思想在西周的天命观中已有了比较明显的萌芽般的发展。《左传·僖公五年》：“皇天無親，惟德是輔。”由此可见中国传统的“天人合一”思想，从其开始起，就与道德问题紧密联系在一起。至春秋时期，出现了一种“贬天命、重人生的思想”，这意味着先前的具有人格神意义的“天”遭到了质疑。表明从春秋时期起，天人关系的重心已不是讲人与有意志的人格神之间的关系，“天”已经开始从超验的神的地位下降到了现实世界。这种改变，导致中国传统的本土文化中儒家和道家“天人合一”观的差别：儒家所讲的“天”一直保存了上述的西周时期“天”的道德含义，“天”具有道德属性；道家所讲的“天”只是指自然，不具有道德含义。这样，儒家的“天人合一”大体上就是讲的人与义理之天、道德之天的合一；道家的“天人合一”就是讲人与自然之天的合一。这是儒、道两家在“天人合一”观最早的分歧点（张世英，2007）。

先秦儒家的“天人合一”观始于孔子，国内一些学者对孔子的“天人合一”核心思想大多强调“仁”，强调他的孝悌之类的自然感情是“为仁之本”；“仁”出自人天生的“直”，亦即一种自然的本性（《论语·学而篇第一》），由此得出结论，认为孔子强调的天，是义理之天；但也有一些学者认为孔子所指的天，并非只是“义理之天”。孔子说：“天何言哉？四時行焉，百物生焉，天何言哉？”（《论语·阳货篇》）。这段话的意思是，天什么也未说，四时照样运行，万物照样生长。孔子在此处所指的天，显然是指自然之天。孔子在总结自己一生经历时说：“吾十有五而志於學，三十而立，四十而不惑，五十而知天命，六十而耳順，七十而從心所欲，不逾矩。”在此处，他强调“知天命”（《论语·为政篇》），他所讲的“知天命”，是指对天人关系的领悟，达到天人合一的境界。此外，孔子提出“君子有三畏”，即“畏天命、畏大人、畏聖人之言。小人不知天命而不畏也。”孔子在此处所指的“畏”，是敬畏之意。“自然界万物的生杀，四时的更替，显示出大自然固有的秩序及法则。人类不遵守这些法则，就会受到惩罚。”“‘畏天命’是以‘知天命’为前提的，只有知其可畏，才能自觉地调整自己的行为，避免受到惩罚。”所以，“孔子所提倡的‘知天命’与‘畏天命’，实质上是强调人与自然的和谐、一致、即达到天人合一”（胡化凯，2016）。

孟子的“天人合一”观就是指“人性、人心以天为本。人心有“恻隐之心”“羞恶之心”“恭敬之心”“是非之心”。“恻隐之心，仁也；羞恶之心，义也；恭敬之心，礼也；是非之心，智也。”仁义礼智四者，人皆有之，他把它们称为“四端”，人心有四端，所以人性本善。人之善性即“天之所与我者”，是天给的，又是“我固有之”者，是我本身固有的，所以天与人合一。这样孟子就明确地奠定了儒家“天人合一”思想的核心（张世英，2007）。但上述并未全面反映孟子有关“天”的观点，孟子除了提出上述“义理之天”“主宰之天”外，也提出了“自然之天”的观点，如“天油然作雲，沛然下雨，則苗勃然興之矣”（《孟子·梁惠王上》）；“天時不如地利，地利不如人和”（《孟子·公孙丑下》）；“天之高也，星辰之遠也，苟求其故，千歲之日至，可坐而致也”（《孟子·离娄下》）。

在此，还必须提到孔子强调的“爱有差等”思想，而孟子则主张人性中皆有仁义、人皆可以为圣人。“舜何人也，予何人也，有爲者亦若是。”（《孟子·滕文公上》）。这段话的意思是，作为一种道德主体，人人都是平等的。孟子从道德层面上肯定人格上的平等，这是儒家伦理道德思想中的进步因素（张世英，2007）。

老庄的“天人合一”思想不同于孔孟，老子说：“人法地，地法天，天法道，道法自然。”这里的“自然”就是自然而然、究竟至极的意思。老子所认为的“天人合一”思想，表现为与“道”为一，与道为一则“无为”，“无为”即听任万物之自然。人能顺乎“道”，顺乎自然之常就是“无为”，而“无为”就能做到“无不为”；庄子在《庄子·齐物论》中所说的“天地與我並生，而萬物與我爲一”的精神境界，就是他所明确界定的一种“天人合一”境界，这里的“天”就是指自然，人与天地万物之自然合为一体，人与我、人与物的分别，都已经不存在（张世英，2007）。

## （二）西汉初年

西汉经过汉初70年的休养生息，社会经济得到恢复和发展，到汉武帝（公元前140年）即位以后，西汉达到空前繁荣的阶段，社会呈现出一片兴旺的景象，从而使西汉王朝达到其鼎盛时期。自汉武帝起，直至昭、宣之世（公元前86—公元前49年），在近百年中，强大的西汉政权如丽日经天，成为当时地球上最强大的政权之一。汉武帝即位后做的第一件大事就是“罢黜百家，独尊儒学”（白乐天，2000）。儒家的代表人物是西汉的著名思想家董仲舒（公元前179—公元前104年），他认为天与人同类，更可于人之生见理之，提出“人副天数”说，他在《春秋繁露·人副天数第五十六》中指出：“莫精于氣，莫富於地，莫神於天。天地之精所以生物者，莫貴於人。人受命乎天也，故超然有以倚。物疢（chen）疾莫能爲仁義，唯人獨能爲仁義；物疢疾莫能偶天地，唯人獨能偶天地。人有三百六十節，偶天之數也；形體骨肉，偶地之厚也。上有耳目聰明，日月之象也；體有空竅理脈，川谷之象也；心有哀樂喜怒，神氣之類也。觀人之體一，何高物之甚而類於天也。……是故人之身，首妢而員，象天容也；髮，象星辰也；耳目戾戾，象日月也；鼻口呼吸，象風氣也；胸中達知，象神明也；腹胞實虛，象百物也。”董仲舒在《春秋繁露·人副天数第五十六》一文中，罗列诸多人与天相像之处，并认为宇宙若无人，则宇宙就不完全，甚至不称其为宇宙。所以董仲舒认为：“天地人，萬物之本也。天生之，地養之，人成之。天生之以孝悌，地養之以衣食，人成之以禮樂，三者相爲手足，合以成體，不可一無也。無孝悌則亡其所以生，無衣食則亡其所以養，無禮樂則亡其所以成也。”（《春秋繁露·立元神第十九》）。按照董仲舒的上述观点，人在宇宙中的地位最高。由于天、人同类，天和人可以互相感应，相互制约。他在此基础上提出了“天人感应”学说，其目的有二：其一是“屈民而伸君”，强调所谓“君权神授”，要人民服从皇帝，维护大一统政治；其二是“屈君而伸天”，用天的权威来约束皇帝。这就是所谓“天谴论”，其大意是统治者如有人事不当，“災常先至，而異乃隨之。災者，天之譴也；異者，天之威也。譴之而不知，乃畏之以威”

（《春秋繁露·必仁且智第三十》）。东汉学者王充（公元27年至约100年）对以董仲舒为代表的“天人感应”思想持批评的态度，他认为天是自然物，没有意识，所以就不会跟人产生精神感应。他说：“夫人不能以行感天，天亦不隨行而應人。”（《论衡·明雩篇》）。这段话的意思是，人不能以自己的行动感动上天，上天也不会随着人们的行为作出什么反映。他十分明确地否定了董仲舒的“天人感应”说（周桂钿，1990）。

## （三）宋明时期

北宋理学家张载、二程（程颢、程颐）发展了孟子的学说，扬弃了董仲舒《春秋繁露·人副天数》等的观点，将天人合一观推进达到了新的理论水平。程颢说：“人與天地，一物也。”又说：“天人本無二，不必言合。”他认为天地与人完全是一回事，根本不必说“合”。程颐说：“心即性也，在天爲命，在人爲性，論其所主爲心，其實只是一個道。”张载与二程的观点大体可以归纳为以下两点。

### 1. 人是自然界的一部分，具体说人是自然界中动物中的一员

张载在《正蒙·乾称篇》中有这样一段话：“乾稱父，坤稱母；予茲藐焉，乃混然中處。故天地之塞，吾其體；天地之帥，吾其性。民吾同胞，物吾與也。大君者，吾父母宗子；其大臣，宗子之家相也。”这一段话，表明张载及二程已肯定人类是天地的产物，即自然的产物。这一点在《正蒙·动物篇》中阐述得更为明确：“動物本諸天，以呼吸爲聚散之漸。植物本諸地，以陰陽升降爲聚散之漸。物之初生，氣日至而滋息；物生既盈，氣日反而遊散。至之謂神，以其伸也；反之爲鬼，以其歸也。”中国古人视人类为动物中一员的观点在典籍中有不少记载，如蔡清《易经蒙引》卷一中就有记载：“大凡言動物，皆兼人、獸、禽、蟲。”又有：“草木，植物也；人與鳥獸，動物也。人亦屬動物而直生，亦兼植物之理，如金水爲陰，木火爲陽，而沖氣亦兼有陰。”古人虽然将人视为动物中的一员，与鸟兽虫鱼等类，但认为人在动物中最灵，属有智的动物，故直立，并将同属于动物的人中优秀者称为“圣人”或“先王”，这些圣人秉承并顺乎天时，“先王則善順乎天時以養育，使萬物各得其生焉”。如“不違農時，穀不可勝食也；數罟不入洿池，魚鱉不可勝食也；斧斤以時入山林，材木不可勝用”“此類皆是。此先王所以參天地贊化育者，蓋生萬物者天也，育萬物而使得遂其生者聖人也。不然或五穀不熟，或胎殰卵殈，而物不育矣”。这一段还包含了一个重要的意思，就是“生萬物者天也”，而“育萬物而使得遂其生者”则是动物中的圣人、先王。董仲舒的“天人合一”思想，明显地给儒家伦理道德学说打上了人天生不平等的烙印，把孔孟的伦理道德思想变成了贵贱主从的人伦关系学说。他的这一错误观点对“天人合一”观的现代化造成了巨大的障碍。

### 2. 人性即天道，道德原则和自然规律是一致的

张载及二程对宇宙及其间万物的态度十分明确，“吾人之體即宇宙之體；吾人之性即宇宙之性。吾人應視宇宙爲父母，亦應以事父母之道事之。應視天下之人皆如兄弟，天下之物皆如同類，亦應以待兄弟、待同類之道待之”（冯友兰，2006）。张载在《正蒙·诚明篇》中提出了“天人合一”的命题：“儒者則因明致誠，因誠致明，故天人合一。”由此出发，凡能体悟到人与人之间、人与物之间有息息相通、血肉相连的内在关系的人，便必然能达到“民吾同胞”“物吾與也”的境界。张载的“民胞物與”之爱，显然不是从血缘亲情推出来的，而是以万物一体为其本体论根源。张载的这种伦理道德思想，既与孟子的“萬物皆備於我”有渊源关系，而且还受了道家思想的影响。当然，张载思想中还有差等之爱和等级之分的成分，不过，张载的“民胞物與”之爱，其重点不在于强调爱之差等，而在于强调爱及他人以至

爱及于物。张世英（2007）认为：将张载的“民胞物與”之爱称为“博爱”，博爱较之孔子血缘亲情之爱，堪称儒家伦理道德思想发展史上的一个**重大突破**。

明朝在农业、手工业、商业、科学技术等方面都比较发达。在商业方面，随着商品经济的发展，产生了繁荣的商业集镇和资本主义萌芽。尤其在明朝中后期，随着西方传教士进入朝廷高层并与一些开明的中国知识分子合作，翻译西方科技著作，参与中国天象观察和历法修订。在这一历史时期，明朝著名学者王阳明继承和发展了程颢“仁者以天地万物为一体”的思想，他在《大学问》中认为：“大人者，以天地萬物爲一體也，其視天下猶一家，中國猶一人焉。若夫間形骸而分爾我者，小人矣。”他进而指出：“是故見孺子之入井，而必有怵惕惻隱之心焉，是其仁之與孺子而爲一體也，孺子猶同類者也。見鳥獸之哀鳴觳觫而必有不忍之心焉，是其仁之與鳥獸而爲一體也。鳥獸猶有知覺者也，見草木之摧折，而必有憫恤之心焉，是其仁之與草木而爲一體也。……”王阳明的“天人合一”思想使人与天地万物之间达到更加融合无间的地步（冯友兰，2006）。

清代的 “天人合一”观已逐渐趋于式微，热心探讨、宣扬这一观点的学者仅有明末清初的思想家王夫子（又名王船山），他继承了前人“裁成辅相天地”（《周易大传·象传》）的思想，认为人们在遵循自然规律的前提下，是可以对自然环境加以调整的。他还对唐朝李泌“君相可以造命”的观点加以发挥，认为“造命”的“命”字，其实是指规律。人（或事物）违背了生长之理，也就符合了衰亡之理，死亡就不可避免了。人们不知道死亡是违背生长之理的结果，而把这种现象看成是不可知的“天命”，其实这不过是自然规律的表象。人如果能遵循自然规律，慎重对待自然规律，那么，任何人都可以掌握自己的命运。他进而告诫人们，“人只要在尊重和遵循自然规律的基础上发挥主观能动性，是完全能够与自然环境共同发展，和谐相处的。”（李恩军和王浩生，1995）。

## 二、天人相分思想的产生及演变

依据史料记载，在中国传统哲学的天人关系中，除了“天人合一”观外，还有“天人相分”的思想，前者在中国古代传统哲学中长期处于主导地位，而后者虽然其影响远不及前者，但在一定历史时期，尤其是在促进生态环境和资源保护以及科学技术发展方面，也曾起到一定的推动作用。“天人相分思想强调‘明于天人之分’、‘制天命而用之’、‘天与人交相胜’、‘ 人定胜天’，主张充分发挥人的主观能动性，为自己的生存与发展积极创造条件。消除了人对自然界的畏惧与迷信，更为理性地看待人与自然的关系”（胡化凯，2016）。现将“天人相分”思想在各个历史时期的表现简述如下。

### （一）先秦时期

**荀况（公元前 313—公元前 238）**，战国后期思想家，著有《荀子》三十二卷。荀子对自然规律，以及人和自然的关系均有正确的认识与表述。他的主要观点可归纳如下。

（1）提出“天”就是客观存在的自然界。他说：“列星隨旋，日月遞炤，四時代御，陰陽大化，風雨博施，萬物各得其和以生，各得其養以成，不見其事而見其功，夫是之謂神。皆知其所以成，莫知其無形，夫是之謂天。”（《荀子·天论篇第十七》）。这段话的意思是，大自然是客观存在的，天体：星辰、日月和四时都遵循各自的规律运行，万物各有其生存之道，人们只能看到万物的生成，却不知其何以生成，这就是神；人们都知自然运行的结果，而不知自然运行于无形之中，这就是天。

（2）提出“明于天人之分”的命题。他说：“天行有常，不爲堯存，不爲桀亡。應之以治則吉，應之以亂則凶。彊本而節用，則天不能貧；養備而動時，則天不能病；修道而不貳，則天不能禍。……故明於天人之分，则可謂至人矣。”（《荀子·天论篇第十七》）。他认为自然界有自己的运行规律，不受统治者的好坏而改变，如果能好好治理国家，社会就稳定，否则，社会就动乱。只要发展生产，节约开支，那么，天就不能使他贫穷，相反，如果不积极生产，却挥霍浪费，那么，天也不能让他富足起来。只要营养充足又适当活动，那么，天也不能使他生病，相反，如果营养不足又懒得活动，那么，天也不能使他健壮。只要遵循社会法则活动，那么，天也不能使他遭受灾祸。相反，如果他违背社会法则，肆意胡闹，那么，天也不能使他吉利。总之，天跟人是相分的，各有各的运行规律，不依人的意志为转移。人世的治乱、吉凶均取决于人，而非取决于天。只有明白天与人职责不同的人，才是“至人”（周桂钿，1990）。

（3）提出“制天命而用之”的思想。他认为“大天而思之，孰與物畜而制之？從天而頌之，孰與制天命而用之？望時而待之，孰與應時而使之？因物而多之，孰與騁能而化之？思物而物之，孰與理物而勿失之也？願與物之所以生，孰與有物之所以成？故錯人而思天，則失萬物之情。”（《荀子·天论篇第十七》卷十一）。这段话的意思是，“尊天而思慕之，何不畜天所生万物而利用之？颂扬天之美德，何不掌握天道而加以利用？与其盼望天时等待好的收成，何不适应季节而主动使作物生长？听任作物自然增长，何不发挥人的智能使其更多地发育？思物而贮之，何不治物而勿失之？希望万物自己繁衍，何不设法促进物类的生成与发展。若舍弃人为而妄思天赐，则不合情理，虽劳心苦神而无益处。”在此，“荀子提醒人们，不要‘错人而思天’，要‘制天命而用之’，就是选取某些自然规律加以利用”（胡化凯，2016）。

## （二）唐代

**柳宗元（公元 773—819 年）**，我国唐朝著名的文学家、哲学家、散文家和思想家，哲学著作有《天说》《天对》《封建论》等。在《天说》一文中，他针对天能赏功罚祸的思想指出：天地、元气、阴阳都是无意识的自然，是不能“赏功罚祸”的。人世祸福，由人所为，与天无关。认为天地就像瓜果那样，怎么能“赏功而罚祸”？人世间的功祸是“功者自功，禍者自禍，欲望其賞罰者大謬；呼而怨，欲望其哀且仁者，愈大謬矣”“變禍爲福，易曲成直，寧關天命，在我人力。”（《柳河东集》卷十六）。他还提出了“天人不相预”的观点，认为自然界的法则不适于人类社会，自然与社会各有其不同的规律。他“天人不相预”的观点是荀子“天人相分”思想的复归，对于人们认识自然，掌握自然规律，发挥人的主观能动性具有积极的意义（李存山，2008；胡化凯，2016）。

**刘禹锡（公元 772—842 年）**，我国唐代著名的文学家、哲学家，他的哲学著作有《天论》等数篇。他在读了柳宗元《天说》一文后，认为作者还没有“尽天人之际”，故作《天论》进一步解释。他在文中指出：“天之所能者，生萬物也；人之所能者，治萬物也。……天恒執其所能以臨乎下，非有預乎治亂云爾；人恒執其所能以仰乎天，非有預乎寒暑云爾。”（《刘禹锡集》卷第五）。柳宗元对他的观点表示赞同，在《答刘禹锡天论书》中说：“生植與災荒，皆天也；法制與悖亂，皆人也。二之而已。其事各行不相預，而兇豐理亂出焉，究之矣。”（《柳河东集》卷三十一）。刘、柳所谓天人“不相预”，就是把自然之事和社会之事区分开。因为天没有意识，天的运动是自然而然的，天不干预人世的治乱，人也不能改变自然的寒暑运行。此外，刘禹锡还提出了“天人交相胜”的观点，对柳宗元的“天人不相预”观点做了进一步的补充和发挥。他认为天和人不一样，其职能和作用都不同。“天，有形之大者也；人，動物之尤者也。天之能，人固不能也；人之能，天亦有所不能也。故余曰：天與人交相勝爾。其説曰：天之道在生植，其用在强弱；人之道在法制，其用在是非。”（《天论·上》）。这段话的意思是，天的作用人不能达到，人的作用天也不能达到。他进一步指出：天的作用是自然界的变化，如春夏阳气上升，万物生长；秋冬阴气上升，万物凋零。人的作用是在阳气上升时，不失时宜地进行种植；阴气上升时，不失时宜地进行收获，积极防病除灾，采矿冶炼，制造农具，制定礼仪，尊重贤人，树立正气等。天不能制定礼仪，人也无法改变四季。这表明天和人的功能作用不同，所以“天理”和“人理”也有区别。“天理”即自然规律，是有力者占先；“人理”即人生准则，是有德者居先。他指出：有时是“天理”胜，有时是“人理”胜。而“人诚务胜乎天”，因为“天无私，故人可务乎胜也”。当“人理”不起作用时，自然力量就自发地起作用，即“人不宰则歸乎天也”。

### （三）宋元明清时期

唐代以后，“天人相分”观点已趋于式微，只有少数学者在特定的时期有所阐述，如北宋时期儒家天人感应思想盛行，范仲淹（989—1052 年，北宋杰出的思想家、政治家、文学家）在《上汉谣》中指出：“人復不言天，天亦不傷人。天人兩相忘，逍遥何有鄉。”苏轼（1037—1101 年，北宋文学家、书法家、画家）在《夜行观星》诗中说：“大星光相射，小星鬧若沸。天人不相干，嗟彼本何事。”此外，马王堆《黄老帛书·经法篇》中说：“人强勝天，慎避勿當。天反勝人，因與俱行。”这段文字的意思是，“人可以强行胜天，但应谨防行为不当；天可以胜人，人应因循其行事。”元代刘祁在《归潜志》中说：“人定亦能勝天，天定亦能勝人。”反映出“天与人交相胜”的观点。明代政治家、水利专家陈应芳[万历二年（1574 年）进士，官至福建布政司参政]，探索水道原委与河之利害，悉其形势，将其有关河道、水利之论述辑录成《敬止集》（四卷），他针对朝廷不顾人民安危，致使一些涉及“民生”“民利”的水利设施长年失修，危及人民安危，在文中大声疾呼：“桑田成海，天行之數，誰則違之？人定勝天，轉移之力，誰謂難之？”（《敬止集·论农政专官》）。明代政治家、农学家马一龙在总结农业生产经验时说：“知事爲上，知土次之。知其所宜，用其不可棄，知其所宜，避其不可爲，力足可以勝天矣。”这段话的核心思想是，在农业生产中，如能做到尊天时，因地宜，即可以获得好收成，这就是“胜天”。清代学者章学诚认为：“天定勝人，人定也能勝天。”（章学诚《丛书集成初编·文史通义·内篇》）。

我国古代天人相分观在中国传统哲学中并不占主导地位，但这种观点强调发挥人的主观能动性，在一定条件下，人一定可以胜天。胡化凯（2016）在总结古代天人相分观时指出：“古人所希望的‘人定胜天’，并不是与天对立，而是有条件地发挥人的能动性以达到某种理想的目的。因为，古人知道，‘其功顺天者天助之，其功逆天者天违之。天之所助，虽小必大；天之所违，虽成必败。顺天者有其功，逆天者怀其凶。’顺天、合天，是中国古人具有的主流意识。中国传统文化的一个重要特点就是主张人与自然的和谐、统一，而不是对立和斗争。人定胜天思想，表达的是古人在‘不与天争职’的情况下对现实的主动改造”，这是一种值得后人继承和发扬光大的精神。

## 三、当代中外学者对“天人合一”观的诠释与思考

当代中外学者对“天人合一”观有独到的诠释和思考，这对于理解钱穆的“彻悟”以及认识“天人合一”观现代意义有着重要的启示作用。笔者在下面重点介绍三位国内学者和一位国外学者对“天人合一”观的诠释和思考。

### （一）季羡林对“天人合一”观的诠释

笔者主要依据季羡林主编的《东西文化议论集》（上册）、《季羡林谈人生》和《20 世纪中国学术大典·序》三部著作中涉及“天人合一”有关见解，汇集于下，以飨读者。

（1）什么叫“天人合一”呢？《中华思想大辞典》中说：“主张‘天人合一’，强调天与人的和谐一致是中国古代哲学的主要基调”，这是比较广义的理解。《周易·乾卦》中说：“夫大人者，與天地合其德，與日月合其明，與四時合其序，與鬼神合其吉凶。先天而天弗違，後天而奉天時。”这里讲的就是“天

人合一”的思想，这是人生的最高理想境界（张岱年，1991；季羡林，1997）。

（2）国学大师钱穆先生一生最后一篇文章《中国文化对人类未来可有的贡献》，讲的就是“天人合一”的问题，我冒昧地在钱老文章的基础上写了两篇补充文章，我复印几份呈献给大家，以求得教正。“天人合一”是中国哲学史上一个重要命题，解释纷纭，莫衷一是。钱老说：“我曾说‘天人合一’论，是中国文化对人类最大贡献。”我的补充明确地说，“天人合一”就是**人与大自然要合一，要和平共处，不要讲征服与被征服**。西方近二百年以来，对大自然征服不已，西方人以“天之骄子”自居，骄横不可一世，结果就产生了我在上文第一章里补充的那一些弊端或灾害。钱穆先生文章中讲的“天”似乎重点是“天命”，我的“新解”，“天”是指大自然。**这种人与大自然要和谐相处的思想，不仅仅是中国思想的特征，也是东方各国思想的特征。这是东西文化思想分道扬镳的地方**（季羡林，1997，2006）。

（3）人同其他动物一样，本来也是包括在大自然之内的。但是，自从人变成了“万物之灵”以后，顿觉自己身价高了起来，要闹一点“独立性”，想同自然对立，要平起平坐了。这样才产生出人与自然的关系。人类成为“万物之灵”之前或之后，一切生活必需品都必须取之于大自然，衣、食、住、行，莫不皆然。人离开了自然提供的这些东西，一刻也活不下去。由此可见人与自然关系之密切、之重要。怎样来处理好人与自然的关系，就是至关重要的了（季羡林，2006）。

（4）东西两大文化体系的区别，随处可见。它既表现在物质文化上，也表现在精神文化上。具体的例子不胜枚举。但是，我个人认为，两大文化体系的根本区别来源于思维模式之不同。这一点我在上面已经提到过，东方的思维模式是综合的，西方的思维模式是分析的。或者说，西方是“一分为二”，而东方则是“合二为一”。再用一个更通俗的说法来表达一下：“西方是头痛医头，脚痛医脚”“只见树木，不见森林”，而东方则是“头痛医脚，脚痛医头”“既见树木，又见森林”。说得再抽象一点：东方综合思维的特点是整体概念、普遍联系；而西方分析思维模式则正相反。“从总体上来看，二者（指分析思维模式和综合思维模式）是对立的，运用得当，则还能起互补作用。天下没有绝对纯的事物，所谓综合与分析，并不是说综合中没有分析，分析中没有综合；但从宏观上来看，东方综合而西方分析，是无法否认的”（季羡林，2004）。

（5）在西方文化风靡世界的几百年中，在尖刻的分析思维模式指导下，西方人贯彻了征服自然的方针。结果怎样呢？有目共睹，后果严重。对人类得寸进尺永不餍足的需求，大自然的忍耐程度并非无限度。在限度以内，它能够满足人类的某些索取。过了这个限度，则会对人类加以惩罚，有时候是残酷的惩罚。即使是中国，在我们冲昏头脑的时候，大量毁林造田，产生的后果人所共知：长江变成了黄河，洪水猖獗施虐。从全世界范围来看，在西方文化主宰下，生态平衡遭到破坏，酸雨到处横行，淡水资源匮乏，大气受到污染，臭氧层遭到破坏，海、洋、湖、河、江遭到污染，一些生物灭种，新的疾病冒出等等问题，严重地威胁着人类的未来发展，甚至威胁到人类的生存空间。因此，这些灾害如果不能有效地控制，则用不到一百年，人类势将无法生存下去。这些弊害目前已经清清楚楚地摆在我们眼前，哪一个人敢说这是危言耸听呢？（季羡林，1997，2006）。

（6）自工业革命以后，几百年来，西方列强挟其分析的思维模式，征服自然，为人类创造了空前辉煌的文化，世界各国人民皆蒙其利。然而到了今天，众多弊端皆显露出来，举其荦荦大者就是环境污染、生态平衡破坏、新疾病产生、臭氧层出洞等等。如果其中一项我们无法遏止，人类前途就处在危险之中。有没有拯救的办法呢？有的。“三十年河东，三十年河西”，西方不亮东方亮，唯一的一条拯救之路就是以东方综合思维模式来济西方之穷，在过去已有的基础上改弦更张，人类庶几有被拯救的可能，这就是我的结论（季羡林，1997，2006）。

（7）我们人类实际上已经到了“盲人骑瞎马，夜半临深池”的地步。令人吃惊的是，虽然有人已经注意到这个现象，但并没有提高到与人类生存前途挂钩的水平，仍然只是头痛治头，脚痛治脚。还有人幻想用西方的“科学”来解救这一场危机。我认为，这是不太可能的。这一场灾难主要就是西方“征服自然”的“科学”造成的，西方科学优秀之处必须继承；但是必须从根本上，从思想上解决问题，以东方的“民胞物与”的“天人合一”思想济西方“科学”之穷。人类前途庶几有望（季羡林，1997，2006）。

## （二）任继愈对“天人合一”观的见解

任继愈在《试论“天人合一”》一文中，认为“天人关系的提出，标志着人类认识世界的深化过程。据《中国哲学史》记述，春秋战国以来，天有五种涵义：主宰之天、命运之天、义理之天、自然之天、人格之天”（任继愈，1997）。

（1）主张天为主宰之天、命运之天、义理之天的学派，多为政府官方立言，以“天尊地卑”来论证君尊民卑的社会秩序的合理性。主张“天”为自然之天的一些学派，则以为人应向自然依附，教人解脱政治束缚，回到自然，反映了中国小农经济的个体农民的性格，希望过自给自足的生活，不希望政府过多地干预。任继愈还指出，“天”在古人心中有特殊地位，它崇高而庄严，是真理的化身，这是人类亲手塑造出来转而向他膜拜而产生的形象。宗教理论构造了绝对存在（有时称为“道”“理”）（任继愈，1997）。

（2）关于“自然之天”，任继愈引用老庄的经典著作，作了深入的介绍。例如，《老子》讲“天地不仁，以萬物爲芻狗”。《庄子》说：“天地固有常矣，日月固有明矣，星辰固有列矣，禽獸固有群矣，樹木固有立矣。”“天其運乎，地其處乎。”“無以人滅天，無以故滅命。”“牛馬四足之謂天。”《荀子》讲：“列星隨旋，日月遞炤，四時代御，陰陽大化，風雨博施，萬物各得其和以生，各得其養以成，……莫知其無形，夫是謂之天。唯聖人爲不求知天。”这些见解表明，天是自然存在的，可以利用自然界为人类造福（任继愈，1997）。

（3）关于“人格之天”，任继愈认为在汉朝董仲舒的著作中反映最充分，并形成了系统，如《王道通三》：“仁之美者在於天。天，仁也。天覆育萬物，既化而生之，有養而成之。……天常以愛利爲意，以養長爲事，春秋冬夏，皆其用也”；《必仁且智》：“天地之物有不常之變者，謂之異，小者謂之災。災常先至而異乃隨之。災者，天之譴也；異者，天之威也。……譴告之而不知變，乃見怪異以驚駭之，驚駭之尚不知畏恐，其殃咎乃至。以此見天意之仁而不欲陷人也。”《人副天数》：“人受命乎天也，……人有三百六十節，偶天之數也；形體骨肉，偶地之厚也。上有耳目聰明，日月之象也；體有空竅理脈，川谷之象也。……觀人之體一，何高物之甚而類於天也。”《春秋繁露》：“人之身，首妋而圓，象天容也；髮，象星辰也；耳目戾戾，象日月也；鼻口呼吸，象風氣也；胸中達知，象神明也。……身猶天也，……小節三百六十六，副日數也；大節十二分，副月數也；內有五臟，副五行數也；有四肢，副四時數也；乍視乍瞑，副晝夜也；乍剛乍柔，副冬夏也；乍哀乍樂，副陰陽也。”任继愈还指出：董仲舒的“天人合一”，吸收了当时流行的天人感应思潮，把“天”看成大的“人”，把“人”看成小的“天”。天具有人的品格，有喜怒哀乐。董仲舒的体系具有宗教特征，它是儒教的前身，可以称之为“准儒教”（任继愈，1997）。

（4）任继愈认为“自从地球上产生了人类，即意味着客观世界在人的参与下发生了变化。洪荒时代的原始森林、荒漠原野已遭到改变”（**在此，要特别注意任继愈未将这一改变称之为破坏，因为他认为这是自然的，客观的。**）人类发明用火，第一次发现能源，开始熟食肉类，就改变了原始森林的自然状态。人类开始发明驯养家畜（传说有伏羲氏），就改变了动物界全野生的状态。人类发明耕作（据说有神农氏），就改变了野生植物自生自灭的自然状态。**总之，自人类出现之日起，就存在着与自然的斗争。人与自然有对抗的一面，也有互相依存的一面。**由此，任继愈先生对“天人合一”和合思想新的阐释，进一步加深了我们对“天人合一”的理解。**一是天是自然存在，利用自然界为人类造福；二是天具有人的品格，人格之富有，天人合一，与自然和谐相处；三是回归自然，崇尚自然，与天人合一，共生、共存、共和，这就得保护原始森林和自然状态**（任继愈，1997）。

## （三）张世英先生对“天人合一”观的思考

张世英先生于2007年发表了《天人之际——中西哲学的困惑与选择》（再版），在“再版序”中他饱含深情地写道：“《天人之际》一书激励了我的一种渴望，——渴望一种新的哲学观。它在某种意义上是我生命新的开端。”他在“序”中对东西方哲学发展史作了一番有趣的对比，他说：“我借用‘天人合一’的术语，只是取其人物交融、主体浑一，人与自然的融合的基本含义，这是中国的传统的天人合一说与西方现当代的一些重要思潮以至古希腊早期哲学的共同或相通之处。不用说，它们之间的各种具体区别是不容否认的。”他进而指出中西方哲学发展的区别：“中国哲学史是长期以天人合一为主导原则到转向主客二分式的发展史，明清之际是转折点；西方哲学史是从古希腊早期的主客不分思想到长期以主客二分为主导原则又到现当代反对主客二分的发展史，也可以粗略地说是从“天人合一”到主客二分又到‘天人合一’的发展史”。张世英的这个分析，引申出他以下的观点。

（1）孔子的“爱人”讲的是差等之爱。几千年来，儒家的道德观始终打上了“差等之爱”的烙印。但孔子的“差等之爱”经孟子发展到宋明道学特别是王阳明的“万物一体”之“仁”的思想，使差等之爱与博爱相结合，从而大大发展了孔子的思想，把儒家的道德观提升到了一个新的高度。这是儒家“天人合一”思想发展的顶峰，也最能代表儒家道德思想的精华。我们今天讲弘扬古代的优秀道德传统，就应该弘扬这种“万物一体”之“仁”的思想。人之所以爱人，在于人与人之间的“同类感”。人与人同类“一体”，才能产生人与人之间的“一体之仁”。当前人们都在谈论道德意识薄弱的话题，针对这种现状，应该多提倡一点儒家“天人合一”思想中的“一体之仁”的观念：人与人之间能多一分一体同类之感，就会多一分爱。

（2）“万物一体”之“仁”的思想，不但为人伦道德找到了深远的根源，提高了中华文化的道德意蕴，而且为人与自然的和谐相处提供了理论根据。“万物一体”远不止于人与人“为一体”，而且人与禽兽、草木、瓦石都“为一体”，从而见其“哀鸣”“摧残”“毁坏”，亦必有“不忍”“悯恤”“顾惜”之心。显然，“万物一体”乃人对自然万物产生“仁爱”的根源。今天，我们所热衷讨论的人与自然和谐相处的话题，应该可以从“万物一体”中找到哲学本体论方面的根据。同时，“万物一体”的思想并没有抹杀人与自然的区别。王阳明特别强调“宰禽獸以養親”是“良知上自然的條理，不可踰越”。这就与当代西方的一些非人类中心主义区别开来。在当代西方，一些人完全抹杀人与自然物的区别，认为两者同样具有神圣性，具有同等价值，以致主张在夜间宁可让蚊子叮咬也不要消灭它。对于这种非人类中心主义来说，王阳明的宰禽兽以养人乃是自然条理的思想，显得更合情合理，更切合实际。而中国儒家传统所强调的“人有義”而“最爲天下貴”的思想，更是对非人类中心主义的“批判”。

（3）中国传统的“万物一体”“天人合一”思想对于人与自然的关系问题，只是一般性地为二者间的和谐相处提供了本体论上的根据，为人与自然和谐相处追寻到了一种人所必须具有的精神境界，却还没有为如何做到人与自然和谐相处找到一种具体途径及其理论依据。这主要是由于传统的“万物一体”“天人合一”思想，其重点不在讲人与自然的关系，它重在讲“一体”“合一”，而不注重主客之分，不重视认识论。要知道，自然物不同于人，它不可能约束自己，主动使自己适应人，与人和谐相处。人要想与自然和谐相处，除了必须具有高远的“天人合一”境界外，还必须依靠人自己的认识、实践，掌握自然物本身的规律，以改造自然物，征服自然物，使自然物为人所用。这些道理，用西方哲学的语言来说，就是讲的**“主体—客体”**关系的思维方式，类似中国的**“天人相分”**，它是科学的理论依据。可是中国传统的“天人合一”思想，无论是儒家的还是道家的，都不重人与我、人与物、内与外之分，不注重考虑人如何作为主体来认识外在之物的规律以及人如何改造自然，其结果必然是人受制于自然，难以摆脱自然对人的奴役。这样一来，又何谈人与自然间的和谐相处？

（4）诚然，西方近代的“主—客”思维方式，是产生诸如生态危机、环境污染之类流弊的重要原因之一，但这些流弊只是把这种思维方式过分地抬到至高无上地位的结果，我们不能因噎废食，因见其流弊就完全否定它。正是根据这种思路，**我主张走中西会通之路，把“天人合一”思想与“主—客”思维方式结合起来，一方面让中国传统的“天人合一”思想具有较多的区分主客的内涵，而不致流于玄远；另一方面把“主—客”思维方式包摄在“天人合一”思想指导下而不致听其走向片面和极端**。如果可以把中国传统的那种缺乏主客二分的“天人合一”叫做“**前主客关系的天人合一**”，那么，我所主张的这种结合二者为一体的“天人合一”就可以叫做“**后主客关系的天人合一**”，这里的“后”不是抛弃、排斥，而是超越。**由“前主客关系的天人合一”走向“后主客关系的天人合一”，这似乎是中国古代的“天人合一”思想的未来发展之路**（张世英，2007）。

读完当代国内三位大师级学者对“天人合一”观的诠释、见解和思考后，笔者认为他们虽然从各自的角度对“天人合一”观在解决当今人类所面临的问题的切入点方面有所不同。如季羡林先生认为：“**‘三十年河东，三十年河西’，西方不亮东方亮，唯一的一条拯救之路就是以东方综合思维模式来济西方之穷，在过去已有的基础上改弦更张，人类庶几有被拯救的可能，这就是我的结论**”。任继愈先生认为：“自人类出现之日起，就存在着与自然的斗争。人与自然有对抗的一面，也有互相依存的一面”。他还指出：“**生物链本身包含着对立统一，并不是一味的‘合一’。人类保护环境，保护稀有动植物中日渐灭绝的种类，已说明天人之间，并不那么合一”。所以，他语重心长地说：人类应该“回归自然，崇尚自然，与天人合一，共生、共存、共和。**”张世英先生则一再强调：我们迄今“还没有为如何做到人与自然和谐相处找到一种具体途径及其理论依据。这主要是由于传统的“万物一体”“天人合一”思想，其重点不在讲人与自然的关系，它重在讲“一体”“合一”，而不注重主客之分，不重视认识论。”但在此必须肯定：他们在认同钱穆先生的“彻悟”；认同中华民族古老的“天人合一”观是解决当今人类面临严重生存危机的唯一途径；认同 “人与大自然必须和谐共处”等大方向是一致的。

在介绍中国大师级学者对“天人合一”的诠释后，也不妨听听外国学者对中国古老的“天人合一”的诠释，也许有助于我们找到人与大自然和谐共处的理论依据（或途径）。下面笔者重点介绍一位德国学者卜松山①撰写的《中国传统文化对现代世界的启示——从“天人合一”谈起》一文的“三、中国传统的世界性价值”一节中的一些重要的见解和论点。

（1）“天人合一”思想是带有中国特色的人与自然统一的思想，同样是一个具有世界性的思想。在我们西方的文化形态中，古希腊也有这种思想。可是，随着时代的推移，加上犹太-基督教的影响，便产生了一种认为自然、宇宙即“天”，是供人类任情利用和征服的。由于西方思想的错误蔓延及其带来的令人震惊的后果，我们现在面临的是全球性的冲突。同样，中国近百年来，“天人合一”的思想也不太时兴了（在中国旅行的人首先映入眼帘的常常是灾难性的环境污染）。如今在对传统文化的评价中，许多知识分子，不仅有新儒家，而且还有正统的文化干部，又重新强调“天人合一”是中国传统的核心内容，是通向现代化的一种思想（卜松山，1997a）[《东西文化议论集》（下册），第 386 页]。

（2）“天人合一”完全是一个经典的思想。其经典性的表现在于，它一代一代地被赋予新的诠释，数百年来不断地给世人以各种各样的启迪。应该承认它有理想色彩，难以在现实世界中坚持下去。但是难道人们因此就应该抛弃它吗？追求和现实之间有差距，比如基督教的博爱与和平道德理念，也许从耶稣诞生时就与事实存在着巨大的鸿沟。这种相似性提示了我们要用同样清醒的、考虑历史与现实背景的态度来对待中国人的人类爱的理想观念和人与自然统一的思想。中国人在现代化的道路上给传统的“天人合一”思想赋予新的内容，在现代的意义上对它作出人与自然的和谐统一的新诠释，重新认识到其自身传统中的人道主义内容。我想，这应该视为一个**全球性的好兆头**（卜松山，1997a）[《东西文化议论集》

① 卜松山（Karl-Heinz Pohl），德国特里尔大学汉学系主任，教授，在季羡林和张光璘编选的《东西文化议论集》（下册）中刊载了《中国传统文化对现代世界的启示——从“天人合一”谈起》（375—388 页）和《儒家传统的历史命运和后现代意义》（389—397 页），原文为德文，由南开大学历史系副教授，现任德国特里尔大学汉学系教授国刚先生翻译成中文。

（下册），386 页]。

（3）如果这个地球上人口最多的国家（约占世界人口的四分之一），真正把这一思想付诸实践，尝试着在迈向现代化的道路上避免西方的一些重大失误，那么，国际政治地位日益提高的中国，假如不偏离发展的正道的话，**也许将是我们这个星球的希望所在**（卜松山，1997a）[《东西文化议论集》（下册），387 页]。

（4）卜松山在另一篇论文《儒家传统的历史命运和后现代意义》第四节“结语”中指出：“在环境危机和生态平衡受到严重破坏的情况下，强调儒家的‘天人合一’，或许可以避免人类在危险的道路上越走越远。事实表明，儒家传统中的积极因素乃是包括西方在内的全人类的宝贵财富。如今由于西方模式的错误蔓延，人类有必要从现代向后现代思想转变。科技的进步威胁到人类和全球的生存。西方现代化和短视的增长欲，隐藏着自我毁灭的危险。就像电脑病毒那样，也许正在游戏快要结束时才会出现，结果将毁掉全部内存。中国传统的儒家思想强调‘天人合一’，强调人际关系的和谐，似乎可以弥补西方思想的局限，对于人类应付后现代社会的挑战，也许具有超越民族界限的价值和现实意义。”（卜松山，1997b）[《东西文化议论集》（下册），396 页]。

卜松山作为一位来自黑格尔故乡的汉学家，他从西方和世界面临的一系列环境危机和生态平衡受到严重威胁的现实出发，指出中国传统的哲学命题和儒家的“天人合一”的思想，“或许可以避免人类在危险的道路上越走越远”，并对中国“重新认识到其自身传统中的人道主义内容，应该视为一个**全球性的好兆头**”。

## 四、古代“天人合一”观与“天人相分”观的社会实践

我国古代在“天人合一”观的影响下，一些有远见的统治者、政治家、思想家已产生了保护自然生态环境和合理利用自然资源的思想并付诸实践，笔者选择一些以“天人合一”观为主导，其中也包括“天人相分”观的典型案例，按时间顺序，列举如下。

### （一）先秦时期

先秦时期是我国古代“天人合一”观（其中蕴含“天人相分”观）思想最为活跃的时期，也是生态环境保护和合理利用自然资源付诸实践的黄金时期。

#### 1. 五帝时代（公元前 3076—公元前 2029 年）

所谓“五帝”是指黄帝、颛顼（zhuān xū）、帝喾（kù）、尧、舜等五位原始社会的部落联盟领袖。在这一历史时期人类面临的主要环境问题是洪水猛兽。例如：

**黄帝时代**（公元前 2717—公元前 2599 年），黄帝是古华夏部落联盟首领，中国远古时代华夏民族的共主。五帝之首。当时人们对付猛兽最有效的手段就是火，用火焚烧猛兽的栖息生境。2000 多年后，春秋时期的著名政治家管仲（约公元前 723—公元前 645 年）曾作如下评论：“黄帝之王，謹逃其爪牙，不利其器。燒山林，破增藪，焚沛澤，逐禽獸，實以益人，然後天下可得而牧也。”（唐房玄龄注《管子》卷二十三《地数第七十七·揆度第七十八》），反映了黄帝时代，人们限于当时的认识水平和掌握的原始工具，只能采用焚烧草木的原始手段来驱逐害兽。

**颛顼**（生卒年月不详），号高阳氏，黄帝之孙，昌意之子，中国上古部落联盟首领，“五帝”之一。无有关史料。

**帝喾**（公元前 2480—公元前 2345 年），为五帝之一，姓姬，名俊，号高辛氏，河南商丘人，为“三皇五帝”中的第三位帝王，《史记》记载他是黄帝的曾孙，玄嚣之孙，蟜极之子。前承炎黄，后迄尧舜，奠定华夏之基根，是华夏民族的共同人文始祖。无有关史料。

**尧帝时代**（公元前 2377—公元前 2259 年），洪水猛兽对人类的危害仍很严重，战国时代著名学者孟轲（公元前 372—公元前 289 年）对该历史时期的环境问题作过如下的描述：“當堯之時，天下猶未平，洪水横流，氾濫於天下，草木暢茂，禽獸繁殖，五穀不登，禽獸偪人；獸蹄鳥迹之道交於中國。堯獨憂之，舉舜而敷治焉。”（汉赵氏注、宋孙奭音义并疏《孟子注疏》卷五下）。

**舜帝时代**（公元前 2277—公元前 2178 年），舜继位后派大禹去治理洪水。舜通过四岳（部落联盟议事会），专门设立了管理山林川泽草木鸟兽的机构——虞（相当于现在的生态环境部）。虞是九官之一，舜帝任命伯益担任，伯益成为世界上第一位“生态环境部部长”，其职责是“修火憲，敬山澤、林藪、積草，夫財之所出，以時禁發焉。使足於宫室之用，薪蒸之所積，虞師之事也”（唐房玄龄注《管子》卷一《牧民第一》）。这段话的意思是，川泽草木鱼鳖百素，以时禁发，使国家足用而财物不屈，是虞师的职责。由此可见，那时的环保部门的职责是：制定防火的法令，保护好山林、水面、草木，按照时节封禁和开发，以保证国家有足够的资源可供利用，财政不致匮乏。这些职责与当今的环保部门的某些职责是一致的（袁清林，1985）。

到了夏代（公元前 21—公元前 16 世纪），为了驱逐猛兽、开荒种地，也采用焚烧草木的办法。管仲批评说：“夏後之王，燒增藪，焚沛澤，不益民之利。”这种办法是后世所不取的。随着社会的进步，做法也有了改变，而周、秦、汉、唐、宋、明、清等朝代设置的环境保护机构与官员的设置，如虞人、川衡、麓人、虞师、水衡、林衡、舟鲛、祈望和虞部等，却都源于舜帝（《左传注疏》卷四十九），因此，我国环境保护之历史也应当从舜帝时代算起（袁清林，1985）。

## 2. 周代（公元前 1046—公元前 256 年）

周代的环保官员有衡鹿、舟鲛、虞侯、祈望等。据《左传》所说，“山林之木，衡鹿守之；澤之萑蒲，舟鮫守之；藪之薪蒸，虞候守之；海之鹽蜃，祈望守之。”（晋杜氏注，唐陆德明音义，孔颖达疏《左传注疏》卷四十九）。这段话的意思是，管森林的有“衡鹿”，管水边芦苇、蒲草的有“舟鲛”，管沼泽薪柴的有“虞侯”，管海盐及海产的有“祈望”。表明古代的环保管理部门机构设置相当全面，分工也很细致。周朝不但朝廷设有虞官，在各诸侯国也设有类似的官职（袁清林，1985）。

先秦时期不仅是我国自然环境资源保护起始之时，也是自然环境与资源保护思想最活跃的时期，先秦典籍《左传》《管子》《国语》《礼记》《孟子》《荀子》《吕氏春秋》均有记叙或论述保护自然环境和资源的文献，如《全上古三代秦汉三国六朝文》记载，夏朝即有“春三月，山林不登斧斤，以成草木之長；夏三月，川澤不入網罟，以成魚鱉之長”的禁令（袁清林，1985）。《礼记·曲礼下》规定：“國君春田不圍澤，大夫不掩群，士不取麛卵。”这段话的意思是，春天国君不得对禽兽实行围猎或灌猎，大夫不得狩猎兽群，士不得取鹿之幼兽和鸟卵。《吕氏春秋》有《十二纪》，吕不韦明确指出：该书的目的就是要调整天、地、人的关系，使之和谐，要点则在无为而行。《十二纪》系统介绍了一年十二个月的天象规律、物候特征、生产程序以及应当分别注意的诸多事项。其中涉及生态环境保护的内容，特别值得我们重视。例如，孟春之月，要祭祀山林川泽之神，所献祭品不得用雌性禽兽，当月还禁止伐树，不得毁坏鸟巢，不得杀害怀孕的动物和幼小的动物，不得取禽类的卵。仲春之月，禁止破坏水源，也禁止焚烧山林。季春之月，禁止用弓箭、网罗、毒药等各种形式猎杀禽兽，也不许伐取桑树和拓树。此外，又有孟夏之月不许进行大规模的围猎，仲夏之月不许烧炭，季夏之月禁止砍伐山林等规定（王子今，2010）。《吕氏春秋》中还记载：“制四時之禁，山人不敢伐材下木，澤人不敢灰僇，繯網罝罦不敢出於門，罛罟不敢入於淵，澤非舟虞不敢緣名，爲害其時也。”这段话的意思是，一定要按照春、夏、秋、冬的四时禁令来执行，否则就不准砍伐山中树木，不准在泽中割草烧灰，不准用网具捕捉鸟兽，不准用网下河捕鱼；除了舟虞，任何人不得在泽中乘船捕鱼，因为有害于生物的繁育。《国语》还讲述了“里革断罟匡君”的故事，原文：“宣公夏濫於泗淵，里革斷其罟而棄之，曰：古者大寒降，土蟄發，水虞於是乎講罛罶、取名魚、登川禽，而嘗之廟，行諸國人，助宣氣也。鳥獸孕，水蟲成，獸虞於是乎禁罝羅，矠魚鱉，以爲夏槁，助生阜也。鳥獸成，水蟲孕，水虞於是乎禁罜麗、設穽鄂，以實廟庖，畜功用也。且夫山不槎蘖，澤不伐夭，魚禁鯤鮞，獸長麑麌，鳥翼鷇卵，蟲舍蚳蝝，蕃庶物也，古之訓也。今魚方別孕，不教魚長，又行網罟，貪無藝也。公闻之曰：吾過而里革匡我，不亦善乎！是良罟也，爲我得法。使有司藏之，使吾無忘諗。師存侍，曰：藏罟不如寘里革於側之不忘也。”（三国吴韦昭注《国语》卷四）。上文记叙了古代保护环境和生物资源，执法严格，不讲情面，即使国君违法也会遭到执法官员的阻止。正因为周代加强了山林川泽的管理，才使当时的生物资源得到了保护。据研究，周代的森林资源十分丰富，黄土高原的森林就有4.8亿亩①，当时的森林覆盖率达53%（袁清林，1985）。

先秦时期是我国环境与资源保护的黄金时期，涌现了以管仲、孟子和荀子等为代表的一批重视生态环境和生物资源保护的学者和思想家，尽管他们的学术观点有所不同，但三人在保护生态环境和资源方面却完全一致。

**（1）管仲**（约公元前723—公元前645年），春秋时期法家代表人物。管仲针对当时“竭泽而渔”的经济开发，为了有效利用齐国的林木和渔业资源，制定了“山泽各致其时”的方针，是历史上最早的自然环境保护法，即禁止人们为了眼前利益而滥伐滥捕，以保护树木和鱼类的正常生长、繁衍免遭破坏。伐木和捕猎只准在适当的季节进行。管仲认为：“爲人君而不能謹守其山林、菹澤、草萊，不可以立爲天下王。”他又说：“山林雖廣，草木雖美，禁發必有時；國雖充盈，金玉雖多，宮室必有度；江海雖廣，池澤雖博，魚鱉雖多，網罟必有正，船網不可一財而成也。”（《管子·八观》）。管仲还十分重视环境的诸要素，如阳光、空气、水、土、动植物等。他对土和水均有独到的论述，如在《管子·水地》中指出：“地者萬物之本原，諸生之根苑也。”又指出：“水者何也？萬物之本原，諸生之宗室也。”“水者萬物之準也，諸生之淡也。”“水者地之血氣，如筋脈之通流者也。”（《管子·水地第三十九》卷十四），明确指出地和水是生物生存之基础，不可缺失。管仲十分重视山林川泽草木的重要性，认为这是“天財地利之所在也。”尤其难能可贵的是，古代虽无现代科学“生态”之名词，但他在《管子·地员篇》中，阐明了植物生长与地形、土壤和水分之相互关系，描述了植物从水中到陆地直至高山的不同高度的垂直分布状况，表明他已具有生物与其环境有密切关系的思想萌芽。例如，“凡草之道，各有谷造，或高或下，各有草物。”“葉下於鬱，鬱下於莧，莧下於蒲，蒲下於葦，葦下於藋，藋下於蔞，蔞下於荓，荓下於蕭，蕭下於薜，薜下於萑，萑下於茅。凡彼草物，有十二衰，各有所歸。”（图1-2）。

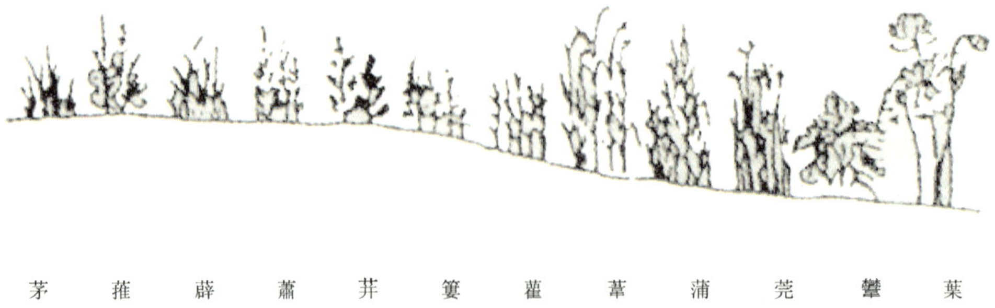


图1-2 《管子·地员篇》地势高低与植物分布关系示意图（夏纬英，1982）

① 1亩≈666.67平方米

上文及图 1-2 表明，叶、郁、莞等 12 种植物随地势由低到高，按荷花—菱—莞—香蒲—芦草—小芦苇—蒿—扫帚菜—艾蒿—莎草—益母草—白茅的顺序依次更替（图 1-2），形成一个完整的生态序列，揭示了植物随地势有低至高的植物随地势变化的分布规律。此外，该书还记载了在山的不同高度和坡向，生长不同的草本和木本植物，表明山地植物的垂直分部规律并指出了阴坡和阳坡植被的区别。夏纬瑛先生根据该书的这段叙述，按照现代华北地区的海拔，顺次绘制出草本分布图（图 1-3）（夏纬瑛，1982 ；汪子春，2010）。

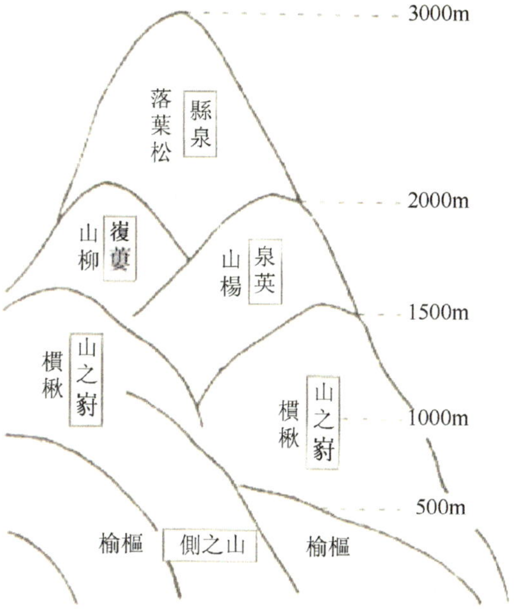


图 1-3　《管子•地员篇》植物分布关系示意图（夏纬英，1982）

**（2）孟轲**（公元前 372—公元前 289 年），继孔子之后儒家学派的重要思想家，对后世影响较大。著作有《孟子》七篇。同时，他也是一位十分重视生物资源和环境保护的学者。例如，他指出齐国东南部牛山变光秃的原因是过度砍伐和放牧，他说“牛山之木嘗美矣，以其郊於大國也，斧斤伐之，可以爲美乎？是其日夜之所息，雨露之所潤，非無萌蘖之生焉，牛羊又從而牧之，是以若彼濯濯也”。这段话的意思是，“牛山上的树木原来长得很好，由于牛山靠近齐国都城，不断遭到砍伐，因此树木就无法长得如同往昔般茂盛。虽然有阳光雨露的滋润，有新芽新枝的成长，但是由于滥伐和滥牧，牛山就变得光秃秃了。”他还劝诫统治者，“故苟得其養，無物不長；苟失其養，無物不消。”进而指出：“不違農時，穀不可勝食也；數罟不入誇洿池，魚鱉不可勝食也；斧斤以時入山林，材木不可勝用。”（汉赵氏注、宋孙奭音义并疏《孟子・告子章句上》）。

**（3）荀况**（公元前 313—公元前 238 年），战国后期的思想家，著有《荀子》三十二卷。荀况继承了管仲的环境和资源保护思想，并有所发展，在天人关系探索方面，他是先秦时期最著名的“天人相分”观的学者。荀子对自然规律，以及人和自然的关系均有正确的认识与表述。在此基础上，他指出保护生态环境对于人们生活和维持政治统治的重要性。他在主张尊重自然规律的基础上，提出了一系列保护理论和实施措施，他的基本理论是“養長時，則六畜育；殺生時，則草木殖”，其意思是只要养长和杀生适合时宜，六畜和草木就会繁荣茂盛。为此，他提出：“草木榮華滋碩之時，則斧斤不入山林，不夭其生，不絶其長也；黿鼉、魚鱉、鰌鱣孕别之時，罔罟、毒藥不入澤，不夭其生，不絶其長也。……洿池、淵沼、川澤，謹其時禁，故魚鱉優多，而百姓有餘用也；斬伐長養不失其時，故山林不童，而百姓有餘材也。”（《荀子·王制篇第九》卷五）；管仲和荀子对于生物群居习性的意义均有一定的认识，管仲先有“群木安遂、鳥獸安族”的见解，荀况则有了进一步的认识：“草木疇生，禽獸群焉，物各從其類也。”“凡生乎天地之間者，有血氣之屬必有知，有知之屬莫不愛其類。”并进一步指出：“君者善群也，群道當則萬物皆得其宜，六畜皆得其長，群生皆得其命。”（《荀子·王制篇第九》卷五）。尤为难能可贵的是，他能从“生物群生”中悟出生物之间相互依赖、互相协调的关系，提出“相食養者”的观点，除了给人类提供食物外，也包括万物之间互养互食。反映出荀况已具有模糊的食物链的思想（袁清林，1985）。

## （二）两汉时期

汉代的环境及资源保护思想是建立在儒、道两家的哲学基础之上，表现为基于儒家的“仁及鸟兽昆虫思想的德性说”和基于道家的“顺应自然的无为思想、尊重生命的贵生思想”，并形成了两汉时期儒、道两家共同形成的保护生物资源、尊重自然、尊重生命、尊重万物的传统。在此特别值得推崇的是西汉淮南王刘安著《淮南子》（又称《淮南鸿烈解》）共二十一卷，其中第九卷《主术训》专门总结了先秦时期的资源和环境保护思想和实践的经验教训，其中关于保护生物资源的一系列具体规定，体现了合理利用和保护与农业生产密切结合，被认为是中国古代涉及生物资源利用与保护的最佳论述（袁清林，1990）。此外，道家提倡社会消费的合理与平衡，反对奢侈消费，渴望人与社会、人与人之间公平发展，向往和倡导社会和平环境。汉代儒道两家生态思想不是只停留在口头上，这种思想根植于社会实践当中，对当时的社会产生了积极的影响，主要表现在以下几个方面。

一是汉代法律政令中包含有很多生态保护的内容，如张家山汉墓出土的竹简《二年律令·田律》中即记载了有关生态保护的内容：“禁諸民吏徒隸，春夏毋敢伐材木山林，及進壅隄水泉，燔草爲灰，取產麛卵；毋殺其繩重者，毋毒魚”（张家山汉墓竹简整理小组，2006）。其内容清楚表明，春夏之时不许砍伐树木，不得堵塞水道，不许进山采樵烧草木灰作肥料，不许捕猎幼小的动物，不许杀怀孕的动物，不许用毒药杀鱼鳖。为了保护与生产劳动紧密相连的牲畜，汉律还规定不准伤害马牛：“殺傷馬牛，與盜同罪”。表明汉初统治者对保护动植物资源的重视。这种保护动植物资源的措施还体现在对违背法律所给予的惩罚上。据《汉律·贼律》记载：“賊伐樹木禾稼……準盜論”（朱红林，2005）。由此可见，对违反法律、盗伐树木或破坏庄稼的行为以盗窃论罪，足见对破坏生态环境行为的惩罚力度之大（杜宗材，2008）。

二是在汉代帝王诏令中反映出统治者继承《淮南子·时则训》保护生物资源的思想，并在指导社会生产实践中，成为汉代政府行为和政策的准则。例如，在西汉中期以后以《月令》指导政策，更加明确，《汉书》曾记载元康三年（公元前63年）夏六月诏：“夏六月，詔曰：‘前年夏，神爵[①]集雍。今春，五色鳥[②]以萬數飛過屬縣，翱翔而舞，欲集未下。其令三輔毋得以春夏擿巢探卵，彈射飛鳥。具爲令。”（《前汉书·宣帝纪第八》卷八）。这可以算作一道专门保护鸟类的诏令。通过这条法令可以看出，当时对于大批迁徙的五色鸟，不准坏鸟巢、掏鸟蛋，甚至飞石打鸟，规定得十分明确，便于执行。《四时月令诏条》，是西汉元始五年（公元 5 年）由王莽奏呈、以太皇太后名义颁布的诏条。月令五十条，分属十二个月，写明每月该做的事和不该做的事，所涉事项包括农林牧副渔各业，要求下级官吏尽力奉行。各条一般分上下两栏，上写诏条正文，下写解释文字。例如，第二条，上写“禁止伐木”，下写“謂大小之木皆不得伐也，盡八月。草木零落，乃得伐其當伐者”。其中宣布春夏两季不得破坏鸟巢，探取鸟卵，射击飞鸟，这正是《月令》所强

① 神爵：一种鸟名，汉注：大如鷃，黑背，腹斑纹（参见：汉班固撰《前汉书·宣帝纪第八》卷八，景印四库全书）。

② 五色鸟：一种鸟名（参见：汉班固撰《前汉书·宣帝纪第八》卷八，景印四库全书）。

调的保护生态环境的禁令。东汉推行《四民月令》强调因地制宜，根据不同时间种植不同作物。例如：

可種春麥、螕豆，盡二月止。可種瓜、瓠（hu）、薤、芥、葵、大小蔥、蓼、蘇、苜蓿及雜蒜、芋。，可别薤（xie）、芥。糞田疇。

自是月（二月）以終季夏，不可以伐竹木，必生蠹蟲。

自是月盡三月，可掩樹枝。可種地黄，及采桃花、茜，及栝樓、土瓜根。其濱山，可采烏頭、天雄、天門冬。可糶粟、黍、大小豆、麻、麥子。

（六月）是月也，趣耘鋤，毋失時，菑麥田。

东汉《四民月令》的推行，表明在这一历史时期中，中国古代天时-地力-人力一体的农业生态观已初步形成，并发挥了普遍的指导农业生产对作用，在耕作、种植、播种、施肥等方面得到了具体体现（杜宗才，2008）。

三是生态观念贯穿在当时的农业生产实践中，儒道两家顺应天地自然、注重天地人和谐的思想，在农业生产、应对自然灾害中起了良好的指导作用。《吕氏春秋·审事篇》：“夫稼，爲之者人也，生之者地也，養之者天也。”在农业生产实践中强调：“不違農時”“因地制宜”，告诫农民“應天時、因地宜、重人和”是获得收成，维持生计的基本条件。

四是对社会生活的影响，道家的贵生思想导致了汉代养生之风的盛行。在建设和谐社会和生态文明的今天，汉代儒、道两家生态思想仍然不失其借鉴意义，至少有助于我们形成正确的自然观（袁清林，1990；杜宗才，2008）。

五是在治理黄河的实践中，强调顺应自然规律的重要性和违背自然规律的危害性。例如，西汉在经历了汉初70年的休养生息后，社会经济得到恢复和发展，到了汉平帝（孝平）元始二年（公元2年）时，社会人口数达到了极盛时期，有13 233 000户人家，59 194 979口人，可谓泱泱大国（《汉书·地理志》）。由于人口的增加，对粮食的需求日益加大，加之灾荒饥馑时有发生，引发了对于山林川泽是否需要管制的争论，一些保护政策并未得到严格的执行，由于人口的剧增，开垦荒地成为解决粮食问题的主要途径，生物资源（尤其是林业资源）遭到严重破坏。据《汉书·地理志》记载，西汉共垦田827万顷[①]。现在的乌兰布和沙漠在西汉之前还是植被很好的地区。自西汉开始垦殖，到汉武帝元朔二年（公元前127年），便置朔方郡，设四县。《史记》称，卫青“興十萬餘人築衛朔方”“六十萬人戍田之”。一直到北宋，这里已是“沙深三尺，馬不能行，行者皆乘橐駝”。同一时期，汉武帝还曾迁徙70万人大规模开垦黄土高原，使这里原来的牧地改为农田区。江南大部分地区也在“伐木而樹穀，燔萊而播粟，火耕而水耨”（《盐铁论·通有》），以极其落后的生产方式开垦土地，特别是对黄河中游地区的广泛开垦，破坏了这里的森林、草原、水土流失趋于严重，人们为了利用黄河肥沃的滩地，在其上围地种植，以至围地越来越多，逐步压迫河槽，使之变得狭小、弯曲再三，洪水来临时，既无足够容蓄洪水的河槽，泄洪能力也被大幅减弱。黄河支流变浊，黄河流域水土流失加重，下游河床淤积提高，出现了频繁泛滥与改道的严重局面。关中地区原有的茂密森林大量消失，全国范围内的草原大量减少，在我国历史上，是黄河流域环境严重恶化的时期（罗桂环等，1995）。当时由于黄河频繁决溢，灾患严重。朝廷征集治河方案，绥和二年（公元前7年），贾让（生卒年不详）应诏上书，提出了历史上著名的“治黄三策”。在该诏书中，他认为，黄河之所以多次决溢，除黄河自然淤积，洪水严重外，人们不合理的开发利用，是导致黄河水患的主要原因。他说，表面上黄河泛滥，是洪水淹没民居，其实是人们侵占了河流原有空间，实是“沉溺自其宜也”（杜宗才，2008）。为此，他认为“古者立國居民，疆理土地，必遺川澤之分，度水勢所不及”，治河应“遵古聖之法，定山川之位，使神人各處其所而不相奸”（《汉书·沟洫志》）。这段话的意思是，人

① 汉武帝以后的亩=0. 691 56市亩，827万顷这个数据可能偏大，此条转引自罗桂环等，1995。古代面积换算：1顷=10亩；1亩=60平方丈≈666.67平方米。

们在改造自然时，务必要注意顺应自然的规律，贾让就在这一思想指导下，提出了“治黄三策”：

**（1）上策**：“徙冀州之民當水衝者，决黎陽遮害亭，放河使北入海。”他认为采取这一措施后，“河西薄大山，東薄金堤，勢不能遠泛濫，期月自定”。有人以为改河将“敗壞城郭、田廬、冢墓以萬數，百姓怨恨”，贾让不以为然。他算了一笔账，“瀕河十郡治堤歲費且萬萬，及其大決，所殘無數。如出數年治河之費，以業所徙之民”，就能使改道计划成功。贾让在上策结尾说：“大漢方制萬里，豈其與水爭咫尺之地哉？此功一立，河定民安，千載無患，故謂之上策。”

**（2）中策**：“多穿漕渠于冀州地，使民得以溉田，分殺水怒。”具体措施是“淇口以東爲石堤，多張水門”，并在水门以东修一长堤，“北行三百餘里，入漳水中”。在长堤旁多开渠道，“旱則開東方下水門溉冀州，水則開西方高門分河流”。这样，贾让认为可以避三害、兴三利：“民常罷（疲）於救水，半失作業；水行地上，湊潤上徹，民則病濕氣，木皆立枯，鹵不生穀；決溢有敗，爲魚鱉食：此三害也。”“若有渠溉，則鹽鹵下濕，填淤加肥；故種禾麥，更爲秔稻，高田五倍，下田十倍；轉漕舟船之便：此三利也。”同时，贾让还强调指出：沿河各郡大都有治河吏卒数千人，每郡每年治河经费数千万，以如此人力物力，完全“足以通渠成水門”。又由于“民利其灌溉，相率治渠，雖勞不罷（疲）。民田適治，河堤亦成”，真可谓一举两得。如果是这样，贾让以为可以“富國安民，興利除害，支數百歲，故謂之中策”。

**（3）下策**：如不采取以上两策，只是在原来狭窄弯曲的河道上“繕完故堤，增卑倍薄”，进行小修小补，贾让认为其后果必然是“勞費無已，數逢其害，此最下策也”。

贾让的“治河三策”首次提出了以人力给险要的黄河按地形、地势条件进行改道的设想，这种尊重水流自然规律的人力改道与汛期决口溃堤的自然改道相比，使人类变被动受水患为主动治水患，应该说是一种进步。尽管人力改道牵涉移民等一系列难题，但不像决口改道那样会造成意想不到的后果甚至巨大灾难。此外，贾让是我国有文字记载以来，第一个明确反对与水争地的先觉者，这是对我国水利工程一大贡献（王红，2003）。

## （三）唐代

唐代政府体制设工部，掌管天下百工、屯田、山泽政令，其下设虞部，据《新唐书》《旧唐书》记载，虞部的职责为：①京城街道绿化；②山林川泽政令；③苑囿；④向皇室供应草木、薪炭、蔬菜；⑤打猎事宜等。与先秦时期相比，其管理的范围有所扩大，除管理山林川泽、苑囿、打猎外，还加上了城市绿化及郊祠神坛，五岳名山的保护任务，同时还把京兆、河南二都四郊三百里划为禁伐区（《旧唐书》卷四十三），这些规定反映出当时已认识到对生态环境及资源采取保护措施的意义（袁清林，1990）。在天人合一观（其中也蕴含着一些学者的天人相分观）思想指导下，在社会实践方面有以下几点突出的表现。

### 1. 设置我国史上第一个禁猎、禁伐区

唐朝由官方设置禁猎、禁伐区在历史上是前所未有的，笔者估计这一措施可能始于唐代，尤其以京兆、河南二府为中心设置禁伐、禁猎区，可能是因为这些地区人口众多，农业发达，如不禁止弋猎采捕，就会影响京城与宫廷的物质供应。采取这种措施，具有全面的保护意义（袁清林，1990）。

### 2. 唐朝有关资源保护的立法

唐朝重视法制，历代之律都以汉律为宗，至唐朝集其大成，制定了历史上最完整的封建法典《唐律疏议》，唐代环境及生物资源保护的有关法规，除了见于《唐律疏议》外，皇帝诏令中也存在不少，包括

范围比较广泛。大致有以下几方面。

**（1）动物资源保护**

《唐大诏令集•禁弋猎敕》中记载："春夏之交，稼穑方茂，水念農作，其勤如傷，況時屬陽和，令禁麛卵，所以保兹懷生，下遂物性，近聞京畿之内，及關輔近地，或有豪家，時務弋獵，放縱鷹犬，頗傷田苗，宜令長吏常切禁察，有敢違令者，捕系以聞。"这是一个关于在春夏之交，万物生长之时，严禁在京城及其附近地区打猎的禁令，并指出该项禁令的目的是为了保护野生动物资源（罗桂环等，1995）。唐高宗永徽四年（653 年）五月诏："禁作籬捕兔，瑩圍取獸。"（《唐书 • 高宗纪》唐玄宗开元十三年（725 年）一月封泰山，"令近十里禁樵采。"唐代宗大历十三年（778 年）十月诏："禁京畿持兵器捕獵。"（《唐大诏令集》）。

**（2）水资源保护**

据《唐律疏议》记载："諸盜決堤防者，杖一百（謂盜水以供私用，若爲官檢校，雖供官用，亦是。）；若毁人家及漂失財物贓重者，坐贓論；以故殺傷人者，減鬥殺傷罪一等；若通水入人家致毁害者，亦如之。"

**（3）珍稀动植物保护**

我国古代即有珍稀动植物（瑞兽、珍禽、嘉禾等）保护的传统，视珍稀动植物为祥瑞，并有发现、上报、进献、表彰等一套程序，据《唐六典》规定，祥瑞分为四等："龍馬、澤馬、白馬赤髦、白馬朱駿之類，周匝、獬豸、比肩獸、六足獸……皆爲大瑞。上瑞，謂三角獸、白狼、赤羆、赤狡、赤兔、九尾狐……駭雞犀、戴通壁、玉瑠璃、雞趣壁之類，皆爲上瑞。中瑞，謂白鳩、白烏、蒼烏、白澤、白雉、翠鳥、黄鵠、小鳥生大鳥、朱雁、五色雁、白雀、赤狐、黄羆、青燕、玄貉、赤豹、白兔、九真奇獸……草木生長，如此之類，並爲中瑞。下瑞，謂秬秠、嘉禾、芝草……人參、竹實蒲、椒桂合生、木連理、嘉木、戴角麀（you）鹿、駮鹿、神雀、黑雉之類，爲下瑞。"各地区官民一旦发现珍稀动植物，即被视为国家祥瑞之兆，必须禀报各地官府，再逐级禀报，直至皇上。玄宗开元年间，曾制定法令："其鳥獸之類有生獲者，各隨其性而放之原野。其有不可獲者，若木連理之類，所在案驗非虚，具圖畫上。"祥瑞中所列的鸟兽之类的动植物如果被生擒，将按照这些动物的生活习性，放其回归大自然。永贞元年（805 年）八月，南方进献了毛龟两只。皇帝下诏，认为珍禽异兽，珍贵植物属于虚美之物，只需报告相应的部门就可以了。所有的珍禽异兽，都停止进献。唐代曾一度停止了对珍禽异兽的进献，无疑，这对于珍稀动植物的保护具有重要意义（罗桂环等，1995）。

**（4）禁止乱砍伐及植树令**

唐代由于征战、毁林开垦、统治者大兴土木以及森林火灾等原因，森林资源的破坏已十分严重。针对这一严峻局面，唐代统治者已注意到通过立法来制止乱砍滥伐，同时也通过立法植树造林，可谓双管齐下。

《唐律疏议》记载："諸棄毁官私器物及毁伐樹木、稼穡者，准盜論。""諸盜園陵内草木者，徒二年半。若盜他人墓塋内樹者，杖一百。……"又《唐律疏议》云："諸于山陵兆域内失火者，徒二年。延燒林木者，流二千里。"火灾造成的损失超过乱伐树木，在古代是无法扑救的，故法律上规定严格。不按季节进行烧荒，也要受到处罚。

《唐会要》载："大曆八年七月敕，諸道官路，不得令有耕種，及砍伐樹木，其有官處，勾當填補。"

唐高祖李渊时规定："永業之田，樹以榆、棗、桑及所宜之木。"

《唐律疏议》规定，依田令："户内永業田，每畝課植桑五十根以上，榆、棗各十根以上。土地不宜者，任依鄉法。”

《唐会要》载唐代宗会昌二年四月下敕令：“勸課種桑，比有敕命，如能增數，每歲申聞。近知並無遵行，恣加翦伐，列於廛市，賣作薪蒸，自今州縣所由，宜切禁斷。”表明唐代宗严厉禁止砍伐田间树木和买卖这些树木。

### 3. 韩愈、柳宗元、刘禹锡之争

唐代，我国封建社会进入了鼎盛时期，经济繁荣，国强民富。由于生产的迅速发展，人与自然的矛盾也暴露得较为突出、彻底。一些尖锐的矛盾和突出的社会问题，必然引起一些学者的关注和议论。当时唐朝面临人口迅速增长，达到5300多万，为了满足人们对粮食的需求，在盛唐时，仅新开垦的土地就达到620万顷。史称“開元天寶之中，耕者益力，四海之内，高山絶壑，耒耜亦滿”（唐·元结撰《次山集》卷七）。这种“高山绝壑”式的开垦，导致黄土高原大规模改牧为农，黄土高原植被遭到严重破坏，对生态环境带来了严重后果，沟壑增多、延长、加宽，水土流失愈益严重，导致黄河又一次进入频繁泛滥期，我国黄河流域的生态环境又一次严重恶化。在此背景下，著名学者韩愈和柳宗元曾对天人关系展开过讨论。韩愈认为人们开垦土地、砍伐树木、凿井、筑城、兴修水利、冶炼金属等生产活动，破坏了天地自然。为此，他主张节制生育，以减少这种破坏。韩愈似乎已朦胧地感觉到人类过度的生产活动会破坏自然界的平衡状态。但如何来处理人和自然的关系，他主张一切顺从天命，即“所謂順乎在天者，貴賤窮通之來，平吾心而隨順之，不以累于其初。”也就是说，人应绝对服从天命，不应该用人力去改变。柳宗元对此持有不同的看法，为此写了《天说》，他认为天地就像瓜果那样，怎么能“赏功而罚祸”？“功者自功，祸者自祸”，与天没有关系，并提出了“天人不相预”的观点。他认为自然界的法则不适于人类社会，自然与社会各有其不同的规律。他的“天人不相预”的观点是荀子“天人相分”思想的复归，对于人们认识自然、掌握自然规律、发挥人的主观能动性具有积极的意义。此外，柳宗元的朋友刘禹锡支持柳宗元“天人不相预”的观点，但认为论证还不充分，为此他写了三篇《天论》，作为补充论证，在文中他提出了“天人交相胜”的观点，对柳宗元的“天人不相预”观点做了进一步的补充和发挥。他认为天和人不一样，其职能和作用都不同，“天，有形之大者也；人，動物之尤者也。天之能，人固不能也；人之能，天亦有所不能也。故余曰：天與人交相勝爾。其説曰：天之道在生植，其用在强弱；人之道在法制，其用在是非。”（《天论·上》）。这段话的意思是，天的作用人不能达到，人的作用天也不能达到。他进一步指出：天的作用是自然界的变化，如春夏阳气上升，万物生长；秋冬阴气上升，万物凋零。人的作用是在阳气上升时，不失时宜地进行种植；阴气上升时，不失时宜地进行收获，积极防病除灾，采矿冶炼，制造农具，制定礼仪，尊重贤人，树立正气等。天不能制定礼仪，人也无法改变四季。这表明天和人的功能作用不同，所以“天理”和“人理”也有区别。“天理”即自然规律，是有力者占先；“人理”即人生准则，是有德者居先。他指出：有时是“天理”胜，有时是“人理”胜。而“人诚务胜乎天”，因为“天无私，故人可务乎胜也”。 当“人理”不起作用时，自然力量就自发地起作用，即“人不宰则归乎天也”。在此，要特别注意刘禹锡所指的“人理”并非单纯指道德伦理，它还涉及人类对自然环境的治理和管理。自然环境是按照其自身的“天理”生长运行的，当人们能够按照其“天理”去进行治理或管理时，自然环境就会按照人的意志所左右，此时，即“人胜天”。如果人们不按照自然环境的“天理”去进行治理或管理，自然环境就会出现异常，并强制人们去按“天理”行事。此外，刘禹锡还在此基础上提出了天人之间“还相用”的观点。他认为“人与自然之间不仅存在相互作用，相互战胜”的方面，还存在“相互补充，相互促进”的一面。例如，自然环境通过自己的产物运转，为人类的生存、发展提供了条件，反之，人类的生存、发展也为自然环境的成长和繁衍提供了帮助，这生动地反映了两者之间的相互依存关系。所以，善待自然环境也就是善待人类自身，破坏自然环境也就意味着破坏了人类自身生存的基础。总之，刘禹锡的“交相胜”“还相用”的观点，反映了唐代有关环境和资源保护思想比先秦、两汉时期有了进一步的提高（周桂钿，1990；罗桂环等，1995；李存山，2008）。

### 4. 突破“天人感应”（“天谴论”）的禁锢，成功防治特大蝗灾为害

唐玄宗、唐文宗、唐懿宗三个时期是蝗灾高发期，但唐人的灾异观基本上仍然停留在“天谴论”的基础上 ，在严重的蝗灾面前，时任宰相的姚崇一方面要面对愚昧无知的灾民，另一方面又要面对朝廷内部强大的“天谴论”者，他们呼吁“蝗是天灾，自宜修德”，坚决反对捕灭蝗灾。姚崇在强大压力面前，不顾个人安危得失，在皇帝面前，力陈捕蝗的必要，据理批驳了“天谴论”者的无稽之谈，又以无可置疑的事实说服了反对者，取得了治蝗的巨大成绩。这一事实也为动摇了自两汉以来，由董仲舒在“天人感应”基础上创立的“天谴论”的根基，具有重要的历史意义（袁野，2006；刘举鹏等，2015）。

## （四）宋代

宋代是我国封建社会的一个重要发展时期，10 世纪 60 年代到 13 世纪 70 年代建立的以汉族为主体的封建王朝。960 年在开封建国，1127 年政权南迁后建都临安（今浙江杭州），1279 年被元灭亡。习惯上称 1127 年前的宋朝为北宋，1127 年后的宋朝为南宋。宋朝是我国封建时代经济发展迅猛时期，无论在农业、手工业、商业以及科学技术、文化艺术等方面，都取得了突出的、引人注目的成就（白乐天，2000）。

（1）北宋时期，朝廷重视自然资源的保护，并采取了一系列具体措施，如制定相关法令，并多以敕令形式出现。据《宋大诏令集》记载：北宋开国皇帝宋太祖（赵匡胤）曾下诏：“鳥獸魚蟲，俾各安於物性；罝罘羅網，宜不出於國門。庶無胎卵之傷，用助陰陽之氣。其禁民無得采捕蟲魚，彈射飛鳥。仍永爲定式，每歲有司具申明之。”此外，宋太宗也曾以保护资源环境问题下过诏书：“方春陽和之時，鳥獸孳育，民或捕取以食，甚傷生理，而逆時令。自宜禁民二月至九月無得捕獵……州縣吏嚴飭里胥，伺察擒捕，重寘其罪。仍令州縣於要害處粉壁揭昭書示之。”宋真宗在封泰山时，诏令随从人员不得损坏树木，同时将各地贡献的珍异禽兽放归自然，并禁止在泰山周围七里内砍柴。宋真宗于大中祥符四年（公元 1011 年）下诏：“火田之禁，著在《禮》經，山林之間，合順時令。其或昆蟲未蟄，草木猶蕃，輒縱燎原，則傷生類。諸州縣人畬田，並如鄉土舊例，自餘焚燒野草，須十月後方得縱火。其行路野宿人，所在檢察，毋使延燔”（《宋史·食货志》第一二六）。南宋高宗曾下令，“禁以鹿胎爲冠”（《宋史·高宗纪》卷二八）、“禁民春捕鳥獸”（《宋史·高宗纪》），保护了许多野生动物。尤其值得重视的是，宋朝还将资源环境保护列为官员升降的考核指标，据《宋大诏令集》记载：乾德元年（963 年）四月，宋太祖赵匡胤下劝农诏：“……其或陂池不修，田野不闢，桑棗不植，户口流亡，慢政隳官，亦行降黜……”由此可见，宋太祖对于官员的政绩考察内容之一就是植树，如若完成不好，会受到降职处分。

（2）北宋中期宋神宗任用王安石变法，力图改变日益衰落的经济状况，并将林业作为发展经济的重要举措。熙宁二年（1069 年），宋神宗提出：“農桑，衣食之本。民不敢自力者，正以州縣約以爲貲，升其户等耳，宜申條禁”（《宋史·食货志》）。司农寺（主管农业的部门）按照皇上旨意，首先在开封进行试点，对百姓植树实行不增赋税的优惠政策，并大力推广。对于植树未能成活者进行处罚，责令其补种。这是古代造林责任制最初的法规。南宋孝宗乾道元年（1165 年）下诏：“准民復業，宜先勸課農桑。令、丞植桑三萬株至六萬株，守、倅部内植二十萬株以上，並論賞有差。”（《宋史·食货志》），南宋孝宗为了恢复经济，还特地下诏颁布了植树造林的奖励标准。

（3）宋代由于人口大量南迁，一方面促进了南方的经济和文化的发展，但同时出现了我国历史上第二个人口增长高峰，宋宁宗嘉定十六年（1223 年）全国人口达到 7600 多万人（宋金的合计数字）。地不足养，只能大量开垦荒地，大搞圩田，其围湖造田更甚于唐朝，致使一些湖泊面积缩小，一些在历史上发挥过重要作用的水利工程——芍陂，由于豪强的霸占也逐步缩小原有的灌溉功能，宋仁宗明道年间

（1032—1033年）张旨对芍陂进行了大规模的修治，使灌溉田由亩增至万顷。宋金对峙时期，以淮河为界，因战争不断，可耕之地尽为废地（刘治品，2004）。除芍陂外，公元11世纪鉴湖围湖造田活动也愈演愈烈，农田失去了灌溉的水源，连年减产，欠交的田租达万石[①]以上。陆游曾为此写了《鉴湖》一诗，流传至今。北宋末年，许多山岭失去植被保护，加剧了南方水土流失，破坏了自然生态系统的多样化功能，导致一系列严重的自然灾害（袁清林，1990）。

（4）宋时黄河经常泛滥，淹没庄稼，冲毁村庄。朝廷不仅下诏疏浚河道，还号召广植堤岸树，以固堤防。宋太祖建隆三年（962年）十月诏："緣汴河州縣長吏，常以春首課民夾岸植榆柳，以固堤防。"堤上，疏植桑柘，可以系牛，牛得凉荫而遂性，堤得牛践而坚实，桑得肥水沃，桑多则蚕壮。这就构成了"堤树、牛、土地、桑、蚕"的小型生态系统，可谓一举数得。尤其值得一提的是南宋学者魏岘著《四明它山水利备览》一文，以浙江鄞县它山灌渠的悠久历史为例，指出："四明水陸之勝，萬山深秀，昔時巨木高森，沿溪平地竹木蔚然茂密，雖遇暴雨湍急，沙土爲根盤固，流下不多，所淤亦少，閩淘良易。近年以來，木值價穹，斧斤相尋，靡山不童，而平地竹木，亦爲之一空，大水之時既無林木少抑奔湍之勢，又無包纜以固沙土之基，致使浮沙隨流而下，淤塞溪流，至高四五丈"以致"舟楫不通，田疇失溉"（袁清林，1990）。由此一例，也足以证明南宋时期，由于追求商业利益，滥伐林木，毁坏森林，导致水土流失，其蕴含的恶果已逐步呈现，发人深省。

## （五）元朝

元朝是由蒙古统治者建立的封建王朝，武功强悍，在天文学、农学、医学等方面都有不俗的贡献，但其主流学者对儒家、道家"天人合一"的基本哲学观甚少涉及。现代蒙古族学者阿茹罕（2010）认为，蒙古族是我国北方古老的游牧民族之一，元朝以前蒙古先民信奉萨满教，该教确认"阿民"（生命）概念，并形成了"天父地母"的思想，并由此产生了原始的生态环境保护意识，并将这些生态保护意识主要以立法、习俗、道德、宗教等形式融入蒙古族的日常生产与生活中，使之习俗化、道德化、法治化，在宗教的作用下，这些思想意识在一定程度上变成了古代蒙古族的自觉行动，它保障了古代蒙古族游牧文明的世代繁衍与传承。概括起来，古代蒙古族朴素的生态环境保护思想主要反映在以下三个方面。

（1）人与自然环境协调平衡的发展观。例如，草场和水资源对蒙古高原的游牧民族来说是生死攸关的最重要的自然资源。对草场而言，采取倒场放牧的生产措施，通过"游"来达到保护生态平衡的目的。对水资源而言，非常注意节约用水和保护水源不受污染（阿茹罕，2010）。元世祖曾下令不得污染水源。英宗至治二年（1322年）五月，针对金水河水污染问题下敕："昔在始祖時，金水河濯手有禁。今則洗馬者有之，比至疏滌，禁諸人毋得污穢"（《元史·河渠志》）。

（2）对动植物的保护和道德伦理观，蒙古族认为自然与天体生灵浑然一体，是潜在公理，在他们的思想意识中表现出来的是一种对动植物的有恻隐之心的生态伦理道德观，这也与他们信奉萨满教，元朝以后信奉藏传佛教有关。同时，统治者还将保护野生动物上升到立法高度，如元朝《元史·刑法志》规定："諸每月朔望二弦，凡有生之物，殺者禁之。諸郡縣歲正月五月，各禁宰殺十日，其飢饉去處，自朔日爲始，禁殺三日。"几乎所有元朝统治者都下达过保护野生动物诏令。从元世祖忽必烈开始，以后的每位元代大汗都下过保护野生动物的法令，还设定了许多禁猎区，禁止打捕野猪、鹿、獐等动物，保护天鹅、鸭、鹘、鹤、鹰、秃鹫等飞禽（阿茹罕，2010）。

（3）古代蒙古族认为自己是"天命所生"，向往天崇拜，由此把自然环境的价值看得无比珍贵，甚至认为许多自然资源的价值超过了人的生命价值。在《成吉思汗法典》中专门规定了毁坏草原罪：草绿后挖坑致使草原损坏的，或是失火使草原遭到破坏的，对全家处极刑。反映出统治阶层为了保护自然资源，

① 秦代1石=109公斤；汉代1汉石=120汉斤（指粟），约15公斤；唐代1石=53公斤；宋代1石=97公斤；清代1石=28公斤。

不惜采用“株连全家”的酷刑（阿茹罕，2010）。

## （六）明朝

据史料记载，明初朝廷比较重视自然环境和资源的保护，山林川泽均由虞衡管理，曾多次下诏令封山禁林，并规定“冬春之交，罝罘不施川澤；春夏之交，毒藥不施原野。”明朝全国人口约 6000 万，按当时明朝的农业经济水平可以养活全部人口而无需新辟荒地进行开垦。然而明朝的皇室贵族、官僚豪强大肆兼并土地，各地的皇庄就占地数千万顷，四川蜀王府就占据了整个成都平原十分之七的土地，致使大批农民失去了赖以生存的土地，不得不流亡到深山老林，靠烧荒垦田来求得生存。明朝中期，仅荆襄地区，在森林茂密、荒无人烟的山区就聚集了几十万流民，他们斩茅结棚，烧畲为田，垦荒屯种，被称为“棚民”。大量“棚民”的出现对林区的生态环境造成了巨大的威胁。但至明朝中期，流民问题日益严重，朝廷不得不弛禁，下令“山場、園林、湖池、坑冶、果樹、蜂蜜，官設守禁者，悉予民。”（《明史•食货志》）。朝廷为了鼓励垦田，安置流民，还对新开垦之田，在一定期限内不征粮税。这些政策极大地鼓励流民的垦荒积极性，导致垦荒面积不断扩大，森林、草原面积不断缩小。耕作技术粗放，广种薄收，进一步造成植被破坏，土地沙化，陷入“越穷越垦，越垦越穷”的恶性循环。江南老百姓在人口众多、土地有限的情况下，逐步总结出一套综合利用的生产经验，即综合发展农林牧鱼的生产方式，以农副养家禽，以禽畜粪便肥田；以桑林养羊，以螺蛳、水草养鱼，以鱼粪养桑的综合喂养即所谓的“桑基鱼塘”（罗桂环等，1995）。此外，明朝还注意保护珍禽异兽，明武宗于正德十六年（1521 年）下诏，“縱内苑禽獸，令天下毋得進獻”（《明史•世宗纪》）。明穆宗隆庆元年（1567 年）夏四月，“禁屬國毋獻珍禽異獸”（《明史•穆宗纪》）。将珍稀动物放归自然，严禁再献，对于减轻政府负担和生物的自然繁殖具有积极意义（罗桂环等，1995）。

## （七）清朝

清朝一方面继承了明朝环境恶化的烂摊子，而其自身又面临人口剧增的局面，为了应对这一困局，清廷实行“摊丁入亩”政策，即免征人头税的税收政策，原本是要解决老百姓的口粮问题，却进一步造成了人口猛增的局面。乾隆初年，全国人口已达 1 亿，到乾隆末年，人口剧增至 3 亿多。朝廷不得不多次下令，鼓励农民开垦荒地，先后开放东北、西北、江南等许多草原或山地，垦为农田，造成草原退化，沙漠扩展，林木破坏，水土流失。秦岭北坡的老林几乎荡然无存；西北、华北农牧交界的草原被辟为农田，土地沙化严重，流沙不断扩展。总之，急功近利的政策，刀耕火种的落后生产方式，严重破坏了生态环境。面对上述困局，当时一些学者如顾炎武研究了历代田制后，指出：“古先王之治地也，無棄地，而亦不盡地，田間之塗九軌，有餘道矣。遺山澤之分，秋水多得有所休息。”同时，他也指出：“宋政和以後，圍湖占江，而東南之水利亦塞。”他认为开发自然环境必须要适度。此外，清学者梅曾亮在其《书棚民事》中，深刻指出森林保护的重要性。他说：“未開之山，土堅石固，草樹茂密”，下雨時，“從樹至葉，從葉至土石”“其水下也緩，又水下土石不隨其下”“故低田受之不爲災，而半月不雨，高田猶受其浸溉”，然而开山造田后，“一雨未畢，沙石隨，奔流注壑澗中，皆填淤不可貯水，皆至窪田中乃止，及窪田竭而山田之水無繼者，是爲開不毛之地而病有谷之田。”上述已生动刻画出伐林垦荒所导致的水土流失的严重后果（袁清林，1990；罗桂环等，1995）。

清代在保护生态环境和自然资源方面也做过一些有益的事。例如，①在河北建立著名的木兰围场，严禁百姓入内，保护了一批珍稀动植物物种。②对东北地区制定了禁止采伐森林、开矿等政策。对于放火烧山者，实行充军处罚，在一定程度上保护了东北林业资源和野生动植物。③除东北外，在一些地区制定了乡规民约，对于偷盗、强伐森林资源者实行严厉的制裁，对于山林种植和养护均起了积极的作用。

## 五、小　　结

“天人合一”观在中国古代传统哲学中长期占主导地位，虽经历了漫长的历史变迁，但“究天人之际，通古今之变”的探究之风延续不辍。“天人合一”观的核心思想是知天、顺天、则天，道法自然。在其社会实践中，强调遵循自然规律，按二十四节气，因地制宜，安排生产、生活，是古人生存大智慧的集中体现；“天人相分”观虽然在中国传统哲学中不占主导地位，但由于其核心思想是“明于天人之分”“制天命而用之”“天与人交相胜”“人定胜天”等，但在其社会实践中，强调发挥人的主动性，充分利用自然规律为我所用，主张“桑田成海，天行之數，誰則違之。人定勝天，轉移之力，誰謂難之”，消除了人对自然的畏惧与迷信，为自己的生存与发展创造了条件。由此可见天人合一观与天人相分观在中国历史上都发挥过积极的作用，但必须指出的是，前者在中国历史上始终居于主导地位；而后者或蕴含于天人合一观之中，或成为天人合一观持有者的一种补充。总之两者在一定的历史条件下具有互补性（胡化凯，2016）。

“天人合一”观并未停留在学者的理论探讨上，它还在不同的历史时期，经历了漫长的社会实践，积累了极为丰富的文化遗产。即使在 21 世纪的今天，“天人合一”观依然得到中外学者的重视并被赋予新的内涵。鉴于西方“工业文明”的弊端愈益清晰地呈现在世人面前，许多有识之士开始反思人类一代又一代地征服自然，使自然为人类服务的实践目的是否正确？在人与自然的关系中，人类关于文明的观念是否正确？在反思的过程中，一些西方生态学家提出生态伦理应该进行“东方转向”。例如，1988 年，75 位诺贝尔奖得主集会巴黎，会后得出的结论是“如果人类要在 21 世纪生存下去，必须回到两千五百年前去吸取孔子的智慧”（赖功欧，2014）。这里所谓的“孔子智慧”即春秋百家争鸣时期产生的“天人合一”思想，也就是季羡林先生指出的“‘天人合一’就是人与大自然要合一，要和平共处，不要讲征服与被征服。这种人与大自然要和谐相处的思想，不仅仅是中国思想的特征，也是东方各国思想的特征。这是东西文化思想分道扬镳的地方”（季羡林，2006）。钱穆的“彻悟”，说到底就是他在临终前，先知先觉地认识到他为之苦苦专研一生的“天人合一”观，惟到最近始彻悟此一观念实是整个中国传统文化思想的归宿处，是中国文化对人类最大的贡献（钱穆，1991）。

## 参考文献

阿茹罕. 2010. 试论古代蒙古法中的生态环境保护. 内蒙古民族大学学报(社会科学版), (1): 45-49
白乐天. 2000. 中国全史(第二卷，第五章: 元). 北京: 光明日报出版社
鲍晓倩. 2015-9-22. 生态文明体制改革的顶层设计. 经济日报, 第一版
卜松山. 1997a. 中国传统文化对现代世界的启示——从“天人合一”谈起. 见: 季羡林, 张光璘. 东西文化议论集(下册). 北京: 经济日报出版社
卜松山. 1997b. 儒家传统的历史命运和后现代意义. 见: 季羡林, 张光璘. 东西文化议论集(下册). 北京: 经济日报出版社
蔡晓明, 蔡博峰. 2012. 生态系统的理论和实践. 北京: 化学工业出版社
杜宗才. 2008. 汉代道家生态思想研究. 华中师范大学博士学位论文
冯友兰. 2006. 中国哲学史. 北京: 商务印书馆
戈峰. 2002. 现代生态学. 北京: 科学出版社
郭沫若. 1997. 中国史稿(一). 北京: 人民出版社
胡化凯. 2016. 中国古代科学思想二十讲. 合肥: 中国科学技术大学出版社

黄复生, 王祖望, 冯祚建. 2016. 中国古代动物名称考. 北京: 科学出版社
季羡林. 1997. “天人合一”新解. 见: 季羡林, 张光璘. 东西文化议论集(上册). 北京: 经济日报出版社
季羡林. 2004. 序一. 见: 钱迎倩, 王亚辉. 20 世纪中国学术大典——生物科学. 福州: 福建教育出版社
季羡林. 2006. 季羡林谈人生. 北京: 当代中国出版社
赖功欧. 2014. 论钱穆天人合一观的生态文明取向. 鄱阳湖学刊, (4): 36-48
李存山. 2008. 中国传统哲学纲要. 北京: 中国社会科学出版社
李恩军, 王浩生. 1995. 我国环境保护思想的产生与发展. 见: 罗桂环, 王耀先, 杨朝飞, 等. 中国环境保护史稿. 北京: 中国环境科学出版社
刘举鹏, 王祖望, 黄复生, 等. 2015. 动物为害与防治总部. 见: 王祖望, 黄复生, 冯祚建. 中华大典 •生物学典 •动物分典(第四册). 昆明: 云南教育出版社: 579-581
刘举鹏. 2017. 中国蝗虫学史. 昆明: 云南教育出版社
刘治品. 2004. 芍陂的兴废及原因. 历史教学, (8): 65-67
罗桂环, 王耀先, 杨朝飞, 等. 1995. 中国环境保护史稿. 北京: 中国环境科学出版社
钱穆. 1991. 中国传统思想文化对人类未来可有的贡献. 见: 中华文化的过去现在和未来. 北京: 中华书局
任继愈. 1997. 试论“天人合一”. 见: 季羡林, 张光璘. 东西方文化议论集(下册). 北京: 经济日报出版社
汪子春. 2010. 中国古代生物学. 北京: 中国国际广播出版社
王红. 2003. 试论贾让“黄河三策”. 华北水利水电学院学报(社科版), 19(4): 5-9
王宏康. 1999. 西方的深生态运动——生态危机的困惑和反思. 自然辩证法通讯, 21(6): 28-32
王云五. 1986. 文渊阁景印四库全书. 台北: 台湾商务印书馆
王子今. 2010. 中国古代的生态保护意识. 求是, (2): 45-48
夏纬瑛. 1982. 管子 • 地员篇校释. 北京: 农业出版社
萧家华. 2009. 诠释和谐世界理念(第一卷). 北京: 世界知识出版社
袁清林. 1985. 先秦环境保护的若干问题. 中国科技史料, 6(1): 35-41
袁清林. 1990. 中国环境保护史话. 北京: 中国环境科学出版社
袁野. 2006. 唐代的自然灾害——《两唐书 • 五行志》有关记载研究. 首都师范大学学报(社会科学版), (1): 18-23
张岱年. 1991. 中华思想大辞典. 长春: 吉林人民出版社
张家山二四七号汉墓竹简整理小组. 2006. 张家山汉墓竹简(二四七号墓)(释文修订本). 北京: 文物出版社
张世英. 2007. 天人之际——中西哲学的困惑与选择. 北京: 人民出版社
周桂钿. 1990. 中国传统哲学. 北京: 北京师范大学出版社
朱红林. 2005. 张家山汉简《贼律》集释. 古籍整理研究学刊, (2): 30-41

# 中国古代物种概念观

黄复生　吴燕如

物种概念是动物学研究的一个核心问题，虽然只是一个概念性命题，但这样的命题却涵盖了物种的来源、物种的结构与性质，以及物种在生态系统生物多样性中的地位和它们彼此间的关系。所以物种概念是动物学研究中十分重要的问题。因此引起动物学家的广泛注意和极大兴趣。他们围绕以下两个问题展开热烈讨论。

（1）物种是否客观存在、物种是否为进化历程的产物？

（2）物种是否自我交配、物种是否为永续繁殖的种群？

以上两个问题是物种概念的最重要的内容，也是先前对于动物物种概念的基本认识。随着时代的前进、社会的进步、人们研究的深入和认识的提高，对于物种概念的知识也在不断深化与完善。综合以往的研究与论述，现在我们对于物种有以下认识。

物种来自物种，现存的物种来自过去的物种。物种是一个独立的、客观存在的、自我交配的、永续繁殖的种群。这个种群构成自然界生态系统的一份子，接受生态系统基本因子的种种支配和挑战，同时也强烈地影响着生态系统的基本结构。物种在生态系统中不断地自我复制、繁殖后代，同时也不断地产生种种变异、逐渐进化，成为后代新种的祖先。因此，物种是生态系统的基本单元，物种是永续繁殖的基本单元，物种是进化的基本单元，物种是分类的基本单元。

以上说明了物种的来源以及它在生态系统中的地位，说明了物种的客观性及其结构与性质。一方面我们说物种具有稳定性，因为物种是一群自我交配、永续繁殖的种群，这个种群自我复制，保持祖先种种性状，维持其相对稳定的原始祖征；另一方面我们说物种的可变性，因为物种时常可发生变异、不断进化，渐渐远离祖先的种种特性，获得了新的衍征，最后形成新的物种。

陈燕生（1973）发表于《红旗》的《从进化论看唯物论和唯心论的斗争》一文中指出："地球上现今存在的一切物种，都是过去生存的物种的后代。每一物种都有自己的历史，种与种之间都有或近或远的亲缘关系，渊源于简单的原始祖型。它们都是遵循着自己的发展规律。从无到有、从少到多、从低级到高级逐步进化而来的。"

陈世骧（1979）在《关于物种定义》一文中说："进化论给物种以新的概念，把繁殖与进化统一起来；繁殖单元体现着种间的生殖间断，进化单元体现着种间的历史连续，两者的统一说明了种与种间又连续又间断的历史发展过程"；"物种是进化单元，因为进化通过物种的传衍演变而进行；因此现今生存的物种都是曾经生存的物种的后代——物种来自物种。这是历史事实给我们所作出的结语。"

以上论述明确地表明了物种的历史渊源和物种的存在形式，以及种与种之间的区别和它们之间的亲缘关系。这就是物种在自然界中又变又不变的自然法则，体现了物种存在的内涵和发展的规律。但是古人，无论是东方古人还是西方古人，虽然他们的生活方式、文化经历和心中信仰有着很大的差别，然而对于物种的历史渊源和存在形式却有着相似的认识。

中世纪之前的欧洲，"神权"占据一切位置。认为上帝创造一切，天地间形形色色的物种都是由上帝创造的，种种自然现象也是由上帝安排的。直到 18 世纪中叶，林奈《自然系统》的建立（1758 年，第 10 版），表明了自然界种种生物都是客观存在的，物种不仅是独立客观存在的、与另一物种彼此分开的，而且它们又有历史的渊源并构成一个完整的系统，这就是所谓的“自然系统”，界、门、纲、目、科、属、种，由低级到高级，由简单到复杂，彼此间又存在着或亲、或疏的亲缘关系。但是在“神权”强大的压力之下，在哥白尼的遭遇之后，就连林奈本人也退缩了，认为生物界的物种是由上帝创造的，所谓的“自然系统”也是由上帝巧妙安排的。随后，在诸多事实面前，虽然也有异议和争论，然而“神创论”“上帝创造一切”仍占统治地位，仍认为物种是上帝创造的，为神的产物。

林奈之后又经过了近百年的时间，到了 19 世纪中叶，欧洲进入工业革命时期，各地要求打破传统的束缚，冲出疆土的割据，强烈地需要共同发展、互相交流与彼此进步。就在此时，达尔文乘贝格尔号远航，漂洋过海，长时间地进行了广泛而深入的远洋考察，搜集各地的生物标本。他进而配合当时的育种工作，观察到了动物在家养之下所发生的种种变异，这种变异可以积累、加强、成形、固定，形成稳定的特征或习性，并传衍给后代。达尔文得到很大启发，与此同时他对于各地区所搜集的生物标本又进行了长久而深入的研究。他发现不同地域、不同岛屿的生物虽远隔重洋，各处一方，但是许多物种之间又有着如此接近的形态特征和生活习性，不同岛屿上的生物差别很大，但又有十分接近、关系密切的物种。达尔文认为这些关系密切的物种，有着如此接近的形态特征和生活习性，充分表明了它们彼此之间有着十分亲密的亲缘关系和历史渊源，它们有着共同的祖先，生活在不同地域、不同岛屿上的祖先种群沿着各自的生活道路发展，进化为不同地域、不同岛屿上的物种。于是达尔文对于《圣经》所言，上帝创造生物物种产生了怀疑。在亲朋好友及其支持者的敦促之下，他与华莱士同时宣读了生物进化的学术论文。1856 年，达尔文又发表了《物种起源》一书，全面而系统地阐明了生物进化理论，指出物种不是上帝创造的，一个物种由另一个物种进化而产生的，一个物种起源于另一个物种。同时他还进一步表明了生活环境和自然条件对于生物进化的巨大影响。起初他的思想也遭到教会和顽固派的强烈反对，但是经过长时间激烈争论之后，达尔文及其支持者取得了最后的胜利，彻底地摧垮了“神创论”在生物学中的统治地位，从此便创立了“进化论”，并得到了广泛的支持和赞誉，随之传播到世界各地。达尔文的好友、生物学家赫胥黎写了许多论文和专著，主持了多场辩论会，支持并宣扬了达尔文“进化论”的思想，他著有《进化论与伦理学》一书。不久后，我国在晚清时期，由严复直接译著为《天演论》一书，描述了物种存在形式及其在自然界中发展的规律，一个物种由另一个物种演化而来。《天演论》直接宣扬了“物竞天择，适者生存”的进化思想。

上述“天演”的“天”和“天择”的“天”，不是指上天的上帝，也不是指上天的神明，而是指客观存在的物种、大自然，指地球生物圈各个因子的综合体，是物种生存的基本条件，内含自然选择的基本因子。这个“天”字内容丰富、意义深远，所以“天演”即物种起源或物种进化，“天择”即自然选择或适者生存。物种生活在大自然中，时常需要获得必要的食物和占据一定范围的空间，为此它们之间的竞争十分激烈。适者可以获得食物、占据空间、继续生存、繁衍后代、种群得到不断的发展，最后被自然所选择；不适者将失去生活条件，也失去了生活空间，渐渐地失去了繁殖能力，因而导致种群的衰退、消缩、灭亡，最后被自然所淘汰，这就是“物竞天择，适者生存”的核心内涵。“天演论”以此表明了环境的多样性及其对于生物进化的影响。严复在中国传播了生物进化论的思想，并强调了进化论思想对于社会进步的巨大意义。这部译著广泛而深刻地影响着中国人对于自然界生物存在形式及其发展规律的认识，也进一步证明、支持和弘扬了中国古代正确的物种概念观。

在清朝之前，中国古人对于物种的认识也存在种种分歧，有反面意见，也有正面观点。关于物种来源问题有“天生论”“轮生论”“投胎论”“魂魄论”“化生论”等等，还有“自然论”“天演论”及其他种种观点。它们之间的斗争与中世纪后期的欧洲一样，只不过这些争论的文字记载比欧洲要早了许多。早在近 2000 年前的汉朝时期，就已经有了这些争论的记载。

王充就已经记载了这场争论。王充（公元 27—97 年），浙江上虞人，我国古代著名的思想家、哲学家，具有鲜明的唯物主义思想。他广学而博识，知多而言犀。30 岁后辞官家居，潜心写作，论著颇多，主要有《节义》《论衡》《讥俗》《养性》等。他在《论衡》的《奇怪篇》《自然篇》《物势篇》中均涉及对于自然界物种存在形式的认识，并对于错误观念予以批驳。东汉时期，一些儒生主张“天生论”，一切归天意，认为上天有目的地产生万物。但是上天是什么？在他们心目中上天就是神，与古代欧洲一样，就是“上帝”，上帝创造万物，神创造万物。王充在《论衡》中有力地批驳了“天有意志”创造万物的思想。他认为：“春觀萬物之生，秋觀其成，天地爲之乎？物自然也。如謂天地爲之，爲之宜用手，天地安得萬萬千千手，並爲萬萬千千物乎？諸物在天地之間也，猶子在母腹中也。母懷子氣，十月而生，鼻口耳目，髮膚毛理，血脈脂腴，骨節爪齒，自然成腹中乎？母爲之也。”上文指明：天地间之万物生自自然，儿子由父母所生，就连一根毛发、一支血脉、一块骨头、一片指甲都是来自上一代。因此，他认为下一代人由上一代人所生。自然界物种也是一样，代代传衍，代代相亲，一代传一代，下一代物种由上一代物种所生，现在的物种是由过去的物种所生，是自然而然，“万物之生”，“物自然也”，这是千千万万物种自我发生与发展的规律，“春观万物之生，秋观其成”，非“天有意志”所为之。王充就是用这样直白的语言，阐明自己对于动物界的物种概念及物种来源的理解。接着他又继续批驳了天有目的地生人的思想说：“‘天地故生人。’此言妄也。夫天地合氣，人偶自生也”。严正地批驳了天生人是狂言，是荒诞，是不合情理也。人只能生自人，不可能来自它物，更不可能来自“天生”。这是王充回答了物种概念最核心的一个问题，即物种来源问题和物种的客观性问题，物种是“自生也”。虽然他没有说“物种来自物种”，但是他说了“物生自类本种”有着类似的意义，如果直译也可以说成“物种来自物种”，这只是现时的科学结论。

以上关于物种的来源王充已有明确阐述，这是物种概念重要问题之一，而对于物种存在的形式、物种是否自我交配和永续繁殖的种群，这是物种概念另一个重要问题，对此王充也有明确的表述，他在《论衡》中直接批判了一些错误观念，某些“儒者稱聖人之生，不因人氣，更稟精於天。禹母吞薏苡而生禹。”禹母是妇孺、是人类，而薏苡是一种谷物，即薏米，是植物的种子，两者根本毫无关联，更不可能交配、受精、产生后代，又怎能禹母吞了薏苡而生了禹呢？这根本是不可能的事，它们之间不是同类之物，更不是本种。甚至更有人说“堯母慶都野出，赤龍感己，遂生堯”，此语意思是说尧母外出看到了幻想中的龙，便生了尧，随后，还有人说到刘邦的母亲因为遇到了一条大蟒蛇而生了汉高祖。这些胡言乱语、歪理邪说岂不就是天方夜谭，荒唐至极。王充针对以上谎言严厉地说：“萬物生於土，各似本種”“物生自類本種”“且夫含血之類，相與爲牝牡。牝牡之會，皆見同類之物，精感欲動，乃能授施。若夫牡馬見雌牛，雄雀見牝雞，不相與合者，異類故也”“天地之間，異類之物相與交接，未之有也”。以上表述得十分明白，同种者才能“精感欲动乃能授施”，才能互相交配，繁殖后代，异类者则没有“精感欲动”的现象，它们之间“不相与合”，更没有永续繁殖的可能，“异类故也”。用现在的语言说，同种生殖是沟通的，种与种之间则是生殖隔离的。这些论述就是王充对于物种的来源与存在形式的观点，并且他一再强调物种的产生不是天意，“万物生自自然”，分别来自本种。他认为物种来自物种，物种是自然界一份子，有着“春生”与“秋成”的发展过程，这种现象与母亲生孩子一样，有自身发展的规律，不同种不能交配，更不能永续繁殖，异类者是“不相与合”的。这个规律推动了物种的发生与发展，并表明了动物界种与种之间的严格界线，也呈现了物种自我发展的轨迹以及它们的历史渊源。

明朝万民英（公元 1521—1603 年）曾出任福建布政司右参议。著有《易经解会》《三命通会》《星学大成》《兰台妙选》《荫符经》《相字心经》等。他在《三命通会·论五行生克》中说：“五行相生相尅，其理昭然。十干、十二支、五運、六氣、歲月、日時，皆自此立，更相爲用。在天則爲氣，寒、暑、燥、濕、風；在地則成形，金、木、水、火、土。形氣相感而化生萬物，此造化生成之大紀也。原其妙用可謂無窮矣。”随之，他还说：“天高寥闊，六氣迴旋，地厚幽深，五行化生，以成萬物，可謂無窮而莫測者也。”仔细研读这些段落，潜心思考，令人豁然开朗，肃然起敬。“在天則爲氣，寒、暑、燥、濕、風；在地則成形，金、木、水、火、土。”前者为大气，为天体，虽感觉得到，但一般是看不见、摸不着的天上物质；而后者是在地上，不仅感觉得到，而且是能看得见、摸得着的物质，这些物质就是构成宇宙要素的总概括，对于地球而言就是生态系统的方方面面。500 多年前我国古人就有如此超前的思想，以简洁而通俗的语言，明确地阐明地球的起源、生命的起源和物种的起源，并且以唯物主义思维方式解读它们之间的关系，表达它们转化的过程。他还说："五行化生，以成萬物，可謂無窮而莫測者也。"这句话不仅道出了物种的起源，而且表明了物种的可变性及其变化的无穷性。他的思维方式和表述的内容为我们留下了无限的遐想和深入追索的空间。

万民英又在《三命通会·原造化之始》一文中更加明确地表述：万物"其性其種已各具太始之先矣。……人有人之種，物有物之種。各各完具，不相假借，不相淩犯。"他认为世上万物各有各的特性，各有各的特征，各各完具，不相混淆。并且指出各具的特性和各具的特征在先前就已经存在。也就是说物种形形色色的形态特征和生活习性都是由祖先传下来的。这种观念也可以用现在语言说成"物种来自物种"。一个物种来自同一个物种，现在的物种是由过去的物种所生的。并且他还认为种与种之间是不同的，它们之间毫不相干，并且有着严格的区分，"各各完具，不相假借，不相淩犯"。

接着他又说："牝牡又自交而生生化化不窮。"此言虽只一语，寥寥十二个字，但道出了两个要点：一是"自交"；二是"不穷"。一方面强调的是物种的共同性，自我交配，生殖媾通、永续繁殖的种群，同一物种是可以代代相传，繁衍生息的种群；另一方面说明了种与种之间的差异性，最根本的差别就是不同种之间是不可能互相交配、更不可能永续繁殖的，也就是说不同种是交配排斥、生殖隔离的异类。这种现象不断延续，永不穷尽。

再者，"生生化化"意义深刻，至少有以下两层意义。

（1）"生生"者，表明了物种保持原生形态特征，代代相传，生生不息，表明了物种的稳定性。

（2）"化化"者，显示出物种改变原有形态特征，不断变异，化化更新，显示出物种的可变性。

"生生化化不穷"也就是物种存在形式。物种的存在表明了物种稳定性与可变性的统一，前者保持原始的形态特征和生活习性，是物种存在的基础；后者改变原始的形态特征和生活习性，是物种发展的方向。万明英的简要论述充分说明了物种概念的基本内涵，并明确指出物种自身的生活方式和发展规律。

以上就是我国先人在深入研究物种客观存在的基础上，对于物种概念的认识和见解。如果用现在的语言加以诠释，它应该是：物种是大自然的产物，物种是客观存在的，物种有稳定的、相同的形态特征和生活习性；同种者，生殖则互相媾通，是自行交配的、永续繁殖的种群。种与种之间形态特征和生活习性是变化的、不同的、间断的；异类者，则不可以交配，为生殖隔离的异种。但物种自身在时间长河里，在不同的生态环境之下，是有变化的，形态特征和生活习性常常发生种种变异，这种变异可以渐渐积累、逐步加强，并形成稳定的新征，传衍后代，最后进化为另一个新的物种，自身又成为新种的祖先。所以种与种之间又存在着或亲或疏的历史渊源。这也就是物种在自然界"生生化化不穷"不断进化的产物，物种生自物种。因此在历史上物种是间断与连续的统一，稳定性与可变性的统一。物种是生态系统的基本单元，物种是繁殖的基本单元，物种是进化的基本单元，物种是分类的基本单元。汇总以上古人对于物种概念的论述，有以下三个要点的认识。

（1）物种客观存在，来自自然，生自自类，是生生化化不穷，可持续进化。

（2）本种自交，永续繁殖，传衍连续，形态保持稳定的种群，可同群分类。

（3）异类拒交，生殖隔离，传衍间断，形态发生变化的异类，可另寻归属。

物种为生态系统中之一员，深受生态因子之影响。同种者为形态结构、生活习性、遗传信息相同的群体。异类者为形态结构、生活习性、遗传信息不同的异类。适者生存，为"春生秋成"，被自然选择；反之，则被自然淘汰，"物自然也"。这就是动物在自然界中发生与发展的规律。我国古人深入研究了物种的来源及发展规律，在最早的时间，以最简捷的语言表达了动物学中最基本的一个命题，表达了物种概念的主要内涵及发展规律。

以上各点只是我们了解到的、古籍的有限资料，以我们的浅薄认识，对于我国先人的物种概念观的初步探讨与理解，并加以诠释。我们深信还有更多相关资料散落在浩瀚的古籍之中，尚待我等后生进一步挖掘、探索和研究。

我国先人对于自然界物种研究的时间之早、问题之深刻、内容之广泛、研究之深入、记载之精练，值得我们后人进一步加以探寻、研究和总结。古人的以上论述已涉及动物学物种概念最核心的内容，他们有正面的意见，也有反面的意见，互相争辩，十分激烈，这些争论体现了我国古代学者对于自然界物种的来源、物种存在形式的基本认识，以及他们对于科学真谛的努力追求。那些争辩与记载，以及对于自然界物种正确的基本观点，为后人继续研究开辟了科学园地、奠定了理论基础。我们愿以此短文弘扬和缅怀他们对于动物学研究作出的巨大贡献！

## 参考文献

陈世骧. 1979. 关于物种定义. 动物分类学报, 4(4): 425-426
陈燕生. 1973. 从进化论看唯物论和唯心论的斗争. 红旗, 12: 77-86

# 第二篇

# 中国古人对动物的认知与利用

# 中国动物名称最早的文字记载

## ——甲骨文

黄复生　胡振宇　童墉昌　马逸清

人类出现以后，伴随着社会发展的需要，彼此间开始有了接触和交流，随后渐渐有了语言的出现和文字的诞生，以便人与天、人与地、人与人交流情感与表达愿望，进而用以记载自然界和社会间发展各个阶段所出现的人与发生的事。所以文字的出现表明了人类社会从野蛮无知进入文明理性时期。因此，随着人类思维的转变，文字的出现也直接推动了社会的发展。但不同地区由于生产生活条件的差异，文字的结构与形式也有很大的差别。目前我国发现最早的成文文字是甲骨文。所谓甲骨文，就是古人写或刻在龟甲牛骨上的卜辞，间或有一些记事刻辞，是距今3500年殷商时期的遗物。甲骨文年代虽然久远，但是被认识的时间却甚晚。在漫长的岁月里，刻满卜辞的甲骨被称为“龙骨”，它一直被人们作为一味中药，出现在各个中药铺药盒之中。直到1899年晚清时期才被人们发现，后来进一步得知这些“龙骨”出土于河南安阳的殷墟。经学者研究，这些“龙骨”上的刻文是古人精心留下的记事、祈文和卜辞等。其中也记载了许多动物名称。从此我们便知晓了我国最早的一些动物名称及其相关记载。

我国的文字为象形文字，从物象造字形、显构思，从字形知物象、明事理。随着社会的发展、人们认识的提高，这种象形文字有很大变化，但万变不离其宗，人们总可以在字形上找到字的内涵。远古时期由于生产水平低下，人们接触的事物有限，以最简单的方式记载日常所发生的事和所遇见的物，甲骨文的产生与发展也就是沿着这样的轨迹进行的，或祭文，或记事，或占卜等等。诸多甲骨文字中，记载了各种动物的名称，所有动物名称几乎都是象形文。经考证包括了动物界相关类群。

### 一、贝

贝类分布十分广泛，其肉美鲜嫩，为食物中的佳品；贝壳坚硬、艳丽，可加工成锋利的刀具，如蚌刀、蚌镰，甚至是狩猎的利器，如箭矢；此外还可以打造成各种装饰品，如蚌龙、蚌鸟等。除此之外，在远古时期，贝壳还作为货币在民间流通。因此很早以前已有贝的记载。甲骨文中的贝字就是一种宝贝科的宝贝轮廓，十分形象，十分清晰。宋·陆佃撰《埤雅》：“目中肉如科斗而有首尾，以其背用，故謂之貝。貝，背也，貝之字從目從八，言背，目之所背也。”明·李时珍撰《本草纲目》：“貝字象形，其中二點像其齒刻，其下二點像其垂尾。”图2-1引自刘月英（2018）《中国古代贝类学形成及贡献》一文。

# 二、虫

有关虫的文字记载，起源甚早，变化甚多，最早出现于新石器时代的甲骨文，其原形与蛇有关。蛇原本在人们心目中也是虫，所以被称为“长虫”。为此，甲骨文的虫字与蛇有着密切的关系。但是随着社会的发展，人们认识的提高，“虫”的字形有了很大变化。从甲骨文开始到楷书有以下变化，如图2-2所示。

图2-1　甲骨文中的“贝”字

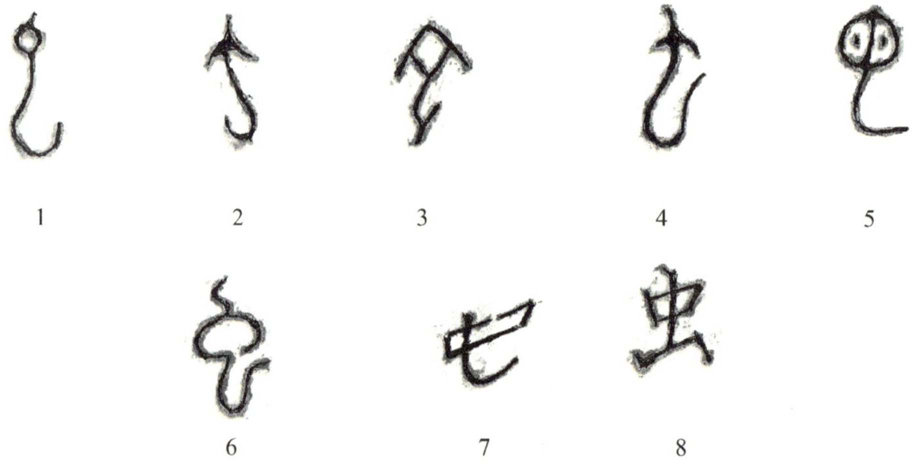


图2-2　“虫”字

1、2、3. 甲骨文；4、5. 金文；6. 篆文；7. 隶书；8. 楷书

头端似箭矢稍扩大，头端略尖，整个体躯细长，为蛇形。有时前端扩大部分写为空心（图2-2-1）；有时写为实心或为空心，前端三角形如箭矢状（图2-2-2，图2-2-3），但更像熨烫衣服的烙铁，头端尖而略为翘起，头后则向左右扩张，成三角形，略似烙铁头蛇的头，头后躯干细长柔软如鞭，这类烙铁头蛇为一种毒蛇，古时气候高湿，户外草丛常可遇见，时有被咬伤者，时有不治者毙命，令人生畏。随后，金文虫字有的延续甲骨文形象，但蛇身写得更加修长而弯曲（图2-2-4）；有的金文在头后向左右两侧扩张，成椭圆形，扁平状结构，并且左右两侧各有一黑斑，似眼（图2-2-5），这种扁平状结构可能是躯干与头部相连的部分，好似眼镜蛇被激怒后，高昂耸立的状态。为此，无论蛇或者虫都是使人恐惧的形象，特别是剧毒的眼镜蛇，被其咬伤后急速毙命，其形象也格外恐惧。篆文虫字，身躯后部与金文相仿，修长而弯曲，但头后扩大（图2-2-6）。隶书的虫写成“乜”（图2-2-7），把躯干前端膨胀部分的“▱”写成斜的长方形，也是虫的主体部分，至此完全脱离了原来虫的字形，随之出现了隶书后的楷书的“虫”字（图2-2-8）。远古时期人们所认识的虫大多对于人类都是有害的动物，或困扰，或叮咬，或与人们争夺食

物、残害生命等等，如蚊、蝇、虻、蚋、毒蛾、刺蛾、枯叶蛾等等，凡此种种对人类有伤害的动物便统称为虫，古人不仅把蛇称为虫，有时也把虎叫为虫，称之“大毛虫”。一般昆虫的出现不仅数量多，而且有集聚的现象，由此便有了三虫叠加的“蟲”字。汉许慎《说文解字》说：虫，一名蝮，博三寸，首大如擘指。象其卧形，物之微細，或行，或毛，或蠃，或介，或鳞，以虫爲象。凡虫之屬皆从虫。——蟲，有足謂之蟲，無足謂之豸。从三虫。凡蟲之屬皆从蟲。

世上的昆虫，由于种类多、分布广，无论室内还是户外，人们常受到昆虫的侵扰，当然也会受到蛇的困扰，因为暑热荒野，蛇常入室捉耗子，不过日常的接触，还是昆虫多于蛇。昆虫不仅含有有害的种类，而且还有众多有益好玩的种类，与人类的关系更为密切。为此，在甲骨文中留下昆虫的记载也特别多。周尧（1988）对于虫类的甲骨文进行了广泛而深入的研究。

## （一）蝗虫是我国农业上重要害虫

蝗虫由于分布广、数量多，危害特别严重。《诗经 • 小雅》虽有记载：“去其螟螣”，但更早却不知晓。周尧（1988）研究西安半坡村遗存后指出：“我国禾本科作物栽植的年代已经有 6000 多年了。在那些作物栽培的同时，人们必然会注意到成群结队的暴食性蝗虫。而我们在甲骨文中也第一次找到大量‘蝗’字和‘蝝’字，过去学者们把它们审定为‘秋’字或‘夏’字，说是象形蟋蟀或蝉，这是错误的。《说文解字》中的蝗字和蝝字，看来就是从它们演化来的。”“此外，我还看到不少‘告蝗’的卜辞，这是占卜蝗虫的发生。并有和天气的卜辞联系在一起的。”（图 2-3）。

1 2 3 4 5 6 7 8

图 2-3 殷代甲骨文中的“蝗”和“蝝”字（周尧，1988）

1.（林 2.18.2）；2.（安 4.15）；3.（存下 463）；4.（前 2.5）；5.（拾 7.2）；6.（前 6.513）；7.（林 2.18.3）；8.（佚 525）

以前人们认为上列甲骨文的形状像蝉，像蟋蟀。蝉的鸣声多在夏天，而蟋蟀的鸣声多在秋末，所以像蝉者即“夏”字，像蟋蟀者即“秋”字。但周尧认为既不是夏字，也不是秋字。他从半坡村遗存，根据我国种植禾本科作物有 6000 多年的历史，还根据甲骨文告蝗的卜辞，以及《说文解字》中篆字的蝗与蝝的对比，认定上述甲骨文为蝗和蝝。这种认定更是符合情理。

## （二）蜂与人类关系十分密切

特别是在远古时期，人们直接生活在荒山野地之中，常受蜂虿的困扰，但也尝到蜂蜜的甘甜，无论是蜂虿的困扰，还是蜂蜜的甘甜，都会给人留下深刻印象。为此留下很多甲骨文的记载。周尧（1988）研究了殷墟甲骨文之后，发现了大量的“蜂”字（图 2-4）。

1 2 3 4 5 6 7

图 2-4 殷代甲骨文中的“蜂”字（周尧，1988）

1.（甲 3642）；2.（明藏 469）；3.（河 303）；4.（粹 12）；5.（珠 623）；6.（京都 2367）；7.（京都 2362）

这些蜂字过去也被认为是“秋”字。但周尧认为：“其中不少是和蜜蜂非常酷似的，有膝状的触角和腹末的螯刺作为标志。篆文‘蜂’字就是从它演变来的。此外，我们还见有‘蜂大集’的卜辞，并认为这是养蜂的卜辞。说明殷代已经养蜂了。”“因之当周武王讨伐殷纣时，在他的大旗上聚集了蜂群，被认为是吉利的兆头（只有蜜蜂有大集的习性），命名这大旗为‘蜂纛’”（周尧，1988）。从甲骨文蜂字、蜂大集的卜辞，以及周武王蜂纛的典故，周尧认为我国养蜂业的历史至少在3000年前就已经开始了。这种考证十分据理，甲骨文的蜂应与蜜同在。《说文解字》：“蜂，飛蟲螫人者，從䖵，逢聲，蜂，古文省。”从字形也可以见到甲骨文与之相关性。

## （三）蝉属半翅类昆虫

体大鸣声洪亮而噪声，所以蝉的噪鸣常与四周清静的环境形成强烈的对比，许多文人墨客用以描述盛夏意境，表达内心情怀。再者，蝉在远古时期是极好的美食，由于得之不易，便成了帝王专用的上等食品。《礼记·内则》 中的“爵、鷃、蜩、范”，爵即雀，鷃为鹌鹑，蜩就是蝉的古称，范即蜂。以上所列，无论是前两种的鸟还是后两种的虫，都是当时食材中的珍品。为此，甲骨文也有蝉的记载（图 2-5）。

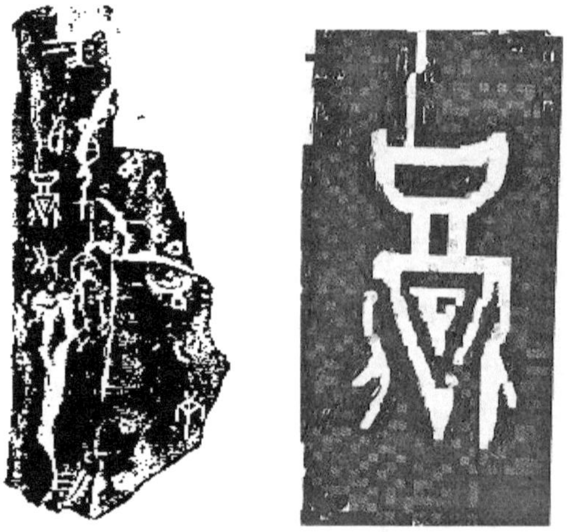

图 2-5 《甲骨文合集》34410：蝉

甲骨文的蝉字，以简单的线条十分形象地勾勒出蝉的形态特征和生活习性，体分头、胸、腹三大部分。头宽大，额部向左右两侧突出，腹端尖，后足胫节细长，外侧有小尖刺等等。整个形象似乎趴在树上，头朝天尾朝地，发出阵阵鸣声，大有满耳蝉声，静无人语的意境。虽说是出自古人之手，又经过数千年的形象甲骨文，但现今看起来仍是栩栩如生、活灵活现，充分体现了甲骨文的魅力。

## （四）蜻蜓

蜻蜓的若虫属于水生昆虫，有水、有森林的地方多有蜻蜓若虫的活动。蜻蜓成虫为陆栖，能飞，常捕食蚊、蝇等，飞起来又十分有趣，多在水边飞翔，常在水面点点，为此引起古人的注意。唐·杜甫的《曲江诗》有“穿花蛱蝶深深見，點水蜻蜓款款飛”的名句。

蜻蜓最早的文字记载见于商代，在商代青铜卣上有蜻蜓图像（图 2-6）。

丁山（1956）在《甲骨文所见氏族及其制度》中，列举众多甲骨文蜻蜓的形象文字，十分清晰而生动，整个形象，体型修长，头大圆形，有的十分形象地勾勒出硕大双眼，左右分开（图 2-7），四翅横列，有的双双成45°斜角倾斜，有的则双双平行横列，这就是蜻蜓通常停立的姿势。尾端分叉，这种分叉的腹端多为雄性结构，一般成钳状，交配时用以夹住雌虫的颈部。由此可见古人对于蜻蜓观察之细腻，了解之深刻，便创造了如此完美的甲骨文字（图 2-7）。

图 2-6　青铜卣上（周尧，1988）

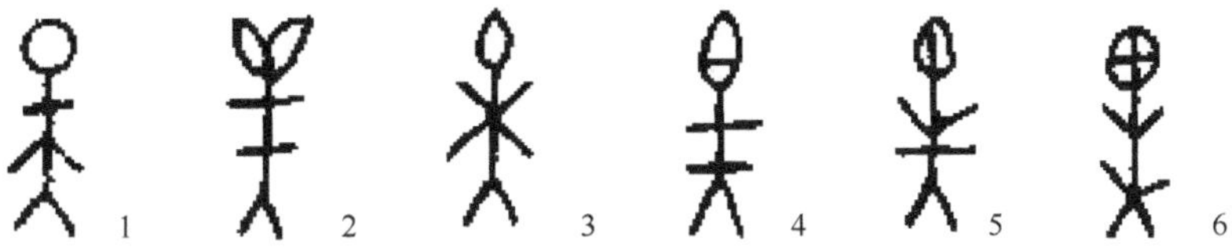

图 2-7　甲骨文之“蜻蜓”（丁山，1956）

1.（乙 9067）；2.（佚 135）；3.（铁 105.3）；4.（拾 5.4）；5.（林 1.11.7）；6.（梓 1247）

## （五）蚕

蚕属鳞翅目昆虫。蚕由野生经过驯化家养成为家蚕，这是中国古代劳动人民的伟大创举，所以我国先民早就知道蚕不仅为人类提供优美的蚕丝，而且蚕蛹是美味食品。远古时代，蚕已成为人们生活中不可或缺的一部分。所以，那时的蚕已是家喻户晓的一种昆虫。为此也留下很多的甲骨文，祭祀蚕神的占卜，以及许多青铜器上的纹饰等等。

周尧（1988）研究认为：“有‘蚕王’的祭礼和‘女蚕’的官职。有‘糸’字和‘丝’字，像丝成束状。”

甲骨文的蚕字，是以幼虫的形象刻写的。头胸部稍扩大，腹部则稍瘦而长，有明显的分节，纵观整个形象，当然很像蚕宝宝。但与上述的虫字甲骨文有很多相似之处，头端稍扩大，头后细长，而尾部弯曲、略尖等等。这也许是虫与蚕、与蛇等字的内在联系，也许古人在寻找它们之间的相关性。这些问题都有待进一步探索（图 2-8—图 2-11）。

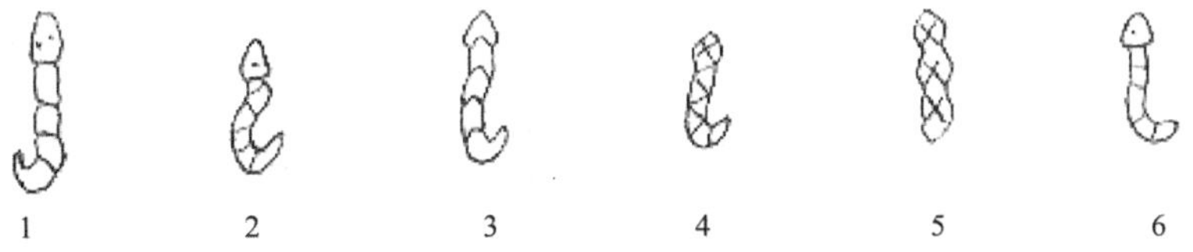

图 2-8　殷代甲骨文中的“蚕”字（周尧，1988）

1.（铁 185）；2.（后 228）；3.（菁 11）；4.（搜 13.6）；5.（河 816）；6.（明藏 468）

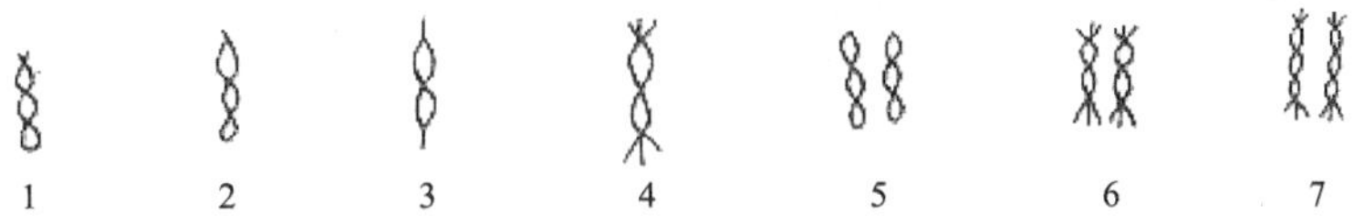

图 2-9　殷代甲骨文中的“糸”字（周尧，1988）

1.（乙 6757）；2.（存 86）；3.（簠 106）；4.（乙 124）；5.（簠 58）；6.（后下 8）；7（通别 253）

图 2-10　殷代甲骨文中的“糸”字（周尧，1988）嘉

1. 系（铁 2.2）；2. 系（后 1.8.14）；3.⿱叀絲（前 2.18.4）；4. ⿱叀絲（京申 161）；5. 率（甲 308）；6. 率（邺初下 39.6）；7. ？（拾 9.9）

图 2-11　殷代铜器上的蚕纹（周尧，1988）

## 三、鱼

有关鱼的甲骨文很多，这也与当时渔猎生活有关。人们与鱼的关系更密切，远古的陆地水域很多，江河湖海处处有鱼，日常生活多以鱼为食，接触多，期望多，记载也就多（图 2-12）。以下甲骨文各图各有差异，但这些甲骨文有以下共同特点。

（1）体型扁平，纺锤状，两头细小，中间膨大。

（2）体有背鳍、腹鳍和上下分叉的尾鳍。

（3）前端为口，有张开，如图 2-12 中 J25148 和 J25154 等，但多为相合，成锥形，如 J25143、J25146 等。

（4）体被鳞片。

这些简单的鱼的象形文字道出了鱼的形态特征和生活习性。但是在这些甲骨文字中还有不少差别，这些差别是否代表鱼的不同种类，尚待进一步考证。

图 2-12　甲骨文中的“鱼”字

从甲骨文鱼到现代书写的鱼（魚），虽相差甚远，然而仍可以找出它们之间的历史渊源。

## 四、两栖、爬行动物

龟甲为甲骨文载体之一，说明爬行类在古人类生活中已为较常见的动物，在一类的甲骨文中爬行类共五字，两栖类仅见一个“蛙”字（图2-13）。

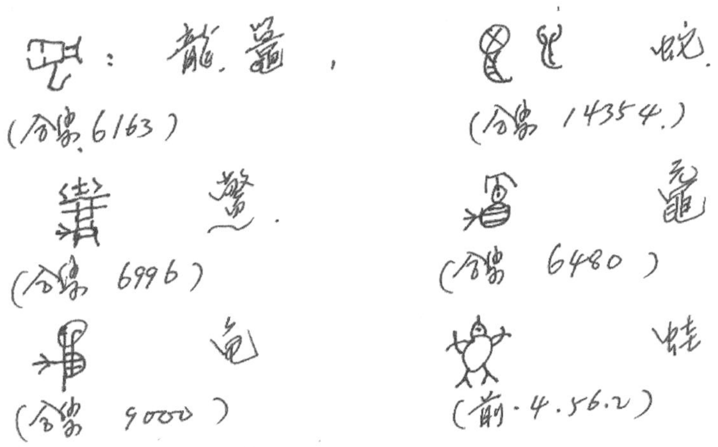


图2-13　两栖类与爬行类

## 五、鸟

甲骨文中有“鸟”字，在金文则见于“鸟形铭鼎”和“亚鱼鼎”中。

有关鸟的甲骨文为鸟原形的左侧面观，包括鸟的头、体、翼、足，也是十分形象，嘴尖、头小、胸宽、体胖、羽翼丰满，足在身体下方（图2-14，图2-15）。这充分显示以鸟的原形所造的鸟字。虽与现代鸟字差别很大，但仍可以探寻其内在渊源。

图2-14　甲骨文中的“鸟”字

左：甲2904；右：乙6664

鸟

殷周金文

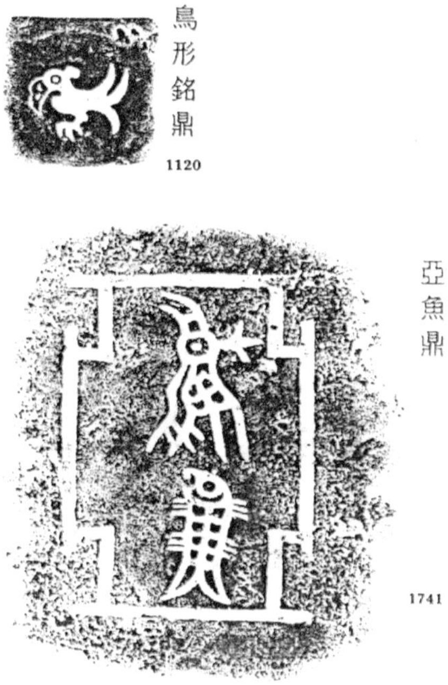


殷周金文　图版取自中国社会科学院考古研究所编《殷周金文集成：修订增补本》（中华书局，2007年）

图 2-15　鸟形铭鼎和亚鱼鼎

# 六、兽

在我国已能辨识的甲骨文中，涉及兽类名称的字颇多，马逸清在动物学史研究中，已提到的有 20 多个，列入表 2-1，供参考。

有关“兽”字的甲骨文很复杂。它由多个文字组合而成，繁体兽字为“獸”，右边为犬字，左边有人认为是石弹和狩猎武器，即猎人带着猎犬和武器注目观察四野，希望猎取野兽。但左边很可能像是受惊的野兽，瞪大双眼，拖着尾巴，往前奔跑，而右边的狗张开大嘴往前追赶，如图 2-16 所示。但无论何解都表明了甲骨文的深刻意义。以此复杂的意思和形象构成了一个“獸”字，所以甲骨文的兽字是一个复合字（图 2-16）。

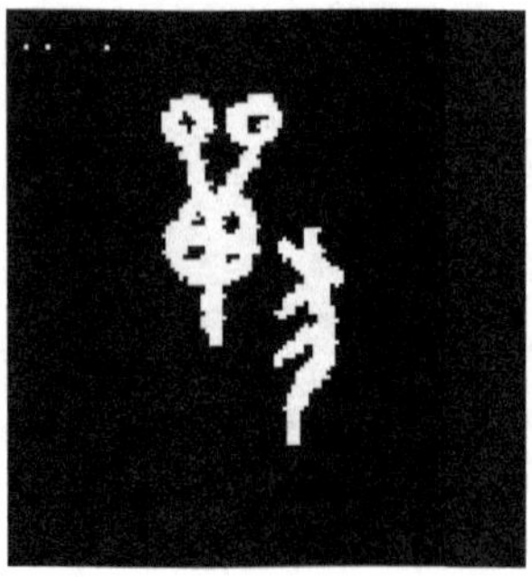

图 2-16　甲骨文中的“兽”字（甲 181）

**表2-1　甲骨文中有关兽类名称的字**

| 序号 | 甲骨文 | 印刷体 | 原甲骨编号 | 注释（郭郛等，1999） |
|---|---|---|---|---|
| 1 | 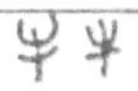 | 牛 | 甲 2916 | Cattle，*Bos taurus domestica* |
| 2 |  | 犬 | 狗，乙 2639 | dog，*Canis familiaris* |
| 3 |  | 羊 | 甲 644 | sheep and goat，*Ovis arics*，*Capra hircus* |
| 4 |  | 豕 | 合集 10228 | 猪，pig，*Sut scrofa domestica* |
| 5 |  | 豸（豹） | 存 1.1306 | leopard，*Panthera pardus* |
| 6 |  | 虎 | 前 4.44.5 | Tiger，*Panthera tigris* |
| 7 | 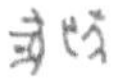 | 狐 | 存 2.359 | fox，*Vulpes vulpes* |
| 8 |  | 兔 | 乙 918 | hare，*Lepus* |
| 9 |  | 马 | 合集 32994 | horse，*Equus c. ballus* |
| 10 |  | 狼 | 前 6.48.4 | wolf，*Canis lupus* |
| 11 |  | 狈 | 人 673 | 貉？*Nyctereutes*？狼群 1 员 |
| 12 |  | 鹿 | 合集 19965 | deer，*Cervus nippon* |
| 13<br>14 |  | 犀（兕） | 合集 10403 | 犀，*Rhinoceros sonduicus*；兕，*R. unicoruis* |
| 15 |  | 象 | 合集 10222 | elephant，Elephas maximus |
| 16 |  | 彘 | 合集 11258 | 野猪，wild pig，*Sus scrofa* |
| 17 |  | 廌、犋 | 南明 472 | 廌、野牛 gaur，wild cattle，*Bos gaurus* |
| | | | | 廌、犋、大额牛，big frontal cattle，*Bos frontalis* |
| 18 |  | 麋 | 续 4 55 | mi，Pere David' s deer，*Elaphurus davidianus* |
| 19 |  | 麇 | 京 1345 | 麇、獐，water deer，*Hydropotes incrmis* |
| 20 |  | 兽 | 1－乙 3404， | 鼠兔 *Ochotona* |
| 21 |  | 㲋 | 5 后上 9．4 | 蹷鼠，jumping mice，*Sicista*；跳鼠，jerboa，*Allactaga* |
| 22 |  | 麐、麟 | 存 2．915 | 麟，hartebeest，*Alcelaphus* |
| 23 |  | 夒、猴 | 夒，甲 2336 | monkey，*Macaca* |
| 24 |  | 兽 | 甲 2299 | 嘼，兽 animall，beast |

在兽中最具代表性的动物是鹿，因为它是古代狩猎最重要的对象，古代人对这类动物的生活习性也最了解。甲骨文有四种象形鹿类动物名称，即鹿、麝、麋、麞，虽然这四种鹿类动物整体形象不同，有的有角，有的则无；有的角短，有的则角长且有分枝；有的腹下有香腺，有的则无。但在甲骨文中，这类动物都保留了一个共同的象形的“鹿”作为它们的基本形体。

甲骨文是刻在龟甲兽骨上的卜辞，涉及人们生活、生产和社会活动诸多方面，当然也包括猎捕兽类、饲养家畜等活动。例如，对猎捕工具弓、矢、网、罗、阱等，家畜圈舍的家、牢、庖等，以及动物的雌雄（牝、牡）、成幼（子、羔）等都有单独的字。相关的田猎资料较多，限于篇幅，即不赘述。

## 参 考 文 献

丁山. 1956. 甲骨文所见氏族及其制度. 北京：中华书局
郭郛. 2013. 尔雅注证. 北京：商务印书馆
郭沫若. 1978-1983. 甲骨文合集. 北京：中华书局
刘月英. 2018. 中国古代贝类学的形成与贡献. 见：王祖望，冯祚建，黄复生. 中国古代动物学研究. 北京：科学出版社
周尧. 1988. 中国昆虫学史. 西安：天则出版社

# 中国第一部字典

## ——《说文解字》著者对动物的认知

童墉昌　沈　慧

《说文解字》是我国的第一部字典，也是世界上最早出现的辞书，为东汉时期著名学者许慎于公元100—121年写成。全书共15卷，540个部首，收字9353个，另有“重文”（即异体字）1163个，共计10 516个字。中国学术界对《说文解字》评价甚高，以为该书是科学文字和文献语言学的奠基之作，在中国语言文学上有极其重要的地位。在此，要特别强调《说文解字》对字义的解释一般保存了最古的含义，对理解古书上的词义更有帮助。因此，它保存了研究古代社会历史、文化、科学技术等各方面的材料，是整理我国优秀文化遗产的重要阶梯（汤可敬，1997）。

许慎依据汉字的特点，创造了以部首编之先例，后世的字典类书籍，沿袭此方法近2000年。直到1958年第一届全国人民代表大会第五次会议批准了《汉语拼音方案》后，开始有以拼音编排字典的问世。1956—1960年商务印书馆编印了《现代汉语词典》试印本，1965年出试用本，1978年第一版，现已发行了七版，均以部首和拼音双重排列索引（刘叶秋，2004；商务印书馆，2016）。

《说文解字》中各个部首均有其寓意，实有物以类聚之意，共计9353字归入540部，各个字数迥异，一是各种事物的差异，另一则是人们当时对不同事物认识的程度。正如《说文解字后叙》（1963年，中华书局出版）所述：“此十四篇，五百四十部，九千三百五十三文，重一千一百六十三，解說凡十三萬三千四百四十一字。其建首也，立一爲耑。方以類聚，物以群分。同條牽屬，共理相貫。雜而不越，據形系聯。引而申之，以究萬原。畢終於亥，知化窮冥。”（中华书局，1963）。本书试图对东汉时期人们对动物的认知，通过《说文解字》予以研解（表2-2）。

**表2-2　《说文解字》中以动物为部首之字数统计**

| 序号 | 卷册 | 部首 | 注音 | 字数 | 《说文解字》中释义 |
|---|---|---|---|---|---|
| 1 | 第二上 | 牛 | níu | 45 | 特牛也。 |
| 2 | | 犛 | máo | 3 | 西南夷长犛牛也。 |
| 3 | 第四上 | 羽 | yǔ | 25 | 鸟长毛也。 |
| 4 | | 隹 | zhuī | 39 | 鸟之短尾总名也。 |
| 5 | | 萑 | huán | 4 | 鴟属。 |
| 6 | | 羊 | yáng | 26 | 祥也。凡羊之属皆从羊。 |
| 7 | | 羴 | shān | 2 | 羊臭也。 |
| 8 | | 瞿 | jù | 2 | 鹰隼之视也。 |
| 9 | | 雔 | chòu | 3 | 双鸟也。 |
| 10 | | 雥 | zá | 3 | 群鸟也。 |

续表

| 序号 | 卷册 | 部首 | 注音 | 字数 | 《说文解字》中释义。 |
|---|---|---|---|---|---|
| 11 | | 鳥 | niǎo | 115 | 长尾禽总名也。 |
| 12 | | 烏 | wū | 3 | 孝鸟也。 |
| 13 | 第五上 | 虍 | hū | 9 | 虎文也。 |
| 14 | | 虎 | hǔ | 15 | 山兽之君。 |
| 15 | | 虤 | yán | 3 | 虎怒也。 |
| 16 | 第九下 | 豕 | shǐ | 22 | 彘也。 |
| 17 | | 彑 | jì | 5 | 豕之头。 |
| 18 | | 豚 | tún | 2 | 小豕也。 |
| 19 | | 豸 | zhì | 20 | 兽长脊，行豸豸然，欲有所司杀形。 |
| 20 | | 舄 | sì | 1 | 如野牛而青。 |
| 21 | | 象 | xiàng | 2 | 长鼻牙，南越大兽，三年一乳，象耳牙四足之形。 |
| 22 | 第十上 | 馬 | mǎ | 115 | 怒也；武也。象马头髦尾四足之形。 |
| 23 | | 廌 | zhì | 4 | 解廌兽也，似山牛，一角。 |
| 24 | | 鹿 | lù | 26 | 兽也，象头角四足之形。 |
| 25 | | 麤 | cū | 2 | 行超远也。从三鹿。 |
| 26 | | 㲋 | chuó | 4 | 兽也，似兔，青色而大。象形。头与兔同，足与鹿同。 |
| 27 | | 兔 | tù | 5 | 兽名。象踞，后其尾形。 |
| 28 | | 萈 | huán | 1 | 山羊细角者。 |
| 29 | | 犬 | quǎn | 93 | 狗之有县蹏者也。 |
| 30 | | 㹜 | yín | 3 | 两犬相啮也。 |
| 31 | | 鼠 | shǔ | 20 | 穴虫之总名也。 |
| 32 | | 能 | néng | 1 | 熊属。足似鹿。能兽坚中，故称贤能；而强壮，称能杰也。 |
| 33 | | 熊 | xiòng | 2 | 兽。似豕，山居，冬蛰。 |
| 34 | 第十一下 | 魚 | yú | 103 | 水虫也。 |
| 35 | | 𩺰 | yú | 2 | 二鱼也。贯鱼也。鱼行之，相随也。 |
| 36 | | 燕 | yàn | 1 | 玄鸟也。籋口，布翍，枝尾。 |
| 37 | | 龍 | lòng | 5 | 鳞虫之长。能幽，能明，能细，能巨，能短，能长；春分而登天，秋分而潜渊。 |
| 38 | 第十三上 | 虫 | chòng | 153 | 一名蝮，博三寸，首大如擘指。象其卧形。物之微细，或行，或毛，或蠃，或介，或鳞，以虫为象。 |
| 39 | 第十三下 | 䖵 | kūn | 25 | 虫之总名也。 |
| 40 | | 蟲 | chòng | 6 | 有足谓之蟲，无足谓之豸。从三虫。 |
| 41 | | 它 | tā | 1 | 虫也。从虫而长，象冤曲垂尾形。上古艸居患它，故相问无它乎。 |
| 42 | | 龜 | guī | 3 | 旧也。外骨内肉者也。从它，龜头与它头同。天地之性，广肩无雄，龟鳖之类，以它为雄。象足甲尾之形。 |
| 43 | | 黽 | měng | 13 | 鼃黽也。从它，象形。黽头与它头同。 |
| 44 | | 卵 | luǎn | 2 | 凡物无乳者卵生。象形。 |
| 45 | 第十四下 | 嘼 | chù | 2 | 犍也。象耳、头、足厹地之形。 |
| 合计 | | | | 941 | |

# 一、以注目事物为先，确立部首

自汉朝，经夏、商、周、春秋战国及秦的上千年积累，确立部首，所采用汉字当以人们最熟悉、最注目的事物为先。从渔猎到农耕生产，随生活方式的演进，六畜：马、牛、羊、豕、犬、鸡已成为人们生活中不可或缺的组成。因此在《说文解字》中，自然也就立部而且字数较其他类动物更多，反映出人们对其熟悉因而认知程度高（表 2-2）。以动物为部首的汉字达到 941 个，占全部字典收集汉字的 10%左右。从文字角度反映出 2000 多年前人们对动物的认知程度。

以马为例。马是最早被人类驯化的动物之一，在我国，马被驯化利用的历史也很悠久，我国古人对这一草食性家畜的认识也很早，养马业的发展始于商周，盛于汉唐。古人认为，国之大事，唯祀与戎。鉴于马匹对国家兴亡、交通运输和农业耕作的重要作用，国家养马，以应战备，民间养马，用于耕驾，养马事业大有全民化和国家化的特点。因此早在汉代的《说文解字》中已有马部 115 个字（表 2-3），仅以毛色、形态命名之马多达 60 个字以上，以不同状态之马又有近 30 个字，对马的使用之词也有 10 多个字。可见，马作为代步工具出现在人类发展史上有决定性的意义，它使远距离的交流成为可能，促进了文化的交流、交融，推动了人类文明的发展，马车还有后来的骑兵的出现更是大大推动了人类的发展。因此，汉马字的出现，反映出当时人们对马的饲养不但普及，而且对马的认识也达到了较高的水平。

**表 2-3　以马为部首的汉字**

| 序号 | 字 | 注音 | 释义 | 译文 |
|---|---|---|---|---|
| 1 | 馬 | mǎ | 怒也，武也。象马头髦尾四足之形。 | 是昂首怒目的动物，是勇武的动物。 |
| 2 | 騭 | zhì | 牡马也。 | 公马。 |
| 3 | 馬 | huán | 马一岁也。 | 马一岁。 |
| 4 | 駒 | jū | 马二岁曰驹，三岁曰駣。 | 马两岁叫做驹，三岁叫做駣。 |
| 5 | 馬八 | bā | 马八岁也。 | 马八岁。 |
| 6 | 𩦠 | xián | 马一目白曰𩦠，二目白曰鱼。 | 马的一只眼睛（病得）发白叫做𩦠，两只眼睛（病得）发白叫做鱼目。 |
| 7 | 騏 | qí | 马青骊，文如博綦也。 | 马青黑色，花纹像棋盘一样。 |
| 8 | 驪 | lí | 马深黑色。 | 马深黑色。 |
| 9 | 駽 | xuān | 青骊马。 | 青黑色的马。 |
| 10 | 騩 | guī | 马浅黑色。 | 马浅黑色。 |
| 11 | 騮 | líu | 赤马黑毛尾也。 | 红色的马身，黑色的鬃毛和尾巴。 |
| 12 | 騢 | xiá | 马赤白杂毛。 | 马（有着）红色、白色杂乱相间的毛。 |
| 13 | 騅 | zhuī | 马苍黑杂毛。 | 马（有着）青黑色与黑色杂乱相间的毛。 |
| 14 | 駱 | luò | 马白色黑鬣尾也。 | 马白色的身子，黑色的鬃毛和尾巴。 |
| 15 | 駰 | yīn | 马阴白杂毛黑。 | 马（有着）浅黑色和白色相间的毛。 |
| 16 | 驄 | cōng | 马青白杂毛也。 | 马（有着）青色、白色杂乱相间的毛。 |
| 17 | 驈 | yù | 骊马白胯也。 | 深黑色的马，两腿之间是白色。 |
| 18 | 駹 | máng | 马面颡皆白也。 | 马（只有）面部、颡部都是白色。 |
| 19 | 騧 | guā | 黄马，黑喙。 | 黄色的马，黑色的嘴。 |
| 20 | 驃 | piào | 黄马发白色。 | 黄色的马，起着白色点状花纹。 |
| 21 | 駓 | pī | 黄马白毛也。 | 马有着黄色、白色相间的毛。 |
| 22 | 驖 | tiě | 马赤黑色。 | 马（有着）黑中带红的颜色。 |
| 23 | 馰 | dí | 马白頟也。 | 马（有着）白色的额头。 |
| 24 | 駻 | àn | 马头有发赤色者。 | 马有起着红色斑纹的头。 |
| 25 | 駁 | bó | 马色不纯。 | 马的毛色不纯。 |
| 26 | 馵 | zhù | 马后左足白也。 | 马后面的左脚是白色。 |
| 27 | 驔 | diàn | 骊马黄脊。 | 深黑色的马，黄色的脊梁。 |
| 28 | 驠 | yàn | 马白州也。 | 马（有着）白色的臀部。 |
| 29 | 騽 | xí | 马豪骭也。 | 马的膝头和小腿之间有长毛。 |
| 30 | 䮍 | hàn | 马长毛也。 | 马长毛。 |
| 31 | 騑 | fēi | 马逸足也。 | 马跑得飞快。 |
| 32 | 驁 | ào | 骏马。 | 骏马名。 |

续表

| 序号 | 字 | 注音 | 释义 | 译文 |
| --- | --- | --- | --- | --- |
| 33 | 驥 | jì | 千里马也，孙阳所相者。 | 千里马，是孙阳看中的马。 |
| 34 | 駿 | jùn | 马之良材也。 | 马中间有良好素质的马。 |
| 35 | 驍 | xiāo | 良马也。 | 良马。 |
| 36 | 騒 | zuī | 马小貌。 | 马小的样子。 |
| 37 | 驕 | jiāo | 马高六尺为骄。 | 马高六尺叫做骄。 |
| 38 | 騋 | lái | 马七尺为騋，八尺为龙。 | 马高七尺叫做騋，八尺叫做龙。 |
| 39 | 驩 | huān | 马名。 | 马名。 |
| 40 | 驗 | yàn | 马名。 | 马名。 |
| 41 | 骴 | cǐ | 马名。 | 马名。 |
| 42 | 髹 | xīu | 马名。 | 马名。 |
| 43 | 駇 | wén | 马赤鬣缟身，目若黄金，名曰文马。吉皇之乘，周成王时，犬戎献之。 | 駇，马红色的鬃毛，白色的身子，眼睛像闪光的黄巾，名字叫做文马。这种吉利堂皇的马，是周成王的时候，犬戎族贡献给呈王的。 |
| 44 | 馶 | zhī | 马彊也。 | 马强健。 |
| 45 | 駜 | bì | 马饱也。 | 马饱满肥壮。 |
| 46 | 駫 | jiōng | 马盛肥也。 | 马十分肥壮。 |
| 47 | 騯 | péng | 马盛也。 | 马高大。 |
| 48 | 駠 | àng | 駠駠，马怒貌。 | 马发怒的样子。 |
| 49 | 驤 | xiāng | 马之低仰也。 | 马头时低时昂。 |
| 50 | 驀 | mò | 上马也。 | 上马。 |
| 51 | 騎 | qí | 跨马也。 | （两腿分张）跨在马上。 |
| 52 | 駕 | jià | 马在轭中。 | 马套在车轭之中。 |
| 53 | 騑 | fēi | 骖，旁马。 | 騑马，又叫骖马，驾在车辕两边的马。 |
| 54 | 駢 | pián | 驾二马也。 | （一辆车并排）驾两匹马。 |
| 55 | 驂 | cān | 驾三马也。 | （独辕车）驾的三匹马。 |
| 56 | 駟 | sì | 一乘也。 | 一乘车所驾的四匹马。 |
| 57 | 駙 | fù | 副马也。 | 驾副车的马。 |
| 58 | 騔 | xié | 马和也。 | 马性和善。 |
| 59 | 騀 | ě | 马摇头也。 | 马摇头。 |
| 60 | 駊 | pǒ | 騀也。 | 马摇头的样子。 |
| 61 | 騊 | tāo | 马行貌。 | 马（徐徐）行走的样子。 |
| 62 | 篤 | dǔ | 马行顿迟。 | 笃，马行走，头低下如触地，较为迟缓。 |
| 63 | 騤 | kuí | 马行威仪也。 | 马行走时威武强壮的容貌。 |
| 64 | 馤 | wò | 马行徐而疾也。 | 马行走，开始徐缓，渐渐迅疾。 |
| 65 | 駸 | qīn | 马行疾也。 | 马行走迅疾。 |
| 66 | 馺 | sà | 马行相及也。 | 马驰骋而进，一匹追及一匹。 |
| 67 | 馮 | píng | 马行疾也。 | 马行走迅疾。 |
| 68 | 驫 | niè | 马步疾也。 | 马跑得快。 |
| 69 | 騃 | sì | 马行仡仡也。 | 马行走英武壮健。 |
| 70 | 驟 | zhòu | 马疾步也。 | 马飞速奔驰。 |
| 71 | 駒 | gě | 马疾走也。 | 马快跑。 |
| 72 | 颿 | fān | 马疾步也。 | 马奔驰。 |
| 73 | 驅 | qū | 马驰也。 | （用垂策马鞭）使马奔驰。 |
| 74 | 馳 | chí | 大驱也。 | 使马长驱。 |
| 75 | 騖 | wù | 乱驰也。 | 马乱奔驰。 |

续表

| 序号 | 字 | 注音 | 释义 | 译文 |
|---|---|---|---|---|
| 76 | 駠 | liè | 次弟驰也。 | 马按行列、次序奔驰。 |
| 77 | 騁 | chěng | 直驰也。 | 径直奔驰。 |
| 78 | 駾 | tuì | 马行疾来貌。 | 马行走迅疾的样子。 |
| 79 | 駃 | yì | 马有疾足。 | 马有迅跑的脚。 |
| 80 | 駻 | hàn | 马突也。 | 马凶悍奔突。 |
| 81 | 駧 | dòng | 驰马洞去也。 | 使马奔驰，迅疾离开。 |
| 82 | 驚 | jīng | 马骇也。 | 马（受突然刺激而）惊骇（以至行走失常）。 |
| 83 | 駭 | hài | 惊也。 | 駭，马受惊。 |
| 84 | 駫 | huāng | 马奔也。 | 马奔跑。 |
| 85 | 騫 | qiān | 马腹热也。 | 马腹部因热病而亏损低陷。 |
| 86 | 駐 | zhù | 马立也。 | 驻，马立定止住。 |
| 87 | 馴 | xùn | 马顺也。 | 马顺服。 |
| 88 | 駗 | zhěn | 駗驙，马载重难行也。 | 駗，駗驙，马负重难行。 |
| 89 | 驙 | zhān | 駗驙也。《易》曰：“乘马驙如。” | 駗驙。《周易》说：“乘着马，马显出负重难行的样子。” |
| 90 | 騺 | zhì | 马重貌。 | 马负重难行的样子。 |
| 91 | 騶 | jú | 马曲脊也。 | 马弯曲着脊背。 |
| 92 | 騬 | chéng | 犗马也。 | 阉割马。 |
| 93 | 騎 | jiè | 系马尾也。 | 捆绑马尾（成发髻形）。 |
| 94 | 騷 | sāo | 扰也。 | 骚扰。另一义说：是刷马。 |
| 95 | 馽 | zhí | 绊马也。 | 绊住马脚。 |
| 96 | 駘 | tái | 马衔脱也。 | 马嚼子脱落。 |
| 97 | 駔 | zǎng | 壮马也。 | 壮马。 |
| 98 | 騶 | zōu | 廏御也。 | 马厩的驭使马的人。 |
| 99 | 驛 | yì | 置骑也。 | 驿站的马骑。 |
| 100 | 馹 | rì | 驿传也。 | 驿站的传车。 |
| 101 | 騰 | téng | 付也。 | 传递文书的车。 |
| 102 | 騅 | hé | 苑名。 | （汉朝）苑囿的名称。 |
| 103 | 駉 | jiōng | 牧马苑也。 | 牧马的苑囿。 |
| 104 | 駪 | shēn | 马众多貌。 | 马众多的样子。 |
| 105 | 駮 | bó | 兽，如马，倨牙，食虎豹。 | 駮，兽名，样子像马，锯齿，吃虎豹。 |
| 106 | 駃 | jué | 駃騠，马父蠃子也。 | 以马为父（以驴为母，杂交所生的）骡崽。 |
| 107 | 騠 | tí | 駃騠。 | 駃騠。 |
| 108 | 蠃 | luó | 驴父马母。 | 以驴为父，以马为母（杂交所生的骡崽）。 |
| 109 | 驢 | lǘ | 似马，长耳。 | 像马，长长的耳朵。 |
| 110 | 騴 | méng | 驴子也。 | 驴崽。 |
| 111 | 驒 | tuó | 驒騱，野马也。一曰：青骊白鳞，文如鼍鱼。 | 驒騱，野马。另一义说：青黑色的马起着鳞片般的白色斑点，花纹像鼍鱼。 |
| 112 | 騱 | xí | 驒騱马也。 | 驒騱马。 |
| 113 | 騊 | táo | 騊駼，北野之良马。 | 騊駼，北海的良马。 |
| 114 | 駼 | tú | 騊駼也。 | 騊駼。 |
| 115 | 驫 | biāo | 众马也。 | 众多的马。 |

由于人们在生活中接触的较多，驯养种类与数量较大，兽类在农耕、运输、食物供给以及军事上等

许多方面的作用日益重要，故而也就更为人们熟悉。因此作为部首，“兽类”在所有动物中数量最大，计有：牛、犛、虍、虎、虤、豕、彑、豚、豸、𤉡、象、马、廌、鹿、麤、㲋、兔、萈、犬、㹜、鼠、能、熊等23个部首。列举的这些部首中，有之直接到种，如象、虎、犛等，其他各部首则代表了一类；有之可视为“科”的分类阶元，如鹿、兔、犬（其中包含了一些猿猴）、能（熊科）、豕等。另有一些如爪、肉、血、角、毛、骨、尾、巢、毳等部首，均为兽类动物衍生的字。还有一些与医学、人体结构相通的部首，如口、舌、目、眉、鼻、筋等。其中骨部20字，几乎囊括了各主要部位的骨骼，而肉部丰有140字，不但将动物及人体各部尽显：臂、肘、脖、股、脚、胫、背、膂、胳等，且将内脏均尽囊括：肾、肺、脾、肝、胆、胃、脟、肠，为形态解剖学提供了相应的认知基础。可以说在《说文解字》中，兽类的分类方法及在解剖方面的认知，达到了一定的水准。

《说文解字》在鸟类学方面，直接涉及的部首有：羽、隹、鸟、乌、雈、燕6个部186个字（另有与鸟相关的瞿、雔、雥3个部8个字）。羽部主要以鸟羽的结构形态为主，鸟的种类仅有翡翠、翟（长尾雉），另外几个部大多为单个种类，如乌、燕、雈（鸮类），实可归于隹、鸟两部之中。作者许慎将鸟分为两大类：“隹：鳥之短尾總名也”“鳥：長尾禽之總名也”。此论有失偏颇，其后在隹部及鸟部中多有不确，如从隹的雉类尾均不短，而从鸟的天鹅、鷦鷯等尾均不长。但其为鸟类的命名、在鸟的分类上沿袭2000余年，至今仍在用的几乎包含了可见的鸟类，如鸠、鸽、鸮、鹤、鹭、鹄、雁、鸿、鸭、鹬、鹳、鸨、雀等字代表了常见的种类。反映汉代之时人们对鸟类的认识已经具备相当的基础。

在《说文解字》中涉及鱼类的，仅有鱼、鱻①、𩺰②三个部首，𩺰即是当今之渔，鱻为“貫魚也。魚行之，相隨也”。而鱼部中的鲒为蚌，而非鱼。鳞、鲜、鲠为鱼的衍生字。实际收集带有鱼部首的字103个字。鱼类在脊椎动物中为数量最大、种类最多的一类，也是出现最早、动物进化史中种类最多的脊椎动物。目前世界已知种达30 000多种，我国也有3000多种。在汉代的《说文解字》已有百十个字，说明汉代时期对鱼的认识已有相当的水平。经两千年的发展，中华书局1915年编成的《中华大字典》鱼部778字，其中125处同字重复，实有653字。这一发展过程体现了我国人民对于鱼类的一个漫长的认识过程，对此后面有专文论述，这里暂且不做详述。

在《说文解字》中，除对兽、鸟、鱼有较为明确的认知外，动物的绝大部分则均归于“虫”部，有153字，加上“䖵”部和“蟲”部的31个字，合计有184个字，数量之多，明显和古人对虫的认识有关。古人用“虫”泛指一切动物，无论天上飞的，地上走的，还是树上爬的，或是水中游的，如鱼叫水虫，鸟叫羽虫，龟叫介虫，甚至兽叫毛虫，那些没有羽毛、鳞片和甲壳等遮盖的动物，则称之为裸虫。很多古代文献记载中，把虫分为五类：禽为羽虫，兽为毛虫，龟为甲虫，鱼为鳞虫，人为倮虫。所以带“虫”部首的汉字包括了分布于环节动物门、软体动物门、节肢动物门及脊索动物门等各类动物也就不奇怪了。其中节肢动物门中昆虫纲的汉字最多，仅有少数动物，如龟、它、黽等成部首。另外还设有“蟲”部：“有足謂之蟲，無足謂之豸”。李阳冰在《集韵·东韵》中曰：“蟲，倮、毛、羽、鳞、介之總稱”，即虫实为动物的通称。自古以来，在有些地域，就把虎称为大虫，把蛇称为长虫等等。但此处出现难以解释的矛盾：将动物通称为虫，分有足与无足两类，同一书中，豸部解曰：“獸長脊，行豸豸然，欲有所司殺形”。豸部共20字，除豸本字外，另19字均为食肉兽类（表2-4），而在虫部又有蝮、蛭、蝚等无足动物，且混杂了一些兽类，如灵长类的蝯、蠗、蜼、翼手类的蝙蝠、啮齿类的蟨等等。此一混乱现象沿袭千余年，在之后的各种文献中均受其影响。这也客观地反映了人们认识虫和其他动物的一个不断进步的复杂过程。

① 鱻：yú，《唐韻》語居切。《集韻》牛居切。並音魚。《說文》：二魚也。wú，又《集韻》訛胡切。音吾。魚之大者。《說文長箋》：魚之重文。——摘自《康熙字典》（标点整理本）P1474，上海辞书出版社，2007。

② 𩺰：yú，《集韻》語居切。音魚。《說文》：捕魚也。篆文作漁。——摘自《康熙字典》（标点整理本）P1477，上海辞书出版社，2007。

表 2-4 以豸为部首的汉字

| 序号 | 字 | 注音 | 《说文解字》的释义 | 释文 |
|---|---|---|---|---|
| 1 | 豸 | zhì | 兽长脊，行豸豸然，欲有所司杀形。 | 有着长长脊骨的猛兽，行走时突然豸豸帝伸直脊背，像有所窥伺而加以格杀的形状。 |
| 2 | 豹 | bào | 似虎，圜文。 | 像老虎，有圆形花纹。 |
| 3 | 貙 | chū | 貙獌，似貍者。 | 貙和獌，像狸猫。 |
| 4 | 貚 | tán | 貙属也。 | 貙虎一类。 |
| 5 | 貔 | pí | 豹属，出貉国。 | 豹一类，出产在北方的貉国。 |
| 6 | 豺 | chái | 狼属，狗声。 | 狼一类，有像狗一样的叫声。 |
| 7 | 貐 | yǔ | 貗貐，似貙，虎爪，食人，迅走。 | 貗貐，像貙兽，有虎一样的爪子，吃人，能飞快奔跑。 |
| 8 | 貘 | mò | 似熊，而黑黄色，出蜀中。 | 像熊，黄黑色，出产在蜀地。 |
| 9 | 貗 | yōng | 猛兽也。 | 凶猛的野兽。 |
| 10 | 貜 | jué | 毂（hù，犬属）貜也。 | 毂兽和貜兽。 |
| 11 | 貀 | nà | 兽，无前足。 | 兽名，没有前脚。 |
| 12 | 貈 | hé | 似狐，善睡兽。 | 像狐狸，喜欢睡觉的野兽。 |
| 13 | 豻 | àn | 胡地野狗。 | 北方少数民族地区的野狗。 |
| 14 | 貂 | diāo | 鼠属，大而黑黄，出胡丁零国。 | 鼠一类，躯体大，色黑黄，出产在北方少数民族地区的丁零国。 |
| 15 | 貉 | mò | 北方豸种。 | 北方与豸兽共处的种族。 |
| 16 | 貆 | huán | 貉之类。 | 貉兽一类。 |
| 17 | 貍 | lí | 伏兽，似貙。 | 善于藏伏的野兽，样子像貙。 |
| 18 | 貒 | tuán | 兽也。 | 貒兽。 |
| 19 | 貛 | huān | 野豕也。 | 野生小兽，样子像猪。 |
| 20 | 貁 | yòu | 鼠属，善旋。 | 鼬鼠一类，善于旋转。 |

从总体来看，《说文解字》全书共涉及动物分类、形态、地理分布、生活习性及用途等方面的内容，据统计该书著录动物（不包括神话传说动物）共计 484 种。其中脊椎动物 342 种，无脊椎动物 142 钟，对鸟兽还做了较细的二级分类。

## 二、以本义为核心，说解字义

《说文解字》说解字义的方式，主要有直训、描写、譬况和声训等，包括各种含义的字的解释。就动物而言，“描写”和“譬况”的方式对于人们辨别动物的特征，掌握其栖息环境及生活习性等尤为重要，如描写，即对被说解对象的特征进行描述。例如，“熊，獸，似豕，山居，冬蟄”；又如，“雖，似蜥蜴而大”，等等。值得注意的是，在《说文解字》卷十上《能》部中，许慎已将熊确定为兽，其形态：似豕，其栖息环境：山居，其重要习性：冬蛰（冬眠），凡能之属，皆从熊。同时也记载了罴，其形态如熊，黄白文，从能。后人从上述的描写中，得知罴即棕熊。由此可见，许慎在 2000 多年前，已记载了当时古人对“熊”的认知水平（王祖望等，2015）。

## 三、动物认知程度的量化

为了更加形象地反映东汉前古人对动物认知程度的差别，可将动物部首字数按 0、50、100、150、200

分为 5 个级别作为纵坐标，以此衡量古人对动物的认知程度；另将相对应的动物类别（鸟类、虫类、马、鱼等）作为横坐标，按出现字数的多寡为序做成图 2-17，可以更加直观地反映出在某个历史时期，古人对动物的认知程度，确实是依据古人对动物的利用和接触程度而有所差别。例如，图 2-17 中动物部首字数级别在 1—19 的为象、龟、熊类动物，依据《说文解字》记载，反映古人对其已有初步认知；部首字数级别在 20—25，为鼠、豸、鹿、虎等动物，表明古人对其已有一定程度的认知；而部首字数级别在 25 以上，如羊、牛、犬、鱼、马等，表明古人对其有相当程度的认知。从另一个角度看，部首字数级别在 25 以下的多为野生动物，而 25 以上的多为已被人类驯化的动物，因而认知程度较高。

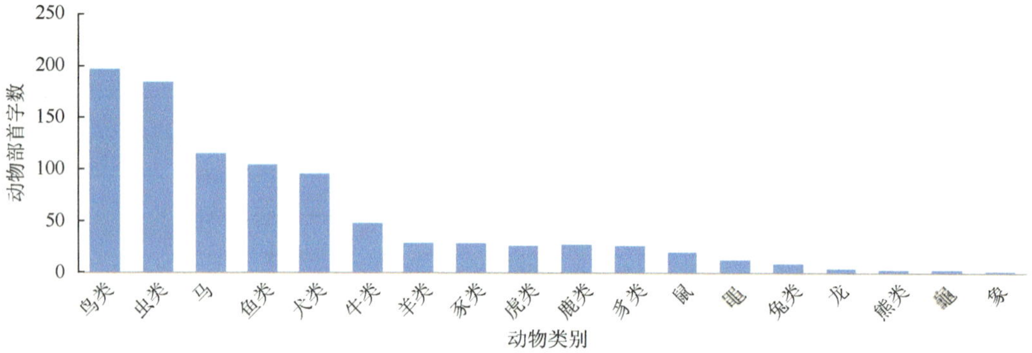


图 2-17　从字数统计看古人对各类动物的认知程度

总之，《说文解字》是中国第一部字书。它总结了先秦、两汉文字学的成果，保存了汉字的形、音、义，是研究甲骨文、金文和古音等不可或缺的工具。尤其是《说文》对字义的解释还保存了最古的含义，这对理解古书上的词义甚有帮助。此外，它还保存了研究古代社会历史、文化、科技等方面的材料，为后人整理中国优秀的文化遗产奠定了坚实的基础。就古代动物学而言，最重要、最基础的知识就是识别古代动物的名称，甲骨文是中国动物名称最早的文字记载，后世所发现的甲骨文、金文、陶文、简帛等汉代以前的文字，只能以《说文解字》所收录的这些古文字字形作为依据，才得以考证和认读（黄复生等，2019）。此外，《说文解字》各部首记载的动物名称为后人研究中国古代动物的分类、命名、形态、习性、分部与历史变迁奠定了基础。许冲曾在《<说文解字>表》中，对其父的功绩做了如下评价：“慎博問通人，考之於逵（賈逵），作《説文解字》，六藝羣身之詁皆訓其意，而天地鬼神、山川草木、鳥獸昆蟲、雜物奇怪、王制禮儀、世間人事，莫不畢載。”（许冲《<说文解字>表》：转引自：汤可敬，1997）。

## 参 考 文 献

黄复生，胡振宇，童墉昌，等. 2019. 中国动物名称最早的文字记载——甲骨文. 见：王祖望，冯祚建，黄复生. 中国古代动物学研究. 北京：科学出版社

刘叶秋. 2004. 中国字典史略. 北京：中华书局

商务印书馆. 2016. 新华字典 第 11 版. 北京：商务印书馆

汤可敬. 1997. 说文解字今释. 长沙：岳麓书社

王祖望，黄复生，冯祚建. 2015. 中华大典·生物学典·动物分典(第四册 兽部总纲). 昆明：云南教育出版社

许慎. 1963. 说文解字后叙. 见：许慎. 说文解字. 北京：中华书局

许慎注，李翰文译注. 2006. 说文解字(文白对照). 北京：九州出版社

# 中国古代对蚯蚓的认知与利用

贠　莲

明代李时珍所著《本草纲目》，在其《虫部》对蚯蚓的“释名”是这样界定的：“蚓之行也，引而後申，其塿（即蚓粪）如丘，故名蚯蚓。”

蚯蚓系无脊椎动物，隶属环节动物门寡毛纲，含水栖和陆生者，而陆生寡毛动物种类多、分布广，我国古籍记述的多为此类。迄今所悉，中国陆生蚓含 4 科，其中钜蚓科 Megascolecidae 在物种数量上是最大的一科，而从古籍上看，所载蚯蚓之绝大多数又是该科的最大一属——环毛蚓属 *Pheretima* 的物种。现知蚓类名称约 46 个，依当代分类学观点，并经整理分析，共隶属 2 目 2 科 7 种和一些环毛蚓的未定种。

早在远古时期，先人们在日常生活和农业生产活动中，对蚯蚓就已熟知，只是当时尚无文字记录而已。今悉最早记录蚓类的文献，首推战国末期的《荀子》一书。嗣后，历代文献对于它们的名称、形态与习性及医药利用等方面，均有不同程度或深度的记载，尤以讨论名称和论述医药价值的资料更多，兹述如下。

## 一、“蚯蚓”名称的缘起与辨析

约 2200 年前的赵国人荀况（约公元前 313—公元前 238 年），系战国时思想家、教育家，著有《荀子》，其中《劝学篇》讲道：“螾無爪牙利，筋骨之疆，上食埃土，下飲黄泉，用心一也。”这里首先出现的名称为“螾”，单名也。唐代杨倞于《荀子注》中释曰：“螾与蚓同，蚯蚓也。”

《尔雅》约于战国末年至汉初由许多学者编纂而成，后由晋代郭璞（276—324 年）重新编注（郭郛，2013）。因此，除了郭注的内容以外，其基本架构都是传承下来的，所以至今也有两千多年的历史了。该书《释虫第十五》中录有名称：“螼蚓，蜸蚕”。而郭璞注云：“即蛩①蟺也，江東呼寒蚓。” 这里出现了双名，但也没有“蚯蚓”的称谓。郭璞的另一著作《尔雅音图》就有螼蚓即蜸蚕的墨线绘图（图 2-18）。

又，东汉许慎所撰《说文解字》载有“螼、螾、蚓”，并释为：“螼，螾也；螾，从虫，寅声；蚓，作螾或作从引。”换句话说，螼、螾皆是蚓，而螾、蚓又是谐音或音之转。值得注意的是，书中没有“蚯”字的录入。

从前述揭示，在战国至东汉中期（公元前 475—公元 219 年），古籍中鲜有“蚯蚓”这一名称的出现，仅自此以后始有称为“蚯蚓”的文献涌现。例如，东汉末期由郑玄编著的《礼记•月令》中提到：“孟夏之月，……蚯蚓出；仲冬之月，……蚯蚓結。”这似乎是最早载称“蚯蚓”的著书之一。而所谓“结”者，容在后节讨论。

再者，自“蚯蚓”名称出现之时日起，古代学者多把它作为绘画的图题（图 2-19），或作为书中的标目，或在标目下列为统称，并将其他诸多名称视作异名而予参注和辨析。拟举数例如下。

---

① 蛩：yuān，《集韵》于珍切。音鸳，蜿字省文。——摘自《康熙字典》（标点整理本）P1052，上海辞书出版社，2007。

图 2-18　晋•郭璞著《尔雅音图》卷下中的螼蚓、豎蚕

图 2-19　明•王圻、王思义辑《三才图会》中的蚯蚓

● 晋代崔豹的《古今注》(卷中）写道：“蚯蚓，一名蜿蟺，一名曲蟺。”并说江东谓之歌女，或谓之鸣砌。提示“蚯蚓”作为统称。

● 五代马缟所撰的《中华古今注》(卷下)，在“蚯蚓”标目中补充了“蜜蟺”和“蹇[1]蟺”和“蹇蚓”两个名称。

● 宋陈彭年、丘雍等撰的《重修广韵》(卷三）一书中，对蚯蚓的多个异名逐一做了辨析，如“蚓：蚯蚓。螼：蚯蚓也。朐：漢朐䏰[2]，縣名，在巴東郡（今四川東隅)，地下濕，多朐䏰蟲。蠔[3]：蚯蚓也，吴楚呼爲寒蠔。蟺：蜿蟺，蚯蚓也。豎：豎蠶，蚯蚓。蜿：蜿蟺，蚯蚓也，亦作蛩。”这里的突出点是：所有其他名称都是蚯蚓的异名。

● 明代李时珍著的《本草纲目》(卷四二）在“虫部”标目下，先将“蚯蚓”作为统称，然后把螼螾、朐䏰、土龙、地龙子、歌女等统作异名。

● 从清代开始，绝大部分的地方志，如《泰安府志》《福建通志》《上海县志》《宁波府志》《扬州府志》《泉州府志》《常德府志》《东莞县志》《广西府志》《云南通志》《河南府志》《昌平州志》《陕西通志》《延安府志》《山东通志》《宁夏新志》等等，在其《物产•虫属》的标目里，多以“蚯蚓”统称录列其中。

综上所述，可以认为：①约 2200 多年前或从战国至东汉中期，寡毛纲动物统称作“螾”，螾与蚓同，谐音。尔后又谓“螼蚓、豎蚕”等；②自东汉后期以后始有“蚯蚓”名称的出现，并随着时代的推移，进而成为寡毛类动物（蚓类）的统称；③我国现存的大量地方志，尤在清代《方志》的《物产》栏目中，“蚯蚓”多作统称，而其他所有俗名均视为蚯蚓的异名。

① 蹇：hán,《集韵》河干切。音寒。与螒同。——摘自《康熙字典》(标点整理本）P1067，上海辞书出版社，2007。

② 䏰：chǔn 又 rěn,《唐韵》尺尹切。《集韵》尔轸切。并音忍。《说文》：朐䏰也。《集韵》：朐䏰，县名。《后汉•刘焉传》：𧾷以此遂屯兵朐䏰备表。注：属蜀郡，故城在今夔州云安县西也。rùn 又《广韵》如顺切。《集韵》儒顺切。并音闰。汉县名。《后汉•吴汉传》：宕渠、杨伟、朐䏰、徐容等。注：《十三州志》：朐，音春。䏰，音闰。其地下湿多朐䏰虫，因以名县。——摘自《康熙字典》(标点整理本）P949，上海辞书出版社，2007。

③蠔：xǐn,《唐韵》休谨切。《正韵》许谨切。并欣上声。蚯蚓，吴楚呼为寒蠔。xiǎn 又《玉篇》许偃切。音忓。义同。——摘自《康熙字典》(标点整理本）P1077，上海辞书出版社，2007。

## 二、对形态与习性的认知

蚯蚓者，村前寨后处处有之，妇孺皆熟知，它是一种最普通、最常见的低等蠕形动物。或许真是由于这样的原因，反而导致古代学者忽略了对它们形态和生活习性的深入观察与研究。尽管这样，也还是给我们提供了一些珍贵的研读资料。

例如，明代王逵所撰的《蠡海集》，对蚯蚓外部特征做了这样的描载："蚯蚓二竅，一前一後，前竅雖一，而備五用焉，視、聽、嗅、食、歌，爱土氣而生也。"前面提到过《荀子》书中对"螾"（即蚯蚓）的外形与习性早已做过描述，大意是说：蚯蚓没有爪牙这样的利器，没有筋骨，所以不如具备筋骨者的身体那么强健。在土层上吃土，在土层下饮水，因而与它种动物无争，故一心专于营生也。宋代杜道坚在《文子缵义》（卷六）中也说："蚯蚓，無筋骨之强，爪牙之利，上食晞塊，下飲黄泉，用心一也。"他还引用了"旧"注的话说，"蚯蚓飢則食土，渴則飲水，言無異慮，故不假筋骨爪牙之用。"

至宋末元初的戴侗之《六书故》（卷二〇）中谓："蚯蚓，土中無足蠃蟲也，側行蝡蝡（注：同蠕）……。"而有关蚯蚓的食性，明代叶子奇的《草木子》也有过简略的描述："蚯蚓，土族也，故土居而土食。"

以上是古人对蚯蚓外部形态特征和食性的一些记述。蚯蚓生活在土壤之中，在土壤中钻动，身体构造是对土壤生活的适应。首先，头部退化。由于在土壤中钻动时，用不着感觉灵敏的头部，灵敏的感觉器官，如触须、触条，在土壤中摩擦时反易受损伤。其眼点退化，蚯蚓的感光细胞集中在后部，因为蚯蚓在夜间把后部露出土面排"蚓粪"，天亮时后部受光刺激使蚯蚓钻入土壤中。其次，是爪牙和疣足的退化。因为爪牙和疣足在土壤中钻动时不起作用，反而会成为一种障碍。在其体壁上着生有刚毛，刚毛能在身体向前钻动时，用到有力的支撑。在其体表有黏液腺，可以分泌黏液，同时，再由背孔分泌出体腔液来湿润皮肤，使蚯蚓在土壤中钻动时有润滑作用，也不易损伤皮肤。

据现代实验室观察可见，蚯蚓的前端有口，后端有肛门，口腔上具有甚为发达而且可以伸缩的口前叶，借以钻穿泥土，吞食土壤。蚯蚓的消化系统有口、食道、嗉囊、砂囊、胃、肠和肛门，其只具有消化功能而无视、听、嗅、歌等其他功能。

食性上，蚯蚓生于泥土之中，以土壤为食物，不断地吃进泥土，把土壤中的虫卵、落叶和腐败的动植物碎屑，以及其他腐殖质吞入体内，作为自身营养。

蚯蚓，又是记述物候变化与动物活动之关系的动物之一。正如《礼记•月令》中所云："孟夏之月，……蚯蚓出，仲冬之月，……蚯蚓結。"而何谓"结"者，明代张自烈的《正字通》解释为："結，屈也。天寒蚓入穴首下，陽動則首上，其身屈曲也。"乃至清代李光地等在《御定月令辑要•物候》（卷一九）对"结"的诠释是："結，猶屈也。蚯蚓出穴，屈首下向，陽氣氣動，則宛而上首，故其結而屈也。"看来张氏和李氏等的释义存异，还有许多古代学者对"结"的涵义是避而不谈的，说明对"结"的理解也有一些差异和难度。

在繁殖方面，晋代郭璞在《尔雅注疏》（卷下）中赞曰："蚯蚓土精，無心之蟲，淫於阜螽，觸而感物，無有常雄。"认为阜螽与蚯蚓互为雌雄，蚓无雄，乃与阜螽交。这种错误看法流传时间很长。实际上，蚯蚓为雌雄同体，需行异体受精，与同类交配，阜螽为节肢动物，不可能与其有交配之事。

## 三、蚯蚓的医药加工与利用

有关蚯蚓的医药加工与利用方面的文献相当多，充分说明古代对其医学价值的重视。本草类著书中，虽有一些是泛指蚯蚓的，然而，由于白颈环毛蚓 *Pheretima california california*（古称白颈蚯蚓）的体型较大，深受青睐，故常以该种为例（图 2-20）。

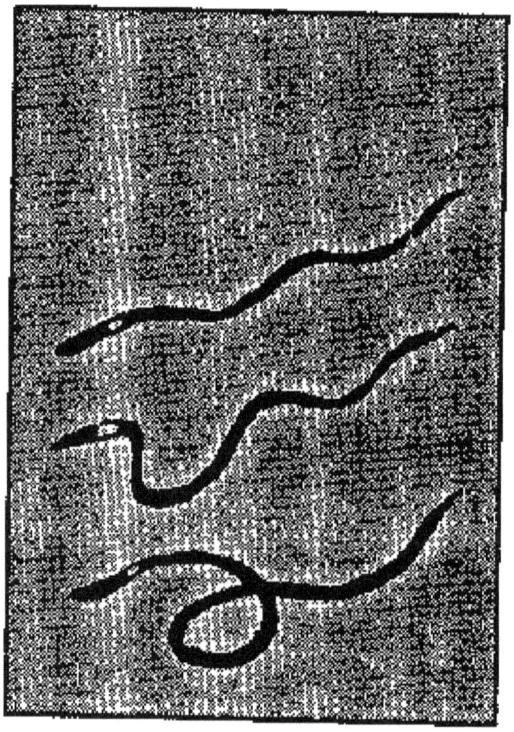

图 2-20　明•陈嘉谟《本草蒙筌》中的白颈蚯蚓

宋•唐慎微撰《重修政和经史证类备用本草》卷二二《白颈蚯蚓》中叙曰：“白頸蚯蚓味鹹、寒、大寒、無毒。主蛇瘕，去三蟲、伏屍、鬼疰、蠱毒、殺長蟲。仍自化作水，療傷寒、伏熱、狂謬、大腹、黄疸。一名土龍，生平土，三月取，陰乾。陶隐居云：白頸者，是其老者爾。取破去土鹽之，日暴，須叟成水，道術多用之。温病、大熱、狂言，飲其汁皆差，與黄龍湯療同也。其屎呼爲蚓螻，食細土無沙石，入合丹泥釜用，若服此乾蚓，應熬作屑，去蚘蟲甚有驗也。唐本注云：《别録》云：鹽霑爲汁，療耳聾。鹽消蚘，功同蚯蚓。其屎封狂犬傷毒，出犬毛，神效。臣禹錫等謹按。蜀本注又云：解射罔毒。《藥性論》云：蚯蚓亦可單用，有小毒。幹者熬末用之，主蛇傷毒。一名地龍子。日華子云：蚯蚓治中風並癎疾、去三蟲、治傳屍、天行熱疾、喉痺、蛇蟲傷、又名千人踏，即是路行人踏殺者，入藥燒用。其屎治蛇犬咬並熱瘡，並鹽研傅。小兒陰囊忽虚熱腫痛，以生甘草汁調，輕輕塗之。圖經曰：白頸蚯蚓生平土，今處處平澤臯壤地中皆有矖之。白頸是老者耳。三月採，陰乾。一云須破去土鹽之，日乾。（略）治脚風藥，必須此物爲使，然亦有毒。曾有人因脚病，藥中用此，果得奇效。（略）其矢呼爲蚓螻，並盐傅瘡，可去熱毒。陳藏器：蚯蚓糞土，療赤白久熱痢（略）。”

另在明•张介宾撰《景岳全书》（卷四九）的《蚯蚓》一文中曰：“味鹹，性寒，沉也，陰也。有毒，能解熱毒，利水道，主傷寒、瘴、瘧、黄疸、消渴、二便不通，殺蛇瘕、三蟲、伏屍、鬼疰、蠱毒、射罔藥毒，療癲狂、喉痺、風熱、赤眼、聹耳、鼻瘜、瘰癧、陰囊熱腫、脱肛。去泥，化爲水，治天行瘟疫，大熱狂躁或小兒風熱癲狂，急驚，飲汁最良。亦可塗丹毒漆瘡。炒爲末服，可去蚘蟲。亦可傅蛇傷腫痛，蜘蛛傷毒。入蔥管化汁，可治耳聾及蚰蜒入耳。（略）糞名六一泥，可塗火瘡，痄腮、熱毒、亦止消渴，解瘟疫，煩熱狂躁，利小水，通五淋，熱閉疼痛。”

以上两书对蚯蚓及其粪土的加工与疗效均有较翔实的记载。此外，尚有许许多多的著作都涉及加工与利用，这也反映出古代对蚯蚓的医学利用具有深厚的实践经验，因此，可以说蚯蚓对人类健康作出了应有的贡献。

## 参 考 文 献

郭郛. 2013. 尔雅注证(下册). 北京: 商务印书馆

# 中国古代贝类学的形成与贡献

刘月英

## 一、“贝”字的出现及贝类资源的利用

### （一）甲骨文中的“贝”字

在河南安阳殷墟甲骨中出现了贝的象形文字，反映了贝类形态（图2-21）。有关“贝”文字记载，晋•郭璞注《尔雅•释鱼》云：“贝中肉如科斗，但有首尾耳”；宋•陆佃撰《埤雅•贝卷》云：“目中肉如科斗而有首尾，以其背用，故謂之貝，貝，背也，貝之字從目從八，言背目之所貝也”；明•李时珍撰《本草纲目》云：“貝字象形，其中二點像其齒刻，其下二點像其垂尾”。以上学者对“贝”字起源于宝贝类，种类形态描述逼真。

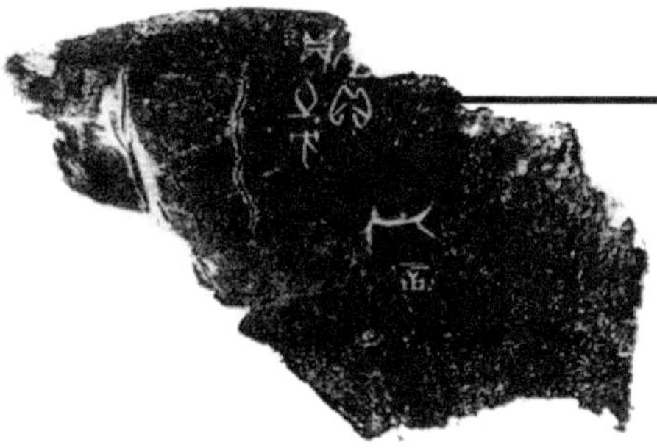


图2-21　甲骨文中的贝字

### （二）古代遗址中的贝类

早在人类社会初期，人类就开始利用贝类资源。在古人类活动遗址及古墓发掘中，发现了各种贝类，我国这类遗址极多，如河南安阳殷墟（商代，距今3000余年），发现用于货币及饰品的贝类有宝贝、红螺、榧螺及扇贝等（图2-22）；山西太谷白燕遗址（从新石器时代延续至夏商时期）出土了一些蚌类工具——蚌刀、蚌镰、箭镞等（图2-23）；天马-曲村遗址（西周晚期至春秋初期）出土贝类饰物——蚌鱼、蚌鸟、蚌龙等（图2-24）。这些都证明了人类早在那个时期就已用贝类作为货币、饰品及工具等（邹衡，2000）。

### （三）货币

贝字的出现与我国货币市场及贸易史有关。由于贝类具有易于保存、携带和便于计数的特点，

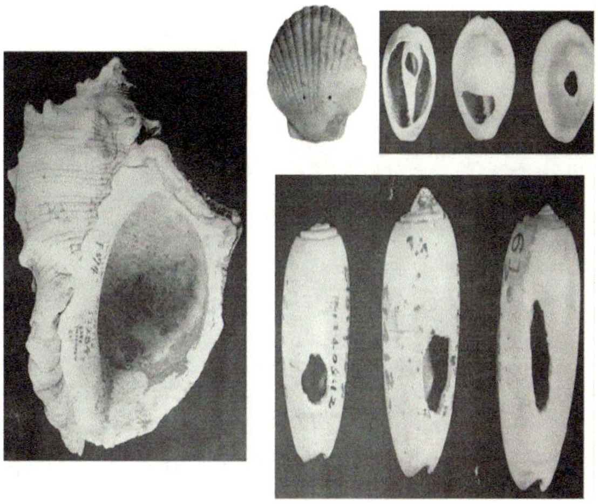

图 2-22　河南安阳殷墟（商代）出土的贝类

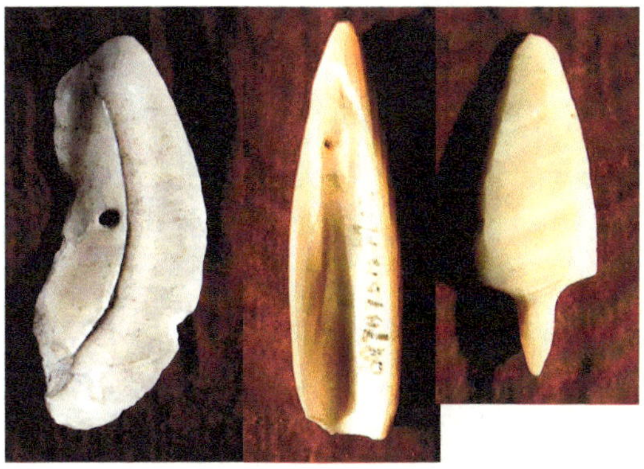

图 2-23　白燕遗址出土的贝类

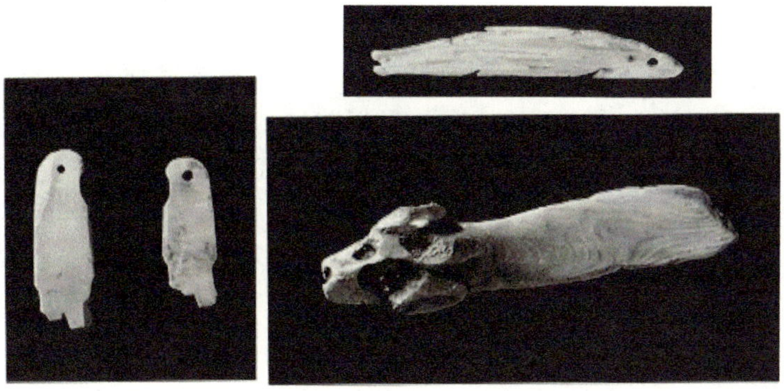

图 2-24　天马-曲村遗址出土的贝类

古人用它作为物品交易的媒介，因此，贝币作为货币起源，在殷商至春秋初期流通较多，并且延续时间长，在云南一直流通到清朝初期。汉・许慎撰《说文解字》云：“貝，博蓋翻，海介蟲也，居陸名贆，在水名蜬。古者貨貝而寶龜，周有泉，至秦廢貝行錢。凡貝之屬皆從貝”。汉・班固撰《汉书•食货志》云：“大貝四寸八分以上，二枚爲一朋，直二百一十六；壯貝三寸六分以上，二枚爲一朋，直五十；幺貝二寸四分以上，二枚爲一朋，直三十；小貝一寸二分以上，二枚爲一朋，直十；不盈寸二分，漏度不得爲朋，率枚直錢三。是爲貝貨五品”；又云：“貝不盈六分，皆不得爲寶貨”。汉・司马迁撰《史记》云：“農工商交易之路通，而龜貝、金錢、刀布之幣興焉”。这些都证明了古代利用宝贝作为货币。贝作为货币又延伸出许多与财富有关的文字，如贾、财、贩、贵、贪、贿、赂等含有贝的字。

## （四）卜卦

卜卦的记载，周•卜子夏撰《子夏易传》云：“離，爲蠃，爲蚌，骨剛於外”；又云：“離，陽盛於外，故至炎之物，外剛中柔之類，皆取象也”；宋・张拭撰《南轩易说》云：“蠃上鋭，而有所麗，其象離之形乎，蚌内陰而產珠，其象離之中虛乎。”皆以形容外刚内柔，又云：“六二，震來厲，億喪貝，躋於九陵，勿逐，七日得。《象》曰‘震來厲’，乘剛也。”等等条文用来卜卦。

## （五）祭祀

祭祀记载，汉·郑玄的《周礼》云："春獻鼈蜃，秋獻龜魚。祭祀，共蠯蠃蚳，以授醢人"。即当时祭祀用螺蚌类，蜃为大蚌、蠯为蚌、蠃为介虫。

## （六）化生说

汉·许慎撰《说文解字》云："蛤有三，皆生於海。蛤蠣者，千歲鳥所化；海蛤，百歲燕所化也；魁蛤，一名復累，老服翼所化；魁，狀如海蛤，圓而厚，外有理縱橫，即今蚶也"。汉·戴德撰、北周·卢辩注《大戴礼记》云："九月，……雀入於海爲蛤。蓋有矣，非常入也。十月，……玄雉入於淮爲蜃。蜃者，蒲盧也。"

## （七）食用

贝类绝大部分种类都可食用，因其肉味道鲜美，营养价值高，除鲜食外还可以加工成干制品、盐渍品。人们采捕天然资源并进行养殖，我国古代对牡蛎、蚶、蛏养殖已有悠久历史。一些大众化及珍贵食品，有鲍、红螺、玉螺、泥螺、田螺、蚶、牡蛎、贻贝、扇贝、江瑶、蛤蜊、蚌、乌贼、鱿鱼、章鱼等。

许多文献都有贝类食用的记载，如有关鲍鱼的文献，元·戴侗撰《六书故》云："鰒，石决明也，肉似蠃肉；鮑，浥魚也，以鹽浥而暴藏之，今謂之鲞。周官朝事之籩，其實膴鮑。"又云："《漢書》王莽亶飯酒，啗鰒魚。"明·谢肇淛撰《五杂俎·物部》云："北地珍鰒魚，每枚三錢，漢王莽啗鰒魚，憑幾不復睡。"明·屠本畯撰《闽中海错疏》云："鰒魚溫人醃用，登人淡曬乾串，入京餽遺"。明·杨慎撰《异鱼图赞》、明·周婴撰《卮林·鳆鱼》，还有地方志等都有记载。代表性文献为清·郭柏苍撰《海错百一录》，记载近60种贝类，大多有食用内容，如蛎房（褶牡蛎）云："以碳燒食，肥美其鮮，或用發劑油炮加紫菜、或調薑、醋、鹽、蔥、豉、紫菜，生食或以黃豆和米爲漿夾以生蠣和油炮之曰蠣餅美品；冬至前後炒椒鹽和炒荳少許，醃制過夏，揭去甕面之醭[①]，發而食之，名醃蠣"。

歌颂鲍、牡蛎、蚶、蛤蜊、田螺等为美味佳品的文学作品中，如北周·庾信撰《庾子山集·香螺》，宋·苏轼撰《东坡全集》中的《鳆鱼行》和《江瑶柱传》，宋·杨万里撰《诚斋集》中的《酒蛤蜊》和《食蛎房》，宋·韩元吉撰《食田螺》，宋·李彭撰《日涉园集·夜坐食蛤蜊》，清·朱彝尊撰《曝书亭·朱蚶》等等，说明人们喜食美味贝类食品。

## （八）药用

许多贝类都可以药用，最早汉·朱仲撰《相贝经》中描述了13种贝与疾病有关，云："紫愈疾，朱明目，綬氣障，霞伏蛆蟲，雖不能延齡增壽，其禦害一也……。"以后有本草文献，综合叙述药物，其中有药贝部分，如唐·陈藏器撰《本草拾遗》、宋·苏颂撰《图经本草》、宋·唐慎微撰《证类本草》与《重修政和经史证类备用本草》、金·李杲编辑、明·李时珍修订、姚可成补辑《食物本草》、明·李时珍撰《本草纲目》、清·赵学敏撰《本草纲目拾遗》、清·吴仪洛撰《本草从新》等等，都是经典著作。特别明·李时珍撰《本草纲目》，曾被译为日文、拉丁文、德文、法文、英文、俄文等译本，对临床应用影响极大，

① 醭：mú，《字彙》莫胡切。音模。酟（cú）醭，美浆。——摘自《康熙字典》（标点整理本） P1275，上海辞书出版社，2007。

这些专著除叙述每种药的药用功能外，还对每种形态、生态、产地等都有叙述并配有图，具有专业学术研究价值。

举例，有关蛏的记载，唐·陈藏器撰《本草拾遗》云："蟶，味甘，温，無毒。補虚，主冷痢。煮食之，主婦人產後虚損"。宋·唐慎微撰《重修政和经史证类备用本草》云："蟶，味甘，温，無毒。補虚，主冷痢。煮食之，主婦人產後虚損。生海泥中，長二三寸，大如指，兩頭開，主胃中邪熱、煩悶氣，與服丹石人相宜天行，病後不可食，切忌之"。金·李杲撰《食物本草》云："蟶，醜真切。生海泥中，長二三寸，大如指，兩頭開"。明·李时珍撰《本草纲目》曰："蟶乃海中小蚌也，其形長短不一，與江、湖中馬刀、蝛[①]、蜆相似，其類甚多，閩、粵人以田種之，候潮泥壅沃，渭之蟶田。呼其肉爲蟶腸，糟藏致遠，以爲海錯。"清·赵学敏撰《本草纲目拾遗》中《纲目》云："蟶條，止載其肉，主治冷痢，補蓐勞，不及殼之功用。治喉風急痹。《萬選方》用蟶殼置瓦上，日曬夜露，經年取下，色入白霜，擣細，水漂淨末，曬乾同冰片吹喉，專治咽炎一切急症，立愈"。清·吴仪洛撰《本草从新》云："甘、咸、寒，補陰，主熱痢。煮食之去胸中邪熱煩悶，飯後食之。與丹石人相宜，治婦人產後虚熱。"从以上各朝代文献看出，他们都是继续前人的工作，内容逐渐完整。

## （九）工艺品

许多腹足纲的种类具有色彩鲜艳的贝壳，如宝贝科、芋螺科、凤螺科、榧螺科，以及头足纲中的鹦鹉螺，双壳纲中的珍珠贝，蚌科的某些种类具有光泽美丽的珍珠层，人们利用这些贝壳制作成工艺品。

最早在古人类活动遗迹及古墓中发掘出有孔的贝壳，是古人串成的饰品。例如，元·戴侗撰《六书故》云："貝貝，聯小貝，以爲飾也。"明·赵㧑谦撰《六书本义》云："貝貝，胡人連貝飾頸，又女子首飾。"宋·罗愿撰《尔雅翼•贝》云："晉、宋間尤以飾軍容服物，蓋魯頌稱戎服之盛，有貝冑朱綅，則以貝爲飾，舊矣。東方朔稱齒如編貝，蓋用以飾必編之故也。今但髻頭家用，以飾鏡帶耳。大者爲珂，黄黑色，其骨白，可以飾馬蓋也。"宋·周去非撰《岭外代答》云："海南有大貝，圓背面紫斑，平面深縫之兩旁有横細縷陷生縫中……，大理國以爲甲冑之飾。"宋·范成大撰《桂海虞衡志》云："小白貝纍纍絡甲縫，及裝兜鍪，疑猶傳古貝冑朱綅遺制云。"以上说明古人用贝制作的饰物有颈饰、头饰、服饰、马鞍贝饰等等。

马蹄螺、蝾螺贝壳具有锦美闪烁的光彩，可作螺钿，鹦鹉螺可作酒杯。明·屠本畯撰《闽中海错疏》云："鈿螺光彩如鈿，可飾鏡背。"明·穆希文撰《蟫史集》云："鈿螺光彩可飾鏡背，色如珠母，斲削可承釵鈿。"唐·陈藏器撰《本草拾遗》云："珠螺瑩潔如珠。"宋·范成大撰《桂海虞衡志》云："青螺狀如田螺，其大兩拳，揩摩去麄皮，如翡翠色，加雕琢爲酒盃。珠螺晶瑩如珠。"唐·刘恂撰《岭表录异》云："鸚鵡螺殻上青螺斑紋，大者可受三升，殼內光瑩如雲母，裝爲酒杯，可翫。"清·郭柏苍撰《海错百一录》云："鸚鵡螺形如蝸牛，頭淡青，身白，周遭雜赤色，數稜，磨治出其精彩，琢爲杯。"

珍珠是一种珍贵、有价值之物，除药用，主要作为高贵装饰品，蚌长珍珠，明·宋应星撰《天工开物》云："凡珍珠必產蚌腹，映月成胎，經年最久，而爲至寶"。汉代已有记载合浦、徐闻盛产珍珠。清·允禄奉敕撰《皇朝礼器图式》记载皇后领、朝服、皇贵妃冬朝冠、朝服皆镶有珍珠，如云："皇貴妃朝冠，冬用黄貂，夏以青絨爲之，上綴朱緯。頂三層貫東珠各一，皆承以金鳳，飾東珠各三，珍珠各十七，上銜大珍珠一。朱緯上周綴金鳳七，飾東珠各九，珍珠各二十一。後金翟一，飾貓睛石一，珍珠十六，翟尾垂珠，凡珍珠一百九十二，三行二就。"以上叙述珍珠为皇室之人高贵饰品。

①蝛：xiān，《唐韻》許咸切。《集韻》虚咸切。並音醶。《本草》：蝛蜼，一名生蜼。又名蝛蛤。陳藏器曰：生東海，似蛤而扁，有毛。——摘自《康熙字典》（标点整理本）P1065，上海辞书出版社，2007。

## 二、文字记载资料

古人在长期生产实践中，不断观察，逐渐有了更多的文字记载。

### （一）先秦时期

《诗经》为我国文学史第一部诗歌总集，收集西周到春秋时期五六百年的歌谣、乐章，绝大部分是民间创作，其中见三处有关贝类的记载。《诗经·小雅·菁菁者莪》云："菁菁者莪，在彼中陵。既見君子，錫我百朋。"汉·班固撰《前汉书·食货志》云："二枚爲一朋，言錫貝之多也。"贝为古代货币，意人才得俸禄多。《诗经·小雅·巷伯》云："萋兮斐兮，成是貝錦。彼譖人者，亦已大甚。"贝锦即贝壳上的花纹，有文彩似锦，言谗人文致人罪，犹因萋斐之形而文之成贝锦也。《诗经·鲁颂·閟宫》云："公車千乘，朱英緑縢，二矛重弓。公徒三萬，貝胄朱綅。"贝胄朱綅，古人以贝为饰品，晋、宋时尤以贝壳用于军服上做服饰。

### （二）汉朝

汉·朱仲撰《相贝经》，虽然为原始描述，但这是我国首部贝类专著，文中描述 13 种贝，其形态与疾病相关。宋·陆佃撰《埤雅》云："朱仲受于琴高，琴高乘魚，浮於河海，水產必究，仲學仙于高，而得其法，又獻珠於武帝，去不知其所之，嚴助爲會稽太守，仲又出，遺助以徑尺之貝，並致此文於助曰：'黄帝、唐尧、夏禹三代之貞瑞，靈奇之秘寶，其有次此者，貝盈尺，狀如赤電黑雲者谓之紫貝，素質紅黑谓之珠貝，青地緑紋谓之綬貝，黑紋文黄昼谓之霞貝。紫愈疾，朱明目，綬消氣障，霞伏蛆蟲，雖不能延齡增壽，其禦害一也。'……"经齐忠彦考证《相贝经》由于描述简单，很难判断是何种。汉·高诱注、宋·姚宏续注《战国策》云："趙且伐燕，蘇代爲燕謂惠王曰：'今日臣來，過易水，蚌方出曝，而鷸啄其肉，蚌合而拑其喙。鷸曰：今日不雨，明日不雨，即有死蚌。蚌亦謂鷸曰：今日不出，明日不出，即有死鷸。兩者不肯相捨，漁者得而並禽之。今趙且伐燕，燕、趙久相支，以弊大衆，臣恐强秦之爲魚父也。故願王之熟計之也。'惠王曰：'善。'乃止。"

### （三）晋朝

最有代表性的著作是晋·郭璞注《尔雅》，这是一部解释古代词语的著作，从战国时期到西汉末有关文字记载的资料汇集成书。在《释鱼》篇中有"魁陸、蜌螷、蚌含漿、蚹蠃、螔蝓；蠃小者爲蜬，蜃小爲珧，貝居陸贆，在水者蜬，大者魧，小者鰿，玄貝、貽貝，餘貾黄白文，餘泉白黄文，蚆博而頯，蜠大而險，鰿形而橢"。以贝壳大小、色彩、形态等特征描述种类。经考证，魁陆为蚶科种类；蜌螷，今江东呼蚌长而狭者为螷，汉·许慎撰《说文解字》云"螷，蜌也"，为蚌科茅蚌属、楔蚌属及蛏蚌属的种类；蚌含浆，《说文解字》云"蚌、蜃屬"，即生于江湖的蚌科种类，如珠蚌属、丽蚌属、帆蚌属、冠蚌属等等的种类；蚹蠃、螔蝓，蚹蠃为陆生有壳蜗牛等科种类，螔蝓为陆生无壳的蛞蝓科种类；蜃小者为珧，为江瑶科种类；大者魧，即砗磲科种类，小者鰿，今掘足纲角贝科的种类；玄贝、贻贝，即贻贝科种类；余貾黄白文，余泉白黄文，即宝贝科种类；蚆博而頯，頯为中央广，两头锐，即梭螺科种类；蜠大而险，险为污薄，即扇贝类的种类；蟦[①]小而椭，蟦同鲼，小而狭长，即角贝科种类。相传大禹治水，所记我国山川地名及其异物，跨世七代历载三千年，亦由晋·郭璞汇集注《山海经》，在此书中有 14 处提到贝类分布，如在《南山经》中有一处、《西山经》中有五处、《北山经》中有一处、《东山经》中有四处、《中山经》中有二处、《大荒南经》中有一处，如《南山经》云：“泃水出焉，而南流注於閼之澤，其中多茈蠃，紫色螺也”，又如《西山经》云“濁浴之水出焉，而南流注於蕃澤，其中多文貝”，经考证二者属宝贝科种类。

晋·郭璞撰《尔雅音图》，将《尔雅》书中种类附图，有些图与现在的种类一致，如余貾黄白文，余泉白黄文，即宝贝科种类，但有的差距较大，如魁陆绘为蛤的形态，大部分图绘为宝贝形态，但是有了绘图就是极大进步。

《江赋》为郭璞文学作品，文中也有贝类的记载：“玉珧海月，土肉石華。三蝬蝦江，鸚螺旋蝸；璅結腹蟹，水母目蝦。紫蚢如渠，洪蚶專車，瓊蚌晞曜以瑩珠，石蛙應節而揚葩，蜛蝫森衰以垂翹，玄蠣魂碨而碨硦；或泛瀲於潮波，或混淪乎泥沙。”其中海月即今海月科的种类，玉珧即今江珧科种类，土肉即今海兔科种类，鹦螺即今头足纲鹦鹉螺，旋蜗即具旋转贝壳腹足纲种类，璅结腹蟹即海月科种类，并与斗蟹共生习性，紫蚢如渠、洪蚶专车为砗磲科种类，琼蚌晞曜以莹珠，即说明蚌产珠，玄蛎魂碨而碨硦，讲述牡蛎科的形态、生态。此文除叙述这些贝类形态，也讲述生态。

另有晋·郭璞撰《足本山海经图赞》《玄中记》《尔雅注疏》等等，还有晋·崔豹撰《古今注》，晋·张华撰《博物志》等，各书中都有贝类的记述。有关海产珍珠南朝宋·范晔撰《后汉书•孟尝传》记载广西合浦还珠事例，合浦前太守贪污而珠徙，后太守孟尝清廉而珠还，珠业复振。

此时期郭璞贡献极大，汇集了几百年甚至上千年来人类积累的知识，而论著成书籍，反映出那个时期贝类分类已经逐渐形成，依据栖息环境分为陆生、水生；依据贝壳大小、色彩、花纹而分成若干种，并叙述某些种类习性等。

## （四）南朝梁

文献不多，代表作有南朝梁·顾野王撰《玉篇》、南朝梁·任昉撰《述异记》等，如《述异记》云：“南海有水蟲，名曰筋，蚌蛤之類也。其小蟹大如榆筴，筋開甲食，則蟹亦出食，筋合甲，蟹亦還入，爲筋取食以終始，生死不相離。”又云：“ 璅結似小蚌，有一小蟹在腹中，爲出求食，故淮海之人呼爲蟹奴”。对海月形态及其与豆蟹共生叙述详尽。

## （五）唐朝

有关贝类文字记载较多，对形态、生态及利用等方面进一步记述，根据现在的分类系统大部分可以确定到纲、目、科、属，有些可以到种。代表作有唐·刘恂撰《岭表录异》、唐·陈藏器撰《本草拾遗》、唐·段成式撰《酉阳杂俎》和《酉阳杂俎续集》等，如《岭表录异》对海镜的记载：“海鏡，粤人呼爲膏葉，兩片合以成形，殼圓，中甚瑩滑，月照之，如雲母光，可製爲明瓦。內有少肉如蚌胎，腹有小蟹子，如黃豆，螯足具備。海鏡飢，則蟹出拾食，蟹飽歸腹，海鏡亦飽”。海镜属双壳纲海月科，文中对其形态描述逼真，对其与豆蟹共生关系观察详尽；另有《本草拾遗》云：“淡菜，一名東海夫人，味甘、溫、無毒，生南海，中銜少毛，海人亦淡菜”，陈将淡菜列为药，描述形态、分布，淡菜属双壳纲贻贝科。有关海产珍珠，《岭表录异》云：“廉州邊海中有洲島，島上有大池，謂之珠池。每歲刺史親監珠户

①蟦：zé，《唐韻》《集韻》並側革切。音責。小貝也。《爾雅·釋魚》：蟦小而橢。註；此皆說貝之形容。jī，又資昔切。音積。義同。或作鰿。——摘自《康熙字典》（标点整理本）P1070，上海辞书出版社，2007。

入池采老蚌，割取珠以充貢。池雖在海上而人疑其底與海通，池水乃淡，此不可測也。”为有关合浦产珠的记载。

## （六）宋朝

文献多，内容丰富，有关本草医药、尔雅注解、地方记事、文学、神话、传说等等，代表作有宋末元初戴侗撰《六书故》、宋·郑樵撰《尔雅注》、宋·罗愿撰《尔雅翼》、宋·陆佃撰《尔雅新义》和《埤雅》、宋·唐慎微撰《证类本草》、宋·苏颂撰《图经本草》、宋·李昉撰《太平御览》、宋·周去非撰《岭外代答》、宋·庞文英撰《文昌杂录》等。例如，《六书故》云：“蜛[1]，似蚌，殼薄而大，其柱最佳”，簡要的形態描述及食用，蜛屬雙殼綱，江瑤科。又云：“鰂，烏賊也，形如革囊，口在腹下，足生口旁，兩須如纜，又名纜魚，腹有墨，又名墨魚。”反映出乌贼基本形态特征，鰂属头足纲乌贼科。《文昌杂录》记载了珍珠养殖技术，云：“禮部侍郎言：‘有一養珠法，以今所作假珠，擇光瑩圓潤者，取稍大蚌蛤，以清水浸之，伺其開口，急以珠投之，頻換清水，夜置月中。蚌蛤采月華，此經兩秋即成真珠矣”。至今人们进行人工有核珍珠养殖，就是应用此原理。这也是我国人民在珍珠生产上的伟大贡献。后又延伸至珍珠培育。宋·周去非《岭外代答·珠池》、宋·范成大撰《桂海虞衡志·虫鱼志》、宋·乐史撰《太平寰宇记·土产·珠蚌》都阐述了合浦产珠，每年刺史亲监珠户采珠，向朝廷献贡。

梅圣俞的《食蚝》诗云：“亦復有细民，並海施竹牢，采掇種其间，冲恣激風濤，鹹鹵與日滋，蕃息依江皋。”另有宋·罗濬撰《宝庆四明志》云：“四明蚶有二種，一種人家水田中種，而生者”。泥蚶为我国沿海养殖种。以上说明宋朝已有牡蛎、泥蚶的养殖。

关于贝壳化石，宋·沈括撰《梦溪笔谈》云：“余奉使河北，遵太行而北，山崖之間，往往銜螺、蚌殼及石子如鳥卵者，横亘石壁如帶。此乃昔之海濱，今東距海已近千里，所謂大陸者，皆濁泥所湮耳。”说明大陆变迁，海洋已变为陆地。

## （七）金朝

金朝文献少，代表作有金·李杲编辑、明·李时珍参订、姚可成补遗《食物本草》，该书除药用意义外，对种类描述详尽，如云：“田嬴，田螺生水田中及湖瀆岸側。形圓，大者如梨、橘，小者如桃、李，人煮食之。螺，蚌屬也，其殼旋文，其肉視月盈月虧，故王充云：月毀於天，螺消於淵”。又云：“渦嬴，一名螺獅，處處湖溪有之，江夏、漢沔尤多，大如指頭，而殼厚於田螺，惟泥水。春月人采置鍋中蒸之，其肉自出，酒烹漕煮食之。清明後，其中有蟲，不堪用矣。此物難死，誤入壁中，數年尤活也。”即田螺科圆田螺属、环棱螺属，对二属的形态、习性叙述正确。

## （八）明朝

资料较多，代表作有明·李时珍撰《本草纲目》，这是一部在临床药用及分类学中价值极大的著作，收录近1900种药物，其中贝类有55种，分别列入金石部、虫部、鳞部及介部，有描述及附图。经考证，这些药物名称可以确定到纲、目、科、属，有的可以到种，但也存在多属、多种混淆错误。例如，腹足纲蛇螺科覆瓦小蛇螺的描述，云:“石蛇出南海，水旁山石間，其形盤屈如蛇也，無首尾，内空，紅紫色，左盤者良”。其描述及绘图可以明确到种；又如云：“田螺生水田中及湖瀆岸側。形圓，大如梨、橘、小

① 蜛：《正字通》引《六書故》：同珧，似蚌，其柱最珍。别作珧。《通雅》曰：郭璞《江賦》註：江蟠柱大如鏡，白色。《蓺苑卮言》云：江蜛如蚌，稍大，中肉腥而韌。按《玉篇》、《說文》、《唐韻》所引，鹹近代俗字之僞，不可據。——摘自《康熙字典》（标点整理本）P1068，上海辞书出版社，2007。

者如桃、李，人煮食之。”泛指腹足纲田螺科属的种类。另有明·杨慎撰《异鱼图赞》、明·杨慎原本、清·胡世安笺《异鱼图赞笺》、明·屠本畯撰《闽中海错疏》、明·穆希文撰《蟫史集》、明·冯时可撰《雨航杂录》、明·何乔远撰《闽书》等，贝类描述详尽。另对珍珠生产的报道有明·宋应星撰《天工开物》，此书是对农业及手工业生产综合著作，其中有关珍珠部分云：“凡珍珠必產蚌腹，映月成胎，經年最久，乃爲至寶”，又云：“凡中國必產雷、廉二池，三代之前，淮陽亦南國地，得珠稍近，禹貢淮夷濱珠，或後互市之便，非必責其土產也”。该书介绍珍珠成因，雷、廉二州产珠实况，附海上采珠图，又介绍淮夷滨珠，就是淮夷二水产淡水珠。《雨航杂录》介绍牡蛎养殖，云：“漁者於海淺處植竹，扈竹如水，累累而生，斫取之，名曰竹蠣。”《闽书》介绍蛏的养殖技术，云：“耘海泥苦田畝然，泱雜鹹淡水，乃濕生如苗，移種之他處乃大，長二三寸，殼蒼白，頭有二巾出殼處，所種者之畝名蟶田，或曰蟶埕，或曰蟶蕩，福州、連江、福寧州最大”。《本草纲目》、明·张自烈撰《正字通》，都有关于对蛏的养殖记载。

## （九）清朝

多为类书、地方志、文学作品及对《尔雅》的深入研究。对《尔雅》的深入研究有清·郝懿行撰《尔雅义疏》、清·王树枏撰《郭氏尔雅订经》、清·邵晋涵撰《尔雅正义》、清·戴莹撰《尔雅郭注补正》、清·姜兆锡撰《尔雅注疏参议》、清·周春撰《尔雅补注》、清·任基振撰《尔雅注疏笺补》；类书有清·李元撰《蠕范》、清·方旭撰《虫荟》、清·陈元龙撰《格致镜原》、清·陈梦雷编《古今图书集成·博物汇编·禽虫典》等；文学作品有清·陈元龙编《历代赋汇》、清·查慎行撰《敬业堂诗集》、清·朱彝尊撰《曝书亭集》等；关于分类书籍代表作有清·郭柏苍撰《海错百一录》，描述贝类近60余种，如对竹蛏描述云：“似蟶而圓如竹。蒼按：竹蟶出塭中，長者五六寸，連江之百姓篠湾尤多，大者如蔗，以竹刺取之，得之速，置之易壞。”又云：“玉筋，蟶屬之極品，產於春末，長二三寸，形如麥藁，亦呼麥藁蟶，殼薄而文紋細，東以站磁盆中，微炊和香豉麻油蔥，並湯食之或並湯煮粉面、早米仁幹，味清，若炒食，要審火候，福清有產，惜不多。”又云：“形如牛角，殼軟如皮，色白，出羅源海邊”，为弯竹蛏。竹蛏科有三种，另对近缘蚶蛏科、刀蛏科种类皆有记载，对形态、生态、食用有叙述。还有清·吴仪洛撰《本草从新》、清·赵学敏撰《本草纲目拾遗》等。

类书清·陈梦雷的《古代图书集成》内容丰富，汇集从商周时期至清朝的资料，并按部汇编，贝类有关部有：贝部、蜃部、蚌部、蛤部、蛏部、蚶部、砗磲部、石决明部、牡蛎部、螺部、蝛�[1]部、海月部、淡菜部、郎君子部、蜗牛部，放在杂鱼部中有石鳖、锁管鱼、柔鱼，放在鱼部有乌贼鱼部，另有杂海错部，有沙箭、乌投。部相当于现在分类学的纲、科，蜃部为双壳纲、螺部为腹足纲，如石决明部即鲍科、牡蛎部即牡蛎科，蚶部即蚶科等。每部汇考按内容多少，下设有释名、集解、艺文、纪事、杂录，药贝并设有修治、气味、主治、附方等，有的并附插图，该书贡献极大，汇集了清朝以前贝类学资料。

地方志文献多，包括全国各省、市、县地区，记录各地土特产，值得提出的是，有关淡水珠记载，如清·阿桂、于敏中等撰《满洲源流考》云：“宋崇道、熙寧之間，競尚北珠。北珠者，皆北中來榷場相貿易。美者大如彈子，而小者如梧桐子，皆出遼東海汉中。”清·萨英额撰《吉林外记》云：“東珠，盛產以東各河，蛤蚌皆產珠，惟吉林、黑龍江界内松花江、嫩江、艾琿各江河產者最佳。”清·长顺修《吉林通志》云：“東珠，《夫餘傳》大珠如酸棗（後漢書一一五）。元至元一樂命密旦安山等，于松阿哩江采珠（元史九四）。”又云：“康熙四十年，現有珠軒頭目三十三名，定爲每珠軒額徵一等二等，有光東珠一六顆，歲徵東珠共五百二十八顆。”此时吉林有捕珠河口共36处。由此可见我国北珠资源非常丰富，采珠历史悠久。在后汉时已有记载，但清朝末期已逐渐衰退消失，至今仍未恢复。

---

[1] 蜼：jin，《唐韵》《集韵》并即刃切。音晋。虫名。又蛤属。或作蠕。——摘自《康熙字典》（标点整理本）P1071，上海辞书出版社，2007。

以上资料表明，我国贝类学经过3000余年的历史逐步形成，除了以形态特征为依据将贝类分为若干种，还有生态、分布、养殖、化石、食用、药、工艺等记载，并有一些散见于文学神话作品中，对于贝类形态、习性描述也有许多正确表达。但是这些宝贵财富都散见各类书籍中，缺乏系统整理，除汉代《相贝经》外，没有贝类专著，落后于国际贝类学的研究。 17世纪以来，国际上出版了贝类学专著、贝类学期刊，而我国是在新中国成立以后才逐渐出版专著及专门期刊，并于1981年成立了贝类学会，科研工作者在不断继续努力，使我国贝类学在学术及应用上作出更大的成绩。

## 参 考 文 献

邹衡. 2000. 天马-曲村. 北京: 科学出版社

# 中国古代肢口纲动物的记载及探讨

刘月英　杨思谅

肢口纲隶属节肢动物门，与蛛形纲共同构成螯亚门。肢口纲动物早在寒武纪已出现于古海洋中。此纲共有两个目——巨甲目与剑尾目。巨甲目在寒武纪至二叠纪的海洋中十分繁盛，现已绝灭。现在仅有剑尾目一科——鲎科，分布于北美洲、中美洲和亚洲东南沿海。在我国海域分布的仅有中国鲎及圆尾蝎鲎两种，其中，中国鲎在浙江以南浅海区均有，而圆尾蝎鲎仅产于北部湾至海南岛的西部。它们生活在泥沙海底，以蠕虫和壳薄的软体动物为食。平时，成体在浅海活动，生殖季节迁入潮间地带交配，雄鲎伏于雌鲎背上，双双游泳。我国古籍中关于鲎的形态、习性、分布及经济利用的记载十分丰富，但这些资料主要为中国鲎的记载，因为它分布广，为人们所习见的唯一代表鲎科的种类。

我国古籍对鲎的记载最早见于晋•郭璞注《山海经》："鱟，形如車，青黑色，十二足，長五六尺，似蟹。雌常負雄。漁者取之必得其雙。子如麻子，南人爲醬。"南朝梁•萧统编、唐•李善注《文选注》引《广志》曰："鱟魚似便面，雌常負雄而行，失雄則不能獨活。出交趾南海中。"宋•吴曾撰《能改斋漫录•辩鲎》加以论证。唐朝对鲎的形态、习性有了进一步了解，如唐•刘恂撰《岭表录异》云："鱟魚其殼瑩静，滑如青瓷盌。鏊背，眼在背上，口在腹下，青黑色，腹兩旁爲六腳，有尾，長尺餘，三棱如棱莖。常雌負雄而行，捕者必雙得之。若摘去雄者，雌者即自止，背負之方行。腹中有子如绿豆，南人取之，碎其肉腳，和以爲醬食之。尾中有珠如粟，色黄。雄小雌大，置之水中，即雄者浮，雌者沉。"另，唐•段成式撰《酉阳杂俎》云："鱟，雌常負雄而行，漁者必得其雙。南人列肆賣之，雄者少肉。舊説過海輒相負於背，高尺餘，如帆乘風遊行。今鱟殼上有一物，高七八寸，如石珊瑚，俗呼爲鱟帆。"宋代对鲎的形态及习性做了不少的补充，如宋•陆佃撰《埤雅•鲎》云："鱟狀如便面，骨眼。眼在背上，口在腹下，其血碧。……在海中群行，輒相積于背，高尺餘，如帆乘風而遊。其藏伏沙上，亦輒飛躍，常遠行跡數步，如兔擺蹤。"另，宋•罗濬撰《宝庆四明志•昌国县志•叙产》云："鱟形如覆斗，其大如車，青黑色，十二足，長五六寸，尾長二三尺，其殼堅硬，腰間横紋一線，軟可屈指，每一屈一行。尾尖硬有刺，能觸傷人。口、足皆在覆斗之下，海中每雌負雄，漁者必雙得，以竹編爲一甲鬻焉。牝者子如麻子，土人以爲醬或酢[①]。牡者無子。"上述记述描绘了鲎的外部形态、生活习性及地理分布。这些描述为后各朝代沿用，而更为详细，如在清•聂璜绘的《清宫海错图》中有《鲎腹赞》，曰："背剛腹柔，形如缺缶，一口當胸，其足二九。"又如，清•胡世安撰《异鱼图赞笺•鲎鱼》引用《渔书》云："鱟魚殼如箕，雌者腹中子如黍米，可數升，尾如鎗，長二尺餘，身分兩截，下截里面有葉如冊葉然，呼爲鱟冊。兩傍有刺，其身、肉、口、腹、足、鳌俱在上截。足盡處有二小佩，狀如刀。鮮食、作醢[②]並佳。四五月間多。"他们对鲎的外部形态及繁殖季节做了重要补充。

在古籍中亦有错误记载，如唐•段成式的《酉阳杂俎》云："過海輒相負于背，高尺餘，如帆乘風遊

① 酢：cù，同"醋"。zuò，客人用酒回敬主人，酬酢。——摘自《新华字典》（第11版）P77、P677，商务印书馆，2013。

② 醢：hǎi，①古代用肉、鱼等制成的酱。②古代把人杀死后剁成肉酱的酷刑。——摘自《新华字典》（第11版）P179，商务印书馆，2013。

行。今鱟背上自有一物，高七八寸，俗呼爲鱟帆”。这种描述在宋代陆佃的《埤雅》、罗愿的《尔雅翼》、司马光的《类篇》、李昉的《太平广记》，明代张自烈的《正字通》、李时珍的《本草纲目》，清代胡世安的《异鱼图赞笺》、李调元的《然犀志》、方旭的《虫荟》等古籍中均有记载，甚至在明·李时珍的《本草纲目》中鲎图居然有一帆形突状物。对于“雌常負雄”繁殖习性，古人解释为“牝無目，得牡始行，牡去牝死。”并在一些古籍中，如清代屈大均的《广东新语》、李调元的《南越笔记》和《然犀志》均有“鱟乃諸魚蝦之母”的说法。

对于鲎类经济利用的古籍记载始于晋朝，郭璞注《山海经》云：“子如麻子，南人爲醬。”唐·刘恂撰《岭表录异》云：“腹中有子如绿豆，南人取之，碎其肉腳，和以爲醬食之。”唐·段成式撰《酉阳杂俎》云：“南人列肆賣之，雄者少肉。”唐·皮日休撰《松陵集》记述以鲎壳做杯，称“訶陵樽”。宋·罗愿撰《尔雅翼》云：“殼可爲冠，次於白角。亦屈以爲杓，轃斧甎盡。又取其尾，爲小如意。”自唐代以来，鲎壳还被作为药材，记载于医书中，如唐·陈藏器撰《本草拾遗》、宋·唐慎微撰《证类本草》、明·李时珍撰《本草纲目》等医书。在浙江、福建、广东，鲎被当作重要的物产，载入有关地方志中。明·王世懋《闽部疏》云：“濒海諸郡以鱟皮代杓，歲首銅千餘斤”。

鲎与人类关系密切，早在晋朝就始有记叙，对其形态、习性、分布及经济利用，以后各朝代记叙较多，说明它们较早地进入了人们的生活，但这些资料主要为中国鲎的记载。

# 中国古代甲壳动物的记载及分析

刘月英　杨思谅

甲壳纲是节肢动物门中的最大类群，除昆虫纲、蛛形纲之外，还有 6700 余种其他类群，有 10 余个亚纲 30 多个目，在亚纲、目、科、属各级阶元之间，尚有不少阶元，如亚目、下目、总科等。我国现已记载甲壳动物 4300 多种，有 10 个亚纲 20 多个目，但在古籍中记载涉及 12 个目 32 个科。由于古人对动物的认识主要来源于生活实践中活动的直觉观察，基本集中于与人类生活关系密切的虾、蟹，其余的资料非常少。本文按分类系统的“目”叙述古籍的记载。

## 一、贝　甲　目

查到的有关蚌虫科的唯一资料为清・吴世雄等修（同治）《徐州府志》云：“芙蓉蟲，狀態蜆，大僅如秔米，色殷紅，浮游水上。產府治廳事前。暴雨水豬，乃生，涸不復見。”本文简述了其形态、习性。

## 二、枝　角　目

在该目中仅有溞科的记载。始于宋朝，宋・岳珂 1214 年撰《桯史・金鲫鱼》云：“今中都有豢魚者，能變魚以金色，鯽爲上，鯉次之。貴游多鑿石爲池，寘之簷牖間以供玩。問其術，秘不肯言，或云以闤市汚渠之小紅蟲飼，凡魚百日皆然。初白如銀，次漸黄，久則金矣，未暇驗其信否也。”后代明、清皆有记述，饲金鱼以水面红虫。文中红虫为溞科的种类。

## 三、根　头　目

寄生于蟹腹部的小蟹为该目中蟹奴科的种类，该目仅有蟹奴的记载，始于唐代，唐・段公路撰《北户录・龟图注》的《红蟹壳》云：“《廣志》云：小蟹，大如貨錢。又，蟹奴，如榆莢，在其腹中，生死不相離。”另有宋・傅肱撰《蟹谱》、明・李时珍撰《本草纲目》、清・方旭撰《虫荟》皆有记载。

## 四、茗　荷　科

古籍中记述较早，资料较多，古称龟脚、石砝、石蜐、紫蜐、紫紶、紫囍[1]、龟甲、仙人掌、佛手蚶、石鲑、龟脚蛏、长裙、指甲羸等。关于龟角记述，最早见于战国时期，周·荀况撰《荀子》（唐·杨倞注）云：“東海則有紫、紶、魚、鹽焉，然而中國得而衣食之。”以后，三国吴·沈莹撰《临海水土异物志·石蜐》云：“石蜐生附石，身如小竹大，有甲，正黑，中食。一名龜腳，以其形似也。生海中石上，一名石鮭。”对其形态、生态做了简要的描述。再以后，南朝梁·顾野王的《玉篇》，南朝梁·萧统的《文选注》《南越志》，南朝梁·江淹的《江文通集汇注》都记述为“石蜐”，宋至清各代除字书外，多作为物产记述于各地方志及明代李时珍的《本草纲目》、清代赵学敏的《本草纲目拾遗》等医学典籍。另有艺文、诗赋等。

## 五、无　柄　目

古称蟩、蟰、老婆牙、滕壶。宋朝始有记载，宋·陈耆卿撰《赤城志》云：“蟩，一名老婆牙，生於巖或篾竹上。”后元、明各代地方志略有记述。

## 六、剑 水 蚤 目

仅见于清代柯璜编译的《博物学讲义》，剑水蚤为海所产，另一种寄生于鱼体外面或口中，常呈奇形怪状。

## 七、鳋　　目

仅有鳋科，有多种鳋，俗名鱼虱。见于明、清资料，如明·徐光启《农政全书》云：“魚虱如小豆大，似團魚，凡山中暴雨入池，帶惡蟲穢氣，亦令魚生虱，則極瘦。凡取魚，見魚瘦，宜細檢視之，有則以松毛遍池中，浮之則除。”对此寄生及清除都有简述。后清代宝奎《金鱼饲育法》和句曲山农的《金鱼图谱·疗法》也有记述对金鱼危害及清除的方法。

## 八、糠　虾　目

仅清代柯璜编译的《博物学讲义·动物篇》中有简单描述，云：“似蝦，形甚小，可制鹽辛，步行肢八對，各肢末端分别爲叉形，藉以游泳，故有裂足之稱。”

① 囍：音未詳。《本草》：石决明，一名紫囍。陶氏雲：俗傳是紫貝附石者。江淹《石劫賦序》：石劫，一名紫囍，蚌蛤類也。按囍字，字書俱不載。《廣雅》云：紫蜐，紫囍即今仙人掌。楊慎贊云：蘭陵紫蜐，江淹紫囍。是惟蚌類，發花應春。囍與春爲韻，當讀如囍字，疑囍即蘂字别音。——摘自《康熙字典》（标点整理本）P1042，上海辞书出版社，2007。

# 九、口 足 目

古称虾姑、管虾、琴虾，古籍记述文献极少，但始见于唐代。唐·段成式撰《酉阳杂俎续集》云："蝦姑，状若蜈蚣，管蝦。"以后历代文献中只重复叙述，直到清代才由郭柏苍进行了较详细的叙述，如他在《海错百一录》中云："蝦姑，一名管蝦，以其足善彈，又名琴蝦，形似蜈蚣，又似鼉，大者廣三指，能食大蝦，小者食小蝦。炒食味豐。或爲醢，疥瘡最忌"。

# 十、端 足 目

该目资料极少，但有两个亚目。一为蜙[1]亚目：海洋浮游动物，形态很像蟋蟀。始见于宋·司马光撰《类篇》，云："蜙，水蟲名，海蟀也。"另有钩虾类亚目，始见于清·赵学敏辑《本草纲目拾遗》，云："今名跳鰕蟲，生濕土中，形如跳蚤，而大逾倍，色如鰕青，腹下多足如鰕，善跳躍。兒童以器置於水中，捕得輒投入，便不能躍出，秋時鬪蟋蟀，家多畜之。凡蛩遇鬪傷及虛羸，必每日以此飼之，云能益蛩力也。"文章简述二亚目。

# 十一、等 足 目

该目下有三个科。

（1）团水虱科下蛀木水虫，古籍中仅有一条，唐·段成式撰《酉阳杂俎·虫篇》云："象浦，其川渚有水蟲，攢木食船，數十日船壞。蟲甚微細，抱槍水蟲也。形如結蜣，稍大，腹下有刺似槍，如棘針，螫人有毒。"

（2）海蟑螂科海蟑螂亦为一条。清朝（日）西师意译的《动物学教科书》云："舟蜮產海岸，體扁而能疾走，以異類屍體爲食"。

以上两科资料极少，叙述简略。

（3）鼠妇科资料多，有大量古名：鼠蚕、负蟠、鼠妇、鼠负、鼠姑、鼠粘、伊威、蛜蝛、地虱、草鞋虫、湿生虫、地鸡、委黍等。最早见于《诗经》《尔雅》等典籍中，《诗经·豳风·东山》云："伊威在室，蠨蛸在户。"《尔雅》云："蟠，鼠負。"在以后各朝代均有记述，包括宋·唐慎微的《证类本草》、明·李时珍的《本草纲目》等医学典籍。

# 十二、十 足 目

与人类关系密切的虾、蟹隶属该目下。

## （一）虾类

"蝦"字始见于汉代书籍，如汉·贾谊撰《新书》云："偭蟂獺以隱處兮，夫豈從蝦與蛭螾"，并有汉·王

① 蜙：sōng,《唐韻》息弓切。《集韻》思融切。並音嵩。《玉篇》：蟲名。——摘自《康熙字典》（标点整理本）P1055，上海辞书出版社，2007。

逸的《楚辞章句·匡机》、汉·王充的《论衡·别通篇》等，皆用“蝦”，但晋·郭璞撰《尔雅·释鱼》云：“鰝，大鰕”，以后汉·史游的《急就篇》、汉·许慎的《说文解字》等均作“鰕”。在古籍中，“蝦”“鰕”通用，但“鰕”还可代表鲵、鰝、鲵、鲸等，而且这些类群的记述常常混淆。例如，晋·郭璞撰《尔雅音图·释虫》中的鰝、魵，按其图都是虾。直到宋代，“蝦”的身份才明确为属虫，而此时对虾的分类也有了初步认识。例如，宋·罗愿撰《尔雅翼》就记述有多种虾的名称，如“蘆蝦，青色，相傳蘆葦所變”，又“今閩五色蝦，長尺餘，具五色”，以及有梅虾、目虾、红虾等。再以后的宋、明、清各代地方志、物志及医药典籍中皆有虾的记述，但都十分简略。依据记述可知，古籍中所谓的虾类，实际上还涵盖了其他甲壳动物类群，如口足目、端足目、糠虾目等。根据古籍中简略记述，确定其分类位置十分困难，大多数情况只能识别到科、属，少数借助于现在流传的俗称，可以鉴定到种。

依据古籍简要的记述，虾类有 7 科 10 余种，以对虾科种类为多，达 6 种，宋朝已开始记述。例如，宋·陈耆卿撰《赤城志》云：“蝦有赤、白、青、黄、斑數色，青者大如掌，土人珍之，多以餉遠。……皆產於海。”说明对虾有数种，青色为中国明对虾，黄色为周氏新对虾，青白色为新对虾等等。樱虾科仅有毛虾 1 种，宋朝已有记载，《赤城志》云：“產於陂湖者，曰湖蝦，二鉗比他種其長倍之”。另有藻虫虾科深额水木虾与水母共生，在晋代始有记载，晋·张华撰《博物志》云：“東海有物，狀如凝血，從廣數尺方圓，名曰鮓魚，無頭目，處所內無髒。衆蝦附之，隨其東西，人煮食之。”以后各代古籍皆有记述。龙虾科在唐代始有记述，唐·段公路撰《北户录·龟图注》卷一《红虾杯》云：“紅蝦，出潮州、番州南巴縣，大者長二尺，土人多理爲盃，或釦以白金轉相餉遺，乃玩用中一物。”另有蝲蛄科，皆有多种蝲蛄，清代始有记述，分布于我国关外。清·刘谨之、阿桂等纂《盛京通志·物产》云：“蝲蛄，蟹身，魚尾，澤畔石下有之。”以上各古籍皆为简略记述形态和生态。

## （二）寄居蟹类

寄居蟹仅指占据软体动物单壳、螺壳而居，最早《尔雅·释鱼》已有记载。晋·郭璞注、唐·陆德明音义、宋·邢昺疏《尔雅注疏·释鱼》云：“蜎蠌，小者蟧。”以后，唐、宋、元、明、清历代典籍也都有记载，如唐·段成式撰《酉阳杂俎》云：“寄居，殼似蝸，一頭小蟹，一頭螺蛤也。寄在殼間，常候螺開出食，螺欲合，遽入殼中。”又，《酉阳杂俎续集》云：“寄居之蟲，如螺而有脚，形似蜘蛛。本無殼，入空螺殼中，戴以行，觸之縮足，如螺閉户也。火炙之，乃出走，始知其寄居也”。以上对其形态、习性叙述简扼，它们仅寄居于螺壳内，而寄居于软体动物双壳类、蟹腹部者，分别属于十足目豆蟹科、根头目蛄蟹奴科及蟹奴科。

## （三）蟹类

蟹类是最早被人们关注、了解的甲壳动物。正如宋·傅肱撰《蟹谱》云：“見於經，引于傳，著于子史，志於隱逸，歌詠于詩人，雜出於小說。”最早记述在周·卜子夏撰《子夏易传》卜卦，云：“離爲蟹”。后有周·荀况撰《荀子·劝学篇》、汉·郑玄撰《周礼》、汉·戴德撰《大戴礼记》、汉·史游撰《急就篇》，2000 多年前这些记述十分简要而精确地描绘出蟹有匡、二螯八足、仄行等形态及行为特征，以及蟹类当时被当作水产品食用的状况。如果算上《周易》《山海经》的记载，我国人民对蟹类的认知就更远久。从三国时期到唐代，古籍中出现不少蟹类分类记载。例如，三国吴·沈莹撰《临海水土异物志》云：“鋒江，如小蟹大，有足兩螯，殼牢，如石蜩同，不中食也。”晋·崔豹的《古今注》、唐·刘恂的《岭表录异》和段成式的《酉阳杂俎》及段公路的《北户录》记述的蟹类涉及现代分类系统中扇蟹科、沙蟹科、方蟹科、馒头蟹科、玉蟹科、梭子蟹科等。宋代典籍中，有关蟹类的记述尤为丰富，而且开始出现分类概念。在前人观察的基础上，宋代的傅肱、高似孙分别撰写了《蟹谱》与《蟹略》，对蟹种类、形态、生活习性、经济利用及相关的历史典故、诗词、歌赋等加以报道。随后，明、清两代的典籍，如明代屠本畯的《闽中海错疏》、李时珍的《本草纲目》、杨慎的《异鱼图赞》，清代方旭的《虫荟》、郭柏苍的《海错百一录》、屈大均的《广东新语》、李调元的《南越笔记》等，对蟹的形态、习性、分类等都有大量记载。各朝代的地方志也不绝蟹类记载。古籍中记载的蟹类，几乎涉及现代蟹类分类系统中常见的科、属。

依据查阅的古籍资料，蟹有 19 科，有的可以鉴定到种，有的只鉴定到属。与人类关系密切的梭子蟹科、方蟹科种类多，梭子蟹科个体大，多为人们食用，古名蝤蛑，包括蟳、青蟹、梭子蟹、短浆蟹等。

蟳，始记述于汉朝，许慎撰《说文解字》云："蝤，蝤齏[1]也。从虫。"又，"蛑，古文蝥，又音牟，蝤蛑也。"唐·刘恂撰《岭表录异》云："蝤蛑乃蟹之巨而異者。蟹螯上有細毛如苔，身有八足。蝤螯則螯無毛，足後後兩小足薄而闊，俗謂之撥棹子。與蟹有殊，其大如升，南人呼爲蟹。有大如小楪子者。八月此物與虎鬥，往往夾殺人也。"对此形态等描述较详。

青蟹，古名青蟳、青蠏、蟳、蝤蝥、蝤蛑，始见于宋·罗濬《宝庆四明志》，云："蝤蛑，並螯十足，生海邊泥穴中，潮退採取之，四時常有，雌者㕡大而肥，重者逾數斤，其小而黄者謂之石蝤蛑，最大者曰青蟳。"

梭子蟹，古名䗖、蠘、黄甲、横江、白蟹，始见于南朝梁记载，顾野王撰《玉篇》云："䗖，子結切，又音截，似蟹也。"以后各代皆有记载。宋·罗濬撰《宝庆四明志》云："䗖，俗呼爲蟹。圓臍者牝，尖者牡也。經霜則有赤膏，俗呼爲母蟹，亦曰赤蟹。無膏曰白蟹，有子者曰子蟹。"并确定了三疣梭子蟹、红星梭子蟹、远海梭子蟹、拥剑梭子蟹等。在清·胡世安撰《异鱼图赞》也有记载。

方蟹科，除海洋种类外，尚有洄游习性的中华绒螯蟹，与人类关系密切，系人们喜食的螃蟹。古名有螃蟹、蟹、毛蟹、田蟹、紫蟹等。最早记述于北齐·颜之推撰《颜氏家训》云："江之蟹初穴於沮洳，秋冬之交則大出，指海而趨焉。漁者緯蕭而留之，越軼而去，不達於江，不至於海，不止也。"说明蟹的洄游习性。以后各朝代典籍、地方志及医药典籍等皆有记述。

通过古代典籍可以看出，经过 2000 余年的实践，人们对甲壳动物已有认识，特别与人类关系密切的十足目中的虾、蟹资料多，其他各目资料较少，但是人们也观察到它们的存在，根据这些资料可以确定到现代分类系统中目、科、属、种，并也了解简要的形态特征、生活习性及食用、药用价值等。

① 齏:《說文》蠐（qí）本字。蠐螬，本作蠐蠤。詳螬字註。cí，才資切。音茨。義同。——摘自《康熙字典》（标点整理本）P1075，上海辞书出版社，2007。

# 中国古代养蜂业的发展

吴燕如

我国古代“蜂”字有多种称谓：蜜蜂、蜂、貞蟲、蠭[①]、蜂、蘴[②]、大蜂、留師、蜚零、羅叉、壺蜂、蠆、巢蜂、穉蜂、蜂蜂、家蜂等等。在古书中均有解释，如南唐·谭峭的《化书》记载：“蜂有君禮也，其毒在尾，垂穎如鋒，故謂之蜂。”西周（公元前1100—前771年）《诗经·周颂·小毖》：“莫予荓蜂，自求辛螫。”是最早有关“蜂”字的记载，指出蜂尾部藏有毒，不可激怒它，否则将遭到蜂螫。《左传》（公元前722—前464年）指出：蜂毒是为自卫。《黄帝内经》（公元前770—前256年）记载：蜂针的蜂毒可治病。汉·许慎的《说文解字》（公元100—121年）解释“蜂”为“飛蟲螫人者”，“蜜”为“蜂甘飴”。明·李时珍在《本草纲目》中写有“蜂尾垂蛘，故謂之蜂。蜂有禮範，故謂之蘴”。

我国蜜蜂种类繁多，2000—3000种。中华蜜蜂 *Apis cerana* Fabricius 简称中蜂，原产于我国。

我国的养蜂业很早就开始了，有两千多年的历史，但食用及利用蜂产品（蜜、蜡、制蜜酒、蜡染、食用蜂子等）早于公元前3世纪至1世纪已有记载。而养蜂业的发展大约可划分为4个阶段。

## 一、猎取野生蜂产品

古人取蜜及以幼虫为食，汉·郑玄在《礼记·内则》记载以范（蜂）为帝王食用的珍品。猎取的方法一般是捣毁在树洞、岩洞或岩缝中的野生蜂巢，火烧成蜂，掠食其蜜及其蜂子。正如古人所说：“既毁我室，又取我子”。晋·郭璞撰《山海经·中次六经》（战国至西汉末年间）记载：“平逢之山，南望伊洛，東望穀城之山。……有神人焉，其狀如人而二首，名曰驕蟲，實爲螫蟲。實惟蜂蜜之廬。其祠之，用一雄鷄，禳而勿殺”。这是最早指蜂蜜的文献。

在实践中人们逐渐意识到为了能不断得到蜂产品，应当保护蜂群的再生能力，进而采用了烟熏驱散蜂巢表面成蜂的方法，同时也避免了蜂螫。

## 二、将野生蜜蜂移养至家中

晋（公元265—420年）皇甫谧撰写的《高士传》中，记述我国第一位养蜂者——姜岐。姜岐与其兄“以畜蜂豕爲事，教授者满于天下，營業者三百餘人。辟州從事，不詣。民從而居之者數千家”。说明已出现第一位有识者开始养蜂，并教授养蜂知识与技术。魏晋南北朝时期（公元220—569年）晋·张华撰

① 蠭：《正字通》同蠭（fēng）。——摘自《康熙字典》（标本整理本）P1069，上海辞书出版社，2007。

② 蘴：fàn，《唐韵》防鋄切。《韵会》父鋄切。并音范。《博雅》：蜂也。本作范。《礼·檀弓》：范则冠而蝉有緌。——摘自《康熙字典》（标本整理本）P1063，上海辞书出版社，2007。

《博物志》云："遠方諸山出蜜蠟處，其處人家有養蜂者。其法以木爲器，或十斛五斛，開小孔，令纔容蜂出入。以蜜蠟塗器，内外令遍，安着簷前或庭下。春月，此蜂將作窠生育時，來過人家。圍垣者，捕取得兩三頭，便内着器中。數宿，蜂出飛去。尋將伴來還，或多或少，經日漸益，不可復數，遂停住。往來器中，所滋長甚衆。至夏，開器取蜜蠟，所得多少，隨歲中所宜豐儉。"说明养蜂者为便于割蜜等操作，在自制木制容器上开小孔，以便蜜蜂出入；内壁涂蜡并将自制蜂箱放于屋檐下，需要时可诱集蜂。这是从猎取野生蜂巢饲养转为移养到家中的过渡。东汉时期蜂产品已逐渐被人们用于医药、印染、制蜡。三国吴・吴普在《神农本草经》（公元 3 世纪）中指出蜂蜜"除百病、和百藥"的记载。西汉（公元前 206—公元 25 年）至东汉时期，已可制作蜡烛。

家养蜜蜂使养蜂者能逐渐观察了解蜂巢内蜂群结构、生物学。例如，西晋（公元 276—317 年）的郭璞在《蜜蜂赋》中记述了蜜蜂访花、酿蜜、构建巢室、王台及其由大君统帅群民的社会性群体分工等。"無花不纏，無陳不省。""經營堂窟，繁布金房，疊構玉室。""咀嚼華滋，釀以爲蜜。""應青陽而啓户"说明不论寒暑，均需向阳迎暖。

唐・段成式在《酉阳杂俎》（公元 864 年）记载了作者本人在家中数亩果园中养蜂，"蜂窠，成式修里行里私第，果園數畝。蜂膠土爲窠於庭前簷。"并能区分雄性相蜂："生三四月，黑色，不能採花"，还指出"相蜂過冬，蜂族必空"的养蜂经验。

进入宋元时代（公元 960—1368 年）后，有关养蜂文献增多，此时家庭养蜂较普遍，出现了专业养蜂场。宋朝的王禹偁撰《小畜集・纪蜂》具有较高的学术价值，对蜜蜂蜂群繁殖中的蜂王、王台、分蜂等方面均有记述："蜂之有王，其狀何若？曰：其色青蒼。差大於常蜂耳。問：何以服其衆？曰：王無毒，不識其它。"关于王台："問王之所處？曰：窠之始營，必造一臺，其大如栗，俗謂之王臺，王居其上，且生子於中，或三或五，不常其數，王之子盡復爲王矣。"蜂群的分蜂："歲分其族而去，山甿患蜂之分也，以棘刺關於王臺，則王之子盡死而蜂不折矣。"对分蜂时蜂群的情况及当时蜂王的作用："蜂之分也，或團如罌，或鋪如扇，擁其王而去。王之所在，蜂不敢螫。失其王則潰亂，不可嚮邇。"关于割取巢内的蜜量，他告诫人们不可多也不可少的理由："凡取其蜜，不可多，多則蜂飢而不蕃；又不可少，少則蜂惰而不作"。这是极重要的关于养蜂技术的记载，使人们知道如何控制蜂群，使其不发生分巢的现象。作者在初步了解蜂群的社会性结构及分工协作的关系后，对蜜蜂极尽赞美之词："予愛其王之無毒，似以德而王者。又愛其王之子盡復爲王，似一姓一君，上下有定分者也。又愛其王之所在蜂不敢螫，似法令之明也。又愛其取之得中，似什一而税也"。半世纪后，宋・苏轼的《收蜂蜜》写到："空中蜂隊如車輪，中有王子蜂中尊。分房減口未有處，野老解與蜂語言。前人傳蜜延客住，後人秉艾催客奔。布囊包裹鬧如市，坌入竹屋新具完。小窗出入旋知路，幽圃首夏花正繁。相逢處處命儔侶，共入新宅長子孫。今年活計知尚淺，蜜蠟未暇分上人。明年少割助和藥，慚愧野老知利源"。诗中写出在蜂群分巢之际收取蜂群。前面人用蜜引蜂，后面人用艾烟催蜂进入已备好的新巢，并将已被熏晕的蜂群包起送入竹屋中繁衍后代。

家养中蜂业的发展，使人们逐渐对蜜蜂巢内各型蜂的分工合作者有了更进一步地了解。宋・陆佃撰《埤雅・蜂》卷一〇中对巢内蜂王和"守卫蜂"间的关系比若君臣："蜂有兩衙應潮。其主之所在，衆蜂爲之旋繞如衙，誅罰徵令絶嚴，有君臣之義。"汉・刘安的《淮南子・氾论训》中关于蜂房描述是蜂房大小"不容鵠卵"。

民间饲养中蜂的方法多有记载，一般均在木制容器侧开小孔，以便于蜂的出入。宋・罗愿撰《尔雅翼・蜜蠭》（公元 1184 年）对如何搜集野生状态的蜂王及蜂群有如下记述："有蜜蜂群過，有一蜂先飛覓止泊處。人知輒内木桶中，以蜜塗桶中，飛者聞蜜氣，或停不過三四，來便舉群悉至。今人家所養蜂，或群逸以千百數，中有大者爲王，群峰舁之，從其所往，人扠而養之。"观察到蜜蜂日出采蜜时，将花粉集中放于后足特化的花粉筐中："一日兩出而聚鳴，號爲兩衙。其出採花者，取花鬚上，粉寘兩髀，或采無所得，經宿花中，不敢歸房中。"而采不到花蜜的蜂，则留在花中不敢回巢。同一文中还记载了不同地区、不同植物的蜜色、质地及味道有区别：“今宛陵有黄連蜜，則色黄而味小苦。雍洛間有梨花蜜，色如凝脂。亳州太清宫有檜花蜜，色小赤。南京柘城縣有何首烏蜜，色更赤。各隨所採花色而性之，温涼亦相近。”巢脾下方有蜡，蜡与蜜的性质不同：“蜜脾底爲蠟，有蜜香氣，然蜜極甘，而蠟至淡獨爲一異。”并指出冬季寒冷时应割蜜。

元朝进一步总结出收集及饲养野生中蜂的方法。元·司农司著《农桑辑要》（公元 1273 年）中较详细记述了如何收集饲养野生中蜂、割蜜、割蜡及次年分蜂的方法，重要的是清理蜂巢、巢内积蓄足量蜂蜜、早春供水、控制分蜂等技术：“人家多於山野古窯中收取。蓋小房，或編荊囤，兩頭泥封，開一二小竅，使通出入，另開一小門，泥封，時時開却，掃除常淨，不令他物所侵。秋花彫盡，留冬月蜂所食蜜。餘蜜脾，割取作蜜蠟。至春三月，掃除如前。常於蜂宴前置水一器，不致渴損。春月蜂成，有數箇蜂王。當審多少，壯與不壯，若可分爲兩宴，止留蜂王兩箇，其餘摘去。如不分，除舊蜂王外，其餘蜂王盡行摘去。”

元·戴表元的《剡源文集˙义蜂行》描写蜂群失去蜂后的情况：“群蜂倉皇迷所適，竭走欲絶聲呀呀，求之不得久乃定，復結一聚猶如麻。”是最后在蜂群中有了替代的，所以“久乃定”了。

明·刘基在《诚意伯文集·郁离子·灵丘之丈人》（公元 1350—1365 年）中记述养蜂能手灵丘丈人从事养蜂业，富可比君臣：“靈丘之丈人善養蜂。歲収蜜數百斛，蠟稱之。於是其富比封君臣焉。”通过父子两代人养蜂的成败，总结并概括了中蜂蜂群四季管理的原则：培养强群、控制分蜂技术；专业养蜂场的布局及管理；适度取蜜；注意蜜蜂的天敌等：“昔者大人之養蠭①也，園有廬，廬有守。刳木以爲蠭之宫，不罅不庮②。其置也，疏密有行，新舊有次，坐有方，牖有鄉，五五爲伍，一人司之。視其生息，調其暄寒。鞏其構架，時其墐發。蕃則從之析之，寡則與之裒之，不使有二王也。去其蟲釆、蠡、蚍蜉，彌其土蜂、蠅豹。夏不烈日，冬不凝澌。飄風吹而不摇，淋雨沃而不漬。其取蜜也，分其贏而已矣，不竭其力也。”

至元代末期，养蜂技术日臻完善。人工蜂巢从“磚壘小屋，兩頭封泥”到“編荊囤，兩頭泥封”，发展到“刳木以爲蜂之宫，不罅不庮”的原始木质蜂箱，开创了中国木质蜂箱的历史。

清·程瑶田著《释虫小记·蜜蜂》中，对蜂巢结构、巢脾上的巢室为六角形、春夏秋季蜂采花酿蜜、蜜藏于蜜脾中、冬季靠取食蜂蜜越冬、主蜂（即雌蜂或蜂王）与“两衙”间是主仆关系及众多工蜂环绕于蜂王周围的“君臣”关系、主蜂外出则倾巢跟随、蜂螫人则针脱落后而亡等均引用宋·陆佃的《埤雅》中所述：“又聞之畜養者曰：蜂螫人則脫埀芒，歸爲主蜂所察識，殺之無赦。主蜂出，則衆蜂隨其後。入亦如之。冬日不常出，或晴霽當午陣出，從其主蜂。俄頃盡入，謂之朝午。夫尾有埀芒可禦侮，勇也；不聽螫人，仁也；犯之罪不容於死，義也；朝參衙列，以别尊卑，禮也；造房釀蜜，智也；作息應時，信也。微蟲薄質，能分六德之善，終歲習勤，不惰無荒，其天性然也”。

清·郝懿行所著《蜂衙小记》（1819 年）堪称当时全面总结中蜂生物学与饲养管理的专著。全书共分十五个章节。

（1）**识君臣**。蜂王色深，与其他蜂大小类似，无螫刺，位于蜂群中央，被其他蜂保卫，似君臣关系：“王獨幺小，入群不見，而群中畏之，王居中，群衛其外。”“其王蒼黑色，形與常蜂差異，無毒，不螫。”

（2）**坐衙**。即指巢脾或蜂房似莲房，其数很多，王和蜂群均居其上。一般很安静，如蜂王在，则蜂群响应：“蜂所居曰衙，色如凝脂，密過蓮房，千門萬户，壘壘如貫，亦號蜂房。”

（3）**分族**。即分蜂，当蜂群势强时，出现小蜂王，数日后，分出另一新家：“凡蜂盛極必分，分必以產其房之下鋭處，先别垂一房，形如蠶繭而小，淺黄色，中有小蜂王，若親子弟，然迨其生不過十日，

① 蠭：《集韵》《玉篇》并古文蠭字。——摘自《康熙字典》（标本整理本）P1074，上海辞书出版社，2007。

② 庮：yǒu,《唐韻》與久切。《廣韻》弋久切。《集韻》《韻會》以九切。並音酉。《說文》：久屋朽木也。《周禮·天官·內饔》：牛夜鳴則庮。註：鄭司農曰：庮，朽木臭也。yóu，又《廣韻》以周切。《集韻》《韻會》夷周切。並音由。義同。又《類篇》：簷梍（pí 或 bī）謂之庮。——摘自《康熙字典》（标本整理本）P289，上海辞书出版社，2007。

必分族而去矣。”

（4）**课蜜**。即采花蜜而酿成蜂蜜：“蜂所釀曰蜜，亦名百花糕。”“釀蜜者别一蜂，視常蜂差，肥大而黑，俗曰蜜婦。”

（5）**试花**。花初开时，蜂被花香所诱，离花时蜂体上沾满黄色花蕊：“蜂之戀花，尤甚於蝶。凡花初開，其中有一點甘露，芳馥之氣，蜂雖遠無不聞，聞則麇至。蕊未吐，乃穴而入，藉露濡體，還裹其花，復穴而出，則體盡黄。”

（6）**割蜜**。蜜蜂采蜜，人却割蜜，割蜜时先用烟熏，蜂则聚在另一处，不会受到伤害。为了蜂群过冬，必留足量蜂蜜：“先用艾火熏之，蜂則皆辟聚一處守其蜜，而不知人已盗之矣。割蜜須擇善割者，蜜盡而不傷。然割之之法，亦無令其盡者，必留數停，使足禦冬。”

（7）**相阴阳**。“蜂無冬夏皆向陽迎煖。”

（8）**知天时**。“畜蜂之家，謂分蜂之日必是吉日。”

（9）**择地利**。“蜂所居必吉地，每分蜂時，或其自擇，或人家收養。既定居，蜂王必出户周巡，群蜂隨之，得樂土然後居停。”

（10）**恶螫人**。蜂的腹部一般情况下均下垂，不激怒它时不会螫人，但螫人后螫刺脱出，蜂死：“蓋蜂之屬，嘗垂其腹以自休息，非欲螫也。”“惟蜂亦然，自求辛螫，其將焉咎？蜂既螫，即自拔出其毒，其蜂亦死。”

（11）**祝子**。蜂卵如米粒，几天后成蜂：“蜂，祝而生者。也每祝子時，或破其房視之，中有子，僅如米粒，數日即成蜂矣。”

（12）**逐妇**。将采蜜的蜂（生命期短）逐出或将自然死亡者清除出去：“畜蜂之家爲余言，蜜婦于春夏釀蜜，秋冬即死。否則諸蜂亦必齧殺之，或逐出之。”

13—15均记述其他野生蜜蜂。

## 三、专业养蜂户

明清时期，除一般养蜂户饲养十余群外，专业养蜂户已发展到饲养数百群。蜂蜜的来源也大多由专业户提供。明清学者已开始研究蜂群内部一些生物学性状等。明•李时珍（1518—1593年）在《本草纲目》中较全面总结了各代经典著作中有关“蜂”字的由来，蜂的生活环境，蜂巢内蜂幼虫的形态及色泽，幼虫白色，可食用；并且指出野外生活着三种野生蜜蜂，一种是在林木或土穴中生活的野蜂，另一种是家养于器械中的家蜂，第三种是在高山山崖处做巢的、体黑色、似牛虻。都有王，有衙的“社会性”，并且还注意到雌雄性在尾端的区别：雌性者尖，雄性者钝，交配后蜂色退。认识到“鬚”（即口器）有触觉作用，寻找花蜜“以鬚代鼻，采花粉則以股抱之。”《蜂记》中说明了蜜蜂的社会性及分蜂行为。“蜂王無毒，巢之始營，必造一臺，大如桃李，王居臺上，生子於中，王之子盡復爲王，歲分其族而去，其分之也或鋪如扇或圍如罌，擁王而去。王之所在，蜂不敢螫，若失真王，則众潰而死。”明•徐光启（1639年）在《农政全书•牧养》中指出，蜂蜜产量与雨水及植物的关系：“要知其年收蜜多寡，則看當年雨水何如，若雨水調匀，花木茂盛，其蜜必多，若雨水少，花木稀，其蜜必少。”

## 四、活 框 饲 养

截至清末，全国饲养中蜂约20万群，随着“活框养蜂技术”与西方蜜蜂 *Apis mellifera* L. 及其饲养管理书籍的传入，特别是《万国公投》（1875 年）刊登美国养蜂情况的文章。1876—1877 年英国傅兰雅的《西国养蜂法》等译著问世后，清朝末年的秀才张品南于 1911 年在福建闽侯与他人合作办“三英蜂场”饲养中蜂，可以认为是我国框式饲养中蜂的先驱。之后，从闽侯扩展到江浙、华北，二十世纪三十年代中后期几传遍全国。

## 参 考 文 献

杨淑培. 1993. 中国养蜂史・养蜂卷. 见: 中国农业百科全书. 北京: 农业出版社: 307-311
邹树文. 1982. 中国昆虫学史. 北京: 科学出版社: 141-144

# 中国古代蚕学研究与丝绸之路的开拓

黄复生

中国古代对于家蚕的研究，形成了一个独立的领域——“蚕学”，并且我国劳动人民对于养蚕技术的种种发明创造，取得了巨大业绩。这些成就为人类文明史写下了光辉的一页，得到了全世界人民的赞誉。但历史的发展是起伏跌宕的，是不均衡的。从我国古代蚕学研究的起伏跌宕和养蚕事业的兴盛衰败，可以看到一个国家建国体制的进步与落后，进而引申出整个国家实力的兴盛与衰败。一个国家的建制采取进步、民主，领导者依法治国，时时为民，这个国家则兴盛，疆土则平定，社会安宁，民族和谐，人民幸福；一个国家的建制延续落后、独裁，统治者以权谋私，处处为己，这个国家则腐败，疆土则沦丧，社会混乱，民族对立，人民遭殃。这种历史的教训值得记取！

## 一、野蚕的驯养和家蚕的培育

家蚕 *Bombyx mori* Linnaeus 与野蚕 *Bombyx mandarina* Moore 虽同为一属，十分近缘而相像，但是它们不属于同一个物种。家蚕的祖先原本也是属于野生的，生活在大自然条件之下、繁衍于荒山野地之中，大自然的生活条件和生态环境极其复杂多变，且反复无常，十分严酷。但随着家蚕的驯化、家养，长期在室内人工安定条件饲养下生长发育，渐渐失去野生的形体和习性。所以家蚕在野外已不复存在了，只能繁殖在屋内。久而久之，家蚕已经失去了原来生活在山野的诸多生理需求和生活习性，长期在室内人工培育下，形成自身独立的形态特征和生理反应。驯化家养之后，又由家蚕培殖出诸多品系，使得家蚕能生成比其野生祖先更多、色彩更加艳丽斑斓、品质更加柔细优美的蚕丝，供世人享用。这是一项伟大的发明创造，这一发明创造是我国人民长期开发、研究的结果，这一研究结果为世界昆虫学史写下了最为绚丽的一页。

我国蚕学研究和养蚕事业的历史，上上下下经过了几千年，在这样漫长的时间长河里，根据相关文献记载和考古证据，从纯野生一种野蚕，经过驯化、养殖，渐渐培植，使之成为纯家养的家蚕。这样一个过程可分为四个时期：纯野生时期、野生驯养时期、家养驯化时期和纯家养时期。

| 纯野生时期 | 野生驯养时期 | 家养驯化时期 | 纯家养时期 |
|---|---|---|---|
| 新石器时代 | 黄帝尧舜夏商周 | 春秋战国 | 秦汉 |
| 公元前 3000 年前 | 公元前 3000—前 800 年 | 公元前 800—前 200 年 | 公元前 200 年后 |

### （一）纯野生时期（公元前 3000 年前）

这是一个相当漫长的历史时期，为新石器时代，人们过着原始的游猎生活，居无定所，随遇而安，一切生活资料直接取自于自然界。野生的一种蚕蛾幼虫体表光滑而细腻，没有毒毛，又能结成厚实的茧皮，又有丰满多脂、可供食用的蚕蛹，而且其发生数量多而集中等等。这些特点引起古人的关注，人们便产生了种种疑问，野蚕的这些特点是否可以为人所用？经过多方试验、反复思索、不断推敲，体验到这种野蚕确实对人体无毒无害。进一步得知这些野蚕可以为人所用，不仅可以为人们提供营养丰富的食物——蚕蛹，而且厚实的茧皮又可以直接组合，缝制衣裳，御寒保暖。野蚕的纯野生状态，古人初次尝试并直接利用野生蚕茧和蚕蛹的现象，为这一时期的特点。

李济（1927）《西阴村史前的遗存》中提到：在陕西夏县西阴村仰韶文化遗址中，发现距今5600—6080年的新石器时代，存在经过人为割裂的茧壳和骨针等。这个“茧壳”可能就是直接被利用的野生蚕茧，应该是当时古人利用其茧壳直接缝制衣服、保暖身体的剩余之物。这是我国先民直接利用来自自然界野蚕的一个例证。

周尧（1988）《中国昆虫学史》中说：“在浙江吴兴钱山漾新石器时代遗址中，……出土一批盛在竹筐中的丝织品，包括绢片、丝带和丝绒。……经 $^{14}C$ 测定，其年代为距今4728年±100年。”看来随着时间的推移，社会的进步，人们对生活有了更高的要求，随之对于蚕茧的利用技术有了很大提高。此时不再直接剖开蚕茧、茧皮缝制衣裳，而是经过多次加工，剥茧、抽丝，然后纺丝、织绢，最后用以缝制更为华丽的衣裳。但新石器时代人们的知识水平尚有限，蚕仍处于纯野生状态，那些绢片、丝带仍来自自然界纯野生的蚕茧，经加工而成为绢片和丝带。不过从此古人由直接利用蚕的茧皮，进入了抽丝、纺织为绢和带的时期。从陕西西阴村遗址的挖掘到浙江钱山漾遗址的发现，前后经过了2000年的时间，可想而知在这漫长的岁月中，我国先人经过无数次的试验、失败、再试验、再失败，最后取得了成功。这是一个多么艰苦的过程，但这个过程是一个创造，也是一个飞跃，是我国先民对于野生蚕宝宝的活动状态、生活习性、发育状况、成熟时间、结茧特点等进行长期观察、研究、开发、利用的结果。

### （二）野生驯养时期（公元前3000—公元前800年）

这个时期，我国处于黄帝、尧、舜、夏、商、周时期，社会已逐步脱离了原始的游猎状态，慢慢进入比较安定的生活，人们居有定所，且有自己的家园，种禾植桑。这个时期养蚕的特点是有了正式桑园的出现，有诗为证。《诗经·国风·魏风·十亩之间》：

十畝之間兮，桑者閑閑兮，行與子還兮。

十畝之外兮，桑者泄泄兮，行與子逝兮。

以上诗句证明了至少在那个时期已经有了正式种植的桑园。所以植桑是这个时期的标志。此时可能出现少部分蚕有家养的现象，但大部分仍为野生，仍生活在旷野之中，此时的养蚕很可能把分散在旷野上的野蚕收集起来，集中驯养在某一桑园内，以便于管理、观察、研究，也便于收获、优选。这就是从单纯采自野生的蚕蛹和蚕茧，开始进入有意识地野外驯养时期。这个时期的蚕仍主要驯养于野外桑园之中，有荀况《荀子·赋篇·蚕》为证：

有物於此，儳儳兮其狀，屢化如神。功被天下，爲萬世文。禮樂以成，貴賤以分。養老長幼，待之而後存。名號不美，與暴爲鄰。功立而身廢，事成而家敗。棄其耆老，收其後世。人屬所利，飛鳥所害。臣愚而不識，請占之五泰。

五泰占之曰：此夫身女好而頭馬首者與？屢化而不壽者與？善壯而拙老者與？有父母而無牝牡者與？冬伏而夏游，食桑而吐絲，前亂而後治，夏生而惡暑，喜溼而惡雨，蛹以爲母，蛾以爲父。三俯三起，事乃大已。夫是之謂蠶理。

这是一篇最早研究蚕的文章，也是一篇观察、研究蚕的形态、习性及其他生物学的总结，被称为“蚕理”。全赋分为前后两部分，前部分“飞鸟所害”和后部分“喜湿而恶雨”都说明了当时养蚕是在露天野外。所谓“飞鸟所害”，所谓“喜湿而恶雨”，都是不可能在室内发生之事，都说明驯养与旷野桑树有关，桑树上的蚕宝宝常受到飞鸟所害，常受到恶雨所淋。人们为了避免野外恶劣饲养条件的干扰，不受飞鸟的侵害，不受恶雨的摧残，能采获更多的蚕茧，便有了改变野蚕野生状态的愿望，渐渐地由野外驯养移到了室内。在此期间，户外与室内，野生与家养，反反复复，不断探索、试验、观察与研究。为了求得最佳结果，此时养蚕虽有入室的需求和愿望，然而主要还是在探索时期，大量蚕事仍为野生状态下集中驯养的状态。

邹树文（1982）说：家蚕以桑叶为食。桑树在野生的情况下，可以成为浓荫密闭的高大乔木林。古代劳动人民采着乔木桑茧，认为优于其他蚕茧，乃就同处或相类似之处驯养家蚕，其事极为自然。《诗经》用到“蚕”字少，而用“桑”字多。古语往往耕桑并称而很少耕蚕并称。古人心目中，不但桑重于蚕，而且表明当时养蚕工作是在桑树上进行的。所以野外集中驯养野蚕的操作为这一时期养蚕最突出的特点。

综上所述，家蚕在家养驯化之前，有一段很长的历史时期是在野外桑树上集中驯养。人们也就在这个历史时期对于蚕的生活各个阶段、不同的发育时期，进行广泛的观察与研究。为彻底摆脱野外恶劣条件的困扰，进一步摸索、创造新的、优于野外环境的生活条件，为家养驯化创造条件。

### （三）家养驯化时期（公元前800—前200年）

这个时期处于春秋战国年代，养蚕已移入室内驯化，此时可能还有在野外集中驯养桑蚕的现象，但也仅限于少数。多数者已移进室内家养驯化。《礼记•祭义》曾记载：“古者天子諸侯，必有公桑、蠶室”，可见此时的养蚕已正式移入室内，且尚有专门建立的“养蚕室”，以供家养驯化。野蚕由野生到家养，虽然避开了飞鸟所害、恶雨所淋，但野外和室内的饲养条件完全不同。人们如何创造室内的生活环境，更加适宜于家蚕的生存与繁衍，并将其驯化为纯家养的状态，这是一个大问题。野外、室内，野生、家养的生活条件千差万别，野外和室内，这是两个完全不同的生态系统，两者的生活条件差别很大，野生者直接饲养在高大的桑树上，生活条件靠天赐予。而家养者则在人工干预之下，养在室内帘子上，并喂以桑叶，其生活条件靠人工调节。野外、室内，两者在光照、温度、湿度及食物的供给等方面相距甚远。前后需要一个转变过程。这个过程需要深入观察和研究蚕的生理反应、活动状况和繁殖机能等，把野生的野蚕完全脱离原有的生态条件，被驯化为家养的家蚕，这是一项创举，但这是艰难的一步，需要深入观察、摸索、试验与研究。家养驯化时期对于养蚕而言，一来便于管理，二来便于研究。这一时期的蚕事围绕促使家蚕完全脱离原有野生的种种特性而展开，使之完全适应人工饲养的各种生活条件。

郭郛先生在审订本文后，认定这个时期养蚕特点是“野外采桑，室内驯养”。随之又以古籍记载为佐证。《春秋左传注疏•十五•鲁僖公二十二年》（公元前638年）：“晉公子重耳及齊，齊桓公妻之，公子安之，從者以爲不可。”大意是：晋文公重耳（公元前697—前628年）到齐国，齐桓公（公元前634年）以姜氏女妻之。姜氏女在室内养蚕，派侍女到野外桑树上采桑叶。文公从人谋划出走，在野外桑树下聚头相会，彼此商议。不意之间，被桑树上采桑叶的侍女听到了，回来告诉女主人姜氏。郭先生的引文和解释进一步证明了此时养蚕和桑树是分开的，前者在室内，后者在户外。强调了也佐证了此时是家蚕“室内驯养”的关键时期。室内饲养不仅创造了家蚕的驯化生活条件，同时促使家蚕的驯化历程迈进一道新的门槛。人们可以更直接、更深入地观察到家蚕的活动状态和生活习性。

野蚕在驯化过程中，在家养的条件下，又为深入观察研究家蚕在新的环境条件下的活动规律创造了条件，直接推动了对家蚕在家养条件下的发生规律、生理反应、生活习性的观察和研究，深入研究家蚕的生长、发育、蜕皮、休眠、吐丝、结茧、老熟、化蛹、破茧出蛾及产卵繁殖等特性，创建室内人为控制下适宜家蚕成长的生活条件，使家养驯化后的家蚕更具有活力，蚕蛹长得更丰满，蚕丝的产量更高，丝质更优美。此时，虽是过渡时间，仍然还有一些野外饲养的野蚕，但大部分养蚕已经移入室内饲养。家蚕的室内驯化是这一养蚕时期的特点。室内诸多条件优于户外，一来避免飞鸟所害、恶雨所淋，二来室内的生活条件便于人为控制。所以家蚕室内驯养家化，不仅改变了野蚕的生活习性，而且坚定了人们改变自然的决心和愿望。此时我国养蚕业已得到了巨大的发展。邹树文（1982）说："公元前三世纪，我国即以盛产丝织物闻名于世，被称为丝国。"这一时期最大的特点是，在深入研究家蚕生活习性的基础上，将纯野生的野蚕，通过家养驯化，使之成为家蚕。这是我国古代蚕学研究深化的结果，为我国蚕丝业的大发展奠定了基础。

### （四）纯家养时期（公元前200年后）

在家养驯化的基础上，我国养蚕事业和蚕学研究进入了秦汉的鼎盛时期。此时家蚕已完全驯化为纯家养状态，完全摆脱了野生状况，在这样的状态下，加强了人为的干预，人们在室内创造了最适宜于家蚕生活、繁殖的环境，最适宜的温度，最适宜的湿度，阳光充足，通风良好，优越的生活条件促进了家蚕的生长发育。由于科学养蚕，方法由繁变简，程序由难变易、环境由多变到可控。养蚕业迅速推广普及，蚕丝的产业有了很大发展。那时，几乎家家户户都在养蚕，古时民间有这样的成语："一妇不蚕，或受之寒"。一个妇女如果不养蚕，是被人看不起的，甚至被歧视的。可见古时养蚕是多么被重视，是多么普遍的现象，家蚕已成为一个人人共知的昆虫物种，蚕事已成为一个家家户户的共事。可想而知，那时养蚕业是如此的兴盛发达。此时社会有了很大发展，生产力有了很大提高，社会分工也更加精细，人们的生活水平也随之有了很大改善，对于蚕丝的需求也就更加迫切和渴望。社会上士大夫的生活要求也就更为讲究、精细、体面、舒适，对于绫、罗、绸、缎的质地和色彩有着更高的要求，汉时马王堆古墓出土的随葬物品证实了这一点。再者，此时丝绸在国际市场上又占有很高份额。随着丝绸之路的开通，国际贸易就更加昌盛了，人们的需要和商业的发展要求有更高产的家蚕和更优质的蚕丝。在此形势推动之下，要求更深层次地对家蚕的活动规律和家养条件下家蚕的生活习性与繁殖的动态进行更深入的观察与研究，进而对家蚕各个品系进行系统的筛选，选高产、选优生、选优质，借以适应形势的需求。因此在家养驯化之后，家蚕的培育、选优是这一时期养蚕的最突出特点。所以这一时期我国蚕丝业进入一个最为鼎盛的时期，蚕学研究进入一个崭新时代，为蚕学基础研究奠定了基石。

家蚕从野生到家养，人们从直接利用蚕茧缝衣保暖，到间接煮茧、缫丝、织绢，从简单粗放到复杂求精，从国人喜欢、自产自销、惠及疆土，到外人青睐、输出境外、普天共享。总之，从纯野生的野蚕，经过漫长的野生驯养时期，再到家养驯化时期，最后到纯家养时期，使野蚕演变为家蚕，这是一个多么艰难的历程，前后经过数千年，这是我国先民的伟大创举，是劳动人民不断观察、试验、筛选，开展蚕学研究的结果。周尧（1988）在养蚕历史的考证中说："养蚕是中国古代劳动人民发明的。——是人类改造自然的一个伟大成就。"

## 二、"丝绸之路"的开辟

丝绸之路的开辟，推动了养蚕业的发展，也推动了蚕学的研究。家蚕在家养驯化进入纯家养之后，有了很大发展，蚕丝的产业也随之扩大、提高。在最初阶段，我国正处于春秋战国时期，因古时战争频繁、社会动荡，人们为了求生活、寻安定，不断向外求生，开拓商旅往来，进而长途迁徙，在此期间将蚕种及养蚕的相关技术也带到了异域，传到了国外。邹树文（1982）对蚕丝、蚕种早期输出的记载及丝绸之路的开辟做了深入的考证。本文就此加以整理补充，丝绸之路有以下几个路线。

## （一）西路

这是最古老的路线，也可以说丝绸之路从这里开始。黄河流域、长江流域是我中华民族的发祥地，也是人类最早利用蚕茧，缫丝、织绢的地方。我国在夏、商、周时期之前，对于蚕丝、蚕蛹就已经有了很好的发掘与利用。公元前 300 年我国丝织品已经成为对外贸易的重要商品而不断地输出国门，进入西域各地。所以中国早就被称为“丝国”。随着这道早期国门的开启，从汉建元三年至元朔三年（公元前 138—前 126 年），张骞奉汉武帝刘彻之命西行，并与帕米尔高原以西的国家建立了良好的国际关系。回国后禀报：“臣在大夏时见邛竹杖、蜀布。”邹树文（1982）认为：“当时还没有应用棉花，这种布也可能是丝织品。由此可见，在张骞奉使以前，民间商旅往来转输丝织物早已频繁了。”随后于汉元狩四年（公元前 119 年），张骞又奉命第二次出使西域，并派遣许多持节副使到自己不能去的地方。这些人员从中原地带出发，围绕我国新疆维吾尔自治区天山以南的塔克拉玛干大沙漠分南北两路西行，南路经由敦煌、楼兰，过于阗（和田）、莎车，再穿越帕米尔高原，最后到达阿富汗、伊朗（安息）、伊拉克、罗马帝国（今地中海东部）等地。北路越过河西走廊，经吐鲁番、库车、喀什等地，再横跨帕米尔高地，到达乌兹别克斯坦费尔干纳、撒马尔罕。两条路线最后都集中于波斯，即今伊朗。《前汉书》说该都城“臨嬀水，商賈車船行旁國”。由此可见，当时的伊朗是我国丝织品贸易的集散市场，从这里再向四面八方扩散。所到之处，无不称赞，并且我国与这些国家建立了密切而良好的关系。从此我国与西域各国之间的交通、经济、宗教、文化的交流就更加频繁，贩运丝绸的商旅频频往来，这条道路后来被中外历史学家称为“丝绸之路”。

邹树文（1982）引《后汉书·西域传》记载：“大秦國（即今罗马）……有松柏諸木百草。人俗力田作。多種樹蠶桑。”瓦格勒（1936）《农书》（482 页）：“波斯人当时必定已经在养蚕，因为当亚历山大（公元前 356—323 年）征服波斯国时，便将这里所得的蚕送给他的先生亚里士多德（公元前 384—322 年），使后者得在自己的自然史中详细加以叙述。”这证明了“丝绸之路”的历史作用，并且进一步证明了蚕种与蚕丝及饲养、调试等技术早已从这条丝路传入了欧洲。周尧（1988）：“随着丝绸之路的开辟，丝织品流传到阿富汗、俾路芝、波斯一带。有的转卖到印度，有的转卖到叙利亚、埃及、罗马和希腊，希腊称（丝）为 ser，称产丝民族为 seres。”

最近我国西藏阿里地区的考古发现有不少丝织品的出土。阿里地区因地势高，绝无植桑养蚕之事，再加上路途遥远、交通不便，那里的丝织品应从新疆输入。并且从阿里地区再往西，又可通向西域的异国他乡。由此可见，远古时期的丝绸之路是多么的繁荣昌盛。

根据以上考证，我国的蚕丝、蚕种及养蚕技术，通过丝绸之路，由我国西部早就传到了中亚、西亚和欧洲诸地。此举不仅发展了经济，增强了国力，而且从此开启了繁荣的商旅通道，并且以此与西方各国建立了良好的国际关系。

## （二）东路

据邹树文（1982）记载：“对于日本的输出，由朝鲜间接的说法，因地理最接近亦极自然。”据《汉书·地理志》所载，早在公元前 11 世纪，中国蚕种与栽桑的方法已经传到朝鲜，此后再达日本，一衣带水之隔而已。据日本史及其蚕丝业史中记载：秦始皇时“徐福率三千男女儿童，携带桑蚕种子，航游日本。”这些早期记载证明了在汉朝之前桑蚕已从我国东部传到了朝鲜与日本。

随后据《日本国志》卷四：“雄略帝八年（公元 464 年），遣使身狭青檜隈博德于吴。十四年（公元 470 年），身狭青檜隈博德再奉命往吴。因得吴織、漢織、並縫女姉妹四工女而返。”再次证明了我国的蚕与丝从东部早已传入日本。

据周尧（1988）考证："远在公元前 12 世纪，我国蚕种和养蚕技术传到了朝鲜。在公元前 3—5 世纪，日本从朝鲜学会养蚕。在秦始皇时（公元前 259—前 210 年）吴地（今江浙一带）有兄弟二人东渡黄海到日本，传授养蚕织绸技术，缝制吴服。应神天皇（公元三世纪末）、仁德天皇（四世纪初）、雄略天皇（五世纪中）曾专门派人从朝鲜半岛邀请避秦汉时战乱逃到乐浪、带方二郡的中国人移居日本。南北朝时（公元 420—589 年）也直接从浙江一带招募一批养蚕纺织的技工去传授技术，得到进一步提高。"

以上考证和记载，表明在南北朝之前我国养蚕事业已十分发达，养蚕技术也十分成熟，并且从我国东部传到了朝鲜和日本。在交往中直接传授了相关的知识和技术。

## （三）南路

由于气候和地理的条件，这条路显得极其艰辛而复杂，基本上又分为两个方向，即西南和东南方向，也可以说是山路和海路，前者翻山越岭沿着崎岖古道，以骡马为伴，人背马驼，翻山越岭，走出国门；后者则扬帆远航，以海为家，漂泊大洋，异国求商，寻觅发展，建立友谊。

西南山路：在四川近来考古有诸多新的发现，汉墓出土了不少"织锦机"和丝织品；西藏古墓也出土了许多来自我国四川的"蜀绣"及相关的器具等。凡此种种表明了，秦汉之前，以天府之国的四川盆地为核心地带，已经有了兴盛的养蚕业和丝织品作坊。成都是一个中心地区，但直接往西，由于青藏高原的突起，山高路险，难以开通，只能以马帮的形式驮着丝绸、蜀绣、茶叶和食盐等，由成都出发，向南进入云南，经昭通、大理，往西跨过横断山的怒江、澜沧江，经腾冲等地，走出国门，经过缅甸、现今的孟加拉国、印度、巴基斯坦及中亚一带，最后进入欧洲诸地，换取当地特产、药材、香料等。这条马帮古道沿路山高路险，谷深水阻，极其艰辛，但为了谋生、求知、探索、开拓与发展，我们的祖辈一次又一次地前行。

东南海路：我国海岸线很长，特别是在东部和南部有着辽阔的海域，通过航海与更远的国家发展贸易、建立友谊。这条路线由于在海上，被称为"海上丝绸之路"。据季羡林（1955）《中国蚕丝输入印度问题的初步研究》，将中国蚕丝输入印度的过程分为南海等 5 条路线。他认为在唐僧玄奘到达印度时，那里人们用的只是憍奢耶，即野蚕丝，尚未见到家蚕的养育。"到了宋代，印度人民至少是靠近和中国通商的港口一带的人，已经可以穿丝衣服。"看来多数的蚕种与蚕丝由海路，从这些通商的港口输入印度。

到了明朝，就更加兴盛发达，不仅有大船，而且有庞大的船队。郑和下西洋，从海路打通的世界各地通商渠道更加通畅了，并且建立了良好的外交关系。通过瓷器，通过茶叶，通过蚕丝，通过刺绣和缂丝等等，构建了海上的"丝绸之路"，与东亚、南亚、印度洋、非洲，甚至与欧洲诸国有了新的联系，开展了更为广泛的贸易往来，并且建立了友好关系。

我国从宋朝开始，航海事业就已经十分发达，著名的《清明上河图》中便可见到先进的大型商船。不久前在东南沿海沉船考古中，离福建泉州不远的外海有一艘沉船，内藏诸多宋朝的遗物和波斯的金腰带等。由此便可得知，在宋朝时期，海上商贸贩运已十分繁忙了，许多货物，如瓷器、丝绸、漆器等，由福建东南出海，经南海一条路是向东南，抵达东南亚诸国，另一条路是向西南，经过马六甲海峡转向西北，进入印度洋，到达印度，又经南亚次大陆到达阿拉伯中东诸国。从这些国家又带回我国需要的物品和配饰等。甚至伊斯兰教也随之传入我国，在福建泉州建造受人朝拜的清真寺，交流信仰，互助友爱，教人行善。由此可见，海上丝绸之路的开通，不仅交流了货物，同时也交流了人们的思维文化和信仰。

### （四）北路

除了上述几条早期开辟的丝绸之路外，还有北方一条重要的古代丝绸之路，这条商旅通道称之为北路。在古时候，这是最晚开辟的一个商旅国门，可能始于元明时期，或稍早，但兴盛于清朝期间。以山西晋商为核心，从江南各地大量采购茶叶、丝绸和漆器，沿着运河北上，经山西、内蒙古一带，由马帮或驼队北运，以张家口、呼和浩特、包头为集散地，随后向北经蒙古，再向北到俄罗斯，往西穿越乌拉尔山，最后到达欧洲其他各国。于此期间，由于贸易繁忙，发展迅速，为了躲避盗匪的洗劫，发展了金融票号，山西出现了不少商号和银号，有了借贷、有了存储、有了票据，出现了所谓银行性质的“票号”。同时也有不少人为了找生活、谋出路，成群结队，出生入死，贩运物资，从荒山秃岭、饿狼出没、盗匪横行的地方“走西口”，到漫漫沙海、无边荒原求新生。他们创造了奇迹，开辟了一条新的商旅通道——北方丝绸之路，将我国南方盛产的丝绸、刺绣、漆器、茶叶运往北方，运往蒙古，运往俄罗斯和欧洲其他国家，再从当地运回所需的物资，如皮货（各种产于北方的兽皮）及稀贵药材。不仅沟通了彼此的物产，而且也交流了文化、艺术，交流了宗教与信仰等等。

## 三、蚕学研究的成就

我国古代在开展科学研究中，有很多突出的成就与贡献。蚕学研究便是其中的佼佼者。在人类发展历史上，我国先民对于家蚕的研究开始得最早、经历时间最长、成就最大、范围最广、意义最深。它应该被列为世界昆虫学史上最为显赫的一页。首先一点，家蚕从纯野生到纯家养，培育一个全新的脱离野生状态下的家蚕，这是一项创举。并开辟了多条“丝绸之路”为世界提供了优质、华丽的绫、罗、绸、缎，以及优美绝伦的刺绣和缂丝。所以家蚕的研究与培育是蚕学研究一大成就，这一成就繁荣了国人，同时也贡献了世界。

最早研究野蚕的时间已无法查考，也许远古时期人们在利用野蚕的过程中就已经开始观察、研究蚕的生活习性，直至可以追索到新石器时代期间。人们只能从甲骨文留下诸多桑、蚕、丝的记载中寻找线索。所以最早开展野蚕研究的具体时间确实难以确定。但最早研究蚕的文章已有留存，周・荀况的《蚕赋》就是存留最为完整、最为深刻的一篇蚕学研究的早期文章。它首先描述蚕幼虫的形态构造，身体分节、皮肤细腻、无毛无鳞，光滑而娇嫩，幼虫的头顶圆滑，嘴在下方横向突出，时常头胸高起耸立，形象地与高昂的马头相比拟。进而对于蚕幼虫的生活习性进行了深入的研究，认为幼虫虽由父母所生，但自身难分牝牡，个体发育经过几次蜕皮，所谓“三俯三起”。随着成熟长大，食量暴增，幼虫生活期间怕鸟也怕雨，最后幼虫进入成熟期，吐丝结茧。当时能有这样翔实的记载，实属难能可贵。

后魏时期，贾思勰的《齐民要术》对于蚕的不同品系有了详细记载：“按今世有三卧一生蠶、四卧再生蠶、白頭蠶、頡石蠶、楚蠶、黑蠶、兒蠶（有一生再生之異）、灰兒蠶、秋母蠶、秋中蠶、老秋兒蠶、秋末老獬兒蠶、綿兒蠶、同繭蠶，或二蠶、三蠶共爲一繭。凡三卧四卧，皆有絲綿之别”。详细地研究了蚕的不同品种及其生物学特性（见邹树文，1982）。

宋朝和元朝时期对于蚕学的研究更加深入而系统，并且在以往的基础上进行了总结，最具有代表性的著作有宋・秦观的《蚕书》、宋・陈旉的《农书》、元・司农司的《农桑辑要》和元・王祯的《农书》等专论。

宋・罗愿的《尔雅翼》是对《尔雅》的诠释与扩展，对于昆虫分类部分，在叙述昆虫的不同种类时，他把蚕作为《释虫》的开篇物种，并以蠶加以充实：“蠶倉庚鳴則生。故詩曰：倉庚喈喈，采蘩祁祁。蘩，白蒿也，所以生蠶。《夏小正》曰：三月妾子始蠶。蠶之狀，喙呥呥，類馬。色斑斑，似虎。初拂謂之蚝。……蠶尚小，不欲見露氣。……蠶，昆蟲之類。昆者明也。蠶見明則食，食多則生長。其旋生駒皆與母同老，食而不欲。三十六日而化（《淮南》曰：二十二日而化）。嵇康《養生論》曰：火蠶十八日，寒蠶三十餘日。仲長子昌言亦曰：寒而餓之，則引日多，温而飽之，則用日少。此寒、温、飢、飽之爲修短驗之於物者也。荀卿賦曰：三俯三起，事乃大已。俯謂之眠。亦有四眠者。既老將績，其口含絲。”

这段记载不仅深刻地描绘了始蚕的最早阶段，形象地描述了蚕幼虫时期的形态和行为，以及成熟时间的种种状态，这个时间的长短与寒、温、饥、饱密切相关。进而补充了荀子的三俯三起，还提出也有四眠者。后来元・王祯《农书》云：“北蠶多是三眠，南蠶俱是四眠。”可见南北不同地区蚕龄期的差异在元朝时期已有记载。幼虫成熟了，即将吐丝作茧了。所以罗愿的记载是总结了以往对于家蚕形态、生活习性、龄期，以及对于外界条件改变的反映等生物学特性深入研究的结果。紧随此后，罗愿又以蠶记载了家蚕有多绩的现象，“南陽郡一歲蠶八績”“九真郡蠶年八熟”“永嘉有八葦蠶：蚖珍蠶，三月績。柘蠶，四月初績。蚖蠶，四月初績。愛珍，五月績。愛蠶，六月末績。寒珍，七月末績。四出蠶，九月初績。寒蠶，十月績”。一年可以收获八次茧，这虽说是蚕丝产量的提高，但也完全体现出家蚕在家养条件下所形成的独特的生活习性，这种崭新的生活习性在野蚕中是不具备的。所以也可以说家蚕是我国古人研究培育的结果。正如周尧（1988）所说：“在这漫长的岁月中，野蚕经过人们的培育，形成了家蚕，家蚕在人工选择和气候变化的影响下，性状和野蚕相比产生了巨大变异，并在各个时期和各个地区形成形状各异（代数、眠性、大小、体色、茧形、茧色）的许多类型。看到这一事实，谁都会发出惊叹吧！”

随后，明朝时期，我国对于家蚕有了更深层次的研究。明・徐光启将以往的研究进行系统的总结，形成“蚕学”，并写出《农政全书・桑蚕》，介绍蚕的饲养方法等，直接推动了蚕丝业的发展，促使养蚕事业和丝织产业有了很大提高，为海外贸易创造了物质基础。

邹树文（1982）在《中国昆虫学史》中，通过论蚕性、蚕种的处理、给桑育蚕的过程、蚕的品种问题、禁原蚕说的纠纷等，详细地介绍了我国古人对于家蚕开展诸多研究及其所取得巨大成就。我国历史上关于蚕桑研究的专门著作周尧（1988）进行了详细统计。

中国有关蚕学研究和养蚕的论述与专著甚多。先秦时期就已经有专门记载，公元前300—前200年荀况的《蚕赋》和淮南王刘安的《蚕经》，随后有东汉王景的《蚕织法》，《旧唐书・蚕经》一卷，《后唐书・蚕经》二卷，五代孙光宪的《蚕书》三卷。宋朝有《蚕书》，元朝有《蚕桑直说》《农桑要旨》《养蚕总论》等，其中相关内容被《农桑辑要》所引述；鲁明善的《农桑衣食撮要》，苗好谦的《农桑辑要》《栽桑图说》。明朝时期有金瑶的《蚕训》、黄省曾的《养蚕经》、许明远的《蚕谱》、沈如封的《吴中蚕法》、罗文振的《农桑撮要》等等。

清朝关于蚕桑的专著特别多，据周尧（1988）统计有50多种。1705年蒲松龄的《农蚕经》，1751年李拔的《蚕桑说》，1738年后陈克任的《桑蚕志》，1757年王萦绪的《蚕说》，1756年杨屾的《蚕政摘要》，1757年后韩梦周的《东省养蚕成法》，1796年后陈斌的《桑蚕杂记》，约1796年前后李聿求的《桑志》，1818年周春溶的《蚕桑宝要》，约1826年后黄思彤的《蚕桑录要》，1829年杨名飏的《蚕桑简编》，约1830年前后高其垣的《试行蚕桑说》，1831年高铨的《蚕桑辑要》，1853年陆献的《山左蚕桑考》，1845年程岱葊的《西吴蚕略》，1846年邹祖堂的《蚕桑事宜》，1855年沈练的《蚕桑说》《广蚕桑说》《广蚕桑说辑补》，1851年狄继善的《蚕桑问答》，1860年汪日桢的《湖蚕述》，1862年后张行孚的《蚕事要略》，1871年何右安、魏默深的《蚕桑合编》，1871年宋星藩的《蚕桑说略》，1877年恽畹香的《蚕桑备览》，1878年沈秉成的《蚕桑辑要》、屠立威的《蚕桑实际》、张世准的《蚕桑俗歌》，1880年方大缇的《蚕桑提要》，1881年魏伦先的《河南蚕桑取务记略》，1882年黄世本的《蚕桑简明辑要》，1888年范梁的《树蚕养蚕要略》，1890年何品平的《桑蚕格式》、蒋北奎的《蚕桑实济》，1892年廖静波的《课蚕要略》，1896年赵敬如的《蚕桑说》，1897 年仲昂庭的《广蚕桑说辑补》、陈开沚的《裨农最要》、朱祖荣的《蚕桑答问》及《续编》，1898 年郑文同的《蚕桑辑要》、卫杰的《蚕桑萃编》，其他 19 世纪出版的还有张文艺的《养蚕秘诀》、俞兴墉的《桑蚕述要》、羊复礼的《蚕桑摘要》、谭钟麟的《蚕桑辑要》、孙福保的《吴苑栽蚕法》、刘光蕡的《养蚕歌诀》等等。1901 年陈启沅的《蚕桑谱》，1902 年饶敦秩的《蚕桑简要录》和 1908 年《蚕桑质说》等都是清朝时期的专著。

这些著作系统地记载了我国蚕学研究的成就。历史上蚕学研究的成果直接推动了我国养蚕技术的不断开发和革新。蚕学的研究在元朝和明朝初期达到鼎盛时期。

元·司农司的《农桑辑要·养蚕》全面地阐述了养蚕技术，应用蚕学研究的原理指导蚕业的生产流程，认为："蠶，陽物，大惡水。故蠶食而不飲。《士農必用》蠶之性，子在連，則宜極寒；成蛾，則宜極暖；停眠起，宜温；大眠後，宜涼；臨老，宜漸暖；入簇，則宜極暖。"这些研究成果与阐明说明了水分和温度对于蚕的生长发育的重要意义。蚕的不同发育阶段对于温度和水分有不同要求，用蚕之性规范饲蚕之术，并采用"收种""择茧""浴连""收乾桑叶"等养蚕技术，使之多出丝，出好丝。

我国养蚕事业一直很兴盛、很普及。唐、宋、元时期如此，到了明朝初期还是这样。徐光启曾引王祯的话说："蠶繅之事，自天子后妃，至于庶人之婦，皆有所執，以共衣服。故篇目以蠶室爲首。"可见在我国养蚕事业长时间处于鼎盛时期，而且从上到下普遍养蚕。为此，为蚕学研究提供了极其广阔的天地。明·徐光启的《农政全书》对于蚕桑部分总结了前人各家研究成果和具体操作技术，而且利用这些研究成果和操作方法系统化、程序化指导蚕丝的生产。他引用王祯的"育蠶之法始於擇種，收繭取簇之中，向陽明淨厚實者。蛾出第一日者名苗蛾，末後出者名末蛾，皆不可用，次日以後出者取之。鋪連於槌箔，雄雌相配。至暮抛去雄蛾，將母蛾于連上，匀布所生子。"根据蛾的发育状况，培育理想的蚕子。他的《养蚕法》和《蚕事图谱》简明扼要地介绍了科学的养蚕方法，并把养蚕的具体程序绘成图谱，这些工作直接推动了蚕丝业的发展，以此描绘着蚕学研究和养蚕业的盛况。

随后，人们为了获得更加优质的蚕丝，对于家蚕的品种进行杂交。1637 年，明·宋应星《天工开物》上卷："凡蠶有早晚二種。晚種每年先早種五六日出（用中者不同）……今寒家有將早雄配晚雌者。幻出嘉種，一異也。""凡繭色唯黄白二種。……若將白雄配黄雌，則其嗣成褐繭。"我国古人将野蚕由野生状态，经驯化完全成为家养状态之后，对于家蚕的再培育开展了深入的实验与研究，培养出众多家蚕的不同品种。1870 年清·吴烜的《蚕桑捷效书》论蚕说："其種則有三眠、四眠之别。三眠繭薄絲少，四眠繭厚絲多。育蠶者必須四眠。而四眠之中又有金種、花種、烏種、蓮子種、金橘種、束腰種、平頭種等名，此外尚不勝枚舉。金種蠶身甚小，花種遍體斕斑，烏種滿身灰黑，蓮子種繭之小者，金橘種繭之大者，束腰則腰有束痕，平頭則兩頭平滿。"凡此种种，都是我国古人长期开展蚕学研究的结果。

我国从新石器时期，对直接采自自然界的野生蚕茧，粗放地剖开、压扁，加以利用、缝制衣裳。然后逐步地从野外饲养移入室内，创造各种适宜条件加以驯化饲养，并予以精心研究、精心培植，不断地去劣存良，杂交选优，使之成为优质多产的家蚕各个品系。以下例图充分表明了不同时期蚕茧的发展趋势（图 2-25）。

早期的蚕蛹仅有 1.5 厘米，蚕茧不到 2.0 厘米，到了唐朝有很大提高，蚕蛹超过 2.0 厘米，蚕茧则将近 4.0 厘米，为早期蚕茧的两倍，随后又有更大的提高。这是我国劳动人民长期以来对于家蚕开展研究、培植筛选的结果。

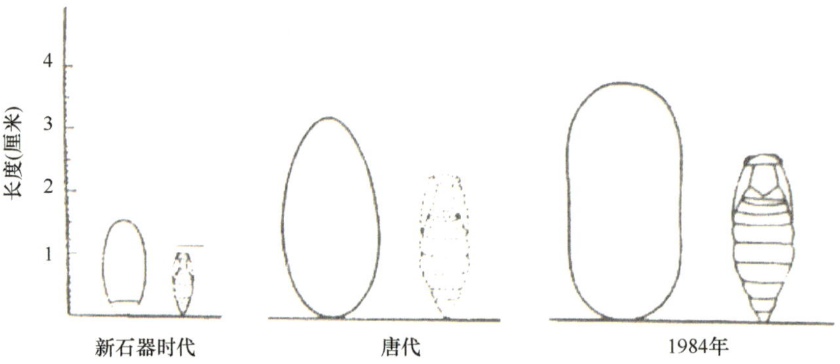


图 2-25　不同时期桑蚕茧长及其蛹长（郭郛，2013）

## 四、蚕学研究和蚕丝业的衰败

从上古开始，我国劳动人民对于家蚕开展了一系列的研究，从野生、到驯化、到家养，从简单的种质应用，到复杂的品种筛选，开展了形态、生态、生理、行为、遗传及生物学特性的研究。这些蚕学基础学科的研究直接推动了养蚕业技术的改革与发展，促使我国蚕丝与刺绣不断地革新与提高。从秦、汉到唐、宋、元，蚕学基础科学的研究和养蚕业技术的开发一直处于巅峰时期，亦为世人所瞩目。明朝初期，还有郑和下西洋的外交活动，绫、罗、绸、缎及绚丽的刺绣和缂丝一直作为馈赠宾客的上等礼品，也是对外贸易的主要商品。为此，我们国家常被誉为丝的国度。

自从十五世纪初期，明洪熙开始，边关在外敌侵扰下，统治者不是加强国防力量，抵御外敌的骚扰侵略，而是在惊恐的阴影之下，施行了一系列闭关锁国政策，封闭海上通航，直接下令，断绝与外国联系，“洪熙元年罷西洋實船。”此令不仅毁掉了远航的交通设施，而且也断绝了对外的商贸往来和正常的对外关系。把自己关闭在铁笼之中，似乎以此便能求得一时的“安定”。

清朝满人虽善于马背舞刀，骁勇善战，纵横南北，争霸中原，但是海上的战事却显得极其笨拙，节节败退。失败之后，又不加强自身海军力量，加强海上习武练兵，对于外敌也采取不抵抗政策。所以清朝执政之后推行了更为严厉的闭关锁国政策，实行了所谓的“海禁”。邹树文（1982）引自《明清史》的记载，十七世纪中叶开始“勒令从山东沂南至广东沿海地方人民一律后撤三十到五十里的界限以内，界外的房屋全部烧毁，城堡全数撤除，形成无人区。内地人民有进入界外者一律处死。商船、民船一律不准下海。”这种鸵鸟政策，自以为把头钻进沙堆，就可以躲过战事。但沿海的国土屡屡遭受倭寇的骚扰、侵犯，直至强行占领，沿海百姓不仅失去了家园，无法出海捕鱼维持生计，且常遭到浪人的欺凌殴打，甚至惨遭屠杀。自从康熙二十一年（1682 年），虽解除海上禁令，但海外列强却乘机登陆入侵，掠夺我国资源，倾销外来产品，打击我国民族经济。更有甚者，贩卖鸦片，毒害我国人。鸦片战争之后，我国养蚕业屡屡遭到外商的排挤打击，直至彻底衰落、破产。蚕学的教学和研究也随之凋零衰落。后来虽有北洋海军的建设，购买军舰，铸造大炮，一时振起军威，但甲午之战也还是一败涂地。统治者的愚昧无知，昏庸懦弱，为了满足自己的享受和腐朽政权的延续，死抱着落后的封建经济和国防设施。在此形势之下，养蚕事业遭到摧毁，蚕学研究也遭到更为严重的破坏，几千年的成就毁于无知的昏君。与此同时，西洋列强与东洋日本在文艺复兴、明治维新之后，大搞社会改革，推行工业革命，开办学校，教书育人，重视人才，尊重知识，发展科学研究，开发航海事业。他们吸取了中国家蚕的研究成果和养蚕业的生产技术，并加以发扬光大，结合新的思维，采用新的手段，引用解剖技术、组织培养、显微透视研究蚕体的形态结构、生理活动和病理动态等。进一步开展家蚕基础学科的研究，发展了蚕学研究的各个分支学科。出版了《蚕体解剖学》《桑树虫害学》《蚕体生理学》《蚕体病理学》等专著，把蚕学研究推向了新的阶段。这些专著分别于晚清光绪及宣统年间编译成中文，由上海新学会社刊印出版。这些国家在深入开展蚕学研究的基础上，开办学校，传播蚕学知识，传授育蚕技术，把蚕学研究和养蚕业推向新的高潮。

清朝晚期，由于政治上腐败堕落和经济上衰退停滞，各地反清团练风起云涌，外交上又节节败退。在内外交困、走投无路之下，一些人也想改革，学习西方，倡导洋务，想改变国家困境。1872 年同治期间，朝廷派遣了“留美幼童”，这是我国首次向国外官派的留学生，在全国范围内进行招募挑选，平均年龄仅 12 岁。被选中的男童有良好的家教和优良的素质，有礼貌，懂礼仪，积极学习，力求上进。这些男童多来自广东东南沿海地区底层的读书世家，有较高的文化素养，又有吃苦耐劳的精神。第一批入选者有 30 人，前后总共有 120 名。入选后必须在美国连续生活、学习 15 年，所有费用由清政府负责承担，但不得以任何理由、任何原因，中途退学回家。确定入选后，与家人共议，订立合同，共守协约，长期派往美国接受新文化、新技术、新科学的教育。学成回国必须效忠朝廷，由国家统一安排，开展工作，发展我国急需的新生产业。这本是件好事，多数幼童为国家的发达和民族的兴盛，努力学习，成绩斐然。不少人回国后，发挥了巨大作用，有的成了我国铁路、电信的先驱。当然学习语言、学习知识、学习技术、学习科学的同时，也接受了一些西方文化、西方的文明举止和生活方式，参加了当地的社团活动，组织研讨会；有的穿上了西装，有的剪掉了辫子等等。这些举止引来了很大的麻烦。清朝一些顽固派似乎找到了一根稻草，借题发挥，大放厥词，认为这是大逆不道，甚至认为学习先进的科学与技术，倡导进步思想与文明生活是伤风败俗，违背祖训。所以“幼童留学”一事最后终于夭折了，被扼杀在摇篮之中，不再派遣幼童留学。统治者只是想用自己旧的思维方式和腐朽的封建文化体系来接受西方文化和西方文明，他们不想放弃过去，宁愿守旧，拖着封建的辫子，安于现状；他们不愿改革，妄想存留祖宗的尾巴，不求进步，固守封建的思想和文化，最后所谓开展新学、创办洋务、引进先进技术、学习现代科学都是一句空话，或者只是流于形式。

此时，清朝已从“高贵的神坛”上坠落下来，蚕学的教育也得求教于外人。邹树文（1982）说：“光绪十五年（公元 1889 年）由海关出资派遣江生金及金炳生二人前往法国蒙伯业养蚕公院学习养蚕。江生金原为养蚕工头，金炳生则为法语通译。其学习宗旨，据派遣人浙江关税务司英人康发达自己说：现派来之二人，不能及印度派来之一人。然派江生金之始意，不过令其能知巴斯陡所用之法，及西国养蚕各法。其能否知格致之理，无关紧要。缘将来江生金止冀其能为养蚕工头各务，并不冀其能为工头以上之事也。”英人的这段话，自我揭露了培养中国人的内心“诚意”。冀者希望也。所谓“止冀”，就是到此为止，不希望更多成就；所谓“不冀”，就是不希望的意思，不希望在养蚕上有更大作为，这才是英人的原意。从表面上看，出资派员出国留学，学习西洋养蚕新法，但背后却暗藏玄机。这样的结局固然有清廷腐败的缘故，慈禧为个人享乐，侵吞国家资金，挪用了发展海军的大量经费，大兴土木，修建颐和园。再者，更主要的，还因为封建社会落后、反动、反民主、反人民的独裁制度，封建统治者肆无忌惮地轻视现代文明、轻视现代教育、漠视现代科学、漠视先进思想，为了自身的利益，不顾国家的安危，而造成民族的衰退、国土的沦丧和人民的穷困。历史的教训值得记取。

统治者根本没有想到国家的兴旺和民族的存亡，当然也想不到振兴蚕学的教育与研究，更想不到保护、振兴我国传统蚕业。此时的蚕业已是气息奄奄，濒于灭亡了。一些有识之士为重新兴起我国蚕业、重启蚕学研究作了种种努力。要想振兴蚕业、重启蚕学研究，首先要开办学校，传授蚕学知识和养蚕技术。根据尹良莹 1931 年的《中国蚕业史》记载，光绪二十二年，江西高安蚕校开办蚕学馆，“初聘江生金为教师，召集生徒，教以养蚕、制种、缫丝等新法。继又聘日本人前岛轰木及白原等，讲授蚕业专门科学。”可是晚清时期，那样的腐朽王朝、那样的愚昧思想和那样的历史背景，致使蚕学的教育与研究仍以失败而告终！蚕业的振兴也仅是一句空话，最后也以失败而告终！

## 五、历史的启示

中国泱泱大国，有着五千年的文明历史，把纯野生的野蚕创造性地、一步一步地驯化、培育为纯家养的家蚕，又经过几千年的研究与开发，开辟了丝绸之路，把自己创造的成果、丝织品、蚕的新品种及养蚕技术带出国门，传授给了世界友人，传播到四面八方，在欧亚各地开花结果。我国古人在蚕学研究中，和蚕丝业生产紧密相连，并且把它们推向最为繁荣的时期，为世界昆虫学的发展作出巨大贡献。因此，中国是家蚕的故乡，是蚕学研究和蚕业技术的发祥地。可是到了晚清却衰落到如此的地步。近代蚕学各个基础学科，如《家蚕的解剖学》、《家蚕的病理学》、《桑树的害虫学》等专著本应产生于中国，但却来自外国，后来将其编译成了中文。更有甚者，在养蚕的发源地、在养蚕故乡要创办学校居然找不出自己的教师，写不出自己的教材，却向外国请师、求教，真是可悲！可叹！

我国古时候对于大自然、对于生物界、对于昆虫学的研究，有着突出的成就，特别是昆虫分类学和蚕学研究、益虫利用、害虫治理的研究，具有开创性的业绩，为世界昆虫学的发展作出了巨大贡献，在世界昆虫学史中写下了光辉的一页。我国有着这样良好的基础，但为什么不能产生更高的理论认识？没有相关基础学科研究的专著？没有从事基础学科研究的团队？长期以来为什么左右摇摆，裹足不前？这当然与腐朽的制度有关，同时与停滞的思想和落后的文化有关，除了腐败、落后、僵硬的制度以外，还有一点就是不尊重知识、不尊重人才的结果。

我国有着悠久的文化历史，当然有好的一面值得发扬光大。但也还有不好的一面，几千年的封建势力统治着中国社会，封建文化、封建思想盛行，君君臣臣，君为臣纲，自认为世界第一，是顶级国家，有最文明、最完好的制度，是最先进的国家；骄傲自大，故步自封，独裁意识严重，皇权思想泛滥，这就是封建社会的不好文化。长期以来，这种文化精神统治着社会，束缚着人们的思想。西方许多国家文艺复兴之后，神权与政权分开，日本在明治维新之后，皇权也脱离了政坛。神权与皇权不再干涉国家的政治生活，不再干涉社会的发展，更不再干涉科学的进步，哥白尼的事件也不再重演了。社会进行全面改革，摒弃旧文化、旧思想，发扬民主，活跃人们的思想，开展国际交流和合作，吸纳新的文化、新的技术和新的思想。进行工业革命，加强国防力量，开发航海事业，兴办近代教育，开展科学研究，提高了生产力，推动了社会发展。与此同时，清朝统治中国200多年，到了晚清，以慈禧为代表的反动势力，为维护皇权、维护摇摇欲坠的封建统治，大开杀戒，镇压了戊戌变法。但由于清朝腐败透顶，最后并没有逃出覆灭的命运。封建王朝灭亡了，然而封建的文化和封建的思想还在，皇权的阴影还在，独裁的思想还有。这样的文化和思想严重地影响着社会的发展和人们思想的进步，个人的意志和个人的思想强加给了国家，强加给了人民，而人民也习以为常，顺从了之。国家仍然制定一套封闭或半封闭政策，不断地妨碍社会的发展和科学的进步，特别是基础学科得不到应有的重视，经常受到人为的干扰和挤压，无法持续开展研究。

历史的教训值得记取，不要夜郎自大，也不要妄自菲薄，不要割断历史，更不要拒绝先进。从实际出发，注重发展基础学科的研究。以往过分强调了技术的作用，忽视基础学科的研究，所谓“有所为，有所不为”的人为干预，不知终止了多少基础学科的发展。应该要很好地总结经验教训，分清什么是科学研究、什么是技术开发、什么是基础学科、什么是应用研究，它们之间的关系及它们所占的分量，都要一一予以分析、研究、落实、安排。一个机构的定位十分重要，要有当务之急的思想，还要有长远规划的安排。发展基础学科，开发先进技术，要依靠自己的研究团队，要培植自己的研究力量。

看来，开展基础学科的研究，还要靠立法、靠政策，还要有问责制，否则易于流产。一个国家，一个社会，没有基础科学的研究，没有科学理论的团队，所谓“技术研发”和“技术创新”则是相当的困难。以往相关部门也深知基础学科的重要性，但仅仅挂在口头上，实际上对于基础学科的深远意义及其对于应用研究技术开发的深刻影响缺乏认识，再加上目光短浅，强求政绩，发表论文要求所谓“点数”等等，对于开展基础学科研究的认识渐渐疏远了。所以对于基础学科的研究支持较少，甚至不支持，从事基础学科研究的人员也常常不能得到应有的重视和培养，更有甚者，常被冷落改行，甚至革职走人，或者“自动”改行等等。

昆虫分类学的基础学科是昆虫分类系统学，昆虫分类系统学包括两个方面的工作：一是标本的收集与鉴定；二是分类阶元的定位与类群系统的确立。为此，应广泛收集标本，进行深入研究。在这个过程中，首先应着手于国内定期的区系调查，随之应着眼于世界的分布格局。探索不同地域不同类群的形态结构及物种演变的规律。目前国家倡导的“一带一路”政策，对于昆虫分类系统学的发展是一个利好的政策，应积极配合，开展国际合作。一来向先进国家学习，开展合作研究，互通有无，相互借鉴；二来可协助后进国家和地区开展昆虫资源的本底调查或博物馆建设。在合作中切忌过去帝国主义者的掠夺手段及剥夺思维，应树立合作共赢和成果共享的作风。借此共同推动昆虫分类系统学的发展。为达到以上目的，首先应稳定、培植自己的昆虫分类系统学研究的团队，应当改革旧有不切实际的考核制度，根据我国目前昆虫分类系统学研究的内容，分别对于技术人员和研究人员制定考核指标，并制定对应的相关政策和检查制度，定期开展基础理论的学术交流，加强理论队伍的建设，创建正能量的学术氛围，推动我国昆虫分类系统学的发展。

## 参 考 文 献


郭郛. 2013. 尔雅注证. 北京：商务印书馆

季羡林. 1955. 中国蚕丝输入印度问题的初步研究. 历史研究(4): 51-59

李济. 1927. 西阴村史前的遗存. 清华研究生院丛书・论蚕

瓦格勒. 1936. 中国农书. 王建新译. 北京：商务印书馆

周尧. 1988. 中国昆虫学史. 西安：天则出版社

邹树文. 1982. 中国昆虫学史. 北京：科学出版社

# 中国古籍鱼类的研究

张世义

我国地形复杂，气候多样，江湖密布，海域宽阔，适合多种鱼类生长。我国古籍鱼类的种类和资源十分丰富。笔者从2008年起，历时8年，参加了《中华大典·生物学典·动物分典》鱼类部分的编纂。现从以下四方面对我国古代鱼类研究的概况做一总结。

## 一、悠久历史

我国是较早记述鱼类的国家之一，早在商代（公元前1395—前1123年）殷墟出土文物的甲骨文中就有“鱼”形文字，在青铜铭文“鱼”形文字中出现多样化象形文字，这是我国鱼类分类学的萌芽期。殷墟甲骨刻辞的“魚”字为单体文并象形，尾叉形，有鳍。而复体字“渔”从“水”从“鱼”，表明鱼类是离不开水的。

《诗经》为我国古代一部诗集，也是我国人民最早识别动植物名称的古籍，经孔子（公元前551—前479年）整理而成，《诗》中有鱼类13篇20种，其中有鲂、鳣（中华鲟）、鲔（白鲟）、鳏（鳡）、鲤等，其中以《国风·汝坟》中“鲂”字出现最早，在公元前1154—前1122年的殷末，其余鱼类名称的出现最迟在周朝初期。

《尔雅》为我国古老的词汇书籍，也是我国大百科全书的祖型，成书于两千年前的西汉，书中《释鱼》部首列鲤、鳣（中华鲟）、鰋（红鳍鲌）、鲇、鳢（乌鳢）、鲩（草鱼）6种，另外还有鲨鮀（子陵吻鰕虎鱼）等16种。

《易经》为公元前11—前4世纪的一本哲理书籍，书中记载动物有27条，其中鱼类有5条之多，如“剥六五、貫魚”“九二、井穀射鮒”“中孚、豚魚吉”等（《周易正义》）。

从汉朝许慎撰《说文解字》到清朝段玉裁编《说文解字注》等16位古人对鱼类的题解中，最早将鱼释为水虫，到金代李杲的《食物本草》释为鳞类。

到清朝一些国外学者的著述传入我国，他们的学术见解具有启蒙作用，如（英）傅兰雅辑《格致汇编》（卷一）把鱼定义为有鳃呼吸，有翅游泳，以翅将鱼类分为五亚门；又如（英）艾约瑟译编的《动物学启蒙》（卷七），论述鱼及其骨架、骨骼，鱼游行器具和鱼首等形态结构。而柯璜编译的《博物学讲义·动物学》介绍了与近代相近的鱼类分类阶元，即分为有肺类、硬鳞类、硬鳍类、板鳃类和圆口类。

## 二、研究成果

古籍中的鱼类正像明代著名生物学家屠本畯在《闽中海错疏·序》中所说：“水族之多莫若魚，而名之異亦莫若魚，物之大莫若魚”。我们曾对古籍鱼名进行了统计，在已定的268个属种（隶属26个科）中，共有古籍鱼名1245个。这么多的古名分配不均，有一两个古名的鱼类共有113种，其古名共有165个；而有10个古名以上的鱼类仅有27种，其古名多至367个。而在这些古名中的虎鲨、黑魟、鲥、鳗鲡、青鱼、鲤、鲫、金鱼、泥鳅、鲇、鲻等却一直沿用至今。

现通过形态特征、生活习性、地理分布及资源状况四方面对古籍鱼类进行研讨。

## （一）形态特征

通过20多种鱼体的11个部位分别考证。

**体大小：白鲟**（鲔、王鲔），大者不过七八尺（三国吴•陆玑《陆氏诗疏广要》）（注：据记载，最大个体可达7米，体重908千克）；**中华鲟**（蜡鱼），大者二三丈，千余斤（金•李杲撰《食物本草•鳞部》）（注：常见个体50～300千克）；**鳑鲏鱼**（武阳鱼），一斤千头（明•曹学佺《蜀中广记》卷六〇）。

**体态：带鱼**（带），身薄而长，其形如带（明•屠本畯撰《闽中海错疏》卷中）；**海马**，体无鳞无足，自头至尾皆四方有棱（清•郝玉麟纂《广东通志》卷五二）（注：体为骨环所包，躯干部呈七棱形，尾部呈四棱形）。

**头：犁头鳐**（犁头鲨），头似犁头镵而长，尖锐刺人（明•彭大翼撰《山堂肆考》卷二二四）；**方头鱼**，方头，似棘鬣（注：真鲷）而头方（明•屠本畯撰《闽中海错疏》卷上）；**鼠鳚**（鼠鱼），长七寸，头如鼠（三国吴•沈莹撰《临海异物志》）。

**口：纤鹦嘴鱼**（莺哥），色绿，嘴尖而勾曲，似莺哥嘴，故名（清•唐景崧等《光绪台湾通志》）；鱵（姜公鱼、针嘴鱼），此鱼喙有一针，故有鱵、姜公鱼、针嘴鱼等名（明•屠本畯撰《闽中海错疏》卷中），金•李杲撰《食物本草•鳞部》。

**吻：剑鱼**，喙（注：应为上吻）锋利似箭，取食时也刺之（清•（英）韦廉臣撰《格物探原》）；**粗吻海龙**（大筒鱼），其喙如一筒（注：吻呈长管状），筒之末系柔皮善贴物，凡有所遇，以喙贴之，项一气一鼓，即吸而入（清•（英）韦廉臣撰《格物探原》）。

**鳃：七鳃鳗**（八目鳗），眼后有七鳃孔，世常误为目，故有八目鳗之名（清•柯璜编译《博物学讲义》）；**松江鲈**（四腮鱼），巨口细鳞，似鳜，长数寸，有四鳃（注：实为一对鳃，余者乃表皮褶皱，外观犹如鳃裂），俗呼四腮鱼，以七八月出吴江，松江尤盛（明•张自烈传《正字通》（亥集中•鱼部））。

**鳞：鲤**，当肋正中一行，自首至尾，无大小，皆三十六鳞，鳞上皆有黑点文（明•屠本畯撰《闽中海错疏》卷上）；**鲥鱼**（箭鱼），腹下细骨（注：腹下棱鳞）如箭镞，首夏以时至而名（明•冯时可撰《雨航杂录》卷下）。

**背鳍：东方旗鱼**（旗鱼、破伞鱼），背鳍（注：第一背鳍）如旗，鼻头一刺（注：前颌骨、鼻骨延长物），长二三尺，极坚利，水面殴鱼如飞，船为所刺，不能转动，舟即沉没（清•郭柏苍撰《海错百一录》）；鲫（印鱼），背鳍（注：第一背鳍）变为吸盘，以之附着大鱼腹面，故己不劳，得以随之往来海中，捕获小鱼为生（清•柯璜编译《博物学讲义》）。

**胸鳍：飞鱼**（文鳐鱼），胸鳍非常发达，故从水面跃出，每高二三尺，远数十尺，如鸟之飞，以避敌追捕（清•柯璜编译《博物学讲义》）；**海鹞鱼**（鹞鲼）似鹞有肉翅（注：扩大的胸鳍）能飞，即番鳐鱼也（金•李杲撰《食物本草》）。

**尾鳍：长尾鲨**（剑鲨），尾长似剑，薨鲞味佳（明•屠本畯撰《闽中海错疏》卷上）；**烟管鱼**（鞘），海鱼，形似马鞭，鞘尾，有两歧（明•张自烈撰《正字通》（亥集中•鱼部））。

**体色：金鱼**（变鱼），金鱼初生蓝黑色，久则变红，又成白者，名银鱼，亦有红、白、黑，斑相间无常者（金•李杲撰《食物本草》）；**黄鳝**（鱓），腹黄，故世称黄鳝（明•李时珍撰《本草纲目》）；**鲅鱼**（竹鱼）通身绿色，青翠可爱，腹白，状似竹（清·胡世安撰《异鱼图赞补•闰集》）。

## （二）生活习性

通过10多种鱼类在下文之4个方面的描述，可借以了解古人对它们习性的认知程度。

**环境**：水烦则鱼鳖不大（明·胡广撰《礼记大全》）；鱼生流水中则背鳞白，生止水中则背鳞黑（明·杨慎撰《丹铅余录》卷八）；鱼咸产者不入江，淡产者不入海（清·屈大均撰《广东新语》）。

**食性**：草鱼似乌鲻（注：青鱼），身圆而长，以其畜于池塘，饲之以草（明·屠本畯撰《闽中海错疏》卷上）；洛氏鲹（柳根赤），盖柳根之色赤，此鱼好啖柳根，故名（清·海中撰《承德府志》卷二九）；过腊（注：真鲷）口中有牙，如锯，好食蚶蚌，以腊来春去，故名过腊（明·屠本畯撰《闽中海错疏》）；芦鳗（注：花鳗鲡）海边，随潮登岸，食芦笋，潮退入溪中（清·郝玉麟撰《广东通志》）。

**行为**：鱼行随阳，春夏浮而溯流，秋冬没而顺流，渔者随其出没上下而取之（宋·陈师道撰《后山谈丛》）；金色小沙丁鱼（鳁、臭鱼），身圆鳞厚，长数寸，五六月多结阵而来，多着一网可售数百金（清·郭柏苍撰《海错百一录》卷一）；海鲢（四破鱼、火鱼、伙鱼），似鳁而小鳞，唯喜火光，产台湾（清·郭柏苍撰《海错百一录》卷一）；《林邑记》云：飞鱼身圆，大者丈余，翅如胡蝉，出入群飞。游翔翳荟，沉则泳于海底（明·李时珍撰《本草纲目》）；三刺鱼（丝鱼），产于淡水，善能营巢，雌者产卵巢中，雄者在其旁保护（清·柯璜编译《博物学讲义·动物篇》第六章）；海鲇（注：赤鱼）放卵，雄者为雌者含卵口中，卵不分散，故类繁（清·屈大均撰《广东新语》）；每岁四月，来自海洋，绵亘数里，其声如雷（注：黄花鱼鳔发声），渔人以竹筒探水底，闻其声乃下网，截流取之（明·田汝成撰《西湖游览志》）；河豚（注：东方鲀）触物即嗔怒，腹胀如毬浮起，故人以物撩而取之（明·李时珍撰《本草纲目》）；一名阑胡（注：弹涂鱼）形似小鳅，而短，大者长三五寸。潮退千百为群，扬鬐跳掷，海涂中作穴而居，以其弹跳于涂（明·王圻等绘《三才图会》）。

**生殖生长**：大麻哈鱼（达发哈鱼），繁殖于兴凯湖中，逮夏初，乌苏水泮，辄乘流而下，其数不知纪极。松花江下游，恒至挤塞断流架梁焉。立秋后，既又逆流南返入湖，陷身于土穴中，腐烂以死，故土人谚往生来死之说（清·张伯英撰《黑龙江志稿》）；香鱼月增一寸，自春徂冬（清·胡世安撰《异鱼图赞补》）。

## （三）地理分布

广布种的鱼类：古籍中以“处处有之”报道了鲤、鲫、鳙、鲢、黄鲴、鳜、鲂、东方鲀等10多种。

**特有种**：古籍中报道一些产地的特有种，有达氏鲟（鳣鱼，长江中下游，黄河上游）、施氏鲟（鲟鳇鱼，黑龙江）、白鲟（鲔，长江、黄河）、中华鲟（蜡鱼，长江、黄河、珠江）、乌苏里白鲑（乌库力鱼，黑龙江南部）、圆腹雅罗鱼（白鱼，新疆伊犁河）、扁吻鱼（大头鱼、凯都河鱼、虎鱼、无鳞鱼，新疆南部）、青海湖裸鲤（无鳞鱼、湟鱼，青海湖）、鱇鱼+良白鱼（康郎鱼，云南抚仙湖）、油四须鲃（油鱼，云南洱池）、金线鱼（云南滇池）、大理裂腹鱼（弓鱼，云南洱水）、泉水鱼（油鱼、四川珙县）、墨头鱼（四川嘉州）、北方铜鱼（鸽子鱼、沙嘴鱼，黄河、洮水）等15种。

## （四）资源状况

古籍鱼类种类多，数量大，分布广，是其他水生动物不可比拟的。资源量多少，无具体统计数字。现就人们关心的8种濒危鱼类的古今状况，叙述如下。

1. 中华鲟 *Acipenser sinensis*（古名：鱣、潜龙鲨等）

中华鲟为我国特有种，现仅长江中较多，为大型经济鱼类，有鱼类“活化石”之称，是国家Ⅰ级保护的野生动物。为保护中华鲟，20世纪80年代起，人工增殖放流，至今已累计向长江、珠江等水域放流700余万尾。长江禁渔期，从2016年起，延长到6个月，以利长江珍稀鱼种的恢复。

古籍中，此种鱼分布广，从辽宁海洋岛至广东珠江水域；产量大，是常见食用鱼类。《诗经·卫风·硕人》中“施罛濊濊，鱣鮪（白鲟）發發”，是捕中华鲟、白鲟的热烈场面。明·李时珍撰《本草纲目》“鱣出江、淮、黄河、遼海深水處，無鱗大魚也。其狀似鱘，其色灰白（略）其小者近百斤，其大者長二三丈，重一二千斤”。清·屈大均撰《广东新语》：“南海有巨魚，曰潛龍鯊（略）長五尺許，重百斤（略）諸骨柔脆，惟鱗堅不可食，鱗大者如掌（略）脊一行，腹二行，鱗皆十三。”

2. 白鲟 *Psephurus gladius*（古名：白鲟、鮪、王鮪等）

白鲟为我国特有大型经济鱼类，数量稀少，现仅分布于长江干流，钱塘江也偶有发现，长江中白鲟已被列为该江的5种珍稀濒危物种（白鲟、拟头尖鲌、鲥鱼、鯮鱼等）之一，在改善环境的同时，还须长期控制酷捕滥捕。鱼类学家曹文宣院士呼吁长江十年全面禁渔。而在古籍文献中发现白鲟分布较广，还曾是祭祖庙的常用鱼类。例如，汉·郑玄撰《礼记》：“季春薦鮪於寢廟”；又《周礼》：“漁人春獻王鮪”。古人对其生活习性也有明确记载，如后魏·郦道元撰《水经注》“鮪自南方江中來，至河南鞏縣，又入河渡龍門”。

3. 鲥 *Tenualosa reevesii*（古名：时、时鱼等）

鲥鱼为我国近海洄游名贵经济鱼类，淡水中以长江与钱塘江产量较多，被列为濒危物种之一，其肉细脂厚，堪称鱼中之佳品，驰名中外，历来为文人墨客所称颂。宋·葛胜仲的《丹阳集》：“貫似柳條仍拔刺，箸之筠筍佐鮮肥。他年京洛憎凡饌，莫忘河亭染指時。”宋·梅尧臣的《宛陵集》“四月時魚逴浪花，漁舟出没浪爲家。甘肥不如罟師口，一把銅錢趁漿牙。”

4. 刀鲚 *Coilia ectenes*（古名：刀鱼、鲚等）

刀鲚为我国近海的一种小型洄游经济鱼类，在淡水中产卵，渔汛旺季在3—5月，通常鲜销或加工成罐头食品，以长江下游产量最多，现长江的“三鲜”（鲥、刀鲚、河豚）之一的刀鲚产量稀少，价格昂贵，2012年刀鲚的价格被炒到8000元一斤。古籍中刀鱼为常见的食用鱼类，明·李时珍撰《本草纲目》“鱭生江湖中，常以三月始出，狀狹而長，薄如削木片，亦如長薄尖刀形，細鱗白色（略）肉中多細刺，煎炙或作鮓鱐食皆美，烹煮不如”。

5. 油四须鲃 *Barbodes exigua*（古名：油鱼）

油四须鲃为云南洱海的特产鱼类，体含脂肪较多，当地视它为珍品。由于水污染和过度捕捞，当地人俗称的油鱼、老头鱼（注：大眼鲤）已绝迹，现今捕捞的都是人工放养的鱼类。当地用了3年花30亿元治污，使洱海水质达到二类。经当地努力，至2013年5月，全湖水质综合类别均为二类，然而油鱼资源恢复仍是难事。古籍中记载，金·李杲撰《食物本草》：“油魚生雲南大理府鄧川州南廿里油魚穴中。長僅二三寸，中秋則肥美，其味更勝於公魚”（注：大理裂腹鱼）。

6. 扁吻鱼 *Aspiorhynchus laticeps*（古名：大头鱼、凯渡河鱼、虎鱼等）

扁吻鱼为新疆塔里木河特有种，是当地人们喜食的鱼类，现数量稀少，已被列为国家Ⅰ级野生动物保护物种。古籍中记载，清·袁大化撰《新疆图志》“温宿瑚瑪喇克河產魚曰大頭魚”。清·纪晓岚撰《纪文达公遗集》“凱渡河魚八尺長，分明風味似鱘鰉。西秦只解紅羊鮓，特乞倉公制膾方”。

7. 海马 *Hippocampus* spp.（古名：海马等）

海马无食用价值，但观赏和药用价值高，它是我国传统的、名贵的中药材。我国又是海马主要消费国和海马制品的出口国，药用量大。世界野生动物基金会1996年7月呼吁各国政府控制海马的捕捞和交易，以防止海马的灭绝。古籍中记载，海马为常用中药材，在汉·杨孚撰《南方异物志》中记：“海馬，有魚狀如馬頭，其喙垂下，或黃或黑。海人捕得，不以啖食，暴乾之，以備產患。凡婦人難產割裂而生者，手持此蟲，即如羊之易生也。”

8. 松江鲈 *Trachidermus fasciatus*（古名：松江鲈、鲈鱼、四腮鲈等）

松江鲈为我国近海底栖小型鱼类，肉细嫩、洁白，其味珍美，是珍贵食品和贡品。曾被誉为我国“四大名鱼”（黄河鲤、松花江鲑、松江鲈、戴氏红鲌）之一，驰名中外，受到人们的称赞，现为濒危物种之一。古籍中记载，明·杨慎撰《异鱼图赞》“鱸魚肉白，如雪不腥，四鰓獨特，金齏玉膾，擅美寧馨”。明·董纪作《松江鲈鱼》诗“鱸出鱸鄉蘆葉前，垂虹亭上不論錢，買來玉尺如何短，鑄出銀梭直是圜。白質黑章三四點，細鱗巨口一雙鮮，秋風想見真風味，只是春風已回然”。

## 三、问题讨论

在肯定我国古代鱼类研究的同时，也要看到在科学不发达的古代人们对鱼类认识出现的不足之处，甚至错误，如少部分鱼名的混杂、物种分类的错误、文图的不符等，现分下面5部分讨论，并举例说明。

### （一）“化生观”影响

鱼类是古籍中受“化生观”影响最多的一个类群，如石首鱼至秋化为冠凫；王母侍女腰带化为带鱼；死人髪或荇芩根化为黄鳝；鱼虎（注：六斑刺鲀）化为豪猪；枫叶化为卵鳎；穄子化为鲫；乌鳢化为鳗鲡；鸽子落水化为北方铜鱼；吴王阖闾江行，食鱼鲙，弃其残余于水，化为鲙残鱼（注：大银鱼）；鮆（注：刀鲚）为蝴蝶所化，列鬣长须；新疆罗布淖尔虎豹入水即变为鱼（注：扁吻鱼）；鲥鱼为鳢白鱼（注：鳓）所变；黄雀（注：赤鼻稜鳀）八月化为雀等10多种。这些化生现象虽然都是臆测的，但至少也反映了古代与一些学者的“进化观”，即认为物种之间是可以互变的，这比起盛行于战国至秦汉间的“神造说”来讲，起码在认知上也是一种进步。

### （二）种类混乱

古籍鱼名混乱较多，给物种识别带来许多困难，现举9种鱼类古名为例。

1. 鳣鲤不分

鳣为中华鲟的许多古名之一，而在早年古籍中，与鲤不分，如汉·许慎撰《说文解字》卷一一下中记“鯉，鱣也，從魚里切”，这是两种截然不同的鱼类，其说法不妥。“鱣似鱏而短，鼻口在頷下，體有斜行甲（骨板），而鯉有肋鱗（側線鱗）三十六，則鱣絶非鯉也。”

2. 鳊鲂不分

自《诗经》以来，鳊鲂长期不分。鳊鲂早期曾以形命名，“魴，方也；鯿，扁也，其狀方，其身扁也”——明·李时珍撰《本草纲目》。而光靠形也不易分，因此晋·郭璞注《尔雅·释鱼》“郭注，江東呼魴魚爲鯿”，清·李调元撰《然犀志》“鯿魚，即魴魚”。鳊鲂同为鲤科鲌亚科鱼类，共同点是：体色青白，体形扁；不同点是：鲂体高，腹部宽无棱，鳊体窄，腹部窄有棱。对古人在鳊鲂上的认识，宋·罗愿在《尔雅翼》中提出“縮項穹脊博腹”是比较合适鲂特征的。

3. 鳑鲏鱼

这是鲤科鳑鲏亚科的一群小形鱼类的总称。古名有17个，其中的鱊、鰟、鳊、鳜，现分别是鱊、刺鳑鲏、鳑鲏和鳜4种鱼的名称。

4. 嘉鱼

古名中有两个嘉鱼，一个分布于长江、渭河、滹沱河的嘉鱼。李思忠（1990）纠正了刘成汉（1964）订裂腹鱼和成庆泰（1957a）订虎嘉鱼名之误，而改订成多鳞白甲鱼。另一种嘉鱼在《中华大典·生物学典·动物分典》中依据《岭表录异》等七篇珠江的古籍资料，订的卷口鱼，纠正了成庆泰（1999）根据明·彭大翼《山堂肆考》和明·李时珍《本草纲目》等古籍所订卷口鱼之误。

5. 细鳞鱼

鲤科裂腹鱼（细鳞鱼）鳞小有须，无脂鳍。这与鲑形目的细鳞鱼特征不同，后者有脂鳍无须。

6. 大鳍鳠

晋·郭璞撰《尔雅注疏》卷一〇释“鱯，魚名，似鯰而大，白色，鱯之大者名鯝，小者别名鮡也”，这里解释鳠因大小不同而名称亦异，易造成名称混乱，现鱼类分类上把鳠、鮰、鮡分别看作鲇形目的大鳍鳠、长吻鮠和石爬鮡三种鱼。

7. 黄颊鱼

古籍中黄颊鱼有鳡和黄颡鱼两种。三国吴·陆玑撰《陆氏诗疏广要》与宋·陆佃撰《埤雅》曾将这两种鱼混同都谓黄颊鱼，鳡鱼颊部微黄，黄颡鱼腹部略黄，腹部、颊部都为黄色，而这为两种不同的鱼，前者为鲤形目鱼类，后者为鲇形目鱼类。

### 8. 鲈鱼

《动物分典》中收录的鲈鱼有两种：一种是鲈形目的花鲈，另一种是鲉形目的松江鲈。前者有鳞，体大，长大者 1 米，体侧有黑点，尾鳍浅叉形；味不及后者。另一种体无鳞，体小，体长 15 厘米，体侧有大斑；四鳃独特（笔者注：实为二鳃，余者为表皮褶皱）；味最美，东南佳肴。

### 9. 乌鳢

有 20 个古名，名称也混乱。晋朝郭璞、清朝郝懿行等把鲣、鲖、鲵分别作为鳢鱼的大、中、小鱼的别名，其实这三个名字在现今分类学上代表三个不同的种，即鲈形目的鲣、鲤形目的铜鱼和鳗鲡目的鳗鲡。

## （三）对生活习性的误解

下面列举 9 种鱼类的生活习性并进行讨论。

### 1. 比目鱼

比目鱼是硬骨鱼纲鲽形目的总称，其特征为体极扁平，两眼位体一侧（左或右），稚鱼期体有变态，由侧扁到平扁。比目鱼、鳒、魪、鲽皆有不比不行之意。自汉书《尔雅》到明书《异鱼图赞》，又延续了 1000 多年，对于比目鱼“不比不行”的行为习性的记述，纯属臆测之说。这种错误认识到了清朝郭伯苍《海错百一录》才有了“緝者多單得，非不比不行”之正确认识。

### 2. 北斗鱼

古名叫“北斗鱼”者有两种：一个是墨头鱼，“其頭黑如墨，頭上有白子二枚”——金·李杲撰《食物本草·鳞部》；另一个是乌鳢，“首戴有七星，夜則昂首向北斗而卧”——清·李元撰《儒范》；“夜則昂首向北而拱，有自然之禮，故從禮”——宋·罗愿撰《尔雅翼》（卷二八）。这里把两种鱼头或体上的斑纹比作星斗而叫北斗鱼还可以，而根据乌鳢的“向北斗而卧”“昂首北而拱”等莫须有的行为而给乌鳢来定名是错误的。

### 3. 鲤

古代把鲤洄游行为神物化，陶弘景曰：“鯉爲諸魚之長，形既可愛，又能神變，乃至飛越江湖，所以仙人琴高乘之也。”——明·李时珍撰《本草纲目》（卷四四）。

### 4. 鳡（鲐①）

诸鱼欲产者，鲐以头冲其子则出，其再生亦更相撞触，世谓之“衆魚生母”——南朝宋·刘叔敬撰《异苑》（卷三）。鳡鱼是淡水上层鱼类，游泳迅速，性凶猛，以鱼为食。《异苑》中描述的鳡行为，似是掠食

---

① 鲐：鲐字之伪。鲐：xiàn，《广韵》户韽切。《集韵》乎韽切。并音陷。《说文》：鱼名。——摘自《康熙字典》（标点整理本）P1073，P1470，上海辞书出版社，2007。

现象，谈不上什么“众鱼生母”之意。

5. 赤眼鳟（鳟）

“鳟魚目中赤色，一道横貫瞳，魚之美者……食螺蚌”——宋•罗愿撰《尔雅翼》。这里的鳟鱼好食螺蚌有误，可能与青鱼食性相混，赤眼鳟应为杂食性鱼类，多以藻类和水生高等植物为主。

6. 大理裂腹鱼（公鱼）

“生滇南洱水中，長三寸許，味甚佳”——金•李杲撰《食物本草》，古名有工鱼、弓鱼、公鱼、鱼魁四个名字，其中的早期“公鱼”名可能是弓鱼、工鱼的谐音字，此名极不妥，无母鱼如何传宗接代！难怪明•杨慎的《异鱼图赞》这样评价：“大理公魚皆有子，雲南和尚豈無兒”。查阅1989年出版的《云南鱼类志》，至今仍有此种鱼记载。类似情况，还有光唇鱼（高鱼）。“《南方異物志》云：高魚似鱒，有雌無雄，二三月與蜥蜴交于水上，其胎毒人。”——明•李时珍撰《本草纲目》。

7. 鮣（印鱼）

“額上四方如印，诸大鱼应死者，先以印封之。”——三国吴•沈莹撰《临海水土异物志》。把鮣鱼吸盘吸附大鱼功用，说成封死鱼之印章，是错误的。

8. 眼镜鱼（镜鱼、翻车鱼）

“眼圓如鏡，水上翻轉如車，亦名翻車魚。”——明•屠本畯撰《闽中海错疏》。文中记眼镜鱼在水中翻转如车，前所未闻，因为此鱼为底层鱼，个体小（长300毫米），不可能有此行为。

9. 乌鳢（鳢）

适应性强，在缺氧的环境中能借助鳃上腔的辅助呼吸器在水面进行呼吸，离水后仍能存活一段时间，而明•顾启元撰《游园居士•鱼品》中“其性耐久，埋土中數月不死，得水復活”，似是夸大其谈了。

## 四、早期鱼类保护的意识与措施

古人在实践中，从“竭泽而渔”的渔猎方法中认识到这种方法破坏了生态环境，并造成了资源枯竭。后来，秦•吕不韦撰《吕氏春秋》等总结了这个历史经验“竭澤而漁，豈不得魚，而明年無魚”。不仅如此，周文王时代已把保护环境作为一项国策，周文王驾崩之前，把太子叫到身边交代后事中就有“不骛泽”一条，这里的“泽”指江河湖泊，“骛”指乱弄之意。周文王这条遗嘱有两个意思：一是要保护环境，不能“竭泽而渔”；二是捕捞不能过度，更不能乱捕。正式提出了水产资源保护问题。在晋•孔晁撰《逸周书•文传解》中还提出“山林非時不升斤斧，以成草木之長。水澤非時不入網罟，以成魚鱉之長。”周•管仲撰《管子•八规》中还提出“江海雖廣，池澤雖博，魚鱉雖多，網罟必有正”的持续利用鱼类资源的见解。荀子也有精辟的论述。在周•荀况撰《荀子•王制篇》中“黿、鼉、魚、鼈、鰌、鱣孕别之時，網罟毒藥不入澤，不夭其生，不絶其長也。……汙池淵沼川澤，謹其時禁，故魚鼈優多而百姓有餘用也。”春秋时，孔子说“刳胎殺夭，則麒麟不至郊；竭澤涸漁，則蛟龍不合陰陽；覆巢毁卵，則鳳凰不翔”——宋·司马迁撰《史记·孔子世家》。孔子的这些认识和思想，反映了古代人民对于动物生态和自然资源繁殖保护的认识，至今都是正确的。春秋·左丘明撰《国语·鲁语》说“鱼禁鲲鲕”，这里的鲲指的是鱼卵，鲕指的是鱼苗，意就是禁止捕捞受精卵和幼鱼苗。孟轲的“數罟不入洿池，魚鱉不可勝食也”和“魚不滿尺不得食”的思想，对捕捞鱼体的规格、网目的大小的限制都是有意义的。在汉·郑玄注《周礼》中还设“𢿱人”官职，掌管川泽政策的实施。

唐朝禁捕情况，从百姓到官吏都要执行，宋·欧阳修、宋祁撰《新唐书》记“太宗觀魚於西宫，見魚躍焉，問其故。漁者曰：‘此當乳也。’於是中網而止”。对一些鱼类如鳇、鳇类还有采捕时间限制，如清朝乾隆十二年的《钦定大清会典则例》五规定：十年议准，每旗选壮丁十九名，于冬夏二季专捕鳇鱑鱼。

禁渔区的划定，在宋·李涛撰《续资治通鉴》卷一九三中也有记载“詔河北沿邊安撫司，禁北人捕魚於界河。初，界河屬我境，而北人潛入河中捕魚采葦，雄州移文涿州詰之，契丹驅所犯人傍境上。隆緒之統和二十四年，亦自約束。久之，北人或由海口載鹽入界河，涉雄、霸，抵涿、易者，邊吏因循不能止。於是宫苑使、忠州刺史趙滋知雄州，遣巡兵捕殺之，且破其船，乃復捕魚之禁”。

鱼类的放生始于梁而置放生池始于唐。宋·祝穆撰《方舆胜览》卷一“蘇子瞻修西湖奏狀：……天禧中，故相王欽若奏以西湖爲放生池，禁捕魚鳥，爲人主祈福。自是以來，每歲四月八日，郡人數萬會於湖上，所放羽毛鱗介，以百萬數，皆西北向稽首，仰祝千萬歲壽”。清·汪汲撰《事物原会》卷一：“放生池，唐肅宗乾元中，命天下置放生池八十一所，是放生始於梁而置放生池始於唐也”。

上面这些鱼类保护措施都体现了老子的《道德经》的博大精神——道法自然，天人合一，人法地，地法天，天法道，道法自然。人和自然是一个连续的宇宙，人类唯有敬天意，顺自然，掌握自然规律，关爱天下生灵，才有人类自己的未来。

从以上几例叙述中可看出，古人在两千多年前就有了鱼类保护的思想，并在以后的繁殖保护、禁渔期、禁渔区、增殖放生等许多方面开展了可喜的工作。尽管当时人们还没遇到环境恶化、自然资源枯竭等问题，但先人们认识到保护环境的重要性，并比西方更早地提出了保护环境和保护鱼类资源的许多措施，这是非常难能可贵的。

## 参考文献

成庆泰. 1957a. 从分类学观点对本草纲目鳞部鱼类的探讨. 学艺, (9): 2-4
成庆泰. 1957b. 从分类学观点对本草纲目鳞部鱼类的探讨. 学艺, (12): 4-6
成庆泰. 1999. 中国鱼类学史纲. 见：郭郛, (英)李约瑟, 成庆泰. 中国古代动物学史. 北京：科学出版社
郭郛, (英)李约瑟, 成庆泰. 1999. 中国古代动物学史. 北京：科学出版社: 468-501
李思忠. 1990. 对《诗经》所记载鱼类的研究. 淡水渔业, 1: 35-40
刘成汉. 1964. 四川鱼类区系的研究. 四川大学学报, (2): 95-133

# 中国古人对鱼类的认知与利用

张世义

通过研究古籍鱼类，笔者就古人对鱼类的认识与利用略作评述。

## 一、古人对鱼类的认知

在中国最早的三大古籍（即《诗经》《尔雅》《山海经》）中均有许多鱼类的记载。笔者曾在《中国古籍鱼类的研究》一文中，虽提及《诗经》和《尔雅》有关鱼类的研究内容，而本文拟着重于古人对鱼类的认知及开发利用而予阐述。

《山海经》（公元前30—前2世纪）为一部地理综合书籍，是世界上最早记录动物知识的书籍，书中记录动物291种，其中鱼类就有34种（郭郛，2004）。

《尔雅》（公元前11—前4世纪）为一部词汇书，书中记录动物299种，其中鱼类就有24种（郭郛，2013），该书还将鱼类列为虫、鱼、鸟、兽四大系统之一，这比被誉为动物分类学鼻祖、希腊的亚里士多德（Aristotle，公元前384—前322年）的《动物志》记载有血类中的鱼还早一个世纪。

《诗经》（前25世纪，最晚不迟于公元前6世纪）为古代一部歌谣集，书中记载动物108种（郭郛，2004）；其中鱼类有20种，以鲂字出现最早，在公元前1154—前1122年，而其余鱼种的文字出现最迟为周代初期（李思忠，1990）。

我国古人认知的鱼类有3纲35目127科245属种，所记载的鱼类几乎覆盖了我国的全部水域，其中许多为我国特有种、经济种及一些地区的代表种。例如，脊椎动物的活化石七鳃鳗，我国唯一能在淡水生活的软骨鱼类赤魟，中国特有大型淡水鱼类中华鲟和白鲟、冷水珍稀鱼类哲罗鲑、温水大型鱼类胭脂鱼、高原湖泊特有鱼类鳒鯹①白鱼、青海湖裸鲤；还有我国特有的铜鱼、圆口铜鱼、北方铜鱼、金线鲃、鯮；贵重药材海龙、海马；珍稀上层鱼类剑鱼；著名的观赏鱼类金鱼、斗鱼、胭脂鱼；著名的洄游鱼类鳗鲡、大麻哈鱼；著名的淡水养殖鱼类鲤、青鱼、草鱼、鲢、鳙等，均在古籍中有所记载。

除前述以外，古人在漫长的生产实践中，积累了许多有关鱼类的形态、生态等方面的知识。例如，在形态上，谓鲤鱼脊中鳞一道，每鳞上皆有小黑点，从头数至尾，无论大小皆三十六鳞。在生态习性上，记述丙穴鱼二三月出，八九月入穴，香鱼月增一寸，自春徂冬。又提到有洄游习性的大麻哈鱼繁殖于兴凯湖中，待夏初，乌苏水泮，辙乘流而下，其数不知纪极。在松花江下游，恒至挤塞断流架梁焉；立秋后，即又逆流南返入湖，陷身土穴中，腐烂以死，故土人谚有“往生来死”之说。

① 鯹：láng，《廣韻》魯當切。《集韻》盧當切。並音郎。《博雅》：蟹其雄曰鯹鱧（hái）。——摘自《康熙字典》（标点整理本）P1468，P1473，上海辞书出版社，2007。

## 二、古人对鱼类的开发利用

鱼类与人类关系密切，为古人利用最早的一类动物。早在远古时期，鱼类就与古人结下了不解之缘，在 5 万—1.5 万年前就成了人类的重要食品，把鱼作为猎取的对象。古代传说，中华民族的先祖伏羲教先民捕鱼，使我国渔业有了快速发展。古人对鱼类的开发利用，分别有养殖、渔业技术及食用、食疗、观赏和生活用品等诸多方面，兹简述于后。

### （一）渔业开发与技术应用

我国古人为满足对鱼类食品的需求，早在公元前就已积极开展养殖业；另在海洋捕捞方面，利用一些鱼类的生态习性特点而采用了一些简易可行的技术和方法。

#### 1. 开展养殖

我国是世界上池塘养鱼最早的国家。殷商出土的甲骨文记载“貞其魚，在圃漁”“在圃漁，十一月”。这里的“在圃渔”，即指园圃之内的鱼，它证明我国殷商时代已开始池塘养鱼，至周朝，池塘养鱼盛行。

早在公元前 460 年左右，春秋 • 范蠡的《养鱼经》就详细地介绍了池塘养鲤的建池、选种、确定交配数目、制作鱼巢等方法，它是世界上第一部养鱼专著，为世界所关注。汉代养鲤已形成规模生产，据古籍记载，稻田养鱼始于东汉，青鱼、草鱼、鲢、鳙（俗称“四大家鱼”）养殖始于唐代，鲻鱼养殖始于明代。明 • 黄省曾的《鱼经》、明 • 徐光启的《农政全书》及清 • 屈大均的《广东新语》等书籍，对养鱼的论述更为详细。

#### 2. 技术应用

古人在认知鱼类生活习性的过程中，总结并在渔业中应用，有很多实例，如黄花鱼（古名：石首鱼）便是一例。黄花鱼在渔讯季节鳔及附属肌肉振动可发声，渔民听见其声捕鱼。明 • 田九成撰《西湖游览志》记:“每岁四月，來自海洋，綿亘數里，其声如雷。漁人以竹筒探水底，聞其聲乃下網，截流取之。”

弹涂鱼（古名：跳鱼）善蹦跳，潮退后窜入洞中，古人识其性，设法捕捉。清 • 聂璜《清宫海错图》记:“跳魚生閩浙海塗。性善跳，故曰跳魚，亦曰彈塗。……潮退則穴處海塗。捕者識其性，多截竹筒，布插塗上，類如其穴，潮退以長竿擊逐，盡入管中”。

### （二）日常生活利用

这里讲的日常生活利用，包括食用、食疗、观赏和生活用品等等。

#### 1. 食用

鱼类的绝大多数种类均可食用，它是我国古代的重要肉食来源，尤其是对那些鱼中珍品，古人更是津津乐道，赞美之词不胜枚举。孟子说:“魚我欲也，熊掌亦爲我所欲，二者不可兼得。”这里把鱼和熊掌并列为珍品。还有隋炀帝称松江鲈“金虀玉膾，東南佳味”；“洛鯉伊魴，貴如牛羊”；“寧去累世宅，不去鱟鱼（斑鰶）額”；“寧可棄我三畝稻，不可棄我鮆魚腦”；“鰣魚味美在鱗”；“鰱之美在腹，鱅之美在頭”；“魚之美者，有洞庭之鮒”；“香魚，鱗細不腥”；“祭祖廟的鱣鮪”；“河豚，水族之奇味”；鲨鱼鳍，经加工成为名贵鱼翅，为食品中上等美食等。

2. 食疗

许多鱼类可以作为药膳，它的食疗作用，古人早已熟知，据金·李杲撰《食物本草》、明·李时珍撰《本草纲目》等古籍记载，药用鱼类100多种，它为食疗动物中最多的一个类群。其中，鲤形目鲤科的鲤鱼为本草中众多食疗鱼类之首，其肉、鲊、胆、脂、脑髓、血、肠、目、齿、骨、鳞等都对人类有食疗功效。除此，同属于鲤科的“青、草、鲢、鳙”等，也被逐一录列于古籍药典中。

3. 观赏

例如，金鱼，古名金鲫鱼、盆鱼、金箍鱼、赤鳞鱼、丹鱼、朱鱼、三尾鱼、变鱼，为我国观赏鱼中的“国鱼”，是从野生金鲫鱼培育而成，品种繁多，以其色彩艳丽、体态端庄、游姿典雅、恬静温柔、饲养容易而著称于世，成为世界公认、人人喜爱的庭院观赏鱼。金鱼起源我国南方，两千多年前在安徽发现金鲫鱼，南朝梁·任昉撰《述异记》：“晉桓公遊廬山，見湖中有赤鱗魚，即此也”。金鱼的第一部专著是明·张谦德的《硃砂鱼谱》，第一张金鱼图是在明·王圻等的《三才图会》一书中。自宋始有畜者，今则处处人家玩矣，上至皇宫，下至平民百姓，都有养金鱼的。历史上，许多著名诗人、书法家都留下许多金鱼诗词、图画。

4. 生活用品

在古代，先辈们还常把鱼类的一些组织、某些器官加工成生活用品。例如，鲨鱼皮可饰刀靶和刀剑，皮上有沙，功用如木贼。青鱼头中枕骨，蒸令气通，曝干状如琥珀，荆楚人煮拍作酒器，梳、篦其佳。鲥鱼鳞石灰水浸过，晒干层层起之，以作女人花钿甚良。中华鲟、施氏鲟、黄花鱼等鱼的鳔可作胶，用以黏接器具杂物，牢固如漆。历史上赫哲族人以渔猎为生，早年衣服大多用鳙、鳇、大麻哈鱼的皮缝制，因此该族又有“鱼皮部落”之称。六斑刺鲀（古名：刺鱼）产澎湖，首连于腹，两鬐尾短，浑身皆刺，其劲如锥形，圆如毬，嘘其皮为灯。

综上所述，中国古人对鱼类的认知和开发利用，主要体现在：

1）古人对鱼类的最早文字记录，可追溯至公元前1154—前1122年；

2）公元前成书的《山海经》《尔雅》《诗经》三大名典均有鱼类记载；综合所有古籍的记述并予考证与厘定，已悉鱼类在分类系统上共计3纲35目127科245属种；

3）古人对部分鱼类的形态特征、生活习性及地理分布等，均有较详的准确描述；

4）古代开展的养殖业历史悠久，而春秋时期面世的《养鱼经》是一部指导并引领养殖业发展的经典之作；

5）在海洋捕捞方面，古人充分地利用了一些鱼类的生态特点，从而采用了行之有效的捕捞技术与方法；

6）在食疗（药膳）、观赏和鱼体的综合利用等方面，古人均有较多的研究，并在生活中得以充分利用。

## 参 考 文 献

成庆泰，郑葆珊. 1987. 中国鱼类系统检索. 北京：科学出版社

郭郛. 2004. 山海经注证. 北京：商务印书馆

郭郛. 2013. 尔雅注证. 北京: 商务印书馆
郭郛, 钱燕文, 马建章. 1999. 中国古代动物学发展史. 哈尔滨: 东北林业大学出版社
李思忠. 1990. 对《诗经》所记载鱼类的研究. 淡水鱼类, 1: 35-40
张世义. 2015. 软骨鱼纲总部和硬骨鱼纲总部. 见: 王祖望, 黄复生, 冯祚建. 中华大典 • 生物学典 • 动物分典(第三册). 昆明: 云南教育出版社

# 中国古人对两栖动物的认知与利用

黄永昭

中国古人在生活与生产实践中，对两栖动物不断进行观察、认识、利用，积累了大量的有关知识。对常见的、有利用价值的两栖类动物的记载较多，而对不常见的，或者利用价值不高的，则记述较少。

在公元前16—前11世纪，在殷商甲骨文中已有“黽”（min）（图2-26），即蛙类这一象形字，反映出蛙的形态。成书于春秋战国时期的《山海经》收集了由夏禹时代流传下来的神话，其中夹杂了一些真实的动物种类，除了多处提及的“人鱼”“鯑鱼”（即大鲵）外，还提到“黽”和“活师”（即蝌蚪）等涉及两栖动物的名称，这说明我国先民在史前时期就注意到这类动物。《诗经·邶风·新台》：“魚網之設，鴻則離之。燕婉之求，得此戚施”经闻一多等人考证，此“戚施”即蟾蜍。表明在春秋之际，人们已认识蟾蜍，并将之写入诗歌流传（转引自：闻一多《古典新义·新台》）。

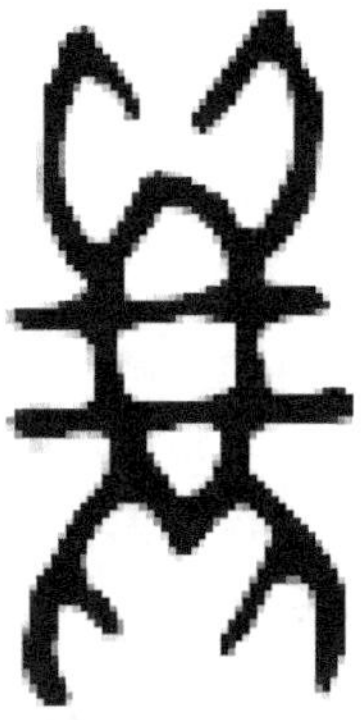

图2-26　甲骨文中的“黽”字

与上述 《山海经》《诗经》处于同一历史时期的，还有历时三千年的古籍《尔雅》，这是一部百科全书式的科学书籍，也是一部中国科学技术文化发展的史书（郭郛，2013）。在该书及稍后成书的《尔雅音图》的《释虫》中就有蟼或蟼蟆（图2-27）和蟾诸（图2-28）的记载。蟼是跳动的蛙，蟆、虾蟆，即青蛙或蟾蜍的统称。在前述两书的《释鱼》中，有“科斗、活东”（图 2-29）的记载。“科斗”邢、郝疏：“此蟲一名科斗，一名活東。頭圓大而尾細，古文似之。”据孔安国云：“皆科斗文字”是也。《东山经》云：“藟山湖水出焉，其中多活師。”郭璞注：“科斗也。活師即活東也。”《庄子·天下篇》：“丁子有尾，或曰即蝦蟆子。”《古今注》：“一曰玄魚，一曰玄針。因形似爲名也。上述《尔雅》及《尔雅音图》的《释虫》《释鱼》还记载了蝾螈、鲵等两栖类的名称，其中一些名称至今还沿用于两栖动物的分类。反映出自春秋战国时期至秦汉时期，古人对一些常见两栖动物种类已具有原始的分类知识，不足之处是将其中的蝾螈类混淆为爬行动物的蜥蜴类。

图 2-27 《尔雅音图》中的蛙

图 2-28 《尔雅音图》中的蟾蜍

图 2-29 《尔雅音图》中的蝌蚪

两汉至三国晋时期，我国政治、经济、文化发展进入一个全盛时期，在自然史志（即博物学）的编纂方面尤为活跃。这一时期具有代表性的学者及其著作有汉·郑玄注《周礼注疏》《礼记注疏》、东汉·许慎《说文解字》、东汉·王逸《楚辞章句》等，在这些著作中提及蝈、蝼蝈、黾、鼃等名物并做了注解；许慎《说文解字》中，将其采纳的两栖动物的字和名称分别归在鱼、虫、黽三个部首之下，共计 10 则，并分别予以解释。晋代郭璞先后注疏《山海经》和《尔雅》，“他研究《尔雅》十八年，用力很深很勤，引用古籍资料较多，取证相当丰富，有所创见，所以郭璞的《尔雅（注）》、《尔雅音义》、《尔雅图》三者为后人所宗，可惜《音》和《图》在宋以后多亡佚，只有他的注释为历代学者传习不废”（郭郛，2013）。在《山海经注疏》和《尔雅注疏》中，对所记载的两栖动物分别给予的注释比较符合实际，其意义尤为明显。无疑，人鱼、鰟鱼、鲵即现今的有尾目的大鲵；蝈、蝼蝈、黾、鼃和虾蟆均为一类，指一般蛙类，而有别于蟾蜍类。三国魏·张揖《广雅》将两栖动物归入"释鱼"，以虾蟆释鼃、蝈、苦蠪等名称，显然是将蛙、蟾蜍两类动物统称为虾蟆了。

继《广雅》之后，宋代的雅学或博物学对两栖动物的认识有了较大的进步，当时古人已能清晰表明了蝌蚪是蛙类幼体，而对蛙类变态过程的描述比较清晰的文献，首推宋代陆佃《埤雅》和罗愿《尔雅翼》的《释鱼》："蝌蚪，蝦蟆子也。蝦蟆曳腸於水際草上，纏繞如索，日見黑點漸深。至春水時，鳴以聒之，則蝌蚪皆出，謂之聒子。古所謂鸛影抱、蟆聲抱者也。頭圓身黑，始出有尾而無足，稍大足生而尾脱。……蝌蚪唯唯，群浮暗水，唯朝繼夕，聿没如鬼，言其出没無常也。……皆腳具而尾始脱耳。"此外，《埤雅》和《尔雅翼》两书的《释鱼》还记述了"大盡生前兩足，小盡生後兩足"，分别表明有尾目幼体和无尾目蝌蚪生长发育的不同。《尔雅翼·释鱼》的蝌蚪条文中，虽然将"虾蟆"（应指蟾蜍）产出的长管形卵带误为"曳肠"，亦未能说明蟾蜍蝌蚪和蛙蝌蚪之间的不同，但较详细的记述却正确地说明了蟾蜍在水草间产出卵带，并逐渐孵出蝌蚪，蝌蚪在水中生长发育，直到"足生而尾脱"变态的全过程。这也是古籍中能够反映出无尾两栖动物回到水中产卵，并在水中度过幼年时期的首次记载。

除了上述《诗经》、《山海经》及《尔雅》等"雅学类"专著外，刊载两栖类最多的应推"本草药物学类专著"。例如，汉代问世的《神农本草经》，又称《本草经》或《本经》，是中医四大经典著作之一，作为现存最早的中医学著作起源于神农氏，代代口耳相传，于东汉时期集结整理成书，成书非一时，作者亦非一人，是中医药药物学理论发展的源头，全书记载药物 365 种，包括草、谷、果、木、虫、鱼、家畜、金石等。根据药物对人的作用，分为上、中、下三品。该书下品动物药中有虾蟆。这是我国最早记载的药用两栖动物。此后，经历代药物学家的不断观察、记录、修订和增补，涉及两栖动物的记载逐渐增多，其中尤以唐、宋时期的有关记叙最多，也比较详细，有助于名物的辨识和应用。例如，唐代陈藏器《本草拾遗》记载鲵鱼、溪狗、蟾蜍、虾蟆和活师五例；宋代唐慎微《证类本草》中记载六例，仅较前书增多"鳀鱼"（即大鲵）一例，但依据各例的文字记叙，有的可以确定到科或属，有的还可以确定到种。宋代寇宗奭《本草衍义》中记述了他曾剖视"鳀鱼"，这是古人解剖观察两栖动物的唯一记录。至明代后期，李时珍《本草纲目》中记载两栖动物共计九例，分别归于《鳞部·无鳞鱼类》和《虫部·湿生类》。根据各例相关的形态、生态、产地及药用或食用价值的记述，有的可以确定到科或属，有的还可以从中鉴定出若干个种。但也存在不足之处，如古人仍将蝾螈类混淆为爬行动物中的蜥蜴类。虽记述了蝌蚪，但仍未能说明蟾蜍的蝌蚪和蛙的蝌蚪的区别。但明代李时珍已能区别两栖纲动物和爬行纲动物，这已经超越当时欧洲学者对两栖纲动物分类的水平。

此外，明清时期的一些杂记、地方志等有关两栖动物的记述，不仅对以往记载名物的辨识或物种的确定提供了更多依据，而且从中确定一些属、种，如中国瘰螈 *Paramesotriton chinensis*、东北林蛙 *Rana dybowskii* 和花狭口蛙 *Kaloula pulchra* 等（黄永昭，2015）。

汉代以后的古籍中有不少诗、词、赋等文学作品不仅赞赏两栖类动物作为食物的美味佳肴，而且对这类动物的形态、习性、鸣叫行为等亦作了细致的描述。例如，唐·东方虬《蟾蜍赋》、宋·杨简《蛙乐赋》、宋·张耒《鸣蛙赋》等等（引自：《御定历代赋汇》《文渊阁四库全书》）。

唐·東方虬《蟾蜍賦》

觀夫天地之道，轉萬物以自然。鱗蟲之聚，有蟾蜍而可稱焉。鳥，吾知其擇木；魚，吾知其在泉。此皆嬰刀俎以生患，而我獨沈冥而得全。爾其文章睆目，鋭頭皤腹，本無牙齒之用，寧懼鷹鸇之逐。或處於泉，或漸於陸，常不離乎跬步，亦何擇於棲宿。當夫流潦初溢，陰霖未晴，乘清秋之良夜，散響耳之繁聲。澒洞雷殷，混萬籟而爲一；喧豗鼓怒，怛異類以相驚。既莫知其所止，故乃逢時則鳴。觀其忘機似智，稱善不伐。進而無悔，恥魚之曝鰓；退亦能謀，笑龜之灼骨。方將樂彼泥中與井底，安能出乎河長與海闊。稱其異則畫地成川，謂其神則登天入月，豈直漥坳之内，而見其浮没。意茲蟾蜍，匪陋攸居。沼沚之毛，浛涵泳之無斁；蘋藻之菜，廉糗糧而有餘。方其鳴，孔公若聞於鼓吹；當其怒，越子反駐乎乘輿。彼龍蛇之蟄也，吾不知其所如。

宋·楊簡《蛙樂賦》

至矣乎！至矣乎！音聲之妙，有如此不可以言道，不可以意傳者乎！靜夜兮寂然，發機兮捷然。有唱輒酬兮，翕然驟然。千護競奏，萬珠紛聯。此斷兮彼續，甲洪兮乙纖。各出其奇，互發其妙。離離然，粲粲然，若星辰之綴懸。泠泠然，激激然，若巖隈之溜、澗下之泉。又若急雨過瀟湘之上，織錦濯蜀江之芳鮮。宫商迭播，角羽相先。律不知其何律兮，吕不知其何吕。唯覩夫大積焉而不苑，並行而不謬。隨之不見其後，迎之不見其前。如彼萬象森羅，參錯畢見。其瑩然之鑑，澄然之淵。至動矣而靜，至繁矣而不喧。是音也，可聞而不可聽，可以默識而不可口宣。孔聖遇之而忘齊國之肉味，黄帝得之而大張於洞庭之原。胡爲乎獨不見省於橫目之士，至憎而爲煩？甚以爲冤。冤矣乎！冤矣乎！俯不覩其爲地，仰莫知其爲天。雖百師曠，何所措其耳。雖千子期，惡從探其源？然則是其要妙終而不出其秘，以啓後來之惓惓者乎。西嶼楊子於是爲之歌曰：竹風之蕭然，松月之烱然，佐以絲桐之灑然，繼以是歌之油油然，可謂昭然灼然。

宋·張耒《鳴蛙賦》

夏雨初止，積潦過尺，有蛙百千，更跳互出。幸此新霽，夜月清溢，我勞其休，歸偃於室。於時蛙鳴，若嘯若啼，若訴若歌，若懼而悲，若喜而語，若怒而詬，若噦而嘔，若咽而嗽；瘖者之呼，吃者之鬬；或急或緩，或清或濁。若羌絲野鼓，雜亂無節兮，又似夫蠻歌獠語，詭怪之迭作也。爾其困於泥潦，失其所處而悲，又若夫旱暵既久，得其所處而樂也。爰有童子持燭來謁，曰："蛙群夜鳴，君寢其聒。考之《周官》，灑灰驅蛤。君其教之，予得盡殺。"予語童子："爾無是酷。爾樂而歌，而哀則哭。哭則悲嗟，樂有聲曲。聚語群爭，引吭而呼，一日之間，不寧須臾。蛙不汝嫌，汝奚蛙誅。萬物一府，誰好孰惡？爾奚自私，己厚蛙薄。參通彼己，樂我自然。弭爾怒心，置燭而眠。"夜半，張子援枕而吁，顧謂童子："記吾言歟？前言未究，請卒吾説。物各有時，夫誰敢遏？爾觀夫春露初靄，朝華始敷，文羽清喙，飛鳴自如。若奏琴箏，而和笙竽，清耳悦心，聽者爲娱。及夫陽春既徂，炎火將極，惡草蕃遮，淫潦瀦積。蛙於此時，生養蕃息，跳梁號呼，意氣橫逸，子如之何？時不可逆。時乎！時乎！美惡皆然。當其盛時，誰得而遷？及其雪霜既降，木實草衰，飛蠅聚蚊，孽無所施。於是此蛙，歛吻收足，尫然土中，一聲不出。黨散巢披，不可終日。盛不可常，興衰迭乘。子姑忍之，奚以殺爲哉？

根据已收集到古籍中记载的有关文献，并依据现代分类学知识，可将两栖纲 Amphibia 动物归纳为两目（有尾目、无尾目），共 8 科 14 属 22 种，详见《中华大典·生物学典·动物分典》第三册（黄永昭，2015）。

## 参考文献

郭郛. 2004. 山海经注证. 北京：中国社会科学出版社
郭郛. 2013. 尔雅注证(下册). 北京：商务印书馆
郭郛, (英)李约瑟, 成庆泰. 1999. 中国古代动物学史. 北京：科学出版社
黄永昭. 2015. 两栖纲总部. 见：王祖望, 黄复生, 冯祚建. 中华大典·生物学典·动物分典(第三册).昆明：云南教育出版社

# 中国古人对爬行动物的认知与利用

黄永昭

爬行动物是由古老的两栖动物摆脱对外界水环境的依赖，经过长期演变进化而来的真正陆生的脊椎动物。古人在生活和生产活动中逐步认识、利用或防治这类动物，尤其对常见的、有利用价值的，或有危害作用的爬行动物记述较多，也较详细，反之则记述少而零星，甚至就未予记载。

我国先民认识爬行动物可以追溯到文字出现之前。在新石器时期遗址中有鼍、龟、鳖的残骸存在。甲骨文中有它（蛇）、龟、鼍等爬行动物的象形字。例如，商代（公元前16—前11世纪）安阳殷墟出土的有刻辞的甲骨文中，有爬行动物记录的种类如表2-5、图2-30所示（郭郛等，1999），金文中也有一些记载（图2-31）。

**表2-5　商代安阳殷墟出土甲骨文中记载的爬行动物**

| 原甲骨文编号 | 动物古名称及文献出处 | 古名、英文名、拉丁学名 |
|---|---|---|
| （22） | 鼍（合集6163） | 鳄，龙，alligator，*Alligator sinensis* |
| （24） | 龜（合集9000） | 龟，tortoise，*Geoclemys* |
| （25） | 黿（合集6480） | 鼋，黿，*Pelochelys bibroni* |
| （26） | 鱉（合集8996） | 鳖，turtle，*Amyda sinensis* |
| （27） | 蛇（合集14354） | 它，snakes，Ophidia（蛇亚目） |

注：合集见胡厚宣（1999）

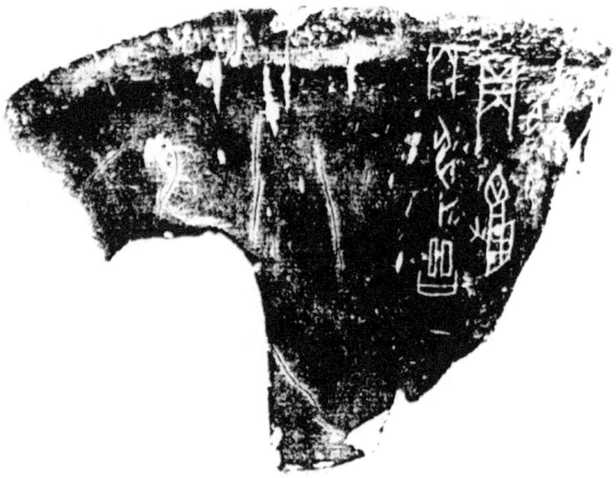

**8995**正

图2-30　甲骨文动物记载——龜（释文：丙申卜，贞龟氏）

1468

图 2-31　金文动物记载

**说明：**

（1）殷商甲骨文　图版取自郭沫若主编、胡厚宣总编辑《甲骨文合集》（中华书局，1979—1983 年）

释文取自胡厚宣主编《甲骨文合集释文》（中国社会科学出版社，1999 年）

（2）殷周金文　图版取自中国社会科学院考古研究所编《殷周金文集成：修订增补本》（中华书局，2007 年）

古籍中关于爬行动物的记载，《周易》有龟、鳖、蛇等几个名称，《诗经》中则出现蛇、虺、蜴、龟、鳖和鼍六个名称。《山海经》多处记载有腹虫或蝮蛇、蛇、龟、蛟、鼍及三足鳖、三足龟等有关爬行动物的 20 余个名称及其分布，虽然其中多有传说中的神异动物，但也夹杂有现生动物，反映出我国古老先民在史前时期已经认识一些爬行动物。《尔雅・释鱼》涉及爬行动物名称约 20 个，其中龟鳖类 12 个、蛇类约 6 个、蜥蜴类 3 个。后经西晋郭璞的注释和北宋邢昺的疏释，这些名称的意义更为明确。尽管存在一些混淆和谬误，但已能看出古人对爬行类动物的一些记载是比较符合实际的，其中有的名称如龟、鳖、腹、蟒和蜥蜴等至今还沿用。

汉代以后，古人对爬行动物的观察和认识更为深入，有关记载逐步增多。东汉・许慎《说文解字》涉及爬行动物的字及注释，除图腾、神异动物名称之外，有它、蛇、腹、蚺、蜥、蠵（xī）、蝉（è）、龟、鼋、鼍等，共计 17 个。从三国魏・张揖《广雅》到宋・陆佃《埤雅》、郑樵《通志・昆虫草木略》和罗愿《尔雅翼》等著作，都记载着一些有关爬行动物的内容。

本草药物学中关于古人对爬行动物不断观察、认识和利用的实践中，积累了大量的知识和实践经验，是古代有关爬行动物认知的一个重要组成部分。汉魏时期问世的《神农本草经》记载涉及爬行动物的药物共 5 例，由于记述过于简单，只能鉴定到科或目。随后，本草药物学著作中记载爬行动物药的内容不断增多。例如，南朝梁・陶弘景《名医别录》中记载了 8 例；唐・陈藏器《本草拾遗》中记述了 16 例，其中新补药用龟鳖类和蛇类动物较多；北宋・唐慎微《证类本草・虫鱼部》所记载的爬行动物药多达 20 余种，依据所记载的形态、习性、和产地等内容，皆可鉴别，但其中仍存在一些混淆和谬误；明・李时珍《本草纲目》广收爬行动物药，多达 40 余种，分别归入鳞、介两部的龟鳖类、龙类和蛇类，相当于现代的龟鳖目、蜥蜴目和蛇目，兼含鳄形目的鼍。虽然其中存在一些混淆甚至错误，但依照李氏对于各种的形态、生态、产地及应用等的记述，符合现代实物，可确定龟鳖目有 8 种、蜥蜴目有 6 种、蛇目有 12 种、鳄形目有 1 种。其后，再无超越《本草纲目》的本草药物学的著述。

明、清两代的一些杂记、地方志和教科书等古籍中涉及的爬行动物记述，不仅对过去所记载动物的内容作了补充，而且为《中华大典·生物学典·动物分典》编纂的爬行纲 Reptilia 总部增补若干种、属或科的鉴别提供了宝贵的资料。例如，依据《康熙阳春县志》卷十四《物产·介之属》、《同治韶州府志》卷十一《物产·介属》等地方志，确定了山瑞鳖 *Palea steindachneri* 的存在；此外，对飞蜥 *Draco* spp.、蜡皮蜥 *Leiolepis reevesii*、草原沙蜥 *Phrynocephalus frontalis*、银环蛇 *Bungarus multicinctus* 和眼镜蛇 *Naja naja* 等物种的确认，也得益于上述地方志、杂志等文献所提供的分类依据。

一些古典诗、词、赋和散文等文学作品对爬行动物的形态、习性、行为等亦有描述。例如，唐·柳宗元《宥蝮蛇文》仅用短短 32 个字：“目兼蜂虿，色混泥涂。其頸蹙恧，其腹次且，褰鼻鉤牙，穴出榛居。蓄怒而蟠，銜毒而趨”，便形象逼真地将蝮蛇（指今之尖吻腹）的形态、习性、行为和毒害等生动地刻画了出来。

古籍中关于爬行动物的记载，以龟鳖类和蛇类为最多，其次是鳄类和蜥蜴类。

从殷商到宋代是古人崇拜龟鳖动物的鼎盛时期，人们视其为神物，是吉祥、长寿的象征，并将龟甲作为占卜的工具。所以许多古籍中都有这类动物的记载，仅龟名就有近百个。如此繁多的龟鳖名称，除了卜巫用的名称和俗名或别名之外，经明代李时珍的梳理、修订和注释，《本草纲目·介部》记述了 12 种。依据李氏的记叙，并经现在的考据，其中应除去同物异名的两种和根本不存在的贲龟、能龟（或系龟鳖类的畸形），实际上共 8 种。根据此后直至清末一些古籍中的记载，又确定 6 种。我国古籍中记载的龟鳖动物共有 14 种。

蛇是人类认识最早的一类动物，古籍中的有关记载很多，尤其是对毒蛇和有药用或食用价值的蛇类的记述。《周易》提及“龙蛇”，《诗经》记有“蛇”“虺”二字，从以后的一些著述看，“龙蛇”“蛇”最初泛指一般蛇类，“虺”则指黄河流域一带的毒蛇，以区分无毒蛇和有毒蛇。后来，“蛇”当指所有的蛇类，“虺”则泛指分布于我国南北各地的、体型较小的毒蛇，即现今的蝮蛇 *Gloydius* spp. 诸种。《山海经·南山经》多处提到“腹虫”，《尔雅·释鱼》所记载的“腹虺”，皆由郭璞作了注解。根据郭氏的注解及在《尔雅音图》中的“腹虺图”所示的形态来看，腹虫和虺腹皆指今之尖吻腹，而不是一般蝮蛇。郭璞之后，对腹与虺究竟是一种蛇还是两种蛇，历代雅学和本草药物学之士有不同见解，常常混淆。这多半与古代学者受到各自所处时代和地域不同的局限，缺乏全面了解有关。所以，对于古籍中所记载的腹与虺，具体究竟指何种，尚需根据记述或注释的形态、生态和分布等情况，作具体分析。总体来看，古籍中所记载的“腹虫”、腹虺或蝮蛇及白花蛇，大多数是指产于南方的、体型粗大、吻尖上翘、卵生的今之尖吻蝮，仅有少数含有江淮以南的蝮蛇；虺则指产于我国南北各地、体型短小、卵胎生的多种蝮蛇。清·陈鼎《蛇谱》和赵彪昭《说蛇》应当是古籍中的蛇类专著，两书记载近百种蛇，可惜大多从各种古书中抄录汇总而成，正误兼容，其中有不少讹传和虚诞名称，因而除少数可资鉴别外，大多无补于蛇种的辨识或考证。

古籍中对于大型蛇的记载较多，名称有蟒、王蛇、王虺、灵蛇、巴蛇、蚺蛇和南蛇等 10 余个。依据各名称下记述的内容看，它们都与产于我国南方的现今蟒蛇相符合。这一种大型蛇，因其“能吞鹿、豕，食人”“其胆入药”“肉极腴美”“皮可冒鼓及饰刀剑、乐器”等，历来都能引起人们的注意，对其观察细致，记述也较详尽，甚至连捕捉方法也详加介绍。

蜥蜴类动物与人类的关系远不如龟鳖类和蛇类密切。多数蜥蜴个体小，没有食用价值，也不像毒蛇给人带来危害，因而古人对它们的观察较粗浅，记载简单且多存在混淆之处，仅对少数几种有药用价值的蜥蜴，如石龙子、蛤蚧（即大壁虎）、金（银）蛇和守宫等有详细的记载。《诗经·小雅·正月》有“哀今之人，胡为虺蜴？”这是古籍中有关蜥蜴的最早记载。自《尔雅》提出“蝾螈、蜥蜴、蝘蜓、守宫”

四个名称之后，直至清末约两千年的时间里，围绕这四个名称争论不休，莫衷一是，并将属于两栖动物的蝾螈误以为蜥蜴类。此外，古籍中所记载的鳞蛇、金（银）蛇、千岁蝮和苟印等所谓蛇类，都应当是蜥蜴类动物。后两者因记述简单，不能确定其种或属。经考证，鳞蛇应该是现今的巨蜥，而非蟒蛇；金蛇和银蛇同系一种，即现今的脆蛇蜥 *Ophisaurus harti*，前者为雄体，后者为雌体，其尾易断，能再生，但不能“复续”。此外，古籍中记载的石龙子实际上包括现今的石龙子科和蜥蜴科的某些属种；古籍记载的守宫亦含现今的壁虎科的某些属、种，须依据相关记述作具体分析。根据明清时期的一些地方志、杂记、考察报告或教科书中的零星记载，还确定了几个种、属或科。至于蜥蜴能“呕雹”“喷云吐雾”“能跳来啮人，或人中必死”等记述，当系讹传，不足为信。我国产的蜥蜴类动物皆无毒。

古人对鳄类动物的观察、认识深入细致，记载也较详细。依据古籍记述，复核现代之实物，确定有三种，即鼍、马来切喙鳄和湾鳄。鼍，即今之扬子鳄，这是我国先民早在4000多年前的夏代就认识并利用的动物之一，繁布于长江中下游的湖泽地带，对人、畜均不造成危害。古人认识马来切喙鳄和湾鳄要比认识扬子鳄晚得多，直至建立日南郡的汉代，要比甲骨文中的鼍字晚1700多年，有东汉许慎《说文解字》记载的“蝉”[①]（即鳄）字及其注解为证。从随后的一些著作所记述的鳄来看，鳄就是指现在的马来切喙鳄，其吻（喙）狭长，体型大，产于南方即现今的广东、广西和贵州东南部一带，对人、畜有一定危害，故在古籍中多有记载，如有唐代韩愈驱鳄、宋代陈尧佐戮鳄、明代永乐年间夏元吉灭鳄诸事的记录。自明代以后马来切喙鳄逐渐减少并在我国灭绝。湾鳄是一种能在海水中生活的咸水鳄，古籍中涉及它的记载仅查到两则，曾分别出现在彭岛和海南岛附近海域，如清·黄叔璥《台海使槎录》卷四记载，“康熙癸亥四月，彭島忽見鱷魚，長丈許，有四足，身上鱗甲火炎，從海登陸。”清·李准《巡海记》中也有记载：“一日雨後，余正在船面高處納涼，忽見一黑色之物，自海面向余船而來，昂首水面，嘴鋭而長。余問曰：此何物也？國祥曰：此鱷魚也。韓文公在潮作文鱷之者，即此是也。”（黄永昭，2015）。

## 参 考 文 献

郭郛，(英)李约瑟，成庆泰. 1999. 中国古代动物学史. 北京：科学出版社
郭沫若，胡厚宣. 1977. 甲骨文合集. 北京：中华书局
胡厚宣. 1999. 甲骨文合集释义. 北京：社会科学出版社
黄永昭. 2015. 爬行纲总部. 见：王祖望，黄复生，冯祚建. 中华大典·生物学典·动物分典(第三册). 昆明：云南教育出版社

① 蝉：è，《唐韵》五各切。《集韵》逆各切。并音咢。《说文》：似蜥蜴，长一丈，水潜吞人浮出。又《集韵》匹各切。音粕。义同。《六书正譌》：俗作鳄、鱷，并非。——摘自《康熙字典》（标点整理本）P1055，上海辞书出版社，2007。

# 中国古代鸟类生态习性概述

卢汰春　贺　鹏

中国是世界文明古国，历史悠久。在这悠长的历史长河中，华夏太祖在生产实践中与鸟类结下了不解之缘。对鸟类的认识是渐进的、漫长的，逐步丰富和升华的。

早在五六千年前，就出现了以鸟为题材的纹样。例如，在西安半坡出土的一块彩陶残片上，画着一只昂首直立的小鸟，纹样虽简单，但显得雅致淳朴（图 2-32）。再如，陕西宝鸡北首岭出土的一件细颈彩绘陶壶上，用粗犷的线条描绘出一个鸟啄鱼的图案，表现得很有生气（图 2-33）。

图 2-32　陕西西安半坡出土的彩陶残片上的鸟纹

图 2-33　陕西宝鸡北首岭出土的彩陶壶上的鸟啄鱼的图案

在河南省临汝阎村出土的一件彩陶缸上，绘着“鹳鸟衔鱼长斧图”（图 2-34）。鹳鸟通体为白色，鱼和石斧以黑线勾勒画成。高足短尾的鹳的尖长的鸟喙衔着一条鱼，生动地刻画出水鸟的形态。鹳鸟前方立着一只长柄石斧，柄部绘有“×”形符号，因此这件长斧是显示权贵人物威势的特殊器物。而图纹中以主体形象出现的鹳鸟，可能是氏族的图腾神。

到了夏商时代（约公元前 21—前 11 世纪），在河南安阳殷墟出土的众多甲骨文，可以说是中国鸟类最古老的记录。例如，《甲骨文合集释文》17366 反：“……之日夕出鳴鳥。”10512：“……其隹……鳥……”（图 2-35）。

图 2-34　河南临汝阎村出土的彩陶上的鹳鸟衔鱼长斧图

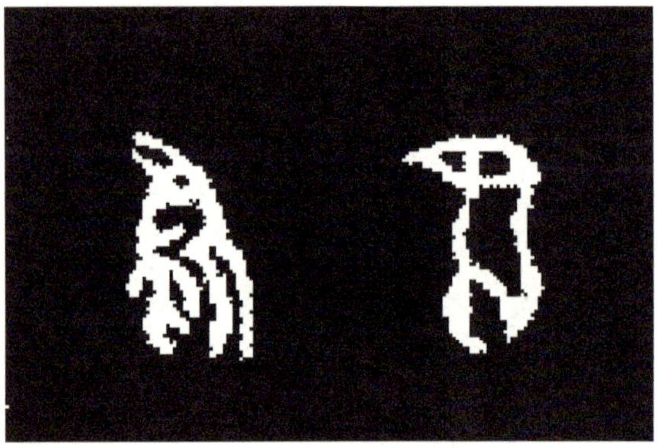

图 2-35　鸟字的甲骨文
左：甲 2904；右：乙 2664

以上可以说明，鸟类是中国古人较早认识的动物之一，因此对于鸟类的生活习性也有较深入的观察和研究，从要表现在以下几个方面。

## 一、对“鸟”与“禽”两字的考证

如前所述，“鸟”字最早出现于甲骨文中。在河南安阳殷墟出土的众多上有刻辞的骨片上，现能辨认的有关鸟类的就有 10 来个字。甲骨文的记录，可以说是中国鸟类最古老的记录，文字中就有鸟和鸡（家鸡）、雉（野鸡）、翰（锦鸡）、鹬（鹬科鸟类的通称）、鸿（雁类）、鹳（雚）、雀、燕（玄鸟）、鹰、凤等字。

晋・郭璞注《**尔雅注疏**》（唐・陆德明音义，宋・邢昺疏）载：“《說文》云，短尾羽，禽總名也。按此文云，二足而羽謂之禽，禽即鳥也。《說文》云，鳥者，羽禽之總名，象形字。”

宋・毛晃增注《**增修互注礼部韵略**》（毛居正重增）云：“禽，飛曰琴，走曰獸。又捉也，又凡畋獲飛走，皆曰禽。又鳥，未孕曰禽。……鳥，了了切，禽總名。……常時曰鳥，胎卵曰禽。”

明・张自烈撰《**正字通**》（清・廖文英编）：“鳥，了了切。音嬝。羽禽總稱。……《爾雅》云，四足而毛謂之獸，二足而羽曰之禽。”

清·郝懿行撰《尔雅正义》曰："《説文》，鳥，長尾禽總稱。隹，鳥之短尾也。《夏小正》云，凡有翼者，鳥也。"

## 二、对鸟类鸣声的观察与研究

古籍中有关鸟类鸣声之研究，虽较粗略，但却是先人在实际观察中记录下来的。

周·师旷撰《禽经》（晋·张华注）云："林鳥朝嘲。林鳥朝之將翔也，聚而噍啁。"

又曰："……鶴以怨望，鴟（即貓頭鷹）以貪顧，雞以嗔睨，鴨以怒瞋，雀以猜瞿，燕以狂盱，鶯以喜囀，烏以悲啼，鳶以飢鳴，鶴以潔唳，梟以凶叫。"

又曰："鸒飛則蜮沉，鵙鳴則蚓結，鸛俯鳴則陰，仰鳴則晴。"

又曰："鵲見蛇則噪而賁，孔見蛇則宛而躍。"

又曰："鸒見異類差翅鳴，雞見同類拊翅鳴。"

又曰："哀鳥吟夜。鳥失雌，雄則夜啼。"

明·周婴撰《卮林·补遗》云："烏鳴啞啞，鸞鳴噰噰，鳳鳴喈喈，凰鳴啾啾，雞鳴咿咿，鸛鳴嗜嗜，鴨鳴呷呷，鵙（即伯劳）鳴啞啞，鶯鳴嚶嚶，鵠鳴唶唶。"

## 三、对鸟类结构与功能的观察与研究

周·师旷撰《禽经》（晋·张华注）曰："腳近脯者能擲。""擲"就是跳跃的意思。又"腳近臎者能步。"明·李时珍撰《本草纲目》说："臎[①]，一名尾羽，尾肉也。"

宋·陆佃撰《埤雅》曰："舊説鳥雀尾臎上有肉，高有穴者名脂瓶。鳥雀每引嘴取脂以塗翅毛，衣則悦澤，雨露不能濡。"文中已说明尾脂的位置与功能。

明·周婴撰《卮林·补遗》："陸生之鳥味多鋭而善啄，水生之鳥味多圓而善唼。腳短者多伏，腳長者多立。……乾皋斷舌則坐歌，孔雀拍尾則立舞。……鷹好跱，隼好翔，鳧好没，鷗好浮。……霜傅疆枝，鳥以武生者少；雪封枯原，鳥以文死者多。……鶺鴒之信不如雁，周周之智不如鴻。……鴻雁愛力，遇風迅舉；孔雀愛毛，遇風高止。"

又，"……鶴以怨望，鴟[②]以貪顧，雞以嗔睨，鴨以怒瞋，雀以猜瞿，燕以狂盱，……陸鳥曰棲，水鳥曰宿，獨鳥曰止，衆鳥曰集。……"

## 四、对鸟类食性的观察与研究

周·师旷撰《禽经》云："鵜志在水，水鳥也。似鶚而大，喙長尺餘，頷下有胡如大囊，受數升水，胡中取水以聚群魚，竭涸奄取之。一名淘河。鴷志在木。《爾雅》曰：斷木鳥巢木中，嘴如錐長數寸，常斷樹食蠹蟲，喙振木，蟲皆動也。"

汉·刘向撰《说苑》："君之鳧雁，食以菽粟。"

三国吴·沈莹撰《临海水土异物志》（张崇根辑）："啄木舌長五寸，木少有刺針。"

---

① 臎：cuì，《廣韻》《集韻》並七醉切。音翠。《廣韻》：鳥尾上肉。又《博雅》：臎，肥也。又《博雅》：臎，臀也。zuì，又《廣韻》遵誄切。《集韻》祖誄切。並音濢。髁骨也。一曰肥實謂之臎。——摘自《康熙字典》（标点整理本）P963，上海辞书出版社，2007。

② 鴟：chī，鴟鷹。鴟鸮，鴟鵂，猫头鹰一类的鸟。——摘自《新华字典》（第11版）P60，商务印书馆，2013。

晋·郭璞注《尔雅》依鸟类孵化后雏鸟取食能力，将雏鸟分为两类："生哺，鷇[①]；生噣，雛。""鷇"为待母哺食的幼鸟，即晚成鸟。《说文解字》："鷇，鳥子生哺者。"《尔雅注》："鷇，鳥子須母食之"，"噣"通啄，"雛，自取食。"即雏能自行取食，不需母鸟喂养，即今称之为早成鸟。

后魏·贾思勰撰《齐民要术》："鵝唯食五穀、稗子、草、菜，不食生蟲。……雞，春夏雛，二十日内無令出窠，飼以燥飯。……養雞令速肥（法）……别築牆匡（四面圍起），開小門，……雌雄皆斬去六翮（飛羽），無令得飛出。常多收秕、稗、胡豆（豇豆）之類以養之，以作小槽以貯水。……雛出……其供食者……，蒸小麥飼之，三七日便肥大矣。"

宋·罗愿撰《尔雅翼》："啄木鳥喙端有鉤，常見其啄，啄不止。頃之，掣翼不能去，若負痛者。使人視之看，喙在木中，力脱之遂死。蓋平時的蟲，則以鉤取之。此時無蟲，鉤遂著木，不能去也。"

宋·范成大撰《桂海虞衡志》："孔雀……人飼以豬腸及生菜（蔬菜），唯不食菘。……日飼以米、穀、粟、麥，勿令闕水，與養雞無異。每至夏秋，令僕夫于田野中收以小魚蝦，不爾餓損，及切蒻少許啖之……切不可與鹹酸食物，食則減精神，混暗毛色。"

明·李时珍撰《本草纲目》："啄木鳥……剛爪，利嘴，嘴如錐，長數寸，舌長於咮，其端有鉤刺，啄得蠹，以舌鉤出食之。……鴞即梟也。……此鳥盛午不見物，夜則飛行，常入人家捕鼠食。"

## 五、对鸟类繁殖的观察与研究

华夏祖先对鸟类的繁殖曾作过许多观察和记载，并对鸟类生殖道和泄殖腔作过解剖观察方面的研究。

明·王逵撰《蠡海集》说："或曰，雞、鴨卵之生皆系著於脊，其產於後竅，不知自何道能出？答曰：凡鳥之生卵者，莫不系於脊……，脊系卵處，下生一腸，上曰連屬於系卵，卵已長足，而產入於此腸，俗謂之花腸也。下口乃並於直腸，以通於後竅出焉。卵之殼皆於當日始能堅。何以知其然？因宰殺之日，隔宿可驗也。"

每到春季，鸟类便开始了一年一度的繁殖活动。第一步往往是占据一块安全舒适，食物丰富的区域作为繁殖场所，这块特殊的区域就是领域。

鸟类领域，即雄鸟通过鸣唱、炫耀羽饰及其他一些信号，警告其他雄鸟并对雌鸟进行招引，从而把诸配偶在空间上分隔开来。雄鸟为了争夺领域常发生格斗，而领域的拥有者在领域内常常是不可能战胜的。

华夏祖先早在周朝（公元前11世纪）就对鸟类占域行为作过研究。

周·师旷撰《禽经》（晋·张华注）曰："鶡（即褐馬鸡），毅鳥也，毅不知死。"褐马鸡雄鸟在春季繁殖时常常为争夺领域发生争斗。

三国时的魏国王子，文学家曹植有一篇《鶡赋》，前面的序言是："鶡之爲禽，猛氣，其鬥終無勝負，期於必死"。说明褐马鸡的战斗不止的习性。曹植是魏武帝曹操的儿子，当时曹操也有篇《鶡赋》，赋中曰："鶡雞猛氣，其鬥終無負，期於必死，今人以鶡爲冠，像此也"。

南朝宋·范煜撰《后汉书》（唐·章怀注）曰："武冠，俗謂之大冠……加雙鶡尾，豎左右，爲鶡冠云。……鶡者，勇雉也，其鬥對一死乃止。"这是汉代的帽子常插褐马鸡的尾羽，作为勇敢战斗的标志。

宋·陆佃撰《埤雅》曰："……專場健鬥，鬥死不卻，蓋鷙鳥之暴戾者……。"

上述表明在公元二世纪，华夏先祖们就观察到了鸟类占区行为，特别是在繁殖季节，雄性鸟类明显表现出这一行为。

周·师旷的《禽经》曰："雉，介鳥也，善搏鬥也"。雉，野鸡也，雄性好斗。

《诗经》曰："雄雉于飛"，朱熹注解："雉，野雞。雄者有冠，長尾，身有文采，善斗。"

① 鷇：kòu，初生的小鸟。——摘自《新华字典》（第11版）P60，商务印书馆，2013。

晋·郭璞注《尔雅》曰："雉，絶有力奮。"郭璞注："最健鬥"。

宋·陆佃一直强调"专场，健斗"特性，这见于《埤雅》中："雉似雞而大，黄黑色，故其名曰鶡。"而《鶡赋》云："揚玄黄之勁羽也。""有毛角，專場，健鬥，鬥死不卻。"

上述都提到雄性雉鸡在繁殖季节好占域而争斗的现象。

宋·陆佃的《埤雅》曰："雉性耿介，妒壟護疆，善鬥，雖飛不越分域。一界之内，要以一雄爲主，餘者雖衆，莫敢鳴雊。"。

宋·罗愿的《尔雅翼》曰："雉……因地之墳衍以爲疆限，分而護之，不相侵越。一界之内，以一雄爲主，餘者雖衆，莫敢鳴……"。

上述表明，雉好占域，一领域内以一雄为主，为鸣雊之雉。雄鸟为主占域者，彼此不超越疆界。

翠鸟也有占域行为。宋·陆佃的《埤雅》曰："翡翠各據溪曲以居，以自藏匿，猶雉之分畿，星飛不越界也"。

华夏先祖还利用竹鸡好斗，以鸡媒诱之而捕得。明·李时珍的《本草纲目》曰："竹雞生江南、川、廣，處處有之。多居竹林，形比鷓鴣差小，褐色多斑，赤文。其性好啼，見其儔必鬥，捕者以媒誘其鬥，因而網之"。

## 六、对鸟类选穴筑巢的观察与研究

鸟类在繁殖季节，除少数种类外，都有营巢的习性。鸟类的巢穴能使鸟卵不至于滚散而聚拢在一起，接受母鸟体温而孵化，同时也不受天敌伤害，可谓安全可靠的"摇篮"。

鸟类的巢大致可分为地面巢、水面浮巢、洞巢和编织巢。

我们的先人对鸟巢也做过不少观察和报告。

"鸜鵒（即八哥）巢於鵲巢、樹穴及人家屋脊中。"八哥以这三种场所为巢，说明其造巢能力不佳，但适应性较强。

周·师旷撰《禽经》曰："《爾雅》曰：鴷，斲木鳥，巢木中"。说明啄木鸟营巢于树木洞中。

又曰："（鷦）鷯巧而危，……喙尖，取茅秀（茅草花）爲巢，剌以縑麻，若紡績爲巢，或一房，或二房，懸於蒲葦之上"。

唐·白居易有一首诗曰："梁上有雙燕，翩翩雄與雌。銜泥兩椽間，一巢生四兒。"说明雌雄双燕在人家房椽上用泥筑巢。

明·李时珍撰《本草纲目》曰："巧婦（即鷦鷯）小於雀，在林藪間爲窠，窠如小袋。……喙如利錐，取茅葦、毛毳爲窠，大如雞卵，而繫之以麻髮，至爲精密，懸於樹上，或一房，或二房，故曰巢林不過一枝"。

燕子有时可利用旧巢居住，并能记忆隔年的旧巢。"霸城王整之姊……有燕巢，常雙來去，後忽孤飛。女感其偏棲，乃以縷繫腳爲志，後歲此燕復來，猶帶前縷。"

还有一类鸟，自己不筑巢，而将卵产于寄母巢中。杜鹃、鸜鵒（八哥）等就是这种鸟。

《诗经》曰："維鵲有巢，維鳩居之。"鸠（即杜鹃）在鹊巢中产卵，"鳲鳩……今之布穀……牝牡飛鳴，以翼相拂，不自爲巢，居鵲之成巢。"

## 七、对鸟类婚配的观察与研究

婚配是根据某一时期雄鸟或雌鸟占有的配偶数量来划分的。一般可分为四个基本类型，即单配型、一雄多雌型、一雌多雄型和混合型。

单配型是指在一个繁殖期内，一只雄鸟只与一只雌鸟形成配偶，两性常常共同负责育雏工作，这是鸟类中最常见的现象。鸳鸯、大雁等都是单配型种类。

鸳鸯在繁殖季节是雌雄相随的匹鸟。

《诗经》曰："鴛鴦於飛"，说鸳鸯在繁殖季节，雌雄一起飞翔。"鴛鴦在梁，戢其左翼"，朱熹注释为"鴛鴦，匹鳥也"。

孔子曰："禽鳥並棲，一正一倒。戢其左翼以相依于内，舒其右翼以防患於外。性馴偶也。"

晋·崔豹撰《古今注》注解鸳鸯："鳧類，雌雄未嘗相離，人得其一，則一必思而死，故曰匹鳥。"

南朝梁·顾野王撰《玉篇》曰："鴛鴦，匹鳥，雄曰鴛，雌曰鴦。"

关于雁"终生配偶型"中雌雄相互依恋的情况，见于《梅间诗话》记载："元裕之赴並州，道逢捕雁者，獲一雁殺之，其脱網者，悲鳴不能去，競自投於地而死。"

明·李时珍撰《本草纲目》云："失偶不再配"，说明雁是终身一夫一妻的单配型。

清·嵇璜撰《续文献通考·雁媒》记录："應山有字雁媒者，宿媒沙中……，一日中，匹雁哀鳴而下，與媒交其項，弗釋，並死之"。说出雌雄雁相依、寻找和依恋的情况。

混合型这种婚配型，实际上是指同一物种在繁殖期间，有时一雄多雌，有时也一雌多雄的混合。我国古籍中也有过这类研究的叙述。

周·师旷撰《禽经》曰："雀（即麻雀類）交不一"。足以说明麻雀是混交型的婚配类型。

宋·陆佃撰《埤雅》曰："雀，固（生）物之淫者也"。说明麻雀在整个一生中，配偶是不太固定的。又说："雀四時有子。"陆佃家住浙江绍兴附近，天气较暖和，麻雀一年四季都可以繁殖。

## 八、对鸟类交尾的观察与研究

鸟类交配（即交尾）时间往往在几秒钟内完成，有些种类在地面进行，亦有不少种类在空中进行，也有在水面上进行的。由于交配是在瞬间完成的，故不容易观察到。故在我国古籍中，关于鸟类交尾的描述多为臆测。

清·王一甫撰《南雷集学箕初稿》曰："鶴以聲交，烏以氣交，鸡鵲以睛交，鵪鴿與雌合。"

古籍中也有描述鸟类交尾真实情况的，如：

唐·段成式撰《酉阳杂俎》曰："鸜鵒交時，以足相勾，促鳴，鼓翼如鬭狀，往往墜地。"

明·边文进绘《三友百禽图》中有一对鸜鹆交配的姿势，四足相勾，立于地上，雄似乘雌而交尾，双鸟异向，双翅微张。

## 九、对鸟类育雏的观察与研究

唐朝大诗人白居易有一首诗《燕诗示刘叟》曰：

梁上有雙燕，翩翩雄與雌。銜泥兩椽間，一巢生四兒。
四兒日夜長，索食聲孜孜。青蟲不易捕，黄口無飽期。
觜爪雖欲敝，心力不知疲。須臾十來往，猶恐巢中飢。
辛勤三十日，母瘦雛漸肥。喃喃教言語，一一刷毛衣。
一旦羽翼成，引上庭樹枝。舉翅不迴顧，隨風四散飛。

雌雄空中鳴，聲盡呼不歸。卻入空巢里，啁啾終夜悲。

燕燕爾勿悲，爾當返自思。思爾爲雛日，高飛背母時。

當時父母念，今日爾應知。

由上可见，诗人白居易对家燕从营巢到育雏全过程进行了耐心和详细的观察，用其笔墨对此作了生动的描述，并有感而发。

# 中国古代对穿山甲的认知、利用及其种群现状与保护的研究

冯祚建　王祖望

中国古籍中载有穿山甲 *Manis pentadactyla*（鳞甲目 Pholidota 鲮鲤科 Manidae）的记述，它又称鲮鲤。而涉及此类动物的文献，包括春秋战国至清朝末年（1911 年）的《影印文渊阁四库全书》《续修四库全书》《天一阁藏明代方志选刊续编》《四部丛刊续编史部》《丛书集成初编》《中国地方志丛书》《中国地方志集成》，以及清末民初和 20 世纪 50 年代以来诸古籍出版社相继出版的专著等等。笔者在整理、分析的基础上，拟就穿山甲（鲮鲤）的名称考、食性与行为、古代对穿山甲的利用、其古代地理分布及种群现状与保护措施等，一并概述于后。

## 一、穿山甲（鲮鲤）的名称考

有关穿山甲的古籍记载，可见于两千多年前汉・王逸所撰的《楚辞章句》，其中提到："鯪魚何所，鬿[①]堆焉處"，而注释中谓"鯪魚，鯪鯉也，有四足，出南方。鬿堆，奇獸也"。那么，这种四足奇兽为何称作鲮鲤或穿山甲呢？明・张自烈撰、清・廖文英续《正字通》有这样的记述："鯪鯉四足如獺足，似鼉而短；居穴中，色如鯉，尾大能穿穴過墉；一説鯪鯉皮曰穿山甲，以身有鱗甲，故名。"而明・李时珍《本草纲目》中载道："其形肖（俏）鯉，穴陵而居，故曰鯪鯉，而俗稱爲穿山甲。郭璞賦謂之龍鯉。"另又载道："鯪鯉狀如鼉而小，背如鯉而闊，首如鼠而無牙，腹無鱗而有毛，長舌尖喙，尾與身等，尾鱗尖厚，有三角。腹内臟腑俱全，而胃獨大。"又清・张玉书等纂摘自《康熙字典》引陶隐居云："鯪鯉形似鼉而短小，又似鯉魚，有四足。……一説鯪鯉皮曰穿山甲。"

再者，在清代各朝皇帝敕令编修的各级地方志中，如雍正朝的《浙江通志》、乾隆朝的《永春州志》、嘉庆朝的《澄海县志》，乃至光绪年间的《重修电白县志》等等，这些方志虽然也涉及穿山甲的异名和形态特征，然而，却以沿袭前人专著的记述为多，故此不另赘言。

综前所述，可以归纳为：①此兽外形似鼍而又肖（俏）鲤，或其色若鲤，并穴居丘陵地带，故曰陵鲤（据元・戴侗撰《六书故》中，鲮当作陵）或鲮鲤，但以后一名称居多，且在古籍中，常把鲮鲤与鳞类（鱼）划为一大类群，只是到了宋代罗愿的《尔雅翼》面世后，始将鲮鲤归为兽类，这是分类学上的一大进步。②鲮鲤皮称作穿山甲；另说它们能居山穿石，又身披坚硬鳞甲，故名穿山甲。此名称，今在学术界和日常生活中亦被广泛应用。

---

① 鬿：qí，《集韻》渠希切。音祈。《山海經》：北號之山，有鳥狀如雞而白首，鼠足而虎爪，其名曰鬿雀（zhuī 或 huán），亦食人。又《楚辭・天問》：鬿堆焉處。註：鬿堆，奇獸也。又《楚辭・九歎》：九鬿與六神。註：九鬿，北斗九星也。——摘自《康熙字典》（标点整理本）P1458，P1010，上海辞书出版社，2007。

# 二、食性与行为

据今所悉，穿山甲的食性非常专一，仅吃蚂蚁和白蚁。夜间出没，凭它敏锐的嗅觉寻觅蚁巢，一旦发现后，以其强锐的前足爪（第三指爪4—5厘米或稍多）扒开蚁窝，用其长达20厘米，并富黏液的长舌舔而食之。

古籍记载，均谓穿山甲食蚁，据李时珍云，曾剖其胃，约蚁升许也。至于觅食行为，先辈们的描记却异于今人的认知。例如，明•屠本畯的《闽中海错疏》说它“常吐舌出涎，須螻蟻滿其上，乃卷而食之”，即非主动舔食，而是等候蚁满舌面后才卷食。另，如宋•罗愿的《尔雅翼》载：“……能陸能水，出岸開鱗甲，不動如死，令蟻得入，蟻滿便閉甲入水開之，蟻皆浮出，因接而食之”，倘真如此，可见穿山甲每取食一次，都要为路程的往返而付出相当多的能量，所以记载正确否，有待日后调查核实。

除前述的食性与觅食行为的描述外，有些古籍也或多或少地提到穿山甲的防御行为。明•赵撝谦在《赵考古文集》（卷二）中，谓其“一日遇人於山谷間，人以沙礫擲之，則卷然作束如石狀，以紿人。人見其紿也，因持以歸，臠其柔肉而食之，甚旨。……吁，穿山甲謀食之計亦巧矣，何其巧以取蟻，而拙於避人也哉，卒至肉臠甲拆之患，悲夫。”而清代同治朝编纂的《南昌府志》（卷八）也说穿山甲“遇人則首尾縮困若毬然。”前面对于防御行为的一些记载，基本上是较客观的，也是可信的。

此外，古籍中也有一些存疑或纯属夸张的传说，兹略录点滴，以作赏析。例如，清•李元《蠕范》（卷七）一书载曰：“……四足拱立如馬，人履其背，不少蹲伏。居穴中，其甲能穿穴，能陸能水，或縶之，少頃即穿石入地丈餘。此物穴山透石，如履平地也”，又说“其血浸隄（堤）隄漏，又可補漏。”再如，嘉庆期间出版的《海康县志》（卷一）称穿山甲“鱗似鯉而堅厚，刀不能入，……穴地而處，掘者若從尾持之，則其尾倒樹（豎），十人弗勝也，故俗又曰倒裂鱗。”

依目前所知，穿山甲的栖息地包括原始森林、次生林、耕地和丘陵地带，比较喜欢在岩石裂隙和富有卵石的松土中筑巢，洞穴深达6米。它主要依靠四肢的锐爪和头部坚硬的喙甲掘土造洞，而不是因为它的鳞甲坚利如铁，且能穿山而行。

# 三、古代对穿山甲的利用

穿山甲为穴兽，在历代王朝的狩猎活动中，均非猎捕目标，因为不能达到通过狩猎与军演融为一体之目的。纵使在周代诸多官职中设有专门负责捕捉穴兽的“穴氏”，然其重点放在熊类动物，鲜见提及穿山甲者。此外，在古代的进贡物品中，也几乎不含穿山甲。另考古籍所知，古人也未把它们视作美味佳肴，这与当今人们把其看作食用珍品而滥捕滥猎迥然不同。

古代先辈对穿山甲的利用，主要着重于它们的药用鳞甲。例如，宋•苏颂撰《图经本草》谓鲮鲤甲（即穿山甲）主治蚁瘘为最，亦主恶疮疥癞，烧其甲傅之。他又引述杨炎的《南方行》，谓主山瘴疟有鲮鲤甲汤。又说“近醫亦用燒灰與少肉豆蔻末，米飲調服療腸痔疾。又治吹奶疼痛不可忍……。”而明•李时珍撰《本草纲目》已对穿山甲的利用作了综述。据载，鳞甲的使用方法或炮，或烧，或酥炙，或醋炙，或童便炙，或油煎、土炒、蛤粉炒，从不生用甲片，且以尾甲为胜。谓其制品气味咸，微寒有毒。主治五邪、惊啼悲伤，疗蚁瘘、疮癞及诸疰疾，又能通经脉、下乳汁，以及消肿、排脓血和通窍杀虫等。也有一些方志，如《恒春县志》（光绪）谓“其肉能去疯”；又《揭阳县续志》（光绪）载云：“其肉作羹，亦能解毒。”而在20世纪八九十年代，今人却把餐桌上有无穿山甲视为款待宾客的规格之一，这在当时已经形成一种嗜食滥吃穿山甲的不良社会风气。

## 四、古代的地理分布

若按中国现代的行政区划，已悉穿山甲的古代分布为华东地区的浙江、安徽和福建；华中地区的湖北、湖南；华南地区的广东和海南；西南地区的四川、重庆、云南；另有台湾。兹分述如下（表 2-6）。

**表 2-6　穿山甲产地分布统计表**

| 地区 | 现省名 | 古地名 | 所包含地理范围 |
|---|---|---|---|
| 华东地区 | 浙江省 | 台州 | 今台州市，含临海、三门、温岭、玉环、仙居、天台等县 |
| | | 衢州府 | 今衢州市，含开化、常山、江山、龙游等县 |
| | | 黄岩 | 今台州市黄岩区 |
| | 安徽省 | 安庆府 | 今安庆市市辖区及桐城、岳西、潜山、太湖、怀宁、宿松、望江等县 |
| | | 太平府 | 今马鞍山市，芜湖市及下辖的繁昌县 |
| | | 宁国府 | 今宣城市辖区及宁国市、泾县、旌德县，芜湖市的南陵县，黄山市黄山区等 |
| | | 徽州府 | 今宣城市下辖的绩溪县，黄山市下辖的歙县、休宁县、黟县、祁门县及江西上饶市下辖的婺源县 |
| | 江西省 | 南昌府 | 今南昌市市辖区及下辖的南昌县、进贤县、新建区，宜春市下辖的丰城市、靖安县、奉新县、铜鼓县，九江市下辖的武宁县、修水县等 |
| | | 南康府 | 今九江市下辖的都昌、星子两县 |
| | | 饶州府 | 今景德镇市市辖区及下辖的浮梁县、乐平市，上饶市下辖的德兴市、万年县、余干县、鄱阳县，鹰潭市下辖的余江县等 |
| | | 袁州府 | 今宜春市市辖区及下辖的万载县，新余市下辖的分宜县以及萍乡市 |
| | | 抚州府 | 今抚州市市辖区及下辖的临川区、东乡县、金溪县、宜黄县、崇仁县、乐安县等 |
| | | 赣州府 | 今赣州市市辖区及下辖的赣县、信丰、龙南、全南、定南、寻乌、安远、会昌、于都、兴国等县 |
| | | 南安府 | 今赣州市下辖的大余县、南康区、上犹县、崇义县等 |
| | | 宁都州 | 今瑞金市，赣州市下辖的宁都县、石城县 |
| | | 临江府 | 今宜春市下辖的樟树市，新余市，吉安市下辖的新干县、峡江县 |
| | 福建省 | 福州府 | 今福州市市辖区及下辖罗源县、闽侯县、连江县、长乐市、福清市、闽清县、永泰县、宁德市下辖的屏南县、古田县等 |
| | | 建宁府 | 今南平市下辖的建瓯市、浦城县、松溪县，武夷山市、建阳区、崇安县等 |
| | | 福宁府 | 今宁德市及下辖的霞浦县、寿宁县、福安市、福鼎市、周宁县等 |
| | | 泉州府 | 今泉州市市辖区及晋江市、惠安县、安溪县、南安市，厦门市的同安区 |
| | | 漳州府 | 今漳州市市辖区及下辖的龙海市、长泰县、漳浦县、南靖县、平和县、云霄县、诏安县等 |
| | | 汀州府 | 今龙岩市下辖的长汀县、武平县、上杭县、连城县、永定区，三明市下辖的宁化县、明溪县、清流县 |
| | | 永春府 | 今泉州市下辖的永春县、德化县，三明市下辖的大田县 |
| 华中地区 | 湖北省 | 宜昌府 | 今宜昌市市辖区及下辖的长阳县、五峰县、兴山县，恩施市下辖的鹤峰县、巴东县 |
| | 湖南省 | 长沙府 | 今长沙市市辖区及下辖的浏阳市、宁乡县，湘潭市市辖区及下辖的湘乡市，株洲市市辖区及下辖的株洲县、醴陵市、攸县、茶陵县，娄底市下辖的涟源市，益阳市市辖区及下辖的安化县、桃江县，岳阳市下辖的汨罗市、湘阴县 |
| | | 岳州府 | 今岳阳市市辖区及临湘市、平江县、华容县 |
| | | 郴州府 | 今郴州市市辖区及下辖的永兴县、资兴市、桂东县、汝城县、宜章县 |
| | | 靖州 | 今怀化市下辖的靖州县、会同县、通道县、邵阳市下辖的绥宁县 |
| 华南地区 | 广东省 | 广州府 | 今广州市辖区的从化区、花都区、增城区，及今江门市辖区的台山市（古地名：新宁） |
| | | 潮州府 | 今潮州市（含古地区海阳）及下辖饶平县，汕头市辖区的澄海区、潮阳区和揭阳市及下辖的普宁市等 |
| | | 嘉应州 | 今梅州市下辖的兴宁市南与五华县北之间的地区（古地名：长乐） |
| | | 韶州府 | 今韶关市及其辖区的乐昌市、仁化县、翁源县、乳源县、曲江区及今清远市下辖的英德市、阳山县 |
| | | 惠州府 | 今惠州市、河源市及下辖的连平县和紫金县（古地名：永安），东莞市 |
| | | 肇庆府 | 今肇庆市及下辖的广宁县、德庆县、四会市等，以及阳江市 |
| | | 罗定州 | 今肇庆市下辖的封开县和云浮市（古地名：东安）及罗定市等 |
| | | 高州府 | 今湛江市辖区的吴川市，茂名市的电白区及下辖的化州市、信宜市 |
| | | 雷州府 | 今湛江市辖区的遂溪县、雷州市、徐闻县 |
| | 海南省 | 琼州府 | 今海口市的琼山区、琼海市、定安县、澄迈县、保亭县、临高县、万宁市 |
| 西南地区 | 四川省 | 龙安府 | 今绵阳市平武县、江油市 |
| | | 叙州府 | 今宜宾市辖区及屏山县，自贡市辖区及富顺县，内江市隆昌县，乐山市马边县，凉山州美姑县、雷波县 |
| | 重庆市 | 酉阳州 | 今酉阳县、秀山县、彭水县、黔江区 |
| | 云南省 | 沾益州 | 今曲靖市沾益县 |
| | 贵州省 | 遵义府 | 今遵义市辖区遵义县、绥阳县、正安县、道真县、仁怀市、桐梓县、习水县等 |
| 港澳台地区 | 台湾 | 台湾府 | 今宜兰县（古地名：噶玛蓝厅）、新竹县（古地名：淡水厅）、苗栗县、屏东县、彰化县 |

现据前述古籍资料的统计，穿山甲在我国古代的分布共有 12 个省（含台湾在内），计 240 多个市、县。从产地上看，湖北宜昌（30°42′N，111°18′E）为其分布北限，即它们的产地分布主要集中在长江流域以南诸地区（图 2-36）。

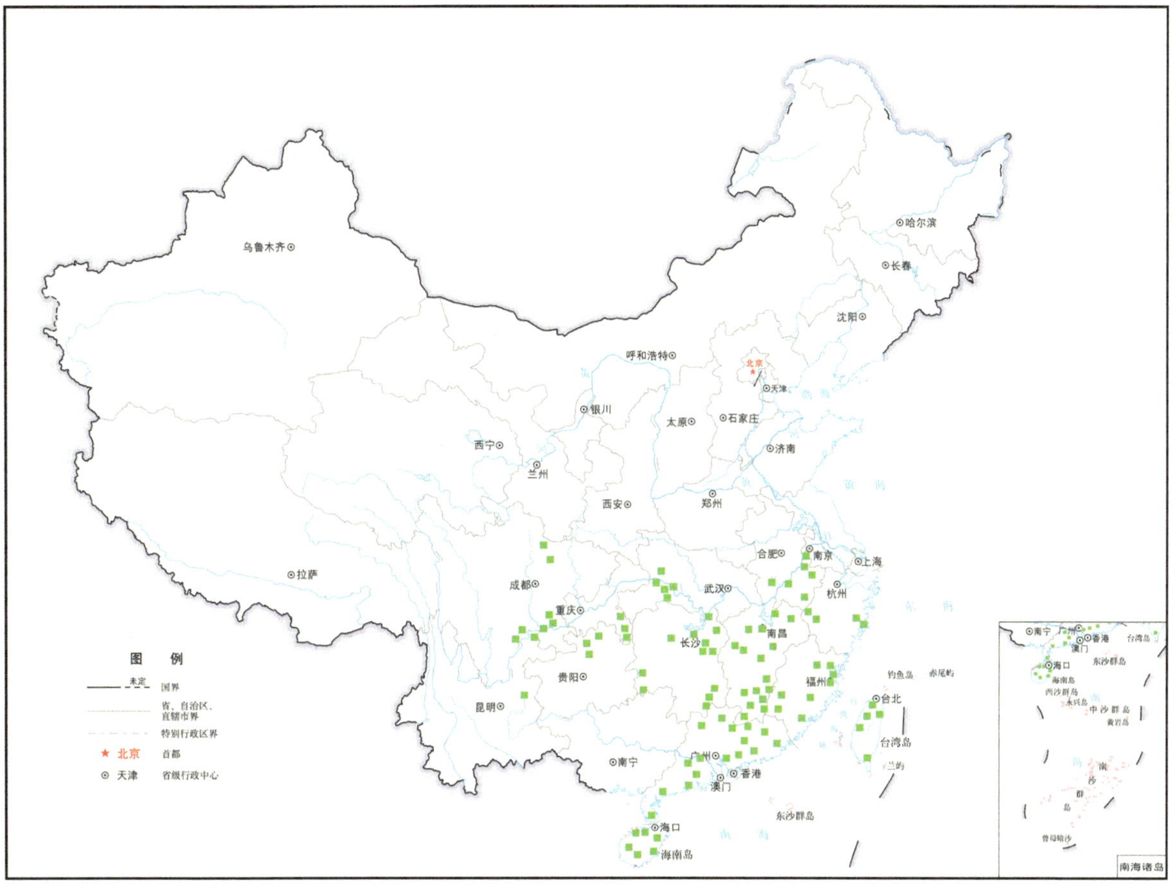


图 2-36　古代穿山甲产地分布示意图

# 五、种群现状与保护措施

## （一）种群现状

前述提到穿山甲在古代的分布涉及十几个省、自治区、直辖市暨 240 多个市、县，至于种群现状，古代文献根本不可能提供任何信息。

从 20 世纪 90 年代（1995—1998 年）始，林业部（今国家林业和草原局）曾组织除港、澳、台以外的 31 个省、自治区、直辖市的全国陆生野生动物资源调查，这是我国有史以来最大规模的一次野生动物调查，而与穿山甲分布有关的考察范围包括浙江、福建、江西、河南、湖北、湖南、广东、海南、广西、四川、贵州和云南 12 个省，含 400 多个市、县，其中几乎包含了古代所记录的全部产地，足见自清代至今的 300 多年间，穿山甲的分布范围并未缩减。

今据国家林业局主编（2009）的《中国重点陆生野生动物资源调查》一书的报道，穿山甲种群数量达 4000 只及以上的省区有：贵州（约 4000 只）、湖南（约 5000 只）、浙江（约 6300 只）、广东（约 6500 只）、福建（约 9160 只）和江西（约 27 500 只），如再加上其他诸省的种群数量，估计全国有 64 000

多只。

需要说明的是，由于穿山甲在夜间活动，故在野外期间很难见到实体，科考队员只能通过对其栖息地状况及开发利用和当前市场贸易现状等进行了解，从而在此基础上做出粗略的数量估计。

### （二）保护措施

已如前述，全国的穿山甲种群数量估计仅有几万只，况且有些省（区）只有数百只或千余只，提示已经十分濒危，甚至极度濒危，主要原因是由于20世纪的过度捕猎，加之我国南方许多地区盛行一种嗜食穿山甲的不良风气，因此滥捕与滥吃已成为物种致危的重要因素。

为防止中国及亚洲其他国家的穿山甲 *Manis* spp.种群数量急剧下降的趋势继续恶化，从20世纪80年代起，中国政府及世界相关组织分别采取了以下保护措施。

● 把穿山甲划为我国Ⅱ级重点保护动物。凡有关穿山甲的活体捕捉或猎杀，以及供作科学研究的标本及其衍生物（如鳞甲）等的利用与贸易，需经省级行政主管机构的审批，并发放相关的证明书。

● 中华穿山甲已被列入《濒危野生动植物种国际贸易公约》（CITES）的附录Ⅱ。中国加入了该公约并为成员国之一。在附录Ⅱ规定的物种中，可在严格控制下允许进行少量贸易。例如，对穿山甲及其产品的进出口，需由代表国家的科研机构（如“中华人民共和国濒危物种科学委员会”，简称“濒科委”）给予科学咨询评估；再由相应的国家行政主管机构（如“中华人民共和国濒危物种进出口管理办公室”，简称“濒管办”）核发进出口证明书。

据悉，在2000年4月举行的CITES第11次缔约国大会上，一些会员国建议将亚洲穿山甲诸种从附录Ⅱ提升为附录Ⅰ，但此建议终被否决。

● 在20世纪于长江流域业已建立上百个自然保护区，穿山甲当可获得相应的保护。

除此，今后开展穿山甲的生态生物学调查，加强对公民的生态文明教育，并提倡不吃野生动物等，也是不可或缺的保护措施之一。

## 六、穿山甲古代绘画赏析

宋·苏颂《图经本草》中的穿山甲

明·王圻、王思义《三才图会》鸟兽卷三中的穿山甲

清·柯璜编译《博物学讲义·动物篇》中的穿山甲

注：作者误将鳄类视为穿山甲

清·吴友如作《吴友如画宝·中外百兽图》第四集（下）错误的穿山甲

## 参 考 文 献

国家林业局. 2009. 中国重点陆生野生动物资源调查. 北京: 中国林业出版社

# 中国古人对熊的记载与认知

冯祚建　马逸清　王祖望

全世界的熊科 Ursidae 共 7 种（不含原为大熊猫科 Ailuropodae 的大熊猫，学术上尚存有争议），其中我国有 3 种，黑熊（古名：熊）*Ursus thibetanus*（=*Selenarctos thibetanus*）、棕熊（古名：罴）*U. arctos* 和马来熊 *Helaarctos malayanus*。

黑熊分布于亚洲大陆及邻近岛屿，最北可达北纬 54°，是典型的林栖动物。据 20 世纪 50 年代以来的调查资料，已知北起东北、南抵海南和台湾、东自浙江和安徽、西至云贵和川藏，约 20 个省与自治区拥有它的分布，估计现有种群约 2.8 万只。棕熊性更耐寒，广泛分布在北半球，在中国主要分布在东北、西北和青藏高原大部（含 20 世纪 90 年代在云南西北部发现的新产地），共计 9 个省区有其分布，估计种群数量为 1.5 万只。而马来熊迄今仅悉分布在云南和西藏的极个别地域，分布范围非常狭窄，数量不详，在野外实难觅其踪，从古到今对它的了解可谓知之甚少。

在 20 世纪 60 年代以前，黑熊和棕熊在分布区内还是比较常见的兽类，自此以后，由于人口的迅速增长，森林的过度开发砍伐，导致其栖息条件恶化；又由于熊掌和熊胆逐年供不应求，价格不断抬高（如 1990 年以来，每个野生熊胆价约为 2000 元），故又造成长期过度猎杀，再加上一些自然灾害的影响（如东北大兴安岭多次发生的森林火灾），已使两熊种群面临濒危状态。根据种群现状，黑熊和棕熊均已列为国家Ⅱ级重点保护动物；又被列入《濒危野生动植物种国际贸易公约》（CITES）附录Ⅰ，该两物种及其产品，原则上在国际市场严格禁止任何贸易活动。

基于前述原因，我们拟以黑熊和棕熊作为本文的研究重点。

## 一、历史时期的记载与认知

早在公元前 27 世纪的远古时期，我们的祖先在生活、生产和狩猎活动中，对森林中的大型猛兽黑熊和棕熊的体态与生活习性就有了一定的认识和了解，并对它们的勇猛强悍有所敬畏，曾作为一个古国的象征。例如，相传我国中原各族的共祖黄帝，号轩辕氏、有熊氏，他就出生于“有熊”国（故地在今河南省新郑市），并传说，黄帝有熊氏曾率领熊、罴、貔貅、貙虎各图腾氏族与炎帝战于阪泉（今河北涿鹿东南）之野，炎帝大败，且被击杀（《史记·五帝本纪》）。又传，远古时期，大禹因治理洪水立了大功，当时四川民众向他敬献了熊和貔貅皮（《禹贡篇》），说明先辈们在数千年前已把熊类（黑熊和棕熊）毛皮视为珍贵礼品了。

中国历史上，在殷商以前没有直接的文献可征。到了殷商才开始有了最早的文字——青铜器铭文和甲骨文。而随着我国原始社会及文字的不断向前发展，从公元前 22 世纪始，一部记录动物近 300 种的《山海经》已在民间流传，其中《西山经》《中山经》《海外南经》《大荒东经》《大荒南经》《大荒北经》均述及熊和罴的分布、熊与罴的形态区别与习性等。据传，该书的作者是大禹（公元前 2205—前 2198 年在位）、益（公元前2205—前2197年执政）和周公旦等（公元前1045—前1115年治事）等（郭郛等，2004）。

从公元前约21世纪开始，一直积累到春秋时期的物候学专著《夏小正》，书中共记录动物物候37条，其中包括反映季节出现之物候规律的熊、罴等动物。

自公元前11世纪至前256年的周代，民间流传的歌谣乐曲有1000多篇，后经孔子（公元前551—前479年）删编后留下305篇，先是称作《诗》，后于汉代始改称《诗经》。现据笔者统计，《诗经》提及的动物名称（重复者除外）共有108个，其中兽类约28种。在《小雅·斯干》诗中有“吉夢維何？維熊維羆”之句，意即好梦梦见了什么？梦见了熊、罴。这个吉梦被认为是“男子之祥”（易孕男孩）。另在《大雅·韩奕》又有“獻其貔皮，赤豹黃羆”之句，此黄罴者，棕熊是也。

《尔雅》是我国解释语词的第一部专著，是一本至今历时1500余年（公元前1000—550年）的古籍，相传由周代周公姬旦、孔子、子夏等编著，后由晋代郭璞（266—322年）做了新的注释。今经笔者对《尔雅·释兽》篇的整理和考证，其中有34个兽类名称可以厘定到属种或亚科级阶元。书中提及熊与罴的形态差异，谓曰“羆如熊，黃白文。……似熊而長頭高腳，猛憨多力，能拔樹木。關西呼曰貑羆。”

迨公元前206至公元280年的两汉三国时期，汉·司马迁《史记》述及动物名称、产地和习性等。书中还提到上林苑（今西安市西至周至、户县界），原秦代设建，后曾荒废，到汉武帝时（公元前140—前135年）再度收为宫苑。《上林赋》谓苑内放养了许多珍禽异兽，其中“生貔豹”“手熊羆”，说明它们的数量相当多，甚至可以生擒活捕。东汉·许慎的《说文解字》约成书于永元十二年（公元100年），后由南唐的徐铉增释，收罗动物名称的字数500个以上，当中提到“凡熊之屬，皆從熊”，又提到黑熊的习性，以及熊罴的毛色差异。另如，汉·刘安《淮南子》中的《地形训》（卷四）、《览冥训》（卷六）、《说山训》（卷一六），以及刘向的《说苑》（卷一一）和三国吴·陆玑的《毛诗草木鸟兽虫鱼疏》（卷下）等等，这些著作除了分别记述熊罴的习性、行为和经济意义以外，有的也或多或少地涉及哲理方面的一些论说（见本文“有关衍生物的利用”一节）。

到两晋南北朝（公元265—589年）时期，出生于西晋的郭璞对祖书《尔雅》《山海经》分别做了《尔雅注》《山海经注》，又有郭注《尔雅音图》等，书中涉及熊、罴的内容与祖书大体无异。同是在西晋时出生的葛洪（约281—341年）所撰的《抱朴子》一书，重点介绍了药物化学知识及一些重要疾病的治疗方法。然而也提及一些动物的传说，如称“熊壽五百歲者，則能變化”；又晋·王嘉《拾遗记》（卷三）讲到周灵王二十三年（公元前571—前545年），“聚天下異木、神工，……又設狐腋素裘，紫羆文褥”。谓罴褥放在台上，坐者皆温，说明古代对熊类毛皮的利用已有很悠久的历史了。再有晋·陶潜的《搜神后记·升平入山人》（卷九），讲的是一头母熊救人的故事，而南朝宋·刘敬叔之《异苑》（卷三）中，叙述了如何捕捉山穴熊兽的技术方法。

隋唐时代（公元581—907年），隋曾一度处于统一封建帝国的昌盛时期，隋并南北朝后，促进了我国南北的文化融合。到了唐代，中国科学文化有了更伟大而辉煌的成就。唐代编著的史书很多，“二十四史”中有八种为唐人所修，而涉及野生动物知识较多的有《晋书》《隋书》《南史》《北史》等。隋唐又是类书逐步兴起的时代，其中较著名者当推《艺文类聚》，为欧阳询等人同修，在《兽部》（卷九五）的子目中含有“熊”的记载，主要内容包括生活习性、“熊白”的药用价值、熊皮与熊子作为进献礼物及熊兽被杀的故事等。在唐代，见有柳宗元《柳河东集》（卷一六）中的《罴说》，言及四物相畏相克：鹿畏貙（猛兽类，属种不详），貙畏虎，虎畏罴。并讲及在野外四兽相克的故事。故事的真伪并不重要，但至少说明古代学者已经认识到动物在食物链上的种间竞争。

唐时期也有一些不实的传说，如段成式《酉阳杂俎》续集卷八，谓“熊膽春在首，夏在腹，秋在左足，冬在右足”，实属荒唐。

宋元时期（960—1368年），在科学史上，中国古代发明的活字印刷术是在北宋时完成的。而印刷术的发明，对我国古代科学文化典籍遗产的传播与普及起着重大的推动作用。今据笔者粗略统计，凡记载动物方面的著书至少有300种或更多，几乎为唐代的3倍以上。其中涉及熊类的著作也占1/10左右。宋陆佃《埤雅》（卷三）和罗愿《尔雅翼》（卷一九）均在引录《尔雅》有关资料的基础上，又各自做了不同的内容补充。例如，前者主要述及田猎军演时，熊旗与龙旗、鸟旐（古代一种旗）等在格式上及涵义上的差别；对罴的综述中，提到“熊白”的季节变化、对《诗经》之“维熊维罴”的理解、熊罴登高木的缘由解析及畜养熊兽的方法等。后者对熊罴的讨论内容基本上与《埤雅》大同小异，但借用猎人的口述，谓熊是雄性，罴为雌性，两者互为雌雄而同种，这也反映出当时少数先民或学者对熊罴的认知水平。

宋·王与之的《周礼订义》（卷六六）载道，如熊掌之类，朝廷需要时则必献以作膳羞，其皮与革若为国家之用，亦需献之。但是，“献必以時，則不常攻之矣”。所谓“以时”，意即在狩猎季节获取，而“不常攻”者，即不能随意滥杀，值此保护熊类资源。

元代有关动物知识的著作至少90种，然以诗集者居多，且载述熊罴的资料有限，恕不赘言。

明清时期（1368—1911年）持续了五个多世纪的中华科学文化著作甚丰。而明代最著名的医学巨著《本草纲目》尤为后世推崇。此书涉及药用兽类53种，在《兽部》卷五一中，首先叙述了熊（黑熊）的异名、分布、习性及某些传说，而重点是阐述脂（熊白）、肉、掌（熊掌）、胆和脑髓等的加工方法与主治疗效。书中把“罴”（棕熊）作为“熊”条目的“附录”，并认为它的“熊白”理粗味减，而功用亦同。

清朝时，被国外称为“康熙百科全书”的《古今图书集成》（下称《集成》）卷六七，在“熊罴部汇考”条目中，记述了释名、习性、行为、分布和经济意义等方面的内容，主要是引用了《诗经》《尔雅》《山海经》《宋书》《异苑》《酉阳杂俎》《埤雅》《尔雅翼》《本草纲目》等古代的名著资料。在此不另复述。但有一点是值得注意的，即宋代《尔雅翼》载有熊罴互为雌雄之说，然在《集成》之“熊罴部汇考”的按语中做了否定。按语谓曰：“熊、羆確是二物。若云熊是其（指罴）雄，羆則熊之雌者，獵人不能辨，姑妄言之也。”

在明清两朝文献中，与动物学相关并是我们经常阅览的古籍就有500多种，然而限于时间、精力和篇幅，我们绝不可能逐一详述。另外，明清时期盛行志书的编纂，如大型志书《明一统志》《大清一统志》，又有诸多方志如《盛京通志》《江南通志》《陕西通志》《四川通志》等等，这些古籍均为我们考究熊类在古代的地理分布提供了宝贵的资料，更对今后探讨熊类在分布上的历史变迁具有重要的科学意义。

## 二、熊类的名称考订、习性及资源的开发利用

### （一）名称考订

从汉·许慎的《说文解字》、晋·郭璞所注的《尔雅》和《山海经》、宋·司马光的《类篇》、元·戴侗的《六书故》和元·杨桓的《六书统》，直至明·李时珍的《本草纲目》等，古名称均提及“熊、罴”，而它们的形态特征，则谓“如豕，色黑色熊也；大而色黄白色者羆也”。晋·郭璞云：羆似熊而長頭高腳、猛憨多力，能拔樹木，關西呼曰貑羆。又明·方以智的《通雅》也提到：黑者熊，大而黄白者羆。而清·阿桂、于敏中等编纂的《满洲源流考》之《物产篇》载有：羆重千餘斤，熊亦及半。小者爲熊，大者羆；羆惟東土始逢之，熊各處皆有，羆惟吉林、盛京始有，他處所無也。

综前所述，可以认为，体型较小、毛色黑而广布的“熊”，应为今之黑熊 *Ursus thibetanus*（=*Selenarctos thibetanus*），而体型较大、毛色偏（棕）黄，且分布偏北的“罴”，则为棕熊 *Ursus arctos*。

另，黑熊在古籍中的异名又谓狗熊、猪熊、青熊和玄熊，棕熊则谓马熊、黄熊、红熊、人熊和黄罴。

## （二）熊类的生活习性

我国古代尚无专门研究野生动物的科研机构，故涉及熊罴生活习性的古籍不多，并且多以山民的口述为依据。但从资料中大致可知，熊罴性情凶猛；在冬季入蛰，穴居树洞或岩洞，不食不动；栖于森林带，善于攀树；凡在游荡觅食的场所，必有藏身之处，谓之熊馆，喜食松子、玉米、蜂蜜等。有关这些方面的描述，现举数篇为例：

（1）三国吴•陆玑的《毛诗草木鸟兽虫鱼疏》云：熊能攀緣上高樹，見人則顛倒自投地而下。冬，多入穴而蟄，始春而出。

（2）宋•彭乘的《墨客挥犀》载道：山民云，熊於山中行數千里，悉有潛伏之所，必在石嵓枯木中，山民謂之熊館。

（3）清•阿桂等的《盛京通志》：熊羆，盛京多窩集，茂密蓊翳，連林數十里，熊、羆每跧伏其中。熊趫捷而羆憨猛，皆獸之絶有力者。……蟄時居穴或居木。

（4）清•黄维翰的《呼兰府志》：好攀樹，顛而復上。冬則蟄居樹穴，頻舐其掌以充飢。春夏則出而覓食，愛食玉蜀黍，蹂躪田禾。……受傷後腹裂腸流，能約腸腹中以草堵其瘡口，仍與人搏，人折旋避之則免。胸前白毛爲熊要害處，中之立殪。畏鹹食。

（5）清•张凤台的《安東省•长白汇征录》写道：“……龐然蠢物，重可千斤，然升樹攀岩，異常輕捷，……喜食松子、蜂蜜及含有甜質之物。土人于禾稼成熟時，苦熊爲甚，蓋熊性貪殘而偏急，群入蜀黍田中，意揚揚（洋洋）在吞盡而止，以左右爪互相攫取，挾於腋下，然伸臂物墜，則不計也。”

古人正利用熊罴冬蛰的这一习性，故在周代的周官中设有穴氏官职。穴氏者掌管攻蛰兽，各以其物火之，即必先烧其所食之物于穴外，借以将它诱出而捕杀，然后应时献其皮革和珍异熊掌等，以供王室备用。

## （三）熊类资源的开发利用

我国古代对熊类资源的开发利用，可谓历史悠久，其中有关熊类活体及其衍生物的利用状况，从两千多年前而至明清时期的古籍中多有记载。兹分述如下。

### 1. 对活体的利用

● 供作战争工具。古人把“虎豹熊罴”视作四大猛兽，认为猛兽可以教战。据《周礼》云，周官中的服不氏就是专职掌教猛兽者。又据汉•司马迁的《史记》纪实，“炎帝欲侵陵諸侯，諸侯咸歸軒轅。軒轅乃修德振兵，……教熊、羆、貔貅、貙、虎，以與炎帝戰於阪泉之野”。今有学者认为（郭郛，2004），轩辕领导熊、罴等各图腾氏族人民与炎帝作战，而非猛兽。

● 驯养供观赏或狩猎。从周代始，历代皇朝的苑囿（驯养动物的园子），驯养的鸟兽常有熊、虎、孔雀、狐狸、凫及鹤等等，而驯养之目的，或供观赏，或供射猎。

● 搏熊斗乐。据汉•班固的《前汉书》载，秋季命众入山活捕熊、罴、虎、豹等，然后载上槛车，运输到长杨射熊馆，以罔为周陆并纵兽于其中，后令胡人手搏之，自取其获，上亲临观斗。

### 2. 有关衍生物的利用

● 熊罴毛皮作贡品。例如，前面第一节所述，周代灵王二十三年起昆昭之台，把罴褥施于台上，坐者皆温。又如，明帝泰始年间，皇太子婚约征礼，合用珪璋、豹皮、熊罴皮。另据宋•钱时的《融堂书解》载，熊、罴、狐、狸四兽之织皮，乃出于西戎，作为贡品。而所谓织皮者，即把兽皮熟之去毛，削令志薄，裁令极细如缕，以金傅之织，而为布，非缝皮为裘……。此外，在周代“甸役則設熊席，王之甸獵，有司祭表貉，所設席以熊皮爲飾”。又帝王马鞍除以金银装饰外，也把熊皮作为饰物。

● 熊白（即熊脂）与熊掌供作膳羞佳肴。古人以为，熊白优于罴白。熊白乃背上脂肪，色白如玉，味甚美，寒月则有，夏月则无。至于熊掌（含罴者在内）之美味，众所皆知。孟子曰：“魚我所欲也，熊掌亦我所欲也，二者不可得兼，舍魚而取熊掌者也”。

● 熊胆入药。三国魏·吴普的《神农本草经疏》一书中写道：獸部上品，總二十種，今疏其要者十種，熊脂、膽、掌附。明·李时珍著《本草纲目》谓熊胆苦寒无毒，具有退热清心、平肝明目、去翳杀虫等功效。

## 三、熊类的古代地理分布

黑熊和棕熊的地理分布见图 2-37。

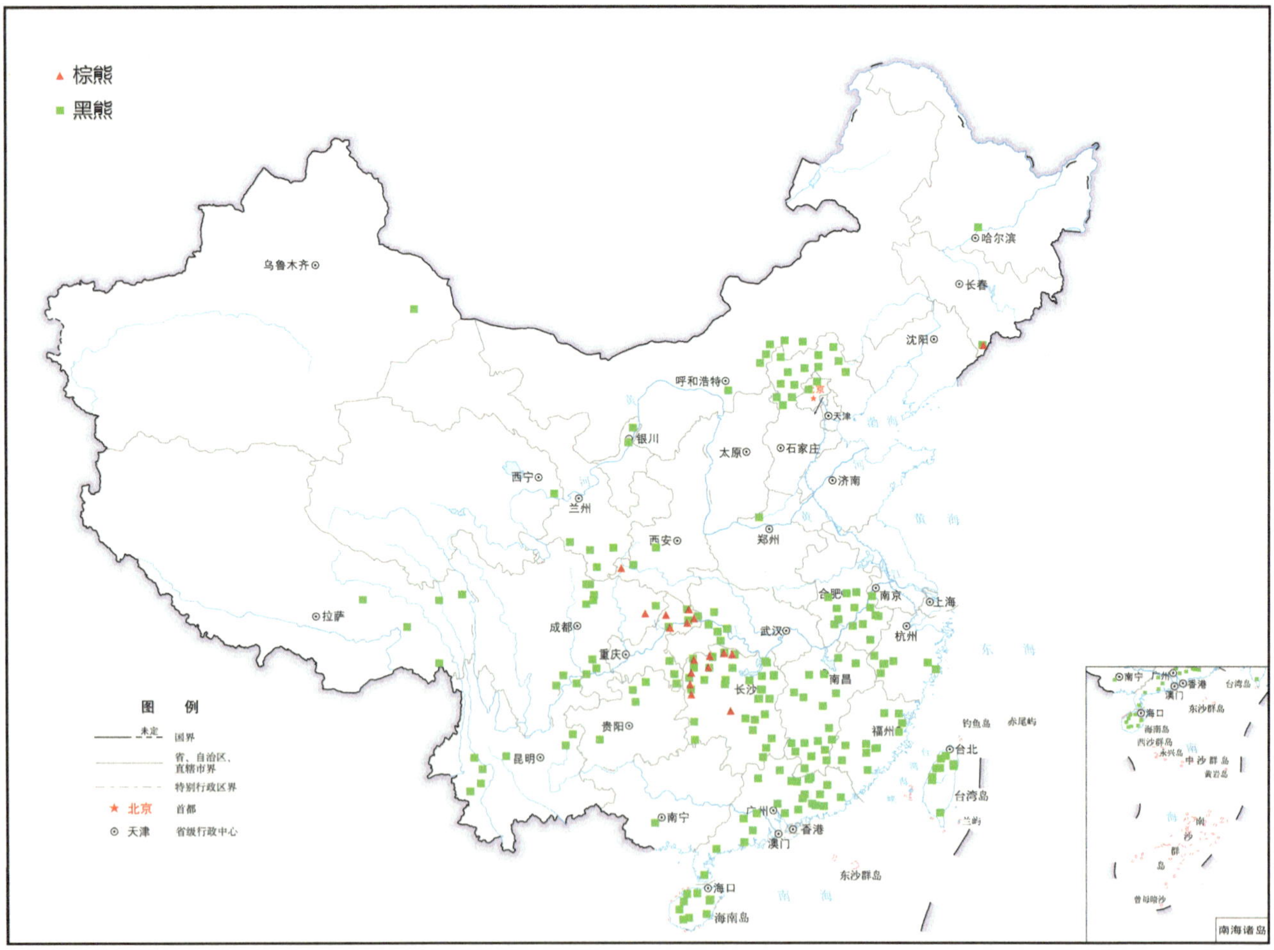


图 2-37　黑熊和棕熊的地理分布

## （一）黑熊（熊）的古代地理分布

| 省份 | 古地名 | 现在所属区域 |
|---|---|---|
| 黑龙江 | 呼兰府 | 哈尔滨市下辖的呼兰区 |
| 吉林 | 辑安县 | 通化市下辖的集安市 |
| 宁夏 | 宁夏府 | 银川市市辖区及下辖的永宁县、灵武市，石嘴山市下辖的平罗县等 |
| 陕西 | 嶓冢山 | 约 33°10′N，106°15′E，汉中市下辖的略阳县南面 |
| | 雍州山 | 陕西省中部北部、甘肃省（除去东南部）、青海省的东南部和宁夏回族自治区一带 |
| | 洛山 | 不详 |
| 甘肃 | 阶州 | 陇南市武都区及下辖的成县、康县、文县，甘南藏族自治州下辖的舟曲县等 |
| 新疆 | 哈密 | 哈密市 |
| 青海 | 循化 | 循化撒拉族自治县 |
| 内蒙古 | 和林格尔县 | 呼和浩特市下辖的和林格尔县 |
| | 口北三厅 | 乌兰察布市下辖的商县、化德县，锡林郭勒盟下辖的镶黄旗、正镶白旗、正蓝旗等 |
| 河北 | 承德府 | 承德市下辖的围场县、丰宁满族自治县、承德县、平泉县，赤峰市下辖的林西县 |
| | 宣化府 | 张家口市辖区及下辖的宣化区、怀安县、蔚县、涿鹿县、赤城县、阳原等县 |
| | 永平府 | 秦皇岛市下辖的抚宁区，张家口市下辖的康保县 |
| 北京 | 居庸关 | 昌平区居庸关村 |
| | 怀柔县 | 怀柔区 |
| | 延庆县 | 延庆区 |
| 安徽 | 庐州府 | 合肥市市辖区及下辖的肥西县、肥东县、庐江县，巢湖市，六安市下辖的舒城县，芜湖市下辖的无为县等 |
| | 徽州府 | 黄山市下辖的祁门县、黟县、歙县、休宁县，宣城市下辖的绩溪县、江西省上饶市下辖的婺源县 |
| | 宁国府 | 宣城市市辖区及下辖的宁国市、旌德县、泾县，芜湖市下辖的南陵县、太平县（即现在的黄山区） |
| 浙江 | 衢州府 | 衢州市市辖区及下辖开化县、常山县、江山市、龙游县等 |
| 福建 | 永春州 | 三明市下辖的永春县，泉州市下辖的德化县、大田县 |
| | 建宁府 | 南平市下辖的政和县 |
| 江西 | 南安府 | 赣州市下辖的大余县、南康区、上犹县、崇义县 |
| 河南 | 怀庆府 | 太行山区 |
| 湖南 | 长沙府 | 长沙市下辖的长沙县、浏阳市、宁乡市，湘潭市，株洲市及下辖的株洲县、醴陵市、攸县、茶陵县，湘潭市下辖的湘乡市，益阳市市辖区及下辖的安化县、桃江县，岳阳市下辖的汨罗市、湘阴县，娄底市下辖的涟源市 |
| | 岳州府 | 岳阳市市辖区及下辖的临湘市、平江县、华容县 |
| | 衡州府 | 衡阳市市辖区及下辖的衡东县、耒阳市、常宁市、衡山县，株洲市下辖的炎陵县（古名：酃县），郴州市下辖的安仁县 |
| | 辰州府 | 湘西州下辖的泸溪县，怀化市下辖的沅陵县、辰溪县、溆浦县 |
| | 永顺府 | 张家界市下辖的桑植县，湘西州下辖的永顺县、龙山县、保靖县、古丈县 |
| | 常德府 | 常德市市辖区及下辖的汉寿县、桃源县，益阳市下辖的沅江市 |
| | 澧州 | 常德市下辖的澧县、临澧县、安乡县、石门县；张家界市下辖的慈利县（古名：大庸），益阳市下辖的南县 |
| 海南 | 琼州府 | 海口市琼山区，三亚市崖州区、琼海市（古名：乐会）、定安县 |
| 广西 | 新宁州 | 崇左市下辖的扶绥县 |
| 广东 | 广州府 | 广州市辖区的从化区、增城区 |
| | 惠州府 | 惠州市下辖的惠东县、博罗县，河源市市辖区及下辖的和平县、连平县、紫金县、龙川县，汕尾市下辖的陆丰市、海丰县，韶关市下辖的新丰县 |
| 重庆 | 夔州府 | 重庆市下辖的万州区、奉节县、巫山县、巫溪县、云阳县、开州区 |
| 四川 | 龙安府 | 绵阳市下辖的平武县、江油市、北川县 |
| | 东乡 | 达州市下辖的宣汉县 |
| 云南 | 宣威州 | 曲靖市下辖的宣威市 |
| | 霑益州 | 曲靖市下辖的沾益区 |
| | 顺宁府 | 临沧市市辖区及下辖的凤庆县、云县、双江县，保山市下辖的昌宁县等 |
| | 镇南州 | 楚雄彝族自治州下辖的南华县 |
| 贵州 | 安南卫 | 黔西南布依族苗族自治州下辖的普安县 |
| 西藏 | — | 昌都市市辖区及下辖的江达县，林芝市下辖的波密县、察隅县，那曲市下辖的嘉黎县等 |
| 台湾 | 台湾府 | 宜兰县（古名：噶玛蓝厅）、新竹市（古名：淡水厅）、苗栗县、彰化县 |

## （二）棕熊（羆）的地理分布

| 省份 | 古地名 | 现在所属区域 |
|---|---|---|
| 吉林 | 辑安县 | 通化市下辖的集安市 |
| 陕西 | 嶓冢山 | 约 33°10'N，106°15'E，汉中市下辖的略阳县南面 |
| 湖南 | 永顺府 | 张家界市下辖的桑植县，湘西州下辖的永顺县、龙山县、保靖县、古丈县 |
| | 澧州 | 常德市下辖的澧县、临澧县、安乡县、石门县；张家界市下辖的慈利县（古名：大庸）；益阳市下辖的南县 |
| | 祁阳 | 永州市下辖的祁阳县 |
| 重庆 | 夔州府 | 重庆市下辖的万州区、奉节县、巫山县、巫溪县、云阳县、开州区 |

# 四、历代古籍的熊（黑熊）、羆（棕熊）图

## （一）熊（黑熊）图

明 • 王圻、王思义辑《三才图会》鸟兽卷四
（续修四库全书 1235 册）

明 • 李时珍著《本草纲目》卷下之下

清 •（日）冈元凤纂辑《毛诗品物图考》卷五（北京：中国书店）

清・陈梦雷撰《古今图书集成・博物汇编・禽虫典》

熊

清・（美）范约翰著《百兽集说图考》

清·余省、张为邦合绘《清宫兽谱》第一册（北京：故宫博物院）

### （二）罴（棕熊）图

晋·郭璞著《尔雅音图》卷下后（北京：中国书店）

明·王圻、王思义辑《三才图会》鸟兽卷四
（续修四库全书 1235 册）

清·陈梦雷编《古今图书集成·禽虫典》

清·（美）范约翰著《百兽集说图考》

清·吴友如作《吴友如画宝·中外百兽图》第四册上册

清·余省、张为邦合绘《清宫兽谱》第一册（北京：故宫博物院）

## 参 考 文 献

郭郛, 钱燕文, 马建章, 等. 2004. 中国动物学发展史. 哈尔滨: 东北林业大学出版社

# 中国古代亚洲象的记载暨致危因素的探讨

冯祚建　王祖望

亚洲象 *Elephas maximus* 隶属长鼻目 Proboscidea 象科 Elephantidae 亚洲象属 *Elephas*。据《中国的象化石》记述（周明镇和张玉萍，1974），中国象科物种从第三纪晚中新世至第四纪末的演化过程中，先后有古剑齿象 *Stegolophodon* spp.、猛犸象 *Mammuthus* spp.和古菱齿象 *Palaeoloxdon* spp.等出现，共达 6 属 23 种。如今唯有现存的亚洲象及非洲象属的非洲象 *Loxodonta africana* 可以作为本目和象科的代表。

象是体型最大的陆生哺乳动物，也是最受世人关注的物种，世界自然保护联盟（IUCN）红色名录（2003 年）将亚洲象定为濒危物种，而 CITES 置它于附录Ⅰ，即严禁其活体、标本及其产品（如象牙）在国际上贸易，中国政府早已把它划为国家Ⅰ级重点保护动物，明令禁止猎杀和走私买卖。至今，残存于云南南部的种群数量不足 300 头。

作为中国古籍中涉及的亚洲象，笔者拟就古书对它的形态特征描述、生活习性、活捕与猎杀方法、开发利用、涉及解剖的神奇记述、古代地理分布及问题讨论等，一并概述于后。

## 一、形态特征描述

亚洲象的古名称有象、伽郍[①]、伽耶和大客，而象之大者又曰豫。汉·许慎所撰《说文解字》谓：“象，長鼻牙，南越大獸，三年一乳。象耳牙四足之形”。金·李杲的《食物本草》载：有灰、白二色，形體臃腫，面目醜陋。大者身長丈余，高稱之，大六尺許。肉倍數牛，目才若豕。四足如柱，無指而有爪甲。……其頭不能俯，其頸不能回，其耳下嚲[②]，其鼻大如臂，下垂至地，鼻端甚深，可以開闔；中有小肉爪，能拾針芥。又载曰：一身之力，皆在於鼻，故傷之則死。耳後有穴，薄如鼓皮，刺之亦死。口內有食齒，兩吻出兩牙夾鼻……（图 2-38）。

据现代文献描记，谓亚洲象体长 5.0－6.5 米，肩高 3.2 米（雄性）、2.5 米（雌性）。而古书所述其身长丈余，亦即 3 米以上，肩高至少 2 米；雄性象牙长达 2.3 米左右，大者重达 50—100 斤[③]，小者十数斤或 20—30 斤（见宋·罗愿撰《尔雅翼·释兽》、宋·赵汝适撰《诸藩志·志物》、明·李时珍撰《本草纲目·兽部》）。这说明古人对亚洲象的形态观察，除了定性的描述以外，也有一定的尚可参考的量化记载。

① 郍：nuò，《字彙補》諾何切。音那。《後周書》：粟特國，在蔥嶺之西，蓋古之庵蔡。一名温郍沙。又房六切。音伏。隱也。——摘自《康熙字典》（标点整理本）P1266，上海辞书出版社，2007。

② 嚲：duǒ，《廣韻》《正韻》丁可切。《集雲》《韻會》典可切。並音痑。《玉篇》本作軃，廣也。又《廣韻》：垂下貌。岑参詩：柳嚲鶯嬌花復殷。又《集韻》：一曰厚也。——摘自《康熙字典》（标点整理本）P143，上海辞书出版社，2007。

③ 1 斤=500 克。

图 2-38a　清・吴友如作《吴友如画宝·中外百兽图》中的象

图 2-38b　明・王圻、王思义《三才图会》鸟兽卷三中的象

## 二、生 活 习 性

现存亚洲象主要栖息于热带雨林或季雨林的低地与丘陵宽谷间。一般由多个母系家庭成员组合成较大群体，喜吃禾本科及棕榈科植物。依今所悉，古籍对象群的性比组成（或许是在交配季节）、食性、交尾、生育和日常活动等均有所涉及。例如，唐·段成式的《酉阳杂俎续集》云："野象成群，一牡管牝三十餘。牝牙纔二尺，迭供牡者水草，卧則環守。"对于独居的雄象，宋代著名博物学者罗愿在《尔雅翼·释兽》篇中这样写道："嶺南群象，行人不甚畏，尤畏孤象。蓋孤象是象中之敗群者，象所不容，無所發其怒，故尤可畏。"而同宋代周去非所撰的《岭外代答》也有一段关于其行为习性的记述，其曰："其飲食運動，一以鼻爲用。……每以鼻取食，即就爪甲擊去泥垢而後卷以入口，其飲水亦以鼻吸而卷納諸口。村落小民新篘熟，野象逐香而來，以鼻破壁而入飲，人之大患也。"又讲：象足如柱，無指而有爪甲，登高山，下峻阪，渡深水，其形臃腫而乃捷甚；并言，"象行必有熟路"，等等。

迨元代，黎崱的《安南志略》对象的习性有过这样的记述："性極靈，居山林，每雄擁雌四五十，以爲强。好飲酒，以鼻穿山民壁，飲盡而氣不損。若二者行，得一物而均分之。喜浴於江，月夜戲浮水及歸林。"而有关象的食性，除嗜酒外，在自然界中则采食竹木杂草（见清·赵学敏撰《本草纲目拾遗》），也嗜食篘、豆、甘蔗等作物（见金·李杲撰《食物本草》）。

至于繁育状况，明·李时珍的《本草纲目》谓其交牝则在水中，以胸相贴，与诸兽不同，并同时引录了许慎的话说，三年一乳。但也有另一种提法，认为象孕子，五岁始生。今据《中国野象》（陈明勇等，2008）确有在水中交配者，然河水不深，乃可站立跨爬背部交配，而非以胸相贴，故古籍所云，实属传说而已。

## 三、活捕、驯化、驱逐及猎杀方法

史前时代中国诸部落皆试图驯象以作役用，其中舜是驯象的著名人物。又因象群害稼，顷刻间数亩良田尽毁，故予驱赶或猎杀。兹依古籍所载，就其活捕、驯化、驱逐和猎杀的方法略述于下。

### （一）活捕和驯化方法

据宋·周去非的《岭外代答》，交趾盛产野象。考西汉时期的交趾图，范围在今广州与南宁之间一带，往南伸至越南的东缘。此地区山中多石室，唯一路可入，周围多石壁，先把篘、豆置入室中，驱一雌象入室，并于道上布置甘蔗以作诱饵。待野象前来食蔗，则纵雌象混入野象群中，且诱之入室，迅以巨石堵门。人乃缘石壁投饲驯雌，野象饥甚，见雌得饲，虽始畏之，终因求食与人亲近，此时可用鞭子驯教，少驯后，人可乘而制之。

交趾人进一步的驯象方法，先是正跨其颈，手执铁钩，以钩其头，欲象左钩头右，欲右钩左，欲却钩额，欲前不钩。欲象跪伏，以钩正按其脑。……人虽以数寸之钩驯之，久久亦解人意，见乘象者来，低头跪膝，人登其颈，则奋而起行。

### （二）驱逐和猎杀方法

世传野象甚恶孤豚（泛指猪）叫声。明·黄衷撰《海语》云："人把孤豚縛籠中，懸諸深樹，孤豚被縛而喔喔之聲不絶，野象聞聲逃遁，不敢靠近禾稼。如欲獵殺，則勁射毒箭，象負箭而逃，未及一二里，藥發即斃。或獵人緊隨象後，且邊鳴鑼擊鼓，邊吶喊助威，象受驚恐而爭走徑路，終將掉進陷阱不起，從而刺殺之。再者，或人於路旁木上設以機刃，象行熟路觸機，若機刃勾中其要害，必死。又或埋象鞋于路，以貫其足。”

## 四、象及其产品的利用

从考古研究成果看，早在四千多年前，中国先辈们已对亚洲象及其产品有充分利用，现分述如下。

### （一）生象利用

经已驯化的野象，古称驯象，在地方上主要畜以服重，而向朝廷进贡的驯象，多数供作仪仗。例如，明代每逢大朝会，则以驯象六头而分在左右，阵于奉天门外（据《明集礼・驯象》）。中国皇家仪仗中的驯象，皆是南越所贡（南越指东经 108°以东，北纬 24°以南的两广地域）。另据明・李苏《见物》所载，世説天寶之亂，禄山大宴胡酋，出舞象，令拜左右，象卻怒目不動，禄山盡殺之。又元顺帝有一象，宴群臣时拜舞为仪。

然而，最受人们关注的，莫过于古代把驯象作为战争工具，甚至在士卒前面冲锋陷阵。据后晋・刘昫等撰《旧唐书》载，“林邑國……王之侍衛，有兵五千人，能用弩及穳，以藤爲甲，以竹爲弓，乘象而戰。”又“真臘國，在林邑西北，本扶南之屬國，……有戰象五千頭，尤好者飼以飯肉。與鄰國戰，則象隊在前，於背上以木作樓，上有四人，皆持弓箭。”又宋・罗愿的《尔雅翼》云：“身毒國人乘象以戰。王尋等圍昆陽，亦驅虎豹犀象之屬。楚昭王奔，隨使子期執燧象以奔吳師。燧象者繫燧於象尾，視敵所向而縱之，象迫於火，肆其力奔突以犯吳師。”

除此，尚有一些皇帝喜观斗象取乐。据宋・欧阳修等的《新唐书》记述，唐中宗神龙元年（公元 705 年）八月间，祔孝敬皇帝（唐高宗第五子李弘（薨于太子位），是唐朝第一位追封为皇帝的太子）偕皇后于洛城南门观斗象。又据清・王士祯撰《池北偶谈》所载，康熙皇帝曾在南苑观象、虎斗，虎竟为象所毙。

### （二）象牙利用

明・李时珍撰《本草纲目》引录了《真腊风土记》云：象牙殺取者上也，自死者次之，蜕於山中多年者下矣。明・黄省曾撰《兽经》中提到：象牙長丈餘，脱牙則深藏之，削木代之可得。但以假代真的说法，笔者不知确否。

自远古时期始，象牙历来作为最珍贵的贡品向王朝进献。其用途甚广，可供作收藏、艺术雕刻、物件装饰和日用品等等。早在四千多年前，在山东大汶口文化宁阳堡头墓地中，发掘到象牙制品，如梳、彫筒及片管等 23 件。然而，更为奢侈使用象牙者，莫过于古时诃陵国国王用象牙为床；另有拂菻国（又名大秦）的宫殿以瑟瑟为柱，黄金为地，象牙为门扇。

象牙还可供作医用，宋・苏颂的《图经本草》云：象牙主諸物刺人肉，刮取屑細研和水傅瘡上，刺立出。咽中刺則水調飲之。舊牙梳屑尤佳。另据金・李杲的《食物本草》载：謂凡夏月合藥，宜置象牙於傍，合丹灶，以象牙夾灶，得雷聲乃能發光。对于后一著作所述者，仅供读者赏析而已。此外，还有一种传说，谓以樟木（山榆）贯象齿（象牙，古亦通称齿）而沉之，可以避邪驱怪，此纯属迷信罢了。

### （三）象皮、象尾毛

宋·黄震的《黄氏日抄》记云，交趾人以象为革，作为打仗时戴的兜鍪。又谓象皮截条后槌直乾之，制作仗用，甚坚。据明·方以智的《通雅》载，古人剔牙极重象尾毛，谓可去火。

### （四）象白

依清·赵学敏所辑的《本草纲目拾遗》（简称《拾遗》），说象乃交于水，其精浮水面，象房人用瓷瓶收贮。入药傅面不皱，亦可入房药用。此云不知确否，尚待证实。

### （五）象粪

入药以野象粪为良。据清·赵学敏的《拾遗》称，销皮坊利用驯象粪来处理貂类和鼬类（如黄鼬，古称黄狼）的毛皮，能令皮毛黑亮如漆。

### （六）象鼻

宋·罗愿《尔雅翼》载道，“鼻肉为炙，肥脆，小類猪而含滑。”即稍类似于猪肉而嫩滑。秦·吕不韦的《吕氏春秋》曰：“肉之美者，髦象之約（即象鼻）。”明·李时珍《本草纲目》引录另一药物学家陈藏器的话语说，“炙食、糟食更美。”

总括言之，亚洲象可谓全身是宝，虽在入药方面，其中或许存在一些疑惑之处，这并不足怪。然在古代，不论是地方土官，抑或是属国王者和邻近国家的首领，均把驯象及象牙视为最高等的贡物而屡向朝廷进献。

## 五、涉及解剖的神奇记述

从唐代开始，历代古籍在涉及亚洲象的胆囊位置及肌肉结构时，都是依据传说辑录的，未经实物检验，故从形态解剖学的观点看，显然缺乏科学性，而本文也不得不有所提及，以正视听。

唐·段成式所撰《酉阳杂俎》谓“象膽隨四時在四腿，春在前左，夏在前右，如龜無定體也。……肉有十二般，唯鼻是其本肉。”而宋·陆佃的《埤雅》所载与段成式者又有所不同，他说：“體具十二少肉，唯鼻是其本肉。膽不附肝，隨月轉在諸肉，假令正月建寅，即膽在虎肉。”至明·黄省曾的《兽经》似乎在给“膽不附肝”之说提供“科学”依据。他讲：“聞淳化中（即宋太宗赵炅时期，990—994 年），上苑一馴象斃，太宗命取膽，不獲。使問徐鉉，鉉曰，當在前左足。繼而剖足，果得。又問其故，鉉曰，象膽隨四時，今其斃在春，故知在足也。”同在明代，明·张萱在《疑耀》一书中则写道：“世言象膽隨四時在四足，亦未必然。”元·陶宗仪的《说郛》中载刘跂《暇日记》：“象營三象死，剖之，其二膽果在足，其一膽在腹中。歲己亥，今象房象死，余往詢之，膽亦在腹中也。聞象具十二肖肉，惟鼻是其本肉”。

所谓胆在腹中，可理解为胆囊依附于肝脏中，这是对的。但是，除此之外，是否也会随四季而在四足轮流转，或者胆随月转在诸肉？若从张萱所撰的字里行间看，他基本上都持肯定的态度。这说明“胆不附肝”及“闻象具十二肖肉”等的种种论述，前后流传了近千年之久，毕竟反映出当时古人在解剖学方面的认知水平。

## 六、历史时期的地理分布

兹依春秋战国末期以来的诸多古籍，包括府、州、郡的各类地方志在内，凡涉及亚洲象之产地者，业经考证后，认为比较确切的予以辑录。至于如何判定其产地是否准确或可靠，笔者将在“问题讨论”一节中给予说明。兹分述如下。

### （一）华东地区

**江苏**：蔡州（今南京市范围）、建邺（今南京市）、广陵郡（今扬州市附近）、如皋（今南通市所辖）、吴郡（今苏州市范围）。

**浙江**：会稽郡（今绍兴市所辖）、信安（今衢州市）、东阳（今金华市）。

**安徽**：南兖州（今亳州）、砀郡（今砀山县）、淮南郡（今淮南市范围）、南阳。

**江西**：安成郡（今吉安市范围）、安福。

**福建**：漳州（今漳州市）、漳浦县（今漳浦县）、武平（今武平县）。

### （二）华南地区

**广东**：惠州府（今连平县）、和平县、龙川县、归善县（今惠阳区）、博罗县、河源县（今源城区）、长宁县（今新丰县）、永安县（今紫金县）、海丰县、陆丰县（今陆丰市），潮州府含海阳县（今潮州市）、澄海县（今澄海区）、潮阳县（今潮阳区）、惠来县、普宁县（今普宁市）、揭阳县（今揭阳市）、饶平县、大埔县、丰顺县，雷州府（今为湛江地区，含雷州市）、遂溪县、徐闻县，循州含兴宁县（今兴宁市）、长乐县（今五华县），南雄州含始兴县、始兴郡（今韶关市）、阳山县，恩州（今恩平市）。

**广西**：南宁府（含今南宁市）、宣化县（今南宁市范围）、永淳县（今横县）、横州（今横县）、新宁州（今扶绥县）、上思州（今上思县）、隆安县等。太平府含崇善县（今崇左市）、江州土州（今崇左范围）、罗白土县（今崇左范围）、左州（今崇左范围）、永康州（今并入扶绥县）、宁明州（今宁明县）、明江厅（今并入宁明等县）、凭祥厅（今凭祥市），钦州、灵山、廉州府（今合浦县）、左江（十万大山）。

### （三）华中地区

**湖北**：武昌、汉阳、黄陂、安州（今安陆市）、至安（今安陆市），復（复）州（今仙桃、天门等地）、襄（今襄阳市）、江陵（今荆州市）、南阳郡（今随州市范围）。

**湖南**：零陵、洮阳（今零陵地区零陵县西部）、澧阳（今澧县）、澧州（今澧县）、安乡、华容、苍梧（今九嶷山，在今宁远县南）。

**河南**：京师（今开封）、南阳、唐州（今唐河县）。

### （四）西南地区

**云南**：车里宣慰司（原含普洱）、勐腊、勐捧（今临沧市永德县范围）、勐罕、景昽（今景洪市）、勐海、勐板、勐笼（今勐龙），永昌府（西以高黎贡山东翼为界，原含永平）、保山、龙陵厅（今龙陵县），湾甸州（今保山施甸县范围）、芒市司（今芒市）、镇康州等，腾越厅（原其东界为永昌府，含今腾冲市）、梁河县、盈江县、瑞丽县（今瑞丽市）等，益州（仅以东汉益州刺史部南部的益州郡为主要依据），属今云南境内者（含今曲靖市）有宜良、晋宁、江川、石屏、禄丰、个旧、楚雄等。

**四川**：益州（以东汉越嶲郡为依据），属今四川境内者主要有越西、美姑、西昌、昭觉、盐源、会理、攀枝花等。

现据前述我国古籍记载的亚洲象产地绘示于图 2-39。

图 2-39　我国古籍中记载的亚洲象产地分布

# 七、问 题 讨 论

本节讨论的内容主要包括：①确定亚洲象历史时期地理分布的若干准则；②亚洲象在中国极度濒危的原因。现分述如下。

## （一）确定亚洲象历史时期地理分布的若干准则

这些准则是：

（1）贡象都是驯象，而所贡驯象的地点不能等同于野象的原产地。例如，宋·郑樵的《通志·后汉纪第六下》谓建安七年五月庚戌，于阗国（今新疆喀什地区及和田地区的大部地域）献驯象，但新疆不产野象。

（2）象牙等雕刻艺术品的出土地点，不能与野象产地等同视之，因为华贵陪葬品的原料产地未必就是文物的出土地域，即均可异地采购。所以，仅就野象产地而言，本文拟略之为宜。

（3）古籍仅谓某府、州、郡（指非县级）出产野象而无详细记载时，在考证相关府、州、郡所管辖范围的基础上，按东、南、西、北、中而适量选录一些县级行政单位作为野象分布点。

（4）不把地质时期亚洲象属某物种的分布点，凭揣测后也视为现野象的古代分布点。例如，海南省在全新世发现有古菱齿象，后改为亚洲象（但未见正式论文报道），然而据此就认为海南在清初仍有亚洲象分布（文榕生和文焕然，2009），这是值得商榷的，因迄今所悉，古籍并无明确记载海南有野象。

（5）对古籍记述的个别地域是否真有野象生存，需从生态学和动物地理学的角度予以分析，借以去伪存真。例如，清乾隆十六年（1751 年）《澳门纪略・澳藩篇》记有象、犀、狮、熊、鸵鸟、火鸡等等。这里姑且不谈鸵鸟、火鸡是否会分布到澳门，光就象、狮而论，已足够发人深思。16 世纪的澳门，除居民所占地盘外，所余地域的天然食物资源（包括植物及被捕食的偶蹄动物等）实难维持一个小种群的野象或野狮的生命需求。因此，可以认为，前述所列举的大型动物，最大的可能性就是驯养的，并是用来供观赏或作杂耍表演者。至于是否有野象从毗邻的珠海偶尔伸入澳门中的澳门半岛，明、清两朝史书却无记载，惟 2001 年编纂的《斗门县志》（斗门县今属珠海市斗门区）谓四周浅海岛屿和山外孤丘栖有象、虎、鹿、犀等，其依据何在？值得探讨。

总括言之，关于历史时期亚洲象的地理分布，尽量忠于古籍的原记载，但对个别分布点应作科学分析，另外，对已知分布点，更不要依个人的揣测而任意扩展，目的是宁缺毋滥。

## （二）亚洲象在中国极度濒危的原因

周明镇和张玉萍（1974）在《中国的象化石》中写道："亚洲象……化石在我国华南更新世中、晚期地层中有发现，在河南安阳殷墟遗址中发现有象的遗骸，据过去认为是人工饲养的。根据新中国成立后发现的一些资料看来，当时亚洲象在我国的分布范围，不仅包括长江流域以南地区，可能还有黄河流域的局部地区。一直到战国时期或更晚一些，长江流域一带还有亚洲象和犀生存。近年来，我国一些城市（特别是北京地区）地下发现一些象的骨骼，都是过去历史时代人工饲养的象的遗骸。"

今考古籍记载，正如前面所述，亚洲象在我国的历史分布曾经遍及长江流域及黄河下游局地，东达鲁江浙，北到豫鄂，西抵川滇，南至闽粤桂，北纬跨度达 15 度之多。可是，亚洲象种群在中国的繁荣景象已永不复返了。如今仅残存于云南铜壁关、南滚河、思茅、景谷、澜沧、景洪、德宏和西双版纳等地区，种群数量约 300 头，比大熊猫的数量更为稀少，至少在我国已属于极度濒危物种。那么，造成濒危的主要因素是什么？笔者以为，主要致危原因如下。

### 1. 人口激增导致栖息地丧失

据《中国人口史》（赵文林和谢淑君，1988）记载，夏商周秦四代的古中华人口，大体上在夏初有 1000 多万，公元前 11 世纪初期（西周时期）估计上升到 1300 多万，直至公元前 4 世纪前期（东周时期），全境人口达到 3200 万以上，待至秦末汉初已降到 2000 万以下。在这段时期，或许由于战火不断，加上自然灾害，所以人口时升时降，但不管怎样，当时偌大的中国显然地广人稀，这给亚洲象提供了广阔的生存空间。

公元 520 年（南北朝）正处于北魏人口极盛时代，推算全境人口应有 4200 万以上，这当中前后历时 700 余年，人口总数已比秦末汉初翻了一倍左右，但中国地域毕竟辽阔，人口密度仍然不高，因此在南北朝时期，不仅地方向王朝进贡驯象的事例常有记载，而有关野象活动情况的事例在史书上也多有提及。

公元 604 年（隋文帝末年），全国人口约 5070 万，而时隔 5 年后的 609 年，为隋极盛时期，人口又增至 5130 多万，但好景不长，没过几年，改朝换代的战火再次连绵不断。据赵文林和谢淑君（1988）的研究，唐朝和五代的人口又降至1500多万，直至公元1276年的宋端宗景炎元年，人口再度下降到1148余万。当时人口密度若以出产野象的地区为例，如每平方公里达到50—75人者有鲁、浙、闽、赣，30—40人者有苏、湘，而10—20人者为鄂、粤、桂，1—5人者有川、滇。这一时期的人口密度除东部沿海地区稍高一些外，长江流域以南的地域仍然偏低，所以宋代涉及野象活动的记述乃史不绝书。

现在的问题是，从13世纪的元代而至20世纪初期（1911年）的清代，总共历时600多年，此间全国人口的发展总趋势是大幅提升的。例如，1290年（元世祖至元年间），人口已达7530余万，江南沿海地区的人口密度升至每平方公里 75—150 人；但从元末起，又是天下大乱，群雄起义，战事不止，四处兵荒马乱，这对亚洲象的空间分布估计不无影响。明末期间，估计峰值人口至少应有 1 亿左右；到了清代，这是我国人口飞跃上升时期，在267年间的人口总数竟由1亿左右增加到4亿以上，此间的人口密度已比明代高出 5—10，如每平方公里为 400—500 人的有苏，200—300 人的有鲁、浙、皖，100—200人者有鄂、赣、闽、粤，而密度最低的算是黔（30—40人）、滇（10—20人）了。

总的来讲，从元代始，随着人口数量的增多或密度的提高，人们为了生存，势必要毁林垦植，扩大农耕面积，如宋代的耕地面积只不过4.5亿市亩，至明代增加到五六亿市亩，到了清代前期（1724年）已达 10.29 多亿市亩，而清代末年又增至 11.56 余亿市亩，揭示过去的荒山野岭已被大量开发利用。除此，还有村寨城镇及道路交通等的不断建设，当然也占据了大片土地，因此，以往适于亚洲象栖息的原野地已经不复存在，最终导致野生种群在长江流域以南一带绝迹。

这里，拟引录《民国东莞县志》中的一段话，它阐述了广东野象为何已无踪影的主要原因。该志曰："……邑山脈遠連湖惠（即廣東潮州和惠州），明以前未盡墾辟，故野獸至多。鎮象塔稱群象踏食田禾，則南漢時邑有野象。考清·陳伯陶《東莞縣志》言廣之屬郡潮循州（為潮州、循州）多象……。舊志不之載者，蓋元明以後山林日啓，象無所容，即潮惠亦無之。觀張志所載，諸野獸相去不過二百餘年……。丁口日衆，啼遠日稀，自然之勢也。"这段话对于诠释已无野象分布的其他地域同样具有代表性。

### 2. 气候的冷暖交替，加速了野象的衰亡

亚洲象是一种喜热畏寒的林栖动物，主要栖息于低地和低丘山地的热带雨林和亚热带常绿阔叶林带。而历史时期气候的冷暖变化，对野象的生存与分布起着至关重要的作用。

据专家研究（周明镇和张玉萍，1974），亚洲象化石在我国华南更新世中、晚期地层中有发现，足见它们延续了40多万年。在全新世时期，随全球性气候适宜期的到来，至公元前8000—前3000年（含新石器时代）有过一段比较温暖的高温期，这或许就是亚洲象之所以能够分布到长江流域以北乃至黄河下游局地的原因。

在历史时期中，公元初气候变冷，第2—3世纪（约东汉元兴至西晋永康年间）气温比现今平均值高出1℃以上，此后直到5世纪均较寒冷，而从6世纪起（南北朝时期），我国广大地区气温又呈回升趋势。由此可知，在这历时 600 余年的时段中，中国大地已发生过两次冷暖交替。这种气候变迁当然会影响亚洲象的生存与分布，但不论是公元初的两汉，或是几百年后的南北朝，由于人口总数只不过是2000多万或4000多万，甚至在南朝宋时而拥有野象分布的南方13个省也仅有630余万人，这意味着当时尚有大片大片的土地未被开发利用，其中当包括连片的（非破碎的或呈岛状的）野象适宜栖息地。因此每当气候变冷时，它们可以顺利地向南迁移，反之，气温回升时又可向北扩展，所以南北朝时期的史书载有野象活动的地点有：今江苏南京、扬州、苏州；安徽的砀山、淮南；湖北武昌；湖南零陵、洮阳（今零陵县西部）；江西安成（今吉安市范围）、安福；广东韶关、阳山等，显示第5—6世纪时，气候虽有冷暖变化，但通过南移北往，野象仍可见于北纬34°以北地域。

在10—11世纪的北宋期间，气温较为稳定，此时期向宋王朝进献驯象的地区有江苏占城、吴越国（含

江苏、浙江和福建等部分区域）和交趾（原含两广南部等地域），从另一侧面看，也许反映出上述地方当时尚有野象可供活捕驯化，但也不排除是从它地引进的（交趾除外）。再者，据《文献通考》（卷311）及《乾隆汉阳府志》等古籍记述，野象活动的地区仍有河南京师（今开封）、南阳和唐州一带，以及湖北黄陂和襄州（今襄阳市），湖南澧阳等和江西安复等。这又说明，纵使气候时冷时热，反反复复，但通过迁徙行为，在宋代野象还可见于长江流域和黄河流域东部的局地。

从12世纪起（北宋后半期至南宋前期）气温再次下降，仅于政和三年（1113年）在广东惠州仍有狩猎野象的记载（见唐庚《射象记》），另于潮州地区仍有"数百为群"的野象（数百只结群也许有些夸大）出现（1171年）。至13世纪已明显是个冷期（相当于南宋嘉泰到元代大德年间）。总之，在12—13世纪，除湖北局地外，广东以北的广大地域已无野象活动记录，似乎绝迹了。这显然与近200年的持续降温有关。低温迫使它们向低纬地区南迁，但寒冷导致沿途食物资源的短缺，以及元代人口激增、人口密度加大而导致栖息地大量丧失，这两种因素加在一起，足可使这种摄食量巨大（每天每只需200千克植物）而繁殖力又低（每4—5年怀胎一次，每胎一仔）的野象处于灭顶之灾。

虽然14和15两个世纪的后半期较其前半期稍暖，但野象由于在此前就已消踪灭迹，昔日遍布我国14个省的繁荣景象不再复返。而到了17世纪，则是我国数百年来极为寒冷的时期，而黄河、长江流域一带被誉为"明清小冰期"，这时期东部沿海地区的人口密度竟又飞速提升（详见前文所述），因此，即使在某地域尚残存少量小种群，但到了明清两代也实难逃脱厄运，而唯有处在热带气候的云南南部，由于人口仍然稀少（每平方公里1—5人或10—20人），并同时又保存了成片的热带雨林，所以至今仍为我国唯一的避难所。

### 3. 古代被视为害兽而屡遭滥杀

除云南外，屡遭猎杀也是亚洲象在各产区绝迹的原因之一。一方面，人们为获取贵重的象牙而捕杀；另一方面，人们又把野象看作害兽而肆意滥杀。总的来说，从秦汉时期至三国晋，几无象为害的记载，至南北朝始有象为害的记录，现举数例如下。

据宋·郑樵的《通志·梁纪第十三》谓天监六年（公元507年）三月陨霜杀草，是月有象入建邺（今南京），又承圣元年（公元552年）十二月，在吴郡（江苏苏州市）、淮南（安徽淮南市）有野象数百，坏人室。显然，野象闯入城市和民宅，时值冬季和春初，食物短缺，迫于饥寒，所以发生这种现象绝非偶然。

依元·托克托的《宋史·五行志》纪实，宋太祖建隆三年（公元962年）五月，有象至黄州黄陂县（今武汉市黄陂区），匿林木中，食民苗稼。是年有象又至安、复、襄、唐州（安州，今湖北安陆；复州，今湖北仙桃、天门等地；襄州，今湖北襄阳市；唐州为湖北与安徽交界处，含黄陂、红安、麻城等地），践民田，颇为患，遣使捕之，并于次年十二月在邓州南阳县（今河南西南缘）获之，献其齿革（齿者即象牙）。又据清·陶士偰的《乾隆汉阳府志》称，于宋高宗建炎三年（1129年）有象自黄陂至复州，践民田，遣使捕之。说明在这150多年间，在湖北一带，人象之间的矛盾从未停止。

元·马端临的《文献通考》卷311载道，"孝宗乾道七年，潮州野象數百爲群，秋成食稼，農設阱田間，象不得食，率其群圍行道車馬，保伍積穀委之，乃解圍。"。可见从宋朝起，野象为害民田的现象已时有发生。

至明朝，据清·金鉷等的《广西通志·太平府》记载，明太祖洪武十八年（1385年），十万山象出害稼，命南通侯率兵两万驱捕，并设立"驯象卫"于郡；又洪武十九年（1386年），置卫于思明府凤凰山；另据载述，同年八月又命营阳侯杨通、靖宁侯叶升领兵捕象于广西左江之十万山。总之，在洪武年间，出动大批兵力捕象至少已有两次，虽其捕获数量无据可查，但对十万山野生种群的覆灭，无疑已经埋下了严重的祸根。

综上所述，笔者认为，在元代以前由于战争及自然灾害等各种因素的严重影响，我国人口发展速度缓慢，人口密度低，亚洲象尚拥有广袤的生存空间。在气候冷暖交替时，它们可以通过南北迁移的方式而得以生存。自元代至明清时期，人口总数及密度激增，随着耕地面积的不断扩大，野象栖息地严重丧失，生存空间日益缩小，再加上气候变冷时，野象只能向南迁徙，而造成与人类争夺生存空间，并同时又毁害禾稼，人与野象的矛盾愈加突出，因而在它们的所及之处均遭猎杀，最后除云南地区外，所有分布区的野生种群终于在我国绝迹了。

## 参 考 文 献

陈明勇, 刘德军, 李正玲, 等. 2008. 中国野象. 昆明: 云南科技出版社

文榕生, 文焕然. 2009. 中国珍稀野生动物分布变迁. 济南: 山东科学技术出版社

赵文林, 谢淑君. 1988. 中国人口史. 北京: 人民出版社

周明镇, 张玉萍. 1974. 中国的象化石. 北京: 科学出版社

# 第三篇

# 中国古代动物的命名与物种考证

# 中国古代血吸虫与血吸虫病流行历史的考证

贠 莲

血吸虫引起的血吸虫病在世界上有着久远的历史。人体血吸虫共有 6 种，即曼氏血吸虫、埃及血吸虫、日本血吸虫、间插血吸虫、湄公血吸虫及马来血吸虫。

据 Armand Ruffer 1910 年的报告，约从公元前 1250－前 1000 年的第二十王朝的两具埃及木乃伊肾脏切片中，发现了钙化的典型埃及血吸虫虫卵，结合古埃及医书中记载，当时血尿症状疾病的流行，说明距今 3000 年血吸虫病已在埃及流行（汪伟等，2014）。在我国流行的是日本血吸虫病，1847 年日本藤井氏所报告的“片山病”被认为是日本血吸虫病的最早描述。1889 年山极氏在检查一例栓塞性寄生虫性肝炎时，在肝内发现了寄生虫虫卵，当时并不明了是哪种虫卵，1903 年山极氏又在人的粪便中检出了同样的虫卵，后来被证实是日本血吸虫虫卵，其成虫是 1904 年由日本人桂田氏在猫的门静脉内首先发现的。同年，藤浪氏在人尸体内也发现了一条成虫。在我国发现日本血吸虫的最早报道是 1905 年由外国教会医师 Lagan 在湖南常德一例痢疾患者粪便中首次检出了本虫虫卵，同年，Catto 在新加坡解剖一例因霍乱病死亡的华侨尸体时，在肠系膜静脉内检到了成虫（李仁众，1958）。但是不能认为这就是血吸虫病在我国流行的开始，因受时代条件的限制，我国古代医学不能观察到血管内的成虫，也无法检出粪便中的虫卵。古代医学典籍中从未出现过血吸虫病的病名，但却有与血吸虫病早、晚期症候相类似的记述，散见于蛊毒、蛊病、蛊疫、蛊胀、蛊痢、溪温、中水、射工毒候、水毒候等的篇章之中，亦有与血吸虫病的流行病学、鉴别诊断相近似的记载，根据对这些史料的分析与研究，可以清楚地了解血吸虫病在我国的流行历史。

殷墟时期，甲骨文中表示因虫致病的“蛊”字已经出现。“蛊”乃伤害人体之毒虫。《周易卦象》中有“山風蠱”；《山海经·西北经》等已有“蛊”及“蛊疫”的记载；汉·郑玄的《周礼·秋官·庶氏》有掌除蛊毒之官；汉·许慎的《说文解字》中注曰：“蛊，腹中虫也”。汉·郑玄的《周礼注疏》曰：“庶氏掌除毒蠱。注：毒蠱，蟲物而病害人者。”

晋·葛洪著《肘后备急方·治中蛊毒方第六〇》中云：“今東間諸山縣無不病溪毒，春月皆得，亦如傷寒，呼爲溪温。……但寒熱煩疼不解，便致死耳。……”又曰：“江南有射工毒蟲（略）常在山間水中，人行及水浴，此蟲以射人形影則病，初得或如傷寒，或似中恶，或口不能語，或恶寒熱，四肢拘急，旦可暮劇，困者三日，齒間血出，不療即死。……”又“中蠱令人心腹切痛，如有物齧，或吐下血，不即療之，食人五臟，則死矣。……”又“療飲中蠱毒，令人腹内堅痛，面青黄，淋露骨立，病變無常。……”

以上对中蛊毒的记述，从感染源、感染方式、感染季节、发病地区及症候来看，古人所指的溪毒（溪温）与现今流行的血吸虫病很是相似，原因是因中蛊毒所致，是因虫所致的疾病，说明早在晋代（公元 265—420 年）我国已有血吸虫病的记录和治疗方法的研究。

公元 7 世纪初叶（公元 601—605 年）隋·巢元方撰《巢氏诸病源候总论·水毒候》文中云：“自三吴以東及南諸山郡、山縣有山谷溪源處，有水毒病，春秋輒得。……初得恶寒，頭微痛，目眶疼，心内煩懊，四肢振焮，腰背骨節皆强，兩膝疼，或翕翕熱，但欲睡，旦醒暮劇，手足指逆冷至肘膝，二三日則腹生蟲。……”此为更近似血吸虫病的记载。

唐代古人对该病的症候、流行病学、诊断及治疗则有了更进一步的认识。例如，唐·孙思邈撰《备急千金要方·诊溪毒证第一六》：“江東、江南諸溪源間，有蟲（略）在山源溪水中，聞人聲，便以口中毒射人，（略）毒輕者及相逐者，射著人影者，皆不即作瘡，先病寒熱，身不喜冷，體僵，筋急，頭痛、目疼，張口欠，欬嗽，呼吸悶亂，朝旦少蘇醒，晡夕輒復寒熱或似傷寒發熱，散動亦如中屍，便不能語……，今説其狀，類以明其証，與傷寒别也……。”又如，唐·王焘撰《外台秘要方》卷四〇《射工毒方一九首》：“《備急》論射工毒，江南有此射工毒蟲（略）常在山間水中，人行及入水中（略）即以氣射人影則病。其診法，初得時或如傷寒，或似中惡，或口不能語，或身體苦强，或惡寒壯熱，四肢拘急，頭痛，旦可暮劇，困者三日則齒間血出，不療則死……。”又，《溪毒方二十一首》：“《肘後》中溪毒論，葛氏云，水毒中人，一名中水，一名中溪，一名中灑，一名水病，似射工而無物。其診法，初得之惡寒，頭微痛，目眶疼，心内煩懊，四肢振焮，腰背骨節皆强，筋急，兩膝疼，或翕翕而熱，但欲睡，旦醒暮劇，手足逆冷至肘膝，二三日則腹生蟲，食人下部，肛中有瘡，不痛不癢，不令人覺，視之乃知耳。（略）”除去对本病症候描述之外，文内还提出了独特的诊断方法：“……欲知是中水，當作數眄湯，以小蒜五升咀，投湯中，莫令太熱，熱即無力，去渣，消息適寒温以浴，若身體發赤斑紋者，是也。其無者，非也，當作他病療之。”最后文内列举了“治射工毒方一九首和治溪毒方二十一首”的治疗药方。

宋·杨士瀛撰《仁斋直指》卷二五《挑生方论》指出：“人苟愛身，不可輕于濯水，江南有射工毒蟲，生溪澗内，或因雨潦逐水而入人家，含沙射人之影。得之寒熱、悶亂、頭目俱痛，亦如中屍，卒不能語。”又，“水毒蟲，一名溪温，得之病狀與射工相若，但有爛瘡爲射工，無瘡爲溪温，特少異耳。”

元·危亦林撰《世医得效方》卷四中提出：“万金圆”治诸般食积、气积、血积、蛊胀之类，并介绍了此药的成分、制作和服用方法。

明·朱橚撰《普济方》卷二五二《蛊毒》曰：“大凡人體弱，自不可輕於濯。江南有射工毒，（略）生溪間内，或因雨潦逐水入人家，含沙射人之影。得之寒熱，悶亂，頭目俱痛，亦如中屍，卒不能言。”又“水毒蟲，一名溪温，得之病狀與射工相若”。又，《普济方》卷一九一《水病门总论》中综述曰：“肝水者，其人腹大，不能自轉側，而肋下腹中痛，時時津液微生，小便續通；脾水者，其人腹大，四肢若重，津液不生，但若少氣，小便難也。”又曰：“至若蠱脹，而肚上有筋，腹滿而大便滑泄，久瘧而轉作虚浮，男從腳下腫而上，女從身上腫而下，或肉硬，或手掌平，並不治，當審而察之也。”又曰：“有蠱脹，但腹滿不腫，水脹，脹而四肢面目俱腫大，在醫者久，不善診候治蠱，以水藥治水脹，以蠱藥或但見脹滿皆以水藥，如此者，仲景所云愚醫殺之。”又卷三八六《诸肿附论》曰：“蠱脹，肚上有筋，腹滿而大便滑泄，久瘧而轉作虚浮，及唇黑傷肝，缺盆平傷心，臍突傷脾，足平傷肺，背平傷肺，或男從足腫而上，女從身腫而下，或肉硬，或手掌平，皆不治。”明·方以智撰《物理小识》卷四《瘇脹》中云：“瘇脹，目窩臥蠶，足瘂瘇而腹大，按之隨手起者，水也，膚脹鼟[①]鼟不堅，身盡腫，皮厚按之窅然不起者，氣也。然氣亦有隨手起，水亦有窅然不起者，但當辨。皮厚色蒼，一身盡腫，或自上而下者，多屬氣，若皮薄色澤，腫有分界，或自下而上者，多屬水，其鼓脹與膚脹同，唯腹筋起耳。膚脹屬肺，鼓脹屬脾，其曰蠱脹，則血或蟲也。”

清·沈廷芳撰《十三经注疏正字》卷三一《庶氏》曰：“毒蠱，毒物而害人者。毒物，《毛本》作蟲物。”清·张玉书、陈廷敬等纂《康熙字典·申集中·虫部》中的“蟲”，《説文解字》中注曰：“腹中

① 鼟：tāng，《唐韻》土郎切。《廣韻》吐郎切。《集韻》他郎切。並音湯。《説文》：鼓聲也。——摘自《康熙字典》（标点整理本）P1529，上海辞书出版社，2007。

蟲也”。明清以来，类似血吸虫病的症状，疾病演变过程、诊断和治疗方案散见于各地的名医医案之中。例如，清・秦伯未编《清代名医医案精华・吴鞠通医案精华・肿胀》中云：“腹固脹大的系蠱脹，而非水腫，何以知之，滿腹青筋暴起如蟲紋，並非本身節骨之筋，故知之。”《曹仁伯医案精华・肿胀》论曰：“大腹主脾，腹大而至臍突，屬脾無疑，然脹無虚日，痛又間作，舌苔薄白，脈息沉弦，見於經期落後之體，顯系血虚不能斂氣，氣郁於中，寒加於外，而脾經之濕，因而不消。”又曰：“單腹脹脾氣固虚，久則腎氣亦虚，大便溏者，氣更散而不收矣。”“隱癖日久，散而爲臌，所以左脅有形作痛，大腹漸滿，便出紅色垢積，更兼脘中因食而痛，吐痰涎帶瘀，元氣益虚，竟有不克支持之象，收散兩難，洵屬棘手。”《张聿青医案》卷一一《肿胀》中叙曰：“中空無物者曰鼓，實中有物者曰蠱。少腹有形，盤踞日久，茲則其形漸大，腹脹如箕，按之堅硬，此氣血沮滯不行，致脾土不克旋運，蠱脹重症，不能許治。”清末时期，余听鸿撰《诊余集》中记述：“余於壬午（1882 年）秋抵桑川（即常熟城）治常熟魏葆欽之媳，因喪夫抑鬱，腹大如鼓，腰平背滿，臍突，四肢瘦削，臥則不易轉側。……。”以上四位医师均为江苏省人氏，所述医案的发病地区皆在长江中下游血吸虫病流行地区，结合临床症状和体征，上述病例均可视为类似血吸虫病的病案。

关于治疗方面，明・朱橚撰《普济方》卷二五二中总结了《治中蛊毒诸毒》《解中蛊毒》《辟中蛊毒》《疗蛊治诸毒》等诸多治疗方法。清・费伯雄撰《医醇剩义・蛊胀门》中记述用“扶抑歸化湯”治青筋暴露肚臌胀。清康熙年间《程敬通医案》中有五十七方，其中有三方专治腹肿、水臌、血蛊。除此，明代江苏省缪希雍著《先醒斋广笔记》、清代浙江省王士雄的《王孟英医案》等著作中均有其治蛊胀的方法。

综上所述，历朝历代古人对该病的病因、症候与诊断、治疗均进行了细致的观察与研究，并对血吸虫病的鉴别诊断做了进一步的探讨。例如，清・翁藻编《医钞类编》（卷九）《胀病门总论》中述曰：“病名有鼓脹與蠱脹之殊。鼓脹者，中空無物，腹皮繃急，多屬於氣也；蠱脹者，中寔有物，腹形充大，非蟲即血也。……”又，《鼓胀蛊胀》篇中叙及：“朱丹溪曰：脾具坤順之德而有幹建之運，故能使心肺之陽降，肝腎之陰升，而成天地相交之泰，是爲平人。今也七情内傷，六淫外感，飲食失節，房勞致虚，脾土之陰受傷，轉輸之官失職，故陽升陰降，而成天地不交之否，清濁相混，隧道雍塞，菀而爲熱，濕熱相生，遂成脹滿。《經》曰：鼓脹是也，以其外雖堅滿，中空無物，有似於鼓，以其膠固難治。又名曰蠱若蟲之侵蝕，而有蠱之義焉。”文中引用：“匯參云：蠱脹與鼓脹有別，諸病有聲，鼓之如鼓爲鼓脹，與其中空無物，腹皮繃急，多屬於氣，蠱脹者，中寔有物，腹形充大，非蟲即血也，其證腹脹大，按之有塊，四肢瘦削，發熱不退，脈滑數，唇紅、腹痛、多嗜肥甘，此爲蠱也。”翁氏又于《蛊胀有虫治案》中叙述：“孫一奎曰：予在吴下，與吴聲名震者偶談及鼓脹，詰予曰：鼓有蟲否乎，予因思《本事方》云，臍腹四肢悉腫者爲水，只腹脹而四肢不腫者爲蠱，（略）蓋鼓脹者，氣虚中滿，外堅中空；蠱脹者，中寔有物，積聚既久，理或然也。”

上述论述可视为对血吸虫病的鉴别诊断要点，文中清楚地说明了如何区分鼓胀与蛊胀诸症。

从古籍记载可见，从晋代开始我国已经有血吸虫病的流行，古人对该病的发病因素、发病地区、感染季节、疾病症候、诊断和治疗方法均有一定的认识和研究。

血吸虫病在我国的流行究竟是始于何时？20 世纪 70 年代在湖南省长沙市（湖南医学院，1980）和湖北省江陵县（魏德祥等，1980）相继挖掘出两具古尸，在这两具古尸体内均检出了血吸虫虫卵，这一发现使我国有关血吸虫病的流行历史推前至距今 2100 多年的西汉时期。是否还有可能再早些，有待今后继续考察与研究。

## 参 考 文 献

李仁众. 1958. 有关血吸虫病文献的初步搜集. 上海中医药杂志, (2)
湖南医学院. 1980. 长沙马王堆一号汉墓古尸研究. 北京: 文物出版社
汪伟, 洪青标, 梁幼生. 2014. 埃及血吸虫的发现及其生物学. 中国血吸虫防治杂志, 26(2): 215-218
魏德祥, 杨文远, 马家骅, 等. 1980. 江陵凤凰山 168 号墓西汉古尸的寄生虫学研究. 武汉医学院学报, (3): 1-6

# 《尔雅》中蜘蛛分类的古今考证

胡东升

《尔雅》是我国最早的一部词义解释专著，全书19篇，最后7篇涉及草、木、虫、鱼、鸟、兽、畜，其中著录了590多种动物和植物，不仅指出了它们的名称，还根据它们的形态特征，将它们纳入了一定的分类系统中（汪子春和程宝绰，1997）。《尔雅》也是一部最古老的百科全书，已不是一般字典式百科全书所能比拟（郭郛等，1999）。其中第十五卷《释虫》中出现了5类有关蜘蛛的名称，依次是“①次蟗，鼅[①]鼄[②]；䵹[③]鼄，鼄蝥；②土䵹鼄；③草䵹鼄；④蟰蛸，長踦；⑤王蛈蝪”。随后晋·郭璞的《尔雅注》和《尔雅音图》、唐·陆德明的《尔雅音义》、北宋·邢昺的《尔雅疏》、清·马国翰的《尔雅古注》、清·邵晋涵的《尔雅正义》、清·郝懿行的《尔雅义疏》等著作，对《尔雅》中提到的5类蜘蛛进行了解释、音译和考证，笔者借助上述著作及古代其他有关文献，并利用现代的分类系统对它们进行逐一考证。

## 一、次蟗，鼅鼄；䵹鼄，鼄蝥

郭璞在注解这4种蜘蛛名称时，只提到在“江东”的方言是“蝃蝥”，随后宋·邢昺在《尔雅疏》中做了更详细的注解“次蟗，即鼅鼄别名也，又一名鼄蝥。今江東呼蝃蝥。《説文》謂之鼅蝥，作網鼄蝥也。《方言》云：自關而西，秦晋之間謂之鼄蝥。自關而東，趙魏之郊謂之鼅鼄，或謂之蠾蝓（燭臾二音）。北燕朝鮮洌水之間謂之蝳蜍（毒餘二音）。郭又云：齊人又呼社公，亦言網公”。文中明确指出“次蟗”和“鼄蝥”是“鼅鼄”的别名，并且引证了蜘蛛的不同方言的名称。“作网鼄蝥”表明这是一类能结网的蜘蛛，“社工”和“网工”这两个别名也形象地表明了该类蜘蛛结网的特征。

宋·罗愿的《尔雅翼》中对“鼅鼄”这样描述：“鼅鼄布網於簷四隅，狀如罾，自處其中。飛蟲有觸網者，輙以足頓網，使不得解其力，大有甲翅者，纏縛甚急，已乃食之。”“罾”是一种用木棍或竹竿做支架的渔网，说明这种蜘蛛做的是一种规则大网，结于屋檐四角，按照现代蜘蛛的分类系统，这类蜘蛛属于结圆网的园蛛科 Araneidae。后面几句生动描述了蜘蛛捕食的情景，说明作者对蜘蛛做了仔细地观

---

① 鼅：zhī，《廣韻》陟離切。《集韻》珍離切。並音知。《玉篇》：鼅鼄也。又《集韻》知義切。音智。義同。本作䵹，俗作蜘。——摘自《康熙字典》（标点整理本）P1526，上海辞书出版社，2007。

② 鼄：zhū，《唐韵》陟输切。《集韵》追输切。并音株。《说文》：鼅鼄也。《尔雅·释虫》：鼅鼄，鼄蝥。郭註：今江东呼蝃蝥，在地中布网者土鼅鼄，络幕草上者草鼅鼄。扬子《方言》：自關而西，秦、晋之间谓之鼄蝥，自關而东，赵、魏之郊谓之鼅鼄。或谓之蠾蝓。北燕、朝鲜洌水之间谓之蝳蜍。《三国志·管辂传》：辂射覆，卦成曰：第三物，觳觫长足，吐丝成罗，寻网求食，利在昏夜，此鼅鼄也。俗作蛛。——摘自《康熙字典》（标点整理本）P1526，上海辞书出版社，2007。

③ 䵹：zhī，《説文》鼅本字。《爾雅·釋蟲》：䵹鼄，鼄蝥。詳鼄字註。——摘自《康熙字典》（标点整理本）P1527，上海辞书出版社，2007。

“䵹”，摘自《康熙字典》的“黽部”中指出该字是《说文》中“鼅”的本字，用“鼅”更简化一些，并且在南朝梁顾野王《玉篇》的“黽部”中只出现了“鼅”，所以后面文中多采用了简化的“鼅”字。——作者注。

察。接着作者还提出了“鼅鼄”飞翔的现象，“春秋二時，得暖風而生，旋吐遊絲，飛揚其身，故春月遊絲有長數丈許者，皆鼅鼄所爲也”。这几句描述虽不如法布尔《昆虫记》中观察的那么细致，但是精炼的几个用词“得”“生”“旋吐”“飞扬”就准确地突出了蜘蛛飞行的特点。许多种蜘蛛，尤其是幼蛛大量孵出时，借助飞航可以迅速扩散。飞航前，蜘蛛会爬到青草、灌木或树干的高处，身体不停地旋转，以面对风向，然后后足抬起，腹部后端向上翘，纺器纺出丝来，只要有微弱的上升气流，足一松开，蜘蛛即可腾空而起。更为可贵的是罗愿对于蜘蛛飞航的记载要比法布尔早了将近700年之久（《尔雅翼》成书于淳熙元年即1174年，《昆虫记》成书于 1879年）。这可以说是我国蛛型学历史上的一大成就。

这种结网在人家屋檐角的“鼅鼄”，在一些地方志中也有记述。清•金蓉镜纂修的《湖南省靖州乡土志》记录当地的物产中，列举了5类蜘蛛，其中“蜘蛛四：《爾雅》作鼅鼄。《說文•黽部》鼅鼄，鼄蝥也。土人統名爲波絲。曰蜘蛛，背圓腰束，其形大小不一，結網人家簷角之間”。“背圆腰束”这样的特征进一步表明这类蜘蛛应该属于园蛛科。园蛛科的一些种类喜欢生活在人们的栖息环境周围，并且结网在人家屋檐下、厩舍、庭院篱笆上、树上、农田植株之间，结完全圆网，多数为垂直网。

清•段玉裁在他的《说文解字注》中对“作网蛛蝥”进行了详细的论证，并且提出了同物异名的现象。“《集韵•蚰部》曰：蠿蟊，作网鼄蟊也。此曰鼅鼄，鼄蟊也。以見一物三名……按蠿蟊即《尔雅》之次蠹，……鼅鼄同《尔雅》鼄蟊，即《尔雅》之鼄蝥”。同时，他也将一些古代书籍中“鼄蝥”与“鼄蟊”两名称作了统一。接着段玉裁提到了中国不同区域由于发音造成的同物异名的情况：“郭曰：今江東呼蝃蝥，蝃音掇。晋時江東呼蝃蝥，蝃即鼄促言之耳”。

清•郝懿行在《尔雅义疏》中也认为蜘蛛的这些名称由于不同的区域在发音上的区别，所以出现了不同的叫法，于是将“次蠹，鼅鼄，鼄蝥”合并，“……然则鼅蛛、次蠹、蠿蟊、鼄蟊，並聲轉聲近字也……”。也将“蠨蛸”和“蟰蛸”合并，“……蠨蛸、蟰蛸亦聲相近……”。同时解释了将蜘蛛呼为“社工”和“网工”的原因是“蓋蜘蛛工於結網”。

清•李元在其《蠕范》中也将蜘蛛进行了简单分类，并且对“次蠹，鼅鼄，鼄蝥”这类蜘蛛描述为“大腹深灰色，空中作網如魚罾，自處其中，飛蟲觸網，纏縛食之”。大腹深灰色，空中作大网，这些特征更接近现代的园蛛科园蛛属 *Araneus* 的一些种类。

大腹深灰色蜘蛛也是一类药用蜘蛛，诸家本草均有记述，如宋•寇宗奭的《本草衍义》记述：“蜘蛛品亦多，皆有毒，《經》不言用是何種。今人多用人家簷角、籬頭、陋巷之間，空中作圓網，大腹，深灰色者。”其描述正与园蛛科中的大腹园蛛 *Araneus ventricosus* L. Koch 吻合（肖小芹，1990）。明•李时珍对这类药用蜘蛛在《本草纲目》卷四十中从“释名，集解，发明，附方”等几个方面做了总结，并且指出“《爾雅》作鼅鼄，從黽。黽者，大腹也。”他从“鼅鼄”的“黽”字部首，对应了这类蜘蛛的特点。而“黽”字是甲骨文中的蛙形，象形蛙的大腹。

现在，我们从李时珍在《本草纲目》的附图（图3-1）中，也可以判断这类药用蜘蛛应该是园蛛科的大腹园蛛。

## 二、土 鼅 鼄

“土鼅鼄”这个蜘蛛的名称范围太广，为此后人在考证《尔雅》时，出现了许多不同的解释。晋•郭璞注的《尔雅》将“土鼅鼄”定义为“在土中作網者”，结合《尔雅音图》中附图（图3-2），在网的中央有一小孔，可以推断这是一类在地中布网的漏斗蛛科 Agelenidae 蜘蛛。但是明•李时珍却将“土蜘蛛”与“蛈蝪”归为同一类蜘蛛，“蛈蝪，即《爾雅》王蛈蝪也”。“蛈蝪”就是《尔雅》中的“王蛈蝪”，而

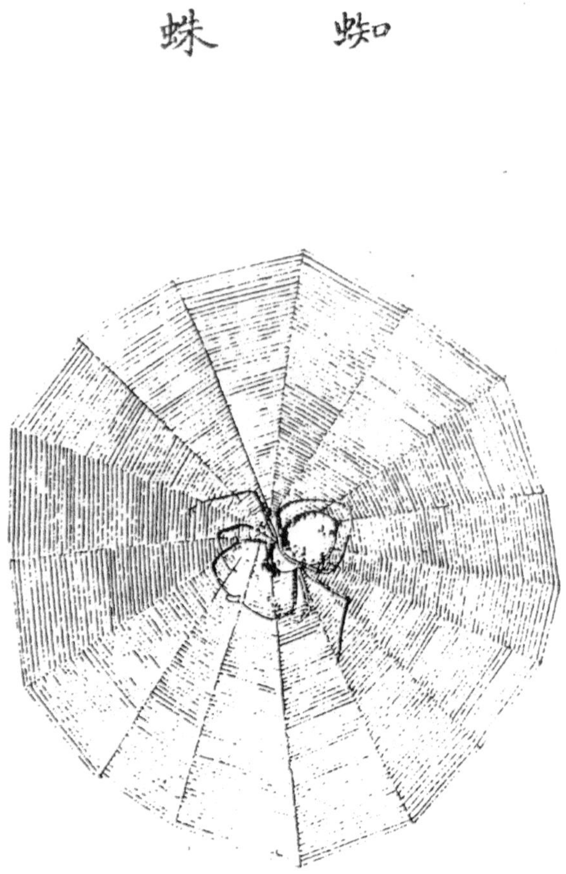


图 3-1　明 • 李时珍《本草纲目》图卷下之上（1578 年）中的蜘蛛

“王蛈蝪”经我们后面的考证应该是颠当科 Ctenizidae 蜘蛛，这也可以从李时珍《本草纲目》的附图（图 3-3）中确定。到了清代，郝懿行又把“土蜘蛛”认为是“蚍①蟱”，“土鼅鼄者，《本草拾遺》所云蚍蟱，在孔穴中作網，開一門出入是也”。“蚍蟱”却是我们后面考证的一类漏斗蛛。

宋 • 郑樵撰的《通志》中将“土蜘蛛”俗称为“天蛇”，“……土中者，能毒人，俗謂天蛇……”。但是宋 • 沈括的《梦溪笔谈》中也提到了“天蛇”，并且把“天蛇”称呼为“……草間黄花蜘蛛是也……”。还描述了“天蛇”的一些生物学特征：“天蛇，其大如筯而匾長，三四尺，色黄赤，多生於幽陰之地。遇驟雨後則出，越人深畏之”。很明显沈括所记述的“天蛇”并不是蜘蛛，可能是几内亚线虫（朱德明等，2008）。但是后来许多人在引用时却以讹传讹，都把“天蛇”认为是“草间的黄花蜘蛛”。例如，明•张存绅编的《雅俗稽言》中这样解释天蛇：“蜘蛛之大而五色花文，作大網者曰天蛇。” 甚至一些医学古籍中也将错就错，宋 • 寇宗奭的《本草衍义》、明 • 王肯堂撰的《证治准绳 • 诸虫兽螫伤》、明 • 朱橚撰《普济方》中都提到用秦皮的药方来治疗天蛇毒，记述天蛇即草间黄花蜘蛛。明 • 李时珍在《本草纲目》中用秦皮治疗“天蛇毒瘡”，也是直接引用宋 • 寇宗奭的《本草衍义》中的内容，把“天蛇”认为是“草间花蜘蛛”。至于宋 • 郑樵提到的“天蛇”是“土蜘蛛”还是“线虫”，由于后人没有再做更多的记载，现在也无从考证了。

① 蚍：zhuō，《唐韻》職悅切。音拙。蟲也。qū，《集韻》曲勿切。音屈。《說文》：蛣蚍也。或作蝠。《爾雅 • 釋蟲》：蟨，蛣蝠。註：木中蠹蟲。又，五忽切。音兀。義同。——摘自《康熙字典》(标点整理本）P1053，上海辞书出版社，2007。

图 3-2　晋・郭璞《尔雅音图・释虫第十五》中的土蜘蛛
中国书店，1985 年（据光绪十年上海同文书局本影印）

图 3-3　明・李时珍《本草纲目》图卷下之上（1578 年）中的土蜘蛛

## 三、草　鼅　鼄

晋・郭璞将“草鼅鼄”定义为“絡幕草上者”，同时在《尔雅音图》中也有附图（图 3-4），图中蜘蛛把网结到了草上，并且结的是规则的圆网，按现代蜘蛛的分类应该归为园蛛科。但是在后人在不断的解释和考证中，更趋向于现代的漏斗蛛科。

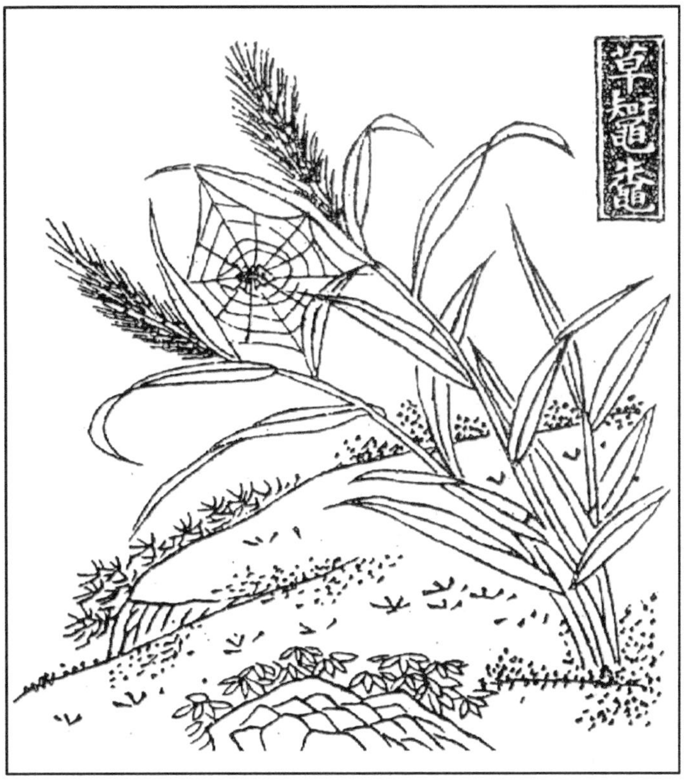


图 3-4　晋・郭璞《尔雅音图・释虫第十五》中的草蜘蛛
中国书店，1985 年（据光绪十年上海同文书局本影印）

“蚍蟱”是后人在对“草蜘蛛”的考证中出现的一个具体名称。陶弘景将其定义是作大网的蜘蛛，“懸網狀如魚罾者，亦名蚍蟱”。按此定义“蚍蟱”应隶属现代分类中的园蛛科，和郭璞的“草鼅鼄”是吻合的。

但是随后唐・陈藏器在《本草拾遗》中对“蚍蟱”做了新的描述。“按蚍蟱在孔穴中及草木稠密處，作網如蠶絲爲幕絡者，就中開一門出入，形段小，似蜘蛛而斑小”。按照陈氏描述的“蚍蟱”的这些形态特征，正是现代分类中的漏斗蛛。陈氏还指出“陶云：罾網，此正蜘蛛也，非爲蚍蟱。此物族類非一也。”此处陈氏不仅提到了“物族类”的分类阶元的概念，而且指出“蚍蟱”和“罾网”的蜘蛛不是一类。

最后明・李时珍在《本草纲目》中将陶弘景和陈藏器提到的“蚍蟱”做了各自归类，“《爾雅》鼅鼄，鼄蝥也。草鼅鼄，在草上絡幕者。據此則陶氏所謂蚍蟱正與《爾雅》相合，而陳氏所謂蚍蟱即《爾雅》之草鼅鼄也，今改正之”。文中将陶氏的“蚍蟱”归到了《尔雅》所提到的“鼅鼄”和“蛛蝥”一类中，即现代的园蛛科；而将陈氏的“蚍蟱”归为《尔雅》提到的“草鼅鼄”一类中，即现代的漏斗蛛科。并且还附有详细的图（图 3-5）。对于李时珍提到的药用“草鼅鼄”，著名蜘蛛分类学家王凤振先生曾考证“草蜘蛛即迷宫漏斗蛛”（肖小芹，1990）。

明・彭大翼在其《山堂肆考》中对陈藏器的“蚍蟱”做了考证：“蚍蟱蟲，形狀似蜘蛛而小，身有毛斑。專在草木稠密作網爲幕絡，如人掌大，四面嚴密，中通一孔出入，身藏於内，候蠅蚋觸網，則出擒食之”。

而清・郝懿行却考证了陶弘景提到的药用蜘蛛“蚍蟱”就是“蝃蝥”，“……陶注云：蜘蛛數十種，《爾雅》止載七八種，而今用懸網狀如魚罾者，亦名蚍蟱，赤斑者俗名絡新婦。郭注、《方言》、《爾雅》並云：今江東呼蝃蝥。《釋文》蝃或作蚍，音章悦反，是蚍蟱，即蝃蝥……”。“络新妇”这个名称已经是现代蜘蛛的分类系统中的科名。

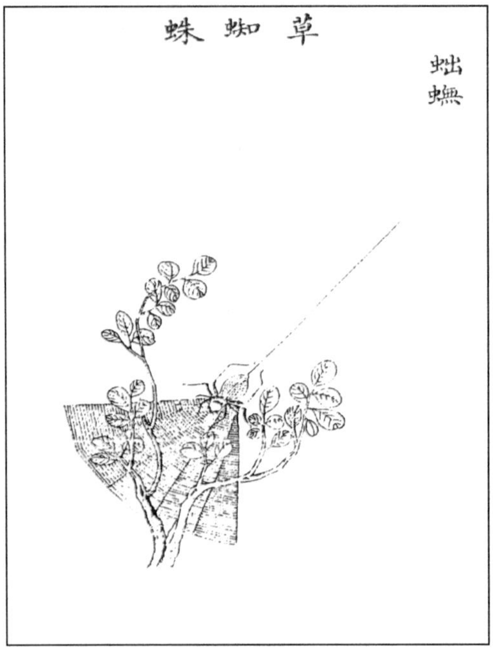


图 3-5 明·李时珍《本草纲目》图卷下之上（1578 年）中的草蜘蛛

因此我们可以得出这样的结论：陶氏的“蚰蜒”是现代分类的园蛛科，而陈氏的“蚰蜒”却是现代分类的漏斗蛛，类似于我们现代所说的异物同名现象。

## 四、蟏　　蛸

“蟏蛸”的发音和现代蜘蛛分类中的肖蛸科 Tetragnathidae 的肖蛸 *Tetragnatha* 是一致的，那么《尔雅》中的“蟏蛸”和我们现在的肖蛸是同一类蜘蛛吗？

“蟏蛸”最早出现在成书于公元前 1100—前 600 年间的诗歌总集《诗经》中，其中《豳风·东山》篇中“伊威在室，蟏蛸在户”两句很形象地描写了由于房屋长时间没有人居住，“潮虫爬满了阴湿的房间，蛛网挂满了残破的门窗”的落败景象。“蟏蛸”应该说是我国古代书籍中记载最早的蜘蛛名称。

三国吴·陆玑在《诗草木鸟兽虫鱼疏》中对“蟏蛸”这样解释：“蟏蛸，長踦，一名長脚。荊州河内人謂之喜母，此蟲來著人衣，當有親客至，有喜也。幽州人謂之親客，亦如蜘蛛爲羅網居之”。“长踦”和“长脚”两个别名突出了“蟏蛸”这种蜘蛛的特征：步足细长。但是仅以此无法判断是现代的哪类蜘蛛。

晋·郭璞的注解是“小鼅鼄，長脚者，俗呼爲喜子”。可惜在现存的《尔雅音图》中没有对应的附图。“喜子”这个名称到了五代时，马缟在《中华古今注》中又将其改为“蟢子”，这样加上“虫”字旁，使得“蟢子”这个名称按字义可能更能表明动物的含义。

元·朱公迁的《诗经疏义会通》对“蟏蛸”的描述中提到“小蜘蛛也，户無人出入，則結網當之。……人觸之，則伸前後足如草，使人不疑爲蟲……。”按照现代蜘蛛分类系统，在无人居住房屋的门窗上布网的蜘蛛应是妩蛛科 Uloboridae 的涡蛛属 *Octonoba* 成员，本属蜘蛛结圆形网，静止时前两对足前伸，后两对足后伸，身体相对窄长，形态与现在的肖蛸科的肖蛸属种类非常近似。然而真正的肖蛸根本不在屋内结网，而是在河沟边、稻田边植物上和稻田里的稻秧上布圆网。由此判断，“蟏蛸在户”描述的是涡蛛，而不是我们现在分类中的蟏蛸。

明·周祈在《名义考》中从“蛴”和“蟢”这两个别名对“蟏蛸”进行了考证。他提出“今產子牆壁上，護以白膜，亦有足抱子行者，俗謂之喜，喜則蟢也。”他还提出蜘蛛有三种：“一種布網簷端，一種絡幕草上，俱蒼黑色，一種小而微紅，謂之蟢蛛，則蟢也。郭璞以小蜘蛛長腳者爲蠨蛸，是猶未辨。”按照周祈考证，“蟢”和“蟢”不是一类蜘蛛，他提到的“蟢”可能是壁钱科 Urocteidae 蜘蛛，而“蟢”是一种红色的小蜘蛛，但是对于郭璞所说的“蠨蛸”是“蟢”还是“蟢”则不好辨别。

清•周春在《尔雅补注》中将“蠨蛸”考证为周祈提到的“蟢”，“按蠨蛸，長踦，今俗呼壁喜，亦曰喜蛛，壁間甚多，作窠生子，形如錢，白色光潤，……”。按照现代蜘蛛的分类，这些特征符合壁钱科种类。

清•吴馨等修的《江苏省上海县续志》中却将“蠨蛸”考证为周祈提到的“蟢”：“喜蛛，略帶赤色，有時絲從稍高處垂下，而其體在絲端，一名蠨蛸”。

清•牟应震在《毛诗物名考》中考证了“蠨蛸”，仍然倾向于现代的涡蛛。“《爾雅》蠨蛸，長踦，小蜘蛛也。腹圓如豆，八足，長股。依户牖結網，捕蠅蛾食之，其類大小形狀不一，依户結網者名蠨蛸也。”

清•日本人冈元凤在其《毛诗品物图考》中对“蠨蛸在户”的蜘蛛进行了图考（图 3-6），但是作者可能并没有实际考察，还是依文字叙述而画，就现代分类系统还是不能具体鉴别。

为此，我们看到，由于古人描述简单，为后人的辨别带来诸多不便，在记录中就会出现许多的异物同名的现象。

图 3-6　选自清（日）冈元凤《毛诗品物图考》

## 五、王　蛈　蝪

王蛈蝪就是现代蜘蛛分类中的颠当科 Ctenizidae 蜘蛛。可能由于这类蜘蛛特殊的栖息环境，即“穴居有盖”，便于做出种类鉴别，古籍中记述和后来的考证出入不大。

最早晋•郭璞对“王蛈蝪”的注解是“即螲蟷，似鼅鼄，在穴中，有蓋。今河北人呼蛈蝪（音湯）”。

随后宋·邢昺更加明确地提出“此鼅鼄之一種也，一名蝭蟷，穴居，布網，穴口有蓋，……”。随后唐·段成式在《酉阳杂俎》中更有详细的生态描述：“成式書齋前，每雨後多颠當窠（秦人所呼），深如蚓穴，網絲其中，土蓋與地平，大如榆莢。常仰捍其蓋，伺蠅蠖過，輒翻蓋捕之，纔入復閉，與地一色，並無絲隙可尋也。其形似蜘蛛（如牆角亂綱中者）……”。此时“蝭蟷”的名称已经转化为现在我们称呼的“颠当”了。

明·杨慎在《丹砂余录·续录》中对“颠当”的名称做了考证，将“颠当”和“王蛈蝪”归为了同物异名，“……唐劉崇遠《金華子》云：長安閭里中，小兒常以纖草刺地穴間，共邀勝負戲，以手撫地曰‘顛當出來’，既見草動，則釣出赤色小蟲子，形似蜘蛛。……蓋江南小兒亦謂之釣駱駝，其蟲子之背有若駝峰然也。搢紳會同時有此質疑，衆皆黙然，客有前明經劉寡辭曰‘此《爾雅》所謂王蛈蝪也，景純之注可校焉。’證之於書，皆信，衆皆歎伏。慎案小兒呼顛當，即跌踢音之反也，蝭蟷也，蛈蝪，顛當也，字不同耳。此可補《爾雅疏》之遺”。由此，我们可以了解这样一个事实，即古时人们在交流的语言中，由于同音字词的互用，造成人们对于生活中接触的各类实物就有了不同的名称。

明·方以智撰的《通雅》中也明确提到了语言交流对于事物的认识造成的出入，“顛當，土蜘蛛，蓋蛈蝪之轉語也。《爾雅》王蛈蝪，郭注蝭蟷也。蛈蝪，音迭湯，聲轉爲顛當。《鬼谷子》謂之蛈母。《金樓子》謂之釣槖駝。陳無功本引《爾雅》王蛈蟷，誤。此即土中結網之蜘蛛也……”。

清·郝懿行在《尔雅义疏》中做了概括，“王蛈蝪，即蝭蟷，似蜘蛛，在穴中有蓋，今河北人呼蛈蝪。蛈蝪又爲蝭蟷，又爲顛當，俱雙聲字也”。

通过上面的考证，我们可以看到对于有特殊特征的蜘蛛种类，古人的考证和现代的分类是一致的，如《尔雅》提到的次蟗、鼅鼄、鼄蝥这类蜘蛛，由于结圆形大网，故为园蛛科的种类，而结在人家的屋檐下、墙角处的大腹深灰色一定是现在的大腹园蛛；王蛈蝪这类蜘蛛的特殊生活环境是穴居有盖，一定属于现代的颠当科种类，可惜只能分到科的阶元。对于土蜘蛛和草蜘蛛这样泛泛的名称，古人的考证没有统一，按照现代分类系统也很难做到统一，本文只能根据后人考证的一些文字和图进行推测。例如，土蜘蛛可能是颠当科种类，也可能是漏斗科种类；草蜘蛛可能是漏斗科种类，也可能是园蛛科种类。古人对“长脚”的蟏蛸赋予了很浓的文学色彩，所以考证最多，但还是停留在文字的意译上，缺少具体的外形或者是生活环境的描述，我们也只能考证到妩蛛科或是壁钱科的种类，但很难和现代的肖蛸科种类统一。

也许，《尔雅》提到蜘蛛名称只是泛泛的按照不同区域的方言及蜘蛛生活的环境而定的，故造成后来人们不同的解释，甚至是主观的猜测。由于鉴别技术的限制，我们不能苛求于先人，而是需要从古代先哲们留下的丰富而宝贵的遗产中发掘有价值的财富，更好地为我们现在的动物分类提供宝贵信息和资源。

## 参 考 文 献

郭郛，(英)李约瑟，成庆泰. 1999. 中国古代动物学史. 北京：科学出版社: 79
汪子春，程宝绰. 1997. 中国古代生物学. 北京：商务印书馆: 24-27
肖小芹. 1990. 我国药用蜘蛛考证. 湖南中医学院学报, 10(2): 96-97
朱德明，李欣，范莉莉. 2008. 古代杭州主要中药材的生产状况. 浙江中医药大学学报, 32(1): 104-106

# 《诗经》中的螽斯与蜉蝣

黄复生

《诗经》是我国古代最早的一部诗歌专辑，在春秋战国之前，很长一段时间，广泛传颂于民间，后由孔子收集、整理、编纂，并传世于后。全书前后多处出现昆虫名称，有的代表物种的名称，如螽、斯螽即飞蝗，蠶即家蚕；有的则代表某一类群名称，如虫、螓、蜉蝣、蜾蠃等它们各自代表不同的昆虫类群，虫即所有昆虫、螓即同翅目的蝉类、蜉蝣即蜉蝣类、蜾蠃即膜翅目的胡蜂类。在《诗经》中出现有26个昆虫名称。这些名称都是描述，或记载客观真实存在的昆虫生物物种，或某一类群高级阶元的名称，没有虚构或神化的昆虫，没有受到人为的影响或是神话中的产物，所描述的类群名称都是客观实际存在的实物，以诗歌的形式，抒发情感。这一点显示出《诗经》的科学性，可以这么说，《诗经》是古人深入观察自然界、研究生物种种特性，并真实地记载了这些特性，体现出昆虫类群研究内容及科学意义，有的记载某些物种的特殊习性，有的用以描述某些物候独特现象与昆虫习性的相关性。再者《诗经》以文学诗歌形式叙述昆虫的种种习性，诗人借景生情、见物有感，看到昆虫某些特殊的形态和习性，便联想到人世间种种欲望，希望得到大自然力量，用以表达自己内心的美好愿望与追求。但是时代不同，社会差别很大，人们的认识也随之有了很大转变，诗人对于同一个物种，同一种生活习性，却有不同的感受，在不同的意境下会创作出不同的诗篇。现举《诗经》中两首与昆虫相关的有趣诗篇，如下。

## 一、飞蝗指名亚种 *Locusta migratoria migratoria* Linnaeus

《诗经·周南》

螽斯

螽斯羽，詵詵兮，宜爾子孫，振振兮。

螽斯羽，薨薨兮，宜爾子孫，繩繩兮。

螽斯羽，揖揖兮，宜爾子孫，蟄蟄兮。

《毛诗注疏》对诗文有这样的解释：詵詵，衆多也；薨薨，衆多也；揖揖，會聚也。

清·王鸿绪等《诗经传说汇纂》认为："螽斯，蝗屬，長而青，長角長股，能以股相切作聲，一生九十九子。……薨薨，群飛聲。引王安石語：薨薨，言其飛之衆，……揖揖，會聚也。又王安石語：揖揖，言其聚之衆。引吕氏大臨語：螽斯將化其羽，比次而起，已化而齊飛有聲；既飛，復斂羽而聚，厲言衆多之狀，其變如此也。"

清·郝懿行在《诗问》一文中说："螽斯，蝗屬，……詵詵，羽未成而比聚之貌；振振，舒翼欲飛；……薨薨，羽成群飛聲；繩繩，不絶也；……揖揖，斂羽下集貌；蟄蟄，安息也。"

古人对于《诗经》的诗文解释很多，但古时对于螽斯只是给以广义的"蝗属"名号，而确切种称却难以确定。从上述诗文的内容及后人种种的理解、分析与考证来看，螽斯属于蝗类，且繁殖力强盛，"一生九十九子”，并具有暴食、集群、迁飞等习性。其具体种名应为飞蝗指名亚种 *Locusta migratoria migratoria* Linnaeus，主要分布于黄河流域和长江下游一带，其孳生地沿着江、河、湖、海的河漫滩、泽地周边等等。据上述诗文叙述可知，古人对于飞蝗的形态结构和生活习性有着深入研究，飞蝗在短时间内其种群数量可急速增长扩大，并以群居生活，通常成千上万飞蝗聚集在苇塘或周边草地，暴食芦苇或青草，瞬间使之赤地遍野。但是飞蝗群体却随之茁壮而迅速成长起来，所到之处犹如千军万马，势不可挡，迁飞时响声震耳，遮天蔽日，古人便有了以下的思绪和联想。

螽斯羽，詵詵兮，

螽斯羽，薨薨兮，

螽斯羽，揖揖兮。

诗人特别对其强大的繁殖速度和活动能力有着深刻的认识。蝗卵众多，古人常说：“一牡可產九十九子”，且成活率很高，生命力又强，一年不仅有一代，可接连不断地延续后代。诗人对此更是有着强烈的感触，所以才能写出以下诗句。

宜爾子孫，振振兮，

宜爾子孫，繩繩兮，

宜爾子孫，蟄蟄兮。

借助飞蝗的多子多孙、扩大族群和强盛的生命力，扩大自身的生存领地。诗人以此祝福自己的后代，希望自己随后的族群也能像飞蝗一样兴旺发达，迅速成长，扩张势力，称雄于世。这是夸耀、称赞蝗虫的种种表现，并且把它当作氏族追求的目标：“宜爾子孫，振振兮，宜爾子孫，繩繩兮，宜爾子孫，蟄蟄兮。”那时古人把飞蝗作为正面的神物加以庇护、称赞并作为效仿、追求的目标。恩格斯曾十分肯定地说：人在自己的发展中得到其他实体的支持，但这些实体不是高级的实体，不是天使，而是低等的动物。由此产生动物崇拜，生存繁衍都与动物发生关联（出自《马克思恩格斯全集》第 27 卷）。我们先人就是遵循这些道理求得生存，发展自己的。

可是随着时间的推移，社会的进步，农业得到很大发展，人口不断增加，土地不断被开垦，大面积种植禾本科作物，如麦类、谷类和玉米等，这些农作物正是飞蝗最爱的食物。飞蝗的发生铺天盖地，令人生畏（图 3-7）。此时飞蝗的种种特性不再受人称赞、追求、效仿的对象了。飞蝗已是农业最大的害虫，人以食为天，没有了食物，人也就无法生存，所以历史上蝗灾的肆虐给人类带来巨大的灾难，四处外逃，饿殍遍野。此时古人对于飞蝗为害的严重性有很多记载，特别以诗的形式深刻地刻画了蝗灾对人们造成的惨烈情景。

图 3-7　1943 年河南开封附近飞蝗灾后迁飞的状态

选自《陈永林足迹》（2013 年）一书

清·曹寅等编《全唐诗》卷四二六，唐·白居易撰《捕蝗》

捕蝗

捕蝗捕蝗誰家子，天熱日長飢欲死。
興元兵後傷陰陽，和氣蠱蠹化爲蝗。
始自兩河及三輔，薦食如蠶飛似雨。
雨飛蠶食千里間，不見青苗空赤土。
河南長吏言憂農，課人晝夜捕蝗蟲。
是時粟斗錢三百，蝗蟲之價與粟同。
捕蝗捕蝗竟何利，徒使飢人重勞費。
一蟲雖死百蟲來，豈將人力定天災。
我聞古之良吏有善政，以政驅蝗蝗出境。
又聞貞觀之初道欲昌，文皇仰天吞一蝗。
一人有慶兆民賴，是歲雖蝗不爲害。

唐朝伟大诗人白居易，对蝗灾有一定认识。生动、细致地描述了蝗虫的行为习性、成灾情况及人们捕蝗的艰辛等，并指出只要官府善政，统治者重视，定可战胜灾祸，消灭飞蝗。诗文充分表明了诗人的伟大情怀。一方面，他对于广大劳动人民捕蝗的艰辛深表同情；另一方面，在蝗灾面前，一虫虽死百虫来，岂将人力定天灾，这些思想与诗句显得无奈和困惑。最后诗人把希望寄托在像唐太宗那样好皇帝的出现，“仰天吞一蝗”的决心，组织并带领朝野上下、万众一心、采取有效措施、积极扑灭蝗虫，才能取得“随蝗不爲害”的局面。历史上对于蝗虫灾害和蝗灾治理的诗、词、歌、赋很多，有的描述蝗虫为害庄稼的惨烈状态，给百姓带来无穷灾难，有的记载广大劳动人民扑灭蝗灾的艰苦场面。从中不仅可以窥探到社会的种种矛盾与不公，而且也讴歌了劳动人民的朴实与善良。凡此种种都表明了蝗虫给人们带来无穷的灾难。这种蝗虫与《诗经》中的“螽斯”不仅是同属于蝗类，而且是同属于一个物种、一个种群，即上述的飞蝗指名亚种。但是不同时期，这一物种与人类的关系是不同的，《诗经》中的飞蝗吃的是芦苇和杂草，当时飞蝗取食的对象与人类的关系似乎不那么直接，人们看重的是蝗虫巨大的繁殖力和顽强的生命力，为此诗人称赞它、歌颂它、效仿它。随后社会的进步、农业的发展，耕地不断的垦殖与扩大，飞蝗吃的是农民辛辛苦苦种植起来的庄稼，由于它巨大的繁殖力和顽强的生命力，它的危害就更加剧烈、可怕！蝗虫所到之处，赤地一片寸草不留，农民颗粒无收，四处逃荒，若无有效治理，年复一年，甚至年重一年，给人们带来无穷的灾难，并引起社会动荡不安。所以历史上三大灾害：蝗灾、水灾和旱灾，蝗灾位居之首。正因如此，农民的困苦和无奈引起诗人的极大同情与关注，此时诗人的情感与《诗经》的时代大不一样，站在人民立场上，对于蝗灾，不遗余力地痛恨它、诅咒它，以诗歌的形式揭露现实、鼓励群众、劝说官员、消灭蝗祸，显示了诗人的时代特点和伟大情怀。

## 二、蜉蝣 Ephemeroptera

《诗经·国风(曹风)》

蜉蝣

蜉蝣之羽，衣裳楚楚。心之憂矣，於我歸處。
蜉蝣之翼，采采衣服。心之憂矣，於我歸息。
蜉蝣掘閱，麻衣如雪。心之憂矣，於我歸說。

邹树文（1956）《毛诗蜉蝣虫名疏证》一文表明：“毛诗一再地说：‘蜉蝣之羽，衣裳楚楚。’‘蜉蝣之翼，采采衣服。’‘蜉蝣掘阅，麻衣如雪。’这几句诗的原文里虽然有几个在现代语中费解的词汇，但是已经很可令人意味着蜉蝣是一种很美丽的昆虫了。毛传（即毛亨，公元前 2 世纪初人，毛所注诗称毛传）：‘蜉蝣，渠略也。朝生暮死，犹有羽翼以自修饰。楚楚，鲜明貌。采采，众多也。掘阅，容阅也。如雪，言鲜洁。’蜉蝣掘阅即是蜉蝣之容的意思，和前面两章说羽说翼恰巧相称。诗人不说蜉蝣之容，而说蜉蝣掘阅，是协调声韵，变换词汇，以增加诗歌优美感的常情。诗‘心之忧矣，于我归处。’‘归息’、‘归说’，充满了朝不保暮的忧虑。毛传指明蜉蝣朝生暮死，具体地说出了诗人的情绪。”邹先生以上解释及引文清楚地表明了上述诗文的思绪。

蜉蝣作为一类昆虫的名称史前时期就开始使用了。被引用于昆虫纲之下“目”一级分类阶元的名称，一直延续至今，已经有 3000 年的历史，这在整个昆虫纲中也是仅有的现象。蜉蝣是一类古老而又原始的有翅昆虫，其个体发育极为特殊，是有翅昆虫中唯一具有两个有翅成虫期，即亚成虫期和成虫期两个时期。其生活习性也非常独特，蜉蝣成虫产卵于水中，一般黏附于石块上，蜉蝣的卵很小，其长不超过 1 毫米，一般在 150—200 微米的大小，卵的颜色变化很大，有白色、绿色、褐色或灰色，形状一般为卵圆形，有的是长方形等等，差别很大；卵期一般为 1—2 周，但短者几天，长者可达数月才能孵化。其幼期为一类特殊的水生昆虫，被称为稚虫，其腹部侧面或背面有成对的气管鳃，专供呼吸之功能，蜉蝣的稚虫可长期在水中生活。稚虫生活期很长，为肉食性，一年或一年以上在水中游弋，觅食水生低等动物为主要营养。成熟后，稚虫游到水面，只要几秒钟或几分钟的时间便脱去外皮、化为亚成虫，亚成虫时间很短，但是很重要，由此从幼期过渡到成熟期、从水生过渡到陆生。亚成虫从外形上与成虫区别不大，只是体色较灰暗，双翅不透明，此时虽然少动，但在器官再成熟上，特别在性器官的再成熟上是一个关键时期，随之亚成虫再蜕一次皮，化为成虫。蜉蝣的成虫身材苗条，双翅明亮而透明，羽翼华丽，色彩斑斓，并且腹部末端还拖有两根或且三根长长尾丝，犹如特殊装饰、缓缓起舞的飘带，显得十分轻盈、活泼、潇洒，浪漫，令人喜爱（图 3-8，古人绘制的蜉蝣水上飞翔戏弄图）。

蜉蝣成虫的寿命极其短暂，仅能存活一两天的时间，这种成熟个体生命如此短暂的现象在整个动物界也是少有的。所以蜉蝣成虫生活期是这样短促极为独特，为此引起古人的广泛关注。蜉蝣的成虫一般只能存活一天，或且一天都不到就死去，常被称为朝生暮死虫。成虫一生不吃不喝，依靠稚虫时期积累的营养物质维持生命。蜉蝣成虫的寿命如此短暂，但是它十分“珍惜”自身的有限生命。亚成虫化为成虫之后不久，便随即飞入空中，互相追逐，轻飞曼舞，它的飞翔常接近水面，古人常见它如此飘游在水面上的飞翔习性和姿态，浮浮游游，由此而取名为“蜉蝣”。这种接近水面飞翔的习性，时上时下、或前或后、飘飘洒洒、浮浮沉沉的种种姿态，也许在寻找配偶，也许在寻觅产卵场所，传宗接代，也许是面对自身最后归宿的舞姿，随后便坠落水面，随流西去，利用其短暂一生，完成其神圣使命。这就是自然界生命表现的一种形式，是蜉蝣生活的特性，是蜉蝣生命的发展规律，不能变化，不能更改，无可惋惜，无可怨悔。但是这种现象却引起世人的不同反应，引发了诗人的种种感慨。因此蜉蝣的生活情趣一直引人注目。古人为此吟诗作赋，加以诠释，引起人们的关注。远古时期人们见到蜉蝣成虫如此华丽而乖巧的身姿，同时也看到蜉蝣的生命又是如此的短促，为此而感到十分惋惜。《诗经》中的内涵正表达了此意，并且从惋惜又引申出种种忧虑和感慨！

心之憂矣，於我歸處。

心之憂矣，於我歸息。

心之憂矣，於我歸說。

整个诗篇充满了惆怅、哀怨和忧伤，三句话的前半段都描述了蜉蝣的羽翼是如此的轻薄光亮，衣裳是这样的鲜明绚丽，容貌是多么的洁白如雪，整个身躯又是那样的苗条娇柔。但是它的生命却如此短暂，犹如过往云烟，一闪而过。为此，我的心是如此的愁楚不安，忧虑万千，可悲！可叹！何处是我的归宿？何处有我安息之地？何处还有我诉说的地方？悲也！愁也！所以诗篇充满了极其无赖、彷徨、忧惧和伤

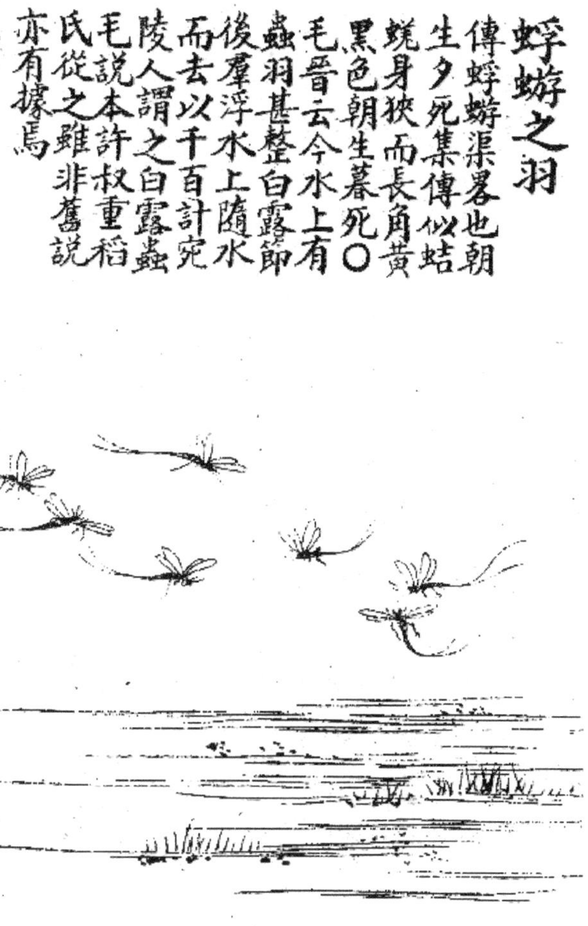


图 3-8　图眉说明“蜉蝣之羽”：传蜉蝣……似蛣蜣。但非蛣蜣，后者属鞘翅目昆虫，两者相差甚远。不宜类比

（选自[日]冈元凤纂辑《毛诗品物图考》）

感。但是作者也可能企图以消极的诗句，借助蜉蝣的特殊习性，警示某些贪图享受、不求进取的人，要珍重时光，要珍重生命、要积极进取，要创造未来，使自己有限的人生散发光彩。

为此，有人说《诗经》中蜉蝣诗篇是曹国一位士大夫为国君贪图享乐，不知劳苦勤政、治理国家、驱逐外敌而发出的感叹声音。当时曹国正面临种种困难，国内矛盾重重，边境战事不断，政局急剧动荡，国家危在旦夕，但君王和大臣们却迷恋于灯红酒绿，歌舞升平，仍是彩彩衣服，衣裳楚楚，却不知国家的危亡和自己的死期，真是令人“心之忧矣”！从蜉蝣生活习性的消极一面，生命之短促现象，告诫人们不要贪图享受，过于讲究衣着，否则将误国！误民！误己！

但是历史上也还有文人读完《诗经》的“蜉蝣”之后，从另一个角度观察、理解蜉蝣的生活习性和情趣，有着不同的意境，写出不同的诗篇。例如，晋·傅咸的《蜉蝣赋》，包括作为引言的序，如下：

蜉蝣赋

讀詩至蜉蝣。

感其雖朝生暮死，

而能修其翼。

可以有興，遂賦之。

有生之薄，是曰蜉蝣。

育微微之陋質，羌采采而自修。

不識晦朔，無意春秋。

取足一日，尚又何求?

戲渟淹而委餘，何必江湖而是游。

全赋分上、下两个部分，上部分为序，即引言，说明作赋的思想基础、目的及意义，读《诗经》至此，深有感触，蜉蝣虽是朝生暮死，但仍注重自己的仪表，修饰自己的羽翼，令人兴致，为此作赋。下部分为赋的正文，中心意思是：生命之短促，算是蜉蝣了。天生的体质柔弱、陋质，然而有着美丽的容貌，披戴彩彩衣裳。不管是天明还是天暗，只求平平安安、快快乐乐地“取足一日”，过着自己美好的时光，完成自己神圣的使命，没有什么奢求的，也没有更大的愿望，“无意春秋”矣！高高兴兴地戏弄于渟淹，直至生命之终结，“何必江湖之是求”呢！这也许是在劝说人们要知足常乐，这种似乎以正面、积极、向上的思想，劝导人们正确对待自己的人生，充分利用自己的天生丽质、多彩艳丽的羽翼、娇柔多姿的体躯，翩翩飞舞，时时相依，创造生活，赢得生命，传衍后代，为大自然增添光彩。这种从不同角度来理解《诗经》的原意，来分析蜉蝣的特性，对于人生而言，生命的长短是不能选择的，但是让自己的生命变得更有价值，则在于自己的努力与追求。所以《蜉蝣赋》的意境不仅给人以全新的感受和积极向上的意境，而且也让人看到自身存在的价值。为此不同时代的文人对于《诗经》的意境、内容的理解是不同的，由于所处的社会不同，人们经历的事情更加丰富多彩，所以不同时期认识的差异也是社会发展的结果。我们从这些不同和差异之中，体验到《诗经》讴歌的深刻意义。

《诗经》所记述的20多种昆虫，代表了昆虫的不同生活习性和诗歌的不同意境，由于我们知识有限，不能一一叙述，但是它应作为我国早期对昆虫的种与类及其相关的生活习性的集中记述。本文仅就上述种类予以简略介绍，表明《诗经》对于这一庞大类群——昆虫有着很深的认识、理解、研究，并予以记载、传颂，希望能引起同行的共同关注。

## 参 考 文 献

《陈永林足迹》编辑组. 2013. 陈永林足迹. 北京：知识产权出版社

邹树文. 1956. 毛诗蜉蝣虫名疏证. 生物学通报, (12): 6-10

# 蝼蛄名称的由来、变迁与考证

刘举鹏　王祖望

分布于我国的蝼蛄，均隶属蝼蛄总科 Gryllotalpoidea 蝼蛄科 Gryllotalpidae 蝼蛄属 *Gryllotalpa*，现仅知 4 种，古人记载有 3 种。

古籍文献又是如何记载、论述蝼蛄的呢？晋•郭璞著《尔雅音图•释虫》曰："螜，天螻，螻蛄也。"并附有插图。根据此插图看，此文中的螜、天蝼应为华北蝼蛄或东方蝼蛄，因其后翅明显超过腹部末端，图左侧蝼蛄应为幼体。如再根据后足胫节背面内缘的背距数目，其幼体应为东方蝼蛄，而成体应为华北蝼蛄（图 3-9）。

图 3-9 《尔雅音图》中的华北蝼蛄

图 3-10 《尔雅音图》中的台湾蝼蛄

晋•郭璞著《尔雅音图•释虫》一文又曰："蝚，蛖螻，螻蛄類。"也附有插图。根据此插图看，此文中的蝚、蛖蝼应为台湾蝼蛄，因其后翅明显不到达腹端，后足胫节背面内缘的背距多于 3 枚（图 3-10）。远在晋朝（公元 265—420 年），我国对蝼蛄就有如此深入细致的了解，比正式定名蝼蛄属（1802 年）还要早约 1500 年，实属不易。在《尔雅•释虫》一文中，就分别记载了螜、天蝼和蝚、蛖蝼。此文作者肯定看到了二者的不同，才这样记载。郭璞注《尔雅•释虫》和郭璞著《尔雅音图•释虫》，将前者释为蝼蛄，而将后者释为蝼蛄类，这也是有其道理的。前已述及螜、天蝼为华北蝼蛄或东方蝼蛄，因它们分布面广，数量大，是我国中原地区的重要害虫，人们极易看到，并将其释为蝼蛄，而将与此类蝼蛄形态相似，个体小，数量不多，不易看到的蝚、蛖蝚就释为蝼蛄类，不正是《尔雅•释虫》分别记载螜、天蝼和蝚、蛖蝚的道理吗？

蝼蛄这一名称，首先出现在汉朝，汉•王逸撰《楚辞章句》曰："螻蛄兮鳴東，蟊蠽兮號西。"汉•扬雄撰《方言》曰："蛄詣謂之杜蛒，螻螲謂之螻蛄。"而螜、天蝼出现的时间要早于蝼蛄一词，除《尔雅》

有其记载外，春秋或春秋之前的《夏小正》也有其记载：“蟄，天螻也。”又曰：“三月蟄則鳴。”现今我国北方地区有句谚语：听拉拉蛄叫就不种地了？此地区种地的时间，即《夏小正》所说的三月，而拉拉蛄即蝼蛄。由此可以证明，螜、天蝼即当今之蝼蛄，而且应指华北蝼蛄或东方蝼蛄。在此，还必须提及一字，即蠹[1]，此字在汉·许慎的《说文解字》中释为蝼蛄，以后南朝梁·顾野王的《重修玉篇》、明·张自烈的《正字通》等均如此记载。清·毕沅对此进行了论述：“旧本蠹作螜，《爾雅》亦作螜。故《説文》曰蠹、蝼蛄，應用蠹字。又《方言》蝼蛄謂之蛞蝼。古聲昏牽正同，然則蠹又即蛞字正文歟。蠹即蝼蛄明矣。”

由于时代的不同和地域的差异，蝼蛄的同物异名极多，除上述提到的螜、天蝼、蟝、蛖蟝、杜蛒、地蝼、蟉[2]蛄、仙蛄、拉拉蛄等同物异名外，尚有一些词，应指两种动物，如蝼蝈一词，蝼应该指蝼蛄，蝈应该指蛙类。但《月令》将其释为蝼蛄，而清·任基振撰《尔雅注疏笺补·释虫》将其释为蛙类。清·方旭撰《虫荟》曰：“《月令》螻蟈爲螻蛄，不知螻爲螻蛄，蟈爲蛙也。二物同時鳴于孟夏時，故《月令》連舉之，今合爲一物，尤誤。”蝼蚁一词，有的学者将蝼蚁中的蝼释为蝼蛄，而将蚁释为蚂蚁。古籍文献是如何记载蝼蚁的呢？秦·吕不韦的《吕氏春秋·慎小篇》：“巨防容螻而漂邑殺人，突洩一煙而焚宫燒積”；周·韩非的《韩非子·喻老篇》：“千丈之堤，以螻蟻之穴潰，百尺之室，以突隙之煙焚”；汉·刘安的《淮南子·人间训》：“千里之堤，以螻蟻之穴漏；百尋之屋，以突隙之煙焚。”邹树文（1982）比较了这些文献后，认为蝼蚁应为白蚁。秦·吕不韦的《吕氏春秋》将蝼蚁二字简写为蝼字，即被高诱误注为蝼蛄。笔者认为，古籍文献中的蝼蚁一词，被释为白蚁比被释为蝼蛄和蚂蚁更符合原文献之原意。横江湖之鱣鱏兮，因将制乎蝼蚁，不也正是此意吗？

蝼蛄除同物异名外，尚有许多异物同名。蝼蛄与蝉同名为蟪蛄即一例。三国吴·吴普等在《神农本草经》一书中，就将蝉科 Cicadidae 中的蟪蛄认定为蝼蛄，宋·郑樵撰《通志》曰：“螻蛄曰螜，曰天螻，曰蟝，曰蛖螻，亦曰蟪蛄。”蟪蛄实应指蝉科中的一物种。上述错误，在明朝被张自烈和方以智纠正：“以螻蛄爲蟪蛄，亦謬蟪蛄蓋蟬類，前人見一字相同，則糾纏不決。”蟪蛄一词在春秋时则已出现，三国魏·王肃的《家语》曰：“違山千里，蟪蛄之聲猶在耳。”如此宏亮之声，就充分说明，蟪蛄非蝼蛄，而应为蝉也。

更为可笑的是，在古籍文献中竟将蝼蛄与鼠类合为一类，如将鼠类中的石鼠、硕鼠、鼫鼠、梧鼠、鼯鼠等与蝼蛄同名。五代·马缟撰《中华古今注》曰：“螻蛄，一名天螻，一名螜，一名石鼠，即今之螻蛄也。”宋·邢昺在《尔雅疏》一文中，疏曰：“螜，一名天螻，一名碩鼠，即今之螻蛄也。”明·李时珍撰《本草纲目》指出皆为“螻蛄，一名鼫鼠”。然而，石鼠、硕鼠、鼫鼠等皆属于仓鼠科 Cricetidae，而绝非蝼蛄。这种错误则出于只看到它们穴土而居的共同生活习性，而未审其实质上的差异。在古籍文献中，还将松鼠科 Sciuridae 中梧鼠、鼯鼠等误认为蝼蛄，这种错误也是只看到它们均有不能远飞的特性，未看到它们之间的巨大差异而造成的。

追根溯源，代表蝼蛄名称的最早文字，应是蟊。对此，笔者论述如下：公元前 11 世纪，《诗经·小雅·大田》有一首诗云：“去其螟螣，及其蟊賊，無害我田穉……”从此诗句看，蟊只能代表众多害虫中的一类。晋·郭璞的《尔雅·释虫》曰：“食苗心螟，食葉蟘，食節賊，食物根蟊。”蟊已具体到代表地下害虫，蝼蛄作为重要地下害虫，理所应当包括在内。三国吴·陆玑在此已明确指出，蟊就是蝼蛄。有的学者不同意此看法。清·陈大章撰《诗传名物集览》曰：“《毛傳義疏》或云蟊，螻蛄也，食苗根而爲人患，今之螻蛄亦爲苗患。……《淮南子》孟夏螻蟈鳴者是也。翅小而短，飛去不遠，穴土而居，處處

① 蠹：xiá，《唐韻》胡瞎切。《集韻》下瞎切。並音轄。蟲名。《説文》：螻蛄也。又《類篇》何葛切。音曷。義同。——摘自《康熙字典》（标点整理本）P1079，上海辞书出版社，2007。

② 蟉：líu，《篇海》力求切。《玉篇》：音流。蟲名。《正字通》：俗蜦字。——摘自《康熙字典》（标点整理本）P1067，上海辞书出版社，2007。

有之。然此蟊自是蝗類，非螻蛄也。”陈大章的引文与他的结论自相矛盾，也可以说，引文正确，但他的结论错误。翅小而短，飞去不远，穴土而居，正是蝼蛄的最基本特点，而蝗虫绝不会穴土而居。蝼蛄的此特点虽不能说妇孺皆知，但作为一个学者是应该知道的。宋·罗愿撰《尔雅翼》、清·方旭撰《虫荟》等在论述蝼蛄时就用了蝼蛄的此种特征。清·陈大章又引《楚辞章句》中“螻蛄兮鳴東，蟊蠿兮號西”的句子来说明蟊不是蝼蛄，但此处的蟊与蠿合在一起，而指蝉科的一物种，蟊蠿不是蝼蛄，而也绝非蟊，陈想以此来说明蟊不是蝼蛄是没有道理的。邱静子（1984）著《诗经虫鱼意象研究》引陈大章已属错误，其蟊非蝼蛄的结论自然也不可能正确。至于蟊在不同的地方指不同的对象，已不在本文讨论的范围。

综上所述，笔者认为，蟊泛指众多地下害虫是正确的，但蝼蛄作为重要地下害虫，而又极易被人看到，《诗经》中的蟊指蝼蛄也应该没有问题。在古籍文献中，还出现了蟊的许多同音异体字，如𧊅[①]、𧓍[②]、𧋍[③]、蠢、蝥、𩂓[④]等，它们均应与蟊为蝼蛄的同物异名。

## 参 考 文 献


何忠, 陈念丽, 席瑞华, 等. 1989. 非洲蝼蛄(*Gryllotalpa africana* Palisot de Beauvois)的鸣声结构及声引诱. 动物学报, 35(1): 71-81

康乐. 1993. 我国的“非洲蝼蛄”应为“东方蝼蛄”. 应用昆虫学报, (2): 124-127

邱静子. 1984. 诗经虫鱼意象研究. 台北: 文史哲出版社

尤其儆. 1988. 广西经济昆虫图册. 南宁: 广西科学技术出版社

邹树文. 1982. 中国昆虫学史. 北京: 科学出版社


① 𧊅:《篇海》同蟊。——摘自《康熙字典》(标点整理本）P1053，上海辞书出版社，2007。

② 𧓍: máo,《玉篇》莫侯切。同𧊅。méng, 又《篇海》莫紅切。音蒙。龜兆氣不澤也。——摘自《康熙字典》(标点整理本）P1078，上海辞书出版社，2007。

③ 𧋍:《集韻》同蝥。註詳上。——摘自《康熙字典》(标点整理本）P1064，上海辞书出版社，2007。

④ 𩂓: máo,《唐韻》莫浮切。《集韻》《韻會》迷浮切。並音侔。與蝥同。《說文》: 蠿蟊也。méng, 又謨蓬切。音蒙。龜兆氣不澤也。《洪範》: 曰圛，曰蟊。《說文》: 蟊，莫浮切，蠿蟊也。二字音各别。然攷唐、宋字書，蟊、蝥、𧊅音義相通。今以《唐韻》爲正。詳蝥字註。——摘自《康熙字典》(标点整理本）P1070，上海辞书出版社，2007。

# 螽斯名称及其物种考据

刘举鹏

螽斯这一名称，始于《诗经》。《诗经·周南·螽斯》一文曰："螽斯羽，詵詵兮，宜爾子孫，振振兮。螽斯羽，薨薨兮，宜爾子孫，繩繩兮。螽斯羽，揖揖兮，宜爾子孫，蟄蟄兮。"此文不仅记载了螽斯这一名称，而且对它的生物学特性也做了生动、客观、科学的记述。螽斯这一名称从此开始一直沿用至今，但字形略有变化。蔡邦华（1956）著《昆虫分类学》上册，仍使用螽斯这一名称，郑乐怡和归鸿（1999）主编的《昆虫分类学》上则使用螽蟖这一名称，但他们均指 Tettigonioidea。在此期间，因人而异，分别使用螽斯或螽蟖这一名称。蟖字以蜤的形式出现在汉·扬雄撰《方言》（晋·郭璞注）的注释中，文中《释文》曰："蜇，本又作蜤，蜇、蜤通用。"螽斯亦称蜤螽。但蟖字在古文献中始终未见。

《诗经·周南·螽斯》篇中的螽斯，是否也与当今的螽斯（或螽蟖）一样同指 Tettigonioidea 呢？当今学者高明乾等（2005）在《诗经动物释诂》一书中认为，《诗经·周南·螽斯》篇中的螽斯，就是当今所指的 Tettigonioidea，并进一步指认为绿螽斯 *Holochlora nawae*。刘举鹏和胡振宇（2012）在《中国蝗虫名称变迁考》一文中，虽未明确指出《诗经·周南·螽斯》篇中的螽斯就是当今的 Tettigonioidea，但意即如此。黄复生等（2015）在《中华大典·生物学典·动物分典》的《昆虫纲总部》中就明确指出：《诗经·周南·螽斯》篇中的螽斯就是当今的 Tettigonioidea。但事实并非如此，这是犯了只看字面而未深究其实质之错误。

笔者经对《诗经·周南·螽斯》一文的深入思考，并对与此相关文献的分析、对比、研究，认为《诗经·周南·螽斯》篇中的螽斯，并非当今所指之 Tettigonioidea，而应为当今之蝗虫，而且还应指当今之亚洲飞蝗 *Locusta migratoria migratoria*。现对此论证如下。

清·郝懿行撰《诗问》卷一曰："螽斯，蝗屬，一生九十九子。……詵詵，羽未成而比聚之貌；振振，舒翼欲飛。……薨薨，羽成群飛聲；繩繩，不絕也。……揖揖，斂羽下集貌；蟄蟄，安息也。"

清·王鸿绪等撰《诗经传说汇纂》卷一曰："螽斯，蝗屬。長而青，長角長股，能以股相切作聲，一生九十九子。……薨薨，群飛聲。並引王安石語：薨薨，言其飛之衆。……揖揖，會聚也。又王安石語：揖揖，言其聚之衆。引吕氏大臨語：螽斯將化其羽，比次而起，已化而齊飛有聲；既飛，復斂羽而聚，屬言衆多之狀，其變如此也。"

古籍文献对《诗经·周南·螽斯》篇中螽斯的注释甚多，就连纯文学作品对其也有着类似的注释。清·陈元龙编《历代赋汇补遗》卷一七《螽斯羽赋》："何薨薨兮，群飛繁繽紛兮，于翚蔽雲天兮，拱日暉宣繩繩兮。……何揖揖兮，斂羽回縈積兮，群聚鳴長風兮，吸寶雲宜蟄蟄兮。"

综上所述，可以归纳出《诗经·周南·螽斯》篇中螽斯的生物学特性：繁殖力强；以股相切作声；羽化未成，聚集；羽化初期，舒翼欲飞；羽化而成，群飞蔽天，声响薨薨；飞翔一段时间，下集，敛羽而集。由此不难看出，《诗经·周南·螽斯》篇中螽斯的这些生物学特性，当今所指的 Tettigonioidea 是不具备的，而在蝗虫当中，在我国也只有群居型飞蝗才具备这些生物学特性。根据以往的研究结果，在我国中原地区，其飞蝗应为亚洲飞蝗 *Locusta migratoria migratoria*。由此推定，《诗经·周南·螽斯》篇中的螽斯实为亚洲飞蝗，即飞蝗指名亚种。

《诗经》除记载了螽斯这一名称外，还记载了斯螽。《诗经·豳风·七月》曰：“五月斯螽動股，六月莎雞振羽，七月在野，八月在宇，九月在户，十月蟋蟀入我床下。……”此文中的斯螽，是当今何物种，与上文的螽斯又有何关系。现对此论证如下。

《诗经·豳风·七月》篇中的斯螽，以“动股”二字描述，十分准确，以此当可断定，斯螽当属蝗总科之物种。因后足股节同翅摩擦（亦即动股）发音，是蝗虫的重要特征之一，也是区分蝗虫与Tettgonioidea的重要特征。斯螽、螽斯均有斯字，而斯为语助，犹鸒斯、鹿斯也。螽为蝗，而且应主指亚洲飞蝗，由此可知，斯螽也应为亚洲飞蝗。

晋·郭璞注《尔雅》中有：“蜇螽、蜙蝑。”宋·邢疏云：“蜇螽，《周南》作螽斯，《七月》作斯螽，雖字異文倒，其實一也。”

明·张自烈撰《正字通》申集中《虫部》曰：“蜇螽、蜙蝑，註，即舂黍，長而青，五月中以股相切作聲。蜇因斯。《詩》螽斯羽，五月斯螽動股也。”

清·郝懿行撰《尔雅义疏》下之三《释虫》曰：“《詩》之螽斯、斯螽，《毛傳》並云蜙蝑，是一物也，斯與蜇聲義同。《釋文》蜇亦作斯。”

由此又知，《诗经》中的螽斯、斯螽，《尔雅》中的蜇螽、蜙蝑，应为同物异名，均指当今之亚洲飞蝗。这也揭开了《诗经》《尔雅》历史早期两大名著无历史上重大害虫——飞蝗记载的疑问。

在历史上，也有许多学者不同意螽斯、斯螽为一物的意见。明·季本撰《诗说解颐字义》卷四云：“斯螽，蓋蟋蟀初生之名，與螽斯不同。螽斯之螽，蝗也，斯，語辭。而斯螽則別爲一名。……斯螽一名蚱蜢，似蝗而小，斑黑，五月中以兩股相切作聲，聞數十步。……今螽斯之螽，不聞其以股羽相切作聲，而奇音，其別爲一種可知矣。”斯螽盖蟋蟀初生之名的观点，是受了朱熹的影响。朱熹认为：斯螽、莎鸡、蟋蟀，一物随时变化而异其名。

螽斯、斯螽非一物，宋·严粲也持此观点。其所撰《诗缉》卷一曰：“螽斯，蝗也，蠜也，即阜螽，非《七月》所謂斯螽。蜇螽、蜙蝑别是一種。《毛傳》誤以螽斯爲蜙蝑，孔氏因之遂以螽斯、斯螽爲一物。斯，語助，猶鸒斯、鹿斯也”。明·张自烈撰《正字通》对此提出疑问：嚴氏既知斯爲語助，則安知螽斯之非，即蜇螽，而斷然謂螽斯與斯螽爲二物也。

《诗经》除记载了螽斯、斯螽外，还记载了阜螽、蟲[①]螽尚有许多同音同义异体字，如阜螽、蟲螽等。三国吴·陆玑撰《毛诗草木鸟兽虫鱼疏》曰：“阜螽，蝗子，一名負蠜。今人謂蝗子爲螽子，兗州人謂之螣。”本文虽稍有不妥之处，但已明确指出：阜螽为蝗虫。宋·郑樵撰《通志》曰：“蟲螽，蝗也。”清·黄中松撰《诗疑辩证》也明确指出：“阜螽爲蝗。”明·张自烈撰《正字通》指出：“蟲螽，總名。”清·郝懿行撰《尔雅郭注义疏》在论述《尔雅》中的阜螽时，将阜螽认定为螽或蝗的总称。清·方旭撰《虫荟》指出：“《爾雅》阜螽，蠜。《爾雅正義》蝗蟲也。旭按蝗蟲，似草蟲而尤大，翅旁有竅，可以縷貫，其頭有王字，亦在背上有者。群飛暗天，食苗立盡。其子曰蝝，曰蝮蜪。”又引《二申野录》：“蝗蟲是官吏食殘所致。頭赤身黑曰武官蝗；頭黑身赤曰文官蝗。”由此不难看出：方旭所指的阜螽应为群居型亚洲飞蝗。清·徐鼎撰《毛诗物名图说》中的阜螽插图，像蝗虫，但不像任何一种蝗虫。当代学者蔡邦华（1956）在其所著的《昆虫分类学》上册中，认为阜螽是稻蝗*Oxya*。高明乾等（2005）在其所著《诗经动物释诂》一书中认为：阜螽是中华稻蝗*Oxya chinesis*。

阜螽是指亚洲飞蝗？还是指稻蝗或中华稻蝗？还是另有所指？要准确回答此问题，首先必须对首次记述阜螽的《诗经》的有关诗句进行分析研究，才能弄清楚诗作者看到的阜螽是当今何物种。《诗经·召南·草虫》篇曰：“喓喓草蟲，趯趯阜螽。未見君子，憂心忡忡。亦既見止，亦既覯止，我心則降。陟彼

①蟲：fù，《集韻》扶缶切。音阜，同蟲。蟲螽，或從蚰。——摘自《康熙字典》（标点整理本）P1074，上海辞书出版社，2007。

南山，言采其蕨。未見君子，憂心惙惙。亦既見止，亦既覯止，我心則說。陟彼南山，言采其薇。未見君子，我心傷悲。亦既見止，亦既覯止，我心則夷。”从上述诗句，可归纳出如下几个问题。

诗作者在南山，看到了两个物种，它们个体一定较大，易被看见；诗作者是女性，去南山采野菜，瞭望丈夫，所登南山不会太高，应在山麓地带；这样的环境条件是不宜亚洲飞蝗或稻蝗生存的。这样的环境条件正是笨蝗 *Haplotropis brunneriana* 最适宜的生活场所。清•牟应震撰《毛诗物名考》曰：“阜螽，螽之短羽者也，形麤蠢，短羽族，結背上高如阜，故名。雌雄常相負而躍，故曰趯趯。”据此分析，阜螽应为当今笨蝗。其理由为：笨蝗生存的环境即山麓地带，而且分布于中原地区，又多与草虫（即草螽）生活在一起，符合《诗经》中陟彼南山之说；笨蝗体大，粗壮，短翅，雌性前翅仅呈鳞片状；前胸背板中隆线呈片状，如阜高高隆起，雌雄常相负而跃。这些描述不仅符合《毛诗物名考》之说，而且也正是《诗经•召南•草虫》篇作者创作此诗的依据。

《诗经》所述有关螽的记载，已被论述。《尔雅》将螽分为 5 种，在论述《诗经》所述有关螽的记载时，已有两种螽，即蜇螽和阜螽也被叙及，下就《尔雅》所余的 3 种再进行论证。

蟿螽、螇蚸其名始于《尔雅》。晋•郭璞注《尔雅》曰：“蟿螽、螇蚸，今俗呼似蜙蜙[①]而細長，飛翅作聲者爲螇蚸。”记载蟿螽、螇蚸的古籍文献甚多，计有：晋•郭璞的《尔雅注疏》、宋•郑樵的《尔雅注》、宋•司马光的《类篇》、元•戴侗的《六书故》、清•陈元龙的《格致镜原》、清•邵晋涵的《尔雅正义》、清•郝懿行的《尔雅郭注义疏》、清•陈大章的《诗传名物集览》等等，它们均有螇蚸飞翅作声者之句。此句虽不能确定蟿螽为何物种，但毕竟也给出了一个大概范围。当今学者蔡邦华（1956）在其所著的《昆虫分类学》上册中，认为蟿螽是当今剑角蝗属 *Acrida* 的种类，而螇蚸为戛蝗属 *Gonista* 和螇蚸蝗属 *Gelastorrhinus* 的种类，但均未论证。

笔者认为剑角蝗应为《尔雅》所指的土螽、蠰谿。那么，《尔雅》中的蟿螽、螇蚸又为何物种呢？晋•郭璞著《尔雅音图》所附蟿螽、螇蚸的插图，极似二色戛蝗 *Gonista bicolor*。清•牟应震撰《毛诗物名考》对蟿螽、螇蚸有着十分精辟的记述：“身細而長，色黄緑，腹下嫣紅，首上鋭如角，首端二鬚如蛾眉。雄小於雌者。半能高飛，作拍板聲。蟿，擊也；蚸，析也，故名。”根据上述记载，即可认定蟿螽、螇蚸应为戛蝗属的种类。在戛蝗属中，分布广、数量大、易被人注意的也仅有二色戛蝗，在戛蝗属中，也仅有它分布在中原地区。综上所述，《尔雅》篇中所指的蟿螽、螇蚸应为二色戛蝗。

土螽、蠰谿，其名始于《尔雅》。晋•郭璞注《尔雅》曰：“土螽，蠰谿，似蝗而小，今謂之土蠂[②]。”此外，宋•陆佃的《尔雅新义》、元•戴侗的《六书故》、清•邵晋涵的《尔雅正义》、清•陈大章的《诗传名物集览》、清•方旭的《虫荟》等对土螽、蠰谿均有着类似的记述。在上述文献中，涉及它们的同物异名尚有：织绢娘、蚝蛨、蚝螆、蚝蜢、蚱蜢等。晋•郭璞著《尔雅音图》有土螽、蠰谿的插图，遗憾的是从此插图难以判定它属直翅目 Orthoptera 的何物种。蔡邦华（1956）在其所著的《昆虫分类学》上册中，认为蟿螽是剑角蝗。笔者认为土螽、蠰谿才应为剑角蝗。宋•郑樵撰《尔雅注•释虫》和明•穆希文撰《蟫史集》是论证土螽、蠰谿为剑角蝗的最好材料。宋•郑樵注《尔雅注》曰：“土螽，蠰谿……似蝗而小，斑色，多生園中”。剑角蝗体青绿、枯黄，以及不同于此的各种颜色，这些完全符合斑色之说；能生活在园中的蝗不多，剑角蝗虽不能说是园中仅有之物，却也是园中最常见的少有物种。明•穆希文撰《蟫史集》曰：“土螽，似蚱蜢而細長，鋭頭，青翼，能飛能跳，飛不甚遠。亦能害稼。人執其兩股，能摇動身體，如女人織然，故名織絹娘”。清•方旭撰《虫荟》也有类似的记载：“土蠂……旭按蠂蠂或蚝即蚱蜢也。生淺草中，尖頭，青色，善跳，亦能飛。”笔者在儿时，在捕到剑角蝗时，执其两股，并

① 蜙：cōng，《唐韻》七恭切。音樅。蜙蜙，小蜂也。生牛馬皮中。《集韻》蠮螉也。zōng，《集韻》祖叢切。音葼。義同。cóng，又徂聰切。音叢。義並同。——摘自《康熙字典》（标点整理本）P1069，上海辞书出版社，2007。

② 蠂：qiè，《集韻》丘傑切。音揭。土蠂，蟲名。《爾雅》土螽註：似蝗而小，今謂之土蠂。zhé，又陟格切。音磔，義同。或作蚝、蛇。——摘自《康熙字典》（标点整理本）P1067，上海辞书出版社，2007。

念曰："扁担扁担播簸箕，不播不放你"，此时它就上下摇动身体。这与《蟫史集》的记载何其相似。在剑角蝗属中，分布广、数量大，能成为优势种的仅有中华剑角蝗 *Acrida cinerea*。剑角蝗属中的其他种类，不仅数量少，不易被人发现，而且也不分布在古籍文献撰写人生活的范围内。综上所述，土螽、蠰谿应为当今之中华剑角蝗。

以上所述的螽斯、斯螽、蜇螽均被论证为当今之亚洲飞蝗；阜螽被论证为笨蝗；蟿螽被论证为二色戛蝗；土螽被论证为中华剑角蝗。那么，古籍文献中有关螽是否就均为当今之蝗虫呢？答案应该是否定的。

《尔雅》曰："草螽，負蠜。"《诗》云："喓喓草蟲，謂常羊也。"清·郝懿行撰《尔雅义疏》曰："草螽，《詩》作草蟲，蓋變文以韻句，蟲、螽古字通也。"由此可知，《诗经》所指草虫，亦即草螽。草螽、常羊、负蠜均为草虫的同物异名。

那么，草螽究竟是当今何物种呢？当今学者高明乾等（2005）在其所著的《诗经动物释诂》一书中指出：《诗经》所指草虫即当今之草螽 *Conocephalus thumbergi*，但没有论证。清·牟应震撰《毛诗物名考》对草虫的记述十分详尽而具体，据此可认定《诗经》中所指草虫为何物种。现将《毛诗物名考》的记述摘录如下："草蟲，負蠜也。形似蠜而大，色黑紫，背上有殼如陵，故名負蠜。鞍下有羽鼓之，鳴聲唧唧也。以步行，不能躍，俗名山草驢。其生最早，春分後即見。食草芽，故曰喓喓，以口要物也，非鳴也，其鳴盛於夏日。其雌性尾長如針，不能鳴，於蠜同。"此文所记述草虫的形态、习性，几乎如同当今之大硕螽 *Deracantha onos*。

上述两种见解，孰是孰非，这要看《诗经·召南·草虫》篇的作者，在什么环境下看到了什么，而才做此篇诗文。《诗经·召南·草虫》曰："喓喓草蟲，趯趯阜螽。……陟彼南山，言采其蕨。……陟彼南山，言采其薇。……"此诗句所描述的生境，不仅是笨蝗（阜螽）的所适环境，也正是大硕螽（草虫）所需的生存环境，现实情况不也正是此二物种伴随而生吗？而高明乾等（2005）所指的草螽，却生活在环境湿度偏高的环境中，个体又小，不易被《诗经·召南·草虫》的作者所见。综上所述，《诗经·召南·草虫》篇中所指的草虫应为当今之大硕螽。清时日本学者冈元凤纂辑的《毛诗品物图考》曰："喓喓草蟲，《傳》草蟲，常羊也，《集傳》蝗屬，奇音，青色。草蟲，《爾雅》草螽即是也。陸云：好在茅草中。"从下面的插图（图 3-11）看，此草虫应为草螽 *Conocephalus* sp. 无疑。但此图文不符合《诗经》作者的原意。为此，笔者仍坚持己见。

有关螽斯的古籍文献甚多，仅就涉及鸣螽属 *Gampsocleis* 一些种类的文献罗列于后。明·袁宏道《促织志》曰："似蚱蜢而身肥大，京師人謂之聒聒，亦捕養之，南人謂之紡線娘，食絲瓜花及瓜穰。音聲與促織相似而清越過之。余嘗畜二籠，掛之簷間露下。"明·刘侗撰《促织志》曰："有蟲便腹青色，以股躍，以短翼鳴，其聲聒聒。……晝而曝斯鳴矣，夕而熱斯鳴矣。楷籠懸之，餌以瓜之瓤。以其聲名之曰聒聒兒。"又"其先聒聒，生者曰蚪蚂蚱，以比於聒聒。腹太似恨騫，翅太似恨長，鳴太似恨細。"清·牟应震撰《毛诗物名考》曰："蠜即今呼爲蝈蝈者，字象形。短羽、大腹、長股，羽上有竅，鼓之作聲，其鳴盛於秋日。"清·郝懿行撰《尔雅郭注义疏》曰："今驗一種青色善鳴者，登萊人謂之聒子，濟南人謂之聒聒，並音如乖，順天人亦謂之聒聒。音如哥，體青綠色，比蝗麤短，狀類蟋蟀，振翼而鳴，其聲清滑，及至晚秋，鳴聲猶壯。"清·何珅等撰《热河志》曰："今塞外所產榛蝈，則系絡緯、蟋蟀之類，善以翼鳴，土人呼爲蚪蝈蝈。盛以小籠置之暖室，經冬猶有作聲者。"清·唐执玉等监修、田易等纂《畿辅通志》曰："《帝京景物略》便腹青色，以股躍，以短翼鳴，其聲聒聒，以其聲名之曰聒聒兒。"清·陈淏子辑《秘传花镜》曰："紡績娘，北人呼爲聒聒兒，似蚱蜢而身肥，音似促織而悠長，其清越過之。有好事者捕養焉，以小楷籠盛之，掛於簷下。"上述文献所提到的名称：聒聒儿、聒聒、聒子、蚪蚂蚱、蝈蝈、榛蝈、纺绩娘等，根据它们的形态特征及习性等，它们属于鸣螽属应无疑，但属此属的何物种，现还难以确定。

根据清 •张熊《花卉图（之一）》的插图（图 3-12）看，图中的螽斯应为素色似织螽 *Hexacentrus unicolor*。

图 3-11　（日）冈元凤纂辑《毛诗品物图》中的草虫

图 3-12　清 • 张熊《花卉图》中的螽斯

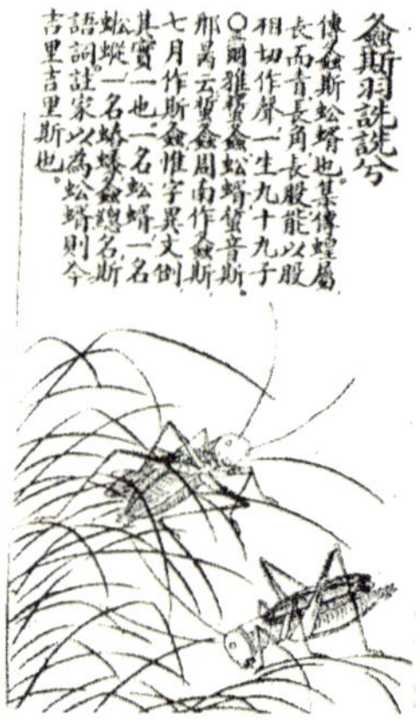


图 3-13　（日）冈元凤纂辑《毛诗品物图考》中的螽斯

根据清 •（日）冈元凤纂辑的《毛诗品物图考》的文字记述（图 3-13），螽斯应为亚洲飞蝗，但其插图却为鸣螽斯。笔者弃文取图，将其以鸣螽斯 *Tettigonia cantans* 载入本论文内。

除上述名称外，还值得一提的为纺织娘，它在许多古籍文献中都被提及。当今学者高明乾等（2005）认为，《诗经》螽的莎鸡即当今 Tettigonioidea 中的纺织娘 *Mecopoda elongata*。古人对此也有明确的论述。宋 • 罗愿撰《尔雅翼》曰："莎雞，振羽作聲。其狀頭小而羽大，有青褐兩種，率以六月振羽作聲，連夜札札不止，其聲如紡絲之聲，故一名梭雞，一名絡緯，今俗謂之絡絲娘。"《尔雅翼》所述的莎鸡，实为当今之螽斯。《尔雅翼》并指出：螽斯为两种，一为纺织娘，二为日本纺织娘 *Mecopoda niponensis*。这是古文献《诗经》首次对当今螽斯（或斯螽）的记载。古籍文献所记载的莎鸡，并非都是指纺织娘。三国吴 • 陆玑撰《毛诗草木鸟兽虫鱼疏》所记载的莎鸡，实应为红翅皱膝蝗 *Angaracris rhodopa*。有的文献还将莎鸡指为蟋蟀，或指为同翅目 Homoptera 中的樗鸡，莎鸡有时候还被指为鸟类的物种。《诗经 • 豳风 • 七月》将斯螽、莎鸡、蟋蟀 3 种不同的昆虫，以其各自的生物学特性将其区分。但朱熹却认为斯螽、莎鸡、蟋蟀一物随时变化而异其名，将分属于 3 个总科的不同物种合而为一。由于朱熹所处地位显赫，此错误观点流传甚广。

从上述的论证可以看出，螽、蝗不分、难分，由来已久。不仅我国古代如此，国外也一样。这从螽斯科的学名变化即可知一二。螽斯科的拉丁学名，先曾用 Locustidae，而 *Locusta* 应为指蝗总科中的飞蝗。后觉不妥，才将其改为 Tettigoniidae。

## 参 考 文 献

蔡邦华. 1956. 昆虫分类学 • 上册. 北京: 财政经济出版社

高明乾, 佟玉华, 刘坤. 2005. 诗经动物释诂. 北京: 中华书局

黄复生, 刘举鹏, 吴燕如, 等. 2015. 昆虫纲总部. 见: 王祖望. 黄复生, 冯祚建. 中华大典 •生物学典 •动物分典(第二册). 昆明: 云南教育出版社

刘举鹏, 胡振宇. 2012. 中国蝗虫名称变迁考. 见: 中国社会科学院历史研究所文化史研究室. 形象史学研究. 北京: 人民出版社

郑乐怡, 归鸿. 1999. 昆虫分类学 • 上. 江苏: 南京师范大学出版社

# 三种昆虫名称的考证

刘举鹏　方承莱

## 一、蝴蝶名称的由来、变迁与考证

蝴蝶是昆虫纲鳞翅目蝶类各科所有种类的统称。该词首次出现在唐诗中。唐朝以蝴蝶为题或在诗句中涉及蝴蝶名称的诗甚多。李白、钱起、崔涂、武元衡、元稹、徐寅等唐朝著名诗人的诗句均涉及蝴蝶。唐·李白撰《李太白文集》卷一有 “莊周夢蝴蝶，蝴蝶爲莊周”之诗句；唐·钱起撰《钱仲文集》卷十《题崔逸人山亭》曰：“藥徑深紅蘚，山窗滿翠微。羡君花下醉，蝴蝶夢中飛。”在此之后，蝴蝶一词在诗词及画作中则频繁出现。谢逸以蝴蝶为题材写诗约三百首，人称谢蝴蝶。

在唐朝之前，蝴蝶又以何种名称出现呢？在古籍文献中，有关蝴蝶的同物异名甚多，最早出现的则应为“胡蝶”。周·庄周撰《庄子·至乐篇》曰：“烏足之根爲蠐螬，其葉爲蝴蝶”。又《庄子·齐物论》曰：“昔者莊周夢爲蝴蝶，栩栩然蝴蝶也”。学术界公认，《齐物论》为庄子自著。明·张自烈撰《正字通》申集中《虫部》曰：“今蝴蝶本作胡，俗加蟲作蝴。”唐朝诗人刘威在其诗中仍将蝴蝶作为胡蝶。

综上所述，胡蝶作为蝴蝶的同物异名应无疑议，它出现在战国时代则也应该无疑。胡洪涛和莫容（2010）认为，作为蝴蝶同物异名最早出现的应是蛺蜨，而非胡蝶。庄周梦中的胡蝶，是历代误抄所致。他以汉·许慎撰《说文解字》中仅有蛺、蜨而无蝶字为依据。

莫容的推论是有其道理的。蛺、蜨二字通用，蜨即蝶也。蜨蝶作为蝴蝶同物异名在汉朝则已出现。汉·无名氏撰《蜨蝶行》便是明证。蝶作为单音节词，成为蝴蝶的同物异名在此诗中也已出现。除上述同物异名外，蝴蝶尚有粉蝶、蛺蜨、玉腰奴、鬼车、鬼蝶、凤车、凤蝶、凤子、挞木、野蛾、春驹等。胡洪涛和莫容（2010）认为，粉蝶、蛺蜨一般泛指蝴蝶，而上述其余种，笔者认为一般多指现今的凤蝶。如此引人注目的蝴蝶，在古籍文献中占有重要地位的《诗经》和《尔雅》却无蝴蝶的任一同物异名，实属怪异。

胡洪涛和莫容（2010）认为《诗经》中“螓首蛾眉”的蛾应包括蝴蝶。古人由于分不清蛾蝶而不分，如唐·段公路撰《北户录》卷一《蛺蝶枝》所指粉蝶实为当今绿尾大蚕蛾 *Actias selene*。再将相对家蛾而言的野蛾称为蝴蝶也有一定道理。但将“螓首蛾眉”中的蛾指为蝶，笔者难以苟同。蛾眉美女之眉也，将蛾类的触角比作美女的眉，还算恰当，如将蝶类的触角比作美女之眉，那美女还成美女吗？蛾美于眉，蝶美于须，俗谓须为胡也，将胡须作为眉毛，那倒应了一句俗话，眉毛、胡子一把抓，乱了套了。

根据现有的文献，记载蝴蝶的时间只能认定到战国时期。但人们认识蝴蝶的时间远非如此。胡洪涛和莫容（2010）指出：“20 世纪 70 年代，在挖掘我国浙江河姆渡新石器时代遗址时，出土了两具蝶形器：一具是牙雕，另一具是木雕，有人也称它们是‘中华第一蝶’。单说那木雕蝴蝶，造型质朴，胴体粗壮，双翅宽大，前翅顶角各有一个大眼斑，很像分布在华东地区的大双瞳眼蝶。木质蝶形器向我们说明，河姆渡人就已特别看重蝴蝶，这应是早期蝴蝶文化的佐证。”在此之前，周尧（1988）就已指出。据此，这要比文字记载蝴蝶的时间早了3000多年。

蝴蝶种类极为繁多。据统计，我国有1300多种。在我国的古籍文献中又记载了多少种蝴蝶呢？

李传隆（1980）根据《晴春蝶戏图》中的15只蝴蝶鉴定出9种：碧凤蝶 *Papilio bianor*、玉带凤蝶 *Papilio polytes*、丝带凤蝶 *Papilio montelus*、东方菜粉蝶 *Pieris canidia*、黑纹菜粉蝶 *Pieris melete*、菜粉蝶 *Pieris rapas*、金斑蝶 *Danaus chrysippus*、二尾蛱蝶 *Polyura narcaea*、蓝色小灰蝶 *Lycaena* sp.。

周尧（1988）在《中国昆虫学史》中记载了1种蝴蝶：短尾金凤蝶 *Papilio machaon*。

胡洪涛和莫容（2010）在《漫谈蝴蝶与蝴蝶文化》中至少记载了6种蝴蝶：巴黎凤蝶 *Papilio paris*、柑橘凤蝶 *Papilio xuthus*、蓝点紫斑蝶 *Euploea midamus*、大艳眼蝶 *Callerebia suroia*、矍眼蝶 *Ypthima balda*、白带灰蝶 *Rapala caerulea*。

笔者在整理古籍文献时，初步考证出15种：

（1）根据清·郎世宁《荷花蝴蝶》，将其画中的蝴蝶认定为星点弄蝶 *Muschampia tessellum*。

（2）宋·罗愿撰《尔雅翼》卷二七《释虫·螟》记载："今食苗心者，乃無足小青蟲，既食其葉，又以絲纏集衆葉，使穗不得展。"根据此描述，此种应为稻苞虫，即直纹稻弄蝶 *Parnara guttata*。由于此种与曲纹稻弄蝶 *Parnara colaca* 和么纹稻弄蝶 *Parnara bada* 共同为害水稻，所以罗愿《尔雅翼》中所指的稻苞虫应包括此三种。

（3）根据清·郎世宁《荷花蝴蝶》，将其画中的蝴蝶认定为麝凤蝶 *Byasa alcinous*。

（4）根据宋·赵昌的《写生蛱蝶图》，将其画中的蝴蝶认定为多姿麝凤蝶 *Byasa polyeuctes*。

（5）根据明·项圣谟的《蒲蝶图》，将其画中的蝴蝶认定为红珠凤蝶 *Pachliopta aristolochiae*。

（6）根据清·马荃的《花蝶图》，将其图中的蝴蝶认定为美凤蝶 *Papilio memnon*。

（7）根据清·居廉的《扶桑》，将其图中的蝴蝶认定为迁粉蝶 *Catopsilia pomona*。

（8）根据清·（英）艾约瑟的《动物学启蒙·环节动物·蝶喙》，将其中蝴蝶认定为黄环链眼蝶 *Lopinga achine*。

（9）根据清·陈淏子的《花镜·美昆虫法·蛱蝶》，将其图中的蝴蝶认定为荨麻蛱蝶 *Aglais urticae*。

（10）根据宋·赵昌的《写生蛱蝶图》，将其图中的蝴蝶认定为裴豹蛱蝶 *Argyreus hyperbius*。

（11）根据清·柯璜的《博物学讲义·动物篇》，将其中蝴蝶认定为枯叶蝶 *Kallima inachus*。

（12）根据宋·佚名的《海棠蛱蝶图》，将其中蝴蝶认定为蓝线蛱蝶 *Limenitis dubernardi*。

（13）根据宋·周去非的《岭外代答·黑蛱蝶》中的记述："黑蛺蝶大如扇，橘蠹所化。翅墨黑而有翠綵一行，特爲鮮明，北人或名元武蟬。"将此黑蛱蝶认定为大黑蛱蝶 *Sasakia funebris*。

上述涉及的蝴蝶共有：2总科7科21属31种。

## 二、蟋蟀异名辩

蟋蟀这一名称始于《诗经》。《诗经·唐风·蟋蟀》曰："蟋蟀在堂，歲聿其莫。……"《诗经·豳风·七月》曰："五月斯螽動股，六月莎雞振羽。七月在野，八月在宇，九月在户，十月蟋蟀入我床下。……"从上述诗句可以推测，此蟋蟀即应为当今的蟋蟀，因它有入室之习性和长寿的特性，但理由尚不充足。到三国时，吴·陆玑在《陆氏诗疏广要》中将蟋蟀的形态特征首先做了科学的描述："似蝗而小，正黑，有光澤如漆，有角翅。"晋·郭璞著《尔雅音图》附有蟋蟀的插图，从图看，此图的蟋蟀就是当今的蟋蟀。蟋蟀这一名称一直沿用至今。当今学者又将蟋蟀冠以科或总科，使之成为直翅目中的一个分类阶元，现知约3100种。从《诗经》问世至今，至少也有3000多年。在这期间，由于地域的不同，古人对蟋蟀等昆虫的认识不同，以及一些文人学士的标新立异，使蟋蟀产生了许多同物异名或异物同名。

《尔雅》中有蟋蟀、蛬的记载。晋·郭璞在注《尔雅》时指出："蟋蟀、蛬，今促織也，亦名蜻蛚。"蛬即蟋蟀，这在《尔雅音图》的插图中可以获得证明，所以蛬是蟋蟀的第一个同物异名。蛬又有许多同音同义词，如蛩或蛩秋等。但促织、蜻蛚并不是在郭璞注《尔雅》中首次出现，是由汉·扬雄撰《輶轩使者绝代语识别国方言》首次提出了蜻蛚、蛀孙，此后蜻蛚虽也经常出现，但只是重复扬雄的观点，别无新意，判定它是蟋蟀的同物异名，也只能依扬雄所述为准。而促织也在汉、魏时常用，后也出现了许多同音异体词。蛀孙就大不相同，在清朝乾隆时期，朱从延就以《蛀孙鉴》为书名，全面而系统地论述了蟋蟀，此后还有《蛀孙经补遗》。蛀孙就是蟋蟀，它作为蟋蟀的同物异名是有其充足的依据的。三国吴·陆玑除对蟋蟀的形态做了正确的描述外，还指出：趣织是蟋蟀的同物异名。三国魏·张揖在《广雅》中也记载了趄（促）织。在明朝的袁宏道、刘侗以《促织志》及清朝的金文锦以《促织经》为书名，对促织进行了记述，写的就是蟋蟀。

三国吴·陆玑云："似蝗而斑色，毛翅數重，其翅正赤，或謂之天雞。六月中，飛而振羽，索索作聲，幽州人謂之蒲錯是也。"在此，陆玑并未指出蒲错究竟是何类物种，但宋朝的邢昺认为它是蟋蟀的同物异名。明朝朱谋㙔将其明确地列为蟋蟀的同物异名。但据笔者考证，蒲错应是蝗总科斑翅蝗科中的红翅皱膝蝗。《尔雅》还记载了螒、天鸡，晋·郭璞注《尔雅》指出："螒、天雞，小蟲黑身赤頭。"据此看，螒、天鸡应指的是蟋蟀，而遗憾的是，郭璞将此说成是莎鸡、樗鸡。据笔者考证，莎鸡应是螽斯科中的纺织娘，而樗鸡应是同翅目蝉科中的红蝉。再次，笔者将螒、天鸡作为蟋蟀的同物异名，这依晋·郭璞的《尔雅音图》中的插图和《尔雅注》为依据。

晋·崔豹撰《古今注》曰："蟋蟀，一名吟蛩，一名蛩，秋初生，得寒則鳴。"又云："濟南呼爲懶婦"。蛩与蛬同字异体，而复称则为吟蛩和蛩秋。唐·苏鹗撰《苏氏演义》指出："促織，一名促機。"促织、促机，用意相同，只是替换了一个字而已。由此可以断定它们均应为蟋蟀的同物异名。

宋·朱熹在《诗经集传》注《豳风七月》中将斯螽、莎鸡、蟋蟀视为一物。而明·方以智撰《通雅》指出："朱子云：斯螽、莎雞、蟋蟀，一物隨時變化而異其名。"今所见同时齐鸣，形态各别。这说明莎鸡不是蟋蟀，斯螽也不是蟋蟀，蟋蟀振翅鸣，而斯螽动股鸣。

宋·贾似道著有 4 本专著，第一本专著以《秋虫谱》为书名记述蟋蟀，可知秋虫则就是蟋蟀的同物异名。而在书中所称的络纬均应是纺织娘的同物异名，而寒虫则以十月入我床下为依据判定为蟋蟀。

清·陈梦雷所撰《古今图书集成》所记的蟋蟀同物异名，除上述记载而外，尚有酸鸡、纺绩、灶马、梭鸡、马蠘等，它们究竟是何物种，尚待研究。

在清朝，除了重复上述的名称外，拙园老人在《虫鱼雅集》中还提到了众多蟋蟀的同物异名，如蛐蛐、百日虫、反背虫、好胜虫、富贵虫等。现仍将蟋蟀称为蛐蛐，斗蟋蟀、斗蛐蛐即一回事。百日虫则因蟋蟀成虫可活到百日而名；反背虫则是盖因此蟋蟀交尾时雌上雄背而名；好胜虫则因蟋蟀善斗好胜而名；富贵虫则是斗蟋蟀多以富贵人家为主，而它又十分值钱之故。

以上所述蟋蟀，大概多属于蟋蟀科中的斗蟋蟀，特别是迷卡斗蟋。而除此之外，古人还记述了善鸣的金钟儿、云斑金蟋等。

## 三、蒲错——红翅皱膝蝗

蒲错其名约始于公元 245 年。首次由三国吴·陆玑撰《毛诗草木鸟兽鱼虫疏》卷下《莎鸡振羽》记载："莎雞，似蝗而斑色，毛翅數重，下翅正赤，或謂之天雞。六月中，飛而振羽，索索作聲，幽州人謂之蒲錯。"莎鸡这一名称出现的时间要早于蒲错，首次出现在《诗经·豳风·七月》的记载："五月斯螽動股，六月莎雞振羽。"莎鸡是何物种呢？晋·郭璞注、邢昺疏《尔雅注疏》卷九《释虫》曰："注：小蟲黑身赤頭，一名莎雞，又曰樗雞。疏：此黑身赤頭小蟲也，一名螒，一名天雞，一名莎雞，又曰樗雞。”螒，天鸡应为当今蟋蟀，而樗鸡应为当今斑衣底蜡蝉，而莎鸡绝非蟋蟀，也非斑衣蜡蝉，而应为纺织娘。宋·罗愿撰《尔雅翼》卷二五《释虫二·莎鸡》曰：“莎雞振羽作聲，其狀頭小而羽大，有青褐兩種，率以六月振羽作聲，連夜札札不止，其聲如紡絲之聲，故一名梭雞，一名絡緯，今俗謂之絡絲娘。”这一记载准确地阐明了莎鸡应是当今的纺织娘。

纺织娘是蒲错吗？纺织娘分布于我国南方，为东洋区的代表物种，发声时位于植物枝叶之上；而蒲错位于幽州（今北京及其附近地区），应为古北区之物种，飞而振羽发声，且发声时位于空中。由此看来，纺织娘绝非蒲错。

那么，蒲错又是当今何物种呢？周尧（1946）《昆虫与艺术》将蒲错考证为斑蝗(花胫绿纹蝗)*Aiolopus tamulus*。考证蒲错为何物种，除三国吴·陆玑的《毛诗草木鸟兽虫鱼疏》外，还有一篇重要的古籍文献，即清·牟应震撰《毛诗物名考》卷四《昆虫部》，其文曰：“莎雞，螽之能飛者也，色如沙丙，二小羽嫣紅可愛，能於空中飛停許時，作莎莎聲。”此文虽未有蒲错这一名称，但其内容与三国吴·陆玑的《毛诗草木鸟兽虫鱼疏》的记述十分相近，并有十分重要的补充，是考证蒲错为何物种的难得的古籍文献。

综上所述，笔者认为古籍文献中的蒲错应为红翅皱膝蝗*Angaracris rhodopa*，而非其他物种。理由如下。

（1）红翅皱膝蝗的分布中心在幽州，即今之北京及其附近地区，分布范围也未达东洋区，而莎鸡、络纬（纺织娘）的分布区在东洋区；故蒲错不可能为后者。

（2）皱膝蝗的体色随其环境而多变，符合如蝗而斑色之说，而其他物种，其体色较为固定而一致，不符合斑色之说。

（3）皱膝蝗在北京及附近地区，六月中（阴历）正是羽化后飞翔发声的盛期。

（4）分布在幽州的蝗虫，有部分种类因受到惊扰而起飞发声，但能在空中长时间飞翔，又能在空中飞停许时，在蝗虫中仅有皱膝属 *Angaracris* 的种类；而螒、天鸡、莎鸡、络纬等均不能在空中发声，更不能在空中飞停，樗鸡根本就不能发声。

（5）在皱膝蝗属中，仅有红翅皱膝蝗的下翅（后翅）基部呈红色，而端部淡色，在飞翔时正符合下翅正赤之说。

## 参 考 文 献


胡洪涛，莫容. 2010. 漫谈蝴蝶与蝴蝶文化. 见：蝴蝶与蝴蝶文化编委会. 蝴蝶与蝴蝶文化. 北京：燕山出版社

李传隆. 1980. 宋画“晴春蝶戏图”上的物种考证. 大自然, 1: 30

周尧. 1946. 昆虫与艺术. 西安：陕西天则昆虫研究所

周尧. 1988. 中国昆虫学史. 西安：天则出版社

# 飞蝗亚种的探讨

刘举鹏

飞蝗隶属直翅目 Orthoptera 蝗总科 Acridoidea 丝角蝗科 Oedipodidae 飞蝗属 *Locusta* Linnaeus。飞蝗属是一个单型属，仅有一个有效物种，即飞蝗 *Locusta migratoria* Linnaeus，它于 1758 年被林奈命名。Uvarov Llaul 根据群居型飞蝗的形态测量数据，第一次订正了当时世界上飞蝗的不同区域亚种：亚洲飞蝗 *L. m. migratoria*（Linnaeus，1758）（黑海附近、中亚、中国北部）、东亚飞蝗 *L. m. manilensis*（Meyen，1850）（中国东部和南部、日本、东南亚）、非洲飞蝗 *L. m. migratorioides*（Reiche and Fairmaire，1850）（非洲热带地区）和马达加斯加飞蝗 *L. m. capito*（Saussure，1884）（马达加斯加）。随后，按照 Uvarov（1921）提出的方法，先后又有 5 个飞蝗亚种被发表：俄罗斯飞蝗 *L. m. rossica* Uvarov & Zolotarevsky，1929（欧洲中西部及俄罗斯的欧洲部分）、西欧飞蝗 *L. m. gallica remaudiere*，1947（法国西南部）、缅甸飞蝗 *L. m. burmana* Ramme，1951（缅甸）、何氏飞蝗 *L. m. remaudierei* Harz，1962（欧洲北部）和西藏飞蝗 *L. m. tibetensis* Chen，1963（西藏）。Uvarov（1966）认为西藏飞蝗是缅甸飞蝗的同物异名，同时，他认为印度、澳大利亚北部、新西兰及东半球诸多岛屿等当时尚未研究过的地区可能存在着新的亚种。英国海外有害生物有害研究中心 1982 年出版的《农业蝗虫手册》则指出飞蝗亚种还应包含印度飞蝗、阿拉伯飞蝗和澳大利亚飞蝗，这样飞蝗的定名和尚待定名亚种总数达到 10 多个亚种（郭郛等，1991）。

现在，联合国粮农组织（FAO）网站上的飞蝗分布地区图指出，飞蝗应划分为 10 个亚种，它取消了何氏飞蝗、俄罗斯飞蝗和西藏飞蝗的亚种命名，指出印度飞蝗、阿拉伯飞蝗和澳大利亚飞蝗应给予亚种的地位，但未定正式学名。Faroow R. A.和 Collese D. H.认为澳大利亚飞蝗系非洲飞蝗。

马川和康乐（2013）的研究表明，世界范围内的飞蝗可以分为南北两大种群支系（lineage）。其中，北方种群主要分布于欧亚大陆的温带地区，南方种群主要分布于热带地区，包括欧亚大陆的南部、非洲和大洋洲，南北种群的分布区几乎没有重叠（法国南部、日本南部的个别种群除外）。通过正选择检测发现，飞蝗南北种群各有一个氨基酸位点受到了正选择，证明 2 个种群在不同的环境条件下产生了适应性的进化。另一方面，分子变异分析（analysis of molecular variance，AMOVA）显示，飞蝗种群中 87.45% 的遗传变异分布在南北种群之间，南方种群、北方种群内部不同地理种群间的遗传变异占 4.96%，同一地理种群内部的遗传变异占 7.59%。该结果说明飞蝗南北种群之间具有很高的分化程度，而这 2 个种群内部的分化程度较低。飞蝗南北种群的分化时间约为 89.5 万年前，南方种群的分化约在 34.3 万年前，而北方种群的分化相对较晚，仅在 11.3 万年前。从上述结果来看，世界范围内的飞蝗应该划分为 2 个亚种，北方种群为亚洲飞蝗 *L. m. migratoria*（Linnaeus），南方种群为非洲飞蝗 *L. m. migratorioides*（Reiche & Fairmaire）。以往，文献中提出的西欧飞蝗 *L. m. remaudierei* Harz、地中海飞蝗 *L. m. cinerascens*（Fabricius）、俄罗斯飞蝗 *L. m. ressica* Uvarov & Zolotarevsky 都应属于亚洲飞蝗亚种。亚洲热带地区的东亚飞蝗 *L. m. manilensis*（Meyen）、雅鲁藏布江流域的西藏飞蝗 *L. m. tibetensis* Chen、缅甸飞蝗 *L. m. burmana* Ramme、马达加斯加飞蝗 *L. m. capito*（Saussure），以及澳大利亚、印度、阿拉伯种群，都应该是非洲飞蝗的种群。

马川等对飞蝗亚种的研究，取材广泛，方法先进，结论更让人耳目一新。笔者从事蝗虫分类研究多年，但在鉴定河北飞蝗标本时，对亚洲飞蝗和东亚飞蝗颇感困难，如不知产地就无法鉴定。但对这两个亚种的存在从未产生怀疑，因为在没有明显地理隔离的地区，亚洲飞蝗和东亚飞蝗是依靠卵的滞育来区分的（Uvarov，1966）。这是区分蝗亚种最有效的方法，但后来的研究证明此依据是不充分的（康乐等，1989；郭郛等，1991；张民照和康乐，2005）。叶维萍等（2005）依据线粒体基因 12S rRNA 和 *nad5* 基因序列构建的系统发生树表明：山西与新疆的飞蝗存在着较近的亲缘关系。这均说明，分布于中国北方的飞蝗应为同一亚种。根据马川和康乐（2013）的研究，此亚种应为亚洲飞蝗。

笔者在研究海南岛蝗虫时发现，海南岛的东亚飞蝗和黄淮海地区的东亚飞蝗，其生物特性有着明显的不同。现将笔者主编的《海南岛的蝗虫研究》（刘举鹏，1995）一书中丁岩钦（1955）执笔写的《中国东亚飞蝗新蝗区——海南热带稀树草原蝗区的研究》一文中的两表略作修改，由此可见不同蝗区类型分布着飞蝗的不同亚种（表 3-1、表 3-2）。

**表 3-1　我国两类飞蝗蝗区成因比较**

| 蝗区所在地区 | 蝗区类型 | 蝗区的次生结构类型 | 蝗区形成的主导作用因素 | 蝗区形成的历史原因 | 蝗区形成原因的作用属性 |
|---|---|---|---|---|---|
| 温带蝗区 | 大沙河三角洲类型 | 滨湖蝗区 | 水的泛滥（包括湖水、海水、河水、雨水） | 由历史上黄淮水系多次变迁而成 | 自然因素 |
| | | 滨海蝗区 | | | |
| | | 河泛蝗区 | | | |
| | | 内涝蝗区 | | | |
| 热带蝗区 | 热带稀树草原类型 | 热带稀树草原蝗区 | 森林大面积的破坏 | 由历史上人口大量迁入本岛，伐林造田而成 | 人为因素 |

分布在温带蝗区的飞蝗和分布在热带蝗区的飞蝗，依据蝗区类型、蝗区的次生结构类型、蝗区形成的主导作用因素、蝗区形成的历史原因、蝗区形成原因的作用属性，以及它们的发生世代和大发生的一般规律。前已述及，分布在温带蝗区的应为亚洲飞蝗，而分布在热带蝗区内则是非洲飞蝗。

**表 3-2　不同类型蝗区的生态地理结构特征及飞蝗发生动态比较**

| 蝗区所在地区 | 蝗区类型 | 蝗区的地理位置 | 蝗区次生结构类型 | 次生类型蝗区的土壤 | 次生类型蝗区的自然植物群落 | 蝗区内的结构组分 | 飞蝗发生世代 | 飞蝗大发生的一般规律 |
|---|---|---|---|---|---|---|---|---|
| 大陆温带蝗区 | 大沙河三角洲类型 | 主要分布于北纬 42° 以南，长江以北的华北平原，即淮海、黄河、海河流域的中下游冲积滩地 | 滨湖蝗区 | 黏土 | 芦苇、稗草、茅草、两栖蓼、小旋花 | ①飞蝗发生基地；②一般发生区（飞蝗、土蝗混生区）；③临时扩散区、土蝗发生区 | 一年发生 2 代 | 先涝后旱，蝻蚱成片 |
| | | | 滨海蝗区 | 黏土 | 茅草、芦苇、虾须草、盐蒿 | | | |
| | | | 河泛蝗区 | 冲积壤土 | 芦苇、莎草、稗草 | | | |
| | | | 内涝蝗区 | 黏土 | 稗草、芦苇、蟋蟀草、狗尾草 | | | |
| 海南热带蝗区 | 热带稀树草原类型 | | 热带稀树草原蝗区 | 燥红土或砖红壤土 | 木棉、扭茅、白茅、刺葵 | ①飞蝗、土蝗混生区；②临时扩散区 | 一年发生 4 代 | 干旱、撩荒同时严重发生 |

温带蝗区的研究极为深入，但热带蝗区的研究甚少，仅有丁岩钦对海南岛进行了研究，而广西、广东是否与海南岛一样呢？鲁克亮（2005）在《清代广西蝗灾研究》一文中指出：明末清初，广西“地多荒芜，民多逃亡”“深广旷土弥望，田家所耕百之一尔”，鉴于此，清政府实行移民政策，“凡各处逃亡人民，不论原籍别籍，必广加招徕……各州县以招民设法劝耕之多寡为优劣”。自此以后，大批移民涌入广西，沿湘江或溯西江而上，散布于桂江、柳江、浔江等流域，并且桂东南成为移民最集中的地区，使“习

称荒脊之岭地，今渐变为田”，再加上清政府的戍边屯田，使广西的耕地面积从顺治年间的53 939顷增至光绪年间的89 638顷，“昔日荒莱之地，渐见繁荣”。而广西落后的耕作制度，却未曾有较大的改观，“其种也，仅取破块，不符深易；仍就填点种，更不移秧。既种之后，旱不求水，涝不疏决；既无粪壤，又不耔耘，一任于天。”这种刀耕火种的耕作方式，导致裸露田地增加，植被减少，大片土地易涝易涸，极易诱发蝗虫。耕地面积的大量增加，导致森林植被的减少，也意味着这一地区的生态环境遭到破坏。此论述虽简短，但也阐明了热带蝗虫的成因，证明了广西与海南岛一样，均为热带稀树草原蝗区，在此分布着的飞蝗应为非洲飞蝗。

亚洲飞蝗和非洲飞蝗以何为界呢？马川和康乐（2013）已划定两亚种的分界线。在南京（北纬32°）、乡城（北纬28°）的南缘与柳州（北纬24°）、林周（北纬30°）北缘之间划一线，与普兰（北纬30°）相接，则为两亚种的分界线，在此分界线北为亚洲飞蝗，南为非洲飞蝗。

笔者在编纂《中华大典·生物学典·动物分典》中《昆虫纲总部》（黄复生等，2015）时，系统地收集了中国飞蝗蝗灾的资料，并依此资料绘制了各朝代的飞蝗蝗灾分布图。在山东、河北、河南有一分布核心，向南，飞蝗蝗灾发生年次渐次减少，但到广西、广东时又明显增加，又形成一个分布核心。这说明，这两个分布核心分布着飞蝗的不同亚种。根据马川和康乐（2013）研究，前者应分布着亚洲飞蝗，后者应分布着非洲飞蝗。在两核心分布区间的空隙间划一条线，则应为两亚种的分界线。在划此分界线时，也参考了下列一些记载。

1856年，同治《祁阳县志》卷二四记载：“祁陽縣，九月，蝗之爲災，甚於旱潦，祁邑素無此患。”又1857年，“祁陽縣，九月，蝗自楚北而南，祁地皆是。”

1857年，清·嵇有庆撰光绪《零陵县志》卷一二（祥异）记载：“旱飢，秋蝗自北來。”

1835年，同治《江华县志》卷一二（灾异）记载：“五月，飛蝗由粵北入境，傷稼甚多。

1854年，道光《黎平府志》卷一（祥异）记载：“黎郡向無此種，適因廣西滋生，飛入境內。”

笔者所划两亚种分界，亚洲飞蝗分布的省（区）有：山东、河北、河南、江苏、安徽、浙江、湖北、陕西、甘肃、宁夏、青海、新疆、内蒙古、四川、重庆，以及湖南、江西、福建的部分地区；非洲飞蝗分布的省（区）有：广西、广东、海南、台湾，以及福建、贵州的大部分地区。

马川和康乐（2013）所划的两亚种分界线在：湖南以东，如能再向南移一点，笔者所划的两亚种分界线就与马川等所划的两亚种分界线趋于一致。马川和康乐（2013）以微观方法所获的研究成果，笔者用宏观的方法给予了佐证。

在西藏雅鲁藏布江流域仍有一个飞蝗的分布中心，此分布中心虽小，但与亚洲飞蝗和非洲飞蝗的分布区相距甚远，应为飞蝗的另一亚种，即西藏飞蝗。此点与马川和康乐（2013）研究结果不同。

西藏飞蝗 *Locusta migratora tibetensis* Chen 于 1963 年被陈永林定为新亚种后，争议不断。Uvarov（1966）首先不承认其亚种的地位，认为它是缅甸飞蝗的同物异名，联合国粮农组织（FAO）也不承认其亚种的地位。马川和康乐（2013）认为飞蝗仅有两个亚种，即亚洲飞蝗和非洲飞蝗。西藏飞蝗当然也就不存在了。但我国一些资深科学家，如印象初、黄复生等，以及张德兴等青年科学家，从各个角度判定西藏飞蝗是客观存在的一个飞蝗亚种。笔者从清朝飞蝗蝗灾分布图（图5-9）所显示的三个大小不等的分布中心，而分布于雅鲁藏布江流域的飞蝗与其他两个飞蝗亚种的分布相距甚远，判定分布于西藏雅鲁藏布江流域的飞蝗应为西藏飞蝗。这是判定西藏飞蝗为亚种的一个原因。原因之二：西藏飞蝗的蝗区类型应为高原草原类型（此类型蝗区是笔者发现的一个新类型蝗区，不同于 Uvarov 所论述的两类型蝗区），而亚洲飞蝗的蝗区类型为大沙河三角洲类型，非洲飞蝗的蝗区类型为热带稀树草原类型；西藏飞蝗蝗区形成的主导作用因素是高原隆起，而亚洲飞蝗蝗区形成的主导作用因素是水的泛滥。非洲飞蝗蝗区的形成主导作用因素是森林大面积的破坏。西藏飞蝗蝗区形成的历史原因是印度板块与欧亚大陆碰撞而成，而亚洲飞蝗蝗区形成那个的历史原因是水系多次变迁而成，非洲飞蝗蝗区是历史上人口大量迁入伐林而成。西藏飞蝗一年一个世代，而亚洲飞蝗一年发生 1—2 代，非洲飞蝗一年发生 3—4 代。综上所述，西藏雅鲁藏布江流域飞蝗种类应为一个独立存在的飞蝗亚种。

## 参 考 文 献


陈永林. 1963. 飞蝗新亚种——西藏飞蝗 *Locusta migratoria tibetensis* subsp. n. 昆虫学报, 12(4): 463-475

丁岩钦. 1955. 中国东亚飞蝗新蝗区——海南热带稀树草原蝗区的研究. 生态学报, 15(1): 12-21

郭郛, 陈永林, 卢宝廉. 1991. 中国飞蝗生物学——飞蝗的种类和分布. 济南: 山东科学技术出版社: 536-550

黄复生, 刘举鹏, 吴燕如. 2015. 昆虫纲总部. 见: 王祖望, 黄复生, 冯祚建. 中华大典·生物学典·动物分典(第二册). 昆明: 云南教育出版社

康乐, 李鸿昌, 陈永林. 1989. 内蒙古锡林河流域直翅目昆虫生态分布规律与植被类型关系的研究. 植物生态学与地植物学学报, 13(4): 341-349

刘举鹏. 1995. 海南岛的蝗虫研究. 西安: 天则出版社

鲁克亮. 2005. 清代广西蝗灾研究. 广西民族研究, (1): 193-200

马川, 康乐. 2013. 飞蝗的种群遗传学与亚种地位. 应用昆虫学报, 50(1): 1-8

叶维萍, 叶海燕, 卢慧甍, 等. 2005. 基于线粒体 12S rRNA 和 ND5 基因序列的中国飞蝗属 3 亚种系统发育关系研究. 昆虫分类学报, 27(1): 5-13

张民照, 康乐. 2005. 飞蝗(*Locusta migratoria*)地理种群在中国的遗传分化. 中国科学 C 辑生命科学, 35(3): 220-230

Ma C, Yang P, Jiang F, et al. 2012. Mitochondrial genomes reveal the global phylogeography and dispersal routes of the migratory locust. Mol Ecol, 21(17): 4344-4358

Uvarov BP. 1921. A revision of the genus *Locusta*, L. (=*Pachylus*, Fieb.), with a new theory as to the periodicity and migrations of *Locusta*. Bull Entomol Res, 12(2): 135-163

Uvarov BP. 1966. Grasshoppers and Locusts, Vol.1. Cambridge: Cambridge University Press

# 中国古籍中白鲟的记载

张世义

白鲟 *Psephurus gladius* 为我国特有的大型河川名贵珍稀鱼类，为Ⅰ级保护野生物种，又是《濒危野生动植物种国际贸易公约》（CITES）重要保护物种之一。我国古籍中记载白鲟的内容很多。现就以下 5 个方面介绍我国古籍中白鲟的研究概况。

## 一、白鲟的古名由来

古籍中白鲟名称较多，有鲔[①]、鲟、王鲔、鮛[②]鲔、鮥、尉鱼、仲明鱼、碧阳、鱑鳣、淫鱼、碧鱼、鹳嘴鱼、剑鱼、象鱼等。其中较早的古名有“鲔”字，出现约在西周时期。

《诗经·周颂·潜》：“有鳣有鲔，鲦鲿鰋鲤。”这是周朝用众多的鱼类祭祖先，以祈求大福的一句诗歌。

晋·郭璞《山海经·东山经》：“又南水行七百里曰孟于之山（略），廣員百里，其上有水出焉，名曰碧陽，其中多鱣鮪。鮪即鱏也，似鱣而長鼻，體無鱗甲，别名鱑鱛，一名鱝也”。

晋·郭璞注《尔雅·释鱼》：“鮪，鱣屬也（略），今宜都郡（應爲今宜昌下游，枝江鎮附近），自荊門（亦作京門）以上，江中通出鱣鳇之魚，有一魚狀似鱣而小，建平郡（今巫山縣）呼爲鮥子，即此魚也”。

白鲟古名虽多，但其根可寻。鲔，犹鴧[③]，宥，右，延长。这里鲔的注解都有延长之意，其中鴧是指像白鹇鸟一样长的身体。其余的古名，有的是以体型命名的，如王鲔（大鱼）、鮛鲔、淫鱼（小鱼）；有的是以鼻长（注：吻长）命名的，如剑鱼、象鱼、鱏鱼、鹳嘴鱼；有的以某个地域的习惯称谓而命名，如鳣鲔、鱑鳣（四川益州，北宋仁宗时期，益州即今之成都）、鮥子（建平，今重庆巫山）等。

## 二、古籍中描载的白鲟特点

### （一）形态特征

汉·刘安撰《淮南子·说山训》：“瓠巴鼓瑟而淫魚出聽。”“淫魚長，頭身相等，鼻正白，身正黑，口在頷下，而身無鱗，出江中”。

---

① 鲔：wěi，①古书上指鲟鱼；②鱼名，身体纺锤形，背部蓝黑色，生活在海洋里。——摘自《新华字典》（第 11 版）P517，商务印书馆，2013。

② 鮛：shū，《集韻》式竹切。音叔。魚名。《爾雅·釋魚》註：鮪.鱣屬也。大者名王鮪，小者名鮛鮪。互詳鮥、鮪二字註。《類篇》：或作鱋。——摘自《康熙字典》（标点整理本）P1466，上海辞书出版社，2007。

③ 鴧：yù，《集韻》乙六切。音彧。鳥名。《山海經》：縣雍之山，其鳥多白鴧。yǒu，又《廣韻》《集韻》並雲九切。音有。《玉篇》：白鷮也。《廣韻》：似雉。——摘自《康熙字典》（标点整理本）P1487，上海辞书出版社，2007。

三国吴·陆玑撰《陆氏诗疏广要》："鲔鱼形似鳣而色青黑，头小而尖，似铁兜鍪，口亦在颔下，其甲可以磨薑，大者不过七八尺"。

宋·陆佃撰《埤雅》："鮪魚似鱣而青黑，長鼻（注：長吻)，體無鱗甲"。

宋·罗愿撰《尔雅翼》："鮪以季春來，形似鱣，而青黑，頭小而尖，似鐵兜鍪，其口亦在頷下，其甲可以磨薑，大者不過七八尺"。

明·李时珍撰《本草纲目》："鮪狀如鱣，而背上無甲，其色青黑，腹下白色，其鼻長（注：長吻）與身等，口在頷下，食而不飲"（图 3-14—图 3-16)。

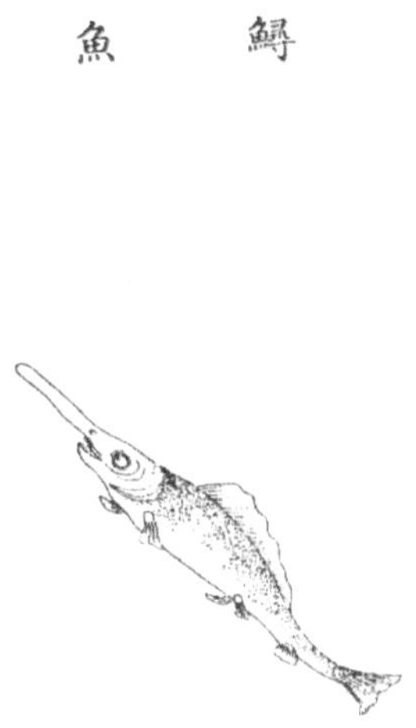


图 3-14 明·李时珍撰《本草纲目》

图 3-15 清·陈梦雷等编《古今图书集成》

南朝梁·萧统撰《文选·蜀都赋》："感鱏魚。"刘渊林注："鱏魚出江中，頭與身正半，口在腹下"。
唐·沈仲昌撰《状江南·仲秋》："江南仲秋天，鱏鼻大如船"。
《巴山县志》："劍魚，俗名象魚，以其鼻長，故名，產大江中。"
现将古代及现代描载的白鲟特征比较于表 3-3。

**表 3-3 古今文献中描载的白鲟特征对比**

| | 古代描述 | 现代描述 |
|---|---|---|
| 名称 | 鲔，鲟，鳇鲔，尉鱼，仲明鱼，碧阳，䱜䲙，淫鱼，碧鱼，鹳嘴鱼，剑鱼，象鱼 | 白鲟 |
| 形态 | 大鱼，体长形，头身相等，头小而尖似铁兜鍪，口在颔下，身黑，腹下白色，体无鳞甲 | 体延长，头颇长，吻突出呈剑状，口大在腹位，吻须一对，体裸露，尾鳍歪形，头部、背部和尾鳍青灰色，腹部白色 |
| 生态 | 生江中，岫居，春始出而浮阳，由南方入河水，三月溯上渡龙门 | 为海水、淡水洄游性鱼类，但主要栖息于长江流域，肉食性鱼类，生殖期在 3—4 月，性成熟期迟 |
| 分布 | 江淮、黄河、辽海，沿长江上溯可达宜昌，沿黄河上溯可达龙门 | 长江 |

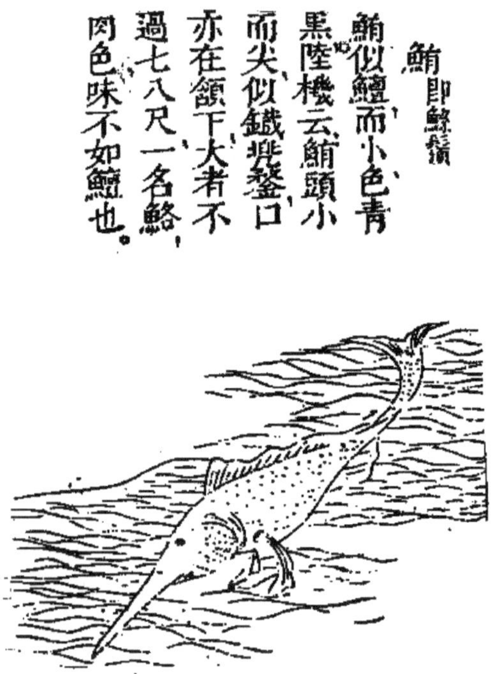


图 3-16　明・王圻、王思义辑《三才图会》

从以上古今文献描述的白鲟特征的比较来看，古代白鲟的特征符合现代白鲟的鉴别特征。并揭示古代白鲟较现代分布广、产量大。

### （二）生活习性、分布和洄游

汉・刘安撰《淮南子・汜论训》："鮪，大魚，仲春三月，得過龍門便成龍"。

后魏・郦道元撰《水经注・河水》："《爾雅》曰鱣，鮪也，出鞏穴，三月則上渡龍門"。

宋・陆佃撰《埤雅》："鮪，岫居，至春始出而浮陽，北入河西上龍門，入漆沮（略），大魚薄集龍門，上則爲龍，不得上輒暴鰓"。

宋・罗愿撰《尔雅翼》："鮪（略），《東經賦》稱王鮪岫居，山有穴曰岫，其穴在河南小平山，長老言王鮪之魚由南方來，出此穴中入河水，見日則目眩浮水上，流行七八十里"。

金・李杲编《食物本草》："生江中。背如龍，長一二丈。李時珍曰：鱘魚出江淮、黃河、遼海深處，亦鱣屬也。岫居，長者丈余"。

清・李调元撰《然犀志》："鱘魚，出江淮、黃河、遼海深處，……"。

## 三、古代白鲟的利用

白鲟肉白嫩、肥腴、味美，其子可为酱，曾被誉为鱼中珍品。古代不但把白鲟作为名贵鱼类用来祭祖用，还是重要食疗鱼类。

秦・吕不韦撰《吕氏春秋・季春记》："天子焉始舟，荐鮪於寢廟，乃爲麥祈實"。

汉・郑玄撰《周礼・天官・獻人》："春獻王鮪。"汉・郑玄注："王鮪，鮪大者"。

汉·戴德撰《大戴礼记·夏小正》:“春季鮪，祭不必記，而記鮪何也，鮪者，魚之先至者之，而其至有時”。

金·李杲编《食物本草》:“鱘魚，肉色純白，亞於鱣，鬐骨不脆。其鰾亦可做膠。肉味甘，平，無毒。主補虛益氣，令人肥健。煮汁飲，治血淋。[鼻肉]（即脆骨）主補虛，下氣。[子]（狀如小豆）食之肥美，殺腹内小蟲”。

## 四、研究白鲟的意义

白鲟为我国特有大型河川名贵鱼类，起源于白垩纪末期，距今约 1 亿年。世界上现存长吻鲟科 Polyodontidae 鱼类仅有 2 种：一种为美国密西西比河的长吻鲟 *Polyodon spathula*（我国于 1995 年引进，作为商品鱼养殖；另一种为我国的白鲟。白鲟为我国特有种，学术上有重要价值。此外，因肉味鲜美，经济价值也大。野生白鲟资源量不大，近年更为稀少。造成濒危的原因主要是过度捕捞、性成熟迟（7—8 龄以上），以及水利设施建坝阻碍了繁殖鱼洄游，已被列为我国 I 级野生保护物种。应加强白鲟保护生物学的研究，并开展一些有效的措施，使白鲟的资源早日恢复。

### 参 考 文 献

四川省长江水产资源调查组. 1988. 长江鲟鱼鱼类生物学及人工繁殖研究. 成都: 四川科学技术出版社
余志堂. 1995. 水库养殖长吻鲟的研究. 中国鱼类学会 1995 年学术年会论文摘要汇编: 61-62
乐佩奇, 陈宜瑜. 1996. 中国濒危动物红皮书(鱼类). 北京: 科学出版社
张世义, 孙莉华, 伍玉明. 2003. 濒危鱼类. 生物学通报, 38(6): 14-17
张世义. 2001. 中国动物志 • 硬骨鱼纲 • 鲟形目, 海鲢目, 鲱形目, 鼠鱚目. 北京: 科学出版社
IUCN. 1977. Red Data Book, Vol. 4. Pisces

# 中国古籍中“鱼”字的考证

张世义　沈　慧

鱼类与人类关系密切，它不单是人类的重要食品，还是人类生产、生活的重要原料。远在人类社会初期的简单采集、渔猎生产中，鱼类就与人类结下了密切关系。人类识别鱼类的历史悠久，这种识别可从图 3-17 上看出。

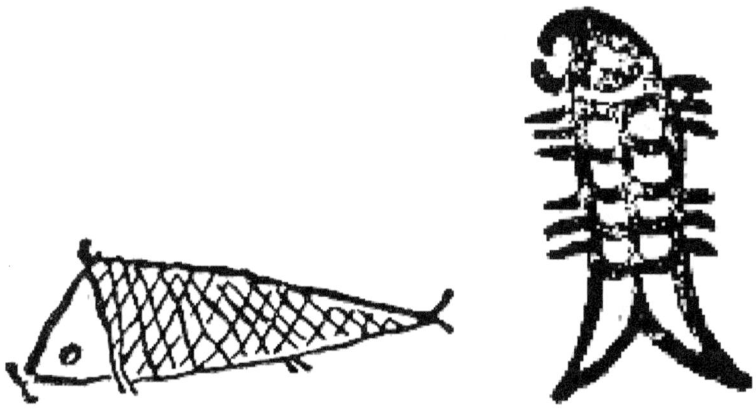

图 3-17　甲骨文（左）和金文（右）

在漫长的历史长河中，我国古人在识别鱼类时，从水虫、鱼、鳞者、鳞物、鳞虫到鱼类，是一个逐步加深的过程，然而，由于受到方方面面外在条件的限制，这种识别是很不全面的。直到 19 世纪初的清朝，加大了对于水产品的需求，深入开展多方面的研究，才使得我国先人对鱼类的识别更加完善且更趋于准确。

下面分我国古籍中的鱼类、国外文献中的鱼类和鱼部汉字的发展三部分，记述我国先人识别鱼类的历史。

## 一、我国古籍中的鱼类

### （一）古籍划分动物四大类型中的鱼

最初认识鱼类且文字记载较详细的，是从《说文解字》和《尔雅》开始的。汉・许慎撰《说文解字》曰：“魚，水蟲也，象形，魚尾與燕尾相似，凡魚之屬皆從魚。”《尔雅》中提出我国古代虫、鱼、鸟、兽的动物四大类型，对中国历代学者影响较大，认为《尔雅》“汇集万物，而区隶门属，此书为其权与。”其中鱼记：“魚字又作魚。《説文》云：魚，水蟲也。疏：案《説文》云：魚，水蟲也，此篇釋其見於經傳者，是以不盡釋魚名，至於龜、蛇、貝、鱉之類，以其皆有鱗甲，亦魚之類，故總曰釋魚也。”

**注释：**以鱼体型命名，象形，鱼尾与燕尾相似，以生活环境命名，水虫也，还有一定道理。然而把一些非鱼类的水生动物（如龟、蛇、贝、鳖等）都包含在内了，但古籍中鱼字形象逼真，耐人寻味（图 3-18）。

图 3-18　古籍中的部分鱼字

## （二）古籍划分动物五大类型中的鱼

周 • 管仲撰《管子 • 幼官》以五方和四季分动物五大类，记：“春季、東方……羽獸；夏季……南方……毛獸；秋季……西方……介獸；冬季……北方……鱗獸；中方……裸獸。”

**注释：**这里列举的羽、毛、介、鳞、裸五大类兽，用兽作动物的总称。

汉 • 郑玄注《周礼 • 考工记》记：“梓人爲筍虡，天下之大獸五，脂者、膏者、蠃者、羽者、**鱗者**。”又：“宗廟之事，脂者、膏者以爲牲，裸者、羽者、鱗者以爲筍虡。……小蟲之屬，以爲雕琢。”

**注释：**这里记梓人做笋虡所用材料，有脂者（编者注：牛羊属）、膏者（编者注：豕属）、裸者（编者注：虎豹）、羽者（编者注：鸟属）、鳞者（编者注：龙、蛇、鱼）等，宗庙祭祀用脂者、膏者、裸者、羽者、鳞者作荀虡的刻饰。

《周礼 • 地官 • 土会》记：“大司徒以土瀺之灋①，辨五地之物生：一曰山林，其動物宜皮毛，……；二曰川澤，其動物宜**鱗物**……；三曰丘陵，其動物宜羽物……；四曰墳衍，其動物宜介物……；五曰原隰，其動物宜裸物……。”

**注释：**上面依环境而分的动物，其中的大兽指毛、鳞、羽、介、裸五大类动物，相当于动物分类学上冷血的脊椎动物；小虫指昆虫等无血的小动物，相当于动物分类学上的无脊椎动物，包含鱼等鳞类（如鳞兽、鳞者、鳞物、鳞虫）鱼类的同物异名出现。文中“土瀺之灋”指“用土地和环境的关系”。文中“辨五地之物生”指“分辨五类生长环境下的动物”。

汉 • 戴圣编《礼记 • 月令》记：“孟春之月，日在營室，昏參中，旦尾中，其曰甲乙，其帝大皞，其神句芒。其**蟲鱗**，其音角。”又：“東風解凍，蟄蟲始振，魚上冰，獺祭魚，鴻雁來。”

① 灋：《玉篇》：古文法字。註詳五畫。《說文》：刑也。平之如水，故從水。廌所以觸不直者去之，故從廌，從去。《周禮 • 天官 • 太宰》：以八灋治官府。——摘自《康熙字典》（标点整理本）P611，上海辞书出版社，2007。

**注释：**这是两段祭祀的王制月令。其中的虫泛指动物，而鳞、介、羽、裸、虫又为动物之代表，分配于五行当中，鳞属木，为春之虫，多指鱼，所以第二段中有“东风解冻……鱼上冰”之物候现象。

明·李时珍撰《本草纲目·鳞部》记：“李時珍曰：**鱗蟲**有水陸二種，鱗屬皆卵生，而蝮蛇胎產。水族皆不瞑，而河豚目眨。……唐宋本草蟲魚不分，今析爲鱗部九十四種，分四類曰龍（鱷）、曰蛇、曰魚、曰無鱗魚。”

综合以上所述，一个是《尔雅》中四大类动物（虫、鱼、鸟、兽）中的鱼，另一个是《管子》《礼记》《周礼》中的鳞字表示五大类动物中之鱼，所以古籍中多根据鱼体被鳞甲，故有鳞者、鳞物、鳞虫等名，也为古籍中所用。然而也有一些非鱼类的水生动物混入，如明朝（1596 年）出版的《本草纲目·鳞部》中以鱼类为主，有 61 种（其中有鳞鱼 33 种，无鳞鱼 28 种），此外还有鰤鱼（学名：大鲵）、鲵鱼、海豚鱼（学名：江豚）、乌贼鱼（学名：乌鲗）、章鱼（学名：长蛸蛸）、海蛇（学名：海蜇）、虾（学名：日本沼虾）及海虾（学名：对虾）8 种水生非鱼类。清朝（1726 年）出版的《古今图书集成》有“康熙百科全书”之称，其中的《禽虫典·鱼部》，分鱼部、杂鱼部、异鱼部三部分，报道了鱼类 100 余种，其中含鲸、鳄、章鱼、海豚鱼等水生非鱼类动物。

## 二、国外文献中的鱼类

清末，国外动物学的传入，使我国先人对鱼类学有了更深入的了解，对鱼类认识更为科学合理。例如，（日）箕作佳吉著、柯璜译编的《博物学讲义·动物篇》记：“魚類形狀構造均適水中，體爲長形……紡錘形，外皮多被以鱗，……體側有側線，……軀幹有鰭，……頭兩側有鰓孔，……心臟一耳一室。”

（日）西师意译、（英）窦乐安、许家惺审定的《动物学教科书》中记：“魚，是類卵生，冷血，全體被鱗，常游水中，呼吸以鰓。”鱼体的外形如图 3-19 所示，出现了鱼纲的拉丁学名“Pisces”（也作复数），并介绍了鱼的分类系统：隶属脊索动物门鱼类（鱼纲），下分硬骨类、软骨类、硬鳞类、肺鱼类及圆口类五个目。

图 3-19　鱼体外形图

艾约瑟撰《动物学启蒙·脊骨动物·鱼》记：“魚生而水居，其呼吸行血之各體，皆因專用于水，尤足見其奇異，無肺，以水鰓呼吸，心一上房一下房，無赤色血，紫血入水，鰓得養（编者注：应为氧）氣後入屬背之血管時，無新力加上使速行，因而血行較他種脊骨動物甚慢，血涼無毛，僅生鱗甲，遺卵生子類，四肢變爲前後左右翅，專爲游水用矣。”此外，该书还有鱼骨架、鱼骨骼、鱼游行器具、鱼首诸器官等记述，可全面了解鱼之方方面面的知识。

## 三、鱼部汉字的发展

东汉（公元 100 年）许慎所编《说文解字》一书，首先将字以偏旁分部的办法，是我国字书的先河，为后代字典、词典的编纂打下了基础。以鱼部为例，其共收录了103个魚偏旁字，而后，明·张自烈等编的《正字通》鱼部收录了493个魚偏旁的字，清·陈庭敬等编的摘自《康熙字典》鱼部收录了628个魚偏旁的字，现代出版的《现代汉语词典》（2014年第6版）共收集带鱼偏旁的简体字136个，繁体字145个。

以《现代汉语词典》为例，136个带鱼偏旁的字中，有117个字为鱼类，占86.0%，有7个字是和鱼类相关的字（如鲠、鳍、鳞等），所以鱼类和与鱼类相关的字共有124个字，占到91.2%，另有9个字为水中生活的动物（如鲸、鰕等）或两栖爬行动物（如鳖、鲵、鳄等）。在古代没有动物学专业学者的情况下，古人把水中生活的动物和两栖爬行动物，统统用“鱼”偏旁命名，不应受到责怪。另外，看似与鱼不相关的“鲁”字，从考古资料上看，由于山东省独特的地理位置，该省一直是我国古代渔业发达的省份，所以用鱼部首的“鲁”字作为山东省的简称，也是恰如其分的。

笔者发现：在《说文解字》中有54个带鱼偏旁的字仍被保留到《现代汉语词典》中，也就是说2000多年前的字典中有39.7%带鱼偏旁的字得到现代保留。从文字的角度再次证明，我们的祖先对鱼类命名的历史之悠久，命名之科学，传承之连贯，确实可令现代人赞叹之。

另外，笔者还发现：《现代汉语词典》中带鱼偏旁的字基本都可在摘自《康熙字典》中找到原形，我们在古籍中收集到的1250多个古代鱼名的汉字表达，也在摘自《康熙字典》中得到了95%以上的印证。因此，摘自《康熙字典》不愧为一部中国收录汉字最多的古代字典，作为汉字研究的主要参考文献之一，成为我们整理古籍资料工作的得力工具。

笔者认为《现代汉语词典》选录的136个带鱼偏旁的字已经基本可以满足普通阅读者的需要。但是作为专业人员，在编纂《中华大典·生物学典·动物分典》的工作中，笔者查阅的大量古籍资料显示，鱼类的汉字命名十分准确和形象，数量之多远远超出《现代汉语词典》的范围，为了保持古籍资料的原始面貌，因此在表1中启用了繁体字，使之更准确、更生动、更形象，也更能让读者体会到中华民族的文化底蕴。详见表3-4。

**表3-4　从《说文解字》中看鱼部字的发展**

| 现代发音 | 说文解字 | 康熙字典 | 现代繁体 | 现代简体 | 备注 | 沿袭《说文解字》的字 |
|---|---|---|---|---|---|---|
| yu | 魚 | 魚 | 魚 | 鱼 | | √ |
| an | | 鮟 | 鮟 | 𩽾 | | |
| ao | | 鰲 | 鰲 | 鳌 | 传说中海里的大龟 | |
| bao | 鮑 | 鮑 | 鮑 | 鲍 | | √ |
| ba | | | 䰾 | 鲃 | | |
| ba | 鮁（bo） | 鮁（bo） | 鮁 | 鲅 | | √ |
| bei | 魳 | 魳 | | | | |
| bi | 鮅 | 鮅 | | | | |
| bi | | 鰏 | 鰏 | 鲾 | | |
| bian | 鯾 | 鯾、鯿 | 鯾、鯿 | 鳊 | | √ |
| biao | | 鰾 | 鰾 | 鳔 | | |
| bie | | 鱉 | 鱉 | 鳖 | 爬行动物 | |
| bing | 鮩 | 鮩 | | | | |
| bo | 鮊（ba） | 鮊 | 鮊 | 鲌 | | √ |
| bo | | 鱍 | 鱍 | 鲅 | | |
| can | | [illegible] | [illegible] | [illegible] | | |

续表

| 现代发音 | 说文解字 | 康熙字典 | 现代繁体 | 现代简体 | 备注 | 沿袭《说文解字》的字 |
|---|---|---|---|---|---|---|
| cen | 䲋 | 䲋 | | | | |
| chang | 鱨 | 鱨 | | | | |
| chang | | 鯧 | 鯧 | 鲳 | | |
| chun | | 鰆 | 鰆 | 䲠 | | |
| ci | 鮆（ji） | 鮆（ji） | 鮆 | 𬶋 | | √ |
| dao | | 魛 | 魛 | 鱽 | | |
| diao | 鯛 | 鯛 | 鯛 | 鲷 | | √ |
| die | | 鰈（ta） | 鰈 | 鲽 | | |
| duo | 鰖 | 鰖（tuo） | | | | |
| e | | 鰐、鱷 | 鱷、鰐 | 鳄 | 爬行动物 | |
| er | 鮞 | 鮞 | 鮞 | 鲕 | | √ |
| fang | 魴 | 魴 | 魴 | 鲂 | | √ |
| fei | | 鯡 | 鯡 | 鲱 | | |
| fen | 魵 | 魵 | | | | |
| fen | | 鱝 | 鱝 | 鲼 | | |
| fu | 𩵹 | 𩵹 | | | | |
| fu | 鮒 | 鮒 | 鮒 | 鲋 | | √ |
| fu | 鰒 | 鰒 | 鰒 | 鳆 | | √ |
| fu | | 鮄 | 鮄 | 𬶍 | | |
| gan | | 鱤 | 鱤 | 鳡 | | |
| geng | 䱍 | 䱍 | | | | |
| geng | 鯁 | 鯁 | 鯁 | 鲠 | 鱼骨头（刺） | √ |
| guan | 鰥 | 鰥 | 鰥 | 鳏 | | √ |
| guan | | | 鳤 | 𬶟 | | |
| gui | | 鮭 | 鮭 | 鲑 | | |
| gui | 鱖 | 鱖 | 鱖 | 鳜 | | √ |
| gui | | 鱥 | 鱥 | 𬶭 | | |
| gun | 鯀 | 鮌、鯀 | 鮌、鯀 | 鲧 | | √ |
| gu | | 鯝 | 鯝 | 鲴 | | |
| hang | 魧 | 魧 | | | | |
| hao | 鰝 | 鰝 | | | | |
| hong | | 魟 | 魟 | 𫚉 | | |
| hou | 鯸 | 鯸 | | | | |
| hou | | 鱟 | 鱟 | 鲎 | 鲎鱼非鱼，节肢动物 | |
| hou | | 鮜 | 鮜 | 𫙞 | | |
| hu | 鱯（hua） | 鱯 | 鱯 | 鳠 | | √ |
| hua | 魤 | 魤 | | | | |
| hua | 𩸋 | 𩸋 | | | | |
| hua | | 䱻 | 䱻 | 𫚌 | | |

续表

| 现代发音 | 说文解字 | 康熙字典 | 现代繁体 | 现代简体 | 备注 | 沿袭《说文解字》的字 |
|---|---|---|---|---|---|---|
| huan | 鯇 | 鯇 | 鯇 | 鲩 | | √ |
| huang | | 鰉 | 鰉 | 鳇 | | |
| hui | | | 鮰 | 鮰 | | |
| huo | | 鱯（xu） | 鱯 | 鳠 | | |
| ji | 鰿 | 鰿 | | | | |
| ji | | 鱀 | 鱀 | 鱀 | | |
| ji | | 鰶 | 鰶 | 鰶 | | |
| ji | | 魢 | 魢 | 鱾 | | |
| Ji | | 鱭 | 鱭 | 鲚 | | |
| ji | | 鯽 | 鯽 | 鲫 | | |
| Jian | | 鰹 | 鰹 | 鲣 | | |
| jian | 鰜（qian） | 鰜 | 鰜 | 鳒 | | √ |
| jiang | | 鱂 | 鱂 | 鳉 | | |
| jiao | 鮫 | 鮫 | 鮫 | 鲛 | | √ |
| jie | 鮚（ji） | 鮚（ji） | 鮚 | 鲒 | | √ |
| jing | 鱷 | 鱷（qing） | | | | |
| jing | | 鯨（qing） | 鯨 | 鲸 | 水中的哺乳动物 | |
| jiu | 鯦 | 鯦 | | | | |
| ju | [illegible] | [illegible] | | | | |
| ju | | 鮈 | 鮈 | 𬶋 | | |
| jun | | 鮶 | 鮶 | 鲪 | | |
| kang | | | 鱇 | 鱇 | | |
| kuai | | 鱠 | 鱠 | 鲙 | | |
| kun | | 鯤 | 鯤 | 鲲 | | |
| la | | 鯻 | 鯻 | 鯻 | | |
| lai | 鱝 | 鱝 | | | | |
| le | | 鰳 | 鰳 | 鳓 | | |
| li | 鱳 | 鱳（luo） | | | | |
| li | [illegible] | [illegible] | | | | |
| Li | 鱺 | 鱺 | 鱺 | 鲡 | | √ |
| Li | 鯉 | 鯉 | 鯉 | 鲤 | | √ |
| li | 鱧 | 鱧 | 鱧 | 鳢 | | √ |
| lian | 鰱 | 鰱 | 鰱 | 鲢 | | √ |
| lian | | 鰊 | 鰊 | 𬶠 | | |
| lie | | 鱲 | 鱲 | 鱲 | | |
| lin | [illegible] | [illegible] | | | | |
| lin | 鱗 | 鱗 | 鱗 | 鳞 | 鱼类及其他动物身体表面具有保护作用的薄片组织，由角质和骨质等构成，如鱼鳞 | |
| ling | 魿 | 魿 | | | | |

续表

| 现代发音 | 说文解字 | 康熙字典 | 现代繁体 | 现代简体 | 备注 | 沿袭《说文解字》的字 |
|---|---|---|---|---|---|---|
| ling | | 鯪 | 鯪 | 鲮 | | |
| lou | ⿰魚婁 | ⿰魚婁 | | | | |
| lu | ⿰魚虜 | ⿰魚虜 | | | | |
| lu | | 鱸 | 鱸 | 鲈 | | |
| lu | | 魯 | 魯 | 鲁 | ①山东别称；②姓；③形容人迟钝、粗野等 | |
| lu | | ⿰魚彔 | ⿰魚彔 | ⿰鱼录 | | |
| luo | 鮥 | 鮥 | | | | |
| man | 鰻 | 鰻 | 鰻 | 鳗 | | √ |
| meng | 鯍 | 鯍 | | | | |
| mian | 鮸 | 鮸 | 鮸 | ⿰鱼免 | | √ |
| min | | 鰵 | 鰵 | 鳘 | | |
| na | ⿰魚納 | 魶 | | | | |
| ni | 鯢 | 鯢 | 鯢 | 鲵 | 两栖动物 | √ |
| nian | 鮎 | 鮎 | 鮎、鯰 | 鲇 | | √ |
| pang | | 鰟 | 鰟 | 鳑 | | |
| pi | 魾 | 魾 | | | | |
| pi | 鮍 | 鮍 | 鮍 | 鲏 | | √ |
| ping | | 鮃 | 鮃 | 鲆 | | |
| qi | 鯕 | 鯕 | 鯕 | 鲯 | | √ |
| qi | | 鰭 | 鰭 | 鳍 | 鱼类的运动器官 | |
| qie | 鯜 | 鯜 | | | | |
| qin | 魿 | 魿 | | | | |
| qing | ⿰魚巠 | ⿰魚巠（jing） | | | | |
| qing | | 鯖（zheng） | 鯖 | 鲭 | | |
| qiu | | 鰍 | 鰍 | 鳅 | | |
| qu | ⿰魚瞿 | ⿰魚瞿（ju） | | | | |
| qiu | 鰌 | 鰌 | 鰌 | ⿰鱼酋 | | √ |
| qu | 鰸 | 鰸 | | | | |
| qu | 魼 | 魼 | | | | |
| quan | | 鰁 | 鰁 | ⿰鱼泉 | | |
| rou | | 鰇 | 鰇 | ⿰鱼柔 | | |
| sai | | 鰓 | 鰓 | 鳃 | 鱼的呼吸器官 | |
| sao | 鱢 | 鱢 | | | | |
| sha | 魦 | 魦 | | | | |
| sha | | 鯊 | 鯊 | 鲨 | | |
| shan | 鱓 | 鱓、鱔 | 鱓、鱔 | 鳝 | | √ |
| shen | | 鰺 | 鰺 | 鲹 | | |
| shi | | | ⿰魚虱 | ⿰鱼虱 | 节肢动物. 寄生在鱼类身体的表面 | |

续表

| 现代发音 | 说文解字 | 康熙字典 | 现代繁体 | 现代简体 | 备注 | 沿袭《说文解字》的字 |
|---|---|---|---|---|---|---|
| shi | | 鰣 | 鰣 | 鲥 | | |
| shi | | 鰤 | 鰤 | 𫚕 | | |
| su | | | 穌 | 稣 | ①同苏；②耶稣 | |
| ta | 鰨 | 鰨 | 鰨 | 鳎 | | √ |
| tai | 鮐 | 鮐 | 鮐 | 鲐 | | √ |
| teng | | 鰧 | 鰧 | 䲢 | | |
| ti | 鮷 | 鮷鯷 | 鮷、鯷 | 鳀 | | √ |
| tiao | 鯈 | 鯈（you）鰷 | 鰷 | 鲦 | | √ |
| tong | 鮦 | 鮦 | 鮦 | 鲖 | | √ |
| tou | [illegible] | [illegible] | | | | |
| tuo | 魠 | 魠 | | | | |
| tuo | 鮀 | 鮀 | 鮀 | 𬶍 | | √ |
| tun | | 魨 | 魨 | 鲀 | | |
| wei | | 鰃 | 鰃 | 鳂 | | |
| Wei | 鮪 | 鮪 | 鮪 | 鲔 | | √ |
| Wei | | [illegible] | [illegible] | 鳚 | | |
| wei | | 鮠 | 鮠 | 𬶏 | | |
| wen | | 鰛 | 鰛 | 鳁 | | |
| weng | [illegible] | [illegible] | [illegible] | [illegible] | | √ |
| xi | 鰼 | 鰼 | 鰼 | 鳛 | | √ |
| xi | | | 鱚 | [illegible] | | |
| xia | 鰕 | 鰕 | 鰕 | [illegible] | 节肢动物 | √ |
| xian | [illegible] | [illegible] | | | | |
| xian | | [illegible] | [illegible] | [illegible] | | |
| xian | 鱻 | 鱻 | | | | |
| xian | 鮮 | 鮮 | 鮮、鱻 | 鲜 | | √ |
| xiang | 鯗 | 鯗 | 鮝、鯗 | 鲞 | 剖开后晾干的鱼 | √ |
| xing | 鮏 | 鮏 | | | | |
| xu | [illegible] | [illegible] | | | | |
| xu | 鱮 | 鱮 | 鱮 | [illegible] | | √ |
| xue | | | 鱈 | 鳕 | | |
| xun | 鱏 | 鱏 | 鱘、鱏 | 鲟 | | √ |
| yan | 鰋 | 鰋 | | | | |
| yao | | 鰩 | 鰩 | 鳐 | | |
| yi | 鮨（qi） | 鮨 | 鮨 | [illegible] | | √ |
| yin | | 鮣 | 鮣 | 䲟 | | |
| you | [illegible] | [illegible] | | | | |
| you | | | 魷 | 鱿 | 鱿鱼非鱼软体动物 | |
| you | | 鮋 | 鮋 | 鲉 | | |

续表

| 现代发音 | 说文解字 | 康熙字典 | 现代繁体 | 现代简体 | 备注 | 沿袭《说文解字》的字 |
|---|---|---|---|---|---|---|
| yong | 鰫 | 鰫 | | | | |
| yong | 鱅 | 鱅 | 鱅 | 鳙 | | √ |
| yong | | | 鯒 | 鲬 | | |
| yu | 鰅 | | | | | |
| zei | 鰂 | 鰂（ze） | 鰂 | 鲗 | 软体动物 | √ |
| zha | 鮺 | 鮺 | 鮺 | 鲝 | 腌制的鱼 | √ |
| zha | | 鮓 | 鮓 | 鲊 | 腌制的鱼 | |
| zhan | 鱣 | 鱣 | 鱣 | 鳣 | | √ |
| zhao | 鮡 | 鮡 | 鮡 | 𬶐 | | √ |
| zhen | | 鱵 | 鱵 | 鱵 | | |
| zhuan | 鱄 | 鱄 | | | | |
| zhuo | 䲁 | 䲁（zhao） | | | | |
| zi | | 鯔 | 鯔 | 鲻 | | |
| zou | 鯫 | 鯫 | 鯫 | 鲰 | | √ |
| zun | 鱒 | 鱒 | 鱒 | 鳟 | | √ |

汉字历来遵循“用则进，废则退”的自然规律，使用频率高的字肯定会被传承，反之使用频率偏低或根本不用的字会被自然淘汰。

例如，鮅，《说文》：鱼名。《尔雅·释鱼》：鮅，鱒。疏：鮅，一名鱒。现代常用名为鳟，所以鮅字消失。

由于自古以来，我国的鱼类资源丰富，渔业生产延续至今，鱼文化传承千年不衰，所以通过以上对我国古籍中鱼字的考证，也可以从我国古人在鱼字的认识和发展过程中，进一步证明我国鱼类研究的历史悠久和古人的聪明智慧，从而极大地丰富了我国古代鱼类史的内容。

## 参考文献

汉语大词典编纂处. 2007. 康熙字典(标点整理本). 上海: 上海辞书出版社: 1462-1479
李翰文译注，朱根华按语. 2006. 说文解字文白对照——鱼部. 北京: 九州出版社: 942-951
王云五主编，林尹注译. 1972. 周礼今注今译. 台北: 台湾商务印书馆: 92, 463
王云五主编，王梦欧注译. 1970. 礼记今注今译. 台北: 台湾商务印书馆: 201
张世义，商秀清. 2011. 古籍鱼名的考证. 动物研究所所刊, 2: 31-32(内部发行)
中国社会科学院语言研究所辞典编辑室编. 2014. 现代汉语词典. 第六版. 北京: 商务印书馆

# 中国古籍中的鱼类名称解析

张世义

古籍中鱼名众多，正像明代著名学者屠本畯在《闽中海错疏》的“序”中所言：“水族之多莫如魚，而名之異亦莫如魚。”在参与编写的《中华大典·生物学典·动物分典》和《中国古代动物名称考》中的鱼类部分显示，共有古籍鱼名1245个。有20余种鱼名未能鉴别，故未计算在内（张世义，2015）。古人对鱼类名称的认知反映了他们的智慧，他们根据鱼类特征起名，有的是从鱼类形态上起名，有的是从生态上起名，有的是从食品上起名，有的是从渔业上起名等多方面。这么多鱼的古名内容丰富、错综复杂、趣味也多，是考证古籍鱼类物种的重要依据之一。经笔者整理，现分古名的悠久历史、古名含义的分析两个部分介绍研究成果。

## 一、古名的悠久历史

### （一）我国是认知利用鱼类最早、最广的国家之一

早在商代（公元前1395—前1123年）的龟板兽骨上记载的鱼及鱼偏旁的相关甲骨文字就有14字之多。在我国三大古籍及其后的两大名著中，都列有许多古人认知鱼的名字（表3-5）。

**表3-5 经典古籍记载鱼类的年代与物种数目统计**

| 著作名称 | 年代 | 鱼类种类/种 | 备注 |
|---|---|---|---|
| 《山海经》 | 公元前30—前2世纪 | 34 | 郭郛（2013）《山海经注证》 |
| 《尔雅》 | 公元前11—前4世纪 | 24 | 郭郛，（英）李约瑟，成庆泰（1999）《中国古代动物学史》 |
| 《诗经》 | 公元前25—前6世纪 | 20 | 李思忠（1990）《淡水渔业》 |
| 《说文解字》 | 公元127年 | 40 | 除汇总《诗经》《尔雅》等书的鱼种类外，又增加鱼生态、加工等新内容 |
| 《本草纲目》 | 公元1596年 | 61 | 记录了古名、释名、形态、生活习性及药用价值，并有附图，其中很多鱼名沿用至今 |

由此可见，鱼类作为人类生存的重要食材和生活中不可或缺的生活要素，早在几千年以前就被我国祖先认识和利用，并持续不断地进行着对鱼类的研究，而且成果丰硕，为现代鱼类学研究奠定了基础。

### （二）我国鱼类资源十分丰富且分布广泛，决定了鱼类名称的多样

在我们整理的古籍中，鱼类有220属种，每个种类的古名字多少分布不均，1—2个古名的鱼类有124属种，3—10个古名的鱼类有96属种，11个以上古名的鱼类有21属种，古鱼名最多的前三名分别是东方鲀属 *Takifugu* spp.（39个）、鲤 *Cyprinus carpio*（27个）和大黄鱼 *Pseudosciaena crocea*（26个）（张世

义，2015）（表 3-6）。

**表 3-6　鱼类古名的出现年代及其名称统计（仅举 3 例以明之）**

| 出现年代 | 出现朝代 | 东方鲀属之古名 | 鲤之古名 | 大黄鱼之古名 |
|---|---|---|---|---|
| 公元前 206—220 年 | 汉朝 | 鯵[①]鮛 | 鯉、鯉魚 | |
| 公元 222—280 年 | 三国吴 | 魳魳、魳魳[②] | 赤鯉 | |
| 公元 265—420 年 | 晋朝 | | 鮦 | 石首魚、䠓[③]水、春來、石頭 |
| 公元 502—557 年 | 南朝梁 | 魳 | 赤鱓 | |
| 公元 618—907 年 | 唐朝 | | 雙鯉 | 石頭魚 |
| 公元 960—1279 年 | 宋朝 | 魳、河豚、河魨、鯸鮔[④] | 頳鯉、鱣鯉、李本、黑鯉 | 鯼、鯼魚、鯗、元鎮、鱐、白鯗、金鱗、黄瓜、黄魚 |
| 公元 1115—1234 | 金朝 | 嗔魚、吹吐魚、氣包魚 | | |
| 公元 1271—1368 年 | 元朝 | 鯸鮧、䲅[⑤]、烏狼、探魚、黄䲅 | | |
| 公元 1368—1644 年 | 明朝 | 斑子、鰗鮧、魳魚、魨、䲅魚、豚魚、鰐[⑥]鰫、鮔、鯸鮐、吹肚魚 | 魚王、赤驥、青鯉、青馬、黑駒、白鯉、白騏、黄鯉、黄騏、金鯉、金鳧魚、鱣、鐵鯉、魚王子 | 鮸魚、江魚、黄花魚、鰉魚、鰈[⑦]魚、鰌魚、梅童、梅首、明鯗、脯鯗 |
| 公元 1644—1911 年 | 清朝 | 鰞[⑧]、赤鮭、回魚、胡夷、黄規、規魚、鰾魚、挺鮍、氣魚、鮐魚、西施乳、青郎君、斑兒 | 紅鯉、金背鯉、江鯉 | 報春、桂花 |
| 合计 | | 39 个 | 27 个 | 26 个 |

① 鯵：王充《論衡》：鯵鮛殺人。音未詳。鮛：《集韻》：同鯄。詳鯄字注。——摘自《康熙字典》（标点整理本）P1467，1469，上海辞书出版社，2007

② 魳：bèi。《廣韻》《集韻》並博蓋切。音貝。《説文》：魚名。初樂浪潘國。《山海經》：敦水東流，注於雁門之水，其中多魳魳之魚，食之殺人。《本草》：即鯸鮐也。與鮭同。《魏武帝食制》謂之鯸魳。——摘自《康熙字典》（标点整理本）1463，上海辞书出版社，2007

③䠓：qīu。《集韻》雌由切。音秋。與趥同。《玉篇》：行貌。又與鰌同。《莊子·秋水篇》：鰌我亦勝我。音義》：鰌，藉也。本亦作䠓。Cù，又《集韻》七六切。音蹙。迫也。又子六切。蹙，或作䠓。義同。——摘自《康熙字典》（标点整理本）P1209，上海辞书出版社，2007

④ 鮔：yí，《廣韻》與之切。《集韻》盈之切。並音飴。《廣韻》：鯸鮔，魚也。《正字通》：河豚別名。《博雅》：鯸鮔，魨也。《類篇》：背青腹白，觸物即怒，其肝殺人。——摘自《康熙字典》（标点整理本）P1466，上海辞书出版社，2007

⑤ 䲅：guī，《本草》：䲅魚，一名鶘夷。以物觸之，即填腹如氣毬。亦曰嗔魚。白背有赤道如印，魚目得合，與諸魚不同，即今河魨也。注：音規。——摘自《康熙字典》（标点整理本）P1475，上海辞书出版社，2007

⑥ 鰐：é，《廣韻》五陌切。《集韻》鄂格切。並音額。鯿鰐，魚名。——摘自《康熙字典》（标点整理本）P1471，上海辞书出版社，2007

⑦ 鰈：鰈字之譌。見《字彙補》。——摘自《康熙字典》（标点整理本）P1471，上海辞书出版社，2007

⑧ 鰞：huī，《廣韻》許爲切。《集韻》籲爲切。並音麾。《玉篇》：大魚。《正字通》：按鰞魚，潮州有之，俗名蒲魚。又《集韻》於媯切。音爲。義同。——摘自《康熙字典》（标点整理本）P1476，上海辞书出版社，2007

为什么同一种鱼会有这么多的古名字？我们认为这种现象的存在，与古人的生活环境密切相关。自古我国地域广阔，古人都是在各自的生活范围内对物种进行命名，古时候的交通又不发达，各地区的信息交流也不多，加上各地的方言特点、文化特色、生活与饮食习惯等因素，以及对物种的认识与命名的局限性等等，所以出现了一物多名的现象，在古籍文献中同物异名的情况比比皆是。

例如，产于我国的著名鱼类——鲤鱼，早在 2000 多年前的汉朝就已定名，其后各朝各代对其都有所记载。我们的祖先已经从其形态、饲养、烹饪、营养、医用、观赏、民间传说，甚至以鲤赋诗作文等等，在古籍记载中都留下了众多美誉。因此，鲤鱼在古籍中出现, 20 多个古名也就不足为奇了。

## （三）我国古人对鱼类的命名，具有很强的科学性

中国的悠久历史和古人的聪明才智，决定了我国古代文化的博大精深，以鱼类的命名为例，充分显示了我国祖先的睿智，许多鱼类的古代命名一直沿用至今，经久不衰，有的甚至已使用了几千年，说明了当初命名的科学性和严谨性（表 3-7）。

**表 3-7　现代沿用的鱼类古名及其学名命订**

| 鱼名 | 现代学名 | 刊载的古代文献 | 文献年代 |
| --- | --- | --- | --- |
| 鱼 | | 殷商・甲骨文 | 公元前 1600—前 1046 年 |
| 鲶 | *Silurus asotus* | 漢・許慎撰，宋・徐鉉增釋《説文解字》卷一一下 | 公元前 202—220 年 |
| 鳜 | *Siniperca chuatsi* | 漢・許慎撰，宋・徐鉉增釋《説文解字》卷一一下 | |
| 鮸 | *Miichthys miiuy* | 漢・許慎撰，宋・徐鉉增釋《説文解字》卷一一下 | |
| 鳊 | *Parabramis pekinensis* | 漢・許慎撰，宋・徐鉉增釋《説文解字》卷一一下 | |
| 鲂 | *Megalobrama terminalis* | 漢・許慎撰，宋・徐鉉增釋《説文解字》卷一一下 | |
| 鲤 | *Cyprinus carpio* | 漢・許慎撰，宋・徐鉉增釋《説文解字》卷一一下 | |
| 鲢 | *Hypophthalmichthys molitrix* | 漢・許慎撰，宋・徐鉉增釋《説文解字》卷一一下 | |
| 鳙 | *Aristichthys nobilis* | 漢・許慎撰，宋・徐鉉增釋《説文解字》卷一一下 | |
| 魚翁① | *Cirrhitus pinnulatus* | 漢・許慎撰，宋・徐鉉增釋《説文解字》卷一一下 | |
| 泥鳅 | *Misgurnus nguillicaudatus* | 南朝梁・顧野王撰，宋・陳彭年等重修《重修玉篇》卷二四 | 公元 502—557 年 |
| 鲻 | *Mugil cephalus* | 南朝梁・顧野王撰，宋・陳彭年等重修《重修玉篇》卷二四 | |
| 鲫 | *Carassius auratus* | 南朝梁・顧野王撰，宋・陳彭年等重修《重修玉篇》卷二四 | |
| 鲃 | *Girella punctata* | 南朝梁・顧野王撰，宋・陳彭年等重修《重修玉篇》卷二四 | |
| 金鱼 | *Carassius auratus* | 南朝梁・任昉撰《述異記》卷下 | |
| 黄魟 | *Dasyatis bennetti* | 唐・段成式撰《酉陽雜俎》續集卷八 | 公元 618—907 年 |
| 鳓 | *Ilisna elongata* | 宋・黄省曾著《魚經》 | 公元 960—1279 年 |
| 鲫 | *Echeneis naucrates* | 宋・羅願撰，元・洪焱祖音釋《爾雅翼》卷三〇 | |
| 鳗鲡 | *Anguilla japonica* | 宋・陸佃撰《埤雅》卷二 | |
| 鲥 | *Tenualosa reevesii* | 宋・戴侗撰《六書故》卷二〇 | |
| 黄鳝 | *Monopterus albus* | 金・李杲編輯，明・李時珍參訂，姚可成補輯《食物本草》卷一〇（鱗部） | 公元 1271—1368 年 |
| 铜鱼 | *Coreius heterodon* | 金・李杲編輯，明・李時珍參訂，姚可成補輯《食物本草》卷一〇（鱗部） | |
| 黄颡鱼 | *Pelteobagrus fulvidraco* | 金・李杲編輯，明・李時珍參訂，姚可成補輯《食物本草》卷一〇（鱗部） | |
| 龙头鱼 | *Harpadon nehereus* | 金・李杲編輯，明・李時珍參訂，姚可成補輯《食物本草》卷一〇（鱗部） | |
| 青鱼 | *Mylopharyngodon piceus* | 金・李杲編輯，明・李時珍參訂，姚可成補輯《食物本草》卷一〇（鱗部） | |
| 黄鲫 | *Setipinna taty* | 元・馮復京等撰《昌國州圖志》卷四 | |
| 乌鳢 | *Ophicephalus argus* | 明・李時珍撰《本草綱目》卷四四（鱗之四） | 公元 1368—1644 年 |
| 带鱼 | *Trichiurus haumela* | 明・胡世安撰《異魚圖贊補》閏集 | |
| 鯮 | *Luciobrama macrocephalus* | 明・李時珍撰《本草綱目》卷四四（鱗之四） | |
| 黄鲥 | *Hypseleotris swinhonis* | 明・李時珍撰《本草綱目》卷四四（鱗之四） | |
| 锦鱼 | *Thalassoma* spp. | 明・屠本畯撰《閩中海錯疏》卷中 | |
| 玉筋鱼 | *Ammodytes personatus* | 明・王圻、王思義輯《三才圖會》 | |
| 鲹 | *Liza haematocheila* | 明・張自烈撰，清・廖文英續《正字通》（亥集中・魚部） | |
| 香鱼 | *Plecoglossus altivelis* | 明・胡世安撰《異魚圖贊補》卷上 | |
| 草鱼 | *Ctenopharyngodon idellus* | 明・夏良勝纂修《正德建昌府志（江西省）》（物產・鱗之属） | |
| 鳇 | *Huso dauricus* | 明・張自烈撰，清・廖文英續《正字通》（亥集中・魚部） | |

续表

| 鱼名 | 现代学名 | 刊载的古代文献 | 文献年代 |
|---|---|---|---|
| 剑鱼 | *Xiphias gladius* | 清•（英）韋廉臣著《格物探原》 | 公元 1644—1911 年 |
| 方头鱼 | *Branchiostegus* sp. | 清•郭柏蒼撰《海錯百一錄》卷一 | |
| 海鲫 | *Ditrema temmincki* | 清•郭柏蒼撰《海錯百一錄》卷一 | |
| 梅童鱼 | *Collichthys* sp. | 清•稽曾筠等監修，沈翼璣等編纂《浙江通志》卷一〇二 | |
| 海魴 | *Zeus japonicus* | 清•李書吉等纂修《廣東府縣志輯•嘉慶澄海縣志》卷二四 | |
| 镰鱼 | *Zanclus cornutus* | 清•魯鼎梅修，王必昌纂《臺灣府縣志輯•乾隆重修臺灣縣志》 | |
| 荷包鱼 | *Chaetodontoplus* sp. | 清•薩廉修，陳淑均纂《臺灣府縣志輯•咸豐臺灣府噶瑪蘭廳志》卷六 | |
| 金钱鱼 | *Scatophagus argus* | 清•唐景崧修，蔣師轍、薛紹元纂《臺灣府縣志輯•光緒臺灣通志》（物產） | |
| 石斑鱼 | *Epinephelus* spp. | 清•鐘元棣修，張雋、邢定綸纂《海南府縣志輯•民國崖州志》 | |
| 细鳞鱼 | *Brachymystax lenok* | 清•和珅等撰《大清一統志》卷四二 | |
| 马口鱼 | *Opsariichthys bidens* | 清•王河等修《欽定盛京通志》卷二七 | |

① 鰫：wēng，《唐韻》烏紅切。《集韻》烏公切。並音翁。《説文》：魚名。《本草》：漳州海中有海鰫魚，取其糞乾之，盛器可避蠅。——摘自《康熙字典》（标点整理本）P1473，上海辞书出版社，2007

鱼类古名记载早，一些分布广、经济价值大的种类记载更为详尽，我国著名的“四大家鱼（青、草、鲢、鳙）”在古籍中也常见。例如：

（1）青鱼：南朝梁•顾野王（519—581 年）的《玉篇》就有这样的记载：“鱋[①]，大青魚。”明•李时珍所注《开宝本草•青鱼下》云：“青亦作鯖，以色名也。形似草魚，其味甚美。”

（2）草鱼：“鯇”字在汉•许慎（58—147 年）的《说文解字》中就已出现。明•屠本畯撰《闽中海错疏》有详细记述：“草魚似鲻，身圓而長，以其畜於池塘，飼之以草。”李时珍曰：“草魚，其形長身圓，肉厚而松，狀類青魚。”

（3）鲢鱼：“鲢”字在汉•许慎（58—147 年）的《说文解字》中就已出现。明•李时珍在《本草纲目》卷四四《鳞之四》中有进一步阐述，曰：“酒之美者曰醑[②]，魚之美者曰鱮。陸佃云：鱮好群行，相與也，故曰鱮，相連也，故曰鰱。”

（4）鳙鱼：“鳙”字也是在汉•许慎（58—147 年）的《说文解字》中就已出现。发展到清•李元在《蠕范》（卷二）中有具体的说明，曰：“鱃，鳙也，松魚也，胖頭魚也。似鰱，頭大與身等，味美在頭。”

由此可见，享誉我国的著名四大家鱼之美味并非空穴来风，从其名称自古有之的事实，说明其美味传承千年不变，可见我们的祖先认知之先进、判断之清晰、命名之准确让现代人不得不佩服有加！

## （四）很多鱼的古代命名，也得到了近、现代国外学者的认同

许多鱼的英文名与中文古名有着千丝万缕的关系。现仅举一例：南朝梁（502—557 年）陶弘景依据“魚蝦類也，狀如馬形”所订的“海马鱼”之名，为现代人所公认，从名称出现的时间上看，英文“海马”之名 seahorse 就很有可能源于中国古名之译音。

① 鱋：lóu，（《唐韻》洛侯切。《集韻》郎侯切。並音樓。《説文》：魚名。一名鯉。一名鰜。《玉篇》：大青魚。又《廣韻》力朱切。《集韻》龍珠切。並音慺。義同。）——摘自《康熙字典》（标点整理本）P1474，上海辞书出版社，2007。

② 醑：xù，（《唐韻》徐呂切。《集韻》象呂切。並音敘。《玉篇》：美皃。《廣韻》：酒之美也。《集韻》：演女切。音與。義同。）——摘自《康熙字典》（标点整理本）P1277，上海辞书出版社，2007.

# 二、古名含义的分析

中国古人对动物的命名方法多种多样，往往以直观印象为基础，命名确切、细致、生动、易记，在古代文献的描述中随处可见。为阅读方便，笔者选66种古人命名的鱼名进行分析。

将鱼类古名分别列入形态名、生态名、食品名、渔业名、产地名、人名、化生名等相对应系列中予以说明（表3-8—表3-14）。

**表3-8　以形态命名**

| 形态 | 古名 | 现名 | 古籍记载 |
|---|---|---|---|
| 体型 | 鰈 | 鰈形目 Pleuronectiformes | 三国吴·沈莹撰、张崇根辑《临海水土异物志》："比目魚，一名鰈，一名鰜。狀似牛脾，細鱗，紫黑色。一眼兩片，相合乃行。" |
| | 鰜 | | |
| | 鞋底魚 | | 金·李杲编辑，明·李时珍参订、姚可成补辑《食物本草》卷一〇（鳞部）："一名鞋底魚。生海中。狀如牛脾及女人鞋底，細鱗，紫白色，兩片相合乃得行。其合處半邊平而無鱗，口近頷下。" |
| | 奴履魚 | | 三国吴·沈莹撰、张崇根辑《临海水土异物志》："奴履魚長一尺，狀如履形。" |
| | 若葉魚 | | 明·李时珍撰《本草纲目》卷四四（鳞之四）："《南方異物志》名若葉魚，皆因形也。" |
| | 帶魚 | 带鱼 *Trichiurus haumela* | 明·屠本畯撰《闽中海错疏》卷中："帶，身薄而長，其形如帶，鋭口，尖尾，只一脊骨而無鯁，無鱗。" |
| | 荷包魚 | 荷包鱼 *Chaetodontoplus* sp. | 清·萨廉修，陈淑均纂《台湾府县志辑·咸丰台湾府噶玛兰厅志》卷六一："荷包魚，以形名。" |
| | 鮪 | 白鲟 *Psephurus gladius* | 明·李时珍撰《本草纲目》卷四四（鳞之四）："此魚延長，故從尋從覃，皆延長之意。" |
| | 王鮪 | 白鲟 *Psephurus gladius* | 《尔雅》云："鮪，鱣屬也。大者名王鮪。" |
| | 武陽魚 | 鳑鲏鱼 Acheilognathinae | 晋·郭璞注《尔雅》云："小魚也。"金·李杲编辑《食物本草》卷一〇："郭義恭所謂'武陽小魚大如針，一斤千頭'。" |
| 头部 | 犁頭鯊 | 犁头鳐 *Phinobatos* spp. | 明·彭大翼撰《山堂肆考》卷二二四："鯊魚中有犁頭鯊，頭似犁鑱而長，尖鋭刺人。" |
| | 方頭魚 | 方头鱼 *Branchiostegus* sp. | 明·屠本畯撰《闽中海错疏》卷上："方頭，似棘鬣而頭方，味美。" |
| 口部 | 大口魚 | 大头鳕 *Gadus macrocephalus* | 清·李调元撰《然犀志》卷上："魚之大口者。" |
| | 針嘴魚 | 鱵 *Hemiramphus* spp. | 明·张自烈《正字通》："形似鱠殘，喙尖，一細黑骨如刺，俗呼針嘴魚。" |
| | 鸚鵡魚 | 纤鹦嘴鱼 *Leptoscarus vaigiensis* | 清·胡世安撰《异鱼图赞补》卷中："傍有穴，多出鸚鵡魚，色青緑，口曲而紅，似鸚鵡。" |
| 鳃部 | 四鰓魚 | 松江鲈 *Tranchidermas fasciacus* | 明·张自烈《正字通》："巨口，細鱗，似鱖，長數寸，有四鰓，俗呼四鰓魚。"（实为一对鳃，余者为表皮皱褶） |
| | 八目鰻 | 七鳃鳗 *Lampetra* spp. | 清·（日）箕田佳吉着《博物学讲义》第七章《圆口类》："眼後生七鰓孔，世嘗誤認爲目，故有八目之名。" |
| 眼睛 | 麻虱目 | 遮目鱼 *Chanos chanos* | 清·乾隆《重修台湾府志》上策："麻虱目，魚塭中所產，狀類鯔，鱗細。" |
| 吻部 | 針魚 | 剑鱼 *Xiphias gladius* | 清·（英）韦廉臣《格物探原》："劍魚之喙鋒利似劍，其取食也刺之，有俗名針魚者。" |
| 背鳍 | 旗魚 | 平鳍旗鱼 *Istiophorus platypterus* | 清·蒋师辙《台湾通志》："旗魚，色黑，背翅如旗，鼻頭一刺，長二三尺，極尖利。" |
| 胸鳍 | 文鰩魚 | 飞鱼科 Exocoetidae | 清·（日）箕作佳吉著《博物学讲座·动物学》："文鰩魚，胸鰭非常發達，故從水飛出。" |
| | 海鷂魚 | 鷂鲼 *Aetobatus* sp. | 金·李杲编辑《食物本草》："海鷂魚，一名邵陽魚，生東海，形似鷂，有肉翅，能飛上石頭。" |
| 尾鳍 | 劍鯊 | 长尾鲨科 Alopiidae | 明·屠本畯撰《闽中海错疏》："劍鯊，尾長似劍。" |
| | 馬鞭魚 | 烟管鱼 *Fistularia* sp. | 清·郭柏苍撰《海错百一录》："馬鞭魚，即鮹魚，……形似鞭鞘。" |
| 鱼鳞 | 箭魚 | 鲥 *Tenualosa reevesii* | 明·冯时可撰《雨航杂录》："箭魚，即鰣魚也，腹下細骨（注：棱鳞），如箭鏃。" |
| | 鐵甲魚 | 大甲鲹 *Megalaspis cordyla* | 清·蒋师辙《台湾通志》："鐵甲魚，鱗硬如甲，故名。" |
| | 無磷魚 | 新疆裸重唇鱼 *Gymnodiptychus dybowskii* 青海湖裸鲤 *Gymnocypris przewalskii* | 清·王树枏纂《新疆图志》："迪化省垣西，烏魯木齊河上有橋，曰鞏寧。橋下漁者持網撈魚，日不絶。魚形長，細如梭，有翅無鱗。"<br>清·姚明辉编《蒙古志》："青海產無鱗之奇魚，爲他處所無。" |
| | 細鱗魚 | 细鳞鱼 *Brachymystax lenok* | 清·和珅等《清一统志》："細鱗魚，《通志》：圓身細鱗，出太子河者尤佳。" |

**表 3-9 以生态命名**

| 生态状况 | 古名 | 现名 | 古籍记载 |
|---|---|---|---|
| 生长名 | 记月鱼 | 香鱼 *Plecoglossus altivalis* | 明·冯时可撰《雨航杂录》："香魚鱗細，不腥。春初生，月長一寸，至冬月長盈尺，則赴潮際生子，生已輒槁。惟雁山溪澗有之，他無有也。一名記月魚。" |
| 食性名 | 芦鳗 | 花鳗鲡 *Anguilla marmorata* | 清·鲁曾煜等《广东通志》："蘆鰻，產海邊，隨湖登岸，食蘆筍。" |
| | 草鲩 | 草鱼 *Ctenopharyngodon idellus* | 明·李时珍撰《本草纲目》卷四四（鳞之四）："其性舒緩，故曰鯇。俗名草魚，因其食草也。" |
| | 柳根赤 | 洛氏鲅 *Phoxinus lagowskii* | 清·林从炯等《承德县志》："柳根赤，魚名，此魚好噉柳樹根，故名。" |
| | 鮨 | 鳡*Elopichthys bambusa* | 明·张自烈《正字通》："鰄吞啖同類，故以鮨名。" |
| | 蟳虎鱼 | 乌塘鳢 *Bostrichthys sinensis* | 清·聂璜绘《清宫海错图》："蟳虎魚欲食蟳，必先損其螯，其智一也。" |
| 行为名 | 鰲魚 | 飞鱼科 Exocoetidae | 三国吴·沈莹撰《临海水土异物志》："鰲魚，長五寸，陰雨起風高丈餘。" |
| | 倒挂鱼 | 玻甲鱼 *Centriscus scutus* | 清·李调元《然犀志》："倒掛魚，鮮魚醉人，宜作鮓，出萬州。" |
| | 跳鱼 | 弹涂鱼 *Periophthalmus cantonensis* | 清·聂璜绘《清宫海错图》第一册："生閩浙海塗，性善跳，故曰跳魚，亦曰彈塗" |
| | 斗鱼 | 叉尾斗鱼 *Macropodus opercularis* | 清·陈淏子辑《秘传花镜》："斗魚，一名文魚，出自閩中三山溪內，長二三寸許，……性極善鬥。" |
| | 黄鮠① | 黄颡鱼 *Pelteobagrus fulvidraco* | 明·李时珍撰《本草纲目》："黄鮠，時珍曰：顙，頰以形，鱨以味，䱂鮠以聲。" |
| | 吹吐鱼 | 东方鲀 *Takifugu* spp. | 金·李杲编辑《食物本草》："河豚，一名吹吐魚，一名氣包魚，……觸物即怒，腹脹如氣球浮起。" |
| | 鮻 | 鳑鲏鱼 Acheilognathinae | 明·張自烈《正字通》："鯙②，鮻，即婢、妾，皆魚之小者。崔豹謂之青衣魚，其行以三为率，一前二後，若婢妾然，故名。" |
| | 三鰲 | 鲥 *Tenualosa reevesii* | 清·王树枏订《郭氏尔雅订经》奥谚曰："三鰲不上銅鼓灘。" |
| 栖息地 | 丙穴鱼 | 多鳞白甲鱼 *Onychostoma macrolepis* | 金·李杲编辑《食物本草》："嘉魚，一名丙穴魚。左思《蜀都賦》云：嘉魚出於丙穴。謂魚以丙日出穴。" |

① 鮠：yà，《廣韻》烏黠切。《集韻》乙黠切。並音軋。䱂鮠，魚名。《本草》：黄賴魚，一名䱂鮠，無鱗。《埤雅》：䱂鮠魚，其膽春夏近上，秋冬近下。《正字通》：身尾似鮎，腹黄背青。腮下二横骨兩須，群遊作聲鮠鮠然。一名黄鱨魚，又名黄頰魚。——摘自《康熙字典》（标点整理本）P1462，上海辞书出版社，2007

② 鯙：pái，《廣韻》薄佳切。《集韻》蒲街切。並音牌。《博雅》：黑鯉謂之鯙。又《集韻》班糜切。音陂。又賓彌切。音卑。又匹寐切。音歧。義並同。——摘自《康熙字典》（标点整理本）P1469，上海辞书出版社，2007

**表 3-10 以食品命名**

| 古名 | 现名 | 备注 |
|---|---|---|
| 香鲨 | 小抹香鲛 *Squaliolus laticaudes* | 清·嵇璜等《续通志》卷一七九："香鯊，體有香氣。" |
| 黄瓜鱼 | 胡瓜鱼 *Osmerus mordax* | 清·姚文田等纂《重修扬州府志·物产》："黄瓜魚《寶應縣誌》。" |
| 油魚 | 油四须鲃 *Barbodes exigua* | 金·李杲编辑《食物本草》："油魚，生云南大理府邓州南廿里穴中。" |
| | 泉水唇鱼 *Semilabeo prochilus* | 清·邱晋成《叙州府志》："油魚，產符黑水及魚孔洞。" |
| 狗瞌睡鱼 | 银鲳 *Pampus argenteus* | 唐·刘恂《岭表录异》："狗瞌睡魚，以其犬在盤下，難伺其料。" |
| 河豚 | 东方鲀 *Takifugu* spp. | 宋·张耒撰《明道杂志》："河豚魚，水族之奇味也，而世傳以爲毒能殺人。" |
| 勒鱼 | 鳓 *Ilisha elongata* | 金·李杲编辑《食物本草》："勒魚，鱼腹有硬刺勒人，故名。" |

表 3-11　以渔业命名

| 古名 | 现名 | 备注 |
|---|---|---|
| 正頭烏 | 鲻 *Mugil cephalus* | 清・乾隆三六年《澎湖纪略》："《本草》名鯔魚。《閩志》稱，從黄河而來。冬至前捕之，名曰正頭烏，肥而味美；冬至後捕之，曰回頭烏，則瘦而味劣。" |
| 回頭烏 | | |
| 過臘 | 真鲷 *Pagrosomus major* | 明・屠本畯撰《闽中海错疏》卷上："好食蚶蚌，以臘來春去，故名過臘。" |

表 3-12　以产地命名

| 地名 | 古名 | 现名 | 备注 |
|---|---|---|---|
| 乌苏里江 | 乌库力鱼 | 乌苏里白鲑 *Coregonus ussuriensis* | 清•王河等修《钦定盛京通志》卷二七："烏庫力魚，寧古塔出，四五月時，自海迎水入江。" |
| 武昌 | 武昌鱼 | 鲂 *Megalobrama terminalis* | 清・张玉书、汪霦等编《佩文斋咏物诗选》卷四六九（明・杨基）："春風吹雨濕衣裾，緑水紅糯畫不如。卻是漢陽川上女，過江來買武昌魚。" |
| 凯都河 | 凯都河鱼 | 扁吻鱼 *Aspiorhynchus laticeps* | 清・纪昀撰、孙树声校、孙树馥重刊《纪公达遗集》卷一四（乌鲁木齐杂诗）："凱渡河魚八尺長，分明風味似鱘鰉。西秦只解紅羊鮓，特乞倉公制膾方。凱都河魚冬月自山南運至倉大，使姚焕烹治絶佳。" |

表 3-13　以人名命名

| 人名 | 古名 | 现名 | 备注 |
|---|---|---|---|
| 苏东坡 | 东坡鱼 | 墨头鱼 *Garra pingi pingi* | 民间传说很多。例如，四川岷江产墨头鱼，相传是喝了苏东波的砚台墨汁所致，故得名 |
| 严子陵 | 子陵鱼 | 子陵吻鰕虎鱼 *Rhinogobius giurinus* | 明・张自烈《正字通》："魚名，又人名，衛祝鮀。" |
| 秦始皇 | 秦王鱼 | 施氏鲟 *Acipenser schrenckii* | 清・西清撰《黑龙江外记》卷八："鱘鰉魚，古名秦王魚，音之譌也。" |

表 3-14　化生名

| 古名 | 现名 | 备注 |
|---|---|---|
| 黄雀 | 赤鼻棱鳀 *Thrissa kammalensis* | 2000 年前，在我国生物学萌芽期，出现的化生说在古籍鱼类中也多有出现，随着生物学的发展，这些化生名也渐渐消失 |
| 王余鱼 | 大银鱼 *Protosalanx hyalocranius* | |
| 虎鱼 | 扁吻鱼 *Aspiorhynchus laticeps* | |
| 鸽子鱼 | 北方铜鱼 *Coreius septenirionalis* | |
| 鳗鳣 | 鳗鲡 *Anguilla japonica* | |

由上可见，我国古人对于鱼类的命名颇具慧心，在古代文献中均可以找到记载详细的鱼名由来，为现代人研究鱼类提供了翔实的基础资料。其特点如下。

## （一）命名形象逼真，直观易记

鱵鱼，古名为“姜公鱼”。明・李时珍在《本草纲目》中曰：“此魚喙有一針，故有諸名。俗云姜太公釣針，亦傅會也。”意思是此鱼之针似姜子牙钓鱼所用的直钩，让人直观易记。

## （二）命名中有比较，有差别

明・李时珍在《本草纲目》中对鳙鱼的记载详细逼真：“鱅魚，狀似鰱而色黑，其頭最大，有至四五十斤者，味亞於鰱。鰱之美在腹，鱅之美在頭。或以鰱、鱅爲一物，誤矣。首之大小，色之黑白，大不相侔。”区区 54 个字，不仅叙述了鳙鱼的特点，而且还区别出鳙鱼与鲢鱼的特点。

### （三）命名中传承了我国的鱼文化

墨头鱼，古名为东坡鱼，其来源于两个传说。其一之说，北宋大文学家苏东坡是个美食家，创造了许多名菜，如东坡羹、东坡肘子，墨头鱼的肉味鲜美也为东坡餐桌上的一道名菜。传四川乐山一带的岷江中，出产一种黑头鱼，苏东坡和其弟苏辙曾用香油、豆瓣、葱、姜、蒜等调料，以炸、烹、收汁之法制作了“东坡墨鱼”，其味“芳香妙无匹”。其二之说，墨头鱼浓黑褐色，相传是喝东坡砚台墨汁所致，因而才有“东坡鱼”之称。

### （四）在鱼的命名中，寄托了我国祖先对人类生活的美好愿望

例如，“鲤”字在 2000 多年前就已存在。鲤鱼是我国祖先较早认识的鱼类之一，既是人们餐桌上的美食，也是生活中观赏和休闲的美物；既是自然中实际存在的物种，也是人们精神生活之寄托。在古代文献中有很多记载：

（1）关于鲤鱼的形态：明·张自烈在《正字通》中介绍“鲤”字时，引用《神农书》曰：“鯉爲魚王，無大小，脊旁鱗皆三十有六，鱗上有小黑點，文有赤、白、黄三種。”（注：脊旁鳞即背鳍下的侧线鳞，现代观测数为 33—39）。

（2）关于鲤鱼的味道：明·李时珍的《本草纲目》记：“諸魚惟此最佳，故爲食品上味。”

（3）关于鲤鱼的观赏价值：鲤鱼体色多样，体形变化也大，是重要的观赏鱼类。

（4）关于鲤鱼的传说：古有黄河鲤鱼跳过龙门就会变成龙的传说。宋·陆佃的《埤雅·释鱼》：“俗説魚躍龍門，過而爲龍，唯鯉或然。”清·李元《蠕范·物体》：“鯉……黄者每歲季春逆流登龍門山，天火自後燒其尾，則化爲龍。”后以“鲤鱼跳龙门”比喻中举、升官等飞黄腾达之事。唐朝大诗人李白，描写鲤鱼跳龙门：“黄河三尺鯉，本在孟津居，點額不成龍，歸來伴凡魚。”

综上所述，我国海域辽阔，河流丰富，鱼类品种多种多样，鱼文化流传历史悠久，了解我国古代鱼类命名历史很有必要。因此，笔者在完成《动物分典》工作的同时，对古籍中记载的 1245 个古代鱼名进行了整理，并一一考证，按照现代分类系统将其分别归类。笔者认为这项工作对于正确认识中国古代鱼类名称很有帮助，对于古籍鱼名的分析，不仅可以提高我们识别鱼类的物种，而且有助于丰富古代鱼类史的研究内容，也为我们研究现代鱼类的分类学提供了科学依据。

## 参 考 文 献

张世义. 2015. 软骨鱼纲总部和硬骨鱼纲总部等. 见：王祖望，黄复生，冯祚建. 中华大典·生物学典·动物分典(第三册). 昆明：云南教育出版社

# 中国古籍中的大鲵述略

黄永昭

大鲵 *Andrias davidianus*，俗称娃娃鱼，隶属两栖纲 Amphibia 有尾目 Urodela 隐鳃鲵科 Cryptobranchidae。它是大型两栖动物，也是现存两栖动物中较原始的物种。一般体重 5—25 千克，全长 1 米左右，最大者体重近达 70 千克，全长 2 米以上；头躯扁平，尾侧扁。从古至今人们都颇为注意这种动物，已于 1979 年和 1988 年分别被列入《濒危野生动植物种国际贸易公约》附录一（CITES，App.：Ⅰ）和《国家重点保护野生动物名录》。

从春秋战国至清代末年（公元 1911 年）的近两千年里，至少有 60 种古籍诗歌记载或提及过大鲵；民国初年和 20 世纪的五六十年代以来，诸古籍出版社相继出版的专著与各地方志等亦有记载。笔者在查阅、整理、分析这些资料的基础上，拟就大鲵的名称考辨、生活习性、资源利用和地理分布等进行综合述略。

## 一、大鲵的名称考辨

成书于春秋战国时期的《山海经》不仅记录着从夏商时期流传下来的先民神话，还夹杂记录实物和图腾，因历时久远，备受后人关注。在其《西山经》《北山经》《中山经》中多处提到“人鱼”和“䱱鱼”，这不仅说明我国古人常见大鲵这种动物，而且还可把古籍的记录历史往前推达 1000 年以上。随后，《尔雅》、汉 • 许慎《说文解字》，直到清代摘自《康熙字典》和地方志等古籍中记载的人鱼、鲵鱼、䱱鱼、鰕、魶、鳎和鳀等，俗称或地方名如孩儿鱼、娃娃鱼、四足鱼、牙儿鱼、倮蟲鱼、大山椒鱼和山鲵等，共计有十余个名称，实际上均为今之大鲵。虽然不同时代和不同地方人们的认知水平不同，称谓各异，但所记述的形态特征却大同小异。例如，《山海经 • 北山经》中记载：“人魚，其狀如䱱魚，四足，其音如嬰兒。” 晋 • 郭璞注：“䱱，見《中山經》。或曰：人魚即鯢也，似鮎而四足，聲如小兒啼。”又《中山经》：“䱱魚狀如盩蜼而長距，足白而對。亦呼鮎爲䱱。”《尔雅 • 释鱼》云：“鯢，大者謂之鰕。”郭注：“今鯢魚似鮎，四脚，前似獮猴，後似狗，聲如小兒啼。”汉 • 司马迁《史记 • 司马相如传》记：“禺禺鱋魶”，南朝宋 • 裴骃集解：“魶，一作鳎”，骃案：“魶，鯢魚。”汉 • 班固的《前汉书 • 司马相如传》卷五七记：“禺禺魼鳎”。晋 • 郭璞云：“鳎，鯢魚也。似鮎，有四足，聲如嬰兒。”汉 • 杨孚《异物志》：“鯢魚有四足，如龜而行疾，有魚之體而以足行，故曰鰕魚。”汉 • 许慎《说文解字》：“鯢，刺魚也”。三国魏 • 张揖《广雅 • 释鱼》云：“魶，鯢也。”北魏 • 郦道元《水经注 • 伊水》记：“鯢魚聲如小兒，有四足，形如鱧……人魚似鮎而四足，即鯢魚也”。南朝梁 • 顾野王《玉篇 • 鱼部》对于鲵、䱱二字分别注释为“四足，聲如人”和“四足，音如嬰兒”等；南朝梁 • 陶弘景《本草经集注》鲇鱼条注云：“人魚，即鯢魚也”。唐 • 陈藏器《本草拾遗》记云：“鯢魚……似鮎，有四脚，長尾……聲如小兒啼，故曰鯢魚”唐 • 段成式《酉阳杂俎 • 广动植》记：“鯢魚如鮎，四足，尾長。……聲如小兒。”宋 • 寇宗奭《本草衍义》提及“鳀魚形少類獺，有四足，腹重墜如囊，身微紫色……然無鱗，與鮎、鮠相類。”宋 • 洪迈《夷坚志》记：“牙兒魚有四足，能登岸升木。……蘇子瞻言近獲一魚，似鮎而有四足，能履地而行……此鯢魚也。”宋·唐慎微《证类本草·虫鱼部》：“鯢魚……似鮎，有四腳，長尾。能上樹……伊、洛間亦有，聲如小兒啼，故名鯢魚。”宋·宋祁《益部方物略记》魶鱼：“有足若鯢，大首長尾，其啼如嬰，緣木弗墜。”明·李时珍《本草纲目》卷四四中载道：“鰟魚。〈校正〉舊注見鮧魚，今分出。〈釋名〉人魚，孩兒魚。時珍曰：鰟，聲如孩兒，故有諸名。作鯷、鮧者，並非。”又“鯢魚。〈釋名〉人魚，魶魚，鰨魚，大者名鰕。時珍曰：鯢，聲如小兒，故名。……蜀人名魶，秦人名鰨”；李时珍综合了前人记述大鲵的形态特征，并且指出大鲵的各种名称的由来源于其叫声。清·曹抡彬等《雅州府志》记魶鱼云：“有四足，長尾，狀如嬰兒，呼爲娃娃魚。”清·李调元《然犀志》云：“鯢魚即《山海經》之人魚也。聲如小兒啼，故名鰟魚。……蜀稱曰魶，秦稱曰鰨。又云：鰟魚，一名人魚，一名孩兒魚。”

综上所述，名称各异的“鱼”有着共同的特征：①外形似鲇，无鳞；②有四足，长尾；③声如小儿或婴儿啼。这些与现今称大鲵的形态、鸣声等特征相符合（黄永昭，2015）。

## 二、大鲵的生活习性

古籍涉及动物生活习性的记载多以民间口述或传言为依据，笼统而简单，但从其中仍然可以看出，大鲵生活在山区的溪流和河流内，有时亦上岸活动；能鸣叫，声如婴儿啼；以蟹、小鱼和小鸟等为食。现列举数篇中的有关记述。

（1）汉·杨孚《异物志》：“鯢魚，……含水上山，仰天不動，小鳥就飲，因而吞之。”

（2）晋·郭璞注《山海经》中多处提及的“人魚”或“鰟魚”，出自伊水、洛水、丹水、汝水和荥水等河流中。

（3）唐·陈藏器《本草拾遗》记载：鲵鱼“在山溪中，……天旱則含水上山，葉覆身，鳥來飲水，因而取之。”段成式《酉阳杂俎·广动植》中亦有类似叙记。

（4）宋·宋祁《益部方物略记》的魶鱼条注云：“出西山溪谷及雅江，似鯢，有足，能緣木。”

（5）宋·洪迈《夷坚支志》记：“牙兒魚……能登岸升木，作聲咿嚘，全如嬰孩”

（6）宋·寇宗奭《本草衍义》记：“鮧魚……嘗剖之，中有三小蟹，又有四、五小石塊，如指面許，小魚五、七枚。”

（7）明·李时珍《本草纲目》鰟鱼条释云：“荊州臨沮清溪多有之，……聲如小兒。”又“嘗剖視之，中有小蟹、小魚，小石數枚也”。而在解释鲵鱼条中指出“鯢生山溪中，……能上樹”“能緣木”等。

（8）清·赵吉士《徽州府志》翼鱼条记：“能緣木，食飛鳥。”

（9）清·聂光銮等《宜昌府志》：“魶，俗名娃娃魚，似鰱，有四足，能沿岸行，鳴作小兒啼。”

（10）清·徐应鏴等《南昌府志》：“四足魚，產靖安、寧武深山溪中，體似鮎，時沿溪陸行。呃呃呃呃如小兒聲，俗呼呱兒魚。大者數十觔。”

上述各篇及其他一些古文献中多有关于大鲵“能上樹”“能（或善）緣木”“緣木弗墜”等的记述，应系讹传或误记。因为大鲵四脚柔弱无爪，皮肤光滑湿润，“腹重墜如囊”，不可能攀缘上树，何况近现代亦未曾发现大鲵能够上树的研究报道。

## 三、古人对大鲵的利用

我国古代对大鲵资源的利用，从2000多年前至清末的古籍中，有一些零星记述。现列举数文中的有关记述于后。

（1）《山海经》记载：人鱼“食之無瘕疾”；鰟鱼“食者無蠱疾”。

（2）唐•段成式《酉阳杂俎•广动植》记：“鯢魚，……峡中人食之，先縛於樹鞭之，身上白汗出，如構汁，去此方可食，不爾有毒。”

（3）宋•宋祁《益部方物略记》：“魶魚，……蜀人養之。”

（4）宋•洪迈《夷坚支志》记：“湖州市中弄蛇客養一魚于瓦盆……蓋所謂人魚也。”

（5）明•李时珍《本草纲目》记载：鰟鱼“食之療瘕疾”；鲵鱼“食之無癡疾。”

（6）明•何宇度《益部谈荟》记：鲵鱼“土人多食之。”

（7）清•沈青崖等《陕西通志•物产》云：“人魚……生剥皮幹之，能治兒啼。”

由上述可知，古人是在食用、药用和观赏用三个方面对大鲵加以利用，以食用为主。

在此，尚须提出来的是古籍记载“以人魚膏爲燭”之人鱼不是栖息于溪、河中的大鲵，而应当指生活于海中的兽类——儒艮或鲸。汉•司马迁《史记•秦始皇本纪》中记载秦始皇之葬“以人魚膏爲燭。”依照唐•张守节《史记正义》卷六注：“人魚……以人魚膏爲燭，即此魚也。出東海中，今台州有之。按：帝王用漆燈塚中，則火不滅。”这说明了司马迁所记的“为烛”之膏（即动物脂肪）取自海产的人鱼或鲵，即当指今之儒艮或鲸，而不是山溪、河流内生活的人鱼或鲵，即今称的大鲵。然而，南朝梁•陶弘景《名医别录》鯡鱼条目中记：“人魚……其膏燃之不消耗，始皇驪山塚中用之，謂之人膏也。”唐•陈藏器对此亦未曾理会清楚，便在其《本草拾遗》鲵鱼条中写道：“伊、洛間亦有……一名人魚，膏燃燭不滅，秦始皇塚中用之。”这显然是误记。自此之后的一些古籍，如《政类本草》《食物本草》《本草纲目》和清•王念孙等《广雅疏证》、郝懿行《尔雅义疏》、张玉书等摘自《康熙字典》等书中，关涉溪、河所产人鱼、鲵鱼或鰟鱼的叙记及注释，都有“其膏燃之不消耗，秦始皇驪山塚中所用人魚膏是也”或“人魚，膏燃燭不滅”之类的引文，当系讹传，不足为信。

## 四、大鲵的古代地理分布

从古籍中已知大鲵的古代分布，即见于我国现在省市级区划的河北（磁州，今磁县）、山西（阳城县应州）、陕西（商州山阳县、榆州府谷县）、河南（南阳府及伊水、洛水一带、舞阳县、泌阳县、济源县、宜阳县、伊川县）、湖北（武昌、宜昌府、德安府应山县，荆州）、湖南（洞庭）、江西（南昌府靖安、宁武）、四川（雅州，原西康省雅州府荥经、洪雅）、重庆（酉阳）、浙江（湖州）、安徽（徽州府、宁国府）、福建（福州）、广东（端州）、广西（桂林府兴安县、灵川县）。见图3-20。

## 五、古籍中的大鲵图画

古籍中关于鲵、鰟鱼、人鱼或孩儿鱼等图画与其描述多有不同，也与现存实物——大鲵的差别极大。例如，晋•郭璞《尔雅音图》的鲵图（图3-21）、明•王圻等《三才图会》的人鱼图是鱼体加四足而成（图3-22）；明•李时珍《本草纲目》和清•王绂《山海经存》中的人鱼、鰟鱼或孩儿鱼的图画似鲇鱼而加有四足（图3-23 和图3-24），却具有鱼的触须和背、尾鳍。为反映古人当时认识该动物的过程而转录几幅不同古籍内插图于此，并附现代大鲵绘稿图以供对比赏析（图3-25）（胡淑琴等，2009）。

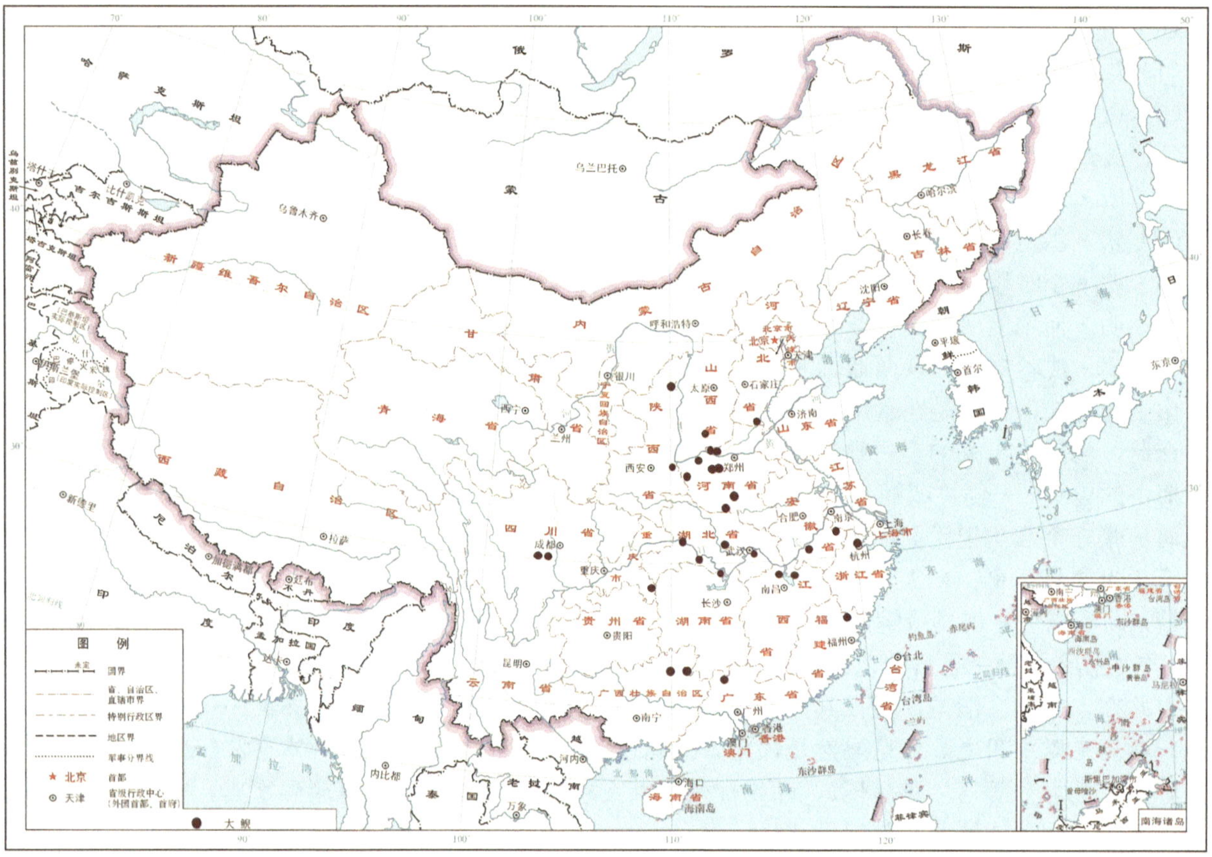


图 3-20　中国古籍中大鲵的地理分布示意图

图 3-21　晋·郭璞《尔雅音图》卷下后

图 3-22　明·王圻、王思义《三才图会》卷六

图 3-23　明 • 李时珍《本草纲目》卷下之中

图 3-24　清 •  王绂《山海经存》卷之三

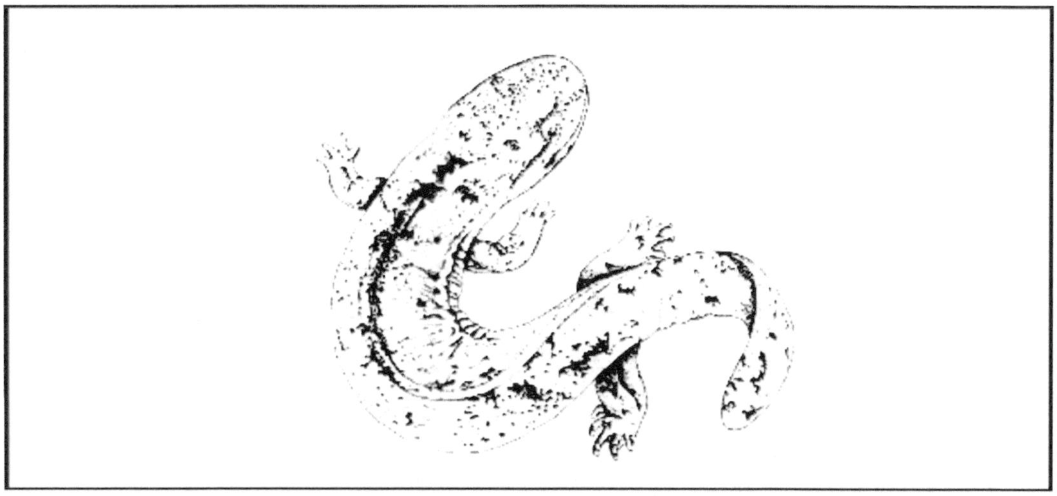

图 3-25　现代 • 费梁等《中国动物志 • 两栖纲》

## 参 考 文 献

费梁, 叶昌媛, 江建平. 2010. 中国两栖动物彩色图鉴. 成都: 四川科学技术出版社
胡淑琴, 叶昌媛, 黄永照. 2009. 中国动物志 两栖纲. 北京: 科学出版社
黄永昭. 2015. 两栖纲总部. 见: 王祖望, 黄复生, 冯祚建. 中华大典 • 生物学典 • 动物分典(第三册). 昆明: 云南教育出版社

# 中国古籍中的鳄类研究

黄永昭

鳄类即指爬行纲鳄形目 Crocodiliformes 动物。中国境内现仅有一种鳄，即鼍，也称扬子鳄。笔者查阅了从春秋战国至清代末年（1911 年）古籍中涉及鳄类的重要文献，经整理分析，确定中国域内曾经出现过三种鳄，即鼍 *Alligator sinensis*、马来切喙鳄（以下简称马来鳄 *Tomistoma schlegelii*）和湾鳄 *Crocodilus porosus*。兹就三种鳄的名称考订、生活习性、利用和地理分布等概述于后。

## 一、鼍

### （一）鼍的名称考订

我国先民认识鼍这一动物，从甲骨文的象形文字开始记载已达 3000 年以上，若要追溯到文字起源，则可推移到 4000 多年前的夏代。汉·戴德《大戴礼记·夏小正》卷二记："二月……剥鱓，以爲鼓也。"注云："鱓、鼍古通用。"然而，关于鼍的形态记述则始见于东汉·许慎《说文解字》卷一三下《黽部》："鼉，水蟲，似蜥蜴，長大。"郑玄对《尚书大传》卷一中提及的"鱓"释道："鱓，或作鼉。鼉，狀如蜥蜴，長六、七尺。"三国吴·陆玑《毛诗草木虫鱼疏》记述："鼉，形似蜥蜴，四足，長丈餘。生卵，大如鵝卵。甲如鎧，今合藥，鼉魚甲是也。"晋·郭璞对《山海经》卷五《中山经》中提及的鼍注云："似蜥蜴，大者長二丈，有鳞，彩皮可以冒鼓。"南朝梁·陶弘景《名医别录》卷二记："鮀魚甲，……生南海，取無時。"这显然是将鳄混淆为鼍而误记为"生南海"了。唐·陈藏器《本草拾遗》卷九释鼍云："按鮀合作鼉字，《本經》作鮀，魚之别名，已出《本經》。今以鼉爲鮀，非也，宜改爲鼉字。"后蜀·韩保升《蜀本草图经》（935—965 年）释鼍云："鼉生湖畔土窟中，形似守宫而大，長丈餘，背、尾俱有鳞甲。今江東諸州皆有之。"宋·苏颂《图经本草》释"鮀甲"条写道："今江湖極多，即鼉也。形似守宫、鯪鯉輩而長一、二丈，背、尾俱有鳞甲。"陆佃《埤雅》卷二鼍条文中说："今江淮之間謂鼉鳴爲鼉鼓，亦或謂鼉更……今鼉象龍形，一名鱓，夜鳴應更，吴越謂之鱓更。"说明江淮、吴越均产鼍。郑樵《通志·虫鱼草木略》卷七六记鼍云："鼉亦作鮀，狀如鯪鯉，長一、二丈。"罗愿《尔雅翼》卷三一摘抄诸书释鼍云："鼉狀如守宫而大，長一、二丈，灰黑色，背、尾皆有鳞甲如鎧。"明·李时珍《本草纲目》卷四五结合实察资料对前人的记载作了综述，称鼍为鼍龙，异名为鮀鱼、土龙；征引了《名医别录》、陈藏器和苏颂的相关记述而释道："鼉字象其頭、腹、尾、足之形，故名。"清·李元《蠕范》卷三记述："鼉，土龍也，鮀魚也，狀如龍、守宫、鯪鯉，四足，黑色，長一、二丈，背、尾俱有鳞甲；……"。由此可见，我国人民认识鼍这一动物已有 4000 多年的历史。然而直到清代光绪五年即 1879 年，在华法国人 Fauvel 用现代动物分类学方法依据安徽芜湖标本将鼍发表为"新种 *Alligator sinensis*"，中文名为"扬子鳄"，亦称中国鳄；到 20 世纪 50 年代，我国科学工作者朱承琯（1957）为了名实相符，将其正名为鼍，别名谓扬子鳄。

此外，鼍在古籍中的异名或俗名谓䶫、鱓、鮀（鮀鱼）、河伯使者、鼍龙、土龙、猪婆龙等。尚须提出的是，宋·陆佃《埤雅·释鱼》鼍条文中记："《續博物志》曰：鼉長一丈，一名土龍，鱗甲黑色，能横飛，不能上騰，其聲如鼓。"随后，明清时期一些涉及鼍的著述亦引用此条文，如明·毛晋《陆氏诗疏广要》中引此条文；李时珍《本草纲目》鼍龙条文中则说："《博物志》謂之土龍"等等。经查，今存《博物志》或《续博物志》中均无"鼍"' 的记述。

## （二）鼍的生活习性

古籍中关于鼍的生活习性多以民间口述为依据记载的，零星而分散。但从中大致可知，鼍是水陆两栖性动物，主要营水中生活，在丘陵溪壑或河湖浅滩掘穴而居，常出没于河湖、池泽岸边觅食，亦捕食鹅鸭；春夏之际，尤其夏天（季夏之月）大量出现，活动频繁，常可闻其鸣吼。息歇时则多闭目静卧。卵生。寒冬季节则深入窟穴蛰伏。有关这些方面的记述，现举数篇为例。

（1）汉·刘安《淮南子·时则训》卷五云："季夏之月，……乃命漁人伐蛟取鼉，登龜取黿。"高诱注："漁人，掌漁官。……蛟、鼉、黿皆魚屬也。……皆不害人，易得，故言取。"

（2）三国魏·吴普等述《神农本草经》卷二中"鮀鱼甲"条记；"生池澤。"

（3）三国吴·陆玑《毛诗草木鸟兽虫鱼疏》卷下记载鼍"生卵，大如鵝卵。"明·毛晋《诗疏廣要》引《蜀本草图经》云："鼉生湖畔土窟中。"

（4）南朝宋·范煜《后汉书》卷八九记："寒冰沍而黿鼉蟄。"

（5）唐·陈藏器《本草拾遗》卷九记：鼍"力至猛，能攻陷江岸，性嗜睡，恒目閉"。

（6）宋·苏颂《图经本草》卷上记鼍"善攻碕岸，夜則鳴吼，舟人甚畏之"。陆佃《碑雅》云："鼉欲雨則鳴，故俚俗以豘識風，以鼉識雨。"罗愿《尔雅翼》鼍条记述："力尤遒健，善攻碕岸，夜則出邊岸，人甚畏之，聲亦可畏。性嗜睡，目常閉，大者自齧其尾，極難死。人於穴中掘之……"。

（7）明·李时珍《本草纲目》卷四三记载："鼉穴極深，漁人以篾纜系餌探之，候其吞鉤，徐徐引出。……生卵甚多至百。"

（8）清·蒲松龄《聊斋志异拾遗》卷二记："豬婆龍常出沿江岸撲食鵝鴨。"

（9）清·郑琛纂《黄州府志》卷三记载："鼉，水陸俱有之，江畔苦其攻岸，俗呼豬婆龍。"

一些古籍的记述中夹杂有鼍"能横飛，不能上騰""能吐氣成霧致雨，……老者能變爲邪魅""多年鼉入水化爲龍""常於穴中掘之，百人掘百人牽之，一人掘一人牵之，不然終不可出。"等，均系诞妄传说和虚夸，应不为所惑。此外，《名医别录》和《本草纲目》等书中记有"鮀魚甲生南海"或"南海池澤"，这是作者将鼍与鳄混淆为同一物种的误记。因为"南海"（史上泛指今之两广南部及邻近区域）无鼍而只有鳄。

## （三）古代对鼍的利用

我国先民对鼍的利用历史悠久。从《诗经》《礼记》《逸周书》《墨子》《庄子》《淮南子》《史记》等古籍的记述看来，在夏、商、周时代，直至秦汉时期，鼍在长江中下游一带相当繁盛，常见易得，多到与鱼、鳖并提随手可得的程度。鼍肉常充作肴馔之物，其皮可以冒鼓，称做鼍鼓。从汉魏之间直至清末的本草学诸书中，鼍甲、鼍肉作为药用亦多有记载。现举数篇有关记述为例。

（1）《诗经·大雅·灵台》："鼉鼓逢逢。"表明中国古代人民在周朝甚至更早就用鼍皮制作乐器---鼍鼓。

（2）郑玄注《礼记·月令》卷一六云："鼉言取，羞〔饈〕物賤也。鼉皮又可以冒鼓。"

（3）《大戴礼记·夏小正》卷二云："二月剥鱓，以爲鼓也。"

（4）《墨子》卷一三说：“江漢之魚、鱉、黿、鼍爲天下富。”

（5）《庄子·外篇·达生》卷七记：“孔子觀于吕梁，縣水三十仞，流沫四十里，黿、鼉、魚、鱉之所不能游也。”

（6）三国魏·吴普等述《神农本草经》卷二记：“鮀魚甲味辛微温。主心腹癥瘕，伏閒積聚寒熱”。

（7）三国吴·陆玑《毛诗草木鸟兽虫鱼疏》卷下记：鼍“甲如鎧，今合藥鼉魚甲是也。其皮堅厚，可以冒鼓。”

（8）唐·陈藏器《本草拾遗》卷九记：鼍“肉至美，食之主恶瘡，腹内癥瘕。”

（9）宋·苏颂《图经本草》记述鼍云：“南人食其肉，雲色白如雞，但發冷氣痼疾。其皮亦中冒鼓皮。”

（10）宋·罗愿《尔雅翼》卷三一云：“梁周興嗣，常食其肉……其肉雲白如雞，其皮堅厚，宜以冒鼓。”

（11）明·李时珍《本草纲目》卷四三记：“南人珍其肉，以爲嫁娶之敬。”并且对其前人有关鼍甲、鼍肉作为药用的记载作了综述。据载，鼍甲和肉可用以杀虫，主治心腹症瘕、瘰疬瘘疮、恶疮等，以酥炙、酒炙服用，功同鳖甲。

由上述可见，古人对鼍的利用在食用、药用和工艺用三个方面，特别是药用，从《神农本草经》之后，历见于本草诸书。

## （四）古代鼍的地理分布

中国古籍记载的产鼍地域，只限于长江中、下游河湖密布、气候温湿的地带，诸如前面已提及的：“江汉”是指仅长三角洲和古云梦大泽的所在地，即今之湖北湖南交界的河网地带；孔子所观的“吕梁”当指今之江苏徐州铜山东南的吕梁洪悬水湖而非山西的吕梁山等；“淮南”“江淮之间”当指今安徽淮河以南及至长江下游之间的丘陵湖沼地带；“会稽”即指今江浙一带；“吴越”亦是江浙地区；“江东诸州”系指九江以下的江南地区；“西江”即江西。至于《山海经·中山经》所记“岷山，江水出焉，……其中多良龜，多鼉”一条，实际上岷山仅指“江水出焉”即长江的发源地，并不表明在长江上游的岷山地区产鼍。

晋·郭璞注：“岷山今在汶山郡廣陽縣西，大江所出，至廣陽縣入海”，清·郝懿行笺疏：“廣陽縣當爲廣陵郡”。广陵即现今江苏省扬州市江都区，仍然在长江中下游的产鼍地区。从古籍记载获知鼍的古代地理分布，见于我国现代省级行政区划的河南（荥阳郡）、湖北（南郡、江陵府、公安、赤壁、黄州府黄冈县）、湖南（岳州巴陵县、临湘县、平阳县、华容县、澧州、安乡县、石门县、慈利县、邵州、潭州、道州）、江西（九江府、彭泽县、袁州府）、江苏（吕梁、广阳县、扬州府、镇江）、浙江（湖州府、杭州府）、安徽（淮南、庐州府、安庆府、池州府、芜湖）等，表明鼍古代分布于长江中下游地区，而且北达黄河流域。显然，要比现代仅分布于长江下游皖、苏和浙三省交界的区域广泛得多。如果结合近年来考古发掘出的新石器时期先民食余所弃鼍的残骸，可以肯定那时鼍的分布区域就比古籍记载的更广泛，即北起豫鲁，东至浙江余姚地区，南达江南丘陵地带，西抵湖北荆门地区。地理分布区域的退缩，反映了鼍这一物种的衰落，其原因是多方面的，但主要原因是几千年来气候变冷和人为活动的干扰，尤其是随着人类社会发展，人口数量不断增加，开拓垦殖活动频繁，天然植被减少，使得鼍生存的自然环境发生了巨大的变化，促使其分布区域缩小；另外，鼍肉可食，甲可入药，皮可制作冒鼓或装饰刀剑，人们鼍的滥捕乱杀，使其种群数量锐减而走向衰落。所以笔者认为人为干扰是鼍衰落的最直接因素。

## （五）古代鼍的绘画赏析（图 3-26—图 3-30）

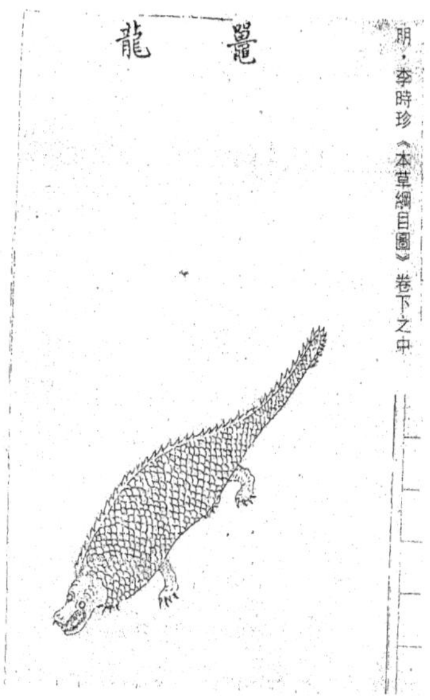


图 3-26　明・李时珍《本草纲目》卷下之中

图 3-27　明・李时珍《本草纲目》（清张绍棠本，1885）

图 3-28　清・王绂《山海经存》卷之五

图 3-29　清・（日）冈元凤纂辑《毛诗品物图考》卷七《鱼部》

图 3-30　鼍 *Alligator sinensis*
（选自陈碧辉图一古今鼍的外形赏析图）

## 二、马来切喙鳄

### （一）马来鳄的名称考订

中国古籍所载的“鳄”字始见于东汉·许慎《说文解字》（公元 100—121 年）卷十三上《虫部》中，写作“蝉”，注释：“似蜥蜴，長一丈，水潛，吞人即浮，出日南。”释文虽然简短，却将鳄的形态，习性及产地都记述得很清楚，而与鼍区别开了；同时证明我国古人是在设置日南郡（今越南顺化等地）的汉代才知道鳄的存在，较之殷商时代的甲骨文中的“鼍”字晚了 1700 多年。随后，杨孚《广州异物志》（150—210 年）记道：“鱷魚，長者二丈余，有四足，喙長七尺，齒甚利。虎及鹿渡水，鱷擊之皆斷。喙去齒，旬日更生。”三国吴·万震《南州异物志》（230—260 年）记：“鱷魚似蜥蜴，長丈餘，四足，口森鋸齒。居水中，以食魚爲本。”杨、万二学者关于鳄的记述简明而符合实际，进一步说明了产于南方，喙（吻）长齿利，体大而凶猛，以食鱼为主，并能猎食虎、鹿和人畜的鳄，与仅产于长江中下游地区、吻短体小且“皆不害人”（东汉·高诱语）的鼍迥然不同。这就是我国古籍中关于马来鳄的早期记述。

晋·张华《博物志》（263—295 年）卷三记：“南海有鱷魚，狀如鼉。”刘欣期《交州记》：“鱷魚好出沙上，卵大如鵝卵，可食。”虞喜《志林》（4 世纪上半叶）记：“南方（指嶺南地區）有鱷魚，喙長八尺。秋時最甚，作患在舟邊者，或出頭食人。故人持戈于船側而禦之。”左思《吴都赋》中提到：“鼊、鼉、鯖、鱷，涵泳乎其中。”唐·李善等注：“鱷魚長二丈餘，有四足，似鼉，喙長三尺，甚利齒，虎及大鹿渡水，鱷擊之皆中斷，生則出。在沙上乳卵，卵如鴨子，亦有黃、白，可食。其頭琢去齒，旬日間更生，廣州有之。”晋代人所记之鳄均产于我国的南方，其“状如鼍”或“似鼍”，体型长大，喙（吻）长齿利，活动于水中且以秋季最为频繁，常猎食兽畜甚至人，产卵于岸上沙地等，显然与今之马来鳄的形态特征（图 3-31）、生态习性相符合。

图 3-31　马来鳄 *Tomistoma schlegeli*
（选自陈碧辉图一古今鼍的外形赏析图）

南北朝时期也有关于鳄的记述，如北魏·郦道元《水经注·泿水》记：“建安中，吴遣步騭爲交州，騭到南海（郡治番禺，即今廣州），……於何不有。海怪魚鱉，黿鼉鮮鱷，珍怪異物，千種萬類，不可勝記……建安二十二年，遷州番禺。”这里明确指出在东汉建安（约 210 年）以前番禺一带已经有鳄。至于其中的“鼍”或许是误记，因为鼍只生活在地处温带的长江中下游地区，不可能出现在热带北缘的珠江三角洲一带。《梁书·南海诸国传》卷五四中叙记：“鱷，大者長二丈餘，狀如鼉，有四足，喙長六、七尺，兩邊有齒，利如刀劍，常食魚，遇獐、鹿及人亦噉之。蒼梧以南及外國皆有之。”《南史·扶南国》卷七八中所记之鳄，除“鱷，大者長三丈餘”外，与《梁书》所记一致。这说明 3 世纪初我国今广西梧州市苍梧县及其以南地区，也包括今之越南、泰国、柬埔寨等邻国栖息有似鼍而体大喙长、常食鱼，亦能袭击兽、畜和人的凶狠鳄种，显然也说的是马来鳄。

《唐书·韩愈传》记载，元和十四年（公元 819 年）韩愈被贬官为潮州刺史，到任访民得知郡西恶溪（今韩江）有鳄鱼“食民畜產將盡”为患，令其属吏以一 豕（猪）一羊投于溪水，并撰《祭鳄鱼文》祭祀而祝鳄离去。至于当晚“有風暴雷起於湫中。數日，湫水盡涸，徙於舊湫西六十里，自是潮人無鱷患”之说，只能是以讹传讹的无稽之谈。实际上，当时鳄鱼并未被驱走而仍然栖息于恶溪内。因为唐·刘恂《岭表录异》卷下在记述岭南地区的鳄鱼形状、习性时提到 “李太尉德裕貶官潮州”，其实这是指大中二年（公元 848 年）冬，李德裕被贬官崖州，从长安（今西安）经闽、粤沿海赴海南岛，路过潮州“經鱷魚灘，……但見鱷魚極多，不敢輒近，乃是鱷魚之窟宅也”。这说明距韩愈刺史驱鳄后约 29 年的冬天潮州鳄鱼滩仍有鳄鱼活动，并未曾远离恶溪，而且繁育得“极多”，比以往繁盛。

《宋史·陈尧佐传》所记，“張氏之子與其母濯於江，鱷魚尾而食之，母弗能救”被鳄击食而戮鳄之事是在宋代咸平二年（公元 999 年），距韩愈驱鳄已 150 年，这进一步证明潮州依然栖息有鳄鱼，而且还在危害人畜。此后，沈括《梦溪笔谈》卷二《异事》记：“予少時到閩中，時王舉直知潮州，釣得一鱷，其大如船，畫以爲圖而自序其下。大體其形如鼉，但喙長等其身，牙如鋸齒。有黄、蒼二色，時有白者。尾有三鉤，極銛利，遇鹿、豕，即以尾戟之以食。生卵甚多，或爲魚，或爲鼉、黿，其爲鱷者不過一二。土人設鉤于大豕之身，筏而流之水中，鱷尾而食之，則爲所斃。”据考证，沈括十岁时随父到闽，时值宋代康定元年（1040 年），潮州还有鳄在危害兽畜。“其形如鼉，但喙長等其身，牙如鋸齒”的鳄，应是马来鳄。至于“生卵甚多，或爲魚，或爲鼉、黿，其爲鱷者不過一二”，则是承袭前人以讹传讹之误记。南宋·罗愿《尔雅翼》卷三十《释鱼》中总汇了其前人关于鳄的形态、习性和产地等的叙记，没有新增内容，但说明南宋时期，我国南方仍有马来鳄生存。此后直至元、明、清时代，有关鳄鱼记载的新内容很少，大多是引用或辑录前人的叙记，故无须赘述。

清·屈大均《广东新语》卷二四《杀鳄鱼》记载了明代永乐中夏氏原吉被遣往潮州消除鳄患，夏到后“命具舟數百，載以焚石（生石灰），布塘之上。下令曰：聞鼓聲，齊下焚石。於是兩岸击鼓，競投焚石，急散舟以避之。須臾，波濤狂沸，水石搏擊，震撼天地，輾轉馳驟，赤水泉涌，有物仰浮水面，焦灼腐爛，縱横數十丈，若黿若鼉，莫可名狀，怪絶而塘成。”这说明在明代早期即 15 世纪初，广东潮州依然有鳄。《岭南丛述》卷四九也记载了此次杀鳄之事。此后再未见有关鳄患的史料记载。

1963 年和 1973 年，广东顺德先后掘出了一个鳄颅骨和一具完整鳄骨（全长 7 米以上），伴同前者出土的尚有西汉的陶器，伴同后者则是唐、北宋时代的陶器，据此可以肯定它们是北宋及其之前的鳄鱼遗骨。由曾昭璇（1980）鉴定为湾鳄予以报道；但经赵肯堂（1986）等考证，确认这两具骨骼是马来鳄的遗骨。1973—1975 年，在广东新会西江边又出土一具南宋时期完整的小鳄骨骼（全长 3.2 米），状同前两具。这足以证明，古籍记载我国南方即今之广东、广西南部各江河、湖泊和沼泽中曾栖息的鳄鱼都是马来鳄，而非生活在海域内的湾鳄或别的鳄种。

另外，马来鳄在古籍中除称蝉、鳄或鳄鱼外，其异名又谓忽雷、骨雷和鱼虎等。

## （二）马来鳄的生活习性

前已述及一些古籍记载鳄“水潜，吞人即浮”“虎及鹿渡水，鱷擊之皆斷”“居水中，以食魚爲本”“秋時最甚，作患在舟邊，或出頭食人”“常食魚，遇獐、鹿及人亦啖之”等。晋·刘欣期《交州记》：“鱷魚好出沙上，卵大如鵝卵，可食。”唐·李善对《吴都赋》中提及的“鳄”之注释：“鱷魚……在沙土上乳卵，卵如鴨子，亦有黄、白，可食。”《唐书·韩愈传》记恶溪所产的鳄鱼“食民畜產將盡，……食民畜、熊、鹿、獐、豕，以肥其身。”刘恂《岭表录异》记：“鱷魚……往往害人。南中鹿多，最懼此物，鹿走崖岸之上，群鱷嘷叫其下，鹿怖懼落崖，多爲鱷魚所得。……但見鱷魚極多，不敢輒近，乃是鱷魚之窟宅也。”《宋史·陈尧佐传》和沈括《梦溪笔谈》两书中对鳄以尾猎杀人、兽过程的记述很清楚，已如上述，进一步证明了鳄对人畜之危害。南宋·朱胜非《秀水闲居录》记鳄“多於水濱潛伏，人畜近，以尾擊取，蓋猶象之任鼻也”。罗愿《尔雅翼》卷三十汇总其前人所记：“尾長而齒利，虎及鹿渡水，鱷擊之皆中斷，以尾取物如象之用鼻，往往卷取人家所畜羊、豕食之，其多處大爲民害，亦能食人。既飽，浮出水上，若昏醉之狀。……其生子則出沙上乳之，卵如鵝卵，亦有黄白，可食。”朱、罗二人所记说明南宋时期南方仍有鳄患。周去非《岭外代言》（1178 年）卷十记：“欽州海濱有穴處水族曰蟺（即鱷），狀如龍而無角，長五尺許……”，当指广西钦州有鳄，居于窟穴内。

从上述可知，古籍所载的鳄，即马来鳄栖息于我国南亚热带的河流、湖泊和沼泽等淡水湿地，主要营水生生活，亦在岸滩上挖掘窟穴而居；卵生，常产卵于岸上沙地，秋季活动最频繁，不冬眠；以食鱼为主，亦常潜伏于水滨以尾袭击或猎杀岸边野兽、家畜及人等为食，系凶猛的食肉性动物，曾经给当地居民造成一定的危害。

## （三）古代马来鳄的地理分布

从前面提及的一些古籍记载获知，在日南、广州、南州、南海、南方、交州、南海郡、苍梧以南等地区有马来鳄活动，所记载各地区的范围大小虽然不同，但都说明了汉晋至南北朝时期的中国南域，即今之我国广东、广西南部直至越南中北部一带确实分布有马来鳄。

唐宋时期，涉及马来鳄具体分布地点的文献记载较多，除前面提到的《唐书》《岭表录异》《宋史》《梦溪笔谈》等所记潮州恶溪内有鳄鱼且数量多；在《元和郡县志》《太平广记》《太平寰宇记》《岭外代塔》等古籍中记录潮州（海阳县）、梅州（程乡县）、广州（番禺、南海、东莞等县）、惠州（归善县）、思[恩]州、雷州、梧州（苍梧县）、郁林州（南流、博白、兴业等县）、党州、牢州、钦州、横州等地区都有鳄鱼活动。经考证，这些地区即今之广东潮州市（潮安区）、梅州市（梅县区、大埔县、丰顺县）、汕头市（澄海区）、惠州市（惠阳区）、广州市（番禺区等）、东莞市、佛山市（南海区）、江门市（恩平市）、湛江市（雷州市）；广西梧州市（苍梧县）、北海市（合浦县）、玉林市（博白县、兴业县）、南宁市（横县）、钦州市等地。可见，唐宋时代，马来鳄几乎遍布于两广南部，韩江、珠江、廉江流域为主要分布区（图 3-33）。尚须提出的是，古籍记载表明，南宋以后马来鳄在上述的一些分布区中逐渐消失，如北宋《太平寰宇记》卷一六〇记惠州归善县有“鱷魚池，池中多鱷魚，因以爲名”，而南宋·王象之《舆地纪胜》卷八九和卷九九中分别提到广州东莞的“鳄湖”和惠州归善的“鳄鱼池”则记为“舊有鱷魚”。祝穆《方舆胜览》（1246 年）卷三四《广州》中亦有类似记载。这说明南宋以后，广州、惠州及其附近一带的马来鳄已经消逝。

元明时期有关马来鳄分布的史料记载很少。元·陈季《邕州》诗中提到当时邕州（今广西南宁市南）有“鱷魚夜吼聲如雷”，从陈季对其《安南即事》诗中又提及的鳄鱼所作自注表明，13 世纪末在邕州确实有马来鳄活动。《明一统志》卷八五记天顺五年（1461 年）以前横州东面的“鳄江”中曾有鳄鱼。这些说明马来鳄沿珠江曾经伸入分布到了西江上游郁江、邕江的横州和邕州。明代早期，广东潮州依然有马来鳄活动，已如前述。

清代初期，陆次云《峒溪纤志》卷下《粤西峒谿所产》中记：“忽雷，即鱷魚，尾有巨鉤，能擊人而食。”这说明“粤西峒溪”（今广西东南部）在17世纪末仍然有马来鳄活动。此后，再无有关两广有马来鳄活动的记载，但有相反的记录，如康熙六十年（1721年）吴震方《岭南杂记》卷上“鳄溪”条中记鳄称道：“今溪中絶無此，潮人亦無見者。”周硕勋《潮州府志》（1763年）卷三九引述史籍记述的鳄后称：“今獨幸而不見耳！”这说明唐宋时代鳄患严重的广东潮州地区，在明末清初以前已无马来鳄活动的记录了。前已述及考古出土的鳄鱼遗骨研究，既证实了宋代以前在广东顺德、新会有马来鳄栖息，也证明了古籍中所载广东产马来鳄是毋庸置疑的事实。

综上所述，可以认为：①古代马来鳄确曾广泛分布于中国南方的广东南部和东部、广西东南部，这当是该鳄连续分布区的北缘；②唐宋时代，马来鳄广布于珠江、韩江和廉江等流域，其数量也多，在一些地区集群成了危害人畜的所谓“鳄患”；③南宋以后，马来鳄的数量急剧减少，其分布区也迅速缩小；④明代后期，广东境内未再见其活动踪迹，而广西东南部、即西江和廉江等上游地区尚有分布，到清初（17世纪末）以后则完全绝迹。

### （四）马来鳄在我国南域的灭绝

古籍记载反映出了马来鳄在中国南方由繁盛转灭绝的历史变迁，其原因何在？对此，笔者作如下简要分析。位处热带北缘，从《汉书》《唐书》《宋史》《岭外代答》等古籍记载中获知，在广东和广西东南部，古时气候远较现今湿热，天然植被茂盛，野生动物繁多，人口也稀少，因而其各江河三角洲的水网地带及沿河谷的湖泊、沼泽地都是马来鳄生息繁衍的良好生境。唐宋时代及其之前，此地鳄的数量多，不仅沿河谷伸入分布到了内陆的湖沼地带，而且在有的地区集群危害人畜。于是，在广东潮州有了唐代韩愈撰文驱鳄、宋代陈尧佐戮鳄事迹的记载。就气候变化来看，北宋中期，即在1050年左右气候转冷，特别是到了明代（15世纪中叶）以后，寒冷天气频繁出现，致使本适应于热带生活的马来鳄陷入生存困境，其数量和分布区都有所减少。但总体上讲古代冬季寒冷天气一般短暂，可以认为几百年的气候变化对其分布和数量会有一定影响，气候不是直接导致马来鳄在我国分布灭绝的主要原因。

随着社会经济的发展，人类活动范围的增大，直接影响了马来鳄的分布。唐代以后，宋朝的南移，北方移民南下先到各江河流域开拓垦殖，湖泊沼泽被填平，农田与村镇的发展，马来鳄失去了赖以生存的湿地生境，继而成为当时人们从事生活与生产活动首先灭杀的对象。正是气候变化和人类活动的影响，马来鳄于南宋后期最先在珠江三角洲及其附近一带消逝，随之在梅州、恩州、雷州和梧州等地区消亡，在唐宋时代被杀戮殆尽的潮州之鳄于明代中期才绝迹，而残存于广西东南部郁林州（今玉林等地）、横州（今南宁横县）和邕州（今南宁市）等地区河谷中的零星之鳄也终于在明末清初惨遭绝杀。所以，笔者认为，马来鳄在中国域内灭绝是历来气候变化和人为活动的综合作用，但人为活动是其灭绝的最主要原因。

## 三、湾　　鳄

清代旧籍中有三文所记的鳄鱼应当为湾鳄。马日炳（康熙）《文昌县志》卷九中提及（明）崇祯三年（1630年）在海南岛文昌县沿海曾出现过鳄鱼。黄淑璥《台海使槎录》（1736年）卷四记：“康熙癸亥（1681年）四月，彭島（今澎湖島）忽見鱷魚，長丈許，有四足，身上鱗甲火炎。從海登陸，百姓見而異之。……死於民間厨下。”光绪三十三年（1907年）四月，李准率“伏波”“琛航”二军舰从海南岛驶往西沙群岛一带巡视途中，曾击毙一鳄。李在《巡海记》中写道："一日雨後，余正在船面高處坐而納涼，忽見一物自海面向船而來，昂首水面，咀鋭而長。余問曰：'此何物也？'國祥曰：'此鱷魚也，韓文公在潮作文驅之者即此是也。'語是，鱷魚已及船邊，攀梯而上。……余速下奪槍擊之，鱷魚下墜，白腹朝天，距船已四、五丈矣。即令水手放舢板往撈。水手以橈挑之，長約丈餘，重不可起。恐其未死，不敢下手。再擊二槍，反沉水底，血不見蹤跡矣。"这与黄氏所记形状大小及能在海中生活的鳄鱼基本相同。显然，三文记录的鳄都是能在海中生活的一种咸水鳄，即湾鳄（图 3-32）。它与栖息于两广江河湖沼淡水中的马来鳄不同，自然也就不是韩文公在潮作文所驱的鳄鱼了。

图 3-32　湾鳄 *Crocodilus porosus*

（选自陈碧辉图—古今鼍的外形赏析图）

此后直到 20 世纪 80 年代，我国的一些学者，由于未获得马来鳄的实物标本或者对广东顺德等地出土的鳄骨未作仔细研究，将古籍中所载的鳄或鳄鱼均认定为湾鳄了。实际上，其中出现在海南岛和澎湖岛沿海的鳄鱼才是湾鳄，而且它很可能是随着暖热洋流偶然从盛产湾鳄的东南亚地区漂游来的，亦有可能漂达我国东南沿海的一些地区（图 3-33）。

## 四、结　　语

（1）经考证，中国古籍记载了三种鳄，即鼍、马来鳄和湾鳄。我国人民早在殷商时代就认识鼍了，到了汉代才知道有鳄，其间相隔了 1700 多年，但很早就从形态、生活习性和地理分布等方面的不同将两者区别开了。古文献所记述的鳄或鳄鱼则是包含马来鳄和湾鳄。鼍产于长江中、下游河湖密布地带；马来鳄曾生存于我国广东南部和东部、广东东南部；湾鳄是能在海中生活的咸水鳄，明末清初曾偶然出现于海南岛和澎湖岛沿岸及附近海面，并不是曾生存于我国的土著鳄种。

（2）古籍记载及考古研究证明，唐宋时代及其之前，马来鳄广栖于我国两广南部各江河、湖泊和沼泽等淡水湿地、数量多，十分繁盛。可是，宋代尤其在南宋以后，该鳄迅速走向衰亡，于清代早期（18 世纪）灭绝了。在几百年的时间里，一个存活千万年的古老物种在我国南域从繁盛转至灭绝，其中的原因发人深省。

（3）古籍中关于鼍、鳄的记述，既反映出了在我国鼍从繁盛走向衰落、马来鳄由繁盛转至灭绝的历史事实，又说明了在短时期里物种衰落和灭绝的第一位原因是人为活动作用的观点是正确的。因此，在保护现存物种工作中，应当汲取历史教训，保护他们的栖息地和适宜生存自然环境、严禁肆意捕杀是最为重要的。

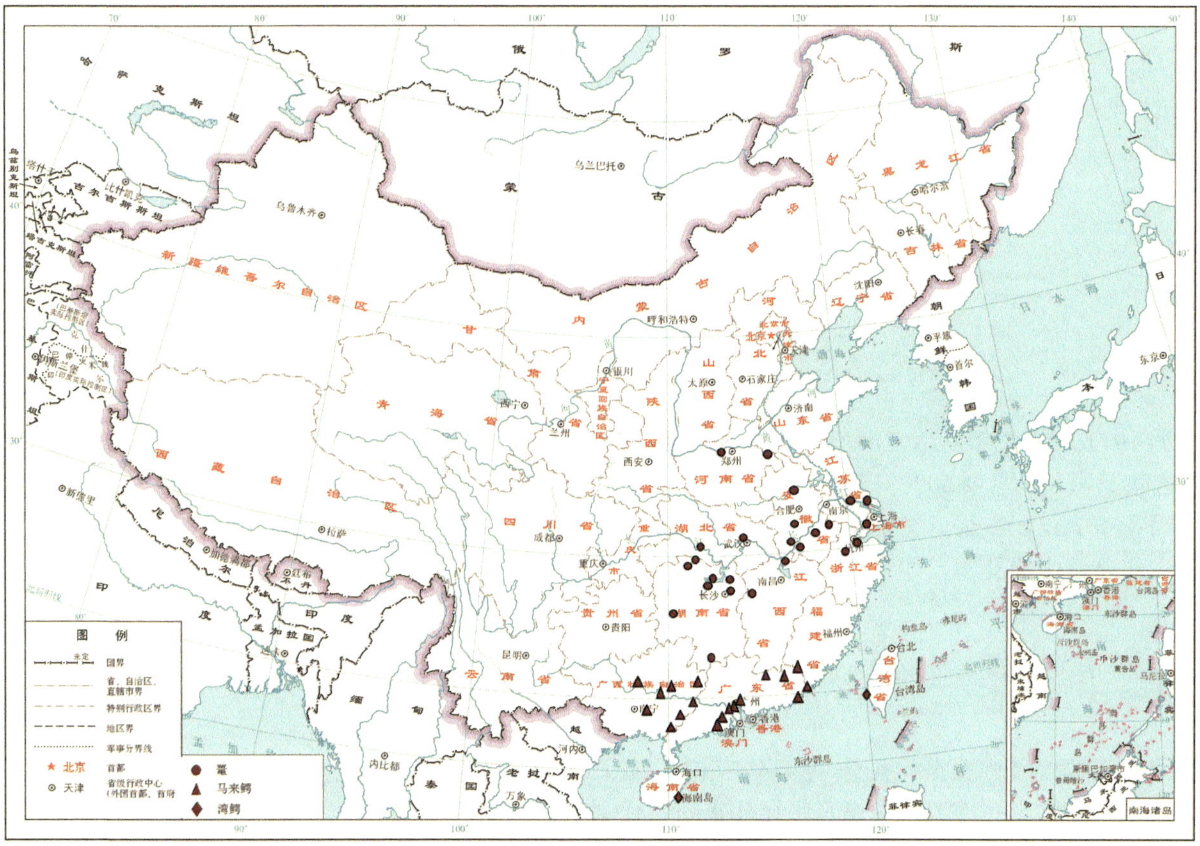


图 3-33　中国鳄形目的古代地理分布示意图

## 参考文献

曾昭璇. 1980. 试论珠江三角洲地区象、鳄、孔雀灭绝时期. 华中师院学报(自然科学版), (1): 173-185
赵肯堂, 宋愉, 马积藩. 1986. 中国华南地区的马来鳄. 生物学通报, (04)
朱承琯. 1957. 鼍生活史的初步研究. 动物学报, (2): 31-46

# 中国古代典籍中的绿孔雀

卢汰春　贺　鹏

据1971—1973年河南省淅川县下王岗遗址的考古发掘，发现了一种雉类的遗骨，这种雉类竟然是孔雀！这就证明，在距今6000—5000年，秦岭东南端的天然森林和开阔草地、灌丛地带就有绿孔雀的分布。

绿孔雀 *Pavo muticus* 隶属鸡形目 Galliformes 雉科 Phasianidae 孔雀属鸟类，为国家一级保护动物。

古代典籍中的孔雀，即当今的绿孔雀。

## 一、古名及其由来

绿孔雀古代又称孔雀、孔鸟、火离、南客、妒鸟、文禽、凤友、越鸟、都护、倒虎、摩由罗、孔都护、奴永、越禽、孔雉、伟鸟等等。绿孔雀的古代文献记载见表3-15。

**表3-15　绿孔雀的古代文献记载**

| 古名 | 古代文献 | 内容记载 |
| --- | --- | --- |
| 孔雀<br>孔鸟 | 唐·段公路撰《北户录》（龟图注）卷一《孔雀媒》 | 《山海经》：南方孔鸟。郭璞注：孔雀也。 |
| 火离 | 宋·罗原撰《尔雅翼》卷一三《孔雀》 | 羽屬之最華麗者，故《元命苞》言‘火離爲孔雀’。 |
| 南客 | 宋·曾慥编《类说》卷五三《五禽以客名》 | 李昉慕白居易，園内畜五禽，皆以客名。……孔雀，曰南客。 |
| 妒鸟 | 明·吴楚材撰《疆识略》卷三一 | ……見美婦人、美衣裳必啄之，聞笙歌必舞，故謂孔雀爲妒鳥，爲文禽。 |
| 文禽、凤友、越鸟、都护、倒虎 | 明·徐炬撰《新鐫古今事物原始全书》卷二〇《孔雀·山鸡》 | 孔雀，……一名文禽，一名鳳友，曰越鳥，曰都護，蒙古人呼爲倒虎。 |
| 摩由罗 | 明·李时珍撰《本草纲目》卷四九 | 孔雀，[释名]……《梵书》謂之摩由羅。 |
| 孔都护 | 清·陈元隆撰《格致镜原》卷一七《鸟类》 | 李昉名孔雀曰南客，一名孔都護，一名文禽。 |
| 奴永、越禽 | 清·方旭撰《虫荟》 | 孔雀，一曰奴永，一名越禽。 |
| 孔雉 | 清·屈大均撰《广东新语》卷二〇《孔雀》 | 孔雀，一名孔雉 |
| 伟鸟 | 清·屈大均撰《广东新语》卷二〇《孔雀》 | 孔雀者，东方之偉鳥也。 |

## 二、形 态 描 述

远在2000多年前，东汉（公元25—220年）杨孚所撰《异物志》中就有记载："孔雀，其大如雁而足高，細頸隆背，似鳳凰。自背及尾皆作圓文，五色相繞如帶千錢，尾長二、三尺，頭戴三毛長寸以爲冠，足有距。"当然，这"二、三尺"长的尾从现今生物学的角度来说，并不是真正意义上的"尾"，而是尾上覆羽。

南朝梁·沈均撰《宋书》卷二九云："孝武帝大明五年正月丙子，交州刺史垣閎獻白孔雀。"这白孔雀实际上还是绿孔雀，只是因得了白化病而造成全身羽毛均为白色所致。

唐•段成式撰《酉阳杂俎》卷一六云：“孔雀尾端一寸，名珠毛。”这是说孔雀尾端的铜钱般的花纹似珍珠般华丽，因而被称为珠毛。

宋•陆佃撰《埤雅》卷七云：“《博物志》曰：孔雀尾多變色，或紅或黄，喻如雲霞，其色無定。人拍其尾則舞。尾有金翠，五年而後成。始生三年，金翠尚小。初春乃生，三四月後復凋，與花萼俱衰榮。雌者不冠，尾短，無金翠。”这段话说的孔雀羽毛颜色多变则是由其物理结构造成的，这在生物学上称为“结构色”，它会随着观察者的角度而产生变幻，并且能够产生所谓的“金属光泽”。

宋•罗愿撰《尔雅翼》卷一三《孔雀》云：“孔雀生南海，蓋鸞鳳之亞。尾凡五年而後成，長六七尺，展開如車輪，金翠煒然。始春而生，三四月復凋，與花萼俱榮衰。”

明•李时珍撰《本草纲目》云：“按《南方異物志》，孔雀……。大如雁，高三、四尺，不減於鶴。細頸隆背，頭戴三毛長寸許。……，雌者尾短無金翠。雄者三年尾尚小，五年乃長二、三尺。夏則脱毛，至春復生。自背至尾有圓紋，五色金翠，相繞如錢。”

综上所述，我国先人对孔雀形态特征及雌雄性别差异所作精辟而入木三分的描述表明古人已开始豢养孔雀，并进行了细致入微的观察。

现今，鸟类学家对绿孔雀的外部形态描述如下：

雄性成鸟：体重约7700克，将尾屏算在内，体长可达230厘米。全身羽毛具翠蓝绿色的金属光泽。头顶耸立数枝簇状长形冠羽。下背缀以紫辉色铜钱状花斑。尾上覆羽特别发达，长短有序，呈金翠绿色，羽端有一闪耀着辉亮蓝色和金翠绿色镶嵌的眼状花斑。

雌性成年与雄鸟相似，但尾上覆羽不发达且无金翠绿色（图3-34）。

图3-34　孔雀

（选自《故宫鸟谱》第一册）

汉·恒宽撰，明·张之象注《监铁论·崇礼》云：“南越以孔雀珥門户”。

宋·李昉等编《太平御览》卷六九四云：“《齊書》云：文惠太子性奢侈，製珍玩之物，織孔雀羽爲裘，光彩金翠，過於雉頭矣。”

又，卷九二四云：“魏文帝與朝臣詔曰：前于闐王山習所上孔雀尾萬枝，文采五色，以爲金根車蓋，遥望耀人眼。”

明·陈耀文撰《天中记》卷五八云：“翣，南蠻婆利左右持孔雀翣。(古代帝王仪仗中的大掌扇)。”

清·张英、王士祯等编《御定渊鉴类函》卷三二八《楚辞》云：“孔蓋兮翠旌（孔雀羽装饰的车盖）……。”

孔雀的羽毛十分华美，尤其是其尾屏（即尾上覆羽)。这些记载显示了古人用孔雀羽毛来制作华美的服饰、帝王身后的大掌扇，甚至装饰车盖，以显示其高贵的地位。

## 三、生态观察

### （一）习性观察

唐·释道世撰《法苑珠林》卷三二云：“珠林有鳥，聲好亦形好，孔雀也。”

宋·范成大撰《桂海虞衡志》云：“孔雀，生高山喬木之上，人探其雛育之。喜臥沙中，以沙自浴，汩汩甚適。”

金·李杲编《食物本草》卷一二云：“孔雀，按《南方異物志》云：……數十群飛，棲遊岗陵。晨則鳴聲相和，其声曰都護。……自愛其尾，山棲必先擇置尾之地。雨則尾重，不能高飛，南人因往捕之。”

明·徐炬撰《新鐫古今事物原始全书》卷二六《孔雀、山鸡》云：“孔雀遇雨而高棲，惜其尾也。……惜其尾，若棲先覓置尾之處，遇雨則高棲。”

清·汪森编《粤西文载·粤西丛载》卷二二《孔雀》曰：“孔雀群飛，有數十爲偶。《紀聞》”

以上古籍中的论述说明，我国先人早在唐朝就开始对绿孔雀进行野外观察研究，指出绿孔雀是群栖鸟类，可结成数十只大群飞翔；栖息于高山冈陵的高大乔木林中；其非常珍爱美丽的尾屏，每到一处必先选择有适宜放置尾屏的地方；遇到下雨则选择高处栖息；每天清晨必鸣叫而相互吸引；它们喜欢进行沙浴，在沙中拍翅膀，以清扫身上的寄生虫。

### （二）捕捉方法

唐·段公路撰，崔龟图注《北户录》卷一《孔雀媒》曰：“雷、羅數州，收孔雀雛養之，使極馴擾，置於山野間，以物絆足，旁施羅網，伺野孔雀至，即倒網掩之，举無遺者。”这里所述的诱捕野孔雀的方法就更详细了，而且说明这种方法成功率极高，竟没有逃脱的。

宋·陆佃撰《埤雅》卷七云：“故欲生捕者，候雨甚往擒之，尾霑而重，不能高翔。人雖至，且愛其尾，不復騫也。”孔雀一般栖息于高山乔木之上，猎人难以捕得，只能利用连日阴雨天气去捕猎。因为雨后孔雀的尾羽因湿重而难以高飞，而其又爱惜尾屏，所以并不挣扎。

清·汪森编《粤西文载·粤西丛载》卷二二《孔雀》曰：“交趾郡人多養孔雀，或遺人以充口腹，或殺之以爲腒臘。人又養其雛爲媒。傍施網罟捕野孔雀，伺其飛下，則牽網繩横掩之。”这是说，交趾这个地方人人养孔雀，或直接吃，或制成肉干以馈赠亲友。猎人养孔雀幼鸟作为媒子（驯养的用来吸引而后捕捉野鸟的鸟）以吸引野孔雀，旁边布网以作陷阱，待到野孔雀飞来后，牵动网进行捕捉。现今，一些老猎人或者不法商贩也还是用这种方法捕捉野鸡等鸟类。

## （三）天生嫉妒

宋•陆佃撰《埤雅》云：“孔雀……性頗妒忌，自矜其尾。虽馴養已久，遇婦人、童子服錦彩者，必逐而啄之。”

古人认为孔雀是善妒忌的鸟类，因为经过驯养后的孔雀，遇到女人或孩子穿着漂亮的衣服，就会追着啄击。这是因为他们被当成了潜在的配偶竞争者，此现象实乃物种进化使然。

## （四）饮食习惯

周•师旷撰，晋•张华注《禽经》云：“孔雀食蝮蛇，血膽最毒。”

宋•范成大撰《桂海虞衡志》曰：“飼以豬腸及生菜（新鲜蔬菜），惟不食菘（白菜）。”

宋•黄休复撰《茅亭客话》卷八云：“飼之以米、谷、豆、麥，勿令闕水，與養雞無異。每至秋夏，令僕夫于田野中拾螽斯、蟋蟀、活蟲飼之。……如眼不開，則擘口餧之小魚、蝦，不爾，餓損及切，蒻（嫩香蒲）少許餧之……。不可與鹹酸物食，食則減精神，昏暗毛色。”

清•刘也馨撰《粤屑•孔雀》云：“欽州人家多畜孔雀，食米或飯或穀或菜皆食之……尤喜食蜈蚣、蜘蛛、韭菜，則體壯而毛鮮，縱使吃蚱蜢。”

这些记述是关于孔雀饲养的。饲喂孔雀的食物包括猪肠、蔬菜、谷类、麦子、大米等植物性食物，还有蝮蛇、螽斯、蟋蟀、鱼虾等动物性食物。因其食用蝮蛇，故其胆有剧毒，这个说法在现今看来并不成立。

## （五）筑巢、繁殖及迁徙习惯

记述古代中国西南地区地方历史、地理、人物等，明•谢肇淛撰《滇略》卷三也对孔雀的迁徙有所记载：“《華陽國志》云：雲南郡，孔雀常以二月來翔，月餘而去。”

鸟类常因气候变化而南迁北徙，即秋冬飞往南方较温暖的地方过冬，春夏飞往北方进行繁殖，这是所有候鸟共同的习性。我国先人早在距今 1000 多年前的宋代就对孔雀的迁徙现象进行了明确记录：孔雀每年二月飞来，一个多月后飞走。同时对孔雀的换羽现象亦作了明确说明，即：初春长出尾屏，3—4 个月后脱落。

据今天的科学观察得知，绿孔雀是热带、亚热带地区的林栖雉类，多见于海拔 2000 米以下的低山丘陵及河谷地带。依据多年研究观察，绿孔雀在云南境内主要栖息于海拔 136—1500 米的河谷地带的常绿阔叶林及落叶阔叶林、针阔混交林和稀树草地之中，从来不见于浓密的雨林中。

孔雀一般早晨天亮时下树活动觅食，中午高温时又上树静栖或隐蔽于林中的阴凉处，下午又下树活动觅食，直到傍晚才上树夜宿。有时可见雄鸟昂首挺立在河边松树上发出“ga-wa，ga-wa”的洪亮叫声，响彻山谷；并拖着长大的尾屏，在阳光照耀下，绚丽多彩，十分引人注目。

绿孔雀通常在山沟里的水塘边草地上觅食，食物有蕈类、幼嫩树叶、草叶、谷类以及白蚁、蜻象等，还捕食蛇类、蛙类和蜥蜴等。

繁殖期从 2 月中旬开始。此时雄鸟羽毛特别绚丽，并把艳丽夺目的尾屏展开如扇，不断抖动，羽毛间相互摩擦而发出“沙沙”声。有时雄鸟间还会为了争夺配偶而进行格斗。

明•李时珍撰《本草纲目》云：“南宋《建武志》云：……蓋巢于山林而下浴沙土。”这是中国古代浩瀚的古籍中不多的一处有关绿孔雀营巢的记载。

营巢于郁密的灌木丛、竹丛或高草丛中。巢异常简陋，在地面上稍挖成一个凹窝，再衬以杂草、枯枝、落叶和残羽等。每窝产 4—8 枚卵，卵呈钝卵圆形，壳厚而坚实，并微有光泽，呈乳白、淡棕或乳黄色，无斑点。孵卵工作由雌鸟承担，孵化期 27—30 天。

### （六）言行有仪

汉·扬雄撰《太玄经》（晋范望注）曰：“孔雁之儀，利用登於階。”意即孔雀有文，雁有序，其象皆中礼，故利用于登阶也。又云：“孔雁之儀，可法則也。”孔雀身上有排列有序的眼状斑纹，大雁飞行时排列整齐，所以用这两种鸟比喻言行有仪。

### （七）吉祥之鸟

孔雀历来被视作吉祥之物。旧城孔雀的纹样为“天下文明”，用处极广。明清补子纹样中，明代文官三品为孔雀，清代二三品皆为孔雀。清代官员以孔雀花翎为冠饰，有三眼、双眼和单眼之分，清初只赏给受朝廷特恩的贵族大臣，后来五品以上官员可饰单眼花翎，因而花翎又成为官阶、权势的象征。

### （八）珍稀鸟类

孔雀自古就被视为珍禽异鸟，人称其具有九德，为文鸟之鸟。宋·潘自牧撰《记纂渊海》卷九七《禽部·孔雀》云：“孔雀有九德，一顏貌端正，二聲音清澈，三行步庠序，四知時而行，五飲食知節，六常念知足，七不分散，八少婬，九知反復”，比喻比丘之行仪也。

### （九）奇闻轶事

周·师旷撰《禽经》（谱录类三）云：“鵲見蛇則噪而贲，孔見蛇則宛而躍。”

汉·刘向撰《说苑》卷一七曰：“君子愛人，孔雀愛羽，虎豹愛爪。”

唐·段成式撰《酉阳杂俎续集》卷八云：“衛公言，鵝警鬼，䴔䴖厌火，孔雀辟惡。”

唐·段公路撰《北户录》卷一《孔雀媒》云：“雄鳴上風，雌鳴下風即孕。見《博物志》。”

宋·潘自牧撰《记纂渊海》卷九七《孔雀》云：“世祖時，西域獻孔雀，解人語，彈指應聲起舞。”

宋·陆佃撰《埤雅》卷七曰：“《南越志》曰：孔雀不必匹合，止與音影相接便孕，亦與蛇偶。亦云雌見雄舞而有孕。”

金·李杲编《食物本草》卷一二曰：“孔雀有雌雄，將乳時登木哀鳴。蛇至即交，故其血、膽尤傷人。”

明·董斯张撰《广博物志》卷三五曰：“蕭史吹簫，常至孔雀。”

清·吴楚材辑《疆识略》卷三一云：“孔雀，……又闻雷聲而孕。見《雜俎》”

这里阐述了有关孔雀的奇闻异事，诸如孔雀可以辟恶，吹箫可招引孔雀，以及孔雀因雷声而受孕等等。这些都是古人在没有科学方法指导而进行研究的情况下产生的主观臆测，只是将一种现象与另一种现象进行了点对点的连接，并没有做进一步的实验研究。如果这能称为科学假说的话，现在它们当然是不成立的。

## 四、孔 雀 开 屏

汉·杨孚撰《异物志》载：“……孔雀捕得之，拍手即舞。”

宋·陆佃撰《埤雅》曰：“……尤自珍愛。遇芳時好景，聞弦歌，必舒張翅尾，盼睐而舞。”

清·吴宝芝撰《花木鸟兽集类》卷中曰：“孔雀聞管弦笙歌則開屏，光耀四射，金彩奪目。”

清·余省、张为邦绘《故宫鸟谱》云：“孔雀開屏時，曲項垂膺，趺足翹尾，動摇有聲，漸轉漸大，以至圓如團扇，是爲屏。足以尾之長短爲高下，火眼排列如銜壁連錢，又如雲霞眩目，變化無定色。明·貝翱賦云：翠髻高聳，彩羽旁障，金碧熠耀，綺纈煒煌。乍若槊毦之齊舉，復似重麾之丹揚。參差乎，扇列二十有四。的皪乎，釵駢十二。其行斯，能道其形容矣。《埤雅》云：畫史雖妙善花鳥，猶憚爲孔雀，蓋其金翠生動染色，有不能似者也。”见图 3-35。

图 3-35　孔雀开屏

（选自《故宫鸟谱》第一册）

如上所述，孔雀遇到好时好景，听到歌声音乐或拍手等刺激时会开屏而舞。《故宫鸟谱》对孔雀开屏的翔实描述可谓入木三分，令人敬佩。

对孔雀开屏的原因，曾有种种说法，如炫耀、示威。经观察研究证实，孔雀开屏时对外界刺激（包括性和非性）的兴奋现象。在繁殖期，孔雀求偶行为中，主要有孔雀开屏和舞蹈等。此时雄孔雀在雌鸟旁停立，身体左右略为抖动。羽毛松起，翘起尾羽，并呈扇状张开，尾上覆羽随同竖起散开呈屏，尾屏尽量前倾。颈竖直或稍后倾，头略低下，嘴微张，喉部抖动，两翼下垂微张并藏于屏后，上下提垂内外煽动。两足横行移步，缓行逼近雌鸟，或直奔雌鸟面前，甚至绕雌鸟疾驰。有时在雌鸟前两足交替原地踏步。开屏后，雄鸟注视雌鸟，如雌鸟有动作或注视雄鸟，雄鸟常突然转身换向，回转身体以尾屏的前后面更替正对或斜向雌鸟，将尾屏忽遮忽露。有时以尾羽急速摆动，并摩擦尾羽干发出”沙沙“声。已展开的尾屏有时略向后收，然后振散，重又竖起展开如前。收屏时，雄鸟自动走离雌鸟，屏渐收拢，或原地不动，尾屏半开，端部铺在地面，片刻再行全部收拢。

古人认为孔雀善舞。唐·房玄龄等著《晋书》中记载：“孔雀能解人語，彈指匝聲起舞。”传统音乐、绘画、舞蹈中皆有“孔雀开屏”，以绘其声色，因为“屏”谐音“平”，意即吉祥太平。今孔雀开屏舞以云南西双版纳傣族舞蹈最为典型。旧时，每每宫廷要人出巡和归来时都要跳此舞。舞时在鼓、笙等乐器的伴奏下，一人手拿两支孔雀羽毛，随即脚踩缓步，手作上下拂扫的动作，以象征拂去灰尘，为宫廷要人祝福。

## 五、唐诗中的孔雀

唐朝诗人有描写有关鸟类的专篇，借用鸟类的生态习性和形态特征来传达自己的心态或抒发情怀。

李白《庐江主人妇》："孔雀東飛何處棲，廬江小吏仲卿妻。爲客裁縫君自見，城烏獨宿夜空啼。"汉末庐江小吏焦仲卿之妻刘氏（兰芝），为仲卿母所遣，自誓不嫁，其家逼之，乃投水而亡。仲卿闻之，亦自缢于庭树。时人伤之而作此诗。此诗源自于汉乐府诗《孔雀东南飞》，其中有"孔雀東南飛，五里一徘徊"的诗句，用孔雀的飞行行为来比喻刘兰芝和焦仲卿彼此顾恋之情。

白居易《云海巢》："索寞少顏色，池邊無主禽。難收帶泥翅，易結著人心。頂毳落殘碧，尾花銷暗金。放歸飛不得，雲海故巢深。"

杜甫《赤霄行》："孔雀未知牛有角，渴飲寒泉逢觝觸。赤霄玄圃須往來，翠尾金花不辭辱。"

杜甫《丽人行》："繡羅衣裳照暮春， 蹙金孔雀銀麒麟。"

武元衡诗《孔雀》："荀令昔居此，故巢留越禽（即孔雀）。動摇金翠尾，飛舞碧梧陰。上客徹瑶瑟，美人傷蕙心。會因南國使，得放海雲深。"表达了诗人的同情之心，感叹人生之变迁。

韩愈《奉和武相公镇蜀时咏使宅韦太尉所养孔雀》："穆穆鸞鳳友，何年來止兹。飄零失故態，隔絶抱長思。翠角（指孔雀头上翠绿的冠）高獨聳，金華焕相差。坐蒙恩顧重，畢命守階墀。"孔雀被称为"鸾凤友"是因为其羽毛美丽，古人认为它和鸾凤都是祥瑞之物。

温庭筠《偶题》："孔雀眠高閣，櫻桃拂短簷。"

李商隐《鸾凤》："金錢饒孔雀，錦段落山雞。"

顾况《曲龙山歌》："鳳凰頰骨流珠佩，孔雀尾毛張翠蓋。"

薛能《孔雀》："偶有功名正俗才，靈禽何事降瑶台。天仙䙰㲚毛應是，宫後屏幃尾忽開。曾處嶂中真霧隱，每過庭下似春來。佳人爲我和衫拍，遣作傞傞送一杯。"

## 六、绿孔雀地理分布的历史变迁

目前绿孔雀在国内分布仅见于云南省的新平、景谷、思茅、墨江、孟连、永德、凤庆、沧源、镇康、耿马、弥勒、石屏、蒙自、金平、河口、绿春、勐海、楚雄、禄丰、双柏、南华、姚安、芒市、陇川、盈江、泸水等地，但在历史时期远远超过这个范围。

在鸟类学研究中，地理分布是重要的研究内容之一。现代鸟类地理分布中的许多问题，如果不从历史发展的变化进行研究，就不容易搞清楚。因为现代只是整个历史长河中很小的一个片段，很难反映它的全面情况。如果不搞清楚它的来龙去脉，并分析其产生这种变化的原因，是难以达到目的的。

我国绿孔雀的历史分布，大体可以分为三个区域（何业恒，1994）。

### （一）长江流域

主要指长江中下游、四川盆地和云南一带。

据河南淅川县下王岗遗址发现的孔雀遗骨，说明距今五六千年前，秦岭东南端就有野生孔雀分布。

春秋战国的楚国（今湖北湖南一带）古籍《楚辞》中就有不少关于孔雀的记载。

清乾隆十九年（1754 年）和同治五年（1866 年）的《长阳县志•物产》中就有孔雀的记述。《湖北通志•物产》记载："孔雀，出長陽，見縣志（指 1754 年和 1866 年的《长阳县志》）。"可见，在 18—19

世纪中，湖北宜昌地区的长阳县还有孔雀分布。清光绪八年（1882 年）的《永川府志·物产》中的“羽之属”中有孔雀的记载。清初，永川府辖今永川、零陵、双牌、道县、初阳、东安、宁远、江水、江华、新田等县。清乾隆三十年（1765 年）的《辰州府志·物产》中也有孔雀。辰州府辖今沅陵、辰溪、泸溪、溆浦等县。此外，清康熙三十一年（1692 年）的《金华府义乌县志·物产》中也有孔雀的记载。金华在今浙江省境内。

长江上游的四川盆地和云南是古代多产孔雀的地方。

晋·左思撰《蜀都赋》指出：四川“孔翠群翔，犀象競馳”。

南朝宋·范煜撰《后汉书·南蛮西南夷列传·滇》记载：“益州郡河……多出孔雀……。”益州郡今辖云南晋宁。说明距今 1000 多年前，在云南东北一带多野生孔雀。

明正德五年（1510 年）的《云南志·临安府志》云：“元江、騰衝、隴川有孔雀。”

明天顺五年（1461 年）的《明一统志·新化》和《明一统志·元江军民府·土产》均记载“有孔雀。”《嘉庆重修一统志·腾起直隶厅·土产》也记载“有孔雀。”

这些材料说明云南东北一带多野生孔雀。

## （二）岭南

汉文帝元年（公元前 179 年）的《汉书·南粤传》记载南越王献四只孔雀。汉·恒宽《盐铁论·崇礼》曰：“南越以孔雀珥門户。”

宋·范成大《桂海虞衡志·志禽·鸚䳇》称 12 世纪末，广西“民或以鸚䳇爲鮓，又以孔雀爲臘，皆以其易得故也。”

宋·周去非撰《岭外代答·禽兽门·孔雀》：“孔雀，世所常見者，中州人得一則貯之金屋，南人乃臘而食之，物之賤於所産者如此。”说明从西汉到南宋，孔雀在岭南一带为常见的飞禽，易于猎获，或做食物，或作装饰品。

根据古籍记载，孔雀在岭南地区大致分布以下各地区：

### 1. 粤东地区

明隆庆六年（1572 年）《潮阳县志·物产》：“鳥獸類，種類多，同諸邑，間出孔雀，……，多見郡志，茲故不備載云。”按当时朝阳县所称“诸邑”似指当时潮州府可辖海阳、揭阳、饶平、惠来、大埔、澄海、普安（万历十三年改名为普宁）等县。

清乾隆十三年（1749 年）《澄海县志·物产》有“孔雀，白鷴”的记载，反映了十七世纪七十年代在潮州还有孔雀分布。

### 2. 粤中地区

除上述《汉书·南粤志》外，南朝梁·陶弘景《孔雀》：“出廣、益諸州。”

唐·苏敬撰《新修本草》：“孔雀，交、廣有。”

宋·罗愿撰《尔雅翼·释鸟·孔雀》曰：“孔雀生南海，……南越人以珥門户。”

以上所述，表明本区自西汉到南宋为绿孔雀主要分布区。到了明清时代，粤中不少地方仍产孔雀。

明成化九年（1473 年）《广州志·物产》中有孔雀的记载，清康熙十二年（1673 年）《新修广州府志》仍然有。广州府的范围大约东至龙门、东莞、新安（今深圳），西至三水、新会、台山，北至清远、佛冈，包括从化、南海、顺德、香山（今中山）、珠海等县市。广州府的孔雀，以广州市附近绝迹较早，边沿山地消失较迟。清乾隆四十二年（1777年）《粤中见闻·物部》谈到粤中从化一带的野生动物中尚有“孔雀”，就是证明。

## 3. 云开大山及其附近地区

三国《吴录地理志》提到，朱崖（郡名，今徐闻县）有“孔雀”。

此后，《南方异物志》载：“孔雀，交趾，雷、羅諸州甚多，生高山喬木之上，……數十群飛，棲遊岡陵……。”

唐代雷、罗二州仍多野生孔雀。据宋·欧阳修等撰《新唐书·地理志·岭南》记载罗州招义郡（今廉江北）土贡“孔雀”，雷州海康郡（今雷州）土贡也有“孔雀”。这里所称土贡，实际上反映当时雷、罗二州有不少野生孔雀。例如，唐·段公路撰《北户录·孔雀媒》：“雷、羅諸州，收孔雀雛養之，……”就是证明。

北宋初乐史《太平寰宇记》卷二六七《秦岭道》中仍指出：化州（治今化州东北）的土产：“廢羅州出孔雀、鷓鴣。”当时废罗州仅领吴川（西南部），表明吴川仍产野孔雀。同书卷二六五《岭南道》高州（治今高州东北）土产也有“孔雀”。这些都表明唐宋时代雷、罗、化、高等州，特别是靠近雷州半岛一带，野生孔雀的数量还是不少的。

15世纪60年代，《明一统志·高州府·土产》犹称“孔雀，高涼、石城（今廉江）出。”同书卷八二《广东·雷州·土产》也有孔雀。清康熙十一年（1672年）的《雷州府志·土产》和康熙二十六年（1687年）雷州府的《海康县志·物产》还有孔雀的记载。17世纪末18世纪初，高州人余麟杰在他的《孔雀赋》中提到孔雀“昔產於茂，今也則無”，认为高州府的茂名一带野生孔雀的灭绝，至少应在20世纪初期。

本区东北部，据《明一统志·肇庆府·土产》中有“孔雀。”清·吴震方《岭南杂记》卷下：“孔雀產廣西，而羅定山中間或有之。”清雍正九年（1731年）《罗定直隶州志·物产》中仍有“孔雀”的记载。看来本区东北部孔雀的灭绝时间应在18世纪30年代后期。

本区西北部，据《太平寰宇记》卷一六五《岭南道·郁林州·南流县》记载，废平琴州（今玉林）“多翡翠、孔雀”。宋·黄休复《茅亭客话》卷八《寓孔雀书》记载：北宋时，容（治今广西容县）、白（治今广西博白县）等州山中多孔雀。南宋及明代古籍都提到博白县西伏割山“多鷓鴣、孔雀”。说明博白县一带一直是本区孔雀的主要产地。

## 4. 桂林西南地区

宋·祝穆撰《方舆胜览》卷三九《邕州》“孔雀，生溪洞高山喬木之上，而下浴沙上。”明初，武缘县（今广西武鸣县）上贡有“孔雀”。明末，谢肇淛曾在广西做过官，著有《百粤风土记》，称“鷓鴣、孔雀產蠻洞中，甚多”。他所指的范围，主要是宜州、郁都及左右江流域等少数民族分布地区。

清·陆祚番撰《粤西偶记》曰：“來賓、南寧、潯州（今桂平）一帶，江水腥濁，與孔雀糞有關。”说明红水河、左右江、郁江及黔江等流域有不少孔雀。

清雍正十一年（1733年）《广西通志·物产》提到，郁江流域的太平府和南宁府，以及红水河流域的上林县均出产孔雀。

## 5. 桂林东南地区

指广西东南部六万大山和十万大山南北一带。

宋·叶梦得撰《芳亭客话》卷八记载北宋时廉州（今合浦县）山中多孔雀。《明一统志》卷八二《广东·廉江府·山产》："孔雀，欽州（今钦县）出。"明嘉靖十年（1531年）《广西通志初稿·山产》：孔雀"出廉州（治今合浦县）"。

**古代典籍提出的出产孔雀的地点，主要有三：**

（1）钦州地区的孔雀山：《舆地纪胜》卷一九九《广南西路·钦州·景物下·孔雀山》："在（欽）州西南五里，一名内三山，……峰峙立，山中多孔雀。"《方舆胜览》卷四二《广西江道宜慰司都元帅府·钦州路·景致》、《明一统志》卷八二《廉江府·山川·三山岭》也都提到此山多野生孔雀。

（2）明清时期钦州西南的时罗，明嘉靖十八年（1539年）《钦州志·物产·禽属》："孔雀，出時羅郡朱樂鄉。"同书的《货属》："孔雀尾，時羅郡爲多。"清道光十三年（1833年）《廉州府志·物产》："孔雀出時羅峒。"可见十九世纪中叶，这一带仍产孔雀。

（3）为灵山县。清嘉庆二十五年（1820年）《灵山县志·物产》和1914年《灵山县志·生计志·动物·禽之属》都有孔雀，表明灵山一带的十万大山到20世纪初还有孔雀分布。

总之，历史时期岭南野生孔雀分布很广，分布的总趋势是北早南迟，东早西后。即两广大陆的北部、中部较南部为早，广东较广西为先；平原丘陵较早，山地较迟。广西西南部的邕宁和东北部灵山一带的孔雀，一直到20世纪才趋于绝灭。

## （三）滇西南

滇西南是我国野生孔雀分布历史悠久的地区之一，据东晋常璩撰《华阳国志·南中志》："永昌郡，古哀牢國"，"土地沃腴，物產豐富"，有"孔雀、犀、象"等珍禽异兽（"哀牢国"为古国名）。东汉永平十三年（公元70年）以其地处哀牢（今盈江县东）、博南（今永平县）两县，属永昌郡。当时永昌郡所辖范围甚广，"其地東西三千餘里，南北四千八百里。"大体相当于今大理白族自治州、保山、临沧地区、德宏傣族景颇族自治州及西双版纳傣族自治州等地。

蜀汉到元代，古籍中关于孔雀分布的记载如下：

据东晋常璩撰《华阳国志·南中志》记载，从蜀汉到晋，永昌郡南涪县（今云南景洪）物产有野生孔雀，博南县"孔雀常以二月來翔，月餘而去"。

唐·樊绰《蛮书》卷四《名类》："茫蠻部落，……孔雀巢人家樹上，……。"茫蛮或茫施蛮，《蛮书》称它为"並是閑南雜種"，清·张庭玉等纂《明史·土司传·芒市土司》称："芒市，即唐史所謂茫施蠻也。"芒市即今德宏州治所。

元代金齿百夷诸路，据《云南等处行中书省金齿百夷诸路》记载，产"犀牛、象、孔雀"等。元至元十三年（1276年）改金齿安抚司为金齿宣抚司，于所辖境内分六路总管府。这六路包括今云南宝山县怒江区，德宏州首府芒市、镇康、永德，德宏州梁和县及西南部，德宏州陇川、瑞丽及潞西所属遮放区。元代史志中所称的"金齒諸路"，就是指这六路而言。又因境内所居住的主要是百夷（傣族），所以又称"金齒百夷諸路"。

由上述可知，滇西南一带从汉到元代一直有野生孔雀栖息。

明清时代，云南野生孔雀的分布，大体可以分为两个时期：明代（表3-16）和清代（表3-17）。

### 1. 明代

据隆庆六年（1572年）《云南通志》和天启五年（1625年）《滇志》记载，当时云南野生孔雀的分布范围，曾到达文山、开远、昆明、富民、楚雄等地。

表 3-16 明代绿孔雀在云南的产地分布

| 古籍地名 | 含今地名 | 出处 |
|---|---|---|
| 临安府 | 含今建水县 | 清・康熙五十四年《建水州志》和雍正九年《临安府志》 |
| 车里宣慰司 | 含今普洱县 | 道光《昆明县志》 |
| 楚雄府 | 含今楚雄县 | |
| 大理府 | 含今大理市 | |
| 永昌府 | 含今保山市 | |
| 南甸宣抚司 | 含今梁河县 | |

云南南部的元江、镇沅、景东、顺宁、蒙化等府、厅是历来多孔雀的地方。

## 2. 清代

表 3-17 清代绿孔雀在云南的产地分布

| 古籍地名 | 现今地名 | 出处 |
|---|---|---|
| 元江州 | 治今元江哈尼族彝族傣族自治县 | 光绪《云南志稿》 |
| 普洱府 | 治今普洱县 | 光绪《普洱府志》 |
| 镇沅州 | 治今镇沅县 | 光绪《云南通志》 |
| 景东厅 | 治今景东县 | 光绪《云南通志稿》 |
| 顺宁府 | 治今凤庆县 | 光绪《云南通志稿》 |
| 大理府 | 治今大理市 | 光绪《云南通志稿》 |
| 永昌府 | 治今保山市 | 光绪《云南志略・永昌府》 |
| 腾越厅 | 治今腾冲县 | 光绪《腾越厅志稿》 |

综上所述，可知历史时期中国绿孔雀的地理分布，从北向南、从东北向西南逐步缩小。

历史时期中国绿孔雀的分布实际上较古籍记载的远为丰富。这是由于旧志对野生动物的记载很少，有的就算记载了，也很简略，例如唐、宋时代，虽记载较前时代多，但一般只列入“贡品”的，而不列入贡品的，就很难见于记载。明、清以来，除了贡品外，文人的笔记等也较多，因而出现前代没有记载的。例如长阳、永州、潮阳等地对孔雀的记载，就是明显的例子。事实上，这些地方在明、清之前，分布地可能更多（卢汰春和童墉昌，2015）。

## 参考文献

何业恒. 1994. 中国珍稀鸟类的历史变迁. 长沙: 湖南科学技术出版社

卢汰春, 童墉昌. 2015. 鸟纲总部. 见: 王祖望, 黄复生, 冯祚建. 中华大典・生物学典・动物分典(第三册). 昆明: 云南教育出版社

台北故宫博物院. 1997. 故宫鸟谱(1-4 册). 台北: 故宫博物院

郑光美. 2011. 中国鸟类分类与分布名录(第二版). 北京: 科学出版社

# 对古代动物麈即麇鹿的讨论

牟重行

麈[①]是古代的一种鹿科动物，《辞海》释麈为“兽名”，因历史记载模糊简略，亦鲜见文献专题讨论，故长期以来未能详悉确指何物或疑似何种。本文对麈的有关史料展开讨论，谨作一家之言，乃祈识者指正。

麈在中国古代存在一定种群数量，晋·郭璞撰《山海经》多处提到麈，称“風雨之山，……其獸多閭麋，多麈、豹、虎”。在黑水之南、大人之国等亦见麈的记载。晋·孔晁撰《逸周书》虽为一部颇具争议的上古文献，然并不影响他的部分史料价值。该书有称“稷慎大麈”，稷慎即肃慎，约今东北地区，意为：肃慎人向周天子进贡麈鹿；并记载周武王的一次狩猎行动，“禽麋（麋）五千二百三十有五、……麈十有六、麝五十、麇（麇[②]）三十、鹿三千五百有八”。可见当时野生动物的兴旺景象。但在古代作为一个单独物种的麈，就以上各种猎物数量比例来看，它在鹿科动物中远非优势种群。但麈的延续历史相当之长，如清·张玉书等纂摘自《康熙字典》引司马相如《上林赋》咏“沈牛麈麋”；另我国现存最早的一部蒙童识字课本汉·史游的《急就篇》中，内称“麇、麈、麖、麀[③]皮給履”。以此见两汉时期，人们对麈并不陌生，除养在皇家苑囿外，该动物皮毛尚用作民众生活用品资源。东晋哀帝隆和元年（公元 362 年）十月甲申，太湖流域发生一件偶然的事，“有麈入東海第。百姓歡言曰：麈入東海第。識者怪之。及海西廢爲東海王，乃入其第”。唐·房玄龄的《晋书》记载这只误闯王宅的流浪麈，并把它与赶晋废帝司马奕下台联系起来，也是记载者为说明当时夺取皇权合法性所作的脚注。但以麈的实体记载而论，这则史料却似乎是上古至晋代中国野外麈的最后记录。

古代对麈的形态描述，第一印象当来自汉·许慎的《说文解字》，释“麈，麋屬”“麋，鹿屬。麋，冬至解其角。”我们据此将麈定义为大型鹿科动物，应该没有异议。在魏晋时期，因麈有条长尾巴，能制作类似“佛尘”的文人雅具而进入文化层面，时尚清谈的士大夫常以手执一柄麈尾，对座侃侃为极致意境，称之为“麈谈”。说麈尾能够“辟尘”，当然首先喻指拂去心灵上的尘垢。后世亦有不少取意于此的文化作品，如宋代两部文人笔记《挥麈录》和《麈史》，也都小有名气。但麈在魏晋很可能已成珍稀之物，因为加工麈尾，竟有使用贵重犀牛角作柄的情况，称“犀柄麈尾”。这从侧面反映出这样一个事实：魏晋时期的麈种群大幅减少。此后至唐代，根据唐初颜师古对麈的注释，则可推断麈在中原基本绝迹。他说“麈似鹿，尾大而一角”。众所周知，鹿类是从来没有仅长一只角的动物。从这显然带有想象成分的生物描述中，可见原因正是麈的消失，以致颜师古这样的大家，同样无从考其真实形态。

与唐儒相比，宋人对麈的叙述来得更具体些。宋·陆佃的《埤雅·释兽》有段近 200 字关于麈的文字，麈尾的效用除传统“辟尘”功能外，增加了能保持红色丝织品岁久不变色，保护毡料不受虫蛀等特殊作用，同时对麈作出别有意思的释述。其引征《名苑》语曰：“鹿之大者曰麈，群鹿隨之，皆視麈所往，

---

① 麈：zhǔ，古书上指鹿一类的动物，尾巴可以当作拂尘。——摘自《新华字典》（第 11 版）P660，商务印书馆，2013。

② 麇：jūn，古书里指獐子。qún，成群。——摘自《新华字典》（第 11 版）P261、P422，商务印书馆，2013。

③ 麀：yōu，古书上指母鹿。——摘自《新华字典》（第 11 版）P601，商务印书馆，2013。

麈尾所轉爲準。於文主鹿爲麈，而古之談者揮焉，良爲是也”。该说指出麈就是鹿群中的头鹿，并非另一个单独物种，也许正与造字者的本意相通。至于称麈尾在鹿群中具有传递指挥信息功能，很难说这是古代野生动物的观察结果，恐怕又来源于一种主观臆想。笔者归纳以上古人对麈的生物特征共识两点：①属于大型鹿科动物；②有条区别于其他鹿科动物的长尾巴。这是一种已经灭绝的古代动物？抑或由于名实混淆造成？直至清乾隆年间，有关古代麈的长期困惑，始浮出水面。

《月令》有“仲夏鹿角解，仲冬麋角解”之说。乾隆二十七年（1762 年），乾隆帝弘历按他的狩猎经验，对这条经文记载产生怀疑，特作《鹿角记》一文以辨。他说：“今木蘭之鹿與夫吉林之麋，無不解（角）于夏，豈古之麋，非今之麋乎？是又不可得而知矣”。至三十二年（1767 年）冬季，弘历终于宣称找到了这个不解之谜的答案，因为当时皇家南苑中养有一群称为麈的鹿科动物，恰在冬至前后自然脱角，正与古说“仲冬麋角解”物候相符。于是遂认为传统《月令》有关麋物候记载是错误的，其历史原因乃在于古代南方人不能识别麈与麋的物种差异。随之弘历下令改动朝廷颁发的《时宪书》时令物候，将仲冬“麋角解”改为“麈角解”，以诏告天下。并亲撰一文，题曰《鹿角解说》（夏经世，1989），刻在一副麋鹿角架上。全文如下。

壬午（1762）爲《鹿角記》，既辨明鹿與麋皆解角於夏，不於冬，既有其言而未究其故，常耿耿焉。昨過冬至，陡憶南苑有所謂麈者，或解角於冬，亦未可知。遣人視之，則正值其候。有已落地，有尚在骨擕，或雙或落其一者。持其已解者以歸。乃爽然自釋，曰：天下之理不易窮，而物不易格，有如是乎！使不悉麈之解角於冬，將謂《月令》遂誤，而不知吾之誤更有甚於《月令》者矣。然則，《月令》遂不誤乎？曰《月令》之誤，誤在以麈爲麋，而不在冬之有解角之獸也。蓋鹿與麋，北人能辨之，而南人則有所弗能。麋之與麈亦如是而已耳。而《說文》訓麈有“麋屬”之言，而《名苑》則又曰：“鹿大者曰麈，群鹿隨之，視尾所轉而往。”大鹿也，麋也，麈也，廻然不同，亦不相共群而處，實今人所知者，而古人乃不悉孰爲鹿，孰爲麋，孰爲麈。則《月令》不云“夏至麋角解，冬至鹿角解”爲幸矣。而又何怪乎其誤麈爲麋也耶！既釋此□，因爲說以識之。《月令》古書不必易，靈台《時憲書》則命正訛，以示信四海焉。

麈自宋之后，本来已在历史动物学的视野中渐行渐远，《鹿角解说》无异于突然间给我们出示了一群活生生的古麈，并提供有说服力的动物物候观察证据。弘历穷究事理的精神固可佩服，但问题是这群北京皇家南苑中的麈，恰好是正品麋鹿 *Elaphurus davidianus*，因为所有鹿科动物的角，每年都要在春夏季节脱换一次，惟有麋鹿的习性选择在寒冷的冬季脱角，说明麋鹿、麈鹿实同为一物。而当时弘历所指在夏季脱角的麋，又为何物呢？以我国东北大型鹿科动物而论，很可能是把马鹿 *Cervus elaphus* 或者驼鹿 *Alces alces* 误作麋鹿。这在当时也不奇怪，就在乾隆之后，记述嘉道年间的一部清•姚元之的《竹叶亭杂记》，作者在朝廷供事近 40 年，竟然把驼鹿当成麈来议论，说“麈即今之四不像也，似鹿非鹿，似麕非麕。其角可爲決，時所稱堪達罕也。……關東兵卒多（取其皮）衣之”。堪达罕即犴达罕，满语，专指驼鹿，亦称罕。另外，麋鹿俗称“四不像”，其他不少动物也有此称，时东北驼鹿 *Alces alces*、驯鹿 *Rangifer tarandus* 亦称“四不像”，更有不属鹿科的动物也有叫“四不像”的情况。中国古代动物名称向有一物异名或异物同名现象，历史上有关名实混淆及动物性状描述等的错误并不少。其实这种现象即在现代也在所难免，如夏经世（1989）《关于我国文献上麋鹿名称混乱错误的问题》一文，列举 10 余种通行辞书、字典等对大型鹿科动物的种种误解误释，即很能说明以上问题。

考弘历指麋鹿为麈，又以马鹿等为麋鹿，前者很可能来自朝中有识者或地方官的说法，并非皇帝突发奇思构想，或许南方对于麋鹿一直就保存有“麈”的称呼。而对北京的宫中人来说，就无此“雅称”，直呼麈为“长尾巴鹿”。皇帝的力量毕竟无与伦比，有关麈、麋的学术讨论，有如清代文字训诂学家清•段玉裁称：“臣因知今所謂麈，正古所謂麋也。”语气中透出一丝无奈。乾隆四十五年（1780 年），朝鲜国使节团赴北京，又转往热河，随员朴趾源以途中见闻撰成一部《热河日记》。内有篇短文就叫《麈角解》，从另一角度记述了“麋改麈”的故事。特辑录如下。

惟天子可以議禮，今皇帝改《月令》可征焉。余燕岩草堂，嘗有蒼鹿來，飲前澗，頭如紡車。欲詳觀其毛角，徐往臨觀，鹿大驚超去，竟不得詳。今出長城外，日閱貢獻鹿群，大者如騾，小者如驢。及還入塞，坐一藥鋪，見鹿角扶疏，長皆四五尺，充盈棟宇，皆稱鹿茸。余曰：“此皆麋茸耳，願得鹿茸。”鋪主大笑曰：“豈不聞鹿之大者爲麋，則麋之小者爲鹿爾，角豈有異哉？”余曰：“夏至鹿角解，在《易》爲姤，一陰生，爲補陰之劑；冬至麋角解，在《易》爲復，一陽生，爲補陽之劑，功用顯殊。”鋪主曰：“足下未見《時憲書》耶？已改《月令》矣。萬歲爺嘗有疑麋鹿之茸，令天下凡文字之持鹿傍而有角者，皆生致之，養之海子中，區而別之，不相亂倫。及夏至，麋與鹿皆同時解角。冬至解角者，麈爾。遂改十一月令‘麋角解’爲‘麈角解’。”由此觀之，我國關北所出鹿茸，未必是鹿茸，而國中鹿茸日貴，可勝歎哉。余曰：“麈形如何？”鋪主曰：“未曾見。”或曰：“前鹿後馬。”大約改《月令》，非天子之威勢無以服信天下，故曰“惟天子可以議禮”（朴趾源，1997）。

该文记载东北药铺据此把“麋角”当成鹿角销售，可以想象这些“麋角”实际上大都是马鹿、驼鹿甚至驯鹿之角。而药商则从未见识过真正的麋鹿（麈）。有一点值得我们格外关注，该文提到弘历曾诏令天下，将凡文字部首带“鹿”而有角的动物，皆生擒送往北京，区别圈养，以释《月令》仲冬“麋脱角”之惑。这条史料似乎未见国内文献记载，尚有待于查证。如果当时出现在北京皇苑的那群麋鹿（麈），系这场“全国性征集鹿科动物”运动的成果，恰由地方官员捕获押送来的，则实为中国麋鹿之历史大幸了。当然这都属于猜测，有待获得新的证据说明。

经以上讨论，又回到汉人释麈的知识“原点”。汉•许慎撰《说文解字》曰：“麈，麋属。”指麈与麋鹿是相类近的动物。此后魏晋人的开发利用，是把麈尾制作成类似“拂尘”的文人雅具，在现存大型鹿科动物中，也就惟麋鹿才拥有这条有别于其他鹿科动物的长尾巴，尾端丛毛垂长可至后肢的踝关节。因此，如果不能判定古麈是魏晋之后已经灭绝的另一鹿科麋属动物，则可推断历史上的麈、麋鹿原本就是同一动物的不同名称而已。但令人难以释怀的是，历史文献记载麈麋，麈是麈，麋是麋，两者的区分似乎很清楚，如前述周武王狩猎，擒获麋鹿 5235 头、麈 16 头等。对该问题的可能解释，也许古代所谓的麈，特指麋鹿群中那些体形较大、尾垂较长的雄性个体，抑即麋鹿群中的威武头鹿。至于乾隆帝弘历所说的麈，则已十分清楚地属于麋鹿了，为中国鹿科动物的特有种，无须赘述。但这群麋鹿此后命运多舛，在 1900 年八国联军入侵北京后消失；1985 年从欧洲引回一批，并建立麋鹿养殖基地，应是尽人皆知的后话。当然现今再也没有人把它们称之为“麈”了。

综上所述，本文的结论是：如果文献研究和动物考古学没有证据证明麈是历史上另一种已灭绝的鹿科麋属动物，则古代动物麈乃与麋鹿实为同一种动物。

## 参考文献

(朝鲜)朴趾源著，朱瑞平校点. 1997. 热河日记(卷四 口外异闻). 上海：上海书店出版社

夏经世. 1989. 关于我国文献上麋鹿名称混乱错误的问题. 自然科学史研究, 8(3): 268-271

# 中国若干兽类古名考究

冯祚建　王祖望　马逸清　全国强　文榕生

笔者有幸于 2007 年参与《中华大典·生物学典·动物分典》的编纂工作，共有十多位专家学者竭诚合作，历时七载。其中数位专家对古籍 700 多个兽类名称（含瑞兽、仁兽、异兽等诸多名称）进行了审慎的厘定，确定其中 112 种，隶 13 目 42 科 102 属。另有 18 属种尚难准确鉴定。

现在，笔者拟选录若干兽类古名的研究结果，分别讨论如下。

## 一、关于貘的厘定与讨论

中国古籍记载的貘，不少学者认为它就是现生大熊猫（高耀亭，1973；胡锦矗，1981），也有专家质疑，认为它是现存亚洲的貘属动物（*Tapirus* sp.；孙前等，2008），孰是孰非，各执一词，而笔者的观点是：

（1）晋·郭璞的《尔雅注》或《尔雅注疏》之《释兽第十八》载云："貘（音陌），白豹。似熊，小頭，庳腳，黑白駁。能舐食銅鐵及竹骨。骨節强直，中實少髓。皮辟濕。或曰豹白色者别名貘"。今据其似熊、庳脚（四肢短矮）、黑白驳和食竹这四大特点而予以考量，古名貘者应是大熊猫，即同意前述高、胡两位专家的意见。再者，20 世纪 60 年代在四川平武县王朗国家级自然保护区考察大熊猫时，得知当地猎民也讲熊猫毛皮可以防潮。

（2）汉·许慎的《说文解字》（简称《说文》）谓："貘似熊而黄黑色，出蜀中"。20 世纪我国学者对大熊猫进行了多年的深入调查，结果发现，秦岭山地与川甘地区的大熊猫，除耳壳、眼圈、前背环带、吻鼻端部及四肢均呈黑色而为共同特征外，已悉秦岭者胸斑深棕（川甘者黑色），胸部棕色（川甘者白色），即其腹面的色调偏棕或棕黄，此外，其背部毛色也显微黄（川甘者白色），这与《说文》的描述似较吻合，所以此貘者应指分布在秦岭山地的大熊猫，但《说文》谓其产地在"蜀中"，分布存疑，尚需再作考证。

（3）诸多专家认为，《尔雅》大概是战国时期许多学者的知识积累，后由战国末年至汉初的作者编纂成书，至晋代郭璞对此书做了新的注释即《尔雅注》，视为宗本；又有宋人邢昺作疏，后世将它与《尔雅注》一起合编，谓之《尔雅注疏》。而《说文》则由汉代许慎（约公元 58—147 年）所著。可见，《尔雅注》（或《尔雅注疏》）和《说文》应是最早成书的古籍之一，同时也是记载貘的最早著作，它们对貘的描记与界定，应当拥有优先权（仅就我国动物的中文名称而言，与《国际动物命名法规》涉及的优先权无关）。

（4）据郭璞的《尔雅》序所言，证实他曾著有《尔雅音图》，然其"貘图"却与原著注文的描载迥异。若依该图所示，貘首似狮，象鼻，头后鬣毛浓密而长，尾如牛尾或马尾，足趾似虎豹。因此客观地说，注文中的貘应是大熊猫，而图像中的貘只是一种想象图，或者说，它是被古人认作辟邪的吉祥图。

然而，突出的问题是，《尔雅音图》与《尔雅注》的作者同是郭璞，但图像与其注文为何不一致，并且相去甚远，这是令人迷惑不解的。笔者从清代曾燠于嘉庆六年（1801 年）所撰的《尔雅图重刊影宋本叙》中或许获得了答案。据曾氏所述，在郭璞之后，“又有江灌圖讚一卷、音六卷。……宋元人所繪，甚精緻，疑必有所本，即非郭氏之舊，或亦江灌所爲也。……然則舊音及圖，賴有宋本存其梗概，良足寶矣。”显然，我们现在看到的《尔雅音图》是影宋绘图重摹刊行的，几经数个朝代的辗转重摹和翻刻，不可能还是原来郭璞所著的音图原貌。换言之，《尔雅音图》的貘图，极有可能是后人补充绘刻的，或许由于绘图者的一时疏忽，未能使图与文字注解对应而作。

（5）唐代多画貘作屏，白居易所作《貘屏赞并序》中曰：“貘者，象鼻、犀目、牛尾、虎足，生南方山谷中。寢其皮辟瘟，圖其形辟邪。”笔者认为，白氏描载貘的形态特征未见于唐代以前的任何古籍，因此揣测这些描述的“原型”可能源自《尔雅音图》的貘图。笔者还注意到，唐代以后成书的《三才图会》《古今图书集成》《清宫兽谱》等，其书中的貘图清楚地表明，几乎与《尔雅音图》者是一脉相承的，所以诸书绘示的绝非现生某种貘类（图 3-36—图 3-38）。

图 3-36 《尔雅音图》的貘

图 3-37 《清宫兽谱》的貘

图 3-38 现生马来貘

这里，还有一个问题值得关注，那就是在我国的远古时期（如西周）是否真的生存过某种现生貘类，笔者拟依据地质历史时期的化石记录及近代相关文献资料而作简要的讨论。

首先，我国在更新世（距今约 160 万年）记录过貘科 Tapiridae 化石计 2 属 2 种：

● 巨貘 *Megatapirus augustus*，或有仅鉴定到属级的未定种 *M.* sp.；生存在整个更新世，而灭绝于全新世（距今 1.2 万—1.0 万年；包括整个亚洲地区的灭绝）。

● 中国貘 *Tapirus sinensis*，分布年代由早更新世（距今 160 万—100 万年）至中更新世（距今 100 万—40 万年），已灭绝于晚更新世（距今 40 万—10 万年）。

另有现生物种马来貘（又称印度貘）*Tapirus indicus*，仅分布在东南亚地区的马来半岛、印度尼西亚苏门答腊岛及泰—缅交界南端（约北纬 18°以南）。还有 3 种貘类（*Tapirus* spp.）见于中南美洲。

前述揭示，在我国的地质年代中，巨貘和中国貘分别在一万多年前或数十万年前就已经灭绝了。

至于近期发表的《大熊猫古名研究》（孙前等，2008）一文认为，古名貘指的是现生貘（马来貘）或是现存貘属某个物种（*Tapirus* sp.），他们的主要依据有两点：

（1）该文引述了美国学者夏勒博士所撰的《最后的熊猫》（中译本）的一段话，谓曰：“……在古代华夏大地上，确曾分布有今日称之为马来貘或印度貘 *Tapirus indicus* 的这种动物（乔治·夏勒，2015）。”

（2）西周时期在今陕西宝鸡出土的两件貘形尊；另于商代晚期在今河南安阳殷墟附近出土过貘的残骨。

关于这一点，如果夏勒博士所讲的古代是指地质年代确曾分布有“中国貘”，则当信无疑，然其肯定为今之马来貘，实不知立论何在；即使泛指现存貘属某个物种，也应提出充足的论据。因为正如前面所述，貘属在我国于距今数十万年前就已灭绝了。

关于第二点，远古时期出土的貘形尊，此类文物是否为中国所特有，而排除来自东南亚国家，笔者外行，只作为疑问提出；貘的残骨是否已经鉴定到属种，或仅鉴定到科级阶元，这对于探讨中国远古时期有否貘类动物的生存，都是十分重要的证据。

由于本文讨论的重点，不是考证中国自夏、商、周以来有否野生貘的生存，退一步讲，纵使有之，那么，笔者的观点是：《尔雅注》或《尔雅注疏》及《说文解字》最早典籍记载的古名貘，应为大熊猫；如果能确实证明我国远古时期存在野生貘的话（笔者认为证据不足，且貘体形不似熊，也不吃竹类），则古名“貘”与现存貘属的“貘”均可视作异物同名。

## 二、奇蹄类物种古名考证

我国古籍记载的奇蹄目动物包括马科 Equidae 的家马、野马、野驴，以及犀科 Rhinocerotidae 的两种犀。本文除对家马及其诸多品种未作评述以外，今经考证，拟就其他物种的研究结果作一概述。

### （一）野马、騊駼

今把这两个古名马类一并订为普氏野马，也称野马。

● 普氏野马或野马 *Equus przewalskii*。晋・郭璞的《尔雅音图》：“野馬，如馬而小，出塞外。騊駼，似馬。《山海經》云，北海内有獸，狀如馬，名騊駼，色青。”又明・李时珍的《本草纲目》载：“野馬，……今西夏（包括今寧夏、陜北、甘南西北部、青海東北部和内蒙古部分地區）、甘肅及遼東山中亦有之。……《山海經》云，北海有獸，狀如馬，色青，名曰騊駼，此皆野馬類也”。在分布上，清・张金城的《宁夏府志》谓产野馬，清・乾隆三十二年的《皇朝通志》也说“野馬產阿爾臺山，蒙古名之曰塔奇亦經”。而清・佚名编（光绪）《塔城直隶厅乡土志・物产》中载道：“博古圖河兩岸，小山雜遝中產野馬”。

野马只有一种，故古籍所载者，当为普氏野马，主要产于亚洲。近代在我国分布于新疆、内蒙古及甘南等地区，但野生种群于 20 世纪 60 年代末在中蒙边境灭绝了。

至于騊駼马，也有认为是良马的，如汉・司马迁的《史记・匈奴传》所谓奇畜则騊駼，而郭璞的《騊駼赞》则谓“騊駼野骏”，意即野马。究为良马或野马，古人也无定论，我们仅是采纳“野马”这种观点而已。

### （二）野驴、野骡、野赢、野马

这些古名可以分别厘定为藏野驴和蒙古野驴两种。

● 藏野驴 *Equus kiang*（野骡、野马）。清・焦应旂撰《西藏志》“物产”中提到：“拉撒（拉薩）至楊八景（羊八井）一帶，……產野騾。”又，清・康敷镕的《青海省青海记》曰：“野馬皮，蒙番玉樹各地皆有，出數亦多。”

据中国科学院属下诸相关研究所于 20 世纪在青海和西藏的大规模野外科考调查，虽然当地也有牧人告知高原上有野马，但实际上均系藏野驴，是我国青藏高原的特有种。

● 蒙古野驴 *Equus hemionus*（野驴、野赢）。据清代《吉林通志》和《盛京通志》载，均谓女真（范围包括松花江、黑龙江下游，东部至鞑靼海峡）兽多野驴，并说野驴似驴而色驳。家驴之背、腹毛色相近，无明显分界线；而野驴背、腹毛色差异显著，并具明显分界线，故谓之色驳。今内蒙古、甘南和新疆所产者均为蒙古野驴；国外的分布延伸到蒙古和中亚等国家。

### （三）犀、兕、奴角、山牛、鼻角、朅伽

这些古名称多为双角犀和独角犀所共有（山牛、鼻角除外），但据形态特征描述而可区分两者。

● 双角犀 *Dicerorhinus sumatrensis*（图 3-39）。金・李杲的《食物本草》卷一四载道："犀，出永昌山谷及益州，即今滇南也。有二角，以額上者爲勝"。又，清・郝玉麟等的《雍正广东通志》卷五二谓："犀出九德縣（今在越南南部），其毛如豕，蹄有三甲，頭如馬，有二角，鼻上角長，額上角短"。毫无疑义，二角者当为本种。现代曾见于云南西部和南部，但在 20 世纪 40 年代末均已绝迹。

● 独角犀 *Rhinoceros sondaicus*（山牛、鼻角）（图 3-40）。依元・黎崱撰《安南志略》中说："兕出九德，生一角，長二尺。漢靈時九真獻奇獸，至元間安南常貢縣。"另有明・冯曾修、李汛纂之《九江府志》卷四谓曰："山牛，一名兕，重千斤。一角，青色，其皮堅厚，可以制鎧。"古籍中一般多把一角者称作兕，如晋・郭璞的《山海经・南海经》提及"兕亦以水牛，青色，一角，重三千斤"。又，如宋・罗愿的《尔雅翼・释兽一》载："兕青而犀黑，兕一角而犀二角，以此爲異"。总之，不论古人对犀、兕有何称谓，若按现代的兽类分类系统，凡一角者统为独角犀（或称单角犀）。此种在我国亦 20 世纪中期灭绝了。

图 3-39　双角犀

选自清・吴友如《吴友如画宝》

图 3-40　独角犀

选自清・吴友如《吴友如画宝》

此外，犀类尚有如下的一些古名，然而均是不实的传说而已，它们是：

**三角犀**：具三角，一在頂上，一在額上，一在鼻上。鼻上者即食角也，小而不橢。

**通天犀**：腦上角千歲者，長且銳，白星徹端，能出氣通天，故曰通天。

**骇鸡犀**：以角盛米置群鷄中，鷄見驚散，因之得名。置屋上，鳥不敢集；置積谷上亦然。

**辟水犀**：傳説安陽王有七寸文犀，戰敗，投犀於海，水開，王入水免祸。

**辟寒犀**：謂唐開元二年（714 年）冬至，交趾进犀角一株，色黄如金。使者請以金盘置殿中，暖氣袭人，此謂辟寒犀。

**海犀**：謂出海上，類野兕而額鼻有角，與陸犀同。在所游过的终点处，水爲之分裂。夜則淵面，白光荧荧。島上居民欲候之，竟無所獲者，遂認爲稀世之物。

## 三、偶蹄类相关物种古名厘定

我国古代，偶蹄类动物是非常重要的自然资源，也是先人的重要狩猎目标，所以在历朝历代编纂的各类方志中，往往把它们置入"舆地志、食货志、土产志、物产志"等或直接列入"物产"中。其中就动物而言，多提及物种的名称、形态、习性和用途等，然而内容上多较简略，同时异物同名及同名异物者屡见不鲜，这给我们对每个物种（甚或不存在的物种）的审定和厘定增加了不少难度。

本节拟对偶蹄类鹿科（麂类）、麝科及牛科（羊类）若干物种古名的厘定结果概述于后。

## （一）麂与麖（黄麖）

依今所悉，中国之麂属 *Muntiacus* 动物有 6 种，然古籍所载者仅谓“麂与麖”，现经分析与厘定，计有以下 3 种，另有一些地域所产的麂，只能鉴定到属级阶元。

● 小麂 *Muntiacus reevesi*。此种毛色与赤麂极为近似，但其体形小，体重不足 15 千克，体长 80 厘米或更少，故得名。明·钟崇文的湖南《隆庆岳州府志》载：兹（慈）利县产麂，然在麂字下方注上“小”字；明·冯曾等的江西《嘉靖九江府志》载曰：“麂……，大者爲麖，小者爲麂”。另在广东，古时对麂的称谓也有大小之别（详见下文）。

居于前述，我们将江西、湖南、湖北、广东及台湾（据《台湾脊椎动物志》仅产小麂）等地区所产麂者，一并厘为小麂。

● 赤麂（麖、黄麖）*Muntiacus muntjak*（=*M. vaginalis*）。今据海南《光绪安定县志》及《乾隆陵水县志》、广东《嘉庆新安县志》和《民国东莞县志》等，均谓所产之麂为大麂，称麖，也称黄麖。这些古名与今之华南一带的俗称是完全一致的。鉴此，把浙江、湖南、广东、海南等方志记述的麖与黄麖定为赤麂。

● 黑麂 *Muntiacus crinifrons*。晋·郭璞的《山海经·中山经》曰“尸山多蒼玉，其獸多麖，似鹿而小，黑色”，其具体产地尚难确定。清·马步蟾的安徽《道光徽州府志》谓“……其大如麖，黑色”。而福建福州、建宁、邵武、泉州、漳州、汀州、延平等方志史料，在“物产”项内均谓产麖，然据调查所悉及现代文献记录，福建仅产一种麖即黑麂。因此，安徽和福建分布的麖被厘定为本种。迄今所知，黑麂的分布除安徽、福建外，尚有浙江和江西，为中国特有种。

## （二）麝与獐（麞）

麝与獐在分类学上隶于两个不同的属种，甚至不同科。然而，自古至今，也有把麝称作獐的。不少地方志仅谓其出产獐或獐子，这时确不知其所指究为何种动物，因此考订时必须十分审慎。

● 麝 *Moschus* spp.。据今所悉，我国产麝 5—6 种（因专家观点不同所致）。其古名有麝父、麝、香麝、麝香鹿、香獐和獐等。因雄性有香囊，香气远射，故谓之麝也，或云，麝父之香来射，亦因此得名。总之，除“獐”以外，其余动物古名均可认作麝属 *Moschus* 兽类。

● 獐 *Hydropotes inermis*。其古名主要称獐、麕、麞、麇等，而今名称獐、河獐、牙獐和河麂。古籍方志中，在“物产”项内常谓“有獐”或“多獐”，而是否有香，未予说明，所以会误将此獐视为麝类之獐。

对于这样的异物同名，笔者以为，宜从地理分布和生态习性的角度予以分析。例如：

（1）凡新疆、内蒙古、青海、陕西、云南、四川和西藏等西北与西南地区所产的獐，当甄别为麝，因前述区域仅有麝类分布。

（2）华东、华南及东北等地区的獐，可能存在两种，此时又可从栖息生境的角度予以探讨。正如明·李时珍在《本草纲目》所言：“麝居山，獐居澤，以此爲别”。倘若地方志中谓獐子喜在开阔平缓的水域四周出没（生境包括湿地边缘的苔草地、芦苇丛、芒草丛和低灌木丛等），则可确定为獐（即河麂、河獐或牙獐）；如果述及它们活动于山谷间的山地森林（包括针叶林、针阔叶混交林）或山地灌丛草甸、灌丛草原带，据此可判定它们是麝类。

## （三）麢、麢羊、羚羊、山驴、石羊与山羊

今将上方诸多古名动物厘定为鬣羚。

● 鬣羚 *Capricornis sumatraensis*。汉·许慎的《说文》载：“麢，大羊而細角”。晋·郭璞注《尔雅》谓：

“麢，大羊。麢羊似羊而大，角員鋭，好在山崖間。”而《尔雅翼》称其角为“圆锐”，实与“员锐”的涵义相同。

在广东的诸多方志中，如清·马呈图的《宣统高要县志》提到该县有羚羊峡，产羚羊，并耳厚于羊；清·屠英等的《道光肇庆府志》谓高要县山中出石羊，似羊而大，黑色，类家羊而矫捷；再有清·范士瑾的《康熙阳江县志》描记“石羊似羊而高大，修角，皮厚於羊”；又如清·金铁等的《广西通志》说“山羊，各州縣出。土人云，見人則決驟而去，跳躍如飛……”。据清·何东铭纂《咸丰邛巂野录》载，谓四川“會理州產山驢”，今在四川称之山驴子（即鬣羚）。

综前述，麢或麢羊的形态特征是：似羊而大或高大，毛色黑，角圆锐，皮厚，耳厚于羊；习性上“好在山崖间”，在陡峭岩坡履险如夷，跳躍如飞。据笔者掌握的知识得知它们体长1.1—1.8米，体重60—120千克，确比家羊高大；耳廓较长而似驴；背、腰、臀、体侧黑色或黑褐色，老年个体或呈灰黑色；角长20多厘米，横切面圆形，尖端细锐，此即所谓“圆锐”也。依野外考察，发现它们多在峭峻山崖的林间或草灌丛中憩息和活动。另据现代文献所述，鬣羚在浙江、广东、广西、四川和云南均有分布。因此，居于形态、习性和地理分布这三个因素而作综合分析，认为长江流域以南诸省区古籍所述及的麢或麢羊与羚羊等古名动物，均可厘定为鬣羚。

尚需说明的是，在医药方面常谓本种羊血能疗跌打损伤，其角不堪药用；而《本草拾遗》《图经本草》《本草纲目》等所录的“羚羊角”，估计源自新疆（古时西域一带）的高鼻羚羊 *Saiga tatarica*（国内野生种群已于20世纪70年代绝迹）。

### （四）羱、羱羊、大头羊、山羊、野羊

这些动物古名含有异物同名，今据考订，厘为2种如下。

● 盘羊 *Ovis ammon*（羱、羱羊、大头羊、山羊、野羊）。据晋·郭璞著《尔雅音图》载：“羱如羊。羱羊似吴羊而大角，角橢出西方”。而明·李时珍的《本草纲目》“集解”中说：“弘景曰，山羊即《爾雅》羱羊，出西夏，似吴羊而大角……”。又谓“時珍曰，山羊有二種，一種大角盤環，肉至百斤者；一種角細者……”。方志中清·长顺的《吉林通志》记述：“羱羊即盤羊，鹿身，細尾，兩角盤背上，有蹙文。山羊即野羊，即羱羊”。再有清·不著撰人的《新疆回疆志》又云：“大頭羊，……二角盤旋，粗徑三四寸，長五六尺，產于高山石隙間，山行便捷，如履平地”，等等。

前面讲的“似吴羊”即似家绵羊，再据“二角盘旋”的形态特征，以及比较准确的《尔雅音图》的羱羊刻图（图3-41），当可将它订为盘羊。

● 驯鹿 *Rangifer tarandus*（羱羊、四不像、白鹿）。据清·（美）范约翰和吴子翔所著的《百兽集说图考》一书，其中绘画的羱羊图，已十分清楚地表明它为鹿科驯鹿（图3-42），而为何以牛科的羱羊命名，实在匪夷所思。

《百兽集说图考》引述了三本古籍的描载以作依据：①晋·郭璞的《尔雅·释兽》谓羱如羊，似吴羊而大角，角椭，出西方；②宋·陆佃的《埤雅》云：羱羊善斗，状若骡而群行；③明·李时珍的《本草纲目》云：羱羊即山羊，而言似羚羊者，非也。依据这样的形态特征与习性而把鹿类当作羱羊，确为误判。我们揣测，它们可能未曾阅览过早在晋代成书的《尔雅音图》，特别是其中的羱羊图。

## 四、水域兽类古名考订

中国水域兽类含现代分类学的鲸目、食肉目鳍足类（或作鳍足目）和海牛目。就这些兽类而言，古籍多有记载，如汉代的《尔雅》《说文解字》《异物志》，晋代的《尔雅注疏》《尔雅音图》，乃至明代的《正字通》《明一统志》和清代的摘自《康熙字典》《古今图书集成》《大清一统志》等等。

图 3-41　《尔雅音图》的羱羊

羊　　原

图 3-42　《百兽集说图考》的羱羊（实为驯鹿）

水域兽类中，已悉我国鲸目计 10 科 25 属 36 种，食肉目鳍足类有 2 科 5 属 5 种，而海牛目仅 1 科 1 属 1 种，累计为 3 目 13 科 31 属 42 种。今《中华大典·生物学典·动物分典》诸专家学者分工合作，对古代文献的水兽进行了认真的鉴别与厘定，始知古籍述及 3 目 7 科 7 属 7 种，另有 2 个未定属种。现仅选录其中鲸类和鳍足类的考证结果，记述如下。

## (一) 鲸、鱷、鲵、把勒亚、摩竭、海鳅等

业经研究，统将这些古名动物一并厘为鲸目。另有豚类古名，拟于后面分述。

● 鲸目 Cetacea。在诸多古籍中，不乏记载鲸类者，然在形态与生态特点等方面的描述，多据传闻辑录，难免有些怪诞离奇，笔者力求弃伪存真，实事求是，以有助于物种的厘定。下面摘录的都与“海中大鱼”“海鱼之王”的鉴别有关。

首先，《异物志》《列子》《说文系传》《类篇》《六书故》《正字通》《通雅》等，均谓鲸可称鱷，后者为鲸的古字；又说鲸、鲵同物，但雄曰鲸，雌曰鲵，多数古籍撰者基本认同此观点。明·王世贞的《弇州四部稿》卷一七三中，提及“摩竭，鯨也”，并未细说。又清·陈大章的《诗传名物集览》谓“把勒亞魚”长数十丈，首有二大孔喷水上。另有鳅者，也可称鰌，为大鱼或海中巨鱼。

在古代的动物分类中，常把海中大鱼或鲸类归作鱼类而附于“鳞介部”、“鱼部”或“释鱼篇”，于当时尚无鲸类或大鱼解剖研究的情况下，这种认知水平当可理解。纵使如此，古籍中对大鱼的一些目睹材料，却可作为鲸类形态和习性的参考依据，例如：

明·张自烈撰《正字通》：“鯨，海中大魚，……鼓浪成雷，噴沫成雨。能驅食小魚，水族畏之。”又说：“惠州府，鯨頭骨如數百斤，一孔（指两孔中的一个，笔者注）大如甕”。

汉·班固撰《前汉书》：“成帝永始元年（公元前 16 年）春，北海出大魚，長六丈，高一丈，四枚。哀帝建平三年（前 4 年），東萊平度（東萊縣）出大魚，長八丈，高丈一尺，七枚，皆死”。

南朝宋·范煜撰《后汉书》：“靈帝熹平二年（173 年），東萊海出大魚二枚，長八九丈，高二丈餘”。

又，南朝梁·萧子显撰《南齐书》：“永明九年（491 年），鹽官縣石浦有海魚乘潮來，水退不得去。

長三十餘丈，黑色，無鱗。……永元元年（499 年）四月，有大魚十二頭入會稽上虞江，大者近二十餘丈，小者十餘丈，……百姓取食之”。

至于一些古籍谓鲸鱼或大鱼体长达“数十里、数千里”，以至于行海者，一日逢鱼头，七日逢鱼尾等等，皆为夸张的传说，不可信焉。

综上所述，可知前面列举的诸多古名动物中，均谓其体形很大或较大；头有二孔，孔大如甕，并且喷沫成雨等，凭据这些特点，证明都是海兽“鲸目须鲸亚目”所特有的。

除此，另有“鲸目齿鲸亚目”者，该类群包含我国各种中小型的鲸类（如虎鲸、灰鲸、座头鲸，体长一般不足 20 米），及海豚类与淡水豚类（体长均少于 3 米）。它们有齿无须，呼吸孔单个位于头顶。此类海兽在古籍中鲜有翔实记载，属种难判；唯有两种小型豚类描述略详，即江豚（古名江豚、江猪、鯆鲟、䱡、奔鲟等）和白鱀豚（古名鱀、鱄、鳍等），今人对这两种的古名厘定及其分类地位已有定论，恕此不再赘述。

## （二）貀、骨豽、膃肭兽、海驴、水豹、海狸

笔者注意到，不少古代书籍在描述鲸类或海中大鱼时，有关它们的繁殖习性在经文的注文中竟是这样记载的：“鯨，大魚也，……常以五月生子於岸，八月導而還海”（宋•司马光《类篇》卷三三）；或谓曰“一生數萬子（注：讹传）。常以五月、六月就岸邊生子，至七、八月導從其子還大海中”（晋 • 崔豹《古今注》卷中）。具有类同记述的尚有《类说》《华夷花木鸟兽珍玩考》《续通志》等。其实，鲸类终生都是在海洋活动的（极少数在淡水），当然包括繁殖活动在内。反之，在岛屿、海岸或浮冰上产子、育幼和休息的海兽，正是鳍足类。

● 鳍足类。在 20 世纪，鳍足类通常作为鳍足目 Pinnipedia；而 21 世纪多被专家厘作食肉目 Carnivora 的犬形亚目 Caniformia。对于它们“目”级的分类地位本文不予讨论，因为“科”级地位均是独立的。通过古文献的研究，述及鳍足类的诸多古名中，认为可以甄别出 3 种并隶于 2 科。它们是：

**（1）貀、骨豽、膃肭兽。**经考证，厘定为海狗 *Callorhinus ursinus*（海狮科 Otariidae）。据，《说文》《图经本草》《本草纲目》载：“貀、骨豽、膃肭兽”者均为一物，亦称“海狗”，今名从之，也谓海狗也。

**（2）海驴。**考订为海狮 *Eumetopias jubatus*（海狮科）。《太平寰宇记》谓海岛多海驴，常于八九月上岛乳产。在我国黄渤海水域，产仔在 5—7 月，到 8 月末始返海中，与书中所载略有不同。

**（3）水豹、海狸。**厘为海豹，或称斑海豹 *Phoca largha*（海豹科 Phocidae）。清 • 陈梦雷撰《登州府志》曰：“海豹出寧海，其大如豹，文身五色。叢居水涯，常以一豹護守如雁奴之類”。海豹者，体形实与今之豹（金钱豹）相近或稍大，头圆眼大，亦类似于豹，多栖居在大海流冰，因之得名。该种背部毛色灰黄，并具不规则的棕黑色或黑色的斑点，腹部乳黄色，下颏白色，这或许就是“文身五色”的写照。再者，在繁殖季节，数百上千的海豹集中在流冰上，即所谓“丛居”，今谓“群居”；它们为一夫一妻制，产后则公母与幼仔一起生活，具有领域性，尤其是在育幼时期，更需一豹当先守护领地和保护幼豹的安全，故与府志之说亦基本一致。该种主要分布在北冰洋和北太平洋，我国黄海、渤海也产。

# 五、滑翔与飞翔兽类厘定

从晋代起的许多古籍统将滑翔的鼯鼠和飞翔的蝙蝠划为鸟类，今经厘定，分别作为啮齿目鼯鼠亚科及翼手目的若干个科。兹概述如后。

## （一）滑翔类：鼯鼠、梧鼠、夷由、飞鼯、飞蠝、鸓鼠、耳鼠、飞鼠、飞生、飞鸓、飞狐、飞虎、飞狌等

依据这些古名动物的主要形态特征（肉翅，今谓皮膜或飞膜）及滑翔行为（能从高赴下），即可鉴定为下述的目与亚科。

● 啮齿目 Rodentia 鼯鼠亚科 Pteromyidae。晋・郭璞注《尔雅・释鸟》谓“鼯鼠，夷由”，其注文中又说“狀如小狐，似蝙蝠，肉翅。翅、尾、項、脅毛紫赤色，背上蒼艾色，腹下黄，喙、頷雜白。脚短，爪長，尾三尺許。飛且乳，亦謂之飛生。聲如人呼，食火煙。能從高赴下，不能從下上高。”

本亚科（也有学者主张提升为鼯鼠科 Petauristidae）动物的古名称甚多。在雅学著作中，如宋・罗愿的《尔雅翼》、宋・陆佃的《埤雅》和清・姜兆锡的《尔雅注疏参议》等，提及古名时曰：“飛蠝，飛鼠也”“蠝，鼯鼠也”“一名夷由，一名鸓，又名飛蠝，又名鼯鼠”。另有一些方志，如《热河志・物产》和《热河省承德府志・物产》讲鼯鼠为“飞狐”，而《玉芝堂谈荟・肉翅虎》和《渊鉴类函・海南诸小国》称鼯鼠为“飞虎”等。又，《山海经・北山经》将鼯鼠谓之“耳鼠”和“飞鼠”等。

据野外调查观察，鼯鼠林栖，昼伏夜出，穴于树洞或林间峭壁岩缝，并于洞中产仔育幼。每在活动时，特别是在月光映射的夜晚，经常发出“喂——，喂——”的叫声，如人在电话里的呼叫声，两声为一节，鸣叫数次以后，叫声逐渐减少（据 20 世纪在西藏南部的夜间观察）。滑翔时，伸直四肢，张开皮膜，翘起尾巴，从一树往下滑向另一树，滑翔距离视滑翔起点的不同高度而异，一般达 20—30 米；在欲滑翔时需从树下往上攀爬到它所需要的高度，这就是前面经文所讲的“能从高赴下，但不能从下上高（指滑翔而言）。鼯鼠均为植食性，食物包括各种嫩枝、嫩叶和果实。综上所述，“飞且乳”和“食火烟”之说，实不可信。鼯鼠均为植食性，食物包括各种嫩枝、嫩叶和果实。综上所述，“飞且汝”和“食火烟”之说，实不可信。

我国鼯鼠有 7 属 17 种，若据《尔雅》描载的毛色特征，也尚难准确鉴定到属种阶元。但是，如果把背面的“苍艾色”理解为灰黄褐色，把“腹下黄”视作腹面污灰白而稍染淡黄色调，而下颏和喉部又是白色者，则《尔雅》描述的物种可能是灰鼯鼠 *Petaurista xanthotis*（但该种绝无紫赤色调）。

## （二）飞翔类：蝙蝠、伏翼、服翼、飞鼠、僊鼠、仙鼠、蠘蠌、簷老鼠、簷鼠、夜燕、倒挂、翼手类等

现将这些古名动物一并订为翼手目。

● 翼手目 Chiroptera。据汉・扬雄撰《方言》卷八载：“蝙蝠，自關而東謂之服翼，或謂之老鼠，或謂之僊鼠。自關而西，秦隴之間謂之蝙蝠，北燕謂蠘蠌”。晋・郭璞著《尔雅音图》云：“蝙蝠，服翼。齊人呼爲蠘蠌，或謂之仙鼠。”五代・马缟撰《中华古今注・蝙蝠》（卷下）：“一名僊鼠，一名飛鼠，五百歲色白腦重，集物則頭垂，故謂之倒掛蝙蝠”。作为方志的清・鲁曾煜等撰《民国嘉定县续志•物产》（卷五）对蝙蝠的描述比较准确，文中曰：“蝙蝠，翼手類之哺乳動物，體似鼠而較小。自手足至體之後端有膜連之，故能飛。後趾短，有爪鉤，息止以之鉤而懸其身。以乳哺其子。善食蚊。其矢中有蚊睛，淘之即夜明砂，謂能明目”。清代画家吴有如所绘的蝙蝠图，充分地显示了它们的悬挂姿态（图 3-43）。

总的来讲，先人对蝙蝠并不陌生，它们在城郊、乡村和山洞都能见到，但对它们之形态、习性、行为等方面的详细记载却不多见。纵使如此，笔者拟将三种蝙蝠的厘定结果介绍如下。

琉球狐蝠 *Pteropus dasymallus*（狐蝠科 Pteropodidae）。清・柯璜的《博物学讲义・动物篇》第二章载述：“……產熱帶或亞熱帶，較大者曰大蝙蝠，常食果，中國南部往往而有。日本小笠原島、沖繩群島所

图 3-43　清·吴友如绘《中外百兽图·蝙蝠》

產皆爲此類。翅邊具有鈎爪，能倒掛懸岩壁”。而厘定为本种的依据是：①在翼手类中体形最大者当属狐蝠科，传统分类学的大蝙蝠亚目 Megachiroptera，即以狐蝠科作为唯一代表；而小蝙蝠亚目 Microchiroptera 则包括所有其他科；②文中提到翅边具有钩爪（实为第二指有发达的爪），此为狐蝠属 *Pteropus* 的显著特性；③分布上产于我国台湾；另于琉球群岛和菲律宾也有分布。

彩蝠 *Kerivoula* sp.（蝙蝠科 Vespertilionidae）。这是蝙蝠科物种中毛色最为鲜艳者，古名红蝙蝠、飞红鼠、飞蝶。唐·段成式撰《酉阳杂俎续集》卷八中记述：“紅蝙蝠，劉君云：南中紅蕉花時，有紅蝙蝠集花中，南人呼爲紅蝙蝠。”明·方以智撰《物理小识》（卷一〇）谓：“交趾出飛紅鼠，背腹深紅，惟肉翼淺黑，多伏紅蕉，捕者獲一必得二，南中皆佩以爲媚藥。智按：嵇、段諸公或言此爲紅蝙蝠，或曰紅蝶，皆在紅蕉上，即一物也。”清·鲁曾煜等纂《广东通志》（卷五二）载：“千歲蝙蝠色白如雪，山中間有之，亦有色紅如茜，雌雄不相舍，多巢芭蕉中。”

迄今为止，该种蝙蝠体毛深橙黄色，常栖于枯黄树叶与花朵中，若隐藏在红蕉花里，或许相互辉映而显红，其实背腹非深红色；其翼膜毛色近似于体背，而指间膜为褐黑色，此即“肉膜浅黑”或“翼脉浅黑”者。而当它们飞翔时，振翅飘忽不定，犹如一只大飞蝶，故得名“红蝶”。

居于前述，笔者把这种所谓红蝙蝠厘定位彩蝠属 *Kerivoula* 的未定种。

伏翼 *Pipistrellus* spp.（蝙蝠科）。据宋·罗愿的《尔雅翼》之所述：“蝙蝠或謂之仙鼠，似鼠，有肉翅而黑，棲人家屋隙中，遇夜則飛，夏夜尤甚，捕蚊蚋食之。”诸种伏翼是一种体形偏小的动物，集中分布在我国的东部与南部，主要栖居于房屋及其他建筑物的顶层、墙洞与墙隙，有少数物种也可居于树洞。每在黄昏开始活动，在空中捕食昆虫。其中东亚伏翼 *P. abramus* 的分布最广，数量最多，所以成为人类居宅周边的常见种。

以上仅就我国古代若干兽类的名称进行了考证，旨在抛砖引玉，与学者、同仁分享我们的观点，并求赐教。

在此搁笔之时，想谈一点体会。为避免考证结果的种种混乱，一些基本的考证原则应当成为大家的共识，主要是：

（1）尽量忠实于原古籍的原意，不作随意诠释。例如，晋·郭璞的《山海经·南山经》谓“長右之山……有獸焉，狀如禺而四耳。其名長右，其音如吟，見則郡縣大水。”有的研究者认为，四耳者，其中的两耳应是黑叶猴两颊至耳基向上斜耸的长毛，类耳；而右字古文作“又”，像人手臂形，最后定名为黑叶猴。主观地光凭“如禺而四耳”和“其名長右”9个字，居然能精确订出黑叶猴，殊不知依据何在。又，《南山经》提及“青丘之山……有獸焉，其狀如狐而九尾”，后曰九尾狐，书内附有狐形九尾图。然而，有的研究者几经考证，把“狐”释为有鳞的动物；把“九”释作石龙子可屈曲的尖长尾巴，从而厘定为圆鼻巨蜥 *Varanus salvator*。显然，把原著经文和图像一概否定，“标新立异”，把明明说的是兽、似狐，反而定作爬行动物，不可思议，这种篡改原意的考究方法未敢苟同。

（2）考证时，在忠于古籍原意的基础上，以形态特征、生活习性和地理分布作为主要依据。这是绝大多数专家学者都已掌握的准则，但也总有例外。例如，只抓住动物某一特征（不顾其他特征）而先行厘定，然后描记误订动物的形态与习性，这种本末倒置的研究方法是不可取的。

（3）古籍中，常有经文（含注文）与图像不相对应（不吻合）的情况出现，这时需予分别探究，勿可非此即彼，以免产生全盘肯定或一概否定而走向极端。例如，以前述对貘的讨论为例，凭主要经文及注疏的描述，认为指的是大熊猫；而所绘的图像却是一幅想象图，在现生物种中并无此类存在。

## 参 考 文 献


高耀亭. 1973. 我国古籍中对大熊猫的记载. 动物利用与保护, 4: 31-33

胡锦矗. 1981. 大熊猫名考索引. 南充师范学院学报, 3: 15-16

胡长康, 齐陶. 1978. 陕西蓝田公王岭更新世哺乳动物群. 北京: 科学出版社

黄万波, 朱学稳, 王训一. 1983. 记桂林矛山洞发现的鬣羚与大熊猫化石. 古脊椎动物与古人类, 21(2): 151-159

黄正维, 孟子江. 1964. 浙川哺乳动物化石新产地. 古脊椎动物与古人类, 8(1): 92-94

孟方平. 1993. 《南山经》奇禽异兽试解. 自然科学史研究, 12(2): 174-184

裴文中. 1962. 广西柳城剧毒猿洞及其他山洞的第四纪哺乳动物. 古脊椎动物与古人类, 6(3): 211-218

(美)乔治·夏勒. 2015. 最后的熊猫. 张定绮译. 上海: 上海译文出版社

孙前, 何芬奇, 孙震. 2008. 大熊猫古名研究. 动物分类学报, 33(4): 819-826

吴汝康. 1959. 广西柳江发现的人类化石. 古脊椎动物与古人类, 3(1): 97-104

周明镇. 1978. 陕西蓝田地区第三纪哺乳动物群. 见: 中国地质科学院地层古生物论文集编委会. 地层古生物论文集. 北京: 地质出版社: 98-108

# 中国古代灵长类志略

全国强

本文撰写的灵长类物种，是从古籍中查阅到的古名，根据现代分类系统，确定古文献中动物所属的种类和拉丁学名。为此，列出古文中有关物种的形态特征、生物学特性和分布等资料，据以识别古人纪录的符合现代物种的分类特征。

灵长类动物在中国约有22种，隶属懒猴科Lorisidae（蜂猴和倭蜂猴），猴科Cercopithecidae （猕猴、北豚尾猴、熊猴、台湾猴、短尾猴、藏酋猴、川仰鼻猴、滇仰鼻猴、黔仰鼻猴、长尾叶猴、戴帽叶猴、灰叶猴、黑叶猴、白头叶猴），长臂猿科Hylobatidae（黑长臂猿、海南长臂猿、白颊长臂猿、白掌长臂猿、白眉长臂猿）。从我国古籍中能查到并鉴定出现代物种的有蜂猴1种、猕猴3种、仰鼻猴3种、叶猴2种、长臂猿1种。在人科中，中国现代没有猩猩分布，但有发掘过化石记录（冯祚建等，2015）。

## 一、蜂猴 *Nycticebus bengalensis*

蜂猴为小型猴类，头体长约35厘米，头圆，尾极短。从头顶的后方直到尾部有一条深棕色的纵线。栖息于热带亚热带常绿阔叶林中，树栖，善攀爬，白日卷缩在树上，夜晚活动。行动缓慢，故又称“懒猴”。杂食性。目前分布在云南和广西，数量稀少。

**古名：猪獼、㺐、㺐狥、㺐母、風母獸、风母，風狸，风貍、栗子猿、風生獸、石猴、平猴。**

古代对于蜂猴名称多是源于形态、生态而起名。最早是汉·杨孚《异物志》：“**風母**，如猿猴而小，晝則踡伏不能動。”汉·东方朔《海内十洲记》：“**風生獸**似豹青色，大如貍。”晋·葛洪《抱朴子•内篇》卷二《仙药第十一》：“**風生獸**似豹青色，大如狸，生於南海大林中。”其后唐·段成式《酉阳杂俎》卷一六《广动植之一》描述从头到尾有一条深色斑线“**猪獼**，……唯從鼻上竟脊至尾有青毛，廣一寸，長三四分。”同代徐坚等在《初学记》卷二九《兽部·猴》中描述：“**㺐母**，似猨而無尾。”宋代范成大记述：“**風狸**，狀如黄猨，食蜘蛛。晝則拳曲如蝟。”同时代周去非在《岭外代答》卷九《禽兽门·风狸》中记述蜂猴形体、食物、弯曲如刺猬，白天趴伏不动，夜晚急着活动：“**風狸**狀如黄猨，食蜘蛛，晝則拳曲如蝟。晝伏不動，夜則奔躍於籠中不休。”明·李时珍在《本草纲目》卷五一上《兽之二》中综合不同朝代对于蜂猴记述：“**風貍**，生邕州以南，似兔而短，棲息高樹上，候風而吹之他樹，食果子。……其獸生嶺南及蜀西徼外山林中，其大如貍，如獺，其狀如猿猴而小，其目赤，其尾短如無，其色青黄而黑，其文如豹，或云一身無毛，惟自鼻至尾一道有青毛，廣寸許，長三四分。其尿如乳汁，其性食蜘蛛。亦啖薰陸香（吃香草陆香）。晝則踡伏不動如蝟，夜則因風騰躍甚捷，越巖過樹，如鳥飛空中。”同朝代张自烈《正字通》巳集下《犬部》：“㺐貍，狀如猿而小，目赤，尾短如無尾，一身無毛，自鼻至尾一道有青毛，廣寸許。”到清·李光地等《月令辑要》卷二二《物候》：“**風母**，如猿猴而小，晝則踡伏不能動，夜則騰躍甚疾。”与前人的报道基本相同。

以上录自汉至清代不同撰写者描述的有关蜂猴的个体大小、形态、体色、习性及食物等，多数描写的是部分特征，但可以判定是蜂猴特征。其中李时珍综合了不同朝代对于蜂猴的记述，而在他的《本草纲目》中作了综合集解，如个体小、毛色青黄而黑、尾短如无、自头顶至尾有一道青毛、栖息在树上、白日卷缩在树上、夜晚活动、食植物和动物性食物等。蜂猴亦称懒猴，其行动非常缓慢。古人描写的“腾躍甚疾”，又描写该动物死后遇风吹又能活过来，不确切。

## 二、猕猴 *Macaca mulatta*

猕猴在猕猴属中体型中等，尾长约为体长之半。有颊囊，总体色泽比较深暗，头部橄榄灰或锈黄色，从肩、臂部和上背部的锈黄色至腰、臀部及尾基部为锈红色。尾端褐色。结群，个体数十至百余只，群中由一只体大强健的雄猴统治，人们称为猴王。群猴喜互相理毛，拣捉寄生虫。好以手拂面，似洗脸，因此又称沐猴。白日活动，侵害农作物，所到之处一片狼藉。易驯养，善学人类教习的喜人动作。

**古名：狙、夒、獶、蝚、猱、玃、蠼猱、沐猴、夒、猻、猴猻、獼猴、猕猴、猢狲、猴、马留、摩斯吒、胡孫、王孫。**

猕猴较早名为**狙**，是由汉·许慎《说文解字》在“译文”中：“**狙**，獼猴一類。”没有其他描述。汉·郑玄注《礼记注疏》卷三九《乐记》“**獶**，獼猴也。言舞者如獼猴戲也。”提到猕猴会耍把戏的特点。汉·司马迁撰《史记》卷七《项羽本纪第七》“**沐猴，獼猴也。**”三国吴·陆玑在《陆氏诗疏广要》卷下之下《释兽·毋教猱升木》提到：“**猱**，則**猨**之輩屬，非**猨**也。”而是“**猱**，獼猴也。性善升木，不待教而能也。”天生就会爬树。魏·张揖《广雅》卷一〇《释兽》认为：“**猱狙**，獼猴也。”晋·郭璞《尔雅注疏》卷一一《释兽第一八》仍然认为“**猱**亦獼猴之類。”到了唐·徐坚在《初学记》卷二九《兽部·猴》中亦确定**猱**就是猕猴：“**猱**，獼猴也，楚人謂之沐猴”。宋·唐慎微在《证类本草》卷一八《兽部下品总二一种·猕猴》中对药效治病时描述了猕猴的形态特征：“獼**猴**……，此物种者都名禺屬。取色黃，尾長，面赤者。”同朝代施宿在《会稽志》中说：“猴，善候，其字從侯。”同时据宋·童宗说等《柳河东集注》：“王孫之德躁以囂，勃諍號呶，唶唶彊彊，雖羣不相善也。食相噬齧，行無列，飲無序，乖離而不思。有難，推其柔弱者以免。好踐稼蔬，所過狼籍披攘。木實未熟，輒齕齩投注。竊取人食，皆知自實其嗛。山之小草木，必凌挫折挽，使之瘁然後已。”如何治理猴害呢，“天衣寺僧法聪”想了一办法；“令捕一老猴，被以衣巾，多爲細縫使不可脱。縱之使去，老猴喜得脱，跳趨其羣，羣望而畏之，皆捨去。老猴趨之愈急，相逐日行數十百里，其害遂稍息。”此一办法是猕猴喜结群习性，捉到一只老猴给它穿上而又脱不掉的衣巾，然后放走，老猴要归队，其他猴子见状四散奔逃。如此办法解决了猴子的为害问题。老猴中有身强力壮的雄猴为王，不论是交配或是取食，都是优先，别的猴不敢抢先。这种情况由元·托克托撰的《宋史》记录：“本國山多猴，不畏人，呼以霄霄之聲即出，或投以果實，則其大猴二先至，土人謂之猴王、猴夫人，食畢，羣猴食其餘。”明·李时珍撰《本草纲目》卷五一下《兽之四》：“猴，處處深山有之，狀似人，眼如愁胡，而頰陷有嗛，嗛音歉，藏食處也。腹無脾以行消食，尻無毛而尾短，手足如人，亦能竖行，聲嗝嗝若欬。孕五月而生子，生子多浴於澗。其性躁動害物。畜之者使坐杙上，鞭棰旬月乃馴也。”驯化猕猴用鞭打的办法，经过十天或月余，就可以驯顺。认为猕猴最聪明的有：明·张九韶“獼猴，尤似人，故於獸中最爲智巧。”宋·朱熹撰、清·李光地及熊赐履等奉敕编《御纂朱子全书》认为猕猴最聪明，文中这样描述：“獼猴，形狀類人，便最靈於他物，只不會説話而已。”

## 三、藏酋猴 *Macaca thibetana*

与猕猴相似，个体较猕猴大而粗壮，雌性个体略小。头大，面部亦长，吻部突出，尾短，有毛。颜面肉色。成年雄猴脸周具长毛，形如络腮胡子，灰褐色。通体毛色灰褐，腹面浅淡，体背黑褐色。结群生活，由一只成年雄猴带领活动。食植物性食物，如花、果、叶及坚果等。主要在地面活动，栖居于具有岩石陡峭的山林中，寒冷季节，早晨蹲在朝阳的岩石上晒太阳取暖。

**古名：玃、母猴、貑玃、猳玃、玃、貜、玃、猶、蠼玃、玃父、玃、豦、貜父、狙、猱、玃、蠼、蝬、獴、舉父、貙、貓、猳狙。**

藏酋猴古名“**玃**”，早期出现于汉·司马迁《史记》卷一一七《司马相如列传第五七》：“**玃**，似獼猴而大。”同朝班固等：“似獼猴而大，色蒼黑。”开始提到体色。汉·许慎《说文解字》卷九下：“**貜**，**同玃**。”魏·张揖《广雅》卷一〇《释兽》：“**玃**，似彌猴而大。”晋·郭璞《尔雅注疏》卷一一《释兽第一八》：“**貜父**，**善顧**。[注]貑貜也，似獼猴而大，色蒼黑，能攫持人，好顧眄。”其中提到喜欢东张西望。宋·罗愿、吴·陆玑等、清·嵇璜等，基本与郭璞的记述一致。晋·张华《博物志》卷九《玃》记述了藏酋猴的栖息地和体形大小及别名：“蜀中西南高山上有物如獼猴，長七尺，能人行，健走，名曰猴玃，一名化，或曰猳。”唐·段成式《酉阳杂俎》卷一六《毛篇》：“猳玃。蜀西南高山上有物如猴狀，長七尺，名猳玃，一曰馬化。”玃、猴玃、玃、马化，均为同物异名。宋·叶庭珪基本引用《博物志》内容，只不过将猳玃变为猳狙。明·李时珍在《本草纲目》卷五一下《兽之四》中较全面引用郭璞的记述，但说只有雄无雌，并摄人妇为偶生子很不确：“**玃**，老猴也。生蜀西徼外山中，似猴而大，色蒼黑，能人行，善攫持人物，又善顧眄，故謂之玃。純牡無牝，故又名玃父，亦曰猳玃，善攝人婦女爲偶生子。”

藏酋猴另一古名是**豦**，是由晋·郭璞《尔雅注疏》卷一一《释兽第一八》记载：“**豦**，迅頭，今建平山中有**豦**，大如狗，似獼猴，黄黑色，多髯鬣，好奮迅其頭，能舉石擿人。貜類也。**豦**，音據。”唐·徐坚：“獴，如豹，而形似獼猴，多鬚。”“獴，同豦”。 这里提到，黄黑色，多髯鬣，是藏酋猴特点。

## 四、台湾猕猴 *Macaca cyclopis*

形态和体型近似猕猴，尾巴较长，平均30厘米以上。尾端毛色深褐。结群生活，由一成年凶悍的雄性个体率领，该猴是猴王。栖息在从平地到海拔3000米的阔叶林中。分布区仅在台湾。

能查阅到台湾猕猴的文献，目前只有清朝台湾府、县志，较早记录台湾有**猴**的是：清·康熙五十一年《台湾府志·物产》“**猴**”只有名字，没有任何描述。到康熙五十六年《诸罗县志物产志》“**猴**，形似人而多智，一名狙，一名胡孫。”提到“内山一種極小，名金丝猴。”因为没有形态描述，尚不能确定种类。康熙五十九年《凤山县志》仅仅提到“猴，一名狙，一名胡孫。”乾隆二十九年《凤山县志》记录凤山县有**猴**。道光十四年《彰化县志》中关于猴的技术与《诸罗县志》完全相同。估计有抄袭之嫌。道光十七年《噶玛兰志略物产志》“**猴**，近雟雟嶺一帶尤多。”到咸丰二年同样提到该地“**猴**，近雟雟嶺一帶尤多。兩山有一種極小者，名金丝猴，不可必得。”同治十年《淡水厅志物产志》“猴，三貂嶺及内山甚多。”光绪十七年《苗栗县志》“**猴**，善升木，過樹如飛。”清光绪二十年《台东州采访册土产》“**猴**。”光绪二十一年《恒春县志物产》“**猴**，一名狙。”

以上台湾有关县志记录有猴分布地点：凤山县现为高雄市，在台南部海边；彰化县在台湾西部海边；

淡水在台湾北部靠海边；苗栗县在台中西部海边；台东县在南部东南海边；恒春镇在台湾最南端海边。噶玛兰厅即宜兰县，在原台北府辖区的东边；诸罗县位置不详。

台湾只有一种猴，即台湾猕猴，是中国特有种。

**猕猴类应包含同属的三个物种：猕猴 *Macaca mulatta*、藏酋猴 *Macaca thibetana*、台湾猕猴 *Macaca cyclopis*。**

现将三种猕猴类的古名列示于见表3-18。

**表3-18　三种猕猴类的古名**

| 种名 | 古名 | 古名 | 古名 | 古名 | 古名 |
| --- | --- | --- | --- | --- | --- |
| 猕猴 | 猴<br>猕猴也 | 狙<br>玃属。按，《广雅·释兽》<br>“狙，猕猴也” | 夒<br>同猱，猿类<br>动物猕猴 | 玃<br>猕猴也。言舞者如<br>猕猴戏也 | 猱<br>猕猴也。楚人谓<br>之沐猴 |
| 藏酋猴 | | 狙<br>玃属也。玃（一种大猴），<br>狙也，亦作玃 | 夒<br>一曰母猴，似人，<br>玃母猴也 | 玃<br>同猱。猿类 | 猱<br>猿类动物。或作玃 |
| 台湾<br>猕猴 | 猴<br>猕猴 | | | | |

# 五、川仰鼻猴 *Rhinopithecus roxellana*

又称川金丝猴，是仰鼻猴中毛色最鲜亮者，亦是数量最多分布区最广的。雄性较雌性个体大，主要特点是吻部肿胀而突出，脸部蓝色，头圆，耳短，鼻孔裸露上仰，因此得名仰鼻猴。尾长相当或略短于身体长，成年雄兽，头顶有深褐色冠状毛，直立向上，身体毛色以金黄色为主，颊部毛棕褐色，背部绒毛黑褐色，其间杂生金色长毛，最长可达60—70厘米，像披风一样，由此名为金丝猴。尾毛浅灰色，夹有白毛，尾端乳白色。结群生活，大群数十只至几百只，由一只成年雄性率领群猴活动，树栖性，极少下地。生活在海拔1500—3000米的针阔混交林。食植物的花、果、叶。

**古名：蝯狖、狖、貁、蜼、猨蜼、蝯、绒、獭、猓獭、狿、猱、獽、玃。**

**狖**的名字最早出现于战国·屈原《楚辞》：“深林杳以冥冥兮，乃猨狖之所居。……猨啾啾兮狖夜鳴。”而后，汉·高诱提到“**蝯狖**。蝯，狖屬。仰鼻而長尾。”魏·张揖：“**狖**，長尾猿。**蜼**似獼猴，仰鼻而長尾。”汉·班固撰、唐·颜师古注《汉书》卷八七下：“狖似獼猴，仰鼻而長尾。”同时用异体字表明“**貁**似猴，仰鼻而長尾。”凡提到狖时，都注明“仰鼻而長尾”，是川仰鼻猴特有的特征。在汉·许慎等《说文解字》中，“**蜼**如母猴，印鼻長尾。”同朝代司马迁《史记》提到：“**蜼**，今**狖**，尾端爲两岐，天雨便以尾插鼻两孔。”这里说的尾端为两歧，不是事实。在兽类中没有尾端分叉的。雨天以尾塞鼻孔，以免雨水流入，这是臆断。

晋·郭璞注《尔雅注疏》卷一一《释兽第一八》：“**蜼**，印鼻而長尾。[注]蜼似獼猴而大，黄黑色，尾長數尺似獭。尾末有岐，鼻露向上，雨即自懸於樹，以尾塞鼻或以兩指。江東人亦取養之，爲物捷健。[疏]蜼亦猴類之獸，鼻印而尾長大。”把川仰鼻猴个体大于猕猴，体色黄黑，鼻露向上的特点描述出来了。“以尾塞鼻或以兩指”是想象出来的，根本不可能。南朝梁·顾野王《玉篇》、宋·罗愿《尔雅翼》和宋·郑樵《尔雅注》亦同于《尔雅注疏》中对于**蜼**、**狖**的描述，本文不再重复。

汉·郑玄等：“然，果然也，髤赤多黑少之色韋也。果然也者，果然獸名。”赤多黑少之色是该物种毛色特征。此特征亦被宋·王与之、明·王志长和清·李光地刊出。南朝梁·顾野王《玉篇》卷二三《犬部》：“**猓**，**猓**獭，獸。”唐·徐坚《初学记》卷二九《兽部·猴》：“**果然**，猨狖之類也。色青赤，有文，居樹上。”唐·陈藏器《本草拾遗》卷五《兽禽部》：“狨生山南山谷中，似猴而大，毛長，黄赤色。人將其皮作鞍褥。”宋·陸佃《埤雅》卷四《释兽•狨》：“**狨**，蓋猨狖之屬，輕捷善緣木，大小類猨，長尾，尾作金色，俗謂之金線狨，生川峡深山中，人以藥矢射殺之，取其尾爲卧褥、鞍被、坐毯。”又“狨，一名**猱**。”宋·司马光《集韵》卷一“**獽**，狨屬也。”又“**狨**，獸名，禺屬，其毛柔長可籍。”又“猓，猓然，猿屬，色青赤，有文。”又“**猓**，猓然，獸名，似猴。”明·李时珍《本草纲目》卷五一下《兽之四》：“**狨**，毛柔長如絨，可以藉可以緝，故謂之狨。而猱字亦從柔也，或云生於西戎，故從戎。猱，古文作夒。”清·嵇璜等《续通志》卷一八〇《昆虫草木略七·兽类》：“**狨**，戎似猴而大，毛黄赤色。生廣南山谷間，皮可作鞍褥。”宋·陆佃《埤雅》卷四《释兽·狨》：“輕捷善緣木，大小類猿，甚愛其尾。”清·鲁曾煜等《广东通志》卷五二《物产•兽》：“胥浦縣有獸名果然，猨狖類也，色青赤，有文，居樹上。九真、日南皆有之”。又：“**狨**，蓋猿狖之屬，輕捷善緣木，大小類猿，長尾，尾作金色，俗謂金線狨。甚愛其尾。狨毛以藉衣不皺，取其皮爲卧褥、鞍被、坐氊之用。唐制文臣兩制，武臣節度以上方許乘狨毛暖坐。”说明绒长尾，金色，生川陕深山中。毛色和分布区是指川仰鼻猴。猴皮制品在唐朝规定，文武臣能使用的级别。

## 六、黔仰鼻猴 *Rhinopithecus brelichi*

本种个体大小近似川仰鼻猴，毛色不如川仰鼻猴艳丽。成年个体全身毛色为黑褐色。尾长大大超过体长，尾黑色，尾端白色。背毛不特别延长，呈黑褐色，成体背部两肩之间有一浅黄色斑块。颜面皮肤呈浅蓝色或灰白色，吻鼻部膨大突出的程度不如川仰鼻猴，而是向下凹，口角无肉瘤。鼻孔上仰。目前仅分布在贵州省梵净山地区。数量稀少。

**古名：猓𤢊、孝獸、狖、蜼，宗彝、仙猴、果然、貁、獨、貁𪕮、𤢊。**

黔仰鼻猴的古文献较少。

晋·郭璞卷一一《释兽第一八》：“蜼似獮猴，鼻露上向，尾四五尺頭有岐，蒼黄色，雨則自懸樹，以尾塞鼻孔，或以兩指塞之。”尾四五尺，在仰鼻猴中尾长超过体长，黔仰鼻猴特征。

唐·陈藏器：“猓𤢊，交州以南有之，其鳴自呼，身如猨大，面通（闕）白色。其體不過三尺，而尾長四尺餘，反尾度身過其頭，視其鼻仍見兩孔。其毛長柔細滑，澤色以白爲質，黑爲文，視如蒼頭鴨脇邊斑文。[案]此則以尾塞鼻有同於蜼。”唐·李肇：“劍南人之采猓𤢊者，獲一猓𤢊，則數十猓𤢊可盡得矣，何哉？其猓𤢊性仁不忍傷类，見被獲者聚族而啼，雖殺之終不去也。”

宋·罗愿《尔雅翼》卷二〇《释兽三·𤢊》提到：“猓𤢊，蝯類也，黑頰青身。”宋·陆佃《埤雅》卷五《释兽·犬𤢊》：“𤢊獸似猨，青身，黑頰，有髯，髯黑，其手亦黑，性好理髯，又愛其類，生相序，死相赴，殺一可以致百。”尾长超过体长和黑颊青身，是黔仰鼻猴形态特点之一。

明·李时珍《本草纲目》卷五一下《兽之四·果然》：“**果然**，仁獸也，出西南諸山中，居樹上，狀如猨，白面黑頰多髯，而毛采斑斕，尾長於身，其末有岐，雨則以岐塞鼻也。喜群行，老者前，少者後，食相讓，居相愛，生相聚，死相赴。柳子所謂仁讓孝慈者是也。古者畫蜼爲宗彝，亦取其孝讓而有智也，或言猶豫之猶，即狖也。其性多疑，見人則登樹，上下不一，甚至奔觸破頭折脛，故人以比心疑不決者，而俗呼騃愚爲癡獨也。”

清·嵇璜《续通志》卷一八〇《昆虫草木略七·兽类》：“**果然**，猨屬，頰有髯，髯黑，性好理髯，又愛其類，取一果然，數十果然可得。”清·刘于义：“**狖**，**蜼**也。尾長四五尺。果然，一名蜼，一名狖，狀如猨，白面黑頰多髯，而毛采斑斕，尾長于身，喜羣行，老者前，少者後，食相讓，居相愛，生相聚，死相赴。”清·张澍纂《贵州省续黔书·物产》：“**孝獸**。思南有甑峰，盤互銅仁、思州，石阡數百里。[略]有獸焉，形類獼猴而大，尾長四五尺而歧端，色蒼黄，鼻露向上，雨即自懸於樹，以尾塞鼻或以兩指。又，印鼻者狖也，狖即蜼也，南人名之曰**仙猴**也。”清·道光二十一年《思南府续志》“郡東界松桃爲梵净山，山中産獸曰宗彝，性仁孝，食山果，不爲人害，居樹而巢，凡取果自下而上，以次接受而食。”清光绪十八年《同仁府志物产》“**宗彝**，思南、石阡一帶山中产，獸曰宗彝，類獼猴而巢於樹。”尾长于体长是黔仰鼻猴特点之一。性极和善，胆小，易饲养。有些描述过于人性化。现今仅分布于贵州省梵净山所属三个县（印江、松桃、江口）境。文中所述同仁（铜仁）、石阡、思南等县内已绝迹。

## 七、滇仰鼻猴 *Rhinopithecus bieti*

体型大，是仰鼻猴中个体最大者。尾长略短于头体长。鼻孔裸露上仰，眼周和吻鼻部青灰色，鼻端深蓝色，唇部粉红色。头顶有黑色尖形毛冠。身体毛色以黑或褐色为主，在股部间具白色块斑，毛长达 23 厘米。尾毛黑色并带褐的色调。结群生活。栖息于海拔 2700—4700 米的高山暗针叶林和针阔混交林及山顶低矮灌丛、草甸和流石滩上，是半树栖型的猴类，夜晚则在树上过夜，白日能到地面寻食或迁移活动。食性以针叶树的花苞及叶芽苞，亦食竹笋和嫩竹叶，阔叶树的嫩芽松萝等，偶尔也吃一些昆虫。仅分布于云南和西藏。

**古名：狖𤞶、狖、貁、蜼、猓、仙猴。**

梁·顾野王《玉篇》卷二三《犬部》：“**狖、𤞶**，二同，……。黑猿也。”又“**貁**（同狖，黑色长尾猿）猨屬”。又“**貁**（同狖 黑色长尾猿）猨屬。”明·张自烈《正字通》巳集下《犬部》：“**貁**，黑猿。”宋·戴侗：“**狖**，黑猿也。似猴，印鼻，長尾。”清·段玉裁撰《说文解字注》第九篇下：“**貁**，貁即蜼。蜼，印鼻长尾。”

唐·徐坚《初学记》：“**蜼**，印鼻而長尾。蜼，似獼猴而大，蒼黑色，尾長數尺，似獺，尾末有歧，鼻露向上，雨则自懸於樹，以尾塞鼻。”宋·陈祥道《礼书》卷二《毳冕》：“**蜼**，似猴而色黑，尾数尺，鼻向上，雨则以尾若两指窒其鼻。”

以上说明“**狖，貁及狖𤞶**”和“**蜼**”之异名同物的滇仰鼻猴体毛以黑或褐色为主。长尾，鼻向上，印鼻。亦是仰鼻猴特点。至于遇雨则以两指窒其鼻，不确。

**仰鼻猴类应包含以下同属的三个物种：**

| | |
|---|---|
| **川仰鼻猴 *Rhinopithecus roxellana*** | **狖，貁，蜼，猓然，果然** |
| **黔仰鼻猴 *Rhinopithecus brelichi*** | **狖，蜼，猓然，果然** |
| **滇仰鼻猴 *Rhinopithecus bieti*** | **狖，貁，蜼** |

三种仰鼻猴类鉴别特征见表 3-19。

## 八、黑叶猴 *Trachypithecus francoisi*

尾长于体长。身体较纤瘦，四肢细长，头小，尾长，头顶有一撮直立的黑色冠毛，不具颊囊。全身黑色，脸黑色，从耳下到口角经过两颊，各有一道白毛。尾端的毛白色。雄性个体较雌性大。主要分布于喀斯特地貌的树林中，树栖，以野果、花、叶等植物性食物为食。结群生活，每群数只至数十只不等。现代分布于广西、贵州和四川。

表 3-19　三种仰鼻猴类的鉴别特征

| 种名 | 古名 | 古名 | 古名 | 古名 | 古名 |
|---|---|---|---|---|---|
| 川仰鼻猴 | 狖<br>狖似猕猴，仰鼻而长尾 | 貁<br>貁似猴，卬鼻而长尾 | 蜼<br>卬鼻而长尾。蜼似猕猴而大，黄黑色 | 猓𤡮<br>色青赤，有纹 | 果然<br>猨狖之类也。色青赤，有文，居树上 |
| 黔仰鼻猴 | 狖<br>卬鼻者狖也。狖即蜼也。思南有甑峰，有兽焉，形类猕猴而大，尾长四五尺而歧端，色苍黄，鼻露向上，雨即自悬于树，吕尾塞鼻或吕两指。《尔雅》所谓蜼也 | | 蜼<br>古者画蜼为宗彝。仙猴为蜼 | 猓𤡮<br>黑颊青身。身如猨大，面通（搁）白色。其体不过三尺，而尾长四尺余 | 果然<br>交州有果然兽，其名自呼，状大于猨，其体不过三尺，而尾长过头，鼻孔向天 |
| 滇仰鼻猴 | 狖<br>黑猨也。似猴，卬鼻长尾 | 貁<br>同狖。黑色长尾猿，猨属 | 蜼<br>卬鼻而长尾。蜼以猕猴而大，苍黑色，尾长数尺 | | |

**古名：螹胡、獑猢、獑胡、猢。**

汉·司马迁《史记》卷一一七《司马相如列传第五七》：“**螹胡**，螹胡似獼猴，頭上有髮，腰以後黑。”汉·班固《汉书》卷五七上《司马相如传第二七上》：“**獑胡**，獑胡似獼猴，頭上有髮，腰以後黑。”班固可能是在司马迁之后，因此他的论点与前人之作有关联。**螹与獑**为同音字，头上有髪，腰以后黑是黑叶猴形态特点之一。

唐·徐坚《初学记》：“**獑猢**，駿捷也，其鳴嗷嗷而悲。”说明行动敏捷，叫声凄惨。宋·罗愿《尔雅翼》卷二〇《释兽三·猴》：“**獑猢**，似獼猴，頭上有髮，腰以後黑，或云猴，老者爲獑猢。”可能沿用前人观点。在黑叶猴幼体时，毛色为棕黄色，与猕猴色泽相似，到了成年逐渐转化为黑色。故说“或云猴，老者爲獑猢。”

另一名称为“**猢**”，见南朝梁·顾野王《玉篇》卷二三《犬部》所云：“獑猢，獸名，似猿。**猢**，户吾切。”

## 九、白头叶猴 *Trachypithecus poliocephalus*

与黑叶猴大小相同，身体大部分黑色，只有头肩部为白色，四肢、指和足均杂有白色长毛。群体大小、食性和栖息活动行为均类似黑叶猴。分布区狭小，仅分布于广西的左江和明江间的狭小地区。数量极为稀少。

**古名：螹、獑、獑胡、獑猢、獑、螹、螹蝴、[illegible]、猢、朱厭。**

汉·司马迁《史记》卷一一七《司马相如列传第五七》：“**螹**，似猿，黑身”（猿类动物，腰白身黑）。

吴·陆玑等《陆氏诗疏广要》卷下之下《释兽·毋教猱升木》：“猨之白腰者爲**獑胡**。獑胡，猨，駿捷于獼猴，其鳴嗷嗷而悲。”

晋·郭璞《尔雅注疏》：“獑猢，蝯蜼之屬，黑身白腰，手有長毛。”

南朝梁·顾野王《玉篇》：“獑猢，音慚胡，蝯蜼之屬，黑身，白腰如帶，手有長毛，白色，似握版之狀。”

辽·释行均《龙龛守鉴》卷二《犬部》：“獑猢，……。獑猢似猿而白。”

宋·司马光《类篇》卷二八：“獑，獸名，獑猢類猿而白腰，以前黑。”

宋·罗愿《尔雅翼》卷二〇《释兽三》：“獑（似猿而色白），獸名，似猨。”

明•李时珍《本草纲目》："蝲（猿类动物），黑身白腰，蝲蝴也。"明•曹学佺："㺑，黑身，白腰若帶，手有長白毛，似握版之狀，類蝯蜼之屬。"

清•梁国治等编辑《音韵述微》卷三："猢，㺉猢似猿身，白腰，手有長白毛。"清•稽璜等："小次之山有獸焉，其狀如猨而白首赤足，名曰朱厭。"

以上为白头叶猴的古名，形态特点：白首、腰白黑身。

**叶猴类应包括以下同属的两个物种：**

**黑叶猴 *Trachypithecus francoisi*　　蝲胡，㺉猢，猢**

**白头叶猴 *Trachypithecus poliocephalus*　　蝲胡，㺉猢，猢**

两种叶猴类的鉴别特征见表 3-20。

**表 3-20　两种叶猴类的鉴别特征**

| 种名 | 古名 | 古名 | 古名 |
|---|---|---|---|
| 黑叶猴 | 蝲胡<br>头上有髮，腰以后黑 | 㺉猢<br>头上有髮，腰以后黑 | 猢<br>㺉猢，兽名，似猿 |
| 白头叶猴 | 蝲胡<br>㺉猢似猿而白 | 㺉猢<br>黑身白腰，手有长毛 | 猢<br>白腰，手有长白毛 |

# 十、长臂猿 *Hylobaters* spp.

前肢较后肢长，无尾。中国有 4 种：白眉长臂猿（雄体黑色，白眉）、白掌长臂猿（脸周围有一圈白毛，全身棕褐色，手和脚掌均为白色）、黑长臂猿（雄体黑色，头顶有耸立的冠毛。雌体淡黄色）、白颊长臂猿（头顶有隆起的冠毛，脸黑色，面颊两侧各有一块向上伸的白毛）。以上 4 种分别隶属不同属。

**古名：蝯、玄猿、猿、猨、猱蝯、猨、烏猿、𤞟、獨、𧓍、猶、蝚蝯。**

汉•许慎等《说文解字》卷一三上："蝯，善援，禺屬。"晋•郭璞《尔雅注疏》："蝯，似獼猴而大，臂脚長，便捷，色有黑有黄，其鳴聲哀。"这里说的是黑长臂猿，属于灵长类，色有黑（雄猿）有黄（雌猿）。汉•司马迁《史记》卷一一《司马相如列传第五七》："玄猿素雌。……玄猿，猿之雄者色也。素雌，猿之雌者色也。"汉•班固《汉书》卷五七《司马相如传第二七上》："玄猨素雌。……言猨之雄者玄黑，而雌者白素也。"两个描述基本相似，只是猿字改为异体猨，说的是同一种。后魏•郦道元《水经注》卷三四："猿，每至晴初，霜旦林寒，澗肅常有高猿長嘯。"述说每至清晨，猿长啸。

吴•陆玑《陆氏诗疏广要》卷下之下《释兽•毋教猱升木》："善者猨，猨性仁，不貪食，多羣，雄者黑雌者黄，雄者善啼，啼數聲則衆猨叫嘯騰擲如相和焉。"每天清晨雄猿（成年）先啼叫，追—追—啼叫声由低声逐渐啼至高声，可以高八度音，啼声持续数分钟后，众小猿齐声啼叫，像合唱，最后由母猿发出低音吼声，结束每天早晨的合唱。

晋•郭璞《尔雅注疏》卷一一《释兽第一八》："今猿似獼猴而大，臂脚長，便捷，色有黑有黄，鳴其聲哀。"梁•顾野王《玉篇》卷二三《犬部》："猨似獼猴而大，能嘯也，亦作蝯。猿同上。"同时指出"蝯（似猴而大无颊囊和尾巴），蝯猴或作猨。"没有颊囊，没有尾巴。并且列出"猬，音胥。猨屬"的另一个名称。唐•陆德明："蝯（联机字典：猿〈蝯〉似猴而大，无颊囊和尾巴），即猨也。"唐•徐坚《初学记》："猿似猴大而黑，長前臂。"长前臂是长臂猿固有特点。宋•周去非《岭外代答》卷九《禽兽门》："猨有三種，金線者黄，玉面者黑，純黑者面亦黑，金線玉面皆難得。或云：純黑者雄，金線者雌。又云：雄能嘯，雌不能也。子能抱持其母，牢不可拆，人取之，射殺其母取其子，子猶抱母皮不釋。獵猨者可以戒也。猨性不耐著地，著地輙瀉以死。""煎附子汁與之，即止。登木好以兩臂攀枝上。不甚用足，終日纍纍然。”这里所说猨有三种，纯黑者雄和金线者雌，应当指的是黑长臂猿。而玉面者黑，金线玉面皆难得，玉面者应当是白颊长臂猿，仅分布于云南西双版纳。雄能啸，雌不能也。说明雄猿能长啸，而雌性只能在最后附和一声。长臂猿不习惯到地面活动，其优势是靠长臂和长手在高大树枝间悠荡活动。

宋•罗愿《尔雅翼》卷二〇：“**猨**與沐猴相類，静躁不同耳。”宋•童宗说《柳河东集注》：“猨、王孫居異山，德異性，不能相容。猨之德静以恒，類仁讓孝慈，居相愛，食相先，行有列，飲有序。不幸乖離，則其鳴哀。有難，則内其柔弱者。不踐稼蔬。木實未熟，相與視之謹，既熟，嘯呼羣萃然後食，衎衎焉。山之小草木，必環而行，遂其植。故猿之居，山恒鬱然。”这里述说猴子与猿，不能同居一山，因为性格不同，猴子喜喧嚣，而猿喜静。猿对于环境爱护，不糟踏庄稼和果实。喝水是按次序饮用，不踩踏小草木。

明•李时珍《本草纲目》卷五一下《兽之四》：“猨，善援引，故謂之猨，俗作猿。産川廣深山中，似猴而長大，其臂甚長。[略]其色有青、白、玄、黄、緋數種。其性静而仁慈，好食果實，其居多在林木，能越數丈。”并引“王濟曰詢記云：廣人言，猨初生毛黑，而雄老則變黄，潰去勢囊轉雄爲雌，與黑者交而孕，數百歲黄又變白也。”这里说的猨善于援引，故谓之猨。猿性静，不喧嚣，喜食果实。初生猿无论雄雌，毛黑，到雌猿成熟时逐渐变黄。

## 十一、猩　　猩

中国没有猩猩分布，有发掘过化石记录。古文献中，记述的猩猩或近似于人类的动物很多，分析源于国外进贡有猩猩、狒狒等动物，民间传说的野人等的神奇故事，被当时的文人记录下来，在民间至今仍有流传。这些资料只能编纂在灵长类中，以作为历史记载。

猩猩之名最早出自周•荀况撰的《荀子》卷三《非相篇》：“然則人之所以爲人者，非特二足無毛也，以其有辨也。今夫**猩猩**形笑，亦二足而毛也。猩猩，獸似人而能言，出交趾。形笑者，能言笑也。”汉•高诱注《淮南鸿列解》卷一二《汜论训》也提到：“肉之美者，猩猩之唇。猩猩，獸名也，人面狗軀。”说明是兽，人面。因为猩猩是近于人类，面部与人类相似。晋•张华：“**異獸，猩猩**若黄狗，人面，能言。”这里也提到人面。

晋•孔晁注《逸周书》卷七《王会解第五九》：“**費費**，其形人身枝踵，自笑，笑則上唇翕其目，食人。北方謂之**吐嘍**。**費費曰梟羊**，好行，立行，如人被髮，前足稍長者也。”这里所说**费费**，可能指的是狒狒，可以立行，成年头毛较长，似被髮。晋•郭璞《尔雅注疏》卷一一《释兽第一八》：“**贛巨人**（南方有贛巨人，即**梟陽**也）人面長唇，黑身有毛，反踵，見人笑亦笑，唇蔽其面，因即逃也。”至今南方山区还有类似传说的野人形象。

南朝梁•顾野王《玉篇》卷二三：“**狒**，似人形，被髮迅走。”所指是狒狒。

至此，笔者已就古籍所涉的灵长类资料在整理、考证和厘定的基础上，对 10 个物种做了较详细的记述，内容包括外部形态（毛色、体形、头部器官特点如仰鼻等）、生活习性和行为特点等。而对猩猩类的古代记载仅做了简要的介绍，欲更多地了解我国历史时期是否存在过猩猩，可参阅本书《关于古今“野人之谜”的研究》一文。

## 参 考 文 献

冯祚建，等. 2015. 兽纲总部. 见：王祖望，黄复生，冯祚建. 中华大典•生物学典•动物分典(第三册). 昆明：云南教育出版社

# 第四篇

# 中国古代动物学的成就与探讨

# 《易经》简读及对一些问题的初步探讨

郭　郛

《易经》是中国最古老的典籍之一，中华文明的首卷书，列为“十三经”的首卷，其中有许多自然科学和社会科学的精髓，历时已超过 3000 年，粗读、初读、简读历时 30 年，尚未能略通其全部意义。现年过久寿，仅摘录笔者粗解的数则，以为后来者一助。

## 一、《易经》的含义

### （一）易的意义

《易・系辞》：易者，象也。《说文》：蜥易，蝘蜓，守宫也，象形。《祕书》说：日月爲易，象陰陽也。《周易正义》孔颖达疏：夫易者，變化之總名，改換之殊稱。《周易本义》朱熹注：《易》，書名也，其卦本伏羲所畫，有交易、變易之義，故謂之易。

郭郛注：易本源于易——蜴（yi），爬虫类动物，四足长尾脊椎动物，能在陆地、树木上爬行，以昆虫等小动物为食。体色能随环境颜色变化而迅速改变，用以迷惑外敌和保护自身。通称为变色龙。故易有变化之意，取为书名，正符合书——《易》《易经》的内容。《易》是一本研究自然事物变化的书。英人译《易（经）》为 *The Classic* (*Book*) *of Changes*，正符合书名意义。

### （二）经的含义

《易经》本名是《易》，本无经字，后人尊称为《易经》，有尊重前人经典著作的敬意。这一问题由来已久，唐人孔颖达已讨论这一问题。《周易正义・卷首》有《第八论・谁加经字》：“《子夏傳》云：雖分爲上下二篇，未有經字。經字是後人所加，不知起自誰始。案前漢孟喜《易本》云分上下二經，是孟喜之前已題經字。其篇題經字雖起於後，其稱經之理則久在於前。故《禮記・經解》云：絜靜精微，《易》教也。既在《經解》之篇，是《易》有稱經之理。案《經解》之篇備論六藝，則《詩》《書》《禮》《樂》併合稱經。而《孝經緯》稱：《易》建八卦，序六十四卦，轉成三百八十四爻，運機布度，其氣轉易，故稱經也。但緯文鄙僞，不可全信，其八卦方位之所，六爻上下之次，七八九六之數，内外承乘之象，入經别釋，此未具論也。”全文说明汉代前汉学者已题称“经”字，可知称为“经”由来已久。经本意是丝、麻、布等织物的纵线。与纬相对。《周礼・天官・冢宰》：“體國經野。[疏]：南北之道謂之經，東西之道謂之緯。”竖经横纬。又指历来被尊崇的典籍，如老子《道德经》、《十三经》等。故《易》称《易经》：《易经》乃尊崇的典籍，实际是中国历代文化传承的典籍。

## （三）卦的含义

什么是卦？什么是八卦？

据《康熙字典·卜部·卦》："《說文》：筮也。[徐曰]：筮而畫之，三變而成畫，六畫而成卦。《玉篇》：八卦也，兆也。《廣韻》：八卦者，八方之卦也，乾、坎、艮、震、巽、離、坤、兑。《易·繫辭》：四象生八卦。《周禮·春官·大卜》：掌《三易》之法，一曰《連山》，二曰《歸藏》，三曰《周易》。其經卦皆八，其别皆六十四。[疏]：卦之為言，掛也，掛萬象於上也。"

据《辞海词语分册》（2003 年）：卦（gua）《周易》中象征自然现象和人事变化的一套符号。以阳爻（⚊）、阴爻（⚋）相配合而成。三个爻组成的卦共八个，《周礼》称为经卦，通称"八卦"。六个爻（即两个经卦）组成的卦共六十四个卦，《周礼》称为"别卦"，古时用以占吉凶。

笔者认为，卦和爻是中国最早的文字、符号。为什么这样说？一套字或一个字一定有字形、字声、字义三类基本成分。

以⚊为例来说明。

⚊，字形如一横，⚊。

⚊，字声读如阳（爻）。

⚊，字义为天、龙、父等。

这是中国古代智慧人氏——圣人所创立的一套字，现在仍在一些人氏，如道教徒和某些专门人氏中流传的字符。与甲骨文、周金文、隶字、楷书等流传于世。

卦是古代伏羲氏所创立，是挂在一起的字辞，八卦是八类八种字辞聚在一起的字辞、符号，可以记录当时当地所发生的自然景象和人文景况，这是一种社会性事物、事件的文字纪录，积累多了，成为古代"三坟、五典、八索、九丘"。八卦是古代基本的字符，字形方整，笔画简单，反映了初创原始性。

八卦是起源于原始社会的文字符号的纪录，《易传》的作者认为八卦是大自然现象、人类及其他生物所居住环境的最初记号，乾（qian）（☰、天）、坤（kun）（☷、地）、震（zhen）（☳、雷）、巽（xun）（☴、风）、坎（kan）（☵、水）、离（li）（☲、火）、艮（gen）（☶、山）、兑（dui）（☱、泽）。

"天、地、雷、风、水、火、山、泽"乃是人们常见的、生活环境中自然现象、八类生态要素，它们是自然界和人类社会一切现象的最初根源。人类生活离不开这八类生态环境要素，原始社会人们认为它们是大自然对人类万事万物的主宰，从而对它们产生敬畏之心。《易经》的八卦是人类生存生活环境中最基本的生态因子。因此笔者称为"人类和生物的生存生态环境八要素论"，缺一不可。简称"生态环境八要素（因子）论"。人类中杰出人士首先创立特别的符号来代表当时所见的重要事物，组成一个系统，这是一个了不起的贡献，现在人们仍觉得这是了不起的智慧结晶（图 4-1）。

图 4-1　伏羲氏所设立的"八卦"：中国生态

文明八因子：天、地、水、火、风、雷、山、泽。八类物质存在于自然界，生物和人类生活生存不能离开的物质物体。它们既有系统性、统一性又有相对性，又是相互依存不能分开的实体，也是日夜不停运转的球体——地球及其天际、边际。

# 二、伏羲、神农解考

伏羲氏、神农氏相传是中国人文始祖，也是“八卦”的首创人，这两个庞大族群领导人，对中华文明起源和发展影响至深至巨，故对他们的事迹，粗作证理，以了解他们的巍巍功德。

## （一）伏羲解之一

《易》的作者是谁？八卦的作者是谁？

我们将《易》文字部分称为《易》，八卦，八种长短三划符号，通称为爻，组成八种图形符号，乾（天）、坤（地）、震（雷）、巽（风）、离（火）、坎（水）、艮（山）、兑（泽），通称八卦，八卦作者是谁？今依孔子《周易・系辞上》、唐孔颖达《周易正义》所列作者成表 4-1。

**表 4-1　中国权威古籍中所列《易经》和八卦作者**

| 书名 | 八卦 | 作者 |
|---|---|---|
| 《周易・系辞上》 | 包犠氏……始作八卦 | |
| 《易・说卦》<br>《礼纬・含文嘉》<br>汉・孔安国《（尚）书序》 | 伏羲乃作八卦<br><br>伏羲氏始作八卦 | 圣人作易<br><br>孔安国、马融、王肃等：伏羲得河图而作《易》 |
| 《周礼・大卜》<br>汉・郑玄《易赞》《易论》《世谱》（孔颖达疏） | | 《三易》云：一曰《连山》，二曰《归藏》，三曰《周易》。周曰《周易》。言《易》道周普，无所不备。文王作《易》之时正在羑里，……故题周，文王所演，故谓之《周易》 |

近代学者闻一多先生作《伏羲考》（1945 年），将伏羲作一系统整理，令人敬佩。

笔者在老年（1980—2015 年）整理《山海经》、粗读《易》之后，对伏羲做一点札记，以求解释古人及中国人文初祖。伏羲，伏犠族的代表人物，作《易》（《易经》）。仅就伏犠二字而言，伏是人和犬在一起，当时犬已是家化动物，随人行走，人和犬在一起生活，当时已进入畜牧时代，犬随人放牧，看家、护主。

犠字更是复合字，牛、羊是主要家畜，畜牧业的主导产业，正是牧犬看护对象，伏犠族的养殖业是个能养犬、牛、羊的综合畜牧业的族群。犠字还包含有农业，禾生长在“亏”上，“亏”是高而平地块并有湾曲水沟——“勹”人造农田组成。这是一个农业生产较为发达的地区，种禾，禾是黍、稷、粟的总称，犠字是由牛、羊、禾、亏、戈组成，戈是金属或木竹棍棒形式的武器，伏犠族已掌握冶炼金属、生产小型武器：戈，用于自卫、用于看守家畜、用作武器。这是一个了不起的成就。

伏犠族生活在秦陇山地、沼泽地区，能够养犬，养殖牛、羊；依靠农业生产：在高地种植稷黍粟禾谷类；又能用戈，本族生产或交换得来，保护本族和农牧生产活动基地，这个族群文化已发展到一定高度。他们将日常所见事物天、地、雷、风、水、火、山、泽八种事物用八类长划━、短划--，通称为爻的符号，排成八卦。

包犠氏同于庖犠氏，伏犠族的祖族或支族，包同于庖，古籍常写成庖犠氏，庖本意是在庖厨中制作熟食品，古代由生食转成熟食，这是人类一大进步，特别是肉类、粗纤维类食品，经火烤或水煮后，容易为胃肠消化和吸收。熟食是人与其他灵长类食物最大不同之处。庖犠氏族发展成熟食制品的氏族，这在古代人类活动中是个有先进文化的氏族。古代氏族祭祀祖先常用纯一色的牲畜做祭品，古籍《尚书》《周礼》《左传》均列有犠牲（牺牲），如《周礼・地官・牧人》：“凡祭祀，共其犠牲。”《辞海》等注：“色纯为牺，体全为牲”。可见包（庖）牺氏、伏羲氏在中国文化上的贡献，他们首先画出八卦，创立八种符号来代表人们常见的事物，为文字的先行者；伏羲氏和女娲氏又是科技工具[规矩]的首创者，这是两个了不起的成就，把伏牺氏、女娲氏列为中国人文初祖，正得其宜。

## （二）伏羲解之二

名字考：伏羲、伏犧、伏牺、伏氏、包犧、包牺、庖犧、庖羲、虙戏、宓牺、伏牺氏、包牺氏。

[首见]《周易正义》《易·系辞下》："古者包犧氏之王天下也。"

《尚书正义·卷一·尚书序》孔安国云："古者伏犧氏之王天下也。"

[注]"伏犧氏，伏，古作虙（FU），犧（XI），本又作羲（XI），亦作戲（XI）。辭皮反（CI-PI-XI）。《説文》云：賈侍中（逵）説此犧非古字。張揖《字詁》云：羲，古字；戲，今字。一號包羲氏。三皇之最先，風（此字不簡化為風）姓，母曰華胥，以木德王，即太皞（HAO）也。"笔者注：風是鳄鱼、鱷、鼉的古称，龙图腾的异称。

[疏]"古者以聖德伏物，教人取犧牲，故曰伏犧。字或作宓犧，音亦同。《律曆志》曰：結作網罟，以取犧牲，故曰伏犧。或曰包犧，言取犧而包之。顧氏讀包為庖，取其犧牲，以供庖廚。顧氏又引《帝王世紀》云：伏犧母曰華胥，有巨人跡出於雷澤，華胥以足履之，有娠，生伏犧于成紀，蛇身人首。"

笔者注：伏牺氏，風（风）姓，风姓，此風（风）姓是龙图腾族之一，風字形头前为凡，内为虫，虫是鼉、鳄的异形、异名；凡是鼉、鳄的前端的突起，凡前鼉后，大形鼉图腾族。山西南端黄河岸边有風（风）陵渡，風（风）陵是風（风）龙族人的生活场所和头人墓地，風（风）龙族是古代一有名大族，伏牺氏是其族一个分支族，故伏牺氏族風、风姓。他们是自然科学、生物科学、动物科学、人文科学、社会科学的启动者之一。

据《帝王世纪》：伏牺"蛇身人首"，蛇身即龙身，古时塑像远望龙蛇不分，亦可证明伏牺氏是龙图腾族。

"即太皞也"。太皞是太昊，日在天上，中国最古最早拜日族，又作太皡（皥、皞、皓、晧、暤、嗥）氏。《左传》郯子（鸟图腾族）对鲁昭公说："太皞氏以龍紀"，肯定太皞氏是龙图腾族，这是中国最大最古老的、最有成就的族群。伏牺是他们的一支后裔。证明伏牺風图腾族。

伏羲母是华胥氏，华胥族后来生活到华山地区，华族本是种植葫芦的能手，水网地区葫芦是重要的生活救生物资，胥是蟹酱—腌制蟹酱的氏族，华胥族是能种植葫芦又腌制蟹酱的氏族。女儿跳月"履大人跡"。就是华族与异族头人——龙族头人有族外婚，怀孕生出伏牺。

成纪是陕西天水一带的古称，古代是水网沼泽区，水产物丰富，可能也是鼉的活动地区，天水地区小丘陵成片，树林草地绵延，也是牧场，野生鸟兽活动地区。伏牺氏生活在沼泽丘陵草原地带。

"伏牺"字义见前已有所述。禾生长在高土堆—亏，亏是土台、土堆，其旁并有小沟渠弯沟，戈是武器，有人手拿武器戈，看管禾棵、禾棵生长在土垄上，旁边有一群牛羊，低头吃草，这些人旁边有犬，狗眼炯炯放光，替主人看管家畜，这就是伏牺氏字的形状，就是伏牺氏的形象。伏牺氏已过去六七千年以上了，其字形、字义及其形象留在字形、字义和历史遗迹中，不愧是中华民族的首席智能人物。中国第一学术思想书——《易》和中国首卷政治经济文化书——《尚书》都列举了："古者伏犧（包犧）氏之王天下也"作为赞美伏羲的文句，伏羲是开辟中华文化的始祖之一。

《易·系辞》是孔子所作，距离伏牺有2000年以上，他称伏羲为包羲、或庖（匏）羲氏，包羲氏[疏]正义："取象大也……取象細也。大之與細，則無所不包也。"

[噬嗑]卦[疏]正义："……包犧者，案《帝王世纪》云：大皞帝包犧氏……有聖德，取犧牲以充包厨，故号曰包犧氏。""後世音謬，故或謂之伏犧，或謂之虙（FU）犧，一號皇雄氏。"

由此可知，包括知道大小事物，无所不包，故称包牺；又因取牺牲充包（庖）厨，故称伏牺。

牺牲是古代古人用牲畜祭祀，纯一色是牺，全一体是牲。又将牲口烤熟制作食品是庖人，指制作熟食牲畜场所称庖厨。伏牺氏是制备大牲畜熟食的氏族，这是人类食物一大进步，故称包（庖）牺氏。

“始畫八卦，造書契，以代結繩之政，由是文籍生焉。”

孔颖达注：“畫，乎麥反（HU-MA HUA）；卦，俱賣反（GU-MAI GUA）；契，古計反（QU-JI QI）反。書者，文字；契者，刻木。刻木而書其側，故曰書契也。一云：以書契約其事也。鄭玄云：以書書木邊言其事，刻其木謂之書契也。”

结绳　《易・系辞上》：“上古結繩以治，後世聖人易之以書契。”

文　文字也。

籍　籍，书、书籍。

[疏]正义曰：“知伏犧始畫八卦者，以《繫辭》云：……始畫八卦以通神明之德，以類万物之情，故知之也。”本句说明伏犧氏首创　、--及八卦符号（代表天地等生态环境八要素）。

“造書契以代結繩之政”者，亦以《系辞》云：“上古結繩以治，後世聖人易之以書契……是造書契以代結繩也”。

笔者注：八卦是八种基本符号，据《易》《尚书》等记述：用‘—’（阳爻）和‘--’（阴爻）组成八种形式的卦，乾卦为天，坤卦为地，震卦为雷，巽卦为风，坎卦为水，离卦为火，艮卦为山，兑卦为泽。

八卦代表八种自然形象，每卦又可象征代表多种事物。笔者称之为“人类和生物生存生态环境八种基本要素”，缺一不可生活。伏羲氏在几千年前认识到自然界和人类生存环境重要现象，定出符号来纪录此事，作为人类知识用符号来表达，乃是中国文字符号的起源，这是一件划时代的创造、智慧人氏的智慧结晶。伏羲开始创立八卦，这些符号是文字的前驱，先有八卦符号，后创文字，这是中国人民文化的特别之处。《易》《尚书》记录同一创造发明，互相转引。这是中国文化一个特色。

“造书契”，造书和造契，造书是创立文字，书是文字，造契是人将符号、文字刻在木石上。

“书者书契”，古代书的含义是文字，并将文字刻在木石上，这一记录形式称为书契。“文籍生焉。”将几片木、几块石聚集、排拢在一起，称为文籍。好像现代的藏书夹、图书馆。

《易・系辞下》：“作結繩而爲網罟，以佃以漁。”在《尚书・伏羲》中未见，只在[注疏]中出现，可能结绳制网罟围捕鸟兽和捕捞鱼鳖方法和工艺已经创建出来，伏牺氏加以改进，就同火燔动物，人类早已发明，伏家族精通此道，加工出色，故《易》《书》不一。网是空中捕虫鸟、水中捕鱼鳖的细绳制物，罟是陆地用网，后混用。佃，陆地田作；渔，水产捕捞。上述的记录在中国社会文化科学发展史上有极重要的价值。

伏羲氏是中国社会文化科学发展史上可信的龙图腾（風-风姓）族。族群异族婚和同族婚共存时代，母华胥氏、父风龙太皞族（族外婚）。传说水灾荒年同族兄妹伏羲、女娲结婚（族内婚）。农田渔猎牧养未分工时代。有头人和群体、群居用火、衣服极少、洞穴居住、用木、石、结绳、饮用自然水、山地水滨沼泽多鳄地带。太昊龙族一支。

伏羲氏是养牛、养羊、养犬、种禾、种葫芦（自母系传来）、执戈保卫族群和生产生活场所。

创造八卦符号，代表天地雷风水火山泽自然界存在重要事物。创造工具规和矩，画圆画方，测圆测方的重要器具。“规矩”是伏羲与女娲共同创制发明的科技工艺品。

创造书（文字）契（刻于木上）、文籍。

书契：代替结绳记事政纪。

文籍：记录不同事物内容。

烹调食物、熟制祭品、敬献祖先和日常食物（包牺、庖牺）。

结绳而为网罟，以佃以渔《易・系辞下》。

伏犧族是渔猎时代最有作为的族群，可能是太昊族的一支或直接继承的氏族，他们皆以龙—鳄为图腾，同在黄河中下游地区活动。

伏羲風-风姓，風（风）是鳄的正形，虫代表鳄，凡代表鳄头前部坚硬突起、也代表长大强有力的大尾巴，象形。

古代所谓姓，就是该族的图腾。与《左传》“太皞氏以龍紀”正相吻合。伏羲氏是中国最崇拜的三皇之一，三皇之首，三皇是中华民族最有贡献的氏族，三皇是伏羲、神农、黄帝。他们是有贡献的三个氏族群的首领。

由此认为：伏羲氏族是中国渔猎时代、畜牧时代、农业时代的贡献最大、科学技术文化创造最多最有名的龙图腾族。

### （三）神农考

神农氏 [首见]《易·系辞下》：“包犧氏没，神農氏（1）作，斲（2）木爲耜（3），揉（4）木爲耒（5），耒耨（6）之利，以教天下。日中爲市（7），致天下之民，聚天下之貨（8），交易（9）而退，各得其所。”《尚书注疏卷第一·尚书序》：“伏犧、神農（1）、黄帝之書，謂之三墳（10）。”

（1）神农氏。《易·注疏》：“神農者，案《帝王世紀》云：炎帝神農氏，姜姓也。母曰任已，有蟜氏女，名曰女登，爲少典正妃。游華山之陽，有神龍首感女登於尚羊，生炎帝。人身牛首，長於姜水，有聖德。繼無懐之後。本起烈山，或稱烈山氏。”

《书》[疏]：[正义]曰：“《帝王世紀》云：神農母曰女登，有神龍首感女登而生炎帝，人身牛首。”

笔者注：神农氏是炎帝一族，炎帝是保管火种的大族群首领，牛图腾族，牛首人身，正好说明神农是牛图腾族人。姜姓，姜族本是养羊族，在陕西姜水一带活动，又将生姜培养成栽培作物，故神农自幼随母族生活，学习种姜技术。为后来神农发展农业，建立基础。

（2）斲、斵、斮、斫同音（ZHUO）同义，前二字形近，本经文如此，有的经文作‘斫’。斫木料作农具。

（3）耜（SI），古农具，作开沟用具，《考工记·匠人》：“匠人爲溝洫，耜廣五寸，二耜爲耦；一耦之伐，廣尺深尺，謂之甽。”

（4）揉（ROU），用手工使曲木为直，直木为曲。来回搓弄，如用手揉一揉身体、眼睛、鼻子等。

（5）耒（LEI），陆德明《释文》引京房云：“耒，耜上句（勾，GOU）木也。”《说文》：“耒，手耕曲木也……古者垂作耒耜，以振民也。”耒，木柄。掘土翻土农具耒耜的曲木柄。郭郛注：垂，古代技工、匠人，创制木槌等工具，故名垂。

（6）耨（NOU），小手锄，原是木制、兽骨制、蚌壳制、石制，后用金属制成，在田间锄草、松土等。

（7）日中为市。日中，一天的中午，相当于现在的中午、午时，每日早10—12小时。市，市场、集市，为市，集中做买卖双方进行物物交换的场所。表明神农氏时代不仅进入农业时代，并且进行商品生产、交换时期。

（8）货。商品、货物、买卖双方所持有的物品，交易所持物品。

（9）交易。买卖，交换物品，买卖双方交换物品的过程。

（10）三坟。坟（FEN），坟堆积集，伏羲氏等所聚集的文书稿件。《左传·昭公十二年》：“是能讀三墳、五典、八索、九丘。”杜预注：“皆古書名。”孔颖达疏：孔安國《尚書序》云：伏犧、神農、黄帝之書，謂之三墳，言大道也。”郭注，最古老的文档资料。

## 三、本文及有关文献中神农氏总论

（1）古代最有作为的农耕事业文化的开创族群，故被称或自称为神农氏。

（2）炎帝神农氏，本是保管火种族炎帝的支族，保管火种兼做农耕农器、经营农业有所成就，故称为炎帝神农氏，拜火为图腾。

（3）母姜氏，牛图腾族（养牛族）兼种生姜，父族炎帝族，牛图腾族兼保管火种炎帝族，大图腾族内婚。

（4）炎帝神农氏创造木制农具和农田：耒、耜、耒耜、沟渠、佃、耨、捕鱼技术——渔、农用器具工具——垂（人名）作木槌？由渔猎时代走向渔猎农工商时代。农器农具、农耕技术和农耕制度的建立经历时间较多，大概要经历几代几十代，一部分是由渔猎技术发展而来，一部分技术是在农业生产中发明创造。

（5）生产力较高有多余的农产品和手工制品：商品。

（6）建立日中为市的交换买卖的市集、进行公平合理的交易？由农工业生产进入农工商时代。由族群内交换进入不同地区不同族群间物资和文化的交易，共同语言、共同生活和交易规则建立起来。

（7）神农氏一支能放火焚烧林地、所谓放火开荒，称为烈山氏。

（8）神农氏等留下一堆文字文物资料，人称三坟，成为传说。

（9）神农尝百草，一日而遇七十二毒。成为药物学先驱。

（10）神农成为中国图腾神：养犬、牛、羊、种禾谷（粟、粱、稷、黍等）、保管火种、擅长原始医药的牛族首领。

（11）神农氏作《易》，曰《连山》、曰《归藏》（现已失传）。

# 四、八卦：八类生态环境因子——中国人首先设立的人类生物生态体系

## （一）八卦的起源：伏犧画八卦

《周易正义·卷首·第二论重卦之人》：“《繫辭》云：‘河出《圖》，洛出《書》，聖人則之。’又《禮緯·含文嘉》曰：‘伏犧德合上下，天應以鳥獸文章，地應以《河圖》《洛書》，伏犧則而象之，乃作八卦。’故孔安國、王肅、姚信等並云：‘伏犧得《河圖》而作《易》。’是則伏犧雖得《河圖》，復須仰觀俯察，以相參正，然後畫卦。伏犧初畫八卦，萬物之象皆在其中。故《繫辭》曰‘八卦成列，象在其中矣’是也。”

## （二）八卦的首义

《周易正义·说卦第九》：

（1）乾（qian）为天。

（2）坤（kun）为地。

（3）震（zhen）为雷。

（4）巽（xun）为风。

（5）坎（kan）为水。

（6）离（li）为火。

（7）艮（gen）为山。

（8）兑（dui）为泽。

八卦的首义是天、地、雷、风、水、火、山、泽。这八种或八类、八个要素、组分、因子、种类是

自然界中人们常见的事物，也是人们生活一日不能离开的事物。笔者特别称之为“生态环境八要素”。这是中国学者首先建立的人类生态体系。那时没有文字，用⚊、⚋做符号建成了八个卦爻代表天地雷风水火山泽，人们天天生活在其中。人不能离开天、地、水、火、风、雷、山、泽而生活，缺一不可。这就是八卦——八个生态环境因子的整体性（完整性）、系统性（统一性）。

### （三）水、泽并列的水环境

按照地质史、地理发展史等，中国长江、黄河、珠江、黑龙江四大水系中下游均有大片沼泽地区，人们生活其旁，特别在夏季，大雨过后，洪水漫游，汪洋滋肆，沼泽遍布，以致河湖沼泽不分，这在黄河中游华山秦陇山区夏季即如此。这一时期在公元前一万年前后，陕西泾、渭二水流域河流与沼泽夏季季节即呈这一态势。伏羲族当时在这一地区活动，天水可能是他们活动的中心，现在的伏羲庙是伏羲族的遗迹之一。天水的含义是夏季雨多、河湖沼泽水盛，这样，伏羲族总结当时当地的主要的、常见的、最多的景物：水、泽，成为八卦中主要八类物体，既有水，又有泽。估计年代为公元前 10 万—前 5000 年以前和现在的生活环境。

八卦中有水、有泽，坎、兑二卦代表水体众多，反映当时当地的实际环境。

八卦是人们生活中、生存中不可缺少的生态环境八要素，“八卦论”是“生态环境八要素论”，也是中国智慧人士首先提出的人类环境的生态体系。这是中国建立的最早的人们认识世界的认识论。也是中国人所提出的道、理、道理。用八个符号连续断开组成。这是中国生态文明的代表作品，中国智慧人民的创历史最高水平的杰作。作为中国最古老的又表现现代科学中最有生气的生态科学：地球人类生活生存环境中最主要的、人类和生物不能离开的物质系统和体系。

## 五、元亨利贞的意义

《易·乾》首列“元、亨、利、贞”，“元、亨、利、贞”是什么意思？孔颖达[正义]：

“元、亨、利、貞者，是乾之四德也。”他明确认为：“元、亨、利、贞”是四个主要类别、四个优良品种类型、四个美好方面。这个见解阐明卦象特性。

孔颖达曰：“《子夏傳》云：‘元，始也；亨，通也；利，和也；貞，正也。’言此卦之德，有純陽之性，自然能以陽氣始生萬物，而得元始，亨通能使物性和諧，各有其利，又能使物堅固、貞正，得終此卦。自然令物有此四種使得其所，故謂之四德。言聖人亦當法此卦而行善道，以長萬物。物得生存而爲元也。又當以嘉美之事會合萬物，令使開通而爲亨也。又當以義協和萬物，使物各得其理而爲利也。又當以貞固幹事，使物各得其正而爲貞也。是以聖人法乾而行此四德，故曰元、亨、利、貞。其委曲條例，備在文言。”

《乾·文言》曰：“元者，善之長也；亨者，嘉之會也；利者，義之和也；貞者，事之幹也。君子體仁足以長人，嘉會足以合禮，利物足以和義，貞固足以幹事。君子行此四德者，故曰‘乾：元、亨、利、貞。’”

孔颖达[疏]曰：“莊氏云：第一節‘元者，善之長’者，謂天之體性，生養萬物，善之大者，莫善施生，元爲施生之宗，故言‘元者，善之長也’。‘亨者，嘉之會’者，嘉，美也，言天能通暢萬物，使物之嘉美會聚，故云‘嘉之會也’。‘利者，義之和’者，言天能利益庶物，使物各得其宜而和同也。‘貞者，事之幹’者，言天能以中正之氣成就萬物，使物皆得幹濟。莊氏之意，以此四句明天之德也，而配四時。元是物始，於時配春；春爲發生，故下句云‘體仁’，仁則春也。亨是通暢萬物，於時配夏，故云‘合禮’，禮則夏也。利爲和義，於時配秋，秋既物成，各合其宜。貞爲事幹，於時配冬，冬既收藏，事皆幹了也。”这一简明注解，基本说明“元、亨、利、贞”的要义。

程颢《程氏易传》：“元、亨、利、貞，謂之四德。元者，万物之始：亨者，万物之長；利者，万物之遂；貞者，万物之成。”

笔者注：元亨利贞是万物（生物和非生物）的生长发育的顺序、秩序。什么是元？元是元始、开头、起头、万事万物的最初阶段，《尔雅·释诂》的开头第一节“初、哉、首、基……”就是元的较好的注脚，元又通原，起原、起源、原本、原始、原来、原貌都可以通元。万事万物的开头、起始、起源；生物的原基、胚胎、胚芽；万物的初生，都可以解释成元。元是一切事物的开始、发生、元始。春季万物萌动发生。

什么是亨？亨通、万事亨通、万物亨通，此亨字过去常用，现在少用。可以同现代常用词生长、发展、通达、发达、通顺等同义或近义。亨是万事万物的发展、通畅。万物夏季发育成长。

什么是利？孔子弟子子夏与唐代孔颖达均释利为和、和谐、协和万物，“使物各得其理而爲利也”，利有和而有理的含义。利也可解释为成长、成熟、长成、“利用”“利益”，如古语《尚书·大禹谟》：“正德，利用，厚生，惟和。”利用，利用厚生：今语：利益，利益均沾，群众利益，个人利益等，皆可说明利字。利是利益、收拢、收获，万物生物秋冬季成熟。

什么是贞？贞是坚固、耐用、成熟、成就、成功，万物冬季老熟坚固，万事发展到了后期而成型，这些都合乎自然规律、社会发展程序。

元、亨、利、贞，卦象卦意的四个方面，代表卦的特性（特征、特点）。乾卦即具备这四个特性，代表万事万物发展的从头至尾的四个类别四个顺序，古代学者称为四德。《乾》卦有此基本内容，这是孔子解释《乾》卦设定的，后来学者所同意的解释。“元亨利贞”是事物的发展过程，生物的发育过程。

## 参考文献

郭郛. 2019.《春秋左氏传》与中国图腾制度. 见：王祖望，冯祚建，黄复生. 中国古代动物学研究. 北京：科学出版社
郭郛. 2019. 对“李约瑟难题”的解释. 见：王祖望，冯祚建，黄复生. 中国古代动物学研究. 北京：科学出版社

# 庄子时代生物进化论的探讨

郭　郛

进化论倡导并兴盛于18世纪中叶，以达尔文《物种起源》一书为代表系统地阐明了物种起源及其演变的进化过程。但是，早在公元前275年左右，即东周战国中期，我国著名的思想家、哲学家和文学家庄子首创了华夏重要的哲学学派——庄学，是继老子之后战国时期道家学派的主要代表人物之一。他提出的生物进化思想，胡适在20世纪初的《中国古代哲学史》（二）中称之为“庄子时代的生物进化论”（胡适，1919）。后来，中国科学史专家权威李约瑟博士也有专文讨论这个问题。以下将围绕物种起源、不同生态环境对于生物进化的影响及生物进化的过程等，探讨那个历史时期庄子的生物进化论

## 一、庄子的生物进化与生态系统

《庄子·至乐篇第十八》生物进化论的再议。

郭象子玄注　或引成玄英疏　陆德明音义

《庄子集解》王先谦著 1909　1　12-114 页

《庄子卷 第六》《二十二子：庄子 卷七 54 页》

笔者输入本篇简体并注解

原本在郭郛等（1999）《中国古代动物学史》一书中，本由李约瑟博士、胡适教授等讨论过，郭郛在编写该书时，未全部解释完成，今再议论，补全补正。文献同1999年《中国古代动物学史》和近年所读到的文献（郭郛等，1999）。

**“種有幾（幾？）”**

[注疏]：變化種數，不可勝計。[音释] 種，章勇反（ZHANG~YONG|ZHONG/CHONG），注同。几，居豈反（JU~QI/JI）。勝，音升。

[成玄英云]：陰陽造物，轉變無窮，論其種類，不可勝計。此言一氣而萬形有變化而無生死也。

[郭郛注]：此种是生物物种的总称，英美人称物种 SPECIES，生物生存于地球上最基本单元。几、几，（机）。

[成玄英疏]：潤氣生物，從無生有，故更相繼續也。几（J ˉ I）（变化几微）。《易·系辞下》：“幾者，動之微，吉之先見者也。”王弼注：“吉凶之彰，始於微兆。”

[孔颖达疏]：“幾，微也。”

[李约瑟注]：GERM。

[郭郛注]：生物原基、生命细微先兆，万物种类皆有细微幼小之基，生物中为胚，植物为孢子、胚芽；动物为胚胎。几是胚、germ。“种有几，”明言万物皆有细微幼小的胚胎期。生物种类有幼小阶段。

种有几（几），大意是生物种类有微小胚胎期。

**“得水則爲𢇍[㡭，𢇁，绝]”**

水，[郭郛注]：水体，洋、海、湖、江、河、溪、水流。水区、水带、水域。

**𢇍**，[释文]：此古絶字。徐音絶，今讀音繼。司馬（彪）本作繼……本或作斷，又作續斷。

“得水則爲**𢇍**”，此古絶字，徐音絶（JUE），今讀音繼（JI），司馬本作繼，云萬物雖有朕兆，得水土氣乃相繼而生也。本或作斷，又作續斷。

胡适释为：“得着水，便成了一种微生物，细如断丝，故名为**𢇍**”。

李约瑟作地衣和绿藻（LICHENS OR ALGAE）。

郭郛注（1999）为水生微生物。

绝、𢇁，郭郛注：小球藻类、单细胞生物。绝、𢇁，“得水则为绝（QUE）”，当是水中小型生物，比“鼃蠙之衣”（绿藻类）要小一些，庄周首举例证水中生物，只有水中小球藻、毛霉、绿霉、硅藻等可为此例。小球藻 *Chlorella,* 全身直径约几微米，球形，绿色，生活于淡水中，单细胞生物，以孢子繁殖，孢子约 1 纳米，在温暖水中能迅速繁殖。做饲料，分布于全国各地。绿藻门，卵孢藻科。得水则为**𢇍**，大意是生物微小种子，像小球藻孢子一类得到水，生活在水环境中，就发育成细微的单细胞生物小球藻这一类。

**“得水土之際則爲鼃蠙之衣”**

得水土之際則爲鼃（户蜗反；郭郛注：鼃，古字体；蛙，今字体，读 WA）；蠙（步田反：徐：扶賢反；郭：夫因反，又音賓字；李：婢軫反；郭郛注：蠙 BIN，蚌字古意古写）之衣。司馬云：言物根在水土際，布在水中，就水上（《列》注誤土）視不見。按（《列》注作鈔）之可得，如張綿（《列》注誤緜）在水中，楚人謂之鼃蠙之衣。成云：青苔也，在水中若張綿，俗謂之蝦蟆衣也。案此言水與土相際而生，非謂水上之物。

胡适释为下等生物，如张绵在水中。

李约瑟作为地衣和绿藻（LICHENS OR ALGAE）。

夏纬英和苟萃华（1980）释㡭为舄、即泽泻（ALISMA PLANTAGO-AQUATICA）。

郭郛等（1999）释为绿藻类。

[郭郛注]：鼃蠙之衣是长线形多细胞绿藻类，绿藻是水生有绿色素的线形多细胞的低等植物，能将 $O_2$ 经日光照射后合成 $CO_2$ 和能量，自身供应自己养分的自养植物，植物体为单细胞、多细胞、细胞群体为线形群体，长 1—100 厘米绿色体。一般构造简单，无根、茎、叶的分化，以孢子繁殖，种子即孢子。孢子长约 1 微米。海产的绿藻类体形较大，如海带，长几十米，供食用。绿藻类是低等生物种类，通称水青苔、水绵、水绿苔。绿藻类生活于水滨，水中。海水中，少数生活于潮湿土壤表面，即水滨沼泽生态区。有时蛙类和蚌类生活在水藻之间或同一栖息地，偶尔可附着蛙、蚌身体上。古人称为绿藻是青蛙（鼃）和河蚌（蠙）的衣服（鼃蠙之衣）。

**水土之际**：郭郛注：水滨、海滨、湖滨、河滨、溪滨、沼泽、湿地。水土交会处，水滨生态系、沼泽生态系、水土生态区。

**鼃**（WA），古写蛙字，青蛙 *Rana*，两栖纲，蛙科，脊椎动物，体长 5—12 厘米。幼体名蝌蚪，在水中觅食，成体绿色灰色，四足，能在水中游泳、陆上跳跃、取食，以昆虫等为食，雄蛙能鸣叫觅偶，交配时雌蛙产卵于体外，雄蛙洒精其上成受精卵，卵 0.5—0.8 毫米，外包胶囊，成串浮于水草上。

**蠙**（BIN），即蚌（BANG），河蚌，无脊椎软体动物，蚌科，在水滨生活觅食，水退闭壳，贝壳两片。无齿蚌 *Anogonta* 或帆蚌 *Hyriopsis* 为常见种类，通称河歪。广泛分布全国。安徽蚌埠是有名蚌产区。

**鼃蠙之衣**：绿藻类，单细胞成线形生长绿色藻类，长 1—5 米或 10 米。随水飘动，行光合作用，广泛分布于全国各地江河湖海水滨。例如，绿毛藻、青苔藻、海带等。

得水土之际，则为鼃蠙之衣，大意为在水滨地带，生活生长水陆两栖动物：蛙、蚌和植物绿藻类（蛙蠙之衣——蛙-蚌的绿色外衣、绿藻、长线形单细胞生物绿毛藻）。

**虾蟆衣**：成玄英云：青苔也。在水中若張綿，俗謂之蝦蟆衣（见上注，郭郛注：成玄英称青苔为虾蟆衣）。案此言水與土相際而生，非謂水上之物，《釋草》：芣苢，马舄；马舄，車前。郭（璞）注：今車前草，大葉長穗，好生道傍，江東呼爲蝦蟆衣（郭郛注：郭璞称车前草为虾蟆衣）。則蝦蟆衣非青苔，亦非如司馬所云也。《釋草》又云：蕍蕮。郭（璞）注：今澤蕮。案即澤瀉也（郭郛注：此处又出现以泽蕮—泽泻为虾蟆衣释文）。

得水土之際則爲鼃蠙之衣。一些学者如司马彪、成玄英、郭象、郭璞（？）、陆德明等将青苔、车前草、泽泻释为虾蟆衣——鼃蠙之衣。

[郭郛注]：依上述一些学者意见，鼃蠙之衣、虾蟆衣是青苔又是高等植物：水生的泽泻和陆生的陵舄，湿生的大车前和湿生陆生的车前。依此看来，水土之际的鼃蠙之衣是生物群落，一群不同种类生物的生长区，随同一环境：水土交会处生活在一带，动物有鼃有蚌，植物有绿藻、青苔、泽泻、陵舄、车前等（郭郛等，1999；李约瑟，1990）。

## 二、《庄子·至乐篇》中“生物进化论”和生态系统的研究

庄子，庄周（公元前 369—前 289）宋国蒙（今河南商丘东北和安徽、河南太和地区）人，当时河南有孟诸湖等，曾游历齐楚，正是黄河、长江中下游平原沼泽地区。生活环境对人们影响至深至巨，对于有见识的庄周，更是启发了他的智慧。

庄周《至乐篇》中所述生态系统大体可分为：

（1）淡（海）水水域区：小球藻、青苔、绿霉、鱼等生活区。

（2）水滨区；浅水潮汐带，水绵、水苔、蛙、蚌、小鱼小虾生活带，青草、茝、荷、菱、藕生活带、红树生活带。

（3）水陆两生区：大车前、泽泻（水生型）、蛙、虾蟆(两栖类)、鱼、虾（水生类)、螃蟹、蚌、螺生活（水陆两栖）带。

（4）湿生区：慈姑、芋头、勃荠、莎草、水稻、泽泻（陆生型)、车前、蛴螬、螺、蚌生活带。

（5）陆生区：人、牛、马、狗、羊、猪，麦、禾、树、花、草，虫、鸟、兽。

（6）溪流湿地区（在陆生区内)：蠓、蚋、蚊、蝇、萤、虫，草、花、树，蛙、鱼、鸟、兽。

（7）平原区：人、畜，草、花、竹、树，鸟、兽、虫、鱼。

（8）草原区：人、虫、鸟、兽、羊、牛、马，草、树。

（9）丘陵区：鸟、兽、虎、豹、牛、马，人、竹林、长绿灌木树林、蕨类植物。

（10）高山林区：松柏、青杄、青宁、青柠、青檩、乔木、灌木、苔藓类。

这 10 个生态区所组成的生态系统代表中国黑龙江、黄河、长江、珠江流域中下游典型生态地貌特征。庄周写明不同生态环境中生长生活不同种类的生物，这是一个非常优秀的生态科学成就，可以说这是中国学术思想中生态科学第三次的杰出成果，第一次是伏羲氏的“生态系统八要素论”的建立，第二次是孔子孔丘提出的“天地人三才论”，第三次就数庄周的“不同生态环境中生活不同种类的生物论”。这是中国学者的智慧结晶。

《至乐篇》中有生物种类“从小至大”“从水至陆”“由简至繁”“由低至高”等等变化，确有生物

进化的变化现象，也是中外学者所乐道的例证。本文既详释本篇是中国生物进化论的学术思想，又从生态科学角度来解释生物种类随环境变化而进化的过程。以此来说明中国生物科学起源较早，中国的生物科学、生物进化论、生态科学、生态进化学的成就是不低的，它们是中国学术思想文明中值得称道的地方。

本文将庄子《至乐篇》中生物生长地区用生态系统加以解释，生物种类再明确现代学名，至如《至乐篇》中生物进化的观点，再加生态系统论的认识，可见中国学者的智慧是不落人后的。

## 参 考 文 献


郭郛, (英)李约瑟, 成庆泰. 1999. 中国古代动物学史. 北京: 科学出版社

胡适. 1919. 庄子时代的生物进化论. 见: 胡适. 中国古代哲学史(二). 上海: 商务印书馆: 109-119

李约瑟. 1990. 中国科学技术史第二卷: 科学思想史. 北京: 科学出版社

夏纬英, 苟萃华. 1980. 评胡适“庄子的生物进化论”.见: 中国科学院自然科学史研究所. 科学史文集四. 上海: 上海科学技术出版社

# 对《山海经·表/序》的研究

郭　郛

清严可均校辑（约1840年）的《全上古三代秦汉三国六朝文·全晋文·郭璞》将该篇名称为《注山海经叙》，与原书标题稍异。本文仍依其旧题。

笔者于1986年初读《山海经》，云山雾罩，又将儿时初看经时妖魔鬼怪钩起，放下后再读，如此者三次，初步认定此经非《封神榜》的祖籍，但又不知就理，等到笔者联系本人生物实验蚕体生物联体PARABIOSIS和国内外参观所得时，方恍然大悟这是中国古代动物图腾技术成果，并封、并逢就是两头猪的前半身体、掏去内脏、干燥前后并缝起来，四头虎、八头虎等也是这样缝制。再联系《左氏春秋传》中鲁昭公与郯子的对话，孔子向郯子的请益，以及近代学者英国人甄克斯所著、中国学者严复所译《社会通诠》（1904年）中所列美洲图腾崇拜事等，方知中国图腾崇拜已有几千年的史实，周代渐衰，秦代中原地带图腾制隐没的趋势。司马迁只在《大宛列传》中提及“《山海經》中怪物，余不敢言也”，可能汉代大宛地区等仍有图腾崇拜之事。

在1992年后方将《诗经》及《山海经》中图腾动物作一初步整理，1998年后才正式整理《山海经》，2002年初稿中本附有刘秀《上·山海经·表》和郭璞《山海经·序》原文，但在校稿时未觉察刘、郭两稿未排上，致有失误，《山海经注证》中缺少刘、郭二篇原表序，非常欠仄。2013年《尔雅注证》印成，稍有闲暇，故于2013年秋季将此二篇输入并加注释，以补我过，以匡前衍。孔子说：过则勿惮改，我已经耽误十年了才改，有点儿迟了。

这里，拟就《上·山海经·表》及《山海经·序》之正文和释译文分别阐述如下，另为方便读者阅读，序号均为笔者“注解”的顺序。

## 一、《上·山海经·表》的注释与译文

### （一）原文

刘秀（1）《上〈山海经〉·表》（2）：侍中（3）、奉車都尉（4）、光禄大夫（5）臣（6）秀（7）領校（8）秘書（9）言：（10）校（11）祕書太常屬（12）臣望（13）所校《山海經》凡三十二篇（14），今定爲一十八篇（15），已定（16）。《山海經》者，出於唐虞之際（17）。昔洪水洋溢（18），漫衍中國（19），民人失據，敧嶇（20）於丘陵，巢於樹木。鯀（21）既無功，而帝堯使禹繼之（22）。禹乘四載（23），隨山刊木（24），定高山大川。益（25）與伯翳（26）主驅禽獸，命山川（27），類草木，别水土；四嶽（28）佐之，以周四方，逮人跡之所希至，及舟輿之所罕到。内别五方之山，外分八方之海，紀其珍寶奇物，異方之所生，水土草木，禽獸昆蟲麟鳳之所止，禎祥之所隱，及四海之外絶域之國，殊類之人。禹别九州（29），任土作貢（30），而益等類物善惡，著《山海經》（31），皆聖賢之遺事，古文之著明者也。其事質明有信。孝武皇帝（32）時，嘗有獻異鳥者，食之百物所不肯食。東方朔（33）見之，言其鳥名，又言其所當食，如朔言。問朔何以知之，即《山海經》所出也。孝宣帝（34）時，擊磻石（35）

於上郡（36），陷得石室（37），其中有反縛盜械人（38）。時臣秀父向（39）爲諫議大夫，言：“此貳負之臣也（40）。”詔問：“何以知之？”亦以《山海經》對，其文曰：“貳負殺窫窳（41），帝乃梏（42）之疏屬之山（43），桎其右足，反縛兩手。”上大驚。朝士由是多奇《山海經》者，文學大儒皆讀學以爲奇，可以考禎祥變怪之物，見遠國異人之謡俗。故《易》曰：“言天下之至賾（44）而不可亂也。”博物（45）之君子，其可不惑焉。臣秀昧死謹上（46）。

## （二）注释

| 序号 | 原文 | 注释 |
|---|---|---|
| 1 | 刘秀 | 刘秀，约公元前50—23年，本经主校者，后因与汉光武帝刘秀同名，故改成刘歆，西汉哲学家、数学家，原字子骏，后改颖叔，西汉经学家刘向之子，与向领校秘书。著有《三统历谱》，主校《山海经》，随父编成《七略》等。 |
| 2 | 《上·山海经·表》 | 《上·山海经·表》亦可标成：上《山海经》表、上《山海经·表》。 |
| 3 | 侍中 | 官名，秦始置，两汉沿用。相当于秘书，侍从于皇帝左右，初仅杂事，后掌文书。南宋时废。 |
| 4 | 奉车都尉 | 官名，汉置，名称初与皇帝驾车出行有关，后泛用，中下级官职。 |
| 5 | 光禄大夫 | 禄本指官吏俸禄、薪金，大夫为皇帝办事的中级官吏，光禄大夫为皇家管理膳食等事的官，汉置，后泛用，沿用很久。 |
| 6 | 臣 | 与君对，受君领导管理，封建社会的职务、基本秩序之一，儒家所称君君臣臣。本文刘秀（歆）自称。 |
| 7 | 秀 | 即刘秀自称，古代不能对君连名带姓全称，只可称[臣秀]，此为一例。 |
| 8 | 領校 | 引领校书、领导校文，动名词，非专有名称。 |
| 9 | 秘書 | 皇帝身边文书，后广泛应用于各个时代。 |
| 10 | 言校 | 参加《山海经》校对，秘书言校，念出文字声音，议论对照文字文稿。 |
| 11 | 校 | 校（jiao）订、校对、校正、校证、校准，校文、校书、校图，对原文稿中相对核查，古称校雠，亦作雠校。改正书稿中错别字、失落字等。 |
| 12 | 太常屬 | 太常，官名，秦置奉常，汉景帝时改称太常。九卿之一，掌宗庙礼仪，兼掌选试，历代沿用，司礼乐祭祀之官。太常属，太常属下的官吏。 |
| 13 | 望 | 丁望，刘歆同僚，参加《山海经》校稿。参看《山海经·海外经·末尾句》。 |
| 14 | 所校《山海經》凡三十二篇 | 凡三十二篇 |
| 15 | 今定爲一十八篇 | 清·毕沅《山海经·新校正·序》中有详细篇名、篇数考正。郭郛本人《山海经注证》（2004年）订成九章四十节。 |
| 16 | 已定 | 刘秀（歆）等定稿。 |
| 17 | 《山海經》者，出於唐虞之際 | 唐虞，唐，古人、古帝、古国、古族名，古代尧帝国名，通称唐尧，祁姓，在今山西翼城西。为陶器制造业祖先，又称陶唐氏。可能陶器是唐尧族的图腾。封地为周成王占领。虞，古人、古帝、古国、古族名，古代虞帝舜，称有虞氏，姚姓，虎图腾族，渔猎农耕族，原住地为山西永济蒲坂（今蒲州镇），后继尧为帝，两帝通称唐虞。 |
| 18 | 洪水洋溢 | 相传尧帝时有九年大水灾害，《史记·五帝本纪·帝尧》：“汤汤洪水，滔天浩浩。”尧命鲧治理九载未成功，舜举禹治水，三过家门而不入，终于治成。《孟子·滕文公下》：“昔者禹抑洪水而天下平。” |
| 19 | 漫衍中國 | 洪水漫淹山西及附近各地。尧舜当时在山西一带活动生活。 |
| 20 | 民人失據，敧嶇 | 山地高地不平，又指处境艰难，《史记·燕召公世家论》：“崎岖强国之间。” |
| 21 | 鯀 | 鲧（gun），古代唐虞时一大氏族，传说为帝颛顼族的一枝，后来大禹帝即其族子。建国于崇（亦称有崇），号崇伯。从鲧字意为捕鱼养蚕缫丝族群。<br>《史记·夏本纪》：“尧听四岳用鲧治水，九年而水不息，功用不成。”“舜……巡狩行视鲧之治水无状，乃殛鲧于羽山以死。”[正义]：“鲧之羽山，化为黄熊，入于羽渊。熊音乃来反（NAI），下三点为三足也。束晳《发蒙记》云：鳖三足为熊。”郭郛注：此为图腾尸。尸包裹成三足形状，好像马来熊，处理后放入苏鲁郯城羽山下羽渊，正是海滨地。 |
| 22 | 帝堯使禹繼之 | 《史记·五帝记·夏本纪》：“尧求能治水者，鲧之治水无状，舜举鲧子禹，而使续鲧之业。”禹是鲧族人，非鲧子。 |

续表

| 序号 | 原文 | 注释 |
|---|---|---|
| 23 | 禹乘四載 | 《夏本纪》:“陆行乘车，水行乘船，泥行乘橇（qiao)，[集解]：裴骃引孟康曰：橇行如箕，擿行泥上。 山行乘檋（nian)。[集解]：骃引曰：檋车以铁如锥头，长半寸，施之履下，以上山不蹉跌也。[正义]：按上山前齿短、后齿长，下山前齿长后齿短也。”车船橇檋是四载，四种交通工具。 |
| 24 | 隨山刊木 | 《夏本纪》:“行山表木。[集解]：裴骃案：表木谓刊木，立为表记。《尚书》作‘随山刊木’。”刊（kan)，植立。 |
| 25 | 益 | 《史记·五帝纪·虞舜》:“舜摄政八年，……天下归舜，而禹、皋陶、……垂、益……”。[正义]：益，伯翳也。即秦、赵之祖。”郭郛注：益是伯益、伯翳，舜时管理山泽，虞官。秦、赵的祖族。鸟图腾族首领。秦姓嬴，本羸、嬴、羸，翳下有羽，保留鸟的特点。《史记·虞舜》:“舜曰：谁能驯予上下草木鸟兽？[集解]：马融曰：上谓原，下谓隰。皆曰益可。于是以益为朕虞。[集解]：马融曰：虞掌山泽之官名。”《夏本纪》:“(禹）令益予众庶稻，可种卑湿……而后举益，任之政十年，……帝禹崩，以天下授益，……益让帝禹之子启，而辟居箕山之阳……启遂即天子之位。”益是尧、舜、禹臣子，佐舜、禹有功。但让天下与禹子启，使公天下成家天下。 |
| 26 | 伯翳 | 据上文，伯翳即伯益。但刘歆列成二名，可能别有所本，因一族多人，一名多用，多名一人，图腾族中是常事。即在现在，一人两名，一名多人使用，已是常事。《秦纪》伯翳写成柏翳。 |
| 27 | 命山川 | 给大山大河起名字。 |
| 28 | 四嶽 | 岳同嶽，四岳，嶽简化为岳。《史记·尧帝纪》:“尧又曰：嗟，四岳。[集解]：郑玄曰：四岳，四时官，主方岳之事。[正义]：嗟叹鸿水，谁能理也。孔安国曰：四岳即上羲和四子也，分掌四岳之诸侯，故称焉。”四岳即四岳，原为尧帝四时官，掌管四时春夏秋冬季节变更之事，兼管所在地方大事，古人居于山岳，故称四岳（岳、嶽)。舜帝也有四岳。后通称四方领导族群、四处镇守高山为四岳。 |
| 29 | 禹别九州 | 《史记·五帝纪·夏本纪》:“禹……以开九州岛：……冀州、(兖）沇州、青州、徐州、扬州、荆州、豫州、梁州、雍州。” |
| 30 | 任土作貢 | 《尚书·禹贡》:“禹别九州岛，随山浚川，任土作贡。”孔安国传：“任其土地所有，定其贡赋之差。”《尚书·禹贡》:“厥贡漆、丝。蔡沈集传：贡者，下献其土所有于上也。”贡，夏代的赋租制度。《孟子·滕文公》:“夏后氏五十而贡。” |
| 31 | 著《山海經》 | 刘秀（歆）认为益是《山海经》作者，但后来许多整理人未肯定益是作者，含混不清，不著姓氏，二十世纪，郭郛在《山海经注证》中列禹、益等为作者，表明是历代前贤的集体著作，以志智慧者的勤奋努力，非一人之力所能完成。 |
| 32 | 孝武皇帝 | 汉武帝刘彻（公元前156—前87)。 |
| 33 | 東方朔 | 东方朔，公元前154—前93，西汉文学家、博物学家，字曼倩。平原厌次（今山东陵县）人。武帝时为大中大夫。 |
| 34 | 孝宣帝 | 汉宣帝刘询（公元前73—前49)。 |
| 35 | 擊磻石 | 磻（pan）石。本石如盘，此处是人名。 |
| 36 | 上郡 | 秦置，今陕北至额尔多斯一带。《史记·项羽本纪》：立董翳为翟王，王上郡。 |
| 37 | 陷得石室 | 天然或人工凿成石洞室，可住人。 |
| 38 | 反縛盜械人 | 在背后缚住手的盗窃器械的人，泛指受缚盗贼。 |
| 39 | 時臣秀父向 | 刘向，约公元前77—前6，西汉哲学家、文学家、目录学家。江苏沛人，字子政。任谏议、光禄大夫，校书天禄阁。著《别录》、《列女传》、《列仙传》等。刘歆的父亲。 |
| 40 | 貳負之臣也 | 贰负之臣，本是《山海经·海内西经》中名称，刘向引为汉代反缚人名称。 |
| 41 | 窫窳 | 窫窳（yayu)，古代图腾时代野蛮氏族。《山海经·北山经》:“少咸之山，有兽焉，其状如牛而赤身，人面马足，名曰窫窳，其音如婴儿，是食人。”“食人”是用人牲祭祀，然后分食。人面赤色牛身马足图腾神主，既养牛又养马的族群。 |
| 42 | 梏 | 梏（gu)，古代木制的手梏。桎梏，桎（zhi)，脚镣，木制脚镣。桎梏，脚镣手梏。《周礼·秋官·掌囚》:“中罪桎梏”。郑玄注：“在手曰梏，在足曰桎。” 郭郛注：周时木制，现代金属制成。 |
| 43 | 疏屬之山 | 山名，现已不知具体名望，在《山海经·海内西经》内。 |

续表

| 序号 | 原文 | 注释 |
|---|---|---|
| 44 | 至赜 | 赜（ze），幽深玄妙。本文作“故《易》曰：‘言天下之至赜而不可乱也。’”<br>据阮元校刻、中华书局影引《十三经注疏》:《易·系辞上》:“圣人有以见天下之赜而拟诸其形容，象其物宜。[疏] 正义曰：圣人有以见天下之赜者，赜谓幽深难见，圣人有其神妙，以能见天下深赜之至理也……”“言天下之至赜而不可恶也。言天下之至动而不可乱也。[疏] 正义曰：谓圣人于天下圣明之理，必重慎明之，不可鄙贱轻恶也……”阮元《校勘记卷七》:“圣人有以见天下之赜。《石经》《岳本》《闽监》《毛本》同。[释文]赜，九家作册，《京（本)》作啧。”“言天下之至赜而不可恶也，言天下之至动而不可乱也。”《石经》《岳本》《闽监》《毛本》同；[释文]恶，荀作亚。言天下之至动而不可乱也，众家本并然。郑本作“至赜”。云赜当作动。九家亦作册。按至动王本亦作至赜。[正义]云：谓天下至赜变动之理。又云：以文势上下言之，宜云‘至动而不可乱也。’云‘宜云至动，则不作赜可知。”<br>郭郛注，至赜可解释为深奥道理，赜为深理、妙理、奥理、妙道。<br>本文全句，各家古本稍有不同，本文仍依刘秀（歆）本。各家本皆据古籍，刘秀本当是古籍之一，不亚于《石经》本。 |
| 45 | 博物 | 通晓许多事物道理。《汉书·楚元王传赞》:“博物洽闻，通达古今。”现代将博物等同于科学，博物学为科学知识，又同于格物学。 |
| 46 | 臣秀昧死謹上 | 昧，冒昧、冒犯；昧死，冒犯死罪；古代臣子上书多用此语，表示敬畏的意思。可见封建奴隶社会上下不平等，民国后废除。汉时盛行此语。 |

## （三）译文大意

侍中、奉车都尉、光禄大夫臣刘秀（歆）主持校正，秘书念文校订，太常属下臣丁望所校正的《山海经》，原为三十二篇，今校准为一十八篇，校定完成。《山海经》这部书，出现于尧帝舜帝时候，过去大洪水泛滥成灾，漫淹中国，老百姓没有了居住之地，在丘陵中处境艰难困苦，有的在树上搭了住房，尧帝使鲧治水，九年无成。又使鲧族子禹治水，禹利用水陆泥山四种行路工具，在经过的每一山立树木表记，定出高山大川的范围，伯益和他的氏族人主要驱赶禽兽，为山川定出名字，给草木分门别类，分别水土性质。四个地方首领帮助，以致周详地调查四方，甚至走访人迹不常到的地方，以及舟车之所达不到的区域。内别五方的山，外分八方的海，纪录奇珍异宝，外地的出产，水情、土质、花草、树木、飞禽、走兽、麒麟、凤凰的栖息地，优良环境不清楚的地方，以及远方境外、不来往的国家，不通音讯的国家。禹分别九州岛，依据土壤建立土地赋税；而益等分类物品善恶优劣，作《山海经》，都是各地智慧人们所传留下的事迹，古代文字写明的文本事儿，其事实明白可以信得过的。孝武皇帝汉武帝刘彻时曾经有献出奇异鸟儿的，用各种食物去喂它，它都不肯取食，东方朔看到了，说出鸟名，又说出这个鸟儿的所食之物，正如东方朔的说法。问东方朔怎么知道的？就是《山海经》上记载的。孝宣帝刘询时，攻击反叛磻石等人于内蒙古鄂尔多斯地区（上郡），攻下后得到一些石头屋穴，屋中有反缚盗贼。当时我的父亲刘向做谏议大夫，说到这是“贰负之臣”。皇帝下来文书问怎么知道的？也将《山海经》对答。经内文章说：“贰负杀窫窳，帝乃梏他在疏属之山，用木制椤子拷住右脚，反缚两手。”皇上大惊。朝中臣子自此多称赞《山海经》这部书，文学儒家都诵读学习以为奇书，可以考证祥瑞怪异的事物，知道远地异方人物的歌谣和风俗。所以《易经·系辞》说：“说明天下的深奥道理，就不会乱了秩序哪。”通晓的智慧人士，他们就不会疑惑了。臣子（刘）秀冒犯死罪恭敬地呈上书稿。

# 二、《山海经·序》的注释与译文

## （一）原文

郭璞《山海经·序》(1)：世之覽《山海經》者，皆以其閎誕迂誇（2），多奇怪俶儻（3）之言，莫不疑焉。嘗試論之曰：莊生（4）有云："人之所知，莫若其所不知。"吾於《山海經》見之矣。夫以宇宙之寥廓，羣生之紛紜，陰陽之煦蒸，萬殊之區分，精氣渾淆，自相濆薄，遊魂靈怪，觸象而構，流形於山川，麗狀於木石者，惡可勝言乎？然則總其所以乖，鼓之於一響；成其所以變，混之於一象。世之所謂異，未知其所以異；世之所謂不異，未知其所以不異。何者？物不自異，待我而後異；異果在我，非物異也。故胡人見布而疑黂，越人見罽（5）而駭毳（6），夫翫所習見而奇所希聞，此人情之常蔽也。今略舉可以明之者：陽火（7）出於冰水（8），陰鼠（9）生於炎山（10），而俗之論者莫之或怪。及談《山海經》所載而咸怪之，是不怪所可怪而怪所不可怪也。不怪所可怪則幾於無怪矣；怪所不可怪則未始有可怪也。夫能然所不可，不可所不可然，則理無不然矣。案（11）《汲郡竹書》（12）及《穆天子傳》（13），穆王西征，見西王母（14），執璧帛之好，獻錦組（15）之屬。穆王享王母於瑤池（16）之上，賦詩往來，辭義可觀。遂襲昆侖之丘，遊軒轅（17）之宫，眺鍾山（18）之嶺，玩帝者之寶，勒石王母之山，紀跡玄圃（19）之上。乃取其嘉木豔草、奇鳥怪獸、玉石珍瑰之器、金膏（20）燭銀（21）之寶，歸而殖養之於中國。穆王駕八駿（22）之乘，右服盜驪（23），左驂騄耳（24），造父爲御（25），犇戎爲右（26），萬里長騖，以周歷四荒，名山大川，靡不登濟：東升大人之堂（27），西燕王母之廬（28），南轢（29）黿鼉之梁（30），北躡（31）積羽之衢（32），窮歡極娛，然後旋歸。按《史記》説穆王得盜驪、騄耳、驊騮之驥，使造父御之，以西巡狩，見西王母，樂而忘歸，亦與《竹書》同。《左傳》曰："穆王欲肆其心，使天下皆有車轍馬跡焉。"《竹書》所載，則是其事也。而譙周（33）之徒，足爲通識瑰儒，而雅不平此。驗之史考（34），以著其妄。司馬遷叙《大宛傳》（35）亦云："自張騫（36）使大夏（37）之後，窮河源（38），惡覩所謂昆侖者乎？至《禹本紀》（39）、《山海經》所有怪物，余不敢言也。"不亦悲乎！若《竹書》不潛出於千載，以作徵於今日者，則《山海經》（40）之言其幾乎廢矣。若乃東方生（41）曉畢方（42）之名，劉子政（43）辨盜械之尸，王頎（44）訪兩面之客（45），海民（46）獲長臂之衣（47），精驗潛效（48），絶代縣符（49）。於戲（50）！羣惑者其可以少寤乎？是故聖皇原化以極變，象物以應怪，鑒無滯賾，曲盡幽情，神焉廋（51）哉！神焉廋哉！

蓋此書跨世七代，歷載三千，雖暫顯於漢，而尋亦寢廢。其山川名號，所在多有舛謬（52），與今不同，師訓莫傳，遂將湮泯（53）。道之所存，俗之所喪，悲夫！余有懼焉。故爲之創傳，疏其壅閡（54），闢其茀蕪（55），領其玄致，標其洞涉（56）。庶幾令逸文不墜於世，奇言不絶於今。夏后之跡（57）靡刊（58）於將來，八荒（59）之事有聞於後裔（60），不亦可乎。夫蘙薈（61）之翔，叵（62）以論垂天之凌（63）；蹏涔（64）之遊，無以知絳虬（65）之騰。鈞天（66）之庭，豈伶人（67）之所躡？無航之津，豈蒼兕（68）之所涉？非天下之至通，難與言《山海》之義矣。嗚呼！達觀博物之客，其鑒之哉。

## （二）注释

| 序号 | 原文 | 注释 |
| --- | --- | --- |
| 1 | 郭璞《山海经·序》 | 郭璞，276—324 年，东晋博物学家、文学家、训诂学家，字景纯，河东闻喜人。精通天文、博物、风水、地学等，晋元帝时为著作佐郎，迁尚书郎，着《尔雅注》《山海经注》《穆天子传注》《方言注》《水经》《江赋》《游仙诗》《三仓》《葬书》等。后为军阀王敦所杀。 |
| 2 | 閎誕迂誇 | 闳（hong），宏大，《楚辞·九叹·远逝》："遂曾闳而迫身。"王逸注："闳，大也。"诞，虚假，《国语·楚语上》："是言诞也。"韦昭注："诞，虚也。"闳诞，大而荒诞。迂（yu），拘束固执，不切实际，《论语·子路》："有是哉，子之迂也。"夸，夸大，《魏书·释老志》："夸诞大言，不本人情。"言过其实。迂夸，大言不当。闳诞迂夸，荒诞大言，大而无当。 |
| 3 | 奇怪俶儻 | 奇怪，奇谈怪论、奇形怪状、奇珍异宝、奇装异服、奇，特别的，不常见的，《史记·商君传》："有奇才。"怪，异常，《论语·述而》："子不语怪、力、乱、神。"奇怪，异常。俶（chu、shu、ti），俶当，豪爽，《论衡·超奇》："非俶当之才不能任也，"同倜（ti）当，洒脱不群，《史记·报任少卿书》："唯倜当非常之人称焉。" |

续表

| 序号 | 原文 | 注释 |
|---|---|---|
| 4 | 莊生 | 庄周，公元前369—前286，即庄子，战国时哲学家，道家。宋国蒙（今河南商丘东北）人，任漆园吏。有《庄子》一书传世。 |
| 5 | 罽（ji） | 细羊毛纺织的布。 |
| 6 | 毳（cui） | 鸟兽的毛，细羊毛，毛织物，毛毡、毛毯。 |
| 7 | 陽火 | 火光焰焰明亮，阳性，故称阳火。与阴火（鬼火、磷火）相对。用阳燧（依太阳取火的凹面镜）取出的火。 |
| 8 | 冰水 | 水在0摄氏度结成冰，透明，能做阳遂用，或冰水是阳遂的别名？ |
| 9 | 陰鼠 | 在地下或隐蔽地方生活的鼠类，古人讹传从火山中走出的鼠。 |
| 10 | 炎山 | 炎山《山海经注证·8大荒经·炎火之山》：“炎火之山在新疆吐鲁番……山体呈现红色，通称火焰山，……《肃州志》作火焰山。《魏书·高昌郡》名赤石山。” |
| 11 | 案 | 同按，本是木竹器，木案，竹案，盛餐具食物，供饮食，做文案台，文件。案语、按语。古用案，今用按。唐刘禹锡《陋室铭》：“无案牍之劳形（神）”。 |
| 12 | 《汲郡竹書》 | 《汲郡竹书》《汲郡周书》《竹书纪年》，晋代汲郡所得古文竹书。《晋书·束皙传》：“太康二年，汲郡人不准盗发魏襄王墓，或言安厘王冢，得竹书数十车。”上海古籍出版社（1996年）《二十二子·17 竹书纪年统笺》等可略见其内容。 |
| 13 | 《穆天子傳》 | 无名氏著，郭璞注，现代人顾实再注。叙述周代穆王姬满（公元前976—前922），到西部昆仑山地区访问虎图腾族头人西王母的事。《山海经》中大量引用。《山海经注证》引用其中部分情节。 |
| 14 | 西王母 | 虎族头人，女性头领，穿着打扮均现女式，可能是走婚式家庭，虎族勇猛威武，群策群力，头领领导有方，异族称为王母，族群放牧游走四方，游居于西方一大族称西王母。虎族以虎为图腾，九头虎开明是其族徽。对炎黄族多有帮助，黄帝时玄女即是此族首领，参见《山海经》《穆天子传》《山海经注证》等。 |
| 15 | 獻錦組 | 锦是染色丝织成的绸缎，组是用丝织成的宽带。 |
| 16 | 瑶池 | 瑶池，高山草地天池。 |
| 17 | 軒轅 | 黄帝轩辕氏，黄帝一族，制造出有篷车的一支族群。 |
| 18 | 鍾山 | 可能是葱岭的古称。或形如钟形的高山峻岭。 |
| 19 | 玄圃 | 高山草甸，山地绿草坪。 |
| 20 | 金膏 | 金粒散聚成不定形状如流液。 |
| 21 | 燭銀 | 烛银，银聚成长条状，类似蜡烛，银烛。 |
| 22 | 八駿 | 《穆天子传》卷一：“天子之骏：赤骥、盗骊、白义、逾轮、山子、渠黄、华骝、绿耳。”郭璞注：八骏，皆因其毛色以为名号耳。”但《拾遗记·周穆王》马名稍有不同。八匹优良名马。 |
| 23 | 右服盗驪 | 古代一乘是一车驾四匹马，居中的两匹叫服。此处周穆王有八匹乘马，是八匹马一起乘，还是四匹马分成先后两批乘马？依右服盗骊，似乎八马一起做驾乘？盗骊作右边中马。盗骊见上注（21），八骏之一。 |
| 24 | 左驂騄耳 | 参同骖，《诗·郑风·太叔于田》：“两骖如舞。”郑玄笺：“在旁曰骖”。绿耳马作左边马。绿耳亦作騄駬，可能马耳有肉瘤、绿色？名见上注（21）。 |
| 25 | 造父爲御 | 造父，《史记·赵世家》：“赵氏之先与秦人共祖（郭郛注：同为鸟图腾伯赵族后人），造父幸于周缪（穆）王，造父取……盗骊、骅骝、绿耳，献之缪王，缪王使造父御。”驾驭左方四匹马。 |
| 26 | 犇戎爲右 | 奔戎，穆王驾车人，驾驭右方四匹马。 |
| 27 | 大人之堂 | 《山海经》所述东方长人（穿木屐、高跷）地区，见《山海经》《山海经注证》等。 |
| 28 | 西燕王母之廬 | 燕同筵，宴请。庐（lu），篷帐、草庐、毛毯围成有盖的活动室，王母见上注（13）。 |
| 29 | 南轢 | 轹（li），车轮碾过。《文选·张衡〈西京赋〉》：“值轮被轹”。 |
| 30 | 鼋鼉之梁 | 周穆王南征徐偃王，行到沼泽地区（大概在江淮盱眙一带），路途难行，取大鼋和水鼍尸作车垫底行车，伤亡惨重，一军尽化，兵士为虫为沙，军官为猿为鹤。参看《穆天子传》《抱朴子》《太平御览卷916》等。《史记·周穆王》无记载。《竹书纪年·周穆王三十七年》：“大起九师，东至于九江，[笺]“按：……亦即是庐山、寻阳之九江也。”架鼋鼍以为梁。[笺]按：《初学记》引《纪年》曰：周穆王至于九江，叱鼋鼍以为梁，郭璞《山海经·序》曰：……《离骚经》曰：麾蛟龙使梁津兮。王逸注：似周穆王之越海，叱鼋鼍以为梁也……则穆王架鼋鼍以为梁，容或有之。郭郛注：穆王和上级军佐大声命令士兵在沼泽地区将大鼋和鼍尸垫路基行车。”“遂伐越至于纡（yu、xu），[笺] 按：穆王伐越，非必 |

续表

| 序号 | 原文 | 注释 |
| --- | --- | --- |
| 30 | 黿鼉之梁 | 是禹后之越，纡当为越之地名。《楚世家》：熊渠伐庸、杨、粤。有本作杨、雩，音吁，地名也，雩即纡矣。”郭郛注：纡，地名。可能在苏皖长江边，养蚕水网地，现失考。 |
| 31 | 躡 | 蹑（nie），轻手轻脚走动叫做蹑手蹑脚。此处作走过。 |
| 32 | 積羽之衢 | 《山海经 · 大荒北经》：“有大泽方千里，群鸟所解”。郭璞注：《穆天子传卷四》曰：“北至广原之野，飞鸟所解其羽，乃于此猎鸟兽，绝群，载羽百车。”郭郛《山海经注证 8.4.12》：“大泽即黄河河套地区，古代河水势盛，沼泽地带范围较大，方圆千里，群鸟春季换羽季节，积羽千里，群飞蔽天……”衢（qu），大路，四通八达的路。 |
| 33 | 譙周 | 谯（qiao）周（201—270 年），三国时蜀汉大臣，字允甫，巴西西充（今四川阆中西南）人，通经学、史学。初任劝学从事，后任光禄大夫。劝蜀主刘禅降魏，封为阳城亭侯，入晋，任骑都尉。著《古史考》，今佚，有辑本。 |
| 34 | 史考 | 即《古史考》，谯周著，晋时流传，今佚，有辑本。见上注（32）。 |
| 35 | 《大宛傳》 | 即《史记 · 大宛列传》的简称。 |
| 36 | 張騫 | ？—114 年，汉武帝时杰出外交家，汉中成固（今陕西城固）人，官至大行，封博望侯。出使大月氏，越过葱岭，亲历大月氏、大宛、康居、大夏、乌孙、安息等地，对中外交流有特别贡献。 |
| 37 | 大夏 | 大夏，郭郛《山海经注证 · 7 海内经 7.4.4 大夏》：据《西域地名》：大夏（Tokhgra，Tochan），《史记》等作大夏，《唐书》等作吐火罗，在葱岭西，今阿富汗之巴尔赫 Balkh。 |
| 38 | 河源 | 河源是新疆塔里木河的上游，葱岭东部河流中较大的是塔里木河，本是夏族、周族活动场所，非黄河河源。但在《史记》等书，将河源混为黄河源头，至元明清方改正过来。 |
| 39 | 《禹本紀》 | 可能是《禹贡》的别称，收入《书经》中，或另有一书，今失传？ |
| 40 | 《山海經》 | 是《山海经》的简称；《山海经注证》等将《山海经》简称为《山经》。 |
| 41 | 東方生 | 东方朔的昵称。 |
| 42 | 曉畢方 | 毕方，鴂鴂——红颈鹤的古名，又是地名、图腾族名，见《山海经》《山海经注证》等。河南鹤壁是其祖源地？ |
| 43 | 劉子政 | 刘向的号，他辨别盗械人的反手被木梼梼住，见上篇刘秀《上山海经表》。 |
| 44 | 辨盜械之尸，王頎 | 王颀，《三国志 三十 · 魏 · 乌丸等传》：“幽州刺史毋丘俭击北沃沮，王颀别遣追讨，尽其东界，问其耆老，海东复有人不？耆老言：国人尝乘船捕鱼，遭风，见吹数十日，东得一岛，上有人，言语不相晓，又说得一布衣，从海中浮出，其身如中国人衣，其两袖长三丈。又得一破船，随波出，在海岸边，有一人，项中复有面，生得之，与语不相通，不食而死。”据《四库全书 · 子部十二 · 异苑卷一》：“河东毋丘俭，字仲恭，尝征沃沮，使王颀穷其东界，耆老云：曾有一破船，随波流出，在海岸边，有一人项中复有面，生得之，与语不相通，不食而死。又得一布衣，丛海中浮出，其身如中国人衣，但两袖顿长三尺。”<br>《异苑》为六朝宋代刘敬叔撰，据《四库 · 异苑 · 提要》：“敬叔彭城人，起家小兵参军，元嘉三年（426 年）为给事黄门郎，义熙十三年（417 年）曾为长沙景王骠骑参军。《宋书》《南史》俱无传。”文中沃沮在东北边地。王颀三见于书：《魏书》《尔雅 · 郭璞〈上山海经序〉》<br>《异苑》，确有其人。毋丘俭即毌丘俭，曹魏大臣。 |
| 45 | 訪兩面之客 | 见上注（43）中两面人。传说中人有两面，不愿示人，常以巾遮掩一面。本传中上下二面，传说中前后二面。 |
| 46 | 海民 | 海滨、海岛居民，见上注（43）。 |
| 47 | 獲長臂之衣 | 长臂之衣　见上注（43）。衣袖特长的衣服。或海中水母的长触手，待考。 |
| 48 | 精驗潛效 | 潜效，潜藏的效应，不表现的效果。 |
| 49 | 絶代縣符 | 县符，县，本悬字，古代多用县、县作悬、悬字。符，符箓，道家所写画符号的长纸条。 |
| 50 | 於戲 | 同于欷、呜乎、乌呼。叹息声。 |

续表

| 序号 | 原文 | 注释 |
|---|---|---|
| 51 | 廋（sou） | 隐藏。《论语·为政》："视其所以，观其所由，察其所安，人焉廋哉！人焉廋哉！" |
| 52 | 舛謬 | 舛（chuan），不顺，王勃《滕王阁序》："命途多舛。" 舛谬，舛误，舛错，差错。 |
| 53 | 湮泯 | 湮（yan），本指水淹没，后泛用。泯（min），水隐蔽，后泛用。 |
| 54 | 壅閡 | 壅（yong），用土阻隔。阂（he），隔断，常与隔连用，隔阂。 |
| 55 | 茀蕪 | 茀（fei、fu），杂草。芜（wu），丛生的草，杜甫《徐步》诗："整履步青芜。" |
| 56 | 洞涉 | 洞（dong），清澈了解。涉，涉足其间。洞涉，了解清楚。 |
| 57 | 夏后之跡 | 夏后之迹，夏后即夏后氏，大禹所建，一家一姓天下，父子相传，姒姓，共传十四代，十七王，时在公元前2070—前1600年，古称夏商周为三代。禹形似龙，夏字形亦似龙，龙图腾立国。 |
| 58 | 靡刊 | 靡（mi），无、不，《诗·大雅·荡》："靡不有初。" 刊，刻。 |
| 59 | 八荒 | 八方，八地，八处，八方荒远的地方。 |
| 60 | 後裔 | 后代。 |
| 61 | 繄薈 | 繄（yi），草茂盛貌，郭璞《江赋》："标之以翠繄。"李善注："繄，草之繄荟也。"草丛。 |
| 62 | 叵 | 叵（po），不可。 |
| 63 | 垂天之凌 | 垂（chui），接近，垂天，接近天的；凌（ling），凌举，高飞，高飞的鸟、云等。《庄子·逍遥游》："鹏其翼若垂天之云。" |
| 64 | 蹏涔 | 涔（cen），积水，涝水，《淮南子·泛论训》："牛蹏之涔。"蹏涔，牛蹄印中积水。 |
| 65 | 虬 | 虬（qiu），古代称龙（鳄）的幼期，《离骚》："驷玉虬以乘鷖兮。"王逸注："有角曰龙，无角曰虬。"幼龙，雌龙。 |
| 66 | 鈞天 | 钧（jun）天，神话中的上天中央，《吕氏春秋·有始览》："天有九野，中央曰钧天。" |
| 67 | 伶人 | 伶人，戏剧演员。 |
| 68 | 兕 | 大兕，印度犀，《左传·宣公二年》："犀、兕尚多。" |

## （三）译文大意

世间阅览《山海经》的人，都因为《山海经》中大而荒诞虚构浮夸，多奇怪异常的话，大家看了，没有一个不奇怪的。庄子庄周讲过："人之所知，莫若其所不知。"（人所知道的，不如他所不知道的）。我在《山海经》中看到了。就是因为宇宙的广阔无边，亿万生物的种类繁多，阴阳的推移，万物的区别，精气混杂，相互涌动接触，几微细小的物质和孢子，彼此接触到而构成形象，留成形状为山岗水体，增大形态附在树木石头上的，哪能用言辞来形容的！总的说来，这些形象为什么这样张扬，鼓动它们于顷刻之间；成功它们为什么这样变化，混同于一类形象。世间上所说的奇怪，不知道为什么奇怪；世间所说的不奇怪，不知道为什么不奇怪。为什么？物本身不自奇怪，因为我而后奇怪，奇怪果然在我，不是物体奇怪。所以北方胡人看到布而疑惑是乱麻——黂（fen），南方越人看到罽而疑惑是毛毯。由于习惯成自然而奇怪于非常见闻，这是人情所受常常被蒙蔽的。现在可以举出例证来让人明白，用水冰（阳遂）在日光下照射得到明火，在新疆吐鲁番红石山（俗称火焰山）看到地下行走的老鼠，而当地普通的居民，并不奇怪；等到谈论《山海经》上记载，大家都奇怪这些事，这就"不奇怪应当奇怪的"而"奇怪那些不应当奇怪"的。不奇怪应当奇怪的，就几乎没有奇怪了；奇怪那些不用奇怪的，那么开始就没有可以奇怪的。大凡能够肯定所不可肯定的，不肯定那些不可肯定的，那么道理上就没有不可肯定的了。按《汲郡竹书》及《穆天子传》：周穆王到西方访问，会见了虎族首领西王母，手里拿着善意友好的玉璧和丝绸，奉献锦绣和宽阔的丝带。西王母宴请周穆王在高山草地天池，对讲有韵文的话语，话语内容和意义非常得体。这样就登临昆仑山岗，游览黄帝轩辕氏的居留地建筑物，眺望钟山的山岭，游玩黄帝的宝物，在王母山区刻石留纪，纪念事迹在高山草甸的上边。收取他们的美好树木、美丽的草、奇异的鸟、怪异的兽、美玉、良石、奇珍、异宝，金膏、银烛的原型，回来繁殖与养育在中国地区。周穆王驾起八匹骏马拉的车子，右部驷马中马是盗骊，左部驷马边马是绿耳，造父为主驭手，奔戎是副驭手，万里长途飞奔，用来周游考察四方。有名的山和大河没有不被考察和登临、渡过的。东面攀登大人—踩跷人的厅堂，西边在王母虎族穹庐里宴会，南边车辗过鼋鼍铺成的路，北边走过鸟羽毛堆满的大道，欢乐达到高潮，然后凯旋。按照《史记》说，穆王得到盗骊、騄耳、骅骝的骏马，使造父驾车，向西方走去，见到西王母，快乐得忘记回来，也同《竹书》所记。《左传》说："穆王要放纵他的想法，使天下皆有他的车马跑到的行迹。"《竹书》所记，就是这些事情。而蜀汉谯周一类人，本人是通儒文士，但带有不相信的眼光，用《古史考》来考证，来表明《穆天子传》是虚假的。司马迁叙述《大宛列传》也说："自从张骞出使大夏（阿富汗巴尔赫）之后，探测到塔里木河源，那还用说所谓的昆仑山地吗？至于《禹本记》《山海经》中所有怪物，我不敢说哪。"不就是可以叹气的嘛！如果不是《竹书》于千年后出世，作为证件于现在今日，那么《山海经》的纪录，就成了废品了。像东方朔所知毕方--赤颈鹤图腾族生活地区的名称，刘向辨认反手木梏人的尸体，王颀访问过两面人，海滨居民看到长臂的衣服，精确地验证深层次的效能，超时代的长符箓，呜呼，啊！啊！大多数受疑惑的人可以清醒了吗？所以贤明的皇帝探明变化源头来认清变化的道理，认明物象形迹来区别怪异，明镜鉴照没有停滞奥妙，弯曲的尽头显露出高明，神秘之处不能隐藏！神秘之处不能隐藏！大概此书跨越七个朝代，经历三千年，虽然暂时显露在汉世，但是一会儿就不引人注意了。书中的山川名称，位置多有错乱误差，与现在地名不同，老师的解释不能传留下来，眼看就要湮没泯灭了。说明道理的书籍是存在的，但不保管好，这是最可怕的事！我很害怕这样的事，所以做了传承创作，疏导其中的壅蔽隔阂的地方，辟除其中的小毛病，领略其中的奥妙和极致，标明其中的深层次涉猎。这样就能使隐匿的文章不会遗失于世，奇妙言论不会绝迹于现代，大禹夏后氏的遗迹，不会失去纪录于将来，八方荒远的事实，将会成为后代的读物，这就是好事嘛。大凡从草丛中飞出的鸟，不可能讨论接近天霄的飞翔；在牛蹄印迹潦水中的游客，没法子知道绛红幼鳄的跳跃；上天中央的广庭，哪里容得初出茅庐演员跳舞；没有航道的河流，不是大印度兕走过的地方；不是天下的特殊人物，很难讨论《山海经》的意义啊。啊呀！融会通达、知识广博的学者，大家都来鉴赏体会啊。

## 三、后　　记

本文全部为《山海经》中《郭璞序》的简译简释。最初 2001 年将笔者《山海经注证》交稿时，本附有《郭璞序》全文，但未有注解。后来校稿时，没能发现《郭璞序》未印上，心中未免怏怏。《郭璞序》及《山海经·注》阐明古代已知的山川人物，并无不实之词、虚诞浮夸之物，偶有一二荒唐事物，如火鼠等，实属多人一论，乃"姑妄言之姑记之"，不可多责。即使现代科学发展如此之盛，人们对"佛仙鬼神"的解释，尚有千家万议，有人坚信有，有人坚信无，何况两千年前学者的知识水平。

2005 年后再将《郭璞序》依原文译成短文，再加一些解释，以补我的失误。此中一些附注，参考到《四库全书》版本，也是不足之处的幸事。

笔者在此再次强调，《山海经》是中国科学、技术、地理、山川、海洋、生物、民族、民俗、社会发展、生态等知识综合全书，不是神话。

# 中国古人对昆虫学发展的贡献

黄复生　刘举鹏　吴燕如

人类在漫长的时间长河里，由蒙昧野蛮向先进文明过渡中，逐步有意识地观察、感受、利用、研究自然界千姿百态的昆虫世界，有益的、有害的、美丽的、丑陋的，慢慢地在生活中对于昆虫产生了种种的心悸、烦恼、疑惑和欣喜。有的常叮咬、传病、扰乱人们的生活，有的乖巧艳丽，令人愉悦，有的则可以直接为人们食用，有的则可为人们提供华丽服饰的原材料和种种配饰。为此古人对于昆虫便有了浓烈的兴趣。在不断的接触过程中，日久天长，慢慢地积累了丰富的知识和经验，有益的要加以利用保护，有害的要设法除治消灭。为此渐渐地有了科学的研究和科学的积淀。这在我国古代尤为突出，且留下无数鲜明的轨迹。在益虫利用、害虫治理和昆虫学各分支学科的发展中作出了巨大的贡献，为世界昆虫学史写下了光辉的一页。

我国古人对于昆虫学发展的贡献是多方面的，本文仅对以下提到的相关问题略以表述。更深入的了解，尚需查考《中华大典·生物学典·动物分典》第二卷的昆虫纲部分，以及其他相关古籍。

我国古人对于益虫的利用与开发莫过于对于家蚕的驯化与研究。我国家蚕利用与研究的时间之早、工作之广、成就之巨大、影响之深远为世人所瞩目。在山西夏县西荫村遗址发现了大约在5600年以前，新石器时代，就已经被人利用后、剩余的、剖开的半个蚕茧。也同样在新石器时代，但比西荫村稍晚一段时间，在浙江湖州钱山漾遗址出土了约在4700年前的绢片、丝线、丝带和纺轮等实物；殷代甲骨文中又出现众多桑、蚕、丝、帛的记录。这一系列的发现不仅反映了我国黄土高原、中原地带与长江三角洲不同地域的先民有着相同的发明创造，而且由于他们观察到自然界一种野蚕的可用之处，进而创造性地将其驯化、家养，使之成为另一个全新的家蚕，为蚕学研究奠定了坚实的基础。随后通过遗传学的研究，劣汰、选优，培育出诸多优良品种和品系,生产出更多、更好、更为华丽、更有柔性的丝织品，供人们享用。这是我国先民的伟大发明创造。到了汉代，又开辟了举世闻名的“丝绸之路”，不仅把丝织品带给世人，而且将家蚕研究结果、培育经验和应用技术传播到世界各地，造福于全人类。这一完整链条清晰地呈现在我们面前。这一链条充分表明了我国各族人民共同努力的结果，为世界昆虫学的发展作出了巨大贡献。

约在公元前800年的周朝，荀子就已经写出了《蚕赋》一文（前文已有阐述），这是世界上第一篇专门关于论述家蚕形态特征、生活习性、生理反应、个体发育的学术论文，也是当今世上昆虫学专论的头一篇。随后，历史上围绕家蚕的养殖、驯化、家养、培育，以及家蚕的生活习性、生长规律、遗传育种等，不同朝代、不同地域、不分民族、不分信仰围绕蚕学研究都有一系列论文和专著，文体多样，著作繁盛，这种现象为世上罕见。这些论文和专著一方面推动了养蚕业的发展，另一方面也加深了对于蚕学基础学科的研究。所以我国古人对于蚕学研究及其成就，充分显示出我民族之魂魄。

晋朝张华深入研究了家蚕的繁殖，他看到一般雌蛾先孕，后与雄蛾交配，随之产子，而子发育为下一代蚕的成虫，蛾。但他又进一步发现了蚕蛾羽化后的雌蛾从未与雄蛾交尾的个体，也能怀孕产卵，这些卵也能孵化为幼虫，幼虫也能正常脱皮生长、成熟吐丝、结茧化蛹、羽化破茧，也发育为下一代蚕蛾。他首先记载了这种现象，后人称之为“昆虫的孤雌生殖”。张华在《博物志》卷四中是这样记载了这种现象：“蠶三化，先孕而後交。不交者亦產子，子後爲繭”。简单词句，首先道出了昆虫孤雌生殖的奇特现象。

对于蜜蜂的驯养之始，可追溯到上古时期。周尧（1988）研究了大量甲骨文“蜂”字和“蜂大集”的卜辞之后，认为“我国养蜂的历史至少在3000年以上。”在新石器时代就已经开始养蜂了。大约2300年前的《山海经》也有类似记载：“平逢之山，……有神焉，……名曰驕蟲。是爲螫蟲，實惟蜂蜜之廬。”说明当时山民养蜂的实况。吴燕如在编写《中华大典·生物学典·动物分典·昆虫纲·膜翅目》中，查阅了诸多古籍后得知，在我国民间不仅早已有人从事养蜂业，将整个蜂群慢慢地、有步骤地由纯野生状态驯化为家养。最初由野生蜜蜂分群开始，以简陋的器具，收集蜂群，悬挂于自家的屋檐房后，待蜂群旺盛时，便开始取蜜，随后进入正式的庭院家养时期，以圆形木桶养蜂更为适宜，从此养蜂器具也随着养蜂业的发展不断地革新、创造。而且她还认为我国在很早时期就已经有了养蜂的教育事业，有专门的机构，教授蜜蜂及蜂群发育的科学知识，转播养蜂的科学技术。晋·黄甫谧《高士传》记载，汉时姜岐“隱居，以畜蜂、豕爲事，教授者滿于天下，營業者三百餘人”。反映在东汉时期，已将野生蜂群过渡到家养状态，并且开展了养蜂学的系统研究，掌握蜜蜂的生活习性和发生规律，因此不仅有专门的教育部门和专业的教授人才，而且“教授者满于天下”。可见教授之广泛，影响之深远，均为世上所罕见。姜岐在我国历史上也成了传授养蜂科学知识的第一人。由于蜜蜂的蜜、蜡及其他蜂产品均为食物中之珍品，可食、可医、可用、可玩。因此养蜂在我国民间有着广泛的基础，并且也得到统治者的支持和重视，加强了我国对于蜜蜂的研究，并促使我国养蜂业的发展与繁荣。

迄今，在古墓中发现的昆虫标本，既有河北藁城台西村商代中期文化遗址的多类昆虫，又有长沙马王堆汉墓中的甲虫标本，这些3000多年以来不经意保存下来的珍贵标本与古籍中大量而系统的记载，为我们对于我国古代食用昆虫、药用昆虫、嬉用昆虫和有害昆虫危害状况留下了无穷的想象空间和研究园地。

对待自然界生灵，古人早就主张保育。《礼记·王制》劝诫：“昆蟲未蟄，不以火田”。古时农耕多以火田。刀耕火种、以火垦荒是当时农事的主要方式，一来可增加土地肥力，二来可消除田间害虫。但是往往由于火田不适时候，不仅烧死了害虫，同时也烧死了更多的生灵，包括控制害虫的天敌昆虫。为此在先秦时期《礼记》中就已经提出了昆虫未蛰不以火田的劝诫，这就是昆虫保育学最早期的记载。随后朝代也有类似记载，宋·卫湜撰《礼记集说》卷二九：“草木零落，然後入山林，昆蟲未蟄，不以火田。”也可以窥测到昆虫保育学在我国古代的延续与发展。

唐·孟郊在《孟东野诗集·咏物》卷九《蜘蛛讽》中指出：“萬類皆有性，各各稟天和”的思想。八条腿蜘蛛的诡诈丑陋与六只足蚕儿的轻柔温顺相差甚远，它们虽然同样具有吐丝的能力，但是它们吐丝的方式与作用却完全不同，蚕丝从口出，蛛丝自腹末而牵动。孟郊以诗的形式叙述自然界生物的种种特性：“萬類皆有性，各各稟天和。蠶身與汝身，汝身何太訛。蠶身不爲己，汝身不爲他。蠶絲爲衣裳，汝絲爲網羅。濟物幾無功，害物日已多。百蟲雖切恨，其將奈爾何？”全文的意思即大千世界万物众生，但各有各的来源，各有各的造化，各有各的禀性；不同的生物类群具有不同的进化途径、不同的形态结构、不同的生活习性和不同的生理反应。各个类群为了自身生活、为了自身繁衍后代，占领一定的生活空间，它们之间虽激烈竞争，然而又和谐相处，共同进化，适者生存，强者向上，不适者为弱者，弱者被淘汰。所以“萬類皆有性，各各稟天和”被写在诗文的开头语，寥寥数字揭示了大自然的一个法则，充分显现了自然界生物间互相竞争与发展的关系。

对于白蚁危害的切肤感受，以及对其生物学特性深入研究，使古人在先秦时期就提出，后来演变为“千里之堤，溃于蚁穴”的警句，这是多么富有哲理的警句啊！白蚁巢穴虽小，也可以使固堤溃烂，千里之堤虽大，常毁于小小的蚁穴。这不仅为后人提出时时警惕白蚁对于堤坝的侵害，而且也提出了人生处事的哲理，切不可因小而失大，事事处处都要从小由细做起，都要认真细心从事。

在生物防除治理害虫方面，古人也早已知晓生物间的相克现象，开创了以虫治虫的新纪元，利用黄猄蚁控制柑橘害虫的猖獗发生，早在晋朝时期嵇含已有详细记载。从黄猄蚁发生多的地方，大量收集黄猄蚁，并成袋包装，然后运往异地，入市叫卖。求购者用以放养异地林园上，消除自家柑橘害虫的发生与危害。这种将甲地的天敌运往乙地，并作为商品，入市叫卖，防除异地害虫，正体现了近代以虫治虫生物防除的原理，也标志着当时生物防治研究的开创时期。

害虫的危害与成灾，给人类造成巨大灾难者，莫过于蝗虫的暴虐发生，过去常因蝗灾的肆虐毁稼，导致人民的饥荒和社会的动荡。为此历代的帝王、官员与百姓非常重视蝗灾的发生动态、危害状况与应对措施。唐朝贞观时期蝗灾暴虐，庄稼遭受严重伤害，统治者本应组织群众、扑打蝗虫、消除灾害、为民求生。但是朝野上下意见不一，有不少人认为这是天灾，是上天对于人间“罪孽”的惩罚，是不可违的。这种错误思想严重影响治理蝗灾工作的开展，形势十分危急。唐太宗认识到蝗灾的严重性，人民无法生活，社会动荡不安，定会直接影响朝廷的根基。但朝野众议纷纷，对于所谓天灾却存在着种种误解。为了挽救严重局势、扭转错误思潮，为了消除朝野害怕触犯上天的疑虑，他不顾个人的安危，自愿代替百姓承受罪过和灾难，他带领朝廷百官入苑察看灾情，并活吞了蝗虫，大大激励了人们治理蝗灾的决心，并取得胜利，使之“不复为灾”，真是一代明君，其言行也成了后世的佳话。

明代徐光启广泛调查蝗虫的发生地，并深入研究蝗虫的发生规律和种群消长的原因，他研究了气候因子、地理条件、生态要素对于蝗虫种群繁衍的深刻影响，指出蝗虫的大量出现，并爆发成灾与“涸泽”密切相关。“涸泽”虽仅仅只是两个字，但其内涵却十分广泛而深刻。所谓“涸”，即干涸的意思，就是失水的现象；所谓“泽”，即沼泽，就是有水的湿地，“涸泽”就是原沼泽地干竭后的荒野地，也就是说原来的湿地枯竭了。由于天气干旱，这些湿地的蓄水不断地蒸发掉了，水域迅速退缩，陆地渐渐扩大，这些新生的陆地土质松软而肥沃，禾草丛生而茂密，是蝗虫发生繁殖良好的孳生地。所以“涸泽”是一种极其复杂的理念，不仅指的是具体地理条件和生态状况的某种空间，而且还进一步表明了这一种地理状态是在一定时期内异常气候条件深刻影响的某段时间。“涸泽”与老天的降雨有关。在气候多雨的年份，雨量充沛，雨水多了，水位提高，淹没滩涂，扩大了沼泽地带，蝗虫的发生地缩小了，随之蝗虫的发生量也减少了，蝗灾自然不会形成；相反，在气候干旱期间，雨水少了，水位下降，“涸泽”滩涂延伸了，蝗虫的发生地则扩大了，蝗虫的发生数量也随之急剧增加，蝗灾便形成了。“涸泽”表明了蝗虫大发生的地点、生境和气候条件，同时涉及昆虫生态学的方方面面。这就是徐光启的“涸泽”与蝗灾密切相关的理论。这个理论为后人改造“涸泽”消除蝗灾提供了理论依据。以上这些学者和他们的论述堪称世界昆虫学史的先驱。

我国古代学者及相关部门非常重视对于蝗灾的记载。明朝徐光启统计“春秋至於戰國，其蝗災書月者一百一十有一”。周尧（1988）“从历史书籍中整理（包括地方志，但不全），从公元前 707 年到 1911 年，共 2618 年中，蝗虫大发生次数 538 次。”邹树文（1982）指出，从公元前 722 年至公元 1908 年，总共 2630 年中，“所列虫灾有六百四十五次，其中蝗灾有四百五十五次，尚没有将《春秋》之螽及后来之蝻计算在内。”此外，统计表中螽 12 次、蝝 10 次、蝻 40 次和螣 3 次，都应该纳入蝗灾之列，它们的综合应为 520 次。吕国强和刘金良（2014）主编《河南蝗虫灾害史・河南省历代蝗灾记载》中，从公元前 624 年周襄王二十八年开始，春秋三传中记有，《左传》曰：“雨螽於宋，隊而死也。”《公羊传》曰：“雨螽者何？死而隊也。何以書？記異也。”《谷梁传》曰：“此何以志？曰災甚也。其甚奈何？茅茨盡矣。”由此记载了河南省第一次蝗灾的发生年及其严重性，一直到清朝末年，即公元 1911 年，《商丘县志》记：“商丘旱，蝗災。”在 2535 年中，记载了 520 次蝗灾。以上不同作者统计了 2600 年左右蝗灾的发生年，其结果是如此的接近，为 520 次左右。这样的结果充分表明了他们统计历史资料的可靠性；另外也表明了蝗虫发生的自然规律，还表明了历史上蝗灾的出现可能与某些自然现象有关，每隔一定时期某种自然现象出现了，便有一次蝗灾的爆发年。因此这些历史文献十分宝贵，具有重要的研究价值和科学意义。

刘举鹏（2017）《中国蝗虫学史》一书对于我国蝗灾的历史记载也进行了详细的统计与分析，从公元前 707 年至公元 1911 年，统计蝗灾有 938 年次。并深入研究历史上蝗虫大发生与地球冷暖之间的互相关联，他深入分析了我国历史上明清时期多年蝗虫大发生的记载和气象变化的相关性，认为蝗虫的大发生与地质史上的冰期有着密切的相关。由此可见，我国古时科学资料的系统积累为近代科学的深入研究提供了广阔天地。

我国古代关于昆虫分类学的成就十分突出，3000 多年以前的《诗经》就已经记载了 20 多个昆虫种类的科学名称，如虫、蛾、蚕、螟、蜂、苍蝇、蟋蟀、蜉蝣等等，这些科学名称且一直沿用至今，有的被用于昆虫纲之下“目”一级的分类阶元，如“蜉蝣目”。《尔雅》为第一部分类学专著，把动物分为五类：“释虫”“释鱼”“释鸟”“释兽”“释畜”，除“释畜”外，每个类群都具有近代分类阶元“纲”一级的分类地位。邹树文(1982)认为：《尔雅》在“释虫”之下，对于某些昆虫类群进行了再分类。以上这些学者、专著、他们的论述和具体的运作堪称世界昆虫学史的先驱。

此外，古时对于“昆虫”与“六足”两个科学名称在不同时期有不同的认识。“昆虫”与“六足”是两个不同的科学名词，两个名词有着不同的科学意义。但二者关系又密不可分，两者都是昆虫分类学的核心问题。“昆虫”指的是自然界独立存在的一个动物类群的总称，后来把这一类群的分类地位被科学地称为“昆虫纲”。而“六足”则是界定这一生物类群最重要的一个特征，也就是说昆虫具有六只足，为此这一生物类群被泛指为“六足虫”“六足动物”。这一六足特征体现了这一生物类群的共同历史渊源和进化途径。为此，我们把“昆虫”与“六足”作为讨论我国古代昆虫分类学发展的起点。

“昆虫”作为生物界一个独立类群的科学名词，在我国很早就已经出现了。《礼记》是我国一部早期的著作，在史前时期就已经完成。汉朝郑玄、唐朝孔颖达予以注疏《礼记注疏》卷二六，有“昆虫”这一科学名词的出现：“土反其宅，水歸其壑，昆蟲毋作，草木歸其澤。(注：此蠟祝辭也。……昆蟲暑生寒死)”。秦汉之前，周朝时期的荀况也提到了“昆虫”一词；唐·杨倞注《荀子》卷六有这样的记载：“昆蟲萬物生其間（注：昆蟲，蚳、蝰[①]、蜩、范之屬也。除大物之外，其間又有昆蟲萬物。鄭云：昆，明也，得陽而出、得陰而藏之蟲也。）可以相食養者，不可勝數也。”以上除了括号内注解之外，其余均为周朝荀况原文，明确提出“昆虫”一词，至于郑云：昆，明也，得阳而出、得阴而藏之虫，只是加以解释。所以我国周朝时期不仅有了“昆虫”这一科学名称，而且指明昆虫这一类群的特点：种类多，数量不可胜数也。以上这些记载应该是对于生物界这一庞大类群最早出现并沿用至今的科学名称——昆虫。

汉·班固撰《汉书》(颜师古注)卷一〇，其中更有昆虫的记载：“君道得，则草木、昆蟲咸得其所。師古曰：昆，衆也。昆蟲言衆蟲也。”又，汉·董仲舒在《春秋繁露》卷一一中说：“陰者，陽之助也。陽者，歲之主也。天下之昆蟲隨陽而出入。”汉·许慎在《说文》中云：“二蟲爲䖵[②]，讀與昆同，謂蟲之總名，兩義並通。”

上文不仅道出昆虫一词，而且指出“昆，众也，昆虫言众虫也”，并明确认为是二虫为䖵，与昆同，为虫之总名。以上所列举的“昆虫”这一科学名词于周朝、汉朝时期之前，在我国就已经广为流传，后相延续，而且在唐、宋、元、明、清各朝又更为广泛沿用（详见《中华大典·生物学典·动物分典·昆虫纲总部》第二册和《中国古代动物名称考》)。“昆虫（insect)”作为昆虫分类学的名词，古希腊亚里士多德（公元前 384—前 322 年)，将动物分为有血动物和无血动物，有血动物又分为有毛胎生四足类、鸟类、鲸类、鱼类、蛇类、卵生四足类，无血动物又分为软体类、甲壳类、有壳类、昆虫类等。在无血动物中有“昆虫”一词。随后在欧洲见于公元 1602 年 Aldrovandi 的《昆虫类动物》(*De Animalibus Insectis*)，1758 年被林奈的《自然系统》(*Systema Naturae*）所采用，并首次建立了昆虫纲 Insecta。由此可见，昆

① 蝰：gé，《唐韵》古盍切。《集韵》谷盍切，并音嗑。《类篇》：蝰蝤，虫名。蛘也。——摘自《康熙字典》(标点整理本）P1066，上海辞书出版社，2007。

② 䖵：kūn，《唐韵》古混切。《韵会》公混切。并音昆。《说文》：虫之总名也。从二虫。凡䖵之类皆从䖵。《长笺》：二虫与二鰥、屾、所、誩同义，有昆弟之象。古人造字有取于象形者，则从二虫同体作䖵。虫、䖵、蟲三部若无可分体者，详略尔。又《韵会》：通昆。《诗》：草木昆虫。师古曰：众也。又郑玄曰：昆虫，明虫也。明虫得阳则生，得阴则藏。《礼·祭统》：昆虫之异。注：温生寒死之虫也。《集韵》：亦作蜫。——摘自《康熙字典》(标点整理本）P1056，上海辞书出版社，2007。

虫这一科学名词在欧洲的流行比古希腊晚了 1800 多年，比中国晚了 2000 多年。所以“昆虫”一词绝不是来自欧洲的科学名词，而是源于中国、源于古希腊。

“六足”是昆虫这一类动物最重要的特征，即动物机体具有六条腿的形态结构。节肢动物进化过程中，其中一个分支某些原始类群的体节发生了急剧变化，这种变化体现在以下两个方面：①通过简约途径，减少体节，减少附肢；②功能高度分化、集中，体现了活动能力的加强和生理效能的提高。某些原始的节肢动物，整个身体仅分为两个部分，头部和体部，现存陆生者如多足类、倍足类等。头部有触感器官和口器，有唇、颚等取食器官，所以头部各节共同组成一个独立的感觉和取食区域，在头部之后体节众多，多者甚至可达数十节，这些头部后的几十个体节总称为体部。体部没有进一步分化，每个体节都有一对或更多相对应的附肢，每个附肢又被分为几个分节。体部各个分节及其附肢，其形态接近，功能相似。这些附肢为足之功能，缓缓爬行之外，也起着支撑整个身体重量的作用，原始的体态及其诸多的附肢显得极其笨拙、低能，由于自身活动能力的低下，因此其活动范围受到很大局限。但是在节足动物门各个类群进化的历程里，所走的道路各不相同，进化的趋势各异，有的类群仍保持原有状态，体躯仅有两个部分，头部和体部，有的则发生了巨大的变化。昆虫一类在进化过程中获得了急剧变化，体分头、胸、腹三个部分，也可称之为头区、胸区和腹区，分别各有其不同的独特功能。在进化历史的长河中，其原始祖先一个分支，在它头部之后的体部发生了巨大而深刻的分化，首先体节急剧减少而收缩，但体节的功能和作用却变得复杂多样，整个体躯分化为头部、胸部和腹部。原始体部的前三个体节变得宽广而粗壮，且十分发达，逐渐演变为真正的胸部，三个胸节分别为前胸、中胸和后胸；这一演变增强了胸部和三对附肢的机能，三对足也变得更加粗壮而有力，专司足的功能，爬行、抱握、跳跃和支撑躯体。三对足分别着生于前胸、中胸和后胸的腹面外侧，每只足又分为基节、转节、腿节、胫节、跗节和端部的爪等等，这么多的关节促使足的功能更加灵活自如。昆虫胸部的形成和高度分化的附肢不仅支撑起整个体躯的重荷，而且成为更加灵活、更加集中而便捷的运动区域；胸部之后强烈收缩其体节通过简约方式，急剧锐减至 12 节或更少，最少者仅数节，原有的附肢也逐步退化、消失。这些简约后的腹节更加集中有力，成为真正的腹部，每个腹节也变得广阔柔软而富有弹性，承担起腹部的应有功能，专门容纳且更有效地保护了神经系统、消化系统、循环系统、呼吸系统、排泄系统和生殖系统等等。所以昆虫的腹部应该称之为生理与生殖区域，简约后的腹部也使整个体躯更加灵活、便捷，更有利于整个身体的活动，也促进其生活空间的扩大。所以腹部生理生殖区域的形成与头部感觉取食区域的形成和胸部运动区域的形成具有同等重要的进化意义，使之更加完美地协调活动、生活和繁殖之机能，又能发挥不同区域的各自之效能，适应于不同的生活空间，开阔其进化途径。因此，昆虫头部体节紧密结合，形成感觉与取食区域，胸部的发达以及运动区域的形成，腹部体节的简约、附肢的退化，形成生理与生殖区域，它们之间虽有不同分工，但又共同协调，紧密结合，更加有效地推动整个机体的运转。所以这种体节高度简约、集中和分化，围绕着不同机能，形成相对应的区域，标志着昆虫这一庞大类群在进化过程中获得了一次巨大的飞跃。

强大的六足不仅支撑起整个体躯，而且善于奔跑跳跃，以便扩大其生存领域。再者有翅昆虫在原有基础上，其中胸、后胸的背侧方再生四翅，更增加其运动能力，进一步发挥胸部运动中心的效能，使活动范围更加扩大，由地面直至伸展到了空间。所以体部的分化，高度的简约、集中，分别出现了头区、胸区和腹区，不仅加强了活动能力，扩大了生活的领域，而且提升了生理效能，增强其生活能力、促进其繁殖机能。凡此种种推动了昆虫这一类群向多方位发展进化，使之成为动物界的一枝独秀，最为繁盛、最为复杂且最为多样的一个类群。

我国古人虽然并不了解昆虫头部、胸部、腹部分化及不同区域的形成和生理效能提高的重要性，也没有明确指出六足四翅对于昆虫系统发育的重要意义，但他们很早就已经把昆虫和六足连在一起，并将六足四翅作为界定昆虫的重要特征。

汉·扬雄撰《輶轩使者绝代语释别国方言》（郭璞注）卷一一明确提及：“六足四翼蟲也。”汉·高诱注、宋·姚宏续注《战国策》:“蜻蛉乎？六足四翼，飛翔乎天地之間。”

关于昆虫六足的记载除上述蜻蜓之外，古人对于蜚蠊、螳螂、竹节虫、蝗类、蠼螋类、甲虫类、蛾类、蝶类和双翅类等各个类群中的相关昆虫，均指出它们共同特征——六足，甚至细微的虱子也被观察到具有六足，并予以记载。许多古籍绘制昆虫的图像，不仅明示六足，而且准确地将六足四翼指明其对应运动区域的恰当位置（见《中华大典·生物学典·动物分典·昆虫纲总部》）。可见古人对于昆虫的六足有着深入的观察与研究，具有共同的认识。

此外，先秦时期的《山海经》一书记载了众多神化动物，其中有一种怪蛇，被称为“肥𧔥[①]”，具有“六足四翼”。这种被神化的怪蛇，为什么要安上昆虫的特征？不能不令人产生种种疑问。蛇何以有足？蛇又何以有翼？为何又专指“六足四翼”？这岂不怪哉！深究古人思维，这明明是一种以“六足四翼”动物为模本而神化的蛇。纵观整个动物界，唯昆虫纲中有翅昆虫具有“六足四翼”的昆虫。古人把有翅昆虫最重要的形态特征“六足四翼”巧妙地安放在蛇的背腹，神奇般地塑造了具有“六足四翼”的图腾动物——“肥𧔥”。晋朝张华也记载了这种图腾动物与天灾大旱的关系，他在《博物志》卷三写道：“華山有蛇，名肥𧔥，六足四翼，見則天下大旱”。

更值得关注的一点，《尔雅》曾道：“蟒，蛇最大者。”又将“蟒”称为“蝗”。郭璞注《方言》道：“蟒，即蝗也”。看来这里的蝗、蟒与蛇，左偏旁均以虫开笔，古人也常称蛇为虫，或称为长虫等，并且与蝗、与《诗经》中的螽斯联系在一起，后人也称螽斯为蝗属，蝗即飞蝗，具有六足四翼，飞蝗更具有强大的繁殖力和生命力，多在干旱年份大量发生，迁飞时成群结队、遮天蔽日，落地后暴食苇草、赤地千里。古人用这样具有强大生命力昆虫的六足四翼安放在蟒蛇身上，使之成为无敌于天下的精神形象——图腾动物“肥𧔥”，用以驱赶妖魔、克制人间灾难的发生，是符合当时古人的心理状态的。

由此可见，古人对于六足动物观察之细微、研究之深入、联想之广泛、寓意之科学。充分意识到六足对于昆虫一类的普遍意义和历史渊源。这些观念和论述在千百年之后，才被后人所理解、所重视，用于研究节肢动物的系统发育，并命名昆虫为“六足动物”。

综上所述，“昆虫”“六足”“六足四翼”等作为昆虫分类学的名词在我国早已出现，已经把昆虫和六足连在一体，那时已把昆虫一词作为虫的总称，用以囊括虫的同类，并以六足予以界定。这些观念已经萌发出“昆虫纲”“六足动物”的分类阶元及其进化渊源的思想。进而深入研究了昆虫形态上种种的分歧，展示这一大类之下种种分支类群的形态结构与生活习性。

汉·郑玄注《周礼·考工记》:“外骨、内骨，卻行、仄行、連行、紆行，以脰鳴者、以注鳴者、以旁鳴者、以翼鳴者、以股鳴者、以胷鳴者，謂之小蟲之屬。”很明显这些记载充分揭示了昆虫形态结构与行为习性的密切相关，明确地表明了不同类群有不同的形态结构、不同的活动方式和不同的联系鸣声等等。它们之间虽有千差万别，但它们又同属小虫之属。不能不认为这就是朴素的昆虫系统学的体现。外骨、内骨，却行、仄行、连行、纡行，显示不同类群的不同形态构造和不同的行为举止。以脰鸣者、以注鸣者、以旁鸣者、以翼鸣者、以股鸣者、以胸鸣者，表明了不同类群在身体的不同部位发出不同频率的鸣声，与各自族群传递信息。体现了不同族群各有各的起源祖先，各有各的进化历程和各有各的形态结构与鸣声。但它们又同属于昆虫这一庞大的族群之中。朴实的形态、功能和习性研究与叙述，表达了昆虫分类与系统的历史渊源。

“类族辨物”的分类思想在先秦《易·同人》就已明确。古时常听说：“物以类聚”，类以群分，显示出人们对于客观事物具有分类的思想和方法。宋·胡瑗在《周易口义》中进一步阐明昆虫分类学的基本概念和实际意义，“類其族，辨其物，族即族黨也，物即物性也，言其分别族黨，使各以其類，明辨其物性，使各得其所。”又道：“萬品之物，亦各以其群類而爲黨也。至如，飛者則以飛者爲群，走者則以走

① 𧔥：wéi，《唐韵》以追切。《集韵》《正韵》先彫切。并音惟。肥𧔥，蛇名。《山海经》：太华之山有蛇焉，名曰肥𧔥。六足四翼，见则天下大旱。郭注：汤时此蛇见于阳山下。——摘自《康熙字典》（标点整理本）P1077，上海辞书出版社，2007。

者爲群。以至昆蟲草木……之物，各從其群，各從其分也”。为了解昆虫这一繁杂类群之本性，探索其历史渊源，必须进行类上归类和类下分类，明辨其物性，使各得其所，分别其族党，使各以其类。至于走者与飞者，也许是现今六足动物中，有翅虫类和无翅虫类两大类群最早期，最原始的分类雏形。虽然这些认识并不能完全体现近代昆虫分类学全部内容，也不能显示近代六足动物的阶元认定及其互相关系。但是这些认识表明了古人对于昆虫分类学目的、意义和方法的超前观念。并且以“走者”与“飞者”，概括六足动物的两大类别和族群；认为“走者”与“走者”，“飞者”与“飞者”系属同族，应分别相聚为群；而“走者”与“飞者”则属异族；“它们”与“它们”不属于同一个群类；由于来源不同，系统不一，非属同一个“物性”，不能归集成一群。故而，“走者”与“飞者”应分别归类，各归各的群类，各归各的系统，使物性归一，自成系统。古人就是以这样的朴实观念，表明六足动物的系统关系。为此，我们在《中华大典·生物学典·动物分典·昆虫纲总部》的“总论部”内，仍以传统的“无翅昆虫类”和“有翅昆虫类”的分类系统与“走者”和“飞者”相对应，表明古人对于六足动物系统关系的理解。

对于昆虫的描述早已见于甲骨文与金文，正式文字的记载至少可以追溯到先秦时期，《诗经》中就记载了20多种昆虫名称。西汉初成书的《尔雅》首先将“虫”作为动物分类中的一个群体，并以“释虫”归类所属动物，其中大部分提及的动物现今仍属昆虫。东汉《说文解字》，诠释昆虫名称超过30种。明代《本草纲目》不仅全面系统地综述中国药用昆虫的种类及其应用价值，并且把错综复杂、形态多样的昆虫物种归为卵生类、化生类和湿生类三类。晚清方旭《虫荟》一书，更明确了昆虫一类的近代含义，不但再一次明确了“昆虫”用于六足动物分类地位，而且汇集了160多个昆虫物种的名称，且生动地描述了相关昆虫的形态特征和生活习性，为现代昆虫学奠定基础。经过历代不断扩充增补，我国古人所记载昆虫的种类、形态、习性、分布等已涉及六足动物的各个分类阶元，有27目171科332属300余种。见《中华大典·生物典·动物分典》。

清代，结合蚕事的发展，明确提出“解剖论”“生理论”“病理论”等昆虫学各个分支学科的近代概念和丰富内涵，并指出深入研究这些基础学科对于实际工作的重要意义。光绪年间出版的一批动物学专著，不仅引用显微技术，明确指出：昆虫为“裹節蟲類動物，率有首、胸、腹三段體，足有三對。呼吸俱賴氣管，無行血、回血之脈管。初生不久，率皆有脱殼變化，且俱生翅。無脊之諸動物内，惟裹節物飛行”。而且详细介绍了昆虫的内外形态结构、解剖生理和生活习性，还附有代表昆虫的精确绘图，进一步明确了昆虫的基本特征和昆虫学基础学科的主要内容。

此外，在昆虫生物学等方面，古人也有不少研究和记载。古时《诗经·小雅》曾提及“螟蛉有子，蜾蠃負之”，《尔雅》也有类似的记载。这是自然现象的客观记载，只是说螟蛉的幼虫被裸蠃背走了，没有其他含义。而后来长时间被误认为蜾蠃背走的螟蛉幼虫，目的在于将螟蛉的幼虫变为自己的后代。周尧（1988）在《螟蛉裸蠃问题的争论》中指出：“螟蛉有子，裸蠃负之”这一段自然现象的记载。但扬雄在他的《法言》（第1世纪）里却牵强附会而为“螟蛉之子，殪（死）而逢蜾蠃，祝之曰：類我，類我。久則肖（像）之矣。”错误地认为裸蠃之子直接由螟蛉之子转化而生，这种思想对于后来学者影响颇深。三国吴·陆玑撰《毛诗草木鸟兽虫鱼疏·螟蛉有子》：“螟蛉者，桑上小青蟲也，似步屈。其色青而細小，或在草葉上。蜾蠃，土蜂也，一名蒲盧，似蜂而小腰，故許慎云細腰也。取桑蟲，負之於木空中，或書簡、筆筒中，七日而化爲其子。里語曰：咒云象我象我。”晋·张华《博物志》卷四也有类似记载：“細腰，無雌，蜂類也。無雌，則負别蟲於空木中，七日而化，蓋取桑蠶，即阜螽子，咒而成子。《詩》云‘螟蛉有子，蜾蠃負之’，是也。”很长时间，一直误认为蜾蠃后代直接由螟蛉“化生”而来，以此正名“化生论”的正确性。这种错误的观点前后延续了两千年，很少异议。长期来“化生论”扰乱了人们的正常生活，严重地影响了人们的正确认识，也影响了社会的发展与进步。

但是到了南朝梁·陶弘景（公元508年）对此却表示怀疑，他反复观察了这种现象，仔细研究了它们之间的关系，指出：“蠮螉，此類甚多。雖名土蜂，不就土中爲窟，謂摙土作房爾。今一種蜂，黑色，腰甚細，銜泥於人屋及器物邊，作房如並竹管者是也。其生子如粟米，大置中，乃捕取草上青蜘蛛十餘枚，滿中仍塞口，以擬其子大爲糧也。其一種入蘆竹管中者，亦取草上青蟲，一名蜾蠃。詩云：'螟蛉有子，蜾蠃負之。'言細腰物無雌，皆取青蟲教祝，便變爲己子，斯爲謬矣。"早在1500多年之前，陶弘景就已经以实验的思维和途径，不断地观察与研究，揭示了《诗经》中"螟蛉有子，蜾蠃負之"，自然现象的真实含义，科学地表述了一个昆虫学研究一项内容——寄生。所以，裸蠃不仅有雌有雄，而且也能交配产卵。它们以螟蛉为猎物，并将其刺伤麻醉后，置于巢内。蜾蠃雌虫产卵其中，数日后，待蜾蠃幼虫从卵中孵出后，便以螟蛉为食，借此发育出新的一代，羽化后的蜾蠃成虫便飞出巢穴。以此纠正了"化生论"说的错误生命观，也彻底地摧毁了"化生论"的影响。由此可见古人为了真理、为了科学，反对歪理、反对邪说，对于自然现象进行了艰苦而深入地观察与研究，解决了人们长期以来的困惑与误解，进而人们对于客观世界的认识又提高了一大步。

《尔雅》是一部我国古代百科全书，当然也包括了"生物学"这一门基础学科，以"动物分类学"为例其中记载了许多当时已经知道的动物种类，但如果用现在动物的名称、学名和分类系统来审定《尔雅》，其中相同的名称甚少，也根本没有提到动物分类学这个学科的名称。而且《尔雅》记载了许多动物名称十分怪异，文字古僻，词义难懂，为此后人对于《尔雅》的注疏、注证有时不得不注以"未详"两个字。随着时间的推移，时代的进步、人们认识的提高，一些"未详"经考证，逐步得以辨明、确认。因此以现代动物分类学的名称和系统来审定《尔雅》就显得格格不入了。但是2000多年前的《尔雅》对于动物界种类进行了系统的描述与记载，并且根据形态特征、生活习性、活动环境及与人类的关系等等，把整个动物界归为五大类："释虫" "释鱼""释鸟""释兽""释畜"。"释虫"除了多数昆虫外，还包括了陆生的无脊椎动物和其他；"释鱼"除了多数鱼类外，还包括了某些水生的节肢动物和软体动物等等，凡此种种说明了《尔雅》的动物分类与现时相比确实存在某些差别。但是"尔雅"的释虫、释鱼、释鸟、释兽、释畜第一次分别记载了形形色色的动物种类，更难能可贵的是，将这些杂乱无章、千奇百态的动物种类一一归类，除释畜之外，其余各类都体现了异类相斥、同类相归的思想，含有现代系统分类学的因素。《尔雅》的动物分类比古希腊亚里士多德的动物分类早了数百年。所以《尔雅》体现了我国古代动物分类学的研究与成就。邹树文（1982）研究认为，《尔雅》对于许多类昆虫有再分类的记载，他说："《尔雅》昆虫分类的残余"，如蝉类、蝗类、蚁类、蜂类和蛾类等，在各类之下又有具体的昆虫物种的名称。《尔雅》开创了动物分类学的先河。

《中华大典·生物学典·动物分典》的编纂，历时九年。在此期间，收集不少我国古籍有关昆虫学的文献。经考证，以昆虫分类学为基础，分门别类，将相关文献，或以题解、论说、综述、杂录、艺文，或图表等形式，编入各个不同的分类阶元。但是编纂者不得附以任何个人的说明和意见。为此以上述短文表述我国古代昆虫学的某些成就。由于时间跨度很长，上下数千年，涵盖的内容又分散在不同朝代、不同作者和不同古籍之中，内容十分丰富而广泛，类群又相互交错而重叠，难以一一叙述，仅以上述几个要点表明对于我国古代昆虫学发展的认识，因水平所限，定有错误，请批评纠正。

## 参考文献

黄复生, 刘举鹏, 吴燕如. 2015. 昆虫纲总部. 见: 王祖望, 黄复生, 冯祚建. 中华大典·生物学典·动物分典(第二册). 昆明: 云南教育出版社

林奈. 1758. 自然系统. 第10版

刘举鹏. 2017. 中国蝗虫学史. 昆明: 云南教育出版社

吕国强, 刘金良. 2014. 河南蝗虫灾害史. 郑州: 河南科学技术出版社

周尧. 1988. 中国昆虫学史. 西安: 天则出版社

邹树文. 1982. 中国昆虫学史. 北京: 科学出版社

# 《论衡》论蝗虫

刘举鹏　陈永林

《论衡》为东汉初王充（公元27—97年）所著。王充字仲任，浙江上虞人。30岁后，辞小吏家居，潜心著述《论衡》等专著。他继承了朴素唯物主义思想，是中国历史上一位伟大的哲学家。乾隆皇帝也认为他是一位识博言辩之士，但又被斥为背经离道之人。他所著的《论衡》对各学科几乎均有影响，对蝗虫学这一学科也有着独到的见解，在汉朝对蝗虫就已经从多方面进行论述，在蝗虫学史上也仅有此家。在《论衡》中，涉及蝗虫的篇章有：《感虚篇》《状留篇》《顺鼓篇》《商虫篇》。下将《论衡》对蝗虫学的贡献分述如下。

《论衡》所论述的蝗虫是何种蝗虫呢？《感虚篇》曰："蓋時蝗自過，不謂賢人界不入。"《状留篇》曰："蝗蟲之飛，能至萬里。"由此可以看出，上述蝗虫应为迁飞性的蝗虫，在汉时的疆域内，迁飞性的蝗虫只有飞蝗。在《顺鼓篇》中，记述了蝗虫"所集之地，穀草枯索""杷蝗積聚以千斛數"。在《商虫篇》中，记述了"蝗時至，蔽天如雨，集地食物，不擇穀草。"上述这种现象应为飞蝗所为。《论衡》作者王充活动范围均在浙江北部、江苏、安徽一带。此区域内的飞蝗应为亚洲飞蝗 *Locusta migratoria migratoria*，而非东亚飞蝗 *Locusta migratoria manilensis*。我们的初步研究结果与康乐等学者的意见基本一致。

《论衡》卷五《感虚篇》对当时的"感化""天儆"的观念进行了有理有据的批判："世稱南陽卓公爲緱氏令，蝗不入界。蓋以賢明至誠，災蟲不入其縣也。此又虛也。夫賢明至誠之化，通於同類，能相知心，然後慕服。蝗蟲，閩虻之類也。何知何見，而能知卓公之化？使賢者處深野之中，閩虻能不入其舍乎？閩虻不能避賢者之舍，蝗蟲何能不入卓公之縣？如謂蝗蟲變，與閩虻異，夫寒温，亦災變也，使一郡皆寒，賢者長一縣，一縣之界能獨温乎？夫寒温不能避賢者之縣，蝗蟲何能不入卓公之界？夫如是，蝗蟲適不入界，卓公賢名稱於世，世則謂之能卻蝗蟲矣。何以驗之？夫蝗之集於野，非能普博盡蔽地也，往往積聚多少有處。非所積之地，則盜跖所居；所少之野，則伯夷所處也。集過有多少，不能盡蔽覆也。夫集地有多少，則其過縣有留去矣。多少不可以驗善惡，有無安可以明賢不肖也？蓋時蝗自過，不謂賢人不入明矣。"分析在理，但所起作用不大。以后的历史，将蝗不入界，仍作为清官的标志。可见"感化""天儆"观念之根深蒂固。

《感虚篇》所提出的"蝗之集於野，非能普博盡蔽地也，往往積聚多少有處。"应是蝗虫分布的理论基础，亚洲飞蝗蝗区划分的指导思想。

《论衡》对亚洲飞蝗的发生规律的研究也是有所贡献的。《论衡》在卷十六《商虫篇》中指出："蟲之生也，必依温濕。温濕之氣，常在春夏。秋冬之氣，寒而乾燥，蟲未曾生。"此段论述，不仅指明蝗虫的生存必依湿温，而且也表明了多数昆虫生存的生态条件，需要一定的温度和湿度。

王充在《论衡》卷一六《商虫篇》中，以飞蝗不同类型的体色变化讽刺不轨之徒，把贪官污吏说成是"變復之家，謂蟲食穀者，部吏所致也。貪則侵漁，故蟲食穀。"他认为贪官污吏就是和虫食谷一样，身居部吏，侵占国家和人民的利益，就像危害庄稼的朝廷蛀虫。接着，他详细描绘了蝗虫群居型体色反差变化，用以痛击在朝的文武贪官，把他们比作害人的集群蝗虫，“身黑頭赤，則謂武官，頭黑身赤，則謂文官，使加罰於蟲所象類之吏，則蟲滅息不復見矣。”说的是，虫灾灭后，蝗虫的体色不见了，可食那些贪官污吏还在，仍是头赤、头黑，甚至体色有着更加复杂的变化，像蝗虫食谷一样，仍在侵吞国家财产，刮取民脂民膏，上下里外互相串通，变本加厉，却没有受到应有的惩罚。王充通过飞蝗体色不同类型的描述，予以严厉痛斥，再一次说：“夫頭赤則謂武吏，頭黑則謂文吏所致也。時或頭赤身白，頭黑身黄，或頭身皆黄，或頭身皆青，或皆白若魚肉之蟲，應何官吏？時或白布豪民、猾吏被刑乞貸者，威勝於官，取多於吏，其蟲形象何如壯哉？蟲之滅也，皆因風雨。案蟲滅之時，則吏未必伏罰也。陸田之中時有鼠，水田之中時有魚蝦蟹之類，皆爲穀害。或時希出而暫爲害，或常有而爲災，等類衆多，應何官吏？魯宣公履畝而税，應時而有蝝生者，或言若蝗。蝗時至，蔽天如雨，集地食物，不擇穀草。察其頭身，象類何吏？變復之家，謂蝗何應？建武三十一年，蝗起太山郡，西南過陳留、河南，遂入夷狄。所集鄉縣，以千百數，當時鄉縣之吏，未皆履畝。蝗食穀草，連日老極，或蜚徒去，或止枯死，當時鄉縣之吏未必皆伏罪也。”王充痛斥官场上贪官污吏中，详细地记载了种种体色，这些体色的分歧正体现了飞蝗两个不同类型，即散居型和群居型。王充在这些体色变化的飞蝗中，看到了群居型的亚洲飞蝗的种种特性，并指出群居型飞蝗的生活习性。本文曰：“蝗時至，蔽天如雨，集地食物，不擇穀草。察其頭身……。”作者在此处，让读者看到群居型的亚洲飞蝗的体色及其遮天蔽日，残食草谷的可怕习性，用以指责当政的贪官污吏。再次无意间记载了飞蝗不同“型”，为后人深入研究飞蝗群居型、散居型提供了理论依据。

《论衡》不仅在蝗虫学的一些理论问题有所贡献，而且对防治蝗虫的一些方法也有所突破。王充在《顺鼓篇》中首选提出了挖沟灭蝗的方法：“蝗蟲時至，或飛或集，所集之地，穀草枯索。吏卒部民，塹道作埳，榜驅内於塹埳，杷蝗積聚以千斛數。正攻蝗之身，蝗猶不止。”此法在治蝗中起了十分重要的作用，以后各朝代特别是清朝的各种挖沟治蝗的方法，大都是在此基础上加以改进而成的。此法也为一些治蝗专书的撰写奠定了一些基础。

## 参考文献

尤其儆，陈永林，马世骏. 1954. 散居型亚洲飞蝗 *Locusta migratoria manilensis* Meyen 迁移习性初步观察. 昆虫学报, 4(1): 1-10
Waloff ZV. 1940. The distributions and migrations of *Locusta* in Europe. Bull Entomol Res, 31(3): 211-246

# 《尔雅》是中国科学技术的祖籍

郭　郛

## 一、关于《尔雅音图》的一些问题

### （一）《尔雅》的作者

《尔雅》的作者，笔者在《尔雅注证》中已有简明的讨论，特别是前三篇，当以古代周公姬旦、孔子孔丘、孔门弟子子夏等为第一作者，在此不多纠缠。

### （二）《尔雅音》

《尔雅音》的作者很多，自《隋书》《唐书》所引孙炎、沈旋、郭璞诸家，皆以正确音韵为任，摘自《康熙字典》收罗《尔雅》中字音，囊括了清以前[字书]中各家注音。直至清末民初，如王国维先生，均努力不懈。新中国成立后，以拉丁文为注音符号，均以古籍《十三经》中字为对象，近代辞典中如《辞源》《辞海》《汉语大词典》等，几乎囊括了《尔雅》中字辞的注音符号。所以笔者在《尔雅注证》中以上述诸字典中注出的音符为标准音注，疑难字均一一注出，后来商务印书馆编辑陈洁同志又对每一注音加上音标，使读者更得实惠。笔者知道后，请她在书稿中加上她的名字、笔者的致谢，她比较谦虚，不肯加写，笔者只能在此短文中补上致谢了。所以《尔雅音》是历代作者们的成果。这一难题是经历从晋代到现代1700年才解决的。

### （三）《尔雅图》

自从郭璞写成《尔雅传》后，即有《尔雅音图》出现，《晋书·郭璞传》已提及《尔雅音图》，笔者的岳父——浙江大学教育史郑晓沧教授应英国剑桥大学、中国科学史权威李约瑟教授之介，用英文写了中国书籍插图史，内中特别推崇郭璞《尔雅音图》，为中国书籍插图史优秀优先佳作，送捷克斯洛伐克《东方杂志》1959年发表。可见郭璞《尔雅音图》的学术地位，素为学林推崇。郑公论文即本文主要依据。

考《晋书》是唐人所写，史书材料来自晋、宋、齐、梁、陈、隋等数代。《晋书》中即有郭璞《尔雅音图》出现，由于笔者未能找到《尔雅音图》原文，只是在后来书籍中探索。原图是郭璞所绘？还有其他作者？郑公提及《隋书·经籍志》《尔雅音图》作者是郭璞、江灌（江瓘），笔者用的《二十五史》（上海古籍版）是江灌，可能其他版本有江瓘名字出现，灌、瓘字形似唯偏旁“氵”与“王”稍有不同。可知隋代《尔雅音图》即有作者郭璞、江灌（瓘）名字。郭璞作传时是否收藏当代人士手绘的图形？还是郭璞自作画稿？

考郭璞另一大作《山海经·注（传）》，经学者考证，如清代毕沅等，梁代大画家张僧繇曾为《山海经》作图，故《山海经图》有郭璞和张僧繇的大作，列代《山海经》中均附原图，朴实无华，风格散淡，笔者注证《山海经》时全部引用全图，也曾引用其他学者的图，如清代学者陈梦雷、蒋廷锡《古今图书集成》的图，因蒋是名画家，画图逼真，笔者引用几幅图，目的是以求完美。《山海经图》是郭璞、张僧繇等大作，《尔雅图》中是否有张僧繇的作品？

考《尔雅图赞》《山海经图赞》均见于晋代《郭璞传》中，两赞均与图名相连，可知原本是图与赞合在一起。赞肯定为郭璞所作，图是郭璞原作？或有其他画家参加？可惜自宋代时《图赞》即与《尔雅》《山海经》分开，如宋·邢昺《尔雅疏》未提及《尔雅图赞》，是否只有一份《尔雅图》，供皇帝阅览？复份流传世间？为什么这样想？宋代邢昺与画家舒雅等共同完成《尔雅疏》，舒雅的画在当代尤为特殊，此公列名注者，当发挥所长，以前代郭璞等《尔雅图》为原稿，画出《尔雅图》稿几份流传于世，元明清所见《尔雅图》均临前代图稿再创作、刻印而成。

笔者手边有两本《尔雅图》，一本是《尔雅音图》复印本，系从中国科学院图书馆复制而来；一本是曾燠助刻的《尔雅》中图，与笔者所见各本中附图类似。书中各图连成[图版]，每四幅图连成一版，每一图均有某一物象及生态环境或生活场景。笔者在《中国古代动物学史》（1999 年）中引用几幅，以接近或类似原物原型为准。大致为清代所摹刻，刻工水平有高下，人物心境有参差，其中有一些是“似是而非”，我们是舍而不用。可能是原有晋郭璞原图、梁张僧繇附加图等原图，可能是一个一个单列图，经隋、唐画家复制而成连在一起（2 个或 4 个）的图版图？宋代画家舒雅，参加《尔雅疏》的整理和制定，将图版规格化，一幅图版 4 幅图，并加生态环境景物。因宋代雕版素为列代所宗，元明清三代刻工墨守前代成法，不敢多加发挥，又由于刻工技艺和投入成本不同，致使各代版本每况愈下，清代曾燠财力稍厚，但原底版经元明两代传留舛夺，仍不及宋版真实深厚。

笔者在写作《中国古代动物学史》时，有关动植物图，采用《尔雅音图》《尔雅》附图的一部分图、蒋廷锡《古今图书集成》中有关的、接近原实物的图。注证《山海经》《尔雅》时，笔者选用陈嵘教授的树木图，他书中的图比较真实，有的并注上《尔雅》中名称。植物图选用《中药大辞典》中的图。动物图选用《中国动物志》王申裕总工程师所绘的图，以及笔者为更好说明《尔雅》原文请王申裕绘的图；昆虫图有周尧教授所绘的图，他是昆虫学家，又是绘图高手；鸟图是采用钱燕文教授和王玢莹总工程师所绘的鸟图，间或引入其他学者的图，也是比较真实、接近原形的图，不马虎做事，务使图文互补。

## 二、近观《尔雅》

《尔雅》作为中国学者必读的“十三经”之一，是一部百科全书式的著作。笔者在《尔雅注证》一书中通过自然科学研究的视角，选取百余幅反映现代科学研究成果的精彩的图片，力求拉近历史的距离，证实书中古代事物存在的真实性和可信性，笔者还提出《尔雅》反映了古人以“真、善、美、和”为社会关系、人际交流的道德标准和文明准则，今天仍有借鉴和发扬的意义。因此，《尔雅》既是中国博物学的典籍祖本，也是人类发展的文明结晶。

笔者花了近 30 年时间，注证了《尔雅》，并采用了近 300 幅插图，将原来“似是而非”的，由后来人所绘制的图换了，以求证真实。但也有不足的地方，原本一两幅彩色的底图，因缩小和单色印刷等原因，反而失真。另外，笔者在本书中增加现在科技成就入注，如电视，人民大众最喜爱的传媒；还有如北京紫禁城宫、英国白金汉宫、法国爱丽舍宫、美国白宫入《释宫》注中，以反映时代的成就。在《释木》中加了“水杉”、在《释鸟》中加了“朱鹮”等，将 2000 年前的科技古籍带入 20 世纪的科学世界中。有一些段落加入个人情感或童趣，笔者的同学看了，他说他喜欢笔者将童趣入注，这些是老童人的心声。

# 三、《尔雅》是中国科学文化的祖籍

《尔雅》列于中国“十三经”中，自汉唐以来即如此。但从国人阅读频率、重视程度，远逊其他经典著作。为什么这样？因为《尔雅》的内容，既包含了中国文化中古字释意、类比，古辞双声叠韵的含意，以及中国社会的最基本单位——家庭中亲属彼此之间的关系、称呼、亲情远近，这些是中国社会科学最核心的部分；还包含大量的自然科学和技术，如天文、地理、山岳、川流、建筑、矿冶、纺织、陶制、染印、农耕、植物、动物、畜牧等等，这是囊括了中国人民认识和创造力最精要部分，可以说《尔雅》通盘罗列中国社会科学文化和自然科技领域的知识。这就难为了一些学者，对专精社会科学的，自然科学是拦路虎，通意而不得其解；对文字学家、文学家来说，社会科学、自然科学两途都是麻烦的事；对自然科学家来说，本门学科已是千头万绪，对文学、文字学、社会学等更是浮云万里，不落实际。所以千百年来，偏于文者暗于理，明于理者黯于文，甚至 19 世纪中国学者大师，对《论语》《庄子》等连篇累牍地引用，成堆成片，独对《尔雅》无或仅有片言只字之引，这说明通学难求，通文通理更难。中国一代词学大家夏承焘教授，自幼熟读十三经，但对《尔雅》一带而过，可知《尔雅》之难。

“十三经”中经学著作已有几百本注释解读，但对《尔雅》只不过聊聊数本，近代学者黄侃、周祖模教授标点原文两本，并无详解。所以笔者曾言：中国经学拖了自然科学的后腿，使中国科学落后于世界300年；中国自然科学又拖了中国经学的后腿，使中国经学老在原地转圈子，从董仲舒到梁启超，君君臣臣，进步不大。

笔者在退休后花了近 30 年时间粗读、通读、精读《尔雅》，多方求解，并写成《尔雅注证》一稿，已于 2013 年出版，今略对《尔雅》作一介绍，献给读者。

## （一）再议《尔雅》何人所作？

从三国魏太和（227—233 年）张揖《上广雅表》：“昔在周公（姬旦）……著《爾雅》一篇，以釋其義……歷載五百，……唯《爾雅》常存。《禮·三朝記》：哀公曰 ‘寡人欲學小辯，以觀於政，其可乎？’孔子曰：《爾雅》以觀于古，足以辯言矣……。今俗所傳三篇《爾雅》，或言仲尼所增，或言子夏所益，或言叔通所補，或言沛郡梁文所考……。”（据清·王念孙《广雅疏证》表 页三），笔者在《尔雅注证》中列周公、孔子孔丘、子夏等为作者。其中汉代晋代学者出力不少，如《释亲》多半为汉晋学者所全释而列为一章，因家族关系和名称在汉晋方得全称，故有此议。

## （二）《尔雅》字有多少？

据近人杨琳（2002）在《小尔雅今注》中提到《尔雅》中列字 13 113 个，这是近现代学者据近代《尔雅》版本所计，此数字可能要比古本要多一些。据《上广雅表》：《广雅》“凡萬八千一百五十文（18 150）”。《广雅》在《尔雅》后 1000 年，增广《尔雅》文字约 5000 字，此数可近原文。因近代《尔雅》有汉晋学者注解文字而转成正文的。

## （三）《尔雅》内容是哪些？

按现代学科分类法，《尔雅》内容大体分为四类：

（1）文学、文字学。《尔雅》中的《释诂》《释言》《释训》为文化科学类。

（2）社会科学。《尔雅》中的《释亲》：家庭是人类社会组织最基本单位，他们的社会关系、秩序、称呼、亲情、远近等，将人类社会关系尽现无遗。

（3）技术工艺学。包涵衣食住行的物质和精神生活的生产和构建、器具、乐器、建筑技术、工艺：《释宫》《释器》《释乐》是人工建成、技术、工艺、器用的大成。

（4）自然科学。①天地科学，自然存在的天象和地理环境：《释天》《释地》《释丘》《释山》《释水》。《释丘》是解释中国江河中下游丘陵地貌，现在大部分已经平整。②生物科学，《释草》《释木》是植物学。《释虫》《释鱼》《释鸟》《释兽》《释畜》是动物学，两者合称生物科学，有生物进化雏形思想。

《尔雅》内容是包罗天地，囊括万物，器械工艺，科学技术，皆据微而立，开中华文

明的基础，启中国科学技术的大门，与世界先进科学文化齐驱，并无逊色。

## （四）《尔雅》名字的涵义和雅学的影响

汉·刘熙《释名·释典艺》："爾雅。爾，昵也；昵，近也；雅，義也；義，正也。五方之言不同，皆以近正爲主也。"依此古意，《尔雅》古有近于正确、正义言辞的解释。尔，同薾，花朵繁多茂盛。《诗·小雅·采薇》："彼爾爲何，維常之華。"毛传："爾（爾、薾），華盛貌。"据《说文·艹部·薾》：下引《诗》："作'彼薾爲何'。"薾，作多繁花的，多花头的，多门学问，许多知识的，多种学识。

尔，爾，同迩；迩，近，《周礼·地官·肆长》："實相近者相爾也。"郑玄注："爾，亦近也。"《篇海类编·爻部》："爾，近也，又同邇。"

雅，正，正义，《玉篇·隹部》："雅，正也。"《释名·释典艺》："雅，義也；義，正也。"雅有正义、义正的含义。

《尔雅》最初几篇多为训诂字义、字音的，故有正义的含义，故尔雅有"正义、文雅美好言辞、正确美好言辞、多门正确知识的内容"；《尔雅》名字有"许多知识正规解释""近于正确理解文义""接近正确文雅言辞"；《尔雅》书名有"多门知识正义""多学科综述""多门知识全解""全学科正义"；《尔雅》有正确、文雅、多学科的知识，即科学的知识，《尔雅》书名意为"多学科正义""多门类正解""百科综述""百科大全"的含义。《尔雅》即科学的同义语，雅学即科学学；根据古今的名词异同。《尔雅》书名的含义是："接近正确文雅的知识大全""接近正义规范的文雅言辞"，《尔雅》，百科正义全书，《尔雅》即《中国科学》《科学》。雅学即科学学。

三国魏·张揖《广雅》、宋·陆佃《埤雅》、明·朱谋玮《骈雅》、明·方以智《通雅》、清·洪亮吉《比雅》等几十种雅类知识书籍均以雅为名，可知雅已成科学总名，雅学即现在所称科学学。

## （五）《尔雅》的特点

《尔雅》在"十三经"中位列较后，这是时代的特性所致，中国学者重文轻理，周、秦、汉、晋、唐、宋、明、清，代代如此，致使"十三经"中，偏于文者，十分之九；偏于理者，十分之一。唯《尔雅》一书中，理多于文几倍。故《尔雅》文理全备，理多于文，此为《尔雅》第一特点。

《尔雅》具有实在性，笔者在研读《尔雅》30年并在全面注证《尔雅》之后，得到这一结论的，言之有物，文求其解，无虚无之物，无不实之词，天地山川，日月星辰，衣食住行，日用器具，草木鸟兽，无一不是眼前景物，所谓实实在在的事物，人们时时刻刻须臾不能离开的生活物质，人类文明的结晶，中国文化的归依物质，尽在《尔雅》收罗之中。所以《尔雅》书的内涵是实在的。

《尔雅》语言文字学中提出了的"真（诚）、善、美、和"科学观、人生观、社会和人际关系，这是中国人的、社会的最基本的最佳的秩序和规范，即使进入21世纪，仍然是中国人民和世界上各国人民所追求的目标。

《尔雅》中没有孔子孔丘所不语的“怪力乱神”(《论语·述而》)，只有《尔雅·释训第三》有“鬼”字，好像近于怪-神，原文是“鬼之為言歸也”，注释是：尸子曰：“古人谓死人为归人”。释曰：人死为鬼。这就是说“死了的人是鬼”，死尸是鬼。鬼，即“死人”与“活人”是对应字，不是“怪力乱神”。

《尔雅》具有科学性、系统性、先进性，当然随着时代的变迁，不可避免地显出原始性。例如，“丘，一面到四面有水的高地”，如春秋时代有宛丘、葵丘等，孔子名丘，当地当时常见之物，现代丘大都平整为平地，极少用为地名了。《尔雅》中有《释丘》一章。非常看重丘地，但表现出书中知识的原始性、古老性。又如，瓷器是唐宋以来的常用器物，外人用中国 CHINA 作为瓷器 china 名称，表明瓷器是由中国人出产。但《尔雅》中只有陶器、金属器物，并无瓷器，说明《尔雅》是周秦汉晋人的知识集成。周代开始编写《尔雅》，书中有周穆王的事，孔子鼓励鲁哀公读《尔雅》，孔子弟子子夏同孔子讨论《尔雅》中字义，汉·叔孙通、梁文补益《尔雅》，晋·郭璞、孙炎等注传《尔雅》，可知《尔雅》是周秦汉晋的知识集成，也是周秦汉晋科学文化总结，称之为中国科学文化祖籍，确如其分。

宋代学者邢昺等作《尔雅疏》、清代学者郝懿行等作《尔雅义疏》等将宋元明清知识“梳入”《尔雅》，近现代学者也有些增益，称之为中国科学文化传承书籍，也是相宜的。

《尔雅》具有科学系统性，三国魏·张揖在《广雅》中品评《尔雅》时说：“夫《爾雅》之爲書也，文約而義固；其陳道也，精研而無誤，”“若其包羅天地，綱紀人事。”这是三国魏学者对《尔雅》的评论，基本上正确认识到《尔雅》的博大精深，那时无“科学”一词，但已讲述《尔雅》系统知识。现代已认识“雅”即科学同义语，《尔雅》应该是当时科学的系统和体系，从人文科学、社会科学至自然科学三者所组成的科学体系，在《尔雅》中微而见著，《尔雅》是一本科学书籍，成书于战国之前，秦、汉、晋、唐、宋、明、清几代学者注疏编著的中国科学文化典籍，分类学书籍，收字辞 13 000 个，收草本植物 196 种，木本植物 98 种，植物共计 294 种；收动物 299 种；收学科门类 50 种以上；收词组 5000 条以上。天文地理，山川丘陵，器用百类，农工生产，建筑器物，器械工具，衣服染织，植物有花、草、树木，动物有虫、鱼、鸟、兽、家畜、家禽等。分门别类组成无生命的物质系列和有生命的生物系统，成就学术体系，涉及天地人物、真善美和组成中国科学思想、文化文明；其中人文、社会、自然界三大领域组成中国科学文化文明系统和体系，使中国进入世界科学史行列，《尔雅》有其独特的贡献，“十三经”有其不朽的作用。

“十三经”是中国科学文化文明体系的大全，其中《易经》位列第一，这是中国学术思想开天辟地之作，中国哲学思想原生地，应居首位，确如其分。笔者经过读经读史、注经写史等过程，认为《尔雅》位置应排在《易经》之后，名列第二，因《尔雅》是学究天地人物，通达人际关系和社会秩序是真善美和，这是世界级社会秩序的思想境界，乃是人类社会追求的大目标，《尔雅》一一列出，将《尔雅》位置提升到“十三经”中第二位，以彰显中国人民的聪明才智和生活实践，在两千年前，就提出人类社会秩序的大目标，自然生物次序的大系统，需要全世界人们去努力争取，中国人应当仁不让啊！

《尔雅》作为中国学者必读的“十三经”之一，是一部百科全书式的著作。笔者在《尔雅注证》一书中，通过自然科学研究的视角，选取百余幅反映现代科学研究成果的精彩的图片，力求拉近历史的距离，证实书中古代事物存在的真实性和可信性，笔者还提出《尔雅》反映了古人以“真、善、美、和”为社会关系、人际交流的道德标准和文明准则，今天仍有借鉴和发扬的意义。因此，《尔雅》既是中国博物学的典籍祖本，中国科学的本籍原籍，也是人类发展的文明结晶。

## 四、笔者与《尔雅》

笔者喜爱《尔雅》，钻研《尔雅》，真是百读不厌，举卷难寝，最后花了近 30 年时间，注证了《尔雅》，并且在本书中增加了一些现在科技成就入注，如电视、水杉、朱鹮等，希望《尔雅》进一步体现中国科学技术工艺文化历史的纪录。

除了图之外，在《尔雅注证》中还加了赞，年岁大了，事事就得更加用心，常常写了上字忘了下字，用字用词都要反复思考、仔细斟酌，年轻时只需花一分力量就能完成的事情，年老后需要付出十分的努力才能完成，真是字字如汗、行行如血、页页如心、卷卷如肌。见之如宝，看之如痴，写之如刻，抚之如孩，爱之如子，唯恐有失。花费30年时间，头发白了，牙齿落了，面皮皱了，手指酸了僵了，眼睛花了雾了，脚板软了，身体迟重不灵活了，走路依靠拐杖了，都是这本《尔雅注证》闹的。虽历经艰辛，但苦尽甘来，花费了年迈时光写成的《尔雅注证》终于在2013年出版，只希望对后人在研究《尔雅》时有所帮助，老朽身居陋室，也何不令人快哉！

## 参考文献

郭郛. 2013. 尔雅注证. 北京: 商务印书馆
郭郛. 2019. 对“李约瑟难题”的解释. 见: 王祖望, 冯祚建, 黄复生. 中国古代动物学研究. 北京: 科学出版社
郭郛, (英)李约瑟, 成庆泰. 1999. 中国古代动物学史. 北京: 科学出版社
南京中医药大学. 2006. 中药大辞典.上海: 上海科学技术出版社
杨琳. 2002. 小尔雅今注. 北京: 汉语大词典出版社

# 《尔雅·释虫》与昆虫纲

黄复生

《尔雅》是我国最古老的一部百科全书，出自于公元前1000—前800年的周朝，应该算是当今世界上存留的最为古老的科学书籍，在科学发展史上当居先导地位，为我国历代学者所尊重，《尔雅》被列为古代学子必读的十三经，而且历代被注释为各种版本。但由于年代久远，字义难辨，很少被近代学者所重视，甚至被遗忘，十分可惜。希望能引起我们后生的关注，特别研究分类学的同行，更需要了解我国古代分类学的成就，发掘《尔雅》分类学的精髓及其蕴藏着的内在的系统性和深奥的伦理性，借以推动我们现今的工作。《尔雅》也是一部常被引用的著作，《中华大典·生物学典·动物分典》（王祖望等，2015）相关类群常有出现的动物名称也来自《尔雅》一书，特别昆虫类则更多，为此特写此文。对于不同昆虫类群的名称给以初步注释，本文的注释及其分类地位可能存在一定差错，望予以更正。本文以郭郛（2013）《尔雅注证》为基础，遵从统一编号，分析不同昆虫类群的历史渊源及其亲缘关系，并考证其相应的分类地位。

《尔雅·释虫》为虫类的荟萃，它与《释鱼》《释鸟》《释兽》等具有同等的分类地位。如果用现代动物分类相对应的阶元相比较，它们都应该属于“纲”一级的分类地位。所以“释虫”应该称之为“虫纲”。《释虫》总共有55条（表4-2），其中昆虫类为多数，有43条之多，占78%。为此，“释虫”按其包括的主要类群，应是当今的“昆虫纲”。

**表4-2 《尔雅·释虫》中条目**

| 编号 | 《尔雅》原著古名及其类群 | 纲 | 目 | 科 | 种类及注解 |
|---|---|---|---|---|---|
| 15.1.1 | 螜，天蝼 | 昆虫纲 | 直翅目 | 蝼蛄科 | 蝼蛄类 |
| 15.1.2 | 蜚，蠦蜰 | 昆虫纲 | 蜚蠊目 | | 蜚蠊类 |
| 15.1.3 | 螾衜，入耳 | 多足纲 | | | 蚰蜒类 |
| 15.1.4 | 蜩，蜋蜩（1），螗蜩（2）；蚻，蜻蜻（3）；蠽，茅蜩（4）；蝒，马蜩（5）；蜺，寒蜩（6）；蜓蚞，螇螰（7） | 昆虫纲 | 半翅目 | 蝉科 | 蝉类 |
| 15.1.5 | 蛣蜣，蜣蜋 | 昆虫纲 | 鞘翅目 | 金龟子科 | 蜣螂类 |
| 15.1.6 | 蝎，蛣蝠 | 昆虫纲 | 鞘翅目 | | 甲虫蛀干幼虫，多指吉丁虫科，吉丁虫 |
| 15.1.7 | 蠰，啮桑 | 昆虫纲 | 鞘翅目 | 天牛科 | 桑天牛（成虫） |
| 15.1.8 | 诸虑，奚相 | 昆虫纲 | 鞘翅目 | 象虫科 | 象虫类 |
| 15.1.9 | 蜉蝣，渠略 | 昆虫纲 | 蜉蝣目 | | 蜉蝣类 |
| 15.1.10 | 蛂，蟥蛢，或蛂蟥，蛢 | 昆虫纲 | 鞘翅目 | 虎甲科 | 虎甲类 |
| 15.1.11 | 蠸，舆父，守瓜 | 昆虫纲 | 鞘翅目 | 叶甲科 | 萤叶甲，守瓜 |
| 15.1.12 | 蟅，蛖（蝾）蝼 | 昆虫纲 | 直翅目 | 蝼蛄科 | 蝼蛄类 |
| 15.1.13 | 不蜩，王蚥 | 昆虫感 | 半翅目 | 蝉科 | 蝉类 |
| 15.1.14 | 蛄䗐，强蛘 | 昆虫纲 | 鞘翅目 | 象虫科 | 米象 |
| 15.1.15 | 不过，蟷蠰（1），其子蜱蛸（2） | 昆虫纲 | 螳螂目 | | 螳螂类及卵囊 |

续表

| 编号 | 《尔雅》原著古名及其类群 | 纲 | 目 | 科 | 种类及注解 |
|---|---|---|---|---|---|
| 15.1.16 | 蒺藜，蝍蛆 | 多足纲 | | | 蜈蚣类 |
| 15.1.17 | 蝝，蝮蜪 | 昆虫纲 | 直翅目 | 蝗科 | 多指飞蝗若虫 |
| 15.1.18 | 蟋蟀，蛬 | 昆虫纲 | 直翅目 | 蟋蟀科 | 蟋蟀类 |
| 15.1.19 | 蟼，蟆。或鳖蟆 | 两栖纲 | | | 蛙类 |
| 15.1.20 | 蛝，马蝬 | 倍足纲 | | | 马陆类 |
| 15.1.21 | 蛗螽，蠜（1）；草螽，负蠜（2）；蜇螽，蜙蝑（3）；蟿螽，螇蚸（4）；土螽，蠰谿（5） | 昆虫纲 | 直翅目 | 螽斯科 | 螽斯类 |
| 15.1.22 | 螼蚓，蜸蚕 | 寡毛纲 | | | 蚯蚓类 |
| 15.1.23 | 莫貈，螗（螳）蜋，蛑 | 昆虫纲 | 螳螂目 | | 螳螂类 |
| 15.1.24 | 虰蛵，负劳 | 昆虫纲 | 蜻蜓目 | | 蜻蜓类 |
| 15.1.25 | 蛅，毛蠹 | 昆虫纲 | 鞘翅目 | | 长蠹和皮蠹等幼虫 |
| 15.1.26 | 蟔，蛅蟴 | 昆虫纲 | 鳞翅目 | 刺蛾科 | 刺蛾的幼虫，俗称“洋拉子” |
| 15.1.27 | 蟠，鼠负 | 多足纲 | | | 鼠负 |
| 15.1.28 | 蟫，白鱼 | 昆虫纲 | 衣鱼目 | | 衣鱼类 |
| 15.1.29 | 蛾，罗 | 昆虫纲 | 鳞翅目 | | 鳞翅目昆虫发育的成熟时期，即蛾类 |
| 15.1.30 | 螒，天鸡 | 昆虫纲 | 半翅目 | 蝉科 | 红娘子、樗鸡、红蝉等 |
| 15.1.31 | 傅，负版 | 昆虫纲 | 脉翅目 | 草蛉科 | 草蛉类 |
| 15.1.32 | 强，蚚 | 昆虫纲 | 鞘翅目 | 象虫科 | 谷象 |
| 15.1.33 | 蛶，蠄何 | 爬行纲 | | | 蜥蜴 |
| 15.1.34 | 蜺，蛹 | 昆虫纲 | 鳞翅目 | | 蛾类昆虫发育的器官转化时期，即蛹 |
| 15.1.35 | 蚬，缢女 | 昆虫纲 | 鳞翅目 | 尺蛾科 | 尺蛾幼虫，常悬空半吊，称缢女，即吊死鬼 |
| 15.1.36 | 蚍蜉，大蚁；小者蚁（1）；龙/虫，朾蚁（2）；螱，飞蚁（3）；其子蚳（4） | 昆虫纲 | | | 包括等翅目的白蚁和膜翅目的蚁科，白蚁和蚂蚁的有翅成虫及蚁巢内的卵块 |
| 15.1.37 | 次蟗，鼅鼄（1）；鼅鼄，鼄蝥（2）土鼅鼄（3）；草鼅鼄（4） | 蛛形纲 | | | 蜘蛛类 |
| 15.1.38 | 土蜂（1）；木蜂（2） | 昆虫纲 | 膜翅目 | | 细腰蜂、土蜂和木蜂类 |
| 15.1.39 | 蟦，蛴螬（1）；蝤蛴，蝎（2）； | 昆虫纲 | 鞘翅目 | 金龟子科或锹甲科 | 甲虫的幼虫时期 |
| 15.1.40 | 伊威，委黍 | 多足纲 | | | 鼠负类 |
| 15.1.41 | 蟏蛸，长踦 | 蛛形纲 | | | 蜘蛛 |
| 15.1.42 | 蛭蝚，至掌 | 环节动物 | | | 蛭类 |
| 15.1.43 | 国貉，虫蚃 | 昆虫纲 | 双翅目 | 寄蝇科 | 寄蝇 |
| 15.1.44 | 蠖，尺蠖 | 昆虫纲 | 鳞翅目 | 尺蛾科 | 尺蛾类 |
| 15.1.45 | 果蠃，蒲卢（1）；螟蛉，桑虫（2） | 昆虫纲 | 膜翅目 | | 马蜂、土蜂、胡蜂、土蜂类成虫 |
| | | 昆虫纲 | 鳞翅目 | | 鳞翅目昆虫的幼虫为上述寄生蜂的寄生物 |
| 15.1.46 | 蝎，桑蠹 | 昆虫纲 | 鞘翅目 | 天牛科 | 桑天牛的幼虫 |
| 15.1.47 | 萤火，即炤 | 昆虫纲 | 鞘翅目 | 萤科 | 萤类 |
| 15.1.48 | 密肌，继英 | 昆虫纲 | 革翅目 | | 蠼螋类 |
| 15.1.49 | 蚅，乌蠋 | 昆虫纲 | 鳞翅目 | 天蛾科 | 多指幼虫 |
| 15.1.50 | 蠓，蠛蠓 | 昆虫纲 | 双翅目 | | 蠓类 |
| 15.2.1 | 王蛈蜴 | 蛛形纲 | | | 土蜘蛛类 |
| 15.2.2 | 蟓，桑茧（1）；雔由，樗茧（2）；棘茧（3）；栾茧（4）；蚢，萧茧（5） | 昆虫纲 | 鳞翅目 | | 桑树上的虫茧，指的是鳞翅目昆虫个体发育的一个时期，老熟幼虫结茧进入化蛹形态转变时期 |

续表

| 编号 | 《尔雅》原著古名及其类群 | 纲 | 目 | 科 | 种类及注解 |
|---|---|---|---|---|---|
| 15.2.3 | 蝝丑崞（1）；螽丑奋（2）；强丑捋（3）；蜂丑螸（4）；蝇丑扇（5） | 昆虫纲 | 不同类群有不同的生活习性，半变态昆虫如蝉、蝗虫等，其成虫的老熟幼虫背上方纵裂，破口而出；全变态昆虫如蜂、蝇，其成虫则由蛹背方纵裂涌出。蝇类羽化后常煽动双翅，奋迅作声。形象地描述了不同昆虫的生活习性 | | |
| 15.2.4 | 食苗心，螟（1）；食叶，蟘（2）；食节，贼（3）；食根，蟊（4） | 昆虫纲 | | | 农业四大害虫的生活习性 |
| | | | 鳞翅目 | | 螟虫为蛀食禾苗心髓 |
| | | | 直翅目 | | 蝗类（蟘）为暴食禾叶 |
| | | | 鳞翅目 | | 黏虫常夜间出来残害禾苗，被称之为贼 |
| | | | 直翅目 | | 蝼蛄为底下害虫，取食禾苗根部。称为蟊 |
| 15.2.5 | 有足谓之虫，无足谓之豸 | 在这里，无论是虫，还是豸，指的应该都是昆虫。有足谓之虫，因虫处处可见，容易理解；无足谓之豸，但豸是何物？令人费解。其实这里的豸还是指的是昆虫，如蝇蛆，或某些蛀干甲虫的幼虫，或寄生性昆虫都属于无足昆虫，便叫作豸。十分在理 | | | |

注：括号代表一个类群

上述《释虫》有55条，记载和描述的类群以昆虫纲的种类为主，占43条之多。郭郛（2013）在《尔雅注证》的后述中，以《尔雅》包括的种类统计列表（表4-3）。

**表 4-3 《尔雅》中动物种类的数目**

| 类别 | 《释虫》 | 《释鱼》 | 《释鸟》 | 《释兽》 | 《释畜》 | 合计 |
|---|---|---|---|---|---|---|
| 蚯蚓类 | 1 | | | | | 1 |
| 蛭类 | 1 | 1 | | | | 2 |
| 螺贝类 | | 16 | | | | 16 |
| 多足类 | 4 | | | | | 4 |
| 蟹类 | | 3 | | | | 3 |
| 蜘蛛类 | 4 | | | | | 4 |
| 昆虫类 | 60 | 1 | | | | 61 |
| 两栖类 | 1 | 6 | | | | 7 |
| 爬虫类 | | 15 | | | | 15 |
| 鱼类 | | 24 | | | | 24 |
| 鸟类 | | | 95 | | | 95 |
| 兽类 | | 1 | 3 | 48 | 15 | 67 |
| 合计 | 71 | 67 | 98 | 48 | 15 | 299 |

资料来源：郭郛，2013

《释虫》一栏合计为71，其中昆虫类占60，若以此统计数计算，昆虫类占《释虫》总数的84%，进一步表明了《尔雅》中《释虫》的主要类群正是当今的昆虫纲。

这是世界上最早的昆虫纲分类学著作，不仅记载了当时已知的昆虫种类，含有益虫的种类，也含有害虫的种类，含有寄生的昆虫，也含有被寄生的昆虫。而且进行了类上归类和类下分类，分辨各个类群，使之具有适当的分类地位。邹树文（1982）认为《尔雅》“确有以类相从”的事实和“再分类”的现象。《尔雅》进而还描述了不同昆虫类群的不同发育时期和不同昆虫的种类有不同的生活习性。结合当时农业上四大害虫，分别指明其危害特性：食心、食叶、食节和食根等，一来记载这些害虫的不同习性，二来提醒人们对于这些农业害虫的检测与治理。所以《尔雅·释虫》不仅是一部昆虫分类学著作，而且也是一部涵盖昆虫学其他学科的学术论著。

## 参考文献

郭郛. 2013. 尔雅注证. 北京: 商务印书馆
黄复生, 刘举鹏, 吴燕如. 2015. 昆虫纲总部. 见: 王祖望, 黄复生, 冯祚建. 中华大典·生物学典·动物分典(第二册).昆明: 云南教育出版社
王祖望, 黄复生, 冯祚建. 2015. 中华大典·生物学典·动物分典. 昆明: 云南教育出版社
邹树文. 1982. 中国昆虫学史. 北京: 科学出版社

# 《尔雅》对兽类记载的研究

冯祚建

在先秦时期，《尔雅》是一部最早将生物分门别类的典籍，是我国最早解释名物、词语的著作，并被认为是为了解释《诗经》等以前之经典而作，所以也被视为儒家的经典之一（罗桂环和汪子春，2005）。这部训古词书大概是战国时期诸多学者的知识积累，后由战国末年至汉初的作者编纂成书，至晋代郭璞（276—324 年）对该书做了新的注解。

《尔雅》全书共分 3 卷 19 篇，其中将动物汇集在《释虫》《释鱼》《释鸟》《释兽》《释畜》5 篇中，即将所有的动物区分为 5 个门类，展现出先辈们在数千年前已经产生了动物分类方法的思想萌芽。

正因为古人对动物分类的认知水平处于初始阶段，所以一些海兽被误作鱼类（见《释鱼》篇），而蝙蝠和鼯鼠又误作鸟类（见《释鸟》篇），然而绝大多数均辑录于《释兽》篇内，另有家养者则统归《释畜》篇。兹将二者的主要内容略述于下。

## 一、《释兽》篇

在《释兽》篇内，又把兽类划为寓属、鼠属、齸属和须属之 4 个类型。

### （一）寓属

什么叫寓属？据宋 • 邢昺疏云：“寓，寄也，言此上獸屬（指《尔雅》在前面或上面提及的有关兽类）多寄寓木上，故題云寓屬”。然从《尔雅》所述的兽类来看，既有灵长类中典型的树栖动物如川仰鼻猴，也有典型的林栖动物如梅花鹿、麝、麃、豺、大熊猫、虎、黑熊等等，由此可见，“多寄寓木上”者，可理解为依赖林木（森林）而栖息的兽类（个别物种除外），所以笔者认为，“寓属”的划分主要是以栖息地的植被类型为依据的。

据笔者统计，寓属述及的兽类名称 45 个（重复的或同种的派生名称不予统计），其中有 34 个名称的兽类可以确定到属种或亚科（表 4-4、表 4-5），而其余者或是传说中的神奇怪兽，或是瑞兽、仁兽；另有个别者，因其形态特征不详而难以考证，兹依次摘录于下，以资参考。

**貀**：无前足，似狗，豹文，有角；又谓无前两足，似虎而黑者。

**鼳**：鼠身，长须，马蹄，一岁千斤，害物，秦人谓之小驴。

**貙（獌）**：貙似狸而大，一名獌。

**麐**：大麃，牛尾，一角，即所谓麟也。

**魋**：如小熊，毛浅，赤黄色，俗呼赤熊，建平（今福建建阳）山中有此兽。

**猰**[①]**貐**：似貙，虎爪，食人，迅走。

**驨**：大如马，一角，角如鹿茸；亦有无角者，名骐。

**麐**：麇身，牛尾，一角，角端有肉，马蹄。注：古人认作麒麟，为瑞兽，又曰灵兽。

**貄**：言此兽体多长毛。

**蒙颂**：即蒙贵，状如蜼（金丝猴）而小，紫黑色，可畜养，善捕鼠，胜于猫。九真（今越南境内）、日南（越南境内）皆出。

**麔麚**（音咎加）：此兽皆短项（颈）。

贙[②]：大秦国有养者，似狗，多力，犷恶。

**时**：好登山峰之兽。

**阙洩**：兽名，谓其脚多趾，然其形态不详。

## （二）鼠属

如果说寓属的划分标准主要是侧重于兽类的生存环境或栖息地的话，那么，鼠属的界定就是另一回事了。邢昺在《鼠属》疏中写道："言此上（指原著者在上面提到的13个'鼠'类名称）皆鼠之屬類也。鼠，小獸也，亦四足而毛，故於此釋之。"显然，这是一个很粗糙的界定，不能与当今分类系统中的"属"级阶元相提并论。但是，古人把所有的称作鼠类的小兽一起并归"鼠属"，毕竟客观地反映了古人在动物分类上的思维方法和认知水平。

在鼠属中，提及鼢鼠、鼸鼠、鼷鼠、鼶鼠、鼬鼠、鼩鼠、鼭鼠、鼣鼠、鼫鼠、鼤鼠、鼨鼠、豹文鼮鼠和鼳鼠。这当中的1种食虫类（鼩鼠）、1种食肉类（鼬鼠）及鼷鼠、鼢鼠、鼸鼠和鼫鼠等，均已鉴定到亚科或属级，而余者恕不赘述。

## （三）鼭鼠和须属

这在书中仅是两个名词的诠释，未涉及兽类名称或物种，故此从略。

# 二、《释畜》

在《释畜》篇中，载有马属、牛属、羊属、狗属、鸡属和六畜，现就前四者简述如下。

## （一）马属

除讲及騊駼（家马或野马）、野马和駮（传说中的马状动物，能吃虎豹）外，其余所述，均是家马的不同品种与称谓，其主要依据是马的外部形态特征，如身体毛被、鬃毛、眼睛、唇部、四足下部的颜色，以及蹄子性状等。

此属专述马类，客观地讲，古人并无"分类系统"概念，然此"马属"者，与今之马属 *Equus* 确有

① 猰：yà，《廣韻》烏黠切。《集韻》《韻會》《正韻》乙黠切。並音軋。《爾雅·釋獸》：猰貐類貙，虎爪，食人，迅走。《釋文》：猰，亦作猰。或作窫。又《集韻》煙奚切。音鷖。又於計切。音翳。又一結切。音噎。義並同。——摘自《康熙字典》（标本整理本）P1178，上海辞书出版社，2007。

② 贙：xiàn，《廣韻》黃練切。《集韻》熒絹切。並音縣。《說文》：分別也。從虤，對爭貝。左思《魏都賦》：蒹葭贙，藋蒻森。註：贙，有力。註：出西海大秦國，有養者，似狗，多力獷惡。又《廣韻》：一曰對爭也，倒一虎者非也。按《正字通》誤音吟，《說文》音語巾切者乃贙字也。——摘自《康熙字典》（标本整理本）P1190，上海辞书出版社，2007。

近似之处。

## （二）牛属

提到摩牛（出巴中，重千斤），犦牛[即犎牛，领上有一肉峰；交州（越南境内）、合浦、徐闻县（今广东境内）]，犤牛（㹆[①]牛，果下牛；出广州、连南），犩牛（䕄牛，肉数千斤，出蜀中），犣牛（旄牛，髀膝尾有长毛），犝牛（无角）和犑牛（未详），上述多为家牛类，与今之牛属 *Bos* 亦相吻合。因家牛非本文重点，故不予详述，其中犣牛见表 4-5。

## （三）羊属

大概含绵羊和家山羊，主要是对不同性别、不同毛色的品种的各种名称进行诠释，于此从略。

## （四）狗属

其中，文内主要阐述了“狗”与“犬”在称谓上的不同涵义，如犬所生之子，其未生长毛（乾毛）者名狗；又谓犬长口（喙）者名猃，短口者名猲，而它们之壮大有力者名狗（又名䝟尨）。

关于“鸡属”为何载入《释畜》内，或许是在周代时期的六畜即含有鸡类在内的缘故，文内主要就鸡的不同发育阶段的名称进行了界定。最末是“六畜”篇，主要依据猪、马、牛、羊、狗、鸡的体型大小，而解释各种不同的称谓。

现将《尔雅》记述的兽类及考证结果分别列示于表 4-4 和表 4-5。

**表 4-4 《尔雅》原文的兽类暨考证结果**

| 序号 | 《尔雅》原文 | 郭璞注文 | 考证结果（含学名） | 备注 |
|---|---|---|---|---|
| 1 | 鱀、鳐 | 大腹，喙小，锐而长，齿罗生，上下相衔，鼻在额上，少肉多膏，胎生，健啖细鱼，江中多有之 | 白鱀豚 *Lipotes vexillifer* | 《释鱼》篇 |
| 2 | 蝙蝠，服翼 | 齐人呼为蠛墨或谓仙鼠 | 翼手目 Chiroptera | 《释鸟》篇 |
| 3 | 鼯鼠，夷由，飛生 | 状如小狐，似蝙蝠，肉翅，背上苍艾色，腹下黄，喙额杂白，脚短，爪长，能从高赴下 | 鼯鼠亚科 Petauristinae | 《释鸟》篇 |
| 4 | 鼵 | 鸟鼠同穴，其鸟为鵌，其鼠为鼵。鼵，如人家鼠而短尾。穴入地三四尺，鼠在内，鸟在外 | 鼠兔 *Ochotona* sp. | 《释鸟》篇 |
| 5 | 麋 | | 麋鹿 *Elaphurus davidianus* | 《释兽》篇（下同） |
| 6 | 鹿 | 据郭《尔雅音图》 | 梅花鹿 *Cervus nippon* | 另据《清宫兽谱》的绘画所示 |
| 7 | 麕 | | 獐 *Hydropotes inermis* | |
| 8 | 狼 | | 狼 *Canis lupus* | |
| 9 | 兔 | 俗呼㝹[①] | 兔 *Oryctolagus cuniculus* | 家兔 |
| 10 | 豕 | 彘，江东呼豨 | 家猪 *Sus domestica* | 家猪。江东为今镇江与南京一带 |
| 11 | 虎 | 窃毛者谓虦猫 | 虎 *Panthera tigris* | 含甝[②]（白虎）、虪（黑虎） |
| 12 | 貘 | 白豹。似熊，小头，庳脚，黑白驳，舔食铜铁及竹骨 | 大熊猫 *Ailuropoda melanoleuca* | |
| 13 | 熊 | | 黑熊 *Ursus thibetanus* (=*Selenarctos thibetanus*) | |
| 14 | 貍 | 豾貍 | 猫亚科 Felinae | 野猫类 |
| 15 | 貈 | 雌者名貂[③]，江东呼貉为䝖[④]貄[⑤] | 貉 *Nyctereutes procyonoides* | |
| 16 | 貒 | 豚也，一名貛 | 猪獾 *Arctonyx collaris* | |
| 17 | 貔 | 执夷，虎豹之属 | 雪豹 *Uncia uncia* | 又名白狐。据清代《兽谱》形似雪豹 |

① 㹆：jì，《廣韻》子力切。《集韻》節力切。並音即。《廣韻》：牛名。《集韻》：犤也。——摘自《康熙字典》（标本整理本）P654，上海辞书出版社，2007。

续表

| 序号 | 《尔雅》原文 | 郭璞注文 | 考证结果（含学名） | 备注 |
|---|---|---|---|---|
| 18 | 麝父 | 脚似麋，有香 | 麝 *Moschus* spp. | 中国有 5 种之多 |
| 19 | 豺 | 脚似狗 | 豺 *Cuon alpinus* | |
| 20 | 羆 | 似熊，长头，高脚，猛憨多力 | 棕熊 *Ursus arctos* | |
| 21 | 麤 | 似羊而大，角圆锐，好在山崖间 | 鬣羚<br>*Capricornis sumatraensis* | 仅据描述考订，《清宫兽谱》的麤却为想象图 |
| 22 | 麔[⑥] | | 麂 *Muntiacus* spp. | 又称麖 |
| 23 | 狻，麑 | 狮子，出西域 | 狮 *Panthera leo* | |
| 24 | 羱 | 似吴羊而大角，角椭，出西方 | 盘羊 *Ovis ammon* | 据郭璞《尔雅音图》 |
| 25 | 兕 | 一角，青色，重千斤 | 独角犀<br>*Rhinoceros sondaicus* | |
| 26 | 犀 | 形似水牛，猪头，大腹，庳脚，脚有蹄 | 双角犀<br>*Dicerorhinus sumatraensis* | 误传有三角者 |
| 27 | 彙 | 今蝟，状似鼠 | 刺猬<br>*Erinaceus europaeus* | 彙，作猬或作蝟，毛如针 |
| 28 | 狒狒 | 状如人，面长，唇黑，身有毛，反踵，食人 | | 传说中的野人（实无此兽；亦非指今之狒狒） |
| 29 | 猱 | 便（捷）攀援 | 猕猴 *Macaca mulatta* | |
| 30 | 玃父 | 似猕猴而大，色苍黑 | 藏酋猴 *Macaca thibetana* | 据全国强先生考证 |
| 31 | 豦 | 建平山中有豦，大如狗，似猕猴，黄黑色 | 同上 | 同上 |
| 32 | 蜼 | 似猕猴而大，黄黑色，尾长数尺，鼻露向上 | 川仰鼻猴<br>*Rhinopithecus roxellana* | |
| 33 | 猩猩 | 人面，豕身，能言语。交趾封谿县出 | 黄猩猩<br>*Pongo pygmaeus* | 据《清宫兽谱》近似黄猩猩 |
| 34 | 鼢鼠 | 地中行者 | 鼢鼠 *Myospalax* spp. | 中国有 6 种 |
| 35 | 鼸鼠 | 以頬裹藏食 | 仓鼠亚科 Cricetinae | 含多个不同的属种 |
| 36 | 鼬鼠 | 鼬似鼦，赤黄色，大尾，啖鼠，江东呼为鼪 | 鼬 *Mustela* spp. | 中国鼬鼠有 5 种 |
| 37 | 鼩鼠 | 小鼱鼩，亦名䶆[⑦]鼩 | 鼩鼱亚科 Soricinae | 隶鼩形目、鼩鼱科 |
| 38 | 鼫鼠 | 形大如鼠，头似兔，尾有毛，青黄色，好在田中食粟豆 | 黄鼠 *Spermophilus* spp. | 中国有 5 种之多 |
| 39 | 鼷鼠 | | 小鼠 *Mus* spp. | |
| 40 | 鼶鼠 | | 仓鼠亚科 Cricetinae | |
| 41 | 鼨鼠 | | 松鼠亚科 Sciurinae | |
| 42 | 豹文鼮鼠 | 鼠，文采如豹者 | 同上 | |
| 43 | 鼳鼠 | 状如鼠而大，苍色，在树木上 | 巨松鼠 *Ratufa bicolor* | |
| 44 | 騊駼 | 北海有兽，状如马，名騊駼，色青 | 家马（良马）<br>*Equus caballus*<br>野马 *Equus przewalskii* | 据邢昺疏：一谓良马，二谓野马 |
| 45 | 野马 | 如马而小，出塞外 | 同上 | 有的学者主张野马的学名应跟从家马者 |
| 46 | 犤牛 | 旄牛，髀、膝、尾皆有长毛 | 家牦牛<br>*Poephacus (=Bos) mutus* | 家牦牛与野牦牛同种 |
| 47 | 夏羊 | 牡羭，牝羖 | 家山羊 *Capra hircus* | |
| 48 | 吴羊 | 牡羒，牝牂 | 绵羊 *Ovis aries* | |
| 49 | 狗 | | 狗 *Canis familiaris* | |

①䨲：nóu，《廣韻》奴鉤切。《集韻》《韻會》《正韻》奴侯切。並音羺。《玉篇》：娩也。《廣韻》：兔子。《集韻》：江東呼兔子爲䨲。或作㝹，亦書作䝞。韓愈《毛穎傳》：兔子，嬎。郭註云：俗呼曰䝞。䨲，與䝞同。wàn，又《廣韻》《集韻》並無販切。音萬。《廣韻》：姓也。《集韻》：䨲傑，梁四公子名。——摘自《康熙字典》（标本整理本）P1369，上海辞书出版社，2007

②䖑：mì，《唐韻》《集韻》並莫狄切。音覓。《說文》：白虎也。 ——摘自《康熙字典》（标本整理本）P1047，上海辞书出版社，2007

③貈：《爾雅》：貑子貆。註：雌者名貈。《釋文》：貈（nǎo）同貈。詳貈字註。——摘自《康熙字典》（标本整理本）P1180，P1179，上海辞书出版社，2007

④貁：yāng，《廣韻》烏郎切。《集韻》于郎切。並音鴦。《爾雅・釋獸》：貑子貆。註：今江東呼貉爲貁、貄。疏：貁，貍類。——摘自《康熙字典》（标本整理本）P1176，上海辞书出版社，2007

⑤貄：shì，《廣韻》疎吏切。音駛。《廣雅》：貄，貒也。shǐ，又《集韻》爽士切。音史。貄或從豸，獸名。似犬。又貁貄，貍類。詳貁字註。——摘自《康熙字典》（标本整理本）P1177，上海辞书出版社，2007

⑥麔：jǐ，《唐韻》居履切。《集韻》舉履切。並音几。《說文》：大麋也。《爾雅・釋獸》：麔，大麤，旄毛，狗足。註：旄毛獵長。《山海經》：女几山，其獸多麖麔。又《符瑞志》：色白者曰銀麔。施州一種色丹者曰紅麔。又水名。《山海經》：鵲山，麗麔之水出焉，西流注於海。《說文》：或從几。——摘自《康熙字典》（标本整理本）P1509，上海辞书出版社，2007

⑦䶆：zōng，《集韻》將容切。音從。䶆鼩，鼠名。——摘自《康熙字典》（标本整理本）P1532，上海辞书出版社，2007

**表 4-5　按分类系统整理《尔雅》记述的兽类**

| 分类系统 | 《尔雅》原文 |
|---|---|
| Ⅰ 灵长类 Primates | |
| 一、猴科 Cercopithecidae | |
| （一）猴亚科 Cercopithecinae | |
| （1）猕猴 *Macaca mulatta* | 猱 |
| （2）藏酋猴 *Macaca thibetana* | 玃父，豦 |
| （二）疣猴亚科 Colobinae | |
| （3）川仰鼻猴 *Rhinopithecus roxellana* | 蜼 |
| 二、人科 Hominidae | |
| （4）狒狒 | 狒狒（不存在的传说野人，非指猴科的狒狒） |
| （5）黄猩猩 *Pongo pygmaeus* | 猩猩 |
| Ⅱ 兔形目 Lagomorpha | |
| 三、鼠兔科 Ochotonidae | |
| （6）鼠兔 *Ochotoma* sp. | 鼵 |
| 四、兔科 Leporidae | |
| （7）家兔 *Oryctolagus cuniculus* | 兔 |
| Ⅲ 猬形目 Erinaceomorpha | |
| 五、猬科 Erinaceidae | |
| （三）刺猬亚科 Erinaceinae | |
| （8）刺猬 *Erinaceus europaeus* | 彙 |
| Ⅳ 鼩形目 Soricomorpha | |
| 六、鼩鼱科 Soricidae | |
| （四）鼩鼱亚科 Soricinae | |
| （9）鼩鼱 | 鼩鼠（属种难定） |
| Ⅴ 翼手目 Chiroptera | 蝙蝠，服翼，蟙䘃，仙鼠 |
| Ⅵ 食肉目 Carnivora | |
| 七、犬科 Canidae | |
| （10）狗（犬）*Canis familiaris* | 狗 |
| （11）狼 *Canis lupus* | 狼 |
| （12）貉 *Nyctereutes procyonoides* | 貈 |
| （13）豺 *Cuon alpinus* | 豺 |
| 八、熊科 Ursidae | |
| （14）棕熊 *Ursus arctos* | 羆 |
| （15）黑熊 *Ursus(=Selenarctos) thibetanus* | 熊 |
| 九、大熊猫科 Ailuropodidae | |
| （16）大熊猫 *Ailuropoda melanoleuca* | 貘 |
| 十、鼬科 Mustelidae | |
| （五）鼬亚科 Mustelinae | |
| （17）鼬 *Mustela* spp. | 鼬鼠 |
| （18）猪獾 *Arctonyx collaris* | 貒 |
| 十一、猫科 Felidae | |
| （六）猫亚科 Felinae | |
| （19）野猫 | 貍（属种难确定） |
| （七）豹亚科 Pantherinae | |
| （20）虎 *Panthera tigris* | 虎 |

续表

| 分类系统 | 《尔雅》原文 |
|---|---|
| （21）狮 *Panthera leo* | 狻麑 |
| （22）雪豹 *Uncia uncia* | 貔 |
| Ⅶ 奇蹄目 Perissodactyla | |
| 十二、犀科 Rhinocerotidae | |
| （23）独角犀 *Rhinoceros sondaicus* | 兕 |
| （24）双角犀 *Dicerorhinus sumatraensis* | 犀 |
| 十三、马科 Equidae | |
| （25）家马或野马 *Equus caballus*(或 *E. przewalskii*) | 騊駼 |
| （26）野马 *Equus przewalskii*(或 *E. caballus*) | 野马 |
| Ⅷ 偶蹄目 Artiodactyla | |
| 十四、猪科 Suidae | |
| （八）猪亚科 Suinae | |
| （27）家猪 *Sus domestica* | 豕 |
| 十五、麝科 Moschidae | |
| （28）麝 *Moschus* spp. | 麝父 |
| 十六、鹿科 Cervidae | |
| （九）獐亚科 Hydropotinae | |
| （29）獐 *Hydropotes inermis* | 麠 |
| （十）麂亚科 Muntiainae | |
| （30）麂 *Muntiacus* spp. | 麔 |
| （十一）鹿亚科 Cervinae | |
| （31）梅花鹿 *Cervus nippon* | 鹿 |
| （32）麋鹿 *Elaphurus davidianus* | 麋 |
| 十七、牛科 Bovidae | |
| （十二）牛亚科 Bovinae | |
| （33）家牦牛 *Poephacus*(=*Bos*) *mutus* | 犣牛 |
| （十三）羊亚科 Caprinae | |
| （34）鬣羚 *Capricornis smatraensis* | 麢 |
| （35）家山羊 *Capra hircus* | 夏羊 |
| （36）家绵羊 *Ovis aries* | 吴羊 |
| （37）盘羊 *Ovis ammon* | 羱 |
| Ⅸ 鲸目 Cetacea | |
| 十八、河豚科 Iniidae | |
| （38）白鱀豚 *Lipotes vexillifer* | 鱀，鳀 |
| Ⅹ 啮齿目 Rodentia | |
| 十九、松鼠科 Sciuridae | |
| （十四）巨松鼠亚科 Ratufinae | |
| （39）巨松鼠 *Ratufa bicolor* | 鼳鼠 |
| （十五）丽松鼠亚科 Callosciurinae | |
| （40）丽松鼠 *Callosciurus* spp. | 鼨鼠，豹文鼮鼠 |
| （十六）鼯鼠亚科 Petauristinae | 鼯鼠，夷由，飛生 |
| （十七）地松鼠亚科 Xerinae | |
| （41）黄鼠 *Spermophilus* spp. | 鼫鼠 |
| 二十、鼹形鼠科 Spalacidae | |

续表

| 分类系统 | 《尔雅》原文 |
|---|---|
| （十八）鼢鼠亚科 Myospalacinae | |
| （42）鼢鼠 *Myospalax* spp. | 鼢鼠 |
| 二十一、仓鼠科 Cricetidae | |
| （十九）仓鼠亚科 Cricetinae | |
| （43）仓鼠 *Cricetulus* spp. | 鼸鼠，鼷鼠 |
| 二十二、鼠科 Muridae | |
| （44）小鼠 *Mus* spp. | 鼷 |

至此，笔者已就《尔雅》在兽类方面（含家畜）的分类方法及其主要内容做了介绍。综上所述，《尔雅》提到的兽类名称共 79 个（因含不存在的仁兽、怪兽、异兽，故不能统称为“物种”），其中的 49 个名称（占总名称的 62. 0%）经考订，隶于 10 目 22 科（另含 19 亚科）35 属 34 种；而麝、麂、鼢鼠、小鼠和黄鼠等只能确定到属级阶元（详见表 4-4、表 4-5）。

## 参 考 文 献

罗桂环，汪子春. 2005. 中国科学技术史. 北京：科学出版社 80

# 《尔雅·释鱼》篇在学术上的意义简析

张世义

《尔雅》为古今学者所重视，从西汉到清末，许多学者纷纷研究和注证，如西汉犍为文学、晋朝郭璞、唐朝陆德明、宋朝邢昺、清朝郝懿行、清朝王树枬等；近代还有成庆泰（1980）和郭郛（2013）等，他们都曾有专门对鱼类考证的研究。本文着重于评估《尔雅》第十六章《释鱼》篇在学术上的意义。

## 一、《尔雅》中的鱼类

什么是鱼？宋·邢昺疏："案《説文》云，魚，水蟲也。此篇釋其見於經傳者，是以不盡載魚名。至於魚、蛇、貝、鼈之類，以其皆有鱗甲，亦魚之類，故總曰《釋魚》也。"本文主要述及鱼类（表4-6），表中序号以原文顺序排列为准。

表 4-6 《尔雅》记述的鱼类

| 序号 | 《尔雅》中的名称 | 现定名称 | | | 分布 |
|---|---|---|---|---|---|
| | | 目 | 科 | 种 | |
| 1 | 鯉 | 鲤形目 | 鲤科 | 鲤 | 除西藏外，全国水系均有 |
| 2 | 鱣 | 鲟形目 | 鲟科 | 中华鲟 | 遍及长江流域，以下游居多，钱塘江、珠江及沿海 |
| 3 | 鰋 | 鲤形目 | 鲤科 | 红鳍鲌 | 几乎遍及全国各水系 |
| 4 | 鮎 | 鲇形目 | 鲇科 | 鲇 | 分布广，除青藏高原外，遍布全国各水系 |
| 5与10 | 鱧 | 鲈形目 | 鳢科 | 乌鳢 | 全国各大小水系 |
| 6 | 鯇 | 鲤形目 | 鲤科 | 草鱼 | 黑龙江至云南，不包括新疆、西藏 |
| 7 | 鯊、鮀 | 鲈形目 | 鰕虎鱼科 | 子陵吻鰕虎鱼 | 黄河、长江、钱塘江、闽江、珠江各水系 |
| 8 | 鮂、黑鰦 | 鲤形目 | 鲤科 | 鳘①、鲦 | 几遍全国各水系 |
| 9 | 鰼、鰌 | 鲤形目 | 鳅科 | 泥鳅 | 东部各水系 |
| 11 | 魾、大鱯、小者鮡 | 鲇形目 | 鮠科 | 长吻鮠 | 辽河至闽江水系 |
| | | 鲇形目 | 鮠科 | 大鳍鳠 | 长江至珠江水系 |
| | | 鲇形目 | 鮡科 | 黄石爬鮡 | 金沙江水系 |
| 13 | 鯤、魚子 | | 鱼子 | | |
| 15 | 鱦 | | 幼鱼 | | |
| 16 | 鮥、鮛鮪 | 鲟形目 | 匙吻鲟科 | 白鲟 | 黄海、东海、钱塘江、长江干支流 |
| 17与24 | 鮗當魱 | 鲱形目 | 鲱科 | 鲥 | 渤海、黄海、东海、南海 |
| 18 | 鮤鱴刀 | 鲱形目 | 鳀科 | 刀鲚 | 东海 |
| 19 | 鱊、鮬、鱖鯞 | 鲤形目 | 鲤科 | 鳑鲏鱼 | 东部水系 |
| 20 | 鱼有力者，鰴 | | 大魚 | | |
| 22 | 鮅、鱒 | 鲤形目 | 鲤科 | 赤眼鳟 | 东部主要水系 |
| 23 | 魴、魾 | 鲤形目 | 鲤科 | 鲂 | 长江、黄河、黑龙江等水系 |

①鳘：cān，《集韻》千安切。音餐。與鰺同，《正字通》：白鰷别名。——摘自《康熙字典》（标点整理本）P1469，上海辞书出版社，2007

## 二、《尔雅·释鱼》篇在学术上的意义

### （一）近似鱼类分类系统之“鱼纲”的雏形

《尔雅》共有19篇，关于动物有5篇，即第15篇《释虫》、第16篇《释鱼》、第17篇《释鸟》、第18、19篇《释兽》（含畜），这里把鱼类列为动物四大系统（虫、鱼、鸟、兽）之一，可见这种对鱼类的认识，比被誉为动物分类学鼻祖、希腊的亚里士多德（Aristotle）公元前384—前322年的《动物志》记载的有血类中的鱼（表4-7）还早一个世纪（薛德焴，1956）。

**表4-7　Aristotle《动物志》的动物名称**

| | 有血类 | 无血类 |
|---|---|---|
| 1 | 胎生四足类 | 软体类（章鱼、乌贼） |
| 2 | 鸟类 | 软甲类（虾、蟹） |
| 3 | 卵生四足类 | 虫类 |
| 4 | 鱼类 | 有甲类 |

资料来源：薛德焴，1956

其次，从表4-6可看出鱼类有19种及鱼类生长期的3种名称，而《尔雅》第16篇《释鱼》中有非鱼类的蛭类、螺贝类、昆虫类、两栖类、爬虫类及江河兽类计共43种，但其中以鱼类为主。因此，《尔雅·释鱼》篇中的记述虽有不妥之处，然而总体上说，它毕竟具有20世纪90年代以前的鱼类分类系统“鱼纲”的雏形。

### （二）为研究鱼类学史提供了最早最主要的科学文献

《尔雅》不仅是中国科技文化史书、百科宝典，还是中国古代鱼类学史的祖书。前面表4-6所示的鱼类，它们大多是分布于黄河及长江流域以北者——我国文化发源地的一些常见鱼类。从一些学者的注释、音义、疏及绘图来看，均为我们提供了这些鱼类的形态特征、生活习性、分布、洄游、经济价值等诸多生物学资料，对我们研究中国古代鱼类学史具有重要的参考价值，因而它是一部最早最重要的鱼类科学文献。

现以《尔雅注疏》及《尔雅音图》两书中的泥鳅为例，旨在说明所涉鱼类的生物学内容。

晋·郭璞等的《尔雅注疏》卷十记：鳛，鰌。（郭璞）注，今泥鰌。（陆德明）音義，鰌音秋。郭云，泥鰌也。《字林》云，似鱣，短小也。泥，乃兮反。（邢昺）疏，鳛，一名鰌，即今泥鰌也，穴於泥中，因以名云。

“泥鳅”之名沿用至今，千年不衰，说明古人当初对该物种的观察之细腻。区区将近50个字的简单描述，可以看出泥鳅名的来历、形态及生态特征，其图（图4-2）也逼真，至今仍不失其参考价值，为我们现代鱼类学的研究提供了宝贵资料。

图 4-2　晋・郭璞著《尔雅音图》中的泥鳅绘图

## 参 考 文 献

成庆泰. 1980. 对于《尔雅・释鱼》的探讨. 见:《生物学史专辑》编纂组. 科技史文・第 4 辑. 上海: 上海科学技术出版社: 96-101
郭郛. 2013. 尔雅注证. 北京: 商务印书馆: 598-631
薛德焴. 1956. 系统动物学(上册). 上海: 商务印书馆: 2-3
张世义. 2015. 软骨鱼纲总部和硬骨鱼纲总部等. 见: 王祖望, 黄复生, 冯祚建. :中华大典・生物学典・动物分典(第三册). 昆明: 云南教育出版社

# 《本草纲目》中鳞部鱼类的增补

张世义

明·李时珍撰写的《本草纲目·鳞部》记述了44种常见的食疗鱼类，是识别这些古籍鱼类的一个科学总结，至今仍为人们引用。我国鱼类学家成庆泰教授曾于1957年两次在《学艺月刊》上撰文（成庆泰，1957a，1957b），报道了这些鱼类分类学的研究成果。然而，由于当时资料的欠缺，其研究成果不全面，有些种类未订名，有些种类订名有误。鉴于此，笔者现在对《本草纲目·鳞部》鱼类做了进一步的研究，其结果是：保留了成庆泰（1957a，1957b）考证并有效的37种，另增加了17种，并订正了7种，共计61种。

## 一、成庆泰（1957a，1957b）考证并有效的物种（37种）

（1）**鲤鱼 lǐyú**　学名：鲤 *Cyprinus carpio*（鲤科）
（2）**鲊 xù**　学名：鲢（白鲢）*Hypophthalmichthys molitris*（鲤科）
（3）**鳙 yōng**　学名：鳙（花鲢）*Aristichthys nobilis*（鲤科）
（4）**鳟鱼 zūnyú**　学名：赤眼鳟 *Squaliobarbus curriculus*（鲤科）
（5）**鲩鱼 huànyú**　学名：鲩（草鱼）*Ctenopharyngodon idellus*（鲤科）
（6）**青鱼 qīngyú**　学名：青鱼（黑鲩）*Mylopharyngodon piceus*（鲤科）
（7）**鲻鱼 zīyú**　学名：鲻 *Mugil cephalus*（鲻科）
（8）**白鱼 báiyú**　学名：红鳍鲌 *Culter erythropterus*（鲤科）
（9）**鯼鱼 zōngyú**　学名：鯮 *Luciobrama macrocephalus*（鲤科）
（10）**鳡鱼 gǎnyú**　学名：鳡 *Elopichthys bambusa*（鲤科）
（11）**石首鱼 shíshǒuyú**　学名：大黄鱼 *Pseudosciaena crocea*（石首鱼科）
（12）**勒鱼 lèyú**　学名：鳓 *Ilisha elongata*（锯腹鳓科）
（13）**鲥 shí**　学名：鲥 *Tenualosa reevesii*（鲱科）
（14）**鲳鱼 chāngyú**　学名：银鲳 *Pampus argenteus*（鲳科）
（15）**鲫鱼 jìyú**　学名：鲫 *Carassius auratus*（鲤科）
（16）**鲂鱼 fángyú**　学名：鲂 *Megalobrama terminalis*（鲤科）
（17）**鲈鱼 lúyú**　学名：松江鲈 *Trachidermus fasciatus*（杜父鱼科）
（18）**鳜鱼 guìyú**　学名：鳜 *Siniperca chuatsi*（鮨科）
（19）**杜父鱼 dùfùyú**　学名：黄鲋鱼 *Hypseleotris swinhonis*（塘鳢科）
（20）**黄鲴鱼 huánggùyú**　学名：银鲴 *Xenocypris argentea*（鲤科）
（21）**鲦 tiáo**　学名：鳌 *Hemiculter leucisculus*（鲤科）

（22）**鲙残鱼 kuàicányú** 学名：大银鱼 *Protosalax hyalocranius*（银鱼科）
（23）**鱵鱼 zhēnyú** 学名：鱵 *Hemirhamphus* sp.（鱵科）
（24）**鳢鱼 lǐyú** 学名：乌鳢 *Ophicephalus argus*（鳢科）
（25）**鳗鲡鱼 mánlíyú** 学名：鳗鲡 *Anguilla japonica*（鳗鲡科）
（26）**海鳗鲡 hǎimánlí** 学名：海鳗 *Muraenesox cinereus*（海鳗科）
（27）**鳝 shàn** 学名：黄鳝 *Monopterus albus*（合鳃鱼科）
（28）**鳝鱼 qīuyú** 学名：泥鳅 *Misgurnus anguillicaudatus*（鳅科）
（29）**鳣鱼 zhānyú** 学名：中华鲟 *Acipenser sinensis*（鲟科）
（30）**鲟鱼 xúnyú** 学名：白鲟 *Psephurus gladius*（长吻鲟科）
（31）**牛鱼 níuyú** 学名：鳇 *Huso dauricus*（鲟科）
（32）**鮠鱼 wéiyú** 学名：长吻鮠 *Leiocassis longirostris*（鲿科）
（33）**鮧鱼 yíyú** 学名：鲇 *Silurus asotus*（鲶科）
（34）**黄颡鱼 huángsāngyú** 学名：黄颡鱼 *Pelteobagrus fulvidraco*（鲿科）
（35）**海鹞鱼 hǎiyàoyú** 学名：赤魟 *Dasyatis akajei*（魟科）
（36）**文鳐鱼 wényáoyú** 学名：飞鱼科 Exocoetidae
（37）**鱼虎 yúhǔ** 学名：刺鲀 *Diodon* sp.（刺鲀科）

## 二、本研究增补的物种（17 种）

### （一）竹鱼 zhúyú 学名：鲮 *Cirrhinus molitorella*（鲤科）

鲮，体背部青灰，腹部白色，为中下层鱼类，生活于水温较高的水域，最大个体可达十市斤（即斤），为产区重要经济鱼类，也为两广重要养殖鱼类。《本草纲目》的“集解”中记述：“出桂林、湘、漓諸江中。狀如青魚，大而少骨刺，色如竹色，青翠可愛，鱗下間以朱點，味如鱖魚肉，爲廣南珍品。”

### （二）墨头鱼 mòtóuyú 学名：墨头鱼 *Garra pingi pingi*（鲤科）

墨头鱼为分布于澜沧江、元江、长江上游的一种底栖鱼类，通常栖息于急流中，以吸盘吸附于岩石上，主食藻类，味美，为珍贵经济鱼类。《本草纲目》的《石首鱼・附录》中记述：“四川嘉州出之，狀類鯶子，長者及尺。其頭黑如墨頭，有白子二枚，又名北斗魚。常以二三月出，漁人以火夜熠叉之。”

### （三）火烧鳊 huǒshāobiān 学名：胭脂鱼 *Myxocyprinus asiaticus*（胭脂鱼科）

胭脂鱼，体侧扁，幼鱼较高，成鱼渐低，背鳍基底很长，前部鳍条延长，幼鱼体褐色，体侧有三黑色横纹，成鱼体侧为胭脂红色。在《本草纲目》的《鲂鱼・集解》中是这样记述的：“又有一種火燒鯿，頭尾俱似魴，而脊骨更隆上，有赤鬣連尾如蝙蝠之翼，黑質赤章，色如煙熏，故名。其大有至二三十斤者。”

### （四）石斑鱼 shíbānyú 学名：光唇鱼 *Acrossocheilus* spp.（鲤科）

光唇鱼是分布于我国南方水流湍急河流的鱼类。体延长，口下位，须两对，唇厚，多有斑纹，春末产卵，以底栖动物和着生藻类为食。《本草纲目》的《集解》中记述：“石斑生南方溪澗水石處。長數寸，白鱗黑斑，浮游水面，聞人聲則劃然深入。”

**（五）石鲋鱼 shíbìyú**　学名：宽鳍鱲 *Zacco platypus*（鲤科）

宽鳍鱲分布于我国东部水系中，小型鱼类，体长且侧扁，口端位，体色鲜艳，体侧粉红，有蓝绿色横纹，背、臀鳍粉红色，臀鳍前部鳍条延长。《本草纲目》的《集解》中记述：“生南方溪澗中，長一寸，背裹腹下赤，南人以作鮓，云甚美。”

**（六）金鱼 jīnyú**　学名：金鱼 *Carassius auratus*（鲤科）

金鱼由野生鲫鱼培育而成，分为金鲫鱼、龙种、文种、蛋种四大类，主要品种有 300 多个，为我国的“国鱼”，是著名的观赏鱼。《本草纲目》的《集解》中记述：“金魚有鯉、鯽、鰍、鰲數種，鰍、鰲尤難得，獨金鯽耐久。[略]自宋始有畜者，今則處處人家養玩矣。春末生子於草上，好自吞啗，亦易化生。”

**（七）牛鱼 níuyú**　学名：牛鼻鲼 *Rhinoptera* sp.（牛鼻鲼科）

体平扁，体盘宽大，呈菱形，尾细长如鞭，喷水孔大，侧位，胸鳍宽大，体具很小星状小鳞。为暖湿性近海底栖善泳的中小型鱼类，嗜食贝类。《本草纲目》的《集解》中记述：“生東海，其頭似牛。（略）南海有牛魚，一名引魚，重三四百斤，狀如鱣，無鱗骨，皆有斑紋，腹下青色，知海潮。”

**（八）海鮠 hǎiwéi**　学名：海鲇 *Arius* spp.（海鲇科）

体长形，后部侧扁，裸露无鳞。口大下位，上下颌具细绒毛状齿带，须三对，上颌须较长。分布于东海南部及南海，为一种经济鱼类。《鮠鱼·正误》中记：“鮠生海中，大如石首，不腥，作鱠如雪。隋朝吴都進鮠魚，取快日曝乾瓶盛，臨時以布裹水浸用，與初鱠無異。”

**（九）鮹鱼 shāoyú**　学名：烟管鱼 *Fistularia* sp.（烟管鱼科）

鮹鱼体长呈鞭状，平扁。吻特长，呈管状。背、臀鳍完全相对，约始于体上五分之一的稍后方，尾鳍叉形，中间鳍条近丝状延长。《本草纲目》的《集解》中记述：“出江湖（编者注：应为海中），形似馬鞭，尾有兩歧如鞭鞘，故名。”

**（十）鲛鱼 jiāoyú**　学名：中国团扇鳐 *Platyrhina sinensis*（团扇鳐科）

团扇鳐体扁平，呈团扇形。体盘宽比体盘长为大。尾扁平，渐狭小，每侧具一皮褶。体具小鳞片。背鳍两个，尾鳍狭长。分布于我国沿海，为暖温性近海底栖小型鱼类。《本草纲目》的《集解》中记述：“鮫出南海，形似鼈，無鱗有尾。”

**（十一）鲛鱼 jiāoyú**　学名：尖齿锯鳐 *Pristis cuspidatus*（锯鳐科）

体延长平扁，背面稍圆凸，腹面平坦，头平扁，头长大于全长的三分之一。吻坚硬，平扁延长，突出呈剑状，边缘具利齿。背鳍两个，几乎同形同大。尾鳍宽短。为暖水性近海底栖鱼类，有时进入河口。《本草纲目》的《集解》中记述：“沙魚，大而長喙如鋸者。”

**（十二）鲛鱼 jiāoyú**　学名：虎鲨 *Heterodontus* spp.（虎鲨科）

体延长，前部粗大，后部较细小，头高大，略呈方形。尾比头和躯干稍长。背鳍两个，各具一硬棘。尾鳍宽短，帚形。体黄褐色，具深褐色斑纹。为近海底层鱼类，以贝类和甲壳类为食。《本草纲目》的《集解・虎鲨》中记述："背有斑文，如虎而堅彊者曰虎沙，亦曰胡沙，云魚虎所化也。"

**（十三）鲛鱼 jiāoyú**　学名：锯鲨 *Pristiophorus* sp.（锯鲨科）

体稍延长，前部稍宽扁，后部稍侧扁。尾细长，比头和躯干为短。吻延长，扁平，突出呈剑状，边缘具尖齿一纵行。背鳍两个。尾鳍狭长。为冷温性近海底栖鱼类。《本草纲目》的《集解・锯沙》中记述："鼻前有骨如斧斤，能擊物壞舟者曰鋸沙。"

**（十四）鲛鱼 jiāoyú**　学名：双髻鲨 *Sphyrna* spp.（双髻鲨科）

体延长，亚圆筒形。头平扁，前部两侧扩展，形成锤状突出，头长小于体长五分之一。尾侧扁。背鳍两个，第一背鳍大。尾鳍宽长。为暖水性大中型凶猛鱼类。《本草纲目》的"集解・挺额鱼"中记述："挺額魚，亦曰鐇鯌，謂鼻骨如鐇斧也，音蕃。"

**（十五）海鷂鱼 hǎiyáoyú**　学名：鳐鲼 *Aetobatus* sp.（鹞鲼科）

体平扁，体盘宽大，呈菱形，宽比长约大于 1.5 倍，约等于全长的三分之一。尾基部侧扁，后部细小延长，呈鞭状。吻短，三角形，前段尖突。胸鳍宽大，前部分化为吻鳍，在头侧分离。为暖水性近海底栖鱼类。《本草纲目》的《集解》中记述："生東海，形似鷂，有肉翅，能飛上石頭，齒如石板，尾有大毒，逢物以尾拔而食之。其尾刺人，甚者至死。"

**（十六）文鳐鱼 wényáoyú**　学名：裸鲤 *Gymnocypris* sp.（鲤科）

裸鲤体长形，稍侧扁。体裸露无鳞，有臀鳞，尾鳍叉形。体灰褐色或黄褐色。分布于高原的湖泊和水系中。《本草纲目》的《集解》中记述："按《西山經》云：觀水西注于流沙，多文鰩魚，狀如鯉，鳥翼魚身，蒼文，白首，赤喙。常以夜飛，從西海游於東海……。"

**（十七）海马 hǎimǎ**　学名：海马 *Hippocampus* spp.（海龙科）

海马体侧扁，背部隆起，腹部凸出，躯干部和尾部成棱形。口小，端位。体无鳞，完全被骨环所包。背鳍长，较发达。臀鳍较短，无腹鳍及尾鳍。无食用价值，但中药价值高。《本草纲目》的《集解》中记述："海馬出南海，形如馬，長五六寸，蝦類也。《南州異物志》云：大小如守宮，其色黃褐。婦人難產割裂而出者，手持此蟲，即如羊之易產也。"

## 三、重新订正的物种（7 种）

**（一）鲚 jì**　学名：刀鲚 *Coilia ectenes*（鳀科）

刀鲚为分布广的一种小型经济鱼类，每年 2—3 月由海入江产卵、育肥，次年入海，以浮游动物为食。

《本草纲目》的《集解》中记述："鱭出江湖中，常以三月始出，狀狹而長，薄入削木片，亦如長薄尖刀形，細鱗白色。吻上有二硬（作者注：上颌骨延長），鬚鰓下有長鬣如麥芒（作者注：胸鳍鳍条延长），腹下有硬角刺，快利若刀，腹近尾有短鬣。"

## （二）嘉鱼 jiāyú　学名：多鳞白甲鱼 *Onychostoma macrolepis*（鲤科）

多鳞白甲鱼分布于长江、渭河、滹沱河，当地名叫丙穴鱼，栖息山溪流水中，主食藻类。《本草纲目》的《集解》中记述："狀似鯉而鱗細如鱒，肉肥而美，大者五六斤，食乳泉，出丙穴，二三月隨水出穴，八九月逆水入穴。"

## （三）鲨鱼 shāyú　学名：子陵吻鰕虎鱼 *Rhinogobius giurinus*（鰕虎鱼科）

子陵吻鰕虎鱼为我国各大河、湖沼广布种小型鱼类，体近圆筒形，背鳍两个，左右腹鳍愈合成一吸盘，体青灰色，以水生昆虫、小虾为食。其肉嫩香鲜，产量大，有一定的经济价值。《本草纲目》的《释名》中这样记述："此非海中沙魚，乃南方溪澗中小魚也。居沙沟中，吹沙而游，咂沙而食。肉多形圓，陀陀然也。"《集解》中又这样记述："大者長四五寸，其頭尾一般大，頭狀似鱒，體圓似鱓，厚肉，重唇，細鱗。黃白色，有黑白點文，背有鬐鬣，刺甚硬，其尾不歧。小時即有子，味頗美。"

## （四）鱊鱼 yùyú　学名：鳑鲏鱼 Acheilognathinae（鲤科）

鳑鲏鱼为一类小鱼，体扁而薄，卵圆形，雌鱼在臀鳍前有一条输卵管，产卵于河蚌的外套腔内，生殖期雄鱼体色美丽，吻端还有珠星。《本草纲目》的《释名》中有简单记述："鱊，小魚也，名義未詳。"

## （五）河豚 hétún　学名：东方鲀 *Takifugu* spp.（鲀科）

河豚肉味鲜美，自古以来被认为是水产品中的珍馐美味，然其内脏、生殖腺及血液有毒，经过严格处理才可食用。关于河豚的食味及毒性，在《本草纲目》的《集解》和《气味》中都有记述："河豚，江淮河海皆有之。""河豚有大毒，而云無毒何也。味雖珍美，修治失法，食之殺人。"

## （六）比目鱼 bǐmùyú　学名：鲽形目 Pleuronectiformes

比目鱼是硬骨鱼纲鲽形目的总称，其特征体极扁平，两眼位体一侧（左或右），稚鱼期体有变态，由侧扁到平扁，比目鱼、鲽、鲂、魼皆有不比不行之意。《尔雅》中比目鱼不比不行，纯属推测之说。《本草纲目》的《释名》中记述："比，並也。魚各一目，相並而行也。《爾雅》所謂東方有比目魚，不比不行，其名曰鰈，是也。"

## （七）鲛鱼 jiāoyú　学名：真鲨科 Carcharhinidae

真鲨（白沙）属板鳃鱼亚纲，种类很多，在我国沿海分布甚广。肉可供食用，皮可制革，肝脏为制鱼肝油的主要原料之一，鳍加工后即为名贵的"鱼翅"。《本草纲目》的《集解》中记述："古曰鮫，今曰沙，是一類而有數種也。東南近海諸郡皆有之。形並似魚，青目赤頰，背上有鬣，腹下有翅，味並肥美，南人珍之。"

尚需说明的是：①成庆泰（1957a，1957b）发表的两篇考证论文，共载《本草纲目》鱼类有 44 种，笔者认为其中 7 种有误，故在此厘定之；②为方便读者查对原著，文中录列物种的顺序均以原书为准，故与分类系统的排序无关；③每个物种之左方的中文名称均源于原著，然其右方的学名（包括常规使用的中名）则是前人或笔者业经考证而厘定的。

至此，兹将研究结果依现代分类系统整理并列示于表 4-8。

**表 4-8 《本草纲目》鳞部鱼类的分类系统目录**

| 分类系统目录 | 原著鱼类名称 |
|---|---|
| **软骨鱼纲 Chodrichthyes** | |
| 虎鲨目 Heterodontiformes | |
| **虎鲨科** Heterodontidae | |
| 虎鲨 *Heterodontus* spp. | 鲛魚 |
| 真鲨目 Carcharhiniformes | |
| **真鲨科** Carcharhinidae | 鲛魚（属种未定） |
| **双髻鲨科** Sphyrnidae | 鲛魚 |
| 双髻鲨 *Sphyrna* spp. | |
| 锯鲨目 Pristiophoriformes | |
| **锯鲨科** Pristiophoridae | |
| 锯鲨 *Pristiophorus* sp. | 鲛魚 |
| 锯鳐目 Pristiformes | |
| **锯鳐科** Pristidae | |
| 尖齿锯鳐 *Pristis cuspidatus* | 鲛魚 |
| 鳐形目 Rajiformes | |
| **团扇鳐科** Platyrhinidae | |
| 中国团扇鳐 *Platyrhina sinensis* | 鲛魚 |
| 鲼形目 Myliobatiformes | |
| **魟科** Dasyatidae | |
| 赤魟 *Dasyatis akajei* | 海鷂魚 |
| **鳐鲼科** Aetobatidae | |
| 鳐鲼 *Aetobatus* sp. | 海鷂魚 |
| **牛鼻鲼科** Rhinopteridae | |
| 牛鼻鲼 *Rhinoptera* sp. | 牛魚 |
| **硬骨鱼纲 Osteichthys** | |
| 鲟形目 Acipensseriformes | |
| **鲟科** Acipenseridae | |
| 中华鲟 *Acipenser sinensis* | 鱣魚 |
| 鳇 *Huso dauricus* | 牛魚 |
| **匙吻鲟科** Polyodontidae | |
| 白鲟 *Psephurius gladins* | 鱘魚 |
| 鲱形目 Clupeiformes | |
| **鲱科** Clupeidae | |
| 鲥 *Tenualosa reevesii* | 鰣 |
| **锯腹鳓科** Pristigasteridae | |
| 鳓 *Ilisha elongata* | 勒魚 |
| **鳀科** Engraulidae | |
| 刀鲚 *Coilia ectenes* | 鱭 |
| 鲑形目 Salmoniformes | |

续表

| 分类系统目录 | 原著鱼类名称 |
| --- | --- |
| **银鱼科** Salangidae | |
| 大银鱼 *Protosalax hyalocranius* | 鱠残魚 |
| 鳗鲡目 Anguilliformes | |
| **鳗鲡科** Anguillidae | |
| 鳗鲡 *Anguilla japonica* | 鳗鱺魚 |
| **海鳗科** Muraenesocidae | |
| 海鳗 *Muraenesox sinereus* | 海鳗鱺 |
| 鲤形目 Cypriniformes | |
| **胭脂鱼科** Catostomidae | |
| 胭脂鱼 *Myxocyprinus asiaticus* | 火燒鳊 |
| **鲤科** Cyprinidae | |
| 青鱼（黑鲩）*Mylopharyngodon piceus* | 青魚 |
| 鲩（草鱼）*Ctenopharyngodon idellus* | 鲩魚 |
| 宽鳍鱲 *Zacco platypus* | 石鮅魚 |
| 鯮 *Luciobrama macrocephalus* | 鯼魚 |
| 赤眼鳟 *Squaliobarbus curriculus* | 鱒魚 |
| 鳡 *Elopichthys bambusa* | 鱤魚 |
| 䱗 *Hemiculter leucisculus* | 鰷 |
| 红鳍鲌 *Culter erythropterus* | 白魚 |
| 鲂 *Megalobrama terminalis* | 魴 |
| 银鲴 *Xenocypris argentea* | 黃鲴魚 |
| 鳑鲏鱼 Acheilognathinae | 鱊魚 |
| 多鳞白甲鱼 *Onychostoma macrolepis* | 嘉魚 |
| 光唇鱼 *Acrossocheilus* spp. | 石斑魚 |
| 鲮 *Cirrhinus molitorella* | 竹魚 |
| 墨头鱼 *Garra pingi pingi* | 墨頭魚 |
| 裸鲤 *Gymnocypris* sp. | 文鰩魚 |
| 鲤 *Cyprinus carpio* | 鯉魚 |
| 鲫 *Carassius auratus* | 鯽魚 |
| 金鱼 *Carassius auratus* | 金魚 |
| 鲢 *Hypophthalmichthys molitris* | 鱮 |
| 鳙 *Aristichthys nobilis* | 鱅 |
| **鳅科** Cobitidae | |
| 泥鳅 *Misgurnus anguillicaudatus* | 鰌魚 |
| 鲶形目 Siluriformes | |
| **鲶科** Siluridae | |
| 鲇 *Silurus asotus* | 鮧魚 |
| **鲿科** Bagridae | |
| 黄颡鱼 *Pelteobagrus fulvidraco* | 黃顙魚 |
| 长吻鮠*Leiocassis longirostris* | 鮠魚 |
| **海鲇科** Aridae | |
| 海鲇 *Arius* spp. | 海鮠 |
| 颌针鱼目 Beloniformes | |
| **鱵科** Hemiramphidae | |

续表

| 分类系统目录 | 原著鱼类名称 |
|---|---|
| 鱵 *Hemiramphus* sp. | 鱵魚 |
| 飞鱼科 Esocoetidae | 文鰩魚（属种未定） |
| 刺鱼目 Gasterosteiformes | |
| 烟管鱼科 Fistulariidae | |
| 烟管鱼 *Fistularia* sp. | 鮹魚 |
| 海龙科 Syngnathidae | |
| 海马 *Hippocampus* spp. | 海馬 |
| 鲻形目 Mugiliformes | |
| 鲻科 Mugilidae | |
| 鲻*Mugil cephalus* | 鯔魚 |
| 合鳃鱼目 Synbranchiformes | |
| 合鳃鱼科 Synbranchidae | |
| 黄鳝 *Monopterus albus* | 鱓 |
| 鲈形目 Perciformes | |
| 鮨科 Serranidae | |
| 鳜 *Siniperca chuatsi* | 鱖魚 |
| 石首鱼科 Sciaenidae | |
| 大黄鱼 *Pseudosciaena crocea* | 石首魚 |
| 鲳科 Stromateidae | |
| 银鲳 *Pampus argenteus* | 鯧魚 |
| 塘鳢科 Eleotridae | |
| 黄黝 *Hypseleotris swinhonis* | 杜父魚 |
| 鰕虎鱼科 Gobiidae | |
| 子陵吻鰕虎鱼 *Rhinogobius giurinus* | 鯊魚 |
| 鳢科 Channidae | |
| 乌鳢 *Ophicephalus argus* | 鱧魚 |
| 杜父鱼科 Cottidae | |
| 松江鲈 *Trachidermus fasciatus* | 鱸魚 |
| 鲽形目 Pleuronectiformes | 比目魚（科属种未定） |
| 鲀形目 Tetraodontiformes | |
| 鲀科 Tetraodontidae | |
| 东方鲀 *Takifugu* spp. | 河豚 |
| 刺鲀科 Diodontidae | |
| 刺鲀 *Diodon* sp. | 魚虎 |

## 参 考 文 献


成庆泰. 1957a. 从分类学观点对本草纲目鳞部无鳞鱼类的探讨. 学艺月刊, (12): 4-6

成庆泰. 1957b. 从分类学观点对本草纲目鳞部鱼类的探讨. 学艺月刊, (9): 2-4

郑葆珊, 等. 1987. 中国动物图谱 • 鱼类(第二版). 北京: 科学出版社

# 中国古代两栖动物学成就的研讨

黄永昭

古人对于动物的认知，主要来源于生活和生产实践活动中的直接观察。从查阅春秋战国至清代末年（公元 1911 年）的古籍资料中可以看出，对于常见的、体型较大的、有食用或者药用价值的两栖动物记述较多，也较为详细；反之记述简单而笼统，甚至根本没有记载。中国现已记录的两栖纲 Amphibia 动物有 3 个目（有尾目 Urodela、无尾目 Anura、蚓螈目 Gymnophiona）约 11 科 6 属 350 种。根据已搜寻到的古籍中记载的资料整理考证，我国古代记录的两栖动物共 2 目（有尾目、无尾目）8 科约 14 属 22 种。

本文通过对各历史时期古籍中搜集到的有关两栖动物资料，在整理、分析的基础上拟就对古代两栖动物的名称辨考、形态、生态和利用等方面的成就进行分析评价。

## 一、汉代之前古人对两栖动物的认识

有关两栖动物的古籍中记录只能从周代诗歌总集《诗经》开始，但历史可以追溯到殷商时期的甲骨文中就有 “”（黾，即蛙类），这一象形字证明我国古人在史前时期就已认识蛙类。

春秋战国时期成书的《山海经》记载着夏禹时代的图腾神物中夹杂有大量的动植物，其中有关两栖动物的名物，如书中多处提及“人鱼”、两处为“鰟鱼”（即今之大鲵，俗称娃娃鱼），同时还提到“黾”和“活师”（即蝌蚪）等。这进一步说明古人在史前时期就注意到这类动物了，并且其记录早于《诗经》，也就是说在 4000 多年前古人就已认识大鲵、蛙和蝌蚪等两栖动物。

《诗·邶风·新台》云：“燕婉之求，得此戚施。”在汉·许慎《说文解字·黾部》中引用同一诗句，作“得以䵹[①]䵸[②]。”注释：“䵹䵸，詹諸也。”可见，戚施便是䵹䵸。宋·罗愿《尔雅翼·释鱼》：“蟾蜍，《韓詩薛君》亦曰‘得此戚施’，戚施，蟾蜍，喻醜恶也。”戚施即蟾蜍，这表明了周代人们已经认识蟾蜍并将其写入诗歌中。

成书于战国至秦汉之间的《尔雅》总结了商、周和春秋战国时代的科学文化成果。其中将动物分为虫、鱼、鸟、兽四大类，而把两栖动物列入《释虫》或《释鱼》（即虫类或鱼类）里，其名物共五则，经晋代郭璞作注和宋代邢昺的作疏后，其意义才更为明确。一则列于《释虫》中：“螫蟆。郭注：蛙类。邢疏：此自一種蝦蟆也。”四则列于《释鱼》中：①“科斗，活東。”郭注：蝦蟆子。邢疏：郭云蝦蟆子。此蟲一名科斗，一名活東。头圓大而尾細。”这当指今之无尾目的幼体的蝌蚪。②“鼁䵹，蟾諸，在水者

① 䵹：qīu，《廣韻》七由切。《集韻》雌由切。並音秋。《爾雅·釋魚》：鼁䵹，蟾諸。又《說文》：䵸字注引《詩》得此䵹䵸。按《詩·衛風》今作戚施。cù，又《唐韻》七宿切。音蹴。《說文》：鼁，或從酋。按䵹，從黽，從酋聲，轉入有戚音。重讀字，戚又轉蔟音也。——摘自《康熙字典》（标点整理本）P1526，上海辞书出版社，2007。

② 䵸：shī，《唐韻》式支切。《集韻》商支切。並音施。《說文》：䵹䵸，詹諸也。《詩》曰：得此䵹䵸。言其行䵹䵸。按《詩·衛風》：今作戚施。——摘自《康熙字典》（标点整理本）P1527，上海辞书出版社，2007。

黾。郭注：似蝦蟆，居陸地；《淮南》谓之去蚊。耿黽也，似青蛙，大腹，一名土鸭。邢疏：此有多种。鼁䵶，一名蟾諸。……然蟾諸非蝦蟆，但相似耳。……其居水者名黾，一名耿黽，一名土鴨，狀似青蛙，而腹大为异。”显然，鼁䵶、去蚊是蟾诸（蟾蜍）的同物异名；黾、耿黽、土鸭均系蛙类，不同于蟾蜍。③“鯢，大者謂之鰕。郭注：今鯢鱼似鮎，四脚，前似獮猴，後似狗，聲如小兒啼，大者長八九尺。邢疏：鯢，雌鯨也，大者長八九尺，别名鰕。”此处的鲵即指今称的大鲵 *Andrias davidianus*。④“蝾螈，蜥蜴；蜥蜴，蝘蜓；蝘蜓，守宫也”，这显然是将蝾螈混淆为爬行动物中的蜥蜴类了。这其中的一些名称，如蟾诸（蟾蜍）、科斗（蝌蚪）、鲵、蝾螈依然沿用在如今的两栖动物分类中。《尔雅》将两栖动物归入虫类和鱼类，反映出2000多年前我国学者关于两栖动物在自然界位置的最早认识之一。郭璞对《尔雅》中记载两栖动物名物的注解较为符合实际，发展和丰富了各动物的形态描述，对后来历代两栖动物的分类有很大影响。

随着人们对两栖动物观察和认知的逐渐深入，汉代一些学者，如郑玄、王逸和高诱等对《周礼》《礼记》《楚辞》等古籍中提及的蝈或蝼蝈、鼃或鼃黽诸名物，以蛙、虾蟆或虾蟆属作了注解。东汉·许慎的《说文解字》既汇总了商、周和春秋战国时代的动物学知识，又归纳了秦汉时期的成果，其中将有关两栖动物的字、词分别归于鱼、虫、黾三个部首之下，计有十则：①《鱼部》一则，如鲵（释：刺鱼也）；②《虫部》五则，如蚖（荣原），蝺[①]（蝺鼀、詹诸，以脰鸣者），虾（虾蟆也），蟆（虾蟆也），蝈（蜮，又从国……以为虾蟆之别名）；③《黾部》四则，如黾（鼃黾也），鼃（虾蟆也），鼀（圥鼀、詹诸也），䵶（鼀，或从酋），鼅（䵶鼅，詹諸也）。这里的“鲵”已不是《尔雅》所述的“鲵”了，说明从秦到东汉的两三百年里，有的名称与实物已经各不相同了。但是，大体上将蟾蜍与鼃或虾蟆分开了，即蟾蜍为一类，鼃或虾蟆为另外一类。

从《诗经》、《尔雅》到《广雅》历经1000多年的时间里，学者们对涉及两栖动物的解释、讨论，就只有鲵、蟾蜍和蛙类三个名物。除了《说文解字》里面为蛙类另立一个“黾”部首之外，其他著作都是将两栖动物与虫鱼混杂在一起。

## 二、雅学对两栖动物的记述

三国魏·张揖《广雅》是继承《尔雅》开创雅学的著作，其中将两栖动物均归入《释鱼》里，有“鰰，鯢也”“鼃，蟈，長股也；去蚊、苦蠪、胡蜢、鼃，蝦蟆也”，这里将去蚊，苦蠪、鼃等名物以虾蟆注释，显然是将蛙、蟾二类动物统称为虾蟆了；没有提及“蟾诸”和“科斗、活东”，较《尔雅》的名物归类有退步。

在《广雅》之后，宋·陆佃《埤雅·释鱼》和罗愿《尔雅翼·释鱼》对蝌蚪的记述有新意，二书中均记有“大蠹生前兩足，小蠹生後兩足”，这句话前后半句分别表明了有尾目幼体和无尾目蝌蚪生长发育的不同，即指生长发育过程中前者先长出前肢后长出后肢，后者却恰好相反。《尔雅翼·释鱼》中科斗条目记：“科斗，蝦蟆子也。蝦蟆曳腸于水際草上，纏繳如索，日見黑點漸深。至春水時，鳴以聒子，則科斗皆出，謂之聒子。……頭圓，色黑，始出有尾而無足。稍大足生而尾脱，……科斗唯唯，群浮暗水，唯朝繼夕，聿役如鬼，言其出没不常也。亦自相啖齧，伺其前者銜其尾……皆脚具而尾始脱耳。”这里虽然将“虾蟆”（当指今之蟾蜍 *Bufo*）产出的长管形卵胶带误为“曳肠”，也没能说明“头圆，色黑”者当是蟾蜍蝌蚪。但简要地记述了蟾蜍在水草间产出卵胶带，卵逐渐发育孵化出蝌蚪，蝌蚪在水中生长发育及其活动情况，一直到完成变态的全过程，并描述了蝌蚪同类相残的现象。这也是古籍中能够

① 蝺：jú，《唐韻》《集韻》並渠竹切。音踘。《玉篇》：蟲名。《說文》：蝺鼀，詹諸。以脰鳴者。又《集韻》居六切。音匊。義同。qū，《廣雅》：怨蟺也。一曰蝺，戚蟧也。——摘自《康熙字典》（标点整理本）P1061，上海辞书出版社，2007。

反映出无尾两栖动物成体回到水中产卵，并在水中渡过其幼年期的首次记载。

除上述“新意”之外，唐宋时期雅学或博物学关于两栖动物的著述大都重复前人的论述而不核对实物，并加入一些神话传说。例如，唐·段成式《酉阳杂俎》虽然以博闻多识著称，但有“鯢魚……能上樹”“蝦蟆無腸”“蝦蟆聲抱”等无稽之谈。宋·陆佃《埤雅·释鱼》及罗愿《尔雅翼·释鱼》里亦抄录有“蟾蜍壽至千歲”“蟾蜍，月精也”“蟾蜍去月，天下大亂”等传说。宋·郑樵《通志·昆虫草木略》中记：“鯢，《爾雅》云：鯢大者曰鰕。即雌鯨也。大者長八九尺，狀似鮎魚。腳前似獼猴，後似狗，聲如小兒啼。今洞庭有之。”又说“凡蝦蟆之類皆不交合，惟雌雄相對吐沫，漸成魚子，遂變而成科斗。”说明郑樵没有见过大鲵，只是照古书杂抄在一起，于是就把鲵鱼错放到属于兽类的雌鲸身上了；也没有见过蛙、蟾之类抱对产卵的繁殖行为，于是以讹传讹。明·方以智《通雅》卷四七所记“人鱼”和“蟾蜍”二则的解释也是杂抄群书，而且抄的更杂，如人鱼条文抄录前人关于人鱼、鲵、魶和鰨等注释，又将鲵鱼“善登木”“能上树”等讹传抄集在一起；在转抄前人关于蟾蜍的记述之后，提出“陳藏器疑惑，而以蝦蟆與蟾蜍辨，何泥也！”他反对陈氏关于虾蟆与蟾蜍二物个别的正确见解，却无论据和实物验证。可见，方氏在实际知识方面的缺失。考据名物，只查古书而不核查实物，势必脱离实际，造成名物的紊乱。从公元7世纪初唐代孔颖达注疏五经起到公元18世纪末清代王念孙、王引之的《广雅疏证》都没能说明鲵、蟾蜍和蛙究竟应该如何辨别。也就是说，在《广雅》之后的1000多年里，雅学对于两栖动物的著述没有明显的发展。就实物而言，雅学的造诣就远不及本草学了。

## 三、本草学著作中的两栖动物

本草学即药物学，其著作以认识和辨别药用动植物及其药效为主，与考据名实为主的雅学著作有所不同。现存最早的《神农本草经》中记载的两栖动物只有“虾蟆”一则，记其药性功用及“生池泽”，却无形态记述。南朝宋·雷敩《雷公炮炙论》记：“蝦蟆有多般，勿誤用。有黑虎，……有蟾。其形各别，……蟾即黃斑，頭有肉角。”可见，雷氏所记述的“虾蟆”应是包括今之蟾蜍 *Bufo* spp. 和一般常见蛙类 Ranidae 的通名，而入药用的“虾蟆”则指“头有肉角”（指今称的耳后腺）的蟾蜍。南朝梁·陶弘景《名医别录》中记有两栖动物三则：①“蝦蟆，一名蟾蜍，一名𪓰䵷，一名去甫，一名苦蠪，生江湖池澤”，即指今称的蟾蜍；②鼃，“一名長股。生水中，取無時”，当指常见的今之蛙类；③鯜，“又有人魚，似鯷而有四足，聲如小兒，食之療瘕疾，……荊州臨沮清溪，至多此魚。”当指今之大鲵。

唐宋时期经济文化的发展，促进了药物知识的积累和深化，本草学中药用两栖动物有所增加，记述也较为详细，有助于名物的辨识和利用。例如，唐·陈藏器《本草拾遗》中记载有鲵鱼、溪狗、“虾蟆、蟾蜍”和活师四则，依其各相关形态和习性等描述，可识别出：鲵鱼即指今之大鲵；溪狗因其记述简单不能确定其属种，只能确认是有尾目的一种；虾蟆和蟾蜍二物各别：“蝦蟆背有黑點，身小，能跳接百蟲，解作呷呷聲，在陂澤間，舉動極急”，这当指现今所称的泽陆蛙 *Fejervarya multistriata*；“蟾蜍身大，背黑無點，多痱磊，不能跳，不解作聲，行動遲緩，在人家濕處”，这显然指的是今之常见的中华蟾蜍 *Bufo gargarizans*。故陈氏指出：“《本經》云：蝦蟆，一名蟾蜍，誤矣。”同时还提及青蛙、蛙蛤、蝼蝈、长肱和石榜等名物，都无任何描述，但从其前后的一些著述来看，这些名物均当属于今之无尾目的蛙科 Ranidae；活师，即蝌蚪，为虾蟆（蛙）、蟾蜍之幼体。宋·苏颂《图经本草》中记载的两栖动物仅有二则：①虾蟆：形态、习性均与陈氏描述的类同，认为虾蟆与蟾蜍并非一物，即分别指今之陆泽蛙和中华蟾蜍；“科斗”注以虾蟆子。同时，提及《洽闻记》所记的田父和“多在山石中藏蛰”的山蛤。反映出当时人们已能识别出其他蛙种。②鼃：依据所述名称及其简单的描述来看，此鼃是指上则之外的其他蛙类，如青蛙或土鸭即今之常见的黑斑侧褶蛙 *Pelophylax nigromaculatus*、金线蛙即当今称的金线侧

褶蛙 *P. plancyi* 或是福建侧褶蛙 *P. fukienensis*，水鸡（蛤子）当指今之虎纹蛙 *Hoplobatrachus chinensis*。宋·寇宗奭《本草衍义》记载的两栖动物仅有鳀鱼、虾蟆（蟆）和鼃三则，分别指今之大鲵、蟾蜍和蛙类。他在“鳀鱼”条目中记道：“嘗剖之，中有三小蟹，又有四、五小石塊如指面許，小魚五、七枚。”这是古人解剖观察两栖动物食性的唯一记录。又在“虾蟆”条目中指出：“世有人收三足枯蟾以罔衆，但以水沃半日，盡見其僞，蓋本無三足者。”揭露了当时一些药贩子的骗人伎俩。可见，寇氏是一位勤于观察、实事求是、具有学术素养的本草学学者。宋·唐慎微《证类本草·虫鱼部》中记载的两栖动物有鳀鱼、鲵鱼、溪狗、虾蟆、鼃和活师六则。从其记述的各相关形态、生活习性及药用情况来看，鳀鱼和鲵鱼均指今之大鲵，而非两种；溪狗采纳了陈藏器的描述；虾蟆以蟾蜍注释，同时又记述一些蛙名，显然将蟾、蛙混淆而通称为虾蟆；鼃则是指除蟾蜍外的所有蛙类。

明代末期，李时珍在继承前人成果的基础上，结合自身实践和积累的资料所编著的《本草纲目》一书中，引证、注释、修订或增补的两栖动物名物共计九则，分别归于《虫部·湿生类》和《鳞部·无鳞鱼类》。现在就其分类学上的地位概述如次：●《虫部·湿生类》有七则：①蟾蜍，古籍中的异名有鼁䵹、䵹鼀、蝲鼁、苦蠪、蚵蚾、癞蛤蟆。依李氏引证各家描述，当指一般常见的今之中华蟾蜍。②虾蟆，以《尔雅》中的“蟼蟆”解释，亦明确指出其不同于蟾蜍。按李氏所述的形状、大小、色泽和习性，此处的虾蟆主要指今称的陆泽蛙；其次泛指“功用小别”的其他蛙类，从其中可鉴别出今之蛙科的林蛙 *Rana* spp.、棘蛙 *Paa* spp.。③鼃，曾用名有长股、田鸡、青鸡、坐鱼、蛤鱼。依据各相关的形态、生态和食用或药用有别的记述来看，有如前面述及的今称之黑斑侧褶蛙或者金线侧褶蛙、虎纹蛙等。④山蛤，李氏将《图经本草》虾蟆条目中所记载的山蛤与下面提及的田父分开，单列为两种药用动物。根据简单的记述，山蛤当指今称的棘蛙或林蛙之类。⑤田父，又名蝓。按照《洽闻记》：“蝦蟆大者名田父，能食蛇。”并“取背上白汁”能治病来看，这就不是蟾蜍，也不是身小的泽陆蛙，而可能是另外一蛙种。⑥蝌斗（蝌蚪）是蟾、蛙的幼体，古籍中的异名有活师、活东、玄鱼、悬针、水仙子和虾蟆台等，李氏对各名称做了综述，却未能阐明蟾蜍蝌蚪和蛙蝌蚪之间的区别。⑦溪狗，转引《本草拾遗》的记述，只能确定其属于无尾目。●《鳞部·无鳞鱼类》中记录的二则分别是鳑鱼与鲵鱼，李氏对前人记载的鳀鱼校正为鳑鱼，并对鳑鱼与鲵鱼历来异名的相关叙记作了综述，将其分立为两种药物；实际上，二者的形态特征、叫声和生活环境都基本相同，当系同物异名，都是今称的大鲵。此外，尚须提出来的是，李氏将蝾螈混淆为蜥蜴而列入《鳞部·龙类》的石龙子条目中予以记述。由此可见，《本草纲目》中记载的两栖动物，可以根据其各则相关的形态、生态、产地及药用或食用价值等记述，有的可以确定到科或属，有的还可以确定到种。但也存在一些混淆和错误，如仍将两栖动物列入虫类和鳞类的无鳞鱼中，把蝾螈混淆为爬行动物的蜥蜴类，只记述蝌蚪而未能说明蟾蜍蝌蚪和蛙蝌蚪之间的差别；引用文献方面缺乏考据而沿袭前人的一些迷信传言，如“蛤蟆亦能化鹑”（见《淮南子》）、“蛙亦能化鴽”（见《列子》）等。受时代局限，虽然有这些不足，但李时珍大体上已将两栖动物和爬行动物分开了，这已经超越了同时代欧洲学者关于两栖动物分类的水平。

## 四、杂记、游记、地方志等古籍中的两栖动物

雅学和本草学著作以记载黄河与长江中下游地区的两栖动物为主，而杂记、游记和地方志等古籍则记载着更为广阔地域的两栖动物，因而，其有关叙记不仅对以往记载名物的辨识或认定提供更多的依据，而且还可以从中获得雅学或本草学著作未曾记载的名物及相关的形态、生态、分布与利用等资料，从而确定出一些科、属，甚至到种，现举数篇概述于后。

唐·刘恂《岭表录异》卷上记：灵水溪“溪内有魚皆修尾，四足，丹其腹，游泳自若，漁人不敢捕之。”段公路《北户录》卷一所记“乳穴鱼”的形态与此类同，只多了“状若守宫”。据此，并与现存

实物核对，可以认为这种“鱼”应是广西灵川县山溪中产的一种肥螈 *Pachytriton* sp.。

宋・乐史《太平寰宇记》卷一六二记：龙盘山“有石洞，……洞中之水有魚，四足而有角，人不敢傷，恐致風雨。”此后，明清时期的地方志如《广西通志》卷三一中有类似记述，此“鱼”应是今称的一种瘰螈 *Paramesotriton* sp.；施宿等《会稽志・鱼部》卷一七记：“又有竹蛙，春中能升高而鳴，吐白沫如斗大，懸於竹、樹間，沫中皆有小黑子。大抵蛙之屬皆吐生也。”此竹蛙显然指今称的树蛙 *Rhacophorus* sp.，而悬于竹、树间“如斗大”的白沫则当指树蛙产卵时形成的卵泡。这是古籍中关于树蛙及其产卵习性的首次记载。直到清・王必昌《重修台湾县志》卷一二中记有“狀如蟾蜍，綠色，生樹間”的树蛤；金蓉镜纂辑《靖州乡土志》卷三记：“青脊，善鳴，其喙尤尖，善緣樹木”的青虾蟆；桂坫纂《旧西宁县志》卷一四记：“一種身更瘦，足更長，能緣木，俗呼爲擒樹蚜。……亦名上樹蚜。”等，都是今之树蛙的别名或俗名。张世南《游宦纪闻》卷二记他经过眉州（今四川眉山）时所见“大蝦蟆，兩兩相負，牢不可拆，極力分開，旋即相負如初。……每歲夏間，山傍人夜持火炬，入深溪或崖洞間捕捉大蝦蟆，俗名曰石撞，鄉人貴重之。”此处的大虾蟆应是今之棘腹蛙 *Paa boulengeri*，其记述真实，与现代调查相符合。反映出了棘蛙类的栖息场所及其繁殖方式是雌雄抱对产卵而不是“雌雄相對吐沫漸生魚子”，也表明了宋代已经有人观察和记录蛙类的繁殖习性了。车若水《脚气集》中记：“朝廷禁捕蛙，以其能食蝗也。”赵葵《行营杂录》写道：“馬裕齋知處州，禁民捕蛙，有一村民犯禁，乃將冬瓜切作蓋刳空其腹，實蛙於中。黎明，持入城爲門卒所捕，械至於庭。”叶绍翁《四朝闻见录》中记：“杭人嗜田雞如炙，即蛙也。舊以其能食害稼者，有禁。……今都人習此味不能止，售者至刳冬瓜以實之，置諸食蛙之門，謂之送冬瓜。”这反映出了宋代民间喜食蛙肉而大肆捕捉蛙类的情况，又表明当时人们已经认识到蛙能够捕食危害庄稼的害虫，并引起朝廷和官府重视而明令禁止捕杀蛙类。

元・脱因修、俞希鲁等纂至顺《镇江志》卷四记：“茅山池中有小龍子，狀類蜥蜴，腹下有朱書若符篆者，可謂靈物也。”以此结合后来的其他的地方志有关记述可知，小龙子当指今称的东方蝾螈 *Cynops orientalis*。

明・屠本畯《闽中海错疏》（公元 1596 年）是关于福建海水和淡水产动物的专著，其中记述的两栖动物有虾蟆、蟾蜍、大约、雨蛤、石鳞、水鸡、尖咀蛤、青约、青鲫和黄鲫共十个名物。除青鲫之外，依据各相关形状、体色或习性等的描述，大都可以确定其属或种。按上述次序对应的属或种名是：泽陆蛙、蟾蜍、福建侧褶蛙、雨蛙 *Hyla* sp.、棘蛙 *Paa* sp.、虎纹蛙、镇海林蛙 *Rana zhenhaiensis*、黑斑侧褶蛙、沼水蛙 *Hylarana guentheri*。其中，雨蛤却是前人未曾提及的名物，也是古籍中有关今之雨蛙科 Hylidae 动物的首次记载；清代的《福州府志》《福宁府志》《泉州府志》等地方志中所述的雨蛤、寒蛤或雨鬼均属于该科。明・方以智《物理小识・鸟兽虫鱼类》记：“石蝓似癩蛤蟆，大者長七八寸，其色近黑，能食蛇。”清代《永州府志・食货志》卷七上记：“黄蛙，性好食蛇。……”金蓉镜《靖州乡土志物产》载道：“石蚌，大於癩蝦蟆，能捉蛇。……石蚌即《圖經本草》所謂的田父也。” 依据各相关形态与食性的简单记述，并核查现代调查资料，表明石蝓、黄蛙和石蚌均是今称棘蛙的地方名，其最大者如棘腹蛙、棘胸蛙 *Rana spinosa* 等能捕食小蛇，也就是上述所谓的“田父”。又记“蝦蟆，四曰黄蝦蟆，身長，喙尖，四足，能跳，其色黑黄。”此应为今之寒露林蛙 *Rana hanluica*。清・魏枢等《盛京通志》卷二七记：山蛤“多伏巖中，似蝦蟆而大腹，黄紅色，俗呼哈什蟆。”即指今之东北林蛙 *Rana dybowskii*。李格《杭州府志・物产》卷八十记：“龍音蛇，俗名山和尚。……然昂首，四足厥狀可畏，有褐色、金色、藍色、翠色四種，惟翠色有毒。”依此形态、色斑的描述，并复核现今一些地方仍称山和尚的实物，确定“龙音蛇”应为今之中国瘰螈 *Paramesotriton chinensis*。李书吉等《澄海县志・物产》和周硕勋《潮州府志・物产》中均记述一种俗称“地牛”的蛙，即今称的花狭口蛙 *Kaloula pulchra*，隶属姬蛙科 Microhylidae。该蛙在繁殖期间雄性鸣声洪亮，音如牛吼，故在当地至今仍称之为“地牛”。

显而易见，杂记、游记和地方志等古籍中有关两栖动物名称（地方名、俗名）、形态、习性和产地等的记述，大多是雅学和本草学著作中所没有的。依据这些记述，可以确定出科、属，甚至是种，从而丰富了古代两栖动物的研究成果。

另外，汉代以后，尤其在唐宋时期有不少诗、词、赋等文学作品赞颂蛙之美味佳馔，描述蛙、蟾的形态、习性、鸣叫行为等，还有一些相关的故事和传说。对此，不再举例赘述。

## 五、小　　结

中国是一个历史悠久的文明古国，在古籍中记载两栖动物的历史很早。在殷商时代的甲骨文中及古老典籍《山海经》中的记录反映出中国古人早在史前时期即4000多年前就认识蛙、鲵和蝌蚪等两栖动物了。周代和春秋战国时代有关两栖动物的知识在《诗经》《周礼》《礼记》《楚辞》等古籍中有零星记述，而主要成就总结于《尔雅》中，汉·许慎的《说文解字》中亦作了解释。并归纳有秦汉时期的成果。《尔雅》书中，将两栖动物列入《释虫》《释鱼》中。从此以后，直到清代末期的2000多年里，古籍中关于两栖动物的记载都隶属虫类和鱼类，即混淆于虫、鱼之中，而且始终没能把蝾螈安放在两栖动物中，而是混淆为爬行动物的蜥蜴类。

汉代以后，有关两栖动物的著述，主要有以下三个方面。

### （一）雅学

在三国魏·张揖《广雅》之后，继起的著作虽然很多，但是对于两栖动物的记述，除前面已述及《尔雅翼》中有“新意”之外，大都是沿袭前人的论述而不核对实物，并加入一些神话传说。可以说，从《广雅》到清末郝懿行《尔雅义疏》的1000多年里，雅学对两栖动物的著述没有明显的发展。

### （二）本草学

以《神农本草经》为开端的本草学著作，经唐宋两代的整理和修订，促进了药物学家对药用动植物的研究，述及两栖动物的内容也有所增加。明代本草学又有了新的发展。李时珍的《本草纲目》（1596年）全面地总结了明代以前本草学发展的成就。根据该书所汇集的资料、按现代动物分类系统可确定到科、属、种级地位的两栖动物较雅学著述的多，达两倍以上。这表明了本草学是记载中国古代两栖动物知识积累的重要方面。从动物分类学角度看，《本草纲目》中虽然仍将两栖动物列入虫类和鳞类的无鳞鱼中，把蝾螈混淆在爬行动物的蜥蜴类里，也没能阐明蟾蜍蝌蚪与蛙蝌蚪之间的区别，引用文献也存在以讹传讹的情形等不足之处，但是已将两栖动物与爬行动物基本分开，远远超越了同时代欧洲学者对两栖动物分类的水平。

### （三）杂记、游记和地方志等

这些古籍中所述及两栖动物的名称、形态、生态、产地和应用等资料，不仅对以往记载的一些两栖动物的辨识或确定作了补充，而且填补了雅学和本草学著作中未曾记载的若干空缺，从而丰富和发展了中国古代两栖动物的研究成果。

尽管古籍中记载两栖动物的历史很早，然而在整个历史时期里所记载的两栖动物远不如鸟、兽、爬行和鱼等各纲动物多，可能与两栖动物在人类经济生活中只起到间接作用，也不给人带来危害而不够引起人们的注意有关。加之我国文化历来有尊古的传统，未能对前人的不足或错误记述提出质疑和修正，造成了两三千年间对两栖动物记述和研究没有显著的进展，做到《本草纲目》那样的地步也就很自然了。

# 中国古代鸟类学成就的研讨

童墉昌

鸟类学是近现代人在前人几千年文明积累的基础上建立起来的对鸟类专门研究的一门学科。从最基础的分类、生态、解剖、生理、遗传、驯养等方面，进而进入基因、分子生物学等更深入的探讨。

我国数千年的文明史与世界各地虽有交集，但整个人类文明史因生产力的限制，沟通与融会主要发生在工业革命之后。交通日益发达，世界各地域的相互认知、了解、学习，文明的融会才有了可能，而这种动向日益加快和加深。

我国古代自然科学大都散寓于各种文献之中，本无“鸟类学”这一专门的学科名称，直到明清之后，由于西方文化的导入，逐渐与各地域的文化交流，至近现代才有了“鸟类学”的形成。但在我国古代文献中，不乏前人对鸟类认识的记叙，且有不凡的贡献，在世界鸟类学的研究中有浓墨重彩的一笔。

## 一、实 物 为 证

人类文明始自渔猎，鸟类是猎物中重要的组成部分，在当时为人类提供了重要的食物来源，在人类进化逐渐走向文明的过程中，逐步积累了对鸟类的认识。湖南省京山县屈家岭考古发掘中发现早在新石器时代（公元前5000—前4000年）的陶鸡图；在河南闫村出土的器皿上刻有鹳鱼图；尚有不少考古发现说明当时人们对鸟类有了一定的认知。

至夏商时代（公元前2100—前1100年）殷墟出土的龟甲、兽骨中刻画有象形文字的甲骨文，为我国目前所知最早的文字，在其中有关鸟类的文字有：鳥、雞、雉、翰、鷸、鴻、鸛、雀、燕、鳳等，为我国最古老的鸟类文字记录（郭郛等，1999）。

## 二、书 海 觅 踪

在有了文字之后，尤其是我国古人发明了印刷术，使我国古代学者的著述得以流传，古人的专著鸿篇，历经几千年的积累，成千垒万，如何从中寻觅所需实为难事。所幸明朝修有《永乐大典》，清朝又修有《四库全书》。《永乐大典》已散佚不全，《四库全书》虽经战乱，仍被后人努力保存下来较完整的版本，后续又有《续修四库全书》、《四库全书存目丛书》及补编、《四库禁烧书丛刊》及补编，以及《四库未收书辑刊》等七部四库书系列，共收书籍5300余册、15 600余种。

在浩繁的古籍中，选其有关鸟类记述的精华依次予以评介。

《诗经》（公元前1100—前600年）是一部当时的歌谣集，传说原有1000多首，后遗存300余首，经孔丘等人整理撰着。全书分为风、雅、颂三个部分。风（十五国风）为当时各地方的民歌，雅（大雅与小雅）为贵族的诗歌，颂（周颂、鲁颂、商颂）是祭神、祭祖、赞扬功德的曲目。其中提到鸟类 71 次（61 首诗中），如鸠、鸥、枭、鸡、鹭、鹤、鹳、鸳鸯、鵙等。记叙了一些鸟的羽色、鸣声及习性等，还提到了一些鸟类的物候与农事的关系及一些生态习性。例如，《召南》中提到：鹊巢鸠占；《郑风》《齐风》中提到：鸡于天亮鸣叫曰“知时鸟”；《豳风》中提到不同时间出现不同鸟类——物候学等等。

《书经》（《尚书》）（公元前 300 年），其中《禹贡篇》记载九大州经济动物种类，为我国动物地理学之开篇。首次记述了鸟鼠同穴的共生现象，后经国内外学者考证：不同地域均有这一现象，只是雀与鼠的种类不同。例如，晋 • 郭璞注的《尔雅》这样描述：“鳥鼠同穴，其鳥爲鵌，其鼠爲鼵”。经考证，鸟为棕颈雪雀 *Montifringilla ruficollis* 或为白颊雪雀 *M. blonfordi*，同穴鼠为拉达克鼠兔 *Ochotona ladacensis*。而在周朝北部高原上的鸟鼠同穴，当为沙䳭*Oeranthe isabellina* 或漠䳭*O. deserti* 等与黄鼠 *Citellus dauricus* 或达乌尔鼠兔 *Ochotona dauriaa*。而在其他地域尚有不同的组合。共生现象最典型的是鸟鼠同穴。在唐 •孔颖达《尚书注疏》、东汉 • 班固作《汉书 • 地理志》、宋 • 程大昌《禹贡论》、清 • 徐松《西域水道记》等多篇文献中均有记载。古云：“鳥鼠同穴，其鳥爲鵌，其鼠爲鼵”。因地域的不同，鸟有雪雀、地鸦、䳭等，鼠为黄鼠、鼠兔、旱獭等。清 • 宋琬写的“鸟鼠同穴赞”：“鵌鼵二蟲，殊類同歸，聚不以方，或走或飛，不然之然，難以理推”最为形象。

汉 • 许慎撰《说文解字》，当时尚未发明印刷术，经手抄流行，窜改失真，后经宋 • 徐铉（公元 896 年）修订、增释方流传于世。其书涉及鸟类的文字有 188 字，鸟名 115 个。许慎将鸟类分为两个类群，“隹”：鸟之短尾总名也；“鸟”：长尾禽之总名也。但实不全为所言：如“隹”中雉类并非全是短尾，而“鸟”中的鷓鴣、天鹅等亦非长尾。许慎还记叙了雌雄二字，解释为雌为鸟母，雄为鸟父。对鸟体及羽毛也设定了一些专门的名称，如“羽”：鸟之长毛也，“翮”：羽基也，“翣”：翼也……。又对鸣叫、飞翔、鸟之成幼、捕鸟工具等也有所记叙。此书可作为秦汉时期人们对鸟类形态和生态认知的依据。

《山海经》（五藏山经）为秦之前历代口述传记，因地域不同，语言、文字均不统一，故重复误记多有之。共有海内外十八经。此书成于汉代以前，其所含的地理范围以秦的疆域为主，因而其中的《南山经》《西山经》《北山经》《东山经》《中山经》这五经是较为可信的。因口口相传，其中夸张、伪认、谬传甚多。例如，《南山经》中：瞿为“其狀如鵄，而白首三足人面”；《西山经》中：鸓为“其狀如鵲，赤黑而兩首四足”，鵸鵌为“其狀如鳥，三首六尾而善笑”；《北山经》中：鶾[①]为：“其狀如鵲，白身赤尾六足”，此类记叙只能说言及鸟类，而难以认知为何种类，个别的描述只可确认其大类，如鹰、雕、隼、鸮、雉、鹳等。经统计，此五经总计鸟类 89 种（类）：《南山经》10 种（类）、《南山经》31 种（类）、《北山经》18 种（类）、《东山经》4 种（类）、《中山经》26 种（类）。《山海经》虽然粗放，谬误较多，但仍然不失为我国动物地理学的开山之作。其后不少注释、校正《山海经》之作，如郭璞撰《山海经》《山海经图赞》及清 • 郝懿行着《山海经笺疏》等。

《尔雅》见于《汉书 • 艺文志》（不晚于西汉，为中国古代的第一部辞书）。其中，将动物分为虫、鱼、鸟、兽四大类，首次提出“二足而羽谓之禽，四足而毛谓之兽”。虽简约但精辟的鸟兽论，至今仍不失为科学之论。书中有记叙动物的 5 篇：《释虫》《释鱼》《释鸟》《释兽》《释畜》。在《释鸟》篇中除去非鸟的蝙蝠、鼯鼠等兽类外，共记叙鸟类约 70 余种（类）。由于叙述的十分简略，故能直接确定至种的仅为少数，如戴胜 *Upupa epops*、毛腿沙鸡 *Syrrhaptes paradoxus*、黑头蜡嘴雀 *Eophona personata* 等；而能定其类的较多，如杜鹃科 Cuculidae、鹰科 Accipitridae、鹭科 Ardeidae、鸭科 Anatidae 等。除种类鉴别外，还提出早成雏、晚成雏的现象，“生哺，鷇；生噣，雛”，以及不同鸟类飞翔的姿态，鸟鼠同穴等鸟类生态学方面的记叙。

① 鶾：bēn，《廣雅》博昆切。《集韻》逋昆切。並音奔。鳥名。《山海經》：太行山有鳥，狀如鵲，白身，赤尾，六足，名曰鶾。善驚，其鳴自詨。又《廣韻》《集韻》並符分切。音汾。義同。——摘自《康熙字典》（标本整理本）P1501，上海辞书出版社，2007。

之后的各个年代，在《尔雅》的基础上出现了多个增补、注释。雅学之作，流传于后最为完整、被引用最多的当为晋·郭璞注疏的《尔雅》《尔雅音图》。其后，有宋·陆佃的《埤雅》《尔雅新义》、罗愿的《尔雅翼》、郑樵的《尔雅注》，明·方以智的《通雅》，清·刘玉麟的《尔雅校议》等多部著作，虽诸卷各有增删，但大部分为郭璞注之重复。比较而言，诸书中以清·郝懿行撰《尔雅义疏》较为完备。

雅学历经各朝千余年的积累，逐渐发展成为丛书，如宋·李昉等辑《太平御览》（公元977年）共1000卷，自第899至末篇均为记叙动植物，可作为考察古籍之借鉴。

三国吴·陆玑《毛诗草木鸟兽虫鱼疏》对动植物的描述，主要是通过调查观察而得，在一定程度上体现了实事求是的精神，所以颇得后人称赞。《四库提要》就认为陆书“講多識之學者固當以此爲最古焉”。又说，其书“去古未遠，於詩人所詠諸物，今昔異名者尚能得其梗概，故孔穎達《詩正義》全據此書。陳啟源《毛詩稽古編》亦多據以考證諸物”。《毛诗草木鸟兽虫鱼疏》对后人研究《诗经》中的动植物有很大启发，并对后来本草学的发展也有很大影响。

在动物方面，《鹤鸣于九皋》条中记鸟类鹤：“鶴，形狀大如鵝，長腳青翼，高三尺餘，赤頂赤目，喙長四寸餘。多純白，亦有蒼色者，今人謂之赤頰。常夜半鳴，故《淮南子》曰：雞知將旦，鶴知夜半，其鳴高亮，聞八九里。雌者聲差下。今吴人園囿中及士大夫家皆養之，雞鳴時亦鳴。”陆玑对鹤的形态做了正确的描述，并指出鹤有纯白和苍色两种。这是符合实际情况的。在《鹳鸣于垤》条中，陆玑写道：“鸛，鸛雀也。似鴻而大。長頸赤喙，白身，黑尾翅。樹上做巢大如車輪，卵如三升杯。望見人按其子令伏，徑舍去。一名負釜，一名黑尻，一名背灶，一名皂裙。陰雨則鳴。”这里所描述的显然是白鹳 *Ciconia ciconia*。皂，黑色。鹳之背白，飞羽黑色，停息时下垂如裙，所以有黑尻、皂裙等异名。白鹳现在国内已很少见，但是陆玑的记述，使我们推想到，在三国时我国还有大量的白鹳，各地还有不同的名称。关于白鹭，陆玑在《值其鹭羽》条中写道：“鷺，水鳥也。好而潔白，故謂之白鳥。齊魯之間謂之舂鉏，遼東、樂浪、吴陽人皆謂之白鷺。大小如鴟，青腳，高尺七八寸，尾如鷹尾，喙長三寸許。頭上有長毛十數枚，長尺餘，毵毵然與衆毛異，甚好。欲將取魚時，則弭之。今吴人亦養焉，好群飛鳴。”白鹭头背生有长毛，毵毵然。鹭在浅水中步行觅食时，头颈一低一昂，如舂如锄，故称舂锄。锄，古亦作鉏。

在中国古籍中，《禽经》可谓唯一鸟类学之专著，最早见于宋·陆佃的《埤雅》征引，为周·春秋时代师旷所著，晋·张华注。经历代多人考证，此书成于《埤雅》（1125年）之前北宋时代，为我国最早的鸟类学专著。周·师旷的《禽经》共记叙鸟类50余种（类），有些种类有较为详细的形态、羽色记叙，如“鳲鳩，戴勝，布穀也。楊雄曰：鳲鳩，戴勝，生樹穴中，不巢生。”《尔雅》曰：“鵖鴔，戴鵀，鵀即首上勝也。頭上尾起，故曰戴勝。農事方起，此鳥飛鳴于桑間，云五穀可布種也，故曰布穀。《月令》曰：戴勝降於桑，一名桑鳩。【略】”“鵜志在水。鵜鶘，水鳥也。似鶚而大，喙長尺餘，頷下有胡如大囊，受數升。湖中取水以聚群魚，候其竭涸，奄取食之。一名淘河。《詩》曰：維鵜在梁，志在水也”。虽有不确之处，但确认种类已无疑问。还有一些生态学的记叙，如“鵜志在水”“鴷志在木”“水鳥夜啞[①]，山鳥巖棲”等等。但此书有多处臆想与误判，如“鶴以聲交而孕”“鵲以音感而孕”“鵁鶄睛交而孕”“白脰鳥不祥”“鶴千載變蒼，又千載變黑，所謂玄鶴也”，后人食古不化，又无自审观察，以讹传讹，更有甚者，加以夸张、扩大造成谬误流传。

《本草纲目》为明·李时珍撰。作者考察了长江流域和黄河流域广大地区的山野、森林，收集了众多标本资料，同时查阅了有关书籍800余种，用了27年写成这部巨著，但此书在其逝后三年（1596年）方才问世。为比较完备的专著，较瑞典分类学家林奈（Linné，1707—1778年）的《自然系统》（*Systema Naturae*，

① 啞：yè，《篇海》：音夜。見《龍龕手鑒》。《埤雅》：凡鳥朝鳴曰嘲，夜鳴曰啞。《禽經》：林鳥以朝嘲，水鳥以夜啞。——摘自《康熙字典》（标本整理本）P121，上海辞书出版社，2007。

1758年第10版）还早160多年。此书为中医药典，但其未采用《神农本草经》（魏·吴普等述）将药物分为上中下三品的分类法，而是采用了动植物的分类法。其中，将动物分为虫部、鳞部、介部、禽部、兽部、人部6个部，与近代的分类几近吻合。在禽部中，以生态类群将鸟类分为：水禽23种、林禽17种和山禽13种（此处尚未将能飞的兽类排除），除少数难以确认的记叙，大部分可以与当代的分类种或类群相对应。可谓当时世界鸟类分类学之先驱，流传甚广，17世纪又传入日本及朝鲜、琉球、越南等地；欧洲于18世纪已有法、德、俄、英及拉丁等文字的译本。国际上影响巨大，得到不少赞誉，实是我国对生物分类学的独特贡献。

由于医药为人们不可或缺的生活所需，故本草类书籍各朝均有较多的著录，自各丛书整理出医家本草典籍共有275种之多，其中不乏鸟类学的记叙。

随着生产力的发展，鸟类的驯化、畜养日益繁盛，与鸟类有关的史籍不胜枚举。例如，《隋书·经籍志》中，淮南八公《相鹄经》、浮丘公《相鹤书》《相鸭经》《相鸡经》《相鹅经》，《新唐书·艺文志》，王立豹《鹰鹞候诀》，陈钧《画眉笔谈》，陈西麟《鹌鹑谱》，赵尔巽《清史稿》，郝懿行《燕子春秋》等等。区域性著作有唐·段公路《北户录》，刘恂《岭表录异》，北宋·宋祁《首都方物略》，南宋·范成大《桂海虞衡志》，明·张百钟《鸽经》，金文锦《鹌鹑论》《画眉解》，无名氏《鸡谱》等，以及《虫荟》《蠕范》《盛京通志》《台湾县志》《毛诗草木鸟兽虫鱼疏》《黑龙江外记》等诸多地方志书，在很大程度上反映了当时的动物地理状况与鸟类分布。

古籍中除了文字记叙鸟类之外，尚有不少绘画、图志等，也给予鸟类确定种类提供了重要信息，如《尔雅音图》《三才图会》《本草纲目图》《吴有如画宝·中外百鸟图》等。但这些画集大多以写意为主，与实物有一定差距，故可确定类别、定种较难。唯有《清宫鸟谱》12册361幅彩色图以写实为主，除个别差误之外均翔实如真，加以满汉文字图解甚详。经有关专家详鉴，除去凤凰等神话虚构及家禽（鸡、鸭、鹅、鸽等诸品种）外，以及个别种的雌雄、成幼、冬羽、夏羽的重复，实有255种之多可以确认，实为是时鸟类学之巨作。更有可贵之处，如图鉴中于敏中云："兹譜所録，凡雲飛、水宿之屬各以類聚"，实与现代分类阶元有较多的吻合。此一瑰宝深藏宫内不为人知。在《石深宝笈》续篇著录：题为《余省、张为邦摹蒋廷锡鸟谱》，经查证：此鸟谱原为清·康熙年间蒋廷锡所绘《设色本蒋廷锡鸟谱十二册》藏于重华宫。乾隆庚午年（1750年）敕画院供奉余省、张为邦摹绘，并命傅恒、刘统勋、兆惠、阿里衮、刘伦、舒赫德、阿桂、于敏中八大臣用满汉文图说。傅恒等查阅《尔雅》《诗经》《本草纲目》等有关鸟类古籍详考勘正，历时11年于乾隆辛巳年（1761年）完成，但一直藏于宫内不为人知达200余年。由于历史原因，1949年国民党入台带走大批文物，《清宫鸟谱》1—4册为其中之一。台北故宫博物院于1997年将其重印出版《故宫鸟谱》1—4册。此一鸟类学之巨著初露端倪。《清宫鸟谱》后8册经多方努力，除保持原图、原图说之外，经有关专家反复审核、鉴定，将每一种鸟的画名、古名、今名、英文名、拉丁学名一一厘定，于2014年由故宫出版社出版。为鸟类学研究及爱好者提供了方便，也为对外交流疏通了渠道。

鸟类是生态系统中不可或缺的重要一类，但在另一方面又是人类生活必需的食物构成的重要组成部分。鸟类的家化、驯养对人类文明与进步，有着不容忽视的作用（很难想象一个没有禽肉、禽卵的食物构成，没有羽绒的防寒保暖装备等），我国自古以来在鸟类的家化及驯养方面也有着不凡的贡献（郭郛等，1999）。

鸟类的家化与驯养大致可分为三类：一类以食用（肉卵）、防寒、装饰为主，另一类为狩猎与捕鱼的辅助工具，第三类为观赏或作为宠物。

我国考古研究中发现：鸡、鸭、鹅的家化均可推至公元前5000年前新石器时代，如河北武安磁山文化是中国新石器时代的考古文化，在磁山文化遗址中发现的粟和鸡的碳化标本是迄今世界上人类种植、养殖的最早实物证据，距今已有7500多年，推翻了以往公认"粟"是从埃及传播来，印度是世界上最早饲养家鸡的国家。实际上，中国比印度饲养家鸡早 3300 多年（资料来源：百度百科）。西安半坡遗址（公元前 4209 年）等多处。鸭与鹅，如福建武平出土的陶鸭，河南安阳殷墟出土的玉鸭，山东济阳出土的玉鹅等。在古籍中《周礼》《管子》《吴地证》《尔雅》及大量的农书，对鸟类的畜养也多有记叙。

在鸟类的家化过程中，各地的品种分化表明了鸟类的普及及广泛。如鸡，我国的家鸡品种可达 40—50 个，家鸭的品种也有 20 余种，家鹅的品种较少，主要为灰、白两大类。家鸡的家化源自原鸡 *Gallus gallus*，家鸭的家化源自绿头鸭 *Anas platyrhynchos* 及斑嘴鸭 *A. poecilorhyncha*，中国鹅的远祖则是鸿雁 *Anser cygnoides*。作为食材，家化种类还有鸽 *Columba*、雉 *Phasianus*、鹧鸪 *Francolinus*、山鹑 *Perdix*、石鸡 *Alectoris* 等。当然现今有了更多的种类。

冷兵器时代，世界不少地域均有驯养鹰隼类作为狩猎助手的习俗。我国古籍中最早见于《诗经·大雅·大明》（公元前 1100 年）、《左传》（文公 18 年，公元前 609 年）曾云："見無禮於其君者誅之，如鷹鸇之逐鳥雀也"。其后，汉代《西京杂记》《后汉书》《魏书》《北齐书》，晋·林楚《鹰赋》，唐·《酉阳杂俎》，宋·《梦溪笔谈》《尔雅翼》等书均有大量记载驯养鹰隼的记叙。驯养的雕 *Aquila*、鹰 *Accipiter*、隼 *Falco* 中，其中最有名的有金雕 *Aquila chrysaetos*、苍鹰 *Accipiter gentilis*、雀鹰 *A. nisus*、游隼 *Falco peregrinus*、猎隼 *F. cherrug* 等。至今尚有不少地域及少数民族保有这种习俗。由于满族人喜驯鹰狩猎，康熙对西方人如何养鹰兴趣浓厚，遂敕意大利传教士利类思（Ludovico Buglio，1606—1682 年）撰写《进呈鹰论》，书中介绍了一些不同种类的鹰的外形、性情、饲养和训练方法等，全书共 55 节。此书后被收入《古今图书集成》博物汇编《禽虫典》第 12 卷《鹰部》。

鸬鹚科 Phalacrocoracidae 鸟类广布亚、欧、非等各洲。我国新石器时代出土文物中有多处出现鸬鹚形象的器物。《春秋》（公元前 770—前 476 年）已有鸬鹚的记叙，东汉墓石棺刻有人驱鸬鹚捕鱼图等，可推测人工驯养鸬鹚捕鱼已遍及各地。我国驯养的鸬鹚为普通鸬鹚 *Phalocrocorax carbo*。

另一类驯养为供观赏、把玩及用其绚丽的羽毛作为装饰品的鸟类。最为出名的有鹤 *Grus*、天鹅 *Cygnus*、长尾雉 *Syrmaticus*、红腹锦鸡 *Chrysolophus pictus*、孔雀 *Pavo* 及绯胸鹦鹉 *Psittacula* spp. 等。还有一些作为笼养的小型鸟类，如画眉 *Garrulax canorus*、蒙古百灵 *Melanocorypha mongolica*、八哥 *Acridotheres cristatellus*、鹩哥 *Gracula religiosa*、黄雀 *Carduelis spinus*、红点颏 *Luscinia calliope*、蓝点颏 *L. svecica*、朱顶雀 *Carduelis*、蜡嘴雀 *Coccothraustes* 及各种山雀 *Parus* 等。

鸽 *Columba* 既可作为观赏鸟类，又是食材，更为特殊的是利用其千里归巢的特性，驯养为通讯工具，在古代军事上起到过重要的作用。

人类社会在工业革命之前，几千年来世界均处于农耕为主的社会。自然环境与一年四季的变化，对农业生产具有重要的影响。我国古人以多年认识积累为基础，以日月变迁为依据，创立了二十四节气又七十二候的一门学问，对数千年来的农业生产具有极为重要的指导意义。作为通常百姓并不具有全面的天文知识，对于二十四节气大多通过与气候变化有关的物候来认识。

中国古代疆域以中原为主，延及四周主要为黄河中下游地区，二十四节气气候物候均以区域为主。但节气的整体框架属于天文历法系统，并不局限于地域，故而能得到广泛应用，只是不同地域物候有所不同而已。

自然界中最易感知的物候，当推动植物的季节性变化，春华秋实，夏盛冬衰，给百姓指明季节性变化。经数千年的认知积累，古籍中多有记叙。牟重行（2014）在《人与自然的一门学问——二十四节气》一书中据《逸周书·时训部》及元·吴澄撰《月令七十二候集解》等古籍，给出了新订"新七十二候集解"（表 4-9）。因鸟类有多种具迁徙习性，又有随季节变化繁殖在不同时期的特性，易与气候变化相对应，故而在二十四节气与七十二候中，多有鸟类的出现及习性的变化作为物候的指标。

周·师旷的《禽经》曰：霜蜚則霜，露翥則露。注：鷫鸘，鳥名。其羽可爲裘以避寒。鷫鸘飛則損霜。露禽，鶴也。又曰：题鴂鳴而草衰，澤雉啼而麥齊。注：《尔雅》謂之鵙。鵙，伯勞也。《方言》曰：

孤雞鳴則草衰。澤雉如商庚，春秋之季始鳴，麥平朧也。还注意到鸟的体羽与气候的关系。《禽经》曰：毛協四時。注：春则毛羽，夏则稀少而改易，秋则刷羽，冬则更生细毛而自温。

**表 4-9　二十四节气与七十二候物候中的鸟类"新七十二候集解"**

| | | | |
|---|---|---|---|
| 1 | 立春之日东风解冻 | **又五日蛰虫始振** | 又五日鱼上冰 |
| 2 | **雨水之日獭祭鱼** | **又五日鸿雁来** | 又五日草木萌动 |
| 3 | 惊蛰之日桃始华 | **又五日苍庚①鸣** | **又五日鹰化为鸠** |
| 4 | **春分之日玄鸟②至** | 又五日雷乃发声 | 又五日始电 |
| 5 | 清明之日桐始华 | **又五日田鼠化为鴽③** | 又五日虹始见 |
| 6 | 谷雨之日萍始生 | **又五日鸣鸠④拂其羽** | **又五日戴胜降于桑** |
| 7 | **立夏之日蝼蝈鸣** | **又五日蚯蚓出** | 又五日王瓜生 |
| 8 | 小满之日苦菜秀 | 又五日靡草死 | 又五日小暑至 |
| 9 | **芒种之日螳螂生** | **又五日鵙⑤始鸣** | **又五日反舌⑥无声** |
| 10 | **夏至之日鹿角解** | **又五日蜩始鸣** | 又五日半夏生 |
| 11 | 小暑之日温风至 | 又五日蟋蟀居壁 | **又五日鹰乃学习** |
| 12 | **大暑之日腐草化为萤** | 又五日土润溽暑 | 又五日大雨时行 |
| 13 | 立秋之日凉风至 | 又五日白露降 | 又五日寒蝉鸣 |
| 14 | **处暑之日鹰乃祭鸟** | 又五日天地始肃 | 又五日禾乃登 |
| 15 | **白露之日鸿雁来** | **又五日玄鸟归** | **又五日群鸟养羞** |
| 16 | 秋分之日雷始收声 | **又五日蛰虫培户** | 又五日水始涸 |
| 17 | **寒露之日鸿雁来宾** | **又五日爵⑦入水化为蛤** | 又五日菊为黄花 |
| 18 | 霜降之日豺乃祭兽 | 又五日草木黄落 | 又五日蛰虫咸附 |
| 19 | 立冬之日水始冰 | 又五日地始冻 | **又五日雉入大水化为蜃** |
| 20 | 小雪之日虹藏视 | 又五日天气上腾地气下降 | 又五日闭塞而成冬 |
| 21 | **大雪之日鹖鸟不鸣** | 又五日虎始交 | 又五日荔挺生 |
| 22 | **冬至之日蚯蚓结** | **又五日麋角解** | 又五日水泉动 |
| 23 | **小寒之日雁北飞** | **又五日鹊⑧始巢** | **又五日雉始雊** |
| 24 | **大寒之日鸡始乳** | **又五日鸷鸟⑨厉** | 又五日水泽腹坚 |

资料来源：牟重行（2014）《人与自然的一门学问——二十四节气》

①苍庚——黄鹂 *Oriolus chinensis*；②玄鸟——燕科 Hirundinidae；③鴽——鹌鹑 *Coturnix coturnix*；④鸣鸠——四声杜鹃 *Cuculus micropterus*；⑤鵙——伯劳科 Laniidae；⑥反舌——乌鸫 *Turdus merula*；⑦爵——雀形目 Passeriformes；⑧鹊——喜鹊 *Pica pica*；⑨鸷鸟——猛禽——隼形目 Falconiformes

清·李元撰《蠕范》曰：燕春來，秋社去。鵙（伯劳）夏至來。雁仲春來，仲秋去。立春百舌鳴，雨水鶯羽。春分杜鵑北去，穀雨鵯鵊催起，霜降鸘鷫南翔。大雪脊令鳴，冬至伯勞歸。又曰：鷗鳴應潮，石雞之聲應潮。石鷄，潮鷄也，潮至則鳴，其聲清远如吹角。又曰：鳥翅動則魚，鸛仰鳴則雨，雉尾垂則雨。

## 三、似是而非

在有关鸟类的古籍中良莠不齐，同时在同一部著作中也存在一些瑕疵。此种现象应该理解为：古代科技发展的不足，是时还缺乏为观察的先进工具，如望远镜、摄像机、录像设备等。同时没有专门的科研机构与专业人员。自汉武帝罢黜百家独尊儒教之后，自然科学不被重视，加官晋爵、进士之途以社会科学为主。故而对自然界的观察与研究多为个人所好，往往深入不够，误判妄下结论者有之，误传轻信者有之，更有甚者以臆想冒充事实，以讹传讹，误人不浅。其后有些作者食古不化，不经考证，又无自身实践，甚至将误判、臆想更加夸大，实为不幸之至！

下文列举一些广为人知的大谬误，以正视听。

鹤在鸟类中体型较大，姿态优雅，是颇受人们关注的鸟类，驯化较早，养于庭院中多有之。有关鹤的谬传亦层出不穷。晋·崔豹撰《古今注》曰："鶴，千載變蒼，又千載變黑，所謂玄鶴也。"其后，浮丘伯《相鹤经》云：鶴者，陽鳥也，而遊于陰，因金氣依火精以自養。金數九，火數七，故稟其純陽也。生二年，子毛落而黑毛易。三年，頂赤爲羽翮具。七年，小變而飛薄雲漢。復七年，聲應節，而晝十二時鳴，鳴則中律。百六十年，大變而不食生物，故大毛落而叢毛生，乃潔白如雪，故泥水不能污，或即純黑而緇盡成膏矣。復百六十年，變止而雌雄相視目睛不轉，則有孕。千六百年，形定，飲而不食，胎化而產，與鸞鳳同群，爲仙人之騏驥矣。宋·陆佃在《埤雅》中几乎重复《相鹤经》："七年小變，十六年大變，百六十年變白，千六百年形定而色白。"直至清·李元撰《蠕范》仍将鹤的讹传写入书中，而更加扩展臆想："鶴二年毛落，三年頂赤，七年飛高，又七年應節，又七年鳴定律，十六年大變，百六十歲色白，千歲變蒼，二千歲色玄。鶴無死氣，故壽也。"种种有关鹤的谬传不胜枚举。我国鹤有多种，有白、有灰、也有玄色，而将各种鹤混为一谈，把年龄大小作不同色变化之因，以百年、千年令人无法证实之虚妄流传数千年。

凡鸟皆卵生本为不争之事实，但古籍中鹤乃胎生多有记载，实乃仙化鹤类之臆想，而在宋·祝穆撰《古今事文类聚后集》中明确指出："鶴乃卵生。淵材迂闊好怪，嘗畜兩鶴。客至，誇曰：此仙禽也。凡禽卵生，此禽胎生。語未卒，園丁報曰：鶴夜生一卵。淵材呵曰：敢謗鶴耶。未幾，鶴展頸伏地復誕一卵，淵材歎曰：鶴亦敗道，吾乃爲劉禹錫《嘉話》所誤。自今除孔子、佛老之語，餘皆勘驗。淵材讀《相鶴經》未熟耳。(墨客揮犀)。"

明·李苏在《见物》也明确指出："聲交、胎生均爲謬傳"，但其后尚有不少文人以讹传讹，不视正论，实为谬甚！

古籍中，有一些资料，不是切实观察的实录，而是一些误判及主观臆想，更有以讹传讹、扩大谬误的传说，应不为所惑！如鹤的色变、多种鸟的相视而孕、鸨的无雄而乱交、鸬鹚的胎生等等无稽之谈。例如，晋·张华撰《博物志》曰："鵠生五百而紅，五百年而黄，又五百而蒼，又五百年而白，壽三千歲。"清·李元撰《蠕范》曰："烏千歲化蛤蜊，燕百歲化車螯，雀五百歲化蜃。"

鸟类繁殖，尤其交配行为较为隐蔽，在野外是不容易观察到的，先人有关这方面的资料有不少谬误，且常以讹传讹。例如，周·师旷的《禽经》曰："白鷁相眂而孕，雌雄相視而孕。"又曰："鶴以聲交而孕。雄鳥上風，雌承下風則孕。"又曰："鵲以音感而孕。鵲，乾鵲也，上下飛鳴則孕。"又曰："鵁鶄睛交而孕。狀似鳧，而足高。相視而睛不眩轉，孕而生雛。"又曰："鶴、鸕鷀等胎生，鴇亂交"等均为谬误。更有甚者，纯属一些奇谈怪论、市井流传。例如，明·周婴撰《卮林·补遗·解鸟兽语》曰：《神仙傳》《益部耆傳》皆曰：楊宣並聞雀聲而知覆車之粟。《魏志》管輅聽雀鳴而知鄰婦之殺夫。宋·叶庭珪的《海录碎事》载《论语疏》曰：公治長辨鳥雀語云啃啃嘖嘖，白蓮水邊，有車覆粟，車腳淪泥，牡牛折角，收之不盡，相呼共啄，驗之果然。上述资料是无稽之谈，然而类似描述在古籍中常有发现。

化生论，虽是有物种演化的思维，实质上也是想象出来的神话。例如，周·师旷的《禽经》曰：仲春之節，鷹化爲鳩。季春之節，田鼠化爲鴽。季秋之節，雀入大水化爲蛤。孟冬之節，雉入水化爲蜃。

汉·刘安的《淮南子》曰：鶉化爲鸇，鸇化爲布穀，布穀復爲鷂，順節令而變化。

从例句的记叙而言，化生论只是人们主观的想象，而非真实的存在。

中国古人在鸟类学研究方面，有着巨大的贡献与不可忽视的功绩，当然，限于当时的条件，也存在不可避免的不足。我们在吸取古籍中丰富知识的同时，应不蹈食古不化的错误。

## 四、一 己 之 见

### （一）九头鸟之谜

鸟类在人类生活中，是生态系统中不可或缺的重要一环。国际上保护鸟类作为衡量一个国家和地区自然环境、科学文化和社会文明进步的标志之一。许多国家选出了自己的国鸟，1782 年美国首先把白头海雕定为国鸟。200 多年来已有数十个国家选定国鸟，如英国的红胸鸲、澳大利亚的琴鸟、日本的绿雉、荷兰的琵鹭、德国的白鹳等等，这些鸟都深受当地人民的喜爱，且具有一定的历史与地域特点。由于我国地域广阔，南北东西跨度较大，各地气候、地貌、历史、人文差异较大，鸟类的种类与分布也各有特色。因此，各地对鸟类的认识、喜好也大相迥异，人们的偏爱也各自不同。因而我国国鸟的选定一直在讨论之中，尚未确定。美国也因东西横跨两洋，面积较大，故而各州又有各州的州鸟。既有体型硕大的鹈鹕（路易斯安那州），也有娇小的云雀（蒙大拿州和怀俄明州）。我国湖北省历史上传说与九头鸟有着较多的联系，有俗谚曰："上有九头鸟，下有湖北佬"。今湖北的名餐馆也以九头鸟名之，可以说九头鸟或可为代表湖北省的省鸟。但九头鸟是一种什么鸟呢？目前尚未见到明确的认定。

古籍中对九头鸟有众多的记叙。晋·郭璞注《尔雅》云："鶬，麋鴰，是九頭鳥也。孔子聞河上人鶬歌曰：逆毛衰兮，一身九尾長兮。逆，當作鵁。楊用修曰：鬼車九頭鳥也。"《帝嚳书》"謂之逆鶬，亦當作鵁即鶬鴰，鶬鴰即鬼車"。唐·陈藏器的《本草拾遗》"鬼車……此鳥長有十首，一首爲犬所噬，今猶餘九首，……亦名九頭鳥"。晋·郭璞的《山海经》《白泽图》"蒼鷵，孔子與子夏所見，故歌之，其圖九首"。《小说》"周公居東周，惡聞此鳥，命庭士射之，血其一首，餘猶九首。夫子鶬歌曰：逆毛鶬兮，一身九尾長兮。只言九尾，不言九頭"。明·姚昺的《永州府志》："萬曆二十年壬辰，九頭鳥出於源嶺上，世所罕見。考古，其鳥十頭，周公命庭士血其一，自後九頭。孔子見之謂之逆毛鶬，一名鬼車"。宋·唐慎微的《重修政和经史证类备用本草》："鬼車，晦暝則飛鳴，能入室收人魂氣，一名鬼鳥。此鳥昔有十首，爲犬所噬，今猶九首。其一常下血，滴人家則凶。夜聞其飛鳴，則捩狗耳，猶言其畏狗也。亦名九頭鳥"。明·李时珍撰《本草纲目》："釋名鶬鴰，麋鴰、鴰鹿、麥雞，……鶬鴰狀如鶴大，而頂無丹，兩頰紅"。三国吴·陆玑撰《毛诗草木鸟兽虫鱼疏校正》："蒼色者人謂之赤頰"。清·阿桂等纂《盛京通志》："鶬鴰大如鶴，紅頰，長頸，高脚"，以及《续博物志》《隋王行志》《汇苑详注》《夷坚志》《正杨》《新宁州志》《本草拾遗》等古籍中也有大同小异的记叙。

我国有记录的九种鹤可分为三种类型：一类为头有丹顶，即丹顶鹤、灰鹤、白头鹤、黑颈鹤；另一类头颈全被羽无裸出部，无丹顶，我国只有一种衰羽鹤；再一类则头或颈有裸出部而无丹顶，共有白鹤、赤颈鹤、沙丘鹤、白枕鹤四种。白鹤体羽全白，仅初级飞羽黑色。赤颈鹤、沙丘鹤头或颈部裸出较多，不仅限于颊部，此两种均为少见之谜鸟。而白枕鹤体羽灰色，额与两颊裸露为红色，广布南北（北方为夏候鸟，南方为冬候鸟），成集群活动，为分布区常见之种类，与古籍中所叙：色苍，长颈，高脚，两颊红，无丹顶之鹤类特征相符，由之可断定九头鸟实为白枕鹤 *Grus vipio* 也。

### （二）为大鸨正名

大鸨是一种大型地栖性鸟类，因其体型硕壮，集群性强，又在开阔的草原、农田等地栖息，易为人所见，古代具有广泛的分布区及较大的种群数量，远在我国古代《诗经》中已有记载。近年来，由于草原的沙化、过度的放牧、不恰当的开荒及采矿、石油开发等因，造成栖息环境的缩小和恶化，大鸨的分布与种群数量已急剧减少，现已列为我国及世界的濒危物种。

由于宋朝陆佃莫名其妙地将大鸨说成“鴇性淫而無定匹”，其后不少文人以讹传讹，肆意发挥，将大鸨诬蔑殆尽！例如，明·彭大翼撰《山堂肆考》：“陸佃曰：鴇性淫而無定匹，故今指老妓曰老鴇”，又如，明·徐炬在《新鉴古今事物原始全书》中云：“《嫖經》云：老鴇愛錢，威逼佳人生巧計。【注云】鴇，似鴈，居山中，其性最淫，逢鳥即與之交。今之妓母取名老鴇，以其淫也。其字畫七十鳥爲鴇字，取義謂其與多鳥相交之故也……”。清·陈元龙编纂的《格致镜原》重复徐炬所叙，清·郭柏苍撰《海错百一录》则曰：“……純雌無雄，與他鳥合”，而清·李元撰《蠕范》则曰：“……性最淫，純雌無雄，逢鳥則與之交……”。总之，无妄之灾，横飞天外！鸨之恶名，得之没名！冤哉大鸨！

实际上，大鸨繁殖力弱，性成熟晚，雌鸟3—4岁、雄鸟5—6岁性始成熟。雌雄性比一般为2.5∶1，多为同性别同年龄组聚集成群，实行多配制或混配制，一只雄鸟可与5—7只雌鸟交配，一只雌鸟可与一只以上雄鸟交配（这远低于鸡形目鸟类的性配比）。或许因为其同性集群，引来人们误认为其只有雌性或只有雄性，但与他鸟交合之说，则是胡言乱语，是明显的杜撰！

千古奇冤，大鸨，今为之正名！

## （三）鸳鸯的启示

鸳鸯自古以来深受我国人们的宠爱，作为爱情及婚姻的典范，更是在诗歌、绘画、服饰、工艺品等等方面比比皆是。晋·崔豹在《古今注》中提出匹鸟的说法：“鴛鴦，水鳥，鳧類也。雌雄未嘗相離，人得其一則一思而至死，故曰匹鳥”。周·师旷撰《禽经》有“鴛鴦，匹鳥也，玄鳥燕也，二鳥朝倚而落暮，偶愛其類也”的记载，匹鸟之称由之而生。此后几千年反复被引以为据。鸳鸯作为爱情婚姻的忠贞代表，从未有疑义与动摇。

鸳鸯雄鸟体羽艳丽多彩，而其翼上矗立的帆羽更是绝无仅有的引人注目。繁殖后期深藏密林高树之上难以窥视。加以古人言之凿凿的记叙，千百年来以讹传讹，鸳鸯匹鸟之称坚如磐石。但实际上是鸳鸯在婚配前期如胶似漆、亲密无比，多次反复交配，形影不离。但之后筑巢、产卵、育雏均为雌鸟独自完成，雄鸟则与同性集群、逍遥、嬉戏，未负为夫、为父的点滴之责。实是“相恋时百般缠绵，婚配后一走了之”，典型的登徒子！匹鸟之称可谓大谬！

鸟类中一夫一妻、终老一生的确是有之，为数也不少，如天鹅、鹤类、鹰类等曰之匹鸟可名至实归，但因未曾经人们大力宣扬，则知之者甚少，而鸳鸯名噪古今，人云亦云，宣传之功而已，可引以为鉴：“亲力亲为，实事求是”乃求真之道！

## （四）雄鹰？雌鹰？

自人类社会步入父系社会，“男尊女卑”这一观念日益强化。几千年来，自奴隶社会至封建社会不断巩固和加强，到了资本主义社会，虽有女权兴起，但收效甚微。广览世界，仍有不少国家与地域的女性仍处于社会底层、附属的地位。因而男性独大，男子汉大丈夫的意识形态仍为人们的主要思维方式。

纵观动物世界，雄强雌弱，亦为普遍现象，但数百万种动物中并非皆然，也有雌强雄弱的种类，如一些螳螂交配后，雄性沦为雌性的食饵，有些蜘蛛新郎为新娘婚后的美餐等。

鹰隼类翱翔于高空，形态威武，行动迅猛。鹰得古今中外人们的偏爱，不少民族以其为图腾，一些国家的国旗、国徽及族徽、团体的标饰等均有鹰隼类的出现。

一般人们心目中，雄性动物为种群的主宰，如雄狮、公牛、雄鹿、儿马、雄鸡等，故而在赞扬鹰隼类时也常以雄鹰为主。但实际上，鹰类则是雌性大于雄性，也更威武有力。

鸟类与其他动物一样，绝大多数雄大雌小，而且不少类雄性体羽艳丽甚于雌性，这一现象与人们的通常意识相符合。但自古以来，对于鹰类早有确切的认识。汉·班固在《前汉书》中写道：“鷹之雌雄以大小爲異，其餘形象本無分別，雄鷹雖小而爲雄鷹……”；唐·段成式在《酉阳杂俎》中曰：“凡鷙鳥雄小雌大，庶鳥皆雄大雌小”；宋·罗愿在《尔雅翼》中说：“鷹，鳥之鷙者，雌大雄小……”。但因人们忽略了这一事实，仍然遵循了世俗的观念，称颂雄鹰的勇猛、威壮。现将10种常见鹰隼类雌雄体长列于表4-10，读者可一目了然。

**表4-10 常见几种鹰隼体长一览表**

| 常见鹰隼类 | 体长（mm） | | |
|---|---|---|---|
| | ♂ | ♀ | ♀/♂ |
| 鸢 *Milvus* spp. | 585 | 685 | 1.17 |
| 苍鹰 *Accipiter gentilis* | 500 | 565 | 1.13 |
| 雀鹰 *Accipiter nisus* | 315 | 390 | 1.23 |
| 普通鵟 *Buteo buteo* | 520 | 570 | 1.09 |
| 金雕 *Aquila chrysaetos* | 810 | 890 | 1.09 |
| 虎头海雕 *Haliaeetus pelagicus* | 880 | 1000 | 1.14 |
| 白尾海雕 *Haliaeetus albicilla* | 800 | 950 | 1.18 |
| 白头鹞 *Cirus aeruginosus* | 480 | 580 | 1.21 |
| 鹗 *Pandion haliaetus* | 545 | 635 | 1.16 |
| 红隼 *Falco tinnunculus* | 330 | 385 | 1.17 |

故而，在以鹰隼类颂扬或比喻英武，威猛时应为雌鹰，而非雄鹰。

## （五）鸾考

龙凤为我国古代神话中最为人们熟知的著名的图腾。多年考证，此两种神物实为综合多种动物，加以人们想象的虚拟之物。

在古代文献中与凤同时出现的鸾鸟，亦多有记载和论述，如“鸾凤和鸣”“鸾俦凤侣”“鸾驾”“鸾舆”“鸾刀”等。“鸾”为何物？是否亦只是人们传说的虚拟？《现代汉语词典》（商务印书馆第五版）注曰：“传说中凤凰一类的鸟”，已否定鸾的真实存在。

但在历史文献中，对鸾也有一些较为切实详细的记叙。晋·郭璞《山海经》、南唐·徐锴撰《说文系传》曰：“鸞似鳳多青”；明·宋诩撰《竹屿山房杂部》曰：“青鸞。决録注云：鳳爲青色者爲鸞，今名鸞鶿之類”；清·陈淏子撰《花镜》曰：“鸞乃神鳥也，形似鶴而瘦小，首有長幘，其羽毛純青者……”。鶖鶿为灰鹤之别名，故鸾可视为鹤类之属。我国鹤中除丹顶鹤与白鹤体羽为纯白色外，其余各种体羽均为深浅不一的青灰色。蓑羽鹤为鹤中体型最瘦小者，而首有长帻者鹤中仅有蓑羽鹤一种，故而古之鸾者可认定为蓑羽鹤。

## （六）“秋波”一词的由来

喜剧小品中把“秋波”一词解释为“秋天的菠菜”，令人捧腹。《现代汉语词典》（商务印书馆第五版）的“秋波”注曰：“比喻美女的眼睛或眼神”。令人疑惑的是：美女的标准是什么？不被认为美女的眼睛与眼神该如何称谓？叫什么“波”？眼睛是心灵的窗户，可表达喜怒哀乐各种感情，美女的怒目而视能否也叫“秋波”？《词典》的注释令人费解。

“眉目传情”“暗送秋波”等在描述男女情爱的文章中多又出现。“秋波传情”并不限定为男女的哪一方，更不限定美丑，可以说：以目传情谓之“秋波”较为恰当。

以目传情的“典范”自古有之：

周·师旷《禽经》“白鶂相睨而孕，　鶄睛交而孕”；三国吴·陆玑撰《陆氏诗疏广要》（明·毛晋《毛诗草木鸟兽虫鱼蔬广要》）“鶴……雌雄相視，目睛不轉則有孕”；《变化论》“鷺以目盼而受胎”；清·陈淏子撰《秘传花镜》“　鶄……每以睛交，故號以鶄”等等。但鸟类的睛交而孕，不过是一些人的想象而已。以目传情，不过是表达相互的感情而已，加以任意的想象，杜撰莫须有的后果，只是一些文人骚客主观臆断的结果。

从鸟类的“睛交”，引申为人们的眉目传情，这或许就是“秋波”的来源。

## 五、结　束　语

“鸟类学”经数千年中外诸方人士认知、考察、研究、积累，博大精深，积识广博。随着工具的改进与发明，科学飞速的进展，日益广博，目前已进入细胞、基因等微观、分子方面的研究。但前人积累的学术成就，浩如海洋，非简单的一叙就能概论全貌。中国古籍中鸟类学识虽零散于各类著述之中，但经数千年的沉积，不乏精辟之见与丰富的知识。笔者学疏才浅，挂一漏万，难以如实反映全貌，此文仅供有关人士参考而已。望不吝赐教。

### 参 考 文 献

郭郛, (英)李约瑟, 成庆泰. 1999. 中国古代动物学史. 北京: 科学出版社
林奈. 1758. 自然系统（Systema Naturae）. 第 10 版
牟重行. 2014. 人与自然的一门学问——二十四节气. 深圳: 海天出版社

# 动物的家化与氏族关系的研究

郭　郛

在中国新石器时代，约于 10 000 年前，而延至 4000 多年前，特别是在 4000 年前到 3000 多年前的这段时期内，人类结束了完全依赖自然生长的物质资源为生，进而开始了野生动物的驯养繁殖，也就是动物的家化。

随着动物家化实践活动的逐步兴起，过去以跟踪兽群而捕猎的猎人部落，从居无定所开始组建一个个永久性的定居村落。从此，不同称谓的氏族也随之产生了，而处在不同地域的诸多氏族，他们所驯养的主要动物种类也不尽相同，这正是本文在下面将予讨论的问题。

## 一、绵羊、山羊考

中国古代将山羊、绵羊等总称为羊，羊是中国最早家化动物之一。

《山海经・西次三经・崇吴之山》羊图腾山系：其神“羊身人面”，这是中国羊图腾族的祖源族之一。羊图腾族——羊族是首先家化羊为家养动物，地是崇吴山，后又称屈吴山，后称吴山，可能是吴羊——绵羊族起源地之一。

绵羊 *Ovis aries*，哺乳纲牛科绵羊属，反刍动物，家养动物。体躯丰满，体毛绵密，多为白色。公羊有螺旋状大角，母羊无角或角细小。性喜合群，爱饮水，耐渴，尾型不一，有长瘦尾、脂尾、短尾之分，为中国爱养动物。秋冬发情，妊期 145—152 天，每胎 1—5 仔。肉食或毛皮用。

山羊 *Capra hircus*，哺乳纲牛科山羊属，反刍动物，家养动物。体躯较狭，角三棱形呈镰刀状弯曲。颌下有须，通称山羊胡子。被毛粗直，多白色，亦有黑、青、褐或杂色的。性活泼，喜合群，爱登高山。好食短草、小灌木叶。为人们肉食、毛、皮资源。

山羊、绵羊家化时间较早，约在距今 10 000 年前后，中国养羊族以“羊大为美”“羊在火上烤为美”。由于古代食用后羊骨在外形上不易区分为山羊骨和绵羊骨，故仍以羊骨统称。

羊族是家化羊的族群之一，因养羊而得姓，原在西北地区，后来遍及全国，为中国一大族群，如晋代羊续、羊祜等名人。

羊舌虎，羊族人之一，春秋战国时人，仕于晋国。

公羊族，善养公羊得名，如公羊高，春秋战国时代人，曾为《春秋》作《春秋传》，泛称《春秋公羊传》。

姜、羌、藏（羌-藏一音之转），均是养羊大族群，神农姜姓，姜太公姜（吕）尚，齐国始祖。羌族为西北一大养羊大族，发展为西北至西南大族群。

戎、羬、绒本指秋冬季羊绒丰厚，有羬氏、有戎氏、有娀氏泛指西北养羊族群，戎族、羬族是中国养羊大族，家化羊为家畜贡献出力量。大月氏、小月氏、羯族、羝族等族均是养羊的能族。戎姓是其后裔之一。

绵羊、山羊后来家化为中国各大族群共养的家畜。

绵羊又名吴羊，乃是宁夏虎（吴）族-在屈吴山区培养成的绵羊新品种，后交流到各族饲养，故名吴羊。

山羊又名夏羊，乃大夏族于昆仑山区培养山羊成功的一新品种，故称夏羊，为中国各族爱养的家畜。

## 二、猪、彘考

猪、豬是中国首先家化成功的家畜。北方多称猪为彘。西北、辽东多称猪为豕，《易经》《诗经》称豕，可能豕是最早的名字，后来才分化成各地用名。

豕，首见于《易经·大畜》："豮豕之牙，吉。"大意是去势公猪的獠牙是没有攻击性的。既说豕，又说豮豕，将猪去势，可见当时养猪水平已到高级状况。《诗经·七月·豳风》中，豳意是养猪在山林间，既说猪家化时间已经很久，又可在山林间放养，成半野生状态。谁首先将猪家化？猪氏族、猪图腾族。

（1）并封猪图腾族：图腾神前后有首，见《海外西经》，约在川西、青海西部、甘肃等地（山海经注证）。

（2）屏蓬猪图腾族：图腾神左右有首，《大荒西经》新疆日月入山附近，约在今南疆等地[郭郛（2004）《山海经注证》，第三章 3.3.48 节]。彘图腾族：图腾神彘身四足或八足蛇尾，太行山系 24 山，不火食。猪（ZHU）与彘（ZHI）是一音（U-I）的变异，汉字外形大不相同的字，可能是原始家化地相同，传播到不同地区、不同民族间而发生的语音变异而成。

（3）周稷族也是养猪、家化猪的一族。此族迁居到甘肃、陕西后，能将猪养在山林溪间，因而得名豳[①]地，豳是山间养豕的意思。

（4）山西彘地（今山西霍州市）彘族是养猪家化猪的中心之一。《国语·周语上》："三年，乃流王（周厉王）於彘。"以彘为地名，乃是多彘的地区。《国语·晋语七》："彘恭子如周迎悼公。"韦昭注："彘恭子，士鲂也，食邑于彘。"

（5）湖北荆山山系彘族是长江黄河之间的家化猪养猪的大族群，图腾神是"彘身人首"，

不同于"两头并身缝制"猪图腾神像，首见于《山海经·中山经·中次十一经》。此族分布地区大，占地区 48 山，长江黄河之间，可能是中国华北野猪的原初家化地。

（6）云广地区猪族是云南两广地区养猪族，家化猪种是华南野猪，以桂林甑皮岩猪种为代表，体重较轻，成熟期短，奔跑迅速，肉味细嫩，由南方猪族驯化而成。

我国的野猪 *Sus scrofa* 广泛分布于全国各地，杂食性，喜用鼻拱地取食，小群活动，爱在水边活动，奔跑迅速，产仔 5—10 崽，一年 2—5 代。能游水，但不能持久。经人工饲养家化后，培养成许多品种。猪的家化由不同地区不同氏族分别家养而成。可称为多起源中心论、多氏族多品种育成论。家猪有两大品系。

（1）华北猪。黄河南北地区。家化时间有八九千年至 10 000 年。由野生圈养逐步发展成家生放养。

（2）华南猪。桂林甑皮岩地带家化猪品种，珠江流域所养猪种。家化时间有七八千年。

## 三、马 的 家 化

### （一）马是由马族驯化而成

马族人皆姓马，可能马族群开始形成时首领为女姓，仍是女系时代，所以儿童只知有母—妈，以母

① 豳：bīn，古地名，在今陕西省旬邑县一带。——摘自《新华字典》（第 11 版）P33，商务印书馆，2013。

为尊，马妈混同，马族称母为妈，妈妈之名由此而起，马族受人尊敬，妈妈为母的通称，流传于世，马族之功，中外皆是这一称呼，马族文化传遍世界。

中国是家化马的故乡之一，内蒙古草原、新疆草原是马的起源地之一。

（1）马族、马的家化：黄帝时代“神英招”马图腾族，“马身而人面，虎文而鸟翼”（《山海经》）。家化马、养马族的图腾。

（2）山海经时代：马图腾族，太行山系20山，马身人面20神。家化马、养马族。

（3）犬封国犬戎国家化马、养马族。有文马吉量，乘马。养马族。

（4）国、鬼方马族，《易经·下》：“（般）高宗伐鬼方，三年克之。”商殷时代的鬼方，即西北方的马族地区。《山海经·海内北经》：“鬼国”、《西山经》：“騩山”马族。均是马族分布地区。鬼族是马族异名，言说马行动如飞，迅速异常如鬼影，故名为鬼。騩、鬼同一意义。

（5）马族、骓马族，《大荒东经》即现今东北地区家化马、养马地区，已驯化培养不同颜色和斑纹的品种。

（6）隗族、半定居城镇的马族，常见于西北地区。鬼族在邑、阜（阝）居留。

马是中国重要的家畜，蒙新草原是欧亚第一大草原。马族家化马，成为骑乘快捷交通工具，有上万年或几千年之久，近代让位于机械动力工具。

中国的马文化起源源远流长，在中国最古老经典书籍《易经》里，记录叙述马的生物学特点有20条之多，并述说提出“龙（鳄鱼）马精神”，这是伏羲-周文-孔子文化传统的核心，中国人民、中华民族的文化核心。马文化是中国文化的起点之一，没有马的家化，何能臻此。中华民族的一支马族对马的家化是有特别贡献的。

### （二）为什么说中国是家化驯马养马有贡献的地区之一

马是中国最得力的家畜之一，宋·王应麟所编《三字经》有“马、牛、羊，鸡、犬、豕”。六畜之名，马为六畜之首，有学者认为是从重要性、体形大小、发音等排列。现在看来，中国人对马的家化成功这一贡献是很大的，证据有三：

（1）马、妈两音是人们最成功和最有影响的文化载体，中外各族人民共用的语言。中国文字“妈”中有马字，说明妈字是起源于中国马族女性，这是民族学、民俗学、社会人文学起源的祖系：母亲的称呼为妈，马的女儿，人们的母亲，不是凭空想象的。

（2）中国最古老书籍，也可能是世界上最早的书籍：《易经》记录马的习性有20项之多，《山海经》记录马族的图腾神像和图腾族的聚居地区，如果中国马族不对马进行多方驯养家化，不可能有这么多的知识。

（3）周代《尔雅》《诗经》中纪录马的品种有60个之多，这是多族多地多年培育的成果。马的早早家化和中国人多年多人多地选育才能得到这么多的成果。

我国唐、元时期已驯化出优良的战马和乘马（图4-3，图4-4）。

## 四、牛的家化

牛的家化，中国是起源地之一。

《山海经·西山经·西次二经》：壶口山区（陕西）至托来山的牛图腾族，家化牛的祖族，七位牛图腾神，人面牛身四足，用犁作祭物。养黄牛的大族。

昭陵六骏之飒露紫(雕塑) 戴 耘

图 4-3 唐代画家、石雕家所雕刻的当时有名的战马，原在唐太宗墓前殿室内

图 4-4 元代画家赵孟頫所绘骑乘马

《山海经・西山经・西次三经》：甘肃大雪山-祁连山下的牛图腾族，家化牛的祖族，牛图腾神：尊称天神，“其状如牛而八足二首，马尾”，这一图腾神二首八足，由两头牛尸拼合而成，马尾，马族近邻近亲，装马尾示好的意思。也是说明马族与牛族关系很深。

蚩尤族，《史记》《山海经》均记载此一强而大族，本人释此族是牛族犬族混合族，或者是既养牛又养犬的大族。因为蚩字是“大虫前有大角”的生物所合成的字，此大虫意是牛身，前长有大角，故成为蚩字。蚩尤族是养牛、家化牛的大族。“尤”是“犬”的异型，养犬族。人们常说：“尤直脚便成犬”。蚩尤族是养牛养犬的大族。

牛黎之国，黎族是养牛、家化牛的大族。《山海经・大荒南经》：“牛黎之國。”黎国在山西黎城发展，后播迁到海南黎地，家化当地牛种为耕畜，改进、发明石犁、木犁、铁犁耕地，

对牛的家化贡献不小。

炎帝神农族是家化牛养牛的大族，《史记》说“神农牛首”：对牛的家化有特别的贡献才有的尊称。牛是古代农耕的得力助手，农业文明的主力之一。牛为肉用是现代工业文明后的产品。山东牟平地区牟族是养护牛大族，族名以牛字合厶而成。

瘤牛又名犦牛、犎牛，《山海经・北山经》名领胡，广泛分布于中国南北各地，为中国家化牛类。后以印度瘤牛定出学名，往往使后人误解以为来源于印度，我国是瘤牛原产地之一。

牦牛又名犘牛，由我国羌族家化成功，《西山经》称为獓狪[①]，《尔雅・释畜》：“出巴中。”

犤牛又名果下牛，中国南方广东高凉地区，身体矮小，《尔雅・释畜》记述此牛。明代华族到南洋生

① 狪：yè，《广韵》乌结切。《集韵》一结切。并音噎。《玉篇》：獒狪，兽名。《山海经》：三危之山有兽焉，状如牛，白身，四角，毫如披蓑，名曰獓狪，是食人。又《集韵》因莲切。音烟。义同。——摘自《康熙字典》（标点整理本）P663，上海辞书出版社，2007。

活时，将爪哇的犎牛家化利用，后来定名为爪哇牛，实是一种。

水牛是中国东部南部水田役用家畜，《山海经・东山经》名为蜚，言其奔跑迅速，行走如飞。当是中国华夏族龙族的家化畜，耕水田的有力助手。唐代画家韩滉根据史籍记载，创作了著名的“五牛图”，今藏于故宫博物院（图 4-5）。

图 4-5　中国唐代画家韩滉所绘五牛图

## 五、鸡的家化

鸡雏鸣声叽叽、嘰嘰、唧唧、ji ji，故名为鸡、雞、鷄。

鸟类噪鸣是鸟进化过程中特别形成的生物 24 小时节律，雄鸡啼鸣是鸟类中较为高级的形式。雄鸡啼鸣有三个特点：①24 小时明暗节律；②在高树枝或高阜上啼鸣；③向东方日出渐明处啼明。

鸡科分布于亚洲大陆东方，正是日出于东地区，雄鸡啼鸣正是东方渐明、鸟儿黑夜休息过后，天色微明、鸡视色素合成恢复时间，光的亮度达到动物视觉能看清周围环境中事物，雄鸡啼鸣是鸡的兴奋情节之一。雄鸡啼鸣又可称为鸡号（号、嚎、嗥），而中国远祖太皞氏（太昊氏、太暤氏）和少暤氏（少昊氏、少嗥氏）也是拜日的图腾族，黎明即起的拜日族群，他们活动的时间正好和鸟类、鸡类活动相同，肯定对鸡的活动非常注意，两族群与鸡类经过长期的同地同时共同活动，人类有家化动植物一同生活的天性，族名中有号（嚎、昊、嗥、皞、暤）可为一证。笔者在《尔雅注证・释鸟・鸡》中认为：鸡是太昊氏、少昊氏家化而成。雄鸡应时而鸣，《左传》称为鸡德、鸡信，人类家化鸡是作为报时器而努力家化成功的。中国最尊崇的凤的原型鸟至今也未能找到，我认为中国的原鸡和鸡，特别是雄鸡，可能是凤的最初的原型鸟，太昊族、少昊族以鸡作为图腾鸟的原型，它早晨准时东方明亮时啼鸣的特性，不因阴晴而改变，故大众奉为图腾。后来才混进各个彩羽的鸟，如孔雀、锦鸡而成为多种形式的图腾鸟。

《山海经·西山经·西次二经》《山海经·北山首经》等将雄鸡、白鸡列为祭品，与马、牛、羊同列，可知鸡的品级是比较高级的。家化的时间是前位的。

鸡的品种较多，随地而异，如鲁鸡、越鸡等；随色而异，白鸡、黑鸡等；《齐民要术》列《养鸡》一章，内中讲解多产鸡卵法，即“一鸡生百余卵”，以及蛋用鸡养法。

中国家化的植物，包括作物、蔬菜、花卉、树木、菌菇等，约有500种，笔者已在《芭楼笔谈》(2018)中列举少量的种类实例，如禾、粟、榖（谷）、稻、粱、高粱等。在此从略。

中国家化的动物约有100种，动植物的家化和利用，对人类的体质和智力的进化和发展起了促进的作用。这也是自然界生物的互助和促进发展的最佳的例证。

## 参考文献

郭郛. 1999. 中国古代动物学史. 北京: 科学出版社
郭郛. 2014. 山海经注证. 北京: 中国社会科学出版社
郭郛. 2018. 芭楼笔谈. 中国科学技术文化文明史(内部交流资料)
郭郛. 2019.《春秋左氏传》与中国图腾制度. 见: 王祖望, 冯祚建, 黄复生. 中国古代动物学研究. 北京: 科学出版社

# 名称里蕴藏着的科学成就

## ——记《中国古代动物名称考》的编写

黄复生　沈　慧

动物是自然界中种类最为富庶的一类生物，与人类的关系极为密切，在人们的衣、食、住、行中无所不在，无处不显，远古时期更是如此。所以自古以来动物就深受人们的关注，喜与怒、爱与恨、美与丑、善与恶，全然有之。早在新石器时期，甲骨文就已经记载了众多的动物名称和动物灾异与卜辞等。自从有了正式文字之后，动物的名称、记载和描述就更是数不胜数。最早如《诗经·国风·周南·关雎》的开篇诗句："關關雎鳩，在河之洲。窈窕淑女，君子好逑。"开始以正式的文字记载了动物的名及动物之间的秘密相亲的习性。"关关"表示鸟与鸟之间互相依偎，有低语倾诉情感的意思，"雎鸠"即鹗鸟，俗名鱼鹰，"窈窕"即文静美好的意思，"好逑"有爱慕追求之意。诗的直意：在河中沙洲上的雎鸠两两相伴，依依相随，以此引申出善良、贤淑、文静的姑娘一直为知书、答礼、年轻的君子所爱慕、所追求。诗的原意在风景秀丽的大自然中，作者见到沙洲双双结侣的雎鸠，以其相依相伴低语诉情的画面，深情地表达了君子对于淑女的爱慕情怀。这是《诗经》的开篇之作，几乎是国人家喻户晓的诗篇。在此开篇诗句之后，诸多诗文中描述了各个类群动物的名称及其生物学特性，许多名称一直沿用至今。随着《诗经》之后，散落在各种古籍之中的动物名称就更加复杂多样了。不同时代、不同文人墨客对于各地的珍禽异兽，从不同视角，以不同笔调，对于各种动物婀娜多姿的体态，或凶猛伤害、或温顺可爱的习性，以及生物学种种特性进行了详细描述与称谓，最后从不同的角度和感知，给以不同的名称。

在编写《中华大典·生物学典·动物分典》过程中，各个编委针对各个类群，查阅了数以万篇的古文献，包括了动物各个阶元的名称，已收集到的古名有 11 000 多个。经各类群相关专家考证，内含动物界 16 门 50 纲 206 目 622 科 1500 多个属种。这 11 000 多个古名散落在诸多的古籍之中，十分隐匿，难以查考，难以引用。再者，古人以字形、字音或字义命名物种，这些名称虽有一定缘由，但不同作者、不同时间、不同情趣，其名称差别很大，使得古名更加奇巧、怪异。并且古人对于同一个物种，常给以不同名称，不同物种却又给出相同名称，并且有时文字奇异怪癖，不易理解，常与现代思维有很大距离，难以涉足、难以研读、难以引用。但是在这些名称中确实隐藏着许多好思想、好技巧、很合理、很科学。从不同时期名称的演变、替换、注释，可以看到我国古代动物学各个时期发展的轨迹及所取得的成就。

有人说我国古代没有科学研究与成就，或者说中国古代只有技术没有科学。这些话初听起来似乎有些别扭、羞愧和难过，但也令人感到奇怪、困惑和吃惊！虽然很不服气，但是又好像人家说的有些"道理"，所以一时难以启齿、异议、申辩。主要因为近代许多学科的称谓，如生物学、地理学、物理学、天文学、化学、数学、美学和哲学等等，结尾都有一个"学"字，即科学也，西语的结尾也多有"-logy"。这些带"学""-logy"的科学名称从 19 世纪中后期至 20 世纪初由外文翻译成中文。也正是在这个时候开始有了正规的、现代的教育体系，有了小学、中学和大学之分，在大学里又有文科和理科之分，在文科、理科中，分别又有各个系，系之下又有不同的专业及各种图书馆、标本馆和实验室等等。理科的学生学的是天、地、生、数、理、化。这些学科及其名称都是从19世纪末、20世纪初才开始传进来的。一些有识之士和社会贤达为了国家繁荣、富强、民主与进步，此时也创建、组织了从事科学研究的各种社会团体，如科学社、研究会（所、局）和考察队、实验室、博物馆等等，开展近代各个学科、各个领域的标本采集与收藏、资料积累和学术研究。用新的文化、新的思维、新的文体、新的名称描绘，总结新的研究成果，按照一定格式写成学术论文，分别发表在各种新建的期刊上。这个过程好像说明了我国的科学研究从这个时候才开始的。并且由于历史和社会的种种原因，这些科学研究进展十分缓慢、多数又是模仿性的，这些新的、模仿性的科学研究又是与我国古代相脱节的、相隔离的，且又多与欧美西方相沟通，从课题设置、研究内容、工作程序、方法确定、分析结果、学术交流等等都是学自外国、来自西方。所以误认为此时我国才开始有了科学的研究，并误认为科学只是来自西方，来自欧美，进而下断言我国古代没有科学研究。错!错!错！我们不能用现在科学的词汇、名称、语言、思维方式、立题程序和工作模式及学科发展的水平来审定过去。不能因为有了现在的教育体系，小学、中学和大学，就认为中国古代没有教育及其受教育的学堂和管理体系。因此，我们不能以隔断的历史观来审定我国古代的科学研究，否则我们将无法解析我们的历史。

何谓科学？科学就是人类对于自然、社会，包括文学、艺术等等种种现象的探索与研究。以实验的途径或逻辑的推理，不断地发现、描绘新的事物，并追究事物内在的联系，阐明其联系结果和发展趋势，寻求并掌握事物的规律性。借以利用自然、推进社会，服务于人类。随着社会的发展、人类的进步，科学研究的内容与方法也在不断地扩展和更新。现时在自然科学研究中又分为基础学科研究和应用学科研究两大领域，前者偏重于发现和描述事物及事物规律性的探索与研究；后者则以事物内在的相关性，偏重于实际问题的研究及对于技术性的开发与研制。两者关系十分密切，前者是发展的基础，后者是基础的反应，互为因果，不可偏颇。

我国古代著名的四大发明：活字印刷术的创造、火药的研制、指南针的应用和造纸术的成就，这些虽然都是技术上的发明创造，但是如果没有对于化学、数学、物理学，特别是药理学等基础学科研究的成就，这些发明创造都是不可能实现的。如果没有对于地球物理学的深入研究和仔细探索，又怎能会有张衡“地动仪”的诞生呢？如果没有数学的研究成就，又怎能有“算盘”和“圆周率”，即“3. 1415926”的出现呢？南朝宋•祖冲之把圆周率算到了小数点后的第7位，演算之精确、水平之高超、理论之深奥、时代之久远，世上都是无人可以比拟的。凡此种种表明了我国古代不是没有数学的研究和它的巨大成就，只不过我国古人把“数学”称之为“算术”而已。因此我们必须用现代科学研究的内容来挖掘、探索、阐明、宣扬我国古代科学研究的成就及其精髓，才能真真切切体验到我国古代科学研究的价值与伟大，其成就远见卓识、博大精深。

《尔雅》是一部我国古代百科全书，当然也包括了“生物学”这一门基础学科，以“动物分类学”为例，其中专门设置了记载动物这一庞大类群的章节，并描述了许多当时已经知道的动物种类，包括了虫、鱼、鸟、兽、畜。但如果用现在动物学上的名称、学名和分类系统来审定《尔雅》，其中相同的名称甚少；且年代久远，也根本没有提到“动物分类学”这个学科的名称。进而《尔雅》所记载的许多动物名称十分怪异，文字古僻，词义难懂，为此后人对于《尔雅》的注疏、注证有时不得不注以“未详”两个字。随着时间的推移，时代的进步、认识的提高，一些“未详”经考证，逐步得以辨明、确认。因此以现代动物分类学的名称和系统来审定《尔雅》动物分类学的成就就显得格格不入了。但是2000多年前的《尔雅》对于动物界当时已知的种类归总为独立的一群，进行了系统的分类、描述与记载，个个给予明确的名称，并且根据形态特征、生活习性、活动环境及和人类的关系等等，把整个动物界归为五大类:“释虫”“释鱼”“释鸟”“释兽”“释畜”。“释虫”除了多数昆虫外，还包括了陆生的无脊椎动物和其他；“释鱼”除了多数鱼类外，还包括了某些水生的节肢动物和软体动物等等。凡此种种说明了《尔雅》的动物分类与现时相比较确实存在很大差别。但是《尔雅》的“释虫”“释鱼”“释鸟”“释兽”“释畜”等，第一次专门地分门别类记载了形形色色的动物种类，更难能可贵的是，将这些杂乱无章、千奇百态的动物种类一一归类，除释畜之外，其余各类都体现了异类相斥、同类相归、类上归类、类下分类的思想，含有现代系统分类学的内在因素。《尔雅》的动物分类比古希腊亚里士多德的动物分类早了数百年，比林奈的《自然系统》早了近 2000 年。《尔雅》开创了动物分类学的先河。所以《尔雅》体现了我国古代动物分类学的研究与成就，《尔雅》值得我们后人深入研究，借以提高我们的认识。《尔雅》中许多动物名称随着时代的推移有很大变化，这种变化使得许多类群渐渐清晰明了，有时显现出不同类群具有不同的祖先特征和不同的分类地位。

昆虫一词早在《礼记·郊特性·蜡辞》中就已经出现了：“土反其宅，水歸其壑，昆蟲毋作，草木歸其澤；土反其宅，水歸其壑，昆蟲毋作，豐年若土，歲取千百。”蜡词中之昆虫正是《诗经·大田》中“去其螟螣，及其蟊賊，毋害我田穉。”的螟、螣、蟊、贼等四类昆虫。这些昆虫无疑都应该是农业上的害虫，均属于六足昆虫，远古时期确实没有指出六足为昆虫的重要特征，但那时昆虫名称也确实指的是六足昆虫。《礼记》中的昆虫就是《诗经》中的螟、螣、蟊、贼。螟者即鳞翅目的螟虫类，多指蛀茎性小娥类；螣者即直翅目的蝗虫类；蟊者即广义的地下害虫，多指蝼蛄和金针虫、蛴螬等；贼者为鳞翅目夜蛾科昼伏夜出的黏虫、行军虫等等。所以上述螟、螣、蟊、贼均属于六足的昆虫。《尔雅》将这类昆虫归入它的“释虫”之中，与其他低等动物通称为“虫”。但是到了汉代扬雄在《方言》卷一一中说：“六足四翼，蟲也”。第一次指出昆虫的特征为“六足”，这一关键性的论述不仅把昆虫从广义的“虫”当中剥离出来，而且表明了昆虫为一支独立的自然群。从此便有了昆虫的真正含义，六足虫也，从汉朝就开始出现了。

鱼字古代早已有之，汉·许慎在《说文解字》中说“皆有鱗甲，——總曰《釋魚》也。”《尔雅》中凡有鳞者归为鱼。

鸟字是人们十分熟识的名称，《尔雅》不仅将其归为一类，称之为“释鸟”，而且后来又给出了明确的定义：“二足而羽謂之禽。”

兽字也是人们所熟知的名称，《尔雅》也将其归为同类，称之为“释兽”，并且后来也有确定的含义：“四足而毛謂之獸。”

上述种种，无论是“六足”与“昆虫”、“有鳞者”与“鱼”，还是“二足而羽”与“鸟”、“四足而毛”与“兽”等等，这些概念式的名称都是出自秦汉时期或之前的动物名称，这些名称不仅分别囊括了诸多同类动物，而且显现出同类动物具有共同的祖先特征，进而也表明了它们的历史渊源，这就是近代动物系统学的观念。凡昆虫只有六足，为此后人称之为“六足虫”“六足类”“六足动物”；鱼多有鳞，这似乎人人共知；鸟只有二足和羽翼，兽则有四足而被毛。鸟与兽、二与四，羽与毛虽仅是一字之差，但是这里却存在着两大脊椎动物类群形态学和系统学的差别，且分别体现了鸟类与兽类各自独立发展的两个不同分支。这些概念式的名词表明了各类动物的历史渊源，也表明了我国古人对于动物学研究的可贵成就。这些观念与成就在 2000 多年前就已经出现了，时至今日不但没有失去她的科学价值，而且更显示出我国古人对于动物学研究的深刻理念和卓越成就。凡此种种在古籍中时时可见，但因诸多名称时代久远，又过于孤僻、难懂，过于分散、繁杂，难以查寻、难为现代学者理解与应用。

为此，笔者出版《中国古代动物名称考》一书，以中国古代动物名称为主，一一予以考证归类，然后分门别类编制详细的名称索引，在名称之后再注明页码。这个页码的名称可查找它的归属、分类地位和彼此间的关系，每个名称注明其来源，如作者、朝代及其文章的出处。通过不同时期、不同文人对于不同动物的名称，可得知我国古代动物分类学发展的基本情况，仔细研读名称的结构、形状、读音及意义，有时可以直接了解动物的形态特征和生活习性，如鸟或鱼，其字形多象于实物。后人可以从中了解到我国动物命名、分类历史背景和演变过程，了解到不同历史时期、不同文人对于统一分类阶元的不同称谓，及其科学意义。所以虽是名称与称谓，但是在这些名称和称谓后面蕴藏着可贵的学术意义和应用价值。希望对于开展现代动物学研究有所帮助。

《中国古代动物名称考》一书为《中华大典·生物学典·动物分典》附属的典籍，分别由各个动物分类学专家经过八年时间集体合作编写。负莲负责原生动物门、扁形动物门、纽形动物门、线虫动物门、线形动物门、棘头动物门、轮虫动物门、环节动物门及螠虫动物门；杨思谅负责星虫动物门、节肢动物门的甲壳纲和肢口纲及腕足动物门；刘月英负责刺胞动物门、软体动物门及棘皮动物门；朱明生和胡东升负责节肢动物门的唇足纲、倍足纲 及蛛形纲；黄复生、刘举鹏、吴燕如负责节肢动物门的昆虫纲；张世义负责脊索动物门的海鞘纲、头索纲、圆口纲、软骨鱼纲及硬骨鱼纲；黄永昭负脊索动物门的两栖纲及爬行纲；卢汰春、童墉昌负责脊索动物门的鸟纲；冯祚建、全国强、王祖望、马逸清、文榕生负责脊索动物门的兽纲；沈慧负责全书的电脑输入、造字、古籍文献标目的统一、校对、编排和古字的索引等。工作初期商秀清、牟重行、李景荣、李思忠、刘友樵、宋大祥、许维枢参加部分工作。各个同行发挥各自的专长，分门别类查找我国历代相关文献的动物名称，并分别一一列出，给以明确的分类地位。我们虽各尽所能，努力推敲、细心钻研与考证，但种种原因肯定有许多遗漏的名称，再者因对于古代文献理解错误、知识所限，错置其分类地位，凡此种种，期望得到读者的批评指正，方能得到进一步完善。

这项工作中得到中国科学院动物研究所前任所长张知彬研究员和康乐院士的帮助和支持，得到郭郛先生的支持和指导，得到动物进化与系统学院研究重点实验室的审定和帮助，还得到福建教育出版社张丽艳先生、北京林业大学自然保护区学院张东先生和2012年级研究生的帮助，最终才能得以圆满完成。

## 参 考 文 献

郭郛. 2013. 尔雅注证. 北京: 商务印书馆
王祖望, 黄复生, 冯祚建. 2015. 中华大典·生物学典·动物分典. 昆明: 云南教育出版社
周尧. 1988. 中国昆虫学史. 西安: 天则出版社
邹树文. 1982. 中国昆虫学史. 北京: 科学出版社

# 第五篇

# 中国古代对灾异的认知及其成因的分析

# 中国古代的灾异观与动物为害的认知与防治

王祖望　刘举鹏　黄复生

自古以来，我国就是自然灾害频发的国家，除了让人生畏的气象灾害（水、旱、雨、雪、冷、暖、冰、冻、霜、雹、风、尘霾、风暴潮）、地质灾害（地震、山崩、泥石流）外，尚有种类繁多的生物灾害，其中动物灾害（蝗、螟、鼠、虎、狼、象灾及各种与动物有关的疾疫等）即生物灾害中的主要组成部分（张德二，2013；刘举鹏等，2015）。自两汉以来的士大夫阶层就产生了对上述自然灾异的认知及其哲学观点的思辨，并在当时形成了一种能影响朝廷治国理政的灾异理论（或灾异观），以及与该灾异观相匹配的灾害防治措施。唐、宋至明清时期，“灾异观”在严重的自然灾害及天文知识不断的进步面前不得不有所改变，尤其是在清末“西学东渐”大潮的猛烈冲击下，才使得在中国流传数千年，以“天谴论”为核心的“灾异观”真正退出了历史舞台。

## 一、中国古代灾异观的演变及对社会发展的影响

汉代大儒董仲舒是“灾异观”理论的主要创建者，他在《春秋繁露》一书中首先对“灾异观”作出如下定义：“其大略之類天地之物有不常之變者，謂之異，小者謂之災。”按照他的观点，所谓“异”一般是指天文异常（如日食、月食、星辰变化、雷电等），这类变异虽然让人产生惊吓和畏惧，但并不造成人的生命财产之损失，可以称之为“异”。但另一些灾变，如水灾、火灾、大疫、干旱、冰雹、蝗灾等虽不及天文异常那般令人感到神秘和震慑，但能造成人畜生命财产之损失，则可称之为“灾”。另外也有一些特例，如地震、山崩、地裂等，也造成了生命财产的损失，其危害远比“灾”更严重，但此类灾难仍称之为“异”。董仲舒“灾异观”的最大贡献，并非只是给出定义，他结合“天人感应”的理念，首先提出“天谴”理论。他指出：“災常先至，而異乃隨之。災者天之譴也，異者天之威也。譴之而不知，乃畏之以威。”这段话是讲给当政统治者听的，也是“天谴”理论的核心内容。意思是老天爷要来警告统治者不当行为时，先是来点“灾害”以示谴责，继之出现天文、地质之“异”，以示告诫。董仲舒认为“凡災異之本，盡生於國家之失。國家之失乃始萌芽，而天出災害以譴告之。”如果国家当政者对老天爷的谴告置若罔闻，不知反省，依然故我，则老天爷“乃見怪異以驚駭之。”如果国家当政者在“惊骇”之后，尚不知畏恐，其灾难之后果只能是咎由自取。最后一段话，董仲舒是对国家当政者晓之以理，诉之以情，解释天意之仁义，老天爷并不想陷害于人，而只是要提醒当事者，要反省自己的作为，纠正自己的过失，实际上老天纠正你的过失，就等于是救你本人。原文如下：“見天意之仁而不欲陷人也。謹案災異以見天意，天意有欲也，有不欲也。所欲所不欲者，人内以自省，宜有懲於心；外以觀其事，宜有驗於國。故見天意者之於災異也，畏之而不惡也，以為天欲振吾過，救吾失，故以此報我也。”（汉·董仲舒《春秋繁露》第八卷）。董仲舒通过诠释“灾异观”，重点阐述了“天人感应”的思想，并使汉武帝接受这一思想，随即实行“罷黜百家，獨尊儒術”的政策（冯友兰，2006）。武帝之后，“儒术”在汉代逐步占据统

治性地位，影响巨大，直到东汉仍然用天象解释人事，或用人事政治解说自然灾害。例如，阳嘉三年五月.顺帝因灾自责，“朕秉事不明，政失厥道，天地譴怒，大變仍見。”据史料记载，东汉从公元25年至公元219年的195年间，各种灾异共发生392次，平均0.5年一次，比起西汉发生率增加了一倍多。但是东汉朝廷的应对之策基本上没有什么长进，先是皇帝下诏罪己，因灾异而下的罪己诏数量统计如下：西汉28次；东汉30次。东汉灾异比西汉要多出近一倍，而两汉的罪己诏数量基本相当；由此不难看出，那套在汉儒“天人感应”思想体系影响下的“罪己诏”模式已被东汉的皇帝们逐步轻视，并在灵献时遭到弃用（刘爽，2014）。汉·王充在《论衡·谴告篇》一书中提出质疑：“夫天道，自然也，無爲。如譴告人，是有爲，非自然也”。尽管对“天谴论”存在上述质疑，但儒家以传统天命观、天文历法知识的成熟和树立天子权威、制约天子权力三者的共同作用下，形成了以“天人感应”为主流思想的灾异观，不仅对两汉的政治、经济、社会、思想产生了深刻的影响，并对此后两千多年的封建社会持续发挥着深远的影响。

自唐朝以来，虽然在灾报制度、灾情记述等方面都比以前完善和翔实，如唐朝蝗灾有近半发生在黄河流域，唐玄宗、唐文宗、唐懿宗三个时期是蝗灾高发期，但唐人的灾异观基本上仍然停留在“天谴论”的基础上 ，在严重的蝗灾面前，时任宰相的姚崇一方面要面对愚昧无知的灾民，另一方面又要面对朝廷内部强大的“天谴论”者，他们呼吁“蝗是天災，自宜修德”坚决反对捕灭蝗灾。姚崇在强大压力面前，不顾个人安危得失，在皇帝面前，力陈捕蝗的必要，据理批驳了“天谴论”者的无稽之谈，又以无可置疑的事实，说服了反对者，取得了治蝗的巨大成绩。这一事实也为动摇了自两汉以来，由董仲舒在“天人感应”基础上创立的“天谴论”的根基，具有重要的历史意义（袁野，2006；刘举鹏，2017）。

至宋代，由于朝廷加强了对天学机构的调整，推进了天学观测准确性。在此情况下，宋代学者的灾异观念也随之发生了较大的变化，他们对一些自然界的天象变化已经有了比较科学的认知，并在批判继承秦汉以来的灾异观念的基础上形成了有宋代特色的灾异观念，如在发生蝗灾时，宋人董煟则在唐朝姚崇捕杀蝗虫的基础上，以全面捕杀为主要手段来应对蝗灾，他在《救荒活命书》中说：“太宗吞蝗，姚崇捕蝗，或者譏之以人勝天，臣曰：不然天災非一，有可以用力者，有可以不用力者。凡水與霜，非人力所爲，姑得任之，至於旱傷則有車戽之利，蝗蝻則有捕瘞之法。凡是可以用力者，豈可坐視而不救？即為守宰者，當激勸斯民，使自爲方略，以禦之可也。”他在实践上突破了“灾异说”的思想禁锢，以理性的态度来应对诸如蝗灾等自然灾害。宋代一些著名学者如欧阳修等，就认为“朝代興盛，并非天命，天命不可知，惟謹人事而已。”他对“天命”的大胆怀疑，实际上就是对“灾异谴告”说的某种大胆的否定（刘举鹏，2017）。

至宋元之交，著名史学家马端临著《文献通考·蝗虫》，继续秉承了两汉时期董仲舒的《灾异观》《天谴论》观点，记载了不同历史时期人们对蝗灾成因的认识，如春秋桓公五年，“貪虐取民則螽”；文公三年秋雨，螽于宋，有暴虐赋敛之应。同时，他还认为蝗灾发生与穷兵黩武及政乱有关（刘举鹏，2017）。元著名学者，浙人程端学在继承程朱灾异观的基础上，形成了更加系统完整的灾异理论。他反对把具体灾变与具体人事一一相对应，但限于当时的自然科学水平和主流社会强大的儒学的影响，他最终仍未能跳出“天人感应观”这一窠臼（周国琴，2009）。

明清时期是中国历史上四大灾害群发期之一，尤其是明末清初，即15—17世纪，为灾害的多发和群发期，又被称为“明清宇宙期”（公元1400—1900年）。这个时期又称为方志期或者明清小冰期，为低温多灾的时期。有关寒冷的记载很多，明代北京冬季可能比现在低2℃左右（蓝勇，2002）。自然灾害不仅与气候密切相关，还与太阳黑子等特殊天象密切相关。尤其在明朝中叶以后，灾荒尤为严重，有“无岁不告灾，一灾连数省”的说法。邓拓（1937）在《中国救荒史》一书中记载，在明朝的276年统治中，各种灾害竟达1011次，其中水灾、旱灾分别为196次和174次；据刘举鹏（2017）报道：明朝255年，发生重大蝗灾240次；又据王祖望等（2019b）报道，明朝发生的鼠灾和大疫分别为40次、148次。面对数量众多，接踵而来自然灾害，明朝统治者继承和发展了自古以来形成的一套完整的救灾体系，同时也继承和发展了两汉、唐宋以来所形成的“灾异观”。明太祖朱元璋出身农家，自幼深受自然灾害之苦。所以在他得天下后，十分重视自然灾害的及时应对。据明·湛若水在《圣学格物通·敬天下》一书中的记载，“洪武四年十月，太祖高皇帝謂中書省臣曰：祥瑞災異，皆上天垂象。然人之常情，聞禎祥則有驕心，聞災異則有懼心。朕嘗命天下勿奏祥瑞，若災異即時報聞。尚慮臣庶罔體朕心，遇災異或匿而不舉，或舉而不實，使朕失致謹天戒之意。中書其行天下，遇有災變即以實上聞。”由这段文字可见明太祖在自然灾害纷至沓来之际，仍坚守儒家灾异观中的天谴论思想，告诫诸大臣及百官，可不奏祥瑞，但灾异务必及时报闻，不得“匿而不举，举而不实”。明代蝗灾猖獗，但徐光启在治蝗方面并未受到“天谴论”的阻挠，在他所著《农政全书》中依据科学原理，提出根治蝗灾必先消灭蝗虫孽生基地的正确主张。他总结元、明时期蝗之发生地区，得出“故涸澤者，蝗之本原也，欲除蝗，圖之，此其地矣。”（刘举鹏等，2015）。

在前文中已提到清朝初期，即 15—17 世纪，为灾害的多发和群发期，又被称为“明清宇宙期”，据蓝勇（2002）报道：“这一历史时期灾害的特点是东南沿海一带冬季最低温估计比现在低 5—7℃，明代北京冬季可能比现在低 2℃左右。清代 18 世纪 20 年代至 70 年代长江下游冬季平均气温比现在低 1—1.5℃，冬季降雪日比现在多 10%—15%。这种寒冷气候在西南地区和黑龙江地区也有反映。”另据刘举鹏（2017）统计：清朝 263 年，共发生蝗灾 241 次。又据王祖望等（2019b）统计，清朝共发生鼠灾 52 次，平均 5.15 年发生一次，鼠灾发生频率为 19.40%；共发生大疫 196 次，平均 1.37 年发生一次，大疫发生频率高达 73.13%。鼠灾及大疫两者均明显高于先秦以来各朝代。清代早期，顺治、康熙、雍正年间，官方和民间均秉承两汉以来所创立的以“天人感应”为基础的“灾异观”和“天谴论”，认为“自然灾害的发生是上天对人们的警示和训诫，其中，政事阙失是致灾的重要原因”，进而认为：“天變之興，皆由人事之應，未有政事不闕於下而災眚屢見於上者。政事之中，刑狱不公极易使冤气上达，激起上天愤怒”。故清廷在应对天谴论方面，采取了与往昔不同的做法，即皇上不再颁“罪己诏”，也不再“自我反省”，而是采用“因灾恤刑制度”，大赦一批因灾荒饥饿而铤而走险犯下盗窃之罪者，以及由于“刑狱不公”，导致“冤人籲嗟，感傷和氣，和氣悖亂，群生癘疫，水旱隨之”等报应，进而认为：刑狱与灾荒之间这种必然的因果联系，使得清廷历代统治者将清狱恤刑与虔诚祈禳一样视为取悦上天、以求弥灾免害的重要方式。 清代历朝每逢天灾，都将清狱恤刑看成是感召休祥的“第一要务”，其意义之重要甚至在一定程度上超过隆重的斋戒祈雨仪式（《光绪朝东华录》）。

至晚清时期， 虽有一些洋务派学者曾以西方近代自然科学知识体系为武器，对中国传统的灾异观、天谴论等意识形态进行了有力的批判。但他们往往对这些传统的观念采取实用主义态度，导致这样的批判最终反而被利用来反对向西方学习，在西学东渐的大潮中成为阻力。清朝的中后期，在治理蝗灾方面曾出版了大量治蝗书籍，在民间普及了一些行之有效的灭蝗方法，使蝗灾危害得到一定程度的控制。尤其值得称道的是，晚清宣统年间，发生了以东北黑龙江为中心的肺鼠疫大流行，来势凶猛，有向关内蔓延的趋势，在此紧急关头，清廷末代政府不但未受制于“灾异观”和“天谴论”的掣肘，还大胆起用了经过西方近代医学培养的流行病专家伍连德博士，由他全权负责扑灭东北鼠疫，伍连德不辱使命，果断采取了一系列科学的技术措施，并颁布了严格的隔离和管理法规，仅用了四个月的时间就扑灭了这场震惊中外的东北肺鼠疫大流行，在国际上赢得了赞誉。同时，这也是一场西方科学和中国传统灾异观的对决，在这场对决中，科学终于战胜了愚昧，自此一役，“天人感应”和“天谴论”已逐步退出了历史舞台（王祖望等，2019b）。

## 二、古代动物为害及其防治

我国最早记载动物为害的文献，可追溯到商朝的甲骨文，经考证对蝗、鼠、虎等均有记载，但多是祈祷和祭事。到了周朝，《子夏易传》对虎、豹、鼠等动物为害的灾情已有了正式的记载，但对螟、蝗虫等有害昆虫的正式记载却始于《诗经》：“去其螟螣，及其蟊贼，無害我田穉。田祖有神，秉畀炎火。”此记载明确提出了危害农作物的四类害虫，它应是昆虫分类学史的先河之作，也是虫灾记载和以火治蝗的先导。周幽王时，民间提出如此见解，实属难能可贵。周朝对动物为害与防治也有记载。《周礼·秋官》就记载了庶氏掌除毒蛊、壶涿氏掌除水虫、蝈氏掌去鼃黾等，而对有益人类的蛙类只因叫声影响了当权者的休息，也列入了防治对象。《尔雅》一书将动物分为释虫、释鱼、释鸟、释兽，应是动物分类学的鼻祖，此观点一直延续到清末。在春秋战国时，《吕氏春秋》对多种有害动物与季节的关系，有着科学的记载，并用五耕五耨之法防治害虫，这一方法，被历代延用，清·康熙则以圣谕而命河南等省耨土弭蝗，则为一例（《吕氏春秋·任地》卷二十六）。

在历史上，由于蝗虫成灾的严重和频繁，记载它的资料十分详细。蝗虫这一名称，首次被《礼记·月令》记载。经考证，在蝗字出现之前，螣、螽、蝝等名称，均为蝗虫的同物异名或不同虫态，并用以记载历史上的蝗虫灾害。从公元前707年至公元1911年，共记载蝗灾发生约989年次（刘举鹏等，2015）。

由于蝗灾严重影响人民的生活和社会安定，引起统治者的重视。汉·刘肇在《蝗灾罪己诏》中曰：“蝗蟲之異，殆不虛生，萬方有罪，在予一人。”唐太宗念蝗之为民害，取而吞之。唐相姚崇认为蝗灾应治、可治，他破除迷信，以理服人，力排众议，说服了唐玄宗积极开展治理蝗灾，并创造了火边掘坑，且焚且瘗，焚烧和掩埋相结合的治蝗办法。五代汉高祖干佑元年颁布敕禁罗戈鹳鸽令，明确提出保护天敌捕食蝗虫的具体措施。宋神宗所颁布的《熙宁诏》和宋孝宗所颁布的《淳熙敕》，是我国，也是世界上两部最系统的治蝗法规。使治理蝗灾有法可依，有规可循，调动了人民群众治理蝗灾的积极性。但最早的治蝗法规应为《前汉书》所记载：“元始二年[略]遣使者捕蝗，民捕蝗詣吏，以石斗受錢”。清雍正在位13年，有关蝗灾的圣训、朱批，就多达30余次。

在治蝗实践中，总结经验，形成文字的，首推宋·董煟的《救荒活民书》。他将宋朝的两部治蝗法规完整地记录下来，免于失传，并将治理蝗灾的经验总结成7条，为后来特别是清朝治理蝗灾奠定了基础。在古籍中，最值得推崇的要数明·徐光启的《除蝗疏》，是徐光启于崇祯三年（1630年）六月九日《钦奉明旨条画屯田疏》的一部分，即除蝗第三，转载于《农政全书》卷四十四，称之为《玄扈先生除蝗疏》。文中论断大都是谨慎而正确的，对于蝗虫生活习性和治蝗方法就有如此卓越的见解，这在治蝗史及昆虫学史研究中具有划时代的意义，在近代人治理蝗灾的战略与战术思想中，徐光启的专著已露端倪。

在清朝有关治理蝗灾的著作甚多。本文收录了下列著作：如陈芳生的《捕蝗考》，是我国第一本治蝗手册，曾在治理蝗灾过程中起过积极作用。陆曾禹的《捕蝗必览》收入钦定《康济录》，以八所阐发蝗之生灭，以十宜细说蝗之可除。此书简便易于参考，仍不失为一本可用的小册子。此外还有陈仅的《捕蝗汇编》四卷，钱炘和的《捕蝗要诀·除蝻八要》，顾彦的《治蝗全法》，李炜的《捕除蝗蝻要法三种》首次记载了蝗卵一词，并对此有其科学的论述。陈崇砥的《治蝗书》提出了用药除蝗卵之法前所未有。此书对蝗虫产卵习性与产卵场所的研究是有一定贡献的，上述著作大致相仿，但各有贡献。而陈子龙鱼子变蝗虫之化生说谬论，在上述各书中几乎无不述之，以致颇有创见的陈崇砥亦有对所谓治化生蝻视作首务，益见陈子龙宣扬的化生说危害之深，流毒之广。

物种可变是进化论的精髓，但一个物种变为另一个物种，需要一个漫长的历史过程，而且必须遵循系统发育的原则。而化生说却是一年之内鱼虾可变为蝗虫，蝗虫又可变为鱼虾。这一错误的思想也影响到治蝗中。顾彦撰《治蝗全法》等则将火烧芦苇，清除杂草作为治蝗的首法，背离了徐光启治理蝗灾的战略、战术指导思想。纪昀在《纪文达公遗集·乌鲁木齐杂诗》指出：蝗子在泥，而烧其上，是与蝗无害。则明确指出上述方法之错误。但遗憾的是纪昀在编辑《四库全书》时并未指出这一错误观点。

除蝗虫之外，古籍文献还记载了其他为害昆虫，计有：螟虫、白蚁、蝼蛄、黏虫、蚤、虱等，以及桑树害虫。白蚁大害虫也，最早记载始于《吕氏春秋·慎小篇》和与此同时的《韩非子·喻老篇》。邹树文（1982）在《中国昆虫学史》一书中，提到古代记载的“太室屋坏”“城门自倾”“大船自覆”“第门自坏”等，均为白蚁蛀蚀的结果。此外，在古籍中记述了我国长江以南各地，因暴风、洪水、引发的倒屋、伐木、决堤、垮坝等灾害，其主要内因也是白蚁危害的结果。白蚁筑巢于堤坝内、修筑众多蚁路，暴风雨后，水位骤然提高，水流不断冲刷蚁路、蚁巢，轻者常引起渗透、管涌、跌坡；重者则引发决堤、垮坝，被蛀蚀的房屋和树木也随之崩塌或伐倒。为此，本文摘录了古籍中部分的相关的记载，期盼引起相关人士密切注意白蚁的危害。防治白蚁之法始于周代，《周礼·秋官》曰：“赤友氏。掌除墻屋，以蜃炭攻之，以灰灑毒之。”明末方以智撰《物理小识》记载了用青栀子实晒黄灭白蚁之法。蝼蛄《诗经》曰蝨；螟虫《诗经》曰螟，黏虫（虸蚄）即《诗经》所谓的贼也。关于螟灾的记载始于春秋鲁隐公五年，即公元前714年，为最早有害昆虫成灾之记载，它的发生次数虽远不及蝗虫，但比记载其他害虫的次数要多。桑树害虫甚多，《农桑辑要》记载了一些桑树害虫，还提出了可行的防治办法。《桑业丛书·桑树害虫论》记载了三十余种桑树害虫，并对其形态特征、生活习性及防治措施均有详尽的记述。在古籍文献中能有如此的论述，实属不易。更有一事不能不提及，即唐代就知利用黄猄蚁防治柑橘害虫。此法简便易行，效果很好，是生物防治史上一个最为成功的典型例子，现仍有着重要的应用价值。

在无脊椎动物中，也有许多有害动物，特别是人、畜的寄生虫，此项内容在《中华大典·生物学典·动物分典》第一册中已详述，在此从略（贠莲，2015）。

古籍文献所记载的有害动物，在脊椎动物中，鼠类与人类的关系最为密切，它们个体虽小，但数量极大，其成灾的记载，首次出现于《诗经》，《诗经》曰：“碩鼠碩鼠，無食我黍。三歲貫女，莫我肯顧。逝將去女，適彼樂土。樂土樂土，爰得我所。”古代鼠类危害农作物，造成“岁大饥，民食草本”，在《唐书》《宋史》《玉芝堂谈荟·江北鼠灾》以及众多《通志》《方志》中均有记载，尤其是一些鼠类种群大发生的异常现象，颇值得后人探讨。鼠类不仅危害农作物，更为重要的是它们以蚤类作为媒介传播鼠疫。古籍中有关烈性传染病的记载，始于公元前674年，即春秋鲁庄公二十年。此记载为“夏，齐大灾”。按《汉书·五行志》称“大灾，疫也”。大灾疫有可能是指一种烈性传染病，但古人对这种烈性传染病的认识有一漫长过程，如《文安县志》卷一《灾异》记载：“萬曆十年，患大頭瘟症死者枕籍，若傳染，雖至親不敢問吊。”又如《解州安邑县志》卷十一《祥异》记载：“萬曆十四年，大疫，頭項腫，死亡相望。”直至公元1644年，在《长治县志》卷二十一《祥异》中，才有患鼠疫者的典型症状记载：“長治縣，秋大疫，病者先於腋下，股間生一核，或吐痰血死，不受藥餌。雖親友不敢問，有闔門死絶，無人收葬者”。至光绪年间，广东、云南、福建连年鼠疫流行，人们对大疫发生有了更进一步认识，如我国现存最早的鼠疫专著，清罗汝兰撰《鼠疫汇编》一书中，就明确指出疫病与鼠的关系：“光緒十六年冬，鼠疫盛行，鼠疫者，疫將作，則鼠先死，人感疫氣，輒起瘰瘍，緩者三五日死，急者頃刻，醫師束手。”清余伯陶《鼠疫抉微》中不仅指出大疫与鼠的关系，还指出滇、粤鼠疫传播之途径。最为可贵之处是，罗汝兰的著作中详细介绍“鼠疫原起”“避法第一”“医法第二”，已有了“预防为主，治疗第二”的思想。该专著详尽介绍有关药物治疗鼠疫的方法，实践证明：“療效確切，有功於嶺南生民者甚着”（刘举鹏等，2015；王祖望等，2019b）。

在古籍文献中，所记载的其他脊椎动物为害，有象、虎、豹、狼、豕等几种。在上述灾害中，虎灾（祸）最为突出。汉王充《论衡》卷十六《遭虎篇》、晋陈涛《魏志》、明陈继儒《虎荟》、清彭尊泗《蜀碧》及黄百家《南雷集学箕初稿》卷二《歼虎记》中均有详细的记述。但由于历代对消弭虎灾（祸）均采取射杀、陷阱、入虎穴围捕等手段捕猎，加之，历朝历代对森林资源滥伐，致使虎的栖息地日益萎缩或破碎化，导致其数量急剧下降，到现代已成为珍稀濒危物种，列为国家一级保护动物，这一历史演变过程，值得我们深入研究，从中吸取教训（王祖望等，2019a）。

## 参考文献


邓拓. 1937. 中国救荒史. 上海: 商务印书馆

冯友兰. 2006. 中国哲学史. 北京: 中华书局: 207-222

蓝勇. 2002. 中国历史地理学. 北京: 高等教育出版社

刘举鹏. 2017. 中国蝗虫学史. 昆明: 云南教育出版社

刘举鹏, 黄复生, 王祖望, 等. 2015. 动物为害与防治总部，见: 王祖望，黄复生，冯祚建. 中华大典·生物学典·动物分典(第四册). 昆明: 云南教育出版社: 579-581

刘爽. 2014. 东汉社会的“灾异观”. 黑龙江史志, (11): 327-328

王云五. 1986. 文渊阁景印四库全书. 台北: 台湾商务印书馆

王祖望, 冯祚建, 计翔. 2019a. 虎在中国由盛极而濒临灭绝的历史原因分析. 见: 王祖望, 黄复生, 冯祚建. 中国古代动物学研究. 北京: 科学出版社

王祖望，张知彬，迟庆生, 等. 2019b. 中国三千年鼠灾、大疫发生概况. 见: 王祖望, 黄复生, 冯祚建. 中国古代动物学研究. 北京: 科学出版社

袁野. 2006. 唐代的自然灾害——《两唐书·五行志》有关记载研究. 首都师范大学硕士学位论文

贠莲. 2015. 鞭毛纲总部，肉足纲总部，孢子纲总部，吸虫纲总部，绦虫纲总部，见: 王祖望, 黄复生, 冯祚建. 中华大典·生物学典·动物分典(第一册). 昆明: 云南教育出版社

张德二. 2013. 中国三千年气象记录总集(增订本). 南京: 江苏教育出版社

赵杏根. 2012. 宋代蝗灾应对和灾异观之变化. 重庆文理学院学报(社会科学版), 31(5): 34-39

周国琴. 2009. 元儒程端学的灾异观. 广播电视大学学报(哲学社会科学版), (4): 74-78

邹树文. 1982. 中国昆虫学史. 北京：科学出版社

# 中国古代农业害虫的治理

黄复生

自古以来我国为农耕大国，农业生产有着悠久的历史。远古时期，从游猎生活进入农耕社会之后，耕种土地得到不断的开垦与扩大，农业生产得到不断的发展与提高。在此期间，我国劳动人民对于田间种种害虫进行了长期的观察、研究与治理，以及开展了对于天敌昆虫的观察与应用等等。对于害虫和天敌的生物学特性进行多方面的研究，开展了农业措施与环境因素控制害虫发生的研究，提高农作物自身的抵御潜能。许多记载与论述不经意地留下我国治理害虫的历史，以及农业昆虫学发展的轨迹。

## 一、“昆虫”一词起始于我国农业害虫的记载

虫，作为广义或指为个别的虫很早就已经出现了，远在新石器时代，我国殷代发掘的甲骨文就有许多虫的形象名称。在正式文字出现之后，对于虫的记载就更多了，如《诗经》中“蟲”的虫、《尔雅》中“释蟲”的虫等等。所指的这些“虫”字，其中多数应是含有六足的昆虫，少数也混有其他非六足虫类。

但“昆虫”作为科学名称，虽然始于春秋战国之前。但作为六足动物，具体的昆虫一词则在我国古代防治农业害虫中就已经出现了，如远古时期的《礼记·郊特牲·蜡辞》中的“昆虫”。

| 《蜡辞》原文 | 周尧（1988）译文 |
|---|---|
| 土反其宅！ | 土，回到那陇上去！ |
| 水归其壑！ | 水，流到那沟里去！ |
| 昆虫毋作！ | 昆虫，不许发生！ |
| 草木归其泽！ | 野草杂木，长到沼泽去！ |
| 土反其宅！ | 土，回到那陇上去！ |
| 水归其壑！ | 水，流到那沟里去！ |
| 昆虫毋作！ | 昆虫，不许发生！ |
| 丰年若土！ | 这土地要丰收哟！ |
| 岁取千百！ | 一年收它千百石！ |

《蜡辞》中的“昆虫”一词为这一类群最早期出现的科学名词，《蜡辞》中的昆虫肯定指的是我国早期农业上的四大害虫，如螟虫、蝗虫、蝼蛄和黏虫，这些害虫均属于六足虫类。所以也可以说，真正的科学名称，六足类的昆虫出自于我国早期的农业昆虫。

周尧（1988）将诗文注释之后认为：“《蜡辞》的每一句话都用的是命令语气，充分表明了我们的祖

先主宰大自然的巨人形象，体现了人类征服自然的意志与信心。”周尧译文的语气也尽力保持原作的情感和精神。

史前《诗经·小雅·大田》第一次提到农业害虫的治理。

| 《大田》原文 | 周尧（1988）译文 |
| --- | --- |
| 去其螟螣！ | 除去那吃苗和吃叶的害虫！ |
| 及其蟊贼！ | 以及那吃节和吃根的害虫！ |
| 无害我田稺！ | 不许它加害我们田里的庄稼！ |
| 田祖有神， | 仗着田神的神威， |
| 秉畀炎火！ | 把它们消灭在烈火之中！ |

上述短短的五句诗文，唤起人们对于农业害虫侵蚀庄稼的高度警觉，并且以此诗文号召人们用火把它们消灭在大田之中。周尧（1988）认为这“是一个治虫的动员令”，并巧妙地用吃苗、吃叶、吃节和吃根，形象地表明不同害虫的种类、生活食性及其危害的严重性，深刻地揭示了诗文的历史意义。这应该是我国自从有文字记载以来治理农业害虫最早的记录。

## 二、农业虫灾的系统记载

如果说上述《礼记》《诗经》已经记载了我国远古时期农业害虫的状况，以及人们对于虫灾所采取的治理措施，这仅仅是零散地记载在那些古籍之中的虫害。但是自从春秋战国开始，各个朝代都有专门史籍对于虫灾以及各种异常事态进行逐年的系统记载。邹树文（1982）取自《图书集成·蝗灾部》及《清史稿·灾异志》相关记载，对于我国古时主要害虫爆发年进行逐年统计，从春秋鲁隐公元年（公元前 722 年）开始，至清朝光绪三十四年（公元 1908 年），在 2630 年间，每隔 100 年，按不同害虫发生灾害年的频率，系统地分别进行统计，最后制成表 5-1。

表 5-1 所列 11 个害虫名称均出自原始相关史籍的记载，保持原来的名称，由于出自不同朝代、不同地点、不同作者，对于害虫种类、危害程度及分布区域定会有不少差别，甚至由于历史和知识的局限，把同一种虫害的不同发育阶段称为不同种的名称也时有发生。邹树文（1982）对于“蝗、螽、螽[①]、蝻、蝝”等一一进行了很好的考证：“《说文》蝝，复陶也。刘歆说蝝，蚍蜉子。董仲舒说蝗子也。《左传》宣十五年冬蝝生，《左传·杜预注》以为蝝是螽子，以冬生遇寒而死，故不成螽。《公羊传·何休注》蝝即螽也。始生曰蝝，大曰螽。我们论《春秋》的害虫，取杜预、何休的说法，以为蝝即等于现代所谓蝻，即蝗虫的若虫。”这一考证理清了它们之间的关系。

上表螟害列为第一，螟虫当然是我国农业上重要害虫，然而其为害程度应次于飞蝗。但它是我国最先被记载的虫灾，所以后人把螟虫也一直被认为是农业上最重要的一类害虫。螟虫在我国分布十分广泛，其灾害十分严重，古代农业上重要螟害有以下种类。

北方有危害高粱和小米的粟灰螟 *Chilo infuscatellus* 和高粱条螟 *Proceras venosata*，南方则主要有危害水稻的水稻螟虫，如二化螟 *Chilo suppressalis* 和三化螟 *Tryporyza incertulas*，均为食苗心的害虫，其危害十分严重，常使稻谷颗粒无收。

① 螽：zhōng,《唐韻》職戎切。音終。《集韻》：同螽。《玉篇》：蝗也。《說文》：螽，或從蟲，眾聲。申培《詩說》：螽斯，美周室多男之詩。《公羊傳·桓五年》螽，詳螽字注。zhòng，又《集韻》之仲切。音衆。揚子《方言》：螻蛄，謂之螽蛉。——摘自《康熙字典》（标点整理本）P1071，上海辞书出版社，2007。

表 5-1　2630 年间虫灾史籍记录统计表

| | 螟 | 螽 | 蜚 | 蝝 | 蜮 | 蝗 | 虸蚄 | 虫 | 蝻 | 螣 | 蟊 | 合计 |
|---|---|---|---|---|---|---|---|---|---|---|---|---|
| 公元前 8 | 2 | 1 | 1 | | | | | | | | | 4 |
| 7 | 1 | 4 | 1 | | | | | | | | | 6 |
| 6 | | 3 | | 1 | 1 | | | | | | | 5 |
| 5 | | 3 | | | | | | | | | | 3 |
| 4 | | | | | | | | | | | | |
| 3 | | | | | | 1 | | | | | | 1 |
| 2 | 2 | | | | | 9 | | | | | | 11 |
| 1 | | | | | | 2 | | | | | | 2 |
| 公元后 1 | 2 | | | | | 15 | | | | | | 17 |
| 2 | 2 | | | | | 18 | | | | | | 20 |
| 3 | 5 | | | | | 2 | | | | | | 7 |
| 4 | 1 | 1 | | | | 8 | | | | | | 10 |
| 5 | | | | | | 11 | 2 | 1 | | | | 14 |
| 6 | 1 | | | | | 10 | 5 | | | | | 16 |
| 7 | 1 | | | | | 8 | | | | | | 9 |
| 8 | 1 | | | | | 6 | 3 | | | | | 10 |
| 9 | 2 | | | | | 17 | 2 | | | | | 21 |
| 10 | 1 | | | 2 | | 12 | 6 | | 8 | | | 29 |
| 11 | 1 | | | 2 | | 29 | 4 | | 6 | | | 42 |
| 12 | 13 | | | 2 | | 33 | 1 | | | 2 | | 51 |
| 13 | 5 | | | | | 46 | 3 | | 2 | 1 | 2 | 59 |
| 14 | 2 | | | 3 | | 42 | 3 | 1 | 4 | | | 55 |
| 15 | | | | | | 33 | | | 3 | | | 36 |
| 16 | 5 | | | | | 42 | | | 4 | | 1 | 52 |
| 17 | 2 | | | | | 44 | | 15 | 5 | | | 66 |
| 18 | | | | | | 39 | | 16 | | | | 55 |
| 19 | | | | | | 28 | | 8 | 8 | | | 44 |
| 合计 | 49 | 12 | 2 | 10 | 1 | 455 | 29 | 41 | 40 | 3 | 3 | 645 |

资料来源：邹树文，1982

早在先秦时期，对于螟害就有过记载，如《诗经·小雅·大田》中的“去其螟螣”的“螟”字，就是所谓的螟害，但这仅仅是诗歌中的螟害，只是那个时期表达去其灾害的美好愿望。这种记载没有具体的危害时间和发生季节，不是作为历史的事件而被记录在案。随后在春秋鲁隐公五年开始连续记载在册如下。

《春秋·隐公》卷一：“癸亥（桓公二年）五年……九月……螟，音冥，蟲災始此。”

又：“癸寅（桓王五年）八年……九月……螟。”

《春秋·庄公》卷三：“癸巳（莊公九年）六年……秋……螟。”

以上仅列举春秋时期正式开始对于螟虫灾害的记载，也是对于农业害虫灾害系统记载的开始。跟随其后，所记载的格式基本相似，即某朝代、某年、某月或某季节，发生什么虫灾。随着社会的发展，人们对于农业虫灾认识的提高，增加了虫灾的具体发生地区、危害的严重程度及赈恤灾民办法的记载。这些记载虽然很简单，但长期而系统的资料十分珍奇、可贵、难得，可能是世上绝无仅有的。这些资料的积累，由于长期而系统，不仅有珍贵的历史意义，而且具有巨大的现实意义。许多现代学者应用新的思维、新的技术，结合害虫历史上的发生动态，探索了、寻找了、发掘了许多害虫的发生规律。

蜮作为农业上虫害，在历史上被记载的时间很早，也是在春秋战国时期出现的。

《春秋·庄公》卷三："乙巳惠王元年，十有八年……秋有蟚[1]，蟚又作蜮，音或。"过去有人认为蟚为水生半翅目昆虫，田鼈。但作为农业上害虫，邹树文（1982）认为，蜮即是《诗经·大田》螟、螣、蟊、贼的贼，史书上所记的蚜蚄，亦即是现代的黏虫。所以，邹树文（1982）认为，蜮与贼、蚜蚄、黏虫都是相同的。表中蜮也仅是在公元前记载过一次，随后便由蚜蚄所代替了。黏虫 *Leucania separata* 古时多被称为蚜蚄。周尧（1988）说，蚜蚄最早见于《氾胜之书》（公元前 50 年）。在我国农业上蚜蚄的危害十分严重，邹树文（1982）在上表已统计有 30 次（加上蜮）；周尧（1988）对于我国历史上蚜蚄大发生年代的统计，从北魏即公元 5 世纪开始，到清朝末年（1911 年）为止，严重灾害 49 次，发生地区是陕西、甘肃、河南、山东、山西、河北等省，四川、福建也有记载。有 17 次是明白地记载着，"害稼""害苗"，有的"食稼殆尽"，有的"食稼三分之二"。比这些记载更早一些，在晋咸宁中元年（275 年）、永宁元年（301 年），"有青虫食其禾叶，甚至十伤五六"。周尧（1988）考证，上述地区主要的禾稼是小麦，而食叶殆尽的重点害虫只有黏虫一种。周尧（1988）统计黏虫大发生年代，除了害虫名称之外，并且对于被害作物的考证也列其中。为此，其统计次数多于邹树文统计的数据。所以，他们之间的差别是可以理解的。

蜚，也是在春秋时期已有记载。

《春秋·庄公》卷三："丙辰，惠王十二年，二十有九年……秋有蜚。蜚，扶味反。"

蜚，作为农业害虫，公元前就已经被记载，但蜚应为何种颇有争议。邹树文（1982）："蜚字在《春秋》及《左传》共两见，究竟是什么虫，古注的说法不一，我们假定为可能是蜻蠊，因为郭璞注说它是臭虫的缘故。"接后，邹树文又认为："蜚即蜻蠊，始见于《春秋》鲁庄公二十九年（公元前 665 年）秋，有蜚。"

宋·庄罗愿撰《尔雅翼》卷二七《释虫·庄蜚》：蜚者，負盤，臭蟲也，亦作蜰。似䗪蟲而輕小，能飛，生草中……。《春秋·庄庄公二十九年》有蜰。劉歆以爲負蠜也。……食稻爲災，介蟲之孽。其父向則以爲蜚，色青，近青青也。非中國所有……説者以爲蜚，中國所有，非南越之蟲，未詳向所說。蜚誠臭蟲，今所在有之，草間之物。……今負盤，好似清旦，集稻上食稻花……，至日出則皆散去，不可得矣。能熯稻，使不蕃。《春秋》書之。當由此爾。今人謂之蜚盤蟲，亦曰香娘子。

明·庄张自烈撰，清·庄廖文英续《正字通》申集中《虫部》："蜚，輕小似蚊，生草中，善飛，旦集稻上，食稻花。又氣息恶，能熯稻，使不蕃，遇西風雨則死。"

清·庄方旭撰《虫荟》卷三《蜚》："《正字通》，蜚，輕小似蚊，善飛，食稻花。旭按：稻花開日，若雨陽不時，則生小飛蟲，群集稻花上食稻花，令稻不實，即此蟲。《春秋》所謂蜚，是也。劉歆以爲負蠜，劉向以爲非中國所有，並誤。邢氏、邵氏引此説，以解《爾雅》之蜚，尤誤。"

根据上文种种论述，《春秋》中灾害的蜚与《尔雅》中蜚蠊的蜚，虽同书为"蜚"字，但二者毫无相关，前者属于农业害虫的蜚，按其体小、似蚊、善飞，有集群特点，好以清晨入田，群集稻花上吸食，能熯稻，并使之不蕃等习性，它应该是属于缨翅目昆虫，稻蓟马 *Stenchaetothrip biformis*。

上表蟊的考证，多数学者仍以《尔雅》对于螟、螣、蟊、蠈的解释为准：

"食苗心螟，食叶蟘，食节贼，食根蟊。"

邹树文（1982）认为："《尔雅》此四语是和《诗经·毛传》'食心曰螟，食叶曰螣，食根曰蟊，食节曰贼'的说法相合，而只是有螣、蟘二字的写法不同而已。"三国吴·陆玑撰《毛诗草木鸟兽虫鱼疏》："蟊，螻蛄也。食苗根，爲人患。"邹树文（1982）认为：蟊为广义的地害虫，"包括蝼蛄、蛴螬、金针虫等。"

[1] 蟚：《篇海》與蜮同。——摘自《康熙字典》（标点整理本）P1061，上海辞书出版社，2007。

十分据理，古人很难对具体的食根的地下害虫命名。但多数为害的害虫应该是蝼蛄。

清・倪文蔚、蒋铭勋修，顾嘉衡、李廷鉽纂《光绪荆江府志》（一）："明隆慶元年，公安大水，傾洗二聖寺。秋七月，宜都蝨賊爲災，穀登十之一。"依刘举鹏、王祖望在本书中《蝼蛄名称的由来、变迁与考证》一文，我国古代文献中的蝼蛄有三种：东方蝼蛄 *Gryllotalpa orientalis*、小蝼蛄 *Gryllotalpa formosana* 和大蝼蛄 *Gryllotalpa unispina*。

关于蝗虫，上文已根据邹树文（1982）考证，历史上列举的螽、蝝、蝻、螣等均属于蝗。其中主要包括两大类群：蝗科 Acrididae 和螽斯科 Tettigoniidae，但更重要的是蝗类。刘举鹏对于古籍的考证，主要有飞蝗 *Locusta migratoria* 和中华稻蝗 *Oxya chinensis*。飞蝗在我国分布十分广泛，由于长期的地理隔离，不同地域飞蝗种群形成了不同地域亚种的分化。有关飞蝗的历史灾情记载和不同地区亚种发生的动物见后文分析。

上引统计表（表 5-1）中"虫"字是泛指的虫灾，是不知名的害虫所引发的虫害，古籍中常有虫、虫害、虫灾等记载。表 5-1 中除了公元 5 世纪南北朝和公元 14 世纪明朝各有一次记录外，主要集中在清朝期间，17 世纪有 15 次、18 世纪有 16 次、19 世纪有 8 次，总共有 41 次之多，可见这些虫害也相当严重。

白蚁危害的记载：我国地处亚洲地带，气候温暖潮湿，适宜于白蚁的繁衍生息，危害十分严重。但由于白蚁生活习性特殊，繁殖迅速，活动环境隐蔽，多在地下土中或建筑物木材、砖墙之中，难以发掘，所以明确的历史记载十分有限。邹树文（1982）为此进行了深入的考证，提出了白蚁危害的历史记录："白蚁为害于堤防由来已久。……在战国时代的文献早已说到。……白蚁为害于房屋，史籍上亦有不断记载。……自周秦以迄近代，固然材料太少，只能做一贯的叙述。……既以志其为其记录之早，亦以致慨于后此的文献，对有关千百万人生命的江河堤防溃决所由起，竟如此疏忽视之，他更勿论矣。"为此，邹树文有以下考证，也是我国第一次对于白蚁为害的考证，并提出相关的历史记录。

## （一）白蚁为害于堤防

我国南方多为丘陵地带，为了解决农业上浇水灌溉，许多地方多筑堤，修建水库。自有江河堤坝以来，就有白蚁的为害。最早危害水库堤坝白蚁的记载如下：

先秦《吕氏春秋・慎小篇》："巨防容螻而漂邑殺人。突泄一煙而焚宮燒積。"

先秦《韩非子・喻老篇》："圖難於其易也，爲大於其細也。千丈之隄，以螻蟻之穴潰；百尺之室，以突隙之煙焚。故曰：白圭之行隄也塞其穴，丈人之慎火也塗其隙。是以白圭無水難，丈人無火患。此皆慎易以避難，敬細以遠大者也。"

西汉《淮南子・人间训》："千里之隄，以螻蟻之穴漏；百尋之屋，以突隙之煙焚。堯戒曰：戰戰慄慄，日慎一日。人莫蹪於山，而蹪於蛭。"

以上三篇，《慎小篇》《喻老篇》《人间训》等都是古人从日常生活中，与自然接触所遭遇的种种问题，加以总结的经验教训。由此可知，白蚁对于堤防的蛀蚀之严重性，堤防长期在白蚁蛀蚀下，形成巨大巢穴或副巢空腔等，大雨涨水后，通过蚁路形成管涌，堤坝上管涌若继续扩大便形成了巨大跌窟，随之便引起决堤垮坝。历史上决堤垮坝的灾异，其中大部分记载是白蚁蛀蚀危害的结果。

清・陈璚修、王棻纂《杭州府志》卷八二一八五："宋真宗天禧五年……暴風江潮溢決堤。"

又："宋孝宗淳熙元年秋七月壬寅癸卯，錢塘大風濤澤臨安府江堤一千六百六十餘丈。"

又："明成祖永樂十八年夏秋，仁和、海甯潮湧堤淪入海者千五百餘丈。"

又："明英宗正統五年塞海甯蠣岩決堤。"

清・许瑶光修、吴仰贤等纂《嘉兴府志》卷三五："宋嘉定十七年，海溢壞堤。"

又："元泰定三年正月，鹽官州大風海溢壞堤廣三十餘里。"

又：“元泰定四年，鹽官州潮水大溢壞堤二千余步。四月又壞堤十九里。”

清·倪文蔚、蒋铭勋修，顾嘉蘅、李廷鉽纂《光绪荆江府志》（一）：“明弘治元年荊州大旱，人相食。十年荊州大水，自沙市決堤浸城，沖塌公安門城樓，民田陷没無算，公安狹堤淵決。”“正德十一年八月，公安郭淵決。”“嘉靖六年，石首大水潰堤，市可行舟。……三十年七月，石首大水，川漲堤潰，平地水深數丈，官舍、民居皆没。……三十五年秋，石首淫雨連月，南北二水交漲，諸堤盡決，溺民無算。公安新淵堤決。”

上述记载因水患引起决堤垮坝，随后经调查这些地区的堤坝多有白蚁的孳生繁殖，所以水患只是外因，引起决堤垮坝的内因是白蚁蛀蚀堤坝的结果。经调查长江流域主要危害堤坝的白蚁为黑翅土白蚁 *Odontotermes formosanus*，在五岭和武夷山脉以南的地区，除黑翅土白蚁外，可能还会有黄翅大白蚁 *Macrotermes barneyi* 的危害，它们都是蛀蚀堤坝的土栖性白蚁，蚁巢除大型主巢外，在其四周还有星罗棋布的副巢。

## （二）白蚁为害于建筑物

关于白蚁为害建筑物的最早记载始见于公元前77—6年西汉·刘向的《说苑·谈丛》：“蠹蝝仆柱梁，蚊虻走牛羊。”邹树文从以下《汉书·五行志》等史籍考证，并认定为白蚁长期危害的结果。

《汉书·五行志》：

鲁文公十三年（公元前614年）太室屋坏。

景帝三年（公元前154年）十二月，吴二城门自倾，大船自覆。

宣帝时，大司马霍禹所居第门自坏。

哀帝时，大司马董贤第门自坏。

《后汉书·五行志》：

延熹五年（公元162年），太学门无故自坏。

永康元年（公元167年）十月壬戌，南宫平城门内屋自坏。

光和元年（公元178年），南宫平城门内屋、武库屋及外东桓屋前后倾坏。

光和三年（公元180年）二月癸亥，广阳城门外上屋自坏。

初平二年（公元191年）三月，长安宣平城门外屋无故自坏。

兴平元年（公元194年）十月，长安市门无故自坏。

《晋书·五行志》：

黄初七年（公元226年）正月，许昌城南门无故自崩。

大兴二年（公元319年）六月，吴郡米屋无故自坏。

太宁元年（公元323年），周筵自归王敦，既立其宅宇，所起五间六梁一时躍出坠地，余桁犹亘柱头。

元兴三年（公元404年）五月，乐贤堂坏。

义熙元年（公元405年）五月，国子圣堂坏。

《宋书·五行志》：

元嘉十七年（公元440年），刘斌为吴郡，群堂屋西头，鸱尾无故落地，治之未毕，东头鸱尾复落。

永明年间（公元483—493年），大舟行一舶，无故自沉，艚中无水。

《隋书·五行志》：

天嘉六年（公元565年）七月，仪贤堂无故自压。

桢明元年（公元587年）六月，宫内水殿，若有刀锯石斤伐之声，其殿因无故而倒。七月，朱雀航又无故自沉。

《宋史·五行志》：

绍兴三年（公元1133年）八月辛亥，尚书省后楼无故自坏。

咸淳九年（公元1273年）丞相贾似道家栋裂。

《金史·五行志》：

元光二年（公元1223年）七月乙卯，丹凤门坏。

上述记载，所谓“无故自坏”“自压”“落地”“自沉”等，不言而喻，这些木构件均为白蚁长期危害后的现象。清·吴震方在《岭南杂记》中明确指明：“粤中温熱，最多白蟻。新構房屋，不數月爲其食盡，傾壞者有之。”

除此之外，历史上有灾异的记载，因风雨而倒屋毁舍。其实多数者因长期被白蚁蛀蚀后，梁柱已成空虚，随经风雨而坠落。

这类白蚁除了危害房屋木构件之外，还可危害农业上林木、甘蔗，以及各种仓储物资、塑料制品、纸张、布匹等等，甚至银行存放的纸币、铁路上枕木和海上行船的桅杆，也常遭到危害，图书馆的藏书和资料室的资料也不能幸免。除此之外，还蛀蚀铅皮，危害到地下电缆。古时还有这样记载，白蚁还可吞食白银。

清·徐景熹修，鲁曾煜、施廷枢等纂《福州府志》卷七四：“宋景德二年八月，福州海上有颶風，壞屋舍。”“明洪武十三年六月壬午，閩縣烈風暴雨，廢民屋，人有壓死者。”

清·吴震方撰《岭南杂记》：“康熙甲子年（西元1684年），鹽課提舉司汪芾斯爲余言：庫銀忽缺數千金，見壁下有蛀末一堆，爛如白銀，尋其穴掘之，得白蟻數斛，入爐熔之，仍得精金，但耗其十一耳。又庚辰年（公元1700年），余至廣城，按察司知事王煜，有一親識，寄銀五十金，藏竹箱中。經年，其人來取，封識如故，及其銀紙裹已破，錠件宛然而輕十餘兩，視之已中空矣。次日，見箱下有銀屑一路入壁孔中，掘之皆白蟻。取而熔之，仍爲銀，已缺數兩矣。”

以上记载，充分说明了白蚁危害的严重性，其主要种类为台湾乳白蚁 *Coptotermes formosanus*，广泛分布于我国长江以南诸省区，也分布于广大热带及亚热带地区，为世界性大害虫。我国北方危害房屋的白蚁，主要为黑胸散白蚁 *Reticulitermes chinensis*。

关于历史上对于虫灾的系统记录，主要集中在上述几类大害虫，这些记录十分可贵，正如邹树文（1982）在《中国昆虫学史》中写道：“中国虫灾记录载在史籍，自春秋鲁隐公元年算起至清光绪三十四年止，共有二千六百三十年的历史，虽然脱漏必多，亦堪称世界昆虫学和农学史上最丰富的史料。”这些史料不仅为后人展示了这些害虫在历史上发生状况及其危害程度，而且为后人进一步应用新的技术、新的手段，探讨这些害虫的发生规律和发展趋势，为进一步掌握这些害虫的发生动态，提供了珍贵的基础数据。

## 三、蝗灾的历史记载

自古以来，蝗虫被列为农业上最重要的大害虫。由于它可造成农业生产的巨大损失，甚至成为朝代更替的导火线。为此，“蝗灾”便成为历代统治者和史学家关注的一个焦点。我国又是一个农业大国，受到蝗虫的灾害就更为严重。明·徐光启撰《农政全书》：“凶饑之因有三：曰水、曰旱、曰蝗。地有高卑，雨澤有偏被，水旱爲災，尚多倖免之處，惟旱極而蝗，數千里間草木皆盡，或牛馬毛幡幟皆盡，其害尤慘，過於水旱也。”在我国几千年农业发展的历史中，蝗虫是一个突出的农业虫灾，蝗灾给我国劳动人民带来无穷的苦难。晋·司马彪撰志，唐·李贤注，梁·刘昭注志《后汉书·吕布传》：“吕布據濮陽，曹操聞而引軍擊布，累戰，相持百餘日。是時旱蝗少穀，百姓相食。”由于蝗灾、少谷，出现了人吃人的惨剧。这样悲惨的局面在历史上累见不绝。为此，古籍上对于蝗灾的记载也特别关注。

所谓蝗灾，是由蝗虫引起的灾害，蝗虫种类很多，有稻蝗、竹蝗和飞蝗等等，但古籍中所记载的蝗、螽、蝻、蝝、螣等指的是飞蝗 *Locusta migratoria* Linnaeus。由于飞蝗分布广、种群数量大、繁殖快，又具有暴食性和极强的迁飞能力，毁尽甲地庄稼，又成群结队迁往乙地，所到之处无一幸免，飞蝗过境，赤地遍野。

## （一）飞蝗的发生

我国劳动人民对于飞蝗的生活习性、发生规律和治理方法，进行了全面而系统的观察和研究。明朝徐光启总结了前人对于飞蝗的研究成果，自己又长期从事飞蝗的治理与研究，最后便认为飞蝗的发生与“涸泽”密切相关。明·徐文定撰《徐文定公集》卷二：“蝗生之地，……必於大澤之涯。……故涸澤者，蝗之原本也。欲除蝗，圖之，此其地矣。”“蝗生之緣，必於大澤之旁者。……或言來從葦地，葦之所生，亦水涯也。則蝗爲水種，無足疑矣。”这一理论的阐明，为后人改造“涸泽”、消除蝗灾，提供了理论依据。由于篇幅所限，本文仅就我国古代蝗灾的历史记载，飞蝗不同种群的古代分布区域和地理隔离，以及历代飞蝗的发生状况等简单介绍。

蝗虫是农业上头号害虫，所以古籍和地方志都有记载。记载的方式与其他虫害的记载相同。周尧（1988）列举：汉·班固撰、唐·颜师古注《汉书》记载公元前 43 年 10 月“蝗蟲從東方來，蔽天”；公元 2 年 4 月“郡國大旱，蝗，青州尤甚，民流亡”；公元 22 年“夏，蝗從東方來，飛蔽天，至長安，入未央宫，緣殿閣，草木盡”；公元 72 年“蝗起泰山，彌行兗豫，……豫章遭蝗，穀不收，民饑死，縣數千百人”。唐·房玄龄等撰《晋书·五行志》也记载有公元 10 年 6 月“六州大蝗，食草木、牛馬毛，皆盡”；公元 318 年 6 月“東莞蝗蟲，縱廣三百里，害苗稼。八月冀、青、徐三州蝗，食生草盡”。后晋·刘昫等撰《旧唐书》记载，公元 682 年 8 月“京畿蝗，無麥苗”；公元 716 年“山東蝗，蝕稼，聲如風雨”；公元 784 年“秋，蝗，自山而東，際於海，晦天蔽野，草木葉皆盡”；公元 785 年“夏，蝗，東自海，西盡河隴，群飛蔽天，旬日不息，所至草木葉及畜毛靡有孑遺，餓殣枕道”。大多数古籍均以这样形式记载蝗灾的发生，随后有时增加一些政府督办和救赈灾民的办法等。

历史上对于蝗灾的记载虽然很简单，但时间跨度很长、覆盖面积很广，所以在简单的历史记载中却蕴藏着蝗虫复杂的发生动态和消长规律。因此这些历史文献十分宝贵，具有重要的科学价值。随着时代的推移，社会的发展，新的思维和新的技术的出现，那些原始的系统资料就显得格外珍贵，为后人提供了无穷的遐想和研究的空间。

我国古代蝗灾的记载为历代学者所重视，并做了统计与研究。明朝徐光启统计“春秋至於戰國，其蝗災書月者一百一十有一”。周尧（1988）“从历史书籍中整理（包括地方志，但不全），从公元前 707 年到 1911 年，共 2618 年中，蝗虫大发生次数 538 次。”邹树文（1982）取于《图书集成·蝗灾部》及《清史稿·灾异志》的记载，从公元前 722 年至公元 1908 年，总共 2630 年中，制成上文统计表（表 5-1），“所列虫灾有六百四十五次，其中蝗灾有四百五十五次，尚没有将《春秋》之螽及后来之蝻计算在内。”此外，统计表中螽 12 次、蝝 10 次、蝻 40 次和螣 3 次，都应该纳入蝗灾之列，它们的综合应为 645 次。吕国强和刘金良（2014）主编《河南蝗虫灾害史·河南省历代蝗灾记载》中，从公元前 624 年前周襄王二十八年开始，春秋三传中记有，《左传》曰：“雨螽於宋，隊而死也。”《公羊传》曰：“雨螽者何？死而隊也。何以書？記異也。”《谷梁传》曰：“此何以志？曰災甚也。其甚奈何？茅茨盡矣。”由此记载了河南省第一次蝗灾的发生年及其严重性，一直到清朝末年，即公元 1911 年，《商丘县志》记：“商丘旱，蝗災。”在 2535 年中，记载了 520 次蝗灾。以上不同作者统计了 2600 年左右蝗灾的发生年，其结果是如此的接近，为 520 次左右。这样的结果一方面充分表明了他们统计历史资料的可靠性；另一方面也表明蝗灾在历史上大发生可能每隔一定时期有一次蝗灾的爆发年。

刘举鹏（2017）在《中国蝗虫学史》一书深入研究并阐明了历史上蝗虫大发生与地球冷暖之间互相关联的现象，他深入分析了我国历史上2000多年蝗虫大发生的记载和气象的变化，认为蝗虫的大发生与地质史上的冰期有着密切的相关。伴随着地球上冰期的来临，气候变得少雨干旱，许多湖泊、沼泽地因少水而萎缩，为此导致湖面水域的不断退缩 ，沼泽地也变成了旱地，与此同时湖岸和陆地面积便随之扩大，芦苇和禾本科植物得到高度的发育，更为广阔地扩展其生长地域。在这样时空条件左右下，蝗虫也不断地扩大其生活空间、改善其繁殖基地，并且还得到充足的食物。凡此种种，在短时间内蝗虫种群数量急剧增长，蝗虫的大发生便开始了，并不断地向外迁飞，侵入耕地，暴食禾黍。最后引起蝗灾的大爆发。在冰期过去之后，气候渐渐回暖湿润，雨量也随之增加，湖泊又扩大了其往日的水域，湖岸则随之急剧退缩，变得狭窄；沼泽地也恢复了往日的状态。与此同时，蝗虫的滋生地萎缩了，芦苇和其他禾本科植物减少了。严酷的生活条件下，蝗虫的种群数量急剧下降，蝗灾便过去了，危害大田蝗虫的数量急剧减少了，或者不见了。此时，由于水域的扩大，水生生物得到高度发育，发生并繁衍了更多的鱼虾，这本是很自然的，这种自然现象引起古人的关注，有的误认为这些 鱼虾是由蝗虫直接化生变来的。汉 •刘珍等撰《东观汉记》：“蝗蟲飛入海中，化爲魚蝦。”这也许是受古时“化生”说的影响。但是，也许是蝗灾过后五谷丰登，湖光盈盈，鱼虾满仓，人们一时兴致而感叹！错认为蝗虫飞入大海，直接化为鱼鰕。

### （二）飞蝗的分布

飞蝗是世界性大害虫，位居我国农业害虫之首，蝗虫由于种群庞大、分布广泛、危害严重，在我国历史上的记载极为详细，特别在清朝期间更加全面而系统（见本书第五篇，刘举鹏《中国三千年的蝗虫学史概述》中图5-3—图5-9）。

刘举鹏（2017）认为上述蝗灾分布图表明了飞蝗在我国种群分布的基本结构，可分为三个种群，分别为飞蝗的三个亚种：飞蝗指名亚种 *Locusta migratoria migratoria*（Linnaeus）、飞蝗非洲亚种 *L. migratoria migratorioides*（Reiche et Fairmaire）和飞蝗西藏亚种 *L. migratoria tibetensis* Chen。这些种群在我国东部以五岭——武夷山北段为界，分南北两个独立的种群，另一个种群则分布于青藏高原，三个独立的飞蝗种群虽有某些联系，但各自有各自的分布中心，三个种群的地理分布中心是互相独立的、隔离的。指名亚种以黄淮海河泛区及相关湖泊滩地，常成大沙河三角洲地理景观的地域为其分布中心,广泛分布于我国北方温带和北亚热带地区；非洲亚种以我国热带亚热带森林破坏之后形成的稀树草原景观地带为其分布中心，广泛分布于我国华南诸地，包括台湾和海南诸岛；西藏亚种则以西藏高原隆起后形成的高寒草原草甸地带为其分布中心，广泛分布于雅鲁藏布江流域及其相关地区。上述分布图不仅清晰地表明飞蝗不同种群的分布中心，同时印证了清朝飞蝗蝗灾历史记录的深刻意义。

## 四、害虫治理的认识和职务的设置

我国是农业大国，农业生产已有6000多年的历史，自古以来劳动人民一直非常重视对于害虫的治理，充分认识到治理害虫对于农业生产的重大意义，如果要丰收，就得治理虫害，力争没有或者减少害虫的危害。先秦时期《礼记 • 郊特牲 • 蜡辞》：“土反其宅，水歸其壑，昆蟲毋作，草木歸其澤；土反其宅，水歸其壑，昆蟲毋作，豐年若土，歲取千百。”所以古人对于害虫的治理十分重视。

前面引自《诗经 • 大田》：“去其螟螣，及其蟊賊，毋害我田穉。”其中“去其”二字就是要治理、去掉的意思，去掉大田中的螟虫、蝗虫、黏虫和地下害虫等等。接着，诗的下文“田祖有神，秉畀炎火”

两句，提出“去其”具体手段“炎火”。此处的“炎火”，除了防治田间害虫之外，可能还有更深层的含义，即原始无管理的农业进入刀耕火种的农业。刀耕火种一来可“去其”虫害，二来可熟化土地，且增加肥力。所以“炎火”是防治农业害虫的开始，也可以说是古时农业生产的一大进步。邹树文（1982）说：“炎火二字，应该结合我们自古以来的习惯，冬天要用火烧田，清除杂草、残株，同时进行冬天的狩猎，因而收攻治越冬的害虫之效来作理解。所以诗文中之‘炎火’二字意义深远。由此可见，三千多年前我国劳动人民就已经知道治理农业害虫的重要性，以及具体防治农业害虫的措施。这也许是当今世界上最早防治农业害虫的记载。”

春秋战国时期，人们对于防治害虫十分重视，邹树文（1982）引《管子·度地篇》说：“管仲對曰：故善爲國者，必先除其五害，人乃終身無患害而孝慈焉。桓公曰：願聞五害之説。管仲對曰：水一害也，旱一害也，風霧雹霜一害也，厲一害也，蟲一害也，此謂五害。……五害已除，人乃可治。”当时把虫与水、旱等并列为五大自然灾害之一，而且把除五害提到善于治国的首要任务之高度。

古时统治者非常重视害虫的治理，《周礼·秋官》有以下6种官职都与治虫有关。

（1）庶氏掌除毒蠱，以攻説禬之，以嘉草攻之凡毆蠱，則令之比之。

（2）柞氏掌攻草木及林麓，夏日至，令刊陽木而火之，冬日至，令剥陰木而水之。若欲其化也，則春秋變其水火。凡攻木者掌其政令。

（3）薙氏掌殺草，春始生而萌之，夏日至而夷之，秋繩而芟之，冬日至而耜之。若欲其化也，則以水火變之。掌凡殺草之政令。

（4）翦氏掌除蠹物，以攻禜攻之，以莽草熏之，凡庶蠱之事。

（5）赤犮氏掌除牆屋，以蜃炭攻之，以灰灑毒之，凡隙屋除其貍蟲。

（6）壺涿氏掌除水蟲，以炮土之鼓毆之，以焚石投之。若欲殺其神，則以牡橭午貫象齒而沈之，則其神死淵爲陵。

以上6种官职，邹树文（1982）认为：“柞氏及薙氏战木杀草，用到火和水，虽没有直接说到虫，而改变了昆虫的生境，自然与防治有关。”“庶氏掌除毒蛊，翦氏掌除蠹物，赤犮氏掌除墙屋，壶涿氏掌除水虫，都是直接掌管治虫的官职。”其中所谓毒蛊可能包括一些医学昆虫，使人致病的害虫；蠹物则指蛀蠹的害虫；关于赤犮掌除墙屋，不是指墙屋本身，而是墙屋内的害虫，所指的范围颇广，如仓库害虫，在南方常见的可能是白蚁等；至于壶涿氏掌除水虫则指水中广泛的虫害。依邹树文（1982）考证，与火同时，他们还是用：“嘉草攻，莽草熏，蜃炭攻，灰洒毒，炮鼓驱，焚石投等各种方法，而成为用药物毒杀虫、熏虫、防虫的最早记载。”由此“可以看到在周代已经知道治虫设官，并能分类掌管，有其除治方法，熏烟、毒杀，都用到药物，是很显然易明的。在离今两三千年前有此成就，虽不易为之考订，亦足称述。”这是我国最早在政府部门中专门设置的掌握治虫的管理，以及具体所采取措施，可能也是开创了世界防治害虫学史上的先河。

早期治理害虫的措施，对于后来影响很大，除了在政府部门设有机构外，还有专门人员。对于重大害虫还有另外特殊机构和人员，如蝗灾治理的历史上就有许多专门机构。周尧（1988）：“公元716年的唐代，政府设有治蝗的专门人员，由宰相姚崇建议设立‘扑蝗吏’，并且在防除上收到了很大的效果，相传‘挖沟扑蝗’的方法就是由他发明的。”

关于治理害虫律令也是全世界最早提出的。周尧（1988）：“我国第一道治虫法规是汉光武帝建武六年（公元30年）公布的，第二道治虫法规是在宋孝宗的时代（1182年）公布的。这些法规不但订得详细而严格，并且在宋代还获得了彻底的执行。对治虫不力的官吏，曾给予严厉的处分。”“与宋代同时并存的另一个王朝——金国，在不久以后，章帝泰和八年（1208年）也公布一道治蝗法规，并散发了《扑蝗图》的印刷品。”“在1403年明成祖永乐元年，颁布了中国第四道治虫法规（见《明史》及《明会典》），但它比欧洲其他各国同样法规要早上400多年。

随后在清代治虫中所制定的法规就更加详细而具体，可见《大清律例》《户部则例》等，这些律令和法规，充分显示了我国古代劳动人民对于治理农业害虫的重视，在具体的策略、方针和方法上，也显示出我们劳动人民的创造思维。

## 五、防治害虫方法与理念

周尧（1988）总结“我国古代劳动人民防除害虫的方法，是极多样化的。按其应用的技术来看，不是只停留在人工防除上，而是应用着农业技术防除法、抗虫品种的选择、生物防除法、化学药剂防除法和物理机械防除法等一系列防除路线来进行的。”

### （一）人工防除法

主要为人工扑打，这是古代人民最常用的方法。在蝗虫防治中常用篝火烧禾。《尔雅》和《说文》都有“爞”字，经周尧（1988）考证，这就是以火烧杀众虫的会义字。晋·葛洪《抱朴子·广壁篇》也提到：“明燎宵舉，則下有聚死之蟲”，《太平御览·符子》卷一五一：“夕蛾去暗，赴燈而死”，魏·贾思勰撰《齐民要术·种枣篇》认为果树“把火遍照其下，則無蟲災。”等等都是利用昆虫夜间趋光原理来防治害虫，也就是相当于现在普遍应用的“诱虫灯”诱集扑杀田间及山野害虫。

黏虫是农业上一大害虫，古时称蟊蛃，或称之为贼。其成虫产卵和幼龄虫多在植株叶背或茎梗上，脱皮后幼虫或老熟幼虫一般白天埋伏于地下土中，傍晚时方始出土危害、盗食禾苗，所造成的损失十分严重。为此，古人称它为贼，十分贴切。邹树文（1982）在统计表（表 5-1）中从公元 5 世纪南北朝开始，一直到晚清光绪年间，蟊蛃在历史上大灾年的次数有 29 次之多，为此人们也十分重视对于黏虫的治理。清·蒲松龄撰《农蚕经》对于黏虫的治理有以下记述：“蟊蛃之害，惟除子之法最捷最易，用力少而成功多。穀稍嫩葉，必有子裹嫩尖。早拿白汁一縷，稍晚者漸有子形，再晚即蠕蠕欲出。此時速使剪子，銼死地上，趁此拿一日，勝後來十日。及早拿之，俱不爲害，遲疑者即蕩然一空，悔之何及。”又：“蛃將出，小如蠶蟻，一見便宜打之。勤打三日可盡，勿以小而忽之也。至大時遍處蠕蠕，打稍懈則禾立盡。打太久則禾亦枯，難爲力矣。”周尧（1988）认为，蒲松龄治理黏虫的原则就是后来人们所提倡的“治早、治小、治了”三原则，300 多年前的古人治理农业害虫的原则富有哲理，并且很有远见。

### （二）农业技术防除法

我国劳动人民深知消除田间杂草可防止害虫的发生与危害。《吕氏春秋》指出：“大草不生，又無螟蜮。”明末的《沈氏农书》说到：“一切損苗之蟲生子，每於滕腳地攤之內。冬季劃削草根，另添新土，亦殺蟲護苗之一法也。”元·王祯撰《农书》：“耙功不到，土粗不實，……有懸死，蟲咬，幹死之病。”明·徐光启撰《农政全书》：“棉，或遇地蠶，斷根食葉，……清數翻耕，……亦宜冬灌春耕，……殺其害，……將種，再耕之勞之，殺其蟲，既被蟲食者，格殺其蟲，移植補之。”又：“種棉二年，……收棉後，周圍作岸，積水過冬，入春凍解，放水候幹，耕除如法，……不生蟲。”古时还主张轮作、间作治理虫害。《农政全书》：“種棉二年，翻稻一年，即草根潰爛，土氣肥厚，蟲螟不生，多不得過三年，過則生蟲。”又：“桑下可以藝蔬，其宜桑之園不可以藝楊，藝之多楊甲之蟲。”《沈氏农书》：“種芋，歲一易土，則蠐螬不生。”再者烧草木灰，一来可肥田，二来可治虫，王祯《农书》：“蔬宜畦種，瓜宜區種，……先種數日，鏟起宿土；雜以蒿草燎之，以絶蟲種，並得爲糞。”宋·陈旉撰《农书》：“種蘿蔔、菘菜，燒灰以糞之，……雜以石灰，蟲不能蝕。”古人还注意到播种和收获的最佳时期，用以防止害虫的危害。后魏·贾思勰撰《齐民要术》中提到："種麥得時則無蟲""宿麥早種則蟲"。秦·吕不韦撰《吕氏春秋·审时篇》："得時之麻，不蝗""得時之菽，不蟲""得時之麥，不蚼蛆"等。收获后、贮藏前防虫处理，汉·王充撰《论衡》："藏宿麥之種，烈日幹曝，投之燥器，則蟲不生。"《齐民要术》也有类似记载："劁麥，倒刈，薄布，順風放火，火既著，即以掃帚撲滅，仍打之，如此者經夏不生蟲"。又："窖麥法必須日曝令幹，及熱埋之"，"矖麥之法，宜烈日之中，乘熱而收"。上述古籍中，种种防虫措施，都是劳动人民长期农业生产中获得的经验和知识。

## （三）化学防治

杀虫剂的应用，我国有着悠久的历史。周尧（1988）已有详细报道。早期用砒霜拌种，防止地下害虫的危害。明·徐光启的《农政全书》曾提到，宋应星的《天工井物》曾记载："陕洛之間，憂蟲蠋者，或以砒霜拌種子"，其次还应用硫磺、红丹等防虫。最早也是最多用的是草木灰和石灰。早在先秦时期的《周礼·秋官》已普遍提到："以蜃炭攻之""以灰灑毒之"，又："以莽草熏之""嘉草熏之"等等。说明3000年以前，我国劳动人民就已经应用石灰、草木灰和植物性杀虫剂来防虫、治虫。经周尧（1988）考证，莽草就是毒八角 *Illicium* sp.，嘉草就是襄荷 *Zingiber* sp.。还有先秦·神农氏《神农本草经》的黎芦 *Veratrum* sp. 牛扁 *Aconitum lycoctonum* 用之治疥癣、牛虱及小虫；以芫花 *Daphne genkwa* 治虫。《齐民要术》以松针及艾蒿叶治理仓库害虫。宋·沈括撰《梦溪笔谈》以榠栌 *Chaenomelas sinensis* 治衣鱼。宋·苏轼撰《物类相感志》以浮萍 *Spirodela*、麻叶、荆叶驱蚊；以皂荚 *Cleditsia* sp.治蚂蚁；以草乌 *Aconitum fischeri* 杀酱缸中蛆虫，并且更广泛用油来杀各种害虫。宋·陆佃撰《埤雅》以艾叶熏蚊子。宋·周密撰《澄怀录》以藁本 *Ligusticum sinense* 神所驱蝇；以大黄 *Rheum* sp.叶治臭虫；以角蒿 *Incarvilea sinensis* 治衣鱼；以芸香 *Ruta* sp. 治衣鱼、蚤、虱。元·司农司撰《农桑辑要》以江子仁（即巴豆）*Creton* 治桑天牛。赵时庚撰《兰谱奥法》以大蒜治蚜虫。鲁明善撰《农桑衣食撮要》以黄蒿 *Artimisia scoparia* 治衣鱼。明·俞贞木撰《种树书》以百部 *Stemona* 治果树蛀虫；以苍耳 *Xanthnum* 治麦蛾。李时珍撰《本草纲目》以苦楝 *Celastrus* 治蚤、虱。徐光启撰《农政全书》以蒲母草治天牛及介壳虫。清·赵学敏撰《本草拾遗》以虱建草治虱。《大清户部条例》用麻油喷洒于稻麦米驱避蝗虫。《浏阳县志》记载：道光年间（1821—1850年），群众用烟茎插入稻田防治螟虫。《花镜》一书应用硫磺、钟乳、密陀僧、甘草、杉木钉、龟甲、猪首汁、鳗鱼汁、米泔水和旧竹灯来防治各种花木的害虫。最后，周尧（1988）总结了我国古籍记载化学防除及植物杀虫后指出："查欧美杀虫药剂的应用，是从1763年开始的，到现在只是250年的历史。但从上面的记载，我国在3000年前已经用石灰和草木灰，2200年前已经知道应用砷剂、汞剂和藜芦来杀害虫，在1000年前已经使用硫磺、铜、铝、油类、肥皂及各种有毒植物作为杀虫药剂；并且除了喷洒、涂抹，作为胃毒剂和接触剂外，还应用了熏蒸的方法。白砒拌种杀地下害虫至少有400年，而插烟茎除螟的方法，也至少有100多年了。"由此可见，我国古代劳动人民对于应用化学药剂和有毒植物开展农业害虫的治理均在世人的前面。

## （四）生物防除

生物防除就是利用自然界生物链中彼此间的相关性而开展的以虫治虫。一个物种的存在，必须依靠另一个物种为食，但与之同时，它又是其他一个物种取食的对象，古语中常说："螳螂扑蝉，黄雀在后"，充分表明这种关系。我国古代劳动人民在从事农业实践观察到了自然界中的这种关系，随后慢慢地在研究中加以利用。汉·王充撰《论衡·物势篇》："蜘蛛吐絲網蟲，螳螂張臂捕蟬，守宮食蠆，蠅虎捕蠅。"唐·段成式撰《酉阳杂俎》："開元二十三年，榆關有虸蚄蟲，延入平州界，亦有群雀食之""開元中，貝州蝗蟲食禾，有大白鳥數千，小白鳥數萬，盡食其蟲"。宋·沈括撰《梦溪笔谈》卷二四："元豐中，慶州界生子方蟲，大爲秋田之害。忽有一蟲生，如土中狗蠍，其喙有鉗，千萬避地，遇子方蟲則以鉗搏之，悉爲兩段，旬日子方皆盡，歲以大穰。其蟲舊曾有之，土人謂之‘旁不肯’”。宋•苏轼撰《东坡志林》：“子方蟲爲害甚於蝗，有小甲蟲見輒斷其腰而去，俗謂之‘旁不肯’”。经周尧考证，所谓旁不肯即属于鞘翅目步甲科的步甲虫。清•程岱葊撰《西吴菊略》：“於五月見螳螂窠數枚，置菊左右，立秋前螳螂子出，跳躍菊上，不食菊葉，能驅蝴蝶，兼食諸蟲”。此外，古人深知青蛙能吃虫，食量大，效果好，所以主张保护青蛙。宋•彭乘撰《墨客挥犀》：“浙人喜食蛙，沈文通（1025—1067年）在錢塘日切禁之。”南宋•赵蔡撰《行营杂录》：“馬裕齋知處州，禁民捕蛙。”数百年前，我国人民早就知道蛙能食虫，保护庄稼，同时官府也下令禁止捕蛙，确保民生。这件事当时也许不算什么，但随着时光的流逝，越来越显示出它的意义重大，保护有益生物，保护人类安全。在生物防除中，更值得一提的是1700年前，晋•嵇含在《南方草木状》中记载：“人以席囊貯蟻鬻於市者，其窠如薄絮，囊皆連枝葉，蟻在其中並窠同賣。蟻赤黄色，大於常蟻。南方柑橘若無此蟻，則其實皆爲群蠹所傷，無復一完者矣。”这段记载是在1700年前记录下来的，随后屡屡见于各朝的相关文献。唐•刘恂撰《岭表录异》卷下：“嶺南蟻類極多，有席袋貯蟻子窠，鬻於都市者。蟻窠如薄絮囊，皆連帶枝葉，蟻在其中，和窠而賣，有黄色大於常蟻而腳長者。云：南中柑子樹無蟻者，實多蛀，故人競買之，以養柑子也。”宋•乐史撰《太平寰宇记》卷一六四：“土諺云：郡中柑橘多被黑蟻所食，人家買黄蟻投於樹上，因相鬥，黑蟻死，柑橘遂成。”明•李时珍撰《本草纲目》卷四〇：“嶺南多蟻，其窠如薄絮囊，連帶枝葉，被人以布袋貯之，賣與養柑子者，以辟蠹蟲。”明•陶宗仪编《说郛》卷二七下：“廣州可耕地少，民多種柑橘以圖利。常患小蟲損食其實，惟樹多蟻，則蟲不能生，故園户之家買蟻於人。遂有收蟻而販者，用豬羊脬（音泡）盛脂其中，張口置蟻穴傍，俟蟻入中，則持之而去，謂之養柑蟻。”清•屈大均撰《广东新语》卷二四下：“大蟻。廣中蟻冬夏不絕，有黄赤大蟻，生山木中，其巢如土蜂窠，大容樹升。土人取大蟻飼之，種植家連窠買置樹頭，以藤竹引度，使之樹樹相通，斯花果不爲蟲蝕。柑橘、林檬之樹尤宜之。蓋柑橘易蠹，其蠹化蝶，蝶胎子，還育於樹爲孩蟲，必務探去之，樹乃不病。然人力嘗不如大蟻，故場師有養花先養蟻之説。向稱嶺南有樹蟻。”戴肇辰、苏佩训修，史澄、李光廷纂《广州府志•舆地略•物产•虫豸类》：“養柑蟻，廣州人多種柑橘以圖利，常患小蟲，損害食其實。惟樹多蟻，則蟲不能生，故園户之家買蟻於人。遂有收蟻而販者，用豬羊脬盛脂其中，張口置蟻穴旁。俟蟻入中，則持而去，謂之養柑蟻（雞肋編）。”以上种种记载，充分显示出我国劳动人民对于生物防除的发展所作出的巨大奉献。这种蚂蚁属膜翅目蚁科的黄猄蚁 *Oecophylla smaragdina*（Fabricius），古籍上有关记载还很多，但是，这不是一般泛指某种天敌昆虫可以取食某种农业害虫的描述，而是我国劳动人民对于黄猄蚁进行长期的观察和系统的研究，全面地掌握其生物学特性。通过科学的方法，从甲地成窠地收集、贩卖到乙地放养，用甲地的天敌防治乙地的农业害虫，这不就是近代生物防治学研究的目的吗？周尧（1988）在《中国昆虫学史》中说：“查欧美生物防除的思想，首见于1877年德国哈提的著作，而首先应用的是德国博古陶及1889年美国里莱。我国则比他们早1200—1500多年。”上述关于生物防除的种种记载，充分显示出我国劳动人民对于农业害虫的生物防除作出了巨大贡献。不仅开展了一系列以虫治虫、保护庄稼的防治措施，而且深入研究了天敌昆虫的活动规律和生活习性，进而把它作为一种商品，在市场上贩卖，用以防治异地的农业害虫。晋朝期间，在生物防除上就已经有这样显赫的研究成果，并以文字记载下来。这确是开创了世界生物防除的先河。

20世纪50年代初，近代昆虫学家刘崇乐深知我国历史上对于生物防除上做的重要意义。他一方面为原昆虫研究所广泛收购有关昆虫学论述的古籍，另一方面招募研究人员和学生，在原昆虫研究所创建生物防除研究室，开展生物防除学的研究，对于瓢虫、小蜂等扑食性和寄生性昆虫进行广泛地收集和研究，并且长期观察和研究了瓢虫对于抑制农业害虫的作用。在亲自出访欧洲时，带回了苏云金杆菌，并与蔡邦华合作开展了以菌治松毛虫的生物防除，有效地控制了松毛虫的猖獗发生。这也许是收到了古代生物防除研究的影响，并收到了良好的结果。随后，从昆虫资源出发，在昆虫资源普查中开展生物防除的研究，也取得巨大成果。但“文革”期间毁于一炬，人事双亡，有关生物防除基础学科的研究也随之消失了。

我国古代害虫治理工作是多方面的，特别对于农业主要害虫的治理，如蝗虫、黏虫和桑虫等，古籍中都有专门而系统的记载。其他害虫，如属于医学卫生昆虫范畴的蚊、蝇、蚤等等的防除，也常有记载。其中有一事值得一提，见图 5-1 中“扑蚤器”。这是原来流行于中国古代民间防除跳蚤的器具，传到了外国，1913 年 Eysell 在自己的著作中，介绍了来自中国的扑蚤器，引起世人的关注。20 世纪，柳支英在《中国动物志・蚤目》中提到此事，让后人领悟到我国古代劳动人民的聪明才智。整个扑蚤器制作很简单，用竹管制成的，在竹管中部纵向劈成数条，再用大竹管的竹圈置于竹管的中部，并将劈条撑开，随后再以涂满粘胶的中轴，插入撑开的小竹管，这便是扑蚤器。工艺虽然很简单，但很实用，将扑蚤器放置于跳蚤经常出现的地方，或是卧室的墙角，或直接放到床铺上，利用跳蚤喜钻善跳的习性，必入扑蚤器，且触胶必粘。古人就是用这样简易的方法灭治跳蚤。

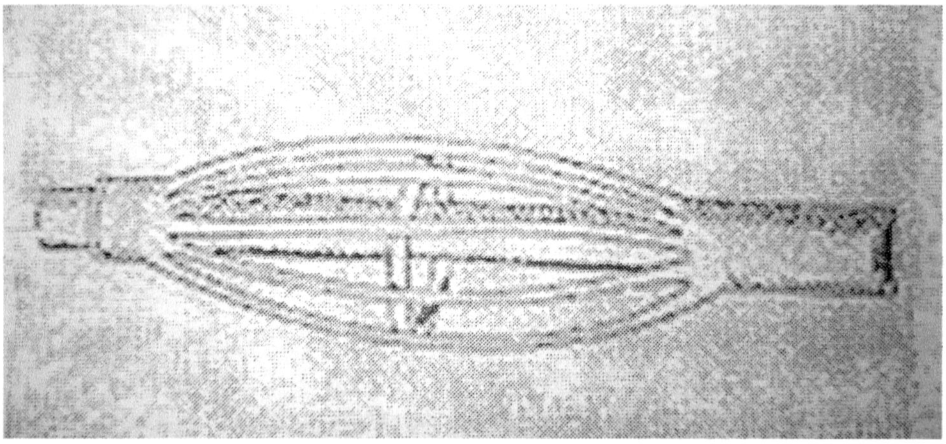

图 5-1　扑蚤器

邹树文（1982）在《中国昆虫学史》中总结了我国古代劳动人民对于害虫的防治，有三个方面：①大田作物；②园圃果木；③人畜虫害。前两部分为农业昆虫，后一部分则是医学昆虫。古籍中相关文献很多，内容也十分丰富。“这些文献上的古老防治方法，如精耕细作兼收治虫之效，栽种避免虫害的品种，利用害虫的天敌，制备专用的治虫工具，施用胃毒剂、接触剂、熏烟法、以杀虫、除虫等等，都可算是现代治虫方法的前驱。”

白蚁是一类农业上害虫，它不仅危害农林上苗木，而且土白蚁类可蛀空江河及水库的堤坝，严重者可使之决堤垮坝，不仅毁坏农田，而且时有推垮农舍和村庄。为此，我国远古时期就已经注意到对于白蚁的防治，可追溯到战国以前就已经开始，邹树文（1982）总结以下两个方面。

（1）堤防上的防治法：战国白圭用塞穴的方法，其成效至于无水难。清・徐端撰《安澜纪要》（1807 年）所述签堤检查之法：用三寸长尖细铁签，在堤的两侧下签，探得蚁穴，立即掘出白蚁，并填塞其巢穴。清朝《荆州葛城堤续志》（1894 年）引徐家干说，挖得蚁巢“中空如盘如盂，累累相属。大者竟如数担瓮，中悬蚁窝如蜂房，藏蚁至数担之多。挖毕即用三合土坚筑。”这些文字都可为白圭塞穴作注解。这些方法从战国以前开始，一直延续到今天，探巢、标志、挖巢、填土或灌浆，先进的方法和步骤可能比远古复杂些，但原理都一样。

（2）房屋建筑防治白蚁：中国旧建筑处处有柱。柱下必有础。础的起源极早。先秦《墨子・备城门》：“柱下傅舄”，意即“柱下加础”。清・钮新玉撰《说文新附考》以为础是舄之俗字。汉・刘安撰《淮南子・说林训》：“山雲蒸，柱礎潤”，舄写础亦很久了。宋・罗愿撰《尔雅翼》以为柱础不高则白蚁生于柱中，可见础之为用是防白蚁的。先秦《周礼·秋官》："赤犮氏掌除牆屋，以蜃炭攻之，以灰灑毒之。"后人用炭、石灰防治白蚁，其法乃始于周代。明·方以智《物理小识》："青梔子實曬黄能消白蟻。爲水濕活樹，去皮頂鑿竅，注桐油，豎置一二日，水盡去，以爲樑柱，蟻不生。或用毒攀煮柱本，惟中柱不可煮，煮即井水黑。"又说："杉木受水易幹，故蟻不上。"

关于我国古代农业昆虫和其他害虫的治理，上述以一般防治记述为基础，介绍几类有效的方法，我国劳动人民在许多方面取得的巨大成就，为农业昆虫学的发展作出积极的贡献。更值得深入探讨的问题，即古代农业昆虫治理的理念，很有必要予以进一步阐述。古人在农业害虫防治中，注意到"保育"的问题。例如，在上述害虫治理中常用的一种方法，即火攻，这在我国已经有3000多年的历史了。从《诗经》中就已经提到了用火治虫，随后各朝代都有具体记述，如用火消除蝗虫，也用火烧杀其他大田害虫。火田除了杀灭害虫外，还能增添肥力，所以火田已成为古代农业生产的重要步骤。但古人用"火田"的同时，强调要适时，特别以火对于一般大田害虫的防治，更是如此。火烧大田期间，一定要在昆虫入蛰之后，历史上很早就有这样的记载。汉·郑玄注、孔颖达疏，陆德明音义《礼记注疏》卷一二："昆蟲未蛰，不以火田。"宋·卫湜撰《礼记集说》卷二九："草木零落，然後入山林，昆蟲未蛰，不以火田。"清·鄂尔泰、方苞等撰《礼记义疏》卷三四："火田，不於昆蟲未蛰之時。"清·秦蕙田撰《五礼通考》卷五六案："施火令，謂昆蟲既蛰以後；刑焚菜，謂春田火弊以後也。"这些古籍记载，从先秦开始，直到清朝都主张火田要适时。可见古时已经有了保育思想的萌动。

综上所说，我国古代劳动人民开展农业害虫和其他害虫的防治，看起来方法很简单很原始，如手打、火烧等等，或应用农业上耕作技术，犁地、深耕、除草、播种、施肥、灌水、耙地等耕作措施，来防除农业害虫的发生与为害，现在看起来这种防治理念不仅有效，而且保护了环境，维护了生态条件的正常运转。赵紫华等（2013）《生境管理——保护性生物防治的发展方向》："创造有利于天敌的环境条件，抑制害虫种群发生，达到减小环境污染，增强农业生态系统的控害保益功能，最终实现害虫种群控制的可持续性。"进一步表明了我国古人对于害虫防治理念的先进性。另一方面在生物防除上做了很多深入的观察、试验与研究，不仅揭示了哪些天敌可以防治哪些害虫的危害，而且深入研究了昆虫天敌黄猄蚁，使它成为商品，入市叫卖，防治异乡柑橘害虫。凡此种种，充分显示出我国古代农业害虫防治理念，以控制害虫的危害为目的，使所谓害虫不危害农田的作物、果实就可以了，没有采取绝对消灭或所谓根除等等。这种防治害虫的理念，和近代所提倡的综合治理的观念十分接近。为此，我国古代劳动人民对农业昆虫和害虫的治理具有先进的思想，并作出了巨大贡献。

## 参考文献

刘举鹏. 2017. 中国蝗虫学史. 昆明: 云南教育出版社
刘举鹏, 王祖望. 2019. 蝼蛄名称的由来、变迁与考证. 见: 王祖望, 冯祚建, 黄复生. 中国古代动物学研究. 北京: 科学出版社
吕国强, 刘金良. 2014. 河南蝗虫灾害史. 郑州: 河南科学技术出版社
赵紫华, 欧阳芳, 门兴元, 等. 2013. 生境管理——保护性生物防治的发展方向. 应用昆虫学报, 50(4): 1-5
周尧. 1988. 中国昆虫学史. 西安: 天则出版社
邹树文. 1982. 中国昆虫学史. 北京: 科学出版社

# 小冰期与飞蝗蝗灾爆发及明朝灭亡的关系

刘举鹏　黄复生　王祖望　商秀清

飞蝗蝗灾、小冰期均是当前的研究热点。对蝗灾的研究，已从多角度展开，成果均丰，明清时期的544年期间共发生蝗灾518年次，其中重大、特大蝗灾为48年次。小冰期首先由Mattes于1939年提出，很快被地理、地质、气候等方面的学者接受，成为当前一个研究热点。但蝗灾与小冰期关系方面的论著，笔者仅看到张德二和陈永林（1998）在《由我国历史飞蝗北界记录得到的古气象推断》一文中所提到的小冰期中的18世纪60年代我国东北地区气候回暖之结论报道。

飞蝗蝗灾爆发与小冰期的关系，之前虽未有学者专题研究，但蝗灾爆发与温度之间的关系研究甚多，马世骏（1958）认为温度升高有利于蝗灾的爆发，于革和沈华东（2010）认为年均温和10年均温较高的年份，以及与干旱组合的年份，是蝗灾爆发的高发生年份；张德二和陈永林（1988）也持此观点。张知彬等（Tian et al.，2011）的观点与此相反，认为低温有利于蝗灾的发生，与笔者的观点一致。英国皇家学会会报B辑《生物科学》于2010年发表了《公元10—1900年周期性气候变冷导致自然灾害和战争》一文，在论述蝗灾时，应用在文学作品摘录蝗灾资料，也得出低温导致蝗灾发生的结论。

近数百年中出现的冷期，其温度比现在要低1—2℃，时间跨度从1450—1850年，处于中世纪的暖期（公元1000—1300年）与目前变暖时期之间。在历史进程中，其出现过冷暖期各4次，但对最后一次冷期即明清小冰期研究最为深入。现对小冰期时限多学科均在研究，由于所用方法不同，各地区又不可能完全一致。本文所采用的小冰期时限为公元1450—1900年。其理由为，此小冰期针对我国中原地区，此区域又正是我国飞蝗蝗灾的最严重地区。本文所用蝗灾资料均为明清期间重大、特大蝗灾资料，此资料不仅详尽而且还可量化。此小冰期时限为公元1450—1900年，又分冷期：1450—1570年、1620—1700年、1810—1900年和暖期1570—1620年、1700—1810年。冷期共290年，暖期共160年，合计450年。小冰期的低温还伴随着干旱。

下文将我国明清时期中原地区小冰期时期1450—1900年中的特大蝗灾和重大蝗灾列出（表5-2），并与此小冰期对照，探讨飞蝗蝗灾爆发与小冰期的关系。

**表5-2　中原地区小冰期与飞蝗蝗灾爆发的关系**

| 时限 | | 重大、特大飞蝗蝗灾爆发年代、省（市、区）及发生地数 | 百年频次数 | |
|---|---|---|---|---|
| 冷期 | 1450—1570 | 1528（10　123）　1529（14　217）　1531（10　52）　1532（13　77）　1535（8　60）　1536（9　70）　1540（10　65）　1560（10　84） | 6.7 | 12.4 |
| | 1620—1700 | 1629（4　50）　1634（10　50）　1635（10　57）　1636（9　51）　1637（11　75）　1638（14　179）　1639（14　194）　1640（15　236）　1641（15　177）　1647（8　132）　1655（7　69）　1656（7　55）　1667（10　106）　1671（8　108）　1672（12　177）　1679（9　58）　1691（10　143） | 21.3 | |
| | 1810—1900 | 1835（13　160）　1836（12　101）　1837（12　78）　1854（9　74）　1856（18　332）　1857（17　266）　1858（15　163）　1862（11　88）　1874（4　82）　1877（13　86）　1892（8　77） | 12.2 | |
| 暖期 | 1570—1620 | 1609（6　100↑）　1615（6　54）　1616（9　163）　1617（10　130） | 8.0 | 5.6 |
| | 1700—1810 | 1738（5　81）　1752（7　122）　1753（7　132）　1802（8　102）　1803（6　87） | 4.5 | |

注：括号内前面数字代表重大、特大蝗灾所涉及省（市、区）数，后面数字代表重大、特大蝗灾发生地数

从表 5-2 可看出低温有利于飞蝗蝗灾的爆发。

明清小冰期除中原地区小冰期时限外，尚有其他一些版本，它们与飞蝗蝗灾爆发的关系是否也与中原地区小冰期的时限一样？下文将分述之。

李明启等（2005）小冰期时限为公元 1450—1890 年，在此期间，有三次冷期和二次暖期，冷期发生在 1450—1510 年、1560—1690 年、1790—1890 年，其中，第二次表现最甚。暖期发生在 1510—1560 年、1690—1790 年（表 5-3）。下将探讨它与飞蝗蝗灾爆发的关系。

**表 5-3　李明启小冰期时限与飞蝗蝗灾爆发的关系**

| 时限 | | 重大、特大飞蝗蝗灾发生年 | 百年频次数 | |
|---|---|---|---|---|
| 冷期 | 1450—1510 | 0 | 0 | 11.4 |
| | 1560—1690 | 1560，1609，1615，1616，1617，1629，1634，1635，1636，1637，1638，1639，1640，1641，1647，1655，1656，1667，1671，1672，1679 | 16.2 | |
| | 1790—1890 | 1802，1803，1835，1836，1837，1854，1856，1857，1858，1862，1874，1877 | 12.0 | |
| 暖期 | 1510—1560 | 1528，1529，1531，1532，1535，1536，1540 | 14.0 | 7.3 |
| | 1690—1790 | 1691，1738，1752，1753 | 4.0 | |

从表 5-3 仍可看出低温有利于飞蝗蝗灾的爆发。

竺可桢（1973）小冰期时限为公元 1470—1890 年，在此期间有三次冷期和两次暖期，冷期发生在公元 1470—1520 年、1620—1720 年、1840—1890 年，暖期发生在 1520—1620 年、1720—1840 年（表 5-4）。下将探讨它与飞蝗蝗灾爆发的关系。

**表 5-4　竺可桢小冰期时限与飞蝗蝗灾爆发的关系**

| 时限 | | 重大、特大飞蝗蝗灾发生年 | 百年频次数 | |
|---|---|---|---|---|
| 冷期 | 1470—1520 | 0 | 0 | 12.0 |
| | 1620—1720 | 1629，1634，1635，1636，1637，1638，1639，1640，1641，1647，1655，1656，1667，1671，1672，1679，1691 | 17.0 | |
| | 1840—1890 | 1854，1856，1857，1858，1862，1874，1877 | 4.0 | |
| 暖期 | 1520—1620 | 1560 | 2.0 | 2.7 |
| | 1720—1840 | 1802，1803 | 3.3 | |

从表 5-4 仍可得出低温有利于飞蝗蝗灾的爆发。

以亚洲各山区的树轮资料监理的年轮年表发现，西北时限为公元 1430—1870 年。冷期为 1430—1540 年、1647—1733 年、1778—1870 年，暖期为 1540—1647 年、1733—1778 年（表 5-5）。下将探讨它与飞蝗蝗灾爆发的关系。

**表 5-5　亚洲山区小冰期时限与飞蝗蝗灾爆发的关系**

| 时限 | | 重大、特大飞蝗蝗灾发生年 | 百年频次数 | |
|---|---|---|---|---|
| 冷期 | 1430—1540 | 1434，1440，1441，1528，1529，1531，1532，1535，1536，1540 | 9.1 | 9.4 |
| | 1647—1733 | 1655，1656，1667，1671，1672，1679，1691 | 8.1 | |
| | 1778—1870 | 1802，1803，1835，1836，1837，1854，1856，1857，1858，1862 | 10.9 | |
| 暖期 | 1540—1647 | 1560，1609，1615，1516，1617，1629，1634，1635，1636，1637，1638，1639，1640，1641，1647 | 14.0 | 11.8 |
| | 1733—1778 | 1738，1752，1753 | 6.7 | |

从表 5-5 可看出飞蝗蝗灾在暖期的爆发百年频次要高于冷期，这与 3 个小冰期时限中飞蝗蝗灾爆发频次冷期高于暖期的结果恰好相反。原因何在？前 3 个小冰期视时限所对应的飞蝗蝗灾均发生在中原或低

海拔地区，这些地区正是飞蝗蝗灾的发生中心，这从飞蝗蝗灾的分布图（请阅本书《中国三千年的蝗虫学史概述》一文中图 5-3 至图 5-9）可清楚地看出。而后者的小冰期时限却只能针对西部飞蝗蝗灾，这也是此时限飞蝗蝗灾百年频次暖期高于冷期的原因。西部高亚洲山区的温度很可能与中原地区冷期温度一致。

纵观上述论断，更准确地说，低温有利于蝗灾的爆发。先秦名著《礼记》对此早有论述。《礼记·月令》曰：“仲冬……行春令，则蝗蟲爲敗。”其意可释为：冬天的第二个月，如温暖如春，即小冰期的暖冬，蝗灾不易发生。相反，如果是冷冬，则易爆发蝗灾，也就是低温有利于蝗灾的爆发，其理由为：冬天的第二个月，气温如像春天，蝗卵便发育或孵化，此后冬季又来临，发育的胚胎或孵化的蝗蝻便会冻死，蝗灾则不易形成。如果是冷冬，由于蝗卵有保护性结构，在生理上有保护性措施，蝗卵则可安全越冬。低温一般又伴随着干旱，正是旱极而蝗，干旱有利于蝗灾的发生。《礼记·月令》又曰：“孟夏……行春令，则蝗蟲爲災。”其意为：夏天第二个月，如果像春天一样干旱而凉爽，则易发生蝗灾。其理由为：夏天的第二个月，如像春天，则少雨，则利于产卵，产卵场所扩大，不会被水淹没，蝗灾则易发生。

中国历史上最严重的蝗灾发生在明朝末期，在此时期也正是旱灾严重、气候寒冷的阶段。据李钢（2008）研究：从明末 1610—1644 年，受水、旱、蝗灾害的县数的时间分布看（图 5-2），三大灾害有着以下时间分布特征：①灾害呈连年发生之态，无年不灾，又以旱灾和蝗灾为主，分别占总灾害县数的 42.1% 和 37.7%；水灾相对较少发生，占 20.2%。②受灾的县数在时间上有较大波动，存在两个明显的高发期，分别是 1615—1617 年气候处于向寒冷期过渡的阶段，以及 1638—1641 年气候进入寒冷期后；受灾范围后者明显高于前者，两个阶段对应的年受灾平均县数为 128 和 261。③单个灾害受灾县次大于 60 个的多发年份有 9 个，除 1613 年有 61 个县受水灾影响，其他都集中在 1615—1617 年和 1638—1641 年的灾害高发期。其中受灾记录最多的是 1640 年 192 个县受旱灾，1639 年 116 个县受蝗灾，1638 年 106 个县受蝗灾。

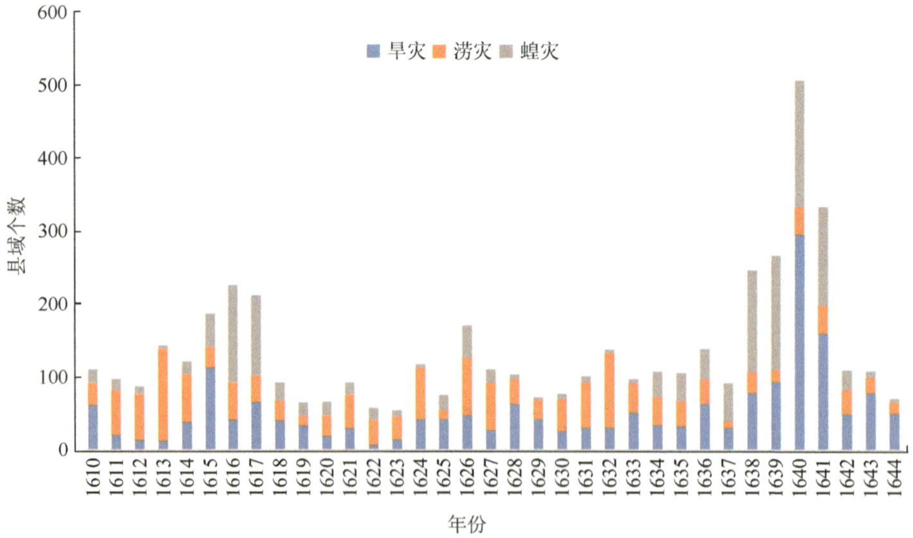


图 5-2　水、旱、蝗受灾县数变化（1610—1644 年）

这一时期的气候总体偏干，其中 1637—1643 年的极端干旱事件（又称崇祯大旱），波及全国 23 各省份。特别是华北地区，其间各年降水量较 1956—1979 年的降水量平均值少了 11%—47%，而 5—9 月的降水量在 1640 年减少了 53%（陈玉琼，1991）。据《明史》中记载：“崇禎十年夏，京師及河東不雨，江西大旱。十一年，兩京及山東、山西、陜西旱。十二年，畿南、山東、河南、山西、浙江旱。十三年，兩京及登、青、萊三府旱。十四年，兩京、山東、河南、湖廣及宣、大邊地旱。十六年五月辛丑，祈禱雨泽。”这一阶段的干旱一直持续到明亡才有少许缓解。笔者统计，在此期间蝗灾重大、特大蝗灾比李钢记载的还要严重。

在上述这些因素的综合作用下，发生了王二、李自成、张献忠的农民起义，并推翻了明朝的统治。由于此时正处于小冰期的冷期，作物生长受到重创，成为皇太极率兵南下的理由，加速了明朝的灭亡。勤于朝政，生活简朴，而生性多疑的皇帝就成为王朝覆灭之君。

## 参 考 文 献


陈玉琼. 1991. 近 500 年华北地区最严重的干旱及其影响. 气象, 17(3): 17-21

李钢. 2008. 历史时期中国蝗灾记录特征及其环境意义集成研究. 兰州大学博士学位论文

李明启, 靳鹤龄, 张洪, 等. 2005. 小冰期气候的研究进展. 中国沙漠, 25(5): 731-737

马世骏. 1958. 东亚飞蝗在中国的发生动态. 昆虫学报, 8(1): 38-40

于革, 沈华东. 2010. 气候变化对中国历史上蝗灾爆发影响的研究. 中国科学院院刊, 25(2): 207-210

张德二, 陈永林. 1998. 由我国历史飞蝗北界记录得到的古气象推断. 第四纪研究, 21(1): 1-8

竺可桢. 1973. 中国近五千年来气候变迁的初步研究. 中国科学, (2)

Tian H, Stige LC, Cazelles B, et al. 2011. Reconstruction of a 1,910-y-long locust series reveals consistent associations with climate fluctuations in China. PNAS, 108(35): 14521-14526. doi: 10.1073/pans.1100189108

Yu G, Shen H D, Liu J. 2009. Impacts of climate change on historical locust outbreaks in China. J Geophys Res Atmos, 114(D18): D18104

# 封建王朝更替与蝗灾的发生

黄复生　刘举鹏　王祖望

历史上的蝗灾主要指的是飞蝗，也许个别地区在某个时段有竹蝗或稻蝗的发生，但飞蝗具有食性杂、分布广、数量多，在短时间内可暴虐发生，猖獗为害，并具有长距离迁飞的特性，所到之处寸草不留，赤地千里，飞蝗的肆虐发生常引起饥民外逃、饿殍横野，从而引起社会的动荡不安，甚至导致一个王朝的覆灭。所以历史上记载的蝗灾，一般为飞蝗大量发生所引起的灾害。由于灾情严重，影响巨大，历代统治者十分警惕灾情的发生与发展，同时也引起史学家的关注并予以记载。本文将围绕以下几个问题初步分析：①中国封建社会蝗灾的统计；②不同时期蝗灾发生状况；③蝗灾的爆发导致封建王朝的更替的原因。

## 一、中国封建社会蝗灾的统计

我国历史上对于蝗虫发生早有记载，周尧（1988）认为殷代甲骨文就已有大量蝗及蝝的记载。这些蝗及蝝很可能都是对于蝗灾的记载或者是对于灾害的卜辞。

对于蝗灾的正式记载始于春秋战国时期，即公元前 707 年桓公五年秋，螽（即蝗）。由此可见，在公元前 700 多年，我国统治者就开始对于所管辖区域内发生的种种意外灾害逐一予以记载，随后统称为“灾异志”。农业害虫方面，螟害算是最早被记录在案的，其次便是蝗虫的灾害了。这些历史资料虽然很简单，但为后世积累十分宝贵的历史资料，为后人深入研究各种灾害的历史演变和发生原因提供了可贵资料。

本文对于我国封建时期蝗灾进行了系统的统计即从秦朝开始至清朝退位为止，亦即从公元前 221 年至公元 1911 年，历时 2133 年。由于不同王朝在时间上有互相重叠现象，但笔者均分别以其管辖所在地区为统计对象。再者，为便于分析，将我国封建社会划分为秦汉、魏晋南北朝、隋唐五代、宋朝、元朝、明朝和清朝等七个时期。在统计方法上，本文仅统计历史上重大蝗灾年。由于历史久远，记载的文字也相差甚远，虽然从时间的长河里可以察觉到历史上蝗灾发生的趋势，但很难用统一的方法对于重大蝗灾加以阐述。为此，笔者采取定性和定量两种方式对于我国不同时期的重大蝗灾进行统计。明朝和清朝之前，由于管辖地域不一致，统治的时期常有重叠，对于蝗虫发生的记载比较笼统，不能用具体的数字加以统计，只能采用定性的方法予以显示。例如，记有“天下蝗”“蝗大灾”“蝗遍野”等等，被列为重大蝗灾，一般仅是蝗害记录不在此列。明朝和清朝由于管辖的地域比较稳定，并且各个县、府、州都有各自的地方志，对于蝗灾都有明确的记载。为此，明清时期对于重大蝗灾的记载，将以定量的方法被采用，用以统计重大蝗灾的发生年，一个州以上地域爆发蝗灾被列为重大蝗灾年，少于一个州蝗灾的发生则不在此列，即不被认作重大蝗灾的发生年。用这样的方法制成中国封建社会重大蝗灾统计表（表 5-6）。

**表 5-6　中国封建社会蝗灾发生统计表**

| 蝗灾分布之时期 | 相关朝代 | 起止时间 | 历时 | 蝗灾年份 | 发生次数 | 平均年次 | 连续灾害年次数 | 农民起义发生时间 | 历代发生的农民起义名称 |
|---|---|---|---|---|---|---|---|---|---|
| 秦汉时期 | 秦 | 公元前 221—前 207 年 | 14 | 无记录 | | | | 公元前 841 年 | 西周时期的国人暴动 |
| | 西汉 | 公元前 206—公元 24 年 | 182 | 公元前 158，130，140 及公元 2，11，*21*，*22*，*23* 年 | 8 | 26. 50 | 1 | 公元前 209 年 | 陈胜、吴广领导的大泽乡起义 |
| | | | | | | | | 公元 17—25 年 | 王匡、王凤领导的绿林赤眉起义 |
| | 东汉 | 公元 25—220 年 | 195 | 公元 26，*46*，*47*，*52*，*53*，*54*，56，72，97，106，*110*，*111*，*112*，*114*，*115*，120，*129*，*130*，153，177，*194*，*195*，197 年 | 23 | 8. 50 | 6 | 184 年 | 张角领导的黄巾起义 |
| 魏晋南北朝时期 | 魏 | 公元 220—265 年 | 46 | 公元 222 年 | 1 | 46. 00 | | | |
| | 西晋 | 公元 265—317 年 | 52 | 公元 274，277，301，310，313，316 年 | 6 | 8. 66 | | 312—315 年 | 杜弢起义 |
| | 东晋 | 公元 317—420 年 | 109 | 公元 *317*，*318*，*319*，*320*，354，382，391 年 | 7 | 14. 85 | 1 | 399—411 年 | 孙恩、卢循起义 |
| | 南朝宋 | 公元 420—479 年 | 59 | 公元 477 年 | 1 | 60. 00 | | 432 年 | 赵广起义 |
| | 南朝齐 | 公元 479—502 年 | 23 | 公元 482，484 年 | 2 | 12. 00 | | | |
| | 南朝梁 | 公元 502—557 年 | 55 | 公元 535，*549*，*550*，559 年 | 4 | 16. 00 | 1 | | |
| | 北朝北魏 | 公元 386—534 年 | 148 | 公元 391，477，482，484，535，*549*，*550*，*557*，*558*，*559*，*560*，563 年 | 12 | 16. 33 | 2 | 455 年 | 盖吴起义 |
| | | | | | | | | 523 年 | 破六韩拔陵起义 |
| | | | | | | | | 524 年 | 莫折大提起义 |
| | | | | | | | | 525 年 | 杜洛周起义 |
| | | | | | | | | 526 年 | 鲜于修礼、葛荣起义 |
| | 北朝西魏 | 公元 535—556 年 | 21 | 公元 535，*549*，*550* 年 | 3 | 7. 33 | 1 | | |
| | 北朝北周 | 公元 557—581 年 | 24 | 公元 557，*558*，*559*，*560*，563 年 | 5 | 4. 80 | 1 | | |
| | 北朝东魏 | 公元 534—550 年 | 16 | 公元 535，*549*，*550* 年 | 3 | 6. 33 | 1 | | |
| | 北朝北齐 | 公元 550—577 年 | 28 | 公元 550，*557*，*558*，*559*，*560*，563 年 | 6 | 4. 66 | 1 | | |
| 南隋唐五代时期 | 隋 | 公元 581—618 年 | 37 | 无记录 | | | | 610—618 年 | 瓦岗农民起义 |
| | | | | | | | | 612—621 年 | 窦建德起义 |
| | 唐 | 公元 618—907 年 | 289 | 公元 *628*，*629*，650，682，*715*，*716*，764，*784*，*785*，*786*，805，*837*，*838*，*839*，*840*，*841*，868，875，886 年 | 19 | 15. 26 | 4 | 653 年 | 陈硕贞起义 |
| | | | | | | | | 756 年、770 年、777 年、794 年 | 黄干曜领导的西原人民起义 |

续表

| 蝗灾分布之时期 | 相关朝代 | 起止时间 | 历时 | 蝗灾年份 | 发生次数 | 平均年次 | 连续灾害年次数 | 农民起义发生时间 | 历代发生的农民起义名称 |
|---|---|---|---|---|---|---|---|---|---|
| 南隋唐五代时期 | 唐 | 公元 618—907 年 | 289 | 公元 *628*，*629*，650，682，*715*，*716*，764，*784*，*785*，*786*，805，*837*，*838*，*839*，*840*，*841*，868，875，886 年 | 19 | 15.26 | 4 | 762—763 年 | 袁晁领导德浙东农民起义 |
| | | | | | | | | 765 年 | 方清、陈庄农民起义（苏州） |
| | | | | | | | | 859 年 | 裘甫起义（浙东） |
| | | | | | | | | 865 年 | 庞勋起义（江苏徐州和安徽泗县） |
| | | | | | | | | 875—878 年 | 王仙之起义（山东濮州） |
| | | | | | | | | 875—884 年 | 黄巢农民起义 |
| | 五代梁 | 公元 907—923 年 | 16 | 无记录 | | | | | |
| | 五代唐 | 公元 923—936 年 | 13 | 公元 934 年 | 1 | 14.00 | | | |
| | 五代晋 | 公元 936—947 年 | 11 | 公元 939，*942*，*943*，*944*，*945*，946，*948*，*949* 年 | 8 | 1.50 | 2 | | |
| | 五代周 | 公元 951—960 年 | 9 | 公元 953 年 | 1 | 10.00 | | | |
| 宋朝时期 | 北宋 | 公元 960—1127 年 | 167 | 公元 962，964，*982*，*983*，*990*，*991*，*992*，996，1006，*1016*，*1017*，*1027*，*1028*，1033，1039，*1073*，*1074*，*1075*，*1076*，*1101*，*1102*，*1104*，*1105* 年 | 23 | 7.30 | 7 | 993—995 年 | 王小波、李顺起义（四川都江堰以西） |
| | | | | | | | | 1119—1121 年 | 宋江起义 |
| | | | | | | | | 1120 年 | 方腊起义 |
| | 南宋 | 公元 1127—1278 年 | 151 | 公元 1128，1145，*1162*，*1163*，*1164*，*1165*，1167，*1176*，*1177*，1182，*1208*，*1209*，*1214*，*1215*，*1216*，*1239*，*1240*，1265，*1268*，*1269*，1271，1278 年 | 22 | 6.95 | 6 | 1127—1133 年 | 八字军抗金起义 |
| | | | | | | | | 1127 年 | 红巾军抗金起义 |
| | | | | | | | | 1127—1128 年 | 邵兴抗金起义 |
| | | | | | | | | 1130—1135 年 | 钟相杨幺抗金起义 |
| | | | | | | | | 1161—1164 年 | 魏胜抗金起义 |
| | | | | | | | | 1214 年 | 红袄巾抗金起义 |
| 元朝时期 | 元 | 公元 1279—1367 年 | 90 | 公元 1280，1282，1296，1298，*1304*，*1305*，*1308*，*1309*，*1326*，*1327*，*1328*，*1329*，*1330*，*1331*，1336，1344，1359 年 | 17 | 5.29 | 3 | 1351—1367 年 | 元末农民起义 |
| | | | | | | | | 1351 年 | 刘福通起义 |
| | | | | | | | | 1348 年 | 张士诚起义 |
| | | | | | | | | 1352 年 | 徐寿辉起义 |
| | | | | | | | | 1356—1368 年 | 朱元璋起义 |

续表

| 蝗灾分布之时期 | 相关朝代 | 起止时间 | 历时 | 蝗灾年份 | 发生次数 | 平均年次 | 连续灾害年次数 | 农民起义发生时间 | 历代发生的农民起义名称 |
|---|---|---|---|---|---|---|---|---|---|
| 明朝时期 | 明 | 公元1368—1643年 | 275 | 公元1434，*1440*，*1441*，*1528*，*1529*，*1531*，*1532*，*1535*，*1536*，*1540*，1560，1609，*1615*，*1616*，*1617*，1629，*1634*，*1635*，*1636*，*1637*，*1638*，*1639*，*1640*，*1641*年 | 24 | 11.54 | 6 | 1420—1461年 | 唐赛儿起义 |
| | | | | | | | | 1510年 | 刘六、刘七起义 |
| | | | | | | | | 1606—1645年 | 李自成起义 |
| 清朝时期 | 清 | 公元1644—1911年 | 267 | 公元1647，*1655*，*1656*，1667，*1671*，*1672*，1679，1691，1738，*1752*，*1753*，*1802*，*1803*，*1835*，*1836*，*1837*，*1856*，*1857*，*1858*，1862，1874，1877，1892年 | 23 | 11.65 | 6 | | 天地会德反清复明运动 |
| | | | | | | | | 1735—1736年 | 古州苗民起义 |
| | | | | | | | | 1796—1804年 | 白莲教起义 |
| | | | | | | | | 1774年 | 王伦起义 |
| | | | | | | | | 1813年 | 林清、李文成领导的豫东、京畿天理教武装暴动 |
| | | | | | | | | 1851—1868年 | 捻军起义 |
| | | | | | | | | 1851—1864年 | 太平天国运动 |
| | | | | | | | | 1900年 | 义和团运动 |

## 二、不同时期蝗灾发生状况

### （一）秦汉时期蝗灾发生状况

秦朝统治的时间很短，前后不过20年，再加上四处征战，许多有价值的历史资料被毁，不许民间留存有意义的历史纪录，所以没有统计到重大蝗灾的记录。

西汉有200多年的统治时间，重大蝗灾有8次年，平均29年1次，连续大灾年仅有1次。说明了西汉时期统治者治理国家有方。公元30年，即光武帝建武六年，公布了我国历史上第一道治虫法规（周尧，1988），并且拥有控制灾害的方针和能力，社会尚稳定。值得注意的是：在西汉晚期，即所谓新朝时期，公元9—23年，王莽篡位期间，仅仅15年时间，发生重大蝗灾4次，公元21、22、23年三年为连续发生的大灾年，可见此时社会已处于动荡不安时期。虽然此时，于光武帝建武六年公布了我国第一道治虫法规（周尧，1988）也无济于事。且在公元17—25年期间，有王匡、王凤领导的绿林赤眉起义，在各种势力的作用下，最后导致西汉王朝的覆灭，被东汉所取代。

东汉时期，有196年的历史，发生重大蝗灾有23次，平均8.5年发生1次，可是连续发生年的蝗灾频频发生，有6次之多，可见统治者对于蝗灾之漠视。由于农业歉收，给人民带来饥饿与灾难。在其晚期公元184年发生了张角领导的黄巾起义，最后导致东汉王朝的覆灭。

本时期飞蝗蝗灾分布记录十分局限，其分布图星星点点，主要集中在今山东、河北、河南农业开垦比较早期的地区，实际种植的面积尚有限（详见本书第五篇，刘举鹏《中国三千年的蝗虫学史概述》中图5-3）。

### （二）魏晋南北朝时期蝗灾发生状况

魏晋南北朝时期历时300多年，但王朝颇多，在300年的时间里经历了11个朝代，从魏开始，一直到北朝北周，其中东晋时期比较长，有104年的统治时间，重大蝗灾有7次年，其中从公元317—320年连续四年发生重大蝗灾，到了末期又遭到重大蝗灾的袭击，终于被后世取代。本时期北朝北魏历史最长，在位149年，在此期间重大蝗灾有12次，平均12.4年发生1次。但后期却有2次连续重大蝗灾的发生年，公元549—550年和557—560年，后者连续四年均为重大蝗灾的发生年。可想而知，蝗灾给人民带来的巨大灾难，造成社会的动荡不安、饥民的起义军接连不断的困扰。

在此之后，虽然又经历了北朝西魏、北周、东魏和北齐等4个朝代，但为时甚短，在位时间多是互相重叠，各个割据各自的地盘，社会极其动荡不安，重大蝗灾频频发生，连续发生更是层出不穷，再加上封建统治者为了扩大地盘互相争斗，饥民无法求生，揭竿而起，最后引起整个王朝的覆灭，终于被隋朝所取代。

蝗灾分布在黄河流域及我国东部沿海一带（图5-4）。

## （三）隋唐五代时期蝗灾发生状况

隋朝由于统治时间比较短，仅30多年，没有重大蝗灾的记录。由于政治腐败，推行酷政，民不聊生，很快被唐朝所取代。

唐朝是我国历史上的兴盛时期，多数统治者深知人民的力量，水可载舟，也可覆舟，一些皇帝和重臣深知人民的困苦，力推仁政。在此期间，虽然仍有蝗灾，但多数蝗害被控制或扑灭。唐朝统治时间有290年，重大蝗灾有19次年，平均15.26年发生1次，连续发生年有4次，但多数蝗灾被控制或被消灭。

唐贞观二年，公元628年，飞蝗暴虐成灾，庄稼受到严重伤害，朝野上下有不少人认为这是天灾，是上天对于人间“罪孽”的惩罚，是不可违的。这种错误思想严重影响治理蝗灾工作的开展，形势十分危急。唐太宗李世民为了挽救严重局势，扭转错误思潮，消除朝野害怕触犯上天的疑虑，不顾个人安危，自愿代替百姓承受罪过和灾难，带领朝廷百官入苑查看灾情，并做出了惊人的举动。《贞观政要》中有一段动情的记载：“貞觀二年，京師旱，蝗蟲大起。太宗入苑視禾，見蝗蟲，掇數枚而呪曰：‘人以穀爲命，而汝食之，是害於百姓。百姓有過，在予一人。爾其有靈，但當食我心，無害百姓。’將吞之，左右遽諫曰：‘恐成疾，不可！’太宗曰：‘所冀移災朕躬，何疾之避。’遂吞之。自是蝗不復爲災”。唐太宗的举动不仅扭转了朝野的错误思潮，而且把治理蝗灾推向了新的高潮。终于控制了蝗虫的猖獗发生，使之“不复为灾”，同时也打破了天灾不可违的思想，真是一代明君，其言行也成了千古佳话。

随后，唐玄宗开元时期，在公元715年、716年又遇到另一个大蝗灾肆虐年。此时，唐玄宗李隆基的思想比他的先祖李世民落后，作为一位决策者皇帝，他随波逐流，也认为天灾不可违，没有适时和人民站在一起治理蝗灾，使其连日猖獗为害。但此时却出了一个明智的大臣姚崇，他力挽狂澜，排除众议，说服了皇帝李隆基，坚持治蝗。周尧（1988）生动地描述了这一过程：“唐玄宗时，在治蝗问题上，唯心唯物两种思想的反复斗争，更为典型。‘开元四年（716年），山东大蝗’，群众因为受到迷信思想的影响，烧香礼拜，设祭祈恩，‘坐视食苗不捕’。皇帝李隆基也以为蝗灾是由‘不德’造成的，是天灾。宰相姚崇引证据理，说服了皇帝，提出‘篝火诱杀’和‘开沟陷杀’相结合的方法。派出大批御史官为‘捕蝗使’，分赴各地去治蝗。但又受到黄门监卢怀慎的阻止和反对，说：‘凡天灾，安可以人力制也？且杀虫多必戾和气。’姚崇给了他有力的驳斥：‘若纵之，谷且尽，如百姓何？杀虫杀人，祸归于崇。’使治蝗工作得以坚持，取得了捕蝗十四万石的辉煌成绩，保证了那年没有发生饥荒。”由此可见，姚崇的成功治蝗又一次巩固了唐朝执政的经济基础，也进一步证明蝗灾的发生直接影响了封建王朝的统治地位。

唐朝虽然是我国封建社会的一个兴盛时期，但历史的事实一再证明了没有一个王朝能永续继承，最后政治的腐败、经济的衰退和其他种种的原因导致王朝的覆灭。唐朝并不例外，在公元9世纪的后期也走上了末路。此时的蝗灾也一再爆发，从公元837—841年连续5年为重大蝗灾年，随后也接连不断地发生重大蝗灾，百姓不堪重负，农民起义军四起，终于在公元10世纪初灭亡了。

在唐朝之后，虽然又经历了五代梁、五代唐、五代晋和五代周，但时间经历都很短，重大蝗灾的发生年也不少，其中五代晋时间仅12年，重大蝗灾就有8次年，平均1.5年发生1次，其中公元942—945年和948—949年均为连续重大蝗灾发生年。重大蝗灾直接摧毁了国家的经济命脉，整个王朝终于坠落崩溃。

此时蝗虫发生地，根据相关记载绘制蝗灾图，明显可以见到，主要集中在我国黄河流域及渤海湾滩涂一带，并密集相连，成为片状；长江流域仅是个别地区有蝗虫的发生，蝗灾的分布星星点点，不成片状图案（图5-5）。

### （四）宋朝时期蝗灾发生状况

宋朝又分为北宋和南宋两个不同阶段，北宋定都河南开封，而南宋则迁都浙江的临安。由于飞蝗的发生严重威胁着国家农业的发展。宋朝期间十分重视对于蝗灾的治理，宋神宗八年，即公元1075年颁布了我国第一道治蝗法规《熙宁诏》，从此治蝗开始有了法规，法规条文很具体，也很有成效。

北宋统治时间有168年，重大蝗灾有23次，平均7.3年发生1次，其连续重大蝗灾发生年有7次，看来北宋期间的蝗灾十分严重。因此引起统治者的重视，从上至下制定了一系列治蝗的法规。

南宋统治时间有153年，重大蝗灾频频发生，有22次，平均6.95年发生1次重大蝗灾。虽然在宋孝宗淳熙九年即公元1182年也颁布了治虫法规，但治理蝗灾仍得不到重视，不能有效地控制蝗灾的扩大与蔓延，致使连续重大蝗灾发生年接连不断，有6次之多。人民连连遭灾，不堪重荷，政府腐败，朝廷摇摇欲坠，再加此时起义军四起，最后导致宋朝的灭亡，终于被元朝所替代。

宋朝蝗虫发生地有所扩展，向南延伸，在长江下游也有成片分布区，这也许是因为宋朝更加注重到南方农业的垦植及其蝗灾扩散的状况而加以记载（图5-6）。

### （五）元朝时期蝗灾发生状况

元朝统治时期（公元1279—1367年），前后统治了近90年，发生重大蝗灾有17次，连续发生年有3次，其中从公元1326—1331年连续6年重大蝗灾年，可想而知，如此重大灾害年年发生，给人民带来饥荒和灾难，在内外交困之下，元朝覆灭。

元朝飞蝗蝗灾分布图显示出，此时蝗灾分布区主要集中在黄淮一带，长江下游也有不少蝗灾的分布区（图5-7）。

### （六）明朝时期蝗灾发生状况

明朝统治时间277年，从14世纪中期至17世纪中期，总共发生重大蝗灾有24次，平均11.5年有1次重大蝗灾的发生，其中在统治后期，于17世纪上半叶不到50年的时间，由公元1609—1641年有13次重大蝗灾发生年，其中从公元1634—1641年，连续8年均为重大蝗灾发生年，人民深受蝗灾的摧残，无处生计。再者，朝野腐败，互相争斗，地方起义军不断兴起，终于清朝入关，取代了明朝。

明朝对于蝗灾的记载比较详细而精确，可以提供定量分析，对绘制蝗灾分布图（刘举鹏，2019）也提供了十分可贵资料，无论是黄河流域，还是长江地区都有明确的描述。此时的蝗灾分布，密集于我国华北、华东、渤海、东海、黄河长江入海的滩涂地域，以及相关湖泊、沼泽的沿岸地带，华南及相关岛屿也有蝗灾密集的分布区（图5-8）。

## （七）清朝时期蝗灾发生状况

清朝在位时间不短，前后统治中国 268 年，重大蝗灾发生年有 23 次，平均 11.65 年有 1 次大发生年，重大蝗灾连续发生年有 6 次。特别进入 19 世纪中叶，清朝也堕落到急剧衰退的时期，对外的闭关自守，带来的是列强瓜分在华利益；对内专制独裁，引起了各种势力的对抗，各地起义军不断揭竿而起，此时蝗灾也频频发生。就在这个不到 100 年的短暂时间里，重大蝗灾有 12 次之多，其中公元 1802—1803 年、1835—1837 年、1856—1858 年为连续发生重大蝗灾年，给农业生产造成毁灭性打击，给人民生活带来无穷苦难。腐败的清王朝在风雨中飘摇，终于在 20 世纪初彻底覆灭了。

清朝对于蝗灾的记载更为详细，为绘制蝗灾分布图（图 5-9）提供了准确的资料，更为完整而精确地表明了我国蝗灾的分布，明确地显示出飞蝗在我国的不同地域的种群结构及其不同的分布中心。从清朝各个时期蝗灾记录，采取叠加的方法，绘制成清朝整个时期的蝗灾分布图，充分显示出飞蝗在我国境内不同地域有不同的种群，它们之间从地理上是互相隔离的，各自有各自独立的分布中心和生态条件。由于长期的地理隔离，在不同生态条件影响下，不同地域种群的形态构造和生理反应便产生了统计学上的差异。它们可能彼此有交叉的现象，但由于长期地理隔离的作用，不同地理种群仍保持自身独立的差别。这种差别便产生了不同地域的亚种。清朝飞蝗蝗灾分布图明确表明飞蝗在我国的分布有 3 个独立地理种群，即以下 3 个亚种。

### 1. 飞蝗指名亚种 *Locusta migratoria migratoria* Linnaeus

指名亚种的种群最大，分布最广，其分布中心为我国黄河、长江下游及我国东部沿海滩涂，向西可扩散到山西、陕西、甘肃，直至新疆等地，亦可伸入欧洲诸地，主要分布在温带地区，但群居型在欧洲并不常见，一般群居型种群分布于低海拔平原或湖泊沿岸，指名亚种成虫个体较大，体长雄虫为 36.1—46.4 毫米，雌虫为 43.8—56.5 毫米，一年发生 1—2 代。体内拥有丰厚的脂肪和强壮的肌肉，迁飞能力最强，有从东向西、由北向南迁飞习性。属于典型的北方种群。

### 2. 飞蝗非洲亚种 *Locusta migratoria migratorioides*（Reiche et Fairmaire）

清朝飞蝗蝗灾分布图清楚地表明，本亚种在我国主要分布在南方，两广及福建、台湾、海南一带，以五岭、武夷山为界，与北方种群相隔离。其发生基地常为丘陵、森林被破坏之后所形成的稀树荒草景观。其群居型种群只分布于低海拔平原或丘陵地带，成虫体长雄虫为 33—42 毫米，雌虫为 39—51.2 毫米，一年发生多达 3—4 代，属于典型的南方种群。

### 3. 飞蝗西藏亚种 *Locusta migratoria tibetensis* Chen

本亚种如图所示，主要分布在我国西藏自治区的雅鲁藏布江流域，如日喀则（包括拉孜、江孜）、泽当等地的农区及沿江、沿湖的滩涂地带，为高原草原景观。其群居型只分布在海拔 3600 米以上的高原地带。本亚种成虫个体平均最小，体长雄虫 25. 2—32. 8 毫米，雌虫为 38. 0—52. 0 毫米，一般 1 年仅发生 1 代。属于典型的高原种类。

清朝飞蝗蝗灾分布图所采用的历史纪录，虽然都是百年以上资料，但不同时期资料的叠加，明确地显示出飞蝗在我国分布 3 个种群的分布地域、范围及其中心地区，且表明了 3 个种群在地理上互相隔离的状况（详见本书第五篇，刘举鹏《中国三千年的蝗虫学史概述》中图 5-9）。

## 三、封建王朝的衰败与蝗灾肆虐原因的分析

中国的封建社会经历了漫长的历史时期，从公元前221年秦朝开始，到公元1911年清王朝结束为止，前后经历了2000多年。其中经过几十个王朝，旧的王朝被新的王朝所替代，新的王朝又被后来的王朝推翻更替。这样的王朝更替，从历代蝗灾的记录与蝗灾分布图的分析，充分显示了它们之间的密切相关。分析有以下原因。

（1）飞蝗是自然界一个物种，有它自身的发展规律，人类不能决定自然界一个物种的存在，只能利用它的发生规律和特点，加以诱导和控制。蝗虫具有顽强的生命力，由于它繁殖能力强，分布广，适应性强，还具有很强的迁飞能力，吃完一个地区的庄稼，可迁飞到另外一地继续为害。由于种群大，迁飞时可遮天蔽日；因具暴食习性，所到之处，短时间内赤地千里。不仅谷粟无收，就连叶茎也无存。所以蝗灾是一种毁灭性的灾害。如果不给以及时有效的治理，定会严重地威胁着人民的生存和整个统治王朝的安定。我们从我国封建社会重大蝗灾统计表可以清楚地看到这一点，蝗灾的危害十分严重。从西汉到清朝，除个别王朝统治时间较短之外，每个王朝都有重大蝗灾的发生，到了一个王朝的晚期，蝗灾也越加密集而严重，连续发生重大蝗灾年也频频发生，成为推翻旧王朝的导火索和助燃剂，加速其灭亡，最终被新的王朝所更替。

（2）中国封建时期为典型的农耕社会，其经济命脉在农业，农业好了，社会经济就发达，国家也就兴旺，反之，农业不好，社会经济就衰败，国家也就败退。所以，农业是封建社会的支柱。随着封建社会的发生，就要不断地发展农业，发展农业生产就要不断地开垦土地，扩大耕地，扩大种植面积。伴随这一系列过程，蝗虫的发生与蝗灾的形成也悄然扩大、扩大、再扩大。纵观以上不同朝代，飞蝗蝗灾分布图充分地证实了这一点。蝗灾随着农业发展，渐渐猖獗，且蝗虫发生地集中在黄河、长江流域和南方垦荒的丘陵地带，这些地区恰恰是我国的主要农业区。蝗灾肆虐，农作物的毁灭，经济命脉被摧毁，震撼了封建王朝的统治，最终使其走向灭亡。

（3）中国封建社会是一个农民大国，农民就是以农业为生，但是广大农民年年辛辛苦苦劳作种植，每遇蝗灾之后，总是颗粒无收。封建朝廷如若腐败无能，国库空虚，无法赈济灾民，农民只好背井离乡，逃难求生，有的被逼无奈入伙盗匪，有的走投无路便聚众揭竿而起。严重的社会动荡在所难免。蝗灾统计表（表5-6）中，表明了重大蝗灾连续发生之后，如果统治者无力控制，又无力救济饥民，必然引起社会动荡不安，最后导致腐败的朝野失控、衰退和灭亡。

以上三点，表明了蝗灾是我国封建社会农业的大敌，蝗虫的猖獗发生，毁掉的是庄稼，失去的是人民，乱掉的是朝野，动摇的是政局，最后导致整个王朝的灭亡。分析了中国封建社会各朝代蝗灾动态之后，不能不认为蝗灾的肆虐与封建王朝的更替密切相关。

## 参考文献

刘举鹏. 2019. 中国三千年的蝗虫学史概述. 见：王祖望，冯祚建，黄复生. 中国古代动物学研究. 北京：科学出版社
周尧. 1988. 中国昆虫学史. 西安：天则出版社
邹树文. 1982. 中国昆虫学史. 北京：科学出版社

# 中国三千年的蝗虫学史概述

刘举鹏

对于蝗虫的研究形成一个独立的学科——蝗虫学，似应以尤瓦洛夫（Uvarov B. P.）1966年的*Locusts and Grasshoppers*专著的出版为标志。Locusts为蝗，在我国仅有一种，即飞蝗；Grasshoppers为草蜢，亦即土蝗或蚱蜢，笔者将其译为跳蝗。一个学科的创建，总是要有长期的知识积累，我国几千年来对蝗虫的观察研究，为蝗虫学的创建作出了不可磨灭的贡献。

## 一、蝗虫名称考及蝗灾

蝗虫一词最早出现在《礼记·月令》或《吕氏春秋》。周尧（1988）在殷代甲骨文中，最早发现了“蝗”字和蝗的幼虫“蝝”字，见图2-3。

它的同物异名——螽，在《春秋》中则早已出现。螽和《诗经》中的螽斯、斯螽，以及《尔雅》中的蜇螽等均指飞蝗，而绝非指当今的螽斯。春秋为螽，在汉为蝗，这是古代学者的一致认识。在汉以后，以螽记述的蝗灾，应为跳蝗蝗灾。螣在《诗经》中指食叶害虫，但主指飞蝗，在记述蝗灾时，它和它的同物异名蟦等均指跳蝗。蚱蜢一词出现最晚，《尔雅注疏》指出：土螽，一名蠰谿，江南呼虴蛨，又名蚱蜢，似蝗細小，善跳者是也。蚱蜢和它的众多同物异名均为跳蝗。在以蝗记述蝗灾时，也并非均是飞蝗蝗灾，如同治《新昌县志》记载：江西省新昌縣有蝗叢集各山，驅捕不散，遍食竹葉，竹幹隨枯，數年方死，幸不害稼。从此记载看，此蝗不应是飞蝗，而应是竹蝗。笔者从众多古籍文献中还考证出10余种蝗虫。上述工作的完成，为以物种记述蝗灾提供了依据，笔者将蝗灾分为飞蝗蝗灾和跳蝗蝗灾。《春秋》篇记述蝗灾最早。公元前707—前482年，以螽记载蝗灾次数；明·徐光启在《除蝗疏》中记载了自春秋战国至元朝蝗灾111年次。除此以外，笔者根据张德二和陈永林（1988）对蝗灾的记述，以及从各地方志中收集到的资料，公元前707—1911年，共收集飞蝗蝗灾989年次，跳蝗蝗灾93年次。

## 二、蝗灾的分布及蝗区

笔者以飞蝗蝗灾记述为依据，制作不同历史阶段飞蝗蝗灾分布图（图5-3—图5-9）。

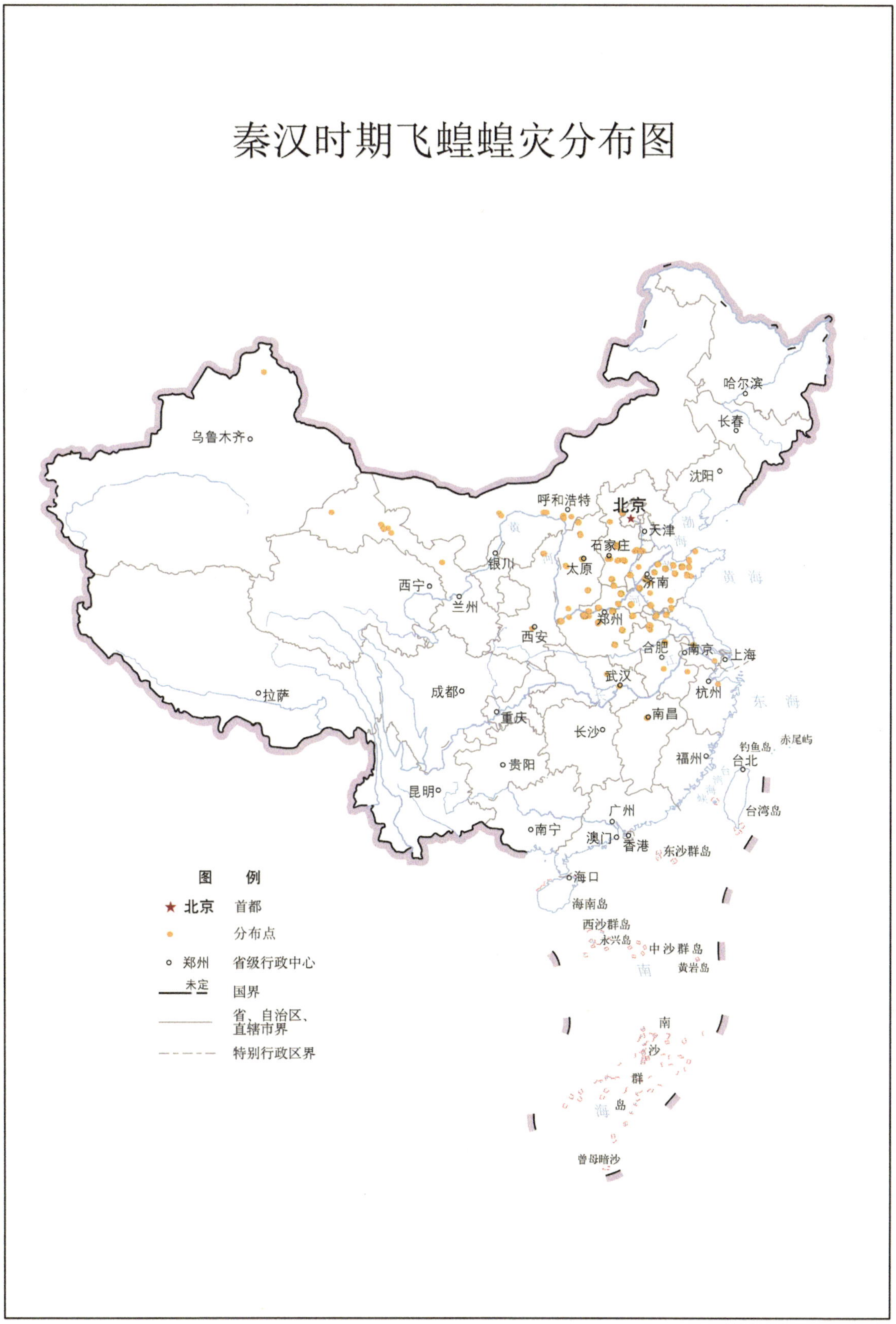


图 5-3　秦汉时期飞蝗蝗灾分布图

魏、晋、南北朝飞蝗蝗灾分布图

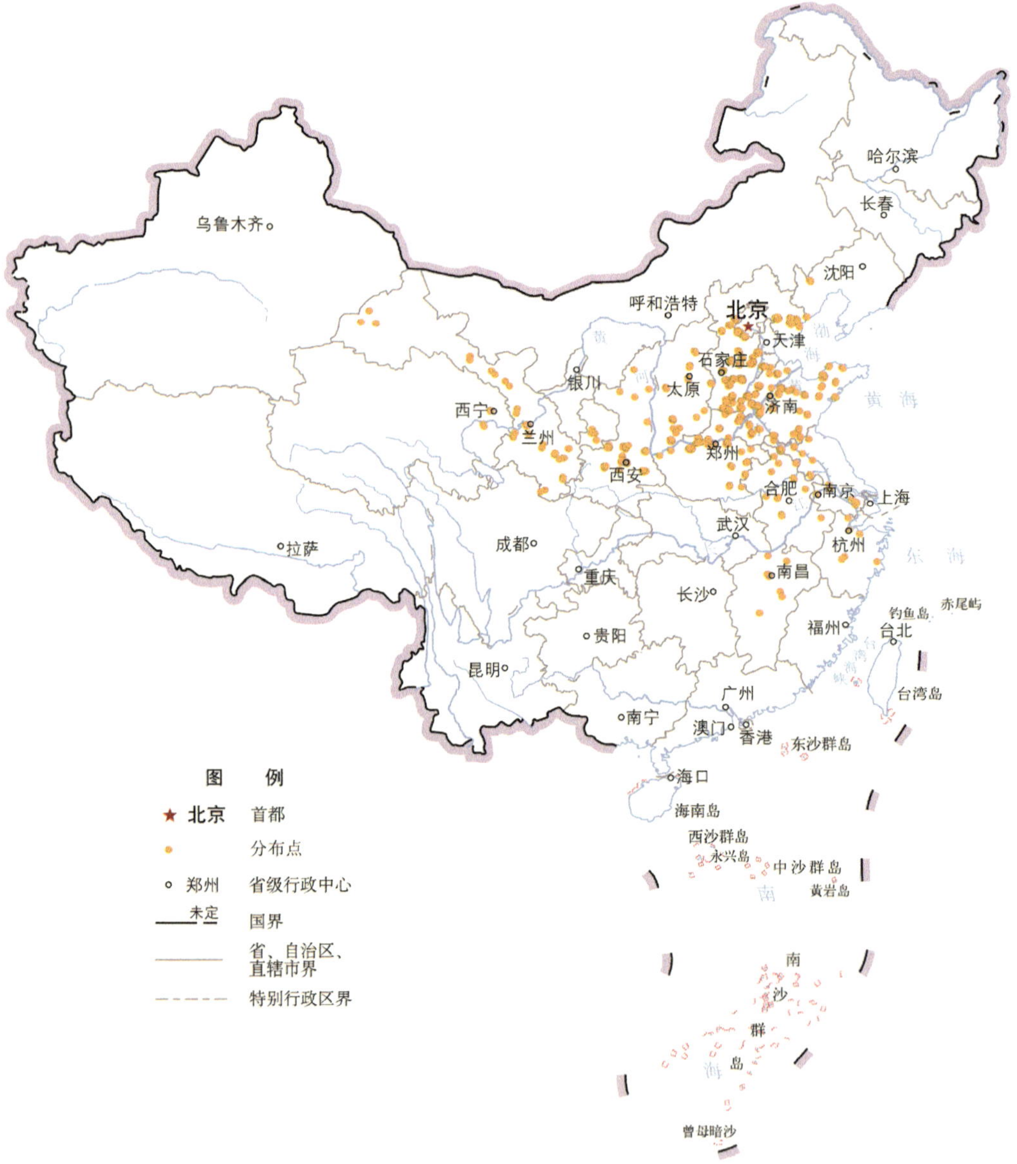


图 5-4 魏、晋、南北朝飞蝗蝗灾分布图

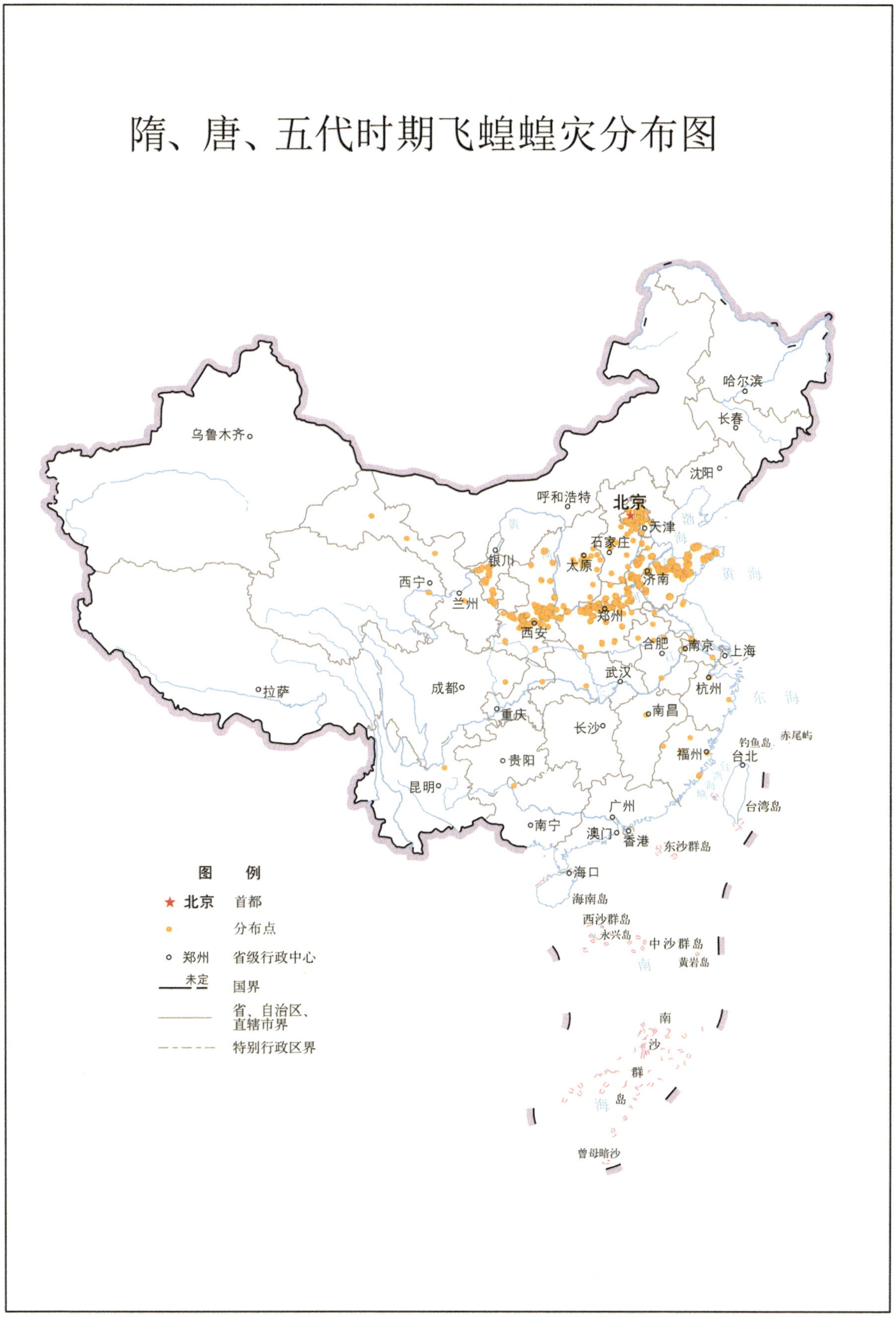


图 5-5　隋、唐、五代飞蝗蝗灾分布图

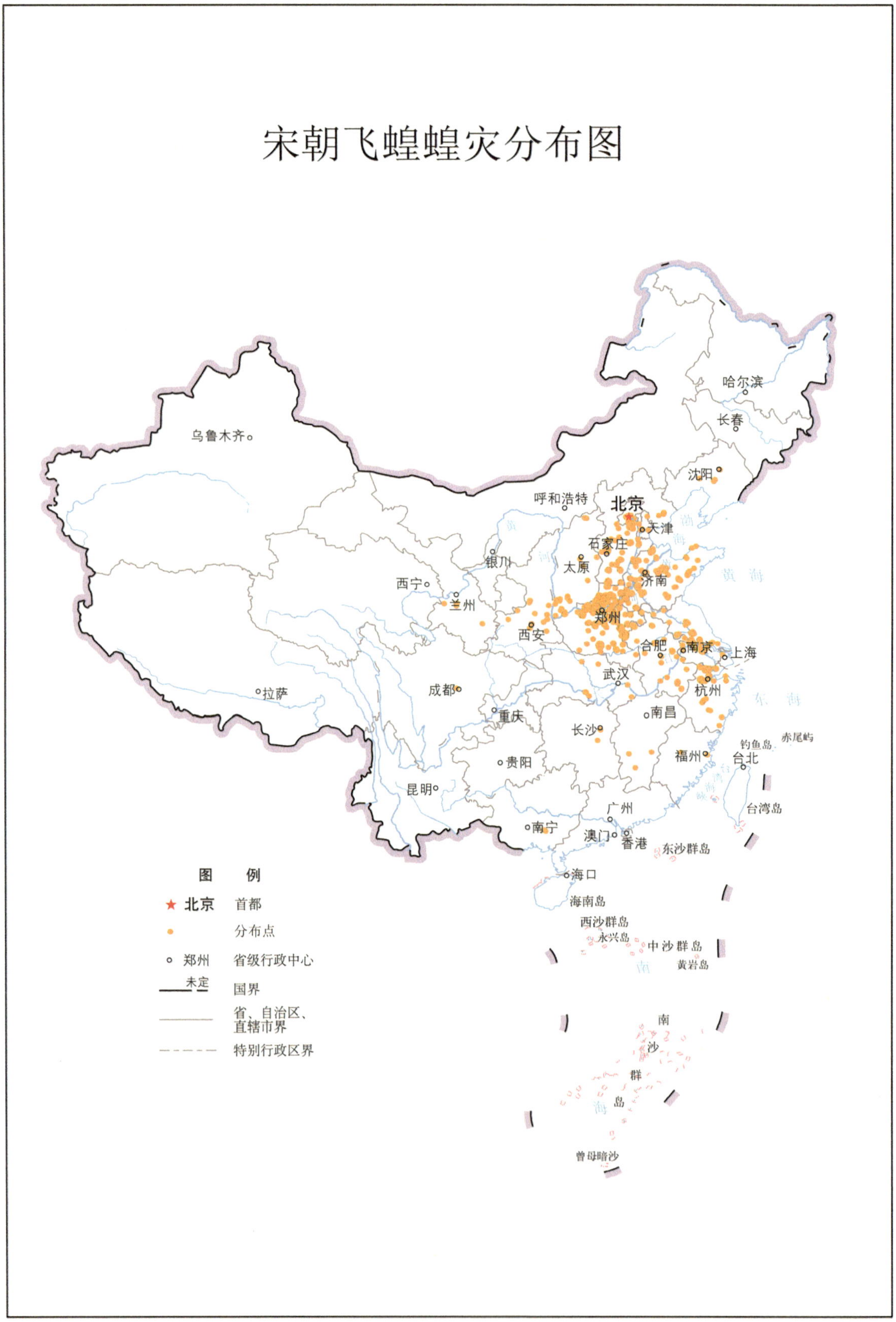


图 5-6　宋朝飞蝗蝗灾分布图

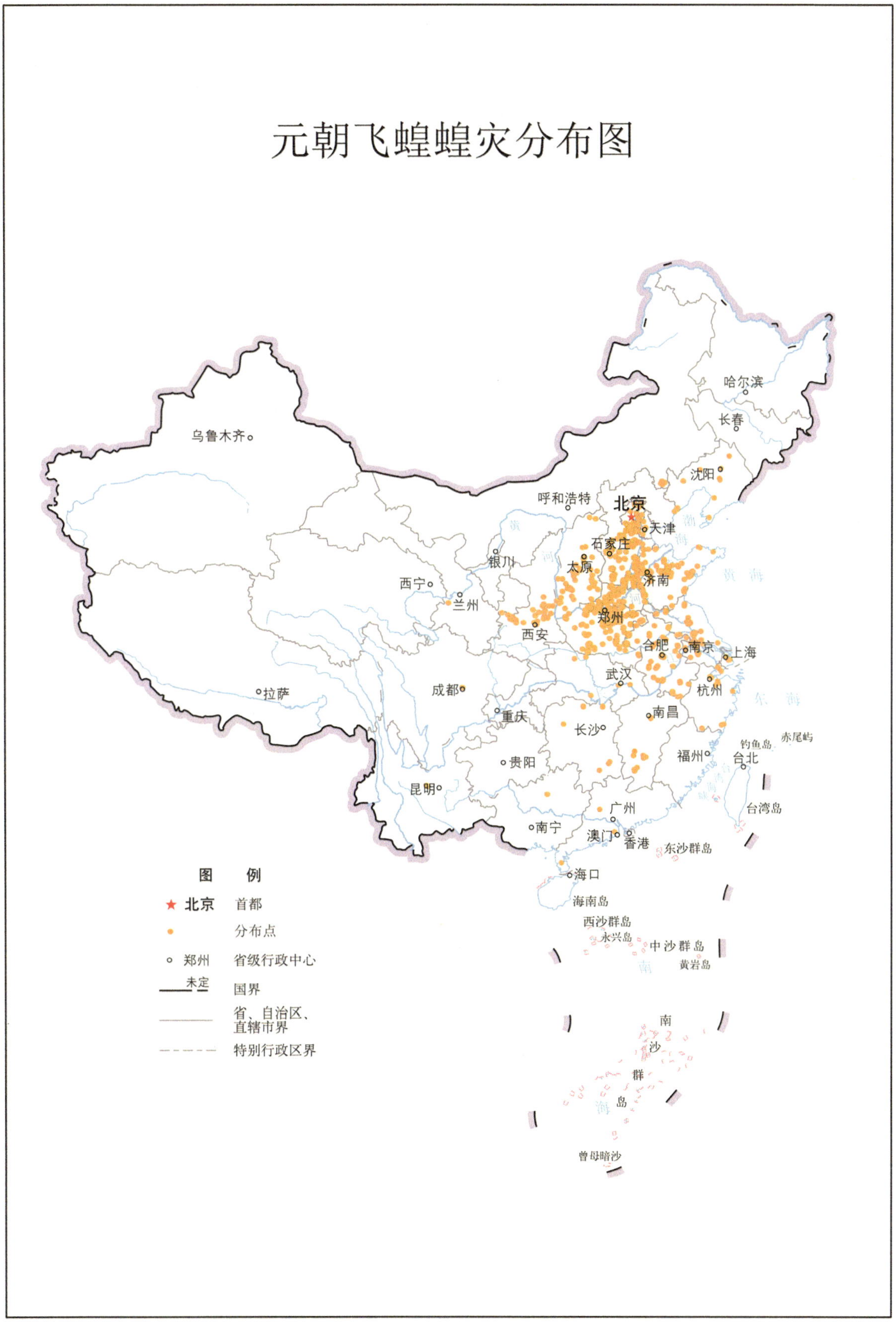


图 5-7　元朝飞蝗蝗灾分布图

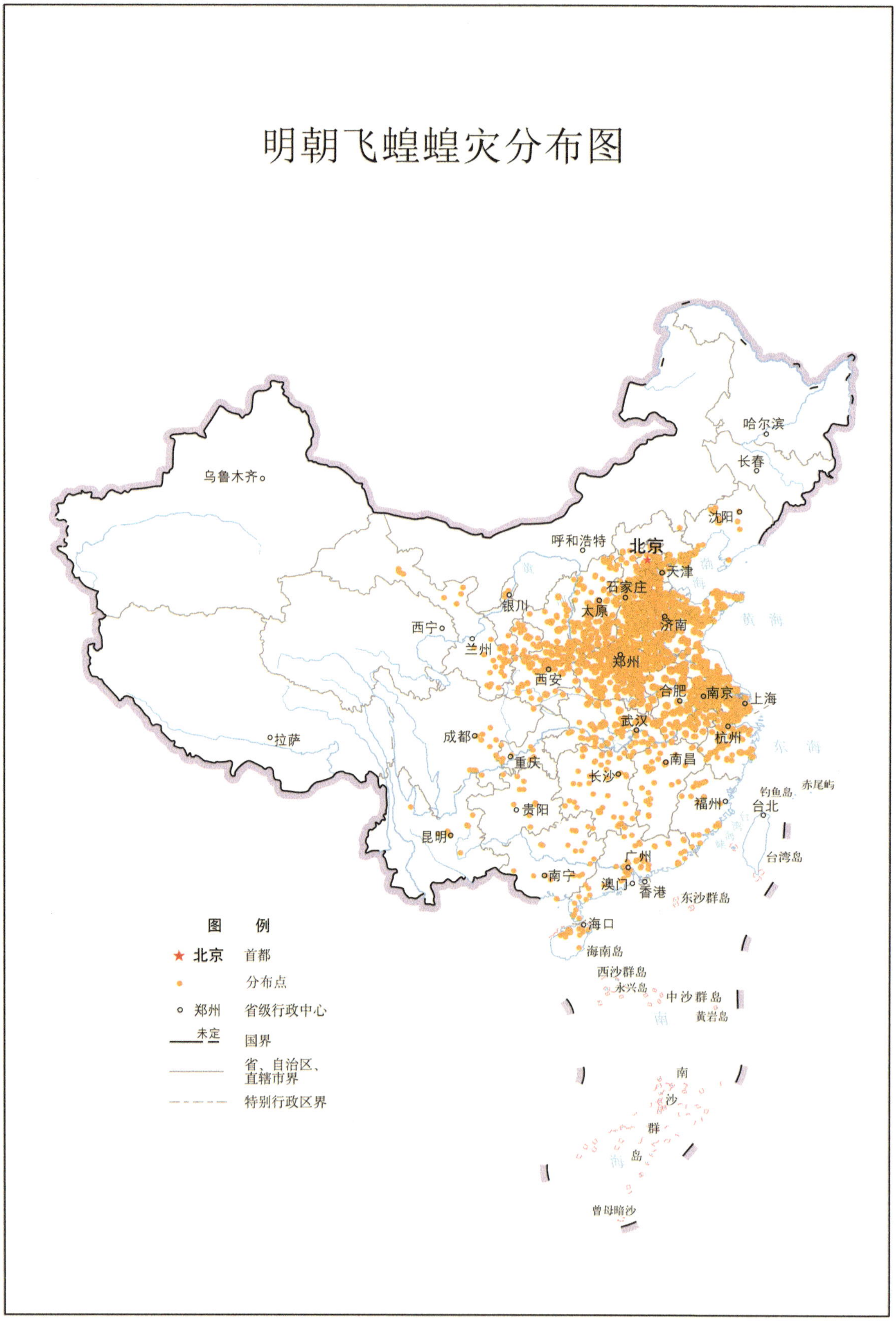


图 5-8 明朝飞蝗蝗灾分布图

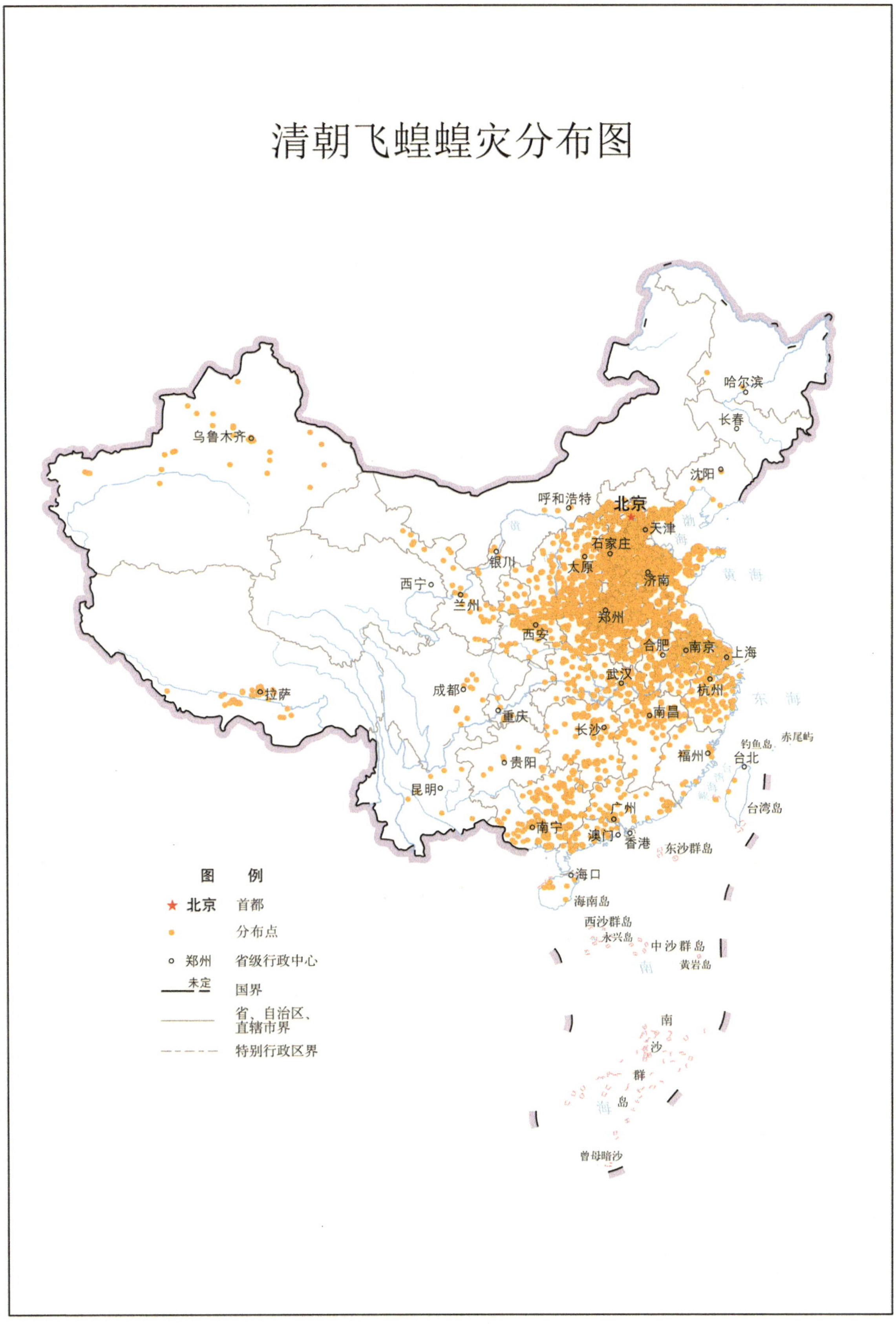


图 5-9 清朝飞蝗蝗灾分布图

从飞蝗蝗灾分布图看，蝗灾随着朝代的更替而发展。在元朝以前，飞蝗蝗灾分布中心仅有一个，位于黄淮海流域，最南可达长江流域，此区域分布着亚洲飞蝗。在明朝，飞蝗蝗灾分布明显扩大，在黄淮海及长江流域仍分布着亚洲飞蝗。在两广地区分布着非洲飞蝗，但尚未形成一个明显的分布中心。在清朝，飞蝗蝗灾的分布形成明显的大小不等的三个分布中心，第一个分布中心，仍以黄淮海为主，向南可达长江流域的太湖、鄱阳湖、洞庭湖。第二个分布中心，以两广地区为主，此区域分布着非洲飞蝗。第三个分布中心很小，位于西藏拉萨附近，分布着西藏飞蝗。飞蝗蝗灾的三个分布中心，即应为三类型蝗区。现对此三类型蝗区比较如表 5-7 所示。

**表 5-7　我国三类型蝗区比较**

| 蝗区所在地区 | 蝗虫类型 | 蝗区的次生结构类型 | 蝗区形成的主导作用因素 | 蝗区形成的历史原因 | 形成原因的作用属性 | 飞蝗亚种 |
|---|---|---|---|---|---|---|
| 温带大陆蝗区 | 大沙河三角洲类型 | 滨湖蝗区 | 水的泛滥（包括湖水、海水、河水、雨水） | 由历史上黄淮水系多次变迁而成 | 自然因素 | 亚洲飞蝗 |
| | | 滨海蝗区 | | | | |
| | | 河泛蝗区 | | | | |
| | | 内涝蝗区 | | | | |
| 海南热带蝗区 | 热带稀树草原类型 | 热带稀树草原蝗区 | 森林大面积的破坏 | 由历史上人口大量迁入本岛，伐林造田而成 | 人为因素 | 非洲飞蝗 |
| 西藏高寒地带蝗区 | 高寒草原类型 | 高寒草原蝗区 | 高原隆起 | 印度板块与欧亚大陆碰撞而成 | 自然因素 | 西藏飞蝗 |

我国古代对飞蝗蝗区的研究甚少，但明末徐光启对飞蝗蝗区的论述却很有价值。他在《除蝗疏》一文中指出："蝗生之地。臣謹按蝗之所生，必於大澤之涯。然而洞庭、彭蠡、具區之旁，終古無蝗也。必也驟盈驟涸之處，如幽涿以南，長淮以北，青兗以西，梁宋以東諸郡之地，湖濼廣衍，暵溢無常，謂之涸澤，蝗則生之。歷稽前代及耳目所睹記，大都若此。若他方被災，皆所延及與其傳生者耳。"徐光启的这段论述，除"洞庭彭蠡具区之旁，终古无蝗也"，不符合事实外，其余论述均很精准。不仅准确划出亚洲飞蝗（传统分类为东亚飞蝗）蝗区的范围，而且还将其分为发生基地和扩散地两个等级。近代陈家祥、吴福祯等对飞蝗蝗区也有研究。指出飞蝗分布一般以江湖河海之滩地为中心，海拔 50 米以下之地最多，其具体区域划分为钱塘江区域、太湖区域、长江滩区域、洪泽湖区域、黄海滩区域、沿海滩区域和其他区域。其中钱塘江区域、太湖区域为漫延区，洪泽湖区域为飞蝗永久产地，属其他区域的河北省则发生于碱地及洼地。以上论述虽未提蝗区这一概念，其实质均在论述蝗区。论述内容虽有欠妥之处，但总体还算正确。但有一点必须说明，在所划蝗区内，并非均有飞蝗为害。汉・王充在《论衡・感虚篇》已明确指出："蝗之集於野，非能普博盡蔽地也，往往積聚多少有處。"

上述飞蝗蝗灾的分布中心也可称为飞蝗蝗区，此蝗区根据飞蝗的发生情况可分为不同的三类等级，即发生基地、一般发生地和临时发生地（又称扩散区）。发生基地又称常年发生地，具有飞蝗滋生繁殖的最适环境条件，平时仅有少数飞蝗活动，由于自然条件经常会有变动，各年蝗虫发生数量有增有减，但发生数量一般变动不大；只有当气候等自然条件适宜时，出现飞蝗死亡率低和生殖能力高的猖獗形式，飞蝗大发生频率远比发生基地低，并由于适合飞蝗滋生的自然地理条件经常存在，外地飞蝗迁入后即可就地繁殖。扩散区在正常情况下不适合于飞蝗滋生，因为生活期间的飞蝗死亡率大，并缺乏适宜的发育与繁殖场所；然而在大自然条件变动后（如严重的旱涝灾害相间发生后），则可临时成为飞蝗发生地，当正常情况恢复后，即容易被迅速消灭。至于已完全在人力控制下的农田，由于耕作粗放，在小面积夹荒地内或田间空隙处残留有少数散居型飞蝗，则不能列为蝗区。

马世骏（1962，1965）对中国蝗区的研究成果累累，见《东亚飞蝗蝗区的结构与转化》《中国东亚飞蝗蝗区的研究》。根据马川和康乐（2013）的研究，非洲飞蝗蝗区应在我国的海南等地，而在黄淮及长江流域的蝗区则应为亚洲飞蝗的蝗区。

丁岩钦（1994）所提出的中国东亚飞蝗新蝗区——海南热带稀树草原蝗区贡献极大，使我国增加了一个新蝗区，即热带稀树草原蝗区，但飞蝗的亚种应改为非洲飞蝗。笔者所提出的高寒草原类型蝗区未加详述，希望有志者进行研究。

## 三、蝗灾的成因

飞蝗蝗灾的成因不外乎有内、外两种原因。内因即飞蝗自身的一些生物学特性；外因又可分为自然和人为两种因素。飞蝗蝗灾之所以爆发，就是由这些原因综合作用的结果。

### （一）飞蝗成灾的内因

亚洲飞蝗繁殖快，生殖力强，是其成灾的主要原因。在古代对此早有记载和论述。《诗经·周南·螽斯》篇曰："螽斯羽，詵詵兮。宜爾子孫，振振兮。螽斯羽，薨薨兮。宜爾子孫，繩繩兮。螽斯羽，揖揖兮。宜爾子孫，蟄蟄兮。"螽斯，蝗虫也，经考证应为亚洲飞蝗。明末著名科学家徐光启对亚洲飞蝗繁殖快、生殖力强做了十分精细的记述。他在《除蝗疏》中记载："臣聞之老農言，蝗初生如粟米，數日旋大如蠅，能跳躍群行，是名爲蝻，又數日即群飛，是名爲蝗。……又數日孕子於地矣。地下之子，十八日復爲蝻，蝻復爲蝗。如是傳生，害之所以廣也。"又曰："一蝗所下十餘，形如豆粒，中止白汁，漸次充實，因而分顆。一粒即有細子百餘，或云一生九十九子，不然也。"清·汪志尹纂《荒政辑要》曰："蝗最易滋息，二十日即生，生則交，交則復生。秋、冬遺種於地，不值雪，則明年復起，故爲害最烈。"飞蝗又有孤雌生殖的能力，而且所产生的后代，又均为雌性。亚洲飞蝗产卵又多为同时同地，如此势必造成同时为害一地，这样造成的灾害还能不严重吗？

亚洲飞蝗食性杂，食量大，这是其成灾的又一重要原因。在古籍文献中对此多有记载。《后汉书·南匈奴传》卷八九记载："匈奴中，連年旱蝗，赤地數千里，草木盡枯，人畜饑疫，死耗太半。"《晋书》卷二九记载："永嘉四年，幽、并、司、冀、秦、雍等六州大蝗，食草木、牛馬毛，皆盡。" 明·徐光启撰《除蝗疏》记载："……惟旱極而蝗，數千里間草木皆盡，或牛馬毛幡幟皆盡。……"又曰："……是名爲蝗，所止之處喙不停嚙，故《易林》名爲饑蟲也。"上述记载，正是亚洲飞蝗食性杂、食量大的真实写照。

亚洲飞蝗成灾的另一重要原因：迁飞。迁飞的原因，人们一般认为是寻找新的食物或产卵场所。其迁飞的结果是造成为害的扩大。嘉庆帝在撰《捕蝗记》时指出："乃蝗且出而爲災，飛則蔽天，散則遍野，所至食禾黍，苗盡復移，焭焭小民，何以堪比。"亚洲飞蝗具有发达的双翅，其迁飞的最有力的工具；亚洲飞蝗具有发达的胸肌，为长距离迁飞提供了足够的能源保障。迁飞在古籍文献中记载甚多，首次迁飞据记载应始于公元前624年的雨螽于宋。亚洲飞蝗最长迁飞距离是多少呢？《论衡》曰："蝗蟲之飛，能至萬里。"此说虽稍有夸张，但毕竟指出了飞蝗能长距离飞行之事实。

飞蝗完善的自我保护能力，使其渡过不利于它的环境条件，在最适合的条件下才对农作物进行为害。将卵产于土中，不仅避开了冬季的严寒，而且也远离了一些天敌的加害。为了产卵，飞蝗具有发达坚硬的产卵瓣。腹部节与节间有伸缩的节间膜，产卵时，腹部可拉长，将卵深深产入土中。产于土中的卵还被泡沫状的物质所包围，在上部形成很长的泡沫状物质柱，保护蝗卵安全越冬。在适合的条件下，蝗卵孵化出土，此时也正是农作物开始生长的时候。当蝗虫进入成虫期，与其所为害的农作物生长盛期正相吻合。明·徐光启的《除蝗疏》曰："蝗災之時……是最盛於夏秋之間，與百穀長養成熟之時，正相值也，故爲害最廣。"清·汪志尹纂《荒政辑要》曰："蝗之所最盛，而昌熾之間，其百穀正將成熟，農家辛苦拮据，百費而至此，适與相当，不足供一啖之需，是可恨也。”

## （二）飞蝗成灾与自然因素的关系

在我国历史长河中，蝗灾与自然因素的关系，古籍文献中也多有记载。记载蝗灾与气候关系的著作可考者应始于《礼记·月令》。《礼记·月令》记载有“仲冬……行春令，则蝗蟲爲敗。”此意可释为：冬天的第二个月，气温如春天一样，即暖冬，此时，飞蝗产于土中的卵，就发育孵化，随之天气变冷将孵化之卵冻死，蝗卵孵化率则低，飞蝗则不易成灾。

在历史过程中，温度变化与蝗灾的关系，不同学者也有着完全不同的看法。马世骏（1958）认为：温度的上升，有利于蝗灾的发生；张知彬认为：温度的降低，有利于蝗灾的发生。于革和沈华东（2010）认为：温度上升有利于蝗灾的爆发。笔者通过对小冰期与飞蝗蝗灾关系的研究，得出低温有利于蝗灾发生的结论。《礼记·月令》曰：“孟夏，……行春令，则蝗蟲爲災。”其意可释为夏季的第一个月如像春天一样低温少雨，则利于飞蝗的生长繁殖。此时雨水多，会造成飞蝗的大量死亡。在飞蝗产卵前降水过多，飞蝗产卵场所缩小，飞蝗产卵时降水过多，卵则不能孵化，雨水过多飞蝗不易成灾。明·徐光启撰《除蝗疏》曰：“夏日之子易成，八日内遇雨则爛壞，否則十八日生蝻矣。冬日生子難成，至春後生蝻，故遇臘月春雨，則爛壞不成。”清·汪志尹纂《荒政辑要》指出：“四月中，淫雨浃旬，蝗逐爛盡，以此知久雨亦能殺蝗也。”而干旱则有利于蝗灾的发生。汉朝皇帝刘祜的《旱蝗诏》、明朝徐光启的旱极而蝗及在记述蝗灾时所用的旱蝗赤地的记载均概括性论述了干旱与蝗灾的关系。

环境条件也是蝗灾发生的主要因素，而且还是最为主要的因素。古人对此也有清醒的认识。明·徐光启在《除蝗疏》中指出：“蝗生之地，……必於大澤之涯，……必也驟盈驟涸之處。如幽涿以南，長淮以北，青兗以西，梁宋以東諸郡之地，湖濼廣衍，暵溢無常，謂之涸澤，蝗則生之。歷稽前代及耳目所睹記，大都若此。若他方被災，皆所延及與其傳生者耳。”上述生境，即飞蝗的发生基地。如无此生境，飞蝗绝不可能大发生，也就无涸泽可言了。蝗生之地，关键是水。在自然条件下，各种因子常不停地变化着，出现有利或不利于飞蝗发生的生境，以及蝗区形成与演替，水起着关键的主导作用。滨湖、河泛、内涝，沿海蝗区的动态变化均由水位的变化而决定。水位的变化，对飞蝗蝗灾的发生起着十分重要的作用。飞蝗产卵一般多在河、湖岸边，水位高时，产卵场所被水淹没。亦即古籍文献所说的水及故岸，卵则被水淹死，不能孵化，而不能成灾，并非古文献所说的蝗卵变成鱼虾。在干旱年份，水不波及产卵场所，卵则顺利孵化，渐次长大，形成蝗灾。也并非古文献所说的鱼虾变成蝗虫。此外，飞蝗产卵对土壤的含水量也有着严格的要求，土壤含水量低于 10%或高于 20%，飞蝗一般不产卵，这也说明土壤的干湿程度直接影响飞蝗产卵范围的大小，对蝗灾的发生程度也有着一定作用。降水的不均，对飞蝗成灾也有着不可忽视的作用。如先前降雨量过大，蝗区内的土地大面积被水淹没，致使土地大面积撂荒，杂草丛生，随后，又发生旱情，这些地方就为飞蝗大发生提供了极为有利的场所。先涝后旱，飞蝗成片，这是群众对蝗灾成因具有科学性的经验总结。

## （三）飞蝗成灾与社会因素的关系

飞蝗蝗灾的发生，特别是大发生与社会因素也有着十分错综复杂的关系。一般情况下，特大飞蝗蝗灾多发生在政治失道之时，在这种情况下，定难有效治理蝗灾。历代学者大都认为贪虐取民则蝗灾，战乱则生蝗，这是很有哲理的。

应对飞蝗蝗灾的对策如下。

章义和（2008）在《中国蝗灾史》一书中指出：“中国自古以来就是灾害频度繁、强度深、广度大的国度，在灾害面前，人们的救治方法无外乎两种：一种是遇灾治标，灾后补救以及在灾害认识的范围内积极预防；另一种便是巫禳，即问卜、祈天、祭祀、造神，以求得上天和神明的怜悯和帮助。”在历史进程中，这两种应对飞蝗蝗灾的对策，贯穿始终。

在殷代的甲骨文中，周尧（1988）所发现的“蝗”字，多与卜问有关，这说明早在殷商时应对蝗灾之对策——巫禳已开始应用。从甲骨文“秋”字分析，在殷商时期，人们已知用火防治蝗虫了。应对蝗灾的这两种性质完全不同的对策，很可能还出自同一人之手。这一点也不必奇怪，在清末这种局面仍普遍存在。《诗经·小雅·大田》最能说明这一问题，此诗云：“去其螟螣，及其蟊贼，毋害我田穉。田祖有神，秉畀炎火。”螣，蝗也。防治蝗虫，用火烧，但需仰仗神灵。在汉朝以前，应对蝗灾的这两种完全不同的对策难以绝对分开。

在汉朝，应对蝗灾的两种完全不同的对策明显分开了。在西汉时期，董仲舒所提出的“天人感应”说，认为灾害是天的遣告，蝗灾的爆发是由于君王的失德和官吏的贪暴所造成，只要统治者修德养性，上感于天，蝗灾就会自行消匿。失德、贪暴而蝗灾的发生是有一定的关系，但两种对策的分歧是蝗灾发生后，治还是不治。“天人感应”说认为蝗灾不能防治，也无需防止，只要统治者修德养性，上感于天，蝗灾就会自行消匿。但事实并非如此。一些开明的统治者，如汉光武帝就主张治蝗，他在公元30年发布诏书：“勉顺時政，去彼蝗賊，以及蟊賊，此並除蝗義也。”王充在《论衡》中不仅批判了蝗不入清官管辖界，而且还首次提出了挖沟灭蝗之法。到了唐朝，在前期德化仍感行，在中期引发了德化与力主灭蝗的大论战。姚崇力主治蝗，而他说蝗虫是可以捕打的，提出利用蝗虫趋光性，于夜中设火，火边挖沟，将蝗虫赶入沟中，焚而埋之，蝗可灭也。但姚崇的主张却遭到倪若水、卢怀慎的反对。倪若水说：“蝗蟲是天災，自宜修德。劉聰時，出既不得，爲害更甚。”卢怀慎也说：“蝗是天災，豈可制以人事。外議咸以爲非。又殺蟲太多，有傷和氣。”姚崇力排众议，据理力争，不仅说服了唐玄宗，而且他的反对者也参加了治蝗的行列，并取得了很好的战绩。然而此争论并未完全消除人们畏惧蝗虫的心理。清初陆世仪《除蝗记》曰：“蝗之爲災，其害甚大。然所至之處有食而不食，雖田在一處，而截然若有界限。是蓋有神焉主之，非漫然而爲災也。然所爲神者，非蝗之自爲神也，又非有神焉爲蝗之長，而率之來率之往，或食或不食也。蝗之爲物，蟲焉耳。其種類多，其滋生速，其所過赤地而無餘，則其爲氣盛，而其關係民生之厲害也深，地方之災祥也大。是故所至之處，必有神焉主之。是神也，非外來之神，即本處之山川、城隍、里社、厝壇之鬼神也。神奉上帝之命守此土，則一方之吉凶、豐歉，神必主之。故夫蝗之去，蝗之來，蝗之食與不食，皆有責焉。此方之民而爲孝弟慈良，敦朴節儉，不應受氣數之厄，則神必佑之，而蝗不爲災。而此方之民而無不孝不弟，不慈不良，不敦朴節儉，應受氣數之厄，則神必不佑，則蝗以肆害。”所以，“世俗遇蝗而爲祈禳禱拜，陳牲牢，設酒醴，此矣改過自新之一道也。”

清朝众多治蝗专书中，除介绍捕蝗之法，总不忘对蝗神的祈祷，可见在治蝗对策中两种应对蝗灾的对策仍是贯彻始终。蝗神庙之分布与蝗灾的分布几乎趋于一致，这说明农民在治蝗同时，仍不忘立庙祭祀。当然他们的治蝗成绩应予肯定。

# 四、蝗虫的形态结构

## （一）卵

在古籍文献中，明·徐光启在《除蝗疏》中对蝗卵和卵囊的概念阐述的还比较清晰，但用词尚有欠妥之处。现将有关蝗卵和卵囊的记述摘录，然后做一分析。

《除蝗疏》记载：“其下子必同時同地，勢如蜂巢，易尋覓也。一蝗所生十餘，形如豆粒，中止白汁，漸次充實，因而分顆。一粒中有細子百餘。”蝗虫产卵后，在卵囊的上端到地表留一孔窍，从地表看，势如蜂巢，一蝗所生十余，一雌性蝗虫一生产卵十多块，此指卵囊而言。形如豆粒，与一蝗所生十余相接，应指卵囊，但飞蝗的卵囊绝非形如豆粒，如与下文连起来看，形如豆粒应指位于卵囊卵室内众多蝗卵。中止白汁，但随着蝗卵的发育，卵内的卵黄渐增，中止应为黄汁，然后随着卵的胚胎发育，卵粒明显增大。因而分颗，不符事实，分颗始于产卵时。一粒中有细子白余，细子即蝗卵也。

现再将顾彦的《治蝗全法》中有关蝗卵和卵囊的记述摘录："生子十餘，皆連綴而下，如一串牟尼珠，有線穿之。色白、微黄，如松子仁，初較芝麻如小，漸大如豆，又如小囊，中初止白汁，後漸凝結，遂分爲細子百餘，及至將出，外苞形如蠶，長寸餘，中子形如大麥，色皆黄，出即爲蝻百餘。"这段描述与徐光启对蝗卵和卵囊的描述大体一致，不过不准确处也不少，对此不再评述。

对蝗卵和卵囊描述最为准确的应是李炜的《捕除蝗蝻要法三种·搜挖蝗子章程》："蝗子孔竅，挖下寸許或數寸。皆有小巢，與蜂窩相似，取出去泥，復有紅、白膜裹之，長約寸許，是爲蝗卵。膜内如蛆如粳米者，少則五六十顆，多或百餘顆，斜排向下，每顆約長二分許，破之皆黄汁，即蝗子也。"如将此文中的蝗卵改为卵囊，将蝗子改为蝗卵后，则与当今对蝗卵和卵囊的描述就完全一致了。蝗卵一词也是首次被李炜的《捕除蝗蝻要法三种·搜挖蝗子章程》所记载。蝗卵还被古籍文献记述为如稻粒而细或麦门冬状等。

民国初（公元 1914 年）王仁术向上提交了《捕蝗意见书》，在此意见书中的附录（朱珩著《捕蝗示谕》）中，对蝗卵的形态结构有着十分准确的记述："雌蝗以尾端穿地寸許，而產黄色卵於其中，並滲白色粘液圍卵，其液變爲褐色，成海綿質殼焉。卵形圓而殼形長圓，一殼之卵恒爲八十一顆或云自七十顆至百顆。"

当今对蝗卵和卵囊的形态结构进行研究的有邱式邦、赵建铭、张学祖、蒋国芳、刘举鹏、席瑞华等。刘举鹏等（1990）对蝗虫不同物种的蝗卵和卵壳的形态结构研究的最为系统，《中国蝗卵图鉴》一书中记述的种类多达 111 种，是当今世界上记述蝗卵最多的专著。

### （二）蝻

蝻亦即蝗蝻，也称步蝻或跳蝻。在其他一些昆虫中，一般称若虫。古籍文献中所称蝝、蝮蜪亦即当今之蝗蝻也。清时《动物学教科书》曰："蝗蟲幼蟲，自孵化後，與母蟲形無大差異，惟長時有翅，少時無翅耳。"蝗蝻并非无翅，而是翅膀很短小，其翅只有纵脉而无横脉，大龄蝻的前翅位于后翅芽之下。早在 1925 年尤其伟则就阐述了飞蝗龄期与翅芽反转的关系。古籍文献对蝗蝻的形态特征也有记载。明末徐光启的《除蝗疏》曰："初生如粟米，數日旋大如蠅，能跳躍群行，是名爲蝻。"《捕蝗要诀》曰："蝗初出土，色黑如煙，如蚊如蚋，漸而如蟻如蠅，兩三日漸大。……數日後，倒掛草根，退出黑皮，則变为紅赤色。"蝻字最早始于宋建隆三年（公元 962 年），蝗蝻一词也始见于宋朝，但稍晚，应始于宋熙宁八年（公元 1075 年）。当今对蝗蝻形态结构研究最有成效的科学家应为虞佩玉和陆近仁。

## 五、蝗虫生物学

真正记载飞蝗生活史的论述应始于唐朝，瞿昙悉达撰《唐开元占经》卷一二〇《蝗虫》曰："石勒十四年五月，飞蝗穿地而生，二十日如蠶，七、八日而卧，四日脫則飛。"明·徐光启撰《除蝗疏》曰："初生如粟米，數日旋大如蠅，能跳躍群行，是名爲蝻。又數日即群飛，是名爲蝗。……又數日孕子於地矣，地下之子，十八日復爲蝻，蝻復爲蝗。如此傳生害之所以廣也。"

## （一）蝗虫产卵及对产卵地的选择

飞蝗交配后，约经一周，便开始产卵。飞蝗产卵对土壤的硬度、湿度等均有一定的要求。当雌性成虫钻洞完成后，即将卵粒产入室内，然后将腹部拔出，用后足拨土，将卵囊上部的孔窾封闭，蝗虫的这些习性，古籍文献多有记载。

明朝末期，徐光启撰《除蝗疏》对蝗虫产卵习性有着十分准确的记述：“蝗之所生，必擇大澤之涯。”又曰：“蝗蝻下子，必擇堅垎黑土高亢之處，用尾錐入土中，下子深不及一寸，乃留孔竅，且同生而群飛群食，其下子必同時同地，勢如蜂窩。”两种记述似有矛盾，其实不然。两种环境，蝗虫均可产卵。前者对解释蝗灾大发生提供了很好的依据。产卵于大泽之涯，如遇干旱，水不及故岸，蝗卵孵化，蝗灾形成。如遇多雨，水将产卵地淹没，蝗卵不能孵化，蝗灾不能形成。

## （二）飞蝗的聚集、扩散与迁飞

飞蝗的聚集。飞蝗不仅蝻与成虫有聚集的习性，而且卵也有聚集的习性。蝗卵的聚集，当然不可能是它们自身决定的，而是由产卵的成虫决定的，这在我国古籍文献中早有记载。明末徐光启撰《农政全书》指出：“能跳躍群行是名爲蝻。又數日即群飛，是名爲蝗。”又，“蝗蝻下子，……仍留空竅，且同生而群飛群食，其下子必同時同地。”徐光启的上述论述，正是蝗虫成虫、蝻、卵均有聚集习性的概括性解释。记载蝗虫聚集习性的文献，在周朝时则已出现。此时的名著《诗经》在其《周南·螽斯》篇中曰：“螽斯羽，詵詵兮。宜爾子孫，振振兮。螽斯羽，薨薨兮。宜爾子孫，繩繩兮。螽斯羽，揖揖兮。宜爾子孫，蟄蟄兮。”文中的螽斯应为飞蝗。

飞蝗的扩散与迁飞。蝗蝻的扩散多是以跳跃爬行的方式完成，很少用结球渡水的形式进行。顾彦在《治蝗全法》一书中指出：“蝗種在地，初出爲蝻，形如螻蟻，只能行動，不能跳躍。所生地面，不過如拳頭大，……至能跳躍，蔓延寬廣，則難滅矣。”成虫扩散多是以迁飞的形式进行。飞蝗的迁飞始于何时？司马迁撰《史记·秦始皇本纪》的记载：始皇四年，“十月庚寅，蝗蟲從東方來，蔽天，天下疫。”笔者认为，蝗虫的迁飞，虽不能肯定始于《诗经》的西周时代，但肯定是应始于公元前 624 年，即《春秋》所记载的“雨螽于宋”的春秋时代。“雨螽于宋”是否就是飞蝗的迁飞？这与《史记》对蝗的迁飞做一比较就可解决。前者蝗指飞蝗，后者螽，蝗也，也应指飞蝗。雨螽与蝗飞蔽天应同义，雨螽也应指飞蝗。前者从东方来，落于咸阳（或在咸阳看到），后者从不知名的地方来，降落于商丘，但绝不是从商丘起飞又降落于商丘，因商丘城绝不是适宜飞蝗繁殖之地，《史记》所载蝗从东方来是迁飞，而“雨螽于宋”应为迁飞之记载。

## （三）飞蝗的食量与食性

蝗虫属暴食性昆虫，食量极大。徐光启撰《农政全书》曰：“（蝗）所止之處，喙不停嚙，故《易林》名爲饑蟲也。”蝗虫所过之处，常常“草木皆尽”“赤地千里”。蝗虫取食植物，并非全部吃掉，而常常是在摄取水分后，将其固体部分吐掉，并不全部吞入胃中。如此，蝗虫对农作物的为害就更为严重了。

蝗虫又是杂食性昆虫，但在植物中，也有比较喜食和不喜食的区分。

## （四）飞蝗的孤雌生殖

飞蝗的孤雌生殖现象在非洲飞蝗、亚洲飞蝗中均有报道。在我国，郭郛经两年四次实验证明，东亚飞蝗（据康乐的研究应为亚洲飞蝗）有孤雌现象，并于 1955 年在《昆虫学报》上发表。笔者在查阅古籍文献时发现王仁术的《捕蝗意见书》附录（朱珩著）中也记述了飞蝗的孤雌生殖现象，又有名为胎生蝗者，春秋由孵化及其长大不交，而胎生子长大又不交，而胎生多子至秋则雌虫生翅，始与雄交配产卵。此记载虽很简单，但较郭郛的报道早了半个多世纪。

### （五）飞蝗的型变

飞蝗具有散居型、群居型。俄国的 Keppen 于 1870 年首先发现飞蝗两种形态学上的不稳定形式，并认为可以互相转变。其后 Uvorov 于 1921 年对飞蝗的型变问题进行过深入地研究。飞蝗两型的体色明显不同，群居型成虫一般多呈黑褐色；散居型成虫一般分为草绿色或黄褐色。飞蝗两型的体型、生活习性、生理特点等均有明显的差异。在 Uvorov 于 1921 年提出蝗虫型变理论之前，飞蝗的群居型和散居型分别被其他学者鉴定为两个不同的蝗虫物种，即 *Locusta migratoria* 和 *Locusta danica*。由此可见，两型之间差异之大。在蝗虫密度发生变化时，这两种型可以相互转变，这一现象被称之为型变。引起型变的因素有外界因素和内部因素，是内在因子在外界因子的刺激作用下，发生的一系列生理变化，使蝗蝻个体朝着不同的方向发展，从而形成不同的相型。影响蝗虫两型转变的外在因子主要有飞蝗的密度、温湿度、光照、食物等。在自然条件下，当蝗虫在高密度下，如 10—50 头/$m^2$ 或者更高的密度下，易形成群居型；在 1—3 头/$m^2$ 以下，蝗虫容易以散居型的形式存在。近年来有学者发现微孢子可使飞蝗由群居型向散居型转变，这一发现为利用微孢子防治飞蝗奠定了理论基础。在我国古代对飞蝗的体色也进行过一些观察和报道。王充撰《论衡》卷一六《商虫篇》在批驳变复之家时，对亚洲飞蝗做了详尽的记述："變復之家，謂蟲食穀者，部吏所致也。貪則侵漁，故蟲食穀。身黑頭赤，則謂武官；頭黑身赤，則謂文官。使加罰於蟲所象類之吏，則蟲滅息，不復見矣。夫頭赤則謂武吏，頭黑則謂文吏所致也。時或頭赤身白，頭黑身黄，或頭身皆青，或皆白若魚肉之蟲，應何官吏？（略）蝗時至，蔽天如雨，集地食物，不擇穀草。察其頭身，象類何吏？變復之家，謂蝗何應？"蝗虫上述种种体色则应为散居型或群居型的体色，遗憾的是本文未能将散居型和群居型的体色分清。最后指出："蝗时至，……察其头身……"，意即仔细观察飞蝗两型的体色，看则明，即可知群居型和散居型的体色。遗憾的是无人这样做，错过了发现飞蝗两型的大好时机。不过，东汉王充能够做到这一点已属不易。文官蝗、武官蝗的提法也被后人们引用。民国初（1914 年），王仁术在《捕蝗意见书》朱珩著附录《捕蝗示谕》中指出：三龄蝻时，蝻的颈项作淡黄褐色，背两侧成黑色，在四龄蝻时，愈浓，这是典型的群居型蝗蝻，但朱珩的这一发现无人理睬。

当代学者郭郛（1955）、马世骏（1958，1962，1965）等对飞蝗两型也做过一些研究，但对飞蝗型的研究最深入，走在世界前列的应为当今的康乐，见康乐撰写的《飞蝗型变的生态基因组学研究》。

## 六、蝗灾的治理

### （一）律令与法规

在律令发布之前，蝗虫的防治工作早已开始。但实践证明，分散而小规模的治蝗效果不佳。又由于蝗灾的发生，轻则影响人民的生活，重则危害社会安定。历史上一些统治者，出于对于自身利益的维护，对蝗灾的治理有时也是比较重视的，并还发布过一些命令，颁布过一些法规。

真正的治蝗法规应始于宋朝，宋神宗熙宁八年（公元 1075 年）所颁布的捕蝗易谷诏，即《熙宁诏》才应是我国（也是世界上）第一部治蝗法规。《续资治通鉴长编》卷二六七对此部治蝗法规予以记载。此诏书在宋·董煟《救荒活民书》卷中予以引录，但个别字稍有不同。

宋哲宗元符元年（公元 1098 年）十一月，户部所厘定的《捕蝗法》得到哲宗批准而下发。

南宋孝宗淳熙九年（公元 1182 年），临安等地大蝗，朝廷颁布《淳熙敕》。董煟在《救荒活民书·拾遗》中录有这道敕令。

宋朝的这三部治蝗法规，以《熙宁诏》《淳熙敕》为人所知。前者重奖励，后者重惩罚，二法规如相互补充，应是一部十分完整的治蝗法规。

在元朝初起，南宋尚未灭亡之前，元世祖即指令御史台制订了“设立宪台格例”。在此之前，仁宗皇庆二年（公元 1313 年），复申秋耕令，……蝗蝻遗种皆为日所曝死。元成宗大德三年，扬州淮安，蝗灾，地者，为鹫啄食，飞者，以翅击死。诏禁捕鹫。由上述记载可以看出，在元朝初起，对治理蝗灾还是比较重视的。

明代蝗灾也十分严重。为此，永乐年间对治蝗法规也有其详细记载。

清代的治蝗法规最为完善，《大清律例》和《户部则例》均有其详载。

公元 1949 年以后，中华人民共和国对治理蝗灾十分重视。成立了专门的治蝗机构，几乎每年均召开治蝗工作会议，并撰写治蝗会议纪要，此项工作国家最高行政机关国务院直接过问。

## （二）治蝗的方法

治理蝗灾的方法概括起来不外捕蝗、去蝻、掘子和除根四法。清朝顾彦在总结了别人的论述后，提出捕蝗不如去蝻，去蝻不如掘子，掘子不如除根。在治理蝗灾中，捕蝗、去蝻、掘子应为治标之法，而除根才算治理蝗灾之根本。除根主要为改变蝗虫的生境，掘子主要对象是蝗卵，去蝻主要对象为蝗蝻，捕蝗主要对象为蝗虫的成虫。但由于蝗卵的孵化时间前后相差甚远，而蝗蝻各龄期又不整齐，所以去蝻时，有时会夹杂有一定数量的成虫，而在捕蝗时也会夹杂一定数量的蝗蝻。治理蝗灾之法，分述如下。

### 1. 根除蝗害法

亦即清朝一些人士所称的除根。此法就是改造蝗虫的发生基地，也就是改造蝗区，使蝗灾不再发生，达一劳永逸之目的。在明朝末年之前，亦即徐光启提出《除蝗疏》前，人们仅对蝗灾的发生时间、地点进行记载，对成灾的原因及其对策进行过一些研究，但从未涉及蝗区的概念，更不可能提出根除蝗害的方法。对蝗虫研究，对蝗灾治理，最有成绩的也仅有徐光启。他在《除蝗疏》中指出：“蝗之所生，必於大澤之涯。然而洞庭、彭蠡、具區之旁，終古無蝗也（笔者注：此句有误，此地不仅有蝗，而且还发生过蝗灾）。必也驟盈驟涸之處。如幽涿以南，長淮以北，青兗以西，梁宋以東諸郡之地，湖濼廣衍，暵溢無常，謂之涸澤，蝗則生之。歷稽前代及耳目所睹記，大都如此。若他方被災，皆所延及與傳生者耳。”寥寥数语，就将我国古代的蝗区划定下来，而且与现代的蝗区范围基本一致，并就元代蝗灾史再做统计，以其 7 年中 6 次见蝗灾的经历，分出主要发生基地和间或漫延地方，而拟在发生基地施行根除蝗害之法，亦即“涸澤者，蝗之原本也。欲除蝗，圖之，此其地矣。”当代人治理蝗灾的战略战术思想，徐光启的专著《除蝗疏》在此已露端倪。在清朝，根除之法已偏离了徐的原意，而将徐光启的《先事消弭之法》作为根除的手段。“既知蝗生之緣，即當於原本處計畫，宜令山東、河南、南北直隸有司衙門，凡地方有湖蕩洵窪積水之處，遇霜降水落之後，即親臨勘視。本年潦水所致，到今水涯有水草積存，即多集人衆，侵水芟刈，斂置高處。”草既去，附草之虾子，也就无可生发矣。

“涸澤者，蝗之原本也。欲除蝗，圖之，此其地矣。”这是徐光启根除蝗害的指导思想。此意十分清楚，改变蝗区面貌才是治蝗之本，而非清除焚烧杂草，这种背离徐光启原意的做法，可能有两个原因：一是化生说的影响；二是徐光启自身的原因。石声汉（1981）认为，说蝗是虾子变成，原疏所无，谅系刻书时整理所增。但下段末“在水为虾，在陆成蝗”之说，原疏确实存在。因此，不能说徐光启不相信虾变蝗。石汉声的分析确实在理。徐光启过于重视蝗子附草而生的看法。清朝众多治蝗专书将其清除焚烧杂草作为治蝗之本，不能不说与徐光启无关。众所周知，蝗虫一般产卵于土中，在杂草上产卵仅偶尔为之，就是将卵产在植物上，也难以孵化。如此看来，清除焚烧杂草不仅不是治理蝗灾的首要任务，就是作为一般的治理蝗灾的方法，其效果也不会明显。

2. 掘子治蝗法

大致可分为耨土弭蝗法和挖掘蝗卵法两种：①耨土弭蝗法：早在战国时期则已应用。《吕氏春秋》卷一八《不屈》记载："蝗螟，農夫得而殺之。奚故？爲其害稼也。"又卷二六《任地》指出："五耕五耨，必審以盡。其深殖之度，陰土必得，大草不生，又無螟蜮。今兹美禾，來兹美麥。"后段虽无蝗字，但蝗产卵土中，经五耕五耨，蝗卵必被翻出，经曝晒而死，达到防治蝗虫的效果。耨土弭蝗法不失为一个行之有效的治蝗办法，正因为如此，至今仍在应用。挖掘蝗卵法也正是耨土弭蝗法的一种延伸。②挖掘蝗卵法：首先在宋朝使用，《熙宁诏》和《淳熙敕》均记载了挖掘蝗卵的史实。《熙宁诏》记载："蝗種一升，給粗色穀二升。"《淳熙敕》记载："經飛蝗住落處，令佐應差募人取掘蟲子而取不盡，因致次年生發者，杖一百。諸蝗蟲生發飛落及遺子而撲掘不盡，致再生發者，地主、耆保各杖一百。"挖掘蝗卵的效果不错，但此两部均未涉及挖掘蝗卵的具体方法。清·陈仅在《捕蝗汇编》卷三《捕蝗十法·除蝻断种法》中对挖掘蝗卵有着较为详尽的论述，可概括为下列几点：①飞蝗下子之地，形既高亢，土覆垆黑，又有孔竅可寻。宜于冬令未经雨雪之时，饬乡保地主居民细行寻挖。入土尺余，挖得形如累黍，贯穿成毬，中有白汁者便是。将其挪破，或呈官领赏。于挖尽处，仍用干草将地土焚烧，插标立记。交春后，该乡保率地主居民再加细看，见有松浮土堆，找寻小穴，立复刨挖，勿留遗孽。春间看过无子，初夏再看，以防续生。②本年有蝗处所，责令地主佃户锄地耕草之时便加寻觅。见到蝻孔即便挖净，不可稍微迟。将子到官易粟听赏。清·李炜《捕除蝗蝻要法三种·搜挖蝗子章程》将前人记载的挖掘蝗卵方面的论述做了一个全面的总结。

3. 驱打蝗蝻法

蝗卵刚孵化，幼龄蝻十分集中，密度很大，易于防治。随着龄期的增加，防治难度也随之加大。防治蝗蝻的方法很多，有些方法既可应用于防治蝗蝻，又可用于防止蝗虫的成虫。

4. 捕扑蝗虫治蝗法

"蝻苟捕除不速不盡，則生翅爲蝗，相率群飛，蔽日翳日。所集之地，寸草不留，一至田中，稻麥立盡，爲害最大，而撲滅最難矣。然不過難焉已耳，非不可滅也。"远在殷商，人们已懂以火灭蝗。东汉王充在《论衡·顺鼓篇》中提到挖沟治蝗，但将蝗驱入沟内，是埋是焚并未提及。《晋书》卷一〇二《刘聪载记》记载了当时一件捕蝗史实："河東大蝗，惟不食黍豆。靳準率部人收而埋之，哭聲聞於十餘里，後乃鑽土飛出，復食黍豆。"埋而不焚，效果也不佳。在唐朝，治蝗与否，曾有一场大论战。姚崇德态度最为坚决，认定蝗虫应治，可治，并将以火灭蝗，挖沟治蝗二法结合，提出"蝗既解飛，夜必赴火，夜中設火，火邊掘坑，且焚且瘞，除之可盡"的方针。而后，多种多样的挖沟治蝗方法，均在此基础上加以补充、修改后提出的。

5. 当今治蝗成就简述

20 世纪 50 年代前后，防治蝗虫主要还是以人工捕打为主，但一些有识之士已开展了药剂治蝗的研究。

1948年，邱士邦等开展了新型药剂粉治蝗之研究；1950年，钟启谦开展了杀虫剂对飞蝗胃毒及触杀的研究；1950年，曹骥等开展了六六六对飞蝗蝻熏蒸作用之研究，这些研究为制定“以药剂防治为主，人工捕打为辅”的治蝗方针奠定了基础。1951年首次用飞机喷洒六六六粉治蝗。随着对飞蝗研究的逐步深入，1959年又提出了“猛攻巧打，积极改造蝗区自然环境，采取各种方式，迅速根除蝗害”，即简称“改治并举”的治蝗方针；1973年12月，农林部邀请津、冀、鲁、豫、苏、皖6省市农业局负责治蝗工作的干部和中国科学院动物研究所、中国农业科学院植物保护研究所、河北省植保土肥所等单位科技人员座谈并交流了治蝗经验，大家认为河北省提出的“依靠群众，勤俭治蝗，改治并举，根除蝗害”治蝗方针是符合当前治蝗要求的，建议各省、市、自治区认真贯彻这一方针。其后至今这一方针即作为我国的治蝗方针。

蝗虫防治方法及一些生物学基础工作的研究成果，为治蝗方针的制定奠定了基础，治蝗方针的制定又促进了对蝗虫根治深入的研究。马世骏、陈永林、尤其儆、钦俊德、郭郛获得国家自然科学奖二等奖：“东亚飞蝗生态生理学理论研究及其在根治蝗害中的意义”正是这种辩证关系的客观反映。当今在治蝗工作中取得的一些重要成果尚有：①李允东主持，陈永林、黄春梅、刘举鹏等参加完成的“取代六六六粉剂防治飞机超低容量制剂的研究”，获得农业部科技进步奖二等奖，此项研究成果降低了制剂对环境的污染，提高了防治害虫效果；②孙立邦创导的草原牧鸡治蝗工作；③康乐团队发现过度放牧引起草场退化，含氮量降低，导致蝗灾爆发，这一发现，不仅有重大理论意义，而且对治理蝗灾也有指导意义；④张龙主持的微孢子治蝗研究，石旺鹏发现了蝗虫微孢子可使飞蝗群居型向散居型转变，这一发现奠定了微孢子治蝗的理论基础，引起国内外的高度重视；⑤康乐团队所完成的飞蝗基因图谱，使研制新型靶向农药成为可能。

### 6. 蝗虫的天敌及其利用

蝗虫天敌的种类甚多，从低等的微生物到高等的脊椎动物，古籍文献均有记载，对习性还进行了过观察和研究，并将一些天敌应用于蝗虫的防治中。笔者对这些古籍文献所记载的天敌尽可能予以考证，力求与当代科学论述接轨。

## 七、蝗虫在自然生态系统中的地位与作用

一说起蝗虫，首先让人们想到的是由它们制造的蝗灾，蝗虫与蝗灾似乎难以分开，蝗虫能成灾，但也并非一无是处。康乐于2005年3月在《人与生物圈》发表《认识蝗虫与蝗灾》一文，对蝗虫与蝗灾做了崭新的评价：“蝗虫是自然生态系统中的重要组成部分，是一类典型的初级消费者。由于它们的存在，使植物固定的太阳能和物质得以循环转化和分解，从而维持了生态系统的稳定。因此，将蝗虫简单地视为害虫的认识是片面的。”又指出：“认识蝗灾必须首先了解蝗虫种群发生的自然规律。在一个自然生态系统中，蝗虫种群因其自身的生物学特性以及环境因子的影响，种群数量常常发生波动，一旦种群密度达到很高时，即可爆发蝗灾。因此，蝗灾也是一种天灾。蝗虫种群的大爆发（是在）自然生态系统中经常发生的。另外，随着人类活动的日益加剧，特别是土地利用的改变以及对资源的过度利用，也可引起一些蝗虫种群的大爆发，在某种意义上说，这类蝗灾也是人祸的结果。”在蝗虫的家族中，能制造蝗灾的物种也只是少数。据印象初和陈永林的初步统计，在世界上10 000多种蝗虫中，有害物种有150余种，在中国1000余种蝗虫中，有害物种也仅有60余种，在我国和其他一些国家与地区，飞蝗是最为严重的害虫之一。大发生时，飞则蔽天，落则遍野，过则赤地，甚至人皆相食，这种悲惨景象让人触目惊心。

就是这种蝗虫，在不同的地区，也有着不同的对待。在大发生地区，当然必须防治，而在数量极少的地区还须保护，在俄罗斯远东地区，它就是作为保护对象列入红色名录的。在我国已知的1000多种蝗虫中，除有害的60余种外，大部分不仅无害，而且其中有相当多物种还应列入保护对象，特别是近几十年来所发表的新种，而后再没有发现其踪迹的一些物种。蝗虫作为生物和医学研究领域的模式，其功不可磨灭。特别是康乐对飞蝗基因图谱的研制成功，为新医药、新农药的研制开辟了崭新的途径。有害者未尝不可间或有益。我国古代在这方面早有记载，蝗虫可药用，可食用，可饲养，可肥用。这为论证蝗虫在自然生态系统中的地位与作用增添了不少可用的素材。

## 参考文献

丁岩钦. 1994. 中国东亚飞蝗新蝗区——海南热带稀树草原蝗区. 昆虫知识, 31(2): 111
郭郛. 1955. 中国古代的蝗虫研究的成就. 昆虫学报, 5(2): 60-72
康乐. 2005. 认识蝗虫与蝗灾. 人与生物圈, (3): 5
刘举鹏, 席瑞华, 李炳文, 等. 1990. 中国蝗卵图鉴. 西安: 天则出版社
马川, 康乐. 2013. 飞蝗的种群遗传学与亚种地位. 应用昆虫学报, 50(1): 1-8
马世骏. 1958. 东亚飞蝗(*Locusta migratoria manilensis* Meyen)在中国的发生动态. 昆虫学报, 8(1): 1-40
马世骏. 1962. 东亚飞蝗蝗区的结构与转化. 昆虫学报, 11(1): 17-30
马世骏. 1965. 中国东亚飞蝗蝗区的研究. 北京: 科学出版社
石声汉. 1981. 农政全书校注. 上海: 上海古籍出版社
于革, 沈华东. 2010. 气候变化对中国历史上蝗灾爆发影响的研究. 中国科学院院刊, 25(2): 207-210
张德二, 陈永林. 1988. 由我国历史飞蝗北界记录得到的古气候推断. 第四纪研究, (1): 12-19
章义和. 2008. 中国蝗灾史. 合肥: 安徽人民出版社
周尧. 1988. 中国昆虫学史. 西安: 天则出版社

# 虎在中国由盛极而濒临灭绝的历史原因分析

王祖望　冯祚建　计　翔*

## 前　言

中国古人对虎的记述可以追朔到远古时期，从殷墟出土的甲骨文、金文及 20 世纪 80 年代从河南濮阳西水坡墓葬中出土的中华第一龙和中华第一虎的蚌制模型，距今有 6000 余年历史。此后，中国历朝历代学者对虎的形态、习性、分布、为害及防治方面均作了比较详尽的记叙；一些文人墨客有关虎的各种传说、诗赋、绘画、雕刻等艺术作品不绝于世，形成了中国特有的“虎文化”（汪玢玲，2007）。

近现代，有一批学者从人文或生态学角度，对秦汉、明清时期的虎患或虎灾做过一些专题研究，其中比较重要的有王子今（1999）对秦汉时期虎患的专题研究，他重点阐述了秦汉时期古人对虎患发生原因的见解：一是认为虎患与水患、蝗虫为灾有一定的联系，进而推论“多虎狼之暴，也可能与当时严重的自然灾害有关”；二是对古代虎患与政风、政情相联系，地方官中流行“虎患与德政”的传说，应理解为“严重灾荒之后自然生态的恢复，致使虎患亦得以缓解”；三是引用东汉著名学者王充在《论衡·初禀》《遭虎》《解除》等文章中，对“虎患与德政”必然联系的唯心观点进行了批驳。我国现代学者对古代虎患研究大多侧重于明清时期，如蓝勇（1991）对明清时期西南虎分布变迁进行了研究。尤其是他撰写的“清初四川虎患与环境复原问题”一文（蓝勇，1994），分析了清初发生了历史时期以来最为酷烈的虎患的原因并首次提出虎患与环境复原问题，他所提的“环境复原”，实际上就是由于战乱导致城乡“人烟断绝”“田野荒芜”，经年累月致使次生植被的复萌，“城市为灌丛和茂草覆盖”，成都平原及盆地丘陵地区，灌丛及次生林的覆盖率均在 50%以上，四缘山地乔木复萌，覆盖率可达 80%以上，为虎捕食猎物创造了一个绝佳的环境。这篇论文可以视为伴随战乱而引发虎患的典型案例。此后，刘正刚（2001a，2001b）对明末清初西部及闽粤赣地区虎患进行了考证，认为虎患既与人类过分开垦山地导致自然环境恶化有关，又与当时战乱动荡导致社会极度破败有关。他在另一篇论文对明清时期闽粤赣地区虎灾的考述中指出，这一时期三省虎患之所以空前绝后，主要原因就是随着大量人口不断向山区进逼和新作物的引进、推广而出现的山区开垦规模的扩大，其对山林资源的严重破坏，激化了人虎之间的矛盾，要么虎吃人，要么人杀虎（刘正刚，2001b）。郑维宽（2007）对明清时期广西虎患及相关生态问题进行了颇有意义的探讨，广西是华南虎的重要栖息地，明清时期该地经历了一个较严重的虎患过程，他将这一过程划分为明代中后期、清初和清末三个时期，认为这三个时期虎患非常严重，反映出三个时期广西受战乱的影响，田地荒芜导致次生植被复萌，为虎患的爆发提供了条件）。闵宗殿（2003）侧重对明清时期闽东南地区的虎患原因进行了分析，认为虎患是东南山区生态环境人为破坏的结果。近期，一些从事野生动物保护的国内外学者在利用一些文献资料，以及地方政府提供的有关虎的数据，比较了公元前 604—公元 2009 年，虎在中国的地理分布状况，并对 7 个生物群系类型（biome type）中虎的历史纪录（公元前 604—公元 1990

* 计翔：南京师范大学生命科学院教授。

年）与现代虎的记录（2000—2009 年）进行了比较，他们认为虎在中国急剧消失，只在北方与俄罗斯的边界，在南方与印度等国的边界处才有虎的存在，形成这种状况的主要原因有两点：一是猎杀，尤其是20 世纪五六十年代地方政府奖励猎杀虎；二是虎的生境破碎化（habitat fragmentation）和消失（Kang et al.，2010）。迄今为止，对我国历史上虎患成因的探讨，大多为从事文史研究的学者，而鲜有从事自然科学，尤其是从事动物学研究的学者参与。

我们在编纂《中华大典·生物学典·动物分典》的过程中，收集了从先秦时期至 1911 年辛亥革命这一历史过程中有关虎患的文献，在整理这些文献的过程中，令我们感到困惑的是，虎灾发生的频次与为害的严重程度仅次于蝗灾，而远高于鼠灾等其他动物的为害。尤其是在明朝至清乾隆年间的 370 年间，虎灾的发生竟然呈爆发式的增长，而后又呈明显下降的趋势。为了探讨虎灾在中国历史上由盛极而衰，继而由衰而趋于灭绝的历史过程，我们将有关的历史文献做了初步整理和统计处理，试图能从浩如烟海的古籍文献中，找到虎灾历史变迁的端倪。由于古代文献中描述性记载很多，而可以量化的记录甚少，这也给我们的研究带来了许多困难。加之，我们长期从事自然科学研究，对深奥的古汉语和历史学知识比较生疏，我们撰写本文的初衷是试图将人文科学与自然科学结合起来，因为中国古籍中虎灾记录时间之长，内容之丰富，可能在人类历史上也绝无仅有。我们期盼将这笔宝贵的财富挖掘出来，为中国和世界服务。由于学科交叉的难度和我们自身学术水平所限，本文的疏漏或不当之处在所难免，恳请各位专家不吝指教，

## 一、研 究 方 法

### （一）文献来源

本项研究的主要方法是查阅版本可靠的有关古籍文献，采用广搜博引，严密考证和科学梳理的方法，获得有关的引文论据及数据，本项研究主要参考文献来源于：《景印文渊阁四库全书》《续修四库全书》《明实录》《清实录》及各类地方志。上述文献主要来自中国科学院文献情报中心，部分图书通过文献情报中心借阅自国家图书馆及北京大学图书馆。还有少数刻本、善本来自中国科学院文献情报中心古籍阅览室和《中华大典》办公室。在征得《中华大典》总主编任继愈先生的同意，在中国社科院历史研究所胡振宇研究员的协助下，引用了该所保存的有关虎的甲骨文和金文的资料。历史时期中国森林的变迁及人口数据引自：马忠良、宋朝枢、张清华编著的《中国森林的变迁》及樊宝敏、李智勇《中国森林生态史引论》第三章：中国历代森林覆盖率。参阅了由中华人民共和国林业部组织编写的《山西森林》（《山西森林》编辑委员会，2001）、《吉林森林》（《吉林森林》编辑委员会，2001）、《广西森林》（《广西森林》编辑委员会，2001）、《福建森林》（《福建森林》编辑委员会，2001）、《辽宁森林》（《辽宁森林》编辑委员会，2001）、《宁夏森林》（《宁夏森林》编辑委员会，2001）等丛书。上述主要文献的时间跨度：从公元前 770—公元 1911 年，约 2681 年。

### （二）朝代划分

笔者按照翦伯赞《中国三千年气象记录总集》的朝代划分，将朝代大体划分为：先秦时期（指秦代及其以前的春秋战国时期，公元前 770—前 207 年）、汉朝（包括西汉、东汉，公元前 206—公元 220 年）、三国晋（公元 220—420 年）、南北朝（公元 420—580 年）、隋唐（公元 581—907 年）、五代十国（公元907—960 年）、宋朝（公元 960—1278 年）、元朝（公元 1279—1367 年）、明朝（公元 1368—1643 年）、清朝（公元 1644—1911 年）。由于明清时期虎灾频繁发生，为了进一步考察虎灾在该历史时期的演变情况，这两个时期均按帝王纪年记载虎灾发生次数。

## （三）重要术语（关键词）的定义

**（1）虎灾**：“虎灾”（虎患、虎祸、虎暴等均可以视作虎灾的同义词，下同）是指野生虎在特定条件下，直接威胁人类的生活及人畜的生命安全。

**（2）天灾**：本文所谓的“天灾”，是指蝗灾、旱灾、地震、水灾、饥荒、疫病共 6 项。

**（3）人祸**：本文所谓的人祸，是指战乱、人为干扰破坏虎的栖息地，如狩猎、砍伐森林、进入虎的领域或其毗邻地区进行开垦、采薪、挖掘中草药、设置捕虎的陷阱及民间或官方组织的猎杀虎活动。现举“人祸”案例如下。

案例 1：北朝齐·魏收撰《魏书·太宗纪》：“泰常六年[略]秋七月，西巡。獵於柞山，亲親射猛獸，獲之。”又卷六《显祖纪》：“皇興二年春二月癸末，田于西山，親射虎豹。”

案例 2：“唐太宗贞观年间，許坦，年十歲餘，隨父入山采藥，父爲虎所噬，即號叫以杖擊之，虎走父得全。唐太宗聞之，謂侍臣曰：坦雖幼童，能致命救親，至孝可嘉，授文林郎，賜帛五十疋。”（明·陈继儒撰《虎荟》卷二）。

案例 3：“康熙十二年，湖南武岡山中多虎患。康熙癸丑，官督獵人窮其穴，母虎方乳子出，與獵人鬥，伤五數人，虎亦斃。”（道光《宝庆府志·五行略》卷九十九）。

案例 4：“光緒二十年來，縣東山林深密，虎患最烈，[略]。近日壯丁聯團體，執器械而環搏之，每能入穴生擒，寢其皮而食其肉，尚武之效果，此見一斑矣。”（清·王辅之修，骆克良等纂《宣统徐闻县志·輿地志》卷一）。

**（4）次生虎灾**：本文所指的次生虎灾，是指在伴随上述天灾发生时，人畜在失去住房、围栏、或失去自卫、防御能力等特定条件下，引发虎等猛兽“趁火打劫”，此时虎可能失去怕人的天性，转而以人、畜为食。现举次生虎灾案例如下。

1）蝗灾。

案例 1：“漢建武二十四年，九江多虎，大蝗。”（清《嘉靖府志·祥异》卷一）。

案例 2：“康熙二十二年癸亥，[略]。蝗蝻傷稼，虎白日噬人。”（清《道光宁都直隶州志·祥异》卷二十七）。

案例 3：“關中大饑，蝗蟲生於華澤，西至隴山，百草皆盡，牛馬至相噉毛，虎狼食人，行路斷絶。”（北朝齐·魏收《魏书·临渭氐苻坚传》卷九十五）。

2）旱灾。

案例 1：“康熙六年春夏間，大旱，是歲多虎災。”（清乾隆《海丰县志·邑事》卷十）。

案例 2：“康熙二十七年秋，大旱，失收，有虎白日傷人害畜。”（清余瀚等，道光《开建县志·祥异》抄本）。

3）水灾。

案例 1：“弘治十年，寧德縣大水，群虎縱横，人畜多傷。”（乾隆《福宁府志·祥异》卷四十三）。

案例 2：“万曆八年夏，休寧大水，譙樓壞；績溪大水，雷震雀死數萬，又多虎。”（清马步蟾等《安徽徽州府志·祥异》卷十六）。

案例 3：“康熙九年五月十八日，[略]。松滋大水，堤潰民居，漂溺者無算《县志》。枝江大水，民就高阜处鑿穴而居，復多虎、荒蛇害民，逃散者甚衆。”（清光绪《荆州府志·灾异》卷七十六）。

4）饥荒。

案例 1：“順治三年，彭邑大饑，人相食。虎晝攫人。”（同治《增修酉阳直隶州志·祥异》卷末）。

案例 2：“順治五年[略]。蜀大饑，人相食。[略]。又多虎豹，形如魑魅饕餮然，穿屋顛，踰重樓而下，攫其人必重傷，斃即棄去，不盡食也。白晝入城市，遺民數十家，日爲虎所害。有經數日，而一縣之人俱盡者。”（清彭遵泗《蜀碧》卷四）。

案例3：“康熙三十四年乙亥，大饑，斗米錢五百文。冬十月，弓州鄉虎噬人。”（清乾隆《潮州府志·灾祥》卷十一）。

案例4：“光緒十三年四月，大饑，虎患延及北方寒山、平山一帶，數年間，傷噬人畜數百。”（清冯德材等修、文德馨等纂《广西鬱林州志·輿地禨祥》卷四）。

5）地震。

案例1：“順治十一年四月初五日黎明，杭州地震，是月有虎入城踞雲居山，獲之。”（清王棻纂、屈映光续修《民国杭州府志·祥异》卷八十四）。

案例2：“順治十六年，己亥春二月，地大震，多虎患。”（清乾隆《潮州府志·灾祥》卷十一）。

案例3：“乾隆二十又四年己卯春二月初五夜亥時，地震。十九日辰刻有虎，自垻下渡溪，過昆山，連傷七人而不斃。”（清胡啟植等纂《乾隆僊遊县志·拾遗》卷五十二）。

6）疫病。

案例1：“明弘治十三年，融水縣，九月四日，民大疫，鼠殺稼，虎狼爲民害。”（明万历《广西通志》卷四十一）。

案例2：“嘉靖二十三年秋螟，是年冬南康大疫。自是年起至四五年，上猶虎食五六百人。”（清同治《南安府志·祥异》卷二十九）。

案例3：“万曆十七年秋七月，大疫，萍鄉五虎入城。”（清陶成等编纂《江西通志·祥异》卷一〇七）。

### （四）数据采集及统计方法

（1）数据采集：按照“虎灾定义”确定数据采集对象，凡人类主动出击（狩猎、围捕、栏穽等）均计入“人祸（侵扰虎栖息地）”。

（2）在自然灾害（天灾）发生过程中，如蝗灾、水灾或旱灾等天灾发生时，伴随发生虎袭击人畜事件，则应计为虎灾及相对应的自然灾害。

（3）将虎灾发生数据与天灾（6项）、人祸（2项）相伴随发生的虎灾，进行简单线性相关分析和偏相关分析。

（4）各朝代“虎灾”发生地区统计：将所收集文献中“虎灾”记载的古地名进行考证，写出其确切的现代地名及其地理位置，按照中国地理分区所包含的省市自治区划分：**华东地区**（山东、江苏、安徽、江西、浙江、福建、上海）、**华南地区**（广东、广西、海南）、**华中地区**（湖北、湖南、河南）、**华北地区**（北京、天津、河北、山西、内蒙古）、**西北地区**（宁夏、新疆、青海、陕西、甘肃）、**西南地区**（四川、云南、贵州、西藏、重庆）、**东北地区**（辽宁、吉林、黑龙江）、**台港澳地区**（台湾、香港、澳门）无虎灾记录，故未列入统计。将各朝代、各地区虎灾发生的时间、地点进行数据归类，并做简单相关和偏相关分析。

## 二、研 究 结 果

### （一）历朝历代“虎灾”发生次数

将各朝代文献中记载的虎灾发生次数进行收集与梳理，将符合“虎灾”定义的列为收集对象，复印原始文献，按不同朝代进行归类。在同一地区、同一时间发生的虎灾，出现在不同版本的文献中，经考证后只记作一次（下同）；在同一篇文献中记载了不同地点，或同一地点不同时间发生的虎灾，应予分别记载发生次数（表5-8）。

表 5-8　历朝历代虎灾发生次数

| 朝代 | 公元纪年 | 次数 |
|---|---|---|
| 先秦 | 公元前 770—前 207 年 | 2 |
| 汉朝 | 公元前 206—公元 220 年 | 8 |
| 三国晋 | 公元 220—420 年 | 5 |
| 南北朝 | 公元 420—580 年 | 2 |
| 隋唐 | 公元 581—907 年 | 6 |
| 五代十国 | 公元 907—960 年 | 0 |
| 宋朝 | 公元 960—1278 年 | 20 |
| 元朝 | 公元 1279—1367 年 | 4 |
| 明朝 | 公元 1368—1643 年 | 213 |
| 清朝 | 公元 1644—1911 年 | 215 |
| 总计 | 2681 年 | 475 |

表 5-8 表明自先秦时期（公元前 770—前 207 年）至清朝灭亡（1911 年）共计 2681 年，据笔者查阅到的历史文献记载，共发生虎灾 475 次，其基本趋势十分明显，即由先秦时期至五代十国，各朝代虎灾基本在“一位数”内波动，至宋朝则跃升为“两位数”，至明朝虎灾则呈爆发式增长。这个趋势一直维持到清乾隆年间（公元 1736—1796 年），至清朝嘉庆后，虎灾又呈明显的下降趋势。

## （二）明朝不同时期“虎灾”发生次数统计

明朝不同帝王纪年“虎灾”发生次数见表 5-9。

表 5-9　明朝不同帝王纪年“虎灾”发生次数

| 帝王纪年 | 公元 | 发生次数 |
|---|---|---|
| 洪武 | 1368—1403 年 | 5 |
| 永乐 | 1403—1426 年 | 4 |
| 宣德 | 1426—1436 年 | 2 |
| 正统 | 1436—1450 年 | 2 |
| 景泰 | 1450—1457 年 | 1 |
| 天顺 | 1457—1465 年 | 2 |
| 成化 | 1465—1488 年 | 18 |
| 弘治 | 1488—1506 年 | 20 |
| 正德 | 1506—1522 年 | 17 |
| 嘉靖 | 1522—1567 年 | 80 |
| 隆庆 | 1567—1573 年 | 7 |
| 万历 | 1573—1621 年 | 24 |
| 天启 | 1621—1628 年 | 7 |
| 崇祯 | 1628—1643 年 | 24 |
| 总计 | 275 年 | 213 |

明朝自建立至灭亡共 268 年，发生虎灾共计 213 次。自洪武至天顺年间，虎患发生基本在“一位数”内波动，由成化至崇祯年间，除了隆庆（在位时间 6 年）和天启（在位时间 7 年）两个短命朝代外，基本在“两位数”内波动。但从明朝整体来看，呈现爆发式增长，其诱发的原因，特别值得我们作进一步

探讨。

## （三）清朝不同时期“虎灾”发生次数统计

清朝不同帝王纪元“虎灾”发生次数见表 5-10。

**表 5-10　清朝不同帝王纪元“虎灾”发生次数**

| 帝王纪年 | 公元 | 发生次数 |
|---|---|---|
| 顺治 | 1644—1661 年 | 57 |
| 康熙 | 1662—1722 年 | 58 |
| 雍正 | 1723—1735 年 | 15 |
| 乾隆 | 1736—1795 年 | 42 |
| 嘉庆 | 1796—1820 年 | 9 |
| 道光 | 1821—1850 年 | 6 |
| 咸丰 | 1851—1861 年 | 7 |
| 同治 | 1862—1874 年 | 10 |
| 光绪 | 1875—1908 年 | 11 |
| 宣统 | 1909—1911 年 | 0 |
| 总计 | 267 年 | 215 |

清朝自建立至灭亡共 267 年，发生虎灾共计 215 次。自顺治至乾隆年间，虎患基本在两位数内增长，而由嘉庆至光绪（1796—1908 年）的 112 年间，虎患已呈强弩之末，总体呈下降趋势（表 5-10），宣统统治时间十分短暂，此时清皇朝正处于飘摇欲坠之际，由于缺乏相关信息的收集，其统计数据可能偏低。但从清朝整体来看，虎患呈现出由爆发式增长，进而出现明显的下降趋势，其原因值得我们从清朝帝王更迭、社会变迁及生产力的发展与自然环境变化（如森林覆盖度）等综合因素进行探讨。

## （四）历代“虎灾”与天灾、人祸的关系

虎灾发生的原因，不外乎“天灾”与“人祸”，或两者的综合因素所导致（表 5-11）。根据历史文献记载的自然灾害，本文简称之为天灾，大体可分为 6 项，即蝗灾、水灾、旱灾、疫病、饥荒、地震；人为导致的灾难，本文简称之为人祸，大体包括以下两大内容：一是战乱；二是侵入虎的栖息地，本文简称之为“入侵”，其具体内容：采药、采薪、开垦、砍伐、设陷阱、深入虎穴围捕、狩猎等。

**表 5-11　各朝代虎灾发生与自然灾害及人祸关系的统计表**

| 朝代 | 虎灾次数 | 天灾 | | | | | | 人祸 | |
|---|---|---|---|---|---|---|---|---|---|
| | | 蝗灾 | 旱灾 | 疫病 | 饥荒 | 地震 | 水灾 | 战乱 | 入侵 |
| 先秦 | 2 | | | | | | | | |
| 汉朝 | 8 | 2 | | | | | | | |
| 三国晋 | 5 | 1 | | | 1 | | | | |
| 南北朝 | 2 | | | | | | | | |
| 隋唐 | 6 | | | | | | | | 2 |
| 宋朝 | 20 | 2 | 1 | | | | | | 2 |
| 元朝 | 4 | 1 | | | 1 | 1 | 1 | | 1 |
| 明朝 | 213 | 4 | 17 | 9 | 18 | 10 | 15 | 3 | 4 |
| 清朝 | 215 | 1 | 11 | 6 | 15 | 5 | 12 | 1 | 2 |
| 总计 | 475 | 10 | 29 | 15 | 35 | 16 | 28 | 4 | 11 |

由表 5-11 可知，在先秦时期，文献记载虎灾 2 次，但均不涉及自然灾害；汉朝文献记录虎灾 8 次，其中 2 次由蝗灾伴随发生；三国晋时期，文献记录虎灾 5 次，其中 2 次有自然灾害伴随虎灾发生，一次为蝗灾，一次为饥荒。南北朝时期，文献记录虎灾 2 次，但均与自然灾害无关；隋唐时期文献记录虎灾 6 次，其中涉及人祸 2 次，一次为采薪，一次为在虎的栖息地设陷阱捕虎；宋朝记录虎灾 20 次，其中天灾 3 次（蝗灾 2 次，旱灾 1 次），人祸 2 次（入侵：采薪、狩猎），均伴随发生虎灾；元朝记录虎灾 4 次，其中与天灾有关 3 次（饥荒、地震、水灾各 1 次），人祸 1 次（入侵），均伴随发生虎灾。

明朝记录灾害 80 次，其中天灾 73 次（蝗灾 4 次，旱灾 17 次，疫病 9 次，饥荒 18 次，地震 10 次，水灾 15 次），人祸 7 次（战乱 3 次，入侵 4 次），均伴随发生虎灾。清朝文献记录灾害 53 次，其中天灾 50 次（蝗灾 1 次，旱灾 11 次，疫病 6 次，饥荒 15 次，水灾 12 次），人祸 3 次（战乱 1 次，入侵 2 次）均伴随虎灾的发生。将表 5-11 的数据分别进行简单线性相关分析和偏相关分析，则得到表 5-12 和 5-13 的统计结果。表 5-12 表明虎灾与蝗灾和战乱无相关关系，虎灾与旱灾、饥荒、地震、水灾、疫病及入侵呈正相关关系；表 5-13 对 9 个变量进行了偏相关分析，得知虎灾与战乱、地震和侵入虎栖息地之间有显著的正相关。

**表 5-12　简单线性相关分析结果**

| | $r$ | $df$ | $P$ | 统计结果 |
|---|---|---|---|---|
| 虎灾与蝗灾 | 0.34 | 28 | 0.066 | 无显著相关性 |
| 虎灾与战乱 | 0.32 | 28 | 0.081 | |
| 虎灾与旱灾 | 0.65 | 28 | >0.0002 | 呈正相关 |
| 虎灾于疫病 | 0.43 | 28 | >0.017 | |
| 虎灾与饥荒 | 0.64 | 28 | >0.0002 | |
| 虎灾与地震 | 0.61 | 28 | >0.0004 | |
| 虎灾与水灾 | 0.65 | 28 | >0.0002 | |
| 虎灾与人为干扰或侵入 | 0.52 | 28 | >0.004 | |

**表 5-13　对 9 个变量进行偏相关分析**

| | $r$ | $t$ | $df$ | $P$ |
|---|---|---|---|---|
| 虎灾与蝗灾 | −0.37 | 1.80 | 21 | 0.086 |
| 虎灾与战乱 | 0.77 | 5.52 | 21 | >0.0001 |
| 虎灾与旱灾 | −0.37 | 1.85 | 21 | 0.079 |
| 虎灾与疫病 | −0.11 | 0.49 | 21 | 0.628 |
| 虎灾与饥荒 | 0.16 | 0.76 | 21 | 0.453 |
| 虎灾与地震 | 0.65 | 3.90 | 21 | >0.0001 |
| 虎灾与水灾 | 0.12 | 0.59 | 21 | 0.564 |
| 虎灾与入侵 | 0.61 | 3.56 | 21 | >0.002 |

## （五）历朝历代虎灾发生地区的统计及统计处理

笔者将历史文献记载的虎灾记录，按华东、华南、华中、华北、西北、西南和东北 7 个大区，分别进行虎灾发生次数的统计，结果列于表 5-14。

**表 5-14　各朝代虎灾发生地区分布**

| 朝代 | 虎灾次数 | 虎灾发生地区 | | | | | | | |
|---|---|---|---|---|---|---|---|---|---|
| | | 华东 | 华南 | 华中 | 华北 | 西北 | 西南 | 东北 | 总计 |
| 先秦 | 2 | | | | | 1 | 1 | | 2 |
| 汉朝 | 8 | 2 | | 4 | | 1 | | | 7 |
| 三国晋 | 5 | | | 2 | | 2 | | | 4 |
| 南北朝 | 2 | | | 2 | | | | | 2 |
| 隋唐 | 6 | 3 | | 1 | | | 2 | | 6 |
| 宋朝 | 20 | 14 | | 4 | 1 | | 1 | | 20 |
| 元朝 | 4 | 3 | | | | | 1 | | 4 |
| 明朝 | 213 | 100 | 37 | 62 | 2 | 2 | 20 | 1 | 224* |
| 清朝 | 215 | 78 | 57 | 64 | 2 | | 13 | 1 | 215 |
| 总计 | 475 | 200 | 94 | 139 | 5 | 6 | 38 | 2 | 484 |

* 明朝一些地方志虎灾记载因同地异名可能有个别重复之处

由表 5-14 我们可以看到两个十分有趣的现象，其一虎灾在先秦时期主要发生在西北和西南地区。《华阳国志·巴志》卷一中记载了在秦昭襄王时（公元前 325—前 251 年），白虎为害十分严重，“虎歷四郡，害千二百人，一朝患除，功莫大焉。”所谓虎历四郡，四郡即巴郡（今四川阆中以东，郡治：江州，今重庆江北）、蜀郡（今四川阆中以西，郡治：今四川成都）、黔中郡（今湖南洞庭湖以西，郡治：今湖南沅陵县西）、汉中郡（今陕西西南，湖北西北，郡治：南郑，今陕西汉中）。除黔中郡外，其他三郡均地处西北、西南。自汉代始，虎灾逐步向华中、华东扩散，至宋朝在华东地区虎灾发生数均呈爆发式增长。其二是东北地区在历史时期应是东北虎最佳的栖息地，虽有内乱外患，并不断有“闯关东”的移民迁入，但鲜有虎灾的记录。

由表 5-14、表 5-15 表明：对虎灾发生地区的 8 个变量进行偏相关分析与简单线性相关得出相同的结论，即虎灾与西北、华北和东北地区发生的虎灾无显著的相关性，与其他地区虎灾呈正相关。

**表 5-15　各朝代虎灾发生地区的简单线性相关分析**

| | 西北 | 东北 | 华东 | 华南 | 华中 | 华北 | 西南 |
|---|---|---|---|---|---|---|---|
| *r* | 0.02 | 0.36 | 0.85 | 0.76 | 0.77 | 0.41 | 0.62 |
| *df* | 28 | 28 | 28 | 28 | 28 | 28 | 28 |
| *P* | 0.914 | 0.053 | ＞0.0001 | ＞0.017 | ＞0.0002 | 0.026 | ＞0.0004 |
| 结果 | 无显著相关 | | 呈正相关 | | | | |
| 在设定各时期没有缺失记录为 0 的情况下有以上结果 | | | | | | | |

## 三、讨　　论

为了回答虎在中国如何从盛极而濒临灭绝的历史过程，有必要对虎的栖息生境——森林的历史变迁有一个全面的了解。为此笔者收集了有关的文献资料，将人口、森林覆盖率和虎灾三者结合起来，归纳为表 5-16，由该表大体可以发现：

1）在远古时代，人类从石器时代进入铜器时代，人口数量低于 140 万。森林覆盖率均在 60%以上（表 5-16）（罗宝敏等，2008），虎有良好的栖息环境和丰富的猎物，这个时期人类对森林只有轻微的干扰和破坏，加之虎有畏惧人的天性，人虎之间基本处于和谐的状态。

2）但至上古时代，情况有了一些变化，首先人类已进入铁器时代，由奴隶社会向封建社会过渡，人类对森林的影响急剧增加，如先民砍伐森林以增加耕地，采薪，甚至可以“率徒十萬，狩於中山，藉芿燔林，扇赫百里。”（《列子·黄帝》），采用火烧树林的方法，以驱赶和狩猎野兽，这些原始的生产活动虽然落后，但已具相当规模，并对自然有较大的破坏力。至战国末期，人口从140万激增到2000万，约增加13倍，对森林产生了重大影响，森林资源首次由60%减少至46%（樊宝敏和李智勇，2008）。

3）秦汉（公元前221—公元220年）是中国大一统中央集权确立的时期，也是封建社会制度通过不断改革，走向成熟和发达的时期，是中国历史上的一个重要里程碑。由于铁器冶炼技术的进步，铁制农具的普及，极大地提高了社会生产力，这也意味着人类干扰和破坏自然的能力获得一次跃升。此时，作为中央集权的统治者拥有巨大的权力和能力调动成千上万的人力（农民和囚徒）来建筑令今人叹为观止的浩大工程（长城），壮丽、奢侈的宫殿（阿房宫、未央宫等）和豪华的陵园（骊山秦陵等）。这些巨大的工程肇始之时，也是中国森林首遭破坏之日。据史书记载：秦始皇修建长城取材于内蒙古鄂尔多斯高原和阴山上的森林，致使两地的森林遭到严重破坏（马忠良等，1997）。秦汉时期修建阿房宫、未央宫等宫殿及骊山等陵园，取材多集中于长江上游的巴、蜀之地和黄河中游的陕西关中、河南等地，造成长江上游和黄河中游大片原始森林的严重破坏（蓝勇，1999；马忠良等，1997）。唐·杜牧《阿房宫赋》有“六王毕，四海一，蜀山兀，阿房出”的诗句，形象刻画了秦始皇将四川的山林都砍光了，阿房宫才得以建成的历史事实。加之，秦汉时期积极实行屯边政策，多次向边疆移民垦荒，扩大农田，使人口从战国末期的2000万，发展到西汉末年（公元2年）的6500万，增长了三倍，出现了我国历史上第一个人口的高峰，此时的森林覆盖率，从46%降至41%（表5-16）（樊宝敏和李智勇，2008）。秦汉时期虎灾发生次数分别为2次、8次，其危害的范围及严重程度已在上文中提及，在此不再重复。

**表5-16　中国历代森林覆盖率与人口、虎灾情况的演变***

| 年代 | 森林覆盖率（%） | 人口数（万人） | 虎灾发生次数（次） |
|---|---|---|---|
| 远古时代（约180万年前—公元前2070年） | 64—60 | 低于140万 | — |
| 上古时代（约公元前2069—公元前221年） | 60—46 | 140—2 000 | — |
| 秦汉时期（公元前221—公元220年） | 46—41 | 2 000—6 500 | 10 |
| 魏晋南北朝（公元220—589年） | 41—37 | 3 800—5 000 | 7 |
| 隋唐（公元589—907年） | 37—33 | 5 000—8 300 | 6 |
| 五代辽宋金夏（公元907—1279年） | 33—27 | 3 000—13 000 | 20 |
| 元朝（公元1279—1368年） | 27—26 | 6 000—10 400 | 4 |
| 明朝（公元1368—1644年） | 26—21 | 6 500—15 000 | 213 |
| 清前期（公元1644—1840年） | 21—27 | 8 165—41 281 | 187 |
| 清后期（公元1840—1911年） | 17—15 | 37 200—43 189 | 28 |
| 民国时期（公元1911—1949年） | 15—12.5 | 37 408—54 167 | 未统计 |
| 中华人民共和国（公元1949—1999年） | 12.5—16.5<br>（含大量人工林） | 54 167—129 533 | 除我国东北与俄罗斯交界，我国西藏与印度交界处外，几乎灭绝 |

* 本表依据樊宝敏、李智勇著《中国森林生态史》表3.2修改并补充历代虎灾发生的数据

4）魏晋南北朝时期由于战乱及天灾频繁发生，人口空前耗减，此时森林覆盖率由41%下降至37%，人口由3800万增至5000万。虎灾共发生7次。隋唐之际人口锐减但贞观以后又速增，至盛唐（天宝年间，约公元742年）人口已达8316万，唐代中期人口下降，后期人口发展缓慢，这一历史时期，森林覆盖率37%下降至33%，虎灾约6次（马忠良等，1997；樊宝敏和李智勇，2008）。

5）五代辽宋金夏时期，宋朝是最具代表性的朝代，其农业的发展在中国历史上达到很高的水平，自宋代始，由于人口增加，原有耕地已入不敷出，出现了“田盡而地，地盡而山，山鄉細民，必求墾佃，猶勝不稼”的困境，于是出现了“梯田”（元・王祯《农书》）。在这一历史时期，华北平原和丘陵地区的原始森林已荡然无存，用以扩大耕地，以满足人口增长的需要；在宋徽宗大观年间（约公元 1107 年），人口突破 1 亿，是中国人口增长的第二个高峰，而此时虎灾发生次数为 20 次，首次从个位数跃升为二位数。此时的森林覆盖率由 33%下降至 27%，下降了 6 个百分点，降速明显增大（马忠良等，1997；罗宝敏和李志勇，2008）。

6）元朝统治时间较短，由于征战和自然灾害，人口大体维持在 1 亿左右，对森林破坏也较小，森林覆盖大约下降了 1%，虎灾为 4 次（马忠良等，1997；罗宝敏和李志勇，2008）。

7）明清时期是我国人口急剧增长时期，明朝人口在 6500 万—15000 万，森林覆盖率由 26%降至 21%。清代由康熙至道光二十年（1840 年），人口从 8000 万激增至 41 282 万，人口增长率高达 10.7‰。此时虎灾次数呈三位数（表 5-8、表 5-16），森林覆盖率由明朝的 21%降至 15%，至民国时期已降至 12.5%，下降了 8.5 个百分点（马忠良等，1997；樊宝敏和李智勇，2008）。

至此，笔者从中国 2681 年发展历史中，清晰地看到人类的经济和社会活动及战乱等人祸，导致了森林覆盖率的不断下降，从而破坏了虎的栖息地，使人虎矛盾不断激化，最终造成虎在中国广袤的土地上濒临灭绝的痛心局面。其实，人们从秦汉时期所实施的“人祸”中，已大体看到端倪，但秦汉以后，历代统治者并未接受教训，对森林等自然资源的巧取豪夺，肆意挥霍方面，变本加厉，无所节制。这正是唐代大诗人杜牧在《阿房宫赋》最后一段所言：“秦人不暇自哀，而後人哀之，後人哀之而不鑑之，亦使後人而復哀後人也。”我们今天不幸被千年前的杜牧所言中，在痛定思痛之际，应扪心自问：上苍并未亏待我们，将一个广袤、山河壮丽，自然资源极其丰富，独得天厚的锦绣大地赐予我们中华民族，我们的先哲很早就感悟到与大自然和谐相处的道理，不管儒家和道家，都认同并推崇“天人合一”的理念，并以此来告诫统治者对大自然不可造次。虎在中华大地由盛极而衰，又由衰而濒临灭绝的历史事实，“人祸”起了主导作用，它是引发“虎灾”的根本原因。

## 四、小　结

1）自先秦时期（公元前 770—前 207 年）至清朝灭亡（1911 年）共计 2681 年，据历朝历代的文献记载，共发生虎灾 475 次，其基本趋势是，由先秦时期至五代十国，各朝代虎灾基本以一位数缓慢增长，至宋朝则跃升为两位数增长，至明朝虎灾则呈爆发式增长。这个趋势一直维持到清乾隆年间（公元 1736—1796 年），自清嘉庆至光绪（公元 1796—1908 年）的百余年间，虎灾又呈明显的下降趋势（表 5-8—表 5-10）。

2）根据表 5-10、表 5-11 的统计分析表明，虎灾与蝗灾、战乱两项无显著相关，虽然笔者收集到在战乱及蝗灾后，伴生有虎灾的发生的实例，但所获得的文献案例数量较少，不具统计学意义。

3）根据表 5-12、表 5-13 的统计结果表明，虎灾与旱灾、疫病、饥荒、地震、水灾和人祸中人为干扰并破坏虎栖息地等因素，是造成虎灾的重要原因，其中尤以人类对虎栖息地的干扰和破坏最为显著。

4）表 5-14、表 5-15 表明虎灾发生的主要地区是华东、华南、华中、西南和华北，经偏相关分析与简单线性相关统计处理有显著相关性；而西北和东北地区的虎灾则无显著的相关性。笔者认为在秦汉和三国晋时期，西北地区如陕、甘等局部地区曾出现过虎患，但至明朝虎患逐步转向西南、华东、华南和华中；清朝在夺取全国政权后，定都北京，大批满族官兵进入关内各地，顺治时期曾颁布招民开垦政策，康熙时期曾实行“四禁制度”（禁止采伐、禁止开垦、禁止渔猎、禁止采矿），使东北地区森林得到保护，鸦片战争后，沙俄和日本侵略我国东北地区，大肆采伐，东北森林遭到有史以来最严重的破坏，但人虎矛盾相对而言比其他各大区较轻，地方志书少有虎灾、虎患的记载（马忠良等，1997）。

## 参考文献

樊宝敏, 李智勇. 2008. 中国森林生态史引论. 北京: 科学出版社
福建森林编辑委员会. 2001. 福建森林. 北京: 中国林业出版社
广西森林编辑委员会. 2001. 广西森林. 北京: 中国林业出版社
吉林森林编辑委员会. 2001. 吉林森林. 北京: 中国林业出版社
蓝勇. 1991. 历史时期西南虎分布变迁研究. 贵州师范大学学报(自然科学版), (2): 110-118
蓝勇. 1994. 清初四川虎患与环境复原问题. 中国历史地理论丛, (3): 203-210
蓝勇. 1999-7-30. 长江上游森林砍伐与保护的历史思考. 光明日报, 第三版
辽宁森林编辑委员会. 2001. 辽宁森林. 北京: 中国林业出版社
刘正刚. 2001a. 明末清初西部虎患考述. 中国历史地理论丛, 16(4): 98-104
刘正刚. 2001b. 明清闽粤赣地区虎灾考述. 清史研究, (2): 120-124
马忠良, 宋朝枢, 张清华. 1997. 中国森林的变迁. 北京: 中国林业出版社
闵宗殿. 2003. 明清时期东南地区的虎患及相关问题. 古今农业, (2): 14-23
宁夏森林编辑委员会. 2001. 宁夏森林. 北京: 中国林业出版社
陕西森林编辑委员会. 2001. 陕西森林. 北京: 中国林业出版社
汪玢玲. 2007. 中国虎文化. 北京: 中华书局
王云五. 1936. 丛书集成. 上海商务印书馆
王云五. 1937. 万有文库. 上海商务印书馆
王子今. 1994. 秦汉时期的森林采伐与木材加工. 古今农业, (4): 8-14
王子今. 1999. 秦汉时期生态环境研究. 北京: 北京大学出版社
郑维宽. 2007. 明清时期广西的虎患及相关生态问题研究. 史学月刊, (1): 109-116
Kang AL, Xie Y, Tang JR, et al. 2010. Historic distribution and recent loss of tigers in China. Integrative Zoology, 5(4): 335-341

# 中国三千年鼠灾、大疫发生概况

王祖望　张知彬　迟庆生　万辛如

在中国漫长的历史长河中，曾发生过多种地质、气象、生物灾害。在生物灾害中，就其发生的频次和危害的程度而言，当首推蝗灾和大疫（含鼠疫），其次为虎灾，鼠灾和其他昆虫（包括螟虫、白蚁等）为害。国内一些史学家和植保学者认为"宋元明清的鼠灾总的来说不算主要灾害，而且是个渐减的趋势"（桂慕文，1977）。其实这是知其一不知其二所产生的一种错觉。就鼠灾发生的频次而言确实不及蝗灾或其他虫害，但就其在一些疫病中所起的媒介作用而言，其危害之严重与惨烈至少不次于蝗灾。本文所论述的生物灾害是鼠灾和大疫，这两者既有区别，又有联系，存在一种十分微妙的关系。早在公元前的先秦时期就有"鼠灾"的发生和"疫""大疫"流行的记载。古代的"鼠灾"一般是指鼠危害农田作物，如"鼠害稼""鼠食禾"等；同时也指特定条件下，鼠类数量急剧增加，导致"鼠食禾殆尽""民饥馑"等悲剧。古代的"疫""瘟疫""时疫"一般是指包括伤寒、霍乱、天花、疟疾、鼠疫等传染病的一种笼统的病症名称，但"大疫"一般是指传播迅猛、死亡率很高的某种烈性传染病。在古代文献中记载了大疫发生中出现的一些类似腺鼠疫（恶核、疙瘩瘟等）、肺鼠疫（痒子病、西瓜瘟等）症状；以及明清时期，文献中已有鼠灾与大疫同时出现的记载，上述实例在本文中视之为"疑似鼠疫"。本文将古代的"鼠灾""大疫""疑似鼠疫"等有关史料列为本文文献的采集对象，并予以引用和统计。

本文参考文献有《景印文渊阁四库全书》《钦定古今图书集成》《四部丛刊》《四部丛刊续编》《万有文库》《丛书集成初编》《续修四库全书》《天一阁藏明代方志选刊》《天一阁藏明代方志选刊续编》《中国地方志丛书》《中国地方志集成》《宋元方志丛刊》《稀见中国地方志汇刊》《中国边疆史地资料丛刊》等，以及在近期出版的《中国三千年气象记录总集》增订本（张德二，2013）、《中华大典·生物学典·动物分典》（王祖望等，2015）等。

本文所收集的文献按先秦时期、汉朝、三国晋、南北朝、隋唐、五代十国、宋朝、元朝、明朝、清朝10个朝代时期的时间顺序归类；每一朝代又设公元纪年和帝王纪年以资对照。本文只收集各朝代危害农田的"鼠灾"和传播迅猛，危及人们健康且死亡率极高的"大疫"（包括鼠疫或"疑似鼠疫"）这两类的灾情，并试图对中国自先秦时期以来的鼠灾、大疫的发生和发展概况及两者之间是否存在某种关系作一粗略、概括性的探讨。

危害农田的鼠灾大体分为种群爆发和一般性危害。所谓种群爆发（population eruption），又称种群大发生（population outbreak），是指在某一历史时期，某一地区， 某种害鼠种群数量在短时期内迅速增长的现象，其特点：一是害鼠数量剧增，千万为群；二是由于种群扩散，危害面积大，范围广；三是危害严重，往往造成田谷绝收，"岁大饥"；四是害鼠出现某些怪异的行为，如集体迁徙，集体衔尾渡江、河等等。农田害鼠一般性危害，是指害鼠在局部地区造成危害，如"鼠食稼""鼠食苗""食禾殆尽"等等。

古代"大疫"往往是指一种传染迅猛，死亡率极高的烈性传染病。在古代文献中除大疫外，尚有时疫、瘟疫、疾疫、疫等流行性疾病的命名。"大疫"与"鼠灾"之间并无必然的联系，在发生鼠灾的地方并不一定引发大疫，在大疫中也不一定都是鼠疫。根据近现代医学专家对古代大疫的考证，认为古代大疫实际包括由多种鼠类（旱獭、黄鼠、黄胸鼠、褐家鼠、小家鼠等）及蚤类（人蚤、印鼠客蚤、同形客蚤、缓慢细蚤、不等单蚤等）、虱类（鼠虱等）作为媒介传染的鼠疫、鼠型伤寒及出血热等烈性传染病，鼠类与媒介昆虫则是必然的参与者（岭南中医药文库•典籍系列：清•罗汝兰《鼠疫汇编》，2008；清•林庆铨《时疫辨》，2009；中国医学科学院流行病学微生物学研究所，1981）。前文所谓“疑似鼠疫”是指鼠或人出现可疑症状，如大疫前出现死鼠，继之出现并经后人推断为腺鼠疫或肺鼠疫的典型症状。我国古代对大疫均以其发病时的症状来命名，在疑似鼠疫的大疫中，就有，恶核、疙瘩瘟、痒子症、羊毛瘟、急喉闭、时疫肊瘩瘟、大头瘟、蛤蟆瘟、西瓜瘟、核瘟等等名称（中国医学科学院流行病学微生物学研究所，1981；罗汝兰，2008；林清铨，2009）。在这些疫病名称中往往会出现“同名异病”或“异名同病”的现象，给流行病病名的判断和文献的引用带来许多麻烦。直至晚清时期（19 世纪末，20 世纪初），国内才出现“鼠疫”这一科学的命名。由于缺乏对流行病病源的调查，加之战乱频繁等客观条件的限制，古人对“大疫”与“鼠”的关系的认识十分滞后，较早认识某些大疫由鼠引起，是在 18 世纪，1772 年，乾隆三十七年，在云南鹤庆县志中记载“乾隆三十七年，鼠疫人，繼之次年又疫”（杨金铠编辑《鹤庆县志•灾异篇》民国刻本）。上文中“鼠疫人”不是一个名词，而是一个完整的句子，是指“鼠能使人得疫病，至第二年鼠又使人得疫病”。在古代文献中，绝大部分引发“大疫”的鼠种难以确定其种名，这是古代文献的一大缺憾。

本文为古籍文献中涉及“鼠灾”与“大疫”的文献综述，目的是在浩如烟海的古文献中，将历朝历代曾发生过的鼠灾和大疫，依据文献的记载，经作者初步的梳理、归纳，尽可能对酿成灾害的鼠种加以考据，并保持原文献的记载而不妄加删节，以供后人作进一步的挖掘与研究。在文献梳理、归纳的过程中，本文采用以下简明的统计方法：①**大疫（鼠灾）发生年份的确定**：某朝代在某年某省某地发生一次大疫（鼠灾），该年即为该地发生大疫（鼠灾）之年。同一年份，同一地区（省份）发生的大疫，只记为一次，数据列入“大疫（鼠灾）发生年份数”栏目。②**大疫（鼠灾）蔓延（波及）地点数的确定**：同一地区（省份）内，不同年份，不同地点（县、府）发生大疫（鼠灾）的地点数，不同年份同一地点发生大疫（鼠灾）的地名仍可以重复计入，以表示在不同年份，在该省发生大疫（鼠灾）的蔓延（波及）程度，数据列入“大疫（鼠灾）发生蔓延（波及）县府数”栏目。③**大疫（鼠灾）发生所需年份数（*n*）及大疫（鼠灾）年均发生频率的计算**：以某一朝代帝王统治时间（或在位时间），以年为单位，除以该朝代大疫（鼠灾）发生年份数，得该朝代平均多少年发生一次大疫（鼠灾）（*n*）；再以该朝代发生大疫（鼠灾）年份数，除以该朝代帝王统治时间（或在位时间），得该朝代大疫（鼠灾）的年均发生频率（%）。例如，明朝帝王统治时间（或位时间）275 年，发生大疫年份共计 148 次，则得出：平均 1.86 年发生一次大疫，大疫年均发生频率为 53.82%。按此方法计算了各朝代的鼠灾的有关统计数据（表 5-17）。

**表 5-17 中国古代各朝代鼠灾、大疫发生次数及发生频率（%）统计表**

| 朝代 | 起止时间（公元纪年） | 统治时间（年） | 鼠灾统计 | | | 大疫统计 | | |
|---|---|---|---|---|---|---|---|---|
| | | | 发生鼠灾次数 | 平均 *n* 年发生一次鼠灾（年） | 鼠灾发生频率（%） | 发生大疫次数 | 平均 *n* 年发生一次大疫(年) | 大疫发生频率（%） |
| 先秦 | 公元前 770—前 207 年 | 564 | 3 | 188.00 | 0.53 | 6 | 94.00 | 1.06 |
| 汉朝 | 公元前 206—公元 220 年 | 426 | 4 | 106.50 | 0.70 | 16 | 26.62 | 3.76 |
| 三国晋 | 公元 220—420 年 | 200 | 3 | 66.67 | 1.50 | 21 | 9.52 | 10.50 |
| 南北朝 | 公元 420—580 年 | 160 | 4 | 40.00 | 2.50 | 13 | 12.31 | 8.12 |
| 隋唐 | 公元 581—907 年 | 326 | 12 | 27.17 | 3.68 | 17 | 19.18 | 5.21 |
| 五代十国 | 公元 907—959 年 | 52 | 不详 | 不详 | 不详 | 1 | 52.00 | 1.92 |
| 宋朝 | 公元 960—1278 年 | 318 | 8 | 39.75 | 2.52 | 16 | 19.88 | 5.03 |
| 元朝 | 公元 1279—1367 年 | 88 | 7 | 12.57 | 7.95 | 18 | 4.89 | 20.45 |
| 明朝 | 公元 1368—1643 年 | 275 | 43 | 6.40 | 15.64 | 148 | 1.86 | 53.82 |
| 清朝 | 公元 1644—1911 年 | 267 | 52 | 5.15 | 19.40 | 196 | 1.37 | 73.13 |

资料来源：王祖望等，2015；张德二，2013

简言之，本文对古代鼠灾及大疫的文献只作一初步的梳理、归纳与简要的统计处理，并在此基础上对各朝代的鼠灾和大疫的发生概况及其特点作一介绍，以便读者对古代的鼠灾和大疫发生有一粗略的了解。明朝和清朝由于留存的文献较为丰富，本文着墨较多。总之，本文仅仅起抛砖引玉的作用，但愿后来者，能在此基础上，应用现代科学知识，对中国3000余年鼠灾及大疫之成因与其基本规律，以及中国的大疫与人类历史上曾经发生过的三次世界性鼠疫大流行的关系有更深刻的认识，使之古为今用。

《中华大典·生物学典·动物分典》（以下简称《动物分典》）在编纂过程中，曾得到《中华大典·生物学典》总主编吴征镒院士赐函指教，指出对古代文献分梳的重要性，受益匪浅；《动物分典》学术顾问郭郛先生，副主编黄复生先生、冯祚建先生对本文亦不吝提出修改意见；《动物分典》编委，《动物为害及防治总部》主编刘举鹏、副主编牟重行等先生提供部分文献，在此一并致谢。

## 一、先秦时期鼠灾、大疫的记述

先秦时期包括春秋（公元前770—公元前476年）、战国（公元前475—公元前221年）和秦朝（公元前221—公元前207年），三者的统治者在位时间长达564年。这一历史时期，是从公元前770年春秋时代开始，中国历史进入大国争霸的时代。至公元前475年由春秋进入战国时代，又出现齐、燕、楚、韩、赵、魏、秦等大国割据的局面。而诸侯国的纷争延续了几百年，最终，秦灭六国，历史也由分裂、割据达数百年之久的春秋战国时代，转入大一统中央集权的秦王朝统治时代（白乐天，2000）。

先秦时期，有关鼠灾记述文献不多，虽然早在西周初年至春秋中叶，在《诗经·魏风》中已有鼠害的描绘，如“碩鼠碩鼠，無食我黍”“碩鼠碩鼠，無食我麥”“碩鼠碩鼠，無食我苗”，《诗经》在纪元前就以诗歌的形式，朴素生动的语言，深刻地反映了那个历史时期害鼠给人民带来的疾苦和灾难（《诗·魏风·硕鼠》）。

本文收集到先秦时期的鼠灾、大疫的文献有7篇，其中涉及鼠害的有3篇，几乎都是有关鼷鼠危害供祭祀耕牛的记载。例如，鲁成公七年（公元前584年），“七月，春王正月，鼷鼠食郊牛角，改卜牛，鼷鼠又食其角，乃免牛。”（《春秋·成公》卷九）；又春秋鲁定公十五年（公元前495年），“十又五年，春王正月，【略】鼷鼠食郊牛，牛死，改卜牛。”（《春秋·定公》卷十五）；又春秋鲁哀公元年（公元前494年），“元年，春王正月，【略】鼷鼠食郊牛，改卜牛。”（《春秋·哀公》卷十六）。中国古代祭祀是一项极为神圣和隆重的仪式，祭祀所用供品有严格的规定，不得为人和动物所玷污。上文所提及的鼷鼠，乃鼠类中个体最小的一种，古人以为有毒，啮人畜至死不觉痛，故又称甘口鼠。据郭郛考证，古籍中所称鼷鼠，乃今之小家鼠 *Mus musculus*，属鼠科 Muridae, 为广布种，其栖息生境为住房、粮仓及农田，传染多种疾病（郭郛，2013）。另据我国流行病学专家调查，1901—1964年曾在云南、台湾、浙江、江西、福建、辽宁、黑龙江、吉林、内蒙古、青海、甘肃11省区，在小家鼠体内分离出鼠疫杆菌（中国医学科学院流行病学微生物学研究所，1981）。

先秦时期曾有6次大疫，如公元前674年（春秋鲁庄公二十年）“夏，齊大災”。按《汉书·五行志》称“大災，疫也”（《春秋·庄公二十年》）；公元前642年（春秋鲁僖公十八年），山西恶疫大流行，波及河南；公元前641年（春秋鲁僖公十九年），山西恶疫。文中提及的“恶疫”即鼠疫（伍连德，1929）；公元前369年（战国周烈王七年），“民大疫”（史马迁《史记·六国年表》）；公元前277年（战国周赧王三十八年），“赵惠文王二十二年，大疫”。（司马迁《史记·赵世家》）；公元前243年（战国秦王政四年），“十月庚寅，蝗蟲從東方來，蔽天。天下疫。百姓納粟千石，拜爵一級”（《史记·秦始皇本纪》）。综上所述，先秦时期发生鼠灾和大疫的次数较少，两者均处于历史的最低点。统计结果表明，在这一历史时期，发生鼠灾3次，平均188年发生一次，鼠灾的发生频率为0.53%；发生大疫6次，平均94年发生一次，大疫发生频率为1.06%（表5-17）。据近现代医家的考据，“早在公元前5—前3世纪的春秋战国时期，在《黄帝内经》中即有鼠疫的记载。”（刘云鹏等，2000），如《素问·刺法论》中提及“余聞五疫之至，皆相染易，無問大小，病狀相似，【略】正氣存内，邪不可幹，避其毒氣。”此外，《素问·本病论》中也指出：“厥陰不退位，即大風早舉，時雨不降，濕冷不化，民病瘟疫，疵廢。風生，民病皆肢節痛、頭目痛，伏熱内煩，咽喉乾引飲。”明确指出瘟疫具有传染性、流行性、临床表现相似，发病与气候有关等特点。并指出只要“正气存内”，就能“避其毒氣”（《黄帝内经·素问》；张剑光，1998）。

## 二、汉朝时期鼠灾、大疫的记述

汉朝（公元前206—公元220年）分为西汉（公元前206—公元25年）和东汉（公元25—220年），两汉实际统治时间长达426年，是我国历史上封建王朝统治时间最长的一个朝代，也是中外史学家公认：“汉朝是中国封建的政治、军事、经济、文化得到高度发展”。“这是中国历史上一个值得自豪的时代，他们给中国以领土扩张、文化发扬及商业繁荣的一个黄金时代”。在这个历史时期，中国农业已由从前长期停滞在原始粗耕的水平，进入精耕细作的阶段，铁器农具和牛耕技术得到大力推行，并确立了以农业为基础和以粮食为主导的国民经济体系，形成了以“三河”（河内、河东、河南）为中心的华北平原和关中、巴蜀的农业区，以及以龙门碣石以北和西部边区为主的牧区或半农半牧区，从而使农、牧业生产达到前所未有的水平（白乐天，2000）。汉朝有关鼠灾记载的文献不多，本文仅收集到4篇，其中仅1篇涉及鼠类大范围为害，如东汉光武帝建武九年（公元33年），“六郡八縣，鼠食稼”（汉·伏无忌撰《伏侯古今注·灾异》）。这是我国历史上第一次记载大范围农田鼠类的为害。另有3篇文献记载了鼠的一些怪异行为。例如，**文献一**：汉昭帝元凤元年（公元前80年），“九月，燕有黄鼠銜其尾，舞王宫端門中，往視之，鼠舞如故，王使吏以酒脯祠，鼠舞不休，一日一夜死。”（宋·徐天麟撰《西汉会要》卷三十）。文中所言“黄鼠”可能是当时鼠的古名，但从其毛色及直立状及其地理分布来推测，可能就是现今之黄鼠。黄鼠属松鼠科 Sciuridae 黄鼠属 *Spermophilus*，我国有两种，即达乌尔黄鼠 *Spermophilus dauricus* Brandt, 1843 和赤颊黄鼠 *Spermophilus pallidicauda* Satunin, 1902。前者分布于黑龙江、吉林、辽宁、内蒙古、河北、北京、天津、山东、山西、河南、陕西、宁夏、甘肃、青海；后者分布有明显的局限性，仅分布于内蒙古西部至东南部、新疆准噶尔东北部及甘肃（马勇等，2012；杨奇森，2007）。据我国流行病学专家的调查，两者均为鼠疫等病原的携带者，与我国的鼠疫流行有关（刘云鹏等，2000；中国医学科学院流行病学微生物学研究所，1981）。按文献所指的地理分布，本文所指的黄鼠似应为达乌尔黄鼠 *S. dauricus*（马勇等，2012）。**文献二**：汉成帝建始四年（公元前29年）“建始四年九月，长安城南有鼠銜黄蒿、柏葉，上民冢、柏及榆木上为巢，桐、柏尤多，巢中無子，皆有乾鼠矢數十。”（宋·徐天麟撰《西汉会要》卷三十）。**文献三**：汉光武帝建武六年（公元30年），“九月，大雨連月，苗稼更生，鼠巢樹上”（汉·伏无忌撰《伏侯古今注·灾异》）。文献二、三均未指出鼠名，但依据文献的描绘，该类鼠分布于长安（今陕西省西安市），其生活习性，善攀缘，能上树。由此推测该鼠有可能为鼠科 Muridae 白腹巨鼠 *Leopodamys* sp.。据杨奇森（2007）报道：“该鼠春季后在田间活动，冬季多在岩洞中生活，筑巢于岩缝、灌木丛和杂草丛，无固定洞巢。善攀缘，能上树，活动范围甚广。” 依据上述文献记载，“九月，大雨連月”，为了躲避大雨引发的洪涝灾害，一些善于攀援的鼠类出现“鼠巢树上”的怪异行为，就不足为奇了。现将汉代鼠灾按其发生的时间序列、地理位置、危害严重性及其文献来源等一并列于表5-17、表5-18。由表5-17得知汉代发生鼠灾4次，平均每106.50年发生一次，鼠灾发生频率为0.70%。鼠灾发生的空间分布见表5-19、图5-10。

**表 5-18　汉朝鼠灾发生时间序列**

| 鼠灾发生的时间（公元纪年） | 朝代 | 鼠灾发生地点及灾情 | 文献出处 |
|---|---|---|---|
| 公元前 80 年 | 西汉，汉昭帝元凤元年 | 九月，燕有黄鼠衔其尾，舞王宫端门中，往视之，鼠舞如故，王使吏以酒脯祠，鼠舞不休，一日一夜死 | 《西汉会要》卷三〇 |
| 公元前 29 年 | 西汉，汉成帝建始四年 | 九月，长安城南有鼠衔黄蒿、柏叶，上民冢、柏及榆木上为巢，桐柏尤多，巢中无子，皆有干鼠矢（屎）数十 | 《西汉会要》卷三〇 |
| 30 年 | 东汉，光武帝建武六年 | 九月，大雨连月，苗稼更生，鼠巢树上 | 汉 •伏无忌《伏侯古今注 •灾异》 |
| 33 年 | 东汉，光武帝建武九年 | 六郡八县鼠食稼 | 汉 •伏无忌《伏侯古今注 •灾异》 |

**表 5-19　汉朝鼠灾的空间分布**

| 鼠灾发生的省份 | 鼠灾发生时间（公元纪年）及地点 | 鼠灾发生年份数 | 鼠灾波及县份数 |
|---|---|---|---|
| 河南 | 公元前 80 年（南燕）、30 年（洛阳） | 2 | 2 |
| 陕西 | 公元前 29 年（长安，今西安） | 1 | 1 |
| 六郡八县 | 33 年（六郡八县） | 1 | 六郡八县 |

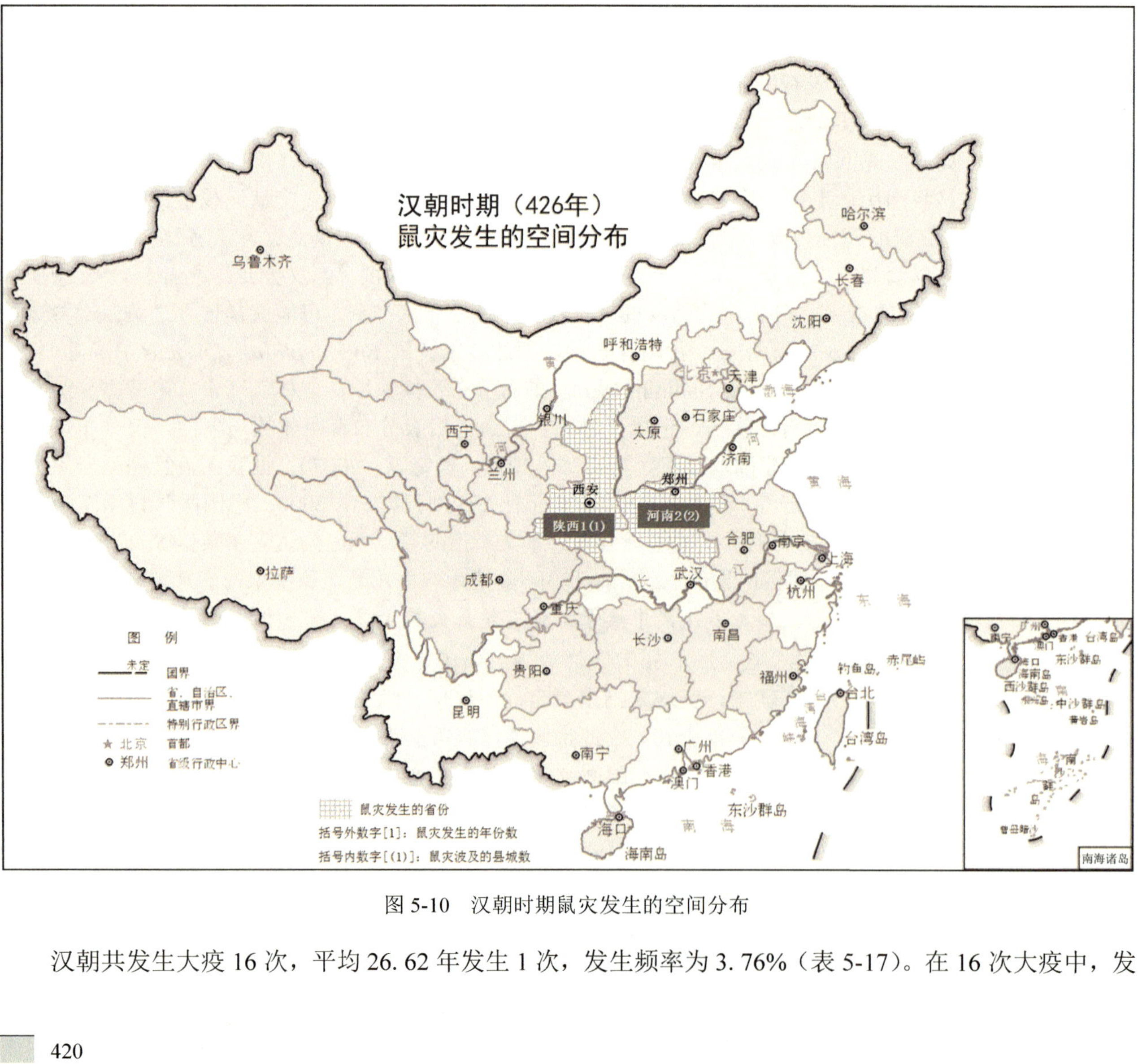


图 5-10　汉朝时期鼠灾发生的空间分布

汉朝共发生大疫 16 次，平均 26. 62 年发生 1 次，发生频率为 3. 76%（表 5-17）。在 16 次大疫中，发生于西汉仅2次（即公元前181年，汉高后七年，据《汉书·西南夷两粤朝鲜传》记载："是年，高后遣隆慮竈擊南越，会暑濕，士卒大疫，兵不能逾嶺。"以及公元前48年，汉元帝初元元年，据《资治通鉴纲目》卷六记载："夏，六月，大疫。詔損膳，减樂府員，省苑馬，以振困乏"（表5-20）。其余14次均发生于东汉。其中在历史上影响较大的大疫，就有公元38年，东汉光武帝建武十四年发生的"会稽大疫"；公元50年，东汉光武帝建武二十六年，发生"郡国七大疫"；公元125年，东汉安帝延光四年的"京师大疫"等。其中，疫病传播惨烈，影响久远，当推公元217年，东汉献帝建安二十二年在中原地区发生的大疫。曹植曾撰写《说疫气》一文，对此次大疫危害之实况，作了十分详尽的描绘："建安二十二年，癘氣流行，家家有僵尸之痛，室室有號泣之哀；或闔門而殪，或覆族而喪。或以爲疫者鬼神所作。夫罹此者，悉被褐茹藿之子，荆室蓬户之人耳。若夫殿处鼎食之家，重貂累蓐之門，若是者鲜焉。此乃陰陽失位，寒暑错時，是故生疫。而愚民懸符厭之，亦可笑也"（三国·曹植《说疫气》）。他以简洁的文字，记述了这场发生在距今1800年的大疫，当时贫困百姓的家庭，有的全家，有的全族几乎无一幸免。但这场灾难是如何发生的？在当时科学极为落后的情况下，不少人认为是鬼神所为。曹植却说，得这病的，全是以粗布为衣、以野菜当饭、住藤屋草房的人，而那些住得好吃得好的人，却极少患此病者。换句话说，落后贫穷，卫生条件不好，是易得此疫的社会原因。而"阴阳失位，寒暑错时"，则是造成疫病的病理根据。"阴阳"之说，原是战国时期兴起的哲学观点，带有朴素的唯物主义思想，后来成为中医学的基础理论之一。曹植对于那种鬼神说嗤之以鼻，嘲笑那种以悬挂符咒来驱赶疫邪，认为这是"愚民"作法，无知而可笑。曹植当然不知道有如今天所认识到的携带细菌或病毒的媒介动物——跳蚤、老鼠，将病原体传播到人群中，而首当其冲的必然是"悉被褐茹藿之子，荆室蓬户之人耳"的那些贫困人家。曹植对当时"大疫"疫情的分析，既有社会学的依据，又符合传统中医的基础理论，是十分难能可贵的（郑荣来，2003）。建安二十二年大疫，据张仲景在《伤寒论》中判断，是伤寒病的流行。但近代医史专家们研究认为，倘若是伤寒或流感，人们不可能死亡得那么快、那么多，所以推断是肺鼠疫（张剑光，1998）。现将汉朝的大疫发生概况，按其发生的时间顺序、大疫发生的空间分布及其文献来源等一并列于表5-20、表5-21。

**表5-20 汉朝大疫发生的时间序列**

| 大疫发生的时间（公元纪年） | 帝王纪年 | 大疫发生地点及灾情 | 文献出处 |
|---|---|---|---|
| 公元前181年 | 西汉，汉高后七年 | 高后遣隆虑灶击南越，会暑湿，士卒大疫，兵不能逾岭 | 《汉书·西南夷两粤朝鲜传》 |
| 公元前48年 | 西汉，汉元帝初元元年 | 夏，六月，大疫。诏损膳，减乐府员，省苑马，以振困乏 | 《资治通鉴纲目》卷六 |
| 37年 | 东汉，光武帝建武十三年 | 扬、徐部大疾疫，会稽江左甚 | 汉·伏无忌《伏侯古今注》 |
| 38年 | 东汉，光武帝建武十四年 | 秋，会稽大疫 | 《资治通鉴·汉纪三五》卷四三 |
| 50年 | 东汉，光武帝建武二十六年 | 郡国七（山阴、梁、沛、彭城、下邳、东海、琅邪）大疫 | 汉·伏无忌《伏侯古今注》 |
| 94年 | 东汉，和帝永元六年 | 四月，会稽大疫 | 清·李亨特修、平恕、徐嵩纂《乾隆绍兴府志·祥异》卷八〇 |
| 125年 | 东汉，安帝延光四年 | 是冬，京师大疫 | 《后汉书·安帝纪》 |
| 151年 | 东汉，桓帝元嘉元年 | 正月，京师疾疫，使光禄大夫将医药案行。二月，九江，庐江大疫 | 《后汉书·桓帝纪》 |
| 161年 | 东汉，桓帝延熹四年 | 正月，大疫 | 《后汉书·桓帝纪》 |
| 171年 | 东汉，灵帝建宁四年 | 三月，大疫，使中谒者巡行致医药 | 《后汉书·灵帝纪》 |
| 173年 | 东汉，灵帝熹平二年 | 正月，大疫，使使者巡行致医药 | 《后汉书·灵帝纪》 |
| 179年 | 东汉，灵帝光和二年 | 春，大疫，使常侍、中谒者巡行致医药 | 《后汉书·灵帝纪》 |
| 182年 | 东汉，灵帝光和五年 | 二月，大疫 | 《后汉书·灵帝纪》 |
| 185年 | 东汉，灵帝中平二年 | 正月，大疫 | 《后汉书·灵帝纪》 |
| 217年 | 东汉，献帝建安二十二年 | 是岁，大疫 | 《后汉书·献帝纪》 |
| 219年 | 东汉，献帝建安二十四年 | 是岁，大疫，（孙权）尽除荆州民租税 | 《三国志·吴书·吴主传》 |

表 5-21　汉朝大疫发生的空间分布

| 大疫发生的省份 | 大疫发生年份（公元纪年）及地点 | 大疫发生年份数 | 大疫蔓延县份数（次） |
|---|---|---|---|
| 广东 | 公元前 181 年（南越国，又称“南粤国”，今广东） | 1 | 1 |
| 陕西 | 公元前 48 年（京师，今西安） | 1 | 1 |
| 河南 | 50 年（京师，今洛阳）、125 年（开封）、149 年（洛阳）、151 年（洛阳）、161 年（洛阳）、171 年（洛阳）、173 年（洛阳）、179 年（洛阳）、182 年（洛阳）、185 年（洛阳）、217 年（洛阳）、219 年（洛阳、郑州等黄河中下游地区或中原地区） | 12 | 12 |
| 河北 | 50 年（郡国七大疫，其中赵国、东平国、河间国等均在今河北省境内） | 1 | 3 |
| 山东 | 37 年（徐州刺史部所属）、50 年（郡国七中的齐国、鲁国、东平国等） | 2 | 4 |
| 安徽 | 37 年（扬州刺史部所属） | 1 | 1 |
| 江苏 | 37 年（扬州刺史部所属）、（徐州刺史部所属） | 1 | 1 |
| 浙江 | 37 年（会稽，今绍兴）、38 年（会稽，今绍兴）、94 年（会稽，今绍兴）、119 年（会稽，今绍兴） | 4 | 4 |
| 江西 | 37 年（扬州刺史部所属地大疫）、151 年（九江、庐江大疫） | 2 | 2 |
| 蔓延县份数（次）总计 | | | 29 |

依据表 5-21 可简略了解两汉时期大疫发生的空间分布概况，西汉时仅在公元前 181 年在南越国（今广东）和公元前 48 年在京师（今西安），各发生一次大疫，其余均发生在东汉，如公元 37 年，“揚、徐部大疾疫，会稽、江左甚”。按照东汉行政区域设置，扬、徐部分别为扬州刺史部，治历阳，辖今安徽、江苏苏州、扬州、江西等地；徐州刺史部，治郯县，辖今山东、江苏等地；会稽，今浙江绍兴。江左是指长江下游江南一带。所以扬、徐部大疾疫，所指的地域应包括山东、江苏、安徽、江西等地，会稽则应为浙江绍兴等地，其中浙江北部地区疫情最重，死亡人数最多，故史称“会稽江左甚”。又如公元 50 年（东汉光武帝建武二十六年），“郡國七大疫”，由于史书失载，难以考证具体哪 7 个郡国。据龚胜生和叶护平（2007）考证，西汉十三刺史部共有 20 国，东汉建武十三年（公元 37 年），省并之后，存有梁国、赵国、中山国、信都国、淮扬国、东平国、广陵国、楚国、鲁国、长沙国共十国。除长沙国、广陵国在长江流域外，其余均在黄河流域。另据考证，郡国七中包括京师洛阳在内，故郡国七应在京师附近。另据张德二（2013）《中国三千年气象记录总集》（增订本，第一册）所注，郡国七指：琅邪郡、东海郡、沛郡、梁国、山阳郡、下邳、彭城。由此推断，郡国七大疫，似应包括今之河南、山东、安徽、江苏等地（龚胜生，2007）。依据表 5-21 的统计，东汉大疫发生的核心区域，北方以京师所在地河南省及其附近郡国发生大疫的年份最多，达 12 次；其次为山东（2 次），基本在黄河中下游流域；南方以浙江的会稽为核心（4 次），其次是江西九江（2 次），基本发生在长江中下游地区（表 5-21、图 5-11）。

## 三、三国晋时期鼠灾、大疫的记述

这一时期自三国鼎立（公元 220—265 年）至晋・十六国（公元 265—420 年），统治时间约 200 年。三国晋时期是中国历史上的大分裂时期，社会动荡，战乱频仍（白天乐，2000）。本文共收集文献 20 余篇，其中记载鼠灾发生 3 次,平均 66.67 年发生一次，鼠灾发生频率为 1.50%；记载大疫发生 21 次，平均 9.52 年发生一次，大疫发生频率 10.50%（表 5-17），上述数据清晰地表明，三国晋时期是我国历史上的**第一个疫灾高峰期**，现将鼠灾及大疫发生的时间序列及空间分布等分别列于表 5-22—表 5-25。

依据表 5-22，三国时期仅记载了一次鼠灾，即齐王正始元年（公元 240 年）“八月，涇州黄鼠、蝗蟲、班蟲，河州蚜蚄、班蟲；涼州、司州、恒农郡，蝗蟲並爲災。”（三国魏・魏收撰《魏书・志第十七・灵

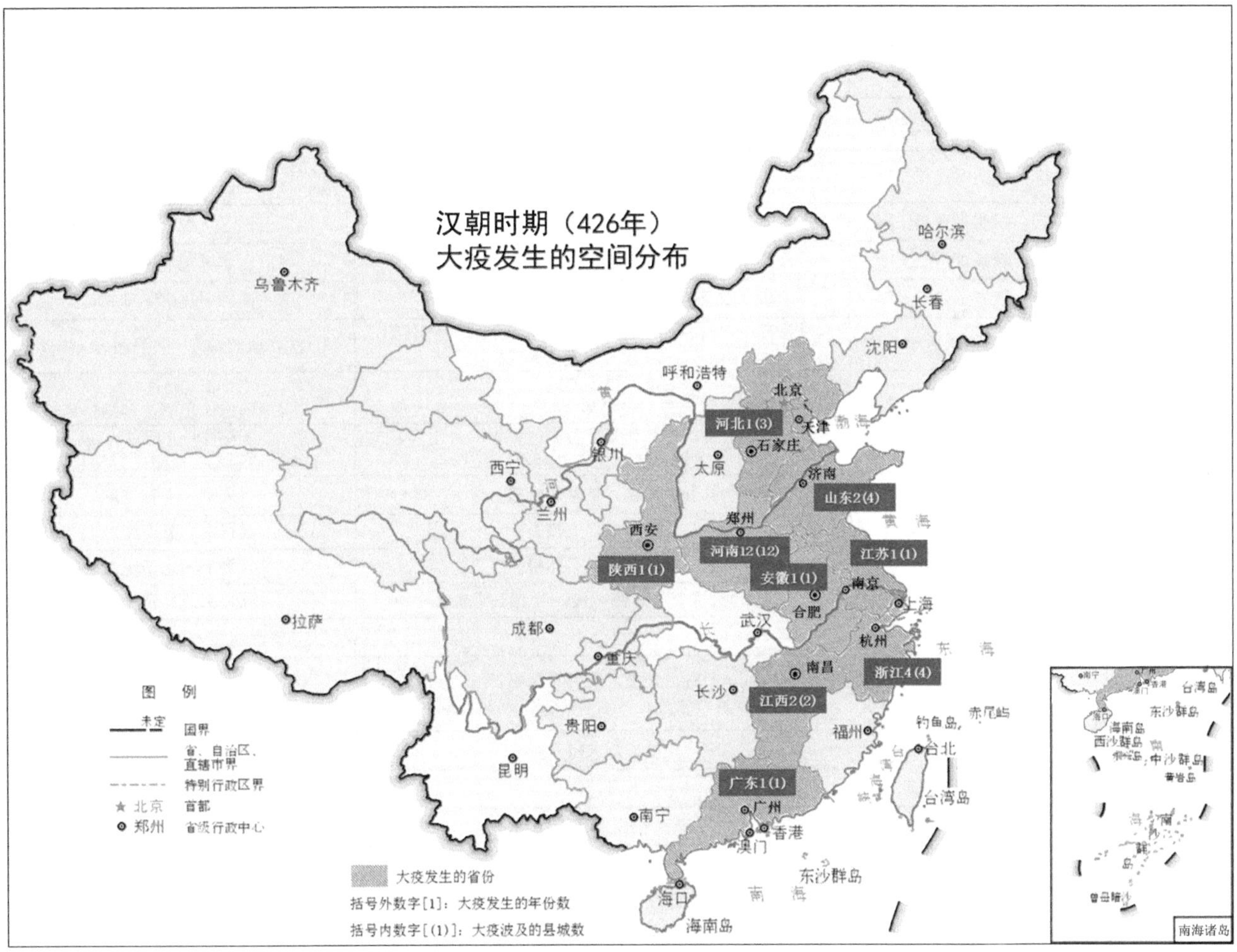


图 5-11　汉朝时期大疫发生的空间分布

**表 5-22　三国晋时期鼠灾发生的时间序列**

| 鼠灾发生的时间（公元纪年） | 帝王纪年 | 鼠灾发生地点及灾情 | 文献出处 |
|---|---|---|---|
| 240 年 | 齐王正始元年 | 八月，泾州黄鼠、蝗虫、班虫；河州虸蚄、班虫；凉州、司州、恒农郡，蝗虫并为灾 | 三国魏·魏收撰《魏书·志第十七·灵征八上》卷一一二上 |
| 283 年 | 晋武帝太康四年 | 会稽蟛蜞及蟹皆化为鼠，甚众，复大食稻为灾 | 唐·房玄龄等撰《晋书·五行志》卷二十九；《浙江通志·祥异上》卷一〇八 |
| 288 年 | 晋武帝太康九年 | 夏四月，陇西陨霜。乞伏乾归未亡时，抱罕金城，见鼠有数万头，将诸小鼠各衔马屎，群移而渡洮河 | 清·呼延华国纂修，郝永茂补刊《甘肃省狄道州志·祥异》卷一一。中国方志丛书 |

**表 5-23　三国晋时期鼠灾发生的空间分布**

| 鼠灾发生省份 | 鼠灾发生年份（公元纪年）及地点 | 鼠灾发生年份数 | 鼠灾波及县份数（次） |
|---|---|---|---|
| 甘肃 | 240 年（泾州，今泾川）、288 年（金城，今兰州、洮水、灑水） | 1 | 4 |
| 浙江 | 283 年（会稽，今绍兴） | 1 | 1 |
| 波及县份数（次） | | | 5 |

**表 5-24 三国晋时期大疫发生的时间序列**

| 大疫发生时间（公元纪年） | 帝王纪年 | 大疫发生地点及灾情 | 文献出处 |
|---|---|---|---|
| 223 年 | 三国，魏文帝黄初四年 | 三月，宛、许大疫，死者数万；黄初四年，会天大疫 | 梁·沈约撰《宋书·五行志》；《资治通鉴·魏纪二》卷七〇 |
| 234 年 | 三国，魏明帝青龙二年 | 夏四月，大疫。是年，夏及冬，大疫 | 《资治通鉴·魏纪四》卷七二；《晋书·天文志》下 |
| 235 年 | 三国，魏明帝青龙三年 | 正月，京都大疫 | 《三国志·魏书·明帝纪》 |
| 242 年 | 三国，魏齐王正始三年 | 是岁大疫 | 《三国志·吴书·吴主传》 |
| 253 年 | 三国，魏齐王嘉平五年 | 四月，诸葛恪围新城，大疫，兵卒死者大半 | 《三国志·吴书·孙亮传》 |
| 268 年 | 晋武帝秦始四年 | 六月壬寅，太白犯奥，鬼占曰：民大疾死，不收其年，普天大疫 | 清·沈青崖等编纂《陕西通志·祥异一》 |
| 274 年 | 晋武帝秦始十年 | 大疫，吴土亦同。自改元（凤凰元年）及是岁（凤凰三年），连大疫 | 《宋书·五行志》；《三国志·吴书·孙皓传》 |
| 275 年 | 晋武帝咸宁元年 | 冬十一月，大疫，京都死者十万人；冬十二月丁亥，大疫，洛阳死者以万数 | 《宋书·五行志》；《资治通鉴·晋纪二》卷八〇 |
| 291 年 | 晋惠帝元康元年 | 五月，秦、雍两州疾疫 | 《宋书·五行志》 |
| 292 年 | 晋惠帝元康二年 | 十一月，大疫 | 《晋书·惠帝纪》 |
| 297 年 | 晋惠帝元康七年 | 七月，雍、梁州疫 | 《晋书·惠帝纪》 |
| 310 年 | 晋怀帝永嘉四年 | 十一月，【略】襄阳大疫，死者三千余人 | 《晋书·怀帝纪》 |
| 312 年 | 晋怀帝永嘉六年 | 是岁大疫 | 《资治通鉴·晋纪十》卷八八 |
| 322 年 | 晋元帝永昌元年 | 十月，大疫，死者十二三。十一月，大疫，死者十二三，河朔亦同 | 《晋书·元帝纪》；《宋书·五行志》 |
| 350 年 | 晋穆帝永和六年 | 是岁，大疫。 | 《晋书·穆帝纪》 |
| 353 年 | 晋穆帝永和九年 | 五月，大 | 《晋书·穆帝纪》 |
| 369 年 | 晋海西公太和四年 | 冬，大疫 | 《宋书·五行志》 |
| 380 年 | 晋孝武帝太元五年 | 五月，自冬大疫，至于此夏，多绝户者 | 《宋书·五行志》 |
| 397 年 | 晋安帝隆安元年 | 八月丙寅朔，（北魏）帝进军九门，时大疫，人马牛死者十五六 | 《北史·魏太祖纪》 |
| 405 年 | 晋安帝义熙元年 | 十月，大疫，发赤斑乃愈 | 《宋书·五行志》 |
| 411 年 | 晋安帝义熙七年 | 春，大疫 | 《宋书·五行志》 |

**表 5-25 三国晋时期大疫发生的空间分布**

| 发生大疫的省份 | 大疫发生年份（公元）及地点 | 大疫发生年份数 | 大疫蔓延县份数（次） |
|---|---|---|---|
| 北京 | 322 年（北方河朔地区的东部，包括今北京、天津、河北全部及河南） | 1 | 1 |
| 天津 | 322 年（北方河朔地区的东部，包括今北京、天津、河北全部及河南） | 1 | 1 |
| 河北 | 322 年（北方河朔地区的东部包括河北全部及河南）、397 年（九门在常山郡，今石家庄） | 2 | 2 |
| 山西 | 322 年（北方河朔地区包括今山西东部地区） | 1 | 1 |
| 山东 | 322 年（北方河朔地区包括今山东大部） | 1 | 1 |
| 河南 | 223 年（宛，今河南南阳；许，今许昌，下同）、234 年（许）、235 年（洛阳）、242 年（洛阳）、274 年（洛阳）、275 年（洛阳）、276 年（洛阳）、292 年（洛阳）、312 年（洛阳） | 9 | 10 |
| 安徽 | 253 年（新城，今合肥） | 1 | 1 |
| 江苏 | 274 年（苏州、建康，今南京，下同）、322 年（建康）、350 年（建康）、353 年（建康）、369 年（广陵，今扬州）、380 年（建康）、405 年（建康）、411 年（建康） | 8 | 9 |
| 甘肃 | 291 年（秦州，今甘肃天水地区） | 1 | 1 |
| 陕西 | 291 年（雍州，今陕西关中地区）、297 年（梁州，今陕西汉中地区） | 2 | 2 |
| 湖北 | 310 年（襄阳） | 1 | 1 |
| 云南 | 306 年（宁州，今云南华宁） | 1 | 1 |
| 蔓延县份数 | | | 31 |

征八上》)。上文中的泾州,即现甘肃泾川,文中所指“黄鼠”,依据其地理分布,应为达乌尔黄鼠*S. dauricus*。此外,本文参考了美籍探险家罗伯特·斯特林·克拉克等于1908年组建的一支考察队的调查结果。这支考察队穿越陕甘,收集了部分动植物标本,并撰写了《穿越陕甘——1908—1909年克拉克考察队华北行纪》,他们采集的标本存于美国国家博物馆,并在大英博物馆进行鉴定。他在甘肃隆德县、兰州府、宁静州等地采集到9号黄鼠标本,定名为欧黄鼠 *Citellus mongolicus*, M. Edwards,即现今的达乌尔黄鼠 *Spermophilus dauricus* Brandt, 1843(罗伯特·斯特林·克拉克,2010)。另外两次鼠灾均发生在晋武帝(司马炎)太康年间,其一为晋武帝太康四年(公元283年),“会稽蟛蜞及蟹皆化爲鼠,甚衆,復大食稻爲災。”(唐·房玄龄等撰《晋书·五行志》卷二十九)。该次鼠灾在古籍中记载甚多,除正史《晋书》外,各种重要方志,如《嘉靖浙江通志》《乾隆绍兴府志》等亦多有记叙。文中的蟛蜞,又称螃蜞、相手蟹,类似螃蟹,但体形比螃蟹要小。蟛蜞种类较多,常见的根据其一双螯足的颜色分为“红螯”“白螯”两类,头胸甲略呈方形,螯足无毛,步足有毛,主要穴居于海边或江河口岸滩,一些地方的山涧小溪和水稻田也有(刘文亮和何文珊,2007)。至于文中“蟛蜞及蟹皆化爲鼠”一说,为古代流传颇广的“化生说”的观点,认为“世間生物可於無中生有,或各種生物可以遞嬗蜕變”(胡先骕,1920),它起了误导人们对自然界动物产生错误认识的作用,当然不可信,但“化生说”能广泛、长期起这种误导作用的原因,却值得我们深入探讨(赵云鲜,1995);其二发生在晋武帝太康九年(公元288年),“夏四月,隴西隕霜。乞伏乾歸未亡時,抱罕金城,見鼠有數萬頭,將諸小鼠各銜馬屎,群移而渡洮、灑二水。”(清·呼延华国纂修,郝永茂补刊《甘肃省狄道州志·祥异》卷一一)。文中记述乞伏乾归(?—412年)为西秦高祖,西秦烈祖乞伏国仁弟。乞伏乾归在位期间,占据陇西全境,统治金城(今甘肃兰州)时,曾见鼠数万头,各衔马屎,群移而渡洮、灑二水。文中洮水一名巴尔西河。源出临潭县西南之西倾山,径县南东流,蜒婉曲折入岷县、又北出临洮县西南境,盘束山中数百里,途容纳小河流二十余道,如宗丹河、末邦河、东峪河,红道峪诸水皆汇之。然后始径临洮城南,又西北入皋兰县境,合湟水注于黄河。这是古籍中首次记载群鼠渡河的壮观场面。由于作者未提供该次鼠类大规模渡河迁徙的有关信息,故其渡河之原委及鼠种,难以判断。在这一历史时期,也是疫病高发期,仅大疫就达21次之多,其中肯定有部分“大疫”与鼠有关,但是无法作出判断。现依据表5-24中具代表性的6次大疫案例,简介如下:**大疫案例一**:公元223年,三国魏文帝黄初四年,“三月,宛、許大疫,死者數萬”(梁·沈约撰《宋书·五行志》)。文中提及的“宛”,为古时楚国地名,秦昭襄王置县,治所在今河南南阳,战国时为楚著名铁产地。秦以后为南阳郡治所;文中提及的“许”,即许都,中国古都之一,位于今河南许昌东部15公里的张番乡古城村。东汉建安元年(196年),曹操迎汉献帝自洛阳迁都于此,今河南许昌。**大疫案例二**:公元235年,三国魏明帝青龙三年,“正月,京都大疫”(《三国志·魏书·明帝纪》)。文中“京都”是指今河南省洛阳市。**大疫案例三**:公元253年,三国魏齐王嘉平五年,“四月,(諸葛恪)圍新城,大疫,兵卒死者大半”(《三国志·吴书·孙亮传》)。文中诸葛恪围新城之役,发生在公元253年7月,东吴太傅诸葛恪[元逊]率大军围新城(今安徽合肥西)。魏将张特带领部众死守,并用诈降之计欺骗吴军。时值大暑天气,吴军昼夜攻城,疲劳不堪,不少士卒因为气候和生活不适,上吐下泻,浮肿患病,无法继续作战。**大疫案例四**:晋武帝泰始十年(公元274年),“大疫,吴土亦同”(《宋书·五行志》)。文献披露该次大疫已蔓延至吴国孙权的地盘,这一事实,也在同年的另一篇文献中得到证实。“自改元及是歲,連大疫。”(《三国志·吴书·孙皓传》)。在这些史料中,比较惨烈,死亡人数众多的疫病记载,有**大疫案例五**:“晉武帝咸寧元年(公元275年),十一月,大疫,京都死者十萬人。”(《宋书·五行志》);“同年,十二月,大疫,洛陽死者大半”(《晋书·武帝纪》)。令人遗憾的是,上述文献均未披露疫病的详细信息,也未涉及任何鼠种,只能留待今后史学家作进一步考证。不过上述史料已充分说明,在三国晋时期,大疫的发生十分频繁,据统计,共发生大疫21次,即每9.52年发生一次,发生频率高达10.50%,呈现自先秦、两汉以来的**第一个大疫高峰期**(表5-17)。在这一历史时期,大疫的空间分布,呈现出南北两个“大疫核心区”

北方以河南的洛阳为代表（大疫发生年份达 9 次，蔓延县府数达 10 个次）；南方以江苏的建康（今南京）为代表（大疫发生年份达 8 次，蔓延县府数达 8 个次），洛阳和建康分别为西晋和东晋的都城，表明大疫的发生似乎与人口、人员的流动及商业的繁荣有一定联系（表 5-25、图 5-12）。

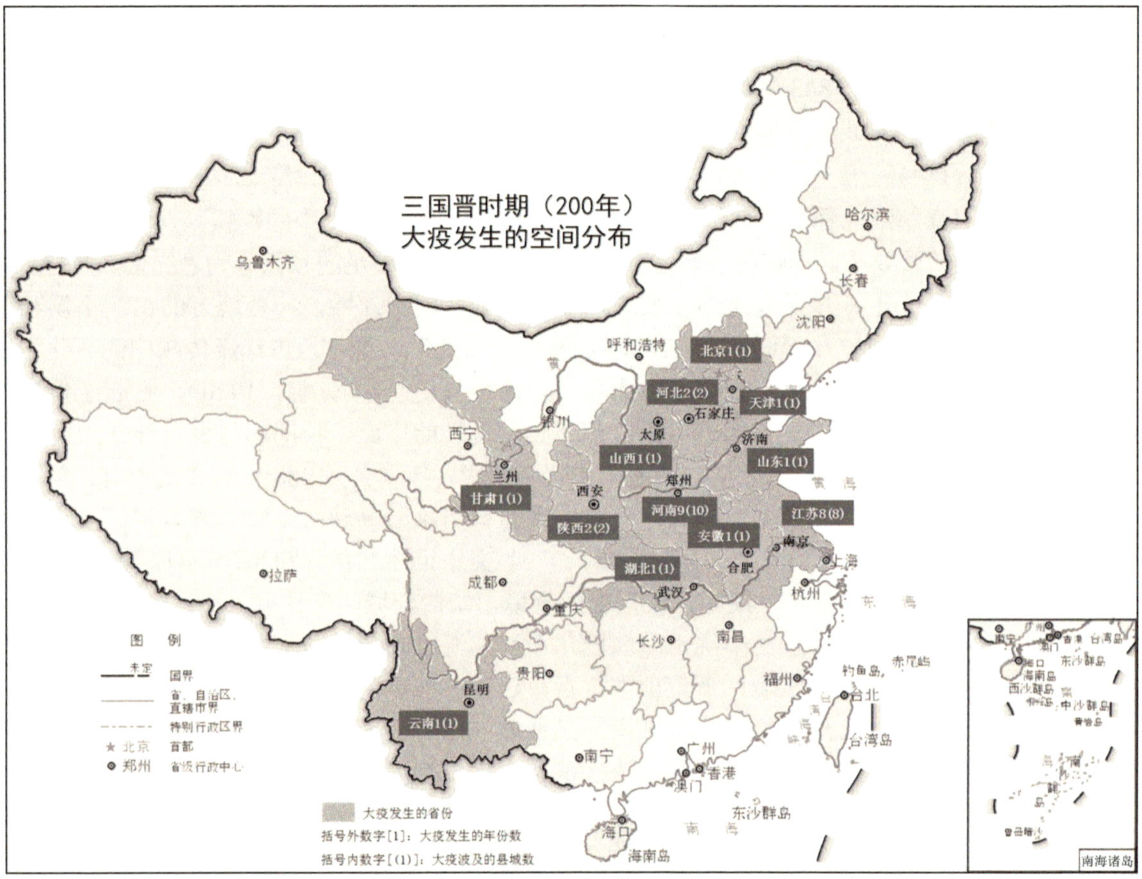


图 5-12 三国晋时期大疫发生的空间分布

## 四、南北朝时期鼠灾、大疫的记述

南北朝（公元 420-589 年）是我国历史上一个重要的时期，时间跨度约 169 年。是中国历史上的大分裂时期，社会动荡，战乱频仍，同时也是自三国晋第一个疫灾高峰期后的延续时期。在这一历史时期，地质、气象灾害及虫灾频发，鼠灾有 4 次，属中、小发生，平均 40.00 年发生一次，发生频率 2.50%；大疫（包括死亡率甚高的疠疫）约有 13 次，平均每 12.31 年发生一次，发生频率为 8.12%。大疫发生频率略低于三国晋时期，但均显著高于先秦及两汉（表 5-17）。现分别将这一历史时期的鼠灾及大疫发生的时间序列及空间分布及其文献来源等列于表 5-26—表 5-29。

**表 5-26 南北朝时期鼠灾发生的时间序列**

| 鼠灾发生时间（公元纪年） | 帝王纪年 | 鼠灾发生地点及危害 | 文献 |
| --- | --- | --- | --- |
| 463 年 | 宋孝武帝大明七年 | 是年春，太湖边忽多鼠。其年夏，水至，悉变成鲤鱼。【略】明年大饥 | 梁・沈约撰《宋书・五行志》卷三十四 |
| 477 年 | 孝文帝太和四年 | 大水，鼠害稼 | 清・许应镕等纂《同治南昌府志・祥异》卷六十五 |
| 507 年 | 梁武帝天监六年 | 八月，泾州黄鼠【略】、蝗虫并为灾 | 《魏书・灵征志》卷一一二 |

**表 5-27　南北朝时期鼠灾发生的空间分布**

| 发生鼠灾省份 | 鼠灾发生年份（公元）及地点 | 鼠灾发生年份数 | 鼠灾波及县份数（次） |
| --- | --- | --- | --- |
| 浙江 | 463 年（乌程，今湖州） | 1 | 1 |
| 江苏 | 463 年（苏州） | 1 | 1 |
| 江西 | 477 年（南昌） | 1 | 1 |
| 甘肃 | 507 年（泾川） | 1 | 1 |
| 鼠灾波及县份数（次） | | | 4 |

**表 5-28　南北朝时期大疫发生的时间序列**

| 大疫发生时间（公元纪年） | 帝王纪年 | 大疫发生地点及疫情 | 文献 |
| --- | --- | --- | --- |
| 447 年 | 南北朝宋文帝元嘉二十四年 | 六月，京邑疾疫 | 《宋书·文帝纪》 |
| 452 年 | 南北朝南安王永平三年 | 四月，襄、陵二县大疫，自正月至此月，死者二千七百三十人 | 清·储大文等编纂《山西通志·祥异》卷一六二 |
| 454 年 | 南北朝宋孝武帝孝建元年 | 吴（兴）郡钱塘县（今杭州）大疫 | 宋史·五行志 三 |
| 457 年 | 南北朝宋孝武帝大明元年 | 四月，京邑疾疫 | 《宋书·孝武帝纪》 |
| 460 年 | 南北朝宋孝武帝大明四年 | 四月，（宋）京邑疾疫 | 《宋书·五行志》 |
| 468 年 | 南北朝宋明帝秦始四年 | 十月，豫州疫，民死十四五万 | 《魏书·灵征志》 |
| 477 年 | 南北朝孝文帝太和元年 | 春，浙西大疫 | 《民国杭州府志·祥异》卷八二；《康熙仁和县志·祥异》卷二五 |
| 483 年 | 南北朝孝文帝太和六年 | 夏五月，杭州灾疫 | 《康熙仁和县志·祥异》卷二五 |
| 501 年 | 南北朝南齐和帝中兴元年 | 七月（郢城降），初，郢城之闭，将佐文武男女口十余万人，疾疫流肿，死者十七八 | 《梁书·武帝纪》 |
| 510 年 | 南北朝梁武帝天监九年 | 四月平阳郡之禽昌、襄陵二县大疫，死者二千七百三十人 | 《北史·魏世宗纪》 |
| 515 年 | 梁武帝天监十四年 | 夏日疾疫，死者相枕，蝇虫昼夜声相合 | 《梁书·康绚传》 |
| 529 年 | 梁武帝中大通元年 | 六月，都下疫甚 | 《南史·梁武帝纪纪》下 |
| 565 年 | 陈文帝天嘉六年 | 是岁，河南大疫 | 《北齐书·后主纪》 |

**表 5-29　南北朝时期大疫发生的空间分布**

| 发生大疫省份 | 大疫发生地点 | 大疫发生年份数 | 大疫蔓延县份数（次） |
| --- | --- | --- | --- |
| 江苏 | 447 年（建康，今南京）、457 年（京邑，即南京，下同）、460 年（京邑）、529 年（都下，今南京） | 4 | 4 |
| 浙江 | 454 年（吴兴郡钱塘县，今杭州）、477 年（浙西）、483 年（杭州） | 3 | 3 |
| 河南 | 468 年（豫州，今河南）、565 年（河南） | 2 | 2 |
| 湖北 | 501 年（郢城，今武昌） | 1 | 1 |
| 山西 | 510 年（平阳郡之禽昌、襄陵，今山西临汾） | 1 | 2 |
| 安徽 | 515 年（凤阳） | 1 | 1 |
| 蔓延县份数总计 | | | 13 |

表 5-26 中提及“泾州”在今甘肃泾川，在表 5-26 中文献记载的“黄鼠”，依据其地理分布应为达乌尔黄鼠 *S. dauricus*（马勇等，2012）。

表 5-29 中提及的豫州位于九州之中，东接山东、安徽，北接河北、山西，西连陕西，南临湖北，历史上曾几度达到鼎盛时期，长期为中国的政治经济和文化中心。今河南省大部古属豫州，故简称“豫”。此次“豫州疫”就其死亡人数来看，应属烈性传染病。文中“郢城”为古地名，今武汉市武昌。此次疾疫“将佐文武男女口十余万人”，其中死亡人数高达十之七八，实属罕见。此疫为烈性传染病当为不争之

事实。文中“都下”为古地名，今江苏省南京市。上述在南北朝发生的大疫（疾疫）大多属烈性传染病，其特征是传染迅速，死亡率极高，但是否与鼠类等媒介有关，由于缺乏相关文献，无法确认（《宋史·五行志三》）。在南北朝时期，大疫的空间分布大体北方以河南为核心；南方以江苏、浙江为核心，即大体仍保持黄河中下游和长江中下游人口稠密，商业繁荣的京师、都城地区为大疫的主要流行区，并出现了大疫核心区南移的趋势（表 5-28、表 5-29、图 5-13）。

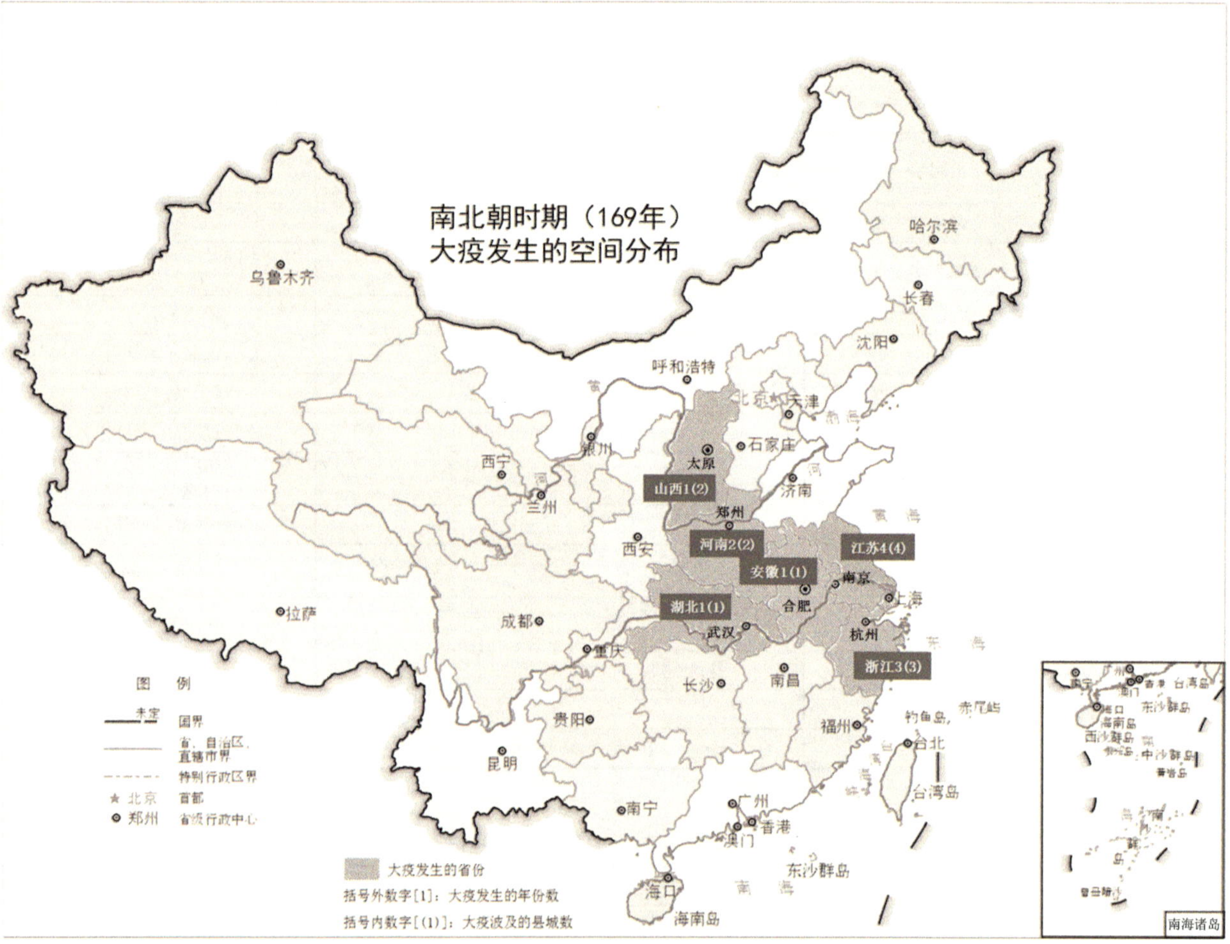


图 5-13　南北朝时期大疫发生的空间分布

## 五、隋唐时期鼠灾、大疫的记述

隋唐时期为隋朝（581—618 年）和唐朝（618—907 年）两个朝代的合称，其统治时间长达 326 年，是中国历史上最强盛的时期。在经历了五胡乱华和南北朝两个漫长时期后的两个大一统皇朝。两朝在政治、军事、文化、经济、科技上达到前所未有的发展，史学家常把“隋唐”并称。在这 300 多年间，中国的封建社会得到很大的发展。隋朝鼎盛时期北至东北辽宁一带，西至新疆的塔克拉玛干沙漠地区，东临东海，南至越南北部一带。唐朝鼎盛时期北至贝加尔湖以北和外兴安岭，西至中亚的咸海，东至库页岛，南至越南北部（白天乐，2000）。在这一历史时期，共发生鼠灾 12 次，平均每 27.17 年发生一次，鼠灾发生频率 3.68%。发生大疫 17 次，平均每 19.18 年发生一次，大疫发生频率为 5.21%（表 5-17）。现将这一历史时期的鼠灾和大疫发生的时间序列和空间分布等分别列于表 5-30—表 5-33。

**表 5-30 隋唐时期鼠灾发生的时间序列**

| 鼠灾发生时间（公元纪年） | 帝王纪年 | 鼠灾发生地点及危害 | 文献 |
|---|---|---|---|
| 588 年 | 隋文帝开皇八年 | 四月戊申，有群鼠无数，自蔡洲岸入石头，度淮，至于青塘两岸，数日死，随流出江。是月，郢州南浦水黑如墨 | 《陈书·后主纪》 |
| 618 年 | 唐高祖武德元年 | 秋，李密、王世充隔洛水相拒，密营中鼠一夕渡水尽去。占曰：鼠无故皆夜去，邑有兵 | 《新唐书·五行志》一；《河南通志·星野·祥异附》卷五 |
| 639 年 | 唐太宗贞观十三年 | 建州鼠害稼 | 《新唐书·五行志》一 |
| 647 年 | 唐太宗贞观二十一年 | 渝州鼠害稼 | 《新唐书·五行志》一 |
| 683 年 | 唐高宗弘道元年 | 弘道初，梁州仓有大鼠，长二尺余，为猫所啮，数百鼠反啮猫。少选，聚万余鼠，州遣人捕击杀之，余皆去 | 《新唐书·五行志》卷三四 |
| 707 年 | 唐中宗景龙元年 | 基州鼠害稼 | 《新唐书·五行志》一 |
| 714 年 | 唐玄宗开元二年 | 韶州鼠害稼，千万为群。<br>鼠害稼，千万余群。是岁大饥，民采食竹实食之。<br>曲江鼠害稼，千万为群 | 《旧唐书·五行志》<br>清龚耿光纂修《道光佛冈县直隶军民厅志·庶征》卷三<br>《光绪曲江县志·祥异》卷三 |
| 758 年 | 唐肃宗乾元元年 | 乾元历成，是月岳州田鼠食稼 | 《宋史》卷四 |
| 839 年 | 唐文宗开成四年 | 是岁，江西鼠害稼。温、台、明等州饥。<br>开成四年，【略】自是国中地震裂，水泉涌，岷山崩，洮水逆流三日，鼠食稼，人饥疫，死者相枕藉 | 《新唐书·五行志》二<br>《新唐书·吐蕃传》下 |
| 870 年 | 唐懿宗咸通十一年 | 十二月正月，汾州孝义县民家鼠多衔蒿刍巢树上。鼠穴居，取穴登木，贱人将贵之象 | 清·储大文等编纂《山西通志·祥异一》卷一六 |
| 876 年 | 唐僖宗乾符三年 | 秋，河东诸州多鼠，穴屋坏衣，三月止，鼠盗也 | 清·储大文等编纂《山西通志·祥异一》卷一六二 |
| 879 年 | 唐僖宗乾符六年 | 三月不雨，秋成，忽生石鼠，夜出食谷殆尽 | 《方舆汇编·职方典·苏州府部》卷六八七 |

**表 5-31 隋唐时期鼠灾发生的空间分布**

| 鼠灾发生省份 | 鼠灾发生年份（公元纪年）及地点 | 鼠灾发生年份数 | 鼠灾波及县份数（次） |
|---|---|---|---|
| 湖北 | 588 年（蔡洲，今枣阳；郢州，今武昌）、707 年（基州，今钟祥） | 2 | 3 |
| 河南 | 618 年（洛水）、683 年（梁州，今商丘） | 2 | 2 |
| 山西 | 639 年（建州，今晋城）、870 年（汾州，今隰县）、876 年（河东诸州，今山西省各县市） | 3 | 3 |
| 重庆 | 647 年（渝州，今重庆） | 1 | 1 |
| 广东 | 714 年（韶州，今韶关曲江） | 1 | 2 |
| 湖南 | 758 年（岳州，今岳阳） | 1 | 1 |
| 安徽 | 839 年（江西，今皖南地区） | 1 | 1 |
| 江苏 | 839 年（江西，今苏南地区） | 1 | 1 |
| 浙江 | 839 年（温州、台州、明州，分别为今温州、台州及宁波）、879 年（乌程，今湖州） | 2 | 4 |
| 福建 | 639 年（建州，今福建省闽北及闽中等地） | 1 | 1 |
| 甘肃 | 839 年（岷山、洮水） | 1 | 1 |
| 波及县份数总计 | | | 20 |

隋朝只发生一次鼠灾，也未发生过“大疫”之类的烈性疾疫。此次鼠灾发生于公元 588 年，隋文帝开皇八年，“四月戊申，有群鼠無數，自蔡洲岸入石頭，度淮至於青塘两岸，數日死，隨流出江。是月，郢州南浦水黑如墨。”（《陈书·后主纪》）。文献描述了隋文帝开皇八年四月，有成群无法记数的黑色老鼠，自蔡洲（今湖北襄阳襄水流入汉水的交汇处）、郢州（隋以前的郢州一般指后来的鄂州，治所在今武昌）渡淮。这是中国史书中第二次记载成群的鼠渡江的场面。另外 11 次鼠灾均发生在唐朝，其中有 5 次鼠灾发生的规模都在“州”的范围内，危害局部地区的庄稼。例如，公元 639 年，唐太宗贞观十三年，“建州

鼠害稼”（《新唐书·五行志》）。建州即今福建省闽北及闽中等地。公元 647 年，“唐太宗貞觀二十一年，渝州鼠害稼”（《新唐书·五行志》），渝州（隋初改楚州为渝州，治巴县），即今重庆（《新唐书·五行志》）。公元 683 年，“弘道初，梁州（今河南商丘地区）倉有大鼠，……聚萬餘鼠”（《新唐书·五行志》。公元 707 年，“唐中宗景龍元年，基州鼠害稼。”（《新唐书·五行志》一），基州即今湖北省钟祥市南部一带。公元 714 年，“唐玄宗開元二年，韶州（今广东韶关）鼠害稼，千萬爲群”（《旧唐书·五行志》）。显然，这是一次种群大发生，但文献未记载危害的范围。公元 839 年，唐文宗开成四年，“是歲，江西鼠害稼。温、台、明等州饑。”（《新唐书·五行志》二）。在此需要说明的是，引文中江西，非现今之江西省，而是指长江在自芜湖至南京一段向东北方向斜流，而以此段江为标准确定东西和左右，江西是指此段长江西侧所属的地域，即今之皖北、苏北部分地区；江东则是指长江下游江南一带，即今之皖南、苏南、浙江、上海一带。上述史书上提到的江东、江西等名称，只是一个自然地理概念，并不是政区的概念。看来，唐文宗开成四年这次鼠灾为害不轻，酿成温、台、明等州的饥荒。上述温、台、明等州在唐朝时均属江南东道，辖今之浙江、福建及江苏长江以南地区。文中温、台、明等州，分别为今浙江省温州、台州和宁波。同年，在甘肃省发生大地震，“自是國中地震裂，水泉涌，岷山崩，洮水逆流三日，鼠食稼，人饑疫，死者相枕藉。”（《新唐书·吐蕃传》下）。显然，这是在同一年（开成四年）发生在甘肃岷山山系、洮水一带的地震，并引发“岷山崩”“洮水逆流三日”等一系列的地质灾害，鼠灾也与此相伴随，真是祸不单行，致使“人饑疫，死者相枕藉”。公元 876 年，唐僖宗乾符三年，“秋，河東諸州（指今山西省各府縣）多鼠，穴屋、壞衣，三月止”（《新唐书·五行志》二 ）。公元 879 年，唐僖宗乾符六年，浙江乌程（今浙江湖州）“三月，不雨，秋成，忽生石鼠，夜出食穀殆盡”（《新唐书·五行志》二）。文中石鼠，又称鼫鼠，属仓鼠科 Cricetidae 一类的农田害鼠，其最大的形态特征是具有颊囊，在盗食食物时，可将食物储藏在颊囊内，运回巢内储存。故古人又称之为“搬仓”（王祖望等，2015；马勇等，2012；高明乾等，2005）。就隋唐时期鼠灾空间分布而言，该历史时期共有 16 个年份，在 11 个省份发生鼠灾。其中北方有 6 个年份，在 3 个省份发生鼠灾；南方有 10 个年份，在 8 个省份发生鼠灾。鼠灾的发生频次南方明显多于北方（表 5-31）。

隋唐时期发生过 17 次大疫，平均每 19.18 年发生一次，大疫发生频率 5.21%（表 5-17）。限于篇幅，本文只介绍其中几次具有代表性的大疫疫情发生状况。**大疫案例一：**自公元 636 年，太宗贞观十年，关内、河东大疫（《新唐书·五行志》三）。文中“关内”在秦汉时称函谷关内侧（靠近当时国都长安的一侧）为关内，外侧为关外。“河东”指黄河由北向南流经山西省的西南境，因在黄河以东，故这块地方古称河东，今山西省。**大疫案例二：**公元 762 年，唐代宗宝应元年，“是歲，江東大疫，死者過半”（《旧唐书·代宗纪》）。上文的“江东”是指今安徽芜湖以下的长江下游江南地区。自公元 641（贞观十五年）至公元 648 年（贞观二十二年）短暂的 7—8 年时间，又连续在各州发生疫灾达 5 次之多。**大疫案例三：**公元 642 年，贞观十六年，“夏，穀、涇、徐、戴、虢（guo）五州疫”（《新唐书·五行志》三），文中五州是指谷、泾、徐、戴、虢五州，在贞观十六年夏，发生疫灾。谷州，唐初在渑池境内置谷州，辖渑池等 3 县，渑池今归三门峡市管辖；泾州即今甘肃泾川；徐州在唐朝时属河南道，古称“彭城”即今之徐州，隶属和辖领变化较频；唐时戴州治成武县，即今山东成武县成武镇；唐时虢州别称弘农郡，辖境相当今河南省西部，灵宝、栾川以西，伏牛山以北地区。公元 643 年，“貞觀十七年夏，潭、濠、庐三州疫”（《新唐书·五行志》三），潭州唐朝时属江南西道，辖今湖南省长沙、湘潭、株洲、岳阳、益阳、娄底等地；濠州，唐朝时属河南道，别称钟离郡，辖境相当今安徽省蚌埠、凤阳、怀远、定远、明光等市县地；庐州在唐朝时属淮南道，辖合肥县、舒城县、慎县、庐江县、巢县等；公元 644 年，“貞觀十八年，庐、濠、巴、普、郴五州疫”（《新唐书·五行志》三）。文中庐、濠州同前文所述，巴州在唐时属山南西道，别称清化郡，辖化成、曾口、清化、盘道、永穆、归仁、始宁、其章、恩阳、长池、符阳、白石、安固、伏虞共 14 县。州治所在化成县，今四川省巴中市巴州区；普州在唐朝时属剑南道，别称安岳郡，州治所安岳县，辖境相当于今四川省安岳、遂宁、乐至三县及重庆市潼南县部分地区；郴州在唐朝时属江南西道，别称桂阳郡，州治所郴县，即今湖南省郴州市。公元648年，“貞觀二十二年，卿州（即青州）大疫”（《新唐书·五行志》三）。这期间短暂间歇了5—6年时间，在公元655年，唐高宗永徽六年，又发生了“楚州大疫”（《新唐书·五行志》三），文中楚州即今江苏省淮安市。此后，间歇了二十三年，于公元682年，唐高宗永淳元年，“（山东）冬，大疫”。此后，又间歇了二十四年，于公元707年，唐中宗景龙元年，“是年，自京師至山東，疾疫，民死者衆。”（《旧唐书·中宗纪》）。此后，间歇了近半个世纪，于公元762年，唐代宗宝应元年，“是歲，江東大疫，死者過半。”（《旧唐书·代宗纪》），文中江东是古代地域名称，所指区域为长江下游江南一带（见前文）。此后，又间歇了62年，于公元832年，“唐文宗大和六年，自劍南道（今四川）至浙西大疫”（《新唐书·五行志》），文中浙西原来是两浙西路的简称，包括江苏的苏南地区。自此，37年后，即公元869年，唐懿宗咸通十年，“六月，宣、歙、兩浙疫”（《新唐书·五行志》三），文中宣州、歙州在唐朝时属江南西道，宣州别称宣城郡，州治所在宣城县，即今安徽省宣城市。歙州别称新安郡，州治所在歙县，即今安徽歙县。两浙是浙东和浙西的合称。唐肃宗时析江南东道为浙江东路和浙江西路，钱塘江以南简称浙东、以北简称浙西。17年后，公元890年，唐昭宗大顺元年，“会稽大疫，死人相藉”（《新唐书·陈敬瑄传》）。这是隋唐时期，最后一次疫灾。会稽郡是越州的别称，州治所为会稽，即今浙江绍兴（表5-32、表5-33）。

**表5-32　隋唐时期大疫发生的时间序列**

| 大疫发生时间（公元纪年） | 帝王纪年 | 大疫发生地点及危害 | 文献 |
|---|---|---|---|
| 636年 | 唐太宗贞观十年 | 关内、河东大疫 | 《新唐书·五行志》三 |
| 641年 | 唐太宗贞观十五年 | 三月，泽州疫。泽州古代州名，立名于隋开皇三年（公元583年），今山西省晋城市古称。 | 《新唐书·五行志》三 |
| 642年 | 唐太宗贞观十六年 | 夏，谷、泾、徐、戴、虢五州疫 | 《新唐书·五行志》三 |
| 643年 | 唐太宗贞观十七年 | 夏，潭、濠、庐三州疫 | 《新唐书·五行志》三 |
| 644年 | 唐太宗贞观十八年 | 庐、濠、巴、普、郴五州疫 | 《新唐书·五行志》三 |
| 648年 | 唐太宗贞观二十二年 | 卿州大疫 | 《新唐书·五行志》三 |
| 655年 | 唐高宗永徽六年 | 三月，楚州大疫 | 《新唐书·五行志》三 |
| 682年 | 唐高宗永淳元年 | 冬，大疫，两京死者相枕于路 | 《新唐书·五行志》三；清·沈青崖等编纂《陕西通志·祥异》卷四六 |
| 707年 | 唐中宗景龙元年 | 是春，自京师至山东疾疫 | 《旧唐书·中宗纪》 |
| 762年 | 唐代宗宝应元年 | 是岁，江东大疫，死者过半 | 《旧唐书·代宗纪》；明·汪宗伊等修，陈舜仁等纂《应天府志》卷二 |
| 782年 | 唐德宗建中三年 | 六月，沙县旱疫 | 清·付尔泰修、陶元藻纂《乾隆延平府志·灾祥》卷四四 |
| 790年 | 唐德宗贞元六年 | 夏，大疫 | 清·丘景雍等纂《民国连江县志·大事志》卷三 |
| 806年 | 唐宪宗元和元年 | 元和元年（余姚）大疫。元和元年夏，浙东大疫 | 清·邵友濂、孙德祖纂《光绪余姚县志·祥异》卷七；清沈翼机编纂《浙江通志·祥异》卷一〇八 |
| 832年 | 唐文宗大和六年 | 春，剑南饥。自剑南至浙西大疫 | 《新唐书·五行志》 |
| 839年 | 唐文宗开成四年 | （唐）遣太子詹事李京儒往使，【略】自是国中地震裂，水泉涌，岷山崩，洮水逆流三日，鼠食稼，人疾疫，死者相枕藉 | 《新唐书·吐蕃传》清·呼延华国纂修，郝永茂补刊《甘肃省狄道州志·祥异》卷一 |
| 869年 | 唐懿宗咸通十年 | 六月，宣、歙（she）、两浙疫 | 《新唐书·五行志》三 |
| 890年 | 唐昭宗大顺元年 | 会稽大疫，死人相藉 | 《新唐书·陈敬瑄传》 |

**表 5-33 隋唐时期大疫发生的空间分布**

| 发生大疫省份 | 大疫发生年份（公元）及地点 | 大疫发生年份数 | 大疫蔓延县府数（次） |
|---|---|---|---|
| 甘肃 | 636 年（关内，今甘肃陇东以北地区）、642 年（泾州）、839 年（洮水，今甘肃南部、岷山，甘肃省边境） | 3 | 4 |
| 陕西 | 636 年（关内，今陕西中、北部）、682 年（长安，今西安）、707 年（京师，今西安） | 3 | 3 |
| 山西 | 636 年（河东，相当于今山西全省）、641 年（泽州，今山西晋城） | 2 | 2 |
| 河南 | 642 年（谷州，今河南光山；虢州，今灵宝）、682 年（洛阳） | 2 | 3 |
| 四川 | 644 年（巴州，今四川巴中；普州，今四川安岳）、832 年（剑南道，今四川、重庆）、839 年（岷山） | 2 | 3 |
| 山东 | 642 年（戴州，今山东菏泽）、648 年（卿州，即青州，今山东潍坊市）、707 年（山东） | 3 | 3 |
| 湖南 | 643 年（潭州，今湖南长沙）、644 年（郴州，今湖南郴州） | 2 | 2 |
| 江苏 | 642 年（徐州）、655 年（楚州，今江苏淮安）、762 年（江东，即今之皖南、苏南、浙江、上海含苏南） | 3 | 3 |
| 安徽 | 643 年（濠州，今安徽凤阳县、庐州，今合肥）、644 年（庐州、濠州）、762 年（江东含皖南）、869 年（宣州，今安徽宣城市下辖宣州区；歙州，今安徽黄山歙县） | 4 | 7 |
| 河北 | 642 年（泾州，今河北保定） | 1 | 1 |
| 浙江 | 762 年（江东，含浙江）、806 年（余姚、浙东）、832 年（浙西）、869 年（两浙：浙东、浙西）、890 年（会稽，今绍兴） | 5 | 7 |
| 福建 | 782 年（沙县）、790 年（连江） | 2 | 2 |
| 蔓延县份数总计 | | | 40 |

依据表 5-17、表 5-32、表 5-33，可知隋唐时期大疫处于先秦时期以来的一个低发生时期，大疫发生频率明显低于三国晋和南北朝，大疫发生的空间格局虽然北方仍以黄河中下游为主；南方仍以长江中下游为主，但也发生了一些变化，其一是大疫发生的核心区由北向南迁移的趋势更为清晰；其二是大疫蔓延的县份数总计 40 个，但南方的县份数就占了 22 个（表 5-33、图 5-14）。

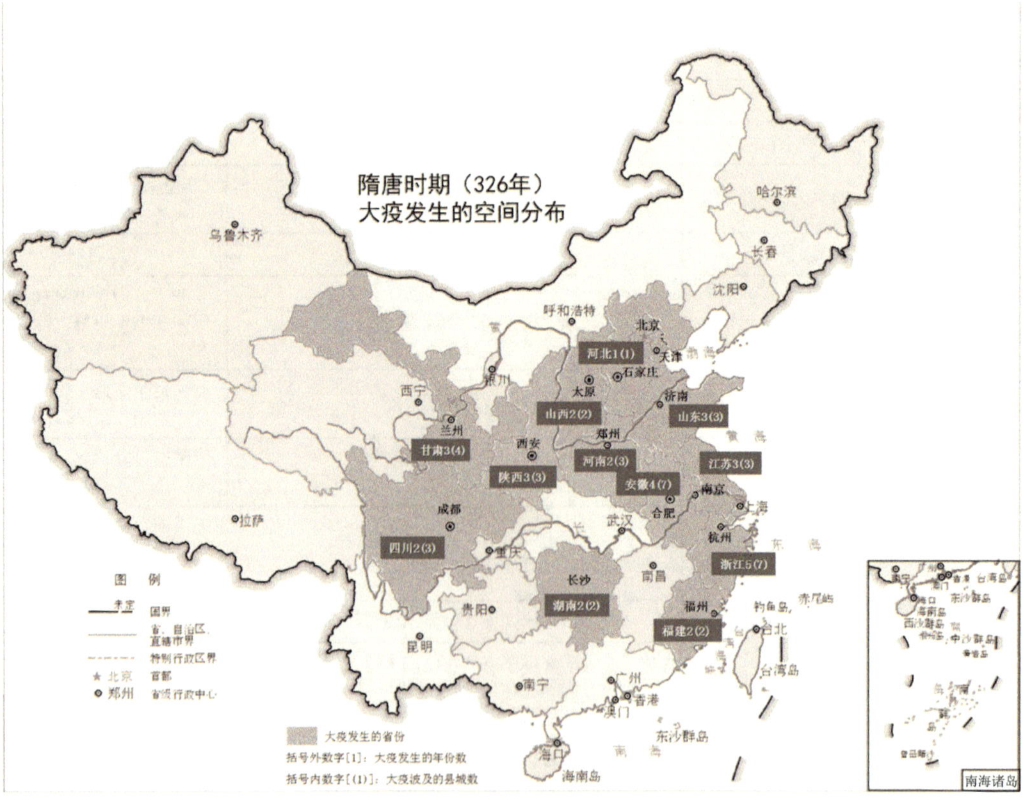


图 5-14 隋唐时期大疫发生的空间分布

## 六、五代十国时期鼠灾、大疫的记述

五代十国（907—959 年）是中国历史上的一段大分裂时期，这一称谓出自《新五代史》，是对北方中原地区的五代与南方十国的合称。唐朝后期至五代十国时期，中原地区的经济因为长期的战乱、天灾而残破不堪，河北、河南、山东与关中一带都是战乱区。春夏里有旱灾，秋冬有水灾，蝗虫大起，境内竹木叶都被蝗虫吃光；再加上军事上人为的决堤黄河，导致黄河水浸汴、鄂各州，使北方的生产遭到极大破坏。与此相对应，自汉魏六朝以来，比较平稳的江南、湖广与巴蜀地区的经济持续发展而十分兴盛，成为中原人民投奔的地方。再加上华南地区被细划分数国，各国为了提升经济力莫不细心经营，这使得十国的经济力远胜于重武力的五代。虽然五代战乱不堪，但仍有不少君王提振经济。例如，后梁太祖称帝后重视农业，他任张全义为河南尹，以恢复河南地区的生产，公元 908 年又令诸州灭蝗以利农桑。在这一历史时期，蝗灾频发，但未见有鼠灾的记载，仅有一次军营中大疫的发生，如公元 918 年，五代后梁末帝贞明四年，“七月，虔州險固，吴軍攻之不下，軍中大疫”（《资治通鉴・后梁纪》五）。

## 七、宋朝时期鼠灾、大疫的记述

宋朝（960—1279 年）是上承五代十国下启元朝的朝代，分北宋、辽（公元 960—1127 年）和南宋（公元 1127—1278 年）两个阶段，宋朝是中国古代历史上商品经济、文化教育、科学创新高度繁荣的时代，共历十八帝，统治时间长达 318 年。在这一历史时期，共发生鼠灾 8 次，其中北宋 4 次、南宋 4 次。 在 8 次鼠灾中，有 4 次属于种群爆发，或称种群大发生，其特点：一是害鼠数量剧增，千万为群；二是由于种群扩散，危害面积大，范围广；三是危害严重，往往造成田谷绝收，岁大饥。在 4 次种群大发生中，北宋仅有 1 次，即公元 960 年，北宋太祖建隆元年，“夏，相、金、均、房、商五州鼠食苗”（《宋史・五行志》三）。鼠灾为害的“五州”：相州治所即唐宋邺郡，为今之河南安阳；金州，宋朝时属安康郡；均州，宋朝时属武当郡；房州，宋朝时属房陵郡；商州，宋朝的商州是现在的陕西省商洛市商州区。此次鼠灾造成严重的后果，据公元 961 年，北宋太祖建隆二年的文献来看，这次鼠害已引起朝廷的重视，如“商州鼠食苗，詔免賦”“闰三月丁丑，金、商、房三州饑，振之”（《宋史・太祖纪》一）；在 4 次种群大发生中，南宋有 3 次，如公元 1146 年，南宋，宋高宗绍兴十六年，“清遠、翁源、真陽三縣鼠食稼，千萬爲群。時廣東久旱，凡羽鱗皆化爲鼠。有獲鼠於田者，腹猶蛇文，漁者夜設網，旦視皆鼠。自夏徂秋，爲患數月方息，歲爲饑。”（《宋史・五行志》三）。文中真阳为今之广东英德。这次鼠灾造成三县“民大饑，死亡不計其數”的惨剧。又公元 1173 年，南宋，宋孝宗乾道九年，“是歲，龍興府鼠千萬爲群，害稼，甚於螟蝗。”（《宋史・五行志》三）。文中龙兴府辖今江西南昌、新建、奉新、丰城、分宁、武宁、靖安和进贤等，这次鼠灾危害之严重，远超过螟蝗灾，并导致上述受灾地区农民饥馑。公元 1178 年，宋孝宗淳熙五年，南宋发生了最严重的一次鼠灾，“是年八月，淮東通、泰、楚、高郵黑鼠食禾既，歲大饑。時江陵府郭外，群鼠多至塞路，其色黑、白、青、黄各異，爲車馬踐死者不可勝計，逾三月乃息”（《宋史・五行志》三）。这次鼠灾危害地区广，波及今江苏泰州、高邮、淮安和湖北荆州等地，并造成严重后果，“田穀絶收，歲大饑”，朝廷“命賑之”。现按时间序列，将这一历史时期的发生的鼠灾列于表 5-34。

表 5-34　宋朝时期鼠灾发生的时间序列

| 鼠灾发生时间（公元纪年） | 帝王纪年 | 鼠灾发生地点及危害 | 文献 |
|---|---|---|---|
| 960 年 | 北宋，宋太祖建隆元年 | 夏，相、金、均、房、商五州鼠食苗 | 《宋会要辑稿·食货》卷三九 |
| 961 年 | 北宋，宋太祖建隆二年 | ①春正月【略】壬子，商州鼠食苗，诏免赋。<br>②五月，商州鼠食苗 | ①《宋史·太祖纪》卷一<br>②《宋史·五行志》三 |
| 967 年 | 北宋，宋太祖乾德五年 | 九月，金州鼠食苗 | 《宋史·五行志》三 |
| 982 年 | 北宋，宋太宗太平兴国七年 | 十月，岳州鼠害稼 | 《宋史·五行志》卷六五 |
| 1146 年 | 南宋，宋高宗绍兴十六年 | 清远、翁源、真阳三县鼠食稼，千万为群。时广东久旱，凡羽鳞皆化为鼠。有获鼠于田者，腹犹蛇文，渔者夜设网，旦视皆鼠。自夏徂（cu）秋，为患数月方息，岁为饥 | 《宋史·五行志》卷六五 |
| 1171 年 | 南宋，宋孝宗乾道七年 | ①二月【略】八日，权知高邮军刘彦言：兴化县人户旱涝，又有黑鼠伤稼，乞于本军大军仓内取拨米一万硕【略】。从之。<br>②又四月十五日，知楚州陈敏言，本州去年因黑鼠伤稼，兼秋间水旱，农民饥馑 | ①、②《宋会要辑稿·食货》卷五八 |
| 1173 年 | 南宋，宋孝宗乾道九年 | 是岁，隆兴府鼠害稼，千万为群，甚于螟蝗 | 《宋史·五行志》卷六五 |
| 1178 年 | 南宋，宋孝宗淳熙五年 | ①八月，淮东通、泰、楚、高邮黑鼠食禾既，岁大饥。时江陵郭外，群鼠多至塞路，其色黑、白、青、黄各异，为车马践死者不可胜计，逾三月乃息。<br>②是岁，通、泰、楚州、高邮军田鼠伤禾 | ①《宋史·五行志》卷六五<br>②《宋史·孝宗纪》三 |

依据表 5-17 及表 5-34，宋朝共发生鼠灾 8 次，平均 39.75 年发生一次，其发生的频率为 2.52%，低于隋唐。

由表 5-35 可知宋朝鼠灾的空间分布继续保持以黄河及长江中下游地区为主要鼠灾发生区域，但鼠灾南移的倾向更为明显。例如，北方鼠灾发生年份为 3 次，南方为 6 次；北方鼠灾波及县府数为 3 个次，南方鼠灾波及县府数为 15 个次（包括西南贵州 2 个次）。

表 5-35　宋朝时期鼠灾发生的空间分布

| 鼠灾发生省份 | 鼠灾发生的年份（公元纪年）及地点 | 鼠灾发生年份数 | 鼠灾波及县份数（次） |
|---|---|---|---|
| 河南 | 960 年（相州，今安阳） | 1 | 1 |
| 贵州 | 960 年（金州，今贵州西南部）、967 年（金州） | 2 | 2 |
| 湖北 | 960 年（均州，今丹江口；房州，今郧阳地区） | 1 | 2 |
| 陕西 | 960 年（商州，今商洛）、961 年（商州） | 2 | 2 |
| 湖南 | 982 年（岳州，今岳阳） | 1 | 1 |
| 广东 | 1146 年（清远、翁源、真阳） | 1 | 3 |
| 江苏 | 1171 年（高邮军兴化县、楚州，今江苏淮安）、1178 年（通州；泰州；楚州；高邮） | 2 | 6 |
| 江西 | 1173 年（隆兴府，今南昌） | 1 | 1 |
| 鼠灾波及县份数总计 | | | 18 |

宋朝共发生大疫 16 次，其中北宋（公元 960—1127 年）仅发生 3 次大疫，如公元 985 年，宋太宗雍熙二年，“雍熙中，婺源縣邑城内外大疫”（道光《婺源县志》卷三八；光绪《婺源县志》卷六四）；公元 994 年，宋太宗淳化五年，“六月，京師旱，都城大疫”（《宋史·五行志》卷六二）；以及公元 1023 年，宋仁宗天圣元年，“豫章（洪州，今江西南昌）大疫”（龚胜生和刘卉，2011）；而南宋（公元 1127—1278 年）却发生大疫 12 次，远高于北宋。其中除公元 1127 年，宋高宗建炎元年“三月，金人圍汴京（今河南开封），京城疫死者幾半”（《宋史·五行志》一下），公元 1191 年，宋光宗绍熙二年，“春，涪州（今

四川重庆）疫死數千人”（《宋史·五行志》一下）及公元 1232 年，宋理宗绍定五年，“五月辛卯，大寒如冬，汴京（今河南开封）大疫，凡五十日，諸門出死者九十餘萬人，貧不能葬者不在是數”（《金史·哀宗纪》上）等三例分别发生在河南、四川外，其他 9 例大疫均发生在江南一带。现将这一历史时期的大疫时间序列和空间分布列于表 5-36、表 5-37。

**表 5-36　宋朝时期大疫发生的时间序列**

| 大疫发生时间（公元纪年） | 帝王纪年 | 大疫发生地点及疫情 | 文献 |
|---|---|---|---|
| 985 年 | 北宋，宋太宗雍熙二年 | 雍熙中，婺源县城邑内外大疫 | 道光《婺源县志》卷三八；光绪《婺源县志》卷六四 |
| 994 年 | 北宋，宋太宗淳化五年 | 六月，京师旱，都城大疫 | 《宋史·五行志》卷六二 |
| 1023 年 | 北宋，宋仁宗天圣元年 | 豫章（洪州）（今江西南昌）大疫 | 转引自：龚胜生和刘卉，2011 |
| 1127 年 | 南宋，宋高宗建炎元年 | 三月，金人围汴京（今河南开封），京城疫死者几半 | 《宋史·五行志》一下 |
| 1131 年 | 南宋，宋高宗绍兴元年 | 六月浙西大疫，平江府以北，流尸无算。秋冬，绍兴府连年大疫 | 《宋史·五行志》一下 |
| 1135 年 | 南宋，宋高宗绍兴五年 | 江东、西羊大疫 | 《宋史·五行志》二下 |
| 1165 年 | 南宋，宋孝宗乾道元年 | 是岁，行都绍兴府饥，民大疫，浙东、西亦如之 | 《宋史·五行志》五 |
| 1172 年 | 南宋，宋孝宗乾道八年 | 夏，行都（今浙江绍兴）民疫，及秋未息，江西饥民大疫，隆兴府民疫，遭水患，多死 | 《宋史·五行志》一下 |
| 1177 年 | 南宋，宋孝宗淳熙四年 | 真州（今江苏扬州仪征）大疫 | 《宋史·五行志》一下 |
| 1181 年 | 南宋，宋孝宗淳熙八年 | 是岁，徽（徽州，简称“徽”，古称歙州、新安）、江二州亦水。行都大疫，禁旅多死。宁国府民疫，死者尤众 | 《宋史·五行志》 |
| 1187 年 | 南宋，宋孝宗淳熙十四年 | 春，都民、禁旅大疫，浙西郡国亦疫 | 《宋史·五行志》一下 |
| 1191 年 | 南宋，光宗绍熙二年 | 春，涪州（今重庆）疫死数千人 | 《宋史·五行志》一下 |
| 1195 年 | 南宋，宋宁宗庆元元年 | 四月戊辰，临安（今浙江杭州）大疫，出内帑钱为贫民医药、棺敛费及赐诸军疫死者家 | 《宋史·宁宗纪》一 |
| 1208 年 | 南宋，宋宁宗嘉定元年 | 夏，淮甸（今安徽地名）大疫，官募掩骼及二百人者度为僧。是岁，浙民亦疫 | 《宋史·五行志》一下 |
| 1232 年 | 南宋，宋理宗绍定五年 | 五月辛卯，大寒如冬，汴京大疫，凡五十日，诸门出死者九十余万人，贫不能葬者不在是数 | 《金史·哀宗纪》上 |
| 1276 年 | 南宋，宋端宗景炎元年 | 正月，扬州饥。【略】闰三月，数月间城中疫气熏蒸，人之病死者不可以数计 | 《宋史·五行志》一下 |

**表 5-37　宋朝时期大疫发生的空间分布**

| 大疫发生省份 | 大疫发生的年份（公元纪年）及地点 | 大疫发生的年份数 | 大疫蔓延县份数（次） |
|---|---|---|---|
| 河南 | 994 年（京师，今开封）、1127（汴京，今开封）、1232 年（汴京） | 3 | 3 |
| 浙江 | 1131 年（浙西、绍兴府）、1135 年（浙东）、1165 年（绍兴、浙东、浙西）、1172 年（绍兴）、1181 年（临安，今杭州）、1187 年（浙西）、1195 年（临安） | 7 | 9 |
| 山西 | 1135 年（西羊，今山西太原） | 1 | 1 |
| 江西 | 985 年（婺源）、1023 年[豫章（洪州），今江西南昌]、1172 年（隆兴府，今江西南昌） | 3 | 3 |
| 江苏 | 1131 年（平江府，今苏州）、1135 年（江东）、1177 年（真州，今扬州）、1276 年（扬州） | 4 | 4 |
| 安徽 | 1135 年（江东）、1181 年（徽州、今安徽省南部）、1208 年（淮甸，今安徽淮河流域） | 3 | 3 |
| 四川 | 1191 年（涪州，今四川、重庆） | 1 | 1 |
| 大疫蔓延县份数总计 | | | 24 |

依据表 5-17、表 5-36，宋朝大疫平均 19.88 年发生一次，其发生频率为 5.03%，略低于隋唐。由表 5-37 宋朝大疫发生的空间分布可大体了解在南北宋时期，大疫比较集中发生在豫、赣、苏、皖、浙五省，

北方以河南为核心（黄河中下游）；南方则以苏、浙、皖（长江三角洲）为核心，大疫南移之趋势，尤为明显（图 5-15）。

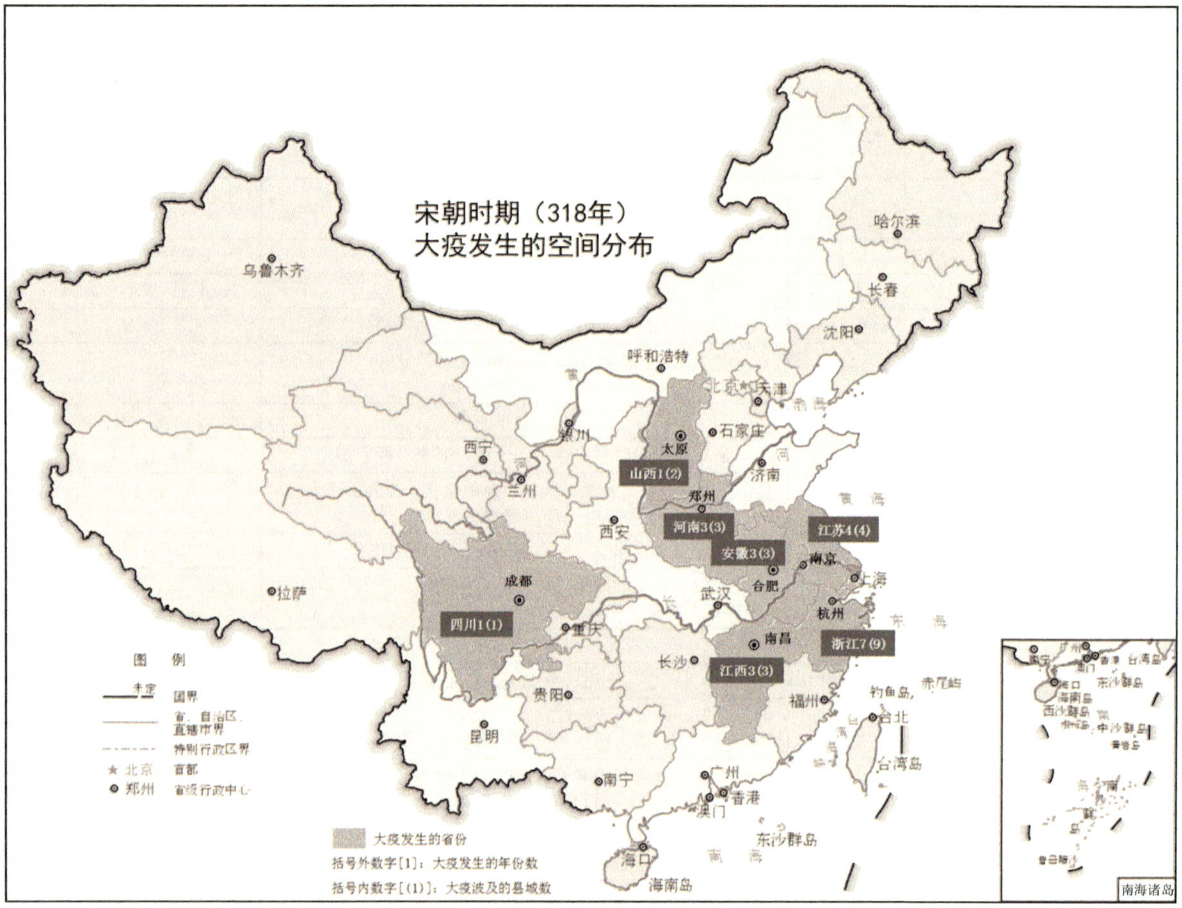


图 5-15　宋朝时期大疫发生的空间分布

1232 年汴京大疫，50 多天就死亡 90 余万人，是中国疫病史上的一次骇人听闻的严重事件，引起我国疫病史专家的关注，如李涛（1954）、范行准（1986）等均从病症及流行特征等方面否定“伤寒病流行”的说法，并推断为肺鼠疫流行；牟重行（2008）则结合当时的气候因素进行分析，认为“鼠疫杆菌的病原菌由围攻汴京的蒙古军队携带，由于鼠疫在军营流行，汴京郊野因此受到污染。解围之后，鼠疫杆菌被出城采集给养的军民不慎染归，并逐渐在人群中传播。疫菌从汴京郊外侵染城内的这个过程，大致发生在该年 5 月 5 日—6 月 1 日的 27 天间。此后，肺鼠疫在汴京爆发流行，又与突发小概率天气事件有关。6 月 1 日遭遇罕见强冷空气袭击，为触发肺鼠疫大流行的动力因子。故当时对于病因的认识，普遍皆以‘伤寒’所致。”牟重行（2008）结合当时的气候因素对 1232 年汴京大疫的分析，为我们重新认识宋代 1232 年汴京大疫提供了一条可贵的思路。

## 八、元朝时期鼠灾、大疫的记述

元朝（1279—1367 年）是由蒙古族建立的。蒙古族统治者在实现对中国统治之前，由成吉思汗先在漠北高原建立了自己的国家政权——大蒙古国。后来，成吉思汗的后嗣们不断通过征服战争，于 1234 年灭金朝，实现对中国北部的统治；于 1260 年将政治中心南移，定燕京（今北京）为中都，后改为大都；

于1271年改国号为大元，于1279年灭南宋统一中国。此后传五世十一帝，统治时间近90年。元朝统一中国后持续对外扩张，但在出海征伐日本和东南亚诸国时屡遭失利，如元日战争、元越战争、元爪战争等。元中期政变频繁，政治始终未上正轨。后期政治腐败，权臣干政，民族矛盾与阶级矛盾日益加剧，导致元末农民起义。1368年，朱元璋称帝建立明朝，随后北伐驱逐元廷攻占北京，此后元廷退居漠北，史称"北元"。1402年，元臣鬼力赤篡夺政权建立鞑靼，北元灭亡（白乐天，2000）。

现将自公元1285年，元世祖至元二十二年始，至公元1366年，元惠宗至正二十六年止（张德二，2013），这一历史时期发生的鼠灾数，按其发生的时间序列列于表5-38。由表5-17及表5-38，元朝共发生7次鼠灾，平均12.57年发生一次，鼠灾发生频率7.95%。这一结果表明元朝鼠灾发生所需的年份数远低于先秦以来的各个朝代；而鼠灾发生的频率远高于自先秦以来的各个朝代（表5-17）。

**表5-38　元朝时期鼠灾发生的时间序列**

| 鼠灾发生的时间（公元纪年） | 帝王纪年 | 鼠灾发生地点及灾情 | 文献 |
|---|---|---|---|
| 1285年 | 元世祖至元二十二年 | 六月，马湖部田鼠食稼殆尽，其总管祀而祝之，鼠即赴水死 | 《元史•始祖纪》卷一三；《续文献通考•物异考》卷二二八 |
| 1298年 | 元成宗大德二年 | 二月，甘肃沙州，鼠伤禾稼 | 《元史•成宗纪》二；《续文献通考•物异考》卷二二八 |
| 1351年 | 元惠宗至正十一年 | 元顺帝至正十一年，岳州城门自坏，门有木柱无故自倒，柱脚向天。有群鼠渡江西入四川 | 《乾隆岳州府志•事纪》卷二十九；清•李遇时修、杨柱朝纂《岳州府志•祥异》卷二 |
| 1355年 | 元惠宗至正十五年 | 乙未年中，江淮间群鼠拥集如山，尾尾相衔渡江，过江东来。湖广群鼠数十万度洞庭湖，往四川而去，夜行昼伏，路皆成蹊，不依人行正道，皆遵道侧，其羸弱者走不及，多道毙 | 《草木子•克勤篇》卷三；清•李遇时修；杨柱朝纂《岳州府志•祥异》卷二；《乾隆岳州府志•事纪》卷二九 |
| 1360年 | 元惠宗至正二十年 | 八月，庆阳、延安、宁安等州野鼠食稼，初由鹑卵化生，既成牝牡生育日滋，百亩之田，一夕俱尽 | 《元史•五行志》卷五一；《续文献通考•物异考》卷二二八 |
| 1362年 | 元惠宗至正二十二年 | 播州田鼠食禾尽，自赴水死 | 清•靖道谟等编纂《贵州通志•天文志》卷一 |
| 1366年 | 元惠宗至正二十六年 | 泗州濒淮两岸，有灰黑色鼠暮夜出穴，成群覆地食禾 | 《元史•五行志》卷五一 |

元朝的鼠灾还具有以下特点：一是除了元世祖至元二十二年（公元1285）和元成宗大德二年（1298年）各发生1次鼠灾外，其他5次鼠灾均发生在元惠宗至正年间（至正十一年至至正二十六年，即公元1351—1366年间）；二是7次鼠灾中仅有两次发生在北方地区（甘肃、陕西等地区），其他5次均发生在西南（贵州）、江南地区（湖南、安徽、江苏等地）；三是在7次鼠灾中，竟有4次与水有关，或"赴水死"；或栖息于江河两岸边成群食禾；最为壮观的是至正十一年（公元1351年）和至正十五年（公元1355年）在长江流域中下游江淮、岳阳及洞庭湖流域一带，数十万鼠渡洞庭湖往四川而去的壮观场景，让人叹为观止；四是7次鼠灾中，有3次属于种群大发生并酿成严重灾害（至正十一年、十五年和二十年）（表5-38、表5-39）。

**表5-39　元朝时期鼠灾的空间分布**

| 鼠灾发生的省份 | 鼠灾发生时间（公元纪年）及地点 | 鼠灾发生年份数 | 鼠灾波及县份数（次） |
|---|---|---|---|
| 不详 | 1285年（马湖部，属今四川屏山） | 1 | 1 |
| 甘肃 | 1298年（甘肃沙州） | 1 | 1 |
| 湖南 | 1351年（岳州）、1355年（洞庭湖、岳州） | 2 | 3 |
| 陕西 | 1360年（庆阳、延安、宁安） | 1 | 3 |
| 贵州 | 1362年（播州，今遵义） | 1 | 1 |
| 江苏 | 1366年（泗州，今盱眙） | 1 | 1 |
| 鼠灾波及县份数总计 | | | 10 |

元朝共发生大疫 18 次，其发生大疫所需的年份数平均为 4.89 年，首次由两位数降为个位数，而发生频率为 20.45%，首次由个位数跃升为两位数，这两种数据均明显高于先秦以来各朝代（表 5-17），表明中国古代的大疫在元朝时进入了第二个高峰期。现将元朝的大疫发生的时间序列和空间分布列于表 5-40 和表 5-41。

**表 5-40 元朝时期大疫发生的时间序列**

| 大疫发生的时间（公元纪年） | 帝王纪年 | 大疫发生地点及灾情 | 文献 |
|---|---|---|---|
| 1283 年 | 元世祖至元二十年 | 正月，山阴（今浙江绍兴）大疫 | 清・李亨特修、平恕、徐嵩纂《乾隆绍兴府志・祥异》卷八十，中国地方志集成 |
| 1302 年 | 元成宗大德六年 | 诸暨大饥疫 | 清・李亨特修、平恕、徐嵩纂《乾隆绍兴府志・祥异》卷八十，中国地方志集成 |
| 1306 年 | 元成宗大德十年 | 大德十年丙午，诸暨饥，大疫 | 清・蒋鸿藻纂《光绪诸暨县志・灾异志》卷一八，中国地方志集成 |
| 1308 年 | 元武宗至大元年 | 是春，绍兴、庆元、台州大疫，死者两万六千余人 | 《资治通鉴后编・元纪一一》卷一六三，景印四库；《元史・五行志》一 |
| 1313 年 | 元仁宗皇庆二年 | 皇庆二年冬，京师大疫。《唐志》云："国将有恤，则邪乱之气先被于民，故疫。" | 《元史・五行二》卷五一 |
| 1344 年 | 元惠宗至正四年 | 福州、邵武、延平、汀州四郡夏秋大疫 | 《元史・五行二》卷五一<br>《福建通志・杂记》卷六五 |
| 1345 年 | 元惠宗至正五年 | 至正五年春夏，济南大疫 | 《元史・志第三下》卷五一，景印四库 |
| 1350 年 | 元惠宗至正十年 | 会稽大疫 | 清・李亨特修、平恕、徐嵩纂《乾隆绍兴府志・祥异》卷八十，中国地方志集成 |
| 1352 年 | 元惠宗至正十二年 | 正月，冀宁保德州大疫。夏，龙兴大疫 | 《元史・志第三下》卷五一，景印四库 |
| 1353 年 | 元惠宗至正十三年 | ①黄州、饶州大疫；<br>②十二月，大同路大疫 | ①《元史・志第三下》卷五一，景印四库；<br>②《续资治通鉴纲目》卷二七 |
| 1355 年 | 元惠宗至正十五年 | 至正十五年，为中书省宣使，尝使河南。适汴郑大疫 | 《元史・列传第二十二》卷一三五，景印四库 |
| 1356 年 | 元惠宗至正十六年 | 春，河南大疫 | 《元史・志第三下》卷五一，景印四库 |
| 1357 年 | 元惠宗至正十七年 | 六月，莒（ju）州蒙阴县大疫 | 《元史・志第三下》卷五一，景印四库 |
| 1358 年 | 元惠宗至正十八年 | 六月，汾州大疫 | 《元史・志第三下》卷五一，景印四库 |
| 1359 年 | 元惠宗至正十九年 | 春夏，鄜州并原县、莒州沂水、日照二县及广东南雄路大疫 | 《元史・志第三下》卷五一，景印四库 |
| 1360 年 | 元惠宗至正二十年 | 夏，绍兴山阴、会稽二县大疫 | 《元史・志第三下》卷五一，景印四库 |
| 1362 年 | 元惠宗至正二十二年 | 四月，是月绍兴路大疫。<br>山阴、会稽二县大疫 | 《资治通鉴后编・元纪二八》卷一八〇<br>《浙江通志・祥异》卷一〇八 |

从元朝大疫发生的时间序列和空间分布来看，既分散又具有明显"集中"的趋势，如从时间序列来看，"大疫"集中于元惠宗至正年间，自至正四年至二十二年，短短 19 年间，发生了 12 次大疫。另外，发生"大疫"的空间比较集中在浙江 7（12）（发生大疫共计 7 个年份，蔓延 12 个县份次，下同），其次是山东 3（5）、河南 2（2）、山西 3（4）、福建 2（5）、京师 1（1）、广东 1（1）、湖北 1（1）、江西 1（1），进一步表明大疫核心区呈现南移的趋势（表 5-40、表 5-41、图 5-16）。

**表 5-41　元朝时期大疫发生的空间分布**

| 大疫发生的省份 | 大疫发生时间（公元纪年）及地点 | 大疫发生年份数 | 大疫蔓延县份数（次） |
|---|---|---|---|
| 浙江 | 1283 年（山阴，今浙江绍兴）、1302 年（诸暨）、1306 年（诸暨）、1308 年（绍兴、庆元、台州）、1350 年（会稽，今绍兴）、1360 年（绍兴、山阴，今浙江绍兴、会稽，今绍兴）、1362 年（山阴、会稽） | 7 | 12 |
| 山东 | 1345 年（济南）、1357 年（莒州，今山东莒县；蒙阴县，今山东蒙阴）、1359 年［鄌州并原县、莒州沂水（今山东莒县、沂水）、日照］ | 3 | 5 |
| 河南 | 1355 年（沛郑大疫）、1356 年（春，河南大疫） | 2 | 2 |
| 山西 | 1352 年（冀宁保德州，今山西阳曲、兴县等地）、1353 年（十二月大同路大疫）、1358 年（汾州，今山西临汾市大疫）、 | 3 | 4 |
| 福建 | 1344 年（福州、邵武、延平、汀州四郡）、1355 年（福宁府，今福建霞蒲） | 2 | 5 |
| 北京 | 1313 年（京师） | 1 | 1 |
| 广东 | 1359 年（南雄路，今广东南雄） | 1 | 1 |
| 湖北 | 1353 年（黄州，今湖北黄冈） | 1 | 1 |
| 江西 | 1353 年（饶州，今江西鄱阳） | 1 | 1 |
| 大疫蔓延县份数总计 | | | 32 |

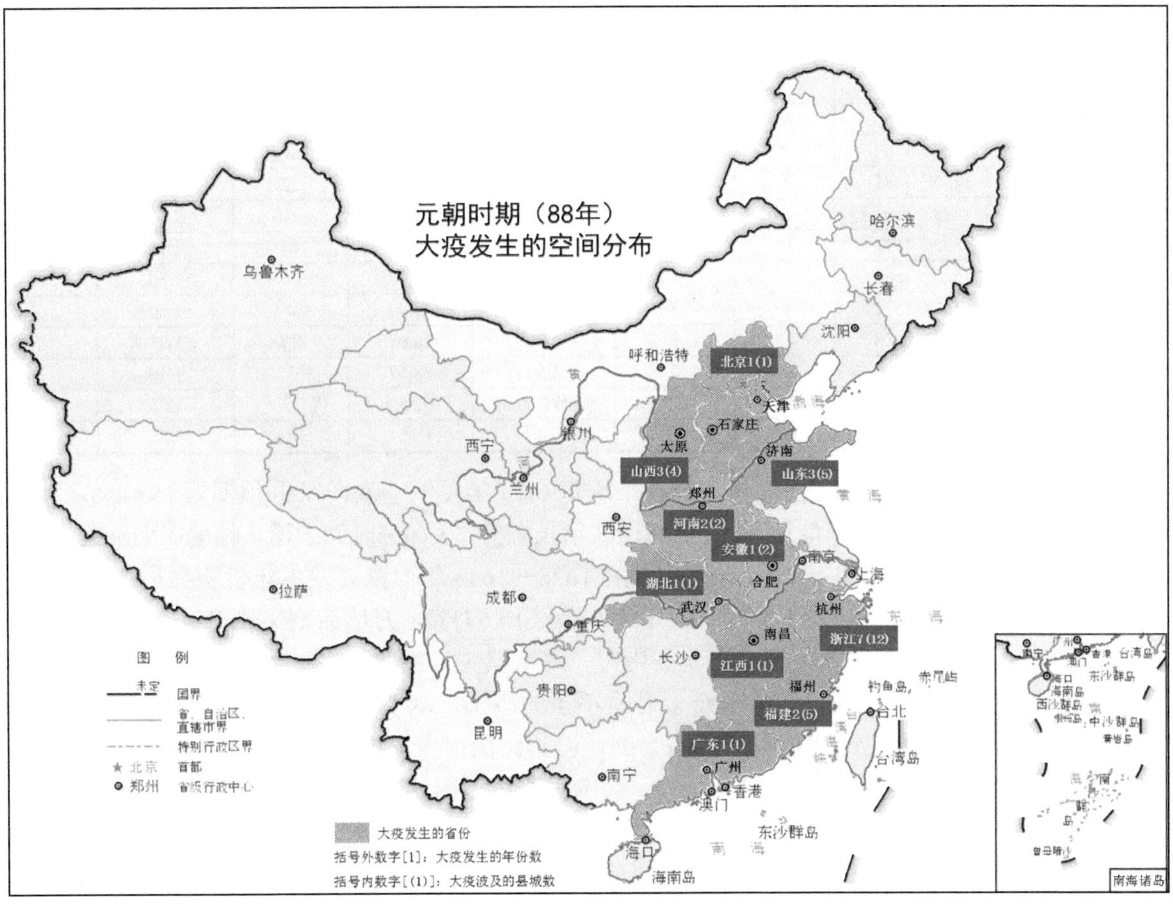


图 5-16　元朝时期大疫发生的空间分布

## 九、明朝时期鼠灾、大疫的记述

明朝（1368－1643年）是中国历史上最后一个由汉族建立的大一统中原王朝，共传十二世历十六帝，统治时间长达275年。明初定都于应天府（今南京），1421年迁都北京，并改北京为京师，同时复原南京的名号。明朝时期手工业和商品经济发达、经济繁荣，出现商业集镇和资本主义萌芽。文化艺术呈现世俗化趋势。据《明实录》记载，明朝人口有7000余万，但据葛剑雄《中国人口史》指出明末人口接近两亿（葛剑雄，2002）。就自然灾害而言，明朝正值“明清小冰期”（又称“明清宇宙期”）随着气候寒冷，各种自然灾害频率增大，太阳活动频繁，彗星，行星汇合记载增多，陨石、天鼓鸣（无雨打闷雷）、海啸、内地大飓风、黑眚（灰尘污染有色带毒的雾）、洪水、出蛟（山洪）、大旱、地震、山移、火山爆发、动物异常等现象出现频率增大（蓝勇，2010）。除上述多种地质、气象等灾害外，生物灾害十分严重，除蝗、螟等虫害外，尚有趋于多发的鼠灾和时值高发期的大疫等灾害。现将这一历史时期的鼠灾和大疫按时间序列、发生次数、发生频率等分别列于表5-17、表5-42。

**表5-42　明朝时期鼠灾、大疫的发生概况**

| 帝王纪年 | 起止时间（公元纪年） | 在位时间（年） | 鼠灾 | | | 大疫 | | |
|---|---|---|---|---|---|---|---|---|
| | | | 发生鼠灾年份次数 | 平均 $n$ 年发生一次鼠灾 | 鼠灾发生频率（%） | 发生大疫年份次数 | 年均 $n$ 年发生一次大疫 | 发生大疫的频率（%） |
| 洪武元年—建文四年 | 1368—1402年 | 35 | 2 | 17.50 | 5.71 | 3 | 11.67 | 8.57 |
| 永乐元年—洪熙元年 | 1403—1425年 | 23 | 0 | — | — | 8 | 2.88 | 34.78 |
| 宣德元年—宣德十年 | 1426—1435年 | 10 | 0 | — | — | 3 | 3.33 | 30.00 |
| 正统元年—正统十四年 | 1436—1449年 | 14 | 3 | 4.67 | 21.43 | 4 | 3.50 | 28.57 |
| 景泰元年—景泰七年 | 1450—1456年 | 7 | 1 | 7.00 | 0.14 | 2 | 3.50 | 28.57 |
| 天顺元年—天顺八年 | 1457—1464年 | 8 | 0 | — | — | 2 | 4.00 | 25.00 |
| 成化元年—成化二十三年 | 1465—1487年 | 23 | 3 | 7.67 | 13.04 | 12 | 1.92 | 52.17 |
| 弘治元年—弘治十八年 | 1488—1505年 | 18 | 3 | 6.00 | 16.67 | 9 | 2.00 | 50.00 |
| 正德元年—正德十六年 | 1506—1521年 | 16 | 3 | 5.33 | 18.75 | 14 | 1.14 | 87.50 |
| 嘉靖元年—嘉靖四十五年 | 1522—1566年 | 45 | 6 | 7.50 | 13.33 | 30 | 1.50 | 66.67 |
| 隆庆元年—隆庆六年 | 1567—1572年 | 6 | 2 | 3.00 | 33.33 | 4 | 1.50 | 66.67 |
| 万历元年—泰昌元年 | 1573—1620年 | 48 | 8 | 6.00 | 16.67 | 39 | 1.23 | 81.25 |
| 天启元年—天启七年 | 1621—1627年 | 7 | 2 | 3.50 | 28.57 | 5 | 1.40 | 71.43 |
| 崇祯元年—崇祯十六年 | 1628—1643年 | 15 | 10 | 1.50 | 62.50 | 13 | 1.23 | 81.25 |
| 总计 | 1368—1643年 | 275 | 43 | 6.40 | 15.64 | 148 | 1.86 | 53.82 |

由表5-42得知，明朝曾发生过43次鼠灾，平均每6.40年发生一次，发生频率为15.64%，并具有以下特点：①各帝王纪元鼠灾发生年份呈不规则，跳跃式增长态势，大部分时间的增长幅度在个位数（2—6次）徘徊，从万历年间（1573—1620年），到崇祯年间（1628—1643年）鼠灾发生年份明显增加（10次）；自弘治年间（1488—1505年）始，发生频率均高于平均值（15.64%），万历后则急剧升高，至崇祯年间达到62.50%（表5-42）。②明朝的鼠灾大部分发生在南方，每次鼠灾发生时，害鼠种群呈现爆发式增长，数量惊人，文献描述可能有夸张之词，但数量众多恐是不争的事实。③明朝鼠灾的发生常伴随鼠群集体涉水迁徙的壮观场面，虽自先秦至元朝也有类似的实例，但其比例很少。据本文统计，自先秦、两汉至清朝，古籍中记载鼠渡江河事件共计33例（表5-43），其中先秦至三国晋仅有1例，约占总数的3.03%；隋唐仅2例，约占总数的6.06%；元朝有4例，占其总数的12.12%；明朝21例，占其总数的63.64%；清朝5例，约占15.15%。上述统计数字表明，明朝是发生鼠群集体渡江（河）迁徙实例最多的朝代。这一特殊现象甚至引起万历皇帝的关注，他在公元1617年（万历四十五年）的奏章上曾作如下批示：“七月【略】庚寅，大學士方從哲申懇切要三事，其一下報災之疏，言自北直隸、山東、山西、河南、江西、以及大江南北，或大旱，或大水，或蝗蝻，又或水而復旱，旱而復蝗。至於應天所屬，群鼠渡江，食民間田殆

盡，此又從來未有之異。宜將各處撫按奏章悉發該部，應蠲應賑，改折留税等項，速爲議復。”（《明神宗实录》卷五五九）。这段批示提供了一个重要的信息，即发生于公元 1617 年（万历四十五年）南京群鼠衔尾渡江之事并非民间杜撰而确实发生了，皇上对于应天（即今之南京）群鼠渡江，“食民间田殆尽”感到惊诧，认为这是“从来未有之异”。按照现代种群生态学的观点来说，这是鼠类种群大发生后可能出现的种群自我调节的过程，众多鼠群齐心协力去寻找新的栖息环境，现代生态学称之为种群扩散（population dispersal），即鼠类寻找更广阔、更适宜栖息地的一种本能反应。但为何不在陆地田间扩散，而选择风险极大的集群渡江（河）的方式，颇值得做进一步的探讨。在表 5-43 所列举的实例中，也有种群暴发后，在涉水扩散的过程中出现大量死亡的现象，即出现种群崩溃（population crash）。总之，在明朝鼠群大发生的过程中，出现鼠群“尾尾相衔，渡水而来”或“尾尾相衔，渡江而去”，是一个十分值得人们从种群生态学、鼠类行为学、鼠类生理生态学、动物流行病学等领域做进一步探讨的怪异现象（表 5-43）。④依据表 5-44，明朝鼠灾发生的空间分布，按各地鼠灾发生频率排序，就会发现在南方沿长江中下游以湖北的武昌府和黄州府（今黄冈）为核心的首个鼠灾高频区 11（12）（该数据表明湖北鼠灾发生年份数总计为 11，圆括号内数字表示鼠灾波及的县份数为 12 个次，下同）；沿江而下进入以安庆府（今安徽安庆）、庐州府（今安徽合肥）为核心的第二个鼠灾高频区 9（29）；再沿江而下进入以应天府（今南京）和扬州府为核心的第三个鼠灾高频区 5（6）；在南方离开长江流域，在福建以延平府为核心的较小的鼠灾高频区 5（6）。在北方，鼠灾高频区则分布在黄河中下游地区，如甘肃以兰州和临洮府（今临洮）为核心的首个鼠灾高频区 3（5）；沿黄河而下进入陕西境内，以凤翔府（今凤翔）和西安府（今西安）为核心的第二个鼠灾高频区 7（8）；再沿河而下则进入河南境内，以开封府为核心的第三个鼠灾高频区 3（5）；继之再沿黄河下游至山东的第四个鼠灾高频区 4（4）。由此，可以得到这样的结论，即明朝鼠灾基本以长江中下游和黄河中下游农业发达且人口密集地区为鼠灾高发区；其他地区仅见散发的鼠灾。此外，明朝鼠灾波及县份数达到 91 个次，约占明朝县城总数（1427 个）的 6.38%（表 5-44、图 5-17）。

**表 5-43　各朝代发生鼠灾时鼠群集体涉水迁徙实例**

| 公元纪年 | 帝王纪年 | 鼠群涉水发生地点 | 鼠群涉水迁徙实例 | 文献 |
|---|---|---|---|---|
| 公元前 770—前 207 年 | 先秦时期 | 无 | 无 | 无 |
| 公元前 206—220 年 | 两汉时期 | 无 | 无 | 无 |
| 288 年 | 三国晋，晋武帝太康九年 | 甘肃，陇西 | 夏四月，陇西陨霜。乞伏乾归未亡时，抱罕金城，见鼠有数万头，将诸小鼠各衔马屎，群移而渡洮、灑二水 | 清・呼延华国纂修，郝永茂补刊《甘肃省狄道州志・祥异》卷一一，中国方志丛书 |
| 588 年 | 隋唐，隋文帝开皇八年 | 江苏 | 四月戊申，有群鼠无数，自蔡洲岸入石头，度淮至于青塘两岸，数日死，随流出江。是月，郢州南浦水黑如墨。” | 《陈书・后主纪》 |
| 618 年 | 隋唐，唐高祖武德元年 | 洛水（北），渭河支流。位于陕西省 | 秋，李密、王世充隔洛水相拒，密营中鼠一夕渡水尽去。占曰：鼠无故皆夜去，邑有兵 | 《新唐书・五行志》一；《河南通志・星野・祥异附》卷五 |
| 420—580 年 | 南北朝 | 无 | 无 | 无 |
| 960—1278 年 | 宋朝 | 无 | 无 | 无 |
| 1285 年 | 元朝，元世祖至元二十二年 | 马湖部属四川省叙州府（今宜宾市）屏山县 | 六月，马湖部田鼠食稼殆尽，其总管祀而祝之，鼠悉赴水死 | 《元史・始祖纪》卷一三、《续文献通考・物异考》卷二二八 |
| 1351 年 | 元朝，元惠宗至正十一年 | 岳州，今湖南岳阳 | 元顺帝至正十一年，岳州城门自坏，门有木柱无故自倒，柱脚向天。有群鼠渡江西入四川 | 《乾隆岳州府志・事纪》卷二十九、清・李遇时修、杨柱朝纂《岳州府志・祥异》卷二 |
| 1355 年 | 元朝，元惠宗至正十五年 | 湖南，岳阳 | 至正十五年，乙未年中，江淮间群鼠拥集如山，尾尾相衔渡江，过江东来。湖广群鼠数十万度洞庭湖往四川而去，夜行昼伏，路皆成蹊，不依人行正道，皆遵道侧，其羸弱者走不及，多道毙 | 《草木子・克勤篇》卷三、清・李遇时修；杨柱朝纂《岳州府志・祥异》卷二；《乾隆岳州府志・事纪》卷二九 |

续表

| 公元纪年 | 帝王纪年 | 鼠群涉水发生地点 | 鼠群涉水迁徙实例 | 文献 |
| --- | --- | --- | --- | --- |
| 1362 年 | 元朝，元惠宗至正二十二年 | 播州，今贵州遵义 | 播州田鼠食禾尽，自赴水死 | 清・靖道谟等编纂《贵州通志・天文志》卷一 |
| 1369 年 | 明朝，明太祖洪武二年 | 广西，崇左 | 三月，有白鼠渡河，自南而北，昼夜不绝 | 雍正《太平府志》礽祥 |
| 1483 年 | 明宪宗成化十九年 | 山东，兖州 | 五月，兖州黑鼠食苗，旬日入水自死 | 嘉靖《山东通志・灾祥》卷三九 |
| 1561 年 | 明世宗嘉靖四十年 | 福建，崇安 | 春，有群鼠自城中渡江，夜宿于树 | 嘉庆《崇安县志・灾祥》卷十 |
| 1609 年 | 明神宗万历三十七年 | 江苏，南京 | 有鼠从湖广涉洞庭湖至扬子江，昼伏夜行，尾尾相衔，渡水如履平土，至岸即入人家，在野即伤田禾 | 康熙七年《江宁府志・灾祥》卷二十九 |
| 1613 年 | 明神宗万历四十一年 | 安徽，贵池 | 有鼠数百万，衔尾渡江而来，甚为田患。寻有鸟大如寿羽鹅，食之，鼠遂绝 | 康熙《贵池县志略・祥异》卷二 |
| 1614 年 | 明神宗万历四十二年 | ①安徽，铜陵县；②安徽，铜陵、建德水 | ①有鼠千万，群从江北渡入郡境食禾；②有鼠千万，群从江北渡入境内，食禾 | ①乾隆十二年《铜陵县志・祥异》卷十四；②康熙五十年《池州府志・灾祥》卷二十九 |
| 1615 年 | 明神宗万历四十三年 | 安徽，彭泽 | 群鼠渡江而南，食禾 | 同治《彭泽县志・祥异》卷十八 |
| 1616 年 | 明神宗万历四十四年 | 常、镇、淮、扬诸郡 | 七月，常、镇、淮、扬诸郡，土鼠千万成群，夜啣尾渡江，络绎不绝，几一月方止 | 《明史・五行志二》卷二九；《明通鉴・神宗纪》卷七五；嘉庆《重修扬州府志》卷七十事略 |
| 1617 年 | 明神宗万历四十五年 | ①江苏，南京、常熟；②安徽，当涂 | ①南京，有鼠万余，衔尾渡江，食禾稼；②常熟，异鼠渡江害稼，移文到县；③安徽当涂，是年，江北田鼠渡江而南，每群千记，水中彼此相负，至岸乃散，月余方止 | ①《明史・五行志》二；②万历《常熟县私志・叙灾》卷四；③康熙四十六年《当涂县志・祥异》卷三 |
| 1634 年 | 明思宗崇祯七年 | 安徽，①铜陵；②贵池 | ①夏秋，野鼠数百万自北渡江，害禾稼；②夏六月，田鼠自江北浮渡而南，伤稼 | ①顺治《铜陵县志・祥异》卷七；②康熙《贵池县志略・祥异》卷二 |
| 1639 年 | 明思宗崇祯十二年 | 湖北，黄冈 | 黄州鼠食禾，渡江五六日不绝 | 《明史・五行志》二 |
| 1640 年 | 明思宗崇祯十三年 | 安徽，望江 | 六月，鼠数万衔尾渡江而来，苗尽之 | 顺治《新修望江县志・灾异》卷九 |
| 1641 年 | 明思宗崇祯十四年 | ①安徽，无为；②河南，开封；③河南，淮阳 | ①大疫，复旱蝗。群鼠衔尾，自江南牵渡江北，数日毙；②夏大疫，人相食。有鼠千百成群，渡河南去；③蓬蒿遍野，是年鼠千百成群，渡河南去 | ①乾隆《无为州志・灾祥》卷二；②康熙《开封府志・祥异》卷三十九；③乾隆《陈州府志・杂志》卷三十 |
| 1642 年 | 明思宗崇祯十五年 | 不详 | 二月，群鼠渡江，昼夜不绝 | 《明史・五行二》卷二九 |
| 1643 年 | 明思宗崇祯十六年 | 安徽，桐城 | 秋七月，田鼠害稼，自江南衔尾而渡，害等蝗蝻 | 道光《续修桐城县志・祥异》卷二十三 |
| 1644 年 | 明思宗崇祯十七年 | 江苏，镇江 | 崇祯十七年春，民间有羊毛瘟疾多死，七月十八日，北来鼠数万，衔尾渡江 | 清・高得贵修、张九征等纂、朱霖等增纂《乾隆镇江府志》卷四三 |
| 1709 年 | 清朝，清圣祖康熙四十八年 | 海南 | 七月，崖州有鼠千万，衔尾渡江 | 《清史稿・志一五・灾异》卷四〇 |
| 1713 年 | 清圣祖康熙五十二年 | 江苏高淳、丹阳 | 五月、丹阳湖水涨，有鼠无数，渡河入圩，食苗，越数日，有蛇食鼠尽 | 乾隆《高淳县志・祥异》卷十二 |
| 1727 年 | 清世宗雍正五年 | 安徽，铜陵 | 十一月，铜陵群鼠衔尾渡江 | 《清史稿・志一五・灾异》卷四〇 |
| 1739 年 | 清高宗乾隆四年 | 江西，彭泽 | 秋，彭泽群鼠衔尾渡江，食禾 | 《清史稿・志一五・灾异》卷四〇 |
| 1851 年 | 清文宗咸丰元年 | 福建，德化 | 六月，德化群鼠衔尾渡江 | 《清史稿・志一五・灾异》卷四〇 |

**表 5-44　明朝时期鼠灾发生的空间分布**

| 鼠灾发生的省份 | 鼠灾发生的时间（公元纪年）与地点 | 鼠灾发生年份数 | 鼠灾波及县份数（次） |
|---|---|---|---|
| 广西 | 1369 年（崇左）、1500 年（桂林）、1545 年（富川） | 3 | 3 |
| 湖北 | 1376 年（武汉）、1504 年（武汉）、1507 年（武汉）、1509 年（汉阳）、1510 年（武汉）、1567 年（武汉）、1571 年（武汉、汉川）、1573 年（黄冈）、1627 年（蕲春）、1629 年（孝感）、1639 年（黄冈） | 11 | 12 |
| 湖南 | 1567 年（岳阳）、1571 年（岳阳） | 2 | 1 |
| 海南 | 1613 年（澄迈） | 1 | 1 |
| 安徽 | 1613 年（贵池）、1614 年（铜陵、建德）、1617 年（望江、当涂）、1634 年（铜陵、贵池）、1636 年（贵池）、1640 年（安庆、望江、宿松、寿县、亳州、怀远、凤阳）、1641（合肥、巢湖、含山、无为、六安、霍邱、亳州、蒙城、颍上、芜湖、贵池）、1642 年（天长、歙县）、1643 年（桐城） | 9 | 29 |
| 江西 | 1615 年（彭泽） | 1 | 1 |
| 江苏 | 1590 年（扬州）、1609 年（南京）、1617 年（南京、常熟）、1643 年（睢宁）、1644 年（镇江） | 5 | 6 |
| 浙江 | 1617 年（嘉善） | 1 | 1 |
| 福建 | 1560 年（明溪）、1561 年（崇安、明溪）、 1562 年（德化）、1563 年（德化）、1643 年（古田） | 5 | 6 |
| 山东 | 1483 年（兖州）、1493 年（菏泽）、1641 年（高唐）、1642 年（曹县） | 4 | 4 |
| 河北 | 1625 年（雄县） | 1 | 1 |
| 河南 | 1641 年（开封、淮阳、西华）、1642 年（许昌）、1643 年（郾城） | 3 | 5 |
| 陕西 | 1445 年*（凤翔）、1451 年*（陕西）、1486 年（陕西）、1623 年（凤县）1639 年（凤翔）、1642 年（榆林、定边）、1643 年*（扶风） | 7 | 8 |
| 四川 | 1465 年（高县、筠连） | 1 | 2 |
| 贵州 | 1443 年*（镇远）、1444 年*、1445 年*（镇远、金容、金达） | 3 | 5 |
| 甘肃 | 1557 年（庆阳、环县）、1638 年*（静宁）、1642 年（庄浪、镇原） | 3 | 5 |
| 宁夏 | 1634 年（银川） | 1 | 1 |
| 波及县份总计 | | | 91 |

* 文献出处：《明英宗实录》卷一一〇、卷一一七、卷一三五、卷二一一，原文只提及鼠灾发生的省名，无具体县名

明朝是我国历史上疫灾频发的年代，在其统治的 276 年中，发生大疫的年份就有 148 次，平均 1.86 年发生一次，大疫发生频率高达 53.62%（表 5-17、表 5-42）；大疫蔓延的县份数高达 709 个次（表 5-45），占明朝总县份数（1427 个）的 49.68%，是我国疫灾的第三个高峰期，并延续至清朝，是持续时间最长的大疫发生高峰期。明朝所发生的大疫，有以下特点。

（1）如以各地发生大疫年份的频次为依据，判定其空间分布，则北方以黄河中下游地区：河南 28（90）（该数据表明河南大疫发生年份数为 28 次，括号内数据为大疫蔓延的县城达 90 个次，下同）、河北 27（107）、山西 25（61）、山东 26（59）为大疫高发区；南方除福建 25（39）、浙江 25（50）外，均以长江中下游地区的安徽 19（57）、江西 21（44）、湖北 16（30）、湖南 14（23）和江苏 12（23）为大疫高发区（表 5-45、图 5-18 及图 5-19）。

（2）北方大疫高发区，以黄河中下游的山西 25（61）、河南 28（90）、河北 27（107）为主，其特点是蔓延的县城多，传播面积广，三省的蔓延县份数分别为 61、90、107 个次（表 5-45）。例如，1519 年，河北晋县、廊坊、文安、泊头、沧州等 15 县发生大疫；1580 年，山西清徐、大同、阳曲、交城等 10 余县发生大疫；1581 年，山西阳曲、朔县、代县、文水等 8 县先后发生大疫，死者甚众，有“傳門瘟疫，

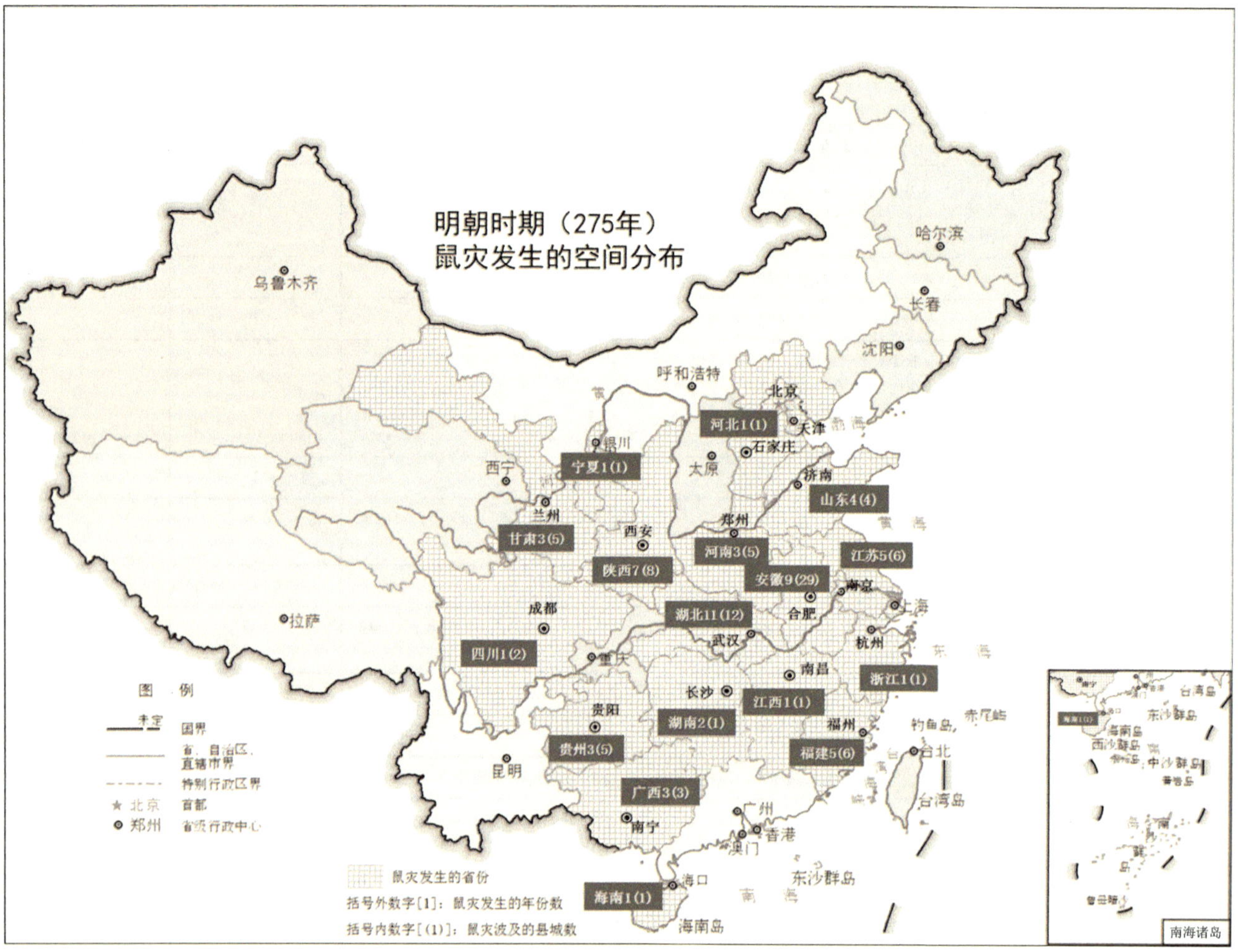


图 5-17　明朝时期鼠灾发生的空间分布

**表 5-45　明朝时期大疫发生的空间分布**

| 大疫发生的省份 | 大疫发生时间（公元纪年）及地点 | 大疫发生年份数 | 大疫蔓延县份数（次） |
|---|---|---|---|
| 宁夏 | 1609 年（龙德） | 1 | 1 |
| 甘肃 | 1446 年（张掖）、1603 年（清水）、1641 年（兰州、狄道） | 3 | 4 |
| 陕西 | 1544 年（汉中、南郑、城固、洋县）、1566 年（旬阳、白河）、1587 年（周至、富平）、1588 年（华阴）、1612 年（长安、咸阳、高陵、临潼、大荔、华阴、淅川）、1630 年（榆林）、1633 年（靖边）、1636 年（榆林、延安、子长）、1637 年（延安）、1643 年（靖边、延安） | 10 | 24 |
| 河南 | 1475 年（鄢陵）、1486 年（扶沟）、1494 年（嵩县）、1511 年（商水、淮阳、项城）、1524 年（柘城、水城、鹿邑、1530 年（灵宝、三门峡）、1539 年（兰考、中牟、扶沟）、1544 年（沁阳）、1554 年（中牟、巩县、原阳、武陟、孟县、沁阳、扶沟、偃师）、1555 年（尉氏县）、1571 年（固始）、1579 年（尉氏县）、1582 年（淮阳）、1584 年（修武）、1586 年（开封）、1587 年（安阳）、1588 年（郑州、开封、杞县、尉氏县、汲县、济源、武陟、孟县、沁阳、临颍、叶县、洛阳、孟津）、1589 年（襄城县）、1594 年（确山、汝南、上蔡县）、宁陵、确山、汝南）、1603 年（光山）、1604 年（汝南、上蔡、淅川）、1606 年（淅川）、1633 年（宝丰）、1634 年（济源）、1635 年（确山、汝南、上蔡）、1636 年（内乡）、1637 年（淅川）、1641 年（郑州、荥阳、开封、杞县、尉氏县、兰考、通许、封丘、文县、济源、延津、原阳、孟县、范县、夏邑、柘城、睢县、虞城、宁陵、商水、鹿邑、淮阳、西华、项城、息县、固始、商城、光山） | 28 | 90 |
| 北京 | 1580 年（延庆）、1582 年（京师、通县）、1587 年（京师）、1643 年（昌平、密云、通县） | 4 | 7 |

续表

| 大疫发生的省份 | 大疫发生时间（公元纪年）及地点 | 大疫发生年份数 | 大疫蔓延县份数（次） |
|---|---|---|---|
| 河北 | 1493年（丘县）、1494年（赞皇、衡水）、1513年（沧州）、1517年（博野）、1519年（晋县、廊坊、文安、清苑、安新、蠡县、雄县、高阳、河间、沧州、东光、肃宁、泊头、任丘、献县）、1520年（泊头）、1530年（邢台、隆尧、巨鹿、任丘、沙河、内丘、平乡、南和8县）、1542年（廊坊、献县）、1547年（秦皇岛）、1554年（廊坊、永清、泊头、磁县、平乡）、1557年（秦皇岛）、1561年（安新、满城）、1571年（卢龙）、1580年（宣化、蔚县、阳原、卢龙）、1581年（易县、雄县、隆尧、清河4县）、1582年（新乐、廊坊、霸县、大城、文安、定兴、安新、新城、南皮、衡水、饶阳、深县、武强、安城、丘县）、1584年（涉县）、1586年（定兴、新城、邢台、沙河）、1587年（临漳）、1599年（肃宁、献县）、1610年（宣化、赤城、蔚县、阳原、怀安、万全）、1612年（荣成、大名）、1630年（延安、卢龙）、1640年（大名、肥乡、临漳、磁县、邢台、隆兴）、1641年（正定、晋县、高邑、赵县、赞皇、邯郸、任县、沙河、临城）、1642年（武强）、1643年（宣化、赤城、阳原、怀安、万全、保定、容城、雄县、景县） | 27 | 107 |
| 山东 | 1410年（牟平）、1483年（兖州）、1493年（冠县）、1495年（安丘）、1519年（商河、宁津、惠民、无棣、单县）、1525年（禹城、胶县、曲阜）、1539年（鱼台）、1540年（昌乐、安丘、潍坊）、1548年（沾化）、1554年（费县、新泰、滕县）、1563年（安丘、潍坊、莒县）、1582年（禹城、武城、夏津、滨县、博兴、聊城、茌平）、1586年（商河）、1587年（冠县）、1588年（济南、邹平、东明）、1595年（昌乐、安丘、潍坊）、1600年（新泰）、1610年（新泰）、1611年（惠民、沾化）、1615年（平度）、1616年（广饶）、1610年（广饶）、1611年（齐河、禹城）、1639年（平度）、1641年（东平、平阴、鱼台、菏泽、成武、巨野、曹县、定陶、茌平、阳谷）、1642年（泰安） | 26 | 59 |
| 山西 | 1483年（长治、潞城）、1487年（长治）、1505年（闻喜、万荣）、1528年（代县、繁峙）、1530年（代县）、1543年（榆次）、1544年（离石）、1567年（榆次）、1574年（大同）、1579年（孝义）、1580年（清徐、大同、灵丘、忻州、定襄、保德、岢岚、左权、平定、祁县）、1581年（阳曲、朔县、代县、左权、平定、祁县、交城、文水）、1582年（沁源、武乡、闻喜）、1585年（垣曲）、1586年（晋城、高平、蒲县）、1587年（昔阳、长治、子长县、潞城）、1588年（晋城、夏县、临猗）、1598年（岢岚县）、1610年（太原）、1611年（曲沃、运城）、1612年（翼城、浮山）、1618年（运城、芮城）、1632年（芮城）、1633年（左权、沁县、武乡、沁水、垣曲）、1543年（天镇、浑原） | 25 | 61 |
| 江苏 | 1501年（扬州、如皋、东台）、1510年（常熟）、1511年（常熟、靖江）、1519年（宜兴）、1524年（高邮、宝应）、1539年（苏州）、1588年（高淳）、1589年（丹阳）、1603年（泰州、沛县）、1609年（太仓）、1616年（赣榆）、1641年（南京、昆山、泰州、盱眙、徐州、丰县、沛县） | 12 | 23 |
| 上海 | 1495年（上海）、1554年（嘉定、崇明）、1501年（上海）、1555年（松江、嘉定、宝山）、1590年（松江、青浦）、1642年（奉贤、嘉定） | 6 | 11 |
| 安徽 | 1461年（合肥）、1466年（五河县）、1498年（安庆、桐城、望江、宿松、太湖、潜山）、1508年（郎溪）、1509年（广德）、1522年（寿县）、1523年（蒙城、凤阳）、1524年（合肥、巢湖、和县、无为、六安、舒城、灵璧、凤阳、滁州、天长、来安、全椒、广德、林宁），1571年（霍邱）、1582年（无为）、1588年（天长、来安、黟县）、1589年（休宁、贵池）、1590年（全椒）、1603年（霍邱、阜阳、颍上）、1604年（蒙城、颍上）、1638年（当涂）、1640年（寿县、亳州、怀远、凤阳）、1641年（合肥、含山、无为、六安、霍邱、亳州、蒙城、颍上、芜湖、贵池）、1642年（天长、歙县） | 19 | 57 |
| 浙江 | 1380年（嘉兴）、1434年（象山）、1444年（宁波、慈溪、绍兴）、1445年（宁波、慈溪、余姚、海宁）、1455年（嘉兴、平湖）、1479年（象山）、1492年（嘉兴、嘉善）、1510年（湖州、桐乡）、1511年（嘉兴、嘉善、平湖、桐乡）、1515年（永嘉）、1521年（余姚、临海、温岭）、1534年（奉化、临海、黄岩）、1546年（嘉兴、嘉善、黄岩）、1566年（临海、黄岩）、1568年（慈溪）、1571年（临海）、1572年（奉化）、1588年（余杭、桐乡）、1589年（嘉善、海盐、宁海）、1604年（江山）、1606年（江山）、1612年（嘉兴、平湖、桐乡）、1630年（桐乡）、1641年（建德）、1642年（淳安、嘉善、勤县） | 25 | 50 |
| 福建 | 1369年（霞浦）、1410年（邵武）、1449年（邵武、光泽、泰宁）、1460年（邵武、光泽）、1478年（建宁）、1479年（长乐）、1486年（霞浦、福鼎、连江、古田）、1507年（霞浦、宁德、建宁）、1508年（霞浦、宁德）、1509年（霞浦、宁德）、1510年（霞浦、福安）、1511年（霞浦）、1514年（长乐）、1521年（福州）、1545年（邵武）、1522年（龙岩）、1538年（舒城）、1544年（连城、将乐、建宁）、1545年（南平）、1562年（莆田、晋江）、1582年（淮阳）、1589年（浦城）、1617年（南安）、1640年（漳州）、1642年（连江） | 25 | 39 |
| 江西 | 1389年（南康）、1408年（抚州）、1427年（抚州）、1461年（宜春、万载）、1481年（瑞昌、彭泽）、1486年（大余）、1495年（大余）、1507年（婺源）、1513年（婺源、龙南、定南）、1523年（余干、崇仁）、1544年（黎川、兴国、南康）、1545年（吉安、泰和、赣州、会昌、大余）、1548年（景德镇）、1577年（泰和、大余）、1588年（瑞昌、贵溪、乐平、资溪、进贤、宁都）、1590年（萍乡、宁都）、1593年（万载）、1601年（宁冈、石城、大余、南康）、1502年（大余）、1642年（湖口、丰城、抚州）、1643年（南康） | 21 | 44 |

续表

| 大疫发生的省份 | 大疫发生时间（公元纪年）及地点 | 大疫发生年份数 | 大疫蔓延县份数（次） |
|---|---|---|---|
| 湖北 | 1421 年（蒲圻）、1513 年（丹江口）、1529 年（丹江口、襄阳、宜城、老河口）、1533 年（谷城）、1540 年（钟祥）、1554 年（云梦、麻城）、1561 年（江陵）、1573 年（枣阳）、1584 年（安陆、咸宁）、1589 年（罗田）、1621 年（郧县）、1627 年（襄阳）、1630 年（迁安、卢龙）、1641 年（蕲春、黄梅、广济、蒲圻、仙桃）、1642 年（武汉、蕲春、阳新、蒲圻）、1643 年（襄阳、老河口） | 16 | 30 |
| 湖南 | 1461 年（资兴）、1472 年（郴州）、1486 年（酃县、郴州）、1506 年（靖县）、1517 年（祁阳、邵阳）、1540 年（麻阳）、1544 年（郴州、黔阳、麻阳）、1579 年（江永）、1581 年（蓝山）、1590 年（长沙、湘乡、益阳、安化）、1617 年（临武）、1618 年（通道）、1619 年（通道）、1643 年（郴州、常宁、永州） | 14 | 23 |
| 广东 | 1533 年（阳江）、1547 年（化州）、1548 年（阳江）、1555 年（化州）、1630 年（蕉岭） | 5 | 5 |
| 海南 | 1489 年（琼山、澄迈、儋县）、1506 年（儋县） | 2 | 4 |
| 广西 | 1456 年（桂林）、1518 年（荔浦、梧州）、1539 年（钦州）、1613 年（融水）、1619 年（柳城、柳江）、1642 年（玉林） | 6 | 8 |
| 四川 | 1481 年（荥经）、1528 年（广元）、1529 年（成都、遂宁、安岳、资中、富顺、南溪、叙永、屏山、营山）、1544 年（射洪、蓬溪、潼南）、1547 年（内江）、1555 年（营山）、1587 年（宜汉）、1594 年（富顺）、1598 年（全蜀诸郡邑大疫波及广汉、新都、平武、内江、长宁、井研、丰都、广安）、1599 年（安岳）、1608 年（雅安、大全）、1610 年（遂宁、潼南） | 12 | 31 |
| 贵州 | 1504 年（都匀）、1506 年（玉屏）、1529 年（遵义、关岭）、1536 年（福泉）、1546 年（盘县、镇宁、关岭、凯里、黄平、惠水、福泉）、1574 年（遵义）、1578 年（遵义）、1589 年（遵义）、1618 年（贵阳、玉屏、黎平）、1619 年（凯里）、1622 年（平坝） | 11 | 20 |
| 云南 | 1514 年（丽江、鹤庆）、1595 年（武定）、1597 年（大理、云龙）、1623 年（师宗）、1624 年（大理、云龙） | 5 | 8 |
| 辽宁 | 1511 年（辽阳）、1557 年（绥中）、1635 年（绥中） | 3 | 3 |
| 蔓延县份数次总计（城次） | | | 709 |

图 5-18　明朝时期大疫发生的空间分布

吊送者絕跡”之说（康熙《朔州志·祥异》卷二）。又如，1641 年（崇祯十四年），河南郑州、荥阳、开封、兰考等地发生大疫，传播至 29 个府、县，其持续时间之长，死亡人数之多，历史罕见（表 5-45）。据康熙《辉县志·灾祥》卷十八记载：“大疫，死者十之八九，村莊盡成丘墟”，又顺治《商水县志·灾变》卷八记载：“春大疫，抵秋方止，死者無數。初猶棺殮，繼買薄卷，後則闔門皆死，竟無一人能殮者。至六月間，街少人跡，但聞蠅聲薨薨而已”。同年，河北正定、晋县、沙河等 9 县大疫，“瘟疫大行，死者枕藉”（顺治《正定县志·祥异》卷四；康熙《赵州志·灾祥》卷一）。继之 1643 年，宣化、保定、容城、天镇、浑源等 9 县大疫，死人无数（康熙《宣化县志·灾异》卷五；康熙《景州志·灾变》卷四）（表 5-45、图 5-18、图 5-19）。

图 5-19 明朝时期大疫分布图

（3）南方大疫高发区，除浙江 25（50）、福建 25（39）两省外，以长江中下游流域的湖北 16（30）、湖南 14（23）、江西 21（44）、安徽 19（57）、江苏 12（23）等 5 省为主。与北方大疫高发区相比较，其特点是大疫发生的年份数及蔓延的县份数均较北方少，传播的范围也相对较小（表 5-45、图 5-18、图 5-19）。

（4）在一般情况下“鼠灾”与“大疫”不相重叠，即发生鼠灾的地区并不同时发生大疫，反之亦然。但在明朝末年（崇祯十四年）却出现大疫与鼠灾相重叠，或交叉发生的实例，如安徽无为县在是年发生大疫，同时出现鼠灾，“春大疫，復旱蝗。群鼠銜尾，自江南牵渡江北，數日斃”（乾隆《无为州志·灾祥》卷二）；又同年，河南开封“夏大疫，人相食，有鼠千百成群，渡河南去”（康熙《开封府志·祥异》卷三九）；同年，山东东平、菏泽等 10 县发生大疫，高唐县“有鼠千百成群，食禾立盡”的记载（康熙十二年《高唐州志·灾异》卷九）。

（5）自先秦至元朝，大疫并无专用之名称，1582 年（万历十年），华北地区发生严重的大疫，并首次称为“大头瘟”。据方志记载：“四月，京師疫，通州、東安亦疫。霸州、文安、大城、保定患大頭瘟症，死者枕藉，若傳染，雖至親不敢問吊”（光绪《顺天府志·祥异》卷六九）。是年，河北省有新乐、廊坊、霸县、保定、定兴等 15 个县受到传染，其症状是“大頭腫脖，三日即死”（天启《东安县志·祥异》卷一）。1643 年（崇祯十六年）北京昌平县、通县发生大疫，称之为“疙瘩病”。据方志记载：“昌平大疫，名曰疙瘩病”（康熙《昌平州志·纪事》卷二六）；又“七月，大疫，名曰疙瘩病，比屋傳染，有合家喪亡，竟無收斂者”“瘟疫大行，病者吐血如西瓜水，立死”（康熙《通州志·灾异》卷十一；康熙《景州志·灾变》卷四）。以上描绘的“疙瘩病”症状，已十分接近于腺鼠疫的典型症状，并为近代流行病医学专家所肯定。但上述明万历年间发生的“大头瘟”是否为鼠疫，仍然存有较大的争议。其实，我国是世界上较早认识鼠疫，并认为是一种烈性传染病的国家之一，如在晋·葛洪撰写的《肘后备急方》卷五中已对腺鼠疫作了如下的描述：“恶核病者，肉中忽有核，如梅李，小者如豆粒，皮中慘痛，左右走，身中壯熱，瘰恶寒是也”。隋巢原方撰《巢氏诸病源候总论·恶核候》卷五十中做了进一步的描述：“恶核者，是風熱毒氣與血氣相搏，結成核，生頸邊，又遇風寒所折，遂不消不潰，名爲恶核也”。此后，唐、宋、明、清历代医家对恶核病（疙瘩病）的治疗方面均有所贡献。其中比较著名并在“大疫”（鼠疫）医疗实践中作出重要贡献者，为明朝的吴有性（字文可），明末姑苏人，他所处的时代正是大疫流行之际，1641 年吴有性时年 59 岁，大疫遍及山东、浙江、河南、河北（参见表 5-45），他亲眼目睹当时大疫流行地区“一巷百餘家，無一家僅存；一門數十口，無一口僅存”的惨景。他边治疗，边思考，于 1642 年撰《瘟疫论》2 卷，补遗 1 卷，为后世留下宝贵的医学遗产。但限于当时对流行病知识的缺乏和整体科技水平的低下，尚未发现鼠及媒介昆虫与大疫之间的关系，当然不可能对该病提出科学的预防与治疗相结合的防治方法。

## 十、清朝时期鼠灾、大疫的记述

清朝（1644—1911 年），又称大清帝国，是中国历史上最后一个封建王朝，由满族统治者建立。统治时间长达 267 年。在康熙、雍正、乾隆时期，农业生产得到全面恢复和进一步发展，经济繁荣，社会稳定，国力鼎盛，较大程度扩充了版图。乾隆以后，内外矛盾激化，大搞文化阉割，轻视科技，闭关锁国，使国家逐步落后于欧美。1840 年（道光二十年）爆发鸦片战争，遭到以英帝国为首的列强入侵，强迫清政府签订了一系列不平等条约，从此中国从独立的封建社会逐步沦为半殖民地半封建社会。第二次鸦片战争之后开始了近代化的探索，部分开明统治阶层进行了洋务运动。清朝晚期，民族矛盾和阶级矛盾极为尖锐，甲午战争之后民族危机进一步加深，经济凋敝，民不聊生，清政府日益衰落腐败。1911 年，辛亥革命爆发，清朝统治瓦解，从此结束了满族统治及中国两千多年以来的帝制（白乐天，2000）。

清朝统治时期，自然灾害频发，前文已提及此时正值明清小冰期这一特殊自然变化周期，尤其在晚清时期鼠灾、大疫频繁发生，并达到历史的高发期。现将这一历史时期的鼠灾和大疫按帝王纪元的时间序列、发生次数、发生频率等分别列于表 5-17、表 5-46。

**表 5-46　清朝时期鼠灾、大疫的发生概况**

| 帝王纪年 | 起止时间（公元纪年） | 在位时间（年） | 鼠灾 | | | 大疫 | | |
|---|---|---|---|---|---|---|---|---|
| | | | 发生鼠灾年份次数 | 平均 *n* 年发生一次 | 鼠灾发生频率（%） | 发生大疫年份次数 | 平均 *n* 年发生一次 | 大疫发生频率（%） |
| 顺治 | 1644—1661 年 | 18 | 1 | 18.00 | 5.56 | 12 | 1.50 | 66.67 |
| 康熙 | 1662—1722 年 | 61 | 15 | 4.07 | 24.59 | 36 | 1.69 | 59.02 |
| 雍正 | 1723—1735 年 | 13 | 2 | 6.50 | 15.38 | 8 | 1.62 | 61.54 |
| 乾隆 | 1736—1795 年 | 60 | 6 | 10.00 | 10.00 | 37 | 1.62 | 61.67 |
| 嘉庆 | 1796—1820 年 | 25 | 2 | 12.50 | 8.00 | 22 | 1.14 | 88.00 |
| 道光 | 1821—1850 年 | 30 | 6 | 5.00 | 20.00 | 24 | 1.25 | 80.00 |
| 咸丰 | 1851—1861 年 | 11 | 6 | 1.83 | 54.54 | 10 | 1.10 | 90.91 |
| 同治 | 1862—1874 年 | 13 | 7 | 1.86 | 53.85 | 12 | 1.08 | 92.31 |
| 光绪 | 1875—1908 年 | 34 | 7 | 4.86 | 20.59 | 32 | 1.06 | 94.12 |
| 宣统 | 1909—1911 年 | 3 | 0 | — | — | 3 | 1.00 | 100.00 |
| 总计 | 1644—1911 年 | 267 | 52 | 5.15 | 19.40 | 196 | 1.37 | 73.13 |

清朝涉及鼠灾和大疫的文献较多，经梳理、归纳，将其中的一些重要特点或新发现简介如下。

（1）清朝统治时期，各种自然灾害较明朝更为频繁、严重，发生鼠灾的年份共计 52 次，平均 5.15 年发生一次，发生频率为 19.40%，比明朝（15.58%）高出近 4 个百分点（表 5-17、表 5-46），并有以下特点。

1）清朝早期，除康熙年间曾发生 15 次鼠灾（发生频率达 24.59%）的个例外，自顺治（1644—1661 年）至光绪（1875—1908 年）鼠灾发生次数均在个位数，但鼠灾发生频率自嘉庆后，呈急剧增长之趋势（表 5-46）。尤其是光绪五年（1879 年），发生了清朝统治以来最严重的鼠灾，是年山西 13 个县、陕西 6 个县、河南 2 个县均发生鼠灾，据文献记载，这次鼠灾涉及鼠种多、鼠群数量大、波及范围广，其危害“甚於螟蝗”（光绪《直隶绛州志・杂志》卷二十；光绪《大宁县志・灾异》卷七；光绪《太平县志・杂记》卷十四；光绪《三原县志・杂志》卷八；光绪《蒲城县新志・祥异》卷十三；民国《渑池县志・祥异》卷一）等

2）清朝鼠灾发生的空间格局，大体与明朝相似。北方以黄河中下游为鼠灾发生的核心区域，鼠灾发生频次以甘肃居首 10（10）（数字表明甘肃发生鼠灾年份为 10 次，波及县份数 10 个次，下同）；其次为陕西 8（21）、山西 4（20）；南方以长江中下游为鼠灾发生核心区域，鼠灾发生年份数以湖北居首 7（9），其次为江苏 5（6）、安徽 5（5），湖南居末 3（5）。值得注意的是，除上述长江中下游的鼠灾核心区外，西南的云南 6（6）和东南的福建 3（6）形成了两个独立的鼠灾核心区，清朝鼠灾波及县城总计 103 个（次）（表 5-47、图 5-20）。

（2）清朝统治时期大疫频繁发生，在其统治的 267 年中，大疫发生年份高达 196 次，平均每 1.37 年发生一次，发生频率高达 73.13%。大疫发生的时空格局与明朝类似，大疫发生的核心区北方以黄河中下游为主，如甘肃 14（18）、山西 30（61）、陕西 15（26）、河南 29（73）、河北 35（134）、山东 37（142）；南方以长江中下游为主，如湖北 30（56）、湖南 32（53）、江西 26（42）、安徽 29（62）、江苏 10（33）、浙江 36（73）。清朝大疫与明朝最大的不同是，出现了两个新的大疫核心区：云南 43（82）和福建 33（55）

（表 5-48、图 5-21），这与上文所述的两个独立的鼠灾核心区相重叠（表 5-47、图 5-20），这值得被注意并作进一步的研究。

**表 5-47　清朝时期鼠灾发生的空间分布**

| 鼠灾发生省份 | 鼠灾发生时间（公元纪年）及地点 | 鼠灾发生年份数 | 鼠灾波及县份数（次） |
|---|---|---|---|
| 甘肃 | 1671 年（阶州）、1688 年（静宁）、1709 年（靖远）、1727 年（古浪）、 1736 年（文县）、1813 年（靖远）、1868 年（山丹）、1869 年（泰安）、1870 年（皋兰）、1898 年（皋兰） | 10 | 10 |
| 湖北 | 1681 年（江陵）、1689 年（黄冈）、1690 年（孝感）、1708 年（仙桃、江陵、黄济）、1821 年（黄梅）、1852 年（黄梅）、1854 年（襄阳） | 7 | 9 |
| 陕西 | 1703 年（西乡、镇巴）、1722 年（佳县、清涧、延安、子长、延川）、1815 年（佳县）、1864 年（礼泉、乾县、渭南）、1865 年（渭南）、1877 年（旬阳县）、1879 年（长安、三原、乾县、韩城、华阴、蒲城）、1880 年（大荔、华阴） | 8 | 21 |
| 云南 | 1659 年（姚安）、1768 年（镇雄）、1845 年（楚雄）、1859 年（马关）、1863 年（楚雄）、1879 年（楚雄） | 6 | 6 |
| 江苏 | 1665 年（沭阳）、1688 年（宿迁）、1713 年（高淳、丹阳）、1834 年（兴化）、1843 年（丹徒） | 5 | 6 |
| 安徽 | 1727 年（铜陵）、1753 年（池州）、1760 年（贵池）、1853 年（当涂）、1863 年（宣城） | 5 | 5 |
| 山西 | 1841 年（晋城）、1878 年（晋城、高平、万荣）、1879 年（榆次、翼城、曲沃、吉县、大宁、襄汾、运城、新绛、垣曲、绛县、永济、万荣、临猗）、1880 年（晋城、古县、安泽） | 4 | 20 |
| 福建 | 1706 年（闽侯、罗源）、1851 年（德化）、1895 年（闽侯、同安、蒲田） | 3 | 6 |
| 海南 | 1709 年（三亚）、1895 年（琼山县） | 2 | 2 |
| 湖南 | 1680 年（辰溪、沅陵、泸溪）、1824 年（新化）、1873 年（汉寿） | 3 | 5 |
| 四川 | 1724 年（苍溪）、1860 年（丹棱） | 2 | 2 |
| 河南 | 1877 年（灵宝）、1879 年（渑池、三门峡） | 2 | 3 |
| 青海 | 1682 年（西宁）、1879 年（西宁）、1895 年（西宁、乐都） | 2 | 4 |
| 广东 | 1891 年（廉江） | 1 | 1 |
| 江西 | 1739 年（彭泽） | 1 | 1 |
| 宁夏 | 1749 年（中卫） | 1 | 1 |
| 山东 | 1678 年（青州） | 1 | 1 |
| 波及县份数次总计 | | | 103 |

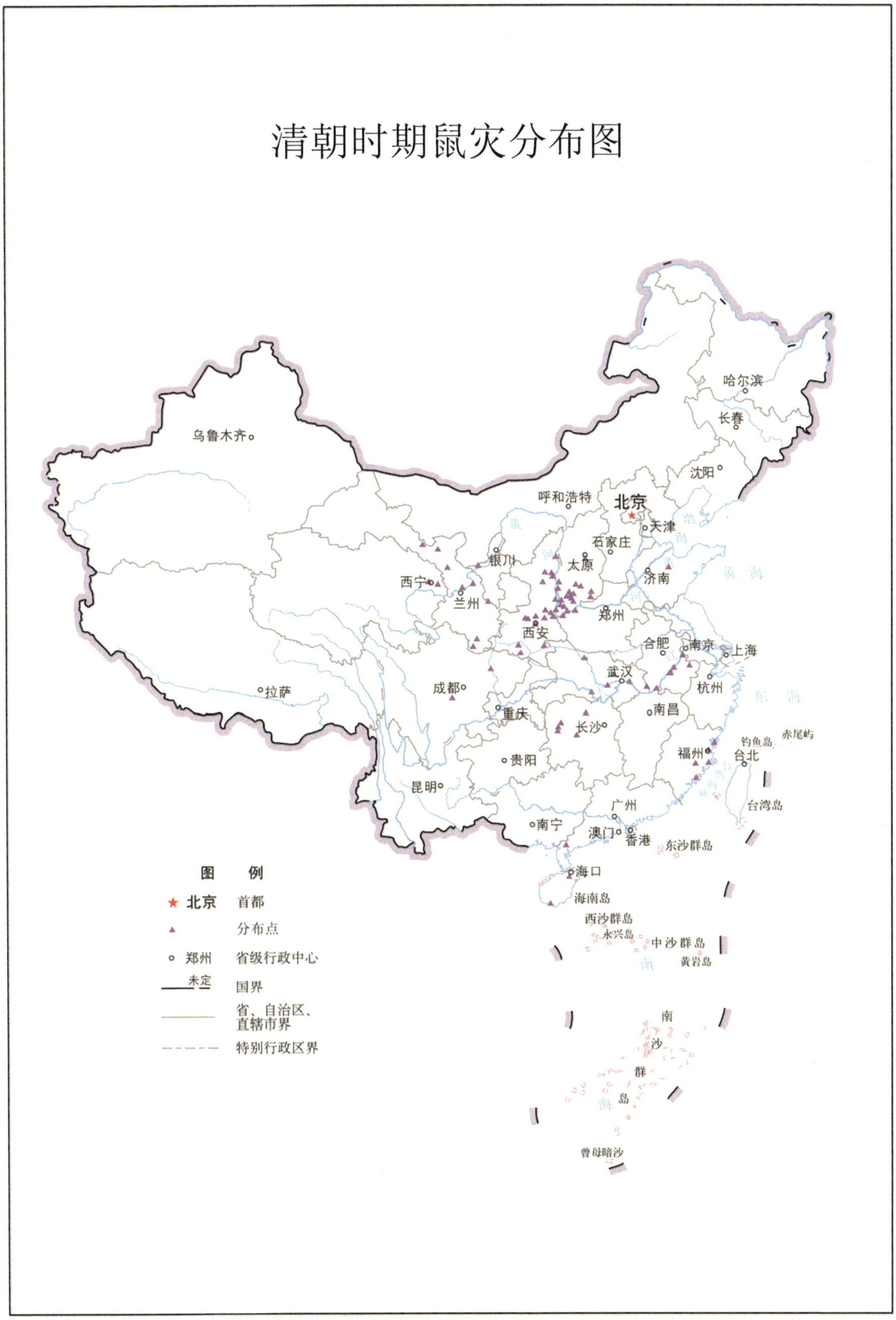


图 5-20　清朝时期鼠灾分布图

表 5-48 清朝时期大疫发生的空间分布

| 大疫发生的省份 | 大疫发生时间（公元纪年）及地点 | 大疫发生年份数 | 大疫发生及蔓延县份数（次） |
|---|---|---|---|
| 北京 | 1644年（延庆、昌平、密云）、1680年（通县）、1802年（延庆）、1863年（延庆） | 4 | 6 |
| 天津 | 1644年（天津）、1686年（天津）、1775年（天津）、1797年（天津）、1798年（天津）、1821年（天津） | 6 | 6 |
| 河北 | 1644年（涿鹿、万全、清苑、定兴、河间、故城）、1654年（阳原）、1679年（迁安、卢龙）、1687年（博野）、1691年（永年）、1704年（大城、河间、青县、献县、景县、永年）、1728年（卢龙县）、1760年（沧州、东光县、景县3县）、1775年（深县、武强）、1797年（沧州、东光、泊头）、1805年（东光）、1814年（邯郸）、1821年（正定、灵寿、晋县、井陉、新乐、深泽、卢龙、秦皇岛、乐亭、滦县、大城、清苑、定兴、安新、蠡县、唐县、新城、安国、望都、曲阳、沧州、盐山、泊头、青县、南皮县、任丘、献县、枣强、大名、邯郸、成安、鸡泽、宁晋、南宫、巨鹿、任县、沙河、清河、广宗）、1822年（秦皇岛、望都、滦县、清苑）、1823年（秦皇岛、滦县）、1827年（蔚县、怀安）、1840年（赞皇）、1851年（卢龙、滦县）、1854年（滦县、完县）、1857年（秦皇岛）、1858年（蔚县、怀安）、1861年（藁城、景县）、1862年（获鹿、灵寿、蔚县、秦皇岛、大城、永清、蠡县、曲阳、沧州、东光、泊头、献县、景县、枣强、宁晋、巨鹿）、1865年（卢龙、滦县）、1878年（晋县、藁城、新乐、新城、望都、满城、武安）、1879年（固安）、1887年（新城）、1888年（文安）、1895年（沧州、新城）、1901年（赤城、阳原、完县、青县、磁县、邢台）、1902年（无极、沧州、南皮、南宫、沙河、新河）、1904年（怀安、万全）、1905年（赤城）、1909年（卢龙、秦皇岛鼠疫流行）、1910年（泊头、青县） | 35 | 134 |
| 山西 | 1644年（灵丘、阳高、应县、长治、潞城）、1646年（武乡县）、1654年（榆次、文水）、1680年（天镇）、1681年（阳曲、清徐）、1692年（闻喜、芮城、夏县）、1693年（临猗）、1702年（晋城）、1727年（平定）、1728年（沁县）、1733年（襄汾、乡宁）、1754年（沁县）、1760年（和顺）、1788年（大同）、1821年（平定、襄汾、夏县、临猗）、1823年（灵丘、吉县）、1828年（汾阳）、1833年（广灵、泽源）、1843年（河曲）、1858年（灵丘）、1862年（天镇、灵丘、广灵、浑源、代县）、1863年（岢岚、永济）、1865年（岢岚、晋城）、1866年（清徐、运城）、1867年（怀仁、汾阳、乡宁）、1868年（永和）、1870年（曲沃）、1877年（运城、新绛）、1878年（平定、文水、晋城、阳城、屯留、浮山、襄汾）、1902年（怀仁、石玉） | 30 | 61 |
| 陕西 | 1677年（山阴）、1691年（周至）、1692年（闻喜、芮城、夏县）、1728年（周至、武功）、1821年（华县、华阴）、1862年（华县、华阴）、1846年（乾县）、1848年（渭南）、1850年（渭南）、1859年（绥德）、1862年（三原、华县）、1863年（乾县）、1871年（蓝田、柞水）、1878年（横山、府谷、米脂）、1902年（横山、佳县、米脂） | 15 | 26 |
| 甘肃 | 1760年（靖远）、1771年（通渭）、1790年（民勤）、1811年（靖远、永昌）、1821年（镇远）、1822年（镇远）、1863年（皋兰）、1866年（泾川、永昌）、1867年（通渭）、1869年（武山、宁远）、1874年（会宁）、1890年（靖远、宁静）、1896年（皋兰）、1897年（天水） | 14 | 18 |
| 河南 | 1685年（鲁山）、1690年（叶县）、1692年（宜县、洛奇、三门峡）、1693年（郾城、灵宝）、1710年（杞县、太康、柘县）、1723年（鲁山、临汝）、1727年（固始、潢川、光山、嵩县、临汝）、1728年（新乡、灵宝）、1743年（淮阳、沈丘、潢川）、1784年（内黄）、1786年（范县、临颍、泌阳、正阳、息县、固始、南阳）、1814年（尉氏、林县、睢县、鄢陵、郏县）、1815年（滑县）、1821年（获嘉、辉县、修武、南乐、范县、长垣、扶沟、淮阳、太康、许昌、鄢陵、鲁山、舞阳、临汝、灵宝、宜阳）、1822年（濮阳、南乐）、1831年（范县）、1848年（林县）、1849年（武陟）、1850年（汝南）、1862年（孟县、正阳）、1863年（淮阳、项城）、1877年（鹿邑）、1878年（巩县、武陟、濮阳、光山）、1879年（开封）、1883年（西平）、1887年（鹿邑）、1889年（宁陵、扶沟）、1892年（鄢陵）、1899年（商水） | 29 | 73 |
| 山东 | 1646年（临沂）、1647年（莒县）、1662年（牟平、海阳）、1665年（烟台）、1692年（无棣、沾化）、1693年（临邑）、1697年（昌乐）、1698年（新泰）、1703年（曲阜）、1704年（临邑、高青、广饶、胶县、平度）、1748年（烟台、莱芜、聊城、冠县）、1786年（枣庄、临邑、平原、安丘、胶县、菏泽、单县、东明、茌平、临清）、1796年（费县）、1798年（临邑）、1799年（诸城）、1812年（昌邑、胶县、掖县、即墨、蓬莱、牟平）、1818年（诸城）、1821年（淄博、陵县、临邑、齐河、商河、武城、宁津、庆云、无棣、寿光、昌乐、安丘、诸城、昌邑、潍坊、掖县、即墨、蓬莱、烟台、招远、牟平、莒县、沂水、日照、新泰、宁阳、兖州、滕县、济宁、汶上、单县、成武、东明、冠县、阳谷、金山）、1832年（昌乐）、1833年（诸城、潍坊、日照）、1836年（诸城、昌邑、胶县、高密、掖县、即墨、费县）、1846年（龙口）、1851年（莒县）、1856年（牟平）、1858年（昌平、潍坊）、1861年（高密、即墨、龙口）、1862年（淄博、德州、临邑、商河、宁津、庆云、惠民、利津、昌乐、 | 37 | 142 |

续表

| 大疫发生的省份 | 大疫发生时间（公元纪年）及地点 | 大疫发生年份数 | 大疫发生及蔓延县份数（次） |
|---|---|---|---|
| 山东 | 临朐、安丘、掖县、即墨、荥阳、牟平、日照、莱芜、兖州）、1867年（诸城、高密）、1868年（牟平、日照）、1870年（茌平）、1878年（临朐、曹县、定陶）、1888年（齐河、安丘）、1890年（掖县）、1902年（历城、淄博、枣庄、济阳、临邑、夏津、博兴、广饶、昌乐、临朐、潍坊、长清、莱芜）、1906年（惠民）、1910年（牟平）、1911年（胶县、平度、掖县） | 37 | 142 |
| 上海 | 1678年（奉贤）、1709年（嘉定）、1733年（川沙、奉贤）、1756年（奉贤、宝山）、1784年（嘉兴）、1821年（金山）、1855年（南汇、川沙）、1862年（松山、奉贤、金山、嘉定四县）、1889年（南汇、青浦）、1895年（青浦、嘉定） | 10 | 8 |
| 江苏 | 1756年（苏州、昆山、常熟、泰州、泰兴、靖江、南通、如皋）、1786年（常熟、吴江、无锡、江阴、句容、兴化、泰州、东台、铜山）、1814年（溧阳）、1815年（南京）、1821年（宝应、盱眙、沛县、铜山）、1832年（宝应）、1862年（江浦、溧水）、1881年（兴化、临安）、1885年（昆山）、1902年（昆山、宜兴、高邮、兴化） | 10 | 33 |
| 安徽 | 1687年（无为）、1709年（和县、安庆、太湖、潜山、当涂、芜湖、绩溪、贵池、东至）、1728年（无为）、1731年（和县）、1743年（宣城、太和）、1756年（舒城、灵璧、五河、怀远、凤阳、来安）、1767年（繁昌）、1770年（和县、芜湖、宣城）、1786年（合肥、和县、怀宁、桐城、阜阳、怀远、定远）、1816年（阜阳）、1820年（天长）、1821年（合肥、阜阳、亳州、宿县、萧县）、1832年（桐城、贵池）、1842年（定远、南陵）、1843年（太湖）、1845年（潜山）、1848年（巢湖）、1850年（舒城）、1856年（潜山）、1857年（舒城）、1858年（霍山）、1862年（和县、歙县、黄山、石台）、1863年（东至）、1878年（蒙城）、1893年（南陵）、1899年（阜阳、蒙城）、1902年（芜湖）、1903年（当涂、南陵）、1906年（全椒） | 29 | 62 |
| 浙江 | 1644年（湖州）、1659年（温州、乐清）、1675年（丽水）、1677年（淳安）、1683年（萧山、鄞县、慈溪、绍兴）、1694年（湖州）、1709年（象山）、1736年（余姚）、1746年（桐庐）、1749年（桐乡、湖州）、1783年（瑞安）、1786年（德建、湖州）、1795年（瑞安）、1798年（温州）、1811年（嘉善）、1820年（鄞县、温岭）、1821年（富阳、萧山、嘉兴、长兴、余姚）、1833年（嵊县、温州、景宁）、1836年（武义、浦江、缙云）、1843年（余姚）、1846年（常山）、1849年（丽水）、1854年（奉化、平阳）、1858年（仙居、丽水）、1861年（临安）、1862年（桐乡、丽水）、1834年（武义、浦江、缙云）、1858年（仙居、丽水）、1863年（富阳、建德、桐庐、开化、江山）、1864年（建德、江山）、1874年（宁波、奉化）、1878年（平阳）、1887年（奉化、象山、慈溪、仙居）、1888年（上虞）、1891年（嘉善）、1902年（嘉兴、平湖、海盐、瑞安、平阳、松阳） | 36 | 73 |
| 福建 | 1648年（邵武、光泽）、1649年（长汀、清流）、1652年（建阳）、1653年（浦城、霞浦、寿宁）、1657年（福鼎）、1677年（邵武）、1727年（连江、尤溪）、1743年（连城）、1753年（同安、蒲田、晋江、南安）、1754年（崇安、晋江、惠安）、1776年（建宁、里心）、1788年（同安、南安）、1806年（永定）、1817年（晋江）、1820年（长汀）、1821年（建瓯、连江、晋江、漳浦）、1822年（蒲田、金门、龙溪）、1832年（厦门）、1835年（建宁）、1846年（金门）、1849年（长乐）、1858年（光泽、金门）、1891年（厦门）、1894年（光泽）、1895年（闽侯、同安、蒲田、金门）、1897年（厦门、长乐）、1898年（厦门）、1899年（厦门）、1900年（德化）、1902年（永泰）、1903年（长泰）、1906年（厦门）、1908年（屏南） | 33 | 55 |
| 台湾 | 1856年（澎湖）、1864年（嘉义）、1866年（新竹、苗栗）、1884年（澎湖）、1885年（澎湖） | 5 | 6 |
| 湖北 | 1644年（枝江）、1645年（应城县、安陆、咸宁）、1646年（咸宁、阳兴、崇阳、枣阳）、1670年（枣阳）、1671年（枣阳）、1693年（郧西）、1694年（广济）、1705年（仙桃）、1706年（通城、蒲圻、仙桃）、1708年（公安）、1718年（广济）、1727年（武汉、黄冈、通城、荆门、钟祥、枝江）、1728年（武汉、宜昌、长阳）、1729年（郧县）、1745年（枣阳）、1814年（枝江）、1815年（汉川）、1819年（平江）、1828年（施恩、长阳）、1832年（武汉、大冶、黄陂、蕲春、咸宁、通山、鄂州、崇阳、蒲圻、潜江、仙桃、宜都）、1833年（潜江）、1842年（鄂州）、1843年（麻城）、1845年（老河口）、1857年（阴山）、1861年（长阳）、1871年（麻城）、1878年（老河口）、1881年（阳新）、1885年（大冶） | 30 | 56 |
| 湖南 | 1644年（安乡）、1647年（醴陵）、1649年（湘乡、益阳）、1650年（酃县）、1652年（永江）、1657年（酃县）、1659年（永州）、1680年（会同、靖县）、1779年（湘潭、常德）、1705年（大庸、澧县）、1706年（岳阳、衡阳、安乡）、1727年（湘潭）、1746年（衡阳）、1748年（桂东、宜章、江水、城步、绥宁）、1767年（新化）、1779年（湘潭、常德）、1789年（宜章）、1799年（保靖）、1820年（酃县、桂东、临武、蓝山）、1822年（保靖）、1823年（临武、江华）、1832年（长沙、平江、华容、澧 | 32 | 53 |

续表

| 大疫发生的省份 | 大疫发生时间（公元纪年）及地点 | 大疫发生年份数 | 大疫发生及蔓延县份数（次） |
|---|---|---|---|
| 湖南 | 县、安乡、宁乡）、1836年（湘潭、邵阳）、1842年（湘潭）、1850年（湘阴、资兴、古丈）、1863年（嘉禾）、1864年（江华）、1867年（靖县）、1883年（宜章）、1888年（湘潭）、1893年（永顺）、1902年（新宁） | 32 | 53 |
| 江西 | 1648年（石城）、1650年（婺源、东乡）、1672年（万年）、1676年（南康）、1703年（泰和）、1709年（湖口）、1728年（新建）、1750年（波阳、余江）、1780年（泰和六乡）、1781年（万载）、1785年（新建）、1786年（修水、信奉）、1787年（大余）、1789年（遂川）、1820年（万载、万安、于都、新丰、会昌、寻乌、石城、大余、崇义）、1832年（新建、贵溪、奉新）、1834年（南丰）、1835年（广昌）、1850年（吉安、遂川）、1851年（遂川）、1853年（责溪）、1858年（贵溪、资溪）、1863年（湖口、南城）、1864年（崇仁）、1892年（崇义）、1902年（南昌） | 26 | 42 |
| 广东 | 1654年（信宜）、1657年（阳山）、1680年（吴川）、1702年（连山）、1727年（潮州、澄海、潮阳、南澳、揭阳）、1742年（连山、连县）、1759年（惠阳、怀集、封开）、1764年（吴川）、1779年（阳山）、1806年（龙川）、1820年（乐昌、始兴、阳山、连县、潮州、潮阳、揭阳）、1822年（连山、连县、阳江、肇庆）、1823年（怀集）、1857年（阳江）、1858年（潮阳、揭阳）、1883年（潮州）、1888年（吴川）、1891年（廉江）、1892年（恩平）、1895年（顺德）、1897年（吴川）、1899年（阳春）、1901年（乐昌）、1906年（顺德） | 23 | 41 |
| 广西 | 1680年（灵川）、1681年（柳江）、1682年（上林、宾阳）、1686年（柳城）、1700年（兴安、邑中）、1707年（融水、临桂）、1708年（全州）、1748年（临桂、全州、富川）、1759年（贺县）、1769年（宾阳）、1787年（上林、临桂）、1788年（宾阳、桂平）、1810年（上林、宾阳、合浦、钦州等县）、1811年（宜山、合浦、钦州）、1832年（临桂、兴安）、1855年（来宾）、1861年（来宾）、1863年（柳城、叙永）、1864年（富川）、1865年（罗城、融水、象州、阳朔）、1873年（合浦）、1878年（靖西）、1887年（临桂）、1890年（崇左）、1897年（宾阳、扶绥）、1898年（武鸣）、1900年（陆川）、1902年（宾阳、全州、阳朔、荔浦、灌阳、钟山）、1903年（武鸣等） | 29 | 52 |
| 海南 | 1648年（融水）、1682年（琼山、澄迈）、1683年（澄迈）、1703年（琼山）、1821年（琼山、安定）、1849年（琼山）、1850年（安定）、1864年（琼山、三亚）、1882年（琼山、儋县）、1886年（东方）、1894年（花垣）、1895年（琼山、海口）、1898年（三亚、东方）、1906年（儋县） | 14 | 20 |
| 贵州 | 1647年（平坝）、1676年（遵义、铜仁）、1681年（湄潭、天柱、福泉）、1815年（安顺）、1824年（平坝）、1825年（安龙、安顺）、1849年（大方）、1853年（黎平）、1855年（都匀）、1864年（遵义）、1865年（织金、天柱、荔波）、1867年（荔波）、1887年（余庆） | 13 | 19 |
| 四川 | 1646年（重庆、江津、荣昌、彭水）、1647年（剑阁、内江有大头瘟）、1648年（峨眉、广安）、1676年（雅安）、1727年（巫山）、1732年（汉源）、1735年（雅安、天全）、1792年（洪雅）、1798年（广安）、1801年（富顺）、1806年（资中、资阳、富顺）、1813年（射洪）、1814年（綦江）、1822年（资阳、井研）、1841年（重庆、江北南川）、1867年（新都）、1868年（灌县、彭县、广汉、崇庆、德阳）、1887年（汉源）、1892年（成都、什邡、崇庆、蓬溪、内江、安岳、简阳、夹江、眉山、彭山、井研）、1902年（金堂、温江） | 20 | 44 |
| 云南 | 1679年（泸西）、1682年（泸西）、1713年（曲靖）、1737年（寻甸、江川）、1738年（泸西）、1758年（剑川）、1776年（大姚）、1779年（丽江）、1791年（景东、巍山）、1803年（昆明、宜良、楚雄）、1804年（玉溪、保山、巍山）、1806年（元江）、1809年（昆明、宜良）、1812年（蒙自、建水）、1814年（文山）、1817年（楚雄）、1820年（景东）、1825年（澄江）、1836年（易门）、1838年（罗平、文山）、1841年（元江）、1845年（楚雄）、1846年（巍山）、1847年（巍山）、1848年（巍山）、1854年（禄丰、大姚、巍山）、1855年（墨江）、1858年（会泽）、1862年（大姚、宁洱）、1859年（墨江、巍山）、1862年（宜良、丽江、大姚）、1863年（昆明、楚雄、禄劝）、1864年（禄劝、巍山）、1865年（安宁、新平、墨江）、1867年（巍山）、1873年（路南、个旧、泸西、弥勒、蒙自、武定、大姚、祥云）、1874年（丘北、泸西、大姚）、1875年（昆明、昭通、丘北、泸西、洱源）、1876年（昆明、丘北）、1877年（师宗、景东、丘北）、1879年（风庆、永胜、文山、楚雄、大姚）、1897年（晋宁）、1902年（广南） | 43 | 82 |
| 辽宁 | 1728年（绥中）、1821年（开源）、1822年（绥中）、1823年（绥中）、1853年（瓦房店）、1858年（绥中）、1862年（开原、法库、锦县、绥中）、1877年（义县）、1889年（绥中）、1894年（开原）、1895年（盘山、锦县、义县、梨树）、1900年（盖县、庄河）、1902年（铁岭、开原、盖县、盘山、庄河）、1909年（昌图）、1910年（奉天、辽阳、铁岭、开原、义县）、1911年（辽阳、铁岭、开原、岫岩、义县） | 16 | 35 |

续表

| 大疫发生的省份 | 大疫发生时间（公元纪年）及地点 | 大疫发生年份数 | 大疫发生及蔓延县份数（次） |
|---|---|---|---|
| 黑龙江 | 1910 年（哈尔滨、齐齐哈尔、呼兰、宾县、阿城）、1911 年（绥化、海伦、兰西、巴彦、木兰、通河、庆安、青冈、肇州、安达、宁安、双城、依兰、方正、五常、延寿、桦南） | 2 | 22 |
| 吉林 | 1902 年（梨树）、1910—1911 年（扶余、前郭、大赉、安广、旗赉、白城、洮南、磐石、德惠、伊通、瞻榆、乾安、长岭、双辽、怀德、四平、梨树、农安、榆树、长春） | 3 | 20* |
| 蔓延县份数（次）总计 | | | 1189 |

* 1910—1911 年共计 20 个县市波及鼠疫

图 5-21　清朝时期大疫发生的空间分布

依据表 5-48，清朝大疫空间分布排序如下：①云南 43（82），这一数据表明，云南发生大疫的年份数（43），高居榜首，其蔓延县份数（82）仅低于山东和河北；②山东 37（142）；③浙江 36（73）；④河北 35（134）；⑤福建 33（55）；⑥湖南 32（53）；⑦山西 30（61）；⑧湖北 30（56）；⑨河南 29（73）；⑩安徽 29（62）；⑪广西 29（52）；⑫江西 26（42）；⑬广东 23（40）；⑭四川 20（44）；⑮辽宁 16（35）；⑯陕西 15（26）；⑰海南 14（20）；⑱甘肃 14（18）；⑲贵州 13（19）；⑳江苏 10（33）；㉑上海 10（8）。发生大疫年份数小于 10 的省份，从略（表 5-48、图 5-21、图 5-22）。

此外，清朝发生大疫的年份较明朝更频繁，传播更迅猛，蔓延面更广泛，造成了大量人员死亡，据表 5-48 的统计，大疫蔓延县城高达 1189 个（次）。在大疫发生过程中，人们或对疫情有重大发现，或对疫病有了较接近于近代医学的认识，尤其值得注意的是，中医在治疗鼠疫方面取得一定的进展，并产生了预防重于治疗的初步认识，现按时间顺序简介如下。

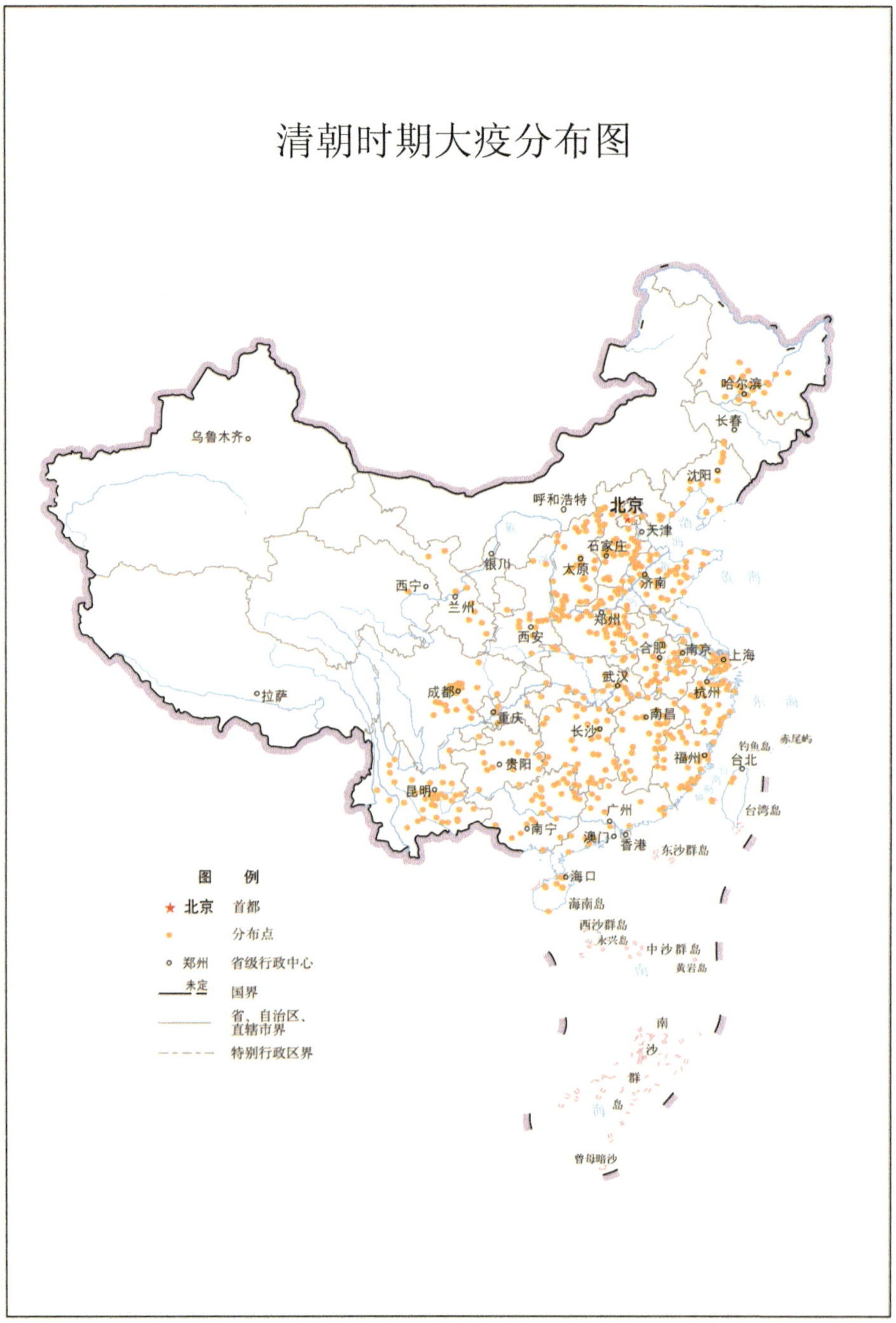


图 5-22　清朝时期大疫分布图

（1）17 世纪，1644 年（顺治元年），北京、天津、河北 5 地（涿鹿、万全、清苑、定兴、河间、故城）及山西 5 地（灵丘、阳高、应县、长治、潞城）大疫，人多疫死。其中山西长治县县志记载了该县大疫患者的症状：“四月霜，秋大疫，病者先於腋下、股間生一核，或吐淡血即死，不受藥餌，雖親友不敢問，有闔門死絶，無人收葬者”（乾隆《长治县志·祥异》卷二十一）。这段不到 50 字的记载，描述了腺鼠疫的典型症状，为后人判断该次大疫的性质和病名提供了难得的科学的依据，并得到我国著名流行病学专家伍连德的肯定（伍连德，1937）。1644 年也就成为我国首次确认鼠疫病例的年份（中国医学科学院流行病学微生物学研究所，1981）。

（2）云南省在明朝仅有 5 个年份发生过大疫，即 16 世纪，1514 年（明正德九年）“麗江、鶴慶大疫，死者不可勝計”（天启《滇志·祥异》卷一；隆庆《云南通志·灾祥》）；1595 年（明万历二十二年）“大姚，大疫”（天启《滇志·祥异》卷一），及 1597 年（万历二十五年），大理、云龙大疫（隆庆《云南通志·祥异》卷一；雍正《云龙州志·灾祥》卷十一）。17 世纪，1623 年（明天启三年），师宗大疫（雍正《师宗州志·灾祥》卷上）；1624 年（明天启四年），大理、云龙大疫（天启《滇志·祥异》卷一；雍正《云龙州志·灾祥》卷十一）（表 5-45）。但自 17 世纪的下半叶至 20 世纪初，云南大疫状况发生了急剧的变化，其大疫发生的年份数竟然跃居全国之首，高达 43 个年份（表 5-48）。云南省著名诗人师道南在 1792—1793 年正好在云南赵州，亲身经历了当时鼠疫流行的惨烈状况，并写了一首《鼠死行》的诗：

“東死鼠，西死鼠，人見死鼠如見虎！鼠死不幾日，人死如拆堵。晝死人，莫問數，日夜惨淡愁雲護。三人未行十步多，忽死兩人横截路。夜死人，不敢哭，疫鬼吐氣燈摇緑。須臾風起燈忽無，人鬼尸棺暗同屋。烏啼不斷，犬泣時聞，人含鬼色，鬼奪人神。白日逢人都是鬼，黄昏遇鬼反疑人！人死滿地人煙倒，人骨漸被風吹老。田禾無人收，官租向誰討？我欲騎天龍，上天府，呼天公，乞天母，灑天漿，散天乳，酥透九原千丈土。地下人人都活歸，黄泉化作回春雨！”（清·师范撰《大树山堂诗抄》一卷，《鸿洲天愚集》一卷）。在这首诗中，诗人以满腔悲愤之情，祈求苍天解救民众之疾苦。但不幸的是，诗人不几天也染鼠疫而亡，留下了这首惊天地泣鬼神的《鼠死行》，细致深刻地描绘了 1792—1793 年（乾隆五十七、五十八年）鼠疫流行时的惨剧。1862 年（同治元年）云南发生鼠疫，据俞曲园《笔记》记载，云南在经历战乱之后，又流行鼠疫，“大疫之將作，其家之鼠，無故自斃，或在墻壁中，或在承塵上，人不及見，久而腐爛，人聞其臭，鮮不疾者，病皆驟然而起，身上先墳起一小块，堅硬如石，顏色微紅，捫之極痛，旋身熱譫語，或逾日死，或即日死，諸醫束手，不能處方；有以刀割去之者，然此處甫割，彼處復起，其得活者，千百中一二而已。疫起鄉間，延及城市，一家有病者，則其左右十數家即遷移避之，踣於道者無算，然卒不能免也。甚至闔門同盡，比户皆空，小村聚中，絶无人跡。”又据陈邦贤（1937）在《中国医学史》中有与上文相同之记叙，从略。

尤其是 19 世纪五六十年代（1854—1864 年），云南大疫密集发生，在 10 年内竟然有 8 个年份爆发大疫(张德二，2013)，并迅速从云南蔓延到贵州、四川、广东（广州）、广西、香港、福建（福州、厦门）等地（张田勘和宋立新，2003）。然后，再从中国南方迅速传播到印度、美国，并波及欧洲和非洲。在 10 年时间内，蔓延到 77 个港口，60 多个国家，死亡人数高达 1400 万。这次鼠疫大流行被世界公认为起源于我国云南，并认为云南是一个古老的家鼠鼠疫疫源地，但又断言云南不存在鼠疫自然疫源地，并认为，云南的鼠疫是输入性的，即从印度和缅甸直接或辗转传入的。然而，1974 年，云南鼠疫工作者从云南剑川县的中华姬鼠中分离出鼠疫菌，证实了滇西存在着鼠疫自然疫源地，学者们称之为“滇西纵谷大绒鼠齐氏鼠疫源地”，这一进展为第三次鼠疫大流行提供了进一步的科学依据（中国医学科学院流行病学微生物学研究所，1981）。

（3）18 世纪我国曾爆发三次大疫，1704 年（康熙四十三年），河北 6 地（大城、河间、青县、献县、景县、永年）、山东 5 地（临邑、高青、广饶、胶县、平度）大疫；又，1709 年（康熙四十八年），安徽 10 地（和县、安庆、太湖、潜山、当涂、芜湖、绩溪、贵池、东池、东至）大疫，“死者无数，且多举家疫死者”（张德二，2013）；1727 年（雍正五年），河南 5 地（固始、潢川、光山、嵩县、临汝），湖北 6 地（武汉、黄冈、通城、荆门、钟祥、枝江）、广东 5 地（潮州、澄海、潮阳、南澳、揭阳）大疫，“老幼死者无算，死者枕藉”（张德二，2013）；1786 年（乾隆五十一年），山东 10 地（枣庄、临邑、平原、安丘、胶县、菏泽、单县、东明、茌平、临清）、江苏 9 地（常熟、吴江、无锡、江阴、句容、兴化、泰州、东台、铜山）、安徽 7 地（合肥、和县、怀宁、桐城、阜阳、怀远、定远）、河南 7 地（范县、临颍、泌阳、正阳、息县、固始、南阳），共计 7 省 69 县发生大疫，据安徽阜阳县志记载“闔門染病者十有六七，死者無算”（张德二，2013）。

（4）19 世纪，我国学者对大疫的认识与治疗均有较大的进步，1821 年（道光元年），河北（39 地）、山东（36 地）、河南（16 地）、山西（4 地）、安徽（5 地）、浙江（5 地）等，共计 6 省 105 地相继发生大疫，其传播之迅猛，范围之广阔，疫情之惨烈，实属罕见。据方志记载：“秋七月，大疾，瘟疫盛行，有問疾輒死於寢疾之家者，工肆材木爲空。”（民国《邯郸县志·杂事》卷一）。“七月，大疫，人死無算，葬無棺，以席代之”（民国 3 年《庆云县志·灾异》卷三）。1845 年（道光二十五年），是年云南楚雄首次将大疫与鼠的死亡相联系，该县县志记载：“六月至八月，鼠死，瘟疫流行”（宣统《楚雄县志·祥异》卷一）。这是清道光年间，在疫病认识上的一次进步。此外，1862 年（同治元年），河北（16 地）、山西（5 地）、辽宁（4 地）、山东（18 地）、安徽（4 地）等相继发生大疫，并延续至 1863 年（同治二年），是年，云南昆明、楚雄、禄劝三县大疫，楚雄县志再次将大疫与鼠相联系，“四月，鼠死，疫癘大作。”（宣统《楚雄县志·祥异》卷一）。这清楚地表明，在众多发生大疫灾害的地区，云南省楚雄县是全国首次确定当地的大疫与鼠的关系。10 年后，1873 年（同治十二年），云南有 8 地发生大疫，蒙自是当时国内首次将大疫名称为“鼠疫”的地区。据该县县志记载，“六月，大疫，此疫名鼠疫，城鄉死千百。如此二十餘年，死以萬數，全家死絶者所在多有，癸亥疫始漸息”（宣统《续蒙自县志·祥异》卷十二）。但在同年也发生大疫的个旧，则将大疫称为“痒子”（民国 11 年《个旧县志·异闻》卷二十）。时至 1879 年（光绪五年），云南 5 地（凤庆、永胜、文山、楚雄、大姚）大疫，据记载：“夏，鼠死，大疫”（宣统《楚雄县志·祥异》卷一）。上述事实表明我国一些有识之士和地方官吏，对大疫与鼠之间存在某种因果关系已有深切的认识，并将发现死鼠，作为大疫（鼠疫）到来的预警，尤其在鼠疫频发的岭南地区出现了几位能有效治疗鼠疫患者的医家——罗汝兰和林庆铨，他们先后出版了《鼠疫汇编》（罗汝兰）和《时疫辨》等专著（林庆铨）。前者提出“避法第一”“医法第二”的积极预防措施；后者则针对疙瘩瘟（腺鼠疫）等提出相应的治鼠疫验方。19 世纪末 20 世纪初叶，台湾被日本占据时期，曾爆发鼠疫，在疫病流行期间，很多中国医生主动投入救治工作中去，如台中黄玉阶亲自治愈鼠疫患者数百人，并设立“黑死病治疗所”，编著了《黑死病疙瘩瘟治法新编》等书，广为散发（张剑光，1998）。

（5）台湾是我国第一大海岛，在 19 世纪中后叶有关台湾及其毗邻岛屿的大疫疫情均由相关地方志记载，如 1856 年（咸丰六年）方志记载“澎湖县大疫，死者数千人，大城、北宅、脚屿尤甚”（光绪《澎湖厅志》卷十二，祥异）；1864 年（同治三年），嘉义疫症盛发，人民死者甚多（光绪《嘉义管内采访册》变异）；1884 年（光绪十年）澎湖夏六月大疫（《光绪甲午新修台湾澎湖志》卷十祥异）；1885 年（光绪十一年），澎湖夏四月大疫（《光绪甲午新修台湾澎湖志》卷十一祥异）。1895 年，甲午战争失败后，清廷被迫与日本签订《马关条约》，根据条约规定，中国割让台湾岛及其附属各岛屿、澎湖列岛给日本，日本刚占领不久，1896 年，台湾就发生了严重的鼠疫。据文献记载：鼠疫首先从安平等港口出现的，当时安平一地就有鼠疫患者 40—50 名。同一时期，台南也有鼠疫病人数十名。此后，鼠疫经淡水流传到台北，经日本技术专家确定为一种 Yersin 鼠疫杆菌，与 1894 年香港发现的鼠疫是同一病原体。迫于疫情的严重性，日方邀请东京帝国大学教授绪方正规、山极胜三郎在台北小南门外设立鼠疫研究室，日方专家首先在死鼠体中发现了两端浓染的杆菌，在动物实验中发现该种杆菌均可使天竺鼠、老鼠感染致死。他们又从鼠尸体上收集跳蚤，并将这些跳蚤经过处理后做动物接种实验，确认实验动物死亡，证实了在鼠体上和人类身体上的鼠疫为同一病原体 Yerinia Pestis（中野操《日本医事大年表》），附在鼠体上的吸血昆虫跳蚤是疫病的传播媒介。经过科学实验证实了老鼠与鼠疫之间的因果关系，并了解了鼠疫的传播途径后，日方加强了灭鼠工作，希望能防止鼠疫蔓延。1901 年，全台鼠疫患者已达 4499 人，同年病死的有 3673 人。由于病死人数实在太多，疫情受到台湾各界的广泛关注。日方被迫开展防疫工作，并加强医疗防疫部门的技术力量，但事与愿违，防疫效果并不显著，究其原因，主要是由于病原菌经由贸易船只从安平港、鹿港、淡水等侵入台湾的南、中、北部，因而病原菌传染途径众多。鼠疫流行共持续了 22 年之久，直到 1917 年才告平息。据统计，这场鼠疫总患病人数达 30 101 人，死亡 24 104 人（张剑光，1998）。

（6）海南岛作为我国第二大海岛，在 1506 年（明正德元年）就有儋县大疫的记载，延续至清代不断发生大疫，至 1882 年（清光绪八年），海南琼山、儋县等先后发生大疫，死有者六七百人。在此次大疫中，儋县首次以鼠疫对其命名（民国《琼山县志·事纪》卷二十八；民国《儋县志·纪异》卷十八）。另据张剑光（1998）报道，“据一些专家分析，海南岛最早发生的鼠疫是 1881 年经北海、钦州、廉州、雷州半岛蔓延而来的。鼠疫的传入，给当地人民的生活造成了严重的灾难”“1882 年 2 月，儋县首先开始发生鼠疫，这是海南岛最早的鼠疫记录。1888 年，在琼山县辖治发生鼠疫流行，现在盐灶、海甸、新埠、健山、仁里、道客、君尧、吉安等村出现严重疫情，共死了 9000 余人。”1895 年（清光绪二十一年）春，海南琼山发生大疫，死者甚众，当地不但名之为“鼠疫”，并将病名称之为“鼠核”，即腺鼠疫，尤其重要的是，认为琼山腺鼠疫始于 1895 年。当地的方志记载如下：“瓊山縣，春，海口、海甸、白沙、新阜各村鼠疫盛行，死亡千餘人，棺木幾盡。瓊州有鼠核之災，自此年始”（民国《琼山县志·事纪》卷二十八）。又据张剑光（1998）报道：“1894 年，海口及附近又发生鼠疫流行，安定县也见疫情。1895 年春，海口及海甸、白沙、新埠各村鼠疫流行，死亡 1000 余人。琼山县由于疫死的人实在太多，棺材店内的棺木全部一售而空。1900 年春季，海口及沿海各村鼠疫流行和 1894、1895 年的惨烈差不多，有一家尽歿而无一人生存下来的。三四月间，疫病波及郡城，六月始止。这场剧烈流行的鼠疫据伍连德先生在其《鼠疫概论》中断定，大多数是肺鼠疫患者。从发生鼠疫的时间可以推测，琼山县与香港、雷州半岛及海防交通十分频繁，1888 至 1900 年鼠疫流行最先见于停泊商船、海船的盐灶村一带，故鼠疫之来源很有可能与上述这些地区有关。”清朝末年，海南岛鼠疫流行愈演愈烈并延续至民国初期，如 1900 年临高、1904 年澄迈、1904 年儋县均再次发生鼠疫流行，造成大量人员死亡。值得注意的是，在疫病流行前，在上述各地均发现死鼠（张剑光，1998）。

（7）1891—1895 年（清光绪十七年至二十一年），广东廉江及福建（闽侯、同安、莆田、金门）相继发生大疫，据两地的方志记载，人们对大疫与鼠的关系有了进一步的认识，如认为鼠先感染而死，然后人感染而亡。此外，对腺鼠疫和肺鼠疫的一般症状也有了初步的认识。广东石城县志记载：“廉江，春大疫，城厢及安鋪尤甚，斃七百餘人，俱先疫鼠而人隨之。”（民国《石城县志·事略》卷十）；福建同安县志记载：“大疫，鼠先死，染者或腫項，或結核吐血，流行甚盛。”（民国《同安县志·大事记》卷三）。福建莆田县则直接称此次大疫为鼠疫，并指出其传播途径：“鼠疫起，初由梨園子弟在楓亭傳染，載歸已死，船泊河濱，數日之内河濱人染疫死者十餘人，蔓延全城死百餘人，以次傳染鄉村”；“鼠疫傳染各鄉，後浦爲最”（民国《莆田县志·通纪》卷三；民国《金门县志·祥异》卷十二）。

（8）20 世纪初，1900 年（清光绪二十六年），辽宁（盖县、庄河）和福建（德化）首次以“鼠疫”命名大疫，德化县志详细记载鼠疫发生及传播途径。“夏五月旱，至七月始雨。鼠疫始生，室内鼠先死，疫旋作，壞人僅一晝夜間，甚有暴亡者。此疫始於十六年廣東之雷瓊間，傳染全國通都大邑，每年死以万計。至是由永春傳入，年年不絶，先以夏至發，后以冬至發，症候名目繁多，其实皆鼠疫也。”（民国《德化县志·祥异》卷十八）。1902 年（光绪二十八年），河北 6 地（无极、沧州、南皮、南宫、沙河、新河）、山西 2 地（怀仁、右玉）、辽宁 5 地（铁岭、开原、盖县、盘山、庄河）、吉林（梨树）、山东 13 地（历城、淄博、枣庄、济阳、临邑、夏津、博兴、广饶、昌乐、临朐、潍坊、长清、莱芜）、江苏 4 地（昆山、宜兴、高邮、兴化）、浙江 6 地（嘉兴、平湖、海盐、瑞安、平阳、松阳）、广西 6 地（宾阳、全州、灌阳、阳朔、荔浦、钟山）、四川 2 地（金堂、温江）等 9 省区 45 地均发生大疫，此次大疫仅福建永泰确认为鼠疫，其他各省仍笼统以“大疫”作疫名（民国《永泰县志·大事》卷二）。据广西全州县志记载：“大疫，自夏五月至秋九月，患者至爲危險，有病一二月方死，有一二時即死，有一家八九人，死亡過半，或三四人，死亡絶遺者。傳染之速，闔邑殆遍，又死無棺殮，死無人葬，骸骨亦多所暴露，統計全縣約死亡萬餘人。是年田禾遲獲薄收，甚有廢弃田間無人收拾者”（民国《全县志·灾异》卷七）。各地方志有关疫情描述大体可以归纳为传播迅猛，死亡率甚高，并确认为一种烈性传染病。

（9）1910—1911 年（清宣统二至三年），清朝末年发生了东北以黑龙江（巴彦、依兰、拜泉、龙江、哈尔滨）为中心的肺鼠疫大流行，并迅猛向辽宁（辽阳、铁岭、开原、岫岩、义县）、吉林（长春、扶余、榆树、农安、长岭、大赉）及关内的河北（泊头、青县）、山东（牟平、胶县、平度、掖县）蔓延（张德二，2013）。在此危急关头，晚清末代皇朝起用了受过西方医学培训的专家伍连德博士。他于 1905 年毕业于英国剑桥大学，获医学博士学位，1907 年赴马来西亚开业行医，1908 年出任天津陆军军医堂副监督。1910 年东北鼠疫流行，清廷任命他为北满防疫处总医官，全权负责扑灭东北鼠疫。为了弄清此次东北鼠疫大流行的根源，1911 年 1 月，他在哈尔滨成立了第一个鼠疫研究所。通过深入疫区对病例的分析，他确定了此次东北鼠疫菌的储存宿主是旱獭，并顺藤摸瓜，弄清了鼠疫杆菌的传播路径。在伍连德等专家的建议下，清政府及各地方当局对疫情采取了科学而有效的防疫措施，组建各级防疫组织、颁布各种防疫法规，并采取隔断交通，对患者及疑似患者实施隔离、焚化尸体，对疫区严格消毒等具体措施。由于，清廷各级政府组织了比较完备的防疫体系来应对这场灾难，为防治疫病提供了强有力的组织保证。在不到 4 个月的时间里，扑灭了这场震惊中外的鼠疫大流行。1911 年 4 月 3—28 日，清政府在奉天（今沈阳）组织召开了“万国鼠疫研究会”，出席会议的代表来自英、美、法等 11 个国家的 34 位流行病学专家，伍连德被选为会长。与会专家们确认了这次鼠疫大流行的传染源、传播媒介和传播路径，并对鼠疫的预防和治疗方法，提出了一系列理论和建议。会后，由马尼拉出版局出版了长达 500 页的《1911 年国际鼠疫研究会议报告》（英文），它汇集了此次会议的全部研究成果，至今仍被视为人类医学科学的伟大经典。在此值得一提的是，在这次参与防疫的护理和救护人员中，有近一半人员以身殉职。这些无名英雄所付出了生命的代价，在不到 2 个月时间内，完全控制了疫情中心地区鼠疫的流行。1910—1911 年，东北三省肺鼠疫大流行确切的死亡人数，列于表 5-49、表 5-50（张剑光，1998；张田勘和宋立新，2003）。

**表 5-49　1910—1911 年黑龙江鼠疫流行中染病及死亡人数统计**

| 流行年代 | 流行省份、县、市（旗） | 发生时间（月.日） | 疫点数 | 感染人数 | 死亡人数 | 病型 | 传染途径 |
|---|---|---|---|---|---|---|---|
| 1910 年 | 哈尔滨 | 11.8 | 1 | 5 272 | 5 272 | 肺鼠疫 | ①从俄罗斯西伯利亚贝加尔湖侵入满洲里、海拉尔后向南传播；②满洲里猎人经染疫旱獭传染 |
| | 齐齐哈尔 | 11.13 | 1 | 1 402 | 1 402 | 肺鼠疫 | 同上 |
| | 呼兰县 | 12.17 | 1 | 6 067 | 6 067 | 肺鼠疫 | 同上 |
| | 宾县（府） | 12.18 | 1 | 1 184 | 1 184 | 肺鼠疫 | 同上 |
| | 阿城县 | 12.23 | 1 | 1 794 | 1 794 | 肺鼠疫 | 同上 |
| 小计 | 5 | | 5 | 15 719 | 15 719 | 肺鼠疫 | 同上 |
| 1911 年 | 绥化县（府） | 1.01 | 1 | 1 583 | 1 583 | 肺鼠疫 | 同上 |
| | 海伦县（府） | 1.01 | 1 | 2 057 | 2 057 | 肺鼠疫 | 同上 |
| | 兰西县 | 1.02 | 1 | 599 | 599 | 肺鼠疫 | 同上 |
| | 巴彦县 | 1.16 | 1 | 1 123 | 1 123 | 肺鼠疫 | 同上 |
| | 木兰县 | 1.07 | 1 | 200 | 200 | 肺鼠疫 | 同上 |
| | 通河县（大通） | 1.18 | 1 | 92 | 92 | 肺鼠疫 | 同上 |
| | 庆安县（余庆） | 1.20 | 1 | 618 | 618 | 肺鼠疫 | 同上 |
| | 青冈县 | 1.24 | 1 | 176 | 176 | 肺鼠疫 | 同上 |
| | 肇州县 | 1.30 | 1 | 101 | 101 | 肺鼠疫 | 同上 |
| | 安达县 | 2.01 | 1 | 15 | 15 | 肺鼠疫 | 同上 |
| | 宁安县（府） | 1.01 | 1 | 34 | 34 | 肺鼠疫 | 同上 |
| | 双城县 | 1.02 | 1 | 4 551 | 4 551 | 肺鼠疫 | 同上 |
| | 依兰县（府） | 1.20 | 1 | 164 | 164 | 肺鼠疫 | 同上 |
| | 方正县 | 1.21 | 1 | 21 | 21 | 肺鼠疫 | 同上 |

续表

| 流行年代 | 流行省份、县、市（旗） | 发生时间（月.日） | 疫点数 | 感染人数 | 死亡人数 | 病型 | 传染途径 |
|---|---|---|---|---|---|---|---|
| 1911 年 | 五常县（府） | 1.31 | 1 | 277 | 277 | 肺鼠疫 | 同上 |
| | 延寿县（长寿） | 2.12 | 1 | 46 | 46 | 肺鼠疫 | 同上 |
| | 桦南县 | | 1 | 58 | 58 | 肺鼠疫 | 同上 |
| 小计 | 17 | | 17 | 11 715 | 11 715 | 肺鼠疫 | 同上 |
| 两年共计 | 22 | | 22 | 27 434 | 27 434 | 肺鼠疫 | 同上 |

**表 5-50　1910—1911 年东北三省鼠疫死亡人数统计*、****

| 统计项目 | 黑龙江省 | 吉林省 | 辽宁省 | 三省总计 |
|---|---|---|---|---|
| 鼠疫波及县（市）数（个） | 22 | 20 | 26 | 68 |
| 疫点数 | 22 | 585 | 39 | 646 |
| 发病人数（人） | 27 434 | 20 264 | 5 855 | 53 553 |
| 死亡人数（人） | 27 434 | 20 264 | 5 855 | 53 553 |

* 数据来源：中国医学科学院流行病学微生物学研究所，1981

** 传播路径：从俄罗斯西伯利亚贝加尔湖侵入满洲里、海拉尔后向南传播；满洲里猎人经染疫旱獭传染

# 十一、鼠灾和大疫之间的关系

鼠灾和大疫之间的关系，是本文最后拟回答的一个问题。在前文中已提到，鼠灾和大疫之间似乎并无必然的联系，在鼠灾发生时并不一定伴随大疫的发生，反之亦然。就个案而言，它们之间并非是一个简单的因果关系，加之古人缺乏流行病知识，对鼠、蚤等媒介动物在大疫传播中所扮演的角色一无所知。在 18 世纪（乾隆年间）对于死鼠与大疫的关系才有一些朦胧般的认知，直至 19 世纪末（光绪年间）和 20 世纪初（光绪末期和宣统年间）才有比较清晰和肯定的认知，并在此基础上，大疫的流行病名才有了科学的称谓——鼠疫。鼠灾与大疫之间的关系主要反映在鼠灾引起鼠密度的增加，从而提高疫病在鼠-鼠间流行的可能性，尤其是增加了野栖鼠-家鼠之间传播，进一步导致鼠-人之间和人-人之间疫病的流行。在鼠灾和大疫之间这一复杂的关系由于当时科技医学知识的落后，一直处于隐蔽状态未被人们所认知，只在 19 世纪末和 20 世纪初，西方流行病学研究成果的传入，掩盖这一复杂关系的面纱才被揭开。前文中已交代鼠灾和大疫发生年份（次数）的确定；平均 $n$ 年发生一次鼠灾或大疫；以及鼠灾、大疫发生频率（%）的统计方法，并将统计结果列于表 5-17。由表 5-17 提供的数据，笔者分别对：①平均 $n$ 年发生一次鼠灾（年）和平均 $n$ 年发生一次大疫（年）；②鼠灾发生频率（%）与大疫发生频率（%），做了两次 Pearson 相关分析。分析发现，这 2 组数据两两之间都呈现显著的正相关关系（相关系数 $r$ 值分别为 0.907 和 0.965，$P<0.01$），暗示两者之间存在一定程度的联系。

但是，依据不同朝代鼠灾和大疫记录数推断二者的关系可能存在偏差，这是因为随着朝代的发展，历史记录更加完备，会导致鼠灾和大疫记录数都出现增长，因而出现正相关。为此，笔者采取空间关联和时间序列构建方法，消除历史记录偏差，探讨鼠灾与大疫的关系。图 5-23 说明，鼠灾的发生报道主要集中在黄河与长江流域之间，而大疫的发生报道范围广泛分布我国的东部，尤其是华北平原、长江中下游，显然是人口聚集的地方。而鼠灾与大疫当年同时发生的地区在山西、河南、安徽、江苏、湖北、福建、海南等省。这些大疫是否与鼠灾有密切联系，值得深入探究。

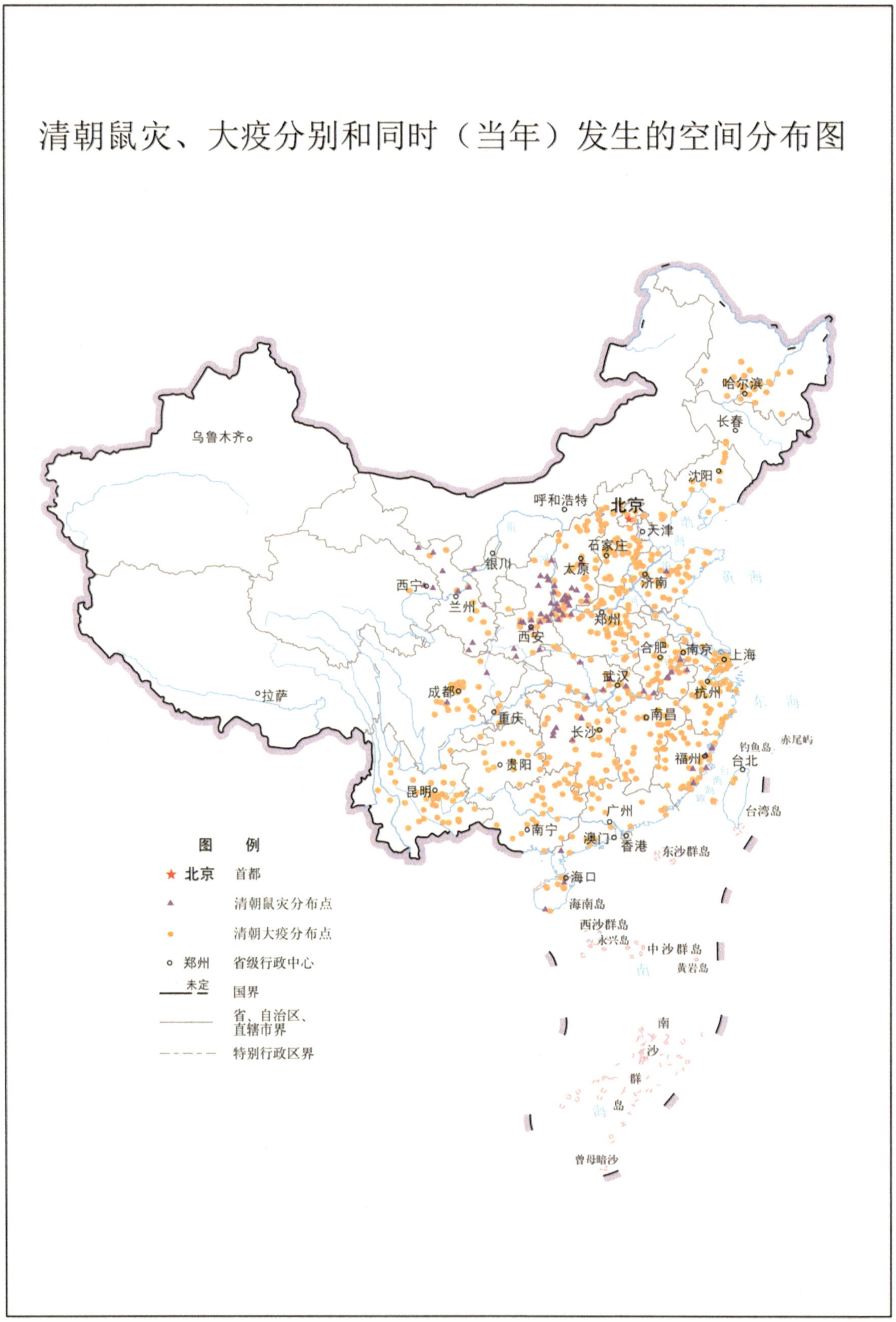


图 5-23 清朝鼠灾、大疫分别和同时（当年）发生的空间分布图

图 5-24 显示了构建的鼠灾和大疫当年发生的时间序列。很显然，明清时期的鼠灾和大疫记录数都很多，与该时期具有更加完备的正史、地方志等记录系统有关。通过平滑线去掉趋势后，可以很大程度上消除记录偏差的影响，经相关分析，发现原始序列和去掉趋势后鼠灾与大疫的相关系数为分别为 0.19（$P$=0.099），0.17（$P$=0.146）；明清时期原始序列和去掉趋势后鼠灾与大疫的相关。系数分别为 0.24（$P$=0.129），0.21（$P$=0.188）。

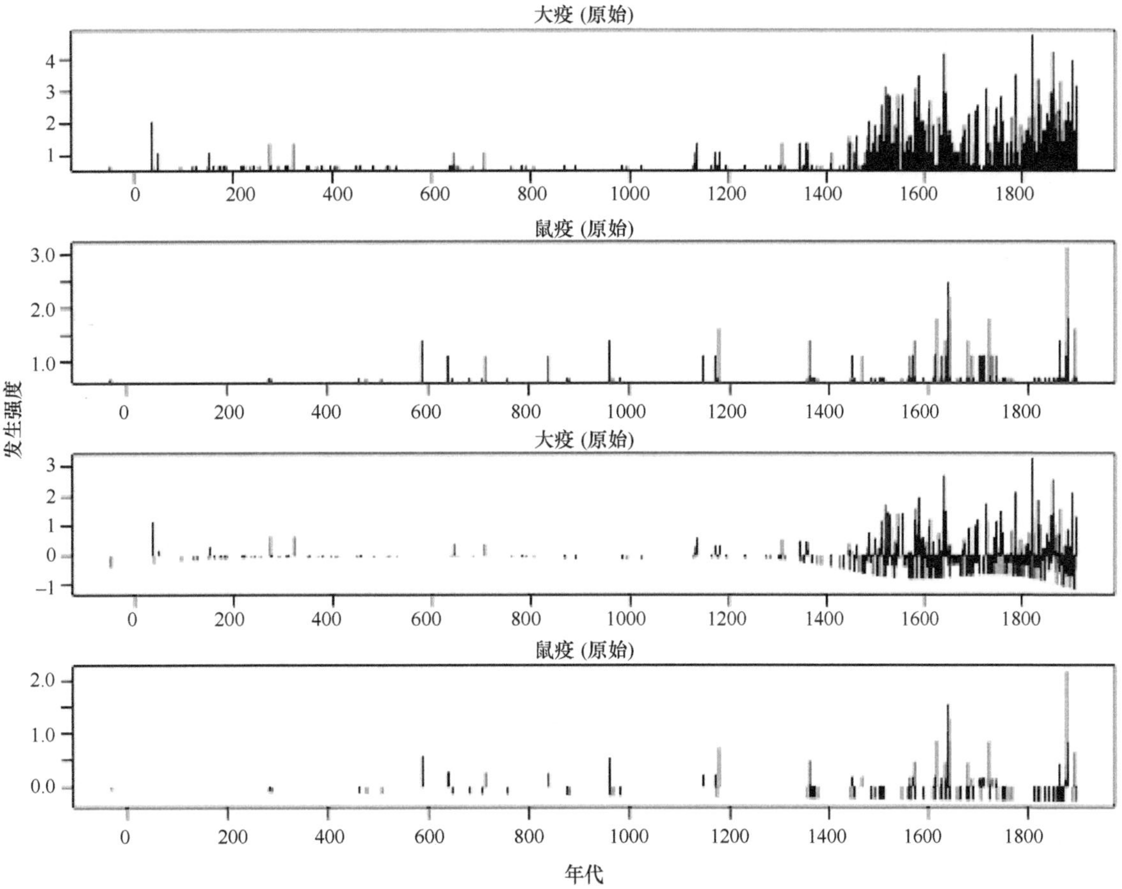


图 5-24　鼠灾、大疫当年发生频次（ln-转换）的原始和去趋势后的时间序列

图 5-25 显示了每 10 年鼠灾和大疫发生的时间序列。经相关分析，发现全部时期的原始序列和去掉趋势后鼠灾与大疫的相关系数分别为 0.41（$P$=0.006），0.24（$P$=0.107）；明清时期原始序列和去掉趋势后鼠灾与大疫的相关系数分别为 0.49（$P$=0.028），0.36（$P$=0.117）。

上述结果说明，如果不去掉时间上的趋势，鼠灾和大疫之间有一定的正相关关系，但如果去掉趋势，则相关不显著。所以，鼠灾与大疫频次是否存在相关关系，仍需要今后进一步的研究。由于我国对大疫的记录并不专指鼠疫或其他鼠传疾病，而鼠灾往往多指农田鼠害，所以鼠灾并不一定意味导致鼠疫或其他鼠传疾病。但是，鼠灾之后的大疫记录也可能包含鼠疫或其他鼠传疾病，这需要更加深入的考察和分析。

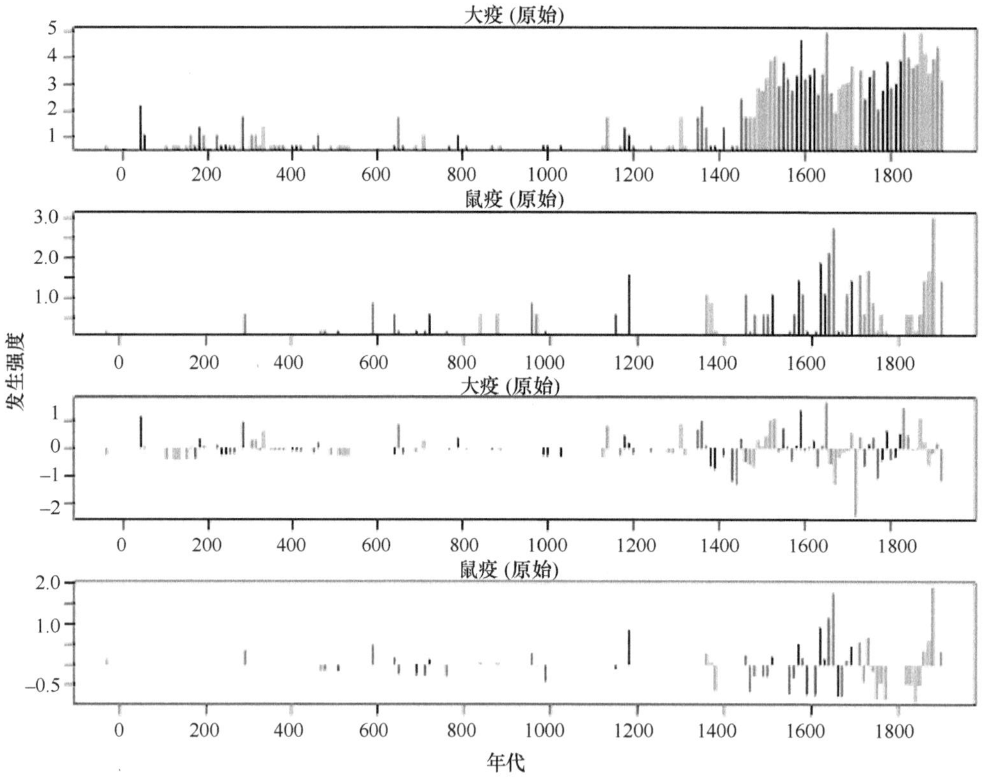


图 5-25　鼠灾、大疫每 10 年发生频次（ln-转换）的原始和去趋势后的时间序列

## 十二、小　　结

通过自先秦至清朝（公元前 770—公元 1911 年）长达 2681 年的漫长历史时期，对涉及鼠灾及大疫有关历史文献的收集、梳理、归类及简要的数据处理，得出以下结果。

（1）通过本文的研究和翔实史料的揭示，我国古代鼠灾在先秦至汉代为害较轻，其平均发生年份数均在百年以上，鼠灾发生频率仅为 0.53%—0.70%。但自三国晋始至元朝，鼠灾呈明显上升之趋势，鼠灾平均发生所需年份数节节下降，鼠灾发生频率则成倍递增；自元朝至明、清，鼠灾已呈急剧上升之趋势，其平均发生所需年份数已降至 5.15—6.40 年，鼠灾发生频率已达 15.64%—19.40%（表 5-17）。历史文献清楚地表明，鼠灾自三国晋以后，已成为危害农业生产，导致饥荒的一个重要因素。所以认为我国古代鼠灾不严重，甚至认为“宋元明清的鼠灾总的来说不算主要灾害，而且是个渐减的趋势”（桂慕文，1977）的观点是完全错误的。

（2）依据鼠灾发生年份数多少为序，得到鼠灾发生的核心区域，并以此作图得到古代鼠灾的空间分布格局。北方沿黄河中下游的甘、陕、晋、豫、鲁的有关府（县）城为鼠灾核心区；南方沿长江中下游的鄂、湘、赣、皖、苏、沪的有关府（县）城为核心区。但在清朝分别在西南的云南和东南的福建形成两个独立的鼠灾核心区（表 5-47、图 5-20）。

（3）各朝代在发生鼠灾时曾出现鼠群集体涉水迁徙的实例，据本文统计自先秦、两汉至清朝，古籍中记载鼠群渡江河事件共计 33 例（表 5-43），其中先秦至元朝有 7 例，占其总数的 21.21%；明朝 21 例，占其总数的 63.64%；清朝 5 例，占其总数的 15.15%。上述统计数字表明，明朝是发生鼠群集体渡江、河迁徙实例最多的朝代，这可能与明朝鼠灾大多发生在南方长江中下游地区有关，如湖北 11（12），表明发生鼠灾年份数为 11，波及县份数为 12，高居鼠灾空间排序之榜首；安徽 9（29），表明发生鼠灾年份数为

9，波及县份数为29，在鼠灾空间排序中名列第二；江苏5（6）、福建5（6）并列第三（表5-44）。反之，清朝鼠灾的空间分布主要在黄河中下游地区，尤其是鼠灾波及县份数远多于南方的长江中下游地区（表5-47）。此外，出现鼠群“尾尾相衔，渡水而来”或“尾尾相衔，渡江而去”，这种怪异行为是否还隐藏着其他信息，值得我们做进一步的研究。

（4）大疫在古代被视为一种传染迅猛，死亡率甚高的烈性传染病，在先秦时期发生过6次，大疫平均发生年份在90年以上，发生频率在1.06%，处于历史较低的水平。两汉时期，大疫发生年份增加至16次，平均发生年份降至26.62年，发生频率增至3.76%。至三国晋时期，迎来了第一个大疫高峰时期，大疫发生年份增加至21次，平均发生年份降至9.52年，发生频率增至10.50%。南北朝仍处于大疫发生高峰的延续时期，大疫发生年份数（13）和发生频率（8.12%）略有下降。自隋唐至宋代，大疫发生年份数和发生频率呈下降的趋势。至元朝，大疫出现了第二个高峰时期，大疫发生年份数（18）明显上升，大疫平均发生年份数降至4.89年，发生频率则升至20.45%。至明朝，大疫出现了第三个高峰时期，大疫发生年份数和大疫发生频率均呈现急剧上升的态势，这个高峰期一直延续至清朝（表5-17、表5-42、表5-46）。

（5）鼠灾与大疫之间是否存在某种的联系，是本文试图讨论的重点之一，在明朝两者之间显示出某种直接联系，但案例较少，至清朝案例数有所增加。表5-17中汇总的各朝代数据，经分析发现鼠灾和大疫发生之间呈显著的正相关关系，暗示两者之间存在一定程度的联系。但如果去掉时间上的趋势，鼠灾和大疫之间正相关关系不显著。所以，鼠灾与大疫之间的关系仍待深入考察。

**致谢**：本文部分得到国家自然科学基金重点国际合作项目（31420103913）、中国科学院战略性先导科技专项（XDA05080700）的支持。

## 参 考 文 献

白乐天. 2000. 中国通史. 北京：光明日报出版社
陈邦贤. 1937. 中国医学史. 上海：商务印书馆
范行准. 1986. 中国医学史略. 北京：中医古籍出版社
高明乾，佟玉华，刘坤. 2005. 诗经动物释诂. 北京：中华书局
葛剑雄. 2002. 中国人口史(第一卷). 上海：复旦大学出版社
龚胜生，刘卉. 2011. 北宋时期疫灾地理研究. 中国历史地理论丛. 26(4): 22-34
龚胜生，叶护平. 2007. 魏晋南北朝时期疫灾时空分布规律研究. 中国历史地理论丛, 22(3): 5-20
桂慕文. 1977. 中国古代自然灾害史概论. 农业考古, (3) : 17-21
郭郛. 2013. 尔雅注证(下册). 北京：商务印书馆.
胡先骕. 1920. 化生说与生命之起源. 科学, 12(5): 571-583
蓝勇. 2010. 中国历史地理(第二版). 北京：高等教育出版社
李涛. 1954. 金元时代的医学. 中华医学杂志, 6(2): 91-93
刘文亮，何文珊. 2007. 长江河口大型低栖无脊椎动物. 上海：科学技术出版社
刘云鹏，谭见安，沈尔礼. 2000. 中华人民共和国鼠疫与环境图集. 北京：地图出版社
罗伯特·斯特林·克拉克. 2010. 穿越陕甘——1908-1909克拉克考察队华北行纪. 上海：上海科学技术文献出版社
马勇，杨奇森，周立志. 2012. 啮齿动物分类学与地理分布. 见：郑智民，姜志宽，陈安国. 啮齿动物学(第二版). 上海：上海交通大学出版社
牟重行. 2008. 1232年汴京大疫与气候因素探讨. 中华医史杂志, 38(1): 15-18
王祖望，黄复生，冯祚建. 2015. 中华大典·生物学典·动物分典. 昆明：云南教育出版社
伍连德. 1929. 鼠疫之流行及预防总论. 中华医学杂志, 15(3): 217-250
伍连德. 1937. 鼠疫概论.上海：卫生署海港检疫处: 24-25
杨奇森. 2007. 中国兽类图谱. 北京：科学出版社

张德二. 2013. 中国三千年气象记录总集(增订本). 南京: 江苏教育出版社
张剑光. 1998. 三千年疫情. 南昌: 江西高等教育出版社
张田勘, 宋立新. 2003. 疫病简史. 北京: 中国青年出版社
赵云鲜. 1995. 化生说与中国传统生命观. 自然科学历史研究, 14(4): 366-373
郑荣来. 2003-5-9. 曹植说疫气. 人民日报海外版, 第二版科教文卫
中国医学科学院流行病学微生物学研究所. 1981. 中国鼠疫流行史(内部资料)

# 第六篇

# 中国古代野生动物保护思想的萌芽

# 浅议“天人合一”思想与中国古代野生动物的保护

王祖望

中国古代的“天人合一”思想源远流长，是儒家和道家共同推崇的“人与自然关系”哲学观点。目前，在国内学术界受到关注，也是争论较多的一个话题。野生动物作为农耕社会的重要可再生自然资源，如何保护这些资源并得以永续利用，我们的祖先早在先秦时期就制定出一套办法，将“天人合一”思想巧妙地应用于野生动物保护的实践之中，而这些重要的实践成果却鲜为今人所知，以为所有有关野生动物保护知识均来自西方文明，这实在是一件十分令人遗憾的事情。本文试图在浅议“天人合一”思想的同时，重点介绍古人在野生动物资源保护方面的一些实践。

## 一、何谓“天人合一”？其产生的背景

所谓“天人合一”思想，最早来源于《易经》，在先秦时期（商周时期）的农耕社会，生产技术还相当落后，人们只能靠老天爷的恩赐吃饭，因此所有的农作、狩猎活动，均要通过占卦才知凶吉、祸福。人们很自然将这一过程看成是向老天爷“请示、汇报”，而老天爷又通过“卦”来宣示其意志，这就是最早的“天人合一”模式，其实称之为“神人合一”似乎更贴切一些。到了春秋战国时期，出现了中国历史上真正意义上“百花齐放，百家争鸣”的时代，于是有儒家和道家争鸣的大好形势。以孔子和孟子为代表的儒家认为“天人合一”中的天，具有道德属性，其核心是“仁、义、礼、智”；以老子和庄子为代表的道家认为“天人合一”中的天，就是自然本身，没有人伦道德的含义。最具代表性的见解，是老子的一段话：“人法地，地法天，天法道，道法自然”。这是儒家和道家对“天人合一”认识的基本区别。例如，晋·郭象的《庄子·齐物论》：“天地與我並生，而萬物與我爲一”。这句话很易被误解，所以，南怀瑾先生（2007）在他的《庄子諵譁》一书中做了很好的解释，他一再叮咛：“注意啊！天地与我并生，是共存的意思。万物与我可以说是同一的，毕竟不是一个，物是物，我是我，天还是天，地是地。这个重点搞错了，这一错错大了，差之毫厘，失之千里。所以今天我特别提出来告诉大家，千万记住这句文章。天地与我是同存的，万物与我是一个原体来的，所以我们跟万物一样的，都算是一份子。这个是文章的高潮。”到了宋朝，“天人合一”思想有了更进一步的发展，儒、道两家的思想通过漫长的争论，其核心思想的相互影响，交融，致使“天人合一”思想进入兴旺时期。例如，道学家张横渠在《正蒙·乾学篇》（后人称之为《西铭》）中，有一段十分精彩的论述：“乾稱父，坤稱母；予茲藐焉，乃渾然中處。故天地之塞，吾其體；天地之帥，吾其性。民吾同胞；物吾與也。大君者，吾父母宗子；其大臣，宗子之家相也。……”。我国著名哲学家冯友兰先生（2006）对这段文字做了进一步诠释，有助于我们对该文的正确理解：“此明示吾人以对宇宙及期间万物之态度。吾人之体，即宇宙之体；吾人之性，即宇宙之性。吾人应视宇宙为父母，亦应以父母之道事之。应视天下之人，皆如兄弟。天下之物，皆如同类，亦应以待兄弟，待同类之道待之。”到了明朝，道学家王阳明将“天人合一”的思想提高到更高水平，在他

的名作《大学问》中，有一段十分深刻的论述："大人者，以天地萬物爲一體者也。其視天下猶一家，中國猶一人焉。若夫間形骸而分爾我者，小人矣。大人之能以天地萬物爲一體也，非意之也，其心之仁本若是，其與天地萬物而爲一也。豈惟大人，雖小人之心，亦莫不然，彼顧自小之耳。是故見孺子之入井，而必有怵惕惻隱之心焉，是其仁與孺子而爲一體也，孺子猶同類者也。見鳥獸之哀鳴觳觫[①]，而必有不忍之心焉，是其仁之與鳥獸而爲一體也。鳥獸猶有知覺者也，見草木之摧折，而必有憫恤之心焉，是其仁之與草木而爲一體也。草木猶有生意者也，見瓦石之毀壞，而必有顧惜之心焉，是其仁之與瓦石而爲一體也。是其一體之仁也，雖小人之心亦必有之，是乃根於天命之性，而自然靈昭不昧者也。是故謂之明德"。在这篇文章中，王阳明对人心与万物一体相同的内涵作了深刻的说明，其核心是一个"仁"字，这个"仁"将天地万物联系在一起，只要"自然灵昭不昧"，无论大人、小人，均可成为一体。《大学问》于嘉靖丁亥年发表，一年后阳明先生逝世，所以此文即他对"天人合一"思想的最后见解。至明清时期，"天人合一"思想逐渐趋于式微、冷落。究其原因，一是近代西方科学技术及哲学思想的传入；二是儒、道两家后继乏人，至清代唯有王夫子尚热心于此，其衰落也在情理之中。

## 二、古代"天人合一"思想的现代生态意义

"天人合一"作为中国古代儒、道两家共同推崇的哲学思想，在中国传统文化中占有十分重要的历史地位，其影响之深远可谓上至君王、下至庶民，绵延3000年。在进入21世纪的今天，人们在论及生态、环境及构筑美丽中国梦等当代重大课题时，仍然念念不忘我们老祖宗的"天人合一"思想，并试图重新诠释其现代生态意义。目前，对"天人合一"思想的现代意义，比较有代表性认识的当首推著名历史学家钱穆先生，他基于"道之大原出于天"的理念，而深信天人合一观的生态文明去向。他晚年双目已盲，愈深刻地体会到人类破坏大自然可能酿成的可怕后果。在其92岁高龄时，以口述完成《天人合一论——中国文化对人类未来可有的贡献》一文，由于"天人合一"观念"而有彻悟，心中快慰，难以言述"。他认为"人文进步，须得还是此自然。由人来完其天，不当由人毁了天"。他大声疾呼："人而毁天，此仍可称其为'人文进步'、'人文演进'乎？"故钱穆警告："人文中不能排除自然。"人类仍要"受命于自然"。他指出："故中国文化乃常与天地大自然融凝一体。中国人言，言教不如身教，而气象大自然之教，则更深厚，更不可测。"而最终要达到"人文自然乃合一而无间。否则人文终亦是自然中一变，无逃于世界末日。"钱穆深信中国文化对世界人类未来求生存之贡献，主要亦即在此（钱穆，1991）。其次是国学大师季羡林先生，他认为："天人合一的思想是东方思想普遍而又基本的表露。"进而他认为："这种思想是有别于西方分析的思维模式的东方综合的思维模式的具体表现。这个思想非常值得注意，非常值得研究，甚至还非常值得发扬光大，它关系到人类发展的前途"（季羡林，1997）。其次是中国著名哲学家、国学学者张岱年先生的见解，他认为："中国的天人合一与西方近代所谓征服自然思想是迥然有别的。天人合一的思想，以天人相互协调为理想，有助于保持生态的平衡。"（张岱年和方克立，1994）。另外一位是著名哲学家张世英教授，他认为："中国传统的'万物一体'、'天人合一'的思想对于人与自然的关系问题，只是一般性地为二者间的和谐相处提供了本体论上的根据，为人与自然和谐相处追寻到了一种人所必须具有的精神境界，却还没有为如何做到人与自然和谐相处找到一种具体途径及其理论依据。"他在比较了西方近代的"主体一客体"的思维方式后，主张走"中西会通之路"，把"天人合一"思想与西方的"主一客"思维方式结合起来，从而创造性地提出建立"后主客关系的天人合一"，并指出："这似乎是中国古代'天人合一'思想的未来发展之路"（张世英，2007）。以上几位是老一辈学者的见解，那么新一代的学者对"天人合一"的现代生态意义，又有何种见解？在此，我重点引用蒋劲松（2007）在近

① 觳觫：húsù，恐惧得发抖。——摘自《新华字典》第11版P195，商务印书馆，2013。

期的一篇论文《“天人合一”的生态学意义究竟何在？》中阐述的观点，他认为：天人合一的思想不能等同于人与自然的和谐相处，但是它却可以为实现人与自然和谐所必需的概念框架的调整提供必要的启发。它不会是我们照搬照用的灵验古方，而是刺激我们改造自然观的重要资源。当然，对古代“天人合一”思想并非赞歌一片，也有学者从西方的视角提出了质疑，如刘兵和曹燕南（1998）在《从西方生态女性主义的视角看中国的“天人合一”》这篇论文中，就针对古代“天人合一”思想提出了两点质疑：一是“在中国主流传统文化中的天和人的概念，并不等同于西方传统中成为对立两极的自然和人，由此，天人合一也就绝非可等同于人与自然的和谐相处了”；二是“中国‘天人合一’的体系框架，不论就天而言，还是就人而言，都是有着分明的贵贱尊卑的等级结构和支配关系的。而这种等级结构和支配关系，和西方生态运动所推崇的平等和无等级的思想是完全相反的。”笔者认为“天人合一”思想在沉寂多年后，终于有人从西方视角提出了质疑，更令人欣慰的是，该文发表后，立即有人对他们的质疑进行了友好的商榷。笔者在此妄加推测，也许由这场“商榷”而拉开了张世英先生所预测的“后主客关系的天人合一”的序幕。当然，这也仅仅是笔者个人的期盼。

## 三、中国古代的“天人合一”思想的实践

古代的“天人合一”思想，并非仅仅停留在抽象的哲学概念上，在一批儒家或道家的知识分子的推崇下，它已成为我国古代统治者的治国理念，以及为保护资源、祈求国泰民安，制定相应的政策、法令、法规的思想基础。这主要反映在以下 4 个方面。

（1）汉代董仲舒以“天人合一”“天人感应”的理念为基础，首先提出“天谴论”来约束统治者的自身行为，这一点颇为重要，如汉·戴德《大戴礼记》卷一三：“帝王好壞巢破卵，則鳳凰不翔焉；好竭水博魚，則蛟龍不出焉；好刳[①]胎殺夭，則麒麟不來焉；好填谿塞谷，則神龟不出焉。故王者動必以道，靜必以理。動不以道，靜不以理，則自夭而不壽。”麒麟为中国家喻户晓的传说神话动物，是中国古籍中广为记载的一种瑞兽，牡曰麒，牝曰麟，与凤、龟、龙并称“四灵”。在中国历史上，普遍认为只有在行王道的朝代，麒麟才会出现。汉·董仲舒《春秋繁露·王道第六》中写道：“民修德而美好，被髪銜哺而游，不慕富貴，耻惡不犯，父不哭子，兄不哭弟，毒蟲不螫，猛獸不搏，抵蟲不觸。故天爲之下甘露，朱草生，醴泉出，風雨時，嘉禾興，鳳凰、麒麟游於郊。”好一派天下大同祥和之景。汉·司马迁《史记》：“刳胎殺夭則麒麟不至郊，竭澤涸漁則蛟龍不合陰陽，覆巢毀卵則鳳凰不翔。”此外，汉·郑玄《礼记注疏》、何休学《春秋公羊传注疏》均有相同的论述。所以，通过“瑞兽”“仁兽”的出现与否，来约束最高统治者的权力不可滥用，规劝其行仁政，如果君王“和尚打伞，无法无天”，则会遭到“天谴”，“災常先至，而異乃隨之。災者天之譴也，異者天之威也。譴之而不知，乃畏之以威。”（汉·董仲舒《春秋繁露》），轻则折寿，夭亡；重则王朝覆灭。这可能是中国专制封建社会中，约束统治者行为的一大发明。

（2）设置管理自然资源的“官职”，分工明确，各司其职。据袁清林（1985）考证，中国早在舜帝时代（公元前 2277—前 2178 年）就设置了管理山林川泽草木鸟兽的官员——虞（相当于现在的生态环境部），虞是九官之一。舜帝任命伯益担任，伯益成为世界上第一位生态环境部部长，其职责是“修火憲，敬山澤林藪積草。夫財之所出，以時禁發焉。使民於宫室之用，薪蒸之所積，虞師之事也。”（唐·房玄龄注《管子》卷一《牧民第一》）。到汉代设置掌管各种动植物资源的官职已相当完善，如“山虞掌山林之政令，物爲之厲而爲之守禁”“川衡掌巡川澤之禁令，而平其守，以時舍其守，犯禁者執而誅罰之”“澤虞掌國澤之政令，爲之厲禁，使其地之人守其財物，以時入之於玉府，頒其餘於萬民”“跡人掌邦田之地政，爲

① 刳：kū，从中间破开再挖空。——摘自《新华字典》第 11 版 P273，商务印书馆，2013。

之屬禁而守之。凡田獵者受令焉。禁麛卵者與其毒矢射者”“囿人掌囿遊之獸禁”（汉·郑玄《周礼注疏》卷一六）。

（3）通过《月令》调节天地人之间的关系。秦·吕不韦在《吕氏春秋》卷一二《序意》一文中，开宗明义，指出“十二纪”就是调节天、地、人的关系，使之和谐。他说：“蓋聞古之清世，是法天地。凡十二紀者，所以紀治亂存亡也，所以知壽夭吉凶也。上揆之天，下驗之地，中審之人，若此則是非可不可無所遁矣。天曰順，順維生；地曰固，固維寧；人曰信，信維聽。三者咸當無爲而行。”吕不韦的这段话大意是说：“天要顺行，顺行才能生万物；地要牢固，这样万物才能安宁；人要诚信，诚信才能被听用。天地人三者都各得其所，就可以无为而行了。所谓行，就是行天之道，顺地之理。”依据《十二纪》所记载的各月天象规律、物候特征、生产程序及有关的生态环境特点来指导农事活动，维护社会稳定，百姓安居乐业。此外如《逸周书》《礼记·月令》《淮南子·时则训》等，均有类似的记载于论述。在这些著作中重视动物的保护，如在汉·郑玄的《礼记·月令》中有如下的记述：“孟春之月，乃修祭典，命祀山林、川澤，犧牲毋用牝”。在晋·孔晁的《逸周书·文传解》中指出：“山林非時不升斤斧，以成草木之長。川澤非時不入網罟，以成魚鱉之長。不麛不卵，以成鳥獸之長。畋漁以時，童不夭胎，馬不馳騖，土不失宜。土可犯，材可蓄。潤濕不穀，樹之竹葦、莞蒲。礫石不可穀，樹之葛藟，以爲絺[①]綌，以爲材用。故凡土地之閒者，聖人裁之，並爲民利。是以魚鱉歸其泉，鳥獸歸其林”。汉·管仲《管子》卷五《八观》：“山林雖廣，草木雖美，禁發必有時。國雖充盈，金玉雖多，宫室必有度。江海雖廣，池澤雖博，魚鱉雖多，網罟必有正”。汉·赵歧注《孟子注疏》中，提到孟子与梁惠王的一段话：“不違農時，穀不可勝食也。數罟不入洿池，魚鱉不可勝食也。”在汉·郑玄《礼记注疏》卷一六中对野生动物保护阐述得尤为全面而具体，他指出：“太平而後微物衆多，取之有時，用之有道，則物莫不多矣。古者不風不暴不行火，草木不折不芟，斧斤不入山林，豺祭獸然後殺，獺祭魚然後漁，鷹隼擊然後罻羅設。是以天子不合圍，諸侯不掩群，大夫不麛不卵，士不隱塞，庶人不數罟。罟必四寸，然後入澤梁。故山不童，澤不竭，鳥獸魚鱉皆得其所”（汉·郑氏笺，唐·陆德明音义、孔颖达疏《毛诗注疏卷十六》）。在这篇文献中，作者记载了从帝王、诸侯、士大夫至庶民对野生动物保护各有职责，天子在行猎时不得合围，必须网开一面；诸侯不射杀群集之兽；大夫不杀孕兽和孵卵之禽；士不可堵塞河道捕鱼；庶民百姓不可用细密的渔网捕鱼，网孔必须是四寸，使小鱼能漏网。这大概是中国古代最早的野生动物保护文献之一。总之，在上述的文献中，古人特别强调各种生产活动必须顺天时，做到禁发有时，重视资源的适度利用，保护可再生资源，并产生朴素的“生物资源永续利用思想”。

（4）中国古代将“人”置于动物范畴之中，同时又指出人与动物的区别，这与西方将人视为自然征服者不同。早在先秦时期，我们的祖先就认为：“天之所生爲動物，地之所生爲植物。人者，動物，故取天之所生以卦之”（《厚斋易学》卷四三《易学外传第十二》）。宋·董楷又在《周易传义附录》中指出：“本乎天者親上。凡動物首向上，是親乎上，人類是也。”“本乎地者親下。凡植物本向下，是親乎下，草木是也。禽獸獸多横，所以無智”。在这段话中，古人虽将人归诸于动物，同时也指出：人虽是动物，但其首直立，是有智慧的动物，而其他兽类虽然同属动物，但头横生，是缺乏智慧的动物。这是儒家对待人与动物的基本认知。在古代几部重要的涉及动物分类的著作中，如《管子》《周礼》《礼记》《吕氏春秋》《艺文类聚》《太平御览》等，均将人列于动物中，称之为“民”“倮者”“倮”“蠃[②]”；《本草纲目》虽称之为“人”，但仍将人列在动物中。在中国古代人被尊为王，但从未如西方将人与动物对立起来，视人为造物主的宇宙主人，而赋予种种特权。

① 絺：chī，细葛布。——摘自《新华字典》第11版P60，商务印书馆，2013。

② 蠃：luǒ，光着身子或没有东西包着的。——摘自《新华字典》第11版P326，商务印书馆，2013。

## 四、结 束 语

笔者认为，作为中国儒、道两家共同推崇的“天人合一”思想，迄今仍有其现实意义，但由于它产生、发展于一个封建、专制、科技落后的农耕社会，尽管有其智慧闪光的一面，也有其玄虚、神秘主义的一面。所以，“天人合一”思想必须要用现代的语言，将深奥难懂的哲学道理通俗化，现代化，才能更好地为进入全球化时代的中国和世界服务。在此，笔者拟引季羡林先生（1997）《“天人合一”新解》一文中有关的见解来揭开其神秘主义的面纱：“什麼叫‘天人合一’呢？‘人’，容易解释，就是我们这一些芸芸众生的凡人。‘天’却是有点困难，因为‘天’字本身含义就有点模糊。在中国古哲学家笔下，天有时候似乎指的是一个有意志的上帝。这一点非常稀见。有时候似乎指的是物质的天，与地相对应。有时候似乎指的是有智力有意志的自然。我没有哲学家精细的头脑，我把‘天’简化为大家都能理解的‘大自然’”。季羡林先生（2006）在《季羡林谈人生》一书中，对“天人合一”有了更为通俗的解释，他说：“我的‘新解’，‘天’是指大自然。这种人与大自然要和谐相处的思想，不仅仅是中国思想的特征，这是东西方文化思想分道扬镳。”他在《新解》一文中明确地指出了这种分道扬镳之处：“东方文化基础的思维模式，承认整体概念和普遍联系，表现在人与自然的关系上就是人与自然为一整体，人与其他动物都包括在这个整体之中。人不能把其他动物都视为敌人，要征服它们。人吃一些动物的肉，实在是不得已而为之。从古至今，东方的一些宗教，比如佛教，就反对杀牲，反对肉食。中国固有的思想中，对鸟兽表示同情的表现，在在皆有。最著名的两句诗：‘劝君莫打三春鸟，子在巢中待母归’。是众所周知的。这种对鸟兽表示出来的怜悯与同情，十分感人。西方诗中是难以找到的。孟子的话‘恻隐之心人皆有之’，也表现了同一种感情”。“‘天人合一’就是人与大自然要合一，要和平共处，不要讲征服与被征服”。季羡林对“天人合一”这段深入浅出的诠释，不但让我们懂得什么叫天，什么叫人，两者合一就是和谐共处，不存在征服和被征服的关系，就这么简单。但这么简单的关系要做起来，可就相当、相当复杂。

## 参 考 文 献


冯友兰. 2006. 中国哲学史. 北京：商务印书馆

季羡林. 1997. “天人合一”新解. 见：季羡林. 东西方文化议论集(上册). 北京：经济日报出版社

季羡林. 2006. 季羡林谈人生. 北京：当代中国出版社

蒋劲松. 2007. “天人合一”的生态意义究竟何在？——兼向刘兵，曹南燕教授请教. 思想战线, 33(6): 34-38

刘兵，曹南燕. 1998. 从西方生态女性主义的视角看中国的“天人合一”. 传统文化与现代化, (1): 29-33

南怀瑾. 2007. 齐物论. 见：南怀瑾. 庄子諵譁(上册). 上海：上海人民出版社

钱穆. 1991. 中国传统思想文化对人类未来可有的贡献. 见：中华书局. 中华文化的过去现在和未来：中华书局成立八十周年纪念论文集. 北京：中华书局

袁清林. 1985. 先秦环境保护的若干问题. 中国科技史杂志, 6(1): 35-41

张岱年，方克立. 1994. 中国文化概论. 北京：北京师范大学出版社

张世英. 2007. 天人之际——中西哲学的困惑与选择. 北京：人民出版社

# 中国古代对野生动物资源保护的认知与管理对策

冯祚建

在远古时期，我国先辈在渔猎和采集的生产实践中，为了自身生存的需要，已经意识到野生动物资源的合理利用，以及野生动物与自然环境的相互关系，因而极力提倡保护动物的生存环境和动物资源。古代诸多学者不仅发表了许多涉及这些方面的论说，而且历朝历代也都采取了许多具体的保护管理措施，兹述于后。

## 一、保护野生动物与自然环境的认知和论说

早在数千年前，相传中原各族的共同祖先黄帝在统领各部落时期，曾要求人们“不麛不卵”，即不要捕杀幼兽，不攫取鸟卵（《商君书·画册》），另又规定官员死后“不得用椁”，借以节省木材而保护森林资源。据宋·司马迁撰《史记·五帝本纪》载，黄帝还倡导“時播百穀草木，淳化鳥獸蟲蛾”，大意是，应按季节播种各类谷物，要以敦厚之德惠及鸟兽虫蛾。这说明在黄帝之世，就已萌生了保护野生动物和森林资源的朴素思想与认知。

迨春秋初期，齐国学者在周·管仲撰《管子·八观》篇中论曰：“山林雖廣，草木雖美，禁發必有時。……江海雖廣，池澤雖博，魚鱉雖多，網罟必有正”。这里说的是，应在一定的季节内砍伐林木，捞鱼捉鳖勿用密网。《史记·孔子世家》载孔子说：“刳胎殺夭，則麒麟不至郊；竭澤涸源，則蛟龍不合陰陽；覆巢毀卵，則鳳凰不翔”。孔子的论说，旨在教导人们不要剖胎和杀害幼小的鸟兽，不要涸泽而渔，不要掏窝毁卵，否则被视作祥瑞动物的麒麟、蛟龙和凤凰的行为，都会受到这样或那样的干扰与影响。而孔子学生曾子（约公元前505—前436年）以孝著称，他曾说过：断一树，杀一兽，不以其时非孝也（《孝经衍义·天子之孝》）。作为秦汉以前各种礼仪论著和研究儒家学说的重要古籍汉·戴德撰《大戴礼记》，其中《易本命·第八十一》也有类似于孔子的论述：“帝王好壞巢破卵，則鳳凰不翔焉；好竭水博魚，則蛟龍不出焉；好刳胎殺夭，則麒麟不來焉；好填谿塞穀，則神龜不出焉。故王者動必以道，靜必以理。動不以道，靜不以理，則自夭而不壽”。这段话的主要涵义是，如果帝王不施仁政，不行人道，肆意破坏动物资源，那些祥瑞动物不仅不会再次出现，而且帝王也会折寿夭亡，甚至王朝覆灭。

同为先秦古籍的晋·孔晁撰《逸周书·文传》载道：“山林非時不升斤斧，以成草木之長；川澤非時不入網罟，以成魚鱉之長；不麛不卵，以成鳥獸之長”。该书《大聚》还说“泉深而魚鱉歸之，草木茂而鳥獸歸之”。战国时思想家、教育家荀子（公元前313—前238年）在《荀子·致仕》篇中也讲：“川淵枯則龍魚去之，山林險則鳥獸去之。”又《荀子·劝学》篇还提到“草木疇生，禽獸群焉”。以上论说，充分显示出先秦时代的人们认识到，开发利用野生动物资源既要做到“取之以时，用之以节”，同时还要保护好草木、山林和川泽，用当今的话来说，即要保护好它们的栖息环境或栖息地。

汉·淮南王刘安的《淮南子》一书，强调应当继承先秦时期保护野生动物资源的思想与制度，在《主

术训》篇中希望人们履行田猎的“先王之法”，亦即礼书所称的《王制》（详见后节讨论）。另外，他还注意到生物与自然环境的相互关系，如书中的《原训道》里讲到：“鵲巢知風之所起，獺穴之水知高下”。书中的另篇《坠形训》又说：“春風至則甘雨降，生育萬物。羽者嫗伏，毛者孕育，草木榮華，鳥獸卵胎。”这些论述主要是说明生物的生长发育与大自然的季节变化是息息相关的。该书作者还认为，如果“不焚林而獵，不竭澤而漁”，而能合理地利用和保护好野生动物资源，那么，就会呈现一派“禽獸之歸若泉水，飛鳥之歸若煙雲”的美好景象。

动植物资源可以再生，如果利用过度或不顺应季节变化规律而攫取，长此以往，就会导致资源的枯竭。历史上古人已清楚地认识到了这一点，如秦·吕不韦撰《吕氏春秋·义赏》曰：“竭澤而漁，豈不獲得？而明年無魚。焚藪而田，豈不獲得？而明年無獸”。亦如《逸周书·文传》篇中所云：“生十殺一者物十重，生一殺十者物頓空。十重者王，頓空者亡”。这些论述，揭示春秋战国时人们已经认识到，在渔猎过程中，均不能光顾眼前利益，应当考虑长远利益，正如《吕氏春秋·长利》所说的：“利雖倍數於今，而不便於後，弗爲也。”只有这样，野生动物资源才能得以持续利用。

## 二、保护野生动物的管理措施

中国古代保护野生动物的管理措施，始自尧舜之世和夏禹时期，迄今已有4000多年的历史。随着岁月的推移，保护措施也在不断地与时俱进，并且涉及许多方面，现拟归纳如下。

### （一）制定必须遵守的渔猎礼规或法则——《王制》

所谓《王制》是在汉初时期有些学者想拿出一套建国的纲领来替代秦朝的暴政，欲以“仁政”为纲，故是一篇施政大纲。在东汉末年，郑玄撰《王制》篇被辑录于郑玄编注的《礼记》一书中。

《王制》涉及的内容较广，其中也包含有关渔猎方面的诸多法则，而这些礼规或法则基本上都体现了先秦学者对野生动物和自然环境的保护认知与思想。此《王制》者，在刘安《淮南子》和马骕的《绎史·老子道教》（卷八三）篇中均尊谓“先王之法”。正因为视为王法，所以在渔猎过程中，上至天子、诸侯，下至庶民百姓，都是必须严格遵守的礼规，纵使是一代帝王，也不能相背而行。

据《礼记》记载，《王制》述及的渔猎法则是：“天子不合圍，諸侯不掩群；獺祭魚，然後虞人入澤梁；豺祭獸，然後田獵；鳩化爲鷹，然後設罻羅；草木零落，然後入山林；昆蟲未蟄，不可以火田；不麛不卵，不殺胎，不殀夭，不覆巢”。显然，该法则的内涵包括了田猎方法、田猎季节和重点保护目标三个重要层面。

● **田猎方法** 田猎时，天子不合围，意即禁止四面包围，仅包围三面而网开一面，以免全部歼灭，对逃脱野兽不予追杀；不光如此，帝王亲自督战的大猎（或称校猎，旨在以猎习武练兵），照例是“王用三驱”而猎，彰显了帝王的仁义至上理念。诸侯田猎，也不可整群杀尽，这是田猎之礼，若有违者，谓之“暴殄天物”而备受讥讽。

● **田猎季节** 《王制》明确规定了田猎的季节：正月獭祭鱼之后，渔人方可进入水域地带捕捞；九、十月之交豺祭兽之后，可以开始田猎；八月鸠化为鹰之后，可设置罗网捕获鸟类；九月草木凋谢之时，可以入山林伐木；待十月昆虫蛰藏在地里之后，那时可以燎火焚草肥田和逐兽，并减少对有益昆虫的伤害。

前面提及的所谓“獭祭鱼”“豺祭兽”“鸠化为鹰”之说，虽然欠缺科学依据，然其可贵之处在于开猎季节的规定。

● **重点保护目标** 依《王制》之礼，不仅是在动物的繁殖期内，还是在田猎过程中，都强调不能捕杀、不可攫取或禁止捣毁的重点保护目标，主要有：麛（幼兽，或指幼鹿）、鸟卵、孕兽、夭（刚出生的鸟兽），以及巢穴。

## （二）颁布禁猎暨禁进献珍禽异兽的帝王诏令

先秦时期的先辈们，主要以《王制》作为法则与礼规而行渔猎和采集。然而，从汉代起，历代朝廷为了加强对生物资源的保护管理，在措施方面又有了进一步的提升。例如，时有帝王发布关于禁猎或停止进献珍禽异兽的种种诏令，并申明违者罪之。

今据汉・班固《汉书》、明・梅鼎祚《西汉文纪》、唐・李延寿《北史》、宋・欧阳修等《新唐书》、宋・王溥《唐会要》、元・脱脱等《宋史》、元・脱脱《金史》、元・脱脱等《辽史》、明・宋濂等《元史》、明・胡粹中《元史续编》、宋・陈均《九朝编年备要》、宋・郑樵《通志》、宋・李焘《续资治通鉴长编》、清・秦惠田《五礼通考》、清・傅恒等《历史通鉴辑览》、清・徐乾学《资治通鉴后编》及清・嵇璜等《续通志》等诸多古籍的纪实，将重点涉及兽类的有关诏令（依朝代先后）一并列示于表 6-1。

表 6-1　历代帝王禁猎暨禁献珍禽异兽的诏令一览表

| 朝代 | 颁布诏令的帝王纪年及公元纪年 | 禁猎暨禁献珍兽的诏令内容 |
|---|---|---|
| 汉 | 宣帝元康三年（公元前 63 年）六月 | 发布“禁射鸟诏”，严禁春夏捣巢探卵或弹射飞鸟 |
| 南北朝 | 北齐文宣帝天保八年（557 年）夏四月<br>又，九年（558 年）二月 | 诏禁取虾蟹蚬蛤之类，唯许私家捕鱼；又诏公私禁取鹰鹞；<br>又，燎野限于仲冬，不得他时行火田猎 |
| 唐 | 高祖武德元年（618 年）十一月<br>又，二年（619 年）正月二十四 | 禁献异兽奇禽；<br>又，诏自今以后，每年正月九日及每月十斋日，不论公私，宜断屠钓 |
| | 高宗永徽四年（653 年）<br>又，咸亨四年（673 年）闰五月 | 禁作簺捕兔，营圈取兽；<br>又，禁作簺捕鱼，营圈取兽者 |
| | 睿宗文明元年（684 年）五月 | 滕王元婴大丧，禁射猎 |
| | 则天武后天授二年（691 年）夏五月<br>又，如意元年（692 年）五月 | 禁天下屠杀采捕；<br>又，禁止天下屠杀 |
| | 中宗景龙二年（708 年）九月八日 | 敕不得擒捕鸟雀昆虫，犯者先决三十 |
| | 玄宗开元十八年（730 年）三月二十八日<br>又，二十二年（734 年）四月十三日<br>又，二十三年（735 年）八月十四日<br>又，天宝六年（747 年）正月二十九日 | 敕诸州造簺沪取鱼，宜禁断；<br>又，每年正月、七月、十月三元日起，十三至十五日并宜断宰杀、渔猎；<br>又，两京五百里内宜禁捕猎；<br>又，诏荥阳广仁陂、福源池，子今以后特宜禁断采捕 |
| | 肃宗至德二年（757 年）二月二十九日<br>又，乾元元年（758 年）四月二十二日 | 敕三长斋月并十斋日，并宜断屠钓，永为常式；<br>又，敕每月十斋日及忌日，不得采捕屠杀，仍为常式 |
| | 代宗大历四年（769 年）十一月<br>又，大历十三年（778 年）十月 | 禁畿内弋猎；<br>又，禁京畿持兵器捕猎 |
| | 德宗建中元年（780 年）五月 | 敕自今以后每年五月，天下州县禁断采捕弋猎，并令所司断屠杀，永为常式 |
| | 顺宗永贞元年（805 年）八月 | 珍禽异兽宜停进献 |
| | 宪宗元和九年（814 年）十一月 | 罢京兆府猎献狐兔 |
| | 文宗太和四年（830 年）<br>又，开成元年（836 年）二月<br>又，二年（837 年）三月 | 令禁杀幼兽和拾取鸟卵；<br>又，停献鸷鸟（猛禽）和畎犬（猎犬）；<br>又，诏自三月一日至五月十三日，禁京城及畿内采捕鸟兽和罗网水虫，永为定制 |
| 五代 | 后唐明宗长兴三年（932 年）五月 | 令自五月至冬初，禁止使用罗网及各种田猎工具 |

续表

| 朝代 | 颁布诏令的帝王纪年及公元纪年 | 禁猎暨禁献珍兽的诏令内容 |
|---|---|---|
| 宋 | 太祖建隆二年（961 年）二月<br>又，开宝六年（973 年） | 禁民于二月至九月无得采捕弹射，著为令；捕获鸟兽虫鱼的罝罘罗网，当不出国门；又，禁岭南诸州民众捕象，违者籍其器，仗送官 |
| | 太宗太平兴国三年（978 年）夏四月<br>又，端拱元年（988 年）二月 | 自春至秋禁捕猎；<br>又，禁献珍禽异兽 |
| | 真宗大中祥符三年（1010 年）二月<br>又，天禧三年（1019 年）二月 | 诏禁方春射猎；<br>又，禁采捕山鹧鸪 |
| | 仁宗庆历七年（1047 年）三月<br>又，嘉祐六年（1061 年）五月 | 敕罢出猎；<br>又，诏河北沿边安抚司禁北人捕鱼于界河 |
| | 高宗绍兴二十二年（1152 年）二月 | 禁民春月捕鸟兽 |
| 辽 | 道宗清宁二年（1056 年）<br>又，咸雍七年（1071 年） | 诏方夏鸟兽养育之时，不得纵火于郊；<br>又，敕罢猎，禁屠杀 |
| 金 | 海陵王正隆五年（1160 年） | 禁河北、山东、河南、河东、京兆等诸路军民网捕禽兽 |
| | 世宗大定二十五年（1185 年）十月<br>又，十一月诏 | 禁止上京路等路大雪及兽含胎时采捕；<br>又，豺未祭兽不许采捕。冬月雪尺以上，不许用网及苏克苏呼，恐尽兽类 |
| | 章宗泰和元年（1201 年）元月 | 令方春禁杀孕兔，犯者罪之 |
| | 哀宗正大六年（1229 年）二月 | 诏罢附京猎地百里 |
| 元 | 世祖至元十年（1273 年）九月<br>又，十二年（1275 年）<br>又，十六年（1279 年）三月<br>又，十九年（1282 年）三月<br>又，二十二年（1285 年）七月<br>又，二十三年（1286 年）十一月<br>又，二十四年（1287 年）二月<br>又，二十五年（1288 年）春正月及三月<br>又，二十七年（1290 年）三月<br>又，二十八年（1291 年）冬十月及十一月 | 诏禁京畿五百里内射猎；<br>敕辉和尔地在春夏禁猎孕兽；<br>诏禁归德、临淮等处田猎；<br>禁益都、东京、沿淮诸军、官、民捕猎；<br>诏禁捕猎；<br>敕禽兽在产卵或怀孕时行猎；<br>禁辉和尔地在禽兽孕孳时田猎；<br>令正月辽阳渔猎时勿杀孕兽；又于二月下令禁捕鹿羔；<br>严禁汉人田猎；<br>诏严益都、般阳、泰安、宁海、东平、济宁田猎之禁，犯者没其家资之半；又令在武平、平泺诸州田猎时禁捕卵禽孕兽 |
| | 成宗大德元年（1297 年）三月、五月及十一月<br>又，三年（1299 年）七月 | 诏禁正月至七月捕猎，地域包括柳林和大都八百里内；五月诏禁民间捕卖鹰鹞；又诏九月至翌年正月方可行猎；<br>又，敕禁捕鹙（鹳类） |
| | 武宗至大元年（1308 年）十一月<br>又，四年（1311 年）五月<br>又，同年（1311 年）十二月 | 禁江西湖广汴梁私捕驾鹅；<br>又，禁民捕驾鹅；<br>敕禁持弓矢和兵器田猎 |
| | 仁宗皇庆元年（1312 年）五月<br>又，延祐三年（1316 年） | 农时行猎扰民，诏禁之，至十月方许田猎；又诏，禁方春行猎 |
| | 英宗至治二年（1322 年） | 禁捕天鹅，违者藉其家 |
| 明 | 成祖永乐十四年（1416 年） | 令东至白河，西至西山，南至武清，北主居庸关，西南至浑河，均禁围猎 |
| 清 | 太祖天命十一年（1626 年） | 申明贝勒大臣及在外驻防人员等，行猎时不得逐杀鹰、鹿，并禁边外田猎，违者治罪 |

如表 6-1 所示，仅悉直接提到禁猎野生动物的诏令始见于迄今 2000 多年前的西汉，而唐代颁发的诏令却居往后各代朝廷之首。唐代的帝王更迭共有 24 位，其中发布过诏令者计 12 位，几占帝王总数的 50%，足见他们对野生动物资源的保护是相当重视的。另，宋、元两代也都有 5 位帝王发布过诏令，仅次居于唐代而已。

## （三）设专职官员的管理机构

据载，相传尧帝时一位名叫伯益的人佐禹治水，水土既平，后被舜帝命为虞官，专职管理山林、泽薮、草木与鸟兽，并由朱、虎、熊、罴四臣协助管理（四臣因能驯服猛兽而得名），这是迄今已知管理生物资源最早的官员（《尚书·尧典》《虞书·舜典》）。

到了周王朝，王者为了更好地治理天下，于是成立了多个官府机构，分设官职，而与野生动物资源管理密切相关的官府组织有：天官冢宰、地官司徒、夏官司马和秋官司寇（《周礼》），兹述如下。

### 1. 天官冢宰

此机构主要是领导其部属掌理天下的政务，辅佐帝王统领天下。现把有关的编制人员略述如后。

**兽人：**官名，掌管猎取的野兽以供膳羞，上贡兽类产品。猎得的死兽送交腊人，它的皮毛筋角，缴交玉府。另执掌有关田猎野兽的一切政令。

**渔（𩺰[①]）人：**官名，其职务是按照季节捕鱼，辨别鱼的种类，负责以鲜鱼或干鱼供给王者、宾客及祭祀之需；执掌有关捕鱼的一切政令；征收渔税，缴交玉府。

**鳖人：**官名，掌管按季节捕获龟鳖蛤蚌等动物；负责春天进献鳖、蜃（大蛤），秋天进献龟、鱼；另执掌国中有关获取黾鳖蛤蚌等物的一切事务。

### 2. 地官司徒

设置该官府的任务之一，就是掌理王朝的教育，辅助王者教化天下。其编制庞杂，当中有山虞、林衡、迹人、川衡、泽虞和囿人等。

**山虞：**官名，主管山地之禁令，包括给从事山林生产者设立的禁令，如有不按时令盗伐者，必予刑罪。此举既可防范乱砍滥伐，同时也保护了资源兽类的生存环境。

**林衡：**官名，掌理巡视林麓，执行禁令，并按时审议守护人员的功绩而予赏罚；若有斩伐木材之事，当由山虞执掌政令。该措施也有益于森林动物的保护。

**迹人：**官名，掌理邦中田猎地域的政令。以材木为藩篱并设禁令。凡田猎必须遵奉迹人命令，禁捕幼兽（幼鹿），禁攫鸟卵，禁用毒箭射杀禽兽。

**川衡：**官名，掌理巡视川泽，执行命令，犯者诛罚之；祭祀或招待宾客，供给川中所产之物。

**泽虞：**官名，掌国泽之政令，设立藩篱界限与禁令，使当地民众守护泽中的资源，并按时缴纳皮角珠贝给玉府，抵作赋税，其余归大众所有。

**囿人：**官名，掌管苑内群兽的藩篱禁卫，放养百兽。凡祭祀、丧事及招待宾客，则供给活兽或死兽的肉品。

### 3. 夏官司马

该官府的职责是率领他的部属掌理天下政典，辅佐王者平服天下。编制人员中与兽类驯养有关的唯一官员是“服不氏”。

**服不氏：**官名，掌养猛兽，加以训练，使其驯服。凡祭祀，供给猛兽；有宾客来朝聘布皮帛，举皮收藏；若行射礼，辅助张设射侯，持旌在乏，待射中举旌唱获。

除此，与射鸟、网捕活鸟及驯鸟有关的官员尚有“射鸟氏、罗氏和掌畜”。

### 4. 秋官司寇

其职能主要是率领他的部属，掌理朝廷的禁令，辅佐王者执行天下的刑罚。与兽类资源管理利用有

① 𩺰：yú，《广韵》语居切。《集韵》《正韵》牛居切。并音鱼。《五经文字》：同渔。《周礼·天官·𩺰人》：掌以时𩺰为梁。yù，《集韵》《韵会》午据切。《正韵》鱼据切。并音御。义同。《玉篇》：同鱼文。——摘自《康熙字典》（标点整理本），P1473，上海辞书出版社，2007。

关的职员有冥氏和穴氏。

**冥氏：** 官名，掌设机弩、罗网和阱获（陷阱），以捕取猛兽。以灵鼓（六面鼓）驱赶之，若得其兽，则献其皮革、齿、须、备（爪）。

**穴氏：** 官名，掌攻冬蛰的猛兽如熊（黑熊）、罴（棕熊），以火烟熏其出洞而捕之，要在最佳季节捕得后，以时献其珍异皮革。此外，还有掌攻猛禽的翨氏等。

以上这些官职主要是掌管野兽和山林的保护与利用，同时执掌田猎的一切政令，这在当时对于维护生态平衡，并使生物资源得以永续利用，都有着重要的实践意义。

再者，唐代规定野生动物归虞部统管；而明代工部设有虞衡清吏司。其中虞衡郎中属正五品；员外郎一人，从五品；主事二人，属正六品。虞衡的重要职责是合理利用和保护野生动物资源。

## （四）建置封禁区与苑囿

依古籍记载所知，封禁区的建置约始于唐代，而苑囿最早见于商末周初，迄今已有3000多年的历史了。现就封禁区和苑囿依次概述于下。

### （1）封禁区

封禁区是指朝廷制定的严禁在区内采集与渔猎的区域，一般包括名山大川、风景区及都城周边地区。它们类似于禁猎区或自然保护区。古代一些主要封禁区如：

● 唐玄宗开元元年（713年）下令封禁骊山风景区（今陕西临潼东南），不准采集；又开元十三年（725年）诏封泰山（《旧唐书·玄宗本纪》）。唐太宗大历四年（769年）及十三年（778年）严禁畿内（国都附近）采捕渔猎（《新唐书·本纪第六》），因此也成为封禁区或禁猎区。

● 宋真宗大中祥符元年（1008年）也曾诏封泰山，诏禁损坏树木或采樵。

● 元世祖至元十年（1273年）九月，敕禁京畿五百里内射猎；又至元十六年（1279年）、十九年（1282年）及二十八年（1291年），均下诏划出多处封禁区（详阅表6-1）。

● 明成祖永乐十四年（1416年），在京师（都城）周围划出一处范围较大的封禁区（表6-1）；另于明代曾把北京郊区的南海子（今北京麋鹿苑）划为封禁区。

● 清太宗（皇太极）崇德年间（1636—1643年），在原明代东边墙的东段至鸭绿江之间的广阔地带设置了封禁区，并此后延续了200多年之久。太宗在吉林又划定打牲乌拉为封禁区，所辖范围包括今吉林永吉、舒兰、九台、榆树，以及蛟河和双阳诸县的部分地区，其周界五百余里。清朝历代帝王一直都很重视该处封禁区，多次下达渔猎禁令。

另于康熙十六年（1677年），清圣祖把长白山周围划为封禁区，自康熙二十一年（1682年）始，该封禁区又派生出盛京围场和吉林围场。除此，于康熙二十年间（1681年），在承德建置了木兰围场。而所有围场都是严加管理的，禁止居民随意进出，并在四周设有卡伦。

### （2）苑囿

在古代，凡种植奇花异果并驯养珍禽异兽的园子称之为苑或苑囿，而帝王的苑囿由“囿人”管理。比较著名的有：

● **周灵囿**（文王囿）　它是周文王所建。文王为商末时期周族的领袖，领兵灭商后立王，然未设立国号与年号，建都于陕西西安西南沣水西岸。此囿却置在长安县西部四十二里处，谓方七十里。文王允许猎人依时令入苑行猎雉兔和樵夫采拾薪柴，能够做到“与民同利”“与民同乐”，后人认为文王有灵德，故得名“灵囿”，或者说“灵囿，言道行于苑囿也”，说明文王采取的保护与利用相结合的措施，在当时深得人心。

● **兔园** 据载，西周孝王好营宫室苑囿之乐，作曜华宫，筑兔园（《说郛》卷六十下）。园中有百灵山、落猿岩、雁池，池间有鹤洲、凫渚，诸宫、观相连，延亘数十里。王日与宫人、宾客弋钓园中。

● **汉上林苑** 原为秦朝上林苑，秦灭后曾一度荒芜，汉武帝建元三年（公元前138年）始将旧苑复为宫苑，它是古代著名的园林之一，故址在今陕西西安市西，东南抵达蓝田，西到周至、户县界，北濒渭水（今渭河）而东。《汉旧仪》云："上林苑方三百里，苑中養百獸，天子秋冬射獵取之。帝初修上林苑，群臣遠方各獻名果異卉三千餘種植其中。"苑里饲养着白鹦鹉、鸳鸯、牦牛、犀牛等，另又设有鱼台、犬台和兽圈等。西汉词赋家司马相如（公元前179—前117年）作的《上林赋》，即对苑内景物之盛、禽兽之众，极尽其溢美之词。

● **艮岳苑** 它是宋徽宗在1117年（政和年间）始建的一座大型帝王苑囿，原址在河南开封的艮岳。据《枫窗小牍》（卷五）载，"四方花竹奇石悉萃於斯，珍禽異獸，無不畢集。"苑内分区养殖动物和栽种植物，在动物方面如设有鹤庄、鹿砦（寨）、孔翠栅等；而植物方面设有"绿萼华堂、万松岭"及种植农作物的"西庄"等等。

● **南海子** 它是北京南郊的一处皇家猎苑，现称南苑，也是当前放养与研究相结合的麋鹿苑。据学者考究，在辽、金两代是北京皇家猎苑的孕育和雏形时期；至元代已成为北京城南一座范围不小的苑囿；明代朱棣于永乐十二年（1414年）进行了扩建，筑起了土墙，使之成为一座相对完善的猎苑，直到穆宗以后，国力下降，致使苑囿年久失修而日渐衰败（曹克清，2005）。在清代，猎苑内仍放养着麋鹿、梅花鹿、獐、黄羊和野驴等珍贵动物；清同治年间，即在1866年以后的若干年里，南海子的麋鹿被明索、暗购，共有19只先后饲养在欧洲各个动物园里。

1900年八国联军攻陷北京，从此摧毁了南海子及其约达数百头的麋鹿种群。

以上仅寥举数例对苑囿做了介绍。其实，古代帝王建置的苑囿远不止这些，只是随着历代王朝的不断更迭，许多苑址都已荒废无存罢了。

其实，苑囿主要是供帝王、天子、王室要员和宾客的观览、宴乐及田猎之需，但它对于珍稀物种的保存（如前述麋鹿在清末仅幸存于南苑），以及减少对野生动物的捕捉压力，都能起到一定的积极保护作用。至于封禁区，实质上就是禁猎区，其主要目的就是禁止乱捕滥伐，从而保护了野生动植物资源。

## （五）崇倡放生

在野生动物保护方面，早在南北朝时就有帝王下过禁猎诏令，然而在放生之举上也是较早的，如清•汪汲的《事物原会》载，谓放生始于梁。北魏时，孝明帝熙平元年（516年）五月下诏，令把华林野兽放归山泽（《通志•后魏纪第十五下》）；又北周时，周武帝保定三年（563年），宕昌国（今甘肃境内？）献猛虎二只，敕令放之南山是宋•郑樵的（《通志•后周纪第十七》）。

自唐宋以来，佛教和道教盛行，更加崇倡放生，如唐文宗开成二年（837年）三月诏曰："韶陽禦辰，生氣方盛，思全物類，以順天時。內外五坊凡有籠養鷹鷂及鷄、鴨、烏、雀、狐、兔等，悉宜放之"。至明世宗时，于嘉靖初（1522年稍后）敕令纵放内苑禽兽，并令天下不得进献。到清代乾隆年间，命把进献的笼中野鹿放之山谷。

除此，唐肃宗乾元年间（758—760年）下令天下建置放生池八十一所；宋真宗天禧四年（1020年）诏准杭州西湖为放生池；另在辽、金时，云州堡西北一百余里的鸳鸯泊，境外周围八十里一直作为飞放场所（《辽史拾遗•志第十一•地理志五》）。由于"喜生恶杀"这种宗教理念的广泛传播，人们把放生视作善举，并借此为己祈福及保平安，因此，除把鱼、蛙、龟、鳖投放到"放生池"外，纵使猎人捕得的飞禽走兽，也会被现场义买，并最后放归自然，此事有书为证。据宋•蔡絛撰的《北狩行录》载："太上好生之德，澤及禽獸，每聞有網捕者，必買而釋之。"

显然，古代倡导放生，这对于野生动物资源的保护，无疑也是一件很有意义的举措。

### （六）违法渔猎者必予惩处

从远古时期起，凡违法渔猎的人都必须受到惩罚。例如，汉•郑玄的《礼记•月令》中载，“仲冬之月，……山林藪澤，有能取蔬食（即野菜）、田獵禽獸者，野虞（如主管山地禁令的官員‘山虞’）教道之。其有相侵奪者，罪之不赦”。对各代帝王的禁猎诏书，如仍有偷猎滥捕者，也必罪之，轻者仗刑或没其财产，重者处死。例如：

● 战国时，齐宣王在位时（公元前319—前300年）拥有苑子方四十里，若盗猎苑内麋鹿者，拟判杀人罪，然遭孟子非议，民众也认为治罪过重，遂减刑罚。

● 唐中宗景龙二年（708年），下诏对违令捕猎者，先决三十。唐玄宗开元二十三年（735年）诏，对滥捕滥猎者，王公以下录奏，余委所司量罪决责。

● 后唐明宗长兴三年（932年），在春夏之交如用罗网及猎具行猎者，判定违诏之罪。

● 宋太宗太平兴国三年（978年）发布诏令，在禁猎期严禁狩猎及探巢摘卵，并要求州县督促基层小吏侦察擒拿滥猎者，要重致其罪。

● 金章宗泰和元年（1201年），诏对滥杀怀胎野兔者罪之，告者赏之。

● 清康熙二十年（1681年），对水獭人偷采东珠者，照偷人参例，为首者拟绞。又二十三年（1684年）议准：“凡民人在口外居住者，不論有無產業，悉令移進口内，如有違禁，在村莊潛住及避居山谷中捕牲者，令屯領催村莊頭拿交守口官，轉解刑部治罪；其喜峰口、古北口外附近地方，有別處人來捕牲，或在山谷中搭窩鋪捕牲者，交管驛官長人等察拿……。”另还提出：“八旗口外居住，莊頭人等到別旗村口捕牲，或在山谷中搭窩鋪捕牲，所在之人不行察拿，或被旁人出首，或被巡察人等拿獲，將失察之人交守口官，一併解送刑部，從重治罪”（《大清会典则例》卷一二九）。

总的来讲，无论是轻判或重判，而其量刑的具体标准是什么，至今尚未见到史料的详细记载。然而，在清代对于违法偷采人参和东珠的犯者，却可依据数量的多寡而予判罪，同时也按缴获数量的多少，对有功人员进行奖赏（见《大清会典则例》）。

综上所述，关于我国古代野生动物资源的保护管理，所采取的措施，主要是：①必须遵守渔猎礼规或法则——《王制》；②及时发布禁猎和停止进献珍稀动物的诏令；③设置专职官员管理机构；④建置封禁区（类似禁猎区）与苑囿（对生物资源至少起到了间接的保护作用）；⑤崇倡放生；⑥对违法渔猎必予惩罚。

## 参 考 文 献

曹克清. 2005. 麋鹿研究. 上海：上海科技教育出版社
卢嘉锡，董恺忱，范楚玉. 2000. 中国科学技术史(农学卷). 北京：科学出版社

# 第七篇

## 对“康乾盛世”标志性动物图谱的评析

# 故宫《海错图》的博物学

## ——海者错者多样也无限也

王祖望　黄复生

清王朝康乾鼎盛时期，出版了《海错图》《鸟谱》《兽谱》三部传世巨著。这是中国古代有关动物种类的具体记述，也是动物分类学发展的一个阶段。这些著作涉及面十分广泛，几乎涉及动物界的各个门类，有低等的腔肠动物、软体动物和节肢动物，也有高等的脊椎动物，鱼、龟、鸟、兽等。三部巨著主要记载了我国丰富的动物资源和多样的生态环境，而且在全书系统编排中，对于各个类群动物物种的描述不是杂乱无章的罗列，而是经过严密的思考与研究，按照不同动物的某些共同的特征，分门别类，各入其位。所有图像均以原色绘制，十分精美艳丽，真实地反映了所绘制动物的形态特征和生活环境。为后人留下极其可贵的文化遗产和动物学科发展的印迹。这在古代文化史和科学史上实属罕见。

康熙戊寅仲夏，公元1698年，著名画家聂璜（字存庵）完成了《海错图》四册系列丛书，这是一部旷世之作，先于《鸟谱》《兽谱》问世，盖有乾隆、嘉庆和宣统三朝御览的印章。作者深入考查了我国东海、南海及大陆相关水域的丰富物产，以绘画艺术的技艺，系统地描绘了我国生物资源的丰富与多彩，由此作者还意识到大自然万物的无限性。作者认为世上万物是多变的、无限的、多种多样的，人们对于大自然博物的认识也是多变的、无限的、多种多样的。所以称海物为“错”，错者杂也，杂者层出不穷也，无穷无尽也。

作者在《海错图·序》中这样写道：“山川出雲，僅爲霖於百里；而潮汐與月盈虛，直與天地相終始也。山與海大小之量何如？無怪乎生物多寡，相去懸殊，是以《禹貢》惟以‘錯’稱海物也，概可知矣。夫錯者，雜也，亂也，紛紜混淆，難以品目，所謂不可測也。今予圖海錯，甲乙魚蝦，丹黄螺貝，繪而名，名而贊，贊而考，考而辨，不猶然視海以爲可測乎？曰：非然也。予圖所采，亦取其可見可知者而已。其不及見知者何限哉。然則博物君子，披閱是圖，慎毋曰燃犀一燭也，謂吾以蠡測海也。”作者以这样的认识观来评价自己的《海错图》，认为所绘制图像虽是自然界中的鱼、虾、螺、贝，且绘而名，名而赞，赞而考，考而辨，但这仅仅是取自然界其可见可知者而已，其不及见知者何限哉！并且作者仍以这样的认识观来考证、命名、绘制、赞美、描述大自然千奇百态，已见者已知者的动物种类。

《海错图》共分四册，目前收藏于北京故宫博物院有一至三册，第四册则收藏于台北故宫博物院。各册虽然所描绘的是自然界普普通通生物物种，但作者为了能准确反映每一物种的真实生存状态，他不遗余力绘以图形，避免混淆，进而旁征博引，考据其名，辨析其源，致使《海错图》成为一部亦图、亦文、亦诗，与众不同的图志类专著，笔者研读了保存在北京故宫博物院《海错图》一至三册，其主要特色简述如下。

## 一、《海错图》涉及的生物门类十分广泛

《海错图》（第 1 至第 3 册）共描绘生物物种、传说化生动物及非生命品类等 236 种，其中已考证生物物种 193 种，22 种待考证物种，19 种化生、传说或图腾动物，还有 2 种非生命品类——盐和吸毒石。依据中国科学院海洋研究所编辑、刘瑞玉主编的《中国海洋生物名录》（2008 年科学出版社出版），确定生物六界之系统，上述 193 种生物物种分属真核生物超界 Superkingdom Eukaryota 中的色素界 Kingdom Chromista、植物界 Kingdom Plantae 和动物界 Kingdom Animalia。尤其是动物界中的物种，几乎涉及无脊椎动物门类和脊索动物门的全部主要类群。其中属色素界的物种有 4 种，属植物界的物种有 5 种，属动物界的物种有 184 种。

## 二、《海错图》系统地记载了我国沿海丰富的动物资源

作者针对我国海洋和相关水域丰富的生物资源，取其重要的、常见的、民间广泛流传的海洋生物种类，一一予以考证、绘制、描述、归类。作者在《海错图》中亦图、亦文、亦诗，集知识性、文学性、趣味性于一体，描绘我国丰富的生物资源和多变的自然景观。

《海错图》对于所描绘的每一种，生物的物种或非生物的物件，均能引经据典，作长短不一的文字介绍，再配以短诗一首，起画龙点睛之作用，令读者不由得兴趣盎然。不仅开阔了眼界，增长了知识，对神秘的海洋世界亦充满了敬畏与好奇之心。毋庸讳言，成书于公元 1698 年的《海错图》，距今已有 320 年之遥，限于当时的科学技术水平，以及中国独有的“化生说”的强大影响，本图志对某些生物的认识存在谬误亦在情理之中。加之作者未能亲睹全部实物，仅凭一些文字的夸张式的记述绘图，导致一些图与实物有一定差异，给考证工作带来了不少困惑与疑难。考证组专家本着实事求是的科学精神，或抓住文字介绍中的一些物种的主要特征，或依据图形中一些关键性的分类特点，其中有些物种的特征，在图形与文字中皆具；而有些物种之分类特征，仅在文字记述或有关文献中有记载，而图形与实物相距甚远。考证专家只能依据其画名、古名并参考其他有关文献，进行综合判断。凡经考证的物种，则依据其分类阶元，按照《中国海洋生物名录》确定之分类系统，给出相应的今名与拉丁学名。一些无从考证的物种，只能留待后人做进一步研究。对于具有重要美学、史学价值的古代神话传说动物、图腾动物及化生传说动物中，除特征明显可资鉴别者外，均不在物种考证之例。现将专家考证的一些有代表性实例，按不同册第、序号，分别记述如下。

### （一）第一册

以硬骨鱼类为主，进行归类，虽然作者并不了解这些硬骨鱼类有着共同起源，来自共同祖先，但作者从形态学的观点，发觉它们有着共同硬骨的形态结构，便将它们搁置一起，体现了硬骨鱼的系统地位。第一册中硬骨鱼类有鲈鱼、河豚、刀鱼、鲳鱼、石首鱼、黄梅鱼、四腮鲈、马鲛、鲥鱼、真比目鱼、鲈鳗、带鱼和血鳗等。

第一册共描绘生物物种 73 种，经考证依据其分类阶元并给出拉丁学名者有 62 种，约占该册物种总数的 85%；待考证物种 4 种，约占该册物种总数的 5.4%；化生传说或图腾动物 7 种，约占该册物种总数的 9.6%。

（1）图形及文字说明均能反映物种形态特征及其主要分类依据：如鱼类学家张世义考证之石首鱼、马鲛等，其图的大小、比例、背、胸、尾鳍之特征清晰，色泽逼真，几可与现代所绘生物图相比美。石

首鱼图附有头骨之解剖图及耳石（本图志称脑石），均为重要之分类依据。马鲛形态图除臀鳍后之小鳍与实物相比缺 2 个外，其余特征几与实物完全一致。此外，如鲈鱼、鱼虎、海鳜鱼、河豚、鲥鱼、带鱼、血鳗等，其图形及文字说明与实物比较近似。

（2）图形与实物相距甚远，但文字说明或相关文献提供了分类鉴别依据：如井鱼、海䲍等。

井鱼（第一册，图 37）之文字说明，出于唐·段成式《酉阳杂俎·鳞介篇》卷十七“井魚脳有穴，每翕水輒於脳穴蹙出，如飛泉散落海中，舟人競以空器貯之。海水鹹苦，經魚脳穴出，反淡如泉水焉。”此段文字，大致可以判定井鱼为鲸目 Cetacea 类之海兽。笔者查阅有关文献，明·彭大翼《山堂肆考》卷二百二十四“江豚俗呼拜江豬，狀似㹠[①]，鼻中有聲，脳上有孔，噴水直上，出入波浪中。見則有風。無鱗、黑色、多脂膏，以其脳中有井，故又名井魚。”此段文字指出井鱼即江豚。依据其形态与分布特点，笔者初步可判断为鼠豚科 Phocoenidae，江豚（英文名：black finless dolphin，拉丁学名为 *Neophocaena* sp.）。清·徐文靖《管城硕记》卷一，亦有相同之记载。《海错图》有关井鱼的描述中亦称：“《本草》稱：海豚脳上有孔，噴水直上，除海豚已有圖外。諸說魚頭容水，予概以井魚目之而難於圖。今考《西洋怪魚圖》，内有是狀，特摩臨之，以資辯論。”作者临摹的西洋怪鱼，龇牙咧嘴，其形态与文中的井鱼相距甚远，无参考价值。

海䲍（海鳅）（第一册，图 61）之文字说明出自《字汇》《尔雅翼》《汇苑》等，其描绘的主要分类依据有三，其一形容海䲍体型巨大，虽有夸大之言辞，但体型之大，则是不争之事实；其二由于“牡蠣聚族其背，曠歲之積，崇十許丈。䲍負以遊，䲍背平水則牡蠣崒屼如山矣”表明海䲍之脊露出水面；其三记载康熙年间，“日本漁人以捕海䲍爲生意，捐重，……本人數百漁船，舒適之出大海，探䲍跡之所在，以藥槍標之䲍身體。”以上三点，大体可以判断海䲍（海鳅）即鲸目 Cetacea 之兽类。笔者查阅有关海䲍之文献，唐·刘恂《岭表录异》卷上记载“海䲍即海上最偉者也，其小者亦千餘尺，吞舟之說，固非謬也。每歲廣州常發銅船過安南貿易，路經調黎深闊處，或見十餘山或出或沒。篙工曰：非山島，䲍魚背也。雙目閃爍……，日中忽雨霡霂，舟子曰：此䲍魚噴氣，水散於空，風勢吹來，若雨耳”。此段文字已将露脊鲸之形态特征及习性做了清晰的描述。与海䲍有关的文献尚有宋·陈耆卿《赤城志·海鳅》、明·黄衷《海语·海䲍》、明·屠本畯《闽中海错疏》、清·翟均廉《海塘录》等，均有相似的记载。据此，笔者考证认为海䲍即露脊鲸科 Balaenidae 所属的露脊鲸，英文名：right whale，拉丁学名为 *Eubalaena* spp.。

（3）本册所载有 4 种生物物种，由于图形与文字之描述均未提供可资鉴别之分类依据，难以考证，故列为待考。

（4）本册所载之蛟（图 62）、闽海龙鱼（图 64）、螭虎鱼（图 65）、曲爪虯龙（图 67）、神龙（图 68）、盐龙（图 70）等 7 种，为古代化生、传说或图腾动物，不在物种考证之列。

## （二）第二册

虽仍然描绘大海中的各个鱼种，但以魟、鲨软骨鱼为主，予以编排，并且在魟与鲨软骨鱼中又进行了再分类，各归其位。所描绘的鱼种多为我国水域的重要资源，如锦魟、黄魟、燕魟、剑鲨、锯鲨、梅花鲨等，共有 20 多种。除此之外，第二册中描绘了软体动物门的头足纲的种类，和第三册软体动物的双壳纲相呼应，头足类主要如柔鱼、土肉、鬼头鱼、章鱼、章巨、锁鱼和墨鱼子等都是海洋中珍贵资源，也是沿海居民之美味。最后还记载了咤鱼、龙虱、海参、海狗等，都是水域中可食可用的珍品，有的则是珍贵的中药。

---

① 㹠：tún，《廣韻》《集韻》徒渾切。《正韻》徒孫切。並音屯。《廣韻》：本作豚。豕子也。或作豘。《集韻》：本作豰，或作豟，通作肫。——摘自《康熙字典》（标点整理本）P660，上海辞书出版社，2007。

第二册共描绘生物物种 79 种，经考证依据其分类阶元并给出拉丁学名者有 59 种，约占该册物种总数的 74.7%；待考证物种 12 种，约占该册物种总数的 15.2%；化生、传说动物 8 种，约占该册物种总数的 10.1%。

（1）图形及文字说明均能反映物种形态及其主要分类依据：如张世义考证之锦魟、青魟、黄魟、绿魟、鸡母魟、珠皮鲨、鱼辟魟、花鲨、剑鲨、梅花鲨、白头鲨等均有具体学名（详见本册图 1—图 12）。龙虱（图 48），不仅文字叙述到位，其图形态逼真，其古名龙虱一直沿用至今，经考证为龙虱科 Dytiscide,拉丁学名：*Cybister japonicus*。

（2）图形与实物相距甚远，但文字说明或相关文献提供了分类鉴别依据：如海蜈蚣（图 49），作者依陆生之蜈蚣形象绘图，与实物差异甚大，贠莲（无脊椎动物专家、考证专家之一）依据文字描述考证之，今名：沙蚕，英文名：sand-worm 或 clam-worm，拉丁学名：*Nereis* spp.。

（3）本册所载 12 种生物物种，由于图形与文字之描述均为提供可资鉴别之分类依据，难以考证，故列为待考证之列。

（4）本册所载之鲨变虎（图 34）、鹿鱼（图 36）、刺鱼化箭猪（图 43）、海和尚（图 57）等 8 种，为古代之化生及传说动物．不在物种考证之列。

## （三）第三册

除了一些化生、杜撰品物之外，作者在本册的开篇位置就介绍了一种海洋珍贵资源，详细描绘了远海的金丝燕和燕窝，此乃海中之上珍也，燕窝为食物之极品，不仅是美味可食，还可以入药治病，调剂人体的健康，一向为人们所称颂。作者以绘画艺术和生动文笔描绘金丝燕的形态特征、生活状况和周边环境。随之，作者仍描绘了我国海洋丰富的另一个大类群动物资源，他依旧以形态结构的共同性，在软体动物门中以双壳纲为主体进行归类，这些蛤蛏均为我国东南沿海珍贵的动物资源。双壳类有蛤类、蛏类数十种，如珠蚌、花蛤、江瑶柱、蛤蛏、马蹄蛏、牛角蛏、尺蛏竹筒蛏、闽中泥蛏、海豆芽、巨蚶、西施舌、荔枝蚌、布蚶、扇蚶、丝蚶、朱蚶和牡蛎等都是我国沿海一带餐桌上美味佳肴，更是下酒的好菜。此外，在本册的后部详细记载了紫菜、海带、海马、吸毒石、盐、海燕、珊瑚树，还有鹰嘴龟和鲎等，均为我国重要的海洋资源，鲎为节肢动物，起源甚早，素有“活化石”之美称，十分珍贵，过去数量很多，处处叫卖，一直为我国东南沿海一带居家之美食，而今数量骤减，难得一见，已被国家列为重点保护动物。

第三册共描绘生物物种 84 种，经考证依据其分类阶元并给出拉丁学名者有 74 种，约占该册物种总数的 88.1%：待考证物种 6 种，约占该册物种总数的 7.1%；古代之化生及传说动物 4 种，约占该册物种总数的 4.1%。

（1）图形及文字说明均能反映物种形态特征及其主要分类依据：如贝类学家刘月英考证之珠蚌（图 13）、花蛤（图 15）、江瑶柱（图 16）、蛤蛏（图 17）、白蛤（图 18）、车鳌（图 19）……石笼箱（图 52）等；节肢动物学家杨思谅考证之海豆芽、龟脚、鲎；鸟类学家卢汰春、童墉昌考证之海凫（图 5）、海鹅（图 6）、金丝燕（图 8）、雉（山鸡、野鸡）（图 12）等。在此值得一提的是，海带与昆布同属色素界褐藻门 Phaeophyta 海带科 Laminariaceae 的昆布属 *Ecklonia* 和海带属 *Laminaria*，今人尚有将海带与昆布混为一谈者，但 300 余年前的《海错图》已将两者清晰区分，实属难能可贵。

（2）图形与实物相距甚远，但文字说明或相关文献提供了分类鉴别依据：如鼋（图 79），作者所绘图具很大的想象成分，但两栖、爬行动物学家黄永昭依据文字描述进行考证，确定其今名为鼋、癞头鼋、沙鳖、绿团鱼，英文名为 giant softshell turtle，拉丁学名为 *Pelochelys bibroni*；又鼍（图 80），作者所绘之图与实物相距甚远，黄永昭依据文字描述及地理分布，考证为扬子鳄，英文名：Chinese alligator 或 Yangtze alligator，拉丁学名为*Alligator sinensis*；此外，如玳瑁、鹰嘴龟等图形与实物不符，均依据文字描述，确定其种名。

（3）本册所载 6 种生物物种，由于图形与文字之描述均未提供可资鉴别之分类依据，难以考证，故列为待考。

（4）本册所载之蚝[①]鱼化海鸥（图 2）、鱼雀互化（图 3）、秋风鸟（图 4）、海市蜃楼（图 12）、三尾八足神龟（图 78）、六足四眼朱鳖（图 82）等 6 种，为古代化生说或传说之动物，均不在物种考证之列。

第三册描述双壳类之前，作者用了大幅笔墨描绘了一种自然景观——海市蜃楼，作者虽然夹杂一些个人意想，但仍认为海市蜃楼是一种因气而生的自然现象，引登州府志载："城北去海五里，春夏時，遥見水面有城郭市肆，人馬往來，若交易狀，土人謂之海市。"作者认为这种景象是海蚌喷气而成，并以夸张的手笔，一个海蚌喷出了远处巨大的城廓、宫殿和宝塔，城外还有河流和山林、河岸边还有一叶小舟，如此宏伟的画面竟出自一蚌之气。不过他接着又说："海市惟春三月東南風爲盛見者，城郭、樓観、旗幟、人物皆有，變幻不一，或大爲峰巒，或小爲一畜一物，其色青緑類水，大率風、水、氣凝而成，西風北風無之，故冬月罕見也。"显然与不同季节海上气候的变化有关。

## 三、《海错图》是一部比较集中反映中国古代"化生说"生命观的图志

"化生说"源于古人对一些动物变态发育的观察，如"蝮育化蝉，孑孓化蚊、水虿化青蛉"，以及与农事有关的物候观察，如《夏小正》记载"鸠化为鹰""田鼠化为鴽"等等。此外，"化生说"还与古人的图腾崇拜有关，如《山海经》《搜神记》等记载图腾与其氏族祖先相互转化的传说。由此可见，"化生说"源远流长，在古代形成了一种根深蒂固、长盛不衰的生命观。"化生说"的基本观点认为生物是变的，这与西方的神创论认为生物物种是亘古不变的观点，完全相对立的。仅从这一点来说，化生说有其进步的一面。"化生说"与中国古代哲学思想尤其是"气论思想"有着密切的联系。古人用"气"的思想来解释各种生物化生现象，认为生物化生是与气的作用密不可分，并在此基础上形成了生物循环变化思想，但"化生说"主张的生物物种变化是一种无序的突变，物种与物种之间也无实质的内在联系，因而在 18 世纪西方"进化论"传入中国后，"化生说"被彻底否定。

《海错图》共描绘传说化生动物 19 例，约占总描绘物种的 8.1%，这在同时代的图志类书籍中，可谓绝无仅有。按化生说的观点，能够相互化生的两种生物之间，必然存在某种相似之处，如外形、色泽、身体结构、某些行为特征、世代周期循环或季节周期循环等等。

《海错图》中，外形相似的化生案例，如第一册图 2：鱼虎，"頭如虎，背皮似蝟，能刺人。《本草》曰：……，生南海，亦能變虎，諸類書無所考。"又第二册图 33：海鲨，"虎頭，體黑紋，鱉足，巨者重二百斤。嘗以春晦陟於海山之麓，旬日而化爲虎，惟四足難化，經月乃成。……凡虎口之寛，雌者直至耳，今虎鯊大口正像之。口内有長牙四，類虎門牙""康熙二十七年七月，嘉興乍浦海灘上有虎鯊跌成黑虎，形成之後逐走，入勝塘關，橋人聚衆逐之。無所循逃，避入東厠遂死。乍浦多有虎鯊變虎之事，其事不一。"作者又作《虎鲨赞》曰："魚以虎始，還以虎終，出乎其類，更化毛蟲。"又第三册图 3：广东惠州有一种海鱼，小而色黄，土人云为黄雀所化，而鱼亦能化雀。作者在《鱼雀互化赞》诗中，赞日："仲秋孟冬，兩化魚雀，比之鷹鳩，其候不錯"。

另外，身体结构有相似之处并能相互化生的典型案例，如第一册图 29：石首鱼头部有脑石（应为耳

① 蚝：zhà，《唐韻》除駕切。音稡。水母也。一名蟦。形如羊胃，無目，以鰕爲目。《玉篇》：形如覆笠，泛泛常浮隨水。《爾雅翼》：蚝生東海，正白，濛濛如沫，又如凝血，縱廣數尺，有智識，無頭目處所，故不知避人，衆鰕附之，隨其東西，故《江賦》曰水母目鰕也。zhà，又《韻會》陟駕切。音吒。義同。亦作咋。——摘自《康熙字典》（标点整理本）P1055，上海辞书出版社，2007。

石)，一种野凫头中也有石，于是古人将两者联系起来。《字汇》云："鳬，水鳥，如鴨，背上有紋，青色，卑脚短喙"。《本草》云："野鴨頭中有石，是石首魚所化。予初亦未之深信，蓋雖有其説，漁人從未見也。及聞魚化黄雀者於粤籍，蛇化海鷗傳之閩人，始信石首化鳬，古人之言必不大謬。"作者在《海凫石首赞》中，对此作了进一步肯定，诗云："鳬化石首，載之簡冊。考核何憑，鳬頭有石。"

在化生说中，由于生物行为的相似性而产生两种生物相互化生的实例不多，石首鱼与野凫除了都具"脑石"外，两者洄游与迁飞的时间似有某种巧合，如"石首魚，一名春來，以其來之春也。""此魚多聚南海深水中，水深二三十丈。石首將放子，無所依託，是以春時必遊入内海，傍岩岸淺處育之。""大約放子喜海濱有山泉處，故閩之官井洋、浙之楚門、松門等處多聚焉。每歲交春，發自海南，而粤、而閩，至浙之温、台、寧、紹、蘇、松則漸少矣。交夏水熱則仍引退深洋，故浙海漁户有'夏至魚頭散'之説。"大致与此同时，野凫开始从沿海向内陆迁飞，两者一来一去的时间相近，古人遂将彼长此消的现象联系起来．产生了石首鱼数量的旺季，是野凫化为石首鱼的缘故，而夏、秋季，野凫数量增加，又成为石首鱼所化的结果。据专家考证，《海错图》中的野凫，古人常称为冠凫，吴·陆玑《陆氏诗疏广要》"冠鳬善飛，……，《吴地志》曰：石首魚至秋化爲冠鳬，鳬頭中有石也。"宋·罗愿《尔雅翼》亦云"《吴地志》曰石首魚至秋化爲冠鳬，冠鳬頭中猶有石也"。宋·吴曾《能改斋漫录》"偶讀張勃《吴録地理志》載：吴婁縣有石首魚至秋化爲冠鳬，言頭中有石也。"明·胡居仁《易像钞》"鯼，一名石首，其來以春，名春來，至秋化爲冠鳬"。此外，明·彭大翼《山堂肆考》，明·屠本畯《闽中海错疏》，清·陈大章《诗传名物集览》，清·嵇璜、曹仁虎等撰《续通志》及《浙江通志》等均有相同之记载。据卢汰春、童墉昌考证，冠凫之今名应为秋沙鸭 *Mergus* sp.，但其头中并无石头，冠凫头中有石之说的由来，尚待进一步考证。

此外，《海错图》中描绘的"鲨变虎""鹿鱼化鹿""刺鱼化箭猪""鹦鸟化墨鱼""蛇鱼化海鸥""雉入大水为蜃""石笋化竹鱼"等，均深受化生说之影响，在此不一一评论。

《海错图》描绘的193种已考证的生物物种中，可供人类食用的高达111种，约占生物物种数的57.5%，在可食用的物种中，被视为美味佳肴或食用之珍品者有45种，约占可食用物种的40.5%，作者还简要介绍食用的方法及腌、醉、炙等制作技巧。如在河豚（据张世义考证，今名：东方鲀 *Fugu* spp.）的文字叙述中，称"不食河豚，不知魚味。其味爲魚中絶品"。进而警告食者"然有大毒，能殺人"。及此，作者指出"烹此者，不但去肝，目之精、脊之血，並宜去之，洗宜極潔，煮宜極熟，尤忌見塵。"但万一不慎中毒如何处置？作者指出"治不如法，人中其毒，以槐花末，或龍腦水，或橄欖湯，皆可解也。糞清尤妙。"文中"粪清[①]"又名黄龙汤，俗称：金汁。

作者在介绍石首鱼时，引《尔雅翼》曰："南人以爲鮝，凡海魚皆可爲鮝，而石首得專鮝名者。他魚之鮝，久則不美，且或宜於此而不宜於彼，惟石首之鮝，到處珍重，愈久愈妙，故得專鮝名。"作者在介绍一种"鱼品之下"的马鲛（第一册，图39。据张世义考证，今名：蓝点马鲛 *Scomberomorus* sp.）的食用方法时，推荐了琉球国制作方法，"琉球國善制此魚，先長剖而破其脊骨，稍加鹽，而曬乾以炙之，其味至佳。"作者在介绍一些食用珍品时，描绘尤详，如海参即一例，指出海参有两种（第二册，图52），"白海參（据刘月英考证，今名：白底辐肛参 *Actinopyga mauritiana*）産廣東海泥中，……，采者剖其背，以蠣灰醃之，用竹片撑而曬乾，大如人掌。食者浸泡去泥沙，煮以肉汁，滑澤如牛皮而不酥。産遼東、日本者（据刘月英考证，今名：仿刺参 *Apostichopus japonicus*）亦長五六寸不等，……，采者取腹中物，不剖而圓於之，烹洗亦如白參法，柔軟可口，勝於白參，故價亦分高下也。"

作者在其描述的物种中，除介绍其食用性外，也注意介绍其药用价值。在193种生物物种中，作者提及可资药用者有21种之多，约占已考证生物物种的10.8%，其中不乏名贵药材，如海鳗（据张世义考

① 据明·缪希雍撰《神农本草经疏》卷十五，粪清：腊月截淡竹，去青皮，塞口，纳粪坑中积年得汁，甚黑而苦。用于治疗天行热、狂热疾中恶蕈毒、恶疮、瘟病等，垂死者皆瘥。一名黄龙汤，俗名：金汁。

证，今名：海鳗鲡 *Muraenesox cinereus*）、龙鱼（待考）、膃肭脐（据冯祚建考证，今名：北海狗 *Callorhinusursinus* 或斑海豹 *Phoca largha* 之雄性生殖器）、海马（第三册，图 61，据张世义考证，今名：海马 *Hippocampus* spp.）等。

除上述生物物种外，作者还描述了 2 种非生命物质：一为吸毒石；一为海盐（均见第三册，图 62），对 2 种非生命物质之应用介绍颇详。古代对于吸毒石之由来、配方、产地及其制造方法，争议较多，文献亦记载不详，故颇具神秘色彩。笔者据《广东通志》卷五十二所载，“吸毒石乃西洋島中毒蛇腦中石也，大如扁荳，能吸一切腫毒，即發背亦可治。今貨者乃土人捕此蛇，以土和肉搗成圍棋子大，可吸尋常腫毒及蜈蚣、蛇、蠍所傷。以置患處，粘吸不動，毒儘自脱，亟以人乳浸之，否则石裂矣。乳變緑色，著人畜亦毒，宜遠棄之。一石可用數次。真腦石置蛇頭不動爲驗。”《海错图》也有类似之记叙，并提及“余寓福寧，承天主教堂教師萬多默惠以兩枚，黑而柔軟。”由此可见，吸毒石来自异域，其组成成分说法有二：一为毒蛇之脑石（亦称蛇角）；另一为将毒蛇肉与泥土捣碎混合而成。据中国中医研究院医史文献研究所甄雪燕和郑金生（2003）的考证，认为吸毒石来自法国西部小村庄（Pittem）的女修道院，令人惊奇的是 Pittem 正是南怀仁的出生地。南怀仁把吸毒石介绍给中国，同样的石头今天仍在他的家乡被制作。但至今其制作方法仍然一无所知。为此，许多西方学者希望通过科学分析来了解其组成。他们在同一篇论文中报道：“对吸毒石进行的化学分析表明，它是由烧焦的骨头或同类物质组成。由于动物焦骨是多孔的，而且体质较轻，具有毛细管样的吸附作用，因而能吸附伤口的血液。如果被蛇、蝎咬后用之吸附，一些毒汁也会随血液被吸出。根特（Ghent）大学的实验室对吸毒石进行 X 射线分析，表明这种石头主含磷酸钙，即它是由骨骼组成。最令人惊讶的是吸毒石确实有很强的吸力。它只有 20%—25%是石头自身的重量。这种内部结构加强了其本身的毛细吸管现象。因此现代的研究证明，吸毒石并不完全是骗人的药物，这也就是它至今还在被制作并使用的原因。当然其功效肯定不像当年南怀仁介绍的那样神奇无比，其组成也并不是蛇肉和当地泥土混合而成，更不可能是毒蛇头中自生之石，而是一种骨质的人工加工品。由于当年“吸毒石”人为夸张的奇特功能，“難購不易得，故僞造者不少”。作者诗云：“石有吸毒，本名婆娑，真者難得，僞者甚多”。

作者还以阴阳五行之说观察盐的特性，认为“海水之鹹皆生於火”“試觀五味，辛、甘、酸、苦皆寄草木，獨是鹽味寄於海水，足征四味輕浮，鹽性沉重矣”“鹽能固物，使之不腐，又能斂物，使之不生”。又云：“鹽水生物美於淡水，鹽水厚重，載物則强，故入江河而沉者或入海而浮。”作者还对淮、浙、闽三地所产盐的特点作了评价，认为“淮鹽多曬出，其粒粗重而黑；浙鹽皆熬成，其粒輕細而白；閩中之鹽亦曬亦熬，其鹽最廣，其價亦賤。”作者深感盐关乎国计民生，认为“自昔民間足食，邇來鹽價甚昂，商民交困，何以至此？念國計民生者亟早察之。”

综上所述，《海错图》虽受古时“化生说”的影响，错误地认为动物间的“轮生”互化。但《海错图》是先人留给我们的一部内容十分丰富、集科学性、文学性、趣味性于一体的古代海洋生物图志，虽然该图志问世于 17 世纪中叶，距今已有 320 年历史，但其记载的 236 种海洋生物、化生、传说动物及非生命物质中，仍有 82.6%的物种，后人可以依据其文字记载及图形所提供的分类依据，鉴别至科、属及种。这对后人了解中国古代海洋生物的分布、生态习性及其利用等，均有十分重要的意义。令人感到欣慰的是，《海错图》目前完好藏于台北故宫博物院，该册重点记载海洋螺类及甲壳类十足目动物（虾、蟹等），希望海峡两岸故宫博物院能通过交流，使广大读者得以一睹《海错图》之全貌．让海内外炎黄子孙能共享中华民族灿烂文化之宝贵遗产，并能在此基础上，发扬光大。

## 参 考 文 献

李思孟. 2005. 化生说——从生物学学说到哲学史和道教学说. 全国第四届生物哲学委员会第一次会议学术讨论文集. 北京: 中国社会科学出版社

赵云鲜. 1995. 化生说与中国传统生命观. 自然科学史研究, 14(4): 366-373

甄雪燕, 郑金生. 2003. 吸毒石及其传入考. 中国药学杂志, 38(7): 552-554

# 《清宫鸟谱》的面世及其科学意义与价值的研究

冯祚建　童墉昌　卢汰春

2014年10月的金秋之际，由故宫博物院李湜主编、故宫出版社（前身为紫禁城出版社）出版的《清宫鸟谱》（以下简称《鸟谱》）5—12册面世了，深感幸甚。这部原供乾隆皇帝及其皇子皇孙欣赏和识别鸟禽的故宫经典画册，迄今能让广大读者分享它的艺术风采，与之同时又可借此了解中国古代文化艺术的深厚底蕴和发展历史。诚然，这部著作除其艺术性和观赏性以外，我们身为长期从事动物学研究的科技工作者，对《鸟谱》的科学意义与价值，当有更深一层的认识和理解。

本文拟就参与《鸟谱》合作之始末、关于戴胜推作封面和扉画的缘由，以及《鸟谱》的科学意义与价值，一并分别纪实和阐述如下。

## 一、参加《鸟谱》的合作始末

2010年间，笔者之一童墉昌赴台湾览胜，幸购台北故宫博物院于1997年出版的《故宫鸟谱》1—4册。由之始知，早在康熙年间（1662—1722年）已有蒋廷锡（1669—1732年）设色鸟谱共12册，并著录于《石渠宝笈·续编》中，因深受乾隆皇帝喜欢，遂于庚午（1750年）敕宫廷画院供奉余省、张为邦重新摹绘，并命朝中重臣上书房之傅恒、刘统勋、兆惠、阿里衮、刘伦、舒赫德、阿桂和于敏中八位，要对每帧绘画用满、汉文字予以图说，且要附在绘画左边，以求对应，致使画面与文字释文形成左文右图格式。《鸟谱》历时11年而于乾隆辛巳（1761年）编成，但一直深藏于紫禁城的“重华宫”内，不为人知竟达250余年之久。

笔者从2007年始，参加了被国务院定为国家重大出版工程的《中华大典》的编纂工作，其中承担编研《生物学典·动物分典》的编委共有16位专家教授。然而，笔者在编写过程中尽管悉数收录了有关鸟类方面的古籍文献，但结果发现不少文献对鸟禽形态特征的描述或过于简略，或描述有误，或所绘的墨线图与实物原貌相去甚远，甚至还有仅据传说而绘制的想象图等等，这给我们的考证工作添加了许多困惑。

笔者了解到，《鸟谱》前4册是在1949年随同一批珍贵文物一起被迁至台湾的，北京故宫尚存8册（5—12册）。在故宫博物院的大力支持下，笔者有机会亲眼目睹了《鸟谱》的原貌，并觉得对于解决我们的疑难问题甚有助益。在欣喜之余，我们不仅获悉故宫出版社已正在筹划《鸟谱》的出版事宜，同时也借此表达了我们希望参与协助的心愿。

2011年，《中华大典·生物学典·动物分典》编委会受北京故宫出版社之邀，王祖望、黄复生及有关编委一行5人前往出版社与刘辉副总编、江英主任共商合作事宜，最后双方达成共识。我方的主要任务是：对《鸟谱》5—12册之所绘鸟禽，考证其古名、画名，并在厘定的基础上，分别给出相应的今名、英文名和拉丁学名，同时还在“备注”项目内对鸟类分类学上的一些相关问题予以诠释，进而充分地显现了这部《鸟谱》的科学性。

《清宫鸟谱》的面世，使两岸的《鸟谱》得以匹配成套，它打破了飞跃海峡两岸的时空障碍，缩短了跨越两岸的地缘距离，从而有望促进两岸在今后文化与科学方面的合作与交流。

## 二、对选择戴胜作为封面及扉画的缘由解析

统观这套《清宫鸟谱》，共载绘画240余帧，当中不乏体态婀娜多姿、色彩斑斓缤纷的锦鸡和角雉，也有锐目利爪的雄鹰猛隼，更有遐迩闻名的天鹅、雁、鸭等等。然而，北京故宫出版社为何在百禽中独选戴胜推作封面，并又作为首页的扉画，这其中奥妙令人遐想。在这里，笔者试予解析，期盼读者分享笔者的观点。

### （一）戴胜的形态特征和习性

戴胜 *Upupa epops*，全长24厘米，身体轻盈矫健。它遍布于欧亚非大陆及其周围岛屿，在中国南北到处都有其踪影。它常活动在山前郊野、村外田园和林缘荒地，故是最为常见的一种飞禽。

连同戴胜这一名称在内的古名多达7—8个，包括戴鵀、戴南、戴鵀等等。西晋郭璞之《尔雅音图》对戴鵀注云："戴鵀，鵀即頭上勝，今亦呼爲戴勝。"胜者意指古代戴在头上的饰物，而戴胜备之，因此得名。此鸟的主要形态特征和习性如下。

● 头具显著羽冠，棕栗色，由十多根羽毛组成，各羽先端黑色；因分布区域之不同，有的在其次端还染以些少微白色。每当觅食或鸣叫时，羽冠微微展开，状如一把微型羽扇，独具风格。

● 嘴部黑色，尖锐而长，形似弯锥，与其羽冠相衬托，颇有几分风范。

● 飞翔时呈波浪式起伏，翔姿殊异；同时还发出"pu—pu—pu--"的鸣叫声，引人注目。

● 体部除染棕色外，两翼及尾在黑色之中缀以白色横斑或白斑，当其在万绿丛中活动时，与枝头绿叶相辉交映，更显羽色斑驳夺目。

基于前述，纵使戴胜不是珍稀特有鸟禽，然其别具情趣的体态行为，所以深得众人乐见。再者，古人一向崇尚"龙凤麒麟"等祥瑞之物，祈盼五福临门。而戴胜之"胜"字者，却又含有"胜利"、"胜券在握"和"万事胜意"的吉利之兆，其寓意深长。

### （二）戴胜在鸟类系统分类上的学术意义

全世界的戴胜共3属10种，原隶属佛法僧目Coraciiformes。自20世纪70年代以来，随着蛋白电泳及分子（DNA）系统学的理论和方法在分类学上的应用，鸟类学家已将戴胜从佛法僧目分离出来，并提升为戴胜目Upupiformes，从而揭示，在探索戴胜与其他较高分类阶元间的亲缘关系、系统演化和分类地位的研究上，均有着重要的学术意义。

正由于前述解析的原因，戴胜图因之被载在《鸟谱》的封面上，同时又作为扉画而置于著作中（图7-1）。

## 三、《鸟谱》的科学意义和价值

这套《鸟谱》之所以深得鸟类学家的青睐，主要是它拥有诸多亮点，体现在：在物种排列上"以类相聚"，这在古代的分类方法上有了新的提升；绘画写实逼真，见画如见物；每画附有古名，而释文（或

图 7-1 《清宫鸟谱》的封面：戴胜

图说）兼述产地、习性、行为、经济意义和前人著录等；文字描载的形态特征准确、规范等等，因而对古籍鸟类的分类鉴定与厘定研究提供了极其重要的科学依据。兹分述如下。

## （一）以类相聚，能部分显示物种的亲缘关系

前述乾隆朝八大臣在《鸟谱》后跋中言：“兹譜所録，凡云飛水宿之屬，各以類聚。”确如所讲，如在第五册，分别把雉科的 3 种雉类、啄木鸟科的 6 种啄木鸟及杜鹃科鸟种先后相聚一起。在第六册中，除有两种其他鸟类及 1 外来种火鸡（属火鸡科）以外，其余的 26 帧绘画均为雉鸡类（含家鸡诸品种的 11 帧图在内），计野生物种 13 种，在分类学上类似于鸡形目 Galliformes 的分类阶元。在“以类相聚”的《鸟谱》里，最为突出的例子是第七册，除其含家鹅家鸭品种的制图外，余者 100%均为野生天鹅和雁鸭类，近似于当代分类学上的雁形目 Anseriformes 鸭科 Anatidae。再如第十一册，包括同种的幼体、亚成体和白化者在内，全部彩画的鸟种隶鹰类 15 种、隼类 5 种，共 20 种，相似于分类阶元的隼形目 Falconiformes，如此等等，恕不再举。

## （二）彩画逼真写实，可以按图索骥

在《鸟谱》所载的 241 帧彩画中，全是依据实物而绘制的，除极个别的彩图略有差误外，几乎每画的体态、外形和羽色等特征与实物无异，故给读者的视觉印象是：见画如见物，当可按图索骥而有利于对鸟种的考证研究。

故宫博物院（2014）书画研究员李湜对该套《鸟谱》的画风与成就做过很专业的评述，笔者于此特予引录。他说：“余省和张为邦是以工笔重彩技法、连绵而富有弹性的线条塑造鸟禽形貌，又以短粗的笔触、一丝不苟地刻画出鸟禽背部坚密光滑、腹部蓬松柔软的毛羽质感。又为了增强其真实性和立体感，巧妙地吸收了西洋画里的光影画法，以深浅不同的色调表现出羽毛或厚重或轻薄的视觉效果，并通过对高光部位的强调而渲染出鸟儿明亮的眼睛。作为衬景的花草树木，以清代花鸟画坛最为盛行的恽寿平‘没骨法’表现。”

兹举雉鸡（画名：野鸡）*Phasianus colchicus*、灰孔雀雉（画名：金钱鸡）*Polyplectron bicalcaratum*、草

鹭（画名：青鹭）*Ardea purpurea*、水雉（画名：地乌）*Hydrophasianus chirurgus*、雪鸮（画名：茅鸱）*Nyctea scandiaca* 和斑鱼狗（画名：花斑鸟）*Ceryle rudis* 为例，以示画作的逼真性和艺术观赏性（图 7-2—图 7-7）。

图 7-2　选自《清宫鸟谱》第六册
画名：野鸡

图 7-3　选自《清宫鸟谱》第六册
画名：金钱鸡

图 7-4　选自《清宫鸟谱》第九册
画名：青鹭

图 7-5　选自《清宫鸟谱》第二册
画名：地乌

## （三）古名及前人著录的全面引录与考证，对物种的厘定具有重要参考意义

所谓“古名”者，仅相对言之也。古代的一些鸟类名称可以沿用至今，而非此类名称者当可视作古名。《鸟谱》的每一帧画，除对画名时有释义外，更对诸多地域的同物异名——俗名或古名和前人的著录，均逐一列示并作考证，这对古籍鸟类物种的厘定研究具有重要的参考意义。今举数例以说明。

**绿皇鸠**：*Ducula aenea*，画名南绿鸠，俗名鸘鷞。该画的释文载曰：“……出於南方，故俗名南绿斑。掌（蔣）禹錫曰：绿斑，北人呼爲鸘鷞，言其毛翠不整齊，如衣之藍縷也。”

**灰胸竹鸡**：*Bambusicola thoracica*，画名竹鸡，俗名或古名数个，释文中均有诠释，如文中所载：“……竹雞，南方山林中皆有之，自呼爲泥滑滑者是也。《本草綱目》云：竹雞，一名山菌子，言味美如菌也。狀如小雞，今江南川廣處處有之，多居竹林中。”又载：“蜀人呼爲雞頭滑，南人呼爲泥滑滑，因其聲也。”

图 7-6 选自《清宫鸟谱》第十二册
画名：茅鸮

图 7-7 选自《清宫鸟谱》第十二册
画名：花斑鸟

**赤麻鸭**：*Tadorna ferruginea*，画名黄鸭，一名黄鸳鸯。释文考证曰：“《政和本草》以此鳥性情亦貞而有别，故與黄鴨附於鴛鴦之內。李時珍乃謂黄鴨即鴛鴦之别名，誤矣。《庶物考》云：黄鴨，一名黄鴛鴦。”其实，赤嘛鸭（黄鸭）与鸳鸯均为鸭科 Anatidae 的两个种，因前者也常成双成对活动，所以古人称作黄鸳鸯，已含有不同物种之意。

## （四）形态描述准确规范，暨《鸟谱》开创了古代图鉴之先河

乾隆皇帝敕命八大臣对鸟禽加以详细的注释，其释文不能照录蒋廷锡《鸟谱》原有的内容，而要重新核实和补充，因此，他们对释文下足了功夫。统观《鸟谱》每帧绘画的释文，对鸟种形态特征描述的方式方法，皆有章法可循。例如，先是描载身体上部，包括头部的眼睛、嘴、头额、颈背、背、腰、两翼及尾羽上部；次为身体下部，包含颏、喉、胸、腹等；再次为脚（含腿及跗蹠）及趾爪。限于篇幅，现仅录选描述最为简略的两种鸟禽为例，以作佐证，如下。

**例证 1**：青头潜鸭 *Aythya baeri*，画名黑脚鸭（第八册，图 9）。释文曰：“黑腳鴨，縹白目暈，青白觜，黑頭，綠頸，赤臆，白腹，背、膊、翅俱赤黑色，翅間以白黑節，近足腹毛黄褐色，黑黄尾白里，黑足掌。”

**例证 2**：黑鹳 *Ciconia nigra*，画名黑鹳（第八册，图 24）。释文描载道：“黑鸛，黑睛赤黑暈，紅長觜，赤頰連於觜根。頭、項、頸、臆、背、翅俱沉黑色，腹下純白。鮮紅足，脛面帶青黑色。趾根亦有連皮。身略小於白者（注：白鹳）。”

以上两例足可管中窥豹，于此不另赘言。总之，或可这样说，今之鸟类学专家对鸟类形态的描述模式，与《鸟谱》者几近雷同，显示出二百多年前成书的巨著《鸟谱》具有令人瞩目的学术水平。

另者，《鸟谱》的构架格式是以对开页的左文右图为主体，内容翔实，图文并茂；装潢精美，它既是一部博物图志，而且也是一部符合当代高质量、高标准的图鉴，是一部可圈可点的生物学专著，这是古代相类著作无与伦比的。因此，如从古代图书学史的角度看，余省、张为邦之《鸟谱》无疑是开创了古代“生物图鉴”的先河。

## （五）集分布和生态资料于一体，展现古代生态生物学的发展萌芽

《鸟谱》一书，不仅仅为了让乾隆皇帝及其皇室认识各个地域的众多鸟类，而且对涉及鸟类分

布、栖息环境、食性、繁殖与行为和迁徙等生态生物学的文献资料悉数收集，并在书中广录博引，旨让皇帝等能了解和掌握更多的鸟类学知识，但同时也展现出我国古代生态生物学的发展萌芽。兹概述于后。

## 1. 地理分布

现选部分述及地理分布的鸟禽作为代表，诸如：

黄腹角雉 *Tragopan caboti*（画名：山花鸡），谓其“出福建建寧府”。

斑翅山鹑 *Perdix dauuricae*（画名：半翅），谓“京師北山，鳥有半翅”。

黑琴鸡 *Tetrao tetrix*（画名：树鸡、口北树鸡），曰“此種産於關東”，又载“京師直北口外亦有之”。

翘鼻麻鸭 *Tadorna tadorna*（画名：冠鸭、小冠鸭），载道：“此種張家口外鹽池内極多”。

小鸊鷉 *Tachybaptus ruficollis*（画名：油葫芦、小葫芦），称其“出福建海邊”。

红顶绿鸠 *Treron formosae*（画名：绿鸟），说它“出福建寧德縣山中”。

灰树鹊 *Dendrocitta formosae*（画名：兜兜鸟），载道：“《粤志》云：吉吊雀，其鳴自呼，曰兜兜雀，産東莞大奚山中”，又云“出福建羅源縣溪河内”。

凡此种种，恕不再举。

## 2. 栖息环境与食性

《鸟谱》中述及栖息地和食性的鸟禽不胜枚举，今举数例以飨读者。例如：

中杜鹃 *Cuculus saturatus*（画名：刺毛鹰），谓其“常棲止松林。春三月時，松尖花落葉生，有一種黑毛蟲食其新葉。此鳥專吃此蟲，故有刺毛鷹之稱。”

鹊鸭 *Bucephala clangula*（画名：泥疙瘩、雌泥疙瘩），书中释文载：“《粤志》云……性肥而耐寒。常入泥水中取蜆螺食之。土人名泥鴨，亦名蜆鴨。”

大沙锥 *Gallingago megala*（画名：大水札子），谓曰：“水鳥也，而不能入水，但立於沙灘間，啄小魚蝦食之。”

秃鹫 *Aegypius monachus*（画名：大皂雕、皂雕），《鸟谱》中引录《尔雅翼》的记述云：“雕者，鶚之類。健飛擊沙漠中，空中盤旋，無細不睹。亦食獐鹿之屬。”

矛隼 *Falco rusticolus*（画名：白海东），载曰：“登州海有鳥如鷹，自高麗飛渡海岸，名海東青。擊物最捷，善擒天鵝。飛時直上雲際，亦謂之海青鳥。”

大鵟 *Buteo hemilasius*（画名：花豹），称其为“鷂鷹類也，性懶而才劣，惟知捕食蝦蟆，或有已斃禽兔，就啄而食。鷹類之最下者也。”

北椋鸟 *Sturnia sturnina*（画名：蜀黍雀），谓“此鳥秫熟時群棲於秫田間，啄秫粒食之，故名。”

## 3. 繁殖与行为

《鸟谱》对鸟禽之繁殖与行为的研究，均有不同深度的载述。就某些鸟种而言，其繁殖与行为是密不可分的，只是对于个别鸟种，书中仅述及它的活动行为。兹述数例：

画名：黑鸠，又名可姑、鹘鸼（第五册，图 15），学名大杜鹃 *Cuculus canorus*。书中引录《禽经》和《方言》曰：“鶻鵃，蜀謂之茁（注：茁者，应为“拙”之误）鳥。不善營巢，取他鳥巢居之，雖茁而安處。”这是一种很著名的不自为巢的鸟禽，今悉把卵寄于鹡鸰小鸟巢中，并由寄主孵卵和育雏。

画名：雌弩克鸦克，即弩克鸦克之雌性者（第五册，图 26），学名冠斑犀鸟 *Anthracoceros albirostris*。载曰：“此鳥在大樹朽窟中做巢，產卵後雄爲之伏，雌者出外覓食。雛出後，雄居巢内，雌者銜泥封巢口，僅留一小穴銜食以飼。候雛能飛，雌者始開封口，雄乃引雛而出。”对其育幼行为的描述，颇为细致。

此外，又提及地乌（中名水雉，学名见前文图 5），“最喜在芡實葉上築巢”；芦苇鸟（学名：文须雀 *Panurus biarmicus*）：“取茅葦毛毳爲窠，大如雞卵，而系之以麻發，至爲精密。”又如寒鸦（其画名沿用至今，学名为 *Corvus monedula*），称“此種多巢於山岩深洞石穴中。日則飛集於曠野，千百成群。”再如红嘴鸦（学名：红嘴山鸦 *Pyrrhocorax pyrrhocorax*），谓它“作巢於人家屋簷上，不遠去也。”

书中也有描述护巢行为的鸟类，比如鷚鸡（含画名雌鷚鸡，学名为勺鸡 *Pucrasia macrolopha*），称其“性愛同黨，有被侵者，直往赴鬥，雖死不置。”因之视为勇雉，其斗对一死乃止。

4. 迁徙习性

鉴于古代尚无条件进行鸟类迁徙的研究，所以《鸟谱》涉足这一方面的记载不多，内容也很简略，然其贵在避免疏漏，概稽述靡遗。下面凡举 4 例：

● 鸿雁 *Anser cygnoides*（画名：黄杓雁，小黄杓雁），释文中载：“雁生北方，秋自北而南，春自南而北”，又谓：“雁與燕往來相反，冬南翔，夏北徂，孳育於北也”，又说：“此鳥自北而南生育於北，故塞外北方皆有之，五嶺以南則絶少矣。”

● 小白额雁 *Anser erythropus*（画名：宾鸿，又名候雁），《鸟谱》引录《物类考》云：“霜降五日而鴻雁來，寒露五日而候雁來。土人亦呼候雁爲賓鴻雁也。”

● 雪雁 *Anser caerulescens*（画名：白雁，又名霜信），该书引《尔雅翼》云：“白雁似鴻而小，色白，深秋乃來，來則霜降。河北謂之霜信。”

● 花脸鸭 *Anas formosa*（画名：野鸭、雌野鸭；又名皂等），载道：“《方言注》云：今江東呼皂爲冠皂。冠者，盛多也。常以二、三月間集于水濱，其多無數，其飛高入雲表。”

## （六）志载的物种及其类型丰富，具有普及鸟类知识的重要科学意义

古人云：多识于鸟兽草木之名，一物不知，儒者之耻。遇物能名可为大夫（见《尔雅图重刊影宋本叙》）。其意思是说，不论是何等的高官，或是一般饱读诗书的知识分子，都应该掌握一定的生物学知识，唯此而不耻也。而这种思想对当时后世的影响至为深远。

这套《鸟谱》原著者蒋廷锡是要把它敬献给朝廷的，他为了让皇室要员能更多地认识鸟禽，因此在画作中势必会考虑到鸟类物种的丰富性与多样性。今从余、张合摹的《鸟谱》来看，在鸟种选录上，既有家禽，又有野禽；在野禽中，既有云翔于森林、草原与荒漠的种种飞禽，又有广见于江河湖泊的水域鸟群。正因为这部作品所录物种相当丰富和多样，直至现在，它对鸟类知识的普及仍然具有非常重要的科学意义与价值，现阐述如后。

1.《鸟谱》的分类阶元统计

笔者对画作所录诸鸟种，业经考证与厘定，兹按现代鸟类分类系统整理并列示于表 7-1，以资参考和分析。

**表 7-1 《清宫鸟谱》的分类阶元统计**

| 分类阶元统计 | | | 册第（图序号） | 备注 |
|---|---|---|---|---|
| 目 | 科 | 种 | | |
| Ⅰ. 鹤鸵目 Casuariiformes | 1. 鹤鸵科 Casuariidae | 鹤鸵 *Casuarius casuarius* | 12（31） | 分布于澳大利亚和新西兰及周围岛屿 |
| Ⅱ. 䴙䴘目 Podicipediformes | 2. 䴙䴘科 Podicipedidae | 小䴙䴘 *Tachybaptus ruficollis* | 8（20，21） | 含冬羽 |
| | | 凤头䴙䴘 *Podiceps cristatus* | 8（17） | |
| Ⅲ. 鹈形目 Pelecaniformes | 3. 鹈鹕科 Pelecanidae | 白鹈鹕 *Pelecanus onocrotalus* | 9（12） | |
| | | 斑嘴鹈鹕 *Pelecanus philippensis* | 9（13） | |
| | 4. 鸬鹚科 Phalacrocoracidae | 普通鸬鹚 *Phalacrocorax carbo* | 9（30） | |
| Ⅳ. 鹳形目 Cioniiformes | 5. 鹭科 Ardeidae | 苍鹭 *Ardea cinerea* | 9（14） | |
| | | 草鹭 *Ardea purpurea* | 9（3） | |
| | | 大白鹭 *Egretta alba* | 9（7） | |
| | | 白鹭 *Egretta garzetta* | 9（2） | 为冬羽 |
| | | 岩鹭 *Egretta sacra* | 9（8） | 属白色型 |
| | | 池鹭 *Ardeola bacchus* | 9（5） | 为亚成体 |
| | | 绿鹭 *Butorides striatus* | 9（9） | 为亚成体 |
| | | 栗（夜）鳽 *Gorsachius goisagi* | 9（17） | 为亚成体 |
| | | 栗苇鳽 *Ixobrychus cinnamomeus* | 9（18） | |
| | | 黑苇鳽 *Ixobrychus flavicollis* | 9（14） | |
| | | 大麻鳽 *Botaurus stellaris* | 9（15，16） | 含 1 亚成体 |
| | 6. 鹳科 Ciconiidae | 白头鹮鹳（彩鹳）*Mycteria leucocephala* | 8（27，28） | 含 1 亚成体 |
| | | 黑鹳 *Ciconia nigra* | 8（24） | |
| | | 东方白鹳 *Ciconia boyciana* | 8（23） | |
| | | 秃鹳 *Leptoptilos javanicus* | 8（26） | |
| | | 白鹳 *Grus leucogeranus* | 8（25） | |
| Ⅴ. 雁形目 Anseriformes | 7. 鸭科 Anatidae | 瘤（疣）鼻天鹅 *Cygnus olor* | 7（3） | |
| | | 大天鹅 *Cygnus cygnus* | 7（2） | |
| | | 小天鹅 *Cygnus bewickii* | 7（1） | |
| | | 鸿雁 *Anser cygnoides* | 7（7，8） | 含 1 亚成体 |
| | | 豆雁 *Anser fabalis* | 7（12，13） | 含 1 亚成体 |
| | | 白额雁 *Anser albifrons* | 7（11） | |
| | | 小白额雁 *Anser erythropus* | 7（10） | |
| | | 灰雁 *Anser anser* | 7（9） | |
| | | 雪雁 *Anser caerulescens* | 7（14） | 初级飞羽应为黑色 |
| | | 赤麻鸭 *Tadorna ferruginea* | 8（13） | |
| | | 翘鼻麻鸭 *Tadorna tadorna* | 7（24，25） | 含夏羽和冬羽 |
| | | 鸳鸯 *Aix galericulata* | 8（11，12） | |
| | | 罗纹鸭 *Anas falcate* | 7（30） | |
| | | 花脸鸭 *Anas formosa* | 7（26，27） | 含 1 雌性 |
| | | 绿翅鸭 *Anas crecca* | 7（28） | |
| | | 斑头鸭 *Anas fravirostris* | 7（29） | |
| | | 绿头鸭 *Anas platyrhynchos* | 7（15，16） | 含 1 雌性 |
| | | 斑嘴鸭 *Anas poecilorhyncha* | 8（10） | |
| | | 针尾鸭 *Anas acuta* | 8（1） | |

续表

| 分类阶元统计 | | | 册第（图序号） | 备注 |
|---|---|---|---|---|
| 目 | 科 | 种 | | |
| Ⅴ. 雁形目 Anseriformes | 7. 鸭科 Anatidae | 琵嘴鸭 *Anas clypeata* | 8（18，19） | 含 1 雌性 |
| | | 红头潜鸭 *Aythya ferina* | 8（2） | |
| | | 青头潜鸭 *Aythya baeri* | 8（9） | |
| | | 白眼潜鸭 *Aythya nyroca* | 8（3） | |
| | | 凤头潜鸭 *Aythya fuligula* | 8（7，8） | |
| | | 鹊鸭 *Bucephala clangula* | 8（15，16） | 含 1 雌性 |
| | | 普通秋沙鸭 *Mergus merganser* | 8（4） | |
| | | 白秋沙鸭 *Mergus albellus* | 8（15） | |
| | | 中华秋沙鸭 *Mergus squamatus* | 8（6） | |
| | | 麝鸭 *Biziura rolata* | 7（22，23） | 外来种；含 1 雌性 |
| Ⅵ. 隼形目 Falconiformes | 8. 鹗科 Pandionidae | 鹗（鱼鹰）*Pandion haliaetus* | 9（29） | |
| | 9. 鹰科 Accipitridae | 玉带海雕 *Haliaeetus leucoryphus* | 11（10） | |
| | | 白尾海雕 *Haliaeetus albiilla* | 11（11） | |
| | | 胡兀鹫 *Gypaetus barbatus* | 11（3，4） | 含白化个体 |
| | | 秃鹫 *Aegypius monachus* | 11（1，2） | |
| | | 白尾鹞 *Circus cyaneus* | 12（1） | |
| | | 草原鹞 *Circus macrourus* | 12（2） | 为雌性个体 |
| | | 凤头鹰 *Accipiter trivirgatus* | 11（19） | 白化 |
| | | 松雀鹰 *Accipiter virgatus* | 11（17，18） | |
| | | 苍鹰 *Accipiter gentilis* | 11（16，21） | 含 1 雌性 |
| | | 普通鵟 *Buteo buteo* | 11（30） | 为亚成体 |
| | | 棕尾鵟 *Buteo rufinus* | 11（25，29） | 为雌性及亚成体 |
| | | 大鵟 *Buteo hemilasius* | 11（24） | |
| | | 林雕 *Ictinaetus malayensis* | 11（5，6） | 含 1 幼鸟 |
| | | 乌雕 *Aquila clanga* | 11（12） | |
| | | 白肩雕 *Aquila heliaca* | 11（9） | |
| | | 金雕 *Aquila chrysaetos* | 11（7） | |
| | | 雕 *Aquila* sp. | 11（8） | 未定种 |
| | 10. 隼科 Falconidae | 红脚隼 *Falco amurensis* | 11（20，22） | |
| | | 灰背隼 *Falco columbarius* | 11（23） | |
| | | 猎隼 *Falco cherrug* | 11（14） | |
| | | 矛隼 *Falco rusticolus* | 11（13） | |
| | | 游隼 *Falco peregrinus* | 11（15） | |
| Ⅶ. 鸡形目 Galliformes | 11. 火鸡科 Meleagrididae | 火鸡 *Meleagris gallopavo* | 6（12，13） | 含 1 雌性；产北美洲和中美洲 |
| | 12. 松鸡科 Tetraonidae | 黑琴鸡 *Tetrao tetrix* | 6（20，21） | 含 1 亚成体 |
| | | （西方）松鸡 *Tetrao urogallus* | 6（24，29） | 含 1 雌性个体 |
| | 13. 雉科 Phasianidae | 石鸡 *Aletoris chukar* | 6（26） | |
| | | 中华鹧鸪 *Francolinus pintadeanus* | 12（10） | |
| | | 斑翅山鹑 *Perdix dauuricae* | 6（17，16） | 含两性个体 |
| | | 灰胸竹鸡 *Bambusicola thoracica* | 6（27） | |

续表

| 分类阶元统计 | | | 册第（图序号） | 备注 |
|---|---|---|---|---|
| 目 | 科 | 种 | | |
| Ⅶ．鸡形目 Galliformes | 13. 雉科 Phasianidae | 红腹角雉 *Tragopan temminckii* | 5（3，4） | |
| | | 黄腹角雉 *Tragopan caboti* | 6（30） | |
| | | 白鹇 *Lophura nycthemera* | 5（2） | |
| | | 勺鸡 *Pucrasia macrolopha* | 6（22，23） | |
| | | 褐马鸡 *Crossoptilon mantchuricum* | 6（28） | |
| | | 白冠长尾雉 *Syrmaticus reevesii* | 6（15） | |
| | | 雉鸡（环颈雉）*Phasianus colchicus* | 6（14） | |
| | | 红腹锦鸡（金鸡）*Chrysolophus pictus* | 5（1） | |
| | | 灰孔雀雉 *Polyplectron bicalcaratum* | 6（25） | |
| Ⅷ．鹤形目 Gruiformes | 14. 秧鸡科 Rallidae | 花田鸡 *Coturnicops exquistus* | 9（25） | |
| | | 小田鸡 *Porzana pusilla* | 9（27） | |
| | | 董鸡 *Gallicrex cinerea* | 5（5） | |
| | | 紫水鸡 *Porphyrio porphyrio* | 8（22） | |
| | | 黑水鸡（红骨顶）*Gallinula chloropus* | 9（24） | |
| | | 骨顶鸡（白骨顶）*Fulica atra* | 9（23） | |
| | 15. 鸨科 Otididae | 大鸨 *Otis tarda* | 9（10，11） | |
| Ⅸ．鸻形目 Charadriiformes | 16. 水雉科 Jacanidae | 水雉 *Hydrophasianus chirurgus* | 9（28） | |
| | 17. 鸻科 Charadriidae | 灰头麦鸡 *Vanellus cinereus* | 9（19） | |
| | | 凤头麦鸡 *Vanellus vanellus* | 9（20） | |
| | | 金鸻 *Pluvialis fulva* | 9（26） | 冬羽 |
| | 18. 鹬科 Scolopacidae | 林沙锥 *Gallinago nemoricola* | 10（30） | |
| | | 大沙锥 *Gallinago megala* | 10（29） | |
| | | 大杓鹬（红腰杓鹬）*Numenius madagascariensis* | 9（21） | |
| | | 黑翅长脚鹬 *Himantopus himantopus* | 10（7） | |
| | | 大滨鹬 *Calidris tenuirostris* | 12（30） | |
| | | 三趾鹬 *Calidris alba* | 6（19） | |
| | | 白腰草鹬 *Tringa ochropus* | 9（22） | |
| | 19. 鸥科 Laridae | 银鸥 *Larus argentatus* | 8（30） | |
| | | 红嘴鸥 *Larus ridibundus* | 8（29） | |
| | 20. 燕鸥科 Sternidae | 粉红燕鸥 *Sterna dougallii* | 9（1） | |
| Ⅹ．鸽形目 Columbiformes | 21. 鸠鸽科 Columbidae | 山斑鸠 *Streptopelia orientalis* | 5（17） | |
| | | 火斑鸠 *Streptopelia tranquebarica* | 10（20） | |
| | | 红翅绿鸠 *Treron sieboldii* | 5（18） | |
| | | 红顶绿鸠 *Treron formosae* | 10（27） | 雌性 |
| | | 绿皇鸠 *Ducula aenea* | 5（19） | |
| Ⅺ．鹃形目 Cuculiformes | 22. 杜鹃科 Cuculidae | 大杜鹃 *Cuculus canorus* | 5（15） | |
| | | 中杜鹃 *Cuculus saturatus* | 5（16） | |
| | | 噪鹃 *Eudynamys scolopacea* | 5（22） | 雌性 |
| Ⅻ．鸮形目 Strigiformes | 23. 鸱鸮科 Strigidae | 雕鸮 *Bubo bubo* | 12（4） | |
| | | 雪鸮 *Nyctea scandiaca* | 12（6） | 雌性 |
| | | 褐林鸮 *Strix leptogrammica* | 12（5） | |

续表

| 分类阶元统计 | | | 册第（图序号） | 备注 |
|---|---|---|---|---|
| 目 | 科 | 种 | | |
| Ⅻ．鸮形目 Strigiformes | 23. 鸱鸮科 Strigidae | 灰林鸮 *Strix aluco* | 12（8） | |
| | | 花头鸺鹠 *Glaucidium passerinum* | 12（3） | |
| | | 鹰鸮 *Ninox scutulata* | 12（7） | |
| | | 长耳鸮 *Asio otus* | 12（9） | |
| XIII．夜鹰目 Caprimulgiformes | 24. 夜鹰科 Caprimulgidae | 普通夜鹰 *Caprimulgus indicus* | 5（24） | |
| | | 欧夜鹰 *Caprimulgus europaeus* | 5（23） | |
| XIV．雨燕目 Apodiformes | 25. 雨燕科 Apodidae | 白喉针尾雨燕 *Hirundapus caudacutus* | 5（27） | |
| XV．佛法僧目 Coraciiformes | 26. 翠鸟科 Alcedinidae | 普通翠鸟 *Alcedo atthis* | 10（3） | |
| | | 白胸翡翠 *Halcyon smyrnensis* | 10（4） | |
| | | 蓝翡翠 *Halcyon pileata* | 10（2） | |
| | | 斑鱼狗 *Ceryle rudis* | 12（25） | |
| | 27. 佛法僧科 Coraciidae | 三宝鸟 *Eurystomus orientalis* | 12（28） | |
| XVI．戴胜目 Upupiformes | 28. 戴胜科 Upupidae | 戴胜 *Upupa epops* | 5（14） | |
| XVII．犀鸟目 Bucerotiformes | 29. 犀鸟科 Bucerotidae | 冠斑犀鸟 *Anthracoceros albirostris* | 5（25，26） | |
| XVIII．裂形目 Piciformes | 30. 啄木鸟科 Picidae | 小星头啄木鸟 *Picoides kizuki* | 5（12） | 头部毛色有误 |
| | | 棕腹啄木鸟 *Picoides hyperythrus* | 5（10） | |
| | | 大斑啄木鸟 *Picoides major* | 5（11） | |
| | | 黑啄木鸟 *Dryocopus martius* | 5（6） | |
| | | 大黄冠啄木鸟 *Picus flavinucha* | 5（13） | |
| | | 灰头啄木鸟 *Picus canus* | 5（7，8） | 含 1 雌性 |
| XIX．雀形目 Passeriformes | 31. 百灵科 Alaudidae | 小云雀 *Alauda gulgula* | 12（16） | |
| | 32. 燕科 Hirundinidae | 金腰燕 *Hirundo daurica* | 5（28，29） | |
| | | 斑腰燕 *Hirundo striolata* | 5（30） | |
| | 33. 鹡鸰科 Motacillidae | 山鹡鸰 *Dendronanthus indicus* | 12（15） | |
| | | 白鹡鸰 *Motacilla alba* | 10（9） | |
| | | 日本鹡鸰 *Motacilla grandis* | 10（8） | |
| | | 黄头鹡鸰 *Motacilla citreola* | 10（10） | |
| | 34. 伯劳科 Laniidae | 虎纹伯劳 *Lanius tigrinus* | 10（22） | |
| | | 牛头伯劳 *Lanius bucephalus* | 10（21） | |
| | | 棕背伯劳 *Lanius schach* | 10（23） | |
| | | 灰伯劳 *Lanius excubitor* | 10（25） | |
| | 35. 卷尾科 Dicruridae | 发冠卷尾 *Dicrurus hottentottus* | 10（24） | |
| | 36. 椋鸟科 Sturnidae | 八哥 *Acridotheres cristetallus* | 10（15） | |
| | | 北椋鸟 *Sturnus sturnina* | 12（13） | |
| | | 灰椋鸟 *Sturnus sericeus* | 12（14） | |
| | | 紫翅椋鸟 *Sturnus vulgaris* | 12（12） | |
| | 37. 鸦科 Corvidae | 红嘴山鸦 *Pyrrhocorax pyrrhocorax* | 10（18） | |
| | | 寒鸦 *Corvus monedula* | 10（17） | |
| | | 秃鼻乌鸦 *Corvus frugilegus* | 10（16） | |
| | | 小嘴乌鸦 *Corvus corone* | 10（13） | |
| | | 渡鸦 *Corvus corax* | 10（12） | |
| | 38. 鸫科 Turdidae | 黑背燕尾 *Enicurus leschenaulti* | 12（29） | 又称白额燕尾 |
| | | 乌灰鸫 *Turdus cardis* | 6（18） | |
| | | 宝兴歌鸫 *Turdus Mupinensis* | 5（21） | |

续表

| 分类阶元统计 | | | 册第（图序号） | 备注 |
|---|---|---|---|---|
| 目 | 科 | 种 | | |
| XIX．雀形目 Passeriformes | 38. 鸫科 Turdidae | 蓝头矶鸫 *Monticola cinclorhynchus* | 10（1） | |
| | 39. 鹟科 Monarchinae | 紫寿带 *Terpsiphone atrocaudata* | 10（19） | |
| | | 寿带 *Terpsiphone paradisi* | 10（20） | |
| | 40. 鸦雀科 Paradoxornithidae | 文须雀 *Panurus biarmicus* | 10（6） | |
| | | 棕翅绿鸦雀 *Paradoxornis webbianus* | 12（23） | 又称棕头鸦雀 |
| | 41. 莺科 Sylviidae | 大苇莺 *Acrocephalus arundinaceus* | 10（5） | |
| | | 黄腹柳莺 *Phylloscopus affinis* | 12（24） | |
| | 42. 山雀科 Paridae | 煤山雀 *Parus ater* | 12（9） | |
| | | 大山雀 *Parus major* | 12（11） | |
| | 43. 梅花雀科 Estrildidae | 白腰文鸟 *Lonchura striata* | 10（26） | |
| | 44. 燕雀科 Fringillidae | 红交嘴雀 *Loxia curvirostra* | 12（20，21） | 含1雌性 |
| | | 白翅交嘴雀 *Loxia leucoptera* | 12（22） | |
| | | 锡嘴雀 *Coccothraustes coccothraustes* | 12（18） | |
| | | 黑尾蜡嘴雀 *Eophona migratoria* | 12（17） | |
| | | 黑头蜡嘴雀 *Eophona personata* | 12（16） | |
| | 45. 鹀科 Emberizidae | 铁爪鹀 *Calcarius lapponicus* | 12（27） | |

《鸟谱》共载图241帧，除去一些雌雄、成幼、冬夏羽，以及家禽品种的重复外，依表7-1所示，共录得19目45科113属181种。若再除去3个外来种所隶的分类阶元（隶于1目2科2属2种），则其国内者计有：18目43科111属179种。

据2005年的文献统计，中国共有鸟类24目101科429属1332种（郑光美，2005），经与之比较，《鸟谱》（5—12册）的目级阶元占全国总数的75.00%；科级阶元占42.57%；属级阶元占25.17%；而种级阶元占13.43%。

笔者曾对我国台湾发行的《故宫鸟谱》（1—4册）进行过梳理，并做了分类阶元的统计，已悉载有8目27科56属79种（不含外来种所隶的13属13种；详阅附件1）。若两谱合并（1—12册）统计，则共有19目55科161属255种（除去重复的目科属种），分别依次占全国总数的79.16%（目级）、54.45%（科级）、37.52%（属级）和19.14%（种级）。

从以上分析可知，不论是“目科级”或是“种级”的分类阶元，其各项所占的比例都是相当高的，显示出《鸟谱》所载的诸多物种具有一定的代表性。

## 2. 区系从属的类型分析

《鸟谱》所载诸鸟类，从动物地理之区系从属的角度看，分别有广布种、古北种、东洋种和个别特有种等类型。

**广布种。**隶于这一类型的鸟禽在《鸟谱》中超过半数，这与著者更易获得标本制画和观察有关。当中有小䴙䴘、白鹈鹕、苍鹭、草鹭、火斑鸠、大杜鹃、普通夜鹰、普通翠鸟、戴胜、棕腹啄木鸟、大山雀、金腰燕、虎纹伯劳、棕背伯劳、小嘴乌鸦、小云雀、山鹡鸰、白鹡鸰和黄头鹡鸰等等。

**古北种。**此类型者有黑鹳、灰背隼、绿头鸭、赤麻鸭、斑翅山鹑、石鸡、大鸨、凤头麦鸡、金鸻、白腰草鹬、雪鸮、大斑啄木鸟、黑啄木鸟、红嘴山鸦、寒鸦、渡鸦、黄头柳莺、煤山雀、红交嘴雀、文须雀和灰伯劳等等。

**东洋种。**此类鸟禽主要分布在长江以南各省及海南、台湾，性喜暖热和湿润，多产有珍贵雉鸡，而录入《鸟谱》的就有红腹角雉、白鹇、灰孔雀雉和中华鹧鸪等。另有斑嘴鹈鹕、凤头鹰、绿皇鸠和冠斑犀鸟等稀有物种亦被选入《鸟谱》中。除此，尚有大黄冠啄木鸟、噪鹃、斑腰燕、白额燕尾、蓝头矶鸫、黄腹柳莺、白腰文鸟、八哥和紫寿带（主产于台湾）等等。

**特有种。**其分布主要限于中国境内者，如灰胸竹鸡、褐马鸡、白冠长尾雉、黄腹角雉和宝兴歌鸫，均逐一选录在《鸟谱》著作中。

从上述简析中可以看出，作为一部古代成书的《鸟谱》，竟含有如此之多的动物区系类型，尤显该书科学意义之所在。

### 3. 生态系统类型的分析

据《鸟谱》所载的物种中，依其栖息环境及所属的植被类型等，可大致划为：森林生态系统类型、草原与草原荒漠生态系统类型、湿地生态系统类型。现略述如下。

● **森林生态系统类型鸟类。**在这个类型中，有喜在北温带和寒湿带（即泰加林）栖居的鸟禽，而与《鸟谱》有关者如黑琴鸡、松鸡、黑啄木鸟、小星头啄木鸟等；而适在温带森林（包括针叶林、针阔混交林）生存的种类如北椋鸟、蓝头矶鸫和白翅交嘴雀等，在《鸟谱》一书中不乏记载。在南方的热带、亚热带常绿阔叶林中栖息的物种，有《鸟谱》记述的林雕、多种雉类、鹈鹕、犀鸟、鸠类、鹧鸪类等等。

● **草原与草原荒漠生态系统类型鸟类。**属此类型的鸟类主要是隼形目的鹰隼类和鸮形目的各种鸮类（俗称猫头鹰），它们往往以俯冲的方式偷袭野兔和鼠类，有的也吃腐尸腐肉。有关猛禽的制画在《鸟谱》中共达 36 帧，计有 35 种，诸如玉带海雕、白尾海雕、秃鹫、大鵟、白肩雕和金雕等鹰科鸟类，又有猎隼、矛隼（海东青）等著名的隼科狩猎动物；另有中小型猛禽雕鸮、雪鸮等（详阅表 7-1）。

● **湿地生态系统类型鸟类。**湿地包括江河、湖泊、水库、池塘、海岸和海滩等水域。《鸟谱》第七和第八册共载鸭科游禽 29 种（含 1 外来种），如瘤鼻天鹅、大天鹅、小天鹅、鸿雁、豆雁、鸳鸯、针尾鸭、琵嘴鸭、凤头潜鸭和中华秋沙鸭等；鹤形目秧鸡科有花田鸡、小田鸡、董鸡及黑水鸡（红骨顶）和骨顶鸡（白骨顶）等涉禽类；再有鸻形目鹬科的大沙锥、大杓鹬、大滨鹬等，它们亦属涉禽鸟，还有善泳的银鸥和红嘴鸥等等。经统计，《鸟谱》涉及的湿地鸟类共有 78 种，计绘画 91 帧。

最末，笔者认为，本《鸟谱》若与《清宫兽谱》《清宫海错图》及其他古籍鸟类专著相比，其难能可贵的是，它所载之鸟禽全为生存物种，而无想象图、神化图或怪诞之图；纵使包括台湾出版的《故宫鸟谱》（1—4 册）在内，也仅仅是在第一册（图 1，图 2）绘制了“凤”“鸾”两幅传说中的祥瑞鸟画而已，是 17－18 世纪清宫三部动物图谱中，受“化生说”影响最少的一部图谱，详见本篇王祖望《古代化生说对清宫三图谱的影响》一文。

## 四、小　　结

本文的研究共分三节，主要内容是如下。

（1）《中华大典·生物学典·动物分典》编委们参与《清宫鸟谱》出版合作的主要内容是，考证其古名、画名与制画，在考证和厘定的基础上，给出相应的今名、英文名和拉丁学名，并在“备注”栏目内，对与鸟类分类相关的问题予以诠释。

（2）对绘画戴胜推为《鸟谱》封面和扉画的缘由做了解析。一是由于它的头冠独特以及羽色的斑驳和翔姿殊异，故引人注目；二是“胜”字含有“胜利”“胜券在握”“万事胜意”等吉利之意；三是全世界的戴胜类共有 3 属 10 种，原隶佛法僧目，现已独立为戴胜目，表明它在鸟类系统分类的研究上，具有重要的学术意义。

（3）《鸟谱》的科学意义和科学价值，主要体现在：

1）以类相聚，能部分地显示物种间的亲缘关系；

2）彩画逼真写实，可按图索骥而考证物种；

3）《鸟谱》对前人著录和古名做了全面的引录与考证，这对于古籍鸟类的物种厘定甚有助益；

4）对形态特征的描述准确规范，显示著者具有很高的文化素养和写作水平。另外，这套图文并茂的彩画《鸟谱》，在古代相类的著作中无与伦比，堪称开创了古代图鉴的先河；

5）这套《鸟谱》集分布和生态资料于一体，内容涉及产地、栖息环境与食性、繁殖与行为及迁徙等，体现了古代生态生物学的发展萌芽；

6）经统计，《鸟谱》共录鸟类 181 种，分隶 19 目 45 科 113 属，若除去 2 个外来种（隶 1 目 2 科 2 属），则录于国内的实为 179 种，隶 18 目 43 科 111 属。如把海峡两岸分别出版的《鸟谱》（1—12 册）合并统计（除去重复的目科属种），则有 255 种，分隶 19 目 55 科 161 属。从区系成分上看，在这 179 种中，分别含有广布种、古北种、东洋种和少量特有种，显示《鸟谱》在物种选录上具有一定的代表性和多样性；另从生态和栖息环境的角度看，《鸟谱》记载的鸟禽，可以划分为森林生态系统类型、草原与草原荒漠生态系统类型及湿地生态系统类型，而在每个类型中均有相应的代表鸟类。

**附件 1 《故宫鸟谱》（1—4 册）的分类阶元统计**

| 分类阶元统计 | | | 册第（图序号） | 备注 |
|---|---|---|---|---|
| 目 | 科 | 种 | | |
| Ⅰ．鸡形目 Galliformes | 1. 雉科 Phasianidae | 绿孔雀 *Pavo muticus* | 1（3，4） | 含雌雄两性 |
| Ⅱ.鹤形目 Gruiformes | 2. 三趾鹑科 Turnicidae | 林三趾鹑 *Turnix sylvatica* | 4（24） | |
| | | 黄脚三趾鹑 *Turnix tanki* | 4（25） | 为雌性 |
| | 3. 鹤科 Gruidae | 丹顶鹤 *grus japonensis* | 1（5） | |
| | | 白头鹤 *Grus monacha* | 1（6） | 已重新厘定 |
| | | 白枕鹤 *Grus vipio* | 1（8） | 已重新厘定 |
| | | 蓑羽鹤 *Anthropoides virgo* | 1（7） | |
| Ⅲ.鸻形目 Charadriiformes | 4. 鸻科 Charadriidae | 金眶鸻 *Charadrius dubius* | 3（17） | |
| | | 蒙古沙鸻 *Charadrius mongolus* | 1（24） | |
| Ⅳ.鸽形目 Columbiformes | 5. 鸠鸽科 Columbidae | 灰林鸽 *Columba pulchricollis* | 1（28） | |
| | | 白鸽（原鸽）*Columba livia* | 1（29） | |
| Ⅴ.鹦形目 psittaciformes | 6. 鹦鹉科 Psittacidae | 红领绿鹦鹉 *Psittacula krameri* | 2（1） | 为雌性 |
| | | 青头鹦鹉 *Psittacula himalayana* | 2（2） | 雄性，外来种 |
| | | 黑嘴绿鹦鹉 *Anodorhynchus hyacinthinus* | 2（3） | 雄性，外来种 |
| | | 蓝翅鹦哥 *Forpus xanthopterygius* | 2（4，5） | 含雌性，外来种 |
| | | 长尾鹦鹉 *Psittacula longicauda* | 2（6） | 雄性，外来种 |
| | | 亚历山大鹦鹉 *Psittacula eupatria* | 2（7） | 雄性，外来种 |
| | | 小葵花鹦鹉 *Cacatua sulphurea* | 2（8，9，10，11） | 1 雌 3 雄，外来种 |
| | | 小金刚鹦鹉 *Ara chloroptera* | 2（12） | 外来种 |
| | | 黄冠鹦鹉 *Amazona chrocephala* | 2（13） | 外来种 |
| | | 青头红鹦哥 *Domicella domicella* | 2（14） | 外来种 |
| | | 红翅鹦鹉 *Aprosmictus scapularis* | 2（15） | 雄性，外来种 |
| | | 鹦鹉 | 2（16） | 未定属种，外来种 |
| | | 鹦鹉 | 2（17） | 未定属种，外来种 |

续表

| 分类阶元统计 | | | 册第<br>（图序号） | 备注 |
|---|---|---|---|---|
| 目 | 科 | 种 | | |
| Ⅴ.鹦形目 psittaciformes | 6. 鹦鹉科 Psittacidae | 鹦鹉 | 2（18） | 未定属种，外来种 |
| | | 非洲灰鹦鹉 *Psittacus erithacus* | 2（19） | 外来种 |
| | | 黄领牡丹鹦鹉 *Agapornis personata* | 2（20） | 外来种 |
| | | 牡丹鹦鹉 *Agapornis* sp. | 2（21） | 外来种 |
| | | 短尾鹦鹉 *Loriculus vernalis* | 2（24） | |
| | | 短尾鹦鹉 *Loriculus* sp. | 2（25） | 外来种 |
| Ⅵ.佛法僧目 Coraciiformes | 7. 佛法僧科 Coraciidae | 三宝鸟 *Eurystomus orientalis* | 2（23） | |
| Ⅶ.鴷形目 Picifomes | 8. 须鴷科 Capitonidae | 大拟鴷*Megalaima virens* | 1（25） | |
| | 9. 啄木鸟科 Picidae | 蚁鴷*Jynx torquilla* | 4（9） | |
| Ⅷ.雀形目 Passeriformes | 10. 百灵科 Alaudidae | 蒙古百灵 *Melanocorypha mongolica* | 4（26） | |
| | | 红顶短趾百灵 *Calandrella cinerea* | 4（27） | 外来种 |
| | | 短趾百灵 *Calandrella cheleensis* | 4（28） | |
| | | 凤头百灵 *Galerida cristata* | 4（29） | |
| | | 云雀 *Alauda arvensis* | 4（30） | |
| | 11. 山椒鸟科 Campephagidae | 长尾山椒鸟 *Pericrocotus ethologus* | 3（25，26） | |
| | 12. 鹎科 Pycnonotidae | 白头鹎 *Pycnonotus sinensis* | 4（10） | |
| | 13. 太平鸟科 Bombycillidae | 太平鸟 *Bombycilla garrulous* | 3（22） | |
| | | 小太平鸟 *Bombycilla japonica* | 3（23） | |
| | 14. 鸫科 Trdidae | 黑喉红尾鸲 *Phoenicurus hodgsoni* | 3（27） | 已重新厘定 |
| | | 蓝矶鸫 *Monticola solitarius* | 1（46） | |
| | | 紫啸鸫 *Myophonus caeruleus* | 1（48） | |
| | | 乌鸫 *Turdus merula* | 3（28） | |
| | | 红喉歌鸲 *Luscinia calliope* | 4（3） | 已重新厘定 |
| | | 红胁蓝尾鸲 *Tarsiger cyanurus* | 4（4） | |
| | | 小燕尾 *Enicurus scouleri* | 4（11） | |
| | | 灰背燕尾 *Enicurus schistaceus* | 4（12） | 已重新厘定 |
| | | 白喉石䳭 *Saxicola insignis* | 4（2） | |
| | 15. 莺科 Sylviidae | 暗绿柳莺 *Phylloscopus trochiloides* | 3（19） | |
| | | 灰白喉林莺 *Sylvia communis* | 3（18） | 已重新厘定 |
| | 16. 鸦雀科 Paradoxornithidae | 棕翅绿鸦雀 *Paradoxornis webbianus* | 3（14） | 又称棕头鸦雀 |
| | 17. 鹟科 Muscicapidae | 白眉姬鹟 *Ficedula zanthopygia* | 3（2） | |
| | | 白腹蓝姬鹟 *Cyanoptila cyanomelana* | 4（1） | |
| | 18. 画眉科 Timaliidae | 白喉噪鹛 *Garrulax albogularis* | 2（26） | |
| | | 小黑领噪鹛 *Garrulax monileger* | 2（27） | |
| | | 画眉 *Garrulax canorus* | 3（7） | |
| | | 宝兴鹛雀 *Chrysomma poecilotis* | 3（8） | 已重新厘定 |
| | | 大草鹛 *Babax koslowi* | 3（9） | |
| | | 红嘴相思鸟 *Leiothrix lutea* | 3（15） | |
| | 19. 攀雀科 Remizidae | 火冠雀 *Cephalopyrus flammiceps* | 3（24） | |
| | 20. 绣眼鸟科 Zosteropidae | 暗绿绣眼鸟 *Zosterops japonicus* | 3（16） | |

续表

| 分类阶元统计 | | | 册第（图序号） | 备注 |
|---|---|---|---|---|
| 目 | 科 | 种 | | |
| Ⅷ.雀形目 Passeriformes | 21. 黄鹂科 Oriolidae | 黑枕黄鹂 *Oriolus chinensis* | 4（7，8） | 含 1 幼鸟 |
| | 22. 鸦科 Corvidae | 灰喜鹊 *Cyanopica cyana* | 1（11） | |
| | | 白翅蓝鹊 *Urocissa whiteheadi* | 3（29，30） | |
| | | 灰树鹊 *Dendrocitta formosae* | 1（14，23） | |
| | | 喜鹊 *Pica pica* | 1（9，10，12） | |
| | | 松鸦 *Garrulus glandarius* | 2（29，30） | |
| | | 蓝绿鹊 *Cissa chinensis* | 2（28） | |
| | | 红嘴蓝鹊 *Urocissa erythrorhyncha* | 1（13） | |
| | 23. 椋鸟科 Sturnidae | 林八哥 *Acridotheres grandis* | 1（17） | |
| | | 八哥 *Acridotheres cristatellus* | 1（18） | |
| | | 家八哥 *Acridotheres tristis* | 1（19，20） | |
| | | 黑翅椋鸟 *Acridotheres melanopterus* | 1（21） | |
| | | 黑领椋鸟 *Gracupica nigricollis* | 1（26），4（17） | 含 1 雌，已重新厘定 |
| | | 灰椋鸟 *Sturnus cineraceus* | 1（22） | |
| | | 鹩哥 *Gracula religiosa* | 2（22） | |
| | 24. 雀科 Passeridae | （树）麻雀 *Passer montanus* | 4（18） | |
| | 25. 梅花雀科 Estrildidae | 白腰文鸟 *Lonchura striata* | 4（16） | |
| | | 斑文鸟 *Lonchura punctulata* | 4（13） | |
| | | 黑头文鸟 *Lonchura malacca* | 4（20） | |
| | | 禾雀 *Padda oryzivora* | 1（27） | |
| | 26. 燕雀科 Fringillidae | 燕雀 *Fringilla montifringilla* | 3（10） | |
| | | 粉红腹岭雀 *Leucosticte arctoa* | 4（14，15） | 含 1 冬羽，已重新厘定 |
| | | 普通朱雀 *Carpodacus erythrinus* | 4（5） | |
| | | 黑头金翅雀 *Carduelis ambigua* | 3（1） | |
| | | 黄雀 *Carduelis spinus* | 4（21） | |
| | | 金翅雀 *Carduelis sinica* | 3（21） | 已重新厘定 |
| | | 黄嘴朱顶雀 *Carduelis flavirostris* | 3（20） | |
| | | 蒙古沙雀 *Rhodopechys mongolica* | 4（22） | 已重新厘定 |
| | 27. 鹀科 Emberizidae | 淡灰眉岩鹀 *Emberiza cia* | 3（5，6） | |
| | | 黄喉鹀 *Emberiza elegans* | 3（3，4），4（6） | 含 2 雌 1 雄，重新厘定 4（6） |
| | | 灰头鹀 *Emberiza spodocephala* | 3（13） | |
| | | 苇鹀 *Emberiza pallasi* | 3（11） | |
| | | 黍鹀 *Emberiza calandra* | 3（12） | |

## 参考文献

故宫博物院. 2014. 清宫鸟谱(5-12 册). 北京：故宫出版社
钱燕文. 1995. 中国鸟类图鉴. 郑州：河南科学技术出版社
郑光美. 2005. 中国鸟类分类与分布名录. 北京：科学出版社

# 《清宫兽谱》之评析

## ——“康乾盛世”的标志性著作之一

王祖望　冯祚建

《清宫兽谱》与《清宫鸟谱》（以下简称《兽谱》《鸟谱》）均产生于清乾隆时期，肇始于乾隆十五年（1750 年），于乾隆二十六年（1761 年）完成，绘画者为余省和张为邦（故宫博物院，2014）。两部传世之动物图谱均诞生于同一历史时期，并为同一画家所作，这在中国文化史上实属罕见。故宫博物院（2014c）专家袁杰先生对《兽谱》产生的历史背景、内容、绘画者和校勘者事迹及其学术价值等方面，均作了详尽的介绍与剖析，尤其是她提及《兽谱》与康熙年间编纂《古今图书集成》的关系，使我们了解到《兽谱》所包括的全部兽种，其文字说明与图形的创作均受到该部巨著的影响。这对我们考证《兽谱》有关物种，无疑起了十分重要的提示作用。

《兽谱》共 6 册，每册为图 30 幅，共计 180 幅。依据袁杰先生（2014）在《兽谱》的《前言》中提出见解，可将《兽谱》全部种类划分为：瑞兽、现实存在兽、异国兽三大类。 第一大类：瑞兽包括仁兽、义兽、神兽及异国兽中的传说兽等；第二大类：现实存在兽，是指产于中国的现实存在的兽类；第三大类：异国兽，是指古代通过进贡、贸易等方式，从国外引进的现实存在的异国兽类。依据上述兽种的划分，《兽谱》中的瑞兽共计 107 种（包括异国瑞兽 1 种），约占全部兽种数的 59.3%；现实存在兽种共计 61 种，约占全部兽种数的 34%；外来异国兽 12 种，约占全部兽种数的 6.7%。为了叙述方便，笔者按照上述兽种的三大类，分别介绍物种考证中的一些体会与见解（故宫博物院，2014c）。

## 一、瑞　　兽

依据上述统计，瑞兽在《兽谱》中占据了近六成的比例，如此众多的具有神奇色彩的“瑞兽”，图文并茂地集中在一部图志中，可能在中外文化史上也不多见，其中所蕴藏的深厚的历史、宗教、文化、政治内涵，值得读者作进一步的挖掘与探讨。在此，笔者十分赞赏袁杰先生（2014）有关瑞兽的见解，她说：历代统治者“借助瑞兽、异兽、神兽等神灵之物所具备的某种超自然力量，以证明国家的繁荣，向世人展示其富有四海，统驭万国之气概”。而另一方面“这些想象奇特、优美动人的神兽传说，折射出远古时代的社会历史状况以及初民们的生活情形和思想感情”。下面，笔者选了几种具有代表性的“瑞兽”，试图来印证袁杰先生的上述观点。

**麒麟**：为中国家喻户晓的传说神话动物。麒麟，亦作“骐麟”，简称“麟”，是中国古籍中广为记载的一种瑞兽，牡曰麒，牝曰麟，与凤、龟、龙并称“四灵”。古籍中有关麒麟的描述与记载甚多，汉·戴德《大戴礼记》曰：“有毛之蟲三百六十，而麒麟爲之長。”他将麒麟视为众兽之首，并认为：“故帝王好壞巢破卵，則鳳凰不翔焉；好竭水搏魚，則蛟龍不出焉；好刳胎殺夭，則麒麟不來焉。”在中国历史上，普遍认为只有在行王道的朝代，麒麟才会出现。汉·司马迁《史记》“刳胎殺夭則麒麟不至郊，竭澤涸漁則蛟龍不合陰陽，覆巢毀卵則鳳凰不翔。”此外，汉·郑玄《礼记注疏》，汉·何休著、唐·徐彦注《春秋公羊传注疏》均有相同的论述。但古人对此也有质疑，如在《朱子语类》中“湖南學者說仁，舊來都是深空說出一片。頃見王日休解孟子云：麒麟者，獅子也。仁本是惻隱溫厚底物事，却被他們說得擡虛打險，瞠（cheng）眉努眼，却似說麒麟做獅子，有吞伏百獸之狀，蓋自知覺之說起之。麒麟不食生肉，不踐生草；獅子則百獸聞之而腦裂。”《兽谱》的画师们，在构思麒麟的图形时，似乎注意到汉代石刻画像和《朱子语类》中湖南学者等的说法，在创作麒麟的图形时，刻意避开现实动物狮子可畏的形象，而将麒麟画成“麕身，牛尾，馬蹄，一角”，威严而不凶恶，神奇而又仁慈的形象。

在此，笔者还要提及明永乐、正统年间，榜葛剌国[①]、阿丹国[②]、麻林国[③]、忽鲁谟斯国[④]等曾向明朝进贡“麒麟”，经考证他们进贡的所谓“麒麟”实际上就是“恶那西约”（giraffe）（长颈鹿）（在异国兽一节中，另文详叙，在此从略）。《兽谱》的作者，在创作“麒麟”图形时，不可能不知道《明史》中的这些记载，但他们对那些“洋麒麟”似乎不屑一顾，而坚守中国传统麒麟的形象。

中国传统文化深受儒家思想的影响，如孔子崇尚五德：仁、义、礼、智、信；并将“仁”作为儒家思想的核心，是最高的道德准则，所谓“仁”即是爱，孔子鉴于当时现实社会“少爱多恨”的状况，提倡以家庭血缘关系为基础，培育“仁者爱人，泛爱众”的人格情操。古人在一些社会性兽类群体的观察中，将这些道德准则赋予某些具有社群行为的兽类，经文人墨客的描绘、形成神话故事，为广大百姓传颂，并成为一种道德的感召力量。

**果然（猓然）**即一例，古人将果然列为仁兽，最早见于《山海经》“果然獸，似獮猴，以名自呼。色蒼黑，羣行，老者在前，少者在後，得果食輒（zhe）與老者，似有義焉。”宋·罗愿《尔雅翼》有进一步的描绘：“猓然性仁，不忍傷其類，見被獲者，聚族而啼，雖殺之，終不忍去也。”。明·李时珍《本草纲目》有一段拟人化的感人描绘：“喜群行，老者前，少者後，食相讓，居相愛，生相聚，死相赴。柳子所謂仁讓孝慈者是也。”宋·孙奕《示儿编·杂记》则进一步将果然提高到与人相并列的高度，称：“此禽獸而人心。”文意称果然虽是禽兽，但却有一颗人类的善良之心。

《兽谱》作者创作的果然图像，似乎与八大臣撰写的果然文字介绍有出入，文曰：“形如狗，頭似虎，白面黑身，毛采斑斕”，但画家笔下的果然形象更多是吸取唐·李肇《唐国史补》、宋·唐慎微《证类本草》、宋·代罗愿《尔雅翼》和明·李时珍《本草纲目》等所描述的形象，而摒弃了明·曹学佺《蜀中广记》“果然獸，形如狗子，頭似虎”的说法。我们从画面上看，似为叶猴类 *Trachypithecus* sp.，但该类之身体均无斑点。由此推断，该图系画师依据古籍中的文字记载，加以想象所绘而成。在此，笔者必须提及意大利画师郎世宁在乾隆二十六年（1761 年）所绘《画交阯果然》。据台北故宫博物院林丽娜（2005）对该图的考辨，她认为“该图系郎世宁观察真实动物写生而成”，并认为“郎世宁在创作时，是依据西方动物写生作画程序，先作观察再逐步画成的”。该图所绘之果然，实为环尾狐猴，英文名 ring-tailed lemur，拉丁学名 *Lemur catta*（林丽娜，2005）。笔者认为此果然与彼果然，在分类学上虽同属灵长类，但相距甚远，应为异物同名。

孔子崇尚的“五德”，义居其次，儒家思想中“义”：原指“宜”“爱幼”，即行为适合于“礼”。孔子以“义”作为评判人们的思想、行为的道德原则。他的这一道德原则对统治者来说，就是“顺天意、施

① 按《明史》记载，榜葛剌国（Bengala），古国名。即《诸蕃志》所述的鹏茄罗国。1408 年（明永乐六年）曾遣使同中国建立友好关系，中国也曾遣使回访。《瀛涯胜览》《星槎胜览》《明史·外国列传》等均有专条记述。即今之孟加拉国。

② 阿丹国，Aden，古国名，今译作亚丁。1990 年 5 月，南、北也门合并为也门共和国，亚丁成为该国的“经济首都”。

③ 麻林国，即今之东非坦桑亚基尔瓦基西瓦尼。

④ 忽鲁谟斯国，即霍尔木兹（Hormuz），又译作和尔木斯，在今伊朗东南米纳布（Minab）附近。

仁政”，继而就会出现了“风调雨顺，社会安定昌盛”的祥和局面，“于是就会有奇异珍兽出现，来显示祥瑞。”《兽谱》的作者们，正是在这样的思想指导下，依据中国古籍中的有关记载，创造出人性化的义兽驺虞的形象。

**騶虞**，又名驺吾、驺牙：汉·郑玄等《毛诗注疏》称：“《騶虞》，《鵲巢》之應也。《鵲巢》之化行，人倫既正，朝廷既治，天下純被文王之化，則庶類蕃殖，蒐（sou）田以時，仁和如騶虞，則王道成也。”《毛诗注疏》又称：“騶虞，義獸也。白虎黑文，不食生物，有至信之德則應之。”“仁如騶虞則王道成也。”吴·陆玑《陆氏诗疏广要》“騶虞，即白虎也，黑文，尾長於軀，不食生物，不履生草，君有德則見，應德而至者也。”白居易《驺虞画赞》曰：“孟山有獸，仁心毛質，不踐生芻，不食生物。有道則見，非時不出，三季已還，退藏於密。我聞其名，徵之於書，不識其形，得之於圖。白質黑文，猊首虎軀，是耶非耶，孰知之乎？”《兽谱》中騶虞的文字说明，源于汉·郑玄等《毛诗注疏》和吴·陆玑《陆氏诗疏广要》，画家们依据古籍的形态描述，创造出一幅栩栩如生的騶虞图像。

在《兽谱》记载的“瑞兽”中，还存在一些具有超凡能力和智慧的神兽，它们或疾恶如仇，或明断是非，具有公正、廉明、忠于职守的可贵品德。它们既为草民百姓所喜闻乐道，也受历代统治者的青睐。前者祈求它们保护弱者的切身利益，后者利用它们作为惩治贪官污吏，维持统治权威的震慑工具。其中比较典型的例子，当推獬豸。

**獬豸**，又名神羊、仁法兽：据梁·刘昭《后汉书》记载：“獬豸神羊，能别曲直。”刘昭注曰“《異物志》曰：東北荒中有獸，名獬豸，一角，性忠。見人鬬，則觸不直者；聞人論，則咋（zha）不正者。”梁·沈约《宋书》亦记载：“獬豸知曲直，獄訟平則至。”由于獬豸能秉公执法，主持公道，所以古代法官在执法时，须头戴“法冠”。唐·长孙无忌对“法冠”作了详细的介绍：“法冠，一名柱後，或謂之獬豸冠。高五寸，以縰爲展筩。鐵爲柱卷，取其不曲撓也。”。宋·魏了翁《春秋左传要义》指出：“古有獬豸獸，觸不直者，故執憲以其形用爲冠，令觸人也。”唐·段成式《酉阳杂俎》“獬豸見聞不直者觸之，窮奇見聞不直者煦之。……故君子以獬豸爲冠，小人以窮奇爲名。”清·惠士奇撰《礼说》“獬豸神羊，古者决獄，令觸不直。”关于獬豸的形象，历代均有不同的记载，如《神异经》记载：“獬豸，毛青似熊”。汉·许慎《说文》“獬豸似牛，一角。”汉·王充《论衡》中则称“獬豸者，一角之羊也”，这种“似羊”“类羊”的见解，可能在古籍中具有一定的代表性。《兽谱》作者在创作獬豸形象时，摈弃了《神异经》“毛青似熊”和《说文》“似牛”的形象，同时也未采纳以王充为代表的“羊”“神羊”的形象。他们发挥了非凡的想象力，其创作的“獬豸”形象以“威严”为主，龙首、狮身、虎爪、牛尾，体毛两侧还有隐约可见的麒麟的鳞斑，这一形象对邪恶者具有强烈的震慑力，而对善良者则有安抚、呵护和可依靠的亲和力。

最后，笔者还要提到**独角兽**，这是《兽谱》众多“瑞兽”中，唯一来自异国的瑞兽，是一种在中西方流传很广的神话动物，有各种语言文字的记载，象征正义、公平、纯洁、诚实、吉祥如意。英文“独角兽”为unicorn。

《兽谱》描绘的独角兽产自印度，文字说明及图形均源自清·南怀仁撰《坤舆图说》①。我国古籍中也有国产“独角兽”，但古籍中记载不多，提到“独角兽”名称、产地及主要习性者，有清·谢旻监修《江西通志》、清·沈青涯等编《陕西通志》、清·毕源《关中胜迹图志》等文献，其内容大同小异，“樵者見其臥林間，或搏虎而食之，食輒餘其半，山家每得殘虎以飽。”显然，国产的“独角兽”凶猛异常，嗜食虎肉，成为山寨之王——老虎的尅星，其形态、习性显然与印度产的独角兽迥异，疑为“同名异物”。《兽谱》画家对“独角兽”的描绘，全部保留了清·西洋南怀仁撰《坤舆图说》中异国“独角兽”的基本形态，如“形如馬，色黄、一角”等。读者如仔细观赏，则会发现《兽谱》画家在《坤舆图说》的基础上有所创新，如《坤舆图说》“独角”位置在兽之前额（临近头顶），《兽谱》画家则将此“独角”从头之前

① 17 世纪比利时人南怀仁用汉语编写地理书，初刻于康熙甲寅年（1674 年）。《坤舆图说》分上下两卷，为解说同年所刻的《坤舆全图》而作。

额下移至上额，“独角”的形态保持了螺旋状，但增加了螺旋纹间之距离，使“独角”有“角理通明、光润”之感。总之，《兽谱》画家笔下的“独角兽”，在背景的衬托下，给人以勇敢、善良、祥和的印象（王祖望，2014）。

## 二、现实存在兽

据统计，《兽谱》记载的国产现实存在兽共 61 种，约占《兽谱》记载物种总数的 34%。所谓现实存在兽种，是指《兽谱》的文字说明或图形基本能反映该兽的主要形态特征及生活习性；其中有部分物种，文字说明基本正确，虽图像有夸张之成分，但仍可以依据文字或图形来鉴别其所属的分类阶元，并给出今名及相应的拉丁学名。但在《兽谱》的现实存在兽类中，还存在一些兽种的文字说明或图形的想象成分大于现实成分，这给笔者的考证工作带来巨大的困难，遇到此类情况，考证专家组本着实事求是的科学态度，只给出粗略的分类阶元，涉及物种鉴别的工作，留待后人作进一步的探究与考据。

**第一册**，依据文字说明及图形，可以作出物种鉴别的兽种共 19 种，约占该册兽种总数的 63%，计有属长鼻目 Proboscidae 象科 Elephantidae 的亚洲象 *Elephas maximus*；食肉目 Carnivora 犬科 Canidae 的豺 *Cuon alpinus*、狼 *Canis lupus*、赤狐 *Vulpes vulpes*；熊科 Ursidae 的棕熊 *Ursus arctos*、黑熊 *Ursus thibetanus*，猫科 Felidae 的狮子 *Panthera leo*、虎 *Panthera tigris*、金钱豹 *Panthera pardus* 等，以及偶蹄目 Artiodactyla 鹿科 Cervidae 的梅花鹿 *Cervus nippon*、麋鹿 *Elaphurus davidianus*、獐 *Hydropotes inermis*、赤麂 *Muntiacus muntjak* 等。

**第二册**，依据文字说明及图形，可以作出物种鉴别的兽种共为 22 种，约占本册兽类总数的 73.3%，计有灵长目 Primates 动物 5 种，分别属猴科 Cercopithecidae 的猕猴 *Macaca* sp.、仰鼻猴 *Rhinopithecus* spp.、长臂猿科 Hylobatidae 的长臂猿 *Hylobates* spp.、人科 Hominidae 的猩猩 *Pongo* sp.；兔形目 Lagomorpha 兔科 Leporidae 穴兔 *Oryctolagus cuniculus* 的家化品种；猬形目 Erinaceomorpha 猬科 Erinaceidae 的刺猬，中国有 3 属 4 种，具体属何种尚难以确定；食肉目 Carnivora 猫科 Felidae 的一种家猫和两种野猫，具体属何种难以确定；犬科 Canidae 的貉 *Nyctereutes procyonoides* 和鼬科 Mustelidae 水獭亚科 Lutrinae 的水獭 *Lutra lutra*；鼬亚科 Mustelinae 的狗獾 *Meles meles* 或 *M. leucurus*、猪獾 *Arctonyx collaris*、紫貂 *Martes zibellina*。本册绘有家马 1 种，属奇蹄目 Perissodactyla 马科 Equidae，是一种已被家化的马 *Equus caballus*，其祖先种可能就是普氏野马 *Equus przewalsikii*；偶蹄目 Artiodactyla 麝科 Moschidae 的原麝 *Moschus* spp.；此外，本册还绘有 5 种啮齿目 Rodentia 动物，其中两种鼯鼠飞鼠均属松鼠科 Sciuridae 鼯鼠亚科 Petauristinae；一种鼢鼠 *Myospalax* sp.属鼹形鼠科 Spalacidae 鼢鼠亚科 Myospalacinae；一种与人伴生的黑家鼠 *Rattus rattus*，属鼠科 Muridae。

**第三册**，依据文字说明及图形，可以作出物种鉴别的兽种共为 13 种，约占本册兽类总数的 43.3%。本册绘有灵长目长臂猿科黑长臂猿 *Hylobates concolor* 一幅，形态特征逼真；另绘有食肉目犬科家犬 *Canis familiaris*；鼬科鼬亚科的貂熊 *Gulo gulo*，以及两种奇蹄目马科动物，一为旋毛马古名，实际为一种野马的家化优良品种；一为驴 *Equus asinus*，为野驴的家化品种。本册还绘有较多的偶蹄目动物，如猪科 Suidae 家猪 *Sus domestica*，是野猪 *Sus scrofa* 的家化品种；骆驼科 Camelidae 双峰驼 *Camelus bactrianus*，其祖先种为野骆驼 *Camelus ferus*；牛科 Bovidae 牛亚科 Bovinae 的两种家牛 *Bos taurus*，其祖先种为一种在欧亚非已灭绝的原牛 *Bos primigensis*；牦牛 *Poephacus mutus*（=*Bos mutus*）,其祖先种为野牦牛，学名相同；另绘有羊亚科 Caprinae 动物两种，从图形上看，均似北山羊 *Capra* sp.，其祖先种为中亚的山羊 *Capra hircus*；本册还绘有啮齿目豪猪科 Hystricidae 的一种豪猪，依据其文字描述：“豪彘，山猪也，形如豕，夹髀生毫，鬣上者大如笄，白而黑端，見人則激毫以射。”此段即为豪猪的关键特征，可以确定为豪猪科豪猪 *Hystrix* *brachyura*。

**第四册**，依据文字说明及图形，可以作出物种鉴别的兽种仅有 2 种，约占本册兽类总数的 6.7%。其一为食肉目猫科豹亚科 Pantherinae 的雪豹 *Uncia uncia*，古名为盂极；其二为偶蹄目牛科牛亚科的家牛或黄牛 *Bos* sp.，古名为那父。

**第五册**，依据文字说明及图形，可以作出物种鉴别的兽种仅有 3 种，约占本册兽类总数的 10%；其一为贫齿目 Xenarthra 犰狳科 Dasypodidae 所属的一种，主要产自中南美洲，有 9 属 12 种。《山海经》有记载，估计本册所载犰狳可能为贡品或作观赏偶尔传入（郭郛，2004）；其二从所绘图的角形及毛色来判断，疑似鹿科的马鹿 *Cervus elaphus*；其三为偶蹄目猪科的野猪 *Sus scrofa*。

**第六册**，除 12 种异国兽外（详见本文"三、外来的异国兽"），无一例可作物种鉴别。在此需要特别说明的是，绵延至今的有关貘的争议：貘（第一册，第 14 图）古名为貘、貊、白豹。是古籍中记载较多的兽种，由于名称混乱，不同学者看法分歧，争议不断，莫衷一是。这种争论和名称的混乱，导致《兽谱》的文字说明及貘的图形创作完全陷于似有据、又似无据的"想象"之中。例如，《兽谱》的文字说明主要依据清·陈梦雷等编《古今图书集成》所引文献，但作者对文献的取舍，导致考证者的困惑，如"貘或作貊，一名白豹，生黔蜀山中，似熊而小""文黑白驳"，从这两段叙述来看，似乎是大熊猫。但后文："象鼻，犀目，狮首，牛尾"则完全是依据古籍中不同的文字记载并凑而成。笔者认为后人不应跟在古人后面亦步亦趋，将自己陷入无休止的争论中，古籍中凡有以下三条记载的，即可判断为"大熊猫"，否则就不是。这三条依据：①似熊而小；②黑白驳；③舔食竹骨。依据上述三条，《兽谱》有关貘的文字说明与图形，只能判断为画师笔下的想象动物或在我国已消失的水貘、滨貘（王祖望，2014；王祖望等，2015）。

## 三、外来的异国兽

异国兽是指古代通过进贡、贸易等方式，从国外引进的兽类。袁杰先生（2014）提及：干隆十九年，【略】西域各部频频来朝，进贡马、犬、象、鹰鹘、瑞鹿以及奇花异草等。又提及：雍正帝经常命郎士宁[①]对边疆少数民族王公、地方大使或外国使臣所进贡的鹰、犬、猿、马等珍禽异兽写生。异国兽之兽名多为译音，图形及文字说明大多来自 17 世纪比利时人南怀仁用汉语编写的《坤舆图说》，该书初刻于康熙甲寅年（1674 年），分上下二卷。上卷包括：地体之圆、地球南北两极、地震、山岳、海水之动、海之潮汐、江河、天下名河、气行、风、云雨、四元行之序并其形、人物；下卷包括：亚洲及各国各岛分论 14 则、亚墨利加洲及各国各岛分论 14 则、墨瓦蜡尼加洲，以及四海总说、海状、海族、海产、海舶等。下卷末附异物图，有动物（鸟、兽、鱼、虫等）23 种，以及七奇图，即世界古代七大奇迹等，共 32 幅图。据笔者考证，《兽谱》第六册共有异国兽 12 种（其中有 2 种非兽类），其图形及文字说明，主要引自《坤舆图说》而非《古今图书集成》，因为后者所编纂的"异兽"也来自《坤舆图说》。此外，台北"中央研究院"近代史研究所赖毓芝（2013）在她发表的《乾隆朝〈兽谱〉中所涵摄之欧洲图像与知识》一文中，也指出："从《兽谱》中所转录南怀仁（1623—1688）《坤舆图说》中有关苏、狸猴、恶纳西约、获落、鼻角兽形象的记载"。

现将《兽谱》第六册中 12 种"异国兽"的考证结果简介如下。

（1）利未亚狮子（即非洲狮，*Panthera leo*）属食肉目猫科豹亚科 Pantherinae 兽类，载于本册第 9 图，其文字说明与《坤舆图说》大同小异，其生态习性等描述，多有拟人化之想象倾向，其图形不同于《坤

① 郎士宁（Giuseppe Castiglione，1688—1766），意大利人，原名朱塞佩·伽斯底里奥内，生于米兰，清康熙五十四年（1715 年）作为天主教耶稣会的修道士来中国传教，随即入宫进入如意馆，成为宫廷画家，曾参加圆明园西洋楼的设计工作，历任康、雍、乾三朝画师，在中国从事绘画达 50 多年。

舆图说》之附图，除动物头像表现凶猛外，整个体型与实际存在之狮子十分接近。

（2）独角兽：载于本册第20图，产于印度，为瑞兽（详见“一、瑞兽”）。

（3）鼻角兽：古籍中有关鼻角兽的记载甚少，仅见于清《坤舆图说》及王士祯《居易录》。本册第21图的文字说明主要引自前者，但图形作了较大的修改，使之更接近于实际动物。依据说明文字及图，可大致判断为产于印度的独角犀 *Rhinoceros unicornis*，隶属于奇蹄目犀科 Rhinocerotidae。

（4）加默良：本册第22图的文字说明与图均参照了《坤舆图说》，但两者都做了较大的修改，如文字部分增加了整体的描述：“狀似魚而有耳，鼉尾，獸足。”对皮肤则有更清晰的说明：《坤舆图说》“皮如水氣明亮”，《兽谱》则改为“皮如澄水明瑩”。图形最大的变化是头、躯、尾分明，并增加了栖息环境的描绘，但背景植物等可能与实际情况相差甚远。尽管如此，读者仍可按图索骥，大体可判断为爬行动物的蜥蜴目 Lacertiformes 避役科 Chamaeleonidae 的动物。**非兽类**。

（5）亚细亚洲山羊：载于本册第23图，古籍中有关文献甚少，仅见于清·南怀仁《坤舆图说》及王士祯《居易录》。后者描述甚简，称“南印度國有山羊，項生兩乳。”前者描述较详：“南印度國產山羊，項生兩乳，下垂，乳極肥壯，眼甚靈明。”《兽谱》的文字说明基本参照《坤舆图说》，但作了一些重要的补充，如“體肥腯，項生兩乳如橐（tuo）。”尤其是补充了山羊的角与被毛，“角銳長而橢，鬃鬣（lie）毛、尾與羊略同。”但《兽谱》的图形与《坤舆图说》有较大的差别，首先是将《坤舆图说》的绵羊形状，改为山羊，故“角銳長而橢”；其次是将《坤舆图说》描述的“項生兩乳下垂，乳極肥”，保留了项部两乳，而在羊胸部增画一对极肥的羊乳，所谓“垂兩乳如懸橐”，但《兽谱》文字说明与图似有不符之处，即“項生兩小乳”未交代，而“項垂兩乳如懸橐”的位置似乎应在胸部，而不是在项部。

（6）般第狗：载于本册第24图，古籍中有关文献极少，仅见于清·南怀仁《坤舆图说》及王士祯《居易录》。《兽谱》般第狗的文字说明引自《坤舆图说》，内容雷同，但对图形作了较大的修改，虽与实际动物略有差别，画家突出了动物的利牙及具鳞片的扁平尾，由此即可判断为河狸 *Caster fiber*；隶属啮齿目河狸科 Castoridae。

（7）获落：载于本册第25图，产于欧洲东北里都瓦你亚国（今之立陶宛）的一种专食尸体的犬科动物，古籍中有关文献极少，仅见于《坤舆图说》。《兽谱》图文均源自该书，文字说明雷同，但图形作了较大的改进，由于缺乏实物对照，画家只根据文字的描述与想象作图，恐与实物相距较远（估计为产于欧洲东北部立陶宛的一种野生犬科动物，有待进一步考证）。

（8）撒辣漫大辣：载于本册第26图，古籍文献极少记载，仅见于清·南怀仁《坤舆图说》及王士祯《居易录》。《兽谱》的文字说明与图，几乎与《坤舆图说》相同，据此可判断撒辣漫大辣为两栖纲 Amphibia 有尾目 Caudata 蝾螈类，**而非兽类**。

（9）狸猴：载于本册第27图，古籍中仅见于清·南怀仁《坤舆图说》及王士祯《居易录》。前者称为“狸猴”；后者称之为“狸猿”。《兽谱》亦称之为“狸猴”，其文字说明则按《坤舆图说》略作删节或增补；《坤舆图说》的原图比较粗糙，《兽谱》保留了该图动物的基本姿态，并在此基础上进行了加工润色。笔者依据《兽谱》“腹有重革如囊，獵人逐之，急則納其子於囊而走。”的记载，初步判断该兽有可能是**非洲**的一种有袋类动物。

（10）意夜纳（hyena）：《兽谱》之文字说明与《坤舆图说》近似，但图形似重新创作，体毛之黑斑点明显，但仅出现在兽之肩、臀部。这一重要区别究竟出自何处，有待进一步考证。依据英文 hyena 之译音及非洲鬣狗之照片判断，《坤舆图说》之插图似更符合实际。意夜纳分布于非洲撒哈拉沙漠以南的较开阔地区，是鬣狗科中体型最大的一种，也是最著名和捕食性最强的一种，可以成群捕食较大的猎物，除了狮子以外，是非洲最强大的肉食性动物。今名：斑鬣狗；英文名：spotted hyena，或 African hunting dog，隶属食肉目犬科，拉丁学名：*Crocuta crocuta*（朱丽叶·克鲁顿·布罗克，2005）。

（11）恶那西约（giraffe）：明永乐及正统年间，榜葛剌国、阿丹国、麻林国、忽鲁谟斯国等曾向明朝进贡"麒麟"，经考证他们进贡的所谓"麒麟"，实际上就是"恶那西约"。以下有7篇文献，记载了明代5次由外国进贡"麒麟"的史料。

**《明史·本纪第三·成祖三》**（清·张庭玉撰）记载，"永樂十二年，榜葛剌貢麒麟。又麻林及諸番進麒麟、大馬、神鹿。"

**《名山藏·王享记三·忽鲁谟斯》**（明·何乔远撰）记载："忽魯謨斯，又曰忽魯母思，海中國也。永樂七年，遣鄭和往其國，酋長感悦來朝。十八年，進麒麟、獅子、天馬、文豹、紫象、駝鷄、福鹿、靈羊、長角馬哈默、五色鸚鵡等物。駝鷄，首高七尺。福鹿，似駝而花文可愛。靈羊，尾大，重三十餘斤，雨則以車載其尾。長角馬哈獸，角長過身。"

**《明一统志·外夷·榜葛剌》**（明·李贤等撰）记载："沿革：本古忻都州府。西天有五印度國，此東印度也。其國最大。本朝永樂六年，國王靄牙思丁遣使朝貢。十二年，又遣其臣把一濟等來朝貢麒麟等物。"

**《明四夷考·榜葛剌》**（明·叶向高撰）记载："西天有五印度國，榜葛蘭者，東印度也。永樂六年，王靄牙思丁遣人朝貢。九年至太倉，命行人往宴勞之。十二年，王塞弗丁遣人奉金葉表，獻麒麟。"

**《殊域周咨录·西域·榜葛剌》**（明·严从简撰）记载："永樂六年，國王遣使自太倉入貢。上命行人往勞之。十二年，王又遣其臣把一濟貢麒麟等物。"

**《咸宾录·西夷志·天竺》**（明·罗曰褧撰）记载："永樂十二年，王塞弗丁遣使貢麒麟。禮部請上表賀，上曰：卿等但當竭心輔治，以惠天下。天下既安，雖無麒麟，不害爲治。其免賀，以後二國久不通貢。"

**《罪惟录·外国列传·忽鲁谟斯国》**（清·查继佐撰）记载："永樂十八年，進麒麟、獅子、天馬、文豹、紫象、駝鷄、福鹿、羚羊、長角馬哈獸、五色鸚鵡等物。"

上述《明史》中记载的"麒麟"是否即"恶那西约"？笔者已在古籍中找到了确凿的证据，如《明史·列传第二一四·外国七》在记叙阿丹国的贡品——麒麟时，有一段描述："麒麟前足高九尺，後（足）六尺，頸長丈六尺有二，短角，牛尾鹿身，食粟豆餅餌。。"形状与"恶那西约"一致，惟颈长之量度可能是指颈与前足合并之长度。但古籍中以"恶那西约"为名者的文献极少，笔者仅查到清·王士祯《居易录》记载："亞昆心域國有獸名惡西那約（可能是作者之笔误），如馬形，足前長後短，頸甚長，自前足至首，高二丈五尺，毛具五彩"；南怀仁《坤舆图说》记载："利未亞州西（即今之非洲），亞昆心域國產獸名惡那西約，首如馬形，前足長如大馬，後足短，長頸自前蹄至首高二丈五尺餘，皮毛五彩，芻畜囿中，人視之則從容轉身，若示人以華彩之狀。"

《兽谱》之文字说明主要引自《坤舆图说》，可惜画家未能在该书所绘图的基础上进行修改，过分延长躯干的长度，减少后足之长度，破坏了动物整体之比例，反不如《坤舆图说》之图形更接近与实际动物。尽管如此，我们仍可依据本册第29图，判定其今名为长颈鹿，英名：giraffe,拉丁学名：*Giraffa camelopardalis*，隶属偶蹄目长颈鹿科Giraffidae长颈鹿属*Giraffa*。

（12）苏兽：载于本册第30图，在古籍中仅《坤舆图说》有记载，《兽谱》的文字说明源自该书，图形保留了原图的姿态，但作了较多的修饰。由于画家未见过实物，其图形有很大的想象的成分，陡增考证的难度。笔者核对了南美洲智利产的全部兽类名录及一些近似的物种，有负子习性的只有负鼠，但形态与《兽谱》有较大的差距，故留待后人作进一步考证（故宫博物院，2014c）。

## 四、小　　结

袁杰（2014）在《兽谱》的《前言》中曾指出："在乾隆皇帝谕令和监督下，由宫廷画家余省、张为邦精心绘制，傅恒等军机大臣认真勘误、标识，经十余年才得以完成的一部动物图谱巨作。它是清代宫廷绘画的一部分。而其专以兽类为表现对象所绘制的百余幅图谱，不仅在清代宫廷绘画中独一无二，在中国历代宫廷及民间绘画上也是前所未有之作。因此，它在中国古代绘画史和动物谱志上，均具有独辟蹊径的开创性意义”。笔者在她的小结基础上，补充以下三点。

（1）两部传世巨著：《兽谱》和《鸟谱》均诞生于同一历史时期，并为同一画家所作，这在中国文化史上，实属罕见。

（2）在《兽谱》中能将众多神话传说中的瑞兽（神兽、仁兽、义兽）与现实存在兽、异国兽图文并茂地集中在一部图谱中，可能在中外文化史上也不多见，其中所蕴藏的深厚的历史、宗教、文化、政治的内涵，值得人们作进一步挖掘和探讨。

（3）在“康乾盛世”时问世的三部标志性巨著：《海错图》《兽谱》《鸟谱》，除《海错图》为民间画家所作外，后者均为宫廷画师所绘，八大臣文字解说，其绘画“继承了传统写实风格，并融入西洋绘画光影技巧，绘画精湛，栩栩如生，既是清代绘画之精品，也是工笔画的杰作，具有较高的艺术价值。”（袁杰，2014）。这从一个侧面，折射出中国自明清时期，统治者已逐步吸取来自欧洲文艺复兴时期的科学知识与文化艺术，尽管这一过程是如此的漫长和曲折。

## 参考文献

故宫博物院. 2014a. 清宫海错图. 北京: 故宫出版社
故宫博物院. 2014b. 清宫鸟谱. 北京: 故宫出版社
故宫博物院. 2014c. 清宫兽谱. 北京: 故宫出版社
郭郛. 2004. 山海经注证. 北京: 中国社会科学出版社
赖毓芝. 2013. 清宫对欧洲自然史图像的再制: 以乾隆朝《兽谱》为例. “中央研究院”近代史研究所集刊, (80): 1-75
林丽娜. 2005. 画里的环尾狐猴—郎世宁《画交阯果然》考辨. 台北故宫文物月刊, (268): 11-23
王祖望. 2014. 考证纪要. 见: 故宫博物院. 清宫兽谱. 北京: 故宫出版社
王祖望, 黄复生, 冯祚建. 2015. 中华大典・生物学典・动物分典(第四册). 昆明: 云南教育出版社
袁杰. 2014. 前言. 见: 故宫博物院. 清宫兽谱. 北京: 故宫出版社
朱丽叶・克鲁顿・布罗克. 2005. 哺乳动物. 王德华主译. 北京: 中国友谊出版公司: 274-275

# 中华民族共同的辉煌遗产

## ——《清宫鹁鸽谱》

黄复生　王祖望　李　湜

由故宫博物院主持编辑，以《故宫经典》为系列，由故宫出版社出版了从康熙至道光年间的《清宫海错图》1—3 册、《清宫兽谱》1—6 册、《清宫鸟谱》5—12 册和《清宫鹁鸽谱》7 个卷册等四部丛书；另外台北故宫博物院早前已出版了《故宫鸟谱》1—4 册。这些丛书在 1689—1830 年清王朝期间就已经完成了，以上丛书不仅图像逼真造型优美，而且还附有具体的描述及其出处，在 17—19 世纪出现如此佳作实属罕见，不仅有很高的艺术价值，而且也是当时动物学研究的突出成果。充分体现了古人对于艺术和科学追求的精神，所以丛书的出版意义深远，振动很大，充分显示了我中华民族的文化底蕴博大精深，反映了我国古人的聪明才智，在当时博物学研究中处于引领水平。这些丛书及图册除《海错图》之外，多数虽出自宫廷，但其内容及其所反映的研究结果却来自宫廷之外，来自民间。在不到一个半世纪的时间里，让我们看到了我国动物学研究的发展轨迹，从愚昧到求知，从幻想到科学，从描述到探索，从求知到开发一个完整的链条。

《海错图》总共有 4 册，《清宫海错图》仅包括 1—3 册，其中第四册仍保存于台北故宫博物院。《海错图》作者聂璜乃是民间文人，但作者热爱大自然，热爱祖国大好河山，深入我国江、浙、闽、台沿海及南海和内地相关水域考察各种水生生物，随之“绘而名，名而赞，赞而考，考而辨，”并于康熙二十七年，即 1688 年完成。在四部丛书之中，《海错图》最先问世的一部博物学专著。由于条件有限，工作繁杂，收集材料、整理分析、构思绘画，最后还得辛勤笔耕，描述我国美丽的山川和富饶的水产资源。事后作者深感我国海域之辽阔、物产之丰富、大自然之美妙与伟大，感叹“慎毋曰燃犀一燭也，謂吾以蠡測海也！”全书记载的水生物种十分全面而系统，编排奇特、画工精美，描述细微，并且无一例外，均配以诗文，更是引人入胜。对于所记载的水生物种进行了初步的归类，不同物种，由于形态结构不同，被归总于不同类群之中，初显近代分类学思想。《海错图》不仅具有很高的鉴赏价值，同时也有一定的科学意义。但因时代久远，深受“化生论”的影响，主张动物有互相转变、化生的现象，还含有“龙”和人头形状的“章鱼”等，显示出作者思维的局限性。

关于《清宫兽谱》完成于乾隆时期，有 6 册，每卷有 30 幅图，总共描绘 180 幅动物图像，每幅图像均有山石、树木、花草为背景。绘制的兽图不少，但真兽不多，许多兽图则属于“瑞兽”之类，包括“仁兽”“义兽”“神兽”“灵兽”等等，或者是不同兽类的混合体，似像似不像，根本不是客观生存的物种，无法确切予以考证，这样“人造”的兽类有 100 多种，远超过真兽。但是它们有一个共同特点，以夸张的手法、神奇的雄姿，威武的形象，显示出一种“力量”“敬畏”“权威”。这也许是清朝乾隆时期一种表明自我的姿态吧，或且借助兽类的凶猛，表现一种威力，用以消除灾祸。但无论是真实的兽类，还是虚构的“瑞兽”，其构思奇巧、画工精细，神态凶悍、有力、威严、逼真、令人赏心悦目，或见而生畏，或令人疑惑、或勃然起敬，这一点是它们的共性，且每幅兽图对开还附有详细的记载。具有很高的艺术水平。当然仍有很多种类属于真兽，画面准确地勾勒出其形态特征、生活状况和四周的环境，至今仍保持栩栩如生的状态，也附有详细的描述，具有一定的参考意义和科学价值。

《清宫鸟谱》在 18 世纪期间是最具有科学意义的代表作之一，台北故宫博物院先前出版的《故宫鸟谱》1—4 册，北京故宫博物院随后出版的《清宫鸟谱》5—12 册，总共有 12 册，这是一套完整的深藏于清宫的典籍，包括了数百幅鸟类彩图，在当时作为鸟类学的专论，所包括种类之多，涵盖地域之广都是绝无仅有的，除了精美彩图之外，随每幅图像之后附有满汉两种文字的详细记载和说明。由于作者了解生活，潜心研究，所画各种鸟的图像栩栩如生，跃然纸上，不仅神像，而且形更像，画面极其细腻、精美，图像十分准确而逼真，个个依据彩图都能鉴定出具体鸟种的学名，全书的鸟种不仅有国产的种类，还包括了许多来自外国的鸟种。具有很高的艺术鉴赏价值和科学研究意义。200 多年以前的鸟谱，所包括类群之复杂、种类之多样、分布之广泛、图像之逼真，布局之巧妙，促使整个画面充满生机与活力。每幅图画都是十分珍贵难得。作为一部鸟类学的专著在当时应是首屈一指，直到如今仍没有失去其科学价值。更难能可贵的是鸟谱所包括的种类，个个都是客观存在的生活物种，没有神化、没有虚构或人为的产物，更显现其科学性，值得学习、效仿，并加以弘扬。

以上 3 部丛书在论文集中分别各有专论，不再赘述。在此仅仅作为一项内容与《清宫鹁鸽谱》一起窥探我国清朝时期动物学研究的进展状况，由低级逐步向高级过渡，由神话逐步向科学过渡。在历史的长河中我们先人就是以这样的形式开展科学研究，逐步地积淀科学知识与成就，许多学科的研究均走在世界的前列，体现出我中华民族的光辉历史。

《清宫鹁鸽谱》是四部丛书中最晚出现的一部专著，全书可分前期和后期两个时期的作品：前期属于清朝康乾的鼎盛时期，后期则属于清朝的衰退时期。但所有的作品都是以一种鸽子的不同品种为主题，顺其自然，各表其态，体现其羽翼色彩和生活情趣，所有图像都是鸽子各个品种真实生活的写照，神态兼备的表现，各个品种体、翼、羽的配比和色泽的差异，都是在人工家养之下所产生的种种变异，形成不同品种或不同品系。画家按照客观真实的形象，在他们笔下予以巧妙地表现。我们没有理由不相信这一幅幅画像都代表了鸽子在人工培育之下所形成的每一个品种，或且每一个品系。

（1）前期作品由上下两部分组成。上部分大约在康熙雍正时期，由蒋廷锡完成的《鹁鸽谱》上下二册，蒋廷锡江苏常熟人，出身于读书世家，为书香子弟，从小受到良好的教育，于康熙雍正时期为官。精通典章，能诗文，擅绘画，并专长绘画花鸟，深得康熙皇帝的赏识。《鹁鸽谱》上册有 56 幅不同命名的鸽子品种图，以“葡萄眼铁牛”品种为开篇，以“杂花玉翅”品种为结尾，本册第一幅“葡萄眼铁牛”品种图像上方中央有椭圆形“嘉庆御览之宝”印章，第二幅“太极图”品种图像右上角印有“乾隆御览之宝”大型方章和左上角印有“乾隆鉴赏”小圆章，第四幅“雪眼皂”品种图像右上角有椭圆形“宣统御览之宝”印章。下册有 44 幅不同品种的鸽子图，以“鹞眼雪花”品种为开篇，以“绣颈”品种为结尾，本册倒数第二幅“银夹翅”品种图像左下方边旁有竖写“臣蒋廷锡恭画”楷书落款，右侧印有“三希堂精鉴玺”长方章一枚，本册倒数第三幅“银楞”品种图像右上角印有“乾隆御览之宝”大型方章。上下两册总共 100 幅鸽子图像，100 幅鸽子图像表现了 100 个鸽子的品种，它们虽体形相似、结构相像，但不同部位的羽被和色泽却相左，且差别很大，所以每一幅图像都代表了鸽子的每一个品种，也都有每一个品种的名称。蒋廷锡第一次以绘画的形式记载了我国民间培育鸽子的各个品种，表明了当时鸽子遗传育种之兴盛，并取得辉煌成就。蒋廷锡的每幅鸽子图像均配有山石、花草为背景，更显出整个画面的美感和鸽子不同姿势的不同情趣。蒋廷锡的 100 幅鸽子品种图为整个《鹁鸽谱》奠定了基础。

前期作品下部分是在嘉庆早期完成的，但不见画家的落款，所以不知出自谁家之手笔，为此只能以佚名的《鸽谱》用来表述。此《鸽谱》总共有 44 幅，其中第 1 幅与第 11 幅未标鸽名之外，其余 42 幅均在右上角明示其名，第 2 幅“黄蛱蝶”品种正上方中间位置盖有“嘉庆御览之宝”大型方章，倒数第 2 幅“踹银盘玉翅”右上角印有“嘉庆鉴赏”小圆章，最后以“虎头雕”品种的图像为结尾，没有见到乾隆的印章，推测前期下部分作品应该出于乾隆之后。《鸽谱》画风与《鹁鸽谱》不同，《鸽谱》突出鸽子，以鸽子的神态、姿势为核心，所以没有山石花草为背景，可能作者意在突出显现鸽子不同品种的形态特征和色彩分布的特点。所有标名 42 幅鸽子的品种名称皆与蒋廷锡《鹁鸽谱》相同，诸多品种不仅名称相同， 而且造型姿势、色彩浓淡也完全一致。可见《鸽谱》是以《鹁鸽谱》为基础，衍生作画。但《鸽谱》的艺术表现技法更细致、具体而入微。该谱中的鸽子先以匀整流畅的线条勾勒，精细的墨线圆滑而不失劲健，婉转而富于韵律，准确生动地勾描出鸽子或仰或俯，或站或跃的体态形貌，显现出作者以线塑形的运笔功力。作者在线描之外，更注意对于色彩的运用，一方面充分发挥中国画颜料的水溶特质，以多层而透润的晕染表现鸽子的羽毛；另一方面又融入西洋画法，用光影和明暗塑造体积，并通过精微的色彩加以体现，在惟妙惟肖展现鸽子自然形貌的同时，也充分显示出其造型之美与色彩之美。所以这一时期佚名的《鸽谱》虽与蒋廷锡《鹁鸽谱》的品种相同，但《鸽谱》中每一幅图像更加灵动地表现出各个品种的特性，更充分地反映出我国当时在鸽子遗传育种研究上的成就，并遗留下如此辉煌的艺术佳作，为鸽子遗传学的研究提供了难得的图像资料。

（2）后期作品也由上下两部分组成。上部分在道光十年（1830 年）由沈振麟、焦和贵完成的《鹁鸽谱》上下两册。沈振麟为江苏吴县（已撤销）人，是一名职业画家，擅长绘制花、鸟、虫、鱼、山、水、人物等，画工精湛，技艺高超，深得人们的称赞。沈振麟是长期在清宫造办处如意馆供职，前后经历过道光、咸丰、同治和光绪 4 个时期，共 60 余年，他是宫廷中连续供职时间最长、经历朝代最多的一位画师，深得宫廷赏识，曾赏二品顶戴，享二品俸禄，得到宫廷十分器重。他和焦和贵合笔《鹁鸽谱》的上下两册，分别各有 20 幅鸽子品种图，每幅画面均以鸽子为中心，清淡花草、山石为背景。上册以“菊凤腰翻白”品种为开篇，以“腰翻紫凤”品种为结尾，第 2 幅“菊花凤皁子”品种图像右上方盖有“宣统御览之宝”椭圆形小章一枚；下册以“莲花白”品种图像为开篇，以“杂花紫”图像为结尾，下册仍在第 2 幅“杂花紫”图像右上方盖有“宣统御览之宝” 椭圆形小章一枚。上下两册共计 40 幅鸽子品种图像。据王世襄先生考证，图中所绘之鸽应是宫中豢养之物，其中有些已绝种。因此，这本既带有观赏性，又带有标本性的《鹁鸽谱》，为鹁鸽的生态研究提供了难得的形象资料。从遗传学研究的角度出发，这一幅幅美丽、矫健、生动、活泼，并带有标本性的图像表明了我国劳动人民对于鸽子遗传育种的研究所取得的辉煌成果，是不可多得的历史资料和研究价值，对于当今遗传学研究仍有参考意义。在两册 40 幅品种中，有“四塊玉”“黑鹤秀”“银夹翅”等 9 幅品种的鸽名与蒋廷锡《鹁鸽谱》鸽名相同外，其余有 31 个品种的名称是不同的，也就是说在蒋廷锡原有 100 个品种的基础之上，又增加了 31 个鸽子的品种。可见当时鸽子育种工作是多么的繁盛，在前后 100 年的时间里，增加了近 1/3 的品种。

后期作品下部分为佚名《鸽谱》，此《鸽谱》也分上下两册，上、下分别各有 20 幅，总共有 40 幅形象色彩各异的鸽子图，然无一注明其鸽子品种的名称，唯有上册第 2 幅和下册第 8 幅右上角盖有“宣统御览之宝”椭圆形小章。这本佚名之作的《鸽谱》，其作者应为沈振麟、焦和贵，其绘制时间是道光十年十月三十日至十一月初六。在《鹁鸽谱》之后完成的。《鸽谱》与《鹁鸽谱》“二者除了所绘鸽子的品种不同外，其它皆完全一致……，它们的样式风格也完全一致，均以简约的山石、小草、树木点景，将鸽子放置于田园环境之中，以增强空间层次变化和画面的整体情趣。此外，均以工笔技法表现鸽子，通过准确的笔墨造型及合乎自然生态的设色晕染，充分展现了鸽子行、卧、栖、翔的各种形态。鸽子羽毛的设色不是用单一的颜色平涂，而是运用了点染、晕彩、积墨、泼色等多种手段，以厚重的色彩表现羽毛的质感与明暗。”所以佚名的《鸽谱》与《鹁鸽谱》应出自相同的作者，不仅画风相同，而且所表现的技巧和方式也完全一样。但是，所画的鸽子品种却完全不同，这一点十分重要，说明了我国鸽子的品种十分丰富，给画家提供了一个广阔的天地，尚未发现的、尚未记述的鸽子品种不知还有多少。

《鹁鸽谱》丛书包括前后两个时期的作品，前期有3个卷册，后期有4个卷册，共7个卷册，前后共有224幅鸽子品种图像，其中有182幅均标明各自品种的名称，42幅图像未标明品种名称。所有图像都是一雌一雄，成双成对，或立、或卧、或戏、或飞等种种行态。可见这些图像都是画家深入自然，研究动物活动规律的真实写照。在日常生活中虽可见到鸽子成群结队从空中飞过，或数十只鸽子相拥觅食于广场之上，但是回到巢里，总是成双成对，一家一户，相互抱窝，追求生活，哺育后代。画家仔细观察了鸽子生活的种种习性，并予以一一表现。如双双戏弄，比翼飞翔，见图7-8；彼此谦让，有福同享，见图7-9；互相帮助，享受生活，见图7-10；眯眼对视，意在其中，见图7-11；相亲相爱，共同抱窝，见图7-12；共注目标，防御外敌，见图7-13，等等，惟妙惟肖的画面把人带入另一个世界。画家以人格化的思维方式来描绘鸽子的形态特征和生活情趣，使整个画面更加生动活泼，引人入胜。画家不仅构思巧妙，而且在色彩表现上有着非凡的技巧，让人在简单的色调中体会到内在的美。"醉西施"鸽子品种有两幅图像相同的作品，一幅为前期作品，见图7-14，另一幅为前期作品，见图7-15，佚名的《鸽谱》第127页，前者以山石、青草为背景，后者仅以鸽子为主题，没有陪衬任何的背景。但二者"醉西施"鸽子品种图像的主色调上却完全一致，都是以白色为基调，上面漂浮一层淡淡薄薄的绯红色，大有出水芙蓉白里透红之美感，娇柔身姿亭亭玉立，美丽的色彩、清雅的韵味随着轻风飘动，让人感到几分醉意，无愧于"醉西施"之美称，真是"浓妆淡抹总相宜"。从艺术表现和绘画技巧诸多方面，对于《清宫鹁鸽谱》尚待深入探讨与发掘。但是让笔者感到格外兴趣的是，《清宫鹁鸽谱》以绘画的方式记载了并留存至今，诸多鸽子品种标本式的图像，每一幅品种的图像都显示出哪一个品种形态特征、生活习性、活动姿态、颜色配比和明暗程度的独特表现，均与众不同。在224幅鸽子品种图像中，有42幅尚未标明品种名称，但是有182幅均明确标以各自的品种名称，其中除了相同品种之外，仍有131幅图像显示了131个独立的完全不同的鸽子品种的图像，如果再加上未标明名称的42幅品种图像定会增加不少额外的、新的品种。在已确定的131个品种当中，有一品种"紫蛱蝶"在不同卷册中可以找到4个相同品种名称的不同图像，奇怪的是，前期作品第3部分佚名的《鸽谱》中有两幅"紫蛱蝶"相同品种的图像，但是它们图像之间仍有很大区别。四幅图像的体态和紫斑状况有如下变化。

图7-8　选自《清宫鹁鸽谱》后期作品
佚名《鸽谱·下》第238页

图7-9　选自《清宫鹁鸽谱》后期作品
佚名《鸽谱·下》第247页

图 7-10　选自《清宫鹁鸽谱》后期作品
佚名《鸽谱·下》第 246 页

图 7-11　选自《清宫鹁鸽谱》前期作品
佚名《鸽谱》第 131 页

图 7-12　选自《清宫鹁鸽谱》后期作品
佚名《鸽谱·下》第 241 页

图 7-13　选自《清宫鹁鸽谱》后期作品
佚名《鸽谱·上》第 213 页

（1）前期作品蒋廷锡《鹁鸽谱·上》第 45 页，“紫蛱蝶”，双翼基部 2/3 毛羽为暗淡紫色，但背部毛羽通白，所以左右羽翼的紫色区域不相沟通，彼此分离，见图 7-16。

（2）前期作品佚名《鸽谱》第 123 页，“紫蛱蝶”，双翼基部 2/3 毛羽为紫色，偏红，两翼间背部前方有相同紫色的毛羽相连，这种紫色毛羽仅在背部前方出现，但不再向后延伸，见图 7-17。

（3）前期作品佚名《鸽谱》第 128 页，“紫蛱蝶”，双翼基部 2/3 毛羽为紫色，偏暗，两翼间背部从肩处直到尾基皆被暗紫色毛羽所覆盖。静止时背部紫色毛羽覆盖区的长度远超过羽翼紫色区，见图 7-18。

（4）后期作品沈振麟、焦和贵《鹁鸽谱·上》第 179 页，“紫蛱蝶”，双翼基部 2/3 毛羽为深紫色，偏暗，两翼间背部从肩处直到尾基皆被暗紫色毛羽所覆盖。但是，静止时背部紫色毛羽覆盖区的长度与羽翼的紫色区持平，不超越羽翼紫色区，且紫色最深暗，恰似一个深紫色圆盘，背负于背上，见图 7-19。

图 7-14　选自《清宫鹁鸽谱》
蒋廷锡《鹁鸽谱·上》第 43 页

图 7-15　选自《清宫鹁鸽谱》前期作品
佚名《鸽谱》第 127 页

图 7-16　选自《清宫鹁鸽谱》前期作品
蒋廷锡《鹁鸽谱·上》第 45 页“紫蛱蝶”

图 7-17　选自《清宫鹁鸽谱》前期作品
佚名《鸽谱》第 123 页“紫蛱蝶”

以上 4 幅虽同属于相同“紫蛱蝶”鸽子品种的图像，但是它们紫色毛羽覆盖区的形状、大小，以及紫颜色的深浅浓淡等等都存在着显著的差别。除此之外，嘴后、眼后、眼下及颈部腹面的蓝灰色羽毛区也有很大差别。凡此种种差别很可能都是一个品种向另一个品种过渡的开始，也可能是另一个品系出现的过程。古人以色彩，用画笔记载了这种现象的存在。虽然是同一个品种，均被命名为“紫蛱蝶”，但不同色斑的结构和不同色调的变化，可能孕育着不同品种的诞生。所以这些标本式的图像为鸽子遗传学的研究提供了珍贵资料，具有很高的科学意义。

图 7-18　选自《清宫鹁鸽谱》前期作品
佚名《鸽谱》第 128 页“紫蛱蝶”

图 7-19　选自《清宫鹁鸽谱》后期作品
沈振麟、焦和贵《鹁鸽谱·上》第 179 页“紫蛱蝶”

鸽子与人类的关系十分密切，鸽子有繁殖多、生长快、认主归家等等特点，深受人们的喜爱，不仅肉鸽可为人类提供可口美味的食料，而有的品种能够识途，且具有长距离飞翔的能力，人们常常携带鸽子长途跋涉，在远地放飞，又飞回原处，给人带来无穷的乐趣。古时常以信鸽传递家书、交流信息，战时也常以此传递作战计划、禀报敌方军情。凡此种种鸽子给人类带来诸多便利，为此我国古人很早便有了养鸽、放鸽、训鸽等等喜好，有时作为一种事业进行养殖与研究。所以养鸽在民间相当普遍，无论农村还是城市常可见到四飞鸽群，不仅小孩在养鸽，大人也在养鸽。所有这些品种表明了我国当时鸽子在人为干预之下，饲养、研究、淘汰、选择、培育的结果。所以《清宫鹁鸽谱》给我们展示的不仅是一幅幅珍贵的经典古画，给人以美的享受，而且也给我们展示了我国古时鸽子遗传学研究的卓越成就。除此之外，我国古代对于金鱼的驯养，挑选和品种的培育等科学研究也同样取得巨大成就，为近代遗传学研究奠定了科学基础。近代生物学家陈桢、童第周等在这一基础上，开展了遗传学和细胞学的深入研究，取得了许多新的进展和成就。所以，科学虽然有它的历史性和阶段性，但科学也有它的延续性和继承性，不能用现在的科学成就替代过去科学研究的结果，更不能用现在科学的结果来否定过去科学研究的历史。

从《清宫海错图》、《清宫兽谱》到《清宫鸟谱》和台北故宫博物院编辑的《故宫鸟谱》，我们统称为《鸟谱》，再从《鸟谱》到《清宫鹁鸽谱》，这些专著虽然都是密藏于深宫密室，但所描述的动物、所研究的问题，都是来自大自然、来自民间，所以这些著作一方面供帝王鑑赏，另一方面也表明了那个时代我国动物学研究的过程、状态及其所取得的成果。康熙早期完成的《清宫海错图》虽深受化生论的影响，但首次全面、系统地记载了我国水生生物，并初步予以归类，体现近代动物分类学的某些观念，应予以肯定。《清宫兽谱》虽以神兽、瑞兽为主导，借以显示王朝的强大与昌盛，但仍以兽类为主题，表述兽类生活状态和各种习性也值得我们后人取其精华。《鸟谱》则完全脱离了化生论或人为的影响，以其全新的面貌，科学地记述了自然界鸟类的形态、习性和色彩，真实地反映了鸟的种类及其活动状态，不仅给人以美的享受，而且为后人开展鸟类学的研究提供了一部不可多得的参考文献。时至今日，其中一些难以考证鸟的图像，所显示的物种可能处于十分难见的濒危状态，或已是绝灭了的物种，为此《鸟谱》更显其珍贵的科学价值。《清宫鹁鸽谱》完成于道光年间的中后期，此时作为清王朝已处于衰退没落时期，但是科学正摆脱外力的影响，沿着自己发展的轨迹前行，《清宫鹁鸽谱》的完成，以及所反映的宫廷内外鸽子遗传育种研究之繁盛，诸多品种的出现犹如雨后春笋接连不断，展示了科学研究的前进步伐。《清宫鹁鸽谱》的生物学研究意义重大，如果说早期几部图谱主要在于探寻自然界的生物多样性，搜集物种、描绘物种、记载物种，一幅幅图像展示了丰富多彩的动物世界。而《清宫鹁鸽谱》在认识家鸽这一单一物种的基础上，进入了更深层次的研究，对其形态特征、生活习性、变异遗传、筛选择优等等进行了全面而系统的研究，不断地探索家鸽这一物种在人工饲养、干预之下产生种种变异遗传的规律，并获得了家鸽的诸多品种或品系。因此，如果说《海错图》《兽谱》《鸟谱》是对于自然界动物物种形态学和分类学上的记载与研究，那么，《鹁鸽谱》则是对于家养条件下鸽子遗传学和生物学上的探索与追求。所以《清宫鹁鸽谱》不仅是供人鉴赏的一般图册，而是我国古人长期以来对于家鸽遗传学研究的一个总结，诸多鸽子品种图像为后人开展鸽子遗传学的研究提供了珍贵的资料。以上四部丛书无论是描绘物种、研究物种，还是探索物种演化、变异的规律，均体现了我国古代动物学研究的一个侧面，充分表明了我国动物学研究的历史进程，并取得的巨大成就。这些成就来自古人，来自我们祖先，密藏于“故宫经典”之中，这些“经典”无论保存于台北故宫博物院、还是保存于北京故宫博物院，都是属于我中华民族共同的辉煌遗产！有待于我们共同发掘、研究，并传递给世人，以弘扬我国古代动物学研究的卓越成就。

## 参 考 文 献

故宫博物院. 2014a. 清宫鹁鸽谱. 北京: 故宫出版社
故宫博物院. 2014b. 清宫海错图(1-3 册). 北京: 故宫出版社
故宫博物院. 2014c. 清宫兽谱(1-6 册). 北京: 故宫出版社
故宫博物院. 2014d. 清宫鸟谱(5-12 册). 北京: 故宫出版社
台北故宫博物院. 1997. 故宫鸟谱(1-4 册). 台北: 故宫博物院

# 古代化生说对清宫三图谱的影响

王祖望

“化生说”是中国古代的一种生命观，自春秋战国时期至清朝末年，绵延2000余年。由于其根植于中国古代的阴阳五行的哲学思想，对人们影响之深远，尤其对古代动物学的长期误导作用不可低估。在20世纪20年代，我国近代植物学奠基人胡先骕曾在《科学》上发表了《化生说与生命之起源》一文，指出：“所谓化生说（heterogenesis）与自然发生说（spontaneous generation）义虽略异而旨则同归，盖皆承认世间生物可于无中生有，或各种生物可以递嬗蜕变也。”他在这篇专文中，引用了大量古今中外文献，对化生说深入人心之三大原因作了深刻的剖析（胡先骕，1927）。至80年代，邹树文在他发表的《中国昆虫学史》第一章第五节《化生说的兴起与发展》一文中，将中国古代化生说产生的背景，儒家、道家化生说的各自见解，尤其对道家的化生说的主帅庄子的观点进行了一番梳理，是迄今为止，笔者所见到的有关化生说最全面，最系统，论说脉络最清晰的论作。特别是他提到的以下两个观点值得我们重视：①“《易·咸卦·象》及《易·系辞》的化生说本已无所不化，《礼记·月令》所举物候更张其焰，而化生之说更集中在动物方面。儒道两家的化生说，在长期封建社会中，都令人们对于动物的认识起**模糊不清**的作用”；②“朴素的唯物观察，不继之以实验的检验，则正确的基础就要渐渐转化为错误。最初儒家、道家均各有其化生说。儒家《易·系辞》所说尚可称朴素合理，《夏小正》继之以《月令》把不正确的观察纪入物候就不免于离奇了。”邹树文上述两段话清晰地告诉我们，古代化生说源自《易经》，集中在动物方面，并让人们对动物的认识起“模糊不清”的误导作用；化生说对动物的观察有朴素唯物的成分，但由于未能深入考察和继之以实验检验，正确的基础就要转化为错误。《夏小正月令》就是一个例子（邹树文，1982）。

2011—2015年，《中华大典·生物学典·动物分典》（以下简称《动物分典》）编委会受故宫博物院出版社之委托，对清代三部动物学图谱（《清宫海错图》《清宫兽谱》《清宫鸟谱》，以下简称“清宫三图谱”）中所绘动物，依据其实体图形与文字描述，考证其古名、今名及其分类阶元，并给出相应的拉丁学名。目的是在“清宫三图谱”已具有很高史学、艺术价值的基础上，向广大中外读者进一步介绍其科学价值，让读者能通过“清宫三图谱”追溯古人对种类繁多的动物世界认知的历程。为此，《动物分典》编委会组成3个专家小组，主持“清宫三图谱”的物种考证，并为之撰写《物证考证纪要》及《物种考证表》。在此过程中，我们查阅了有关文献，深切体会到化生说对中国古代动物学的影响。现以“清宫三图谱”为例，讨论如下。

## 一、“清宫三图谱”产生的历史背景

“清宫三图谱”中的《清宫鸟谱》和《清宫兽谱》均产生于清乾隆时期，肇始于乾隆十五年（1750年），于乾隆二十六年（1761年）完成，绘画者均为宫廷画人余省和张为邦。两部图谱的汉满文字图说均由傅恒、刘统勋等八位大臣担当。

在“清宫三图谱”中，唯有《海错图》非宫廷画师所作，文字解说也非八大臣担当，而由民间画家聂璜所作，成图时间大约在康熙三十七年（1698年），比《清宫兽谱》和《清宫鸟谱》早了63年，约在康熙五十年（1711年）为清宫所收藏。该图共4册，前三册为北京故宫博物院所藏，第四册现藏于台北故宫博物院。聂璜将其毕生之精力献给了《蟹谱三十种》《海错图》等作品的绘制。他是中国古代十分难得的一位以写实为主的画家。为了能在产地近距离观赏到更多的海物，他于康熙六年（1667年）前后移居台瓯（今浙江台州、温州一带），又于康熙二十六年（1687年）后，远赴河北、天津、福建等地，考察不同环境条件下，海洋生物的产地、形态特征及繁殖习性，最后客居福建，耗时六年系统归纳整理，于康熙三十七年（1698年）夏，将《蟹谱》与他在各地所见的海物，“集稿誊绘，通为一图”，并定名为《海错图》。由于该图册所绘海物，均来自于他亲身的观察与体验，即绝大部分是“取其可见可知者”，加上他渊博的学识和熟练的绘画技巧，对每一物种“绘而名，名而赞，赞而考，考而辨”，为了避免混淆，他进而旁征博引，考据其名，辨析其源。《海错图》的文字解说也颇具特色，亦文、亦诗，挥洒自如，使该图兼具艺术与自然科学的双重价值。使当时那些关门杜撰之作，相形见绌。

“清宫三图谱”均产生于清皇朝最兴旺的“康乾盛世”，绝非偶然。明朝末年，西方传教士进入中国，将西方先进的天文历法、数学、物理学、机械学、地理学、医学、哲学、火器制造、建筑等科学知识带入中国。明亡后，“清初四帝顺治、康熙、雍正、乾隆时期，清廷官方对西方科学技术基本持比较开明的态度，对西方传教士评价也是基本客观的”，加之康熙本人从青少年时代就十分关注科学发展，“1685年，他聘请法国传教士张诚、白晋等为老师，传授欧几里得几何；1693年在畅春园蒙养斋创建学馆，聘请白晋、张诚等讲授天文、数学、测量、解剖等自然科学”（霍有光，1997）。然而，康熙的这些“西学”举措，仅仅停留在清皇朝的小圈子内，缺乏动员广大知识分子参与，更缺乏派人走出国门，去欧洲实地考察取经的胆识。而与之相对应的“儒学”，康熙却钟爱有加，“在保持八旗制的基础上，接受了儒家整套治国学说”（故宫博物院，2014c）。康熙和乾隆（1662—1795年）在这个历史转折的关键时期，他们原本应该一手抓儒学，利用儒家思想驾驭群臣，统一中国，巩固大清政权；一手抓西学，排除两千年来封建正统观念的干扰，利用传教士带来的西方先进科技文化，对西学输入采取吸取与兼容的政策，但这两位英君却错失良机，只顾抓住了传统的儒家文化，巩固了大清政权，却放弃了原本要吸收和兼容的西方先进科技文化，使中国错失了一次通向强盛之路的历史机遇。“清宫三图谱”正是康乾盛世，清皇朝大张旗鼓倡导满族学习传统儒家文化，大兴科举之时的一个产物（文金祥，2014）。

## 二、化生说对《清宫海错图》的影响

“化生说”对“清宫三图谱”均产生了形式各异，程度不同的影响，其中以《海错图》所受的影响最大。虽然聂璜是清康熙时期的一位杰出的民间艺术家、博物学者，但他毕竟受到所处时代的限制，很难摆脱沉积深厚的化生说的影响，在他精心绘作的《海错图》中，比较集中地反映了化生说的生命观。《海错图》（前三册）共描绘动物184种，其中涉及化生说 （包括传说、图腾）的动物有19例，约占所绘动物物种总数的10%，与同属清朝的《兽谱》和《鸟谱》相比，显得十分突出。按化生说的观点，能够相互化生的两种生物之间，必然存在某种相似之处，譬如外形、色泽、身体某部分的结构、某些行为特征、世代周期循环或季节周期循环等等（赵云鲜，1995；王祖望，2014a）。例如：

（1）外形相似的化生案例：第一册中的鱼虎：“頭如虎，背皮似猬，能刺人。《本草》曰：……生南海亦能變虎。諸類書無所考。”又如第二册海鲨：“虎頭，體黑纹，鱉足，巨者重二百斤。嘗以春晦陟於海山之麓，旬日而化爲虎，惟四足難化，經月乃成。……凡虎口之寛，雌者直至其耳，今虎鯊大口正像之。口内有長牙四，類虎門牙……”，“康熙二十七年七月，嘉兴乍浦海滩上有虎鯊跌成黑虎，……。乍浦多有虎鯊變虎之事，其事不一。”聂璜又作《虎鲨赞》曰：“魚以虎始，还以虎終。出乎其類，更化毛蟲。”又第三册有鱼雀互化：“廣東惠州有一種海魚，小而色黄，土人云爲黄雀所化，而鱼亦能化雀”。聂璜作《鱼雀互化赞》赞之，曰：“仲秋孟冬，两化魚雀，比之鷹鳩，其候不錯”（故宫博物院，2014a）。

（2）身体结构有相似之处并能相互化生的案例：如第一册石首鱼头部有脑石（应为耳石,编撰者注），一种野凫头中也有石，于是古人将两者联系起来。“《字彙》云：鳧，水鳥，如鴨，背上有紋，青色，卑脚短喙。《本草》云：野鴨頭中有石，是石首魚所化。予初亦未之深信，蓋雖有其説，漁人從未見也。及聞魚化黄雀著于粤籍，蟲化海鷗傳自閩人，始信石首化鳧，古人之言必不大謬。”聂璜在《海凫石首赞》中，还对此做了进一步的肯定，“鳧化石首，載之簡册。考核何憑？鳧頭有石。”（故宫博物院，2014a）。

（3）在化生说中，由于生物行为的相似性而产生两种生物相互化生的实例不多。石首鱼与野凫除了都具“脑石”外，两者洄游与迁飞的时间似有某种巧合，如“石首魚，一名春來，以其來之春也。”“此魚多聚南海深水中，水深二三十丈。石首將放子，無所依託，是以春時必遊入内海，傍岩岸淺處育之。”“大約放子喜海濱有山泉處，故閩之官井洋、浙之楚門、松門等處多聚焉。每歲交春，發自海南，而粤、而閩，至浙之温、台、寧、紹、蘇、松則漸少矣。交夏水熱則仍引退深洋，故浙海漁户有‘夏至魚頭散’之説。”（故宫博物院，2014a）。大致与此同时，野凫开始从沿海向内陆迁飞，两者一来一去的时间相近，古人遂将彼长此消的现象联系起来，产生了石首鱼数量的旺季是野凫化为石首鱼的缘故，而夏、秋季，野凫数量增加，又成为石首鱼所化的结果。《海错图》中的野凫，古人常称为冠凫，该鸟头中有石，在一些典籍中均有记载，如吴•陆玑《陆氏诗疏广要》“冠鳧善飛，……，《吴地志》曰：石首魚至秋化爲冠鳧，鳧頭中有石也。”宋•罗愿《尔雅翼》亦云“《吴地志》曰石首魚至秋化爲冠鳧，冠鳧頭中猶有石也”。宋•吴曾《能改斋漫录》“偶讀張勃《吴録地理志》載：吴婁縣有石首魚至秋化爲冠鳧，言頭中有石也。”明•胡居仁《易像钞》“鮻，一名石首，其來以春，名春來，至秋化爲冠鳧”。此外，明•彭大翼《山堂肆考》、明•屠本畯《闽中海错疏》、清•陈大章《诗传名物集览》、清•嵇璜、曹仁虎等撰《续通志》及《浙江通志》等，均有相同之记载。据卢汰春、童墉昌考证，冠凫之今名应为秋沙鸭 *Mergus* sp.，但其头中并无石头，冠凫头中有石之说的由来，尚待进一步考证（赵云鲜，1995；王祖望，2014a）。

除以上所述实例外，《海错图》中尚描绘“鹿鱼化鹿”“刺鱼化箭猪”“鷄鸟化墨鱼”“蚝鱼化海鸥”“瓦雀变花蛤”“蝙蝠化魁蛤”“雉入大水化为蜃”“石笋化竹鱼”等，均为该图谱受“化生说”影响之实例（故宫博物院，2014a），由于篇幅所限，在此不一一评说。

## 三、化生说对《清宫兽谱》的影响

《清宫兽谱》始绘于清乾隆十五年（1750 年）“在乾隆皇帝的谕令和监督下，由宫廷画家余省（列为一等画人）、张为邦（列为二等画人）所作，前者擅长花鸟虫鱼，其作品既继承历代写生画传统，又带有西洋画的格调；后者擅长画人物、楼观、花鸟及动物等，曾随意大利籍宫廷画师朗世宁等外国画家学习西洋画技法，从而将西洋画的技法融入创作中。《清宫兽谱》完成于乾隆二十六年（1761 年），其校勘及文字解说都出自清廷乾隆时期八大臣，即傅恒、刘统勋、兆惠、阿里衮、刘纶、舒赫德、阿桂、于敏中等，他们都是朝中重臣，在乾隆时期对清廷的政治、军事、文化等事业中有重要贡献。以八大臣作校勘及文字说明，尤可见乾隆帝对这部图谱的重视（袁杰，2014）。这部图谱与《清宫海错图》相比，在绘画风格及文字解说方面，相距甚远，前者文字拘谨，后者洒脱；前者绘画华丽，细腻，颇具西洋画的表现技法；后者绘画朴实，豪放，兼有中国写意画和工笔画的表现技巧（王祖望，2014a）。《清宫兽谱》在受化生说的影响方面，其表现形式和程度也有明显的差别。例如，《清宫兽谱》侧重表现为动物的神奇化和图腾化，瑞兽就是吉祥的神兽。对瑞兽的崇拜表现了古代汉族劳动人民祈求平安幸福的朴素愿望；对瑞兽的图腾崇拜是原始人群体的亲属、祖先对保护神的一种追崇与敬畏。20世纪20年代，胡先骕（1927）对其产生的原因曾作过深刻的分析，他认为“在榛莽之世，拜物教（animism）之信仰盛行于时，草木树石，风雨雷电，苟能运动，咸认为有知识感觉如吾人，又复不明生死之因，梦幻之理，故于世间事物咸以神秘之眼光视之，故道路流传不经之事皆深信不疑，……吞玄鸟卵，皆荒古之神话，乃流传典册，泥古之士，深信之不啻目睹，又云鸟名官，熊狐命氏，要为图腾（totem）之意，尝考今日蛮族之图腾……”。王增永（2007）在《神话学概论》一书中，将上述现象称为“神话”，并将神话定义为：“它反映原始先民对人类生殖、万物起源、自然现象和社会生活的认识与探索的语言作品。……,由于当时生产力水平很低，人们不可能科学地解释人类生殖、万物起源、自然现象和社会生活的复杂形态，于是便以原始思维为基础，借助想象和幻想，把自然现象和自然力形象化、人格化。”因此，对瑞兽的崇拜，“往往与原始信仰相融合，表现出原始先民对自然力的斗争和对理想的追求。”这种追求从远古时代一直沿存至今（王增永，2007）。《清宫兽谱》中描绘的瑞兽多达107种（包括异国瑞兽1种），约占该图谱描绘的全部兽种数的59.3%，即占据了近六成的比例，如此众多的具有传奇色彩的瑞兽，如麒麟、獬豸、白泽、九尾狐、貔貅等等，图文并茂地集中在一部图志中，这可能在中外文化史中也不多见。其中所蕴藏的深厚的历史、宗教、文化、政治内涵，值得我们做进一步挖掘和探讨（王祖望，2014c）。仅就一般意义上的化生说而言，如毛之色泽斑纹相似而能相互化生，《清宫兽谱》第二册对赤貍的描绘即为一例：“赤狸狀似狸而豹文赤色，《桂海志》所載：火狸歲久則化爲豹，其文先似之也。” 在同一册，以物候观察对鼢鼠的描绘：“鼢鼠，地行鼠也，一名犁鼠，又名偃鼠。……形如鼠，大而無尾，好穿耕垣中行，故亦謂之田鼠，季春之月，田鼠化爲鴽，蓋鼢本伯勞所化，而又能化爲鴽也。” 在该图谱第三册对一种称为“类”的想象中动物的描绘，则更为离奇：“類狀如貍而有髦，自爲牝牡，即《列子》所云‘亶爰之獸，自孕而生’。《莊子》所云‘類自爲雌雄而風化者也’。”在中国典籍有关化生的记载中，不乏动物和人性转变的实例，但如“类”这样的兽类，集雌雄于一体，可自孕而生，在古籍中亦甚为罕见（王祖望，2014c）。

## 四、化生说对《清宫鸟谱》的影响

《清宫鸟谱》虽与《清宫兽谱》同出于余省、张为邦之手，始绘和完成时间亦相同，但在禽鸟的描绘及化生说的影响方面，仍有较大的不同 。《清宫鸟谱》对所绘之禽鸟，除个别传奇的“瑞鸟”凤凰外（台北故宫博物院，1997），均为现实存在的鸟类并以写实手法表现之。换言之，即所绘之图与实物大小之比列、羽毛色泽、形态特征、栖息环境等较为一致，且文字说明与相对应的鸟图比比对照，读者可以按图索骥，识别种类。据故宫博物院（2014b）书画研究员李湜介绍：“余省和张为邦都是以工笔重彩技法，连绵而富有弹性的线条塑造鸟禽形貌，又以短细的笔触，一丝不苟地刻画出鸟禽背部坚密光滑、腹部蓬松柔软的毛羽质感。为了增强其真实性和立体感，又巧妙地吸收了西洋绘画的光影技法，以深浅不同的色调，表现出羽毛或厚重或轻薄的视觉效果，并通过对高光部位的强调而渲染出鸟儿明亮的眼睛。作为衬景的花草、树木，以清代花鸟画坛最为盛行的恽寿平‘没骨法’表现。这些点景的花、木虽然所占画幅的比例较小，但是，它们巧妙得体的穿插、陪衬，为画面增添了生态空间的真实感，从而使鸟儿们在田间溪畔、树柯草丛间的行止饮喙、翻滚飞翔、剔爪梳翎的各种体态，显得更富有活力和情趣”。这是17世纪中叶世人对鸟类记载最为系统的谱志类著作，具有很高的史学、艺术、科学价值（王祖望，2014b）。此外，该图谱与《清宫兽谱》最大的差别是，尽管在中国典籍中，记载过许多神奇的瑞鸟，如凤、鸾、重明鸟、三青鸟、比翼鸟、三足鸟、九头鸟、人面鸟、鹔鹴、鹏、毕方等等。但该图谱仅在第一册描绘了两种具浓厚神奇色彩，在中国汉族家喻户晓的瑞鸟——凤与鸾。而对其他多达十余种的，也充满神奇色彩的瑞鸟却弃之不顾，与《清宫兽谱》对待众多瑞兽的态度完全不同，为什么会采取上述两种截然不同的做法，颇值得人们作进一步的探讨。凤，一名瑞鶠、一名鶤鸡、一名长离、亦作长丽。《山海经》云："丹穴之山有鳥焉，五采而文，名曰鳳凰。飲食自然，自歌自舞，見則天下安寧"。《大戴礼》云："有羽之蟲三百六十而鳳凰爲之長。"鸾，一名鸡趣、一名青凤。《山海经》云："女林之山有鳥焉，其狀如翟而五采文，名曰鸞鳥，見則天下安寧。"《抱朴子》云："鸞鳥似鳳而白纓，聞樂則蹈節而舞。"《说文》云："青鳳爲鸞"（台北故宫博物院，1997）。

《故宫鸟谱》（1—4 册）、《清宫鸟谱》（5—12 册），共计为图 361 幅，前四册绘鸟 120 幅，约占绘鸟总数的 1/3；后八册绘鸟 241 幅，约占绘鸟总数的 2/3（王祖望，2014b）。就一般化生说而言，《清宫鸟谱》所受到的影响都很小，除去第一册的凤和鸾两种瑞鸟外，共计绘鸟 359 幅，对每种鸟的汉、满文字解说集中于物种的形态特征的描述，正如《故宫鸟谱》序中所言："辨毛羽、志鳴聲，考飲啄之宜，紀職方之産，雌雄毵㲉，稽述靡遺，洵足爲對時育物之資，博考洽聞之助矣！"在 359 幅绘鸟中，涉及化生说只有 5—6 例，约占总绘鸟图数的 1.4%—1.7%，如第五册：王冈哥（古名：蚊母鸟、贴树皮；今名：欧夜鹰）"大凡物之自無而有，必有所始，精誠所感，憑化爲物，理或有之，不可盡誣也。"如第六册：野鸡（古名：山鸡、山雉、冠雉等；今名：雉鸡、环颈雉）"《易·説卦傳》注云：雉方伏時，東西風則伏，南北風則去而不伏，坎勝離也。……蛇化雉者，巽成離也"；又如第九册：白鹭（古名：鹭鹚、白鸟；今名：白鹭）"又《變化論》曰：鷺以目盼而受胎，是知白鷺本有雌雄，但以氣感，不以形接，正如烏鵲傳技而孕，白鶂相視而化耳。"而对一些缺乏依据，尤其在典籍中记载不详，仅坊间流传的有关鸟类化生说之实例，八大臣一反《清宫兽谱》广为收罗的做法，均弃之不顾。尤其是在化生说中的典型案例，如石首鱼与野凫头中均有石，它们的迁徙、洄游时间与其数量消长亦相吻合，在《清宫海错图》与众多典籍中均有详细记载，然《清宫鸟谱》第七册对野鸭（又称野凫、冠凫）记述甚详，独无任何有关野凫与石首鱼的化生说之记载，奇哉！

## 五、小　　结

笔者对古代化生说对"清宫三图谱"的影响作了粗浅的讨论，大体可以归纳为以下 3 点。

（1）化生说作为中国传统的生命观，对"清宫三图谱"产生了深刻的影响，从总体来看，来自民间画家的《清宫海错图》受到化生说的影响更大，这是由于该图谱作者更善于吸取来自民间的各种传说，在客观上"对于动物的认识起**模糊不清**的作用"。但瑕不掩瑜，其绘图及文字解说风格洒脱、豪迈；亦图、亦文、亦诗，别具一格，增加了图谱的知识性和趣味性。

（2）《清宫兽谱》则反映出化生说对该图谱的一种很特别的表现形式，即以"众多的具有神奇色彩的瑞兽，图文并茂地集中在一部图志中"。故宫博物院袁杰研究员对瑞兽的见解也许有助于我们对上述现象的理解。她说："历代统治者借助瑞兽、异兽、神兽等神灵之物所具备的某种超自然力量，以证明国家的繁荣，向世人展示其富有四海，统驭万国之气概"（袁杰，2014）。此外，古代之瑞兽和瑞鸟的出现，象征着统治阶级施仁政，行王道，天下太平，百姓安居乐业。康熙至乾隆年间，统治者正需要在《清宫兽谱》《清宫鸟谱》中，作上述的描绘，以显示"盛世"的太平。

（3）《清宫鸟谱》可能是清代"康乾盛世"时期，受化生说影响最少的一部动物图志，甚至对一些在典籍中早有记载的石首鱼与野凫（冠凫、野鸭）相互化生的记载和众多"瑞鸟"采取忌避的态度，令人惊诧，唯一可以解释的原因是"康乾盛世"时期，也正值清廷两位思想较开放的君主掌权，他们对西方的科学技术及绘画艺术比较欣赏，既注意继承传统又重视吸取西洋画的光影技巧。虽然这些吸取和借鉴只在朝廷小范围内进行，但西方科技重视实验，重视客观实际的考察与严谨推理等新颖思维方式和哲学观点对皇上和八大臣不能没有一点“启示”作用。

## 参 考 文 献

故宫博物院. 2014a. 清宫海错图. 北京：故宫出版社
故宫博物院. 2014b. 清宫鸟谱(5-12册). 北京：故宫出版社
故宫博物院. 2014c. 清宫兽谱. 北京：故宫出版社
胡先骕. 1927. 化生说与生命之起源. 科学, 12(5): 571-583
霍有光. 1997. 从《四库全书总目提要》看乾隆时期官方对西方科学技术的态度. 自然辩证法通讯, 19(5): 56-65
台北故宫博物院. 1997. 故宫鸟谱(1-4册). 台北：故宫博物院
王增永. 2007. 神话学概论. 北京：中国社会科学出版社
王祖望. 2014a. 海错图考证纪要. 见：故宫博物院. 清宫海错图. 北京：故宫出版社
王祖望. 2014b. 清宫鸟谱考证纪要. 见：故宫博物院编. 清宫鸟谱. 北京：故宫出版社
王祖望. 2014c. 清宫兽谱考证纪要. 见：故宫博物院编. 清宫兽谱. 北京：故宫出版社
文金祥. 2014. 前言. 见：故宫博物院. 清宫海错图. 北京：故宫出版社
袁杰. 2014. 前言. 见：故宫博物院. 清宫兽谱. 北京：故宫出版社
赵云鲜. 1995. 化生说与中国传统生命观. 自然科学史研究, 14(4): 366-373
邹树文. 1982. 中国昆虫学史，北京：科学出版社

# 第八篇

# 对中国古代某些争议议题的思考和讨论

# 中国古代是否有科学？

## ——古代动物学的科学范畴及其科学意义

王祖望　黄复生

## 一、问题的提出：中国古代有无科学？

自 18 世纪“西学东渐”以来，“科学”（science）这个外来术语也传到中国，成为家喻户晓的一个名词。按照西方对“科学”一词的释义，中国古代无科学，这一观点的最早阐述者是科学社的主要创始人之一任鸿隽，他在 1915 年创刊的《科学》第一期（创刊号）上发表了《说中国无科学之原因》一文，明确指出：**“科学者，知识而有系统者之大名。就广义言之，凡知识之分别部居，以类相从，井然独绎一事物者，皆得谓之科学。自狭义言之，则知识之关于某一现象，其推理重实验，其观察有条贯，而又能分别关联抽举其大例者谓之科学。是故历史、美术、文学、哲理、神学之属非科学也，而天文、物理、生理、心理之属为科学。今世普通之所谓科学，狭义之科学也。持此以与吾国古来之学术相较，而科学之有无可得而言。**”他进而以犀利之文字，剖析了中国古代无科学的缘由。他说：**“今夫吾国学术思想之历史，一退化之历史也。秦汉以后，人心梏于时学。其察物也，知其当然而不知其所以然。其择术也，骛于空虚而引避乎实际。此之不能有科学不待言矣。**”他在作了一番颇有说服力的分析后，进而指出：“**是故吾国之无科学，第一非天之降才尔殊，第二非社会限制独酷，一言以蔽之曰，未得研究科学之方法而已**”（任鸿隽，1915）。由于任氏是民国时期科技界之巨臂，他的言论在当时颇具影响力。继任氏之后，在 20 世纪 20—40 年代发表中国古代无科学的著名学者尚有冯友兰（转引自吴国盛，2015）、竺可桢（1945）等。在相当长的一段历史时期，一些中国学者都把“中国古代无科学作为当然的前提”（吴国盛，2016）。中国学者这些言之凿凿的说法，在 20 世纪 50 年代，被一位外国学者，英国剑桥大学生物化学家、中国科技史学家李约瑟教授提出的一系列问题所质疑，“中国古代在 3 到 13 世纪之间保持一个西方所望尘莫及的科学知识水平？中国在理论和几何学方法体系方面所存在的弱点，为什么没有妨碍各种科学发现和技术发明的涌现？中国的这些发明和发现往往远远超过同时代的欧洲，特别是在 15 世纪之前更是如此（关于这一点可以毫不费力地加以证明）。”（李约瑟，1990a）。这个质疑在中国被称为李约瑟难题，曾在科技界引起广泛的关注和争论。吴国盛（2016）在其近作《什么是科学》一书中对李约瑟难题作出了回答，首先，他认为“李约瑟经常将科学和技术两个词合在一起使用，让人觉得他是把科学和技术混为一谈，让技术混同科学”；其次，他认为“李约瑟用现代西方的科学分类概念来整理中国古代‘科学’，给人造成一种错觉，以为中国古代的科学其实就是近代意义上的科学”；其三，他指出：“李约瑟似乎认为全人类的科学都有一个统一发展模式，这种普遍主义的历史叙事模式显然太过于欧洲中心主义”。在《什么是科学》这本书中，作者主要采纳了科学史的方式，来回答“什么是科学”这个问题。除了追溯希腊科学和近代科学的历史由来，他还为重新评估中国古代的科学开辟一个新思路。他认为："现代科学的主流是数理实验科学，它起源于希腊理性科学与基督教唯名论运动的某种结合，但是数理实验科学并不是现代科学的全部，最终酝酿出达尔文进化论的近代博物学（自然志）也是不可忽视的科学类型。技术、博物学（自然志）、理性科学三者构成了一个科学谱系，中国古代的科学更多地属于博物学范畴。"在这段引文中，作者明确指出：中国古代有科学 ，并进一步指出"博物学（natural history）一词也来自西方""它是与希腊以来的自然哲学（natural philosophy）传统相对应的另一种知识（科学）类型，即着眼于事物的具体性（而非抽象概念），探讨事物的直接经验特征（而非一般本质）的科学。Nature history 译成'自然志'也许更加合适，在人类的诸种文明中，自然志（博物学）比数理科学更为常见，数理科学是希腊人的独特创造，而每一种古代文明都有自己的自然志传统。自然志亲近自然，鉴赏自然，比数理实验科学更少侵略性，可以用来缓解人与自然之间的紧张关系。"在此，有必要强调吴国盛先生以下的观点："我们可以而且应该尝试提出另一种编史方式，即按照中国古人看待世界的方式来组织传统的自然知识——正如前面所说，这些自然知识多数首先是博物学（自然志）知识而不是数理实验科学知识——也就是用博物学的眼光重建中国科技史的叙事方式。**必须强调的是，这种叙事方式不会只重视中国古代的植物志、动物志的内容，而是会以博物学的眼光看待全部中国传统自然知识。在这种眼光下，不仅植物志、动物志、矿物志是博物学，天文、地学、农学、医学都是博物学（自然志）**"。吴盛国（2016）不但指出"'自然志'是一种比数理科学更为常见的科学类型，而且这种科学类型还具有现代意义，即可以弥补、缓解数理实验科学与自然之间的紧张关系。"吴国盛的上述观点很有说服力，诚如韩启德在《什么是科学》序一中对该书的评价："**本书既从西方语境，又从中国人对科学认识的实际出发，思考与解释科学的本性与本源，具有自己独到的见解，并且深入浅出，易于理解和接受，是我见过得最好，最适合当前国人阅读的科学哲学著作。**"我们正是阅读了本书后，重新思考了中国古代是否有科学？以及它所属的科学范畴及其所具有的现代意义等问题。

## 二、西方"博物学（自然志）"的兴衰

在切入中国古代博物学等论述前，先回顾一下西方"博物学（自然志）"的兴衰历程，也许对重新认识中国古代是否有科学这一命题有所启示。在西方，"博物学（自然志）"意即对自然的描述和研究。据吴琼（2015）报道：早在古希腊时代，就已经出现了具有学科特点博物学研究，如亚里士多德就曾依照一种目的论观念描述了世界的构成和自然万物的秩序，尤其他的动物志研究，可谓博物学的滥觞之作。此后，他的学生泰奥弗拉斯托斯将分类原则引入植物的描述，依照植物的形态学和繁殖模式来界定植物类别，成为"植物学之父"。继之，是古罗马作家老普林尼（Gaius Plinius Secundus，公元 23—79 年）撰写了卷帙浩繁的 *Naturalis Historia*（《自然史》），在这部涉及天文学、地理学、人类学、动物学、植物学、药用植物学、矿物学、冶金学及艺术等等的百科全书式的著作中，老普林尼建立了一个无所不包的《自然史》，可以毫不夸张地说，老普林尼对 natural history 的定义，影响了欧洲 2000 余年来对博物学（自然志）这个词组的基本含义的理解。然而，在西方它作为一门学科真正兴盛始于 16 世纪，即欧洲文艺复兴时期，文艺复兴的核心主题就是人的发现和自然的发现，其本质就是要求用人自己的目光重新打量人的世界和自然世界，并且是在古典学术的理性原则引导下进行的（吴琼，2015）。在 16 世纪，导致"博物学（自然志）"的繁荣有三个因素：一是大翻译运动和印刷术发明；二是地理大发现及商业繁荣；三是医学教育开始重视药用植物。

**17 世纪**："博物学（自然志）"仍然从属于百科全书式文人写作传统，对动植物的博物学研究带有明显的非专业特征，文学传说和科学事实交织在一起，而且未脱离道德教化功能。但博物学的研究手段有

了明显的进步，即显微镜的出现，为博物学研究打开了微生物世界的大门，揭示了生物在尺度上的多样性（吴国盛，2016）。在这一历史时期传入中国的西方博物学著作甚少，但仅从意大利传教士利类思（Louis Buglio，1606—1682 年）为康熙皇帝译著《狮子说》及《进呈鹰论》两部涉及动物的西方博物志中，大体也可了解这一历史时期西方学者撰写“自然志”的基本格式和内容。例如，1678 年、1679 年先后刻印于北京的《狮子说》《进呈鹰论》并非利类思本人原作，而是 16 世纪意大利博物学家乌利塞·阿特洛旺地（Ulisse Aldrovandi，1522—1607 年）作品的译本。该书分《序言》《狮子形体》《狮子性情》《狮不忘恩》《狮体治病》《借狮箴儆》《解惑》6 部分，从狮子自然属性谈起，讨论狮子伦理问题，涉及狮子的药用及西方文化中有关狮子的谚语等等，可以说是一本有关狮子文化的简明百科全书。对狮子形态的描述，基本上是据实直书。而“狮子性情”一节则有不少拟人化的描写，如“狮子食甚多，牡牝不同食，已饱好玩耍”等是据实直书；“志气宽大，好胜”“百兽中气量最宽大，易饶恕，蹲伏其前者，即不伤”，又如“狮子不忘恩”，并以文学的手法刻画感人肺腑的故事等，显露出“文学传说和科学事实交织在一起，而且未脱离道德教化功能”等非专业化的特点。

**18 世纪**：西方博物学成为独立的科学门类，主要由植物学、动物学、矿物学三大学科组成，博物学家接受专门化的训练，有自己的专业共同体；道德化的自然形象被摒弃，象征、隐喻慢慢消退，代之以严肃、客观的观察记录和理性解读，博物学研究因之脱离了道德教化功能，以建立自然秩序为己任。尤其是出现了两位伟大的博物学家——林奈和布丰，两者虽有不同的学术观点，但他们的研究动机都是为了追求自然秩序。林奈撰写了《自然系统》（*Systema Naturae*，1735 年）。他在分类学上有两大贡献：第一是建立了以植物性器官为分类依据的植物分类法；第二是建立了拉丁语双名法。按双名法规定，第一个名是属名，第二个名是种名，从此结束了生物命名问题上的混乱局面，博物学才摆脱业余的、民间的、地方性的知识形态，进入职业的、专业化的、普遍的科学形态。另一位与林奈同时代的伟大博物学家布丰，他却反对林奈的人为分类体系，认为自然界万事万物是连续分布的，并不存在明显的间断，因此，所谓纲、目、科、属、种都是人为引进的概念工具，并不是自然界中存在的事实。他坚持认为：博物学的目标不是建立人工分类体系，而是找到自然界自身运作的秩序，这个秩序是有机体的秩序，体现在诸事物的联系中。显然，布丰与林奈在博物学领域中目标一致，而道路不同，布丰继承并延续了百科全书式的研究方法，用优美的文字展现自然的秩序和美，完成了 18 世纪集大成之作《自然史》（吴琼，2015；吴国盛，2016）。

**19 世纪**：是博物学研究的黄金时期，其主要标志性的事件：一是在西方博物学传统中孕育出达尔文进化论。因为达尔文是一位传统的博物学家，他赖以取得的伟大成就，不是数理实验法，而是传统的博物学方法，即将“历史”的观念融入“自然”的观念，自然志成为自然史，并由此诞生了“进化论”。二是博物学的专业化、分科化，在博物学中首先分为动物学（zoology）、植物学（botany）、地质学（geology）。随后，动物学又分成鸟类学（omithology）、鱼类学（ichthyology）、昆虫学（entomology）等，植物学又可分为显花植物学和隐花植物学。博物学的分科化，也带动学术刊物和学会名称的改变。三是在这一历史时期由于数理实验科学的迅速发展，博物学已在大学、研究机构中出现被边缘化的苗头。到了 19 世纪中后期，博物学终于被 1800 年由（法）拉马克所创造的生物学（biology）一词所取代。至 19 世纪后叶，随着各种动物、植物、地质等专业学会的成立及其专业学术刊物的出版，“博物学”一词逐步空洞化，它作为一门学科也就走到了它的尽头（吴国盛，2016）。

## 三、中国古代“博物学（自然志）”的发展历程及其特点

在粗略了解上述“西方博物学（自然志）的兴衰”后，再回过头来看看中国博物学（自然志）的发

展历程，从中可以获得许多启示。尽管中西文化差异甚大，但作为人类都具有认识自然、利用自然的好奇心，畏惧自然的心理，甚至会产生构建自然秩序和驾驭自然的冲动感。我们通过9年编纂《中华大典•生物学典•动物分典》的经历，比较系统地阅读了有关典籍，从中获得很多启示。但在讨论中国“博物学（自然志）”之前，有必要给出一个定义，或界定一个叙事范畴，以便在现代学术术语框架中，更好地对中西“博物学（自然志）”作深入的比较和讨论，从而才能更好地认识中国古老的、充满智慧的传统自然知识。借鉴吴国盛（2016）在《什么是科学》一书中已经给出的概念界定：“依照博物学（自然志）的观点，中国传统自然知识，以天学、地学、农学、医学四大学科为代表，天学包括了天象观测、命名、分类与记录；地学包括了地理、气象、水文、物候、地震、植物、动物、矿物、祥瑞、灾异等；农学包括了农本、农事、田制、水利、农器、种植、牧养、驯化、渔业、树艺、蚕桑、荒政、病虫害等；中国医学自成一体，中医药也叫汉医药，它起源于汉族，由古代汉族学者创立，其本身也是汉族文化组成部分。中医的基础理论源于中国古代哲学范畴的阴阳学说，它主要包括阴阳、五行、运气、脏象、经络等学说，以及病因、病机、诊法、辨证、治则治法、预防、养生等内容”。中医药材在中国古籍中通称“本草”。中药材由植物、动物、矿物组成，但以植物为主。通过上述中国传统自然知识（博物学或自然志）概念的界定，表明其涉足十分广泛，可谓上至天文，下至地理，与人之生存关系密切的植物、动物、矿物、农业、医药、自然灾害（包括气象灾害、地质灾害和生物灾害）等均在其涉猎范围内。限于篇幅，本文涉及内容以生物，尤以动物为主。中国博物学（自然志）的发展历程大体按照先秦（春秋、战国、秦朝，公元前770—前207年）、汉朝（公元前206—公元220年）、三国晋（公元220—420年）、南北朝（420—580年）、隋唐（581—907年）、五代十国（907—959年）、宋朝（960—1278年）、元朝（1279—1367年）、明朝（1368—1643年）、清朝（1644—1911年）十个时期顺序来划分。现按上述朝代的时间顺序，分别简述如下：

### （一）先秦时期（春秋、战国、秦朝，公元前770—前207年）

在春秋战国时期出现了一系列改革和变法，文化繁荣，哲学思想流派纷呈，百家争鸣，科学技术有许多领先世界的成果。在这一历史时期，类似西方“博物学”，以描绘大自然、认识大自然、讴歌大自然和利用大自然为主体，出现了一系列著作，其中具有代表性的三部重要著作是《诗经》《夏小正》《尔雅》。

#### 1.《诗经》

《诗经》是一部从公元前11世纪至公元前5世纪（即从西周到春秋中叶）前后绵延500年的一部诗歌总集，距今已有3000多年，其内容包括《国风》《小雅》《大雅》《周颂》《鲁颂》《商颂》等，有诗共计300多篇。诗人十分熟悉大自然中的各种动、植物及其栖息环境，往往因物起兴而赋诗，赋诗的对象涉及大量动植物，其中涉及植物143种、动物109种，诗中提到昆虫、鱼类、爬行类、鸟类、兽类等等，这些动物大部分产于我国黄河流域。《诗经•豳风•七月》中已有物候的记载（高明乾等，2005）。

#### 2.《夏小正》

《夏小正》与《诗经》的成书时间相近，是我国最早的一部指导农业生产的物候历，它是以动、植物的生长发育等知识为基础，结合天象制定而成。表明在3000余年前，古人已经对当地动植物的生长发育及繁殖季节，鸟类的迁徙、鱼类洄游和动物冬眠等本能行为，动物周期性的生理变化，植物的开花结实等多方面生理、生态特点已有比较深刻的认识，并能用以联系生产、指导农事活动。这些知识为后来物候学的形成和发展打下了良好基础。我国以后有关著作所反映的物候历无一不受《诗经•豳风•七月》

和《夏小正》的影响，并在它们的基础上进一步发扬光大（牟重行，2014）。

3.《尔雅》

《尔雅》是我国一部最早的基础科学书籍。全书19篇，其中最后7篇分别是：《释草》《释木》《释虫》《释鱼》《释鸟》《释兽》《释畜》。共著录了590多种动植物（植物近294种、动物300多种），并指出了它们的名称。此外，还根据形态特征，将它们分别归入一定的分类系统中。例如，将植物分为草本和木本两大类，木本又分为乔木、灌木和檄木（相当于棕榈科植物）。动物方面分为：虫、鱼、鸟、兽四大类。并进一步提出动物分类的定义，如“二足而羽謂之禽”；“四足而毛謂之獸。”《尔雅》在大类之下，还进行更深一层次的分类，如使用了“鼠属”“牛属”“马属”等名称。它比古希腊亚里士多德动物分类法早500年左右（郭郛，2013）。

## （二）汉朝（公元前206—公元220年）

汉朝是继秦皇朝后建立的一个大一统中央集权封建王朝，它采取：“罢黜百家，独尊儒术，礼遇知识分子，用法律震慑豪强、贵族。制定了完善的官吏制度沿用上千年，使皇权达到巅峰。汉代重武功，军队攻无不克，匈奴人丢盔弃甲逃往大漠。汉朝制霸西域诸国，丝绸之路畅通无阻。成为当时世界第一大帝国。汉代的政治、经济、军事、文化，都达到鼎盛”（易中天，2014）。在文化方面产生了哲学家董仲舒、王充，探险家张骞，农学家赵过，天文学家唐都，以及诸多的描绘、记载和利用大自然的博物学家；更为可贵的是涌现出一批“保护大自然”“保护自然资源”的著作，如《周礼注疏》、《大戴礼记》、《管子》、《孟子注疏》、《逸周书》亦称《汲冢周书》等（王祖望等，2016）。

（1）东汉王充（公元27—97年）著**《论衡》**，成书于汉章帝元和三年（86年），王充以道家的自然无为立论宗旨，以“天”为天道观的最高范畴。以“气”为核心范畴，由元气、精气、和气等自然气化构成了庞大的宇宙生成模式，与天人感应论形成对立之势。在**《论衡·自然》**中，批评了天有意志、有目的产生万物的观点，他说：“春觀萬物之生，秋觀其成，天地爲之乎？萬物自然也。如謂天地爲之，爲之宜用乎，天地安得萬萬千千乎，並爲萬萬千千物乎！”。在**《论衡·物势》**中，他批评儒家的天有目的生人的说法。他说：“‘天故生人’此言妄也，夫天地合氣，人偶自生也”。**《论衡》**是中国历史上一部无神论著作，王充则是我国汉朝具有唯物辩证思想的哲学家。

（2）**《神农本草经》**又称《本草经》或《本经》，中医四大经典著作之一，作为现存最早的中药学著作约起源于神农氏，代代口耳相传，于东汉时期集结整理成书，成书非一时，作者亦非一人，秦汉时期众多医学家搜集、总结、整理当时药物学经验成果的专著，是对中国中医药的第一次系统总结。其中规定的大部分中药学理论和配伍规则及提出的“七情和合”原则在几千年的用药实践中发挥了巨大作用，是中医药药物学理论发展的源头。在李时珍《本草纲目》问世之前，该书一直是被看作是最权威的医书。全书记载药物365种，包括草、谷、米、果、木、虫、鱼、家畜、金石等。根据药物对人的作用，分为上、中、下三品。该书对所收录的每种药用动、植物都做了简明的介绍。说明了药物的药理、药性、主治功用，生长环境及其别名等。它开创了本草著作的体例，对后来本草的发展，影响很大。

（3）随着汉朝版图扩大，对新地域资源的考察和了解极大丰富了人们的生物学知识，所谓“异物”，即不同于前史籍《尔雅》之所述，是一类前所未闻的奇异动植物，为了记载、描述这些奇异物种，汉朝出现了一批《异物志》，其中比较重要的有，东汉时期杨孚的**《南裔异物志》**，汉朝末年三国时期万震的**《南州异物志》**，沈莹的**《临海异物志》**，又称《临海水土异物志》，记鱼类60多种、爬行动物及贝类40多种、鸟类20多种、树木等植物20多种。在此，笔者还要特别提到东汉延熹年间（158—166年），姜岐

“以畜蜂豕爲事，教授者滿於天下，營業者三百餘人”。明确记载东汉时期养蜂已成产业（皇甫谧《高士传·姜岐》卷下）。

（4）**《说文解字》**为东汉许慎撰，成书于东汉和帝永元十二年（公元 100 年）至安帝建光元年（121 年）间，全书共 15 卷，540 个部首。其中涉及动物分类、形态、地理分布、生活习性及用途等。据统计，该书著录动物（不包括神话传说动物）共计 484 种。其中脊椎动物 342 种，无脊椎动物 142 种。对鸟兽还作了较细的二级分类。

（5）**《淮南子·主术训》**中已十分重视生物资源的保护，沿用先秦时期保护环境的一些礼法。在该书中极力主张“畋不掩群，不取麛夭。不涸澤而漁，不焚林而獵”。其后的皇帝诏令中多有类似内容。

## （三）三国晋（公元 220—420 年）

魏晋南北朝时期是中国大分裂时期，“汉室倾颓，战乱连绵，群雄逐鹿，天下三分”。“魏晋时期的名士对自然界的热爱，确实超过了前人，简文帝称：‘觉鸟兽禽鱼自来亲人’道尽了他们的心曲”（易中天，2014）。在这一战乱频仍的历史时期，却是中国自然志（博物学）的繁荣时期。例如：

（1）三国吴的陆玑（261—303 年）著**《毛诗草木鸟兽虫鱼疏》**，这是一部专门针对《诗经》中所提到的动、植物进行注解描述的专著。其按草、木、虫、鱼、鸟、兽来归类动、植物。全书共记载动植物 154 种，其中草类 54 种、木类 36 种、鸟类 23 种、兽类 12 种、虫鱼类 29 种。对各种动植物形态、生态、产地和用途进行了描述，并指出它们的异名、今名。该书首次对中国珍禽——鹤，作了形态分类描述：“鶴，形狀大如鵝，長三尺。腳青黑，高三尺餘。赤頂、赤目，喙長三尺餘。多純白，亦有蒼色。蒼色者，人謂之赤頰，常夜半鳴。”中国常见鹤类有五六种。这里所描述的，显然是我国最常见的丹顶鹤，亦称白鹤。1698 年，《毛诗草木鸟兽虫鱼疏》（上、下两卷）传入日本，日本人松下见林曾注该书（沈汉镛，1989）。

（2）晋代郭璞撰**《尔雅注疏》**记载的动、植物以当时晋秦地区通行的动、植物名称来解释古老的动、植物名称。他不仅引经据典解释各种动、植物的正名和别名，而且还根据自己从实际中获得的知识对许多动、植物的形态、生态特征作了具体的描述。郭璞还为《尔雅》所载动、植物绘图，著有《尔雅音图》十卷（郭郛，2013；王祖望等，2016）。

（3）晋代葛洪已将恙虫病（古称河虱毒或沙虱热）与沙虱（恙螨）的寄生联系在一起，**《抱朴子·内篇·登涉》**：“人被沙虱叮咬，三日之後，令骨節强，疼痛，寒熱，赤上發瘡”。他又在**《肘后卒（急）救方》**中提到治疗狂犬病方法是：杀死咬人的疯狗，取出其脑，敷在被咬的伤口处，即可治愈。这种治疗方法具有现代免疫学原理，是世界上最早的免疫治疗方法。710 年日本奈良时代前，由中国传入《抱朴子》内篇 21 卷、外篇 50 卷（沈汉镛，1989）。

（4）据郑缉之**《永嘉郡记》**（公元 4 世纪）记载，当时浙江温州蚕农将二化性蚕的第一化蚕所产之卵，放在低温的环境（如山间冷泉）中，“使冷氣折其出勢”，这样经过低温冷气影响而延长了卵期（在自然温度下只需七天孵化，而在冷气影响下，要延长到 21 天才能孵化）孵化出来的蚕所产的卵，就能在当年里继续孵化（中断“滞育”）。当时蚕农就是利用这种低温影响家蚕发育的方法，使二化性蚕能在一年内连续孵化多次，以实现一年养多批蚕的目的。这一事实表明我国在魏晋时期，已出现类似于近代数理实验科学的一些思路，这比西方在 17—18 世纪才出现的数理实验科学早了 1200 多年。

（5）晋代对于蚕的微粒子病和软化病已有所了解，时称“黑瘦”和“伪蚕”。

（6）两汉魏晋时期，人们已对经济昆虫有了更多的认识，如晋代张勃在其**《吴录》**一书中记载了紫胶虫的一些习性和紫胶生产情况（文献出处：《三国志·吴志·孙皓传》“司空孟仁卒”裴松之注引晋张勃《吴录》）（本文转引自：罗桂环和汪子春，2005）。

（7）旧题周代师旷撰、晋张华注**《禽经》**，是中国最早的一部鸟类的著作。现在一般认为成书于唐、宋之间（本文则依据《景印文渊阁四库全书》确定的年代），书中记载了鹝、鹗、鹦䳇、鸳鸯、鹧鸪、锦鸡、鹡鸰等70多种鸟。对鸟类名称、形态特征、生活习性、生态环境等均有所观察和记载。1747年，《禽经》一部一本，通过商船传入日本长崎（沈汉镛，1989）。

（8）西晋张华（232—300年）编撰**《博物志》**，分类记载异境奇物、古代琐闻杂事及神仙方术等。内容多取材于古籍，包罗很杂，有山川地理的知识，有历史人物的传说，有奇异的草木鱼虫、飞禽走兽的描述，也有怪诞不经的神仙方技的故事，其中还保存了不少古代神话材料。吴盛国（2016）认为张华《博物志》中，只有“山川地理知识” 和“草木鱼虫、飞禽走兽知识”与博物学有关，其他与博物志关系不大。十分值得一提的是，张华首先观察并记载了“蠶三化，先孕而後交。不交者亦產子，子後爲蠶。”这是我国首次记载昆虫孤雌生殖的生理现象。710年日本奈良时代前，张华《博物志》传入日本（沈汉镛，1989）。

（9）晋代崔豹撰**《古今注》**三卷，此书是一部对古代和当时各类事物进行解说诠释的著作。其具体内容，可以从它的8个分类略知大概。卷上：舆服一，都邑二；卷中：音乐三，鸟兽四，鱼虫五；卷下：草木六，杂注七，问答释义八。其对我们了解古人对自然界的认识、古代典章制度和习俗有一定帮助。但其中也有某些解释不尽合理，带有一定随意性。710年日本奈良时代前，《古今注》三卷传入日本（沈汉镛，1989）。

## （四）南北朝（420—580年）

南北朝是我国一个重要历史时期，“西晋末年，八王乱起；江山板荡，五胡乱华”，中国再次陷入大分裂、大动荡之中（易中天，2014）。这一历史时期，不仅涌现了祖冲之——世界上第一个将圆周率的准确数值计算到小数点后7位数的伟大数学家；同时也是我国医学、本草学十分发达的时期。

（1） 陶弘景（456—536年），曾整理古代的**《神农本草经》**，并增收魏晋间名医所用新药，完成《本草经集注》七卷，共载药物730种，并首创沿用至今的药物分类方法，以玉石、草木、虫兽、果、菜、米食、有名无实（有名未用）等类，这是药物分类的一个巨大进步，每类之中仍分三品（中国科学院自然科学史研究所，2016）。又创“诸病通用药”，如治风通用药有防风、防己、秦艽、芎劳等，治黄疸通用药有茵陈。栀子、紫草等。这对临床选择用药有很大的助益。对药物的产地、采集时间、炮制、用量、服法、药品真伪等与疗效的关系，均有所论述。本书问世后有很大的影响，唐代的《新修本草》就是在此书基础上补充修订而成的。对本草学的发展有一定的影响（原书已佚，现在敦煌石室发现所藏的残本），其内容为历代本草书籍收载，得以流传。特别值得一提的是，在《本草经集注》中，有不少作者本人的生物学观察，如作者注意到土蜂将卵寄生在其捕捉到的青虫体内，经过精心安排，以实验的方法彻底揭穿了“螟蛉有子，蜾蠃负之”经历了数百年的化生论的谎言。这是我国古代运用实验方法的又一例证。894年，《本草经集注》七卷，传入日本（沈汉镛，1989）。

（2）北魏贾思勰撰**《齐民要术》**（成书于533—544年），全书10卷92篇，12万字。内容包括种植业、畜牧业、加工业等部门，涉及谷物、蔬菜、瓜果、林木、经济作物、家畜、家禽、蚕、鱼、绿肥、饲料等方面的生产、管理、加工技术，是世界上最早的一部农业百科全书。书中不仅包含丰富的农业生产经验，而且也包含了丰富的生物知识。该书提到的家养动物有牛、马、驴、骡、羊、猪、鸡、鸭、鹅和鱼等，继承和发展了古代的相畜禽知识。《齐民要术》还认识到家畜远缘杂交后代的不育性，并注意到蚕种的选择和盐腌储藏方面来防治蚕病（中国科学院自然科学史研究所，2016）。710年，《齐民要术》10卷传入日本（沈汉镛，1989）。

## （五）隋唐（581—907年）

隋朝（581—618年）和唐朝（618—907年）合称为隋唐时期，是中国历史上最强盛的时期，两朝在政治、军事、文化、经济、科技等方面达到前所未有的发展。在这一历史时期，开始出现了大型类书，在中医学和药物学方面也有十分突出的进展。涉及博物学（自然志）的成果，大体可分成以下三类。

### 1. 类书类

（1）隋朝大业年间（公元605—608年），虞世南编纂了我国第一部类书**《北堂书钞》**，全书共160卷，852类。开中国官方编修大型类书之先河。

唐朝编纂的类书有以下三部。

（2）**《艺文类聚》**是唐朝开国初年由高祖李渊下令编修的大型类书，欧阳询为主编，令狐德棻等十余人参与其事。武德七年（624年）成书。此书分46部，每部又列子目727，全书百余万言。与动物有关的有鸟部三卷（90—92卷），兽部三卷（93—95卷），鳞介部二卷（96—97卷），虫豸部（附于97卷）。自《皇览》而下，历代的封建王朝曾经屡次运用政府的力量组织人力，搜检皇家藏书，编纂成不少的大型类书。这些类书汇集了大量的文献资料，加以分门排比，其性质约略相当于现代的百科全书和资料类编。它们在当时起着传授知识、临文备查的作用。对后世读者来说，由于它们集中而又类别地保存了历代繁杂而丰富的文献资料，因而具有了较为可贵的参考价值，为学术研究者所重视和使用。然而这些古代类书也多有散佚，在遗留下来的几部规模较大的类书中，《艺文类聚》是保存唐朝以前丰富文献资料颇为重要的一部类书。

（3）徐坚编纂类书**《初学记》**，共30卷，分23取材于群经诸子、历代诗赋及唐初诸家作品，保存了很多古代典籍的零篇单句。此书的编撰原为唐玄宗诸子作文时检查事类之用，故名《初学记》，涉及生物方面有27卷草部、28卷果木部、28卷木部、29卷兽部、30卷鸟部、31卷鳞介部、31卷虫部。

（4）白居易编纂类书**《白孔六帖》**，原名《六帖新书》（唐·白居易编），计30卷，宋知抚州孔传又编30卷为后六帖。南宋末年两书合而为一，分成100卷，取白孔二姓为名，故名《白孔六帖》。体例同《北堂书钞》，分1387个门类。该书涉及生物方面内容大体与《初学记》类似，但不分部，分别在各卷中叙述，如94—95卷：鸟类，96卷：家畜，97卷：兽，98卷：兽、鱼、龟鳖，99卷：草木果，100卷：蔬、木、竹、花草等。

### 2. 医药本草类

（1）**《诸病源候论》**又称《诸病源候总论》《巢氏病源》，共50卷，为隋朝巢元方等撰于大业六年（610年）。该书对人体胚胎发育有了比前人更深入的认识，指出：1个月的胎儿刚刚成型，因此叫“始形”；到4个月时，胎儿的主要脏器已经形成；到5个月时，四肢就长出来了；到6个月时，胎儿的口、眼等器官也都长出；到7个月时，胎儿的皮毛也都长好；到8个月时，胎儿的各种器官更加完善等。这是作者根据实际观察，对胎儿的发育进行了比较科学的描述。李约瑟（1990b）在《中国科学技术史》一书中指出：巢元方在公元610年编撰的《诸病源候论》一书，它不涉及治疗，专对疾病性状进行分类描述，堪称是一部伟大的著作，比西方早了整整1000年。并先后传入日本和世界各国，让世界对中医病因病理症候学的发展有了更深刻的了解。

（2）苏敬等编撰**《新修本草》**，亦称《唐本草》。这是第一部由国家编修并颁布的药学专著。全书记药物850种（主要是药用动物、植物）。其中属植物药有草、木、果、谷、菜5类；属动物药有兽、禽、虫、鱼4类。增加了山楂、芸薹子、人中白等114种新的药物，许多是外来药。在分类上，把草木、虫兽各分为二，反映了对动植物研究的区类的分化。其中附有药图25卷，图经7卷，是按全国各地采集的实物所绘的彩图。成为唐朝以前有记载、卷帙最多，品种来源最丰富的彩色药用动、植物图谱，在国内流行使用达400年之久。907年，苏敬《新修本草》传入日本，日本编纂的《延喜式》中云："凡医生都要阅读苏敬的《新修本草》"，由此可见该书在日本的巨大影响（沈汉镛，1898）。

### 3. 笔记式动植物记叙类

它跳出了古代"动植物"依附于中医药、农学与地学的框框，以"采拾博洽，百科荟萃，广谱式地"反映中国古代有关动植物知识。

（1）段成式著**《酉阳杂俎·广动植篇》**是中国古代笔记式著作之一，共记载动植物150余种，有羽、毛、鳞介、虫4类。羽篇所记叙的动物均属鸟类，毛篇列举的动物均属兽类，鳞介篇记载的动物较为复杂，其中以鱼类为主，其次是少数无脊椎动物和鲸。对动植物形态、生态有较详细的描述。记叙了蟹、螺共生："寄居。殼似蝸，一頭小蟹，一頭螺蛤也。寄在殼間，常候螺開出食，螺欲合，遽入殼中"；记叙动物保护色："凡禽獸，必藏匿形影，同於類物也。是以蛇色逐地，茅兔必赤，鷹色隨樹。"指出保护色的作用就是"藏匿形影"。此外，该书还记叙一种蜘蛛的特殊捕食行为，一种称为颠当的土蜘蛛，在地中作巢，"巢深如蚓穴，網絲其中，"穴口盖土与地面平，平时蜘蛛守穴内，每遇小虫经过，即翻盖，捕小虫入穴内。平时则盖土与地面颜色一致，不易被发现。

（2）刘恂著**《岭表录异》**，共三卷，记述岭南地区（两广为主）特有的动植物。所记多是所见所闻，真实性强，如对海蜇的记载："水母（海蜇），廣州謂之水母，閩謂之鮀。其形乃渾然凝結一物，有淡紫色者，有白色者，大如覆帽，小者如碗。腹下有物如懸絮，俗謂之足，而無口眼。常有數十蝦寄腹下，咂食其涎，浮泛水上，捕者或遇之，即欻（chua）然而没，乃是蝦有所見耳"。这里不仅对腔肠动物水母的形态及习性描绘得栩栩如生，而且指出了小虾与水母的共栖现象。

（3）段公路著、崔龟图注**《北户录》**共三卷，记载唐朝岭南风土录。《北户录》为段公路在广州时所作。记载岭南风土，颇为赅备，尤详于地方物产，其征引亦极博洽。卷一有"通犀""鹧鸪""赤白吉了""蚺蛇牙""蛤蚧""蛱蝶枝""金龟子""鱼种""孔雀媒""鹦鹉瘴""绯猨""红蚍""红蟹壳""红蝙蝠""乳穴鱼""水母"。卷二有"蚊母扇""红虾杯""鸡卵卜""象旱炙""桄榔炙""米麸""睡菜""蕹菜""鹅毛被""鸡毛笔""鸡骨卜""鹅毛脡""红盐""食目""水韭""斑皮竹笋"。卷三有"无核荔枝""山桔子""山胡桃""偏桃核""变柑""橄榄子""白杨梅""红梅""五色藤筌蹄""抱木屧""方竹杖""鹤子草""无名花""相思子蔓""香皮纸""红藤草""山花燕支""越王竹""指甲花""睡莲"。

《北户录》具有较高的史料价值：唐陆希声在为此书所写的序中称，段氏"间者以事南游五岭间，尝采其民风土俗，饮食衣制，有异于中夏者，录而志之。至于草木果蔬虫鱼羽毛之类，有瑰形诡者，亦莫不毕载。非徒止于所闻见而已。又能连类引证，与奇书异说相参验，真所谓博而且信者矣""其著于录者，悉可考验。此盖博物之一助，岂徒为谭端而已乎"。

### 4. 蝗灾及灭蝗类

开元四年（公元716年，唐玄宗李隆基），山东蝗虫大起，宰相姚崇力排干扰，发动群众，根据蝗虫习性，推行"以火诱杀"和"开沟捕杀"相结合的"火边掘坑"方法治理，有效地扑灭了蝗灾。在"天谴论"盛行之时，他是我国封建社会提出灭蝗的第一人，并获得成功（刘举鹏，2017）。

## （六）五代十国（907—959年）

五代十国是中国历史上一大分裂时期，中原经济因长期的战乱、天灾而残破不堪，河北、河南、山东与关中一带都是战乱区，加之天灾人祸，经济遭到严重破坏。与此相对，自汉魏六朝以来，比较平稳的江南、湖广与巴蜀地区经济持续发展而十分兴盛。

（1）唐末五代著名道家学者谭峭撰**《化书》**，“其説多本黄老道德之旨，文筆亦簡勁奥質”。内涵物理、化学、生物、医药等科学，可谓是一名了不起的古代科学家。共六卷，分道、术、德、仁、食、俭六化，110篇。谭峭继承老子“有生于无”最后“有”又归于“无”的思想，认为“道”是万物变化的根本。他认为，“道”具有本体和变化的两重职能，就本体说，它是“虚”，就变化，它称“化”。其内容大旨是以黄老列庄思想为本，又兼融儒家学说。该书认为世界根源于“虚”，由虚化神，神化气，气化形，最终复归于虚，“虚”既是万物本源又是万物的归宿，虚与物是循环转化的关系，识之就能进入“神可以不化，形可以不生”契道的境界。书中又用大量篇幅论述了社会演化。全书在内容上，基本发挥了黄老列庄学说，认为世界时刻都在变化之中，万物由虚化生，又化为虚。化之不间，如环之无穷，皆出之于道。又兼有一些凹凸镜方面的知识，涉及面很广泛。在思想上，本书中具有同情人民的社会观与历史观；秉承了传统道家思想，受列子自化、盗天等思想影响颇大。在中国思想史上占有重要的地位。谭峭的《化书》对中国古典美学造成了深远的影响。作为道家典籍之一而被收入了道教图书总汇《道藏》之中。**《化书》**生动地描绘了以食物建立的鱼对声音的条件反射。

（2）唐末五代李珣撰**《海药本草》**六卷，载药124种，是我国古代第一部专门介绍研究海外传入中国的药物著作，以引述海药文献为特点，据现存佚文统计，全书收录药物124种，其中96种标注外国产地。例如，安息香、诃梨勒出波斯，龙脑香出律因，金屑出大食国。此外书中记述了药物形态、真伪、优劣、性味、主治、附方、服法、制药法、禁忌、畏恶等。有些条文兼载药名解释。书中收载的海桐皮、天竺桂、没药等为当时其他本草著作所未载。惜原书至南宋已佚，其内容散见于《政类本草》和《本草纲目》等著作中（中国科学院自然科学史研究所，2016；吴鸿洲，2010）。

（3）五代时，道士烟萝子（又名燕真人）著**《内境图》**，是我国现存的最早的一本有关人体内脏解剖图。

## （七）宋朝（960—1278年）

宋朝是我国古代历史上经济发展迅猛时期，无论在农业、手工业商业等方面都取得了突出的成就，其商品经济、文化教育、科学技术均呈现高度繁荣。在生物学领域与过去有很大不同，过去生物学（包括动物学、植物学等）主要依附于农学和医学的著作中，但在宋朝却涌现出许多独立的生物学著作。大体可以分为以下5类。

**第一类：**宋代是历史上编纂“类书”的大户，共编纂类书6部，居各朝代之首，如李昉编纂**《太平御览》**，征引广博，保存了大量古代自然博物等方面资料，弥足珍贵。其后，南宋章如愚编纂**《山堂考索》**，王应麟编纂**《玉海》**，祝穆编纂**《古今事文类聚》**；南宋阙名编纂**《锦绣万花谷》**，其中记载不少动物，但其内容，尤其涉及动植物等方面的自然博物学内容均不及《太平御览》。北宋·王钦若、杨亿等编纂**《册府元龟》**，成书于宋真宗大中祥符六年（1013年），该书与《太平广记》《太平御览》《文苑英华》合称“宋四大书”，而《册府元龟》的规模，居四大书之首，数倍于其他各书，比《太平御览》多一倍，该书有较丰富的动植物内容，全书940万字。

**第二类：专题记叙生物资源中有经济价值或观赏、玩乐价值的动植物，以谱录类形式予以记载，其中比较著名的有以下几种。**

（1）公元1083年，秦观（1049—1100年）所撰**《蚕书》**是中国乃至世界上现存最早的一本养蚕、缫丝专书，分为辨种、时食、制居、化治、钱眼、琐星、添梯、车、祷神、戍治等10目。书中的记载来自直接观察，文字简略，却极有价值。例如，书中对各龄蚕给桑标准、采茧适期及养蚕期和上蔟结茧对温度高低的不同要求等均有说明，至今仍值得参考。其中“种变”是蚕卵经浴种发蚁的过程；宋代还发明“硃砂温水浴法”；“时食”是蚁蚕吃桑叶后结茧的育蚕过程；“制居”是蚕按质上蔟结茧；“化治”是掌握煮茧的温度和索绪、添绪的操作工艺过程；“钱眼”是丝绪经过的集绪器（导丝孔）；“缫车”是脚踏式的北缫车及其结构和传动。这本《蚕书》还反映出当时扬州的养蚕业已经从“浴种”增健，发展到生理上的择优汰劣，这是我国养蚕技术的一大进步。《蚕书》可谓是中国现存最早的蚕桑科技专著，在世界蚕桑史上也具有特殊的地位。

（2）北宋时期傅肱撰**《蟹谱》**二卷，是世界上第一部有关蟹的专著，紧随其后的即南宋高似孙的**《蟹略》**。二书前后相继，各有所长，是历史上颇有影响的两部谱录，涉及蟹的名称、形貌、性躁、品类、繁育、生长过程、分布、捕捉、食用、风俗民情、掌故奇闻、诗文等，为宋及以前有关中国蟹文献的总汇。

（3）宋朝欧阳修撰**《洛阳牡丹记》**分三篇。一曰“花品叙”，列出牡丹品种 24 个。指出牡丹在中国生长的地域，认为“出洛阳者今为天下第一”。二曰“花释名”，解说花名由来：“牡丹之名或以氏或以州或以地或以色或族其所异者而志之”。列举了各品种的来历和主要的形态特征，说珍贵的品种姚黄、魏花被尊之为花王、花后、花型已有单叶型（单瓣）、千叶型（重瓣）的区分，花色已有黄、肉红、深红、浅红、朱、砂红、白、紫、先白后红等。并记述了牡丹由药用本草扩展为花卉观赏的历程。三曰“风俗记”，记述洛阳人赏花、种花、浇花、养花、医花的方法；并说为将花王送到开封供皇帝欣赏，采用了竹笼里衬菜叶及蜡封花蒂的技术。

（4）**《永嘉橘录》**又称《橘录》，是中国最早的柑橘专著。作者韩彦直，字子温，陕西延安府肤施县人。书成于 1178 年，有多种版本行世。近代以来，欧美和日本等国也有流传，不少柑橘著作都加以介绍和引用，受到许多果树园艺学者的重视。

（5）北宋（1000 年）王禹偁**《小畜集·记蜂》**详细记述了蜂群内部组织和蜂的繁殖情况。

（6）南宋贾似道撰**《促织经》**，专门记载描述蟋蟀的生活环境，历史上各种名称，生活习性，形体特征与善斗的关系，饲养方法和有关注意事项。宋贾秋壑辑《鼎新图像虫经》二卷。

**第三类：反映具有地域特色的草木鸟兽虫鱼的综合性专著。**

（1）**《益部方物略记》**，宋祁（998—1061 年）编撰于嘉祐二年（1057 年），是一本记录剑南地区（相当于今之四川中部和云南北端地区）草木、药材、鸟兽等物种的书。记载了 65 种动植物，是现存我国西南的第一本动植物专著。

（2）**《桂海虞衡志》**，范成大记述广南西路风土民俗的著作。范成大字至能，平江府（今江苏苏州）人，曾于南宋孝宗乾道八年（1172 年）至淳熙二年（1175 年）知广南西路静江府（今广西桂林），淳熙二年正月转任四川制置使兼知成都府。该书是他由广西入蜀道中追忆而作。范成大自序，该书为其于所到之处将方志未载之风物土宜等及边远地区的一些传闻加以合编而成。共分志岩洞、志金石、志香、志酒、志器、志禽、志兽、志虫鱼、志花、志果、志草木、杂志、志蛮等 13 篇，每篇各有小序。详尽记载了宋代广南西路地区的风土人情、物产资源及当地少数民族的社会经济、生活习俗等情况，内容翔实，是研究广西少数民族的重要资料。其中志金石、志香、志草木、志蛮诸篇对前人之说颇多纠谬之处。原书为三卷（一说二卷），今本并为一卷。1728 年，《桂海虞衡志》传入日本（沈汉镛，1989）。

**第四类：反映宋代医药（本草）、人体解剖等方面的专著**

（1）**《本草图经》**，亦称《图经本草》，北宋嘉祐年间由苏颂主持编撰，刊行于 1061 年，共 20 卷，目录 1 卷。载有常用单方千余首。附有 900 多幅药图，是中国现存最早的版刻本草图谱。这部书引用来以前文献 200 多种，集历代药物学著作和中国药物普查之大成，记载了 300 多种药用植物和 70 多种药用动物或其副产品，以及大量重要的化学物质，记述了食盐、钢铁、水银、白银、汞化合物、铝化合物等多种物质的制备。该书对动物化石、潮汐理论的阐述、植物标本的绘制，都在相应学科中占有领先地位。《本草图经》是一部承前启后的药物学巨著，是宋朝最完善最科学的医药书。书中继承了祖国千多年来的古代医药学遗产，补充了自己的研究心得和发现，绘制了大量的药物图形，加以文字说明，准确地记载了各种药物的产地、形态、性质、用途、采集季节、炼制方法、鉴别方法与配伍、禁忌等，图文并茂，使用准确方便。

（2）**《存真图》**，1102 年，杨介撰绘制五脏六腑十二经络图多帧集于《存真图》，该书又名《存真环中图》。这是 12 世纪初，北宋封建统治者利用被处决的尸体，遣医剖视并画工绘图，又经杨介考订校正成书。所谓“存真”指脏腑，“环中”指经络。本书作者绘述从咽喉到胸腹腔各脏腑的解剖，并对经脉的联附，水谷的泌别，精血的运输等情况，进行了较细致的观察与描述，是我国较早的人体解剖图谱，惜已亡佚。该书包括有“肺侧图”“心气图”“气海横膜图”“脾胃包系图”“二分水阑门图”“命门、大小肠膀胱之系图”等多帧。其图是杨介据泗州处死者的尸体解剖观察而绘。该图谱在人体解剖上远比《区希范五脏图》详确科学，推动了宋代医学对人体脏腑器官的了解和研究，是宋代人体解剖学成就的代表作。今佚。后宋·朱肱《内外二景图》、明·高武《针灸聚英》和明·杨继州《针灸大成》等，均引用了《存真图》，足见其书影响。杨介是我国宋代名医，著有《四时伤寒总病论》《伤寒论脉诀》《存真图》等。其中《存真图》被南京中医药大学陈道瑾教授称“在我国解剖学上享有突出的历史地位”。现仅中国中医研究院图书馆存有《存真图》孤本。

（3）**《洗冤集录》**，1247 年，南宋宋慈（1186—1249 年）刊行《洗冤集录》一书。该书以条目体的形式，介绍了尸体检验法规，现场尸体检验流程，尸体现象，以及近 30 种死亡方式的尸体检验方法等。它们包括：自缢、溺死、杀伤、火死、服毒、病死、踏压死、跌死、牛马踏死、雷震死、酒食醉饱死、遗路死、死后虫鼠犬伤等。该书所反映的编撰理念已经非常接近我们今天的法医学教科书。欧洲最早的法医学专著是出版于 1517 年的《报告的编写及尸体防腐》，较宋慈的著作晚了两个多世纪（贾静涛，2000；王祖望等，2015；中国科学院自然科学史研究所，2016）。

**第五类：反映宋代“雅学”与“鸟兽草木之学”的兴起。**

《尔雅》是中国最早纂集经传文字训诂的一部书，汉魏时已有樊光、李巡、孙炎等人的注本。孙炎还有《尔雅音》。东晋时，郭璞作《尔雅注疏》，远胜前人，一直流传至今。魏晋下至梁陈作《尔雅音》或《尔雅音义》见于唐·陆德明《经典释文》所载。宋代“雅学”兴起，其标志是邢昺的《尔雅疏》和郑樵的《尔雅注》等问世，继之陆佃《埤雅》、罗愿《尔雅翼》相继产生，表明由于“雅学”的兴起，亦带动“鸟兽草木之学”的发展。

（1）邢昺撰**《尔雅疏》**，邢昺是北宋初年著名的经学家、训诂学家。所著《论语注疏》《孝经注疏》《尔雅疏》《尔雅注疏》均收入《十三经注疏》之中。从思想史的角度来看，邢昺首开宋代以义理说经的先河，是宋代新儒学运动的先驱，在儒家思想的演变过程中有着重要地位。

（2）郑樵，字渔仲，莆田（今属福建）人，南宋史学家，不应科举，居夹漈山上，苦读十年，访书十年。对天文、地理、草木、虫鱼、医药等均有研究。不尚空谈，注重实学，博学强记，讲求辞章，著述甚丰。撰书**《尔雅注》**《通志》《氏族志》《动植志》等 80 余种。尝参阅二十家本草及方书，考察诸药异名同状、同名异状，注解本草经文，撰成《本草成书》24 卷、《草木外类》5 卷，两书共载药 1483 种，今佚。尝谓本草尤关人命，务须识真辨伪。故撰《通志·昆虫草本略》，致力辨析动植物之名与实。另著《食鉴》4 卷、《鹤顶方》24 卷、《采治录》、《畏恶录》等医书，均佚。

（3）陆佃（1042—1102 年）撰**《埤雅》**（原名《物性门类》）20 卷，专门解释名物，以为《尔雅》的补充，所以称为《埤雅》。凡《释鱼》二卷、《释兽》三卷、《释鸟》四卷、《释虫》二卷、《释马》一卷、《释木》二卷、《释草》四卷、《释天》二卷。共记载动植物 200 余种。书中多处记述动物生态活动，如獾与貉的共栖，蟾蜍、蜈蚣（又名蝍蛆）、蛇的相制。另著有**《尔雅新义》**20 卷。

（4）罗愿撰**《尔雅翼》**，解释《尔雅》草木鸟兽虫鱼各种物名，以为《尔雅》辅翼，所以名为《尔雅翼》。该书共 32 卷。卷一至卷八为《释草》，卷九至卷十二为《释木》，卷十三至卷十七为《释鸟》，卷十八至卷二十三为《释兽》，卷二十四至卷二十七为《释虫》，卷二十八至卷三十二为《释鱼》。包容很广。每释一物都原原本本，既考之于书传，又参之以目验，足以解疑释惑。全书五万余言。

除了上述五类外，北宋科学家沈括（1031—1095 年）撰**《梦溪笔谈》**，是一部笔记本百科全书式著作。该书在国际亦受重视，英国科学史家李约瑟评价为“中国科学史上的里程碑”。《梦溪笔谈》一共分 30 卷，其中《笔谈》26 卷，《补笔谈》3 卷，《续笔谈》1 卷。全书有 17 目，凡 609 条。内容涉及天文、数学、物理、化学、生物等各个门类学科，其价值非凡。书中的生物科学部分根据山石中有螺蚌化石及地下竹子化石，推测水陆变迁及气候变化。他对动、植物形态的描述，对植物名实的考证以及对生物的变异，对生物生长发育和生活活动与周围环境的关系，都有深入的研究和独到的见解。他还总结了中国古代、特别是北宋时期科学成就。《梦溪笔谈》具有世界性影响。日本早在 19 世纪中期排印这部名著，20 世纪，法、德、英、美、意等国家都有学者、汉学家对《梦溪笔谈》进行系统而又深入的研究，而在这之前，早有英语、法语、意大利语、德语等各种语言的翻译本。

## （八）元朝（1279—1367 年）

元朝是由蒙古族建立的一个王朝，虽然统治时间不长，但在天文学、农业科学（涉及生物学）方面却有重要的贡献。

（1）周密撰**《癸辛杂识》**，该书首次记载白蜡虫生活史、寄生植物、白蜡虫的放养、收蜡的时间等。

（2）王祯撰《农书》，成书于 1300 年左右，与《济民要术》相比，补充了南方农业技术，把粮食作物生产、蚕桑、畜牧、渔业等作为农学的主体。《农书》在中国古代农学遗产中占有重要地位，它兼论北方汉族农业技术和南方汉族农业技术。由于中国古代劳动人民积累了数千年的耕作经验，留下了丰富的汉文农学著作。先秦诸书中多含有农学篇章，《农书》在前人著作基础上，第一次对所谓的广义农业生产知识作了较全面系统的论述，提出中国农学的传统体系。元朝统治中国时间虽不算很长，但却在我国农学史上留下了三部比较出色的农学著作：元初年司农司编写的**《农桑辑要》**，此后有**《农书》**和**《农桑衣食撮要》**。三书中尤以《农书》影响最大。

（3）元代**《土农必用》**中，已对蚕生长各阶段所需温度有详细的说明。

（4）**王与编撰《无冤录》**，书成于武宗至大元年（1308 年），以宋慈《洗冤集录》为蓝本。上卷为官吏之章程，计 13 则，多载至元、元贞、大德间官吸条格。下卷为尸伤之辨别，计 43 则，多引《洗冤集录》《平冤录》等书。《无冤录》曾被译为日文、朝鲜文（中国科学院自然科学史研究所，2016）。

## （九）明朝（1368—1643 年）

明朝是中国历史上最后一个由汉族建立的大一统中央集权王朝，在其统治的 275 年中是中国古代农业、手工业、商业都比较发达的时期，由于商品经济的发展，明代中期后，产生繁荣的商业集镇和资本主义萌芽。尤其是在明代后期，伴随西方传教士（意大利人利玛窦等）不断进入明代朝廷高层，他们与中国一些开明知识分子（如徐光启等）合作，翻译西方数学（欧几里得几何学）、测量、水利等著作，进而涉足天象观察和中国历法修订。从总体来看，明朝在中医药、生物分类、动植物生活习性观察、蝗灾防治及大疫等流行病治疗方面均取得相当的进步，其中如李时珍、宋应星、徐光启等人的杰出贡献已远超出同时代西方学者的水平。这一历史时期在博物学（自然志）方面的贡献主要表现在以下几方面。

（1）**类书的编纂**：明朝共编纂类书四部，其中：①永乐年间解缙、姚广孝（永乐元年至六年，1403—1409 年）编纂的**《永乐大典》**最为著名，共 22 877 卷，11 095 册，3.7 亿字。依次录有关天文、地理人事、名物，以至奇闻异见，诗文词曲等，可惜正本毁于明亡之际，副本大部分为八国联军焚毁，或被劫到国外。②陈耀文编**《天中记》**及③彭大翼编**《山堂肆考》**，涉及部分动植物，尚有一定的参考价值。此外，④王圻、王思义编纂的**《三才图会》**共 106 卷，分天文、地理、人物、文史、草木、鸟兽共 14 门，主要汇辑诸书图谱，并附以文字说明，采摭浩博，并有较多动植物图像，有较大参考价值。

（2）王廷相在动物遗传学领域提出“氣種學説”，他著**《慎言·道体篇》**，指出：“人有人種，物有物種，各個具足，不相淩犯，不相假借。”他又进一步指出“萬物巨細剛柔，各異其才，聲色臭味，各殊其性，通千古而不變者，氣種之有定也。”这里的“气种”，是指不同生物性状遗传稳定现象的物质基础。

（3）杨慎著**《异鱼图赞》**四卷。卷一、二记鱼类，卷三记乌鲗、鲸，卷四记其他水生动物，共100余种，是历史上较早的水生动物专著。1700年，《异鱼图赞》一部六本传入日本长崎（沈汉镛，1989）。

（4）1578年，李时珍所著**《本草纲目》**，是中国古代本草学发展的集大成著作，被誉为“东方药物巨典”和“最伟大的本草学著作”（李约瑟，2013），全书共52卷，约19万字，记药物1892种，插图1160幅，附方11 096则，对每种药物以“释名”确定名称；以“集解”叙述产地、形态、栽培及采集方法等；以“辨疑”“正误”考订药物品种真伪和纠正历史文献记载的错误；“修治”说明炮灸法；“气味”“主治”“发明”分析药物的性味与功用。该书系统地总结了中国16世纪以前药物学成就，而且对动、植物的分类、生理、生态和遗传等方面都有独到的论述。在药物分类、释名集解、药性气味、主治发明及随证用药等方面取得了突出成就。先后传播到朝鲜、日本和欧洲等地（中国科学院自然科学史研究所，2016）。《本草纲目》除了医药方面的重要价值外，它还建立了远优于同时代的本草分类体系。他在命名时采用优先法系统，这一点就与当今的命名法规原则一致，全书所分的十六部，则按照从无机到有机、从低等到高等的次序排列，反映出一种进化思想；在每一部中，又按生物的自然属性进一步划分。李时珍以“从类而分，以族相邻”为主导思想建立的独特分类体系也被称为林奈之前最好的分类系统（中国科学院自然科学史研究所，2016）。1744年，日本学者松冈玄达（恕庵）在京都将《本草纲目》作为教科书使用，他的授课笔记《本草会议》流传于世（沈汉镛，1989）。

（5）1596年，屠本畯著**《闽中海错疏》**，全书分上、中、下三卷，记述我国福建沿海各种水产动物的名称、形态、生活环境、生活习性、分布和经济价值等。其中除鱼类外还有腔肠动物、软体动物、节肢动物、两栖动物及哺乳动物。编排上将性状相近的种类归在一起以反映它们间的亲缘关系，这包含了现代生物分类中科、属概念的萌芽，在当时世界上是较先进的。

（6）张谦德著**《硃砂鱼谱》**，该书记述了对硃砂鱼（金鱼）大规模选种培育新品种的情况，表明当时人们已经对金鱼进行了有意义的人工选择。是中国最早的一本论述金鱼生态习性和饲养方法的专著。

（7）1607—1641年，徐弘祖（号霞客）毕生进行地理考察，探索大自然奥秘，足迹遍及中国，写成**《徐霞客游记》**。书中记载动物50余种，包括鱼类、昆虫类、鸟类、家禽、家畜、鼠类、蛇类及虎、象、猿等等，其中鱼类最多，近20种。他在考察生物时，特别注意生物与环境关系。研究涉及海拔高度与地理纬度、温度和风，以及地形对植物生态和分布的影响。

（8）1637年，宋应星著**《天工开物》**，初刊于1637年（明崇祯十年），共3卷18篇，全书收录了农业、手工业，诸如机械、砖瓦、陶瓷、硫磺、烛、纸、兵器、火药、纺织、染色、制盐、采煤、榨油等生产技术。记载了明代杭嘉湖地区蚕农已知道利用一化性雄蚕和二化性雌蚕杂交获取杂交种，供夏蚕生产使用。《天工开物》是世界上第一部关于农业和手工业生产的综合性著作，是中国古代一部综合性的科学技术著作，有人也称它是一部百科全书式的著作。外国学者称它为“中国17世纪的工艺百科全书”。此书在日本、欧洲、美国等西方发达国家均有译本获得很高的评价。

作者还在书中强调人类要和自然相协调、人力要与自然力相配合。《天工开物》是中国科技史料中保留最为丰富的一部，它更多地着眼于手工业，反映了中国明代末年出现资本主义萌芽时期的生产力状况，记载了明朝中叶以前中国古代的各项技术。全书分为上、中、下三篇18卷，并附有123幅插图，描绘了130多项生产技术和工具的名称、形状、工序。书名取自《尚书·皋陶谟》“天工人其代之”及《易·系辞》“开物成务”，作者说是“盖人巧造成异物也”（《五金》）。全书按“贵五谷而贱金玉之义”（《序》）分为《乃粒》（谷物）、《乃服》（纺织）、《彰施》（染色）、《粹精》（谷物加工）、《作咸》（制盐）、《甘嗜》（食糖）、《膏液》（食油）、《陶埏》（陶瓷）、《冶铸》、《舟车》、《锤煅》、《燔石》（煤石烧制）、《杀青》（造纸）、《五金》、《佳兵》（兵器）、《丹青》（矿物颜料）、《曲蘖》（酒曲）和《珠玉》。《天工开物》全书详细叙述了各种农作物和手工业原料的种类、产地、生产技术和工艺装备，以及一些生产组织经验。上卷记载了谷物豆麻的栽培和加工方法，蚕丝棉苎的纺织和染色技术，以及制盐、制糖工艺。中卷内容包括砖瓦、陶瓷的制作，车船的建造，金属的铸锻，煤炭、石灰、硫黄、白矾的开采和烧制，以及榨油、造纸方法等。下卷记述金属矿物的开采和冶炼，兵器的制造，颜料、酒曲的生产，以及珠玉的采集加工等。

《天工开物》中记录了农民培育水稻、大麦新品种的事例，研究了土壤、气候、栽培方法对作物品种变化的影响，又注意到不同品种蚕蛾杂交引起变异的情况，说明通过人为的努力，可以改变动植物的品种特性，得出了“土脉历时代而异，种性随水土而分”的科学见解。明代是中国古代农业、手工业、商业都比较发达的阶段，由于商品经济的发展，明代中期后，部分地区，不少行业中出现了资本主义萌芽。

英国生物学家达尔文（1809—1882 年）在读了儒莲翻译的《天工开物》中论桑蚕部分的译本后，把它称之为“权威著作”。达尔文在他的《动物和植物在家养下的变异》（1868 年）卷一谈到养蚕时写道：“关于中国古代养蚕的情况，见于儒莲的权威著作”。他把中国古代养蚕技术措施作为论证人工选择和人工变异的例证之一。

1869 年，儒莲和法国化学家商毕昂把《天工开物》有关手工业各章的法文摘译，集中收入在《“中华帝国”工业之今昔》一书中，在巴黎出版。1964 年，德国学者蒂路，把《天工开物》前 4 章《乃粒》《乃服》《彰施》《粹精》译成德文并加了注释，题目是：《宋应星著前四章》。1966 年，美国宾夕法尼亚大学的任以都博士将《天工开物》全文译成了英文，并加了译注，题为《宋应星著，17 世纪中国的技术书》，在伦敦和宾夕法尼亚两地同时出版。这是《天工开物》的第一个欧洲文全译本。1743 年，《天工开物》传入日本（沈汉镛，1989）。

日本科学史家三枝博音认为：《天工开物》不只是中国，而且是整个东亚的一部代表性技术书，其包罗技术门类之广是欧洲技术书无法比拟的，称此书是“中国有代表性的技术书”。日译本称《天工开物》为“中国技术的百科全书”。日本学者评议道：“作为展望在悠久历史过程中发展起来的中国技术全貌的书籍，没有比它更合适的了。”

《天工开物》被欧洲学者称为“17 世纪的工艺百科全书”。

法兰西学院汉学家儒莲将此书称为“技术百科全书”，将“天工开物”理解为“对自然界奇妙作用和人的技艺的阐明”。

英国科学史家李约瑟博士把《天工开物》称为“中国的阿格里科拉”和“中国的狄德罗”[①]，称《天工开物》是“17 世纪早期的重要工业技术著作”。日本学者薮内清也认为宋应星的书足可与 18 世纪法国启蒙学者狄德罗主编的《百科全书》匹敌（李约瑟，2013）。

（9）宋应星撰**《论气》**，成书于崇祯丁丑年（1637 年），在**《水尘》**一章中证明空气和水中存在某种维持生命所必需的成分，一旦这种成分耗尽，陆生动物或水中的鱼就会死去。这是古代较接近于数理实验科学的一个实例。这比英国医生梅猷（J. Mayow，1641—1679 年）和英国化学家普利斯特里（J. Priestley，1733—1804 年）用小鼠在密闭的容器中做过的呼吸实验早几十年。

（10）吴有性（1582—1652 年），字又可，吴县东山人。明末清初传染病学家。1642 年，大明崇祯十五年，全国瘟疫横行，十户九死。南北直隶、山东、浙江等地大疫，五六月间益盛，“一巷百余家，无一家仅免，一门数十口，无一仅存者”。医生们都用伤寒法治疗，毫无效果。吴有性亲历了每次疫情，积累了丰富的资料，推究病源，潜心研究，依据治验所得，撰写成了全新的**《温疫论》**一书，开我国传染病学研究之先河。他以毕生的治疫经验和体会，大胆提出“疠气”致病之学说，在世界医传染病学史上也是一个伟大的创举，因此赢得后人的广泛尊重。1644 年，明崇祯十七年，清顺治元年，四月霜，山西长治

①狄德罗（Denis Diderot，1712—1784），法国 18 世纪杰出的启蒙思想家、唯物主义哲学家和教育理论家。他最大的成就是担任法国第一部《百科全书》主编，此书概括了 18 世纪启蒙运动的精神。

秋大疫，病者先于腋下、股间生一核，或吐淡血即死，不受药饵，虽亲友不敢问，有阖门死绝，无人收葬。上述乾隆《长治县志》卷二十一《祥异》一书中的记载，是被近现代医学专家所认定的符合腺鼠疫症状的首例记叙。1644 年四月，山西潞城县也发生鼠疫，患者症状与长治雷同，为腺鼠疫典型症状。以上是乾隆年代《长治县志》所记载并成为中国鼠疫的一个标志性历史文献。

（11）徐光启（1562—1633 年），松江人，明朝著名科学家、农学家、数学家。曾入天主教，与意大利人利玛窦研讨学问。其作品主要有：《诗经六帖》《农政全书》《崇祯历书》《几何原本》（译本）等。徐光启在天文学上的成就主要是主持历法的修订和《崇祯历书》的编译。其农学的代表作是**《农政全书》**（完成于 1525—1528 年，死后经陈子龙改编出版于 1639 年），大大促进了我国农业的发展。徐光启一生关于农学方面的著作甚多，尚有《甘薯疏》（1608 年）、《农遗杂疏》（1612 年，现传本已残）、《农书草稿》（又名《北耕录》）、《泰西水法》（与熊三拔共译，1612 年）等等。其中，《农政全书》又堪称代表。此书是徐光启殁后，经陈子龙删改（大约删者十之三，增者十之二）后成书的。《农政全书》共分 12 门（农本、田制、农事、水利、农器、树艺、蚕桑、蚕桑广类、种植、收养、制造、荒政），60 卷，70 余万言。书中大部分篇幅，是分类引录了古代的有关农事的文献和明朝当时的文献；徐光启自己撰写的文字大约有 6 万字。正如陈子龙所说，《农政全书》是“杂采众家”又“兼出独见”的著作。《农政全书》主要包括农政思想和农业技术两大方面，而农政思想约占全书一半以上的篇幅。

1）用垦荒和开发水利的方法来力图发展北方的农业生产。我国自魏晋以来，全国的政治中心常在北方，而粮食的供给、农业的中心又常在南方，每年需耗资亿万来进行漕运，实现南粮北调。时至明末，漕运已成为政府财政较大的隐患之一。徐光启主张发展北方农业生产来解决这一问题（垦荒、水利、移民等）。与此同时，在《农政全书》中，徐光启也用了四卷的篇幅来讲述东南（尤指太湖）地区的水利、淤淀和湖垦。他还对棉花在东南地区的种植、推广进行了不少研究。

2）备荒、救荒等荒政，是徐光启农政思想的又一重要内容。他提出了“预弭为上，有备为中，赈济为下”的以预防为主（即指“浚河筑堤、宽民力、祛民害”）的方针。

3）农业技术方面，提出了 4 方面的关键措施：①破除了中国古代农学中的“唯风土论”思想。“风”指的气候条件，“土”指土壤等地理条件，“唯风土论”主张：作物宜于在某地种植与否，一切决定于风土，而且一经判定则永世不变。徐光启举出不少例证，说明通过试验可以使过去被判为不适宜的作物得到推广种植。徐光启的有风土论但不唯风土论的思想，推进了农业技术的发展。②进一步提高了南方的旱作技术，如种麦避水湿、与蚕豆轮作等增产技术。他还指出了棉、豆、油菜等旱作技术的改进意见，特别是对长江三角洲地区棉田耕作管理技术，提出了“精拣核（选种）、早下种、深根短干、稀稞肥壅”的 14 字诀。③推广甘薯种植，总结栽培经验。④总结蝗虫虫灾的发生规律和治蝗的方法。

1712 年，《农政全书》传到日本长崎（沈汉镛，1989）。

## （十）清朝（1644—1911 年）

清朝是中国历史上最后一个封建王朝，由满族统治者建立。统治时间长达 268 年。在康熙、雍正、乾隆时期（俗称：康乾盛世），农业获得进一步发展，经济繁荣、社会稳定，国力鼎盛，较大程度扩充了国家版图。但乾隆以后，国内外矛盾激化，统治者闭关锁国，夜郎自大，致使国力逐步落后于欧美，1840 年爆发鸦片战争，遭到英帝国主义等列强的侵略，签订了一系列不平等条约，中国逐渐沦为半殖民地半封建社会。第二次鸦片战争之后，中国开始近代化的探索，部分开明统治阶层进行洋务运动，西学已成一股不可阻挡的潮流，1911 年孙中山领导的辛亥革命爆发，清朝统治土崩离析，从此结束了延续两千多年的封建帝制。这一历史时期在博物学（自然志）等方面的主要贡献如下。

（1）**类书编纂**：清朝共编纂了三部类书，其中最重要的类书是：①**《古今图书集成》**，原名《文献汇编》或称《古今图书汇编》，由陈梦雷等编纂的一部大型类书，始于康熙四十年（1701 年），印制完成于雍正六年（1728 年），历时两朝 28 年，采撷广博，内容非常丰富，上至天文、下至地理，中有人类、禽兽、昆虫，乃至文学、乐律等等，包罗万象。它集清朝以前图书之大成，是各学科研究人员治学、继续先人成果的宝库。②张英等编纂的**《渊鉴类函》**成书于康熙四十九年（1710 年），全书共 450 卷，涉及部分动植物，从总体来看，资料详备，编排得体，所用资料，均详注出处，使用方便。③陈元龙编纂**《格致镜原》**，共 100 卷，包括天文、地理、建筑、器用、动植物等。成书时间不详，但有光绪二十二年（1896 年）上海积山书局石印本。

（2）王夫之（1619—1692 年，即万历四十七年至康熙三十一年），字而农，号姜斋，又号夕堂，汉族，衡州府（今湖南衡阳）人。世界上最著名的思想家、哲学家、史学家、文学家、美学家之一，为湖湘文化的精神源头，与黑格尔并称东西方哲学双子星座、中国朴素唯物主义思想的集大成者、启蒙主义思想的先导者，与黄宗羲、顾炎武并称为明末清初的三大思想家。晚年隐居于形状如顽石的石船山，自署船山病叟、南岳遗民，学者遂称“船山先生”。一生著述甚丰，其中以《读通鉴论》《宋论》为其代表之作。王夫之一生主张经世致用的思想，坚决反对程朱理学，自谓：“六經責我開生面，七尺從天乞活埋”，著作经后人编为《船山全书》。明末清初王夫之著**《思问录·外篇》**一书，指出：“張子曰：日月之形，萬古不變。形者，言其規模儀象也，非謂質也。質日代而形如一，無恒器而有恒道也。江河之水，今猶古也，而非今水之即古水。鐙燭之光，昨猶今也，而非昨火之即今火。水火近而易知，日月遠而不察耳。爪髮之日生而舊者消也，人所知也。肌肉之日生而舊者消也，人所未知也。人見形之不變而不知其質之已遷，則疑今茲之日月爲邃古之日月，今茲之肌肉爲初生之肌肉，惡足以語日新之化哉！陽而聚明者恒如，斯以爲日；陰而聚魄者恒如，斯以爲月；日新而不爽其故，斯以爲无妄也與！必用其故物而後有恒，則當其變而必昧其初矣。”

这里是以肌肉为例，说明形态虽然未变，而物质组成实际上已经发生变化。“日生”而“旧者消”说明物质代谢更新是不断进行的，这里显然包含了生物体新陈代谢的基本概念。

（3）**《四库全书》**全称《钦定四库全书》，是在乾隆皇帝的主持下，由纪昀等 360 多位高官、学者编撰，3800 多人抄写，耗时 13 年编成的丛书，分经、史、子、集四部，故名四库。《四库全书》保存了中国历代大量文献。所据底本中，有很多是珍贵善本，如宋元刻本或旧抄本；还有不少是已失传很久的书籍，在修书时重新发现的；也有的是从古书中辑录出来的佚书，如从《永乐大典》中辑出的书有 385 种。《四库全书》的编纂，无论在古籍整理方法上、还是在辑佚、校勘、目录学等方面、都给后来的学术界以巨大的影响。在其经、史、子、集四部中均包含有的涉及博物学（自然志）生物方面的珍贵文献。

（4）1688 年，陈淏子著**《花镜》**记叙鸟类 25 种、兽类 6 种，介绍金鱼、斗鱼、绿毛龟及蜂、蟋蟀的饲养方法。

（5）1698 年，聂璜于康熙戊寅年完成**《海错图》**，该书（前三册）描绘的海洋生物物种 193 种，分属色素界、植物界和动物界。属动物界中的物种，几乎涉及无脊椎动物门类和脊索动物门的全部主要类群。其中属色素界的物种有 4 种，属植物界的物种有 5 种，属动物界的物种有 184 种。该书亦图、亦文、亦诗，集知识性、文学性、趣味性于一体的古代海洋生物图志，对后人了解中国古代海洋生物的分布、生态习性及其利用等均有十分重要的意义。

（6）1700 年，屈大均著**《广东新语》**，该书卷二十《禽语》记载各种鸟类（包括少数家禽）30 种；卷二十一《兽语》记载广东产兽类 23 种；卷二十二《鳞语》其中记叙多种广东海产及淡水鱼类及广东农民已知利用鱼类不同食性，进行四大家鱼（青、草、鲢、鳙）的混养，以提高池塘养鱼的效益；卷二十三《介语》记载动物较为庞杂，如含有腹足纲、掘足纲、双壳纲、头足纲、甲壳纲、肢口纲、爬行纲等动物；卷二十四《虫语》所包含动物更为庞杂，如含有钵水母纲、甲壳纲、唇足纲、蛛形纲、昆虫纲、爬行纲、兽纲等动物。

（7）1744 年，乾隆九年，清内府编撰的《石渠宝笈》初编著录记：“蒋廷锡**《鹁鸽谱》**两册，素绢本，著色画。”该画册不仅具有艺术鉴赏价值，对研究 17 世纪中叶，中国鹁鸽类的驯养与品系形成有重要参考价值。

（8）1761 年，余省、张为邦于乾隆二十六年完成**《鸟谱》**12 册，共绘鸟 360 幅。**《鸟谱》**对所绘之禽鸟，均以写实之手法表现，即所绘之图与实物大小比例、羽毛色泽、形态特征、栖息环境等较为一致，且文字说明与相对应的鸟图比比对照，识别种类。这是十七世纪中叶，世人对鸟类记载最为系统的论著。不仅具有很高的艺术观赏价值，同时也具有很高的科学价值（冯祚建等，2019）。

（9）1761 年，清余省、张为邦于乾隆二十六年完成**《兽谱》**六册，为图 180 幅，分为“瑞兽”、“现实存在兽”和“异国兽”三大类。 对研究中国古代兽类学有重要的参考价值（王祖望，2014）。

（10）18 世纪初期，李元著**《蠕范》**一书，全书共 8 卷，记载动物 420 种，探讨动物的形态、生理、生态及应用等方面的问题，其内容广为涉及中国古代的鱼、虫、鸟、兽 400 多种，更包括许多家畜种类，这是我国古代对动物认识的总结。因包罗繁琐冗杂，亦因作者当时的观点限制，其中必多讹说，但优点居多，决不能就此否定其科学价值，经过长期埋没，到近世才重新辑入《丛书集成》（商务印书馆 1937 年版）。

（11）1830 年，道光十年，佚名**《鸽谱》**及沈振麟、焦和贵**《鹁鸽谱》**问世，对研究中国鹁鸽类的品系形成，有重要的参考价值（见本书第七篇中《中华民族共同的辉煌遗产——〈清宫鹁鸽谱〉》）。

（12）1830 年，清代医学家王清任著**《医林改错》**一书，他通过尸体解剖的实际观察，重新绘制脏腑图，纠正了前人在人体解剖方面的错误认识，正确区分胸腔、腹腔的部位，指出膈肌之上只有心脏、肺脏；其余内脏器官均在膈肌之下。记述了气管、支气管和细支气管，纠正了“肺有 24 孔”之误。提出“灵机记性在脑不在心”，还提出听觉、视觉、嗅觉均与大脑有密切联系的看法。但是，他对不少器官的命名和功能解释从现代医学观点看是错误的。例如将主要的动脉称为“气总管”“气门”，并认为动脉内无血而有气，将主要静脉称为“荣总管”，认为血液及营养等靠它供应全身等等。

（13）1848 年，句曲山农著**《金鱼图谱》**，全书分原始（考证起源），池畜、缸畜、配孕、养苗、辨色、相品，饲食、疾疗、识性、征用等项。记叙较详。配孕中提到：“咬子时，雄鱼需择佳品，与雌鱼色类大小相称。则生子天全而性纯。”即指金鱼交配时，要选择性状大小相称的亲鱼，进行交配，以提高繁殖之效果。

（14）1851 年, 英国传教士医生合信（Hobsen B.，1816—1873 年）和中国学者陈修堂合作编译**《全体新论》**一书，于 1851 年出版，介绍西方近代人体解剖构造和生理知识。我国最早有人体解剖图的医学书，即咸丰元年（1851 年）上海墨海书馆刊本《全体新论》，是书为西方医术传入中国较早之著作。

（15）1886 年，郭柏苍著**《海错百一录》**。郭柏苍（1815—1890 年），字蒹秋，侯官人，道光庚子举人，为清代著名博物学家、笔记散文家、诗人。《海错百一录》记载福建沿海动植物 400 多种，其中动物 360 种，植物 40 多种。这是一本介绍海鲜的清代著作。海错一词原指众多的海产品，此书为述录海产品的一部专著，共 5 卷。卷一记渔、鱼；卷二记鱼；卷三记介、壳石；卷四记虫、盐、海菜；卷五附记海鸟、海兽、海草。另著有《补蕉山馆》《鄂跗草堂》《三峰草庐》《沁泉山馆》诸集。对其著述，郑振铎先生在《谈访书》一文中亦有述及：“北京隆福寺的文渊阁，从福建找到了不少抄本的好书……我也得到了三册《闽产录异》，二册《海错百一录》（均郭柏苍著，光绪间刻本），虽是近刊，却极不多见。以其是第一手的材料书，故收之。研究海产和南方的动植物者必当一读，有许多记载是第一次见之于这两部书里的。”

（16）1891—1894 年，清光绪年间，岭南连年鼠疫流行，岭南名医罗汝兰仿《医林改错》例，参酌他说，融合己意，系统总结了此前医家治鼠疫之经验，疗效确切。他于 1891—1894 年撰成**《鼠疫汇编》**一书，为我国现存最早的鼠疫治疗专著。此后面世的鼠疫防治专著如《时症良方释疑》《鼠疫约编》《鼠疫抉微》等，均据该书第五刻本增辑而成。该书首次将鼠疫与鼠联系在一起，这在鼠疫认识上是一大进步，如在该书序中，明确指出："鼠疫者，鼠死而疫作，故以爲名。"又在《鼠疫原起》中提到："光緒十六年冬，鼠疫盛行。鼠疫者，疫將作則鼠先死。人感疫氣輒起瘰癧，緩者三五日死，急者頃刻。醫師束手。"

（17）1898 年，中国思想家严复著**《天演论》**出版。**《天演论》**是英国赫胥黎《进化论与伦理学》一书的意译，对中国思想界影响很大，介绍了"物竞天择，适者生存"的进化思想，在中国学术界产生了深远的影响。

（18）1900 年，清末广东鼠疫流行，群医束手，死伤者甚众。林庆铨著**《时疫辨》**一书，该书对"疙瘩瘟"（腺鼠疫）论述颇详，"强調攻邪乃治此疫第一要務，切忌温補"。其治疗颇有独到之处，确定鼠疫的发生与鼠的关系，"查粤東治鼠疫症，即滇南之癢子紅痰症，亦即古人所謂疙瘩瘟也。滇南患此症，由鼠先死而後病及人"。他又指出："廣州之鼠疫發自春，不得謂與滇南無差異，然皆鼠先死，所同者此耳。"

（19）19 世纪末至 20 世纪初，即光绪年间，翻译国外博物学著作中动物学部分；或直接翻译国外动物学教科书供作中、高等学堂之教材已蔚然成风，这对提高国内动物学科学水平有不可忽视的作用。例如，（英）艾约瑟译**《动物学启蒙》**；（美）范约翰与国人合作，译**《百兽集说图考》**；山西大学堂柯璜将日本理学博士箕作佳吉编撰的**《博物学动物篇讲义》**直接翻译成该校预科之教材；许家惺等译日本丘浅博士编撰的**《动物学教科书》**；黄毅编译**《栽桑新论》**（**《蚕业丛书》**）；黄湄西译**《蚕体病理论》**（**《蚕业丛书》**）；姚志强、赖昌编译**《蚕病预防论》**等（王祖望等，2016）。

清朝也是雅学的昌盛时期，雅学著作极多，统归"雅学"之列。但这种"昌盛"只是当时学者为逃避清廷文字狱的高压而躲在故纸堆中的无奈之举。

## 四、中国古代博物学（自然志）的特点及其现代科学意义

笔者在第三部分已将中国古代博物学（自然志）的概念作了界定，在各个历史时期的发展历程作了比较详尽的介绍，大体可将其发展的特点及科学意义归纳如下。

（1）中国是史志大国。在中国传统哲学中，宇是上下四方的空间，宙是往古来今的时间，古人认为"往古"是"来今"的最好借鉴，所以极端重视古籍的整理、研究和保存，同时也极重视记载每年所发生的重大事件，如当年发生的奇异自然现象、天灾、人祸、丰歉等等。例如，二十四史就全面记载了历代典章制度的变化，政治、军事、经济、文化、人口、地域的各种变迁。此外各种通史及历朝历代编纂的各种谱志、专志、类书、游记、地方志等等为研究中国通史以及各种专门史，如自然科学史就提供了系统的、仔细的、可靠的资料，在此仅举一例即可证明，从《春秋》及二十四史的记载中，可以看到从公元前 613 年到公元 1910 年系统地记载了哈雷彗星 34 次回归的情况和准确时间。为现代的天文研究提供了重要的资料。所记载的日食月食，用奥地利天文学家奥波尔编写的《日月食典》来检验，绝大多数是准确的（周桂钿，1990；吴国盛，2016）。根据中国科学院自然科学史研究所（2016）编著的《中国古代重要科技发明创造》一书中的权威发布："历史拥有的可靠日食记录主要来自中国，中国有的日食记录已成为经典，如《尚书》中记载的日食，被称为'书经日食'，《诗经》记载的日食，被称为'诗经日食'"等。此外，"在中国历史上有 1000 多次的彗星记录，最早的见于《春秋》鲁文公十四年（公元前 613 年）'秋七月，有星孛入于北斗'，而且已经把彗星看作是天体了。相比之下，西方从亚里士多德开始直到 16 世纪一直把彗星看作大气中的燃烧现象。"

（2）中国古代博物学（自然志）从其"婴儿时期"起就与人文密切结合，先秦时期的《诗经》及晋·陆玑（261—303 年）《毛诗草木鸟兽虫鱼疏》这些著作就是最好的证明。先哲孔子在《论语·阳货》中说："詩，可以興，可以觀，可以群，可以怨。邇之事父，遠之事君；多識於鳥獸草木之名。"中国古代文人

以识鸟兽草木之名为其本分，以不识为耻。古代文人亦多以鸟兽草木之名称，用以比兴、用以寄托，用以表达志趣。总之，中国古代《博物学》与人文结合紧密，其特点是诗、词、赋等文学形式往往成为描绘动植物的一种特殊方式，这与17—18世纪，西方博物学中“文学传说和科学事实交织在一起，而且未脱离道德教化功能”似乎有异曲同工的作用。例如，清《御定历代赋汇》中，几乎所有常见的动植物都可成为其描绘的对象，该《历代赋汇》共140卷，涉及动植物约24卷，占全书卷数的17%，其中动物占8.6%，涉及种类大至狮、虎等兽类，小至蜉蝣、虱子、跳蚤，几乎涵盖了动物的主要类群（王云五，1986）。

（3）中国古代疫病流行，史籍中常见有关“疫”“大疫”的记载。我国有文字明确记载的疫情从商朝开始，殷墟出土的甲骨文中明确记有多种传染病病名，如疟、疥、蛊等（张剑光，1998）。古籍所指“大疫”，一般是指传播迅疾，死亡率很高的一种烈性传染病，如斑疹伤寒、出血热、霍乱、鼠疫等。自先秦两汉以降，在三国晋（220—420年）出现第一次大疫高峰年，发生大疫年份数21，大疫发生频率10.50%；至元朝（1279—1367年）出现第二次大疫高峰年，发生大疫年份数18，大疫发生频率20.45%；至明朝出现第三个大疫高峰年并延续至清朝，明朝发生大疫年份数148，大疫发生频率高达53.82%；至清朝，大疫发生年份数196，大疫发生频率高达73.13%（见本书第五篇中《中国三千年鼠灾、大疫发生概况》）。疫病带给我们祖先触目惊心的苦难，也给历代封建王朝的统治权带来莫大的威胁，为了民族的生存与繁衍，我们祖先历来重视医药业的发展与创新，特别是在疫病高峰年后，必然会涌现出一批名医和内容更加丰富、实用的**本草学**著作。这就是为什么在中国古代博物学（自然史）中，会远比西方博物学中包含更多的本草学类的研究成果，经过3500余年的锤炼，这些本草类的药物，依然为13亿中国人及众多海外华人所喜闻乐用，为中华民族的繁衍作出了无与伦比的伟大贡献。2013年8月，中国科学院自然科学史研究所成立“中国古代重要科技发明创造”研究组，邀请所内外专家通力合作，梳理科技史和考古学等学科的研究成果，系统考量我国的古代发明创造。经过持续的集体调研，推选出“中国古代重要科技发明创造”88项，并将它们大致分为科学发现与创造、技术发明、工程成就三类。其中**本草学**就被专家选中并列于“科学发明与创造”中（中国科学院自然科学史研究所，2016）。

（4）中国自古以来就有编纂“类书”的传统，所谓“类书”是中国古代辑录各种书籍中有关资料分门别类编排而成的工具书，具有百科全书性质。我国最早的类书是三国时期魏文帝曹丕命刘劭等人所编《皇览》，但早已佚失。唐·虞世南编《北堂书钞》是现存最早的一部类书。唐代共编纂类书四部；宋朝是我国科学技术繁荣时期，编纂类书最多，达到六部之多。元朝统治时间较短，未编纂类书。明朝共编纂类书四部，其中永乐年间解缙、姚广孝（1403—1409年）编纂的《永乐大典》最为著名，王圻、王思义编纂的《三才图会》采摭浩博，并有较多动植物图像，有较大参考价值。清代共编纂了三部类书，其中最重要的类书是《古今图书集成》。中国古代的类书与同时期西方的百科全书有类似之处，如均是资料汇集性工作，内容庞杂，上至天文下至地理，人文、历史、艺术、建筑、医药等无所不包。但两者之间也有明显的差别，类书是辑录原始资料，重在资料性，是原始资料的汇集。百科全书是根据已有的资料进行加工整理，是对已有知识的加工、整理和浓缩。其次，是内容有别。类书一般侧重于文史资料，除天文（天象观察）、历法外，涉及自然科学技术较少，而百科全书虽然内容更为庞杂，但以反映某一历史时期人类全部知识为主体，对自然科学方面的知识更为重视。所以类书与百科全书均为文献汇集式工具书，但仍存在一定的差别。

（5）自古以来中国就有与危害农业生产的病虫害做斗争的经历，积累了丰富经验，创造了科学的灭虫方法，尤其在治理蝗灾方面，从蝗虫的分类、命名、生活习性、栖息地特点、迁徙规律、大面积防治方法及相关法令、法规的制定等，如宋·董煟撰《救荒活民书》、明·徐光启《农政全书》、清·陈崇砥《治蝗书》、清·陈芳生撰《捕蝗考》、清·顾彦撰《治蝗全法》、清·陆曾禹撰《钦定康济录》等。尤其是明·徐光启《农政全书》中提出的治蝗对策为日后蝗虫的研究和蝗灾的防治，奠定了坚实的基础。他对蝗虫研究的主要贡献，可概括为以下几方面：①他认为，蝗灾甚重，居水、旱之首，而除之则易，但必须合众力共除之；②记述了蝗虫（即亚洲飞蝗）一年为二个世代，其生活史为卵（初生如粟米）、蝻、蝗（成虫）；③记述了蝗灾发生基地，即蝗区，认为“蝗之所生，必于大泽之涯，然而洞庭彭蠡具区之旁，终古无蝗也。”所以蝗灾发生区域，必定有一些特有的自然条件，“必也驟盈驟涸之處，如幽涿以南，長淮以北，青兗以西，梁宋以東諸郡之地，湖濼廣衍，暵溢無常，謂之涸澤，蝗則生之”；④运用历史统计方法，得出蝗类最盛于夏秋之间的正确结论，并根据统计资料基本划定中国的蝗区，提出了根治蝗灾必先消灭蝗虫孳生基地的正确主张。他总结元、明时期蝗之发生地区，得出“故涸澤者，蝗之本原也。欲除蝗，圖之，此其地矣。”总之，徐光启的治蝗方略有着划时代的意义。

（6）中国古代博物学（自然志）这一大口袋中，除天学、地学、农学、医学外，还应包括数量庞大、极具科学价值的地方志书类，估计有9000多部，记载了与上述4方面有关的文献《中国古代重大自然灾害和异常年表总集》（宋正海，1992）。这类文献对全面了解历史上各种天文、天象观察记录；天气、气候、大气物理现象的文字记述，包括水、旱、雨、雪、冷、暖、冰、冻、风、尘霾、风暴潮和大气声、光、电等现象出现的时间、地点和情景；各种气象灾害、地质灾害、生物灾害的范围、危害程度和灾后赈济、蠲免；与气象条件有关的物候、农业丰歉和病虫害及疫病、饥荒、奇异现象及自然环境变迁对动植物的影响等方面的记载，这无疑是一个巨大的自然信息库，也是自然知识宝库，对于现代科学的发展有着广泛而特殊的价值（宋正海，1992；吴国盛，2016）。宋正海（1992）曾对我国古代自然记录做过如下的评价：“中国古代自然记录，不仅源远流长，而且数量大、质量高，具有系列长、连续性好、地域广阔、内容多样、相关性、综合性强等优点。”无疑，这些知识迄今仍然是人类探索未知世界的宝藏，等待着人们去开发、去利用。

# 五、小　　结

自西学东渐以来，“中国古代无科学”这一论断犹如一块挥之不去的巨大阴影，笼罩在中国人的心头，中国古代究竟有没有科学？已成为广大学者和民众日益关注的一个热门话题。我们通过编纂《中华大典·生物学典·动物分典》这一国家级重大出版工程，花费了近10年的时间，比较系统、深入地查阅了有关典籍和方志。同时，我们也学习了《中国传统哲学》（周桂钿，1990），浏览了一些近现代学者从哲学的角度对舶来品“科学”名词的释义和解读，获益匪浅。通过阅读吴国盛先生（2016）近作《什么是科学》一书后，我们除了了解科学的本性和本源外，也试图通过西方语境中的科学（知识）谱系图中的博物学（自然志），对中国古代相关学术进行重建，以天学、地学、农学、医学为代表的自然知识构成的博物学（自然志），表明中国古代有科学，而且中国古代的发明创造对世界历史进程产生了重要影响。这一点在2016年出版的中国科学院自然科学史研究所编著的《中国古代重要科技发明创造》一书中，已得到有力的佐证。吴国盛先生（2016）将“中国古代是否有科学”作了如下表述：“古代中国有没有科学，这个问题本质上是一个定义问题，而不是历史经验问题；是一个观念问题，而不是事实问题；是一个哲学问题，而不是历史问题。”

## 参考文献

冯祚建，童墉昌，卢汰春. 2019.《清宫鸟谱》的面世及其科学意义与价值的研究. 见：王祖望，冯祚建，黄复生. 中国古代动物学研究. 北京：科学出版社

高明乾，佟玉华，刘坤. 2005. 诗经动物释诂. 北京：中华书局

郭郛. 2013. 尔雅注证. 北京：商务印书馆

(英)李约瑟. 1990a. 中国科学技术史·第一卷·导论. 北京：科学出版社

(英)李约瑟. 1990b. 中国科学技术史・第二卷・科学思想史. 北京: 科学出版社; 上海: 上海古籍出版社
(英)李约瑟. 2013. 中国科学技术史・第六卷・生物学及其相关技术. 北京: 科学出版社
林庆铨. 2009. 时疫辨. 广州: 广东科技出版社
刘举鹏. 2017. 中国蝗虫学史. 昆明: 云南教育出版社
罗桂环, 汪子春. 2005. 中国科学技术史. 生物卷. 北京: 科学出版社
罗汝兰. 2008. 鼠疫汇编. 广州: 广东科技出版社
牟重行. 2014. 人与自然的一门学问——二十四节气. 深圳: 海天出版社
任鸿隽. 1915. 说中国无科学之原因. 科学, 1(1): 8-13
沈汉镛. 1989. 日文书籍中有关中国古代科技东传日本史事. 中国科技史料, 10(1): 85-93
宋正海. 1992. 中国古代重大自然灾害和异常年表总集. 广州: 广东教育出版社
王云五. 1986. 景印文渊阁四库全书. 台北: 台湾商务印书馆
王祖望. 2014. 《兽谱》物种考证纪要. 见: 故宫博物院. 清宫兽谱. 北京: 故宫出版社
王祖望, 黄复生, 冯祚建. 2015. 中华大典・生物学典・动物分典. 昆明: 云南教育出版社
吴国盛. 2015. 说中国古代有无科学. 科学, 67(3): 6-9
吴国盛. 2016. 什么是科学. 广州: 广东人民出版社
吴鸿洲. 2010. 中国医学史. 上海: 上海科学技术出版社
吴琼. 2015. 博物图谱——死去的学科与活着的文化. 见: (法)夏尔·亨利·德萨利纳·奥尔比尼. 通用博物学图典. 北京: 中国青年出版社
易中天. 2014. 汉武的帝国. 杭州: 浙江文艺出版社
易中天. 2015. 魏晋风度. 杭州: 浙江文艺出版社
张德二. 2013. 中国三千年气象记录总集. 南京: 江苏教育出版社
张剑光. 1998. 三千年疫情. 南昌: 江西高教出版社
中国科学院自然科学史研究所. 2016. 中国古代重要科技发明创造. 北京: 中国科学技术出版社
周桂钿. 1990. 中国传统哲学. 北京: 北京师范大学出版社
竺可桢. 1945. 为什么中国古代没有产生自然科学? 科学, 67(3): 1-2

# 对“李约瑟难题”的解释

郭　郛

## 一、难题的提出

英国学者中国科学史权威李约瑟教授在其巨著《中国科学技术史》中提出：“在近代以前的 14 个世纪里，中国对于自然现象的知识和用以造福人类的技术方面远远胜过欧洲，可是为什么近代科学，以及经得起全世界考验并得到合理的普遍赞扬的伽利略、哈维、维萨迪斯、格斯纳、牛顿的传统——这种传统注定会成为同一世界大家庭的理论基础——是在地中海和大西洋沿岸，而不是在中国或亚洲其他地方发展起来呢？”这一问题后被学术界名之为“李约瑟难题”或“李约瑟之问”。它一经提出，就一直困扰着中国乃至世界学术界，许多学者为解决这个问题进行了不懈的努力（何慕和吕变庭，2014）。

## 二、对难题的剖析

李约瑟博士于 1995 年仙逝后，这个难题在科学界、文化界引起不少的讨论，我也是对这一问题颇有兴趣，关注这一问题的发展与解释，匆匆已 20 余年。回想 1988 年、1990 年与李老相处的时候，他精神尚好，头脑清楚，坐在轮椅上，他那时忙于中国医学方面总结性的写作，偶尔同我讨论，也是偏重于让我当时写作《中国古代动物学史》和我向他请教他们写作《万物起源论》的中心大意，没有时间请教上述大问题的内容。我在科学史学中爬摸滚打二三十年，首先要谢谢李老的鼓励与接引，让我在科学史园地中有门户而入、有立足点而垦耕的机缘。读百卷书，行万里路，看万种事物，受几十位大学者和上百位同道的言传身教，以及几个不友好人士的反面教育刺激，虽已年过九十，但还是鼓起勇气，参加这个难题的讨论。现在从几个方面来讨论这个问题：①从社会学层面；②从文化层面；③从科学层面等等。

### （一）从社会学层面来讨论李约瑟难题

中国社会有四大主流社会：①图腾崇拜社会；②奴隶社会；③封建社会；④共和民主社会。

图腾崇拜起源最早，《山海经》是图腾社会的典型文献，从上古原始社会，一直到夏代、商代和周代的初期，一直是图腾社会活跃时代，它的特点是图腾崇拜，拜天地祖宗、拜凶猛、家养动植物为神，现代人们的姓氏是崇拜图腾的残余，如龙、凤、牛、马、羊、石、山、水、火、祖、宗、谷、周、姬、李等姓氏，这个图腾社会南到越南，北到漠北，东到东海，西逾葱岭。炎帝火图腾族、太昊氏和伏羲氏拜日和龙的龙图腾族、拜葫芦的华族、拜熊、拜车轩辕的黄帝族、拜日和以鸟为图腾的少昊族、以窑和塘为族名的唐尧族、以虎为图腾的舜族、以龙为图腾的夏族、以鸟为图腾的商族、以周田、稷为图腾的周稷族、以鸟和粟、粱（禾）为图腾的秦族，直到现代图腾崇拜不绝如缕。原始社会发生图腾崇拜是一个大进步，表示人们从渔猎采集时代进入用火、保管火、家养动植物和有信仰等来保证人们的生活和思想（信仰）的时代了（郭郛，2019b）。

奴隶社会以夏、商两代为主，人们身份分为主人和奴隶，奴隶无人身自由。

周代是封建制为主的国家，以同姓分封或至各地为王，统制各地人民。这个制度一直维持到清末，时间长达两千多年。其间各地各个时期仍有奴隶制存在。

李约瑟大师所提及的宋代是个什么样的社会呢？宋代可分为北宋和南宋两个时期。北宋承接五代残唐之乱后新生，又统一江南富庶地区，与民更始，政治清明，善用有识之士，休养生息，进入封建时代的鼎盛时期，像沈括这样一类高明人士，能发挥所长，将大江大河南北文治和科学技术发展到一个新的高峰，仅李约瑟对《梦溪笔谈》中统计可称道的科学成果已达 100 项以上，成为汉唐以来科学成就第四个高峰。

再看南宋，国土促狭，君臣苟延残息，将相不和，以莫须有罪名杀害武帅，权臣只知斗蟋蟀为乐，民生凋敝，对敌只是称臣纳贡。辽金元是典型的奴隶制社会，南宋末期已沦为封建奴隶制地位，科学突飞猛进发展已成不可能之事。再看元明清三朝，它们基本特点是封建奴隶制国家，元代将人民分成十等，九儒十丐，将长江黄河农业区改成游牧区，走倒退的路，高压统治维持不到百年，人民衣食不周，遑论先进科学。明代对臣民高压，动辄庭杖凌辱，文武官员稍被谗言便凌迟处死，传首九边，宦官特务统治人民，国乱民贫，稍有建树的科学工作，都是在野人氏，如李时珍、宋应星等，在艰难险阻中做出的成果。明末徐光启颇有成就，乃有外国先进科学的指引，又当别论。清代夷夏之防，达于极点，康雍乾三代文字狱几十起，扬州十日，嘉定三屠，杀害无辜人民几十万，乾隆甚至挖了师辈沈德潜的墓，就是因为沈写了老实的话。臣下对君主叩头膜拜，自称奴才，虽贵为首辅，如和珅等也是如此，充分表现出清代已倒退为封建奴隶制社会，国富民弱，国乱民贫，有见识的人无力无处无时去努力从事科学事业。再看西欧，君主权力受限制，代议制、议会制方兴未艾，因蒸汽机而动力大增，生产更多物品而外贸大起，外贸大增引起坚船利炮巧取豪夺侵略野心，科学事业蒸蒸日上。中国后来因外侮入侵，人民更加处于水深火热中，才有中国人民的奋起。“师夷之长以制夷”，则是中国人民努力学习西方先进科学的目的之一。由此看来，从社会制度比较起来，北宋（进入完善的）封建制社会，国家安定、国力上升的阶段，人民在改善的生活环境中，工作和思想均得到宽厚的回报，才有北宋科学技术成就的高峰。南宋后期、元明清倒退到封建奴隶制阶段，科学技术小有成就也是在野人氏的努力。这是从中外社会制度相比于南宋—元—明—清而得的初步结论。

## （二）从文化层面来讨论李约瑟难题

### 1. 从图腾文化文明说起

在原始社会阶段，中国大地曾产生一个图腾崇拜时期，四五十万年前，北京猿人、山顶洞人已知用火、保管火，人们对火产生崇拜，后来保管火的氏族，人称炎帝氏族，就是中国火图腾崇拜族最早起源之一。

在一万年前左右，黑龙江—黄河流域中下游沼泽众多，一（或二）种凶猛动物鳄鱼（扬子鳄、长吻鳄）成为优势动物横行沼泽地区，为害人们。中国太昊氏族生活在水滨，天天同鳄鱼打交道，了解鳄的习性、生活特点等等，他们将水带联成网，或者用土堵成片，使得鳄鱼生活在一定范围内，这样减轻鳄的为害，有时还利用鳄鱼作为食物——鼍肉（龙肉），鳄鱼皮做成器件，如鼍鼓、战衣——鼍甲等。鳄鱼古名为鼍，人们尊敬太昊族为鼍族，时间久了，鼍—鼍（TUO—TUO）就转音为鼍鼍、图腾（TOTEM）。秦人统编上古书籍《山海经》已写明龙图腾族等已开发岭南、海南岛直抵越南南部，龙族等可能一直流转到北美洲、拉丁美洲、大洋洲等地。19世纪中国学者严复，译英人甄克思《社会学通诠》时，才将国外图腾事迹转译介绍回到中国。国内《山海经》《左传》《史记》是中国图腾史实的纪录书（郭郛，2004，2019b）。

鼍又尊称为龙，太昊氏族本是拜日族，对太阳有较多的知识，现在又丰富鼍的知识——“降伏了鼍”，太昊族又尊称为龙族。《春秋左传》记载：“太昊氏以龙纪，龙师而龙名”，说明太昊族强大，以龙为图腾，战斗单位（龙师）借以龙为名称（如飞龙、黄龙等），中国最有名的始祖伏羲氏、女娲氏均是龙族的后代，他们風姓，風是“凡+虫”二字的合成，此虫是龙的初意，凡就是鳄头顶硬骨头甲，山西風陵渡是龙族活动中心之一。

炎黄族群是炎族和黄帝族合称，炎帝族是保管火、用火的大族，他们以火为图腾。黄帝族是混合而成的大族群，黄帝有熊氏是以熊为图腾的一族，黄帝轩辕氏是养马、驾辕车的一族，黄帝公孙氏是父子同名制的一族。黄帝缙云氏是养蚕的一族，以蚕丝为图腾，并以云（蚕茧、蚕、丝颜色）为图腾，黄云氏（黄色蚕丝）、白云氏（白色蚕丝）、缙云氏（山西晋地、浙江缙云、红色蚕茧）等蚕丝为图腾标志（图8-1），炎黄子孙成为中华大族群。黄帝族成为天下共祖后，也以龙为图腾。

图8-1　各色蚕茧

华夏族是华族和夏族的合称，华是植物葫芦的花，花大而美。子实长圆，浮于水面，它是当时最好的浮水器，沼泽地区人们必带的物品，身带葫芦入水不沉，可以浮起，保护水网沼泽地区人们身体和生产安全，种葫芦成功的氏族被称为华胥氏族，胥是腌虾蟹等为酱，又是腌制块状动物肉的能手，他们与周围氏族通婚，以华（葫芦的花）为图腾，成为当时大族群。陕西华山是华胥族活动地之一。夏是龙族之一，夏字是头顶硬角（一）、身腹粗长而大（自）、四足粗大有力伏地、尾长而粗大（文），龙的形象，中国西部地区大夏是鳄的原生地之一，移入中原后称夏，鲧族、夏禹族是其后代之一，华夏族是中国图腾大族种之一。少昊氏族是以鸟为图腾的大氏族，也是崇拜太阳的氏族，分布于黄河中下游，精通农业时令，对日出日入地有较多的探测，以鸟为季节春夏秋冬活动的指示性动物，以鸟为木工、金工、皮工等工种的标志，以九种鸟族管理农业生产的九农正。氏族战斗力很强，“四面围攻”战阵式是鸟族创立的。商汤是子姓，即鹰，建立商代，宋国是鸟族商国的后代。孔子孔丘自比为凤，也是商宋鸟族后代之一。孔子一族是在鲁国发展成功的，秦、赵、郯、越国都是鸟族的后代。养马族以马为图腾，马姓是其后裔；养牛族以牛为图腾，神农氏“人身牛首”，牛图腾崇拜者，牛姓是后裔之一。羊被家养最早，羊成为图腾，羊姓是中国大族。

稷族因家化稷而以稷为名，粱族、粟族、谷族、麦族因家化和善于种植该作物而得姓。

图腾崇拜大发展时期是尧舜禹前时代，南到越南、广东，西过葱岭，北逾沙漠，东到东海。中国大地上有几百个图腾族生活。

现在全世界都称母亲为妈妈（MAMA），这是马族儿童对女性母亲的尊称，妈，MA，[女+马]，或[马+女]，幼儿称母亲为妈妈，妈，MAMA，MA，首先出于马族，然后遍及世界，这是马族对世界文化文明的贡献。

图腾制度出现是当时一大进步，现在祖宗崇拜、姓氏谱系乃是该制度的残余，对未来人类遗传基因谱系、人类文化文明的传承和了解可能有一定帮助。中国是图腾文化的大国，过去认识不清，研究工作落后，致有失误。

## 2. 生态工农业畜牧业生产文化文明

在公元 1 世纪左右，世界上四大文明：两河文明、古埃及文明、古印度文明、中国文明走上了不同发展道路。深受两河文明影响的古希腊文明转为基督文明，两河文明、古埃及文明逐渐衰败，唯有中国文明依然蓬勃发展。

中国土生的伏羲-神农的生态畜牧农业文明，因中国地上四大流域广大空间而有发展地区，劳动者有用武之地，智慧人氏有发挥智慧的空间，但一些野心家走上战争不休的年代，于是百家争鸣，铜器铁器用于兵器，老、庄、孔、孟、商鞅学说成为主流，兵马、强弓、大弩、战阵、战术、战略成为必由之路。中国一个特殊的年代：战国年代产生，世界上最有智慧的武略名言：“不战而屈人之兵，善之善者也”，由中国武圣孙武总结出来，这是一句最有智慧的见解，现在仍闪耀它的光芒。

中国文明有六七个高峰，伏羲因建立“天、地、山、水、风、雷、火、泽——八类大自然生态要素”八类符号（八卦）而代表中国古代文明高峰，首先伏羲氏将人们常见的、天地间存在的、人们生活不能离开的、既有水（普遍的）又有泽（沼泽、湿地——当时四大河流中下游特有的）的大自然环境中生态系统总结为八要素，发明“规矩”，用于量天测地作图，这是中国文明第一个高峰。

为什么又称为畜牧文化高峰呢？从中国考古文化中所见，家化动物早于家化植物。从伏羲氏名字可知，伏是人犬合成，羲古写为牺，养牛、养羊、种禾高地、执戈守望诸事合成一字，可知伏羲氏是合养犬、牛、羊、种禾、制戈诸族合成的大族群。畜牧、种植文化已发展到高度水平，据一些史册所载，伏羲族分布在黄河中下游，正是黄河沼泽地带，水草丰美，适宜畜牧，高处适宜种植。大自然生活环境如此，伏羲族生活其中，存在决定意识，文化根于自然，文明源于现实。所以伏羲氏是中国文明初祖之一。

神农氏是致力于农耕的族群，禾：粟、黍、稷、高粱的栽培和木犁、石锄、蚌锄等利用是神农族群的贡献，“神农尝百草”，既说该族对原始农作物、草药的努力，也说对食用作物禾稼和衣用作如麻、葛的成就。神农氏对畜牧业也有贡献。神农族以牛为图腾，中国牛神之一是神农。神农氏族在黄河南岸发展，逐步完善于长江南北岸。伏羲-神农农牧业文化成就是中国文明第一高峰，既有文化上成就：“八卦论”——“八类生态环境因子系统论”，人类发明创造科技工具“规矩”，又有众多家化动植物成为人们成长发展的物质保证，让中华民族在黄河长江流域两岸发展有较好的物质和文化基础。从社会文明形式来看，图腾族长是本社会的特点，物资公有，劳动分工合作，内婚制和外婚制并存，共御外侮。图腾族龙族（伏羲族、女娲氏族）（畜牧、农业）与牛族（神农氏族）（农业、畜牧业）是两大主体。华族（以种植葫芦、善于保存动物肉和制虾蟹醢）和夏族（水利工程）组成联合族群，伏羲、神农、炎黄、华夏以及犬族、羊族、虎族、猪族等是原始社会图腾族群的主要族群。他（她）们创造中国科学技术文化**第一高峰**。

尧帝族是挖地垒土为窑、手工制坯、烧制陶器的一大工匠族群，同时又能畜牧、农耕的氏族，后来被各族举为天下共主，又称陶唐氏，唐是池塘的含意，粗解是土地面上被挖去大片泥土而成池塘，实际是唐为一种复合的窑式，口是入坯口及后来成为烧火口或出器口，唐字上半是并排的放置土制坯器的窑口，可让大火延伸至各处。陶唐氏是手工业各族的始祖族，又是当时地区的共主，对制定历法和星辰有特别的贡献，舜是尧的事业天下继承者。尧舜或唐虞氏族是原始渔农牧工社会的发展者，尧本是龙族，后以窑（垚、尧）为图腾，舜本东夷虎族（虞），后代尧成为共主，均由基层上推为天下共主，政治清明，选贤任能，开发四方，南到湖南九嶷山区，史称唐虞之治。

### 3. 奴隶制度社会、渔猎畜牧工农商生产交换时代兴起

尧时有九年水灾，人民不能安居乐业，当时让鲧族治水，鲧族是捕鱼养蚕制丝为业的大族，鲧用堵水法，打坝造堤，由于储备的黏性土壤不够，水未能堵住，洪水横流，引起水患，灾害连年，舜将鲧在羽山（江苏、山东海边）极刑处死。当时四岳首领举鲧族青年禹为治水人，禹随山植木，了解地形地势，开掘沟渠，用疏水法治水，得伯益族等帮助，以三过家门而不入的刻苦精神，治水成功，禹分天下为九州岛，禹代舜为天下共主。禹传位与子启，成为家天下，成为奴隶制的创始国家，立国号为夏，杀异族人、奴隶殉葬。夏的字形和字义均像龙字的字形和字义，唯字音不同。夏代后期君主夏桀暴虐无道，为鸟图腾族商汤所代替，商代也是一个奴隶制国制国家，父子相传，奴隶是无人身自由的，人牲殉葬。夏禹、商汤是家天下、奴隶制的。夏代的水利工程，商代青铜器，冶炼和制作，是精妙绝伦，首都迁移数次，夏商是牧农工商社会，科学技术成就当时是领先的。夏商两大族相互敌视，也与马族、夷族（造弓族）等交恶，战事频发，阻碍社会进步。商代最后一代君主商纣王也是荒淫无道，残害人民，被周文、周武联合各族推翻，史家常桀、纣并称，结束了奴隶制度。夏商奴隶制社会三百年。商代后代灭国后多从事商业物资交换贩卖活动，因而称为商人。但奴隶主和贵族不在此例，仍保持贵族身份。

### 4. 封建制畜牧农业工商社会

周代是典型制封建社会，皇王自封为天子，将京外的土地和人民分封给同姓子弟和功臣为诸侯。大小不等有上百个国家，称臣进贡。中央集权，地方分权，“禮、樂、征伐自天子出。”后来王纲失坠，政令不出都门，诸侯蜂起，先有五霸，后有七雄，诸侯或尊王攘夷，或自立为王，史称“春秋战国时代”，上百个小国合并成七国，年年争战，民不聊生，最后统一于秦。前后纷争杀戮，死伤人民无数，周代有七八百年之久，大小战争上千次，人民痛苦，处于水深火热之中，史称“春秋无义战”，实际是“春秋、战国均无义战。”孟子说：“争地以戰，殺人盈野；争城以戰，殺人盈城。”战争痛苦唤醒人民，于是百家争鸣，学说并起，管仲、晏婴、老子、庄子、孔子、孟子、墨子、孙子、法家商鞅等皆一时之雄，影响当代和后来几千年。孔子孔丘（公元前551—前479年）本人是宋国鸟图腾凤族后裔，生长在鲁国，做过下中上级官吏，不得志，游走他国，也未见用，回鲁后开展私家讲学教育活动，整理当代经典：《诗》《书》《易》《礼》《乐》《春秋》《尔雅》七经，学习“礼、乐、射、御（驾马车）、书、数”六艺，他在《易·系辞（解说）》中提出“天地人三才学说”：

“立天之道，曰陰與陽，
立地之道，曰柔與剛，
立人之道，曰仁與義。”

三才说既阐明伏羲八卦说“天道、地道”的精髓，又说明“天地生人”、老子的“道”的本义、孔子本人所说“人的本性—人道：仁”，将人的天性：仁与义总结出来，说明“人为万物之首”，“人为万物之灵”的基本含义。什么是仁？孔子说：“仁者爱人”，就是人爱众人是仁，仁字本是二人组成。义是爱护弱小，现在的意思是爱护老弱病残。这是一个了不起的发展。人具有爱众人（仁）和爱护弱小（义）的天性。孟子说：“民为贵，君为轻。”“仁者无敌于天下。”孔孟老庄的“道-规律论”“天地生人论”“仁义论”“科学（雅）观：真善美和”。

**中国古代有没有“科学”？有，**但科学的名字和内容称为雅，各个学科合称雅学——科学学，周代科学合称为“尔雅”（薾雅）——薾，众多的、多学科的科学。流行于周朝各国，鲁国的国君鲁哀公请教孔子“读什么书好？”，孔子说“读《尔雅》好”。可见《尔雅》流行于周代各国，相传是周公姬旦所编，孔子增补。内容是《释诂》《释言》《释天》《释地》《释山》《释水》《释宫》《释乐》《释草》《释木》《释

虫》《释鱼》《释鸟》《释兽》《释畜》等，几乎包括了当时自然科学、社会科学、人文科学的全部内容。更值得注意的，《尔雅》提出了“真（诚）、善、美、和”为科学技术的四大特征，就是科学技术的世界观。这是中国学者经过多年的努力，在亚洲东部黑—黄—长—珠四大流域地区，发展起来的科学观，一直指导中国科技事业前进。《尔雅》的成就组成了中国经典文献的最实在的、最杰出的内容，常由于文字深奥、内容庞大被学者所忽视，我认为《尔雅》的真正成就仅次于《易经》，可列《易经》之后成为第二位的典籍，这是周代的杰作。

孔子对中国的未来，有许多超凡的设想，“大道之行也，天下为公。故人不独亲其亲、子其子。使老有所归，幼有所养。修睦敦信，……是谓大同。”“大同学说”历经三千年，即使到了现在，仍是中国人民奋斗的目标之一。这是一个较为完美、理想社会的雏形，孔子所设想的社会目标“小康论”“大同论”是有远大的前程和光明的未来，孔子不愧为中国的至圣先师。周代是封建制度开始时期，对奴隶制而言是进了一大步，使得中国文化文明大踏步前进，《易》《尔雅》《诗》《书》《礼》《乐》等中均有开创性、独创性成果，铁器用作耕田利器等。以孔子为代表的学者，将《易》中“乾坤天地说”演进成“天道、地道、人道”“天地人三才说”，即“天地生人”“人有仁义之性说”，《尔雅》总结中国当时科学成就归纳为十九大项三百多类科学成果，并总结出科学四大基础特征：真、善、美、和。真是真实、真诚；善是善良、善意；美是对称、美好；和是和谐、平衡，适用于自然科学、社会科学、人文科学等，缺一就不能成为科学。最后总成综合为《尔雅》一书。三国魏张揖《广雅》，直至清初方苞《通雅》，绍其余绪，均是雅学传承。雅学即是科学（郭郛，2013）。

《大同学说》《小康论》《中庸论》组成中国理想社会的理论基础，至今仍有勃勃生机，这是周代学者于千百次战争苦难中总结出的理想生活，组成了中国的文化文明。“天地人三才论”“真善美和科学观”“大同论”这三大支柱组成了中国周代文化文明。这在中国科学技术发展史上是**第二个高峰**，时间是公元前五六百年，相当于希腊的亚里士多德时期，东西辉映，相映成趣。

### 5. 郡县制工农牧业社会发展时期

秦汉两代是郡县制发展时期，一姓家天下，秦承封建制之弊，极少数人单凭武力手段统制绝大多数人，皇帝一人专政，不施仁政，故秦统一全国三十六年早亡；汉承郡县制之利而立国四百年。秦以武力立世，故秦（CHIN）为西人所知，秦国、秦人（CHINA）为中国立名于世、秦人驰道为今日高速公路先驱；统一度量衡、车同轨、书同文是大秦帝国的重大成就。汉以丝（SERES）为西人所知，丝国 SERRO-、SIRRI-、SINO-、SINA 为中国立名于西方。汉有封建郡县之利，文治武功自成体系，汉语汉文汉族汉人立名于世，一直流传于今天。汉代是中国文化文明发展者，汉代农工业、丝绸业、冶炼业、医药学为世所赞，丝绸生产量达百万匹，为中西丝绸之路奠定物质文化基础。辞赋、史书，如《史记》《汉书》开启史学、天文学、工学、经济学的大门，其他文字书如《说文解字》、刘安及其门客的《淮南子》等等冠绝后代的小型百科全书。为周以后的汉文化中兴时代，组成中国科学技术文化的**第三个高峰**。

### 6. 五胡乱华、五胡十六国和六朝时代：黄河南北退回到游牧奴隶制时代

东汉末期，主上无能，宦官乱政，民生凋敝，军民互击，致使天下纷乱，“白骨露於野，千里無鷄鳴”豪强蜂起，最后混战成三国，为晋所统一，但主黯臣庸，清谈之风流行。短期安定后，外族从北方草原南下，“争城争地，杀人盈城盈野”，匈奴、鲜卑、羯、氐、羌五族相互攻伐，在黄河两岸，前后成立十六个政权，农牧区改成牧农区，封建郡县制混成奴隶制，文化又退回到初创阶段，但养马业发达，马镫

是此时创立，影响最大。长江南北为东晋政权统制，保留半壁封建郡县文化，但主弱臣黠，农牧业生产只是平常水平，文化以诗文见长，多怀旧凄凉之叹。内乱不停，“五日臣为五日王”，先后建立东晋、宋、齐、梁、陈六朝，更迭频繁，民生凌乱。先是在长江两岸，后退至长江南岸只是封建郡县制的维持者，无进步雄心，后期君臣享乐偏安思想抬头，致使莺歌燕舞、冶游艳曲流行，最后为隋所统一。先后三四百年的南北朝时期有退步到奴隶制阶段，牧农生产力降低，但北魏《齐民要术》总结出南北两地先进生产技术；有维持封建郡县制的南朝，但武人专权，更换上级频繁，虽有局部时期进步较好，但总的看来，退步到奴隶制，平庸发展，缺少大面积发展高峰时代。

### 7. 隋唐统一文化大发展时代

隋朝统一了南北两地，结束北方封建奴隶制社会，恢复农工商牧生产，开驰道、开运河，通商贸，建长安，文治蒸蒸日上。但滥用民力，官吏贪得无厌，民不聊生，乱者四起，终致隋朝短命而亡。李唐奋起太原，占领并建都长安，削平群雄，得隋朝的利益，除隋朝的弊端，奄有西域诸地，上下齐心，人民安居乐业，文治武功、科学技术空前大发展、空前大成功，史称盛唐之治。例如，养马三十六闲，即三十六万匹，并对马的生活习性有深入的了解，解剖马的骨骼系统，计有306块，总结成李石：《司牧安骥集》，袁天罡、李淳风的天文学成果，僧一行的历法、孙思邈的医学成就等，唐代宫殿建筑，如大明宫等，唐代的运河，江都至长安等；唐代的大道，长安至西域、辽西、岭南等，唐代丝绸、茶业、陶瓷、冶金、医药、航海等组成唐代科技成就的基石。在文学成就方面更是惊人，《李太白文集》《韩文公集》《柳宗元文集》《白香山文集》《杜工部（甫）集》等不下五十家；唐诗是中国文艺中杰出的奇葩，清初学者统计：唐诗四万八千九百余首，作者2200余人。这些文化科技的成就组成中国科学文明的**第四个高峰**，这是中国人的可引以为豪的文明时代。后来武夫割据、宦官专权，民不聊生，流民全国，外敌环视，分裂为五代十六国残唐时代。

### 8. 北宋君主郡县制与科学文化昌盛崛起的时代

北宋建国于残唐的后世，统一全国，收兵权，建文治，和外敌，政治清明，有识之士奋起，分裂、倒退苦难之后必有大进步，短短几十年，全国农工业生产恢复到并超过原有水平，科学技术文化达到空前繁荣的一个高峰。水利工程技术的改进和扩大应用，出现新的测量仪器和方法，对测定水平技术、闸门的改进等技术等，前后有496项水利工程收益（李约瑟，1954）。

在建筑方面，1100年左右的李诫的《营造法式》是中国宫殿工程的经典著作，是继周代晋代《尔雅 •释宫》之后的建筑学成果，又是秦宫汉殿、唐宫宋殿建筑技艺的书面总结。船尾舵在宋代以前发明，到了宋代因海洋交通、水上船舶航行而获得普遍应用。在桥梁建造中，引进了巧妙的横向抗剪壁和沉箱，造船业造出航海帆船。魏晋王浚的楼船，人力踏轮驱动的车和楼船在宋代得到普遍应用。晋唐道教所炼“不老长生药”开展中国原始化学，到了宋代有了真实成果，火药成了有用的武器，在1040年曾公亮所编《武经总要》中确定“火药”这一中文名称，并且记载抛射武器、毒气和烟雾信号弹、喷火器等，用于海陆战争。宋代科学（雅学）有四部专著问世，现代李约瑟教授极力推介的沈括《梦溪笔谈》（1086年），另三部有名的是邢昺等的《尔雅疏》、陆佃的《埤雅》、罗愿的《尔雅翼》，为中国科学——“雅学”奠定实在的基础。据传托名春秋晋国盲人音乐家师旷所纂《鸟经》，实是宋人编写而成。

李约瑟大师对《梦溪笔谈》作了初步的分析，属人文科学的有377个条目，属自然科学的有207个条目，包括数学、天文学、历法、地质学、矿物学、地理学、制图学、物理、化学、工程学、冶金学、灌溉和水利工程、建筑学和宫殿、生物科学、植物学和动物学、农学、医学、制药学等，这是宋代和宋代以前的中国科学的伟大成就的总结（李约瑟，1954）。

宋代（北宋）的中国学术思想和科学技术文化水平达到中国文化文明的**第五个高峰**，是继孔子《大同论》后的一种新的学术思潮，其组成有三：

（1）人文文明思想的再现：以张载为主学派的人类文明观："民，吾同胞；物，吾與也"。大意是：人民大众是我们同胞兄弟姐妹；世上物质财富是我们大家共同生产创造。这是孔子学派的"四海之内，皆兄弟也"的再创新，对当代和后世影响极大。

（2）人类宇宙观的新境地建立：以张载、邵雍、周敦颐、程颢、程颐、朱熹等《太极图论》(《万物起源论》李约瑟等）的发扬光大，比孔子的"小康论""大同论"又前进一步。他们的心胸和志向具体论点是"爲天地立心，爲生民立命，爲往聖繼絶學，爲萬世開太平。"

其中列举四个境地：天地、人民、过去、未来。天地之心是人民，人民的命运是发展，过去的圣贤思想要发扬光大，当时的人要发挥聪明才智，创造发明，治理国家，为未来要开辟太平世界。这比孔子的"大同论"又进了一步。

（3）理学的建立：以朱熹等所提倡儒家学说，影响宋元明清四代学人的学派论述。李约瑟教授称赞它是"一种科学人文主义的思想"。学说不仅是明道，还要明理，将《大学》中"正心、诚意、修身、齐家、治国、平天下"的过程中，要格物、致知、知道、明理。所以人们尊称之为理学家或理学派，可惜他们中一部分人只知闭门读书，不问不闻'俗事'，从书本到书本，堕入空想苦思、冥思苦想的世界中，不接近现实，不知物情事情人情、不能自拔。

宋代科学文明的杰出成就和社会文化文明的巨大进步，以及学术思想文明的再创新，将科学文化文明达到新的第五个高峰。这是中华民族值得自豪的大成就。可惜到了南宋，国力衰微，上下、左右、文武互不信任，内斗同于外患，以"莫须有"罪名杀害抗敌将帅，奸相、庸相迭出，虽有一二贤达人才，然无力回天，终于走上衰亡覆灭的道路。文人对"意、气、理、心"解释不一，互相攻击，相互斥责，助长人们思想混乱，对学术文化起了退步作用，更阻碍科学文化的发展。

### 9. 元明清郡县奴隶制时代

元明清虽为三家不同族群统治，但有一共性，即同为郡县奴隶制。各个地方设郡县为单位治理，但君臣君民上下关系是主人与奴隶关系，元代是草原畜牧制，只有主奴之分，奴隶无人身、财产、思想自由，入主中原后，将臣民奴隶分成十等，可谓"率土之滨，莫非王奴"。明代创国之初，稍有改进，但不久又恢复原形，对臣下有廷杖制人身酷刑，诛九族十族的酷法，再加上特务宦官统制，有识之士，不愿仕进，愿在野发挥力量，如李时珍、宋应星等成就就是如此。徐光启科学成就较高，乃是受西方文明影响所及。明初郑和的航海成就和明末李时珍、宋应星、徐光启三位学者所组成的科学文明成就，取得科学文明第六个高峰，也不能挽回明代腐朽落后的一面。清代是典型的郡县奴隶制社会，大臣口自称奴才，稍有不慎，便祸及满门，生者被杀、流徙，死者掘墓暴尸，如学正试题"维民所止"，引自《诗经》原文是"邦畿千里，維民所止"中一句范语，不意受到杀头、抄家的严惩，罪名是"雍正去头"，这是典型的奴隶制统治手段[①]。及至外敌入侵，国将不国，奴隶主犹说："宁赠友邦，不予家奴"。说明这是典型的奴隶制国家。有识之士视仕进为畏途，"避席畏闻文字狱"是学者的常态。但清初朴学考据学大盛，学者有用武的地方。元明清落后、倒退的郡县奴隶制度使中国文明退后五百年，新起的西方文化无拦阻地大踏

① 清雍正四年（1726年），江西乡试主考查嗣庭引用《诗经》中"维民所止"为考题，被人诬告为"雍正去头"，引怒龙颜罪获戮尸，满门抄斩，家族被株连者达几十人。近300年来，这则文字狱故事在民间广为流布。其时，称摘引他人文句检举诬告者为"文伥"。伥者，助虎为恶之鬼也。民间又传此案伥者乃浙江官员李卫。据说他与查嗣庭早有一段疙瘩，原来查嗣庭有一美貌才女，李卫前往求婚，遭到拒绝，故而寻机构陷报复。

步前进，使中国人到了无地自容的场地。

## （三）近代科学在西方的兴起

远观西方，在经历中世纪黑暗时期后迎来了充满活力的文艺复兴时期，使西欧文明蒸蒸日上，18 世纪以后，蒸汽机发明使机械动力大增，伽利略天文理论、牛顿万有引力等的发现，使人们认识有了新天地，近代科学在大西洋和地中海两岸轰轰烈烈地发展，出现优良的进步的一面。

### 1. 近代科学中突出的进步和文明贡献及一些不文明的冲突

哥伦布（1451—1506 年），意大利航海家，相信地圆说，认为自欧洲的大西洋沿岸一直西行，可到达东方。受西班牙国王资助，于 1492 年 8 月 3 日率船三艘，船员 87（90）人，横渡大西洋，10 月抵达巴马哈群岛，后又航至古巴、海地等岛。1493 年、1498 年、1502—1504 年又三次西行，抵达小安的列斯群岛、牙买加岛、特立尼达岛及中南美洲的加勒比海沿岸。当时误认为所到之处即印度，故称当地居民为印第安人（INDIAN，意为印度的居民）。美洲的发现，为后来欧洲殖民者带来大量的殖民地、大量的黄金和大量的财富，带去了欧洲的文化，毁坏了当地美洲的文明。

万有引力定律的发现。伊萨克•牛顿（1642—1727 年），英国物理学家，在伽利略等人工作基础上，建立了牛顿运动定律。发展开普勒等人工作，发现了万有引力定律。他的光学、天文学、数学等成就也是突出的。人们纪念牛顿的功绩，将力的单位称为牛顿。

英国发明家詹姆斯•瓦特（1736—1819 年），对当时已出现的原始蒸汽机作了改进和发明，提高了蒸汽机的热效率和工作可靠性，使蒸汽机成为工业上可靠发动机。人们纪念瓦特的功绩，以每秒钟做出一焦耳的功率称为 1 瓦特（1 焦耳/秒）。

机器制造业如纺织机等出现，使工业生产成倍地升起，煤炭发掘使燃料效能大增，轮船、火车、军舰、火药、枪炮在欧洲的出现使水陆交通大为改观，外贸数量增加。殖民地数量大增，遍及美洲、拉丁美洲、亚洲一部分，列强争夺商贸利益和殖民地机会而争战不休，工业文明兴起的同时，引起殖民地争夺战和列强之间的利益和土地争夺战。1588 年，英国、西班牙战争，西班牙“无敌舰队”远征英国失败，英国成为海上霸主。1600 年，英国成立东印度公司，开始经营东方。1618—1648 年欧洲 30 年战争。1622 年荷兰侵占中国澎湖。1624 年荷兰侵占中国台湾。1652—1654 年、1665—1667 年、1672—1574 年英荷三次战争，荷兰败退。1689—1697 英法争夺北美殖民地战争。1746—1748 年、1749—1754 年英、法卡尔纳提克战争。18 世纪 60 年代至 19 世纪 30 年代，英国发生产业革命。1765 年英国哈格里夫发明纺纱机。1775 年美国独立战争开始。1782 年英国瓦特制成联动式蒸汽机。1783 年英国确认美国独立。1813 年俄、普、英奥、瑞典组成第六次‘反法同盟’。1814 年拿破仑一世退位。1840—1842 年英国因鸦片毒品利益受损，对中国发动侵略战争，中国战败，割租香港，中国成为半殖民地半封建社会。1858 年第二次鸦片战争，列强与中国签订所谓“通商条约”，允许英、法、美外商在中国通商口岸销售鸦片。1894 年日本侵略中国，中国北洋水师全军覆没，中国割让台湾。1900 年英、美、德、法、俄、日、意、奥发动侵华战争，中国赔款，外军驻军京津。

1914 年第一次世界大战爆发，英法日等对德宣战，中国在后来参加对德战争，1918 年大战结束，德国投降，中国山东被德所占地方和利益竟被日本占去，引发中国五四运动。1931 年 9 月 18 日日本占领中国东三省。1937 年 7 月 7 日，日本在中国北京卢沟桥向中国发动侵略战争。1937 年 8 月 13 日日军在上海发动侵华战争，占领中国大片领土。1940 年德国发动侵略丹麦、挪威、比利时、荷兰、卢森堡、法国战争，1941 年 12 月 7 日日军偷袭美国珍珠港。第二次世界大战爆发。德、意、日为一方的侵略者，美、苏、英、中、法为一方的被侵略者，1945 年 5 月 2 日苏军反攻到柏林，希特勒自杀。8 月 6—9 日，美国对日本广岛、长崎投掷二颗原子弹，日本无条件投降，战犯东条英机等经审判后被处绞刑。全世界因战争死亡人数 5000 万以上。近现代科学文明与战争带来恶果与不幸。

### 2. 近现代科学的突出成就

在天文学、数学成就方面，公元 1687 年，英国牛顿的《自然哲学的数学原理》出版，发表万有引力的理论，奠定经典力学的基础，天体力学由此诞生。1705 年英国的哈雷发现周期彗星。1846 年德国的伽勒发现海王星。1915 年爱因斯坦发表广义相对论。1957 年苏联发射第一颗人造卫星。1969 年美国发射载人宇宙飞船，“阿波罗”11 号，首次登月。1977 年美国发现天王星光环。

在化学的成就方面，1661 年英国波意耳提出化学元素的科学定义。1766 年英国卡文迪什发现氢。1799 年法国普鲁斯特提出定比定律。1833 年英国法拉第提出电解定律。1900 年英国卢瑟福和法国居里发现镭辐射由三射线组成。1932 年英国查德威克发现中子。1944 年美国西博格等人工制得镅、锔。1950 年苏联卡尔金非晶态高聚物的三个物理状态（玻璃态、高弹态、黏流态）。1984 年德国明岑贝格等人工制得 108 号元素。

在物理学的成就方面，公元 1608—1619 年，开普勒先后发表行星运动三定律。1687 年英国牛顿阐述了牛顿运动定律和万有引力定律。1831 年英国法拉第发现电磁感应现象。1880 年法国居里发现晶体的压电效应。1905 年爱因斯坦首次提出狭义相对论。1911 年开默林-昂内斯发现汞、铅、锡等金属在低温下超导电性，1911 年卢瑟福提出原子核概念。1913 年玻尔发表氢原子结构理论。1945 年美国在新墨西哥爆炸第一颗原子弹。1948 年中国张文裕发现μ介子原子。1952 年美国爆炸了第一颗氢弹。1984 年欧洲核子中心高能正负质子对撞机实验中心发现第六种夸克——顶夸克存在。

在生物学成就方面，公元 1543 年，比利时医学家维萨里著《人体的结构》，创立近代人体解剖学。公元 1609 年，伽利略制出一台显微镜，用于观察昆虫复眼等。公元 1727 年，中国俞茂鲲记录人痘接种术（清·俞茂鲲著《痘科金镜赋集解》）[①]。1735 年瑞典林奈著《自然系统》，分植物、动物，又分成纲、目、属、种。1809 年法国拉马克《动物哲学》出版，论述进化思想，认为“用进废退”和“获得性遗传”是物种进化的机理。1831 年英国植物学家布朗确认植物细胞内有细胞核。1859 年英国达尔文《物种起源》出版，简述变异和自然选择作用是物种进化机理。1883—1885 年德国鲁、魏斯曼等提出细胞核或染色体是遗传物质的载体。1891 年德国亨金发现减数分裂和性染色体。1923 年美国多伊士分离出雌性激素。1926 年美国摩尔根提出遗传基因论。1952 年美国赫尔希证明 DNA 是遗传信息的载体。1953 年沃生和克里克提出 DNA 双螺旋结构的分子模型。1977 年美国博雅和里格斯人工合成丘脑下部生长激素抑制素。

总之，物质文明、科学进步有好的一面，但也有不好的一面。大规模物质生产满足了贫困人民的需要，但也引起贪得无厌者的胃口。蒸汽机装备轮船，使海上航行有了物质保证；坚船利炮出现，使其他国家的木船、帆船更显得渺小。利炮能轰开落后国的大门，机枪使原住民成百上千地死亡。利玛窦带来西方文明到中国来，只在少数人之间交流。坚船大炮使侵略野心扩张到空前水平，公平贸易变成巧取豪夺，征服殖民地成为西欧一些国家野心家的口头禅，成为 18—20 世纪西方文化主流。这是近代科学发展后带来的不幸和悲哀。这是李约瑟难题未提到的负面作用。

① 俞茂鲲：清代医家，字天池。句容（今江苏）人。精痘科术，每里中延请医治痘科，必从旁听其辩论，观其用药，博览书籍，遂精痘症。著《痘科金镜赋集解》（1727 年），我国较早记载人痘接术之文献。倡用“熟苗”，以痘苗递传越久越好，反对用“败苗”（即天行痘痂苗）。子念祖、承祖皆以治痘著称。

## （四）近代科学未能在中国出现的原因分析

前面已经提到中国元明清三代基本上是倒退到郡县奴隶制国家，孟子曾经说过：君之视臣如草芥，则臣视君如寇仇。明代草莽出身皇帝朱元璋看到这句老实话，就要将孟子逐出祭祀殿堂，不准印刷《孟子》。可见奴隶主对奴隶们的凶恶。元明清对臣民动辄抄家、杀头、流放、祸延九族，在这种高压政策下，奴隶们谈什么积极性。中国不思进取，闭关锁国；得过且过的思想，也是中国未能发展近代科学的原因之一，直到英国人大炮轰开中国人大门，中国人才知道西方已发展近代科学，远远走在我们的前面。英国学者达尔文（1809—1882 年）的“进化论”——“物竞天择、适者生存”学说从西方介绍到东方，也是触动中国人民于沉睡中奋起的警钟。鸦片战争、八国联军、甲午战争、日本侵华战争等对中国人的教训是深刻而长远的，亡国灭种的恐惧是不能忘记的紧箍咒，侵略者的残暴铁蹄与皮鞭是中国人努力奋起自强自立抗敌救国的推动力。

## （五）现代科学在中国的兴起

天、地、山、水、火、风、雷、泽，表示人类生活环境的八类生态要素；伏羲女娲氏首先发明创造“规矩”仪器量天测地，这是中国科学技术的起源。夏代大禹治水疏堵工程并用，消除水患，建立水利工程，是创世的杰作。商代箕子《五行学说》表明，金木水火土五种技术工艺达到一定的高度。周代鲁国孔子孔丘在《易经・系辞》中提出“天地人”三才学说，建立“天道、地道、人道的道统（事物规律）”和“天地生万物”、“天地生人”的生物发生和进化规律等；在《尔雅》中提出“真、善、美、和”是科学基础，中国科学称为雅学，历经周、秦、汉、唐、宋、明、清而不衰。在《礼记》中提出“小康论”、“大同论”、宋代的“民吾同胞”人类理想社会的远景，为后来宋代学者所发扬光大。也是现代中国人民和学者的初级愿望。但这些愿望却不能抵抗西方列强对中国的侵略。

### 1. 复兴中国现代科技三步曲

中国遭受东西方列强欺侮后，落后于西方几近三百年，有志之氏，接受落后的教训，发奋图强，开启国门，向西方学习。学习西方科学技术来救亡图存。本节特别侧重于自然科学技术领域学习成长过程。

**（1）启蒙期**：1810—1910 年，以容闳、詹天佑、严复等为代表的一批有志青年学者学习西方科学技术文化，他们从幼年到西方学习，长大学成回国，容闳介绍西方教育文化制度来启发中国民智；詹天佑回国造出了中国京张铁路，证明中国人智力不比别国人差；严复本学海军，但他介绍《天演论》—“物竞天择，弱肉强食”来鼓起中国人进取精神，对积贫积弱中国人要自强不息。后来以章炳麟、蔡元培为代表的有志之士，学习西方科学技术人员达数百人，对中国民智开发，对科学技术重视程度，起到了极大的推动作用。

**（2）成长期**：1910—1960 年，学习并应用西方科学技术来救国救民，对抗日本的野蛮侵略，建设新中国。学习西方科学技术文化人员约有成千上万人，如蔡元培、胡适、郭沫若、翁文灏、丁文江、李四光、竺可桢、秉志、吴有训等一大批中国有志之士和领军人物。学习西方科学技术，建设中国科学技术，在非常艰苦、非常困难的环境中建设，正如古代一些学者所说：“置之死地而后生，置之危（困）地而后存”“为中国生存而战，为中国不愿亡国灭种而战，多难兴国，救亡图存”，终于在中华大地上建成门类齐全近现代科学技术的基础。

**（3）赶上世界科学技术水准时期**，1961—今，中国在近三百年中饱受列强欺凌的一口怨气，终于吐出了。钱学森、王淦昌、王家楫、贝时璋、蔡翘、周培源、华罗庚、张珏哲、严济慈、冯德培、王应睐、汪猷、钱崇澍、吴大猷、钱三强、何泽慧、赵忠尧、许国志、陈省身、陈芳允、马大猷、王绶官、王大珩、陈世骧、罗宗洛、庄长恭、吴学周、卢嘉锡、叶笃正、吴文俊、杨振宁、李政道、马世骏、朱洪元、赵忠贤、屠呦呦等以及一大批隐名的科学家，努力奋斗终生，将中国科学技术赶上世界先进水平，与西方并驾齐驱。

## 2. 几项值得称道的成就

在天文学、物理学方面，1964 年爆炸了一颗原子弹。1967 年中国爆炸了一颗氢弹。1965 年北京基本粒子组提出强子结构的层子模型。1970 年中国发射了第一颗人造卫星。

2013 年登月车登上月球。2015 年在贵州建成中国第一台射电天文望远镜。北斗导航网络系统在天空运行。中国粒子物理学已进入世界先进行列。

在化学方面，1965 年中国全合成结晶牛胰岛素。中国高分子化学、中国稀土元素化学取的突出的成绩。

在生物学方面，1980 年中国合成了酵母丙氨酸 tRNA 的人工合成。中国参加人的基因测序工作。1978—2010 年《中国动物志》、《中国植物志》、微生物志多卷志书出版。2014 年中国水稻亩产出 1000 斤。中国已完成蚕、兰花等基因测序。中国分子生物学已赶上世界先进水平。

中国银河 2 号超级计算机运行速度夺世界第一；“神威 • 太湖之光”，实现世界最快超算“三连冠.”

中国长江三峡水利枢纽水坝水电站建成。

中国武汉长江大桥、南京长江大桥等几十座大桥建成通车。

中国高楼在上海建成。深圳第一高楼高 600 米。

中国登月车已发射到月球上工作（2015）。

《中华大典》，是继《永乐大典》《四库全书》后中国第三部中国文化科学技术综合典籍，已在 2016 年完成编辑正式出版。

## 3. 中国怎样赶上世界科学先进水平?

中国人在强寇入侵、内外交困、濒临亡国灭种的苦难深渊中奋起，依靠亿万人民团结一心，救亡图存的意志，依靠中国人民原有的自强不息精神和学习外来的进步理论，学习先进的文化科学技术，经三百年长期奋斗，终于赶跑了帝国主义，建设成新中国，建设现代科学技术发达的泱泱大国。

中国《易经》提出的“**天行健，君子以自强不息**”这一鼓舞人们努力奋斗不停的驱动力，特别在国家危亡时候有特别的作用，这是中国人在非常艰难险阻中引领中国人前进的精神支柱，历经四五千年而不衰减。

孔子孔丘提出的“**学而时习之，不亦说乎**”的“学习精神”，向大自然学习，向先进学习，向同行学习，向友人和敌人学习，这是知识来源不枯竭的方法之一。救亡图存，“**卧薪尝胆，十年生聚，十年教训**”，这种救国救民、自救救人、百年生聚教训一直是中国践行的法宝，用之则存，舍之则亡，中国不亡，有此法宝。中国人用了三百年生聚教训，历经几十代人士生聚教训，才能够将中国出诸水火，建成新中国，建成现代科学技术文明的社会。

西方学者的“物竞天择、自然选择”学说传入中国后，开阔了中国人的眼界，懂得了落后就要挨打，退步就要被淘汰，中国学者以亲身痛苦的经历，提出了“**物竞天择，弱肉强食**”的切肤之言，来勉励自己，警惕同胞。用西方的学说；教育中国人努力奋起。这是“洋为中用”最有成效最有收获的一例。

中国人虽然没能在 15 世纪发展出近代科学技术，但依靠中国原有的自强不息精神和西方先进思想，艰苦奋斗 300 年，终于在 20 世纪后 20 年至 21 世纪前 10 年，真正建成了现代科学技术文化，赶上了世界水平。这是中国人引以为荣的大事，也是无数志士仁人艰苦奋斗的回报。

### 4. 七个中国科学技术文化高峰

中华民族居亚洲的东方，我们将原始社会无文字时代伏羲氏所画八卦符号代表天、地、山、水、火、风、雷、泽八类生态环境要素，这是人们生活生存不可离开的生态系统，经伏羲氏亲身体验并用自有的智慧总结出来，这是一项了不起的创造，作为中国科技文化**第一个高峰**，引导中国人不断努力奋斗。

周代鲁国孔丘孔子将当时（夏商周）的科学技文化总结为《三才论》、中国人生活生存之道——掌握“六艺”“小康论”“大同论”“四海之内皆兄弟”“天下为公，世界大同”，这是中国科技文化**第二个高峰**。

汉代实行郡国制，科学、技术、文化、工农业生产达到昌盛，开辟丝绸之路，以“十三经”、《史记》、《汉书》、《说文解字》、《淮南子》为代表的科技史学专著，以《尔雅》科学四基论《真善美和论》与刘安、高诱《宇宙论》为主，这是中国汉代科技文明**第三个高峰**。

唐代弃南北朝分裂之蔽，文治武功，达于鼎盛，运河、驰道、丝、绸、茶、瓷、舟船、养马业、唐诗甲于天下，这是中国科学技术文化**第四个高峰**。

宋代在战乱之后立国，各项事业蒸蒸日上，水利、道路、工程、航运、建筑、医药、印刷、火药等突飞猛进，科学技术文明是初唐以后的鼎盛时期。至宋代，以沈括《梦溪笔谈》为代表的科技文化专著，以及司马光《资治通鉴》、张载、邵雍、周敦颐等的《民胞物与》、《太极图说》（万物起源论）、以“为天地立心、为生民立命、为往圣继绝学、为万世开太平”的广阔心胸志向，以及天文、地理、物理、化学、生物、医药、百科史学专著为代表的科技著作，组成了中国科学文化**第五个高峰**。

明代以李时珍、宋应星、徐光启三人为代表的学术成就应视为**第六个高峰**。

古人所谓“艰难困苦，玉（育）汝于成”，中国人经历三百年的痛苦艰难，奋发图强，自强不息，终于在今天建成了现代科学技术文化，走进了世界领先地位。以蔡元培、钱学森为代表的一大批科学家，发奋学习西方科学技术，回国后艰难地发挥所长，在中国大地上，带领中国有志之士建成现代科学技术，赶上世界先进科学水平，这是中国科学技术文化成就的**第七个高峰**，也是世界生存竞争大环境中中国奋起的必由之路，也是中国积五千年文化的底蕴再学习先进科学技术文化再创造再发展的成果。

李约瑟从科学发展的道路，认为中国古代科学技术是世界领先的，但未能领跑近代科学前进的行列，沦为落后被动挨打的局面，非常惋惜。我从中国科学发展的形式，中国人对苦难的态度；置之死地而后生，置之危地而后存，亡国灭种的痛苦是中国人醒悟的原因，敌人的镣铐皮鞭是中国有志之士前进的动力，三百年生聚，三百年教训，自强不息，忍辱负重，终于在中国大地上，进入世界科学技术强国的行列。

总之，自北宋以后。中国经历一千年郁闷，三百年苦斗，一百五六十年苦干，五六十年至一百年实干，在亡国、灭种、沉沦为奴隶的忧患环境中，终于在华夏大地上，建成近现代科学技术文化，赶上世界先进水平。说明中国虽然没能参加近代科技发展的脚步，落后被动挨打的痛苦、亡国灭种退步被淘汰的恐惧，是使中国人奋起的推动力，促使中国在近六七十年中赶上世界现代科学技术的脚步，这是对李约瑟难题的答案。

回忆李老对中国科学技术史的贡献，对中国学者的偱循善诱（图 8-2），受到中国学者的赞誉（图 8-3）。可惜李老已于 1995 年以 95 岁高龄仙逝，我当时只是表示哀悼之情。今年我将所见所闻和亲历，简作一答，还列了一些对世界美好的愿望，以慰我可敬的大师。这是一位科技工作者的所看到的中国现实，也是中国科学家对中国和世界所设想的未来，一个待完成的中国梦，一个待完成的世界梦。

图 8-2　李约瑟与本文作者郭郛合影，在英国剑桥
李老工作室中（1988 年）（黄兴宗摄影）

图 8-3　本文作者郭郛在英国剑桥李约瑟研究所图书馆内，郭沫若院长赠李老所书条幅前（1988 年）。
题词为：**“科学为人类精神最高发展境地，科学家之生活无殊于古之圣者，世人以物质文明菲薄之，皮相之至。**
约瑟博士　正　郭沫若（铭章）”（约 1954 年）

## 参 考 文 献


郭郛. 2004. 山海经注证. 北京：中国社会科学出版社

郭郛. 2013. 尔雅注证. 北京：商务印书馆

郭郛. 2019a.《尔雅》是中国科学技术的祖籍. 见：王祖望，黄复生，冯祚建. 中国古代动物学研究. 北京：科学出版社

郭郛. 2019b.《春秋左氏传》与中国图腾制度. 见：王祖望，黄复生，冯祚建. 中国古代动物学研究. 北京：科学出版社

郭郛, (英)李约瑟, 成庆泰. 1999. 中国古代动物学史. 北京: 科学出版社
何慕, 吕变庭. 2014-12-10. 专家学者研讨“李约瑟之谜”. 光明日报, 第 14 版
黄复生, 王祖望, 冯祚建. 2016. 中国古代动物名称考. 北京: 科学出版社
李约瑟. 1954. 中国科学技术史. 北京: 科学出版社
任继愈. 2007. 中华大典·哲学典. 昆明: 云南教育出版社
(清)阮元校刻. 1980. 十三经注疏. 北京: 中华书局
中国大百科全书编委会. 2016. 中国大百科全书. 北京: 大百科全书出版社

# 浅议古代科学研究及其特点

## ——以《尔雅》《蚕学》为例

黄复生　王祖望

近年来有人认为中国古代没有科学，有的认为中国古代只有技术没有科学，或者说中国古代没有精确实验和数理演绎也就没有科学。凡此种种一时间令人感到困惑、无奈和忧虑。其实不然，其事非也。这种思想也许是因为我国封建制度后期，社会极度衰退，统治者腐败堕落，无心、无力也无能继承我国古时科学研究，使我国原有兴盛的科学研究渐渐萎缩、淡化、衰退，进而在历史上“消失”了，从此科学研究在我国断了代，因而令人产生了种种误解，“中国古代没有科学”，或认为“中国古代只有技术没有科学”等等。

我国从元朝开始，明清时期，特别在鸦片战争之后，清朝晚期，封建制度已经走上了末路，皇廷争权夺利，内讧日益加深，统治者贪图享受、维护权力，对内推行独断专制，镇压异己，施行独裁暴政，对外却卑躬屈膝，任人宰割，列强乘机频频入侵、瓜分国土，许多文物被掠夺一空，许多科学成就成了掠夺者的囊中之物，我们却无力反抗，只能听之任之，步步退让。整个国家处于争斗战乱之中，政府溃败涣散，内忧外患，人民遭殃受辱，社会动荡不安。此时无论是官方还是民间根本无力开展科学研究、无法弘扬我国古代科学研究的成就，更无心延续开展新近的或超前的基础科学研究，在历史上使我国科学研究产生了断裂，从此在上百年的时间里我国科学研究便断代了，“消失”了。就此便给人一种假象，“中国原来就没有科学研究”的假象。

到了 20 世纪初叶，民国时期，我国长期沦为半殖民地半封建社会，再加上军阀割据，内战频频，统治者政治上施行独裁专制、镇压群众，经济上效仿外国、崇洋媚外，自身根本无力开展科学研究，也无心追寻、弘扬、发展我国古代科学研究的成就。但是，此时一些留洋学子学成归国，带回了新的思想，积极行动，为了振兴中华，改变国家的落后面貌，抱着“科学救国”的决心，各自从国外引进一些科学研究的专题与先进高效的技术，甚至带回精密的仪器和开展研究工作的珍贵资料、标本和图书。随后一些热心学子结合自身工作，又成立了诸多学术机构，如科学社、考察队、实验室和博物馆等等，兴办洋学，培养人才，推崇科学研究，发扬学术气氛。这些行动直接推动了科学研究的发展与技术的开发，一时间科学之花处处开放，学术气氛豁然高涨，给人一种全新的面貌。这当然是一个很好的现象，但是也给人留下一种隐蔽的假象，这种假象似乎是“表明了”中国从此才有了科学研究、中国原先就没有科学研究、科学研究是从外国传进来的等等扭曲的思想和论点。然而这种扭曲的思想和论点是和我国历史的真实情况相违背的，它误解了科学研究的内容及其含义，并且忘记了我国古代科学研究的光辉历史，同时也忘记了我国古代科学研究的辉煌成就，就连最著名的蚕学研究和圆周率也都忘得一干二净，何况其他乎！

科学是探索自然、研究事物内在联系及其发展规律的一门学问，由此以便了解及应用自然、事物内在联系及其发展规律，不断地为人类的生存和社会的发展谋福祉，求新路。这就是科学探索与研究的始终目的。为了达到此目的，为了获得科学的真谛，人们必须通过种种实验、数理演绎、不断观察、反复对比、研究推理、综合概括等等途径，不断地追寻与探索。但凡此种种只是科学研究的一种手段、一种方法。无论是手段也好，方法也罢，它们绝不是科学研究的内在原理和规律，更不是科学研究的最终目的与结果。方法与手段、目的与结果，前后两者不可替代，更不能等同。

有人说中国古代只有技术没有科学，或者把数理演绎和试验程序来衡量是否是科学的标准，含有数理演绎和试验程序者可称之为科学，否则就不是科学。这种把科学研究的方法与手段和科学研究的内容与目的互相等同是模糊了科学的概念与意义。再者科学研究的方法与手段并不仅限于数理演绎和试验程序。我们认为数理演绎和实验程序是科学研究的一种途径，但是对于科学研究而言，这不是唯一的途径。通过观察、分析、对比、研究、联想和逻辑推理、综合概括等等也是开展科学研究的一种方式。前后二者也可能存在方法上或者时间上的差别，但最后总是以这些途径和方式揭示自然、探索事物内在联系及其发展规律的一种手段，并且二者也常常难以区分，如对于一个科学研究的结果虽然不是经过明显而精密的数理运算和准确而严格实验的反复验证，而是从不同角度进行多方位的观察、对比、推敲、分析，最后探明事物内在联系及其发展规律，并得出科学的结果，很难断定后者研究方式所得出的科学结论与实验无关，实际上反复观察、对比、推敲、联想，也可以被认为是反复验证的隐性实验，也含有实验的内涵。或者在前人观察的基础上，又经过自身的体验，不断地探索事物内在发展的规律，最后得出科学的结果，这样在思想上反复求证的过程不能说不含有实验的因素。

《尔雅》是我国古代一部百科全书，对于民间、社会及自然界的种种事物都加以分析、研究、归纳、汇总，最后科学地分门别类予以描述记载。对于生物而言，在广泛深入观察、研究自然界种种生物现象的基础上，《尔雅》总结了前人的经验，首先认为生物含有七个大类，分为七章，前两类也就是前两章为植物：《释草》与《释木》，后五类也就是后五章为动物：《释虫》《释鱼》《释鸟》《释兽》《释畜》。这是当时对于已知生物物种进行全面而系统地归类，根据当时掌握的知识水平和自然界生物种类形态及习性的认识，进行了类上归类和类下分类，形成一个自然体系。这应该算是当今世上存留的最古老生物分类学专论。当时当然没有显微镜，不可能通过实验的方法，观察细胞的结构，验证是否拥有细胞壁的结构，来确定是“释草”与“释木”，还是“释虫”“释鱼”“释鸟”“释兽”“释畜”，而是通过观察、分析、对比、研究与归纳，最后确定各个类群在生物界的分类学自然地位，《尔雅》第一次对于生物界大的构架和次序进行了科学的编排与归类，反映了生物界自然系统的关系，难道这不就是科学吗？关于虫、鱼、鸟、兽等动物类群分别由随后学者进行了全面而系统的考证和注疏，以其形态特征、生活习性等等更深层次的研究，分别给以更加确切的科学定义和分类地位，把《尔雅》动物分类系统学的概念更加清晰、明确、合理、客观。例如：

《释虫》：有足謂之蟲，無足謂之豸。邢昺疏：案《説文》，蟲者，裸、毛、羽、鳞、介之總稱也。

秦汉之前，周朝时期的荀况提到了“昆虫”一词；唐·杨倞注《荀子》卷六有以下记载：“昆蟲萬物生其間（注：昆蟲，蚳、蝩、蜩、范之屬也。除大物之外，其間又有昆蟲萬物。鄭云：昆，明也，得陽而出、得陰而藏之蟲也。）可以相食養者，不可勝數也。”

汉·班固撰《汉书》（颜师古注）卷一〇，其中更有昆虫的记载：“君道得，則草木、昆蟲咸得其所。師古曰：昆，衆也。昆蟲言衆蟲也。”汉·董仲舒在《春秋繁露》卷一一中说：“陰者，陽之助也。陽者，歲之主也。天下昆蟲隨陽而出入。”

扬雄说虫：六足四翼。最早指出昆虫特征为六足，将昆虫与其他虫类相区分。

以上古人都是通过对于自然界虫类的观察、分析、对比的方式，将有足谓之虫，无足谓之豸；裸、毛、羽、鳞、介之总称为虫，这是《尔雅》中的虫，是广义的虫，包罗万象的虫，是多源的虫。但是，史前的《礼记·郊特牲·蜡辞》和周朝时期的荀况提到了“昆虫”一词，前者指的是农业上的四大害虫，即“螟”“螣”“蟊”“贼”；后者指的是“蚔”“蠦”“蜩”“范”之属也。它们都是属于六足类的昆虫，但没有指出六足的特征，只是提到：得陽而出、得陰而藏之蟲也，可以相食養者，不可勝數也。又经过漫长的岁月，不断地观察、研究，到了汉朝扬雄便提出了六足四翼的形态特征，最早指出昆虫的特征为六足，并将昆虫与其他虫类如多足、倍足、八足等等相区分，六足昆虫自成一支独立的类群，使《尔雅·释虫》的分类系统更加接近于自然体系，表明了六足昆虫的历史渊源。

《释鱼》：邢昺疏：案《説文》：魚，水蟲也。……是以不盡載魚名。至於魚、蛇、貝、鱉之類，以其皆有鳞甲，亦魚之類，故總曰“釋魚”也。疏中指明《释鱼》不尽载鱼名，还包括了其他动物，从分类学角度，比《尔雅》前进了一步。他们通过观察、对比、分析，认为非鱼的类群应予以排除调整，使之更接近自然的系统关系。

《释鸟》：邢昺疏：案《説文》：鳥者，羽禽之總名。后来又给出了更为确切的定义:“二足而羽謂之禽”。这不仅表明了鸟类的特征，而且也显示出鸟类的亲缘关系。

《释兽》：邢昺曰：“四足而毛謂之獸”。四足而毛这是兽的共同特征。这样的归类充分显示了这一类群的历史渊源。

《释畜》：邢昺疏：案《字林》：畜作獸。《説文》：獸也，人之畜養者也。看来后人对于《尔雅·释畜》的疏解已有明确的修订，总而言之他们认为畜即兽也，《释畜》被认为是人为的因素，应与《释兽》相合并。《尔雅》的原意可能考虑到社会的发展及畜牧业的兴起，将家养的畜类从“释兽”中剥离出来，用以区别于野生的“释兽”。但后人仍然通过对于此类动物的反复观察、分析、对比的方式，研究后予以注疏与修订，进一步明确了“释畜”与“释兽”的同缘关系，同属于四足而毛。所以他们认为：“畜作兽”，畜为“兽也，人之畜养者也”，使之更加符合自然系统。

《尔雅》上述各个类群的分类，随着时间的推移、人们经验的积累与认识的提高，虽然在这样和那样问题上，需要加以调整和补充，但是从动物分类学发展的角度审视，2000多年前的《尔雅》就已经把动物界分为几大类，体现出类上归类和类下分类的系统原理，将自然界杂乱无章动物种类归为四大类，即虫、鱼、鸟、兽。并且各大类之下又有再分类的现象。这种现象体现了动物界由简单到复杂，由低等到高等，由水生到陆栖的发展过程。为后来动物分类学、系统学的兴盛提供了坚实的基础。秦汉之后，关于动物分类学有不少专论，如《山海经》《养鱼经》《鱼经》《禽经》《走兽》《博物志》《促织经》《蛇谱》《见物》《本草纲目》《古今图书集成》《蠕范》《格致镜原》《虫荟》《清宫海错图》《清宫鸟谱》《清宫鹁鸽谱》《清宫兽谱》，都是在《尔雅》之后发展起来的动物分类学论著或图鉴等。这些论著和图鉴在我国历史上代表了我国动物分类学发展的各个阶段，以及所取得的成就。

家蚕的利用、驯养在我国已有5000年的历史了，在此期间开展了诸多的观察与研究，取得了辉煌的成就，为昆虫学的发展写下了光辉的一页。公元前周朝的荀况在前人反复观察的基础上，自身又深入研究了野生家蚕的生活状况，最后以赋的形式写出了家蚕个体发育的学术论文——《蚕赋》，这是蚕学研究的第一篇学术论文，为后来蚕学的发展与技术的研发提供坚实基础。晋·张华在《博物志》卷四中说:“蠶三化，先孕而後交。不交者亦産子，子後爲蠶”。这是昆虫学个体发育蜕皮生长和生殖生理孤雌生殖的现象。这不是张华凭空的臆想，也不是有意识地特意说法，而是通过前人和自己的不断观察、分析、对比、综合与研究，最后得出的科学结论。蚕的个体发育就是通过脱皮长大、发育成熟。雌蛾的先孕而后交，即雌蛾在交配前卵巢已发育成熟了，先怀了成熟卵子，然后才与雄蛾交配、受精、产籽，繁殖后代。但是，有的雌蛾也同样地怀了卵，但由于种种原因未能与雄蛾成双成对，接尾交配，雌蛾也能产籽，这种籽为未受精的籽。然而这种未受精的籽也能正常孵化为子，子后也能正常脱皮、长大，随之成熟吐丝，结茧化蛹，最后也能正常羽化为下一代蚕蛾。这种现象与传统观念“精卵结合谓之孕”相违背的，但是它确实是个事实，存在于某些昆虫的生殖之中，后人称之为昆虫的“孤雌生殖”，为昆虫重要的一种生殖生理现象。张华就是通过对于这样过程的观察、研究，以文字的形式，记载了家蚕的个体发生规律，并首次明文记载了昆虫的孤雌生殖现象。文字虽然很简短，仅是寥寥数语，但不能不认为这就是昆虫学研究一个重要的生殖生理学现象。

明·万明英在《三命通会·论五行生克》中说：“五行相生相剋，其理昭然。十干、十二支、五運、六氣、歲月、日時，皆自此立更相爲用。在天則爲氣，寒、暑、燥、濕、風；在地則成形，金、木、水、火、土。形氣相感而化生萬物，此造化生成之大紀也。原其妙用可謂無窮矣！”随之他说：“天高寥廓，六氣迴旋，地厚幽深，五行化生，以成萬物，可謂無窮而莫測者也。” 500多年前我国古人就有如此超前的思想，以简洁而通俗的语言，明确地阐明地球的结构、组成的要素及其时间和空间的关系、生命的起源和物种的进化，并且以唯物主义的思维方式解读它们之间的关系，表述它们转化的过程。他还说：“五行化生，以成萬物，可謂無窮而莫測者也。”这句话不仅道出了物种的起源，而且表明了物种的可变性，及其变化的无穷性。他的思维方式、研究推理、分析归纳和表述的内容、对于地球及生命的形成和发展提出科学的见解与论断，为我们留下了无限的遐想和深入追索的空间。这种学术的见解与科学的论断对于今日开展生物学研究仍然具有现实的意义。

达尔文的进化论也不是通过实验室的实验，而是通过远洋考察，通过不同地域、不同岛屿上物种分布状况，以及对于相关物种形态结构的观察、对比，仔细推敲，又经过长时间的严密思考与研究，他意识到了普天之下，物种之间存在着许多共同性与差异性的重要意义，并且探索这些共同性和差异性的生成原因与内在联系，看到了不同环境下生物产生不同的变异，进一步联想到了生物彼此间有着或近或远的亲缘关系。形态相似的物种为近缘的物种，它们来自共同的祖先；形态相左的物种为远缘的物种，它们来自不同的祖先。环境促成了生物的进化，适者可以生存，否则就被淘汰。适者有机会得以生存，有机会得以生存者，便会产生种种变异，产生新的适应，物种便得以进化，又产生了更高层次新的物种。由此便产生了“进化论”。这种探索自然界的途径与结果和上述明朝万明英揭示自然界生命起源和物种进化的理论是何等的相像，何等的接近。他们都是对于自然界反复观察、对比、研究、探索的结果。这种结果并非实验室的实验和数理的演算，而是对于大自然造就过程的分析与物种演化的研究，最后得出生命起源和物种进化的结论。

以上的点点滴滴都说明了我国古代有科学研究，而且方方面面都取得了突出成就。这些科学研究都有一个共同的特点，那就是长期通过对于自然界的观察、分析、对比、积累资料、不断验证，最后得出的科学结论。再一点古代科学研究具有鲜明的历史性，不同的历史时期有不同的科学研究内容和研究方法。每一个科学领域都有自身发展的过程、顺序渐进的过程。这个过程似乎与生物进化的过程相类似，从无到有，从少到多，由简单到复杂，由低级到高级。即便现代的先进科学，对于将来而言，可能也还是这样，沿着顺序渐进的方向前行。科学研究除了鲜明的历史性、阶段性外，还有明确的延续性、继承性。近代科学研究的手段与成果固然不等于古代科学研究的方式与内容，但是它们之间的关系十分密切。所以既不能以现在科学研究的成就来衡量古代科学研究的结果，也不能以现代科学研究的方法来否定古代科学研究的成果。为此我们认为我国古代不仅有科学研究，而且在某些领域研究的成就领先于同时代的西欧，如生物学、地理学、天文学、数学和医学等等。我们不能认为近代生物学家摩尔根在实验室内开展果蝇基因的实验研究，探索生物产生遗传的内在因素，取得了巨大的成就及孟德尔实验的豌豆律等等，这是科学；而亚里士多德、布丰、拉马克、林奈、达尔文及我国的《尔雅》《诗经》《春秋》《夏小正》《神农本草经》《吕氏春秋》《梦溪笔谈》《本草纲目》《虫荟》，先秦时期的韩非子、荀况和后来的王充、陶弘景、祖冲之、徐霞客、徐光启、李时珍、万明英、方旭等等所研究的生物学、地理学、数学和医学等就不是科学。

由于历史上种种原因，古代科学研究常受到一些客观条件的限制，形成自身发展的道路和特点。古代科学研究的特点是带有强烈的综合性，这是很常见的特性，古代科学研究常包括好几个领域混合在一起，所以综合性十分明显，天文常与气象、生物常与地理、地理又与人文、医学常与药理连在一起；科学研究常与哲学、神学、文学掺和在一起，在文学、哲学中、在诗词歌赋中阐述科学现象和发展规律也比比皆是，所以综合性是古代科学研究一大特点；再者古代科学研究常与技术发展相结合，甚至与人们的生活相关联，所以古代科学研究也表现出强烈的实用性和地方性。蚕蛹、蚕丝由于可食、能用，一种野生蚕蛾首先在我国中原地带被驯化为家养，随之得以深入的研究，对于蚕的形态结构、蜕皮发育、生理反应、个体发育、生殖特点、遗传育种、病理起因及发展等等取得了诸多研究成果，并形成一个专门的研究领域——蚕学。蚕学的研究与发展和人们的生活及我国中原一带地理条件息息相关，所以我国人民对于蚕学研究作出了突出的贡献，为世界昆虫学史写下了光辉的一页。根据上述意见，笔者认为我国古代不仅有科学研究，而且在诸多基础理论学科研究中取得了巨大成就，就动物学而言，如分类学、形态学、生态学、保育学、生理学、遗传学等等都有卓越的论述与成就。在此基础之上又开展了许多技术应用研究，如家禽、家畜、水产品、海产品的养殖和育种的研究，所取得的成就也为世人所公认。历史上表明了我国古代不仅有诸多技术上的发明创造，同时也开展了诸多领域科学研究，并取得辉煌成就。希望我们共同努力，发掘、探索、弘扬过去，启迪、深入、创造未来。

## 参 考 文 献

秉志. 2006. 科学呼声(下篇): 四、中国先哲之科学方法. 见: 翟启惠, 胡宗刚. 秉志文存 第二卷. 北京: 北京大学出版社

任鸿隽. 1915. 说中国无科学的原因. 科学, 1(1): 8-13

吴国盛. 2016. 什么是科学. 广州: 南方出版传媒-广东人民出版社

竺可桢. 1945. 为什么中国古代没有产生自然科学？科学, 28(3): 137-141

# 关于古今“野人之谜”的研究

冯祚建　王祖望　全国强　黄复生

说起“野人”，从古至今，自有古籍记载以来，起码相传了三千多年。或许，不少人往往出于一种好奇心，与其说没有野人，倒不如宁可信其有。然而，也会有部分民众及少数专家学者对古代记载的事例深信无疑，于是，认为一种“似人非人”的类人猿——野人会残存在我国某个特定的区域中。况且，国外媒体于20世纪也时有报道，在喜马拉雅山脉南麓发现过野人踪迹。那么，野人真的存在吗？本文拟对这个问题展开讨论和分析，从而阐述笔者的观点。

## 一、古代记载的“野人”

古代记载的“状如人，人面，无尾，直立”的奇异动物有狒狒、赣巨人（非指现存的非洲狒狒）、玃父或玃和猩猩，这些都与民间传说的“野人”有关，现分别述之如下。

### （一）狒狒（枭阳、枭羊、山都、吐蝼、土蝼、山猑、山猱、𩳁、𪊨等）和赣巨人

从远古期始，已有不少古籍述及狒狒的传说。例如，《山海经》，这是中国一部最古老的自然地理专著，据称是秦代以前历代文人学者传记下来的，也常被人们认为是一部经书。其中《海内南经》（卷一〇）载曰：“梟陽（音感）國在北朐（国名，今广西南部）之西，其爲人，人面長脣（即唇，下同），黑身有毛，反踵，見人則笑，左手操管。”又，《海内经》（卷一八）载：“南方有贛巨人，人面長脣，黑身有毛，反踵，見人笑亦笑，脣蔽其面，因即逃也。”据此，如今一些热衷于“野人”的文人学者竟“望文生义”，疑距今100多万年（早更新世中期）曾在我国广西发现的巨猿 *Gigantopithecus blacki*，也有可能残存至现代。

西晋·郭璞著《尔雅音图·释兽第一八》中的狒狒，谓“狒狒如人，被髮，迅走，食人。”郭在经文中注曰：“梟羊也，《山海經》曰，其狀如人，面長脣黑，身有毛，反踵，見人則笑。交廣（古时的胶州，今越南；广州古时含两广）及南康郡（今江西西南部）山中有此物，大者長丈許，俗呼曰山都。”见图8-4和图8-5。

至宋代，陈彭年、丘雍等所著的《重修广韵》（卷四）又提到狒狒的另一异名，书中载到：“𪊨，獸名。《説文》：周成王時，州靡國獻𪊨，人身，反踵，自笑，笑即上脣掩其目，食人。北方謂之土螻。……郭璞賛云：狒狒怪獸，被髮操竹，見人則笑，脣蔽其目，終亦號咷，反爲我戮。”同时代罗愿的《尔雅翼》一书，在《释兽·狒狒》（卷一九）一文中对它的描述尤为生动：“狒狒如人，被髮迅走。蓋人面，紅赤色，長脣，大口，能作人言，如鳥聲，自知生死。舊説反踵，獵者言無膝，睡常倚物，黑身有毛，大者長丈許，力負千斤，行疾如風，左手操管自笑，笑即上脣掩目。或曰見人則笑，或曰其初得人喜而

图 8-4 《尔雅音图》中的狒狒

图 8-5 《本草纲目图》中的狒狒

笑，則脣上覆其額，移時而後食之。人因爲筒（指竹筒）貫於臂上，待見其執，即抽手從筒中出，鑿其脣於額而擒之。或曰以釘釘著額，任其賓士，候其死而取之。髮極長，可爲髲（bi，假发），其血可染緋（红色）。……一名[illegible][illegible]，亦作[illegible][illegible]，一名狎，一名梟羊、嘄陽，一名山狎，俗謂之山都。北方謂之土螻。周成王時，州靡國嘗獻之，其後不常獻，而常有。”总之，类似于前述的“野人”传说，至今在我国鄂西北地区是广为流传的。

据宋•高似孙《纬略》卷七《狒狒赞》，其曰：“……《物類相感志》曰，狒狒出西南蠻。宋建武中，安昌縣進狒狒雌雄二頭。帝曰：吾聞能負千斤，既力如此，何能致之？對曰：狒狒見人喜笑，笑則下唇掩其額，故可以釘之。髮可爲髲，血可染衣，手似獼猴，人面而紅，作人言，鳥聲，善知人生死，飲其血使人見鬼。帝命工圖之。”而由金人李杲编辑、明代李时珍参订并由姚克成补辑的《食物本草》，对狒狒的分布、利用、异名和习性做了一些新的补充，书中写道：“《方輿圖志》云：狒狒，西蜀及處州（今浙江西南部）山中有之，呼爲人熊。人亦食其掌，剥其皮。閩中沙縣幼山亦有之，長丈餘，逢人則笑，呼爲山大人。又《南康記》云：山都，形如昆侖人，通身生毛，見人輒閉目，開口如笑，好在深澗中翻石，覓蟹食之。”尔后，在李时珍所著《本草纲目》（卷五一下）《兽之四》中，对狒狒的异名又做了这样的阐述，他说：“珍按：鄧氏所説，與《北山經》之山狎，《述異記》之山都，《永嘉記》之山鬼，《神異經》之山㺐，《玄中記》之山精，《海録雜事》之山丈，《文字指歸》之旱魃，《搜神記》之治鳥，俱相類，乃山怪也。今並附之，以備考證。”他接着在“狒狒”标目的附录中，对山都、山狎和山㺐等的生活习性做了简要的描述，兹录如下。

“山都。時珍曰：任昉《述異記》云，南康有神曰山都，形如人，長二尺餘。黑色，赤目黄髮。深山樹中作窠，狀如鳥卵，高三尺餘，内甚光彩，體質輕虚，以鳥毛爲褥。二枚相連（指山都个体），上雄下雌。能變化隱形，罕覩其狀，若木客、山㺐之類也。”

“山狎。時珍曰，《北山經》云：山狎，狀如犬而人面，善笑，見人則笑。其行如風，見則天下大風。”

“山㺐。又曰，東方朔《神異經》云：西方深山有人，長丈餘，袒身，捕蝦蟹，就人火炙食之，名曰山獠，其名自呼。人犯之則發寒熱，蓋鬼魅耳。所在亦有之，惟畏爆竹煏熚聲。劉義慶《幽明録》云：東昌縣（今济南西部）山岩間有物如人，長四五尺，裸身被髮，長五六寸，能作呼嘯聲，不見其形。每從澗中發石取蝦蟹，就火炙食。”

“《永嘉記》云：安國縣有山鬼，形如人而一腳，僅長一尺許，好盜伐木人鹽，炙石蟹食。人不敢犯之，能令人病及焚居也。”

“《玄中記》云：山精如人，一足，長三四尺，食山蟹，夜出晝伏。千歲蟾蜍能食之。《抱撲子》云：山精形如小兒，獨足向後，夜喜犯人，其名曰魃，呼其名則不能犯人。《白澤圖》云，山之精，狀如鼓，色赤，一足，名曰夔，亦曰獋丈，呼之可使取虎豹。”

清·杨廷烈所修《房县志》（卷一二），在《杂记》中谓“房山高險幽遠，石洞如房，多毛人，長丈餘，遍體生毛，時出齧人、雞、犬，拒者攫搏。以槍擊之不能傷。”又据《杂记》记载：“房陵（今房县）有獵人善射，矢無虛發。一日，遇猿，凡七十餘發皆不能中，猿乃舉手長揖以去。因棄弓不復獵。”房县位处湖北西北部，房山为其境内山峰名。此志书记述的“毛人”和“猿”（同治五年版），距今已有1500余年的历史了，然而在20世纪七八十年代，房县及其毗邻的神农架林区，正是“野人”传闻最多的地区。除前述古籍外，还有宋·乐史的《太平寰宇记》、陆佃的《尔雅新义》，元·黎崱（越）的《安南志略》，明·黄省曾的《兽经》，以及清·郝懿行的《尔雅义疏》、张玉书和陈廷敬等的摘自《康熙字典》、陈梦雷的《古今图书集成》、曾鲁煜等的（雍正）《广东通志》等等，它们均以“狒狒”作为子目标题而录列，虽然彼此的详略存异，然其文意却大体相同。

综前所述，可以看出，认为今存“野人”的论据之一，就是从远古到近古（清代）都有古籍记载，而野人的形态、名称和生活习性，可大致归纳为：

（1）记述最多的首推“狒狒”，其主要特征是：人面或人身，身上长毛，长嘴唇；喜自笑，笑时长唇能掩两目；反踵，即脚后跟反转而生（生在前面）；

（2）野人名称中以狒狒为主体，而狒狒的异名（别名）多达十余个，常见者有枭羊、枭阳、吐蝼、山都、山獋、山獠和䝙等；

（3）最早成书之《山海经》所载的赣巨人，其体态、特征与狒狒雷同，几可视为同类，再者，原著对它的体长大小并无任何注释；

（4）在食性上，狒狒食人，亦吃虾蟹，并会用火炙食；毛人（湖北房县者）却吃人、鸡、犬；

（5）在体质上，有的狒狒（山都、山獋）能隐形，而毛人与猿则“刀枪不入”。

今从上面归纳的几点内容看，笔者的观点是：

（1）有关野人（狒狒和赣巨人）的形态特征，主要是以《山海经》和《尔雅》（或《尔雅音图》）的描载为基础的，而其往后的诸多古籍中，对它们的描述基本上类同。那么，一种“人身、长唇、自笑、反踵”的野人是不可能存在的，特别是它们的“长唇掩目”和“反踵”之说，根本不符合在自然界的生存竞争中“适者生存”的演化规律。

（2）截至清代，我国古代尚无专业的野生动物调查与观察，故有关狒狒（含其异名者）的生活习性和特异功能，多是依据传闻辑录的。同时还有一种趋势显示，时代愈往后，传闻也愈多，故事也更加怪诞离奇，缺乏真凭实据。所以，我们应以现代掌握的动物学知识予以分析，绝不可盲从。

## （二）与野人传闻有关的玃父和猩猩

20世纪70年代，我国鄂、川、陕、甘的“野人”风闻四起，目击野人事件不绝于耳。于是有人认为，这野人者，纵使不是人猿，会不会就是高等灵长类中的玃父或猩猩呢？因在许多古代文献中，均不乏有关它们的记载，现概述于后。

1. 玃父（貜、玃、母猴、蠼、豦、举父等）

晋·郭璞注、唐·陆德明音义、宋·邢昺疏《尔雅注疏》（卷一一）中载曰："貜父，善顧。注：貑貜也，似獼猴而大，色蒼黑，能攫持人，好顧盼"（图 8-6）。又曰："豦，迅頭。注：今建平（今重庆巫山）山中有豦，大如狗，似獼猴，黄黑色，多髯鬣，好奮迅其頭，能舉石擿人，貜類也"（图 8-7）。宋·司马光《类篇》（卷二七）谓："貜，獸名。《説文》：玃也。猿類，似犬，食猴"；又卷二八谓："玃、貜，獸名，母猴也"；又卷三八谓："蠼，獸名，母猴也。"以上记述已启示，貜父与豦、貑与貜、玃和蠼皆为一物的兽名。然而，为何又称之为"母猴"，此非性别名称，实指"玃"的名称而言。恰恰相反，古籍上说"玃"全是雄性，没有母性。兹引《本草纲目》（卷五一下）在"附录"中的叙述为证：

"玃，音卻。時珍曰：玃，老猴也。生蜀西徼外山中，似猴而大，色蒼黑，能人行，善玃持人物，又善顧盼，故謂之玃。純牡無牝，故又名玃父，亦曰貑玃，善攝人婦女爲偶生子。"

图 8-6　晋代《尔雅音图》中的貜父

图 8-7　晋代《尔雅音图》中的豦

20 世纪参加过野人调查的少数学者认为，说"玃"为猴，但一般体形不高，而《尔雅翼》指"玃"身高七尺（2 米多），人行健走，伺行道妇女，有好者輙盗之以去。假如真的如此，很可能是一种与人亲缘更近的灵长类，否则不会生子。笔者却认为，这仅仅是故事而已，勿可当真。

今经笔者研究，据古籍描载的"似獼猴而大、蒼黑色，或黄黑色，多髯鬣"等主要形态特征，把貜父（含其异名者）鉴定为藏酋猴 *Macaca thibetana*，又称四川猴、断尾猴、大青猴，体比猕猴大而粗壮，体长 58—71 厘米（后者 45—51 厘米），体重 13—15 公斤（后者约 4 公斤）。背、腰至尾背均呈黑褐色。雄性两颊、下颏具有明显的灰褐色或黑褐色胡须。该种广见于川、甘、湘、鄂和滇黔诸省，为中国特有种（图 8-8）。

2. 猩猩（含现存的猩猩、黑猩猩、倭黑猩猩和大猩猩 4 种）

猩猩，当是除人类以外、最高等的灵长类动物。动物分类学家在过去把这类列作独立的一科——猩猩科 Pongidae。自 20 世纪 80 年代以来，随着分子系统学研究的兴起和发展，今已把它厘为人科 Hominidae，足以显示它们与人类的亲缘关系最为密切。

图 8-8　藏酋猴 *Macaca thibetana*（引自王酉之和胡锦矗，1999）

只要说起野人，人们马上就会联想起猩猩，这主要原因是：形貌上与人类最相像；古籍上有许多记载；猩猩类化石在我国第四纪更新世（距今 180 万年至 10 余万年）都有过记录。

现将古籍材料依序整理如下。

晋•郭璞注《山海经》（卷一八）《海内经》曰：“有鹽長之國，有人鳥首，……有青獸，人面，名曰猩猩。”郭注《尔雅•释兽第一八》载道：“猩猩，小而好啼。”郭在经文中注曰：“《山海經》曰：人面豕身，能言語。今交趾封谿縣（今越南北部）出猩猩，狀如貛㹠，聲如兒啼。”

晋•张华《博物志》卷三《异兽》中载：“猩猩，若黄狗，人面，能言。”

南朝梁之顾野王《玉篇》（卷二三）中谓：“猩猩，如狗，面似人也。”

辽•释行均《龙龛手鉴》（卷二）说：“狌，或作猩。猩猩能言，似猿，聲如小兒。”

元•戴侗《六书故》（卷一七），在《动物一》中载曰：“猩，獸，似猴，能言。出交趾，人面，豕身，聲如小兒啼。”

明•张自烈撰，并由清•廖文英续撰的《正字通》，于“已亥下”《犬部》对猩猩的记述为：“猩猩，獸，二足，無毛，人面豕身，聲似小兒啼，能言，常群行。”另对它的习性又做了这样的记载：“嗜酒著屐，人欲取之者，以美酒石許，作相連屐置山中，猩猩見之，能知誘者姓名及其祖先，詈曰：誘我也。走去已。復來，染指於酒嘗之，著屐而試之，已又去。去復來如初，則相與連臂，號泣同就醉，躡屐舞而僕。每捕獲必箠，使自然血幾何，猩猩惜其血，少必應，益痛撻之，乃增多，至必不肯言則殺之。”

又，明•李贤等《明一统志》（卷八四）载有“郡名蒼梧（今广西梧州），土產猩猩。”在卷九〇《安南•土产》标目中又谓：“《南中志》：猩猩，人面豕身，似猿，常數輩爲群。人以酒並糟設路側，連結草屐。猩猩見之，即知張者祖先姓名，呼曰：奴欲張我。亟舍去，復自謂，試共嘗酒，逮醉，取屐著之，爲人所取。”

而《本草纲目》（卷五四）转载《尔雅》和《逸周书》的记述，谓猩猩出产在哀牢夷（今云南哀牢山）及交趾封溪县（今越南北部海兴范围）山谷中。又乾隆《福建通志》载，云：猩猩在连江五峰山有之（卷一〇），另于宁德支提寺林中常有之（卷一一）。清·方旭《虫荟》（卷二）《猩猩》引载《广舆记》曰：“猩猩産廣西、雲南及安南等處。”见图 8-9—图 8-11。

图 8-9　晋代《尔雅音图》中的猩猩

图 8-10　明代《三才图会》中的猩猩

图 8-11　明代《本草纲目图》中的猩猩

此外，尚有其他诸多著书都曾涉及猩猩的外部特征、习性与分布，缘于内容大致雷同，恕不复举。然而，仅据前述所载，已可概括为以下三点：

（1）猩猩体态如狗、黄狗或獾豘，人面，似猿，又谓人面豕身；

（2）猩猩能言，声如小儿啼；群行；嗜酒；群体全雄无雌，故会劫持行道上的妇女为妻，并育子女；

（3）见于我国云南（哀牢山）、广西（梧州）、福建（连江、宁德），以至国外越南北部（封豀，或称封溪）。

那么，我国古代所记载的猩猩与世界现存者，究竟有否关联，这是我们必须考虑和回答的问题。本文拟从 4 种猩猩说起。

● 大猩猩 *Gorilla gorilla*。系诸种猩猩的最大者，雄性体长可达 1.7 米，体重 290 余公斤；雌性小于雄性，体重 150 公斤左右。体色因地域和生态环境的不同而异，分别呈深黑色、浅黑色或灰色和赤色。仅产于非洲西部、中西部和中部。

● 黑猩猩 *Pon troglodytes* 和倭黑猩猩 *P. paniscus*（经当代分类学研究，于 1929 年命订的该种，今予承认）。前者站立时身高达 1.0—1.7 米。雄性体重 56—80 公斤，雌性 45—68 公斤。后者体形小，雄性体重一般 30 余公斤，雌性约 20 公斤。分布在赤道非洲，由北纬 14°至南纬 10°。

● 猩猩 *Pongo pygmaeus*。又称黄猩猩，体形矮胖，仅小于大猩猩。体长 1.25—1.5 米，两腿短弯，两臂尤长，臂展（站立时）达 2.25—2.4 米。雄性体重 50—90 公斤，雌性 30—50 公斤。体毛稀疏而长，可达 30 厘米。严格树栖，很少下地，能勉强直立行走。今仅生活在印尼的苏门答腊和加里曼丹两个热带雨林岛屿。

以上介绍了 4 种猩猩的主要形态、生态和地理分布材料，其目的是便于与古籍有关材料进行对比分析。现在，拟再补充它们的地史分布状况，并结合在一起而予综合研究，借以判断我国湖北等地区流传的所谓野人，是否也包括其中的某种猩猩。鉴于古籍对猩猩的形态与习性的描述过于简略，因此，下面主要从动物地理分布的角度予以探讨并阐述笔者的观点。

（1）在地质年代的历史上，于全新世（距今约 1 万年）发现的大猩猩属 *Gorilla* 和黑猩猩属 *Pan* 的化石成员均在赤道非洲，而其后裔至今也仅仅生存在非洲大陆，均栖于热带雨林。因在亚洲从无记录，故从动物地理学的观点上看，大猩猩动物根本不可能分布到中国及其他亚洲地区。

（2）晚更新世（距今 12 余万年）的猩猩属 *Pongo* 化石曾在中国南部、越南北部、老挝和爪哇（印尼）均有发现；至全新世（1 万多年前），越南北部仍有生存（Nowak and Paradiso，1983），同一时期在印尼的婆罗洲和苏门答腊也有化石记录（Simpson，1945）。据此，笔者认为，我国古籍记载的猩猩，当与它们存在过有关，但并不等于在 5000—4000 年前或者更长一些的时期内，古人会亲眼见过这种产在国内的野生物种并做记录。具体原因分析如下。

首先，10 多万年前（少说也在数万年前）猩猩在我国南方生存过，也在中南半岛的其他国家有过分布，表明它们那时在亚洲东南部有过比较广泛的分布范围。但是，第四纪更新世是全球气候激烈波动的时期，从早更新世至中更新世的 100 多万年间已发生过两次冰期与间冰期；当进入晚更新世时又发生了第三冰期，气温再次下降，全球变冷。在全球气候大变动的背景下，中国的猩猩已经大部灭绝了，或许还有少数退缩到与越南交界的地方。到了全新世时期，被认为是“气候适宜期”（约 9000 年前），也称为冰后期，气温逐渐上升，气候转暖，此时期越南的猩猩依然存在。而我国南方由于纬度偏高，失去了大部热带雨林，所以猩猩未能跨入全新世。

另外，全新世是人类由中石器向新石器时期发展的时代，也是铜器时代，那时的人类已属于我们现代人类的范畴，分类学上均隶智人或人 *Homo sapiens*。他们的智商已经很高，开始了作物的栽培和动物的驯养，虽然尚未有文字发明，然可把过去有过猩猩的情况通过口述而代代相传，直至有了文字以后，始在春秋战国时期，由学者记录并编纂成书。换句话说，我国的猩猩起码在几万年前或上万年前就已消失，故不可能在三四千年前还生存在我国南方，更不可能残存在湖北西北部或其他毗邻地区。

## 二、现代的“野人”传闻与科学考察

前面说过，20 世纪 70 年代初在鄂、川、陕、甘等地区，时有“野人”事件发生的传闻，包括目击者、相遇者、搏击者和被追赶者，最终导致对此进行了一次科学考察。

考察的主要目的，当是希望能够拍摄到清晰的“野人”照片，甚或能够捉到活体。然而， 什么样的高等灵长类才算是“野人”呢？ 这就涉及“野人”的界定问题了。

据当时几位参加“野人”科考的专家之意见，认为“野人”可能是南方古猿或拉玛古猿的后代，另有专家却更倾向于是巨猿的后代。总的来说，就是一种比较原始的、尚未进化到新人阶段的古人类。今为叙述方便起见，统把它们称作“野人”。

现在，拟将“野人”科学考察及“野人”毛发的鉴定情况与结果，一并概述于后。

### （一）引起野人风波的三起重要事件

第一件：1974 年劳动节那天，湖北西北部房县桥上区杜川公社，一位殷氏村民正在山上干活，忽闻不远的树林中发出走路的“沙沙声”，他喊了一声：“谁呀？”未有回答。忽一抬头，顿时见到一个像人一般高、两腿直立、指甲弯长、无尾、全身有毛的野人，低着头朝他走来。此时此刻，他感到非常恐惧和害怕。发现时，这位村民恰好在坡的上方，位置稍高些，野人在坡的下方，他顺势一手抓住它的头发，另一手用破柴刀背打了野人两下，野人叫了一声，挣扎跑了。村民当时从野人头上拔下了 20 多根毛发带回到家里，把事件经过对小孩子讲了，希望他们不要到处乱跑，晚上早点回家，同时也将野人毛发让其他村民看了。

第二件：1974 年 6 月 15 日上午，房县回龙区红卫公社某大队，一朱姓饲养员上山放 4 头牛。此前他已听到不久前有村民见到野人，心里有些紧张，这次放牛，特地带上了一把土枪，里面装了 3 粒黄豆大小和 20 多粒稍小的猎弹，以防万一。下午，快将收工时，他有些发困，就打了个瞌睡。他说，“我正睡着，被身旁一只牛铃声惊醒，睁眼一看，一个满身红色的人样牲口就站我的面前，吓了我一跳，心想：‘野人，就是它！’于是，我右手拿起猎枪对着它，它立即反手抓住枪，接着又正手也抓，这时枪口恰恰对着它的肚子放了一枪，当时见它的嘴巴张得挺大，脸也垮下，但还是抓住猎枪不放，后来我用枪托猛力一推，把它推倒了，我也往后被带倒了。我爬起来，它也爬起，就是把枪抓得很死。这时身旁一只比较性烈、爱好顶人的黑牛，一边以鼻子对它发出喷气声，同时又向它顶过去，这时牲口（野人）才把猎枪丢了，我拿起枪就跑，怕它追，回头看，它还站在山坡上。我赶忙跑到山下，看到衣袖上有三滴血，估计是它的血溅出来的。我在家哭了一场，饭也不想吃，三四天都未做活。”据当地群众反映，这位饲养员为人忠实，从不说假话，所以故事感人，也是一场与野人搏斗时间最长的当事人。

第三件：某年某月（约于 1974 年），房县桥上公社群力大队，一位龚氏妇女，30 余岁，抱着小孩上山，遇见一个无尾、全身有毛、两脚直立行走的野人向她走来，距离不是很远，她担惊受怕，抱着小孩撒腿往回跑，野人就在后面追，到家时，惊魂未定，大哭了一场。事后，她对采访人讲：“样子像人，走路两手摆动，个子高大，满身黑红毛，还笑眯眯的。露出的牙齿尖尖的（指犬齿），像獐子（指鹿类）牙（指獠牙，伸出口外），但要小得多，脸上有毛，嘴上有胡子。”她对野人的体态特征，看得相当清楚。

以上三件事，有两件是与野人零距离遭遇并搏斗的，影响很大，加上此后又不断地传出有人发现了野人，所以组织了一次专项的野人调查。

## （二）野人专项调查的一些结果

1977年初，一支“鄂西北奇异动物科学考察队”（鄂西北指湖北省神农架林区）成立了。这支队伍成员包括来自中国科学院古脊椎动物与古人类研究所、上海师范学院、陕西濒危动物研究所、湖北省科学技术委员会、湖北省林业局、湖北自然博物馆、北京动物园、北京科教电影制片厂、新闻记者及擅长擒拿技术的解放军战士等等，共有17个单位，计110人左右。如此一支大规模的专项考察队，这在中国科学考察史上也是史无前例的。

这次调查从1977年3月上旬至1978年春节前止，实际工作时间达6个月。队里明确规定，如遇到野人，只能抓活的，绝对禁止开枪射击，宁可放跑，也不能打死。这次考察的结果如下。

（1）收集到有关野人的形态与生态资料。总共采访了目击野人或转述他人目击野人的村民约68人，计见到野人54个。如把每次见到（包括搏击）野人事件作为一例，则共有42例，其中统计为：

- 见单个野人活动的事例32例，占总数（42例）的76.19%；
- 见2个野人一起活动的事例9例，占总数（42例）之21.43%；
- 见3个野人一起活动的事例1例，占总数（42例）的2.38%。

野人的毛色主要有：①红色、红棕色、淡棕色和枣红色；②麻色，仅1例，曾与红毛野人在一起；③白色，全身雪白，仅1例。

野人的头部特征，据目击者称：脸部像人，或呈长圆形，或像马脑壳，或头部长、脸面长、鼻子也长，或眼、鼻深凹陷，鼻孔有点翘等。

野人的身高：4—5尺（1.2—1.5米），或6—7尺（1.8—2.1米），或个别8尺（约2.4米），均是目击者口述，非实测数值。

野人的走路方式：①两脚直立走路；②先两脚站，走几步，然后上坡用四肢，腰臀部显高些；③有人见过两个野人，其中一个拿着棍子当拐杖往山上走（仅此一例）。

野人的行为：①见一野人下树，头部朝上，待离地面几尺时直接跳下，然后离开原地；②见人则笑，一位村民被野人抓住，他趁野人笑时挣脱而逃；③有两人见到两个红毛野人围着四只野猪，并骑在野猪背上，手里抓住猪鬃毛不放，野猪一怒吼，把野人摔下，野人不悦，接着再次骑在野猪背上。

（2）收集到一些野人红毛。

（3）观察到几十个脚印，其中一些已拍了照片，另还浇铸了50个石膏模型。

## （三）野人事件的揭秘及其毛发和脚印的分析

前面讲到引起野人传闻的三大事件，也介绍了鄂西北野人“科学考察”的一些调查结果。笔者在此分别做如下分析和评述。

### 1. 关于野人三大事件的揭秘（拔头发、开枪和被追赶）

关于第一件，笔者经亲自采访并拿到了殷氏村民拔出的野人毛发数根，经与中国科学院动物研究所兽类标本馆收藏的相关动物毛发进行比对，并在实验室做了毛发整体装片和压模装片（包括对比标本的制片），结果鉴定为，所谓野人毛发，实际上是一种偶蹄类牛科的鬣羚 *Capricornis sumatraensis*（又称苏门羚，当地称明鬃羊，分布广泛），故“野人毛”之说不实。20世纪80年代，本文作者之一的全国强先生幸有机会再次前往房县探访殷氏村民，在交谈中，他道出了事件的原委：“原来是拿野人吓唬小孩子的，因他们经常在外面贪耍晚归，怕出事，所以编造了野人故事。未料事情传出了村外，越闹越大，传播很广，这时心里也害怕，怕说我造谣生事，所以每当有人采访我时，只好一口咬定，我与野人搏斗了。”

关于第二件之开枪事件，其中的疑点是：①“野人”太傻，既不主动向人攻击，也不主动逃跑，而是等着朱氏村民开枪，这种行为不符合野生动物的生存策略，只有“死路一条”，令人匪夷所思。②据几位村干部讲，出事当天傍晚，他们组织了几位村民一起来到事发地点，结果没有见到搏斗痕迹，也未见到野人在周围留下什么血迹。活要见物，死要见尸，为何证据全无？令人费解。据笔者了解，在这次偶发事件之前的几十年，以及此后（至今）数十年间，再未听说山里的放牧地区有野人出现。因此，笔者的释疑，他确是在“梦里”与野人搏斗了一番，况且，事后得知，这位村民不会说假，但在思维上存在着一点智障。

关于被野人追赶的第三件事例，可以想象，一个高大的野人追赶一个担惊受怕、抱着小孩、又距离不远（见前述，她对野人看得较清楚）的妇女，怎么会追不上？不可思议。她可能确实见到了一只大动物（全身黑红色，露出两只大犬齿），当它见到人时先站立走几步，妇女逃跑时，它会四肢着地跟上几步。此物应是当地的熊类（主要是黑熊），它在未曾受过人类攻击或受过伤的情况下，一般以躲避的方式为主，如果真的要追赶这位妇女，估计她就回不了家了。笔者认为，当事者口实失真的可能性很大，即野人并未追赶她。

### 2. 关于野人“红毛、白毛和黑毛”的鉴定结果

除前述野人头发即是鬣羚颈背上的鬣毛（即鬃毛）外，也有房县当地干部送来几根红毛、白毛及黑毛供做分析之用。研究的结果是：长的红毛类似金丝猴背上的长毛，短的红毛与家羊背毛一致，但都见不到明显的色素颗粒。一般动物毛的毛色是由不规则、呈团状的色素颗粒，经折光反射而显示出来的。两类红毛既无色素颗粒，说明红色是人为所致，且把色素破坏了。

另有两根采自“野人窝”里的白毛，经显微观察，认定是一种单子叶植物的局部表皮组织，可能是箭竹类的表皮（含硅质细胞、栓质细胞及长表皮细胞），在日久以后翻卷成一条似毛的结构。

其中，“野人窝”里的多根黑毛，倾向于是鬣羚一类偶蹄动物体侧部位的硬毛。

### 3. 关于野人“大脚印”的疑惑

鄂西北考察队队员曾在房县桥上公社获取了一些动物足印，似乎更近似人类脚印。谓其印痕长 28—32 厘米；印痕前端宽约 12 厘米，后端窄，5—7 厘米；趾印为卵圆形，其中有 3—4 个较清楚，宽约 3.5 厘米，长约 7 厘米；趾印前端具有隐约可见的爪痕，等等。据此，笔者认为这些都是熊类老成体（黑熊，而棕熊的分布迄今未见报道）足印的可能性最大，因为高等灵长类的脚印是不会有爪的。至于野人前臂的指甲又长又弯钩，更是天方夜谭，堪不可信，因为弯长的指甲，绝不利于它们的采食。

## 三、从生物学观点综合探讨“野人之谜”

上文对古籍记载及 20 世纪“野人”考察结果已分别做了简要的介绍和分析，并也阐述了笔者的观点。现在的问题是包括一些专家学者在内的人们，为何总是以古籍为依据，又以现代“野人”事件为理由，因而怀疑甚至深信当今会有野人存在呢？究其原因，就是人云亦云，别人讲什么就信什么，对事物缺乏判断与分析，导致得出错误的结论。

本节拟从生物学观点对古今“野人”的种种现象和传说再做综合分析和进一步的探讨，并对野人是否存在做出最后答案。这里讨论的主要问题有：①从行为生态学观点判断“野人”行为习性的真伪；②从“最小存活种群（MVP）”的角度分析多少“野人”才能存活至今；③从生态学和分类学角度讨论三种毛色与“野人”的关系；④从人类进化观点探讨古猿能否残存至现代。

## （一）从行为生态学观点判断“野人”行为习性的真伪

关于“野人”的种种行为，既有古籍的记载，也有20世纪目击者和搏击者的描述，现分别讨论如下。

### 1. 古代记载的“野人”行为

（1）文献中说“狒狒”（非现代非洲的狒狒，异物同名）遇人就笑或获人就笑，稍后食人。书中未讲它们是如何捕人的，只凭“遇到”的运气了，也可说是“随机”食人者。另谓它们能在溪边寻找虾蟹，并能利用人们在野外烧饭后的遗火而炙食。这已涉及野人的趋势行为与食性。

看来狒狒是喜欢肉食为主的动物，然其捕食的本领不是快速追赶（因足部反踵）并以尖牙利齿（特别是发达强劲的犬齿）杀伤人类，唯一的手段是“自笑”，而被抓者只要两臂早已套上竹筒，待狒狒发笑及其上唇掩住眼睛时即可抽手而逃，或者趁机把它的嘴唇钉在额头上，最后让它一命呜呼。这样一种没有进攻与自卫能力的动物，假如碰上一位彪形大汉或是懂得中国功夫的强汉子，那么，狒狒不是当场被打身亡，也会被生生活捉。因此，这种“自笑”的取食（或捕食）行为是毫无生存意义的。

至于炙食虾蟹，除非它们是旧石器时代的直立猿人。1929年我国学者在北京房山周口店龙骨山发现了北京猿人（距今60万—59万年），已知它们会制造工具，会用火，会集体劳动，会共同狩猎获取肉食，绝不是单打独斗。然而，在进化的道路上，猿人早已退出历史舞台了。

综前所述，若从野生动物行为生态学的观点来分析，认为文献中描载的行为仅是传说而已，没有科学性，更不能把这类行为当作存在“野人”的科学依据。而“反踵，长唇”的类人动物也是不会存在的，这在前面讲过了，不再重复。

（2）古籍记载的另类“野人”是玃父（或称玃），谓其群体全为雄性，全靠掳掠人类妇女为妻并养育后代。这简简单单的一句话，其实已经涉及繁衍行为学和遗传学的问题了。分析如下。

其一，在高等脊椎动物中，均以雌雄两性的结合繁殖后代，而在一个种群中只有雄性没有雌性，这在现生动物的研究中简直闻所未闻，纯“雄”之说，得不到科学理论和实践的支持。

其二，在高等动物中，它们的求偶和交配行为一般都是在同一物种间进行的。而玃父或玃类的所为野人，专以掠夺人类女性为妻，违反了繁殖行为学的基本原则。

其三，假说玃父（玃）能与妇女生育后代，那么从遗传学的角度看，子一代从亲代取得1/2的基因，子二代从亲代获得1/4的基因，第三代就只有1/8的基因，依此类推，由于玃父“只有雄性”参与繁殖，随着子代数目的不断增加，子代与玃父的亲缘关系愈来愈远，最终导致纯种的“玃父”种群不复存在，反而其子代在生理上和表型上却更加与人类无异，当然，这是不可能的。

本来古书对野生动物的记载，既有科学的一面，但也有一些趣味性、故事性的一面，而且多被沿袭转载，特别是古籍中的《搜神记》《述异记》《神异经》《异物志》等著作，尤以收集离奇古怪的传闻和故事为其特色。因此，在作古代动物学研究时必须去伪存真，多做些科学分析。可是，极个别痴迷于“野人”的专家，虽对玃父的繁殖行为也做分析，然其观点则是：“如果古籍传说玃与人杂交可以生产后代的话，那么它必定不是猴类，而是与人类亲缘关系更近的高等灵长类。”笔者认为，这种言论纯属没有科学依据的猜想。

### 2. 现代传闻的“野人”行为

综合笔者于1974年的采访及“鄂西北奇异动物科学考察队”于1977年的调查资料，“野人”的活动行为可概括为以下三类。

（1）不惧人，主动向人靠近，甚至在人前站立不动，既不主动向人攻击，也不主动自卫逃逸。类似这样的事例已在前面分析过（详阅“引起野人风波的三起重要事件”一节），恕不重复。

在此再补充一件事例。在“野人”风闻沉寂了 26 年之久的 2003 年 6 月间，一辆汽车行驶在神农架林区 209 国道的一段弯路上，车上人员看到一个黑发齐眉、全身灰白、双臂弯曲下垂，高约 1.65 米的人形动物，佝偻着腰，向路中快步行走，后来消失在路边的密林中（据《北京科技报》，第 2847 期头版）。根据事后补录的电视节目上看，这个人形动物（野人）距离目击者也只有几米远，动物早见到汽车或听到汽车的马达声，它居然若无其事地在汽车前头从坡上跨过公路而往坡下走，这种毫无防范意识的行为是难以置信的。

（2）不怕与人相遇，主动用手抓人，但不伤人。1975 年 5 月中旬，在与神农架林区相连的兴山县，一位甘氏村民被从灌木丛中突然冲出的“野人”抓住，当村民举起手中的棍子欲击打它时，棍子被抢走，并踩了村民的左脚，而此时此刻，“野人”眯着眼睛笑开了，村民趁左脚稍有松动时，随即拔腿就跑。事后被考察队采访得知，此“野人”脸部长，鼻子也长，犬牙粗壮，棕黑色，胸部有白疤。凭此分析，甘氏村民所遭遇的所谓“野人”，应为一头黑熊，而且又是未曾遭过人类击打或受过伤的黑熊，否则，这位村民早该整容了（20 世纪 60 年代，笔者亲见一位四川老猎人被受伤的黑熊攻击后，鼻子、脸侧和上唇的部分肌肉都被撕掉了，尚未整容）。相似的事例还有，据说一位村干部在回家的林中小道上与“野人”相遇被抓，无奈之下，待“野人”笑时脱手而逃。这里，姑且不论此事的真假，也姑且不讲“野人”爱笑对它们自身安全究竟带来什么益处，光是见人就笑，却与古籍记载的狒狒之行为同属一个版本。

（3）强迫它种动物作乐。前面讲过，两个红毛“野人”围住 4 头野猪，并骑在野猪背上作乐，不同物种间的此种行为在生态学或行为学上，迄今未见任何科学报道。再说，如果 4 头野猪是成体，每头体重 150—200 公斤，它们一旦跑起来，野人根本围不住，更无法骑在背上，况且它们主要是在夜间活动的。笔者认为，这仅仅是一段故事，而其真伪，目击者心知肚明，我们不必再做过多的猜测和分析。

至于其他行为，如见一个大型动物下树时，头朝上，臀部在下，待距地面 1 米多时突然跳下，这正是黑熊、棕熊和大熊猫的下树行为。

## （二）从“最小存活种群（MVP）”的角度分析多少“野人”才能存活至今

执迷于“野人”的个别专家认为，鄂、川、陕三省，特别是鄂西北神农架林区会有野人。其中论据之一就是在湖北发现过“郧西猿人”化石而且在广西又发现过“巨猿”化石等等，只是“野人”数量不多，难于发现而已。

笔者在想，不论是猿或猿人，前者距今至少 500 万年，后者距今 200 多万年至 60 多万年，这在地质年代中，一二百万年只是“弹指一挥间”的小数，然在人类演化历史进程中足够漫长的了。那么，“野人”是猿也罢，是猿人也罢，究竟要多少个个体才能生存至今呢？在这里，我们可从“最小生存种群”（minimun viable population，MVP；又称“最小可存活种群”）的角度试予分析。

保护生物学专家指出，在小种群里，由于近交概率很大，导致对基因频率发生相当大的影响。如果种群很小，可能使不利的基因保留下来，而有利的基因被淘汰掉。像这样，因群体太小而造成基因频率的随机波动现象，称为遗传漂变（genetic drift）。而遗传漂变的强度，往往取决于种群大小，种群越大，遗传漂变越弱；种群越小，遗传漂变就越强。后者产生的结果是：子代存活率低，抗病并适应环境的能力差，甚至于子代不育，最后造成种群数量严重下降而灭绝。

保护生物学家试图确定，一个最小种群究竟应有多少个个体组成，才能防止遗传变异性的丧失。富兰克林（Franklin，1980）提出，50 个个体可能是维持遗传变异性所必需的最小数量。但这一标准遭到一些学者的反对，因为这个数据是依靠家养动物的实验结果得出的，故把它用于野生动物是不合适的。于是，他利用果蝇的突变资料，又提出在 500 个个体的种群中，通过突变产生新的遗传变异性的速度，可以抵消因小种群数量而丧失的遗传变异性的速度。另一位学者莱塞（Lacey，1987）在模拟 25 个种群的实例中显示，500 个个体的种群在 100 个世代后，仍能保存其缘由遗传变异性的 90%，假如没有森林火灾、洪水、地震、风暴、干旱或流行病等灾难性的袭扰，这样的小种群基本上能在较长时期持续生存。

换句话说，如果“野人”真的能够生存至今，那么依据“最小生存种群”的理论或法则，神农架林区的“野人”至少存活 500 个个体或者更多。纵使退一步讲，哪怕目前仅存 100—200 个“野人”，而 1977 年的考察队伍 100 多人，野外调查工作达半年之久（前后历时一年），调查面积约 1500 平方千米；考察地域包括原始森林及目击者的现场等等。可是，恕笔者直言，几乎拿不出任何具有说服力的真凭实据，平时目睹和传闻虽然源源不断，一旦实地调查时，却全无“野人”踪影。基于这样的事实，可以说，神农架等地域存在“野人”的概率几乎为零。

## （三）从生态学和分类学角度讨论三种毛色与“野人”的关系

20 世纪 60—70 年代，累计目击“野人”54 个（以 70 年代所见居多），其中 50 个为红毛，占总数的 92.6%；麻毛者 3 个，约占 5.5%；而白毛者仅 1 个，占 1.9%，比率甚低。这三类毛发，是同一物种的三个不同色型，或是代表着三个不同的物种？有个别专家认为，如是同种的色型，则是遗传上的结果；如是三种野人，却是进化上的结果（湖北省郧阳地区科委，1978）。

在此，笔者拟从生态学和分类学的角度分析“红”“麻”“白”这几种色型与“野人”的关系，笔者的观点如下。

### 1. 同域并同种的“野人”不会出现三种色型

有人会说，神农架及其毗邻地区的“野人”大概只有 1 种，但存在红、麻、白三种色型。

总的来说，同种动物毛色差异，主要取决于它的分布地区及其赖以生存的生态地理条件。在相同地域、相同环境中的同一种群，其毛色虽然也有个体间的微小差别，然其总色调是基本一致的。反之，一个物种如果分布在不同分布区及不同的生态环境中，由于地理隔离和长期适应了当地的栖息环境，因而彼此在毛色深浅上、体型大小上等方面会呈现出稳定的、可以区分各种群的形态特征，在分类学上将各个种群分别订为种下阶元——亚种（subspecies）。现举高原兔 *Lepus oiostolus* 为例，该种分布范围很广，其中有的分布在西藏羌塘高原，在海拔 4000—5200 米的高原高寒草原环境中；有的分布在青海柴达木盆地，栖息于海拔 3000 米左右的干旱荒漠与半荒漠环境中；另有的分布在四川西部横断山区，多栖于 3000—4000 米的山地针叶林带。可以看出，由于分布区域的彼此隔离和生态条件的绝然不同，因此产生、形成了几个不同的亚种，它们的毛色分别呈沙黄、暗沙黄褐和沙灰褐色。此例旨在说明，纵使毛色有差异，但其基本色调还是相近的。

鉴于上例所云，笔者认为，尽管神农架及其毗邻地区在气候、植被上具有垂直分异，生境多样，但区内对动物的迁移活动并无地理障碍，不影响同种动物的基因交流。所以说，假设存在一种“野人”的话，根本不可能出现“红、麻、白”三种完全不同的毛色。

### 2. 三种毛色并不代表三种“野人”

上面讲了，既然同域及同种的“野人”不会呈现反差极大的三种毛色，那么会不会代表三种“野人”呢？我们的看法是否定的。兹分析如下。

（1）红毛“野人”不存在。在哺乳动物中，不论是捕食者或是猎物（被捕者），其体色是与栖息环境相适应的。它是一种保护色，是物种长期演化的结果。捕食者的保护色是为了更容易靠近猎物，然后采取突然袭击的方式扑杀猎物。而猎物的保护色却是为了更好地隐蔽而不让天敌发现，从而达到防御之目的。显然，这正是“矛与盾”的辩证关系。那么，“野人”的满身红毛是一种保护色吗？

大家都知道，探险家和旅游家每当在荒山野岭，特别是在深山密林中活动时，都喜穿上红色外衣，目的是在危急易被发现和急救；西班牙斗牛士无一例外地使用红布刺激公牛视觉。话说回来，一个“野人”，当它出没在绿海林涛时，红与绿的反差多么醒目。因此，“野人”身上“红色、大红色、深红色、枣红色”的被毛，显然与自然环境很不协调，绝不利于它们的防卫和生存。

再就红毛本身来看，除了 1974 年中国科学院动物研究所对捡来红毛的研究结果外（详阅本文“野人事件的揭秘及其毛发和脚印的分析”一节）。另悉 1996 年，又有人把获自神农架的 4 根“野人”红毛交给北京大学生命科学学院的有关专家鉴定，发现其中 3 根是由染料染上的，另 1 根经 DNA 分析后，疑是牦牛尾部的长毛。可见，作为间接证据的“红毛”也极不可靠。

根据以上两点理由，笔者认为其中的“红毛野人”不会存在。

（2）麻毛“野人”也不存在。据目击者口述，从 1965—1977 年，共见麻毛“野人”三次，总计三个，列示如后：

- 1965 年，在湖北竹山县（与神农架林区相连），有人见 1 红、1 麻两个“野人”在一起出没；
- 1974 年，在神农架林区有两人共见 1 红、1 麻两个“野人”一起活动；
- 1977 年，在湖北竹山县，一位妇女见到 3 个“野人”在一起，3 个均一般高，也像人一样高，其中 2 红、1 麻。

笔者统计过，前前后后的目击者共见“野人”54 个，而麻色者只有 3 个，况且有时相隔“九或三年”才见一次，它们的数量为何如此之少，其遇见率又为何这样低？如果目击者确实见到了动物，那么这些动物究竟为何种等等问题，笔者虽然感到十分蹊跷，但在这里实不宜做过多的评述。

然而，根据笔者数十年来的野外科考实践，从未见过或讲过两个不同种的灵长类动物竟然肩并肩地一起出现的，有关生物方面的文献也未记载过。鉴此，“麻色野人”也不会存在。

（3）白毛野人应为白化的黑熊。至目前止，目击“白毛野人”仅 1 例，谓其像人，无尾，全身白毛，几近纯白。1974 年，笔者在湖北房县核查“野人”事件时，到过当地畜产品收购站，据该站负责人介绍，他们收购过白獐（河麂）、白狐（赤狐）、白麂（赤麂）、白明鬃羊（苏门羚、鬣羚）和白猴子等，看来神农架地区的白色动物种类比国内其他省区多些，也常见些。

据云，1963 年在湖北房县九道区曾捉到一只白熊饲养于武汉动物园中。其实，这是一种白化现象。在野生动物中，由于一些个体在生理上存在缺陷，如体内缺少酪氨酸酶，最终导致黑色素减少而全身变白，这样白化的个体还可遗传后代。笔者在以往科考中，也曾见过白旱獭、白色的黄鼬（俗称黄鼠狼）等。

在我国古籍中，如南朝梁·沈约的《宋书》（卷二八）、元·马端临的《文献通考》（卷三一一）及清·和珅等的《热河志》（卷六六）等均有白熊的记载。其他古籍另载有白象、白猿、白兔、白虎、白狼、白鼠及白化鸟类白鸠和白燕等。白化动物毕竟是少数，且在古代被认为是珍稀吉祥之物，每以佳品向朝廷进献。

今神农架地区出现像人、无尾并稍能站立的大型白化动物也只有黑熊，加上又曾捉过小白熊，所以认为，“白毛野人”作为物种不会存在，唯一的可能就是现生的黑熊。

### （四）从人类进化观点探讨古猿能否残存至现代

湖北神农架及其毗邻地区传说的“野人”，究竟是哪类古人呢？参与“野人”考察的一些专家认为，它们可能是南方古猿 *Australopithecus* spp.或拉玛古猿 *Ramapithecus brevirostris*，但也可能是步氏巨猿 *Gigntopithecus blacki* 的后裔。总之，众说纷纭。

（1）关于南方古猿。它以最早发现于南非的化石种为代表，命名为非洲南方古猿 *A. africanus*，地质年代为早一中更新世（距今 160 万—50 万年），嗣后又在非洲南部上新世（距今 550 万—182 万年）发现多处化石地点，尽管属种名称或与前者一致，或有不同，但可全部称作非洲南部古猿。这些古猿头骨和面部像猿，齿式与人类相同，并且属于能够直立行走的高等灵长类。

迄今所知，南方古猿（又称南猿）仅分布于非洲，几乎未能进入晚更新世就灭绝了。所以我们认为，它们的后裔不大可能在中国出现并被人们视为“野人”。

（2）关于拉玛古猿。这一化石种是在中新世后期（距今 1400 万—1200 万年）于印度西瓦利克山区发现的，并以印度教的史诗英雄 Rama 来命名，以后又在南非发现了更多的拉玛古猿碎片。我国于 1976 年、1980 年先后在云南禄丰石灰坝上新统地层中（距今约 500 万年）发现过禄丰拉玛古猿化石，它被认为是从猿到人过渡阶段的代表（叶祥奎，2004）。但是，也有学者如老克利夫兰 P. 希克曼等（1988）在《动物学大全》一书中，他们提出了一个假说，即现在或可把拉玛古猿认作猿和人的共同祖先，由它作为基干类型并开始分化为 4 个分支：第 1 支包括前面提到的南方古猿非洲种；第 2 支演化有南方古猿粗壮种 *A. robustus* 和南方古猿鲍氏种 *Zinjanthropus boisei*；第 3 支以更新世存在的奥尔杜威能人 *Homo habilis* 为代表，该支属于早期猿人阶段，其化石地点在目前仅见于非洲；第 4 支包括最早演化出来的莱托利尔能人，同样命名为 *H. habilis*，它属于晚期猿人阶段向智人发展的人科动物，主要发现在中更新世（距今 85 万—40 万年）。这个时代在中国拥有丰富的猿人化石，如北京猿人（北京周口店）、蓝田猿人（陕西蓝田）、元谋猿人（云南元谋）、郧阳猿人（湖北郧县）和郧西猿人（湖北郧西县）等。随着猿人继续向前进化发展，到了晚更新世至全新世（距今 20 万—1 万年）时期，已经先后发展处早期智人和晚期智人 *Homo spiens*。

从上面的简单叙述可以看出，不论是南方古猿或是猿人及人，通通都是拉玛古猿的后裔，当然，也包括巨猿在内。

由于我国在 20 世纪 90 年代中叶，分别于山西和江苏中新世发现了 4000 万年前的曙猿化石，应是猿类最早的代表，据此认为，曙猿是人类的远祖，人类是从曙猿进化来的（叶祥奎，2004）。那么，退一步讲，包括拉玛古猿在内的所有古人类，又都是曙猿的后裔。现在的问题是，在人类进化的整个历程中，被看作“野人”的巨猿会存在于神农架吗？我们拟在下文讨论。

（3）关于巨猿是否就是传闻中的“野人”问题。1956—1960 年，我国古生物学家在广西柳城山洞发现 1000 多个巨猿牙齿，还有三个较完整的下颌骨。1966—1977 年，在湖北建始等地也发现了大量牙齿，另于印度也有所发现。

根据巨猿牙齿特别发达、比现生大猩猩的牙齿都大的特点，估计它是一身躯硕大的猿类，故谓之巨猿。目前仅知在更新世居住在亚洲。20 世纪传闻的“野人”，目击者谓身高达 2 米或更高，犬牙发达，加上几个“大脚印”，因此有的专家推断此“野人”可能就是巨猿的后代。

笔者认为，古人类在演化过程中都与气候的冷暖交替密切相关。在中新世及上新世之间，由于气候变冷，森林面积大幅度减少，促使古猿要放弃树栖生活，并开始逐步适应开阔草原的自然环境。而人体的直立姿势及更长、更强有力的后肢，就是历经了上千万年的适应草原生活的进化结果。两腿站立又促使它们的两手获得解放，能让两手自由地使用简单工具。所以当它们的后裔进入早更新世时，已经属于能使用原始石器的猿人阶段——旧石器时代。至中更新世（距今 60 万—50 万年）时，猿人已学会打制工具，会用火，会集体狩猎。到了距今 20 万年左右的晚更新世，猿人已进入旧石器与细石器时代，处于早期智人阶段。以上说明，从古猿到猿人再至古人或智人的整个阶段，是一个连续进化的过程，而且每个进化历程的发生都是全球性的，不是局部性的。从这个意义上讲，巨猿的后代居然会在进化的道路上停步不前，那么生存斗争中必被淘汰而灭绝，这是生物进化规律的必然结果，进化的历史车轮滚滚向前，永远不会回头。所以，认为巨猿的某个小种群会在神农架地区残存下来并延续至今，这是绝对不可能的。

## 四、小　　结

本文对“野人之谜”的研究分三部分，现将探讨的结果暨我们的观点概述如下。

### （一）对古籍记述的“野人”的研究

从《山海经》和《尔雅》对“野人”的记载起，其传闻至今起码已有3000余年的历史而成书前相传的年代当然更加久远。

（1）古书描述的狒狒（含10多个异名）和赣巨人属于同类。依其形态特征及生活习性的描载，这类动物根本不存在，可作为故事予以欣赏。

（2）古籍记载的玃父、玃和豦，经分析研究，认为是现生的藏酋猴 *Macaca thibetana*（又称四川猴、断尾猴和大青猴）。

（3）猩猩属 *Pongo*（又称黄猩猩）在晚更新世（距今12万余年）曾在我国南部及毗邻国家有过记录。至今全新世时（约9000年前），它们已在中国灭绝，然越南仍有生存。据此分析认为，在没有文字之前，我国古人可能把有过猩猩的情况通过口述而代代相传，直至春秋战国时期才得以辑录成书。

### （二）现代的“野人”传闻与科学考察

本文介绍了20世纪有关“野人”事件的情况，以及进行科学考察的结果。

（1）概述了20世纪70年代引起“野人”风波的三起重要事件：搏斗、开枪和被追赶。

（2）1977年组织过100余人的大规模考察，主要结果是：①采访目击过“野人”的村民约68位，共见“野人”54个；②收集到一些“野人”毛发，其中以红色为主；③观察到几十个脚印，浇铸了5个石膏模型。

（3）对“野人”事件的揭秘及“野人”毛发和脚印的分析。首先对前述三件重要事件的真相做了介绍；中国科学院动物研究所对红毛等毛发进行了分析研究，指出毛发均与现生动物的体毛有关，且红毛多是认为染色的；其脚印或是黑熊的，或与人为造假有关。

### （三）从生物学观点对“野人”之谜做了综合探讨

全文共分4个方面予讨论：

（1）从行为学观点判断古今有关“野人”行为的真伪，详阅文内分析。

（2）从“最小生存种群（MVP）”的角度上看，若有“野人”生存至今，其小种群至少不能低于500个，然在考察中却没见到任何踪迹。

（3）从生态学的观点考虑，提出同种并在相同自然环境条件下，不可能出现“红、麻、白”三种色型，更不会出现三种毛色的“野人”。

（4）从人类进化观点，对“野人”可能是南方古猿、拉玛古猿或是巨猿仍然生存至现代的论点，给予了否定。

最后，笔者的观点是：“野人”之说早该休矣！“野人”（也包括“雪人”，参阅附件1）永远不会有！

## 参考文献

湖北省郧阳地区科委. 1978. 1977 年鄂西北奇异动物科学考察资料(内部参考). 1: 127

(美)老克利夫兰 P. 希克曼, 等. 1988. 动物学大全(上册). 林琇瑛等译. 北京: 科学出版社

叶祥奎. 2004. 中国古动物学史. 见: 郭郛, 钱燕文, 马建章. 中国动物学发展史. 北京: 科学出版社

王酉之, 胡锦矗. 1999. 四川兽类原色图鉴. 北京: 中国林业出版社

吴汝康, 吴新智, 张森水. 1989. 中国远古人类. 北京: 科学出版社

Franklin IR. 1980. Evolutionary change in small population. *In*: Soule ME, Wilcox BA. Conservation Biology: An Evolutionary-Ecological Perspective. Sunderland: Sinauer Associates: 135-149

Lacey RC. 1987. Loss of genetic diversity from managed: Interacting effects of drift, mutation, immigration, selection, and population subdivision. Conservation Biology, 1: 143-158

Nowak R M, Paradiso J L. 1983. Walker's mammals of the world 4th edi. Baltimore and London: Johns Hopkins University Press: 440-448

Simpson G G. 1945. The principles of classification and a classification of mammals. Amer Mus Nat Hist, 85: 68

## 附件 1

### “雪人”之谜真相大白

雪人，是传闻中在喜马拉雅山雪地出没的类似于人的动物。关于雪人的传说可以追溯到公元前 326 年。今年 9 月初，征服过世界上所有 14 座海拔高度 8000 米以上山峰的意大利著名登山家莱因霍尔德·梅斯纳在接受英国媒体采访时表示，他已经揭开了“雪人”之谜。

1986 年，他一个人来到喜马拉雅山。那是一个黄昏，梅斯纳正在爬一个陡峭的长满茂密树木的山坡。突然，他听到前面发出“沙沙”的声音，猛地抬头，他吓出一身冷汗：一个又大又黑的家伙就在前面不远的地方！那个家伙似乎在同一时间也发现了他，转身跑进丛林里。

梅斯纳当然不会放过这个机会，那个黑家伙有时候像人一样直立着，但却比任何人都跑得快，无论是树枝还是沟壑都不能使它慢下来。它不停顿地向丛林深处跑去。

梅斯纳跟在它的后面，它足有 7 英尺高，长得异常强壮，但这丝毫没有影响到它的行走速度。借着月光，梅斯纳发现，它有着浓密的头发，腿稍短，胳膊却很长而且很有力量。不知为什么，那个家伙突然发出愤怒的嘶嘶声，梅斯纳甚至看到了它的眼睛和牙齿。眼睛很小，但很亮；牙齿很白，与黑黑的脸皮形成强烈反差。它对着梅斯纳呲牙咧嘴，足足有几秒钟，也许看到梅斯纳毫不退让，就转身跑进树丛中。

此时，梅斯纳才突然想到：“雪人！这肯定就是人们经常提到的雪人！”

在接下来的 12 年里，梅斯纳放弃了到其他地区登山的计划，把绝大部分时间和精力都用在喜马拉雅山和周围地区，目的只有一个——寻找“雪人”。现在，他决定写一本书，使人们费时费力費钱的寻找雪人的种种计划画上一个句号。书中的结论其实只有一句话：“雪人”根本不存在。所谓的雪人只不过是喜马拉雅山的棕熊而已！

其实，梅斯纳并不是第一个指出“雪人是熊”的人。早在 1939 年，一个名叫埃恩斯特的人按德意志帝国的旨意率领一个秘密任务小队到达西藏，煽动西藏武装反对英国。埃恩斯特也得出了与梅斯纳相同的结论。埃恩斯特在 1992 年去世之前写信告诉了梅斯纳他看到的一切，他说，当地人神秘地告诉他，山上有一个“雪人”，生活在山洞里，埃恩斯特不以为然，提着枪找到那个“雪人”并把它杀死了，原来只是一只巨大的藏熊。

可是那些在雪地上的大脚印是怎么回事？这可是两条腿的大动物留下的，难道棕熊也会像人一样两条腿走路吗？梅斯纳经过多年的考察发现，这些大脚印就是大棕熊留下的。熊的确是用四条腿走路，但与其他种类的熊不同，它的两只后脚掌正好踏着两只前脚掌留下的脚印，留下的脚印看起来就像是两条腿的动物走出来的！　（《工人日报》2000. 9. 13 杨教文）

# 第九篇

# 中国古代动物图腾与祥瑞动物

# 《春秋左氏传》与中国图腾制度

郭　郛

## 前　　言

英国学者甄克斯于 19 世纪写了一本《社会通诠》，介绍大洋洲、美洲的社会结构，内有美洲、大洋洲当地居民崇拜图腾的习俗，中国学者——《天演论》的首译者和传播者严复，于 1904 年出版《社会通诠》中译本，其中《蛮夷社会篇》说："蛮夷之所自别也，不以族性，不以国种，亦不以部落，而以图腾，聚数十数百之众，谓之曰图腾，建虫鱼鸟兽百物之形，揭橥之为徽帜"。20 世纪 30 年代初，奥地利学者西格蒙德·弗洛伊德（Sigmund Freud，1856—1939 年，犹太人，心理学家、精神病学家）撰写的《图腾与禁忌》一书出版，该书反映对原始民族部落中的禁忌、图腾与宗教的核心及本质是长久以来争议的中心。《图腾与禁忌》是作者对这些难以解答的谜题所做的突破性贡献。作者考察了大洋洲土著人的图腾崇拜，认为：触犯图腾禁忌在原始民族里被视为最大的罪恶；图腾代代相传不因婚姻而转变。在分析群体婚和外婚的同时，他发现了一个极具研究价值和有趣的现象——它们都具有严厉防止乱伦的作用。有关图腾制度研究最有权威的学者，当推法国学者列维·斯特劳斯（Claude Levi-Strauss，1908—2009 年）。他于 1962 年出版《图腾制度》一书[①]，本书是其作品中最具人类学特点的著作，其主题是通过对图腾制度的考察来讨论人类的思维活动类型，作者认为，通过图腾制度，动物物种为人类提供了一种区分系统或曰符号系统，动物的区分系列成为社会区分系列的图示。

中国学者通过《社会通诠》这本书知道大洋洲、美洲过去有图腾社会的发展阶段，并大量介绍图腾知识到中国来，一直到 1937 年抗战时期才停顿下来。民国时期到 1947 年后介绍图腾的书刊又陆续出现。但没有学者将图腾学与中国《山海经》联系起来。当时比较有影响的有关图腾的论著不多，在抗战前闻一多先生在《伏羲考》一文中，曾对"人首蛇身的伏羲和女娲形象"进行了考证，并从人首蛇身像论证到龙的图腾象征，并进一步认为"龙"的形象是由其他几个与之相异的动物图腾化合而成。据此，闻一多认为在远古以蛇为图腾的强盛部族相继兼并其他以鱼、马、鹿等图腾的强盛部族，继而统一弱小部族，保留了己部族原始图腾——蛇的主要特征，同时兼取他部族的动物图腾的特征，从而化合形成了"龙"的形象（闻一多，2009）。自 20 世纪 80 年代始，中国大陆一批人文学者开始重视我国图腾的研究，他们从翻译国外图腾研究的一些重要理论著作着手，如何新良 2004 年翻译了苏联学者海通的《图腾崇拜》一书；赵立玮 2005 年翻译（奥）西格蒙德·弗罗伊德的《图腾与禁忌》；渠东 2005 年翻译（法）列维·斯特劳斯的《图腾制度》，商务印书馆对该书又出版了新译本。进入 2000 年，我国图腾学研究比较活跃，先后有《中国鸟信仰》（陈勤建，2003）、《凤图腾》（庞进，2006）、《熊图腾》（叶舒宪，2007）及《神话

---

① 《图腾制度》一书由渠东译自 Claude Levi-Strause, Le Totemisme aujourd'hui, Presses Universitaires de France, 1962. 参考：Claude Levi-Strause, Totemism,trans. Rodney Needham, Penguin Books, 1973. 本书由梅非校，由上海世纪出版集团，世纪人文系列丛书编辑委员会审定，2005 年，上海：人民出版社。

学概论》（王增永，2007）等专著问世。

1976 年，我接受李约瑟教授邀约编写《中国动物学史》，开始阅读中国疑难古籍《易经》《山海经》《尔雅》等书中动物学知识，因为李先生已将中国古籍《说文解字》中一些动物知识整理。我只好向更难的书籍发展了。初看《山海经》时也是一头雾水，特别像两头猪并封、四头虎、八头虎、九头虎开明等超出我所掌握的动物知识范围，百思不得其解，后来我忽然想到生物联体技术 PARABIOSIS 所成的生物联体物，因为我在 20 世纪 50 年代曾用蚕蛹做成二・三・四头联体蛹，我才恍然大悟《山海经》中两头猪并封、九头虎开明是中国古代高明动物联体技术专家做成联体物，作为氏族所崇拜的祖先——图腾神，这是中国古代图腾崇拜的真实具体的物证，由此肯定《山海经》是中国古代图腾时代的专书，不是神仙怪异话本，而是一个确实的民族源流史籍。这是我读国外古籍《社会通诠》、利用国内外所见和实践知识，再读中国古籍《山海经》，证实中国在四五千年前就发生过一个图腾时代，鼍-鼍（TUO-TUO）是图腾（TOTEM）的原本来源。后来又找出《春秋左氏传》和《史记》的正式史实，证明中国有过一个图腾时代，因为年深月久，被大家淡忘了（郭郛，2004）。

# 一、图腾制度的起源和发展

中国是图腾制起源和发展最早的国家之一，中国有三部古籍和许多大型古迹充分证明中国曾发生、发展图腾制度和文化：首部图腾古籍是《山海经》，继之有《春秋左氏传》《史记》《水经注》等。陕西天水伏羲庙、陕西华山、山西风陵渡、陕西黄帝陵、河南郑州黄帝纪念地，山西高平炎帝陵、湖南炎帝陵等均是图腾大族的纪念地。

## （一）中国图腾制度与图腾史实

中国图腾史最可信任的史实，《春秋左氏传》中的鲁昭公与郯子的对话（公元前 526 年）：

“秋，郯子來朝，公與之宴。昭子問焉，曰：少皞氏鳥名官，何故也？郯子曰：‘吾祖也，我知之。昔者黄帝氏以雲紀，故爲雲師而雲名。炎帝氏以火紀，故爲火師而火名。共工氏以水紀，故爲水師而水名。大皞氏以龍記，故爲龍師而龍名。我高祖少皞摯之立也，鳳鳥適至，故紀於鳥，爲鳥師而鳥名。’……。”

“仲尼聞之，見於郯子而學之（注：于是（年）仲尼年二十七<八>）。既而告人曰：吾聞之，‘天子失官，學在四夷。’猶信。”

郯子是鸟图腾族，他讲了云、火、水、龙、鸟五类图腾族制度的形成和发展。孔子孔丘仲尼，他本人是鸟图腾族（商代鸟族宋人之后），也向郯子学习，更加坚信此一图腾制度的事实与存在（《春秋左传注疏》卷四十八）。

### 1．中国史籍《史记》及《山海经》中图腾发展史的正式记录

（1）司马迁《史记・五帝本纪》：“黄帝教熊、羆、貔、貅、貙、虎，以與炎帝戰於阪泉之野。”（图 9-1—图 9-7）。

作者郭郛注：黄帝族本族是熊图腾族（在本条目中熊族名列首位），联合、率领罴（棕熊）图腾族、貔（雪豹）图腾族、貅（猞猁）图腾族、貙（豹）图腾族、虎图腾族，与炎帝火图腾族之间在河北阪泉的郊外发生战斗。这是中国历史上有名的例子（汉・司马迁《史记・五帝本纪第一》）。

图 9-1　中华鼍 *Alligator sinensis*，亦称扬子鳄，通称鳄（鱼），水陆两栖，猛兽，以大小动物为食。中国龙族图腾，后成为中国各族的崇拜图腾，称之为龙。

（选自《中国物种红色名录》）

图 9-2　棕熊 *Ursus arctos*、罴、猛兽，中国罴族图腾，古代黄帝联盟六族之一。

（选自《中国哺乳动物彩色图鉴》）

图 9-3　黑熊 *Selenarctos thibetanus*，熊，黄帝族图腾，猛兽，《史记》黄帝六个联盟族:熊、罴、貔、貅、貙、虎图腾六族的首族。

（选自《中国哺乳动物彩色图鉴》）

图 9-4　虎 *Panthera tigris*，老虎，虎族图腾，古代黄帝熊族联盟族之一——虎族图腾。

（选自《中国哺乳动物彩色图鉴》）

图 9-5　豹 *Panthera pardus*，中国猛兽，豹族（貙族）的图腾，古代黄帝联盟六族之一。

（选自《中国哺乳动物彩色图鉴》）

图 9-6　貔 *Panthera* (*Uncia*) *uncia*，雪豹，猛兽，貔族图腾，古代黄帝联盟六族之一。
（选自《中国哺乳动物彩色图鉴》）

图 9-7　猞猁 *Lynx lynx*，貅，猛兽，《史记》古代黄帝联盟六族之一。
（选自《中国哺乳动物彩色图鉴》）

（2）《山海经》是中国图腾史学专著。中国民族源流史之一的《山海经》是一本中国图腾学制度和文化史的专著，记录中国各氏族羊、龙、犬、火、水、熊、鸟、虎、牛、马、狼、猪、鹿、稷、云等约有33类图腾族（郭郛，2004）。

（3）　图腾制时代的估计。中国图腾制从何时起，是一个难于解答的问题。如果以崇拜火为图腾制的起源，那么五十万年前就有图腾制的萌芽。到了 10 万—5 万—1 万年前炎帝族、燧人氏、养羊族、养犬族、拜日族等族群兴起，图腾制已成为各族的崇拜共同信仰。太昊帝族、伏羲龙族先后共同拜日龙为图腾，时间当在 1 万—8000—5000 年前。黄帝熊族能联合罴、貔、猞猁、虎、豹等图腾族成为一个大的战斗族群，这在图腾制度发展史上是一个大书特书的贡献，时间当在公元前 5000 年左右。

大夏族夏禹族在中原立功成为帝后，以龙为图腾，立国中原，时间是公元前 2070 年至公元前 1600 年，夏朝夏桀灭亡。

少昊鸟族在陕西、山西、河南、山东一带发展，商汤鹰族立国称帝，汤名乙，乙是鹰，鸟族商统帅中原其他族群，立国在公元前 1600 年，至帝辛纣 1046 年商国灭亡。但鸟族仍是东亚强族，周代如秦、宋、郯、赵、越等国，均是鸟图腾制度的国家。

## （二）中国图腾制度的发展

中国图腾制度起源较早，约在采集时代、渔猎时代，野兽凶猛强武有力，颇受人们尊重，杂食动物，如犬、猪，随人弃食物残渣而随人移动，食草动物如羊、马而性情温顺，在母系社会、父系社会发展过程中，人们崇拜大自然意识提高，人们以母系、父系为崇拜中心而外，逐步以所认识动物或居住区动物或驯养动物为标志来表明本族的地位、身份。在公元前 5 万年到 1 万年，亚洲东方大地居民能保管自然火和驯养野生犬为家养犬，燧人氏和犬戎氏分别以火以犬为崇拜神圣祖先。公元前 5000 年图腾崇拜达到了高峰，图腾文化文明达到昌明鼎盛时期，中华大地上有 20—30 个强劲的图腾族群，中国史学家称为三皇时代，所谓三皇时代，即以天、地、人为崇拜对象，实际是图腾对象的先行，那时尚无文字可以纪录。大皞氏以“降伏”龙）——鼍（鳄）而受到别族的尊敬，鼍-鼍∽图图∽图腾，图腾（TOTEM），名称因此而成。太皞氏、少皞氏、伏羲氏、女娲氏、黄帝、炎帝、高阳氏（帝）、陶唐氏尧帝、舜帝（有虞氏）、夏禹氏（帝）、商汤氏（帝）等有名的图腾世代前后有三四千年，一直到周代。中原大地图腾制方渐趋淡薄，但四方少数民族图腾制仍然兴旺发达。其实天地人崇拜绵延很久，一直到 20 世纪初，中国大多数人家堂屋里，必在正中神案上，悬挂天地君亲师，天地人中人分化为“君亲师”三类，后来取消帝制，改成天地国亲师，这是崇拜制度存在的现实例证。

## 二、《左传》中图腾制章节的再精确阅读

### （一）以鸟图腾族为例介绍图腾的起源和发展

中国最古老的史籍《春秋左氏传》卷第四十八：鲁昭公十七年（公元前 525 年），“秋，郯子來朝，公與之宴。昭子問焉，曰：‘少皞氏鳥名官，何故也？’”

**[晋·杜预注]**：少皞金天氏，黄帝之子，己姓之祖也。問何故以鳥名官？

**[唐·孔颖达疏]**：注“少皞至名官。”[正義]曰：《帝系》云：“黄帝生玄囂也。”《史記》云：“黄帝正妃生二子，其後皆有天下。其一曰玄囂，是爲青陽，降居江水。言‘降居江水’，謂‘不爲帝也’。此《傳》言其‘以鳥名官’，則是爲帝明矣。”故《世本》及《春秋緯》皆言青陽即是少皞，黄帝之子，代黄帝而有天下，號曰金天氏。少皞氏身號，金天氏代號也。《晋語》稱青陽與黄帝同德，故爲姬姓，黄帝之子十四人，爲十二姓，其十二有姬有己，青陽既爲姬姓，則己姓非青陽之後，而《世本》己姓，出自少皞，非青陽也。事遠書亡，不可委悉耳。

**[郭郛注]**：少皞氏，鸟图腾族的祖先，本节郯（Tan）子的先祖，以鸟名官的创立人。约在黄帝时代的稍后时代的一代活动，少皞氏是其族名，拜日为皞，又以鸟为本族祖先，并以鸟名为本族各支的名号，不是黄帝云族（本节的下一族尊称）的后人，杜氏、孔氏注疏与“黄帝之子”混为一谈，少皞氏鸟图腾族，黄帝族是熊或云图腾族，可能各族中皆有人名“青阳”者。“黄帝之子”也可解释为“黄帝的后辈”，不是黄帝的直系亲属。少皞氏，拜日族，在太皞氏龙图腾族之后活动，己姓，龙的异体字形。后本族以鸟为图腾，己又近鸟的飞翔形状。“以鸟名官”，官分春官、夏官、秋官、冬官。秋官是司雁的活动，本族一枝对大雁的飞行季节、形式有独创性的观察，人们又称秋官为金天氏，金是秋、天是天空，观察天空雁的活动规律性，晋·葛洪《抱朴子》记述：“金天氏据雁以正时。”正好说明少皞鸟族的成就，用雁南飞、雁北翔来确定秋季春季的来临。定时日定季节在远古时代是一项了不起的成就。少皞拜日族有可能确定用鸡啼明报晓的饲养族。

郯子是郯地的鸟族头领，春秋时封于山东郯城地区，祀少皞，邻近鲁国，受鲁国管理。

郯地内有羽山，为鸟儿迁飞通道，邻近海滨，又是古代流放地，尧舜因鲧治水九年未成，鲧被“殛”于羽山。郯子常朝见鲁国。战国时郯国为越（鸟族）所灭。郯姓流于各地。元代有郯韶。现代江苏山东间有郯城（图 9-8）。

图 9-8　古代的凤凰图像

（选自《凤图腾》）

## （二）黄帝：云图腾、熊图腾、龙图腾

《左传》（见上节）："郯子曰：吾祖也，我知之。昔者黄帝氏以雲紀，故爲雲師而雲名。"

**[杜注]**：黄帝軒轅氏，姬姓之祖也。黄帝受命有雲瑞，故以雲紀事，百官師長皆以雲爲名號，縉雲氏蓋其一官也。

**[孔疏]**：[正義]曰：《史記》云：黄帝者，少典之子，名曰軒轅，爲天子，代神農氏，是爲黄帝。《晋語》云：黄帝以姬水成，爲姬姓，是姬姓之祖也……。黄帝以雲紀事，明其初受天命，有雲瑞也。雲之爲瑞，未能審也。《史記·天官書》曰：若煙非煙，若雲非雲，郁郁紛紛，蕭索輪囷。是謂卿雲，或作慶雲，或作景雲。《孝經援神契》曰：德至山陵則景雲出。服虔云：黄帝受命，得景雲之瑞，故以雲紀事，黄帝雲瑞或当是景雲也。百官師長皆以雲爲名號，即是以雲爲紀綱諸事也。雲爲官名，更無所出。唯《文（公）十八年·（左）傳》云：縉雲氏有不才子。疑是黄帝時官，故云縉雲氏，蓋其一官也。

**[郭郛注]**：黄帝族是一个庞大的氏族群，在公元前60—前40世纪，即在四川、甘肃、新疆、宁夏、河北、山西、陕西间游牧。据史籍所载，黄帝族用同一族名可区别几代人、几地区游牧。

（1）一支为有熊氏黄帝，即《史记·五帝本纪第一》"黄帝者，[集解]：徐廣曰：號有熊。[索隱]按有土德之瑞，土色黄，故稱黄帝……號有熊者，以其本是有熊國君之子故也……。[正義]：《輿地志》云：涿鹿本名彭城，黄帝初都，遷有熊也。按黄帝有熊國君，乃少典國君之次子，號曰有熊氏。"此支黄帝号有熊氏黄帝，以熊为图腾，初都涿鹿，武力较强，以熊为旗帜（图9-2，图9-3熊）。"少典之子。[集解]：譙周曰：有熊國君之子也。皇甫謐曰：有熊，今河南新鄭是也……。"说明黄帝有熊氏从河北涿鹿因游牧、战斗等原因迁到河南新郑地区。

**[郭郛注]**：所谓云瑞，实是该族所养蚕茧色彩而名，当时已将蚕依茧色彩而分成黄、白、赤（红）、灰、青灰、黑等数种茧色而成支族名，如黄云氏、白云氏、青云氏、赤云氏、黑云氏，又依此而定为官职名和作战时定为兵师作战单位。如黄帝本族是养黄蚕茧而得名。本节所言缙云氏，居于晋地，即今晋城，缙云氏即赤云氏，养赤蚕茧而得名，后迁至浙东，缙云留做地名、族名未变（图9-9）。

图9-9　各色蚕茧

（2）二支黄帝轩辕氏，即《史记》："黄帝者，少典之子，姓公孫，名曰軒轅。"此支黄帝姓公孙，身强力壮，寿命较长，故有三代人生活（公-本身-孙）在一起，父子同名制，一名代代利用，才有可能姓公孙氏。轩辕是马拉大篷车，辕是一根或两根长木杆，架在车架子中间，由马或牛拉着；驯伏野马为家马，驯伏家马为驾辕马，车上带篷（轩）、车轮滚动前行，这些都是古代人类文明的杰作，只有杰出人物才能完成，轩辕以此为名号，说明这个氏族是个了不起的氏族，长期游牧的氏族。

（3）《山海经·海外经·轩辕之国》："在此窮山之際，其不壽者八百歲，在女子國北，人面蛇身。"此条说明轩辕之国在穷山—四川邛崃山，不寿者八百岁—父子孙三代连名—公孙氏，人面蛇身—龙图腾族的特征。

《山海经·西山经·轩辕之丘》："無草木，洵水出焉，南流注於黑水。"轩辕之丘无草木：雪山、荒山—新疆、（青海）西雪岭下低矮山岭，雪山高地荒山上无草木，山下水流处有草地灌木。可放牧。新疆、青海夏季牧场即是此种生态景观。洵水—叶尔羌河上源一支源，黑水—叶尔羌河。

《山海经·西山经·轩辕之丘》："軒轅之丘"，又西（在玉山西）四百八十里，《淮南子·地形训》：軒轅丘在西方。高誘注：軒轅黄帝有天下之號，即此也。《大戴礼·帝系篇》：黄帝居軒轅之丘，娶於西陵氏之女，謂之嫘祖氏。郭璞注：黄帝居此丘，娶西陵氏女。因號軒轅丘。

（4）《穆天子传》、郭璞《穆天子传序》轩辕之宫："穆王西征見西王母，……穆王享西王母於瑶池之上，……遂襲昆侖之丘，游軒轅之宫。"此轩辕之宫建筑地当在新疆和田玉山附近。

西陵氏嫘祖，养蚕氏族，《史记》等有记录，原在四川等地，居住地后称蚕陵。曾与轩辕黄帝族联婚。轩辕黄帝在新疆、四川等地游牧、发展壮大，畜牧养马事业、造车技术先进，祖孙同名公孙氏，前后八百年（时间很长），与养蚕族联婚，曾游牧到过新疆、青海、四川、甘肃等地，以龙为图腾，尊为黄帝轩辕氏。《史记·集解》称为帝轩氏。

（5）三支为黄帝帝鸿氏。即《左传·文公十八年》："昔帝鴻氏有不才子，（賈逵）注：帝鴻，黄帝"。又见《五帝本纪·黄帝本纪》："黄帝者"下注"有熊氏"，"又曰帝鴻氏"。

《山海经·大荒经》：有白民之國，帝俊生帝鴻。帝鴻生白民，白民銷姓，黍食，使四鳥：虎、豹、熊、羆。帝俊鸟图腾族，帝鸿即帝鸿氏，本族是鸟图腾族，以鸿雁作图腾。又联合虎豹熊罴四族。被尊为帝鸿氏，与黄帝族联合，成为黄帝之一。参见《山海经注证》8.1.11.帝鸿。

（6）帝鸿氏又名帝江，《山海经·西山经·天山》："有神焉，其狀如黄囊，赤如丹火，六足四翼，渾敦無面目，是識歌舞，實爲帝江也。"帝鸿成为最高级帝之后，做成图腾神像：熊身六足四翼，实名帝江，乃是鸟熊复合体，但不改能歌舞本性。图腾神由人作成。其后一支残暴，被视为称为浑敦，凶残不已，作恶不断。被其他族称为四凶之一。

（7）四支黄帝是黄帝云氏，或称云氏黄帝，养蚕族，即《五帝本纪第一》"黄帝者，[正義]又曰：縉雲氏……。""官名皆以雲，命爲雲師。[集解]：應劭曰：黄帝受命以雲瑞，故以雲紀事也。春官爲青雲，夏官爲縉雲，秋官爲白雲，冬官爲黑雲，中官爲黄雲。張晏曰：黄帝有景雲之瑞，因以名師與官。"

**[郭郛注]**：这一支黄帝是轩辕公孙黄帝与嫘祖蚕族女的婚生后代，善养蚕，蚕种较多，茧色各异，缫丝后可保留原色，青灰、赤、黄、白、灰黑，因此成为支氏支族名，缙云氏即是赤云氏，居于晋地，后流转迁居，如浙江缙云山即是缙云氏族居留地之一。缙云是晋地养红蚕、缫红色丝、织红绸族、赤云氏的简称（图 9-10）。

这些官名也可能是以天上云彩命名，但黄云少见，五云中黄云又极为重要，但黄蚕茧早就成名物了。蚕祖是养蚕能人，黄赤灰白蚕丝早见于典籍中了。所谓"以云名物"，就是以所养蚕茧颜色和养蚕族标志颜色来命名的，后来误会以为是天上云彩的颜色。黄云族是养黄蚕茧的大族，乃是黄帝的主族，黄云族是中官，主持中央政务的大族。

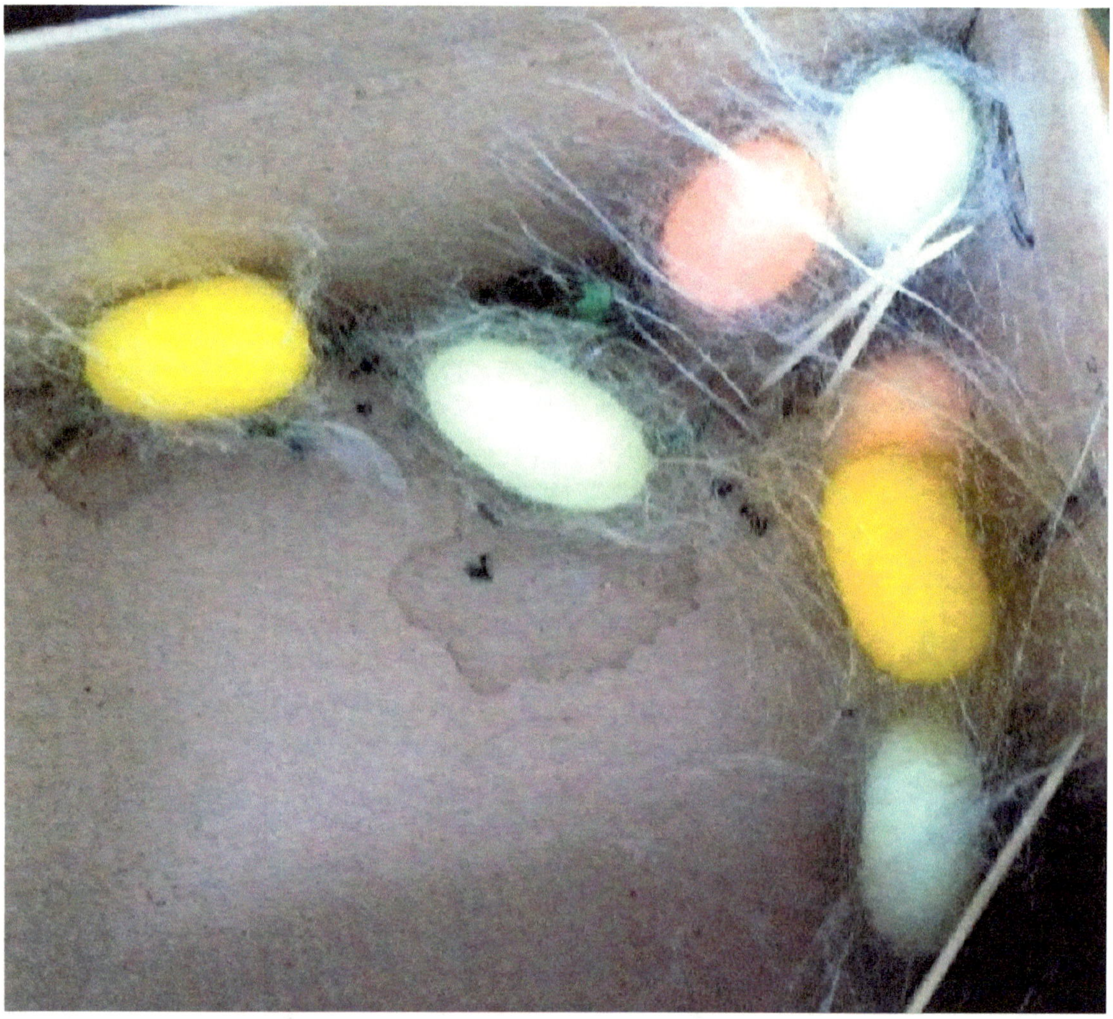

图 9-10　中国现在饲养的蚕所结的茧，有黄、红、青、灰、白等颜色。在古代黄帝时代，黄帝族的官职以该族所养蚕茧颜色来确定。春官青云氏：养青色蚕茧族；夏官为缙云氏：养红色蚕茧族；秋官为白云氏：养白色蚕茧族；冬官为黑云氏：养青灰色蚕茧族；中官为黄云氏：养黄蚕茧族，黄帝直系族

这一支黄帝族赤云氏在黄帝轩辕主族与蚩尤大战前后迁移至各地。公元 5 世纪前迁到浙江缙云，成为该地养蚕业中心，直至现在。

（8）第五支黄帝是姬氏黄帝，首见于《国语·晋语》："黄帝以姬水成，爲姬姓，是姬姓之祖也。"此姬水是陕西天水境内姬水，水草丰美，土壤肥沃，黄帝族开发此地并游牧，姬姓为尊。后来稷族来此地种稷养牛养羊等，亦以姬为姓（稷、姬同音，但意不同），开发田地成方田，田旁并疏浚成井，因此将此有井方块田称为周，前后时间有 1000 多年，约自公元前 6000—前 4600 年。

总之，以黄帝为名号的先后有五大族群，先后在中国西北、正北方游牧、驯化家畜、家化马牛羊、稼穑、种黍稷粟菽、制造车、车轮、车辕、车篷（或蓬）等、以马驾车等，据传黄帝发明指南车。一主支族与嫘祖养蚕族联姻，曾居于晋地，蚕业鼎盛，发展成黄云氏、白云氏、缙云氏等，缙云氏迁至浙东缙云，成为养蚕中心之一。均见于《国语》《左传》《史记》《山海经》《大戴礼记》《齐民要术》《永嘉郡记》等，时间前后约有 2000 年或更多。姓氏以轩辕氏、公孙氏、有熊氏、姬氏为主，图腾崇拜以龙、熊、鸟、蚕、稷为尊。今列于表 9-1、表 9-2。

表 9-1　黄帝族名称、姓氏、活动地区、发明创造

| 名称 | 姓氏 | 图腾神 | 活动地区 | 畜牧种类 | 稼穑种类 | 发明创造 | 婚姻 | 官名 | 来源 |
|---|---|---|---|---|---|---|---|---|---|
| 轩辕黄帝 | 公孙氏 隗、马 | 龙、熊马 | 川、青、疆、晋 | 马、羊、蚕 | 稷、粟 | 车轮、辕马、文字符号？ | 蚕族、嫘祖 | 黄、白 | 1、2 |
| 有熊氏黄帝 | 有熊氏熊 | 熊、龙 | 冀、豫 | 羊、马、蚕 | 粟 | 戈、矛、战阵、旗帜、指南车 | 虎族、玄女 | 春夏秋冬 | 1、 |
| 大鸿氏黄帝 | 鸟大江氏 | 熊、鸟 | 川 | 羊、马 | 0 | 医、病 | | 中官* | 1、2 |
| 云氏黄帝 | 云 | 蚕、云、熊、龙 | 晋、鲁、豫、苏、浙 | 羊、蚕、马 | 稷、桑、粟 | 各色蚕种 | 蚕族 | 缙云氏、夏官 | 1、3 |
| 姬氏黄帝 | 姬氏周 | 熊、稷、牛 | 疆、川、甘、陕 | 羊、马、牛、蚕 | 稷、黍粟、菽、桑、生姜 | 稷、粟、蚕周田 | 牛族、姜嫄 | 春夏秋冬官 | 1、4、5 |

注：1. 史记；2. 山海经；3. 左传；4. 国语；5. 诗经

* 见下大皞氏注

表 9-2　黄帝族系关系设想图

| 族名 | 姓氏 | 起因 | 年代（B.C.） | 世系 |
|---|---|---|---|---|
| 轩辕氏黄帝族 | 公孙氏 | 父子同名 | 6000—4600 | 祖系 |
| I | 轩氏 | 发明马拉篷车 | | |
| I | | | | |
| I —— 大鸿氏 | 鸿氏、江氏 | 鸟族、江边 | | |
| I | 熊氏 | | | |
| I | | | | |
| 有熊氏黄帝 | 有熊氏 | 有熊国君之子 | 5000—4600 | 第二代主支 |
| I | | | | |
| I —— | 云氏 | 蚕茧颜色、云色 | | |
| I | | | | |
| I | | | | |
| 姬氏黄帝 | 姬水 | 稷族 | | |
| 家化稷 | 姬水美女（养蚕女？） | 4600—2600 | 第三代主支 | |

以上是黄帝族的发展过程，轩辕黄帝发展最早，家养羊、马，发明马拉车，游牧各地，父子同名，前后时间公元前 6000—前 4600 年。有熊氏黄帝武力最强，团结熊、罴、貔（雪豹）、貅（猞猁）、豹、虎各族、以猛兽形象为旗帜，利用指南车，用玄女阵法，与炎帝神农氏、蚩尤氏战于涿鹿之野，炎帝退走，蚩尤被杀，有熊氏黄帝成为天下共主。时间为公元前 4660—前 20 年。他们养羊、马、养蚕，放牧、旅行有车，占有陕、晋、豫等地游牧。

## （三）火图腾族炎帝

《春秋左氏传》："炎帝氏以火紀，故爲火師而火名。"

**[杜注]**：炎帝神農氏，姜姓之祖也。亦有火瑞，以火紀事名百官。

**[孔疏]**：注炎帝至百官。［正義］曰：《帝系》《世本》皆爲炎帝即神農氏。炎帝身號，神農代號也。譙周《考古史》以爲炎帝与神農各爲一人，非杜義。《晋語》云："炎帝以姜水成，爲姜姓，是爲姜姓之祖也。火之爲瑞，亦未審也。"

《史记 • 五帝本纪第一》："軒轅之時，神農世衰。"

**[集解]**：皇甫謐曰：《易》稱庖犧氏没，神農氏作，是爲炎帝。班固曰：教民耕農，故號曰神農。[索隱]：世衰，謂神農氏後代子孫道德衰薄，非指炎帝之身。即班固所謂参盧，皇甫謐所云帝榆罔是也。[正義]：《帝王世紀》云：神農氏姜姓也，母曰任姒，有蟜氏女，登爲少典氏妃。游華陽，有神龍首，感生炎帝，人身牛首，長於江水，有聖德，以火德王，故號炎帝。初都陳，又徙魯，又曰魁隗氏，又曰連山氏，又曰列山氏。《括地志》云：厲山在隨州隨縣北百里，山東有石穴，曰神農生於厲鄉，所謂列山氏也。春秋時爲厲國。

《史记·五帝本纪第一》："炎帝，神農氏"。郭郛注：依前句意，炎帝即神农氏，同是图腾族系一位同名的领导人，炎帝即是神农氏。依后句意，神农氏是炎帝同一图腾族，可能不是同一代的首领，可能是同是拜火族，神农族是拜火族的一支，神农族又一个以农耕见长的一个族群。

《山海经·海内外经》："炎帝之妻，赤水之子，聽訞生炎居……戲器生祝融，祝融降處於江水，生共工……"

**[郭郛注]**：炎帝崇拜火，是以火为图腾。

《山海经注证》9.1.37 将炎帝帝系与炎帝族系分列：

炎帝帝系（推举成首领系）（嫡长子继承？）

炎帝—帝承—帝临—帝明—帝直—帝来—帝克—帝榆网

炎帝族系（本族子孙后代）

炎帝—炎居—节并—戏器—祝融—共工—术器—后土—噎鸣

关于"火师而火名"：《左传昭十七年龙师龙名》[疏]：服虔云：炎帝以火名官，春官爲大火，夏官爲鶉火，秋官爲西火，冬官爲北火。中官爲中火……。[郭注]此是以天文、五方名官，颇有争议。但无其他注解，仍保留为炎帝官名。此系炎帝为帝级称号时官名。此一炎帝是居于冀北、蒙古地区，养羊、马等地，曾与黄帝战于阪泉之野，为炎帝主支，以火为崇拜图腾。

年代久远，可能有几十万年到几万年历史，炎族保管火、生火、用火最为突出，称为帝。当时最高级图腾领袖。

因火无定型，兼拜龙（鳄，当地当时凶猛动物，大皞氏影响；火龙）和马（畜养大动物）。现列炎帝炎氏于表 9-3。

**表 9-3　炎帝世系名称、姓氏、活动地区、发明创造**

| 名称 | 姓氏 | 图腾神 | 畜牧种类 | 稼穑种类 | 活动地区 | 发明创造 | 婚姻 | 官名 | 来源 |
|---|---|---|---|---|---|---|---|---|---|
| 炎帝炎氏<br>炎帝神农氏 | 炎氏？火氏*、火马<br>火、农、马 | 火<br>火、牛、马、农 | 羊、马<br>羊、牛、马 | 不详<br>稷、黍 | 蒙、冀<br>冀、蓟、鄂 | 保管火<br>熟食<br>管火、用火、生火、农耕、种禾 | 听妖（赤水女） | 看官：大火 | 1、2<br>1、3 |
| 炎帝姜氏，火族 | 姜、生姜、牛、马+ | 火、牛、牛、马 | 羊、马 | 禾、生姜 | 陕西姜水、豫、鲁、齐 | 保管火、种禾、种生姜 | | | 1 |
| 炎族、祝融氏 | 火 | 火 | | | | 管火 | | 火正<br>（高辛氏）<br>（高阳氏） | 2 |
| 烈山氏<br>列山氏<br>厉山氏<br>连山氏<br>（《连山易》） | 火 | 牛、火、羊 | 羊、牛<br>牛<br>农神 | 禾<br>稷 | 湖北、厉山、随县等 | 放火、开荒、农耕<br>农耕<br>养牛<br>作《易》 | | | 1 |

*《姓觿·智韵》：火城，维扬人。《中国人名大词典》火姓：火源洁，明代蒙古人，洪武时，官翰林侍讲，撰有《华夷译语》。火济，从诸葛亮南征有功，封罗甸国王

+ 魁隗氏，即身体魁梧、养马族

注：1.《史记》；2.《山海经》；3.《左传》

**[郭郛注]**：炎帝，火族，首先成功用火、保管火的氏族，约公元前1万年即能保存自然火于所居山洞中。中国北京山顶洞人居住山洞中即有灰烬，灰烬中有烧烤动物骨残体。火对人类进化、进步用途很大，火能防寒冷、御敌、防野兽、烧烤动植物为人类制备熟食，使人们由生食转为熟食，此等事皆为人类杰作，以此为瑞，正合其宜。中国所传燧人氏能用木石生火，由天然火转成人造火，更是进步事业。长期保管火的氏族，尊称为炎帝族，炎字本身是火上加火，大火，长期保持一致的火堆，称号可能也是父子同名制。

中国古籍《国语·晋语》记述“炎帝以姜水成。”此炎帝是炎帝姜氏，与姬水黄帝生活在同一地区，同一年代。炎帝族是家化牛的大族，黄帝姬族、炎帝姜族有婚姻关系。《诗经》提到姜嫄，周族名人稷弃的母亲，因产出幼儿胞衣太厚，幼儿未现形，打算弃到野外，胞衣幼儿受到野生动物的保护，姜嫄取回幼儿，取名为弃，后来成为家化稷的先祖。

姜字是养羊女，可知此炎帝族在陕西天水地区姜水水滨养羊并保存火种，受人们尊敬。姜是一种可食的辛辣植物，通名生姜，中国家化种植的植物，姜氏族是既养羊又种姜成功的炎帝族，以姜为姓，周文王时代的名人姜尚姜子牙即是炎帝族后人，初封吕，山西吕梁山地区，后来封到山东齐地，使齐地成为生姜种植地之一。这些均是陕西姜水地区炎族的有名的事。

神农氏炎帝是游牧居住在河北地带的炎帝一支，他们的一支蚩尤氏。蚩是凶猛大角的公牛形象，尤是直脚善跑的家犬，蚩尤族是炎帝族的一支。炎黄两族发生战斗，黄帝联合熊（本族）、罴、豹（貙）、虎、雪豹（貔）、猞猁（貅）五六个图腾族，双方已用金属武器（铜头铁额），有熊氏黄帝用玄女（虎族首领）阵法，在雾天用指南车识路，打败蚩尤族。黄帝成了各族的共主。这些事均见于《史记》、《山海经》等史书。这是各个图腾族联合起来战斗的实例（表9-4）。

**表9-4　炎帝族系关系设想**

| 族名 | 姓氏 | 起因 | 地区 | 年代(B.C) | 世系 | 文献来源 |
|---|---|---|---|---|---|---|
| 炎帝 | 火氏 | 保管火 | 蒙新草原、阴山 | 10万—1万 | 第一代主支 | 1、2 |
| 1.炎帝 | 火、龙 | 管火 | 燕山、冀北 | 6000—4600 | 主支帝系 | 1、2 |
| 一祝融氏 | | 管火 | 冀、豫、鄂、湘 | 5000—2000 | 各地火正 | 1、2 |
| 炎帝<br>神农氏 | 火、龙<br>牛、马 | 管火、农业<br>养马、牛、羊 | 冀 | 4500 | 主支 | 1、2 |
| 炎帝<br>姜氏 | 火、牛<br>马、龙 | 管火、养牛、马、<br>种禾、生姜 | 陕、晋、鲁、齐 | 3000—2500 | 陕-齐<br>分支 | 1、2 |
| 烈山氏<br><br>神农氏<br>连山氏 | | 管火、开荒<br>种禾、畜牧<br>采药、作<br>《连山易》 | 豫<br>鄂<br>湘 | 3600—2500 | 豫-湘分支 | |

《国语·鲁语》：列山氏之子曰柱。

《左传·昭公二十九年》：柱为稷，夏後氏以上祀之。

**[郭郛注]**：可知炎帝神农氏后代列山氏的子孙有名叫柱的，种稷出色，成了当代的稷官，中国古代“社稷”的祖神来源有二：一是周稷，二是柱稷。这个柱是房屋的木柱或石柱，也可能是图腾柱的柱，后来的华表前身，做记号表地点、表身份、表族徽、表纪念地的符号。

## （四）水图腾：共工水氏族

《左传》（见上引）：“共工氏以水紀，故爲水師而水名。”

**[杜注]**：共工，以諸侯霸有九州者，在神農前、大皞後，亦受水瑞，以水名官。共音恭，大音泰，下大皞同。

**[孔疏]**：[正義]曰："共工氏霸有九州"，《祭法》文也。此傳從黄帝向上逆陳之，知共工在神農前、大皞後也。水之爲瑞，亦未審也。"服虔曰：共工以水名官，春官爲東水，夏官爲南水，秋官爲西水，冬官爲北水，中官爲中水。"

**[郭郛注]**：共工是炎帝之后、祝融之子。据《山海经·海内外经》："炎帝之妻，赤水之子聽訞生炎居，炎居生節並，節並生戲器，戲器生祝融。祝融降處江水，生共工，共工生術器，是復土穰，以處江水。共工生后土，……。"

水瑞指水的特性、水的功用，甚至水的益害。

炎帝与水族听妖联婚，后代既掌火又通水事，特别是祝融，在江河边生长，其子共工氏对水火两道精通，率后代研究用壤土堰堵江水，但在真正大水灾时治水无功或争夺帝位时失败，被处死。

《国语周语·共工》韦昭引贾侍中（逵）云：共工，諸侯，炎帝之後，姜姓也。顓頊氏衰，共工氏侵陵諸侯，與高辛爭而王也。或云：共工，堯時諸侯，爲高辛所滅。《鲁语·共工》云：共工氏之伯九有也，其子曰后土，能平九土。韦昭注云：共公氏，伯者。在戲、農之間有域也。

《淮南子·原道训》："昔共工之力，觸不周之山，使地東南傾。"高诱注云："共工，以水行霸於伏犧、神農間者也，非堯時共工也。不周山，昆侖西北。傾，猶下也。《天文》言天傾西北，地傾東南，先言傾，高也。此言東南，後言傾，明其下也。""與高辛爭爲帝。"高注云："高辛，帝嚳，有天下之號也。嚳，黄帝之曾孫。""遂潛於淵，宗族殘滅，繼嗣絶祀。"高注云："謂共工也。"（表 9-5）。

**表 9-5　共工氏的世系、图腾制、活动地、年代**

| 名称 | 姓氏 | 图腾 | 发明创造 | 活动地 | 估计年代（B.C.） |
|---|---|---|---|---|---|
| 共工氏 | 火、水、姜、龙 | 水、火、龙、牛、马 | 水利、管火、农业、畜牧 | 甘肃河岸 | 3600 |
| 后土 | | | 术器 | | |
| 噎鸣 | | | | | |

共工本身虽身败名裂，但其后支仍能繁衍昌盛，支系噎鸣对天象、气象、物象、物候等有独特的贡献，有益于世。共工族不死，后代一支仍为尧、舜时水正。因治洪水无功，事业为鲧、禹所取代，官位虽失，但族系仍从事其他生计，留传于世，水姓其后？

水瑞是水的功用，人和生物不可一日无水，人畜无水饮用，则口渴难忍；作物一日无水，则枯萎枯死：鱼虾无水，则死伤殆尽；有水则万物苏醒，生机活泼，水瑞水德，无可言宣。共工一支或祖支对水利有独到的知识和技术，曾称为黑龙氏，但在各族争斗中失败，后代零落。

## （五）大昊氏，龙图腾创始族、拜日、拜龙族

《左传》（见上）："大皞氏以龍紀，故爲龍師而龍名。"

**[杜注]**：大皞，伏犧氏，風姓之祖也，有龍瑞，故以龍名官。

**[孔疏]**：注大皞至名官。[正義]云：《月令·孟春》云：其帝大皞。《易·下系》云："包犧氏之王天下也"，即大皞身號，伏犧代號也。《（左傳）僖二十一年〈傳〉》云：任、宿、須、句，風姓也。實司大皞，知大皞是風姓之祖也。龍之爲瑞，亦未審也。此黄帝以上四代，用雲、火、水、龍紀事，其官之名，必用雲、火、水、龍爲之。但書典散亡，更無文紀，其名不可復知，故杜不須委説。唯有縉雲見《傳》，疑是黄帝官耳。服虔云："黄帝以雲名官，蓋春官爲青雲氏，夏官爲縉雲氏，秋官爲白雲氏，冬官爲黑雲氏，中官爲黄雲氏。炎帝以火名官，春官爲大火，夏官爲鶉火，秋官爲西火，冬官爲北火，中官爲中火。共工以水名，春官爲東水，夏官爲南水，秋官爲西水，冬官爲北水，中官爲中水。大皞以龍名官，春官爲青龍氏，夏官爲赤龍氏，秋官爲白龍氏，冬官爲黑龍氏，中官爲黄龍氏。此皆事無所見，苟出肺腸。

少皞鳥紀，不以五方名官焉，知彼四代者，皆以四時五方名官乎。以縉爲赤色，則云夏官爲縉雲焉。知餘方不更爲之目，而直指青黄爲名也。以天文有大火、鶉火，即云春爲大火，夏爲鶉火，其餘何故直以西北名火也。此皆虚而不經，故不可采用。”

**[郭郛注]**：大皞氏即是太皞氏、大昊氏、大暤氏、大皡氏，同音异字形。大皞氏以龙纪，龙是凶猛动物中华鼍又名扬子鳄 CHINESE ALLIGATOR（*Alligator sinensis*）的尊称。从古代中国化石记录来看，鼍的化石满布蒙新高原、黄河、长江流域，大皞氏族在发展壮大过程中天天同鼍鳄打交道，对鼍的生活习性有一定的了解，鼍是水陆两栖动物，大皞氏成长在沼泽水体地区，他们利用沼泽水流动象和水流涨落和河岸变化，限定鼍的活动范围，减少对人们的伤害，这些结果都可以在中国最古老典籍《易经》中找到蛛丝马迹。大皞氏族经过上千年的艰苦奋斗了解鼍的特点，征服了鼍，其他族的人们尊称大皞族为鼍族，鼍一鼍、鼍一鼍族因之而起。估计大皞氏族的活动范围是由蒙新草原的沼泽地带，向东向南活跃在甘肃、宁夏、陕西、山西间水体湿地水草丰盛地区。估计时间为公元前 2 万—前 7000 年，在山西地区大昊族的一支風氏族在晋南陕西间发展，史称大昊伏牺氏，原先主支到王屋山系济水流域发展，先后在山东济水流域鳄鱼出没地区发展，周初被封为任、宿、须句、颛臾四国，继承大皞氏的基业。任国位在山东任城，即今山东济宁，意义是济水不时泛滥成灾，任氏大皞族能使济水安宁，在战国初为越国所灭，任族四散，至今山东、江苏任姓即是任国任族的后人，北京国家图书馆长、哲学家任继愈教授即其后人。宿国后人南迁安徽宿县、江苏宿迁发展，地名保留宿字，各地宿姓人氏，即是大皞氏后裔。须句、颛臾在春秋时期即遭灭国之祸了。各地龙姓就是他们的后人。

“龙瑞”或“龙德”是龙的特征、特性、龙的行为、龙的色彩。龙是大中型凶猛爬行动物，横行于沼泽地带，在陆地产卵，冬季入土洞冬眠，小群在水泽湿地活动，成群攻击、撕绞食物，潜入水中，在水面奔腾，但要到水面呼吸，《易经》总结出：

（1）“群龙无首”，说明龙虽成小群活动，但未能形成“统领与被统领的群体关系”，人群、鸡群那样的群体关系。

（2）“龙潜于渊”：龙-鳄鱼能在深水池底潜伏潜行。

（3）“龙战于野，其血玄黄”，龙-鳄鱼在野地打斗，为争地盘、争雌、争产卵地等而斗，咬破对方皮肤，血渗出后，渐成褐黄色。

（4）龙的体色变化，龙-鳄鱼自幼至成熟时体色有一些变化，孵出时黑褐白色，稍后黑褐色，长大时黄褐色，成熟时褐黄色，或略带红色，老熟时灰褐色、青褐色、红褐色不一而异。再加上人为惊异而得出的幻化色彩，龙说成青、黄、红、白、黑五色齐备，后来绣工绣出金色龙，人们也随想出龙有金色。因此，龙瑞龙德成为尊贵的龙图腾色，龙瑞就成了官职名称，黄龙氏为中官，黄帝、黄龙氏是主官；明清以黄色龙为贵，黄色、明黄色成为最贵的色彩。龙瑞为官，官是文武官职名称；师是武官、战斗单位名称。

大皞伏牺氏首见于《易》、再见于《左传》、三见于《史记》，伏牺氏画八卦、作《易》，传于周文王姬昌，为《周易》的祖源，甘肃、陕西间有伏牺庙，伏羲都陈（今淮阳），本文已总结在下一章[伏牺氏]中。伏牺風姓，此風字是龙的形状，鳄鱼（龙）的一类，此風字不简化，保留原型，風是“凡+虫”合成，“凡”是头顶硬骨头外壳，正是一种大型鳄头颅的特征；“虫”代表鳄的样子（图 9-1），古代虫就是大动物。風姓就是風——大型头顶硬突起的鳄鱼（鼍）族。山西風陵渡是風-風龙族的活动中心，伏牺又可写成伏羲、伏戏、宓牺等，伏是人旁犬，说明伏羲氏已养犬伴随左右，伏姓在汉代前后又被写成宓字，孔子弟子宓子贱是伏牺族的后人，河南洛水的图腾神的女儿宓妃是伏羲族后代。牺字是养牛、羊族人，手执武器一戈，看守牛羊和长在高地下有水沟，亏，上有禾，人旁有犬的氏族。伏羲氏文化水平较高，他们首先建立八卦一八种有连有断的符号，这是中国文化文明的代表，代表天、地、風、雷、水、火、山、泽，实际是当时当地人类居住环境的八个主要生态因子的总结，其中既有水又有泽，说明沼泽水体是常见的生态物质条件，正符合黄河中下游沼泽带的情况。伏羲氏将八种生态要素总结起来，用八卦符号来代替，作为《易》的基本形象，成为《周易》的原型。《伏羲易》与《周易》、神农氏的《连山易》、《归藏易》（见宋代《三字经》）先后出现，而《伏羲易》《周易》一家独大，成为中华民族的学术思想宝库中一朵奇葩，至今仍引领中国学术思想文化文明奋勇前进，伏羲氏族的作用是了不起的。伏羲又被写成庖羲氏、包羲氏，正好说明伏羲氏是多用火炮制食物、熟制食物的氏族，人类用火保管火是中国炎帝族，伏羲（和炎帝）用火烤制食物，提高人类健康文明，伏羲庖羲氏值得中国人民尊敬和骄傲的氏族。

晋代皇甫谧《帝王世纪》曰：太昊帝庖羲氏，风姓也，蛇身人首（以龙-鳄鱼为图腾的文字证明），有圣德，都陈，作瑟三十六弦。

**《庖羲赞》汉魏陈王 曹植**

木德風姓，八卦創焉，龍瑞名官，法地象天，

庖厨祭祀，罟網漁畋，瑟以象時，神德通玄。

郭郛在《山海经注证》——《海内外经》9.1.1 有详细的注解。传说伏牺作瑟，有三十六弦，既是乐器，又是计时计一月之器？古代曾有一月为三十六日之说？以瑟弦为计日之器？一年十月，一月三十六日，夏代曾用过此历，如《夏小正》曾以此计日、计月、计年。周代《诗经・豳风七月》隐约用过此历。“一年十月”也是人类文化表现的一种形式。伏羲都陈，在河南淮阳建都城；蛇身人首，这是典型的龙图腾制的形象；風姓，正是風龙-鼍、鳄氏族的图腾形象（表 9-6）。

**表 9-6　大皞氏龙族的世系、图腾制度**

| 氏族 | 姓名 | 图腾系 | 发明创造 | 畜养 | 活动地点 | 年代（B.C.） | 来源 |
|---|---|---|---|---|---|---|---|
| 大皞氏龙族 | 龙、任、風、宿、宓等 25 姓 | 鼍、鳄 | 沼泽水体边生活，了解鼍、鳄的生活习性 | 羊、<br>渔猎<br>网罟 | 川、陕、甘、晋豫、鲁、苏 | 1.5 万—<br>8000—<br>3000 | |
| 風龙氏 | 風<br>伏 | 鼍 | | 羊、犬、马、稼穑 | 晋 | 8000—3000 | |
| 任国<br><br>宿国<br><br>须句<br>颛臾 | 風、任<br><br>風、宿<br><br>風<br>風 | 鼍<br><br>鼍<br><br>鼍<br>鼍 | 看守鼍<br><br>看守鼍<br><br>看守鼍<br>看守鼍 | 畜、稼<br><br>畜、稼<br><br>畜、稼<br>畜、稼 | 鲁、济水<br><br>济水 | 战国时为越所灭，散居鲁、苏；济宁、淮散居宿县、宿迁<br>春秋时为鲁所灭 | |
| 伏牺氏 | 風、伏、宓 | 鼍 | 养犬、牛、羊<br>造戈、种禾、熟食、画八卦<br>作瑟、网、罟<br>渔、猎、祭 | 羊、犬<br>牛、马<br>种禾、渔猎 | 陕、豫、鲁<br>鄂、湘、赣<br>皖、苏、浙<br>闽、两广、越 | 9000—3500 | |
| 二十五<br>龙鸟族 | （五十九）姓 | 龙首鸟身神 | 全国各地图腾崇拜，祭祖先、祭父系、母系 | 牛、羊<br>种稻稌 | 鄂、湘、广 | | 南山首经（山经） |
| 龙族 | 人面龙身神 | | 畜牧、祭祀、祭神、祭祖、渔猎 | 犬、羊 | 山东 | | 东山经 |
| 龙马族<br><br><br>龙鸟族 | 龙首马身神<br><br>龙首鸟身神 | | 畜牧、稻作、祭、玉作、祭酿酒<br>畜牧、稻作、祭、玉作 | 马、羊<br>鸡、牛<br><br>马、羊<br>猪、鸡、牛 | 川、岷山地区<br><br>湘、洞庭山区 | | 中次九经<br><br>中次十二经 |

大皞氏、太皞氏、太昊氏是一氏多名，或一名多族。太皞氏是龙鼍图腾制的创始者，又是鸡—动物报时器的畜养人。鸡，人称为皋鸡、高鸡，可能是大皋氏、大嗥、大皥、大号的由来。大皞是天上太阳的崇拜者，可能是大昊氏、大皓、大暤、大皞的由来；伏羲氏的名号是一个复合性的载体。先是大昊氏

以龙纪，为龙图腾制的创立人，伏牺氏发扬光大龙图腾制，传播于四方，庖羲氏是熟食食品、祭品的一族，以包牺氏或庖牺氏为名（表 9-7）。

**表 9-7　龙图腾制世系关系设想图**

| 创始者——————中继者——————————有名者———— |
| --- |
| ——大昊氏——————————————————————————————— |
| ——————————伏牺氏—————————————————— |
| 女娲氏 |
| ———————————庖羲氏（包牺氏）—————— |
| 二十五姓 |

**太昊赞**

太昊又是大昊，
全凭体力智力，
如此凶猛动物，
四周氏族敬畏，
本族鼍鳄为龙，
华夏以龙为贵，
华夏以龙为祖，
华夏以龙为宗，
华夏以龙立国，

**郭郛（注）**

崇拜天空太阳；
降伏沼泽鼍龙；
竟是手下败将；
称为鼍鼍名扬。
龙师龙名传遍四方；
太昊龙族图腾之光；
图腾族源起于东方；
伏牺女娲创世辉煌，
羲炎华黄子孙龙旗扬扬。

女娲氏是伏羲氏同一族人，女子有能力有智慧成为该氏族首领，娲、娲、呙、呙、媪、娃（WA）的原意是发明创制锅台、烟道；莴、莴（WO）为栽培驯化野生莴苴为家常食物，女娲氏是中国女性中特出人氏，有功于人民，故立女娲氏为龙族功臣，后人称女娲为女皇、帝女娲氏（《帝王世纪》）等。

《淮南子·览冥训》：然猶未及虙戲氏之道也。往古之時，四極廢，九州裂。高誘注：廢，頓也。裂，分也。

天不兼覆，地不周載。火爁炎而不滅，郭郛注：野火到处燃烧不息。

水浩洋而不息，高注：息，消。

猛獸食顓民，高注：顓，善。

鷙鳥攫老弱。高注：攫，撮。郭注：猛禽爪抓。

於是女媧煉五色石，郭注：收集、拣拾、硾打各种卵石、礓石和黏性泥土。

以补蒼天，高注：女媧陰帝，佐虙戲治者也。三皇時，天不足西北，故補之，師說如是。郭注：女娲女帝，帮助伏羲管理，用土石补充洼地，便于行走；围筑堤坝，利于防鳄捕鱼。

斷鼇足以立四極。高注：鼇，大龜。天廢頓，以鼇足柱之。《楚詞》曰"鼇載山下，其何以安之"是也。郭注：鳌，龟鳖类通称，壳厚大，不易朽，古人常堆累鳌壳为柱标以识路。女娲首建鳌壳柱，以识路分界分四方四至。《楚词》《天问》中常提疑难问题。

殺黑龍以濟冀州。高注：黑龍，水精也。力牧、太稽殺之以止雨。濟，朝也。冀，九州中，謂今四海之內。郭注：黑龙氏，水族头人，可能是共工氏族，与伏羲、女娲族有争夺，遂让力牧（黄帝族人）、太稽族攻杀他们，保卫冀—今河北地区。

積蘆灰以止淫水。高注：蘆，葦也，生於水，故積聚其灰以止淫水。平地出水爲淫水。郭注：芦苇是沼泽水生植物，颗丛成堆成片，可捆扎成堆作堤岸固堤防潮水，或焚烧上半株作堤挡水。可拦夏水，可固秋堤。

蒼天補，四極正，淫水涸，冀州平，狡蟲死， 高注：狡，狩也。郭注：狡虫死，鼍、鳄退避。

顓民生。背方州，抱圓天， 高注：方州，地也。郭注：天圆地方，大生活环境。

和春陽夏，殺秋約冬，枕方寢繩， 高注：方，榘四寸也。寢繩，直身而卧也。郭注：春季风和，夏阳皓皓，秋天肃杀，冬天寒冷。人们安居一处，栖地方寸，有毛皮为被，有绳床，有土石方块为枕。

陰陽之所壅沈不通者，竅理之，逆氣戾物傷民厚積者，絶止之。 高注：逆氣，亂氣也。傷害民物之積財，故絶止之。此是汉代淮南王刘安与他的宾客利用古代文献整理的女娲氏情况，比较系统可靠，又为同代学者高诱注释，常为各家采用，本文采编并加现代规范，以知伏羲同族女性为族群发展作出的贡献，平凡而又伟大，可称为中国第一女将。

晋代学者皇甫谧《帝王世纪》：帝女媧氏，亦風姓也，作笙簧，亦蛇身人首，一曰女希，是爲女皇。其末共工氏任知刑以强，伯而不王。

《山海经・大荒西经》：有神十人，名曰女媧之腸，化爲神，處栗廣之野。

晋代郭璞注：或作女媧之腹。媧音瓜（GUA），女媧，古神女而帝者，人面蛇身，一日中七十變，其腹化爲此神，栗廣，野名。

清代毕沅注：《説文》云：媧，古之神聖女，化萬物者也。《世本》云：涂山氏女名女媧。見《史記・索隱》。《廣韵》云：伏羲之妹。

**[郭郛注]**：此广场为女娲所创建的月下广场，或树间林间广场，便于各族青年男女间跳月歌舞者。非腹肠之肠。女娲是龙族传人，有功于世，现在仍有许多纪念物遗留，如陵墓、碑、庙等。

虙戏氏有虎族人氏首领之意，古代氏族众多，同名同姓、异姓异族同名，代代众多，古已有之，不足为奇，可能伏牺、虙戏即是一例。文献古远泯没，在此存疑。郭郛《山海经注证 9.海内外经》（9. 11. 11. 附：虙戏氏）证明虙戏氏是虎族图腾，乃大嗥—虎号之误，后代混而为一，故有此失。

伏羲后代二十五姓（或四十九姓），今引宋代一家文献来说明。

宋代罗泌《路史・卷十》：“後有風氏、佩氏、凬氏、羲氏、希氏、戲氏、包氏、庖氏、炮氏、鮑氏、臾氏、顓臾氏、東氏、東蒙氏、朐氏、須朐氏、任氏、姒氏、宿氏、冏氏、伏氏、虙氏、宓氏、密氏、服氏。帝之弟郝胥氏，立制，其裔孫子期，帝乙（商紂王）封之太原之郝。後有郝氏、郝胥氏。”

## （六）鸟图腾族

《左传・少昊（皞）》：鸟图腾族“我高祖少皞，摯之立也，鳳鳥適至，故紀於鳥，爲鳥師而鳥名。鳳鳥氏，曆正也。”

**[杜注]**：鳳鳥知天時，故以名曆正之官。摯音至（zhi）。

**[孔疏]**：[正義]曰：《釋鳥》云：鶠鳳，其雌皇，則此鳥雄曰鳳，雌曰皇。《説文》云：鳳，神鳥也。《山海經》云：丹穴之山有鳥焉，其狀如鶴，五采而文，名曰鳳皇，見則天下大安寧。《運斗樞》云：天樞德見則鳳皇翔。《中候握河紀》云：堯即政七十年，鳳皇止庭。伯禹拜曰：昔帝軒提象，鳳巢阿閣。《白虎通》云：黄帝時鳳皇蔽日而至，止於東園，終身不去。諸書皆言：君有聖德，鳳皇乃来，是鳳皇知天時也。曆正主治曆，敬正天時之官，故名其官爲鳳鳥氏也。当時名官直爲鳥名而已。其所職掌與後代名官所司事同。所言曆正以下及司徒、司寇、工、農之屬，皆以後代之官所掌之事，託言之言，爾時鳥名如今之此官也。

《山海经・西山经・长留之山》：“其神白帝，少昊居之……實惟員神磈氏之宫，是神也，主司反景。”

“白帝少昊”：“郭璞注：少昊，金天氏，帝摯之號也。郝懿行注：昊，當爲皞。卫挺生-徐注：在五德之玄学系统学说中，以五帝中之少昊，配五方之西，五行之金，五采之白，五时之秋，故谓少昊之神降此主秋。”“《竹书纪年·一》(沈)约按：帝摯，少昊氏，(清·徐文靖笺：按《帝王世紀》曰：少昊，名摯，字青陽，姬姓也；宗師太昊之道，故曰少昊……[箋按：《左傳》少昊，摯之立也……。又按《遠游章句》曰：西皇者，少昊所居，西海（郭郛注：青海湖或新疆罗布泊）之濱。《山海經·大荒東經》：東海之外大壑(郭郛注：辽东湾或朝鲜—日本海)，少昊之國。然則少昊以金德王，故曰金天氏，亦曰西皇……]以鳥紀官。[箋按：《漢書·五行志》：少昊，金天氏，……伏羲木（東方），神農火（南方），黄帝土（中央），少昊金（西方），顓頊水（北方）。”

**[郭郛注]**：少皞氏、少昊氏、原为崇拜太阳的氏族之一，约在太昊氏之后，游牧在蒙疆草原的氏族，后以鸟为图腾，故称为少昊金天氏，少皞鸟族、少皞（昊）鸟图腾族。昊可写成皞、皡、皜、皋、皞、皓、皥，昊是日在天上，正好说名少昊族是继太昊族崇拜太阳的氏族，皞、皞是鸟在高处鸣啼时日出的景象。皋是高鸡、杲、鶾、鶾鸡的缩写，鶾鸡是什么鸟类？《逸周书·王会解》：“蜀人以文翰，文翰若皋鸡。”“下注：皋鸡似凫，冀州谓之泽特也。”后来学者注为翚雉、长尾鸡等，本人认为皋鸡即原鸡 *Gallus gallus*，中国的生物报时器，少昊氏族长期观察、饲养、家化的鸟，作为本族的图腾鸟，并以鸟类作为本族标志、职别、官名、鸟图腾崇拜。

少昊鸟族分布地区很广，据《山海经》《左传》《华阳国志》等所载：西起日入之山、蒙疆草原，东至大壑，南至齐鲁苏浙、川鄂湘贵粤，东度白令海峡，抵达美洲及其南部，即拉丁美洲的地区（表 9-8）。

**表 9-8　少昊氏族图腾制度**

| 氏族 | 姓名 | 图腾 | 发明创造 | 畜养 | 稼穡 | 地区 |
|---|---|---|---|---|---|---|
| 少昊氏 | 金天氏？ | 日、鸟 | 日出、日入 | 羊、鸡 | 粟 | 疆、青、辽 |
| 少昊氏 | 青阳氏、姬 | 龙、鸟 | 水利？车？ | 羊、鸡 | 禾 | 川 |
| 少昊氏<br>少昊之国 | 鸟族青阳氏<br>鸟龙族<br>禺虢 | 鸟<br>鸟、龙 | 时令、季节<br>时令、音乐<br>海洋 | 鸡、羊<br>鸡、羊 | 禾<br>禾 | 鲁、齐<br>东海<br>辽、吉、黑 |
| | 蜀王鸟族 | 鱼凫（鸭） | 渔捞 | 鸟、鱼凫 | 禾 | 川、蜀 |
| | 蜀王鸟族 | 杜宇，杜鹃 | 农作 | 鸡、羊 | 禾 | 川、蜀 |
| 少昊氏 | 少昊氏鹰族 | 鸟、鹰、凤 | 时令、畜牧、农作、歴法、刑法、军事 | 畜牧 | 农业 | 山东、河南、江苏（左传） |
| 鸟龙族 | 鸟首龙身神 | 鸟、龙 | 稻作、时令、畜牧 | 羊、鸡 | 稻 | 南次二经、广（山经） |
| 鸟族<br><br>鸟族 | 鸟神<br><br>鸟神、鸟身人面 | | 畜牧、祭祀<br>农作、时令<br>畜牧、稻作<br>玉作？酿酒 | 羊、鸡<br><br>羊、鸡<br>猪、马 | 禾、稻 | 蒙、陕、甘、青，<br>西次四经<br>川<br>中次八经 |

少昊氏鸟族约在黄帝云族（约公元前 4400 年）后发展起来的鸟图腾族，经 3000 年的努力，西起日入之山，南到南方两广，东到山东郯城（公元前 525 年）、东北可能到东海（太平洋西岸）、沧海（太平洋东岸）、越过白令海岬，可称为中国强大的图腾族之一。

“我高祖少皞，鷙之立也，鳳鳥適至，故紀於鳥，爲鳥師而鳥名。鳳鳥氏，曆正也。”

**[杜注]**：鳳鳥知天時，故以名曆正之官，摯，音至。

## 1.“玄鸟氏司分者也。”

**[杜注]**：玄鳥，燕也。以春分來，秋分去。燕，于見反（YAN：YU-JIAN~YAN）。[孔疏]：注玄鳥至分去。[正義]曰：《説文》云：燕，玄鳥也。《釋鳥》云：燕燕、鳦。郭璞曰：《詩》云：“燕燕於飛。”一名玄鳥，齊人呼鳦。《詩》云：天命玄鳥。《月令》云：玄鳥至之日，是一名玄鳥也。或单呼爲燕，或重名燕燕，異方語也。此鳥以春分來、秋分去，故以名官，使之主二分。

**[郭郛注]**：玄鸟是燕或鹰，《春秋》时代山东至陕西一带是燕 APUS ，作春分秋分物候鸟；商代玄鸟

是鹰 ACCIPITER，商代帝王以鸟为图腾，商汤名乙，乙是鹰的简形，见于现代出土文物；甲骨文字。商代开始用十二个动物生肖，天干地支来纪年月日，地支即子、丑、寅、卯……，即子鹰、丑牛、寅虎、卯兔，当时当代十二个有势力的图腾家族族徽排成十二生肖循环纪年岁，命名为天干，即甲、乙、丙、丁……，排成六十年，称为一甲子，如此循环往复。《诗·商颂》：天命玄鳥，降而生商。此处玄鸟是鹰，商汤乙的尊称。商汤是鸟图腾族，子姓，子是鹰的象形字，甲骨文中的子就是飞翔的鹰。到了春秋时代，郯国、齐、鲁以燕为春分来秋分去的物候鸟，周代陕西、河南也是这样。玄鸟、燕（一只燕）、燕燕（一对燕、两只燕、许多燕），是周代名称。现代称为燕、燕子。周代以燕为图腾的玄鸟氏族观察燕的来去时间，定出春分、秋分的准确日期，玄鸟氏是官名，主二分的官。汉代王充《论衡》定子为鼠，已是汉代浙东的习俗，距商代已 1000 多年了。

### 2.“伯赵氏司至者也。”

**[杜注]**：伯趙，伯勞也。以夏至鳴，冬至止。

**[孔疏]**：注伯趙至至止。《正義》曰：《釋鳥》云：鶪，伯勞也。樊光曰：《春秋》云：伯趙氏司至。伯趙，鶪也，以夏至來冬至去。郭璞曰：似鶷[葛鳥]而大。此鳥以夏至來，冬至止去。故以名官，使之主二至也。《月令》：仲夏之月，鶪始鳴。蔡邕云：鶪，伯勞也。一曰伯趙，應時而鳴，爲陰候也。《詩》云七月鳴鶪（JU）者。鄭玄云：幽地晚寒，鳥，物之候，從其氣焉。王肅云：七當爲五，古文五字似七，故誤。

**[郭郛注]**：伯赵，伯劳 *Lanius*，伯劳科，古称鶪（JU）、鵙（JU）、物候鸟，小型猛禽，以昆虫、蜥蜴等为食，食时将尸体悬挂枝头，善鸣，又飞翔迅速。古时山东、陕西一带以伯劳飞来鸣叫作为夏至物候鸟，伯劳飞去不鸣为冬至物候鸟，现在因气候变化、食物种类（如蜥蜴）稀少而改变了伯劳的分布带（图 9-11）。伯赵、伯赵氏，鸟族中以伯劳为二至的物候鸟报时的一族，曾在陕西、河南、山东等地流动，他们氏族后代是春秋时代的秦与赵，赵、秦的共祖。秦姓嬴、羸，乃鸟族之一；周穆王的驭手造父封在山西赵城，为赵的始祖，同为鸟族后代。造、赵两字形近、音近，二族 同源、同是鸟族之后。

图 9-11　伯劳 *Lanius*、伯赵、鴃、鵙，鸟类，肉食性，生性凶残，常将所猎获动物插挂在树枝上。秦、赵、郯、越等崇拜的图腾鸟，又是确定夏至鸣（夏至飞来鸣叫）、冬至止（冬至飞往别地）的‘二至’物候鸟
夏秋两季分布陕甘晋豫鲁等地
（选自《清宫鸟谱》第十册）

3.“青鸟氏司启者也。”

**[杜注]**：青鳥，鶬鴳也，以立春鳴，立夏止。鶬，音倉（CANG）。鴳，亦作鷃，于諍反（YU-ZHENG~YENG，现作 YANG（鷃、鴳）或 AN（鴳）。

**[孔疏]**：[正義]曰：青鳥、鶬鷃，《爾雅》無文。先儒相説耳。立春、立夏謂之啓。此鳥以立春鳴，立夏止。故以名官，使之主立春、立夏。

**[郭郛注]**：青鸟、鸧（CANG）鴳（AN），麦鸡 *Vanellus*，鸻科，头部黑色泛绿光，东北繁殖，长江南越冬。立春时迁飞至陕鲁一带北去，麦鸡啼鸣呼伴呼侣，正麦子生长期，立夏时南迁至长江流域。参见本人其他著作。少昊氏下属一族，以麦鸡为标识，主管立春立夏时令，作司启的官。启是立春立夏的通称。启有开启的含意。

4. “丹鸟氏司闭者也。”

**[杜注]**：丹鳥，鷩雉也。以立秋來，立冬去。入大水爲蜃。上四鳥皆曆正之属官。鷩，必滅反（BI-MI~BI）；蜃，市軫反（SHI-ZHEN~SHEN）。

**[孔疏]**：[正義]曰：《釋鳥》雉之類，有鷩雉。樊光曰：丹雉也。少皡氏以鳥名官，丹鳥氏司閉，以立秋來，立冬去。入水为蜃，《周禮》：王享先公，服鷩冕。郭璞曰：似山鶏而小冠，背毛黄，腹下赤，項緑，色鮮明，是解丹鳥为鷩雉也。立秋立冬謂之閉。此鸟以秋來冬去，故以名官，使之主立秋立冬也。分、至、啓、閉，立四官使主之，鳳皇氏爲之長，故云四鳥皆曆正之屬官也。

**[郭郛注]**：鷩雉，红腹锦鸡 *Chrysolophus pictus*。鷩鸡、鷩、鷩雉、丹鸟、丹雉、赤腹锦雉。雉科，中国著名观赏鸟，甚为国人喜爱（图 9-12）。

图 9-12　红腹锦鸡

（选自《清宫鸟谱》第五册）

“入大水为蜃”“雉入（大）水为蜃”见于《月令》、本文杜注、孔疏。此句雉是山雉、野雉、野鸡、雉鸡，雉科，代表种类是环颈雉 PHASIANUS，中型走禽，善走而不能久飞，飞高一米长三米，以谷类、昆虫等为食，栖于草丛、田野，肉色血白，肉味鲜美，为著名的野味，尾羽做装饰品、羽扇。杜甫《秋兴》：“云移雉尾开宫扇。”雉分布全国，亚种甚多，陕西、河南等地尤甚。蜃（SHEN），同蜄，大蛤、大蚌、珠蚌（BANG）*Anodonta* 等，外有双壳，内肉白色软体，滋味鲜美，上佳食品。多产于长江、淮河流域，安徽蚌埠以此闻名，近世数量渐稀，作养殖珍珠寄主。《周礼·春官·鳖人》：“春獻鱉、蜃。”可知周代已用蜃蚌作皇家祭品、食品。雉是雉，蜃是蜃，不能互变的，但古人不明此理，往往误会、讹传，以为雉蜃互变，见于史书。春秋时山西晋国赵简子同宾客们讨论时，叹息“雉入于淮为蜃”，自此“雉入大水（淮）为蜃”，因此从秦汉一直流传到晋、唐、明、清，成为历代《月令》的“七十二候”的一条专文。这是“因讹传讹”典型的例证。

《国语·晋语·九》：“趙簡子嘆曰：雀入於海爲蛤，雉入於淮爲蜃。[韋昭注]：小曰蛤，大曰蜃，皆介物蚌之類也。黿、鼉、魚、鱉，莫不能化。[注]：化謂蛇成鱉、黿，石首成鵙之類也。唯人不能，悲夫。”

**[郭郛注]**：赵简子，赵鞅（？—前 479 年），春秋末年晋国卿，亦名赵孟。为赵氏兴起出力较多。后韩赵魏三家分晋。

**雀**，或作爵。雀，麻雀 PASSER，小型鸟儿。雀蛤、鸟蛤，鸟蛤科，贝壳卵圆形而稍膨大，斧足发达，收缩时能跳跃，海边沙滩生活，能跃起移动，飞在空中，然后落下，宛如鸟飞。产东海、黄海，肉供食用。古代晋人误以为鸟蛤是雀所化。

**蛤**（GE），水中贝壳动物，双壳纲，蛤蜊科，蛤蜊 *Mactra* 的通称，《左传·昭公三年》：“鱼、盐、蜃、蛤。”及上文。壳卵圆形，斧足发达，肉味鲜美，水产食品。

**雉**（ZHI），雉科。美观常见野禽。见上雉注。

**蜃**（SHEN），大蛤，或大型虚浮物像，如海市蜃楼。

**蚌**（BANG），河海产双壳软体动物，肉味鲜美，大型蚌可作珍珠养殖载体。淮河蚌类数量较盛，名闻各地，蚌埠因此而得名，现已锐减。

**黿**（YUAN），爬行纲，鳖科，黿 *Pelochelys*，大型水栖爬行动物，长约 1 米，外甲圆形，故称为黿。美味食品，现代数量极少。

**鼉**（TUO），中华鼉、扬子鳄 *Alligator sinensis*，四足爬行动物，水陆两地生活，水中游泳捕食，陆地掘地产卵，自然孵化，冬季洞穴入冬，古称为龙，《易经》中已列举它的生活习性。为中国沼泽地带大型凶猛动物。现数量锐减，只有安徽宣城地区保留一点原产地，列为国家保护动物，人工养殖。

**鱼** 水产脊椎动物、鳃呼吸鱼类通称。

**鳖**（BIE），爬行动物，鳖、鼈、鳖 *Trionyx*，通称甲鱼，俗称王八，鳖科，水中生活，水面呼吸，以小鱼虾为食，陆地产卵繁殖，雌鳖常守望鳖卵，俗城龟思鳖望。古代称为神守，为养鲤鱼池中鱼类环境水流及腐物清除调节者。

**蛇**（SHE），爬行类动物，如水蛇、草蛇、赤链蛇、蟒蛇等，无足脊椎动物。

**石首**，石首鱼、黄鱼的通称，石首鱼科，海产名贵鱼类，滋味鲜美，有洄游特性，现已人工放养。体背灰色。

**鵙**（YI），可能是鳦的古写，现释为海燕，飞翔迅速，捕水面鱼类为食，背面灰黑色。海上活动鸟。

“雀入于海为蛤，雉入于淮为蜃”，这是传闻中误会，麻雀、蛤和雉、蜃是不能互变的，鸟蛤 *Cardium muticum* 的跳跃像鸟雀的飞行，雉的肉白而鲜美，类同于蜃蚌的鲜味，但雉、蚌是不能互变的。飞行相似、肉形似味似但物种本身是不能互变的。古人“因讹传讹”，后人“积非成是”是书本知识的缺陷，只有多观察、实验、多思考才能补足古人的不足。

“黿、鼉、魚、鱉，莫不能化”，[韋昭注]：化謂蛇成鱉、黿，石首成鵖。

**[郭郛注]**：从战国时到三国吴时动物互化互变已成定见，实际是黿鼉鱼鳖蛇、石首、海燕均是各有其身、其行、其形、其种，不伦不类，不能互变。但古书纪录因讹传讹、积非成是，惰性之力非常之大，非一二人力所能排解的。

“人不能化，悲夫”，赵简子赵鞅是春秋时代有名的政客，慨叹“人不能化”是一个可悲的事。假如人能变成龙，那要回到水里去生活；人要变成鸟，两手换成两个翅膀，手没了，什么事也做不成了，那是更可悲的事，还是不要变成其他动物吧。

5.“祝鸠氏司徒也。”

**[杜注]**：祝鳩，鷦鳩也，鷦鳩孝，故爲司徒，主教民。鷦，音焦，本又作焦，本或作鷦。子遥反（ZT-YAO~ZIAO）又子堯反（ZI-YAO~ZIAO）。現音焦（JIAO）。

**[孔疏]**：注祝鳩至教民。[正義]曰：《釋鳥》云：鵻其，鳺鴀。舍人云：鵻，一名夫不，今楚鳩也。樊光曰：《春秋》云：祝鳩氏司徒，祝鳩即鵻其，夫不孝，故为司徒。郭云：今鵓鳩。《詩》曰：翩翩者鵻。《毛傳》云：鵻夫不也，一宿之鳥。鄭箋云：一宿者，一意於其所宿之木。又云：鳥之謹愨者，人皆愛之。則此是謹愨孝順之鳥也。故名司徒之官，教人使之孝也。

**[郭郛注]**：祝鸠、鸠鸽 COLUMBA，鸽，成小群飞翔，老幼在一起飞翔，能同在一树上栖息，畏人，当畜养后可亲。可为人传信。司徒，官名，掌管土地和人民，祝鸠氏是鸟族一支，以鸽为标识，管理民事和土地，受各族尊敬。

6.“鴡鸠氏司马也。”

**[杜注]**：鴡鳩，王鴡也。鷙而有别。故爲司馬，主法制。鴡，本又作雎，七徐反（QI-XU-QU，现作JU）。鷙，音至，本亦作摯，下同。别，彼列反（BIE-LI-BIE）。

**[孔疏]**：[正義]曰：《釋鳥》云：鴡鳩，王鴡。李巡云：王鴡，一名鴡鳩。郭璞云：鵰类。今江東呼之爲鶚。好在江陼山邊食魚。《毛詩傳》曰：鳥鷙而有别，則鴡鳩是鷙擊之鳥，又能雄雌有别也。司馬主兵，又主法制擊伐，又當法制分明，故以此鳥名官，使主司馬之職。

《禽经》：王雎、雎鳩，魚鷹也。

**[郭郛注]**：鴡鸠，雎鸠，鹗、鱼鹰 *Pandion*，鹗科，猛禽，体长五六十厘米，上面灰暗，下面白色，爪锋利，爱在水滨活动，捕鱼为食，婚季常雌雄相伴活动，分布于中国西部地区。

司马：少昊鸟族中以鱼鹰为图腾标识的一族，管理军事—军士、军政、军训、军备、军事等。

7.“鳲鸠氏司空也。”

**[杜注]**：鳲鳩，鴶鵴也。鳲鳩平均，故爲司空，平水土。鴶，本亦作秸，簡人反（JIAN-RAN-JI），又音吉。鵴，本亦作鞠，居六反（JU-LIU-JUU）。

**[孔疏]**：[正義]曰：《釋鳥》云：鳲鳩，鴶鵴。樊光曰：《春秋》云：鳲鳩氏司空。心平均，故爲司空。郭璞曰：今之布穀也。孫炎云：《方言》云：鳲鳩，自關而東謂之戴勝，陸機《毛詩義疏》云：今梁宋之間謂布穀爲鴶鵴，則布穀是鳲鳩明矣。而楊雄云鳲鳩是戴勝也。今戴勝自生穴中，不巢生，雄言非也。《詩》云：鳲鳩在桑，其子七兮。《毛傳》云：鳲鳩之養其子，朝從上下，暮從上下，平均如一。是鳲鳩平均，故爲司空。《尚書·舜典》云：“伯禹作司空，帝曰：禹，汝平水土，維時懋哉。”是司空主平水

土也。

**[郭郛注]**：鸤鸠，或珠颈斑鸠 *Streptopelia chinensis*，一名鵻鵴，颈有斑纹如菊。鸣声低沉，建树枝简单巢孵育，每窝产卵二枚，几个母子巢群居一树生活，朝晚成小群生活活动，可称“幼鸟母子并群活动现象”。可以出现亲鸟带领幼鸟六七个幼鸟觅食、习飞。非布谷鸟—杜鹃的异名，杜鹃布谷寄生他鸟巢中，母子终生不见面，母子不在一起生活，无从说起“其子七兮”。鸤或鸣之误，“鸣鸠”误成“鸤鸠”。

鸤鸠氏，以斑鸠为图腾旗帜的氏族，司空，即司工，管理水利工程建筑工程。

8.“爽鸠氏司寇也。”

**[杜注]**：爽鳩，鷹也。鷙，故爲司寇，主盗賊。爽，所丈反（SUO-ZHANG-SHUANG）。

**[孔疏]**：[正義]云：《釋鳥》云：鷹，鶆鳩。樊光曰：鶆鳩，爽鳩也。《春秋》曰：爽鳩氏司寇。鷹鷙，故爲司寇。郭璞曰：鶆，當爲爽字之誤耳。《左傳》作爽鳩是也。鷹是鷙擊之鳥。司寇，主擊盗賊，故爲司寇。

**[郭郛注]**：爽鸠、鹩、鹯、霜鸠、鹯、鹰 *Accipiter*，猛禽，飞行迅速，眼锐，利爪，鹰科。捕捉小鸟为食，巢高崖洞穴中，自秦汉以来，家养畜为狩猎助手。爽鸠氏以鹰为标志的少昊鸟族之一，主管公共安全，称为司寇的官。

9.“鹘鸠氏司事也。”

**[杜注]**：鶻鳩，鶻鵰也，春來冬去，故爲司事。鵰，陟交反（ZHI-JIAO-ZIAO），又陟留反，又音雕（DIAO）。

**[孔疏]**：[正義]曰：《釋鳥》云：鶌鳩，鶻鳩。舍人曰：鶌鳩，一名鶻鵃，今之斑鳩也。樊光曰：《春秋》云：鶻鳩氏司事，春來冬去。孫炎曰：鶻鳩，一名鳴鳩。《月令》：鳴鳩拂其羽。郭璞云：今江東亦呼爲鶻鵃，似山鵲而小，短尾，青黑色，多聲，即是此也。舊説及《廣雅》皆云“斑鳩非也”。所論斑鳩、鳴鳩，雖有異同，其言“春來秋去”，舊有此説，國家營事，繕制器物，一年之間，無時暂止，故以此鳥名司事之官也。司事謂營造之事，於六官皆屬司空。此司空、司事各爲一官者，古今代異，猶如《舜典》，司空与共工各爲一官也。

**[郭郛注]**：鹘鸠、鹘、鹘雕、雕 *Aguila*，雕，鹰科，猛禽，在北方生活，偶至南方。《尔雅释鸟》《春秋》中的鹘鸠，亦名鹘鸼（DIAO）。

鹘鸠、斑鸠 *Streptopelia*，鸠科，中原地带是它的生活繁殖区。《尔雅释鸟》的鶌鸠。鹘鸠氏是少昊鸟族以雕为图腾标志的一族，主管农事、渔猎和营造。

10.“五鸠，鸠民者也。”

**[杜注]**：鳩，聚也。治民，上聚，故以鳩爲名。

**[孔疏]**：[正義]曰：鳩聚，《釋詁》文也。治民尚其集聚，恶其流散，故以鳩爲官名，欲其聚斂民也。

**[郭郛注]**：上述五官，皆以鸠为名，主要是五个图腾鸟氏族分支，主持动员、号召、团聚本族全部民众力量生产和做事。

11.“五雉为五工正。”

**[杜注]**：五雉，雉有五種，西方曰鷷雉，東方曰鶅雉，南方曰翟雉，北方曰鵗雉，伊洛之南曰翚雉。種，章勇反（ZHANG-YONG-ZHONG），下同。鷷，音存，又音遵，本或作蹲。鶅，側其反（ZEI-QI-ZEII）。

翟，音狄，又音濁。鵗，本又作希，如字，一音丁里反（DING-LI-DII？（疑为翟注音）。翬，許韋反（HU-WEI-HUI）。

**[孔疏]**：[正義]曰：《釋鳥》曰：雉之屬，十有四，其説四方之雉，西方曰鷷，東方曰鶅（ZAI），南方曰翟，北方曰鵗（XI）。舍人曰：釋四方之雉名也。杜言四方之雉，唯南方不同也。《釋鳥》又云：鸐，山雉。樊光曰：其羽可持而舞。《詩》云：右手秉翟。郭璞云：長尾者，《爾雅》之文，翟與鸐（[ZHOU]疇）別。而賈逵亦云：南方曰翟雉，則先儒相從爲説，杜從之也。《釋鳥》又云：伊洛而南，素質、五采皆備成章曰翬（HUI）。李巡曰：素質五采備具、文章鮮明曰翬。孫炎曰：翬雉白質，五采爲文也。《傳》言五雉，必取五方伊洛土之中，區明其取翬雉與四方之雉爲五也。賈逵云：西方曰鷷雉，攻木之工也；東方曰鶅雉，摶埴之工也；南方曰翬雉，攻金之工也；北方曰鵗雉，攻皮之工也；伊洛而南曰翬雉，設五色之工也。樊光注《爾雅》四方之雉，配工亦與賈同，唯翬雉不配工耳。案賈、樊所言之工，出於《考工記》耳。而《考工記》更有刮摩之工，凡有六工，非唯五也。且《記》是後世之書，少皞時工未必如《記》所説。又以工配雉，無所凴據，不可采用，故杜不言。

**[郭郛注]**：本人在《山海经注证》中（2004年）有一初步的叙述，说明鸟族的工种的分工。

古代士执雉（《周礼》）来表明身份，最初是鸟族开始用雉实物标识工种：

| | | |
|---|---|---|
| 五雉：工正（主管、头人）：雉、鹠雉、翚雉（又称环颈雉）*Phasianus* 雉 | | 工正：雉族头人、管理员 |
| 东方鶅雉 | 雉东方品种 | 土工：摶埴之工 |
| 南方翟雉，又称长尾雉 | *Syrmaticus* 野鸡、雉南方品种 | 金工：攻金之工 |
| 西方鷷雉 | 雉西方品种 | 木工：攻木之工 |
| 北方鵗雉 | 雉北方品种 | 皮工：攻皮之工 |
| 中央翚雉，又称环颈雉 | 雉 *Phasianus*（即工正） | 主工：设计之工 |

染工：设色之工（工正兼）

最近在山西翼城等地出土一些文物，博物馆学者称为“霸国”的，一只青铜雉尊，可能与鸟图腾族雉族的雉尊图腾神有关。本文和本人所写“科学史”中鸟的学名多半是请郑作新教授和钱燕文教授商定而得（图9-13），特此在此致谢。

图9-13　中国鸟图腾族的青铜合金图腾鸟像(商代)

## 三、中国社会制度的生态文化文明区

中国人民生活在亚洲的东方，山岳绵延起伏，草原森林广袤千里万里，河流湖泊纵横交错，有五六大水系，即塔里木河、黑龙江、黄河、长江、珠江等水系形成的万里疆域、湖泊、湿地、沼泽及无数的陆地，山地、草原、平原的大陆。中国古籍《山海经》按照生态环境的类别和人类文化文明，图腾崇拜是将天地、山水、火土、风雷、猛兽、鸟禽、作物、家畜、祖先等为对象进行拜祭尊敬行动和制度化，现将中国大陆古代社会分成六大类型。

### （一）原始生态文明生活区

（1）居民或迁移族群——（2）山岳（居住地）—（3）水流（饮食）—（4）生物（动植物、食物来源）—（5）图腾崇拜（对天地山岳江河动植物祖先等祭拜）。

### （二）用火用石器生态文明生活区

（1）居民—（2）山—（3）水—（4）生物—（5）火（保暖、防野兽、熟食）—（6）石器（搏击、投击野兽为食、皮毛为衣被、御敌）—（7）图腾崇拜。

### （三）畜牧生态文明生活区

（1）居民或半长久居民—（2）山—（3）水、（4）火—（5）生物—（6）家畜（犬、羊、马、牛、猪、鸡等）—（7）木器、石器—（8）图腾崇拜。

### （四）农牧生态文明生活区

（1）居民—（2）山—（3）水、（4）火—（5）生物—（6）家畜—（7）稼穑—（8）冶炼金属—铁器、（9）石器、木器—（10）图腾崇拜。

### （五）农牧工生态文明生活区

（1）居民—（2）山（平地）—（3）水、（4）火—（5）生物—（6）畜牧业—（7）农业—（8）工业—（9）图腾崇拜。

### （六）农牧工商生态文明生活区

（1）居民—（2）山（平地）—（3）水、（4）火—（5）生物—（6）牧业—（7）农业—（8）工业—（9）商业—（10）图腾崇拜。

这 6 种中国基本图腾制生活小区表现人类自然科学进步、人类学人文科学进步、人类社会学进步，均出现在中国古代史籍《春秋左氏传》《山海经》《史记》等古籍中。郭郛《山海经注证》（2004）系统加以介绍。国外如大洋洲、美洲的图腾制有很多学者专著，中国学者严复曾译英国学者甄克斯《社会通诠》（1914 年），系统论述澳美图腾制。

## 四、中国图腾制综览

中国图腾崇拜的主流氏族和崇拜对象见表 9-9。

**表 9-9　中国图腾崇拜的主流氏族和崇拜对象**

| 氏族 | 崇拜物 | 分布区 | 大致年代 |
|---|---|---|---|
| 1. 太昊氏族 | 太阳（日）、鼍（中华鼍）（龙） | 中国南北方<br>7000 年前在南方家化稻 | 公元前 5 万—前 1 万年 |
| 伏羲氏 | 同上 | 北方甘、陕、晋 | 公元前 8000 年 |
| 女娲氏 | 同上 | 同上 | 同上 |
| 2. 少昊氏族 | 太阳（日）、鸟 | 中原地带（川、东北） | 公元前 6000 年 |
| 3. 炎帝氏族 | 火 | 北方阴山地带 | 公元前 5000 年 |
| 4. 神农氏 | 牛 | 北方、中原地带 | 公元前 4000 年 |
| 5. 水氏族 | 水 | 中原地带 | 公元前 8000—前 3000 年 |
| 6. 犬/羊/马/牛/猪/鸡氏族 | 犬、羊、马、牛、猪、鸡 | 全国境 | 公元前 1 万—前 3000 年 |
| 7. 黄帝族 | 龙、熊（有熊氏）、车（轩辕氏）、蚕（黄云氏、白云氏、缙（赤）云氏等） | 川、陕、晋、豫等 | 公元前 4000 年 |
| 8. 华氏族 | 葫芦“花大，称华（花），果实称葫芦，浮水救生器”<br>神农母族 | 华山地带 | 公元前 4000 年 |
| 9. 嫘祖族 | 蚕　蚕丝衣料、丝绵保温 | 川、陕、晋、豫、苏、浙 | 公元前 4000 年 |
| 10. 稷族 | 稷　将野生稷、穀家化成家培作物 | 疆、青、甘、陕 | 公元前 3000 年 |
| 11. 尧氏族 | 窑、陶器 | 山西地区及南北地带 | 公元前 3000 年 |
| 12. 舜氏族 | 虎图腾　畜牧、捕鱼、农耕 | 晋、鲁、豫、鄂、湘等 | 同上 |
| 13. 夏氏族 | 龙（称帝后）<br>（首领大禹，禹字即龙字象形，夏字是龙的异形）<br>父族鲧：捕鱼、养蚕缫丝的大族（系），母姒氏（种薏苡的一族）。擅长治水、疏水、作沟渠等水利工程，绘山川河道、地形、地貌、记录地产、地域等地理学 | 豫、晋及周边广大地区 | 公元前 2070—前 1600 年 |
| 14. 商氏族 | 鸟图腾<br>立国首领商汤，名乙，乃鹰的正型 | 冀、豫 | 公元前 1046—前 1000 年 |
| 15. 周氏族 | 稷、周田<br>立国首领周文王、周武王<br>（社稷） | 甘、陕、晋、冀、豫、皖、鲁、苏、浙、赣等 | 公元前 1046—256 年 |
| 16. 秦 | 鸟（伯赵、伯劳）<br>立国首领秦仲 | 陕、甘—全国 | 公元前 823 年 |
| 16.2 赵 | 鸟（伯赵、伯劳） | 山西赵城 | 公元前 978—前 924 年 |
| | 马　立领地首领造父<br>立国首领赵襄子 | 山西西北、河北、内蒙古 | 公元前 475 年 |

## 五、中国图腾崇拜对中国的影响

中国的文化文明的起源和发展是中国人民生活在亚洲的东方，历经三五百万年艰苦奋斗的结果，但在一百万年中，人们对生活环境、祖先、猛兽、家畜、作物等的崇拜也是起到推动的作用。在有符号、文字以后，这些图腾崇拜文化文明被记录下来，成为中国的特别的文化文明的景观。

中国图腾崇拜对中国的影响和作用是中国文化文明的祖源之一，中国人民、中华民族同猛兽、猛禽等打交道，认识它们、防御它们、驯服或驱逐它们、利用它们，已经有上百万年的历史，本文中已介绍龙（鳄鱼）、鹰等猛兽、猛鸟图腾崇拜而外，再介绍夏商周领导层和中国文化代表人物孔子孔丘的图腾崇拜，以此说明图腾崇拜对中国立国和文化文明发展的影响。

## （一）夏代的图腾崇拜

夏代的前期是鲧族的发展，约在公元前21—前20世纪，中国尧帝[以烧窑、拜土、陶唐（窑）为图腾]主政时期。尧帝有九年水患，命鲧族治水，鲧族治水用堵法，但水势过大，储存壤土（黏性土）不够，治水失败，鲧被处死。舜（拜虎为图腾）举荐鲧族一支族禹族治水，用疏水法，九年三过家门而不入，栉风沐雨，终于治水成功，最后成为天下共祖，建立夏国夏朝夏代。夏是龙（鳄鱼）图腾，一横，一，是夸大的眼前端突起，即所谓的龙脊，有分水的作用；自，鳄鱼的胸腹部，成片块状；文，鳄鱼后足和长尾巴的形象。夏字即古代人们所绘成的龙（鳄鱼）外表形象。夏是龙（鳄鱼）图腾，以龙（鳄鱼）立国，以龙（鳄鱼）为崇拜图腾对象。夏代首领大禹，禹字也是龙的一类，禹字尾是运动的龙尾，能击倒其他动物的鳄鱼尾的构型。夏朝、夏代、夏国是龙的国家；夏代君主也是龙的化身，这就是龙国、龙朝、龙代的形象立国。夏是崇拜龙图腾的国家。

## （二）商代的图腾崇拜

商是崇拜鸟图腾猛禽鹰，商是子姓，子是鹰的形象，鹰飞翔时形象，在古代金文中，子是飞翔的猛禽鹰，商代开国君主商汤是子姓，子就是以鹰为图腾的君主。 商是商汤开国君主，立国君主姓子，崇拜猛禽鹰为祖先，子姓，子就是飞翔的鹰。居住地称为商，商的形状像有水池，口，的居住地。汤，汤，是有水，三点水，有太阳，日；有道路，一；有物产，勿-物的居住地。商汤是崇拜猛禽鹰为图腾，以鹰（子）为图腾的商汤是继夏代为主的中国霸主。商代有十二个大而强的大族群，子族-鹰图腾族（子鹰），牛族-牛图腾族（丑牛），虎族（寅虎），兔族（卯兔），辰族（龙族），蛇族，猴族，鸡族，犬族，猪族，以及小而弱的图腾族分居在全国各地。

## （三）周代的图腾崇拜

周是崇拜社稷、周田为图腾的大族，周是田下有井，口，的方块地；社是对土地（开垦成熟）的祭祀，本由祈（亓、示）、土组成，稷是作物稷，由周族多年培育而成的农作物。又称为稷族，在新疆、青海、甘肃、陕西地带逐见壮大成长的大族群。周族姓姬，姬是女性为首领大族群，因在甘陕地区姬水而得姓，姬是女和茝组成，茝是有三面水沟围绕、中间种农作物：稷、黍、粟等的人们居住地的开发地。

## 参考文献


陈勤建. 2003. 中国鸟信仰. 北京：学苑出版社

辞海编委会. 2003. 辞海. 上海辞书出版社

郭郛. 2004. 山海经注证. 北京：社会科学出版社

郭郛. 2013. 尔雅注证. 北京：商务印书馆

郭郛, (英)李约瑟, 成庆泰. 1999. 中国古代动物学史. 北京：科学出版社

《郭沫若全集》编委会. 1999. 郭沫若全集. 北京：科学出版社

海通. 2004. 图腾崇拜. 何新亮译. 桂林：广西师范大学出版社

黄复生, 王祖望, 冯祚建. 2016. 中国古代动物命称考. 北京：科学出版社

黄兴宗. 2009. 食物和营养化学. 见：(英)李约瑟. 中国科学技术史. 北京：科学出版社

(英)李约瑟. 1954. 中国科学技术史. 北京：科学出版社

列维·斯特劳斯. 2005. 图腾制度. 渠东译. 上海: 上海人民出版社
卢嘉锡. 2001. 中国科学技术史. 北京: 科学出版社
潘清华, 王应祥, 岩崑. 2007. 中国哺乳动物彩色图鉴. 北京: 林业出版社
庞进. 2006. 凤图腾. 北京: 中国和平出版社
任继愈. 2007. 中华大典·哲学典. 昆明: 云南教育出版社
(清)阮元校刻. 1980. 十三经注疏. 中华书局
汪松, 解焱. 2009. 中国动物红色名录. 北京: 高等教育出版社
王增永. 2007. 神话学概论. 北京: 中国社会科学出版社
闻一多. 2009. 伏羲考. 上海: 上海古籍出版社
西格蒙德·弗罗伊德. 2005. 图腾与禁忌. 赵立玮译. 上海: 上海人民出版社
叶舒宪. 2007. 熊图腾. 上海: 上海锦绣文章出版社
中国大百科全书编委会. 2016. 中国大百科全书. 北京: 大百科全书出版社

# 中国古籍中的图腾鱼类

张世义

我国是世界上利用鱼类最早的国家之一，早已以鱼类为食，成为人们赖以生存的重要食材之一。自古以来，人们与鱼类结下了不解之缘，新石器时代的彩陶艺术就已经呈现出对图腾鱼类的崇拜。图腾，英文名 Totem，出自北美印第安人等原始民族的方言音译，认为与其家族有密切关系的自然物，尤指动物。英国人约翰•郎格（John Lang）1791 年第一个把 Totem 一词介绍给西方学术界，而最早将 Totem 译成“图腾”的译著是严复所译《社会通诠》。本文拟述及新石器时代的图腾鱼类、古籍图腾鱼类以及民族民俗中的图腾鱼类，借此了解我国图腾鱼类的悠久历史和丰富内涵。

## 一、新石器时代的图腾鱼类

在我国已发掘的新石器时代的彩陶艺术品中，图腾鱼类出现的遗址有 20 多个，其中以半坡型仰韶文化的彩绘最为丰富，基本为鱼纹和变体鱼纹，彩陶纹饰是特定的人们共同体的标志，它在绝大多数场合下是作为氏族图腾或其他崇拜的标志而存在的。在西安半坡、临潼姜寨、宝鸡北首岭和汉水南郑等地遗址中所出现的“人面鱼纹”彩陶，具有鲜明的图腾性质，表明当时已产生了对鱼类的崇拜。

现以陕西临潼姜寨原始聚落中的几个图腾鱼标志为例，见图 9-14（高强，1984）。图 9-14 左，为出土的一件鱼蛙纹形陶盆，鱼纹皆为黑体，呈复体状，并与蛙类组合，两相对称。图 9-14 中，为随葬的一件五鱼纹彩陶盆，即五尾鱼皆作张嘴游弋状，栩栩如生，其中有对称的两尾为黑背白腹，余皆为黑体。图 9-14 右，出土的两件人面形纹彩陶盆，人面形纹与鱼类组合，两两相互地绘在陶盆内壁。鱼纹皆为黑体，黑背白腹。人面形纹则比较特殊。人面作圆形或卵圆形，基本具有眼、鼻、嘴等五官特征，俨然若真人脸部。头部还有装饰，头发则束之于头顶。在两边嘴角各画有两条作交叉状的长线条，并加饰一些小圆点或刺状装饰，这是以抽象法所表现的鱼类的身体。以下几件考古发掘的陶器说明史前先人们对人类起源的认识，认为自己就是人与鱼合婚后繁衍的子孙后代。

## 二、我国古籍中的图腾鱼类

据传《山海经》作者为大禹（公元前 2205—前 2198 年在位）等，为我国最早的一本地理书及人文地理志，也是一本集古代地方神话的一本奇特的古籍。书中多处记载图腾鱼类，现举几例：《大荒西经》“有互（氐）人之國，炎帝之孫名曰靈恝[①]，靈恝生互（氐）人，是能上下於天”；《海内南经》“氐人國在建

① 恝：qì，《轉注古音》苦計切。音契。《山海經》：大荒之中有恝恝之山。又人名。炎帝之孫曰靈恝。——摘自《康熙字典》（标点整理本）P328，上海辞书出版社，2007。

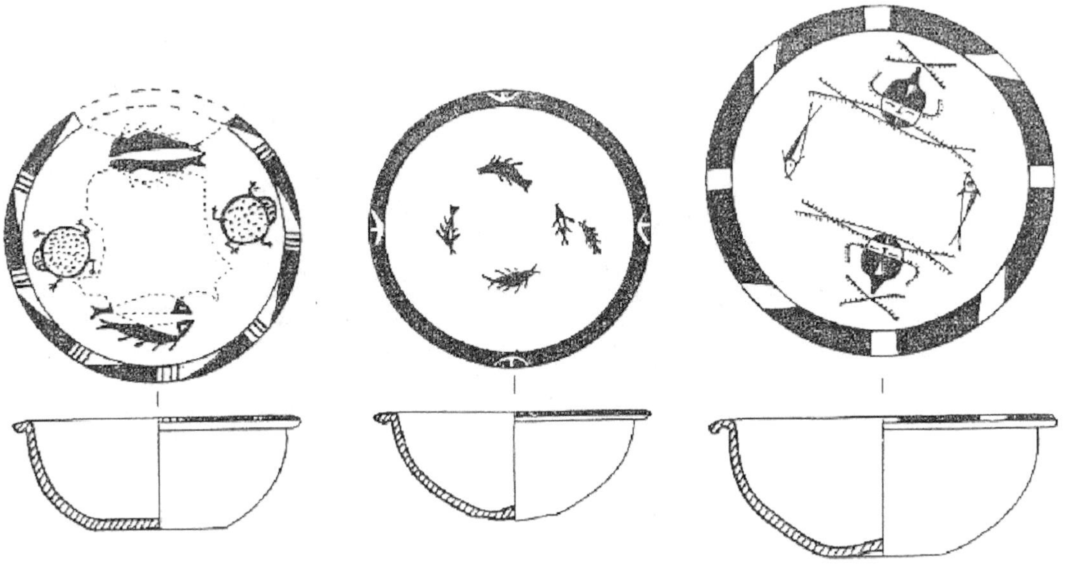

图 9-14　姜寨原始聚落中的几个图腾鱼标志（引自高强，1984）

木西，其爲人，人面而魚身，無足”（注：氐人国的形状是人的脸、鱼的身子，能够乘着云雨上下于天，是人鱼合体的图腾神，这里说明鱼图腾是炎帝时期的一种图腾）。

《大荒西经》“有魚偏枯，名曰魚婦。顓頊死即復蘇。風道北來，天乃大水泉。蛇乃化爲魚，是爲魚婦。顓顓死即復蘇”（注：传说颛顼为上古帝王名）。

《诗经》涉及鱼类 21 篇。现举《小雅·无羊》：“牧人乃夢：衆維魚矣，旐[①]維旟矣。大人占之：衆維魚矣，實維豐年。旐維旟矣，室家溱溱。”（注：这里占梦的结果，梦中水中多鱼，是丰收有余的象征，梦见画有龟蛇和鸟的旗子，是人丁兴旺的先兆）诗中的梦意象，与生育子女、人丁兴旺、丰收有余有关。这里的鱼和旗是原始图腾在梦中的显现。

《清宫海错图》为康熙戊寅（公元 1698 年）聂璜编，共收入海洋物种 233 个，其中鱼类有 98 种。关于“人鱼”曰：“人魚，其長如人，肉黑髮黄，手足、眉目、口鼻皆具，陰陽亦與男女同。惟背有翅，紅色，後有短尾及胼指，與人稍異耳。”（图 9-14）。粵人柳某，曾爲予圖，予未之信。及考《職方外記》，則稱此魚爲海人，《正字通》作魚人，云即（鰻[②]）魚，其說與所圖無異。因信而録之。此魚多産廣東大魚山、老萬山，海洋人得之，亦能著衣飲食，但不能言，惟笑而已。攜至大魚山，没入水去。郭璞有《人魚贊》。《廣東新語》云，海中有大風雨時，人魚乃騎大魚，隨波往來，見者驚怪。火長有呪云：“毋逢海女，毋見人魚”。《人魚贊》，魚以人名，手足俱全。短尾黑膚，背鬣指胼。如图 9-15 所示。

① 旐：zhào，《唐韻》治小切。《集韻》《韻會》直紹切。並音肇。《說文》：龜蛇四遊，以象營室，游遊而長。《釋名》：龜蛇為旐。旐，兆也。龜知氣兆之吉凶，建之於後，察度事宜之形兆也。《詩·小雅》：設此旐矣。《周禮·春官·司常》：龜蛇為旐。又：縣鄙建旐。註：龜蛇象其扞難避害也。又《爾雅·釋天》：緇廣充幅，長尋曰旐。註：帛全幅長八尺者也。《禮·檀弓》：綢練設旐，夏也。註：旌之旐，緇。布廣充幅，長尋找曰旐。——摘自《康熙字典》（标点整理本）P433，上海辞书出版社，2007。

② 鰻：yì，《廣韻》《集韻》並營雙切。音役。魚名。有四足。《類篇》：如龜而行疾。亦作鰻。《正字通》：狀如鯰，四足，長尾，聲似小兒，善登竹。别作鱥（xù）。——摘自《康熙字典》（标点整理本）P1467，P1469，上海辞书出版社，2007。

图 9-15　人鱼（引自聂璜编《清宫海错图》）

## 三、民族民俗中的图腾鱼类

我国民族民俗中以鱼为图腾的事例不少，现举几例。

古代部分白族以鱼为图腾，他们以“鱼”为姓（白族语称“吴茨”），后来在与汉族人交往频繁，学习汉人的姓氏张、王、李、赵等，将“鱼”姓改为“余”。近代，白族仍保留不少鱼图腾崇拜习俗，如云南洱海周围许多村庄的白族妇女盛行以鱼尾帽为头饰，它以黑色或金黄色的布仿鱼形制成。鱼头在前，鱼尾在后，上缀白色的银泡子或白色的珠子表示鱼鳞，人死后，有以鱼和海螺陪葬的习俗。

相传鱼是部分布依族人的祖先，他们有人与花鱼化身的姑娘结合而繁衍了其族的神话，至今仍有鱼图腾崇拜的遗俗，人死埋葬后，墓碑上刻有双鱼葫芦图案。举行婚礼时，新娘乘的轿子后面画有双鱼圆月图画，以示吉祥。

满族的姓氏多为图腾的名称，如尼玛哈氏，意为鱼氏。这正如印第安人的氏族一样，所谓鱼氏，即最初是以鱼为图腾的氏族，后来氏族名称逐步演化为姓氏（何星亮，1996）。

水族是我国南方一个有着悠久历史的少数民族，主要聚居贵州省东南部地区。鱼是水族最为重要的崇尚之物，是水族祖先的影子。从水族的祭祖、吊丧及婚嫁等习俗，都可见水族和鱼有着密切关系（潘朝霖，2001）。

我国的图腾鱼类中，鱼或鱼纹象征着多子、象征丰收和富有。此外，谐音因素（鱼与余）又起着重要作用，如鱼图年画和装饰物上都有“吉庆有余（鱼）”、“年年有余（鱼）”等吉祥鱼。图腾鱼类，古代提的多，近代提的少。如，人类皮肤上的刺图案鱼 Tattoo Fish（图 9-16），显示了健康美或一些特殊标志；城市雕塑的图腾鱼，显示了浓郁的城市文化（图 9-17）。但人们崇拜、喜爱鱼类的心情不减，视鱼类为吉祥物，寓意“吉祥、繁荣、富强”等。

图 9-16　刺图案鱼（作者提供本图）

图 9-17　北京奥林匹克公园的雕塑——图腾

作者：以色列迪娜·梅哈芙。三个憨态可掬的钢板动物，最下面是一个孔武雄壮、有力支撑在大地上的鱼；上面站着两只大鸟，他们的目光投向远方的山岗——这是生命的图腾，是关于土地与天空的梦想

## 参 考 文 献


高强. 1984. 羌寨史前居民图腾初探. 史前研究, 1: 63-67

故宫博物院. 2014. 清宫海错图. 北京: 故宫出版社

郭丹. 1992. 《诗经》中的图腾崇拜. 福建师范大学学报, 3: 48-53

何星亮. 1996. 半坡鱼纹是图腾标志还是女阴象征. 中原文物, 3: 63-69

黄义仁. 1987. 布依族的图腾崇拜. 贵州民族研究, (4): 122-125

潘年英. 1994. 侗族鱼图腾考. 贵阳: 贵州民族出版社

潘朝霖. 2001. 水族鱼图腾析. 广西民族研究, (3): 65-69

(英)甄克思(E. Jenks)著. 1981. 社会通诠-严译名著丛刊 3. 严复译. 北京: 商务印书馆

# 中国古代祥瑞动物研究

马逸清

人类在与自然抗争中得到进化，在不同地域、不同自然环境中形成了氏族群体。“人们把那些能经常为自己提供物质来源的动植物，或时时威胁自身安全和生命的动植物，都与人类的生命联系在一起加以崇拜。于是，在人们思想中产生了一种联想或幻想，以为本氏族部落和某种动植物之间有亲缘关系，人类自设来源于某种动物或植物”（苟翠华，1999），因而出现了图腾崇拜现象。由于各地域与自然环境不同、物种的差异，图腾崇拜的对象也各自不同。“这在古代传说中保留了不少，大体是：西北高原的各氏族部落，多以熊、貔、貅、虎、羊、狗、葫芦为图腾；中原地区则多以鱼、蛇、蛙、鳖、泥鳅为图腾；东夷多以鸟为图腾；南方氏族多以蛇为图腾”（苟翠华，1999）。除了自然物（日、月、星辰、高山、大河等）及个别植物外，大多以动物作为图腾的崇拜对象。“这种认识不仅广泛流传于古代，还广泛流传于当今各民族之间。例如，傈僳族以虎、蜂、鼠、熊、猴、羊、竹、荞麦等为图腾；黎族认为自己来源于猫；苗族、瑶族、畲族认为自己来源于狗；高山族认为自己来源于蛇”（苟翠华，1999）等等。这种原始的图腾崇拜现象，是蒙昧时期人类对自然及自身认识的产物，也是人类对动物认识的初级阶段。

为了提高对图腾动物崇拜的权威性，人们自觉或不自觉地不断神化及夸大图腾动物的神秘性，因此出现了与现实不一致而异于常态的动物形象——祥瑞动物。最为典型的就是综合了各种动物的形象，创造了我国流传千年的祥瑞动物——龙及九子、凤、麒麟等等。而这些祥瑞动物不但出现在古老的神话传说中，而且涉及我国数千年的文学、艺术、服饰、建筑等各个领域。

祥瑞，作为吉利、幸福的象征或征兆，是人类社会生活的一种祈盼。古籍中对自然界出现的瑞应现象，种类繁多。据梁·孙柔之撰、叶德辉辑《瑞应图记》记载：“而今所輯多至一百四十餘種”，其中，天象地征有日月、阳光、景云、甘露、醴泉等，植物有芝草、连理枝、嘉禾等。本文限于学科范围，仅介绍祥瑞动物。

在编纂《中华大典·生物学典·动物分典》的过程中，限于编纂规格的要求，祥瑞动物未被录入（只在《兽纲总部》的《杂录》中选了部分材料，并说明“不予诠释，不加评论”）。主要原因是某些祥瑞动物在自然界“并不真实存在”。有鉴于此，本文依据古籍记载，并参考一些近、现代的研究成果，对祥瑞动物的基本情况做些简要的介绍，以供读者研究这一问题时参考。

## 一、祥瑞动物的基本概念

祥瑞动物，亦称灵物，或曰神兽（含鸟兽虫鱼）；祥瑞，即吉祥的符瑞。

《说文》曰：“祥，福也，一曰善。”《字林》曰：“禎祥也。”瑞，原意是以玉为信，一种吉兆。古人认为祥瑞动物的出现，是吉祥福佑的征兆。杜预在《春秋左氏传序》中说：“麟鳳五靈，王者之嘉瑞也。”《礼记·中庸》曰：“國家將興，必有禎祥。”《论衡·指瑞》说：“王者受富貴之命，故其動出見吉祥異物，見則謂之瑞。”

灵物，古人认为是珍奇神异之物。《玉篇》曰：“靈，神靈也。”《大戴礼记·曾子天圆》曰：“陽之精氣曰神，陰之精氣曰靈。”《后汉书·光武帝纪下》中元元年群臣奏：“今天下清寧，靈物仍降。”

古籍中对祥瑞动物的记载很早，且历代不绝。甲骨文中对龙凤龟麟多有记载，有的多达三十多字。历代文献中对祥瑞动物的记载，除一些专著，如《瑞应图记》《开元占经》等外，许多史书和类书也多设有专志或“部”，作为较系统的记述。例如，《艺文类聚·祥瑞部》卷九八至卷九九、《宋书·符瑞志》卷二七至卷二九等等。符瑞，即祥瑞之征兆也。《礼记·仲尼燕居》：“萬物服體。”汉·郑玄注：“謂萬物之符長，皆來爲瑞應也。”释文：“符謂甘露醴泉之屬，長謂麟鳳五靈之屬。”时至今日，有些国家拥有动物形象的国徽、军徽，而国鸟及奥林匹克运动会所选的吉祥物（如福娃），实质上亦即是祥瑞动物文化的传承。

至于祥瑞动物什么时候出现呢？古籍有记载。《吕氏春秋》曰：“凡帝王者之將興也，天必先見祥乎下民。”《白虎通》曰：“天下太平，符瑞所以來至者，以爲王者承天統理，調和陰陽，陰陽和，萬物序，休氣充塞，故符瑞並臻，皆應德而至。德至天，則斗極明，日月光，甘露降。德至地，則嘉禾生，蓂莢起，秬鬯出，太平感。德至文表，則景星見，五緯順軌。德至草木，則朱草生，木連理。德至鳥獸，則鳳凰翔，鸞鳥舞，麒麟臻，白虎到，狐九尾，白雉降，白鹿見，白鳥下。德至山陵，則景雲出，芝實茂，陵出黑丹，阜出萐莆，山出器車，澤出神鼎。德至淵泉，則黃龍見，醴泉湧，河出龍圖，洛出龜書，江出大貝，海出明珠。德至八方，則祥風至，佳氣時喜，鐘律調，音度施，四夷化，越裳貢。”

## 二、祥瑞动物的种类

历史古籍中提到祥瑞动物的种类，据粗略估计至少有二百多种，有些种类实际上是现代动物分类单元的属或科，是几种或多种动物。《唐六典》曾对祥瑞动动物分为大、上、中、下四个等级。对动物来说，大瑞有麟、凤、鸾、神龟、龙、驺虞、神马、獬豸、白象等；上瑞有三角兽、白狼、赤罴、赤兔、九尾狐、白狐、白鹿、白麞、白兕、玄鹤、三足鸟、赤燕等；中瑞有白鸠、白乌、白雉、翠鸟、黄鹄、朱雁、五色雁、赤狐、赤豹、玄貉等；下瑞有口鹿、神雀、冠雀等。这种祥瑞等级的划分，对朝臣向帝王媚德致贺活动有用，但对祥瑞动物的分群却无任何意义。

为了研究方便，我们将历史上记载的祥瑞动物划分为三种类型。

### （一）创生动物

创生动物是古人依据社会生活精神文明建设需要创造生成的神化动物，自然界不存在；体型结构上具有多种动物的特征，并具有“神力”，如龙、凤凰、麒麟、神龟等。

### （二）异化动物

自然界有此类动物，但往往添加了一些异化的结构，被赋予有“神力”。

甲类：体质结构特征或多或少有变化，或具畸形异化，具有一定的“神力”，不具正常的新陈代谢或遗传特征，如九尾狐、九虢、天马等。

乙类：体质结构特征变化不大，体色异化多样，通常不具“神力”，新陈代谢和遗传特征有变化，如赤兔、赤罴、白乌、玄貉及多种白色或白化动物等。

祥瑞动物中，古人很崇尚白色动物。东汉时将白鹿的皮制成币以代金。在自然界，白色动物较普遍，例如天鹅、白鹭、白鹤、白熊、雪兔等，这些动物具有正常白色基因型；也有些白色动物是由于基因型异化而出现的白化（albino）现象，如白鹿（梅花鹿）、驯鹿、白貉、白水獭等等；在饲养条件下，由于近亲交配和人工选择培育，许多动物都有白化个体和群体，诸如马、牛、羊、鸡、狗、猪，以及大白鼠、小白鼠、白兔等。至于白虎，情况略复杂些，白虎在我国古代文献中早有记载，称为虪（hàn）。现在各国动物园中的白虎，是 20 世纪 50 年代人们利用印度丛林中出现的白化个体，经过近亲交配人工选育而成的，其生物学原理是基因杂化，故其身体的条纹呈褐色，眼睛蓝色。进一步人工选育的个体，其体上的褐色条纹隐化，称为雪虎。

### （三）灵化动物

体型结构与自然界的野生动物无异；具有正常的新陈代谢和遗传特征。例如，灵鹊，五代后周王仁裕的《开元天宝遗事·灵鹊报喜》："時人之家聞鵲聲，皆爲喜兆，故謂靈鵲報喜。"时至今日，这种现象尚有传承。20 世纪 80 年代初，上海市即把喜鹊选为"上海市市鸟"。由于一些动物体态优美，又具有长寿的特点，如鹤，深受人们的喜爱，故在文字、绘画、装饰等方面被予以长寿的象征，而另一些动物则因读音酷似或近似人们喜闻乐见之音，被认为吉祥之"兽"，如鹿——禄，蝠——福，鱼——余，实为谐音之故。其中，蝙蝠在西方国家因有吸血蝙蝠存在，一直被认为是邪恶的象征，而在我国自古以来取福之谐音，蝙蝠在绘画、雕塑、装饰方面多以福临之意，用之较广。又如喜鹊，羽色并不艳丽，鸣声也难以称美，但因名为喜鹊，故自古以来广受人们的喜爱。取谐音视一些动物为吉祥之例不胜枚举，仅举其一二，以证此论。

年年有余——鱼，鱼跃龙门——鱼，吉庆有余——鱼；马到成功——马，马上福至——马，蝠；喜上眉梢——喜鹊（梅花）；五福临门——蝠。

历史文献记载表明，各个朝代祥瑞动物出现的种类和数量（或次数）是不同的，有的较多，有的较少，有的甚至不记。这在很大程度上与该朝的帝王态度有关，即所谓"上有所好，下必甚之"。例如，在汉代，"章帝元和二年，鳳凰三十九，麒麟五十一，白虎二十九，黃龍四，青龍、黃鵠、鸞鳥、神馬、神雀、九尾狐、三族烏、赤烏、白兔、白鹿、白燕、白鵲等，……載於史官，不可勝記"（《东观汉记》）。

## 三、祥瑞动物的五灵简释

古籍中涉及的祥瑞动物不下两百多种，本文无意将其一一列叙，仅以最具有代表性的五灵予以简介。

晋·杜预《春秋左氏传序》："麟鳳五靈，王者之嘉瑞也。"《辞源》："五灵者，龙、凤、麟、龟、白虎（驺虞）也。"

### （一）龙（图 9-18—图 9-20）

龙（龍），long。古文竜（《类篇》，篆文象形（《说文解字》）。生肖论曰："龍耳虧聰，故謂之龍"（《本草纲目》）。龙的正式名称有：飞龙（《易经》）、应龙、先龙（《淮南子》）、蛟龙（《广雅》）、蟠龙（《方言》）、虬龙、螭龙（《博雅》）、斗牛、蜃（《三才图会》）、梵书名：娜伽（《本草纲目》）。

古人认定龙是水生动物，故为鳞虫之长。例如：

《方言·杂释》："未升天龍謂之蟠龍。"

《博雅·释鱼》："有鱗曰蛟龍，有翼曰應龍，有角曰虯龍，無角曰螭龍。龍能高能下，能小能巨，能幽能明，能短能長。"

《埤雅·释鱼》："龍亦卵生，思抱，雄鳴上風，雌鳴下風，而風化。有鱗曰蛟龍，有翼曰應龍，有角曰虯龍。蓋蟲莫智於龍，龍之德不爲妄者。”

《瑞应图·黄龙》：“黄龍者，四龍之長，四方之正色，神靈之精能，巨細，能幽明，能短能長，乍存乍亡；王者不漉池而漁，則應和氣而游於池沼。……不衆行，不群處；必待風雨而遊乎清氣之中，遊乎天外之野，出入應命以時，上下有聖則見，無聖則處。”

《尔雅翼·释鱼·龙》：“王符稱，世俗畫龍之狀，馬首蛇尾，又有三停九似之説，謂自首至膊、膊至腰、腰至尾皆相停也；九似者，角似鹿、頭似駝、眼似兔、項似蛇、腹似蜃、鱗似鯉、爪似鷹、掌似虎、耳似牛。頭上有物如博山，名尺木，龍無尺木不能升天。”

自古以来，多有龙的传闻：

《通鉴前编外纪》曰：“太昊時有龍馬負圖出於河之瑞，因而名官，始以龍紀，號曰龍師。命朱襄爲飛龍氏，造書契；昊英爲潛龍氏，造甲曆；大庭爲居龍氏，治屋廬；混沌爲降龍氏，驅民害；陰康爲土龍氏，治田里；栗陸爲水龍氏，繁滋草木，疏導泉源。又命五官：春官爲青龍氏，又曰蒼龍；夏官爲赤龍氏；秋官爲白龍氏；冬官爲黑龍氏；中官爲黄龍氏。”显然这些都是崇信龙的较弱小的氏族。有的氏族以养蛇为业，称为豢龙氏，或“赐之姓曰御龙氏”（《史记·夏本纪》）。

《尔雅翼》曰：“龍春分而登天，秋分而潛淵，物之至靈者也。《淮南子》言：萬物羽毛鱗介，皆祖于龍。羽嘉生飛龍，飛龍生鳳凰，而後鸞鳥、庶鳥，凡羽者以次生焉；毛犢生應龍，應龍生建馬，而後麒麟、庶獸以次生焉；介鱗生蛟龍，蛟龍生鯤鯁，而後建邪、庶魚，凡鱗者以次生焉；介潭生先龍，先龍生玄黿，而後靈龜、庶龜以次生焉。”又曰：“龍以變化無方，物不能制，故在人比君，在卦比乾。”“飛龍在天，利見大人。”本义：“剛健中正，以居尊位。如此聖人之德，居聖人之位”。

俗谓龙生九子，不成龙，各有所好之说。其名目“一曰蒲牢，好鳴，爲鐘上紐鼻；二曰囚牛，好音，爲胡琴頭刻獸；三曰睚眥，好殺，爲刀劍上吞口；四曰嘲風，好險，爲殿閣走獸；五曰狻猊，好坐，爲佛座騎象；六曰霸下，好負重，爲碑碣石趺；七曰狴犴，好訟，爲獄户首鎮壓；八曰贔屭，好文，爲碑兩旁蜿蜒；九曰蚩吻，好吞，爲殿脊獸頭（明·杨慎《升庵外集》卷九五）。”

汉朝刘向《新序五·杂事》：“葉公子高好龍，鉤以寫龍，鑿以寫龍，居室雕文以寫龍。於是天龍聞而下之，窺頭于牖，拖尾於堂。葉公見之，棄而還走，失其魂魄，五色無主。是葉公非好龍也，好夫似龍而非龍者也。”

事实上，自然界并无真实的龙，前文易经提到：“飛龍在天，大人造也（《易经·乾卦》）。”这个问题，东汉王充《论衡·龙虚篇》已论述很明白了。统治者及阿谀者、附势者为摄众心，将图腾之首的龙名为帝王的象征，垄断出现，是帝德的显示。据宋朝《宋书·符瑞志》的记载，龙曾多次出现，其中黄龙出现29次，青龙16次，白龙7次，黑龙3次。类似记载尚多，然皆传闻而已（详见《宋书》第27—29卷）。兹选录“龙”的诗文一首，以飨读者：

《龙铭》　晋·傅玄

麗哉神龍，誕應陽精。潛景九淵，飛曜天庭。

屈伸從時，變化無形。偃伏污泥，上淩太清。

图9-18　蛟（龙）

（选自《清宫海错图》第一册）

图 9-19　曲爪虬龙

（选自《清宫海错图》第一册）

图 9-20　盐龙

（选自《清宫海错图》第一册）

## （二）凤凰（图 9-21）

鷗（《尔雅》）、瑞鷗、鸑鷟（《禽经》）、鹏、鸾、鵷雛、鶤鷄（《尔雅翼》）、朱雀（《本草纲目》）。

图 9-21　汉代的凤凰图像

（选自《凤图腾》）

《诗经·大雅·卷阿》：“鳳凰於飛，翽翽其羽。”传：“鳳凰，靈鳥，仁瑞也。雄曰鳳，雌曰凰。翽翽，衆多也。”又曰：“鳳凰鳴矣，于彼高岡。梧桐生矣，於彼朝陽。”笺：“鳳凰之性，非梧桐不棲，非竹實不食也。”正义：“非梧桐不棲，非竹實不食，莊子文也。莊子所説乃言鵷雛，鵷雛亦鳳凰之别名。《白虎通》云：皇帝之時，鳳凰蔽日而至，止於東園，食常竹實，棲常梧桐，終身不去。”

《尔雅·释鸟》：“鶠，鳳，其雌皇。”注：“瑞應鳥。雞頭，蛇頸，燕頷，龜背，魚尾，五彩色，高六尺許。”

《山海经·南山经》：“丹穴之山有鳥焉，其狀如雞，五彩而文，名曰鳳凰。首文曰德，翼文曰義，背文曰禮，膺文曰仁，腹文曰信。是鳥也，飲食自然，自歌自舞。見則天下安寧。”又：“南禺之山有鳳凰鵷雛。”又，《大荒北经》：“附禺之山，爰有鸞鳥。”又，《海内经》：“有鸞鳥自歌，鳳凰自舞。鳳鳥首文曰德，翼文曰順，膺文曰仁，背文曰義。見則天下和。”又：“北海之内有蛇山者，蛇水出焉，東入於海。有五彩之鳥，飛蔽一鄉，名曰翳鳥。注：鳳屬也。”

《论语纬·摘襄圣》：“鳳有六象，一曰頭象天，二曰目象日，三曰背象月，四曰翼象風，五曰足象地，六曰尾象緯。有九苞，一曰口包命，二曰心合度，三曰耳聽達，四曰舌詘伸，五曰彩色光，六曰冠矩州，七曰距鋭鈎，八曰音激揚，九曰腹文户。行鳴曰歸嬉，止鳴曰提扶，夜鳴曰善哉，晨鳴曰賀世，飛鳴曰即都，故子欲居九夷，從鳳嬉。”

《禽经·凤凰》：“鳳之小者曰鸑鷟，五彩之文，三歲始備也。”又曰：“鳳靡鸞吪，百鳥瘞之。注云：鳳死曰靡，鸞死曰吪，禽鳥啄土以瘞藏之。”又，“首戴德，頸揭義，背負仁，心抱忠，翼執信，足履正；小音鐘，大音鼓；不啄生草，五彩備舉；飛則群鳥從，出則王政平，國有道。亦曰瑞鶠，亦曰鸑鷟，羽族之君長也。”

《说文解字·凤》：“神鳥也。天老曰，鳳之象也，鴻前麐後，蛇頸魚尾，鸛顙鴛腮，龍文龜背，燕頷雞喙，五色備舉。出於東方君子之國，翱翔四海之外，過昆侖，飲砥柱，濯羽弱水，莫宿丹穴，見則天下大安寧。”又：“五方神鳥，東方曰發明，南方曰焦明，西方曰鷫鸘，北方曰幽昌，中央曰鳳凰，四方皆似鳳。”

张揖《广雅》：“鳳皇，雞頭、燕頷、蛇頸、鴻身、魚尾、骿翼；五色以文，首文曰德，翼文曰順，背文曰義，腹文曰信，膺文曰仁；雄鳴曰即即，雌鳴曰足足，昏鳴曰固常，晨鳴曰發明，晝鳴曰保長，舉鳴曰上翔，集鳴曰歸昌。”

陆玑《毛诗草木鸟兽虫鱼疏·凤皇于飞》：“鳳，雄曰鳳，雌曰凰，其雛爲鸑鷟。”

《尔雅翼·释鸟》：“古文鳳象形。鳳飛，群鳥從以萬數，故以爲朋黨字；又鵬字，云亦古文鳳，然則以穎書之，正是鵬爾。……鵬即鳳也。”又，“蓋鴻前者軒也，麐後者豐也，蛇頸者宛也，魚尾者歧也，鸛顙者椎也，鴛思者張也，龍文者致也，龜背者隆也，燕頷者方也，雞喙者鈎也。六象：頭象天者圓也，目象日者明也，背象月者偃也，翼象風者舒也，足象地者方也，尾象緯者五色俱也。九苞：口苞命者不妄鳴也，口合度者進退精也，耳聽達者居高明也，舌詘伸者能變聲也，彩色光者文采呈也，冠矩州者南方行也，距鋭鈎者武可稱也，音激揚者聲遠聞也，腹文户者不妄納也。……蔡衡對光武：凡鳳有五，多赤色乃鳳，多黃者鵷雛，多青色鸞，多紫色者鸑鷟，多白色者鵠。”

《本草纲目·山禽·凤凰》：“瑞鶠，時珍曰，《禽經》云：雄鳳雌凰，亦曰瑞鶠。鶠者，百鳥偃伏也。羽蟲三百六十，鳳爲之長，故從鳥從凡。凡，總也。古作朋，象形。凰者，美也，大也。”又曰：“鳳，南方朱鳥也。”

古籍中对五灵的记载，以凤凰者为最多。上述引文可见，各家对凤凰的同一特征的描述，并不完全一致，有时还有争议。例如，《乐纬·叶图徽》提出：五凤皆五色，为瑞者一，为孽者四：“發明，皃喙，大頸，身仁，戴智，嬰義，膺信，負禮，至則喪之感也；幽昌，兑目小頭，大身細足，身智，戴信，負禮，膺仁，至則旱之感也；鷫鸘，鳩喙圓目，身義，戴信，嬰禮，膺仁，負智，至則疫之感也；焦明，長喙，疏翼，圓尾，身義，戴信，嬰仁，膺智，負禮，至則水之感也。”对此，罗愿的《尔雅翼》说：“蓋漢儒既誇大其詞，推鳳爲稀世之瑞，誇而無驗，極而必反，則又推之以爲孽。大抵日新其説，競爲可喜以動人之耳目。故既鳳矣，而又孽之；雖孽之矣，則又不廢身文義仁智禮信之説，反復無所據，皆不足取也。”

凤凰的形态特征，是随着历史的发展多次嬗变形成的，是中华民族数千年来不断地融合、创新、积淀的结果。从原始的三足鸟（踆鸟），到商朝的玄鸟，汉唐时期的朱雀，以及明清时期的丹凤，形态变化很大。20 世纪 30 年代，在民族危亡时刻，郭沫若先生根据凤凰和西方不死鸟的传说，创作了《凤凰涅槃》，凤凰集香木自焚，火中复活，永不再死！比喻中华民族的新生，凤凰的精神也达到了其辉煌的顶点。

《宋书·符瑞志》对凤凰的归纳很精炼，且有时代的特点，还有汉代之后的几例有关凤的诗文。

《凤诗》　汉·李陵

鳳凰鳴高岡，有翼不好飛。安知鳳皇德，貴其來見稀。

《凤赞》　晋·郭璞

鳳凰靈鳥，實冠羽群。八象其體，五德其文。附翼來儀，應我聖君。

《谈山海经》　晋·陶潜

靈鳳撫雲舞，神鸞調玉音。雖非世上寶，爰得王母心。

《岐山下诗》　唐·韩愈

丹穴五色羽，其名爲鳳凰。昔周有盛德，此鳥鳴高岡。和聲隨祥風，窈窕相飄揚。

《神凤操》　明太祖

鈞天奏兮列丹墀，俄翩翩兮鳳凰儀。斂翱翔兮棲梧枝，彼觀德兮直爲我辭。

## （三）麒麟（图 9-22）

麟（《诗经》）、麐（《尔雅》）、麒（《说文》）、瑞兽（《兽经》）。

图 9-22　麒麟

（选自《清宫兽谱》第一册）

有关记叙如下：

《尔雅·释兽》："麐，麕身，牛尾，一角。"注："角頭有肉。《公羊傳》曰：有麕而角。"疏："李巡曰：麐，瑞應，獸名。孫炎曰：靈獸也。京房《易傳》曰：麐，麕身，牛尾，狼額，馬蹄，有五彩，腹下黄，高丈二。"

《毛诗草木虫鱼疏·麟之趾》："麐，麕身，牛尾，馬足，黄色，圓蹄，一角，角端有肉。音中鐘吕，行中規矩；游必權地，詳而後處；不履生蟲，不踐生草；不群居，不侣行，不入陷阱，不罹羅網。王者至仁則出。今並州界有麟，大小如鹿，非瑞麟也。故司馬相如賦曰：射麋腳麟，謂此麟也。"

《说文解字》："麟，大牝鹿也。從鹿，粦聲。""麒，仁獸也。麋身，牛尾，一角，從鹿，其聲。""麐，牝麒也，從鹿，吝聲。"

《兽经·麒麟》："麒牡，麟牝，名曰瑞獸。"

《诗经·周南·麟之趾》："麟之趾，振振公子，于嗟麟兮！麟之定，振振公姓，於嗟麟兮！麟之角，振振公族，於嗟麟兮！"传："麟信而應禮，以足至者也。振振：信厚也。"笺："公子亦信厚與禮相應，有似於麟。"传："定，額也。"笺："麟角之末有肉，示有武而不用。"正义："而必言趾者，以麟是行獸，以足而至，故言麟之趾也。……定，額也，有額而不以抵也。"

更有甚者，20世纪初，曾有学者认为"麒麟与其拉夫或其拉发（Giraffe或Giraffa）音亦相似。古之麒麟，虽不可考，意或即其物也"（章鸿钊，1919）。

《说苑·辩物篇》："凡《六經》帝王之所著，莫不致四靈焉。德盛則以爲畜，治平則時氣至矣。故麒麟，麕身，牛尾，圓頂，一角。含仁懷義，音中律吕。行步中規，折旋中矩。擇土而踐，位平然後處。不群居，不旅行，紛兮其有質文也。幽閒則循循如也，動則有容儀。"

《春秋纬·斗运枢》："機星淂其所，則麒麟生，和平合，萬民悦。"《感精符》："麟，一角，明海内共一主也。王者不刳胎、不剖卵則出於郊。"《孔演图》曰："蒼之滅也，麟不榮也，麟木精也。麟鬥則日無光。"注：麟龍少陽精鬥於地，則日月亦將爭於上。

《埤雅·释兽·麟》："麐，土畜也。信而應禮，以足至者也。軒轅大角之獸，狼額、赤目、五蹄；含仁懷義，音中鐘吕，行中規矩，不群居，不旅行，不入陷阱，不罹羅網，王者至仁則出，蓋太平之符也。"

《尔雅翼·释兽·麟》："麐，麕身，牛尾，一角。春秋之書麟，亦曰有麕而角者耳，蓋古之所謂麐者止於此，是以其物可得而有，而其性能避患，不妄食集，故其游於郊藪也，則以爲萬物得其性太平之驗，是不亦簡易而自然乎？至其後世論麐者始曰：馬足、黄色、圓蹄、五角，角端有肉，有翼能飛，含仁懷義，音中律吕，行步中規，折還中矩，遊必擇土，翔而後處，不履生蟲，不折生草，不群居，不旅行，不犯陷阱，不罹羅網，牡鳴曰遊聖，牝鳴曰歸和，夏鳴曰扶幼，秋鳴曰養綏。嗚呼，何取於麐之備也？若是，則閱千歲而不得麐，蓋無怪矣。"又，"郭璞曰：麒似麟而無角。"

《明史·外国传》："阿丹，在古里之西。……永樂十九年（公元1421年），中官周姓者往，市得麒麟、獅子、花貓、金錢豹、駝雞、白鳩以歸。……麒麟前足高九尺，後六尺，頸長丈六尺，有二短角，牛尾鹿身，食粟豆餅餌。"阿丹即今亚丁，在非洲的吉布提对岸，属也门共和国，当然可以得到长颈鹿。此外，明·马欢著《瀛涯胜览》也说："阿丹國麒麟，前足高九尺餘，後足高六尺餘，項長頭昂至一丈六尺，傍耳生二短肉角，牛尾，鹿身，食粟豆餅餌。"人们依据古书记录的"麕身、牛尾、一角"，认为长颈鹿就是中国的瑞兽麒麟。因而，孟加拉国多次向明朝皇帝进贡麒麟（常任侠，1983）。

麒麟作为祥瑞的征兆，自黄帝起就有记载。"黄帝時麒麟游余苑囿"（《通鉴外纪》）。"帝堯在位七年，麒麟游於藪澤"（《路史》）。"舜爲天子……麟鳳在郊"（《新序》）。"禹時，麒麟步於庭"（《吴越春秋》）。据《宋书·符瑞志》记载，汉朝所见更多些。

《麟颂》　东汉·蔡邕

皇矣大角，降生靈獸。視明禮修，麒麟來孚。

春秋既書，爾來告就。庶士子鉏，獲諸西狩。

《麟赞》　晋・郭璞

麟惟靈獸，與麕同體。智在隱蹤，仁表不抵。孰爲來哉，宣尼揮涕。

## （四）神龟（图 9-23）

神龟、灵龟、筮龟（《尔雅》）、天龟（《周礼》）。

图 9-23　三尾八足神龟

（《选自《清宫海错图》第三册》）

《尔雅・释鱼》："一曰神龜。注：龜之最神明。二曰靈龜。……六曰筮龜。注：常在蓍叢下潛伏。"

《周礼・春官》："天龜曰靈屬。"

《礼记・礼运》："麟、鳳、龜、龍，謂之四靈。……龜以爲畜，故人情不失。注："龜能前知，人有所決，以知可否，故不失其情之正也。鄭注：龜，北方之靈，信則至矣。……龜爲水蟲，水主信，信則至。"

《大戴礼记・易本命》："有甲之蟲三百六十，而神龜爲之長。"

《礼统》曰："神龜之象，上圓法天，下方法地，背上盤法丘山，元文交錯，以成列宿；長尺二寸；明吉凶，不言而信者是也。靈龜，龜之有靈，次神龜者。《雒書》曰：靈龜者，元文五色，神靈之精也。"

《说文解字・龟部》："龜，外骨内肉者也。從它，龜頭與它頭同。天地之性，廣肩無雄；龜鱉之類，以它爲雄。象足甲尾之形。"它即古蛇字也，龟古文象形，上半象蛇头，下半象足甲尾也。

《开元占经》（卷一百二十）："靈龜五色（原文作虚龜，即靈龜，《瑞應圖》已改），靈龜者，元文五色，神靈之精也。上隆法文，下平象地，能見存亡，明於吉凶，不偏不黨，尊蓍老不失故歸，則神鬼出。又曰靈龜似鱉而長，合五行之精，三百歲游于藕葉之上，千歲游于蒲上，徑一尺二寸，王者奉順後土承天則見。"

《尔雅翼・释鱼・龟》："靈龜，文五色，似玉似金；背陰向陽，上隆象天，下平法地，盤衍象山，四趾轉運應四時，文著象二十八宿；蛇頭龍翅，左精象日，右精象月，千歲之化，下氣上通，能知存亡吉凶之變；寧則信信如也，動則著矣。龜以靈著，故千年之龜游于苓葉之上。苓，今甘草也，葉圓，小而有刺，言龜久而神靈，能變形大小也。今人見小龜以爲千歲則失之也。"

《本草纲目・介部》：龟释名："年至百千則具五色，而或大或小，變化無常，在水曰神龜，在山曰筮龜，皆龜之聖者也。"又："龜形象離，其神在坎，上隆而文以法天，下平而理以法地，背陰向陽，蛇頭龍頸，外骨内肉，腸屬於首，能運任脈，廣肩大腰，卵生思抱，其息以耳，雌雄尾交，亦與蛇匹。或曰大腰無雄者，謬矣。今人視其底甲以辨雌雄。龜以春夏出蟄脱甲，秋冬藏穴導引，故靈而多壽。《南越志》云："神龜大如拳而色如金，上甲兩邊如鋸齒，爪至利，能緣樹食蟬。"

龟，在动物学上属于变温动物，其新陈代谢过程比较缓慢，因而长寿，但它与人世间的事根本毫无关系，可是神化了的神龟或灵龟便神通广大了，上通天庭，下知人事。前后五百年，无所不知，并参与帝王废立、战争胜败等人间大事。例如，《竹书纪年》：“帝與夏後氏洛出《龜書》，是爲《洪範》。”《尚书·洪范》成了夏的天赐龟书。而《水经注》说：“黃帝東巡河，過洛，修壇沉璧，受《龍圖》於河，《龜書》於洛，赤文緑字。”又，黄帝战蚩尤，神龟送符，战而胜之。

古人重卜，“國之大事，唯祀與戎。”每祀必卜。祭祀先卜，“若有祭事，則奉龜以往，旅矣如之，喪矣如之。”关于龟卜的情况，《埤雅》记载较详，特节录之。

《埤雅·释鱼·龟》：“龜，舊也。外骨内肉，腸屬於首，廣肩無雄，與蛇爲匹，故龜與蛇合謂之玄武，類從玄龜。不咽粟，蓋龜善藏，久能行氣導引。其背微傴，韓子謂之穹龜。相法以爲强脊爲龜，有後之人也。又龜背微坼，入皴剥，故《莊子》云：宋人有善爲不龜手之藥也。《語》曰‘龜思鱉望’，今龜鱉皆隔津望卵。《易》曰：‘定天下之凶吉，成天下之亹亹者，莫大乎蓍龜。蓋蓍老龜舊，故古以龜卜蓍筮。’《白虎通》曰：蓍龜者天地之間壽考物也，故問之。龜，象也，天産也；蓍，數也，地産也。《占人》曰：凡卜筮，君占體，大夫占色，史占墨，卜人占坼。《説文》曰：兆，龜坼也。象，灼之而坼，坼而後墨與色。可知卜人先占坼，史占墨次之，大夫占色又次之，衆占備焉，而後君占體，以斷吉凶，卜之序也。故《王藻》云：卜人定龜，史定墨，君定體。今禮以尊卑之序言之，故先占體，後占坼，與《王藻》之序異也。墨謂以墨龜而其食否，《洛誥》所謂我乃卜澗水東、瀍水西，惟洛食。《傳》曰：卜必先墨畫龜，然後灼之，兆順食墨。故《卜師》云：揚火以作龜，致其墨也。《筮人》曰：國之大事，先筮而後卜。卜筮必相參用以定吉凶，《占人》所謂以八筮占八頌者也。《傳》曰：上有叢蓍，下有伏龜。則龜蓍必相爲用，非特人故，抑天理也。”

据《中国动物志》爬行动物卷记录，我国共有龟鳖目动物 24 种，分为 4 科 14 属，其中不包括神龟或灵龟。《周礼·春官·龟人》提出的六种（属，非一种也）神龟，天、地、南、东、西、北龟，皆虚名，其中，天龟即“负图出洛”的神龟。《尔雅·释鱼》提出的十种龟，绝大部分为虚名，自然界不存在；前面还有两种，“鳖三足曰能，龟三足曰贲”，世界上从来没有三足的龟。尽管如此，为了显示德政，帝王们还有记载见到神龟或灵龟的记录。

### （五）驺虞（图 9-24）

驺虞（《诗经》），䝞、白虎（《尔雅》），驺吾（《山海经》），驺牙（《史记》）。

图 9-24　驺虞

（选自《清宫兽谱》第一册）

《诗经·召南·驺虞》："彼茁者葭，一發五豝，於嗟乎騶虞。"传："騶虞，義獸也。白虎黑文，不食生物，有至信之德則應之。"正义："白虎，西方毛蟲，故云義獸。"

《尔雅·释兽》："甝，白虎。"注："汉宣帝時，南郡獲白虎，獻其皮骨爪牙。"疏："白虎名甝。"

《山海经·海内北经》："林氏國有珍獸，大若虎，五彩畢具。尾長於身，名曰騶吾，乘之日行千里。"

《淮南子·道应训》："屈商拘文王於羑里，於是散宜生乃以千金求天下之珍怪，得騶虞、雞斯之乘。[注]騶虞，白虎，黑文而仁，食自死之獸，日行千里……。以獻於紂，……紂見而説之，乃免其身。"

《毛诗草木鸟兽虫鱼疏·于嗟乎驺虞》："騶虞，即白虎也。黑文，尾長於軀，不食生物，不履生草。君王有德則見，應德而至者也。"

《史记·滑稽列传》："武帝時，齊人有東方生，名朔。……建章宫後閣重欜中有物出焉，其狀似麋。以聞，武帝往臨視之。……朔曰：'臣知之，願賜美酒粱飯大飧臣，臣乃言。'詔曰：'可。'已又曰：'某所有公田魚池蒲葦數頃，陛下以賜臣，臣朔乃言。'詔曰：'可。'於是朔乃肯言，曰：'所謂騶牙者也。遠方當來歸義，而騶牙先見。其齒前後若一，齊等無牙，故謂之騶牙。'其後一歲所，匈奴混邪王果將十萬衆來降漢。乃復賜東方生錢財甚多。

古人对驺虞的赞美，兹选代表性者几则：

《五灵颂》 后汉·蔡邕

犬梁乘精，白虎用生，思叡信立，繞於垣坰。

《騶虞颂》 吴·薛综

婉婉白虎，優仁是崇。饑不侵暴，困不改容。

斂威揚德，愷悌之風。聖德極盛，騶虞乃彰。

《騶虞颂》 晋·郭璞

怪獸五彩，尾參於身。矯足千里，倏忽若神。是謂騶虞，詩歎其仁。

《騶虞画赞》 有序 唐·白居易

騶虞，仁瑞之獸也，其所感所食暨形狀質文，孫氏《瑞應圖》具載其事。元和元年夏，有以騶虞圖贈予者。予愛其外猛而威，内仁而信，又嗟其曠代不覿。引筆贊之，詞曰：

孟山有獸，仁心毛質，不踐生芻，不食生物，有道則見，非時不出，三季已還，退藏於密。我聞其名，徵之於書，不識其形，得之於圖。白質黑文，猊首虎軀。是耶非耶？孰知之乎？已矣夫，已矣夫，前不見往者，後不見來者，吁嗟乎騶虞！

## 四、尾　　语

对于祥瑞动物，我们尊重古人的认识，不能将现代的认识强加于古人。因此，在多数情况下，特别是在《五灵简释》部分，都是直接引用典籍记载来加以解释，尽量不加个人见解；其次，"上有所好，下必甚之"。历朝宠臣和儒家学者对瑞应现象和祥瑞动物都特别有兴致，创作和编写了大量的古籍文献，这包括经史、雅学、书画、诗歌，还有近现代的考古、民俗、文化、艺术，涉及的领域和门类很多，对历史纪录的引述，颇费斟酌，"挂一而漏万"，求全甚难。再次，工作中发现，对同一件或同一种动物，各书并不一致，包括《四库全书》，其错漏之处也不少，但限于时间和个人条件，引用古籍及文献对无法找到原始或较佳版本一一核对，故引文之讹错者，自然难免。最后，作者已至耄耋之年，体力、听力、视力均不佳，致工作进度较慢，错漏或许较多，如此等等，敬祈读者教正。

# 参 考 文 献

常任侠. 1983. 明初孟加拉国贡麒麟图. 故宫博物院院刊, (3): 14-18
苟翠华. 1999. 中国古代生物学史. 北京: 科学出版社
郭郛, (英)李约瑟, 成庆泰. 1999. 中国古代动物学史. 北京: 科学出版社
黄能馥. 1983. 谈龙说凤. 故宫博物院院刊, (3): 3-15
马逸清, 陈建伟. 1998. 白虎的渊源. 野生动物, (3): 40-41
庞进. 2006. 凤图腾. 北京: 中国和平出版社
闻一多. 1948. 龙凤. 见: 孙党伯, 袁謇正. 闻一多全集第一册. 上海: 开明书店: 69-72
张孟闻. 1986. 四灵考. 见: 李国豪, 张孟闻, 曹天钦. 中国科技史探索. 上海: 上海古籍出版社: 525-552
章鸿钊. 1919. 三灵解. 北平: 法轮印刷局

# 附录 1　中国古代动物大观园*

## ——评《中华大典·生物学典·动物分典》

尚　语**

**《中华大典·生物学典·动物分典》（4 册），王祖望主编，云南教育出版社，**2015

在接触《中华大典·生物学典·动物分典》之前，对中国古代典籍中记载的动物，我们首先会想到《诗经》中“关关”叫的雎鸠和“食我黍”的硕鼠，《山海经》里衔石填海的悲情精卫和那些“人面的兽，九头的蛇，三脚的鸟，生着翅膀的人，没有头而以两乳当作眼睛的怪物（鲁迅《阿长与〈山海经〉》），特别是《庄子》里那大得“不知其几千里”的鲲、“其翼若垂天之云”的鹏、“抢榆枋时则不至”的蜩与学鸠、“翱翔蓬蒿之间”的斥鴳、“不知晦朔”的朝菌和“不知春秋”的蟪蛄，等等。而翻开《动物分典》，随着书页在指间划过，我们仿佛进入了一个奇大无比、畛域分明的“动物大观园”，各式各样、数不胜数的动物从历史的褶皱里一个个蹿出来，跃然纸上，让人目不暇接，惊叹不已。

《动物分典》是国务院批准的重大文化出版工程、国家文化发展规划纲要重点出版工程项目、“十一五”国家重点图书出版规划项目、国家出版基金重点支持项目《中华大典》子典之一《生物学典》的一个分典， 由国内 20 多位平均年龄近八旬的动物学家历时 9 载编纂而成，云南教育出版社正式出版发行，是一部大型动物学类书。全书共 4 册近 900 万字，内容依据现代动物系统分类学知识与古文献资料情况设为 52 个总部，全面、客观地反映了我国古代文献对动物的命名、分类、形态特征、生存习性、地理分布，以及有益动物利用、有害动物防治等方面的记载和论述。

这个“动物大观园”容纳了 1500 多种动物，它们存在于中国古代早自商周、晚至 1911 年年底以前 3500 来年的时空中，分属于动物界 16 门 49 纲 206 目 622 科。在这里，我们抬头会看到空中飞过商代的燕、清代的飞龙（飞蜥），低头会看到地上爬过汉代的守宫（蜥蜴）、唐代的王锦蛇；水里有宋代的石蝙（海 胆）、三国的虎鲀（虎鲨），泥土里藏着战国的蝼蛄、明代的沙蚕；西周的老虎潜伏在丛林里，晋代的蛱蝶在花间嬉戏，南北朝的缢女虫吐丝自悬，隋代的水蛭吸附着荇菜，唐代的壁钱在墙上织白幕，元代的文贝装饰着器物。这里展示的动物，其如无尾感器纲的旋毛形线虫、单巢纲的臂尾轮虫、甲壳纲的鳋、蛛形纲的疥螨，等等，有太多我们闻所未闻、见所未见，其形形色色、千姿百态让人大开眼界，见识倍增。而至于头足纲的鹦鹉螺，这倒是很熟悉的，很容易让人想到凡尔纳《海底两万里》中的鹦鹉螺号。收罗在这里林林总总的动物，是我们的古人在 3500 多年岁月里不断观察、持续记录的结果，虽然他们最终没能创立出现代意义上的动物学，但是他们对古代动物的记载和论述，为我们积聚了取之不尽、用之不竭的动物知识源泉，在我们博大精深的中华传统文化中开辟了一块别具特色的区域。

---

* 本文转引自《中国图书评论》2017 年第 10 期的“书评空间”。

** 本文作者：尚语，系云南教育出版社负责《动物分典》的责任编辑之一。

在这个“动物大观园”里，我们除了能够感受狮的威猛、蛇的阴鸷、狐的狡黠、虱的龌龊、猴的灵巧等，还能够了解到古人对动物命名、分类、形态、解剖、生殖、生态、遗传、进化以及物候、地理方面的科学或不科学、合理或不合理、真实或荒诞的研究和看法，反映了古人对自然世界的观察、认识和经验积累。譬如关于鸟类：甲骨文、金文中便有“鸟”字，《说文解字》解释说“鸟，长尾禽总名也”，又说“隹，鸟之短尾总名也”，将鸟分为两大类，即长尾和短尾。这一区分，让我们好像明白了在我们的汉语语境里，为什么同样是鸟类，有的要叫作鸟，而有的要叫作雀。对鸟类的形态结构及其功能，古人观察和描述颇为细心，如《禽经》曰“物食长喙，食物之生者皆长喙，水鸟之属也；谷食短咮，鸟食五谷者喙皆短；搏则利嘴，鸟善搏斗者利嘴”，根据不同鸟的特性对鸟嘴的长短利钝进行观察和描述。对鸟类的物候特征与草木盛衰、季节变化之间的关系有明确的发现和记述，如《禽经》“鴡鳺鸣而草衰，泽雉啼而麦齐”，《蠕范》“燕春社来，秋社去；鹃夏至来；雁仲春来，仲秋去。立春百舌鸣，雨水鸾羽，春分杜鹃北向，谷雨鸦鵵催起，霜降鹈鹕南翔，大雪脊令鸣，冬至伯劳归”。对鸟鼠同穴的记述，反映了动物共生现象的存在，如《尔雅》“鸟鼠同穴，其鸟为余，其鼠为鼵”。而说到动物解剖，很容易让人联想到《庄子》里的“庖丁解牛”，庖丁那干净利落、游刃有余的解牛表演实在令人称奇。这应该算是两千多年前的“动物解剖”了吧。《宋提刑洗冤集录》载有验骨的内容，说人的骨头“有三百六十五节。男子骨白，妇人骨黑”“牙有二十四，或二十八，或三十二，或三十六”“左右肋骨，男子各十二条，八条长四条短，妇人各十四条”等，也不知道这样的说法是否建立在人体解剖的实践基础之上。这些是古人在当时条件下获得的知识，对此大可不必深究，倒是通过古人的记述，我们还知道了“三 海豆芽”不是豆芽菜、“海百合”不是百合花、“泥笋”不是竹笋，这些看似植物名称的词语其实指的都是动物。同时，我们也不会相信古人关于“蟾蜍去月，天下大乱”“凡蛤蟆之类皆不交合，惟雌雄相对吐沫”、“多年鼍人水化为龙”、两头蛇“是老蚯蚓所化”、“季秋之节，雀人大水化为蛤；孟冬之节，雉人水化为蜃”“鹤以声交而孕。雄鸟上风，雌承下风则孕”等荒诞无稽的说法。

通过对“动物大观园”的游览，我们也发现，古人那么用心、持续地观察、记载动物，有一个突出的用意是通过对动物的认识，来搞清楚动物在人类生产、生活中能派上的用场，比如将动物纳为食材、药材以及用于观赏、娱乐，甚至借动物之力来弥补或替换人力之所不及，于是便产生了狩猎活动，狩猎甚至成为古代人类赖以生存的重要生产方式，并形成了四季狩猎的制度和礼仪，如“春搜”“夏苗”“秋称”“冬狩”，不同的季节有不同的狩猎规矩，以维护自然万物的平衡。狩猎活动为历代帝王所喜爱，常在冬季组织大规模的狩猎活动，并将狩猎活动当作习武练兵的重要手段。当然早在上古时期，古人在劳动生产实践中，逐渐认识到自然环境与动物生存之间的关系，也认识到在狩猎时不可捕尽杀绝，应让被猎动物有繁衍生息的机会，强调取之有时，用之有节。例如，《逸周书》曰：“山林，非时不升斤斧，以成草木之长；川则非时不入网罟，以成鱼鳖之长；不麛不卵，以成鸟兽之长。”古人此类野生动物保护意识，对我们今天保护野生动物，维护生态平衡，促进生态文明建设，仍具有其可资借鉴的现实意义。而在人类试图将动物为我所用的同时，也不得不面对动物的攻击和伤害， 甲骨文中就有对蝗、鼠、虎等动物为害的记载，这是今天我们能够见到的最早记载动物为害的文献。对动物为害，古人是有着清醒而深刻的认识的，所以古人不仅区分出了哪些是有益动物，哪些是为害动物，还总结、积累了一系列防治动物危害的方法。对虎的为害，我们在《水浒传》中有所领略，但那是文学作品，不足为据。在古代中国，频繁发生的蝗灾严重影响了人民的生产生活和社会安定，甚至引起统治者的重视，大量文献均有记载。譬如唐太宗痛感蝗之害民，取而生吞之。唐玄宗时宰相姚崇认为蝗灾可治，创造了火边掘坑，且焚且瘗，焚烧和掩埋相结合的治蝗办法。如今，在我国，蝗灾已很难大面积发生，但局部偶尔发生时，我们是否还可以从古人的治蝗办法和经验中获得某种启示呢？

《动物分典》从浩如烟海的中国古代典籍中披沙拣金般地摘录有关动物的资料，再将这些零乱庞杂的资料经考证、厘定，按现代动物学分类体系分门别类地编纂成卷，涉及的典籍多达 4000 卷（册），差不多可以说把中国古代典籍翻了个底朝天。所以，在这个“动物大观园”中，除了古代动物集体亮相外，中国古代典籍特别是动物典籍也来了个集体亮相，让人们在大饱眼福的同时，还能更深切地感受中华传统文化的博大精深。《动物分典》的内容建立在如此深广的典籍基础之上，其分量之厚重可想而知。此外，书中还酌情引录了明、清时外国人在中国所著汉文著作及中国人译编、译述的著作，反映了中西文化在动物学界的交流与融合。根据动物学科的特点，对动物分类系统的纲、目、科、种、中文名均标注了动物拉丁文学名，在动物物种正名下列出异名、地方名和俗名等，体现了新型类书的特点，对我们扩大认识、准确理解古籍中的动物知识将起到不可小视的作用。书中大量采自古籍的插图，或简洁，或细腻，无不展示着古代动物的生动形象，使我们能够在“有图有真相”的观感中直观地认识、了解古文说不清道不明的各种古代动物，尤其是《山海经》中那些稀奇古怪的动物。在昆虫纲、鸟纲、兽纲三个总部中还配置了采自故宫珍藏的《清宫鸟谱》和《清宫兽谱》中的动物彩图。这些出自宫廷画家之手，绘制精美、逼真，在深宫密院中存了 240 多年的动物彩图具有很高的史学、美学及科学价值。它们原来仅供皇室人员阅览、欣赏，如今随着《动物分典》的出版而公布于众，让红墙之外的普通读者也有幸一饱眼福，这称得上是一件利国利民的喜事。

《动物分典》的编纂出版，是建立在对我国古籍记载的动物资源进行全面调查的基础之上的，其全面性、系统性、时空涵盖性等多方面皆是空前的。它的出版，基本回答了 1911 年前古人认识多少种动物的问题，可为国内外读者提供认识和研究中国历史动物的渠道。这一成果不仅是古籍中动物资源记载的高度浓缩，也是对流传至今、博大精深的中华优秀传统文化的发掘、利用、传承和弘扬，其积极作用和深远意义是不言而喻的。

# 附录 2　中国古代动物学史大事年表

| 年代（公元） | 主要大事记载 |
|---|---|
| 公元前 8500 年 | 根据动物考古学和分子学证据可以证明，我国猪类驯化是多地起源的。目前，我国最早的家猪骨骼标本，出自河南省舞阳县贾湖遗址第一期，其年代可以追溯到距今 8500 年左右。 |
| 公元前 7000 年至前 4000 年 | 1. 猪、狗、鸡、马、牛等动物已被驯化饲养；稻、粟、黍等禾本科植物已被种植。<br>2. 在距今 5000 多年前，中国先民已开始养蚕，其中最重要的证据是河南省荥阳市青台村仰韶文化遗址出土的丝织物残片，从纤维来看，其单蚕丝截面积为 36—38 平方微米，截面呈三角形，是典型的桑蚕丝。其年代可追溯至距今 5500 年左右。此外，浙江湖州钱山漾遗址（距今 4000 年）出土绢片、丝线和丝带；山西夏县西阴村仰韶文化遗址（距今 6000—5600 年）出土的半颗蚕茧也都为养蚕起源的时间和地点提供了直接的证据。 |
| 公元前 3000 年 | 河南省临汝县闫村出土的距今约有 5000 年的彩色陶器上绘的鹳鸟衔鱼的图画，反映了当时人们对鹳鸟形态、习性的认识。《夏小正》是我国最早的一部指导农业生产的物候历，它是以动、植物的生长发育等知识为基础，结合天象制定而成。 |
| 公元前 2750 年 | 浙江吴钱三样遗址出土的绢片和丝带表明当时人们已经开发利用鳞翅目昆虫的蚕丝资源。 |
| 公元前 2000 年 | 以物候（主要指动、植物生长发育对季节气候的反应）指导各种生产活动。 |
| 公元前 1700 年至前 1100 年 | 象形甲骨文，包括许多动植物名称，反映了当时人们对动植物的一些直观认识。甲骨文中四种象形的鹿类动物名称，即鹿、麝、麋、獐等，虽然它们整体形象不同，但都有一个共同的象形的“鹿”字，作为它们的基本形制。这实际上包含了将一些形态基本相同的动物归为一类群的分类思想。<br>甲骨文中有首、耳、目、口、鼻、齿、舌、手、足、心、血等象形文字，反映了当时人们对人体形态结构的认识。 |
| 公元前 1000 年至前 500 年 | 《诗经》(成书于春秋中期）中提到植物 143 种，动物 109 种，共 252 种。这些动物大部分产于我国黄河流域。《诗经・豳风・七月》中，已有物候的记载。 |
| 公元前 772 年至前 256 年 | 母驴与公马杂交出生的驴骡“駃騠”，是中国古代最早对杂种优势利用的实例，时间可追溯到东周时期。许慎《说文解字》中有说明。 |
| 公元前 600 年 | 《黄帝内经》中包含了丰富的人体解剖、生理等各方面的知识。<br>《管子・水地》反映了当时人们对水在生命活动过程中的重要作用的认识。 |
| 公元前 3 世纪 | 1.《周礼・考工记》将鱼类（鳞者）、鸟类（羽者）、哺乳类（脂者、膏者、裸者）总名为“大兽”、均为脊椎动物；将昆虫等无脊椎动物，总名为“小虫”。虽然未指明脊椎骨在动物分类上的重要意义，但是在客观上蕴涵着“脊椎”与“无脊椎”的区别的系统关系。<br>2.《周礼・地官》中首次出现“动物”和“植物”这两个重要的专用名词，是古代人们对众多生物在认识上的一次飞跃，表明古人已从千姿百态的生物中，对动物和植物的初步归类，具有里程碑的意义。<br>3.《周礼・地官》将动植物的生境划分为山林、川泽、丘陵、坟衍、原隰五类，各类生境中均有适宜于生存的动植物。反映古人已经有了动植物与其栖息环境相统一的思想。<br>4.《庄子・山木篇》记载，庄子已经观察到自然界中存在螳螂捕蝉、鸟捕螳螂、人捕鸟这种“食物链”现象，认为生物总是相为利，同时相招害。他为此总结为“物固相累，二类相召也。”<br>5. 战国时代荀况在《荀子・王制》中提出：“水火有气而生；草木有生而无知；禽兽有知而无义；人有气，有生，有知，亦且有义，故最为天下贵也。”荀况在此指出了区别生物与非生物、植物与动物、动物与人的基本要素。这与古希腊亚里士多德所建立的非生物与生物及人的系统已十分接近。<br>6. 周代养蚕已有专用的蚕室。公元前 3 世纪后期，出现了小蚕恒温饲养。表明当时对于蚕的生长与温度的关系已有一定的认识。<br>7. 荀况的《蚕赋》是有关桑蚕的形态和生活史以赋的形式，最早予以表述的专著。 |
| 公元前 2 世纪 | 《尔雅》全书 19 篇，其中最后 1 篇分别是：《释草》《释木》《释虫》《释鱼》《释鸟》《释兽》《释畜》。共著录了 590 多种动植物（植物近 200 种、动物 300 多种），指出它们的名称。此外，还根据它们的形态特征，将它们分别归入一定的分类系统中。如将植物分为草本和木本两大类，木本又分为乔木、灌木和檄木（相当于棕榈科植物）。动物方面分为：虫、鱼、鸟、兽四大类。并进一步提出动物分类的定义，如“二足而羽谓之禽”“四足而毛谓之兽。”《尔雅》在大类之下，还进行更深一层次的分类，如使用了“鼠属”“牛属”“马属”等名称。 |
| 公元 1 世纪 | 1. 汉王充在《论衡》一书中说：“物生自类本种”“且夫含血之类，相与为牝牡。牝牡之会，皆见同类之物”“天地之间，异类之物，相与交接，未之有也。”他认为各种生物都能相当稳定地将本种类特征传给后代。他所谓的“本种”包含有种的概念，并将能否互为交配，也列入种的特征之一。<br>2. 王充还在《论衡・自然》中，批评了天有意志、有目的产生万物的观点，他说：“春观万物之生，秋观其成，天地为之乎？物自然也。如谓天地为之，为之宜用手，天地安得万万千千手，并为万万千千物乎！”。在《论衡・物势》中，他批评儒家的天有目的生人的说法。他说：“‘天地故生人’此言妄也，夫天地合气，人偶自生也”。 |

续表

| 年代（公元） | 主要大事记载 |
| --- | --- |
| 公元1世纪 | 3. 东汉初期出现《神农本草经》，它是中国现存最早本草学专著。类似于今天的药用动、植物志。全书记载药物365种，包括草、谷、米、果、木、虫、鱼、家畜、金石等。根据药物对人的作用，分为上、中、下三品。该书对所收录的每种药用动、植物都做了简明的介绍。说明了药物的药理、药性、主治功用，生长环境及其别名等。它开创了本草著作的体例，对后来本草的发展，影响很大。<br>4.东汉许慎撰《说文解字》，成书于东汉和帝永元十二年（公元100年）至安帝建光元年（121年），全书共15卷，540个部首。其中涉及动物分类、形态、地理分布、生活习性及用途等。据统计该书著录动物（不包括神话传说动物）共计484种。其中脊椎动物342种，无脊椎动物142种。对鸟兽还作了较细的二级分类。<br>5. 西汉皇族淮南王刘安及其门客集体编写的一部哲学著作《淮南子·主术训》又名《淮南鸿烈》、《刘安子》，该书十分重视生物资源的保护，沿用先秦时期保护环境的一些礼法。在该书中极力主张畋不掩群，不取麛夭；不涸泽而渔，不焚林而猎。其后的皇帝诏令中多有类似内容。<br>6. 东汉延熹年间（158—166年），姜岐以畜蜂豕为事，教授者满于天下，营业者三百余人。明确记载东汉时期养蜂已成产业（皇甫谧《高士传·姜岐》卷下）。<br>7. 东汉时期的杨孚《南裔异物志》，汉朝末年三国时期万震《南州异物志》，沈莹《临海异物志》记鱼类60多种、爬行动物及贝类40多种，鸟类20余种。 |
| 公元3世纪 | 1. 晋·陆玑（261—303年）著《毛诗草木鸟兽虫鱼疏》，这是一部专门针对《诗经》中所提到的动、植物进行注解描述的专著。他按草、木、虫、鱼、鸟、兽来归类动、植物。全书共记载动植物154种，其中草类54种，木类36种，鸟类23种，兽类12种，虫鱼类29种。对各种动植物形态、生态、产地和用途进行了描述，并指出它们的异名、今名。该书首次对中国珍禽——鹤，作了形态分类描述：鹤，形状大如鹅，长三尺。脚青黑，高三尺余。赤顶、赤目，喙长三尺余。多纯白，亦有苍色。苍色者，人谓之赤颊，常夜半鸣。中国常见鹤类约有五六种。这里所描述的，显然是我国最常见的丹顶鹤，亦称白鹤。<br>2. 西晋·张华（232—300年）编撰《博物志》，分类记载奇异的草木鱼虫、飞禽走兽的描述。特别值得一提的是，张华是我国古代首次观察并记载了“蚕三化，先孕而后交。不交者亦产子，子后为蚕。”的昆虫孤雌生殖的生理现象。 |
| 公元4世纪 | 1. 晋·郭璞对《尔雅》记载的动、植物以当时晋秦地区通行的动、植物名称来解释古老的动、植物名称。他不仅引经据典解释各种动、植物的正名和别名，而且还根据自己从实际中获得的知识对许多动、植物的形态、生态特征作了具体的描述。郭璞还为《尔雅》所载动、植物绘图，著有《尔雅图》十卷。<br>2. 晋·葛洪已将恙虫病（古称河虱毒或沙虱热）与沙虱（恙螨）的寄生联系在一起，《抱朴子·内篇·登涉》：人被沙虱叮咬，三日之后，令骨节强，疼痛，寒热，赤上发疮。<br>3. 晋·葛洪在《肘后卒救方》中提到治疗狂犬病方法是：杀死咬人的疯狗，取出其脑，敷在被咬的伤口处，即可治愈。这种治疗方法具有现代免疫学原理，是世界上最早的免疫治疗方法。<br>4. 据郑辑之《永嘉郡记》（公元4世纪）记载，当时浙江温州蚕农将二化性蚕的第一化蚕所产之卵，放在低温的环境（如山间冷泉）中，使冷气折其出势，这样经过低温冷气影响而延长了孵化期（在自然温度下只需7天孵化，而在冷气影响下，要延长到21天才能孵化）孵化出来的蚕所产的卵，就能在当年里继续孵化（中断“滞育”）。当时蚕农就是利用这种低温影响家蚕发育的方法，使二化性蚕能在一年内连续孵化多次，以实现一年养多批蚕的目的。 |
| 公元5—6世纪 | 1. 《诗经·小雅·小宛》第三章：中原有菽，庶民采之。螟蛉有子，蜾蠃负之。教诲尔子，式穀似之。汉代法雄在《法言》中误认为裸蠃掳走螟蛉幼虫，是为了将它咒成为裸蠃。晋代陶弘景（456—536年），通过观察发现细腰蜂有许多种类。其中有一种色黑、腰很细，含泥做巢，并产下粟米大小的卵，它捕取青蜘蛛放在巢内，作为子代成长时的食粮。另外还有一种是在芦竹内作巢，它捕取青虫作为子代的食粮。根据这些发现，他正确地指出，所谓“取青虫教祝使变成子”的说法是错误的。<br>2. 南朝梁·陶弘景撰《本草经集注》，载动植物药730种，改变以往三品分类法，而根据药物本身形态和功能分为玉石、草、木、虫、兽、果菜、米食等七类。在分类学上较《神农本草经》有了巨大进步。 |
| 公元6世纪 | 1. 北魏·贾思勰撰《齐民要术》（成书于533—544年），全书10卷92篇，12万字。内容包括种植业、畜牧业、加工业等部门，涉及谷物、蔬菜、瓜果、林木、经济作物、家畜、家禽、蚕、鱼、绿肥、饲料等方面的生产、管理、加工技术，是世界上最早的一部农业百科全书。书中不仅包含丰富的农业生产经验，而且也包含了丰富的生物知识。该书提到的家畜有牛、马、驴、骡、羊、猪、鸡、鸭、鹅和鱼等。继承和发展了古代的相畜禽知识。<br>2.《齐民要术》认识到家畜远缘杂交后代的不育性。<br>3.《齐民要术》注意到蚕种的选择，并用盐腌储藏等方法来防治蚕病。 |
| 公元7世纪 | 公元657—659年，苏敬等编撰《新修本草》，又称《唐本草》。这是中国历史上第一部官修本草学著作，也是世界医学史上第一部国家颁布的药典。全书54卷，记药物844种（主要是药用动物、植物），新增114种。首次增加了药图和图经的内容，成为后世本草学的模本。其中许多是外来药。在分类上，把草木、虫兽各分为二，反映了对动植物研究的区类的分化。其中药图5卷，是按全国各地采集的实物所绘的彩图，成为唐代以前有记载、卷帙最多，品种来源最丰富的彩色药用动、植物图谱。在国内流行使用达400年之久。 |
| 公元7世纪 | 1. 旧题周代师旷撰、晋张华注《禽经》，是中国最早的一部鸟类的著作。现在一般认为成书于唐、宋之间。书中记载了鸥、鹗、鹦鹉、鸳鸯、鹧鸪、锦鸡、鹡鸰等70多种鸟。对鸟类名称、形态特征、生活习性、生态环境等均有所观察和记载。<br>2. 《诸病源候论》又称《诸病源候总论》、《巢氏病源》，共50卷，为隋代巢元方等撰于大业六年（610年）。该书对人体胚胎发育有了比前人更深入的认识，指出：1个月的胎儿刚刚成型，因此叫“始形”。到4个月时，胎 |

续表

| 年代（公元） | 主要大事记载 |
|---|---|
| 公元 7 世纪 | 儿的主要脏器已经形成。到 5 个月时，四肢就长出来了。到 6 个月时，胎儿的口、眼等器官也都长出。到 7 个月时，胎儿的皮毛也都长好。到 8 个月时，胎儿的各种器官更加完善等。这是作者根据实际观察，对胎儿的发育进行了比较科学的描述。李约瑟在《中国科技史》一书中指出：巢元方在公元 610 年编撰的《诸病源候论》一书，它不涉及治疗，专对疾病性状进行分类描述，堪称是一部伟大的著作，<br>3. 唐高祖时编修的大型类书《艺文类聚》，欧阳询为主编，武德七年（624 年）成书，与动物有关的有鸟部三卷（90—92 卷），兽部三卷（93—95 卷），鳞介部二卷（96—97 卷），虫豸部（附于 97 卷）。<br>4. 徐坚编纂类书《初学记》，共 30 卷，涉及生物方面有 27 卷草部、28 卷果木部、28 卷木部、29 卷兽部、30 卷鸟部、31 卷鳞介部、31 卷虫部。<br>5. 白居易编纂类书《白孔六帖》，该书涉及生物方面内容大体与《初学记》类似，但不分部，分别在各卷中叙述，如 94—95 卷：鸟类、96 卷：家畜、97 卷：兽、98 卷：兽、鱼、龟鳖、99 卷：草木果、100 卷：蔬、木、竹、花草等。 |
| 公元 8 世纪 | 开元四年（约公元 714 年，唐玄宗李隆基），山东蝗虫大起，宰相姚崇力排干扰，发动群众，根据蝗虫习性，推行“以火诱杀”和“开沟捕杀”相结合的“火边掘坑”方法治理，有效地扑灭了蝗灾。 |
| 公元 9—10 世纪 | 1. 段成式（803—863 年）著《酉阳杂俎》20 卷，续集 10 卷，跳出了古代“动植物”依附于中医药、农学与地学的框框，以采拾博洽，百科荟萃，首开笔记式、广谱式的动植物记叙，反映中国古代有关动植物知识。<br>《酉阳杂俎 • 广动植篇》对动植物形态、生态有较详细的描述。记叙了蟹、螺共生：寄居、壳似蜗，一头小蟹，一头螺蛤也，寄在壳间，常候蜗开出仓，螺欲合，遂入壳中。<br>《酉阳杂俎 • 广动植篇》记叙动物保护色：凡禽兽必藏匿形影同于类物也，是以蛇色逐地，茅兔必赤，鹰色随树。指出保护色的作用就是“藏若形影”。<br>《酉阳杂俎 • 广动植篇》记叙一种蜘蛛的特殊捕食行为，一种称为颠当的土蜘蛛，在地中作巢，巢深如蚓穴，网丝其中，穴口盖土与地面平，平时蜘蛛守穴内，每遇小虫经过，即翻盖，捕小虫入穴内。平时则盖土与地面颜色一致，不易被发现。<br>2. 刘恂著《岭表录异》，记述岭南特有的动植物。所记多是所见所闻，真实性强。如对海蜇的记载：水母（海蜇），广州谓之水母，闽谓之蛇（zhai）。其形乃浑然凝结一物，有淡紫色者、有百色者，大如夏帽，小者如碗。腹下有物如悬絮，俗谓之足，而无口眼。常有数十虾寄腹下，咂食其涎，浮汎水上，捕者或遇之，即欻（chua）然而没，乃是虾有听见耳。这里不仅对腔肠动物水母的形态及习性描绘得栩栩如生，而且指出了小虾与水母的共栖现象。<br>3. 唐段公路著、崔龟图注《北户录》共三卷，记载唐代岭南风土录，征引亦极博洽。卷一有“通犀”“鹧鸪”“赤白吉了”“蚺蛇牙”“蛤蚧”“蛱蝶枝”“金龟子”“鱼种”“孔雀媒”“鹦鹉瘴”“绯猨”“红虵”“红蟹壳”“红蝙蝠”“乳穴鱼”“水母”。卷二有“蚊母扇”“红虾杯”“鸡卵卜”“象旱炙”“桄榔炙”“米麸”“睡菜”“蕹菜”“鹅毛被”“鸡毛笔”“鸡骨卜”“鹅毛艇”“红盐”“食目”等。<br>4. 谭峭撰《化书》生动地描绘了以食物建立的鱼对声音的条件反射。<br>5. 后汉隐帝因鸜鸽（八哥）食蝗，而于公元 918 年颁令“禁捕鸜鸽”，这是以国家法令保护益鸟的开端。<br>6. 五代时，道士烟萝子（又名燕真人）著《内境图》，是我国现存的最早的一本有关人体内脏解剖图。<br>7. 唐末五代李珣撰《海药本草》六卷，载药 124 种，是我国古代第一部专门介绍研究海外传入中国的药物著作，以引述海药文献为特点，据现存佚文统计，全书收录药物 124 种，其中 96 种标注外国产地。如：安息香、诃梨勒出波斯，龙脑香出律因，金屑出大食国。此外书中记述了药物形态、真伪、优劣、性味、主治、附方、服法、制药法、禁忌、畏恶等。有些条文兼载药名解释。书中收载的海桐皮、天竺桂、没药等为当时其他本草著作所未载。 |
| 1000 年 | 北宋 • 王禹偁（cheng）《小畜集 • 记蜂》详细记述了蜂群内部组织和蜂的繁殖情况。 |
| 1075 年 | 宋神宗八年八月，颁布了中国第一道治蝗法规《熙宁诏》。 |
| 1083 年 | 秦观撰《蚕书》，这是一本依据实际观察写成的书，对蚕的龄期和食量，发蛾与温度等均有较详细的记载。<br>宋代还出现“硃砂温水浴法”防治蚕病。 |
| 1088—1093 年 | 沈括著《梦溪笔谈》，书中根据山石中有螺蚌化石及地下竹子化石，推测水陆变迁及气候变化。他对动、植物形态的描述，对植物名实的考证以及对生物的变异，对生物生长发育和生活活动与周围环境的关系，都有深入的研究和独到的见解。 |
| 1102 年 | 杨介撰《存真图》绘制五脏六腑十二经络图多帧。 |
| 1125 年 | 宋 • 陆佃撰《埤雅》（原名《物性门类》）二十卷，共记载动植物 200 余种。书中多处记述动物生态活动，如獾与貉的共栖；蟾蜍、蜈蚣（又名虫即蛆）、蛇的相制。 |
| 1241 年 | 宋 • 戴植撰《鼠璞》中记述了当时人工养殖金鱼的情况，指出当时对金鱼的繁殖，已可在人工控制下进行。 |
| 1241—1275 年 | 南宋戴侗撰《六书故》，书中有对昆虫分类的尝试。例如“蚁”字注分出白蚁、玄蚁、虎蚁、蛆蚁、臭蚁等；玄蚁群中又指出大头蚁和黄蚁，又将蝉、螓、蜩、螗、蝘等，并为蝉类条。 |
| 1282—1296 年 | 元 • 周密撰《癸辛杂识》，该书首次记载白蜡虫生活史、寄生植物、白蜡虫的放养、收蜡的时间等。 |
| 1300 年 | 元 • 王祯（1271—1368 年）撰《农书》成书于 1300 年左右，与《齐民要术》相比，补充了南方农业技术，把粮食作物生产、蚕桑、畜牧、渔业等作为农学的主体。元朝《土农必用》中，已对蚕生长各阶段所需温度有详细的说明。元代还出现“天浴”，利用低温选优汰劣。 |

续表

| 年代（公元） | 主要大事记载 |
| --- | --- |
| 16世纪50年代 | 1. 明·王廷相著《慎言·道华篇》，他指出：人有人种，物有物种，各个具足，不相凌犯，不相假借。他又进一步指出：万物巨细刚柔各异其才，声色臭味，各殊其性，通千古而不变者，气种之有定也。这里的“气种”，是指不同生物性状遗传稳定现象的物质基础。<br>2. 明·杨慎著《异鱼图赞》四卷。卷一、二记鱼类，卷三记乌鲗、鲸，卷四记其他水生动物。共100余种，是历史上较早的水生动物专著。 |
| 1578年 | 明·李时珍著《本草纲目》，全书共52卷，约19万字，记药物1892种，插图1160幅，附方11 096则。对每种药物以“释名”确定名称；以“集解”叙述产地、形态、栽培及采集方法等；以“辨疑”、“正误”考订药物品种真伪和纠正历史文献记载的错误；“修治”说明炮炙法；“气味”“主治”“发明”分析药物的性味与功用。该书系统地总结了中国16世纪以前药物学成就，而且对动、植物的分类、生理、生态和遗传等方面都有独到的论述。《本草纲目》在命名时采用优先法系统，这一点就与当今的命名法规原则一致，全书所分的十六部，则按照从无机到有机、从低等到高等的次序排列，反映出一种进化思想和系统观念；在每一部中，又按生物的自然属性进一步划分。李时珍以“从类而分，以族相邻”为主导思想建立的独特分类体系也被称为林奈之前最好的分类系统。 |
| 1596年 | 1. 明·屠本畯著《闽中海错疏》，该书分三卷，共记载他亲自观察的海产动物200多种，以经济海产鱼类为主，其中有少数属淡水鱼类。<br>2. 明·张谦德著《硃砂鱼谱》，该书记述了对硃砂鱼（金鱼）大规模选种培育新品种的情况，表明当时人们已经对金鱼进行了有意义的人工选择。 |
| 1607—1641年 | 明·徐弘祖（号霞客）毕生进行地理考察，探索大自然奥秘，足迹遍及中国，写成《徐霞客游记》。书中记载动物约50余种，其中鱼类18种，昆虫和鸟类各6种，猿3种，鼠类4种，蛇类2种。他在考察生物时，特别注意生物与环境关系。研究涉及海拔高度与地理纬度、温度和风，以及地形对植物生态和分布的影响。 |
| 1630年 | 徐光启著《农政全书》，是中国古代农学集大成之作，其中《除蝗疏》，揭示了蝗虫的生活史和蝗卵的发育环境条件。并提出了消灭蝗卵，改造蝗虫滋生地的防治措施。 |
| 1637年 | 1. 宋应星著《天工开物》，记载了明代杭嘉湖地区蚕农已知道利用一化性雄蚕和二化性雌蚕杂交获取杂交种，供夏蚕生产使用。<br>2. 明代还有“天露”“石灰水”“盐水”等浴种方法，并采用杂交方法培育蚕的嘉种。<br>3. 宋应星《论气》成书于崇祯丁丑年（1637年），在“水尘”一章中记述了他比英国医生梅猷（J. Mayow，1641—1679年）和英国化学家普利斯特里（J. Priestey，1733—1804年）用小鼠在密闭的容器中做过的呼吸实验早几十年，就证明空气和水中存在某种维持生命所必需的成分，一旦这种成分耗尽，陆生动物或水中的鱼就会死去。 |
| 1642年 | 明·吴有性著《瘟疫论》，指出感染戾气和机体功能状况不良，为机体发病原因的观点。它使人们对传染病的认识大为提高。 |
| 1644年 | 明崇祯十七年，清顺治元年，四月霜，山西长治秋大疫，病者先于腋下、股间生一核，或吐淡血即死，不受药饵，虽亲友不敢问，有阖门死绝，无人收葬。乾隆《长治县志》卷二十一《祥异》。这是被近现代医学专家所认定的符合腺鼠疫症状的首例记叙。是年四月，山西潞城县也发生鼠疫，患者症状与长治雷同，为腺鼠疫典型症状。 |
| 1670年 | 明末清初王夫之著《思问录·外篇》一书，指出：质日代而行如一……肌肉之日生而旧者消也，人所未知也。人见形之不变而不知其质之已迁……。这里是以肌肉为例，说明形态虽然未变，而物质组成实际上已经发生变化。“日生”而“旧者消”说明物质代谢更新是不断进行的，这里显然包含了生物体新陈代谢的基本概念。 |
| 1688年 | 清·陈淏子著《花镜》记叙鸟类25种、兽类6种，介绍金鱼、斗鱼、绿毛龟及蜂、蟋蟀的饲养方法。 |
| 1698年 | 清·聂璜于康熙戊寅年完成《海错图》，该书（前三册）描绘的海洋生物物种193种，分属色素界、植物界和动物界。属动物界中的物种，几乎涉及无脊椎动物门类和脊索动物门的全部主要类群。其中属色素界的物种有4种，属植物界的物种有5种，属动物界的物种有184种。该书亦图、亦文、亦诗，集知识性、文学性、趣味性于一体的古代海洋生物图志，对后人了解中国古代海洋生物的分布、生态习性及其利用等，均有十分重要的意义。 |
| 1700年 | 清·屈大均著《广东新语》，该书记载各种动物130余种，其中记叙广东农民已知利用鱼类不同食性，进行四大家鱼（青、草、鲢、鳙）的混养，以提高池塘养鱼的效益。 |
| 1744年 | 清乾隆九年，清内府编撰的《石渠宝笈》初编著录记：蒋廷锡《鹁鸽谱》两册，素绢本，著色画。该画册不仅具有艺术鉴赏价值，对研究17世纪中叶，中国鹁鸽类的驯养与品系形成有重要参考价值。 |
| 1761年 | 1. 清·余省、张为邦于乾隆二十六年完成《鸟谱》12册，共绘鸟360幅。《鸟谱》对所绘之禽鸟，均以写实之手法表现，即所绘之图与实物大小比例、羽毛色泽、形态特征、栖息环境等较为一致，且文字说明与相对应的鸟图比比对照，识别种类。这是十七世纪中叶，世人对鸟类记载最为系统的论著。不仅具有很高的艺术观赏价值，同时也具有很高的科学价值。<br>2. 清·余省、张为邦于乾隆二十六年完成《兽谱》6册，为图180幅，分为“瑞兽”“现实存在兽”“异国兽”三大类。对研究中国古代兽类学有重要的参考价值。 |
| 19世纪初期 | 李元著《蠕范》一书，全书共8卷，记载动物420种，探讨动物的形态、生理、生态及应用等方面的问题。 |
| 1830年 | 道光10年，佚名《鸽谱》、沈振麟、焦和贵《鹁鸽谱》问世，对研究中国鹁鸽类的品系形成，有重要的参考价值。 |

续表

| 年代（公元） | 主要大事记载 |
|---|---|
| 1830 年 | 清代医学家王清任著《医林改错》一书，他通过尸体解剖的实际观察，重新绘制脏腑图，纠正了前人在人体解剖方面的错误认识，正确区分胸腔、腹腔的部位，指出膈肌之上只有心脏、肺脏；其余内脏器官均在膈肌之下。记述了气管、支气管和细支气管，纠正了“肺有 24 孔”之误。提出“灵机记性在脑不在心”，还提出听觉、视觉、嗅觉均与大脑有密切联系的看法。 |
| 1848 年 | 句曲山农著《金鱼图谱》，全书分原始（考证起源），池畜、缸畜、配孕、养苗、辨色、相品，饲食、疾疗、识性、征用等项。记叙较详。配孕中提到：咬子时，雄鱼需择佳品，与雌鱼色类大小相称。则生子天全而性纯。即指金鱼交配时，要选择性状大小相称的亲鱼，进行交配，以提高繁殖之效果。 |
| 1851 年 | 英国传教士医生合信和中国学者陈修堂合作编译《全体新论》一书，介绍西方近代人体解剖构造和生理知识。 |
| 1886 年 | 郭柏苍著《海错百一录》，记载福建沿海动植物 400 多种，其中动物 360 种，植物 40 多种。 |
| 1891—1894 年 | 清光绪年间，岭南连年鼠疫流行，岭南名医罗汝兰仿《医林改错》例，参酌他说，融合已意，系统总结了此前医家治鼠疫之经验，疗效确切。他于 1891—1894 年撰成《鼠疫汇编》一书，为我国现存最早的鼠疫治疗专著。此后面世的鼠疫防治专著如《时症良方释疑》《鼠疫约编》《鼠疫抉微》等，均据该书第五刻本增辑而成。该书首次将鼠疫与鼠联系在一起，这在鼠疫认识上是一大进步，如在该书序中，明确指出：鼠疫者，鼠死而疫作，故以为名。又在《鼠疫原起》中提到：光绪十六年冬，鼠疫盛行，鼠疫者，疫将作则鼠先死。人感疫气辄起瘰疬，缓者三五日死，急者顷刻。医师束手。 |
| 1898 年 | 中国思想家严复著《天演论》出版。《天演论》是英国赫胥黎《进化论与伦理学》一书的意译，对中国思想界影响很大，介绍了“物竞天择，适者生存”的进化思想，在中国学术界产生了深远的影响。 |
| 1900 年 | 清末广东鼠疫流行，群医束手，死伤者甚众。林庆铨著《时疫辨》一书，该书对“疙瘩瘟”（腺鼠疫）论述颇详，强调攻邪乃治此疫第一要务，切忌温补。其治疗颇有独到之处，确定鼠疫的发生与鼠的关系，查粤东治鼠疫症，即滇南之痒子红痰症，亦即古人所谓疙瘩瘟也。滇南患此症由鼠先死而后病及人。他又指出：广州之鼠疫发自春，不得谓与滇南无差异，然皆鼠先死，所同者此耳。 |
| 1910—1911 年 | 清宣统二至三年，东北发生了以黑龙江巴彦、依兰、拜泉、龙江、哈尔滨为中心的肺鼠疫大流行，并迅猛向辽宁、吉林蔓延，并有向关内扩散之势。此次肺鼠疫菌的储存宿主是旱獭，鼠疫杆菌的传播途径：由俄罗斯贝加尔湖侵入我国满洲里、海拉尔向南传播。 |

# 附录 3　中国古代动物学主要参考文献一览*

中国古代十三经：

1.《周易》：是占卜之书，其外层神秘，而内蕴的哲理至深至弘。

2.《尚书》：是上古历史文件汇编，主要内容为君王的文告和君臣谈话记录。

3.《诗经》：是西周初至春秋中期的诗歌集，内分“风”“雅”“颂”三部分，“风”为土风歌谣，“雅”为西周王畿的正声雅乐。“颂”为上层社会宗庙祭祀的舞曲歌词。

4.《周礼》：该书原名《周官》，西汉时在民间发现，创作年代大多数学者认为可能在战国时期。主要汇集周王室官制和战国时期各国制度。

5.《仪礼》：主要记载春秋战国时代的礼制。

6.《礼记》：是西汉的两位学者礼学家戴德和他的侄子戴圣编辑的战国至秦汉年间儒家学者解释说明经书《仪礼》的文章选集。是秦汉以前有关各种礼仪的论著汇编。

7—9.《春秋》三传：是围绕《春秋》经形成的著作，《左传》可能是春秋末左丘明所作，但也有人认为是战国初的作品，重在史事的陈述。《公羊传》作者旧题是战国时齐人公羊高，他受学于孔子弟子子夏，后来成为传《春秋》的三大家之一，《谷梁传》其作者相传是子夏的弟子，战国时鲁人谷梁赤。起初也为口头传授，至西汉时才成书传。后二传重在论议。

10.《论语》：是春秋时孔子弟子对于孔子的语录笔记，是孔子及其门徒的言行录。

11.《孝经》：西汉在孔壁中发现的藏书，至今作者仍有争论，但偏向于曾子学派的著作。为论述古代孝道的专著。

12.《孟子》：是战国时儒家学者孟子的著作。专载孟子的言论、思想和行迹。

13.《尔雅》：战国到西汉的学者编写的一本可以用来学习儒家经典的词典，《尔雅》全书收词语 4300 多个训解词义，诠释名物，经学家多据以解经。

**周朝**

周・管仲撰，房玄龄注《**管子**》，景印文渊阁四库全书 729 册，台湾商务印书馆发行，1986 年

周・韩非撰，元・何犿注《**韩非子**》，景印文渊阁四库全书 729 册，台湾商务印书馆发行，1986 年

周・墨翟撰《**墨子**》，景印文渊阁四库全书 848 册，台湾商务印书馆发行，1986 年

周・卜子夏撰《**子夏易传**》，景印文渊阁四库全书 7 册，台湾商务印书馆发行，1986 年

周・师旷撰，晋・张华注《**禽经**》，景印文渊阁四库全书 847 册，台湾商务印书馆发行，1986 年

周・荀况撰，唐・杨倞注《**荀子**》，景印文渊阁四库全书 695 册，台湾商务印书馆发行，1986 年

周・左丘明撰，晋・杜预注，唐・孔颖达疏《**春秋左传注疏**》，景印文渊阁四库全书 143 册，台湾商务印书馆发行，1986 年

**春秋战国**

春秋・范蠡撰《**养鱼经**》，玉函山房辑佚书本

---

* 附录 3 所列均为本书中所引用的部分主要古代参考文献，涉及相关动物学知识的更多古代文献目录，请详见《中华大典·生物学典·动物分典》第四册 943—988。

春秋·公羊高撰，汉·何休学诂，唐·徐彦疏《**春秋公羊传注疏**》，景印文渊阁四库全书 145 册，台湾商务印书馆发行，1986 年

春秋·左丘明作《**国语**》，中州古籍出版社，2010 年

先秦·庄周撰《**庄子**》，四部丛刊初编·子部

### 秦朝

秦·吕不韦撰，汉·高诱注《**吕氏春秋**》，景印文渊阁四库全书 848 册，台湾商务印书馆发行，1986 年

### 汉朝

汉·班固撰，唐·颜师古注，清·齐召南等考证《**前汉书**》，景印文渊阁四库全书 249 册，台湾商务印书馆发行，1986 年

汉·戴德撰，北周·卢辩经《**大戴礼记**》，景印文渊阁四库全书 128 册，台湾商务印书馆发行，1986 年

汉·董仲舒撰《**春秋繁露**》，景印文渊阁四库全书 181 册，台湾商务印书馆发行，1986 年

汉·伏胜撰，郑玄注，清·孙之录辑《**尚书大传**》，景印文渊阁四库全书 68 册，台湾商务印书馆发行，1986 年

汉·高诱注，宋·姚宏续注《**战国策**》，景印文渊阁四库全书 406 册，台湾商务印书馆发行，1986 年

汉·桓宽撰，明·张之象注《**监铁论**》，景印文渊阁四库全书 695 册，台湾商务印书馆发行，1986 年

汉·贾谊撰《**新书**》，景印文渊阁四库全书 695 册，台湾商务印书馆发行，1986 年

汉·孔安国撰，唐·孔颖达疏、陆德明音义《**尚书注疏**》，景印文渊阁四库全书 54 册，台湾商务印书馆发行，1986 年

汉·刘安撰、高诱注《**淮南鸿烈解**》，景印文渊阁四库全书 848 册，台湾商务印书馆发行，1986 年

汉·刘向撰《**说苑**》，景印文渊阁四库全书 696 册，台湾商务印书馆发行，1986 年

汉·刘真等撰《**东观汉记**》，景印文渊阁四库全书 370 册，台湾商务印书馆发行，1986 年

汉·史游撰、唐·颜师古注《**急就篇**》，景印文渊阁四库全书 223 册，台湾商务印书馆发行，1986 年

汉·司马迁撰，南朝宋·裴骃集解《**史记**》，景印文渊阁四库全书 243 册，台湾商务印书馆发行，1986 年

汉·王充撰《**论衡**》，景印文渊阁四库全书 862 册，台湾商务印书馆发行，1986 年

汉·王逸撰《**楚辞章句**》，景印文渊阁四库全书 1062 册，台湾商务印书馆发行，1986 年

汉·杨孚撰，清·曾钊辑《**异物志**》，丛书集成初编，据岭南遗书本排印，上海商务印书馆发行，1936 年

汉·扬雄撰，晋·郭璞注《**輶轩使者绝代语释别国方言**》，景印文渊阁四库全书 221 册，台湾商务印书馆发行，1986 年

汉·许慎撰，宋·徐铉增释《**说文解字**》，景印文渊阁四库全书 223 册，台湾商务印书馆发行，1986 年

汉·赵岐注，宋·孙奭疏《**孟子注疏**》，景印文渊阁四库全书 195 册，台湾商务印书馆发行，1986 年

汉·郑玄注，唐·贾公彦疏， 陆德明音义《**周礼注疏**》，景印文渊阁四库全书 90 册，台湾商务印书馆发行，1986 年

汉·郑玄注，唐·孔颖达疏、陆德明音义《**礼记注疏**》，景印文渊阁四库全书 115 册，台湾商务印书馆发行，1986 年

汉·郑玄注《**周礼**》，四部丛刊初编本，明翻宋氏相壹本景印，据商务印书馆一九二六年版重印年

汉·朱仲撰《**相贝经**》，中华书局，1991

### 三国

三国魏·王肃注《**孔子家语**》，景印文渊阁四库全书 695 册，台湾商务印书馆发行，1986 年

三国魏·吴普等述，清·孙星衍、孙冯翼同辑《**神农本草经**》，商务印书馆，1937年

三国魏·张揖撰《**广雅**》，景印文渊阁四库全书221册，台湾商务印书馆发行，1986年

三国吴·陆玑撰《**毛诗草木鸟兽虫鱼疏**》，景印文渊阁四库全书70册，台湾商务印书馆发行，1986年

三国吴·陆玑撰，清·丁晏校正《**毛诗草木鸟兽虫鱼疏校正**》，续修四库全书71册，上海古籍出版社，据清咸丰七年刻本

三国吴·陆玑撰，明·毛晋广要《**陆氏诗疏广要**》，景印文渊阁四库全书70册，台湾商务印书馆发行，1986年

三国吴·沈莹撰、张崇根辑校《**临海异物志**》，据唐宋丛书本排印，中华书局出版发行，1991年

**晋朝**

晋·常璩撰《**华阳国志**》，景印文渊阁四库全书463册，台湾商务印书馆发行，1986年

晋·崔豹撰《**古今注**》，景印文渊阁四库全书850册，台湾商务印书馆发行，1986年

晋·葛洪撰《**肘后备急方**》，景印文渊阁四库全书1059册，台湾商务印书馆发行，1986年

晋·郭璞注《**山海经**》，景印文渊阁四库全书1042册，台湾商务印书馆发行，1986年

晋·郭璞着，张宗祥校录《**足本山海经图赞**》，古典文学出版社，新华书店上海发行所发行，1958年

晋·郭璞注《**尔雅**》，续修四库全书185册，上海古籍出版社，宋刻本影印

晋·郭璞著《**尔雅音图**》，北京市中国书店（据光绪十年上海同文书局本影印），1985年

晋·郭璞注，唐·陆德明音义，宋·邢昺疏《**尔雅注疏**》，景印文渊阁四库全书221册，台湾商务印书馆发行，1986年

晋·郭璞撰，清·茆泮林辑《**玄中记·补遗**》，续修四库全书1264册，上海古籍出版社，据清道光一四年梅轩刻一〇种古逸书本影印

晋·郭象注《**庄子注**》，景印文渊阁四库全书1056册，台湾商务印书馆发行，1986年

晋·皇甫谧撰《**高士传**》，上海古籍出版社

晋·孔晁注《**逸周书**》，景印文渊阁四库全书370册，台湾商务印书馆发行，1986年

晋·张华撰《**博物志**》，景印文渊阁四库全书1047册，台湾商务印书馆发行，1986年

**南北朝**

南朝宋·刘敬叔撰《**异苑**》，景印文渊阁四库全书1042册，台湾商务印书馆发行，1986年

南朝宋·刘义庆撰，南朝梁·刘孝标注《**世说新语**》，景印文渊阁四库全书1035册，台湾商务印书馆发行，1986年

南朝宋·范煜撰，唐·李贤注《**后汉书**》，景印文渊阁四库全书252册，台湾商务印书馆发行，1986年

南朝梁·顾野王撰，宋·陈彭年等重修《**重修玉篇**》，景印文渊阁四库全书224册，台湾商务印书馆发行，1986年

南朝梁·江淹撰《**江文通集汇注**》，景印文渊阁四库全书1063册，台湾商务印书馆发行，1986年

南朝梁·任昉撰《**述异记**》，景印文渊阁四库全书1047册，台湾商务印书馆发行，1986年

南朝梁·陶弘景撰《**名医别录**》，中国古籍整理丛书，人民出版社

南朝梁·萧统编，唐·李善注《**文选注**》，景印文渊阁四库全书1329册，台湾商务印书馆发行，1986年

南朝梁·萧子显撰《**南齐书**》，景印文渊阁四库全书259册，台湾商务印书馆发行，1986年

后魏·贾思勰撰《**齐民要术**》，景印文渊阁四库全书730册，台湾商务印书馆发行，1986年

后魏·郦道元撰《**水经注**》，景印文渊阁四库全书573册，台湾商务印书馆发行，1986年

北齐·颜之推撰《**颜氏家训**》，景印文渊阁四库全书848册，台湾商务印书馆发行，1986年

北齐·魏收撰　《**魏书**》，景印文渊阁四库全书 261—264 册，台湾商务印书馆发行，1986 年

北周·庾信撰、清·倪潘注《**庾子山集**》，景印文渊阁四库全书 1064 册，台湾商务印书馆发行，1986 年

## 隋朝

隋·巢元方撰《**巢氏诸病源候总论**》，景印文渊阁四库全书 734 册，台湾商务印书馆发行，1986 年

## 唐朝

唐·陈藏器撰，尚志钧辑释《**本草拾遗**》，安徽科学技术出版社，2002 年

唐·段成式撰《**酉阳杂俎**》，景印文渊阁四库全书 1047 册，台湾商务印书馆发行，1986 年

唐·段成式撰《**酉阳杂俎续集**》，景印文渊阁四库全书 1047 册，台湾商务印书馆发行，1986 年

唐·段公路撰，龟图注《**北户录**》，景印文渊阁四库全书 589 册，台湾商务印书馆发行，1986 年

唐·樊绰撰《**蛮书**》，景印文渊阁四库全书 464 册，台湾商务印书馆发行，1986 年

唐·房玄龄等撰《**晋书**》，景印文渊阁四库全书 255—256 册，台湾商务印书馆发行，1986 年

唐·李白撰《**李太白文集**》，景印文渊阁四库全书 1066 册，台湾商务印书馆发行，1986 年

唐·李鼎祚撰《**周易集解**》，景印文渊阁四库全书 7 册，台湾商务印书馆发行，1986 年

唐·李延寿撰《**北史**》，景印文渊阁四库全书 266 册，台湾商务印书馆发行，1986 年

唐·刘恂《**岭表录异**》，景印文渊阁四库全书 589 册，台湾商务印书馆发行，1986 年

唐·柳宗元撰《**柳河东集**》，景印文渊阁四库全书 1076 册，台湾商务印书馆发行，1986 年

唐·陆德明撰《**尔雅音释**》，续修四库全书 185 册，上海古籍出版社，宋刻本影印

唐·孟郊撰，宋·宋敏求编《**孟东野诗集**》，景印文渊阁四库全书 1078 册，台湾商务印书馆发行，1986 年

唐·皮日休、陆龟蒙等撰《**松陵集**》，景印文渊阁四库全书 1332 册，台湾商务印书馆发行，1986 年

唐·钱起撰《**钱仲文集**》，景印文渊阁四库全书 1072 册，台湾商务印书馆发行，1986 年

唐·瞿昙悉达撰《**唐开元占经**》，景印文渊阁四库全书 807 册，台湾商务印书馆发行，1986 年

唐·释道世撰《**法苑珠林**》，四部丛刊初编·子部

唐·苏鹗撰《**苏氏演义**》，景印文渊阁四库全书 850 册，台湾商务印书馆发行，1986 年

唐·孙思邈撰《**备急千金要方**》，景印文渊阁四库全书 1072 册，台湾商务印书馆发行，1986 年

唐·王冰次注，宋·林亿等校正《**黄帝内经素问**》，景印文渊阁四库全书 733 册，台湾商务印书馆发行，1986 年

唐·王焘撰《**外台秘要方**》，景印文渊阁四库全书 736 册，台湾商务印书馆发行，1986 年

唐·魏征等撰《**隋书**》，景印文渊阁四库全书 261 册，台湾商务印书馆发行，1986 年

唐·吴兢着《**贞观政要**》，景印文渊阁四库全书 407 册，台湾商务印书馆发行，1986 年

唐·徐坚撰《**初学记**》，景印文渊阁四库全书 890 册，台湾商务印书馆发行，1986 年

唐·张九龄等编，李林甫等注《**唐六典**》，景印文渊阁四库全书 595 册，台湾商务印书馆发行，1986 年

唐·长孙无忌等编修《**唐律疏义**》，上海古籍出版社

## 五代十国

五代·马缟撰《**中华古今注**》，景印文渊阁四库全书 850 册，台湾商务印书馆发行，1986 年

南唐·谭峭撰《**化书**》，景印文渊阁四库全书 849 册，台湾商务印书馆发行，1986 年

南唐·徐锴撰，朱翱反切《**说文系传**》，景印文渊阁四库全书 223 册，台湾商务印书馆发行，1986 年

五代（后晋）·刘昫等撰《**旧唐书**》，景印文渊阁四库全书 268—271 册，台湾商务印书馆发行，1986 年

## 宋朝

宋·蔡絛撰《北狩行录》，丛书集成初编，商务印书馆发行

宋·陈敷撰《农书》，景印文渊阁四库全书730册，台湾商务印书馆发行，1986年

宋·陈均撰《九朝编年备要》，景印文渊阁四库全书328册，台湾商务印书馆发行，1986年

宋·陈彭年、丘雍等撰《重修广韵》，景印文渊阁四库全书236册，台湾商务印书馆发行，1986年

宋·陈耆卿撰《赤城志》，景印文渊阁四库全书486册，台湾商务印书馆发行，1986年

宋·陈师道撰《后山谈丛》，景印文渊阁四库全书1037册，台湾商务印书馆发行，1986年

宋·陈祥道撰《礼书》，景印文渊阁四库全书130册，台湾商务印书馆发行，1986年

宋·杜道坚撰《文子缵义》，景印文渊阁四库全书1058册，台湾商务印书馆发行，1986年

宋·董楷撰《周易传义附录》，景印文渊阁四库全书20册，台湾商务印书馆发行，1986年

宋·范成大撰《桂海虞衡志》，景印文渊阁四库全书589册，台湾商务印书馆发行，1986年

宋·冯椅撰《厚黑易学》，景印文渊阁四库全书16册，台湾商务印书馆发行，1986年

宋·傅肱撰《蟹谱》，景印文渊阁四库全书847册，台湾商务印书馆发行，1986年

宋·高似孙撰《蟹略》，景印文渊阁四库全书847册，台湾商务印书馆发行，1986年

宋·葛胜仲撰《丹阳集》，景印文渊阁四库全书1127册，台湾商务印书馆发行，1986年

宋·韩元吉撰《南涧甲乙稿》，景印文渊阁四库全书1165册，台湾商务印书馆发行，1986年

宋·洪迈撰《夷坚支志》，景印文渊阁四库全书1047册，台湾商务印书馆发行，1986年

宋·胡瑗撰，倪天稳述《周易口义》，景印文渊阁四库全书8册，台湾商务印书馆发行，1986年

宋·黄休复撰《茅亭客话》，景印文渊阁四库全书1042册，台湾商务印书馆发行，1986年

宋·黄震撰《黄氏日抄》，景印文渊阁四库全书707册，台湾商务印书馆发行，1986年

宋·乐史撰《太平寰宇记》，景印文渊阁四库全书469册，台湾商务印书馆发行，1986年

宋·李昉等撰《太平御览》，景印文渊阁四库全书893册，台湾商务印书馆发行，1986年

宋·李焘撰《续资治通鉴长编》，景印文渊阁四库全书314—322册，台湾商务印书馆发行，1986年

宋·李影撰《日涉图集》，景印文渊阁四库全书1122册，台湾商务印书馆发行，1986年

宋·梁克家撰《淳熙三山志》，景印文渊阁四库全书484册，台湾商务印书馆发行，1986年

宋·陆佃撰《尔雅新义》，续修四库全书185册，台湾商务印书馆发行，1986年

宋·陆佃撰《埤雅》，景印文渊阁四库全书222册，台湾商务印书馆发行，1986年

宋·罗浚撰《宝庆四明志》，景印文渊阁四库全书487册，台湾商务印书馆发行，1986年

宋·罗愿撰，元·洪焱祖音释《尔雅翼》，景印文渊阁四库全书222册，台湾商务印书馆发行，1986年

宋·毛晃增注，毛居正重增《增修互注礼部韵略》，景印文渊阁四库全书237册，台湾商务印书馆发行，1986年

宋·梅尧臣撰《宛陵集》，景印文渊阁四库全书1099册，台湾商务印书馆发行，1986年

宋·欧阳修撰《新五代史》，景印文渊阁四库全书279册，台湾商务印书馆发行，1986年

宋·欧阳修、宋祁等撰《新唐书》，景印文渊阁四库全书272—276册，台湾商务印书馆发行，1986年

宋·潘自牧撰《记纂渊海》，景印文渊阁四库全书930—932册，台湾商务印书馆发行，1986年

宋·庞文英撰《文昌杂录》，景印文渊阁四库全书862册，台湾商务印书馆发行，1986年

宋·彭乘撰《墨客挥犀》，景印文渊阁四库全书1037册，台湾商务印书馆发行，1986年

宋·秦观撰《蚕书》，景印文渊阁四库全书730册，台湾商务印书馆发行，1986年

宋·钱时撰《融堂书解》，景印文渊阁四库全书59册，台湾商务印书馆发行，1986年

宋·沈括撰《梦溪笔谈》，景印文渊阁四库全书862册，台湾商务印书馆发行，1986年

宋·施宿等撰《会稽志》，景印文渊阁四库全书486册，台湾商务印书馆发行，1986年

宋・司马光撰《**类篇**》，景印文渊阁四库全书 225 册，台湾商务印书馆发行，1986 年
宋・宋敏求编《**唐大诏令集**》，商务印书馆，1959
宋・宋祁撰《**益部方物略记**》，景印文渊阁四库全书 589 册，台湾商务印书馆发行，1986 年
宋・苏轼撰《**东坡全集**》，景印文渊阁四库全书 1107 册，台湾商务印书馆发行，1986 年
宋・苏颂撰，胡乃长、王致谱辑注《**图经本草**》，福建科学技术出版社，1988 年
宋・唐慎微撰，寇宗奭衍义《**证类本草**》，景印文渊阁四库全书 740 册，台湾商务印书馆发行，1986 年
宋・唐慎微撰《**重修政和经史证类备用本草**》，人民卫生出版社影印
宋・王溥撰《**唐要会**》，景印文渊阁四库全书第 606 册，台湾商务印书馆发行，1986 年
宋・王禹称撰《**小畜集**》，景印文渊阁四库全书 1086 册，台湾商务印书馆发行，1986 年
宋・卫湜撰《**礼记集说**》，景印文渊阁四库全书 117 册，台湾商务印书馆发行，1986 年
宋・吴曾撰《**能改斋漫录**》，景印文渊阁四库全书 850 册，台湾商务印书馆发行，1986 年
宋・邢昺撰《**尔雅疏**》，续修四库全书 185 册，上海古籍出版社，据宋刻宋元明初递修公文纸印本影印
宋・严粲撰《**诗缉**》，景印文渊阁四库全书 75 册，台湾商务印书馆发行，1986 年
宋・杨士瀛撰《**仁斋直指**》，景印文渊阁四库全书 744 册，台湾商务印书馆发行，1986 年
宋・杨万里、杨长孺编《**诚齐集**》，景印文渊阁四库全书 1160 册，台湾商务印书馆发行，1986 年
宋・叶庭珪撰《**海录碎事**》，景印文渊阁四库全书 921 册，台湾商务印书馆发行，1986 年
宋・俞琰撰《**席上腐谈**》，景印文渊阁四库全书 1061 册，台湾商务印书馆发行，1986 年
宋・岳珂撰《**桯史**》，景印文渊阁四库全书 1039 册，台湾商务印书馆发行，1986 年
宋・张耒撰《**明道杂志**》，商务印书馆
宋・张虙撰《**月令解**》，景印文渊阁四库全书 116 册，台湾商务印书馆发行，1986 年
宋・张杲撰《**医说**》，景印文渊阁四库全书 742 册，台湾商务印书馆发行，1986 年
宋・张栻撰《**南轩易说**》，景印文渊阁四库全书 13 册，台湾商务印书馆发行，1986 年
宋・赵汝适撰《**诸蕃志**》，景印文渊阁四库全书 594，台湾商务印书馆发行，1986 年
宋・郑樵撰《**通志**》，景印文渊阁四库全书 372—381 册，台湾商务印书馆发行，1986 年
宋・郑樵撰《**尔雅注**》，景印文渊阁四库全书 221 册，台湾商务印书馆发行，1986 年
宋・周去非撰《**岭外代答**》，　景印文渊阁四库全书 589 册，台湾商务印书馆发行，1986 年
宋・朱熹《**诗经集传**》，景印文渊阁四库全书 72 册，台湾商务印书馆发行，1986 年
宋・祝穆撰《**古今事文类聚**》，景印文渊阁四库全书 925—926 册，台湾商务印书馆发行，1986 年
宋・祝穆撰《**方舆胜览**》，景印文渊阁四库全书 471 册，台湾商务印书馆发行，1986 年

### 辽代

辽・释行均撰《**龙龛手鉴**》，景印文渊阁四库全书 226 册，台湾商务印书馆发行，1986 年

### 金代

金・李杲编辑，明・李时珍参订，姚可成补辑《**食物本草**》，中国医药科技出版社，1990 年

### 元朝

元・陈澔撰《**陈氏礼记集说**》，景印文渊阁四库全书 121 册，台湾商务印书馆发行，1986 年
元・戴表元撰《**剡源文集**》，景印文渊阁四库全书 1194 册，台湾商务印书馆发行，1986 年
元・戴侗撰《**六书故**》，景印文渊阁四库全书 226 册，台湾商务印书馆发行，1986 年
元・黎崱撰《**安南志略**》，景印文渊阁四库全书 464 册，台湾商务印书馆发行，1986 年
元・马端临撰《**文献通考**》，景印文渊阁四库全书 610—616 册，台湾商务印书馆发行，1986 年

元・司农司撰《**农桑辑要**》，景印文渊阁四库全书730册，台湾商务印书馆发行，1986年
元・陶宗仪编《**说郛**》，景印文渊阁四库全书876—882册，台湾商务印书馆发行，1986年
元・托克托等撰《**宋史**》，景印文渊阁四库全书280册，台湾商务印书馆发行，1986年
元・托克托等撰《**金史**》，景印文渊阁四库全书第141册，台湾商务印书馆发行，1986年
元・托克托等撰《**辽史**》，景印文渊阁四库全书289册，台湾商务印书馆发行，1986年
元・王祯撰《**农书**》，景印文渊阁四库全书730册，台湾商务印书馆发行，1986年
元・危亦林撰《**世医得效方**》，景印文渊阁四库全书746册，台湾商务印书馆发行，1986年
元・吴澄撰《**礼记纂言**》，景印文渊阁四库全书121册，台湾商务印书馆发行，1986年
元・杨桓撰《**六书统**》，景印文渊阁四库全书227册，台湾商务印书馆发行，1986年
元・朱公迁撰《**诗经疏义会通**》，景印文渊阁四库全书77册，台湾商务印书馆发行，1986年

**明朝**

明・蔡清撰《**易经蒙引**》，景印文渊阁四库全书29册，台湾商务印书馆发行，1986年
明・曹学佺撰《**蜀中广记**》，景印文渊阁四库全书591—592册，台湾商务印书馆发行，1986年
明・陈继儒撰《**虎荟**》，丛书集成初编本，据宝颜堂秘籍本排印，上海商务印书馆发行，1936年
明・陈耀文撰《**天中记**》，景印文渊阁四库全书965册，台湾商务印书馆发行，1986年
明・董斯张撰《**广博物志**》，景印文渊阁四库全书980册，台湾商务印书馆发行，1986年
明・方以智撰《**通雅**》，景印文渊阁四库全书857册，台湾商务印书馆发行，1986年
明・方以智撰《**物理小识**》，景印文渊阁四库全书867册，台湾商务印书馆发行，1986年
明・冯时可撰《**雨航杂录**》，景印文渊阁四库全书867册，台湾商务印书馆发行，1986年
明・高濂撰《**遵生八笺**》，景印文渊阁四库全书871册，台湾商务印书馆发行，1986年
明・顾起元撰《**游园居士・鱼品**》国家图书馆古籍馆
明・何宇度撰《**益部谈资**》，景印文渊阁四库全书592册，台湾商务印书馆发行，1986年
明・胡粹中撰《**元史续编**》，景印文渊阁四库全书334册，台湾商务印书馆发行，1986年
明・胡广等撰《**礼记大全**》，景印文渊阁四库全书122册，台湾商务印书馆发行，1986年
明・黄省曾著《**鱼经**》，丛书集成初编本，据夷门广牍本排印，上海商务印书馆发行，1939年
明・黄省曾著，周履靖增补《**兽经**》，丛书集成初编本，据夷门广牍本排印，上海商务印书馆发行，1939年
明・黄衷撰，黄学准增注《**海语**》，景印文渊阁四库全书594册，台湾商务印书馆发行，1986年
明・季本撰《**诗说解颐**》，景印文渊阁四库全书79册，台湾商务印书馆发行，1986年
明・嘉靖六年撰《**嘉靖九江府志（江西省）**》，天一阁藏明代方志选刊
明・李苏撰《**见物**》，丛书集成初编本，王云五主编，据惜阴轩丛书本排印，中华书局出版发行，1991年
明・李时珍撰《**本草纲目**》，景印文渊阁四库全书772—774册，台湾商务印书馆发行，1986年
明・李贤等撰《**明一统志**》，景印文渊阁四库全书472册，台湾商务印书馆发行，1986年
明・刘基撰《**诚意伯文集**》，景印文渊阁四库全书1225册，台湾商务印书馆发行，1986年
明・梅鼎祚编《**西汉文纪**》，景印文渊阁四库全书1396册，台湾商务印书馆发行，1986年
明・穆希文撰《**蟫史集**》，续修四库全书1237册，上海古籍出版社，据明万历十四年刻本
明・缪希雍着《**先醒斋广笔记**》，景印文渊阁四库全书775册台湾商务印书馆发行，1986年
明・彭大翼撰，张幼学增订《**山堂肆考**》，景印文渊阁四库全书974册，台湾商务印书馆发行，1986年
明・田汝成撰《**西湖游览志**》，景印文渊阁四库全书585册，台湾商务印书馆发行，1986年，上海古籍出版社1980年版校点本

明 • 屠本畯撰《**闽中海错疏**》，景印文渊阁四库全书 590 册，台湾商务印书馆发行，1986 年
明 • 慎懋官撰《**华夷花木鸟兽珍玩续考**》，续修四库全书 1185 册
明 • 宋濂、王祎等撰，清 • 王祖庚等考证《**元史**》，景印文渊阁四库全书 292，台湾商务印书馆发行，1986 年
明 • 宋诩撰《**竹屿山房杂部**》，景印文渊阁四库全书 871 册，台湾商务印书馆发行，1986 年
明 • 宋应星撰《**天工开物**》，大明崇祯十年（1637 年）初刊
明 • 王逵撰《**蠡海集**》，景印文渊阁四库全书 866 册，台湾商务印书馆发行，1986 年
明 • 王肯堂撰《**证治准绳**》，景印文渊阁四库全书 767 册，台湾商务印书馆发行，1986 年
明 • 王圻、王思义辑《**三才图会**》，续修四库全书 1235 册，明万历三十五年刻本
明 • 吴楚材辑《**强识略**》，续修四库全书 1232 册，明万历三十五年刻本
明 • 谢肇淛着《**五杂俎**》，中国文学参考数据丛书，中华书局，1959 年校订本
明 • 谢肇淛着《**滇略**》，景印文渊阁四库全书 494 册，台湾商务印书馆发行，1986 年
明 • 徐光启撰《**农政全书**》，景印文渊阁四库全书 731 册，台湾商务印书馆发行，1986 年
明 • 徐炬辑《**新镌古今事物原始全书**》，续修四库全书 1238 册，上海古籍出版社，据明万历刻本
明 • 叶子奇撰《**草木子**》，景印文渊阁四库全书 866 册，台湾商务印书馆发行，1986 年
明 • 叶子奇撰《**太玄本旨**》，景印文渊阁四库全书 803 册，台湾商务印书馆发行，1986 年
明 • 杨慎撰《**丹铅余录**》，景印文渊阁四库全书 855 册，台湾商务印书馆发行，1986 年
明 • 杨慎撰《**异鱼图赞**》，景印文渊阁四库全书 847 册，台湾商务印书馆发行，1986 年
明 • 杨慎原本、清 • 胡世安笺《**异鱼图赞笺**》，景印文渊阁四库全书 847 册，台湾商务印书馆发行，1986 年
明 • 姚昺、沈钟纂修纂修《弘治**永州府志**（湖南）》，天一阁藏明代方志选刊
明 • 张谦德撰《**朱砂鱼谱**》，鱼文化录，台湾水产出版社
明 • 张萱撰《**疑耀**》，景印文渊阁四库全书 856 册，台湾商务印书馆发行，1986 年
明 • 张自烈撰，清 • 廖文英续《**正字通**》，续修四库全书 234—234 册，上海古籍出版社，据清康熙二四年清畏堂刻本影印
明 • 张介宾撰《**类经**》，景印文渊阁四库全书 776 册，台湾商务印书馆发行，1986 年
明 • 张介宾撰《**景岳全书**》，景印文渊阁四库全书 777 册，台湾商务印书馆发行，1986 年
明 • 赵撝谦撰《**六书本义**》，景印文渊阁四库全书 228 册，台湾商务印书馆发行，1986 年
明 • 钟崇文纂修《**隆庆岳州府志**》，天一阁藏明代方志选刊
明 • 周祈撰《**名义考**》，景印文渊阁四库全书 856 册，台湾商务印书馆发行，1986 年
明 • 周婴撰《**卮林**》，景印文渊阁四库全书 858 册，台湾商务印书馆发行，1986 年
明 • 朱橚撰《**普济方**》，景印文渊阁四库全书 747—761 册，台湾商务印书馆发行，1986 年
明 •《**云南志**》，正德五年刻本

**清朝**

清 • 阿桂、于敏中等撰《**满洲源流考**》，景印文渊阁四库全书 499 册，台湾商务印书馆发行，1986 年
清 • 阿桂、刘瑾之等撰《**钦定盛京通志**》，景印文渊阁四库全书 501—503 册，台湾商务印书馆发行，1986 年
清 • 阿克当阿修，姚文田、江藩等纂《**江苏府县志辑 • 嘉庆重修扬州府志**》，中国地方志集成，江苏古籍出版社，据清嘉庆一五年刻本影印
清 • 宝奎《**金鱼饲育法**》，水产出版社

清·毕沅撰《**夏小正考注**》，续修四库全书108册，上海古籍出版社，据清乾隆四八年毕氏经训堂刻本影印

清·不著撰人《**三辅黄图**》，景印文渊阁四库全书468册，台湾商务印书馆发行，1986年

清·长顺修《**吉林通志**》，中国边疆丛书第一辑，光绪一七年刻本，台北文海出版社印行，1965年

清·陈伯陶等纂修《**广东府县志辑·民国东莞县志**》，中国地方志集成，上海书店，记事至宣统三年，据一九二七年铅印本影印

清·陈大章撰《**诗传名物集览**》，景印文渊阁四库全书86册，台湾商务印书馆发行，1986年

清·陈梦雷编《**古今图书集成·博物汇编·禽虫典**》，中国学术类编本，鼎文书局印行，1977年

清·陈梦雷编《**古今图书集成·方舆汇编·职方典**》，鼎文书局印行，1977年初版

清·陈培桂等纂修《**台湾府县志辑·同治淡水厅志**》，中国地方志集成，上海书店，据清同治一〇年刻本影印

清·陈文达修《**凤山县志**》，台湾文献史料丛刊第一二四种，台湾银行，1961年

清·陈文纬修，屠继善纂《**台湾府县志辑·光绪恒春县志**》，中国地方志集成，上海书店，据1968年《台湾丛书》点校本影印刻本

清·陈璚修，王棻纂《**浙江府县志辑·民国杭州府志**》，中国地方志集成，江苏古籍出版社，清光绪二四年修，民国5年续修，据一九二二年铅印本影印

清·陈元龙编《**历代赋汇**》，景印文渊阁四库全书1419—1422册，台湾商务印书馆发行，1986年

清·陈元龙撰《**格致镜原**》，景印文渊阁四库全书1031册，台湾商务印书馆发行，1986年

清·陈淏子辑《**秘传花镜**》，续修四库全书1117册，上海古籍出版社，清刻本；中国农书丛刊，园艺之部；农业出版社（修订版），1962年

清·陈淏子辑，伊钦恒校注《**花镜**》，续修四库全书本，上海古籍出版社，清刻本；中国农书丛刊，园艺之部；农业出版社（修订版），1962年

清·程瑶田撰《**释虫小记**》，续修四库全书191册，上海古籍出版社，据清嘉庆八年刻通艺录本影印

清·戴鎣撰《**尔雅郭注补正**》，续修四库全书186册，上海古籍出版社，据清乾隆五二年刻本影印

清·丁晏辑《**淮南万毕术**》，续修四库全书1121册，上海古籍出版社，据北京图书馆藏稿本影印

清·段玉裁撰《**说文解字注**》，续修四库全书204—208册，上海古籍出版社，据清嘉庆二〇年经韵楼刻本影印

清·范士瑾纂修《**广东府县志辑·康熙阳江县志**》，中国地方志集成，上海书店，据清康熙二七年刻本影印

清·方旭撰《**虫荟**》，续修四库全书1120册，上海古籍出版社，据清光绪一六年刻本

清·冯德材等修，文德馨等纂《**广西郁林州志**》，中国地方志丛书第二三号，清光绪二〇年刊本影印，成文出版社印行，1967年

清·傅恒等撰《**历代通鉴辑览**》，景印文渊阁四库全书335册，台湾商务印书馆发行，1986年

清·郭柏苍撰《**海错百一录**》，续修四库全书1120册，上海古籍出版社，清光绪刻本

清·海忠修，林从炯等纂《**热河省承德府志**》，中国地方志丛书-塞北地方，清光绪一三年刊本影印，成文出版社印行，1968年

清·郝懿行撰《**尔雅义疏**》，上海古籍出版社，1983年

清·郝懿行撰《**诗问**》，续修四库全书65册，上海古籍出版社，据清光绪八年东路厅署刻郝氏遗书本

清·郝懿行撰《**尔雅郭注义疏**》 续修四库全书187册，上海古籍出版社，据清同治五年郝氏家刻本影印

清·郝懿行着《**蜂衙小记**》，续修四库全书1120册，上海古籍出版社，据清光绪五年东路厅署刻郝

氏遗书本影印

清·郝玉麟等监修，鲁曾煜等编纂《**广东通志**》，景印文渊阁四库全书 562—564 册，台湾商务印书馆发行，1986 年

清·和珅　梁国治等撰《**热河志**》，景印文渊阁四库全书 495—496 册，台湾商务印书馆发行，1986 年

清·和珅等撰《**大清一统志**》，景印文渊阁四库全书 474—483 册，台湾商务印书馆发行，1986 年

清·何东铭《**四川府县志辑·咸丰邛巂野录**》，中国地方志集成，巴蜀书社，据 1964 年传抄本影印

清·胡建伟纂辑《**澎湖纪略**》，乾隆三六年，台湾文献史料丛刊第一辑，台湾银行铅印本，1961 年

清·胡世安撰《**异鱼图赞补**》，景印文渊阁四库全书 847 册，台湾商务印书馆发行，1986 年

清·黄鸣珂修，石景芬、徐福炘纂《**江西府县志辑·同治南安府志**》，中国地方志集成，江苏古籍出版社；据清同治七年刻本影印

清·黄叔璥撰《**台海使槎录**》，景印文渊阁四库全书 592 册，台湾商务印书馆发行，1986 年

清·黄维翰编《**呼兰府志**》，修于清光绪三十四年至宣统二年，黑龙江军用被服厂铅印发行，1915 年

清·黄永纶修，杨锡龄等纂，《**湖北府县志辑·道光宁都直隶州志**》中国地方志集成江苏古籍出版社，据清道光四年刻本影印

清·黄中松撰《**诗疑辨证**》，景印文渊阁四库全书 88 册，台湾商务印书馆发行，1986 年

清·纪晓岚着，孙树声编校，孙树馥重刊《**乌鲁木齐杂诗**》纪文达公遗集卷第十四

清·嵇璜、曹仁虎等撰《**续文献通考**》，景印文渊阁四库全书 626 册，台湾商务印书馆发行，1986 年

清·嵇璜、曹仁虎等撰《**续通志**》，景印文渊阁四库全书 392—401 册，台湾商务印书馆发行，1986 年

清·蒋毓英修《**台湾府志**》，台湾府志三种，中华书局影印，1985 年

清·焦应旗着《**西藏志**》，中国地方志丛书，清康熙六〇年刊本影印，成文出版社印行，1968 年

清·金鉷等监修，钱元昌等编纂《**广西通志**》，景印文渊阁四库全书 565—568 册，台湾商务印书馆发行，1986 年

清·金蓉镜纂辑《**湖南省靖州乡土志**》，中国地方志丛书，华中地方，第二六九号

清·姜兆锡撰《**尔雅注疏参议**》，续修四库全书 185 册，上海古籍出版社，据清雍正一〇年寅清楼刻九经补注本影印

清·句曲山农撰《**金鱼图谱**》，续修四库全书 1120 册，上海古籍出版社，据清道光刻彩色套印本

清·柯培元撰《**道光噶玛兰志略**》，台湾文献丛刊第〇九二种，台湾银行铅印本，1958 年

清·李拔等纂修《**福建府县志辑·乾隆福宁府志**》，中国地方志集成，上海书店，乾隆二四年修，据清光绪六年张其曜刻本影印

清·李光地等撰《**月令辑要**》，景印文渊阁四库全书 467 册，台湾商务印书馆发行，1986 年

清·李调元撰《**然犀志**》，乾隆四四年刻本，丛书集成初编，中华书局，1985 年

清·李调元、雨村辑《**南越笔记**》，丛书集成初编，据函海本排印，上海商务印书馆发行，1936 年

清·李元撰《**蠕范**》，丛书集成初编本，王云五主编，据湖北丛书本排印，上海商务印书馆发行，1937 年

清·李準撰《**调查西山群岛报告书·巡海记**》中国南海诸群岛文献汇编之八

清·厉鹗撰《**辽史拾遗**》，景印文渊阁四库全书 289 册，台湾商务印书馆发行，1986 年

清·梁国治等编辑《**钦定音韵述微**》，景印文渊阁四库全书 240 册，台湾商务印书馆发行，1986 年

清·马步蟾修，夏銮纂《**安徽省徽州府志**》，中国地方志丛书·华中地方·第二三五号，江苏古籍出版社，据清道光七年刻本影印，1998 年

清·马骕撰《**绎史**》，景印文渊阁四库全书第 365 册，台湾商务印书馆发行，1986 年

清·牟应震撰《**毛诗物名考**》，续修四库全书 65 册，上海古籍出版社，据清嘉庆牟氏刻道光咸丰朱

氏补修毛诗质疑本影印

清·倪文蔚、蒋铭勋修，顾嘉蘅，李廷鉽纂《**湖北府县志辑·光绪荆州府志**》，中国地方志集成，江苏古籍出版社；据清光绪六年刻本影印

清·聂璜撰《**清宫海错图**》，北京，故宫博物院馆藏，故宫出版社 2014 出版

清·彭遵泗撰《**蜀碧**》，借月山房丛书，清嘉庆一一至一七年增修

清·乾隆十二年奉敕撰《**大清会典则例**》，景印文渊阁四库全书 620—625 册，台湾商务印书馆发行，1986 年

清·前编书局编译《**博物学·动物篇**》北平学部编译图书，1908 出版.

清·秦伯未编纂《**清代名医医案精华**》，上海中医书局铅印本，1929 年

清·秦蕙田撰《**五礼通考**》，景印文渊阁四库全书 137 册，台湾商务印书馆发行，1986 年

清·乾隆十二年奉敕撰《**大清会典则例**》，景印文渊阁四库全书 620—625 册，台湾商务印书馆发行，1986 年

清·屈大均撰《**广东新语**》，续修四库全书 734 册，据清康熙水天阁刻本，上海古籍出版社；清代史料笔记丛刊，中华书局 1985 年校订本

清·瞿云魁纂修《**海南府县志辑·乾隆陵水县志**》中国地方志集成，上海书店，据清乾隆五七年刻本影印

清·任基振撰《**尔雅注疏笺补**》，续修四库全书 186 册，上海古籍出版社，据上海图书馆藏稿本影印

清·邵晋涵撰《**尔雅正义**》，续修四库全书 187 册，上海古籍出版社，据清乾隆五三年邵氏面水层轩刻本影印

清·萨英额撰《**吉林外记**》，续修四库全书本，光绪二一年刻本，上海古籍出版社；丛书集成初编，据渐西村舍丛刊本排印，上海商务印书馆发行，1939 年

清·沈麟趾《**浙江府县志辑·康熙金华府志**》，中国地方志集成，江苏古籍出版社，据清康熙二二年课本影印

清·沈茂阴纂修《**台湾府县志辑·光绪苗栗县志**》，中国地方志集成，上海书店，据华东师范大学图书馆藏抄本影印刻本

清·沈廷芳撰《**十三经注疏正字**》，景印文渊阁四库全书 192 册，台湾商务印书馆发行，1986 年

清·唐景崧修，蒋师辙、薛绍元纂《**台湾府县志辑·光绪台湾通志**》中国地方志集成，上海书店，光绪年间纂，据一九六八年《**台湾丛书**》点校本影印刻本

清·唐执玉、李卫等监修，田易等纂《**畿辅通志**》，景印文渊阁四库全书 504—506 册，台湾商务印书馆发行，1986 年

清·陶士偰修，刘湘煃纂《**湖北府县志辑·乾隆汉阳府志**》，中国地方志集成，江苏古籍出版社；乾隆一二年刻，现据钞本影印

清·屠英等修，江藩等纂《**广东府县志辑·道光肇庆府志**》，中国地方志集成，上海书店，据清光绪二年刻本影印

清·汪森编《**粤西文载·粤西丛载**》，景印文渊阁四库全书 1467 册，台湾商务印书馆发行，1986 年

清·汪汲着《**事物原会**》，中国科学院图书馆藏

清·王柏心、雷春沼纂，聂光銮修《**湖北府县志辑·同治宜昌府志**》中国地方志集成，江苏古籍出版社，据清同治五年课本影印

清·王崇熙纂，舒懋官修《**广东省县志辑·嘉庆新安县志**》中国地方志集成，上海书店，据清嘉庆一七年刻本影印

清·王辅之修，骆克良等《**广东府县志辑·宣统徐闻县志**》，中国地方志集成，上海书店，据清宣统

三年刻本影印

清·王鳞飞等修，冯世瀛、冉崇文纂《**四川府县志辑·同治增修酉阳直隶州总志**》，中国地方志集成，巴蜀书社，据清同治三年刻本影印

清·王麟祥修，邱晋成等纂《**四川府县志辑·光绪叙州府志**》，中国地方志集，巴蜀书社，据清光绪二一年刻本影印

清·王鸿绪等奉敕撰《**诗经传说汇纂**》，景印文渊阁四库全书 85 册，台湾商务印书馆发行，1986 年

清·王树枏订《**郭氏尔雅订经**》，国家图书馆古籍馆

清·魏之琇撰《**续名医类案**》，景印文渊阁四库全书 784 册，台湾商务印书馆发行，1986 年

清·翁藻编《**医钞类编**》，清（一八三〇）刻本

清·吴宝芝撰《**花木鸟兽集类**》，景印文渊阁四库全书 1034 册，台湾商务印书馆发行，1986 年

清·吴馨等修，姚文枬等纂《**江苏省上海县续志**》，中国地方志丛书，华中地方，第一四号

清·吴仪洛着《**本草从新**》，中医考试用书，上海古籍出版社，清刻本；宏业书局印行

清·吴盛藻修，洪泮洙纂《**雷州府志**》，稀见中国地方志彙刊第四六册，清康熙刻本，中国书店，1992 年

清·吴世雄、朱忻修，刘庠、方骏谟纂《**江苏府县志辑·同治徐州府志**》，中国地方志集成

清·吴震方撰《**岭南杂记**》，商务印书馆，1936 年，摘自吴震方编辑《说铃》笔记小说

清·西清纂，萧穆等重辑《**黑龙江外记**》，中国地方志丛书，清光绪二〇年刊本影印，成文出版社印行，1969 年

清·谢旻监修，陶成等纂《**江西通志**》，景印文渊阁四库全书 513—518 册，台湾商务印书馆发行，1986 年

清·谢鸣谦、谢鸣盛纂，席绍葆等修《**湖南府县志辑·乾隆辰州府志**》中国地方志集成，江苏古籍出版社，据清乾隆三〇年刻本影印

清·徐鼎撰《**毛诗名物图说**》，续修四库全书 62 册，上海古籍出版社，据清乾隆三六年刻本影印

清·徐干学撰《**资治通鉴后编**》，景印文渊阁四库全书 342 册，台湾商务印书馆发行，1986 年

清·姚元之撰《**竹叶亭杂记**》，北京：中华书局，1982 年

清·印光任、张汝霖撰《**广东省澳门纪略**》，中国地方志丛书第 109 号，清乾隆一六年刊本影印，成文出版社有限公司印行；笔记小说大观本，上海进步书局印行，江苏广陵古籍印社出版，1983 年

清·于卜熊修，史本纂《**广东府县志辑·乾隆海丰县志**》，中国地方志集成，上海书店，据清乾隆一五年刻本影印

清·余瀚修，余楷纂《**广东府县志辑·道光开建县志**》，中国地方志集成，上海书店，清道光三年修，现据上海图书馆藏抄本影印

清·余省、张为邦合绘《**故宫鸟谱**》1—4 册，台北：“国立”故宫博物院馆藏，1997 年出版

清·余省、张为邦合绘《**清宫鸟谱**》5—12 册，北京：故宫博物院馆藏，故宫出版社 2014 年出版

清·余省、张为邦合绘《**清宫兽谱**》1—6 册，北京：故宫博物院馆藏，故宫出版社 2014 年出版

清·袁大化修，王树枏等纂《**新疆图志**》，中国边疆丛书第一辑，宣统三年东方学会据志局本重校正增补，台北文海出版社印行，1965 年

清·允禄等奉敕撰，福隆安等校补《**皇朝礼器图式**》，景印文渊阁四库全书 656 册，台湾商务印书馆发行，1986 年

清·查慎行撰《**敬业堂诗集**》，景印文渊阁四库全书 1326 册，台湾商务印书馆发行，1986 年

清·张伯英撰，万福麟修《**黑龙江志稿**》，中国边疆丛书第一辑，台北文海出版社印行，1965 年

清·张纲孙撰《**兽经**》，续修四库全书 1119 册，上海古籍出版社，据清康熙三四年张氏霞举堂刻檀几丛书一集本

清·张澍着《**贵州省续黔书**》，中国地方志丛书·第一六〇号，清朝间刊本影印，成文出版社印行，

1968年

清·张廷玉撰，严福、方炜考证《**明史**》，景印文渊阁四库全书297册，台湾商务印书馆发行，1986年

清·张英、王士祯等撰《**渊鉴类函**》，景印文渊阁四库全书982册，台湾商务印书馆发行，1986年

清·张玉书、陈廷敬等纂摘自《**康熙字典**》，景印文渊阁四库全书229—231册，台湾商务印书馆发行，1986年

清·张玉书、汪霦等编《**佩文斋咏物诗选**》，景印文渊阁四库全书1432—1434册，台湾商务印书馆发行，1986年

清·张凤台纂修《**安东省长白汇征录**》，中国地方志丛书（东北地方第19号），清宣统二年铅印本影印，成文出版社有限公司印行

清·赵吉士纂，丁廷楗修《**安徽省徽州府志**》，中国地方志丛书-华中地方-第二三七号

清·赵学敏撰《**本草纲目拾遗**》，续修四库全书995册，上海古籍出版社，据清同治一〇年吉心堂刻本

清·黄宅中等修，郑显鹤等纂《**湖南府县志辑·道光宝庆府志**》，中国地方志集成，江苏古籍出版社；据清道光二九年刻本影印

清·周春撰《**尔雅补注**》，续修四库全书185册，上海古籍出版社，据清光绪三四年叶氏刻本影印

清·周硕勋纂修《**广东府县志辑·乾隆潮州府志**》，中国地方志集成，上海书店，据清光绪一九年重刻本影印

清·周玺纂，李庭碧修《**台湾府县志辑·道光彰化县志**》中国地方志集成，上海书店，据清道光一四年刻本影印

清·朱彝尊撰《**曝书亭集**》，景印文渊阁四库全书1317册，台湾商务印书馆发行，1986年

清·《**清实录**》，乾隆三十二年十一月戊戌，中华书局影印本1985年

清·（英）艾约瑟撰《**动物学启蒙**》，总税务司署印

清·（美）范约翰著，吴子翔述《**百兽说图考**》，上海美华书馆摆印，1899年

清·（英）傅兰雅辑《**论动物学**》，格致汇编，卷一，光绪二年刊刻

清·（日）冈元凤纂辑《**毛诗品物图考**》，据清光绪丙戌上海积山书局版影印，北京中国书店，1985年

清·（英）韦廉臣着《**格物探原**》 线装善本

清·（日）西师意译，（英）窦乐安、许家惺审定《**动物学教科书**》，山西大学堂译书院译本

清·柯璜译编，（日）箕作佳吉著《**博物学讲义·动物篇**》，中学博物教科用书

# 后　记

## ——老骥伏枥，甘做攀登征途铺路石

2017年春节前，我曾向动物所研究生做过一次《老骥伏枥，甘做攀登征途铺路石》的报告，春节后《动物分典》编委会举行最后一次工作总结会上，大家希望将我的这个发言作为本书的《后记》刊出，我尊重大家的意见，在该发言的基础上，作了一些删节、补充，不揣简陋，权作后记。

## 一、《中华大典》编纂缘起

20世纪80年代的后期，国内的出版界、文化界、科技界的一批著名学者，有感于十年“文革”对中国传统文化的巨大破坏，忧心如焚，带头呼吁抢救祖国文化遗产，迫在眉睫。当时向国务院倡议立项编纂《中华大典》的著名学者有钱钟书、冯友兰、梁漱溟、钱学森、周谷城、周培源、胡绳、赵朴初、吕叔湘、任继愈、张岱年、季羡林、苏步青、匡亚明、顾建中等235名。他们认为：“这不仅有利于全面整理我国浩如烟海的古籍，抢救、保存和传承我国优秀传统文化，也有利于国内外学者考察、研究中国文化，促进国际文化交流和中华文化走向世界。”并指出：“这既是继承和弘扬中华民族优秀传统文化，也是建设中国特色社会主义先进文化的需要。对“四化”和两个文明建设，对子孙后代和国际文化交流，特别是对海峡两岸通过文化认同和学术合作，促进和平统一大业都具有深刻而重要的历史和现实意义”。《中华大典》编纂工作经过两年的试点，于2006年由国务院正式批准立项。立项内容（摘要）：“《中华大典》系中华人民共和国国务院批准的重大文化出版工程。最近被列为国家文化发展纲要的重点出版工程项目。新闻出版总署已列为‘十一五’国家重大工程出版规划之首。”

《中华大典》总主编任继愈先生在2006年《中华大典》编纂经验交流会开幕式上的讲话中，对编纂《中华大典》意义作了如下的说明：“《中华大典》这个工具书的编纂，我觉得是时代的需要，经济大发展以后，文化大发展的高潮就要到了，我们《大典》所做的工作，是为今后文化高潮准备基本的资料。”他还说：“大典的前身是康熙年间编纂的《古今图书集成》，现在这部书还能用。（英国剑桥大学）李约瑟编写《中国科学技术史》，他要求工作人员手头必须摆一部《古今图书集成》，这就说明这部书在300年以后，还能起作用”“《中华大典》的编纂是对自先秦至1911年以来，我国优秀文化典籍进行梳理汇编，涵纳了儒家、诸子百家、佛道诸教及历朝、历代在文学、历史、经济、天文、地理、军事、农业、医药学、冶金、动植物等优秀文献资料。《中华大典》是我国继唐代《艺文类聚》、宋代《太平御览》、明代《永乐大典》和清代《古今图书集成》之后的一部大型类书，即“中国古代典籍的百科全书”。

## 二、《中华大典·生物学典》的诞生

《生物学典》是《中华大典》最后产生的几个“典”之一，由我国著名植物学家吴征镒院士担任总主编，于2006年4月在昆明启动。吴征镒院士是我国著名植物学家，1937年毕业于清华大学生物系，1946年加入中国共产党，1955年当选生物地学部委员。抗日战争期间，曾随由北大、清华、南开三所大学组成西南联大徒步由湘、桂、黔入滇，途中写《长征日记——由长沙到昆明》发表在闻一多主编的《联大八年》集子中。1950年曾任动物研究所的前身中国科学院动物标本管理委员会主任，1958年调任中国科学院昆明植物研究所任所长，潜心治学，对我国植物学贡献巨大。他尤其对中国古代植物学有深入的研究，发表不少论著，培养一些既通古汉语，又懂植物学的人才如植物研究所黄锦秀、昆明植物研究所彭华等。2008年获国家科学技术最高奖——2007年度中国科学技术奖获得者。

2006年4月，《中华大典·生物学典》在昆明宣告启动，并组成《中华大典·生物学典》编纂委员会。吴老时年已逾90岁，仍乘轮椅赴会，并发表热情洋溢的讲话。《中华大典·生物学典》编纂委员会组成如下：

**主　编：**吴征镒

**副主编：**李德铢、吕春朝、马克平、王祖望、汪子春

**编　委：**陈　介、陈书坤、冯祚建、郭　郛、芶翠华、黄复生、李德铢、吕春朝、马克平、裴盛基、彭　华、钱燕文、汤彦承、王锦秀、王祖望、汪子春、吴德邻、吴征镒、武素功、熊　江、许维枢、徐增莱、杨　岚、臧　穆、周　铉、朱维明

## 三、《中华大典·生物学典·动物分典》的诞生

2007年4月13日，《中华大典·生物学典·动物分典》（以下简称《动物分典》）在北京启动，中华大典办公室伍杰主任、中国科学院动物研究所魏辅文副所长亲临祝贺并颁发聘书，《动物分典》编纂委员会组成人员如下。

**主　编：**王祖望

**副主编：**黄复生、冯祚建

**学术顾问：**郭　郛

**编　委：**王祖望、文榕生、朱明生、全国强、牟重行、李思忠、吴燕如、宋大祥、胡振宇、马逸清、贠　莲、黄永昭、黄复生、许维枢、郭　郛、冯祚建、张世义、童墉昌、杨思谅、刘友樵、刘月英、刘举鹏、卢汰春

**秘　书：**商秀清、沈　慧

《中华大典·生物学典·动物分典》编委会合影

2012年5月24日

## （一）《动物分典》的优势、劣势和对策

《动物分典》启动后，面对种种困难，主编、副主编及学术顾问曾数次开会，讨论如何开展工作，大家比较冷静、客观地分析了《动物分典》面临的优势和劣势，以及应该采取的对策。

**优势：**①人员主要来自中科院动物研究所，得到院、所两级领导的支持，比较容易形成合力；②绝大多数编委（包括外单位合作专家）素质较高，责任心和团队意识强，能齐心协力克服自身的弱点（如古汉语知识较薄弱）；③与中科院图书馆（文献情报中心）毗邻，挨近国家图书馆和北大图书馆，查阅文献比较方便。

**劣势：**①除少数编委古汉语有一定基础外，大多数是边干边学，缺乏《植物分典》拥有的双学位（古汉语、植物学）的研究生业务骨干（如黄锦秀、彭华等）；②年龄偏大，2007 年启动时，平均年龄在 72 岁（2016 年《动物分典》出版时，平均年龄已达 81 岁耄耋之年）；③在编纂过程中，病号较多，病故编委达到 7 人；④2008 年 9 月 9 日“样稿”审定失利，对我们整个团队是一次刻骨铭心的教训。我们分析了“样稿”审定会上专家的意见，几乎 85%的意见集中在引文的格式、标目、书名、朝代方面；15%的意见集中在对引文内容的理解、引文是否得当，但对“样稿”的科学性的质疑或批评几乎为零，这表明专家对属于自然科学典范畴的《动物分典》在编纂的科学性方面是认可的，这也进一步表明我们这次失败是在“细节”上。

**对策：**

（1）调动全体编委的积极性、荣誉感和责任心，强调团队意识，在整个编委会中，党员占 70%，这是一种无言的合力；

（2）在“战争”中学习“战争”，坚持每月一次，雷打不动的学术活动，互帮互学，持之以恒，经过 2—3 年的时间，绝大多数编委“入门”并进入“角色”；

（3）虚心接受“样稿失利”刻骨铭心的教训，采取了一些有针对性的措施，依靠编委会的集体力量，经反复讨论，制定了“《动物分典》编纂细则”（以下简称《细则》）于 2008 年 10 月 30 日经编委会讨论通过，提交中华大典办公室、云南教育出版社《生物典》办公室，并经任继愈总主编批准、大典办及云南教育出版社《生物学典》办公室认可后执行，该《细则》成为我们编纂工作的依据和规范，使编纂工作从被动变为主动，较早摆脱了“无休止的争论”，提高了编纂的质量和效率，为日后能按时完成编纂任务奠定了基础；

（4）实行《动物分典》编纂审定细则，实行副主编初审、主编终审负责制；

（5）明确了《动物分典》编委会与云南教育出版社《生物学典》编辑部建立“优势互补”的关系，即《动物分典》重点负责在编纂内容的科学性方面把关；云南教育出版社《生物学典》编辑部在格式、标目、标点、朝代等方面把关。通过双方努力达到大典办规定的高质量标准。

## （二）提出编纂“自然科学典”的“破例”要求

《中华大典》在筹备时期参与的自然科学典甚少，其体例要求、文献选定等规定大多从社会人文科学出发，对自然科学典的一些特殊要求未能顾及，对一些文献适用时间的规定往往采取“一刀切”的简单办法，如果不予解决，势必影响编纂质量，我们经过多次“碰壁”后，只得向总主编任继愈先生求助，最终获得解决。例如，①利用“甲骨文”的“破例”要求，获得批准；②拉丁学名的应用，必须符合国际学术界的规范；③1911 年前外国学者著作中译本引用年限适当放宽，客观、真实地反映“西学东渐”和国外近代动物学对中国的影响。

## （三）让尘封故宫近300年的三部《动物图谱》重放异彩

我们从有关文献中获知故宫博物院珍藏三部珍贵的动物图谱，如《清宫海错图》（成书于1698年，康熙三十七年）1—3册藏于北京故宫博物院，第4册藏于台北故宫博物院；《清宫鸟谱》（成书于1761年，乾隆二十六年）第1—4册藏于台北故宫博物院，第5—12册藏于北京故宫博物院；《清宫兽谱》（成书时间同《鸟谱》）共六册，均藏于北京故宫博物院。据历史文献记载，上述动物图谱中，除康熙年间成书的《海错图》由民间著名画家聂璜所作外，其他两部图谱均由乾隆皇上督阵，宫廷画师作画，八大臣执笔解说，汉满文字并列，号称是“康乾盛世”时期的标志性作品。

为了丰富《动物分典》的编纂内容，并能全面反映清代学者在动物学领域的贡献，我们在故宫博物院领导的关怀和大力支持下，于2011年夏，和《故宫出版社》达成互利双赢的合作协议：①《动物分典》编委会组成“物种考证专家组”为故宫出版社提供的《海错图》3册、《兽谱》6册、《鸟谱》8册，共计531种不同类群的动物物种进行考证，列出画名、古名、英文名、拉丁学名等；②由“物种考证专家组”分别写出《海错图》《兽谱》《鸟谱》的《考证纪要》；③故宫出版社将及时提供上述“三谱”的复印图及文字解说；④故宫出版社同意《动物分典》编委会将上述“三谱”的图及文字用于《动物分典》的编纂中。

## （四）九年艰辛终获硕果

经9年的不懈努力，从浩如烟海的古籍中，收集整理了4000卷（册）古代文献资料，从中考证、厘定了1界16门50纲206目622科1500多种古代记载的动物，按照现代动物分类体系进行编排。在此基础上，编纂了古代动物命名和分类体系、动物形态、动物解剖、动物生殖、动物生态、动物遗传、动物进化、动物物候、动物地理、动物狩猎与保护，动物为害与防治及古代动物学人物传记。共完成逾900万字的编纂任务。在完成《动物分典》这一主体任务的同时，衍生出了一批相关的成果，如《中国蝗虫史研究》《中国古代动物名称考》《中国古代动物学研究》等，这些专著都是在充分调动专家的积极性的基础上，利用编纂的空当时间，见缝插针，日积月累，水到渠成。具体成果如下：

（1）《中华大典·生物学典·动物分典》 1—4册， 2015年，昆明：云南教育出版社

（2）《清宫鸟谱》5—12册的物种考证，2014年，北京：故宫出版社

（3）《清宫兽谱》1—6册的物种考证，2014年，北京：故宫出版社

（4）《清宫海错图》1－3册的物种考证，2014年，北京：故宫出版社

（5）《中国蝗虫学史》（70万字），2017年，昆明：云南教育出版社

（6）《中国古代动物名称考》（166万字），2016年，北京：科学出版社

（7）《中国古代动物学研究》（70万字），2018年，北京：科学出版社

（8）《中国动物学学科史》（古代及近代部分）待定，科学技术出版社

## （五）团队精神至高无上

《动物分典》涉及“动物学”众多的分支学科，同时也涉及众多的动物类群和物种。在时间方面，自先秦至辛亥革命，跨越数千年的漫长岁月；在空间方面，其疆域辽阔、地貌多样、气候迥异。在如此繁重、复杂的编纂任务面前，只能依靠团队的力量，发扬团队精神才能完成。所谓“团队精神”就是大局意识、协作精神、奉献精神的集中体现，核心是协同合作，即个人的智慧和能力与集体力量的统一。在九年繁重的编纂工作中，《动物分典》编委会的每一位成员用自己的行动诠释了“何谓团队精神？”，例如：

**郭老——我们“入门”的领路人：**郭郛研究员，1946年毕业于南京大学，动物研究所资深研究员，

昆虫生理学家。曾发表《昆虫的变态》、《昆虫的激素》、《中国飞蝗生物学》等专著，曾获国家自然科学奖二等奖、科学院科技奖三等奖。1987年退休后，开展中国动物学史研究，1988—1991年两次获得英国剑桥大学李约瑟邀请，赴英参加中国古代科技史研究。其主要研究成果：郭郛、李约瑟、成庆泰合著，《中国古代动物学史》（1999年）、《山海经注证》（2004年）、《尔雅注证》（2013年）。自2007年担任《动物分典》学术顾问以来，他积极参加编委会的学术活动，审定文稿，解疑释惑，为提高全体编委的古籍阅读水平，作出了重要贡献。

**让生命活得更精彩**——《动物分典》副主编黄复生研究员，1957年毕业于北京大学生物系，同年考入动物研究所研究生，师从蔡邦华院士。长期从事昆虫分类学研究，多次考察青藏高原，发表《西藏高原的隆起和昆虫区系》、《大陆漂移与白蚁的系统发育》等论文。曾获1986年竺可桢野外研究奖，中科院及国家科技奖一等奖。2007年，聘任《动物分典》副主编，担任昆虫纲总部主编、动物为害及防治总部副主编、《中国古代动物名称考》主编。他患心脏病，皮下植入起搏器，他从蜉蝣"朝生暮死"的生活史中，感悟到人生的短暂，勉励大家珍爱生命，让有生之年活得更精彩。

**心脏按了支架照样干**——《动物分典》副主编冯祚建研究员，1959年毕业于中山大学，同年到动物研究所脊椎动物分类区系研究室工作，长期从事青藏高原野生动物考察，主持《中国动物志》的编辑工作。曾获国家自然科学奖一等奖，全国优秀科技工作者等奖项。2007年，聘任《动物分典》副主编，担任兽类总部、动物狩猎与保护总部主编，与此同时他还担任《中国动物志》常务副主编，在繁重的工作重担面前，他并未由于心脏安了支架而避重就轻，照样双肩挑。

**要让《动物分典》成为精品**——蝗虫专家刘举鹏研究员，1963年毕业于南开大学生物系，同年到动物研究所从事昆虫分类学研究，发表论文及专著多部，《新疆的蝗虫及其防治》《中国蝗卵的研究》在中国尚属首次。2007年，聘为《动物分典》编委，分别担任《动物为害与防治总部》《昆虫纲总部》主编、副主编。他患帕金森病，右手不由自主抖动，逐步影响书写，2015年他长子患癌症病逝，老年丧子，这是人生一大不幸，但刘先生控制住自己的悲痛，每天照常最早来办公室，伏案工作，他承担的《昆虫纲总部》直翅目和他负责的《动物为害总部》都按时完稿，从不拖延，从不返工。除此外，他还以主编身份完成了80万字的《中国蝗虫学史》专著，已由云南教育出版社出版。

**我不能拖《动物分典》的后腿**——两栖、爬行动物专家黄永昭研究员，1964年毕业于四川大学生物系，先后在中科院西北高原生物研究所及重庆自然博物馆工作，曾任该馆副馆长。长期从事两栖、爬行动物野外考察与分类区系研究，发表论文及专著多部，曾获省部级科技奖多项。2007年，聘为《动物分典》编委，担任《两栖纲总部》和《爬行纲总部》主编，他工作认真，注意细节，从不放过疑难问题，2014—2016年，他患心脑血管疾病，多次住院接受治疗，在此期间，他担心由于他的病，影响《中国古代动物学研究》的编撰进程，他克服了头部眩晕等病痛，托同事将《中国古籍中的大鲵略述》和《中国古籍中的'鼍'》等论文，按时寄到办公室，反映出他高度的责任心和强烈的团队精神。

**尽心尽力收集史料全面反映历史时期的严重蝗灾和鼠灾**——牟重行，浙江省台州市气象局总工，毕业于杭州大学地理系，长期从事历史气候、灾害和疫病流行史等研究。他作为《动物分典·动物为害与防治总部》副主编，除了查阅地方志外，还重点查阅了《明实录》和《清实录》，为《动物分典·动物为害与防治总部》提供了翔实的史料。同时，他也发挥了专业知识的优势，撰写了很有参考价值的《人与自然的一门学问：二十四节气》等专著。

**在《动物分典》编纂的过程中，有八位编委因病离去。**

已故的八位编委，他们是鸟类学家许维枢先生、无脊椎动物学家宋大祥院士、鱼类学家李思忠先生、昆虫分类学家刘友樵先生、蛛形纲专家朱明生教授、节肢动物学家杨思谅先生、软体动物学家刘月英先生、鸟类学家童墉昌先生。虽然他们当中有些人未能参与《动物分典》编纂的全过程，或者未能见到《动物分典》全部成果的出版，但他们生前为编纂、编撰工作所做出的重要贡献依然历历在目，永留人间。

**刘友樵先生给我们的提示：别不在乎细节。**

每当我们拿起刘先生为我们查阅的《说文解字》《六书故》《六书统》等经部小学类的复印件时，看到先生秀丽的笔迹，书写清晰的阅览目录和文献来源时，就会回忆起，先生在图书馆，案前堆着一本本厚厚的《钦定景印文渊阁四库全书》，心无旁骛，聚精会神，阅读、摘录的情景。刘先生！您并未离开我们，我们似乎天天和您在一起……

**鱼纲总部主编李思忠先生，抱憾的离去……**

2009 年春，我去中关村医院看望李思忠先生，李先生躺在床上，见我进病房就坐起来，我看他气色还好，询问了病情后，劝他安心养病，大约谈了一刻钟，告辞。当我走到病房门口，李先生突然喊了一声："王所长！"我赶紧返身，走到他病床前，见他眼睛满含泪水，断断续续地说："王所长，对不起您。我可能完不成《鱼纲》主编任务。"我安慰他说不会的，您一定要养好身子，不要胡思乱想。大约一周后，李先生永远离开了我们。

**病重住院期间，他还在修改《蛛形纲》手稿。**

河北大学蛛形纲专家朱明生教授因患癌症住院了。这个消息来得太突然，因为在一个月前的一次学术活动中，还谈到他亲自驾车与他的研究生一起去野外采集标本的情景，尤其谈到他一天行驶数百公里往回赶路的情景，流露出那种开心、自信的神态，这很难让我们想象他会一下子躺倒。我们到达保定人民医院，在他研究生胡东升陪同下进入病房，朱先生似乎并未想到我们如此迅速到达，他左手在打点滴，右手握着一卷手稿在阅读，见我们进来，迅速将稿子塞进被子里。大约半年后，他因患胰腺癌不治离去。令人欣慰的是，他任主编的《蛛形纲总部》已完成并交稿，他培养的一名博士研究生也已完成学业，顺利通过答辩。 朱先生，您安息吧。

**节肢动物学家——杨思谅。**

杨思谅，研究员，1965 年毕业于北京大学生物系，同年到北京自然博物馆从事节肢动物研究。曾参加刘瑞玉院士主编《中国海洋动物名录》的编撰。发表论文及合作专著数部。2008 年聘为《动物分典》编委，负责古代节肢动物方面史料的编纂。他思路清晰，任务了然在胸，他爱争论，并坚持己见，但为了全局，他也善于妥协。不管任务有多艰难，他总游刃有余，交出一份份漂亮的答卷。他和老伴都善于关心别人，但总谢绝别人对他们的关爱。他们身边无儿无女，却始终保持"空巢老人"那份做人的尊严。我们至今仍然为杨先生离去前，未能送上一束鲜花而抱憾。在此，再次以杨先生 70 岁生日时，我们献给他的贺词聊表心意：

**暮年壮志，史海扬帆，觅节肢；**

**古稀勇士，学林攀登，终获果。**

**虽有病痛，我还要尽力——"腹足纲等 13 纲总部"主编刘月英。**

刘月英，研究员，1955 年毕业于山东大学生物系，1956 年到动物研究所，师从著名贝类学家张玺，长期从事贝类学研究，曾获国家科技进步奖三等奖和多项省部级科技奖。是我国贝类学研究学术带头人之一。自参加编纂工作以来，身患多种疾病，曾做过三次手术，但她始终坚持工作，在她家庭遭到不幸时，以顽强的毅力，安慰家人，勇敢面对现实，她任劳任怨，完成了编纂任务。尤其是节肢动物专家杨思谅先生不幸患胰腺癌去世后，我们将杨先生部分遗留工作安排给刘先生承担，她毫无怨言，愉快地完成了这一额外的工作，时年 86 岁。2016 年 11 月，刘月英同志和我们一起欢欣鼓舞地庆贺《动物分典》正式出版，接受了动物所领导为我们颁发的"荣誉证书"，分享了"完成任务"的喜悦。由于年老体衰，不幸于 2017 年 4 月，因消化道出血导致器官衰竭，不治病故。

**为了让《动物分典》的内容更丰富——鸟类学家童墉昌。**

童墉昌，高级工程师，1960 年毕业于南开大学生物系，同年分配到东北师大，师从著名鸟类学家傅桐生教授，"文革"期间下放农村，"文革"后分配到吉林环境保护研究院，从事鸟类保护及环保研究。

发表论文及合作专著多部。2008 年，聘为《动物分典》编委，《鸟类总部》主编之一。2010 年他在台北故宫博物院参观时，发现该馆出版了四册《故宫鸟谱》，印刷精美，他通过这套《鸟谱》的序言等有关文献，得知除台北故宫博物院出版的四册外，还有 8 册在北京故宫博物院，另外，他又获得北京故宫博物院珍藏康熙年间（约公元 1698 年）成书的《海错图》（3 册）和乾隆年间（约 1761 年）成书的《兽谱》（6 册）。为了使《动物分典》能全面、完整地反映我国古代动物研究的成就，他认为必须要将这三部巨著有关内容分门别类，编入《动物分典》，为了达到这一目的，童墉昌先生一再建议加强与有关部门的沟通，打通关节，终于在 2011 年与故宫博物院出版社达成合作协议。童先生关心集体，将有机会参与《动物分典》和《中国古代动物学研究》的编纂（撰）的工作，视为他晚年最值得珍惜的时光。

2016 年 11 月 13 日下午 2 时，中国科学院动物研究所在东陵路奥运科技园区召开了"《中华大典 • 生物学典 • 动物分典》编纂完成暨赠书仪式大会"，所外贵宾有中华大典办公室代表、云南教育出版社原社长、《生物学典》编辑部负责人何学惠及编辑赵宝华女士、科学出版社编辑马俊先生等光临会议，所党委书记苗红主持会议，光临会议的有所长康乐院士、原所长张知彬研究员、原党委书记李志毅同志、前任党委书记段恩奎研究员、副所长魏辅文研究员、副所长乔格研究员、中国动物学会秘书长、农业虫害鼠害综合治理国家重点实验室副主任王德华研究员以及各研究室在读研究生及部分科研人员。所长康乐院士发表了热情洋溢的贺词，并代表所领导班子向完成《动物分典》编纂任务的全体编委颁发了《荣誉证书》。《动物分典》主编王祖望及云南教育出版社前社长何学惠分别代表编委会和出版社向动物研究所赠送《中华大典 • 生物学典 • 动物分典》一套（4 册），另由王祖望代表《动物分典》编委会，向动物研究所赠送《清宫海错图》《清宫兽谱》《清宫鸟谱》各一套，《中国古代动物名称考》一册。

诚如本文的标题所言："老骥伏枥，甘做攀登征途铺路石"，这 9 年我们正是以此精神，不断鞭策、鼓励自己，为继承并弘扬中华民族的优秀的传统文化，为攀登世界科学高峰，为中国动物学的健康发展，我们甘心情愿做好一块不起眼的铺路石。

最后，衷心感谢动物研究所**各级领导**的关心；衷心感谢来自**张知彬**研究组、**蒋志刚**研究组、**王德华**研究组、**李欣海**研究组、**杨奇森**研究组、**解焱**研究组及**中国动物学会**在人力、物力和经费上的全力支持；衷心感谢**中国社会科学院历史研究所、北京自然博物馆、重庆自然博物馆、中国科学院文献情报中心、黑龙江省科学院自然与生态研究所、吉林省环境科学研究院、浙江台州气象研究所**等协作单位的大力支持；衷心感谢所有为本书出版给予各种帮助的各位同仁！

王祖望
2017 年 11 月 13 日
于北京中关村

# 主 要 作 者

主编：王祖望
中国科学院动物研究所
原所长，动物生态学专家
1935 年生人

副主编：冯祚建
中国科学院动物研究所
动物学专家
1937 年生人

副主编：黄复生
中国科学院动物研究所
昆虫学专家
1931 年生人

顾问：郭　郛
中国科学院动物研究所
动物学史专家，昆虫学专家
1922—2018

编委：贠莲

中国科学院动物研究所
原生动物专家
1933 年生人

编委：刘月英

中国科学院动物研究所
软体动物和贝类学专家
1930—2017

编委：杨思谅

北京自然博物馆
节肢动物专家
1941—2014

编委：胡东升

原河北大学博士，接替因病去世的导师朱明生教授的后续工作，完成本书中蛛形纲的研究论文

编委：刘举鹏

中国科学院动物研究所
昆虫学专家
1938 年生人

编委：吴燕如

中国科学院动物研究所
昆虫学专家
1933 年生人

编委：张世义

中国科学院动物研究所
鱼类学专家
1936 年生人

编委：黄永昭

重庆市自然历史博物馆
两栖和爬行动物专家
1936 年生人

编委：卢汰春

中国科学院动物研究所
鸟类学专家
1935—2018

编委：**童墉昌**
吉林省环境保护研究院
鸟类学专家
1936—2017

编委：**全国强**
中国科学院动物研究所
灵长类动物专家
1935 年生人

编委：**文榕生**
中国科学院文献情报中心
动物地理学专家
1951 年生人

编委：**马逸清**
黑龙江省科学院
自然资源研究所
兽类动物专家
1930 年生人

编委：**牟重行**
浙江省台州市气象局
气象学和物候学专家
1949 年生人

编委：**胡振宇**
中国社会科学院历史研究所
甲骨文专家
1957 年生人